Nr. 19
S. 7601–8000

1963
8. Mai

# Chemisches Zentralblatt

**Vollständiges Repertorium für alle Zweige der reinen und angewandten Chemie**

1830 gegründet. 1897—1945 von der Deutschen Chemischen Gesellschaft fortgeführt. Im Auftrage der Deutschen Akademie der Wissenschaften zu Berlin, der Chemischen Gesellschaft in der DDR, der Akademie der Wissenschaften zu Göttingen und der Gesellschaft Deutscher Chemiker (in der BRD)

herausgegeben von Prof. Dr. **Heinrich Bertsch** und Prof. Dr. Dr. h. c. **Wilhelm Klemm**

**134. Jahrgang**

**1963**

Chefredakteure: Dr. Eugen Klever und Prof. Dr.-Ing. Eberhard Leibnitz

Akademie-Verlag GmbH., Berlin — Verlag Chemie, GmbH., Weinheim/Bergstr.

## Inhalt

**Geschichte, Unterricht** .......... 7601
**A. Allgemeine, physikalische und anorganische Chemie** .......... 7602
$A_1$ Kernphysik und Kernchemie .......... 7602
$A_2$ Optisches Verhalten der Materie .......... 7612
$A_3$ Elektrizität. Magnetism. Elektrochem. 7621
$A_4$ Thermodynamik. Thermochemie .......... 7638
$A_5$ Kolloidchemie. Grenzschichtforschung 7643
$A_6$ Strukturforschung .......... 7647
$A_7$ Gleichgewichte. Kinetik .......... 7661
$A_8$ Präparative anorganische Chemie .......... 7668
Komplexverbindungen .......... 7668
Metallorganische Verbindungen .......... 7668
$A_9$ Mineralogische u. geologische Chemie 7679
**B. Allgemeine und theoretische organische Chemie** .......... 7787
**C. Präparative organische Chemie. Naturstoffe** .......... 7712
Mono- und Oligosaccharide. Glykoside 7756
Alkaloide .......... 7765
Natürliche Farbstoffe .......... —
Terpene. Sapogenine .......... 7768
Sterine. Gallensäuren .......... 7769
Hormone. Vitamine. Enzyme .......... 7770
Antibiotica .......... 7773
Andere Naturstoffe .......... 7773
**D. Makromolekulare Chemie** .......... 7773
**E. Biologische Chemie. Physiologie. Medizin** .......... 7783
$E_1$ Allgemeine Biologie und Biochemie .......... 7783
$E_2$ Enzymologie. Gärung .......... 7785
$E_3$ Mikrobiolog. Bakteriolog. Immunolog. 7796
$E_4$ Pflanzenchemie. Pflanzenphysiologie. Pflanzenpathologie .......... 7801
$E_5$ Tierchemie. Tierphysiologie. Tierpathologie .......... 7811
$E_6$ Pharmakologie. Therapie. Toxikologie. Hygiene .......... 7834
**F. Pharmazeutische Chemie. Desinfektion** .......... 7851
**G. Analyse. Laboratorium** .......... 7869
**H. Angewandte Chemie** .......... 7890
$H_1$ Allgemeine chemische Technologie .......... 7890
$H_2$ Betriebsschutz. Feuerschutz .......... 7896
$H_3$ Elektrotechnik .......... 789
$H_4$ Wasser. Abwasser .......... —
$H_5$ Anorganische Industrie .......... 7899
$H_6$ Silicatchemie. Baustoffe .......... 7907
$H_7$ Agrikulturchemie. Schädlingsbekämpfung .......... 7914
$H_8$ Metallurgie. Korrosion .......... 7930
$H_9$ Organische Industrie .......... 7952
$H_{10}$ Färberei. Organische Farbstoffe .......... 7955
$H_{11}$ a) Farben. Anstriche. Lacke. Naturharze .......... 7960
b) Plaste (Kunstharze. Plastische Massen) .......... 7962
$H_{12}$ Kautschuk .......... 7966
$H_{13}$ Ätherische Öle. Parfümerie. Kosmetik .......... 7968
$H_{14}$ Zucker. Kohlenhydrate. Stärke .......... 7969
$H_{15}$ Gärungsindustrie .......... 7971
$H_{16}$ Nahrungs-, Genuß- u. Futtermittel .. 7973
$H_{17}$ Fette. Seifen. Wasch- u. Reinigungsmittel. Wachse. Bohnermassen usw. .. 7980
$H_{18}$ a) Holz. Cellulose. Zellstoff. Papier. Papierdruck. Celluloid. Linoleum .. 7981
b) Textilfasern .......... 7982
$H_{19}$ Brennstoffe. Erdöl. Mineralöle .......... 7991
$H_{20}$ Schieß- u. Sprengstoffe. Zündmittel .. 7995
$H_{21}$ Leder. Gerbstoffe .......... 7996
$H_{22}$ Leim. Klebstoffe usw. .......... 7999
$H_{23}$ Tinte. Hektographenmassen u. a. Spezialpräparate .......... —
$H_{24}$ Photographie .......... —

# Sprachenbezeichnung in den Referaten des Chemischen Zentralblattes

(Abkürzungen laut DIN-Normblatt 1502, Beiblatt 1)

Albanisch = alb.
Bulgarisch = bulg.
Chinesisch = chin.
Dänisch = dän.
Deutsch = dt.
Englisch = engl.
Estnisch = estn.
Finnisch = finn.
Flämisch = fläm.
Französisch = franz.
Griechisch = griech.
Irisch = ir.
Italienisch = ital.
Japanisch = jap.
Lateinisch = lat.
Litauisch = litau.
Niederländisch = niederl.
Norwegisch = norw.
Persisch = pers.
Polnisch = pol.
Portugiesisch = port.
Rumänisch = rum.
Russisch = russ.
Schwedisch = schwed.
Serbokroatisch = serbokroat.
Slowakisch = slowak.
Slowenisch = slowen.
Spanisch = span.
Tschechisch = tschech.
Türkisch = türk.
Ukrainisch = ukrain.
Ungarisch = ung.

# Namenregister


Aagaard 7907.
Abbott Laboratories 7865. 7867.
Abe, H. 7985.
Abe, T. 7687.
Abel 7676.
Abgrall 7692.
Abidowa, M. F. 7667.
Abidowa, S. C. 7699.
Abitibi Power & Paper Co. Ltd. 7981.
Abljajew 7645.
Abraham 7606.
Abramow 7941.
Abrarow 7820.
Achmadijewa 7800.
Achrem 7729.
Acker 7976.
Adamow 7800.
Adams jun., C. M. 7949.
Adams, P. H. 7833.
Adams, R. M. 7993.
Adamson 7949.
Addison B 47.
Adrian 7975.
Aduschkin 7909.
Aelony 7999.
Aerow 7891.
Afanassjew 7814.
Afrikjan 7742.
Agarwal 7671.
Aguggini 7791.
Akahori 7697.
Akischin 7648.
Akita 7973.
Aksselrud 7672.
Alaschew 7694.
Albert, A. 7815.
Albert, H. 7960.
Albertson 7925.
Albrecht 7724.
Albright & Wilson (Mfg.) Ltd. 7906.
Aldén 7618.
Alexachin 7658.
Alexander, G. B. 7906.
Alexander, G. V. 7888.
Algemeene Kunstzijde Unie N.V. 7991.
Alger 7817.
Alijew 7952.
Alijewa 7793.
Alimowa 7820.
Allen, E. M. 7903.
Allen, M. 7904.
Allen, M. J. 7867.
Allison, J. B. 7795.
Allison, S. K. 7601.
Alonso-López 7637.
Aluminium Laboratories Ltd. 7904.
Alves Marques 7619.
Amar 7603.
Ambarzumjan 7612.
Amchem Products, Inc. 7922.
American Cyanamid Co. 7862. 7864. 7865. 7866. 7867. 7869. 7926. 7954. 7987.
American Potash & Chemical Corp. 7901.
Amiard 7862.
Anastassiadis 7821.
Anders 7811.
Anderson, A. R. 7666.
Anderson, D. K. 7696.
Anderson, D. L. 7951.
Anderson, D. M. W. 7873.
Anderson, F. B. 7780.
Anderson, L. 7829.
Anderson, N. G. 7784.
Anderson, R. F. 7972.
Anderson, R. V. 7950.
Ando 7825.
Andrade, de 7908.
Andrejewa, A. B. 7911.
Andrejewa, A. G. 7881.
Andrejewa, G. A. 7628.
Andrew, H. F. 7958.
Andrew, T. R. 7882.
Andrews 7832.
Anet 7693.
Angeli 7832.
Anghel 7943.
Anorgana G.m.b.H. 7966.
Anstey II 7680.
Ansul Chemical Co. 7896.
Ant-Wourinen 7983.
Anthony, A. 7886.
Anthony, A. M. 7642.
Anthony, L. R. 7965.
Antonow, G. I. 7909.
Antonow, I. W. 7631.
Antonow-Romanowski 7626.
Antweiler 7897.
Aoki 7825.
Archambault 7801.
Archarow 7657.
Archer, G. 7697.
Archer, R. D. 7877.
Areschidse 7992.
Aripow 7837.
Armand 7701.
Armbruster 7934.
Armiento 7904.
Armour & Co. 7866. 7979. 7980. 7987.
Armstrong, E. L. 7994.
Armstrong, J. W. 7995.
Aronoff, M. 7795.
Aronoff, S. 7806.
Arnold, K.W. 7622.
Arnold, P. W. 7915.
Aronowitsch 7722.
Aronsson 7659.
Arribas Jimeno 7880.
Artemow 7839.
Artigas 7882.
Artjuchow 7895.
Asai 7776.
Aschumow 7953.
Åselius 7659.
Ashmore 7790. 7818.
Asowa 7797.
Aspinall 7781.
Astier 7932.
Atamanow 7850.
Atanassowa 7814.
Atanassowa-Schopowa 7837.
Atowmjan 7655.
Atterby 7981.
Aubrey 7669.
Audas 7959.
Aurnhammer 7922.
Avéd 7970.
Averbach 7945.
Avery 7917.
Avogadro 7995.
Avramoff 7717.
Awerbuch 7877.
Awtokratowa B 74.
Axelrad 7816.
Axelrod 7843. 7847.
Baart 7608.
Baba, A. 7970.
Baba, S. 7855. 7856.
Babakina B 76.
Babb 7696.
Babcock 7791.
Babineau 7720.
Babrov 7616.
Bachynski 7622.
Bacon 7987.
Bade 7912.
Badische Anilin- & Soda-Fabrik Akt.-Ges. 7922. 7923. 7956. 7960. 7961. 7962. 7964. 7991.
Bady 7631.
Bäckström 7608.
Baerlecken 7938.
Bagdykjanz 7615.
Baggio 7681.
Bailey, G. F. 7888.
Bailey, W. J. 7713.
Bak, B. 7690.
Bak, T. A. 7664.
Baker, A. W. 7725.
Baker, M. 7604.
Baker, R. H. 7705.
Bakuto 7623.
Balaceanu 7895.
Balchan 7657.
Balachandran 7602.
Balazs 7782.
Baldwin 7981.
Ball, C. D. 7810.
Ball, J. S. 7604.
Baltis 7906.
Baltschewa 7814.
Banège-Nia 7623.
Banks 7701.
Banno 7683.
Barabaschi 7605.
Barakina 7834.
Baranzew 7971.
Baraschkowa 7694.
Barber 7739.
Barclay B 73.
Bardenheuer 7936.
Bardisade B 75.
Bariand 7681.
Bariatric Corp. 7866.
Barker, H. A. 7794.
Barker, E. J. B 73.
Barker, J. F. 7942.
Barlow 7826.
Barltrop 7796.
Barnabei 7831.
Barnas 7744.
Barnes, C. E. 7990.
Barnes, P. T. 7950.
Barnes, V. E. 7605.
Baron, A. M. E. 7959.
Baron, S. 7800.
Barre 7692.
Barreto 7889.
Barrington 7904.
Barrow 7887.
Barshay 7603.
Barta 7971.
Bartels, E. A. 7930.
Bartels, M. 7921. 7924.
Barth 7601.
Barthel 7998.
Barthelem 7868.
Bartlett 7673.
Bartos 7884.
Bartuška 7900.
Baru 7816.
Basak 7992.
Baschang 7757.
Bashford 7955.
Basilewitsch 7932.
Bass 7873.
Bassa 7991.
Basstrikow 7941.
Bastiani, De 7818.
Bastide 7796.
Basu 7901.
Batchelor 7831.
Batischtschew 7891.
Batta 7667.
Batty 7682.
Batuecas Rodriguez 7610.
Bauer, K. 7869.
Bauer, R. 7897.
Baughan 7648.
Baumann, F. 7960.
Baumann, H. 7956.
Bausch B 76.
Bayer B 75.
Beauvais 7946.
Beavers 7849.
Becker, J. P. 7887.
Becker, K. A. 7649.
Beckey 7691.
Beecham Research Laboratories Ltd. 7869.
Begun 7665.
Bekbaulowa B 74.
Belenki 7895.
Beleslin 7819.
Beljajew B 74.
Beljajewa 7695.
Belkewitsch 7913.
Bell 7866.
Bella 7846.
Bellemans 7644.
Belman 7910.
Below, M. D. 7756.
Below, N. W. 7601.
Belski 7742.
Beltrame 7695.
Beltrán Martinez 7661.
Belucha 7907.
Bemberg S.p.A. 7991.
Bemmels 8000.
Bencze 7867.
Bender, D. F. 7875.
Bender, H. L. 7965.
Benedek 7639.
Benedict 7951.
Benešová 7803.
Bengal Immunity Co. Ltd. 7901.
Benigni 7725.
Benjamin 7848.
Benoit 7775. 7782.
Bent 7697.
Bentor 7685.
Benzol Products Co. 7930.
Beranková 7794.
Beránkowá 7815.
Beresowskaja 7896.
Beresowski 7842.
Berg 7694. 7798.
Bergeron 7914.
Bergmann 7754.
Berka 7878.
Berlinguet 7720.
Bernath, A. 7946.
Bernath, M. 7946.
Berner 7808.
Bernhardt 7947.
Bernstein 7795.
Berté 7842.
Bertl 7961.
Bertolacini 7924.
Berve 7938.
Best 7666.
Beteiligungs- und Patent-Verwaltungsgesellschaft m.b.H. 7898.
Bethge 7914.
Bevans 7829.
Beyer 7943.
Bhargava 7632.
Bharucha 7801.
Bhatnagar 7646.
Bhattacharyya 7803.
Bichsel 7947.
Biedermann 7985.
Bienert 7960.
Bier 7885.
Bigley 7769.
Bilek 7822.
Bílková 7822.
Binaghi 7800.
Binierki 7756.
Binkert 7762.
Birge 7603.
Birkofer 7803.
Birnbaum 7818.
Birth 7976. 7977.
Biswas 7991.
Bitschurina 7908.
Björnesjö 7889.
Black 7806. 7807.
Blackith 7921.
Blackmore 7844.
Blaha 7972.
Blair 7833.
Blakely 7657.
Blanc 7877.
Blankenbecler 7604.
Blattná 7828.
Blažek 7851.
Bleeker 7609.
Block 7945.
Blok 7881.
Blomquist 7954.
Blumberger 7850.
Blume 7830.
Blumenfeld 7830.
Bluwstein 7909.
Blyholder 7712.
Boccabella 7817.
Bockhoff 7962.
Bockris 7636.
Bode 7718.
Böhland 7675.
Böhme, H. 7783.
Böhme, Horst 7715.
Böckel 7694.
Boenecke 7931.
Bogdandy, v. 7931.
Bogdanow 7892.
Bogdanoff 7844.
Bogomolow 7687.
Bogs 7852.
Bohr 7629.
Bohun 7625.
Boisson 7996.
Bojarschinow B 75.
Boki 7655.
Bokut 7616.
Bonavolantà 7812.
Bonner, N. A. 7609.
Bonner, T. W. 7607.
Bonner jun., W. H. 7967.
Boot 7789.
Booth 7907.
Borax Consolidated Ltd. 7906.
Borchardt 7781.
Borchers 7944.
Borissow 7657.
Boritschewa 7909.
Bornstein 7700.
Borodko 7620.
Boross 7991.
Bortaud 7914.
Bortnick 7925.
Bose, B. C. 7807.
Bose, S. 7884. 7885.
Bose, S. K. 7992.
Bossard 7957.
Bota 7961.
Botscharowa 7725.
Botton 7768.
Bouchez 7606.
Boucraut 7932.
Boudier 7931. 7937.
Bourke 7894.
Bourne 7830.
Bousquet 7979.
Bouttier 7847.
Bowers 7862.
Bowman 7945.
Brabander 7867.
Brace 7722.
Bracewell B 75.
Bradley, T. F. 7965.
Bradley, W. B. 7826.
Bradlow 7814.
Brady 7794.
Bragg 7601.
Brahms 7788.
Braksch 7823.
Bramblett 7607.
Bramwyche 7965.
Branwood 7628.
Brar 7686.
Brauchli 7763.
Braun 7956. 7960. 7961.
Breier 7906.
Breiter 7694.
Brekke 7974.
Bremeier 7898.
Brenner 7955.
Bressler 7793.
Brien 7949.
Briggs 7839.
Brinton 7921.
British Celanese Ltd. 7988.
British Petroleum Co. Ltd. 7995.
British Rayon Research Association 7959.
British Resin Products Ltd. 7967.
British Titan Products Co. Ltd. 7903. 7905. 7907.
Brizzee 7850.
Broche 7710.
Brode 7784.
Brodersen 7613.
Brodie 7844.

Brodski 7935.
Broeke 7868.
Bron 7908.
Bronfman 7950.
Brooks 7733.
Brotherton 7994.
Brousse B 75. 7683.
Brown, D. E. 7873.
Brown, F. 7635.
Brown, G. M. 7638.
Brown, J. H. 7932.
Brown, P. C. 7813.
Brown, P. E. 7949.
Browne jun. 7797.
Browning 7677.
Bruce 7929. 7930.
Bruch, zum 7621.
Brucy 7932.
Bruning 7789.
Brussnikina 7711.
Bryant 7901.
Brydon 7913.
Brysgalowa 7653.
Buc 7921.
Buchert 7689.
Buchholz 7949.
Buckeley 7950.
Budjanski 7784.
Budnikow 7911.
Bücheler 7955.
Bugakowa 7805.
Bugard 7836.
Bugg 7605.
Bugiani 7922.
Buist 7963.
Bukacek 7640.
Bukat 7613.
Bukovac 7809.
Bunce 7866.
Bungardt 7933. 7940.
Bunk 7947.
Burawichin 7630.
Burde 7609.
Burgdorf 7964.
Burger 7784.
Burgh, van der 7695.
Burkardt 7699.
Burke jun. 7968.
Burkow B 75.
Burnett 7872.
Burns 7789.
Burriel Marti 7883.
Burt 7603.
Burton, R. 7676.
Burton, V. 7887.
Burylew 7642.
Busch 7895.
Busev 7878.
Butcosk 7994.
Butler, G. 7951.
Butler, T. A. 7994.
Butters 7920.
Bydgeman 7816.
Cabot, G. L., Inc. 7964.
Cabrera, A. M. 7883.
Cabrera, N. 7651.
Cacace 7871.
Čadek 7658.
Cahn 7630.
Caldwell, E. F. 7973.
Caldwell, L. 7906.
Calhoun 7826.
Callery Chemical Co. 7901. 7902. 7993.
Caluşaru 7943.
Camerini 7603.
Camia 7886.
Campbell 7976.
Campos Costa, de 7610.
Cantrel 7929.
Capraro 7836.
Carborundum Co. 7914.
Carleton 7964.
Carlson, C. L. 7948.
Carlson, W. A. 7973.
Carman 7940.
Carmo Anta, do 7610.
Carr 7644.
Carrà 7695.
Carson 7695.
Carstens 7865.
Carter, J. R. 7828.
Carter, W. 7695.
Cartwright 7873.
Carver 7616.
Carylon 7963.
Cascio 7838.
Casida jun. 7854.
Casperson 7983.
Cassella Farbwerke Mainkur Akt.-Ges. 7960. 7991.
Castanera 7794.
Castle 7665.
Castro 7977.
Cavanagh 7980.
Cavazzuti 7832.
Čejka 7821.
Celanese Corp. of America 7954.
Celcure & Chemical Co. Ltd. 7982.
Centaro 7794.
Čermák 7664.
Cerman 7638.
Ceselli 7886.
Československá Socialistická Republika 7900.
Chackett, G. A. 7608.
Chackett, K. F. 7608.
Chadenson 7782.
Chadwick 7657.
Chaikoff 7817.
Chainman 7892.
Chakravarty 7992.
Chaletzki 7748.
Chamberlin 7868.
Champagne 7793.
Chan, Hong-Mo 7604.
Chan, Yau Wa 7606.
Chance, B. 7785.
Chance II, E. M. 7785.
Chandhok 7939.
Chang 7948.
Chantry 7617.
Chanty 7936.
Char 7635.
Charig 7650.
Charlet-Léry 7829.
Chase 7990.
Chase Chemical Co. 7868.
Chasskin 7720.
Chastel 7607.
Chatschkurusow B 74.
Chatterjee 7992.
Chatterji 7632.
Chaudron 7621.
Chaverou 7996.
Chechkin 7610.
Cheiker 7647.
Chemerda 7868.
Chemische Werke Albert 7868. 7924. 7930.
Chemische Werke Hüls Akt.-Ges. 7993.
Chemische Werke Witten G.m.b.H. 7954.
Chemstrand Corp. 7965. 7966. 7989.
Cheney 7798. 7842.
Cheng 7882.
Cherry 7684.
Chetschinaschwilli 7992.
Cheutin 7743.
Chiang 7774.
Chiriac 7854.
Chisholm 7903.
Chiummo 7815. 7816.
Chodshajew, A. C. 7825.
Chodshajew, G. C. 7699.
Chojnacki 7608.
Choman 7817.
Chossid 7910.
Chrisstow 7605.
Christensen 7690.
Christie 7895.
Christol 7730. 7731.
Christy 7785.
Chromow 7612.
Chudoroschkow 7932.
Chudzikiewicz 7892. 7934.
Ciba Akt.-Ges. 7859. 7864. 7867. 7960.
Ciba Ltd. 7867. 7868. 7869. 7955. 7959. 7960.
Cieślewski 7899.
Cima 7790.
Ciolan 7695.
Cipolla 7979.
Ciutat 7882.
Claesson 7780.
Clark, C. C. 7901.
Clark, C. D. 7652.
Clark, S. L. 7902.
Clark, W. E. 7886.
Clarke 7907.
Clasen 7902.
Clater 7886.
Cleary 7628.
Clere 7969.
Clifford 7935.
Cliffs Dow Chemical Co. 7996.
Cloutier 7622.
Coates 7931.
Cobbs jun. 7778.
Codreanu 7944.
Coffee 7981.
Cohen, E. G. D. 7638.
Cohen, M. 7945.
Cohen-Boulakia 7805.
Colarusso 7827.
Cole 7692.
Coles 7629.
Colgate-Palmolive Co. 7969.
Colle 7826.
Collins 7951.
Collongues 7621.
Colman 7954.
Colodny 7965.
Colombo 7653.
Colt 7995.
Columbia-National Corp. 7905.
Commissariat à l'Énergie Aromique 7954.
Commonwealth Engineering Co of Ohio 7868.
Commonwealth Scientific & Industrial Research Organization 7905.
Comp. Française des Matières Colorantes 7959. 7987.
Comte 7782.
Conia 7737.
Connes 7613.
Conney 7789.
Conrad 7780.
Conreur 7768.
Conti 7856.
Conway 7633.
Cook, G. A. 7900.
Cook, M. A. 7996.
Cook, M. G. 7915.
Cook, M. W. 7869.
Cooper, P. D. 7801.
Cooper, S. S. 7876.
Coover jun. 7927.
Coquerelle 7907.
Cordier 7931.
Corn Products Co. 7979.
Cornell 7780.
Corning Glass Works 7913. 7914.
Cornwell 7656.
Corona 7844.
Coronelli 7800.
Corsini 7789.
Corvi 7843.
Costa, Da 7914.
Costanzo 7802.
Cottle 7968.
Cotton 7677.
Coulomb 7883.
Counsell 7835.
Courtaulds Ltd. 7896. 7955.
Courtois 7801.
Courtoy 7617.
Cowan 7729.
Cowell 7974.
Cox, B. 7666.
Cox, N. R. 7954.
Cox, R. A. 7684.
Craig 7819.
Craiu 7943.
Crayton 7677.
Creely 7780.
Creighton jun., G. W. 7963.
Creighton, R. H. J. 7899.
Crema 7844.
Creutz 7640.
Criddle 7711.
Crisp 7616.
Critchley 7658.
Cronin 7867.
Crooks 7944.
Cropper 7666.
Crout 7843.
Crowe 7978.
Cruz Castillo, de la 7610.
Csapodi 7894.
Cugurra 7848.
Culkin 7684.
Cullen, T. J. 7882.
Cullen, T. L. 7611.
Cullo 7954.
Cummings 7965.
Cunningham, G. L. 7901.
Cunningham, R. H. 7886.
Curras Puente 7662.
Curtis 7811.
Czerni B 73.
Czulak 7976.
Czyżewicz 7966.
Dabholkar 7801.
Dahlquist 7999.
Daiichi Seiyaku Co. Ltd. 7867.
Dailler 7627.
Dalal, F. R. 7798.
Dalal, I. H. 7807.
Dale, J. K. 7867.
Dale, V. B. 7682.
Dalton 7904.
Daly 7808.
Damask 7629.
Dancoisne 7931. 7936.
Daniel 7711.
Danielsson 7696.
Dannenberg 7964.
Dark 7792.
Das, R. P. 7786.
Das, T. P. 7652.
Das Gupta, N. N. 7992.
Das-Gupta, S. N. 7788. 7795.
Daskam 7898.
Dastugue 7796. 7838.
Daudel 7785.
Davídek 7828.
Davidson, J. F. 7893.
Davidson, N. R. 7692.
Davies, B. 7914.
Davies, J. A. 7635.
Davies, J. N. 7977.
Davies, J. T. 7893.
Davies, R. E. 7833.
Davis, D. W. 7979.
Davis, E. A. 7982.
Davis, M. A. 7739.
Davis, R. B. 7725.
Davison 7846.
Dawson 7684.
Dawton 7611.
Dawydowa 7809.
Daykin 7618.
De, H. N. 7807.
De, M. L. 7604.
De, N. N. 7839.
Deans 7894.
Dearnley 7683.
Deb 7680.
Deflorin 7959.
Degtjarewa 7910.
Dehlinger 7936.
Dehnert 7956.
Deiana B 13.
Déjardin 7627.
Delahay 7636.
Deliwala 7840.
Dellis 7622.
Demerseman 7743.
Denis B 73.
Dereppe 7632.
Desai 7661.
Deschamps 7648.
Deskin 7870.
Desreux 7773.
Dettli 7850.
Detweiler 7954.
Deubel 7957.
Deutsche Gold- und Silber-Scheideanstalt vormals Roessler 7868. 7905.
Dévoré 7668.
Dewein 7954.
Dewjatkowa 7643.
Dey 7635.
Deželić 7775.
Dhami 7747.
Diacik 7985.
Diamantis 7701.
Diament 7827.
Diamond Alkali Co. 7930.
Diamond Laboratories 7857.
Dick jun. 7652.
Dickert 7963.
Dickinson 7927.
Didier-Werke Akt.-Ges. 7914. 7995.
Diedrich 7828.
Diemair 7974.
Dienes 7666.
Dierichs 7953.
Dijkstra 7609.
Dikstein 7818.
Dilgen 7734.
Distillers Co. Ltd. 7868. 7965.
Dittmar 7957.
Dixon 7690.
Dixon-Lewis 7663.
Dlugosz 7900.
Dmitruk 7810.
Dobrochotow 7930.
Dobrowolski 7626.
Dodd 7605.
Dofek 7846.
Dogramadži 7691.
Dohnal 7972.
Dohr 7981.
Dolgaja 7727.
Dolkart 7908.
Dollery 7849.
Domagk 7867.
Dombrow 7966.
Dominey 7666.
Dominion Rubber Co. Ltd. 7965.
Donnet 7847.
Dorland 7981.
Dormandy 7819.
Doro 7978.
Doskočil 7787.
Doty 7783.
Dow 7682.
Dow Chemical Co. 7901. 7996.
Dow Corning Corp. 7966.
Downer 7994.
Downing 7988.
Doyen 7899.
Doyle 7869.
Dramow 7714.
Drawert 7972.
Drewry 7876.
Drickamer 7657.
Drokin 7631.
Drosdowa 7806.
Droz 7834.
Drucy 7859.
Dsens-Litowski 7685.
Dubow 7720.
Dubrow 7947.
Dubský 7872.
Dürrschnabel 7628.
Dumas Milner Corp. 7930.
Dumitrescu 7983.
Duncan, B. J. 7826.
Duncan, J. L. 7873.
Duncan, T. R. 7609.
Dunlop 7955.
Du Pont de Nemours, E. I., & Co. 7902. 7904. 7906. 7922. 7954. 7968. 7979. 7987.
Durand III 7603.
Dušek 7976.
Dušková 7872.
Duthie 7888.
Dutz 7619.
Duval 7617.
Dwyer 7963.
Dyck 7610.
Dynamit Nobel Akt.-Ges. 7954.
Eanes 7654.
Eastman Kodak Co. 7926. 7927.
Easton 7986.
Eccleston 7887.
Eckel B 73.
Eckert 7621.
Edwards 7902.
Egelstaff B 73.
Egerer 7708.
Eichen 7853.
Eiermann 7773.
Eik-Nes 7814.
Eisenschitz 7644.
Eisner 7869.
Ekman 7662.
Ekwall 7696.
Elbreder 7866.
Elder 7623.
Électro Réfractaire 7914.
Elks 7869.
Ellefsen 7779.

Ellenburg 7870.
Ellington 7685.
Ellis 7826.
Éllö 7852.
Elmer 7913.
Elpern 7867.
Elsken, van der 7619.
Elson 7795.
Ely, C. M. 7979.
Ely, R. P. 7603.
Emanuel B 74.
Emele 7845.
Emmel 7927.
Ende, vom 7936.
Enderlein 7898.
Enders 7960.
Endt B 73.
Engel, v. 7622.
Engelhard Industries, Inc. 7987.
Engelhardt, v. 7686.
Engler 7609.
Englin, A. L. 7953.
Englin, M. A. 7720.
Enteliss 7699.
Erbe 7865.
Erdmann-Jesnitzer 7947.
Ergang 7944.
Erickson 7977.
Ernest 7977.
Erwin 7962.
Esso Research and Engineering Co. 7967. 7968.
Estep 7899.
Etienne 7804. 7827.
Eue 7925.
Euw, v. 7761.
Evans, A. W. 7903. 7905.
Evans, M. W. 7642.
Evans, T. 7651.
Ewart 7683.
Ewbank 7606.
Eyraud, C. 7668.
Eyraud, M. 7633.
Fabritius 7938.
Fahlenbrach 7898.
Fahmy 7832.
Fainberg 7628.
Falk 7886.
Faloon 7822.
Farbenfabriken Bayer Akt.-Ges. 7867. 7902. 7904. 7925. 7926. 7927. 7928. 7930. 7954. 7957. 7958. 7959. 7960. 7962. 7964. 7965. 7989.
Farbwerke Hoechst Akt.-Ges., vormals Meister Lucius & Brüning 7858. 7867. 7904. 7927. 7954. 7957. 7959. 7960. 7964. 7966. 7967. 7987. 7988.
Faris 7906.
Farkas 7712.
Farkas-Jahnke 7652.
Farnam jun. 7996.
Farnham 7965.
Farnsworth 7656.
Feather 7601.
Fechtig, B. 7761.
Fechtig, O. 7705.
Federico, Di 7893.
Fedorow 7616.
Feeney 7865.
Fegley 7925.
Feigl 7884.
Fekete 8000.
Felber jun. 7871.
Feld 7605.
Feldman, Charles 7625.
Feldman, Cyrus 7870.
Feldmühle Papier- und Zellstoffwerke Akt.-Ges. 7896.
Fellows 7816.
Feltkamp 7709.
Fen 7823.
Fenster 7604.
Fenton 7885.
Ferenczi 7972.
Ferguson 7698.
Fernández Cellini 7610.
Ferrari 7861.
Ferrero 7854.
Ferris B 74.
Fetscher 7998.
Fetter 7699.
Feucht 7630.
Fialkow 7891.
Fidler 7902.
Filippow B 75.
Fine 7849.
Finholt 7966.
Fink, H. 7827.
Fink, H. J. 7869.
Fiori 7983.
Firssow 7626.
Fischback 7725.
Fischer 7923.
Fisher, J. C. 7629.
Fisher, W. D. 7784.
Fitch 7817.
Flanigan 7842.
Fleming 7682.
Fletcher 7963.
Fljagin 7910.
Flodmark 7649.
Flotzinger B 76.
Flowers 7758.
Floyd 7951.
Förland 7907.
Fontan 7877.
Food Machinery & Chemical Corp. 7927. 7929. 7986.
Foraboschi 7890. 7893.
Ford 7963.
Forman 7929.
Formica Ltd. 7982.
Forquet 7962.
Forrest 7876.
Fortney 7962.
Fowler B 73.
Fragner 7973.
Francis 7994.
Frank 7849.
Frankel 7966.
Franklin, A. 7935.
Franklin, R. L. 7932.
Frantz 7814.
Fraser 7693.
Frazer 7604.
Fredrickson 7873.
Freedman 7846.
Freeland 7803.
Freidlin 7667. 7712.
Freise 7649.
French 7622.
Freney 7887.
Frenkel 7793.
Frensch 7927.
Frère 7674.
Freudenberg, C., K. G. auf Aktien 7990.
Freudenberg, K. 7773.
Frey 7960.
Freyer 7670.
Fridman 7969.
Fried 7861. 7864.
Friedländer 7605.
Friedrich 7751.
Friese, H. 7982.
Friese, R. 7970.
Frigerio 7653.
Frisch 7966.
Fronczack 7994.
Frosch 7627.
Fruchart 7660.
Frum B 74.
Fry 7603.
Fuchs, M. S. A. 7802.
Fuchs, O. 7957.
Fuhrman 7629.
Fujiki 7659.
Fujimori 7689.
Fujinaga 7880.
Fujino 7838.
Fujiwara 7824.
Fukano 7822.
Fukuda, B. 7990.
Fukuda, T. 7821.
Fukuhara 7986.
Fulco 7833.
Fuller, A. G. 7935.
Fuller, E. N. 7871.
Fuller, L. 7899.
Funahashi 7799.
Funk 7675.
Fuoss 7632.
Fuwa 7855.
Gabay 7817.
Gabrielson 7634.
Gabucci 7978.
Gärtner 7643.
Gagliardi 8000.
Gaidos 7603.
Gaines 7929.
Gallagher 7814.
Galloway 7796.
Galperin 7660.
Galtier 7621.
Galus 7637.
Gangneux 7959.
Gannan 7927.
Gansa 7808.
Gaprindaschwili 7634.
Gardair 7925.
Gardiner B 73.
Garland 7774.
Garrett 7901.
Gąsior 7646.
Gassmann 7889.
Gaudin, J. 7914.
Gaudin, M. 7606.
Gause 7901.
Gauß 7867.
Gauvin 7607.
Gavåt 7712.
Gavin 7739.
Gebauhr 7873. 7905.
Gebhardt 7628.
Geffen 7602.
Gehringer 7959.
Geigy, J. R., Akt.-Ges. 7867. 7868. 7954. 7955. 7957. 7959. 7990.
Geigy Chemical Corp. 7857.
Geilmann 7905.
Gelsenberg Benzin Akt.-Ges. 7964.
Gelsenkirchener Bergwerks-Akt.-Ges. 7954. 7964.
General Aniline & Film Corp. 7869. 7921. 7954. 7960. 8000.
General Electric Co. 7966.
General Mills, Inc. 7999. 8000.
General Motors Ltd. 7904. 7962.
Gentile 7828.
Gentry 7882.
Gerding 7618.
Gerlich 7962.
Germagnoli 7629.
Germer 7645.
Gero B 73.
Gerrard 7669.
Gershenzon 7627.
Gertschuk B 74.
Ghatak 7839.
Gibbs, D. F. 7627.
Gibbs, M. 7806. 7807.
Gibert 7663.
Giddings 7645. 7871.
Gilbert, D. D. 7879.
Gilbert, I. G. F. 7833.
Gilman 7694.
Ginsberg 7671.
Ginsburg 7873.
Giordani B 73.
Girard 7923.
Girzejowski 7892.
Gisser 7714.
Glac 7870.
Gladman 7939.
Glanzstoff-Courtaulds G.m.b.H. 7991.
Glascock jun. 7641.
Glaser 7951.
Glassko 7626.
Glaxo Laboratories Ltd. 7869.
Glew 7699.
Glietenberg 7957.
Glineschi 7712.
Glover 7951.
Gluschkow 7754.
Glynn 7980.
Gobran 7965.
Gobrecht 7621.
Godfrey 7868.
Godtfredsen 7799.
Goebel 7957.
Gönnert 7930.
Görk 7962.
Goerrig 7959.
Göschke 7763.
Goffette 7936.
Goishi 7609.
Golab 7762.
Golberg 7831.
Gold 7616.
Goldansky 7606.
Goldman 7606.
Goldowski 7935.
Goldstein 7947.
Goldsztein 7883.
Golebiowski 7947.
Golikow, A. A. 7942.
Golikow, I. N. 7630.
Golodetz 7668.
Golowin 7969.
Golowisstikow 7961.
Golubew 7612.
Golumbic 7977.
Golyschin 7925.
Gombos 7605.
Gomoll 7849.
Gonick 7870.
Goodhue 7929.
Goodrich, B. F., Co. 7954.
Goodwin 7801.
Goodyear Tire & Rubber Co. 7965.
Gordejew 7626.
Gordon jun., J. A. 7961.
Gordon, M. P. 7800.
Gordon, S. A. 7807.
Gore 7644.
Gorschkow 7712.
Gosar 7625.
Goszczyński 7886.
Gottlieb 7748.
Gotzuljak 7888.
Goubeau 7601. 7690.
Gould 7863.
Gourevitch 7842.
Goutarel 7766. 7768.
Goyer 7664.
Grabowski 7608.
Grace, W. R., & Co. 7901.
Gradnik 7854.
Graf 7942.
Graham, A. K. 7948.
Graham, E. R. B. 7812.
Graham, P. R. 7636.
Graham, R. L. 7635.
Granata 7818.
Grandon B 73.
Grant, D. L. 7821.
Grant, J. K. 7784.
Gratschewa 7714.
Graulich 7964.
Gravenhorst 7938.
Grebenschtschikowa 7653.
Green, B. C. 7711.
Green, L. L. 7608.
Green, M. L. H. 7676.
Greenberg 7826.
Greene, A. J. 7865.
Greene, E. T. 7624.
Greenfield 7785.
Greenhalgh 7684.
Greenwood 7802.
Gregor 7645.
Greminger jun. 7996.
Gretschanik 7628.
Gretschuschnikow 7808.
Grießbach 7643.
Grocott 7893.
Gröbe 7983.
Groenewege 7619.
Grötsch 7782.
Grohmann 7972.
Groizeleau-Miginiac 7713.
Gromowa 7967.
Groombridge 7988.
Gross, E. 7972.
Gross, R. 7812.
Gross, W. H. 7679.
Grosse 7900.
Große-Ruyken 7670.
Grubner 7872.
Gückel 7751.
Guenebaut 7614.
Gugger 7914.
Guglin 7945.
Guidotti 7819.
Guillot 7837.
Guise 7896.
Guljajew, A. P. 7940.
Guljajew, B. B. 7945.
Gumlich 7621.
Gunar 7728.
Gund 7959.
Gundermann 7717.
Gunst 7960.
Gunther B 75.
Gupta, B. N. 7805.
Gupta, K. K. 7606.
Gupta, P. L. 7993.
Gupta, S. C. 7717.
Gupta, U. C. 7916.
Gurewitsch, B. E. 7835.
Gurewitsch, M. I. 7852.
Gurewitsch, W. L. 7625. 7626.
Gurewitsch, W. M. 7692.
Gurwitsch B 74.
Gush 7613.
Gusman 7909.
Gussew 7646.
Gussewa 7789.
Gustafson 7686.
Gustafsson 7608.
Guterman 7947.
Gutterman B 75.
Guy 7846.
Guyer 7965.
Haak 7618.
Haase, A. 7756.
Haase, O. 7992.
Habraken 7934.
Hackel 7735.
Hacskaylo 7625.
Häfliger 7868.
Hägele 7962.
Hagemann 7624.
Hagen 7965.
Haguenauer-Castro 7884.
Hahn, C. 7820.
Hahn, H. 7927.
Haisser 7962.
Hajdu 7946.
Halbach 7874.
Hall, D. V. 7866.
Hall, W. F. 7641.
Haller 7680.
Hallett 7869.
Hálmágyi 7970.
Hamelin 7704.
Hamilton 7609.
Hamlin 7879.
Hammer, C. L. B 73.
Hammer, R. 7938.
Hammond, J. B. 7784.
Hammond, P. V. 7847.
Hamner 7810.
Hampe 7947.
Hampton 7791.
Hána 7871.
Hanna 7607.
Hannon 7937.
Hannsgen 7966.
Hansen jun., O. C. 7779.
Hansen, T. C. 7912.
Hansen-Nygaard 7690.
Hanssen 7974.
Hara 7936.
Harbison-Walker Refractoires Co. 7914.
Harding 7896.
Harington 7849.
Harley 7875.
Harmon 7906.
Harmony 7617.
Harnisch 7903.
Harper, E. M. 7796.
Harper, M. E. 7933.
Harrap 7919.
Harris, B. 7903.
Harris, G. H. 7725.
Harrison, G. R. 7873.
Harrison, J. T. 7665.
Hartkamp 7881.
Hartley 7994.
Hartman 7645.
Hartwig 7960.
Hasell jun. 7873.
Hastings 7790. 7818.
Hatsukade 7603.
Hauck 7889.
Hause 7954.
Hauser 7724.
Havas 7670.
Hayakawa 7634.
Hayashi, K. 7792.
Hayashi, Y. 7689.
Haydee di Tomaso 7802.
Heacock 7810.
Heal 7615.
Hearst 7782.
Heath 7930.
Hecker 7770. 7771.
Heder 7970.

Hedley, T., & Co. Ltd. 7968.
Heel 7689.
Heertjes 7890.
Heger 7986.
Heidemann 7932.
Heimberg 7978.
Heineken 7890.
Heinrich 7682.
Heintze 7805.
Heinz 7964.
Heinzel 7705.
Held 7874.
Helfferich 7646.
Hellwege 7773.
Helprin 7800.
Hemingway 7920.
Hemmes 7949.
Henbest B 73. 7703.
Henkel & Cie. G. m. b. H. 7964. 7965. 7981.
Henker 7898.
Henneberg 7872.
Hennessy 7734.
Hennig 7867.
Henry 7778.
Herberts, Dr. K., & Co., vormals O. L. Herberts 7962.
Hercules 7693.
Hercules Powder Co. 7988.
Herculescu 7948.
Herman, L. 7614.
Herman, Z. 7664.
Hernáez 7658.
Herout 7803.
Herrmann, A. G. 7879.
Herrmann, H. 7962.
Herschbach 7664.
Hertog, Den 7750.
Hertting 7843.
Herzberg 7612.
Heseltine 7877.
Hesford 7662.
Hess 7896.
Heyden Newport Chemical Corp. 7923. 7969.
Heymes 7862.
Hiatt 7800.
Hield 7977.
Higazi 7832.
Hildebrand B 74. 7697.
Hildenbrand 7641.
Hill, R. J. 7819.
Hill, V. G. 7685.
Hillman 7991.
Hillyer 7914.
Himber 7936.
Hinnüber 7944.
Hippe 7965.
Hironaka 7914.
Hirsch 7660.
Hirschhorn 7656.
Hirst 7780. 7781.
Hirche 7849.
Hoak 7828.
Hobler 7892.
Hochachka 7830.
Hochberg 7979.
Hochstetter 7943.
Hökfelt 7816.
Hölemann 7897.
Hofer B 73.
Hofer, K. 7981.
Hoffenreich 7898.
Hoffman, A. S. 7872.
Hoffman, H. E. 7979.
Hoffmann, P. M. 7899.
Hoffmann, R. O. 7879.
Hoffmann — La Roche, F., & Co. Akt.-Ges. 7859.
Hofmann, D. 7699.
Hofmann, F. G. 7785.
Hofstee 7970.
Holborow 7813.
Holdrege 7842.
Holdsworth 7890.
Hole 7914.
Holland 7976.
Holló 7671.
Hollos-Rokosinyi 7875.
Holmes 7900.
Holoubek 7813.
Holub 7814.
Holum B 73.
Homan 7869.
Hombeck 7930.
Homer 7962.
Honda, K. 7946.
Honda, M. 7680.
Honda, S. I. 7808.
Honda, Y. 7895.
Honeyman 7702.
Hooker Chemical Corp. 7965.
Hopkins 7602.
Hori 7825.
Horio 7824.
Hornstein 7978.
Horvath 7893.
Hoshino 7797.
Hostettler 7966.
Hotta 7825.
Houdry Process Corp. 7965.
Hough 7699. 7781.
House 7736.
Houser 7980.
Houten, Van 7948.
Hovenkamp 7789.
Howard 7898.
Howe 7782.
Hsia 7830.
Huang 7830.
Hubele 7705.
Huchting 7717.
Hudcová 7971.
Hückel 7705. 7708. 7709.
Hüning 7956.
Huet 7802.
Hüttig 7671.
Huff 7993.
Huffmann 7989.
Hug 7947.
Huggins 7773.
Hughes, O. H. 7628.
Hughes, W. 7903.
Huizenga 7609.
Hukue 7718.
Hume-Rothery 7659.
Hunkár 7844.
Hunt 7842.
Hurd 7628.
Hussey 7705.
Hutcheson jun. 7915.
Hutchin 7609.
Huzita 7603.
Ibragimov 7610.
Ichihara 7794.
Iddings 7609.
Iesdlin B 73.
Iglesias Castaño 7880.
Ignatowa 7910.
Iguchi 7855. 7856.
Iida 7631.
Iijima 7867.
Iismaa 7887.
Ikeda 7848.
Ikegami 7719.
Iljitsch 7687.
Iljuchin 7850.
Illustre 7877.
Imada 7794.
Imai, H. 7636.
Imai, K. 7776.
Imbesi 7804. 7828.
Imperial Chemical Industries of Australia and New Zealand Ltd. 7991. 8000.
Imperial Chemical Industries Ltd. 7866. 7958. 7959. 7960. 7964. 7986.
Inagaki 7777.
Ingraham 7602.
Inopin 7604.
Inoue 7989.
Inscoe 7847.
Institut für Chemie und Technologie der Plaste 7964.
Ioan 7856.
Ionowa 7885.
Ions Exchange & Chemical Corp. 7999.
Iovițiu 7939. 7945. 7946.
Ippolito 7681.
Irick 7772.
Isaacs 7774.
Ishibashi 7880.
Ishida 7663.
Ishii 7680.
Ishikawa 7898.
Ishioka 7963.
Ishizuka 7795.
Iso 7605.
Ison 7951.
Issakhanian 7681.
Issleib B 75.
Isstomina 7885.
Issupow 7941.
Itô, Yoshio 7985.
Itō Yukio 7668. 7669.
Iwadare 7748.
Iwakura 7719. 7778. 7983. 7989.
Iwamoto 7633.
Iwanow, N. P. 7687.
Iwanow, W. A. 7907.
Iwanow, W. I. 7612.
Iwanow, W. W. 7699.
Iwanow-Cholodny 7612.
Iwanowa, S. I. 7925.
Iwanowa, S. N. 7846.
Iwao 7868.
Iwasaki 7988.
Izdebski 7756.
Jablonski, A. W. 7850.
Jablonski, J. A. 7933.
Jablonski, P. A. 7896.
Jachontowa 7665.
Jackman 7796.
Jackson, H. L. 7902.
Jackson, R. 7974.
Jackson, R. W. 7972.
Jacob, H.-E. 7798.
Jacob, R. M. 7868.
Jacobs 7875.
Jacobsen 7882.
Jacobshagen 7684.
Jacobson jun. 7711.
Jacquier 7730. 7731.
Jäger 7760. 7761. 7762.
Jaehn 7953.
Jaggs 7982.
Jahnsen 7799.
Jailer 7814.
Jakowlew 7793.
Jakowlewa 7881.
Jakubowitsch 7720.
Jakuszewski 7641.
Jambrich 7985.
James, J. G. 7961.
James, R. A. 7906.
Jamsin 7647.
Janák 7872.
Janda 7891.
Janíček 7871.
Janik 7892.
Janin 7627.
Jann 7922.
Janot 7766. 7768.
Jarzew 7941.
Jasim 7881.
Jasiorowski 7978.
Jaskólska 7899.
Jassinskaja 7912.
Javelle 7932.
Javes 7634.
Jaz 7727.
Jeanloz 7758.
Jedlička 7625.
Jedneral B 75.
Jedrusiak 7982.
Jefferson Chemical Co., Inc. 7868.
Jeger 7869.
Jegorow 7727.
Jegorowa 7953.
Jeitner 7897.
Jelínek 7953.
Jemeljanow 7967.
Jeney 7839.
Jenkner 7902.
Jennings, R. B. 7826.
Jennings, W. G. 7977.
Jensen, H. B. 7711.
Jensen, K. A. 7602.
Jensen, S. L. 7796.
Jeremenko 7614.
Jermatow 7645.
Jermolenko 7646.
Jerschow 7750.
Jewdokimowa 7960.
Jezsik 7792.
Jimenez 7710.
Jimenez Diaz 7817.
Jochems 7898.
Jogarao 7870.
Johansen 7628.
John 7607.
Johns-ManvilleCorp. 7979.
Johnson, A. C. J. 7640.
Johnson, G. E. 7842.
Johnson, J. F. 7872.
Johnson, P. C. 7954.
Johnson, R. E. 7635.
Johnson & Johnson 7980. 8000.
Johnston, M. J. 7781.
Johnston, R. G. 7874.
Jonchère 7837.
Jones, D. N. 7703.
Jones, G. 7611.
Jones, H. A. 7927.
Jones, J. K. N. 7758.
Jones, J. W. 7835.
Jones, L. H. 7809.
Jones, R. C. 7994.
Jonge, de 7847.
Jordan jun. 7962.
Jorysch 7977.
Joshi, G. V. 7801.
Joshi, M. S. 7652.
Joshi, R. V. 7620.
Jošt, K. 7815.
Jost, W. 7995.
Joyce 7650.
Judin 7938.
Jung 7918.
Juni 7797.
Jutila 7899.
Kabakow 7814.
Kaczér 7630.
Kaffka 7894.
Kahane 7804.
Kahlweit 7649.
Kahng 7626. 7627.
Kaidanow 7628.
Kainarski 7907. 7910.
Kaiser 7803.
Kali-Chemie Akt.-Ges. 7902. 7967.
Kalinin B 74.
Kalle & Co. Akt.-Ges. 7990.
Kalliga 7911.
Kalliokoski 7682.
Kalmus 7754.
Kamat 7813.
Kamentschik 7909.
Kamernitzki 7729.
Kamihara 7822.
Kaminskaja 7841.
Kammerlehner 7976.
Kanda, F. A. 7901.
Kanda, I. 7983.
Kanda, Z. 7845.
Kandiljotiss 7829.
Kanegafuchi Boseki Kabushiki Kaisha 7990.
Kanegafuchi Kagagu Kogyo KabushikiKaisha 7989.
Kaneko 7888.
Kang 7640.
Kanou 7779.
Kapeller-Adler 7792.
Kappey 7897.
Kar 7786.
Karapetjanz 7648.
Karczmar 7848.
Karimow 7837.
Karnojitzky 7776.
Karpfel 7834.
Karpjuk 7889.
Karpowitsch 7692.
Kasankin 7621.
Kasanskaja 7796.
Kasatschkowski 7895.
Kasimirow 7948.
Kassawina 7833.
Kassay 7844.
Kassenaar 7789.
Kassimowa 7952.
Kasten 7887.
Kastning 7964.
Kataoka 7812.
Kateman 7633.
Katibnikow 7646.
Katz 7610.
Kauchowa 7748.
Kaufman, E. 7800.
Kaufman, J. J. 7648.
Kaufmann 7869.
Kaulla, v. 7822.
Kawabata 7823.
Kawagishi 7986.
Kawamoto 7946.
Kawanisi 7718.
Kawasaki 7779.
Kawski 7621.
Kay 7870.
Kean 7833.
Keck, J. 7663.
Keck, M. H. 7965.
Kędzierska 7985.
Keil, A. 7946.
Keil, B. B 75.
Keler 7911.
Keller, C. 7671.
Keller, W. 7903.
Kelly 7649.
Kemp, D. M. 7663.
Kemp, N. 7873.
Kemula 7637.
Kendall Co. 8000.
Kennedy, A. J. B 75.
Kennedy, J. G. 7956.
Keough 7980.
Kepes 7790.
Kerex Proprietary Ltd. 7981.
Kerimow 7690.
Kerker 7775.
Kerner 7971.
Kerrigan 7686.
Kesler 7756.
Kessler 7873.
Kestenbaum 7898.
Kettel 7865.
Keuning 7632.
Khan 7915.
Khanh 7606.
Khanna 7617.
Khanolkar 7813.
Khizhnyak 7610.
Kibissow 7874.
Kido, H. 7634.
Kido, T. 7855.
Kiehne 7962.
Kien 7849.
Kikuchi 7630.
Kilpatrick 7974.
Kim 7848.
Kimball 7939.
Kimura 7984.
King 7901.
King, McL. G., Co. 7930.
Kingsley 7889.
Kinna 7944.
Kinoshita, A. 7989.
Kinoshita, S. 7973.
Kinson 7605.
Kirenski 7630.
Kirjuchin 7808.
Kirschbaum 7893.
Kishida 7914.
Kiss 7917.
Kisselew 7696.
Kita 7636.
Kitay 7814.
Kitt 7936.
Kiyoura 7642.
Klapp B 75.
Klappert 7959.
Klare 7983.
Klebanow 7841.
Kleczkowski 7978.
Klee 7632.
Kleemann 7601.
Kleezaat 7670.
Kleimon 7982.
Klein, C. A. 7650.
Klein, D. X. 7923.
Klein, E. 7972.
Klein, H. C. 7979.
Klein, R. F. 7844.
Kleinbaum 7822.
Kleinzeller 7832.
Klemm 7601.
Kletschkowski 7613.
Klimenko 7802.
Kljatschko 7881.
Kljutscharow 7912.
Kljutscherow 7908.
Klötzer 7753.
Knapsack-Griesheim Akt.-Ges. 7903. 7906.
Knežević 7664.
Kniaginin 7940.
Knipe 7622.
Knipp 7891.
Knobloch 7962.
Knoop 7834.
Knorre B 74.
Knypl 7810.
Kobayashi, F. 7988.
Kobayashi, Jun-ichi 7687.

Kobler 7867.
Kobosew 7667.
Koch, L. 7680.
Koch, R. C. 7871.
Kockova-Kratochvílová 7971.
Köhler 7606.
König 7922.
Körös 7665.
Köster 7916.
Köttl B 76.
Kötz 7925.
Kofman 7756.
Koguchi 7826.
Kojima 7795.
Kokaku Jinken Pulp Kabushiki Kaisha 7989.
Koketsu 7848.
Kołaciński 7985.
Kolb 7643.
Kolbassowa 7911.
Kologrivov 7680.
Kolomijetz 7628.
Kolosskowa 7631.
Koltermann 7619.
Komissarow 7837.
Kondo, H. 7888.
Kondô, K. 7718.
Kondrachina 7913.
Kondratjewa 7736.
Konigsberg 7819.
Koninklijke Industrieele Mij. voorheen Noury & van der Lande N.V. 7954.
Kono 7845.
Konoplewa 7612.
Konrad-Jakovac 7878.
Kopeikin 7911.
Kopp, G. 7959.
Kopp, R. 7847.
Koppers Co., Inc. 7964.
Koppers, H., G.m.b.H. 7954.
Kopwillem 7631.
Kopystyński 7608.
Kordes 7614.
Kordesch 7899.
Korematsu 7989.
Koreman 7881.
Korican 7999.
Korn 7963.
Korneitschuk 7668.
Korten 7985.
Kortschagina 7925.
Korvezee 7641.
Korzun 7999.
Koshewnikow 7666.
Koshino 7848.
Koslow 7738.
Koslowa 7881.
Kosower 7699.
Kossitzyn 7662.
Kossmodemjanski 7967.
Kossogolow 7908.
Kosst 7750.
Kosstin 7967.
Kosugi 7989.
Kotschergina 7825.
Kotyk 7832.
Kotz 7633.
Kouris 7779.
Kowalewski 7760. 7761.
Kowalska 7607.
Kowner 8787.
Koyama 7880.
Kozasa 7848.
Kracker 7960.
Krainick 7818.
Krainowa 7881.
Kramers 7890.
Krapcho 7712.
Krassnoussow 7720.
Krassnowa 7829.
Krassnowski 7806.
Kratohvil 7775.
Krause 7702.
Krauskopf 7684.
Krauss 7973.
Krejči 7872.
Kremzner 7795.
Kressman 7899.
Kresze 7724.
Kriegel 7652.
Krishna Murti, C. R. 7786.
Krishna Murti, G. S. R. 7680.
Kritschewski 7695.
Krivit 7826.
Kriwoi 7907.
Krogmann 7807.
Królikowski 7603.
Krouser 7609.
Kruglikowa 7749.
Krupp 7816.
Krylowa 7615.
Kubassowa 7874.
Kubin 7827.
Kubitschek 7775.
Kubota 7895.
Kuchtenko 7910.
Kučirek 7638.
Kudrjaschow 7836.
Kudrjawzewa 7736.
Kühn, H. 7919.
Kühn, W. 7930.
Kuhn, E. M. 7964.
Kuhn, M. 7867.
Kukalenko 7756.
Kukolja 7721.
Kukuschkin 7668.
Kulbowskaja 7714.
Kuliński 7941.
Kulka 7723.
Kulkarni, B. S. 7753.
Kulkarni, K. D. 7753.
Kulp 7680.
Kummerow 7717.
Kun, de 7681.
Kundrat 7976.
Kunitake 7660.
Kupzog 7938.
Kuraishi 7752.
Kurihara 7664.
Kuriyama 7989.
Kuroda 7686.
Kurokawa 7986.
Kurowski 7978.
Kurssanow 7727.
Kurz 7705.
Kurzin 7823.
Kusaka 7878.
Kuschnarew 7786.
Kusmin 7661.
Kusnezow 7666.
Kuster 7957.
Kuwabara 7832.
Kyowa Hakko Kogyo Kabushiki Kaisha 7973.
Kyzlink 7974.
Labenski 7765.
Laboratoires Français de Chimiothérapie 7862. 7867.
Lacko 7869.
Lacmann 7649.
Lacroix 7996.
Lagoda 7972.
Lahiri 7991. 7992. 7993.
Lainé, F. 7766.
Laine, J. J. 7975.
Laletin 7605.
Lalk 7961.
Lamar 7966.
Lambert 7963.
Lamberti 7981.
Lamphere 7609.
Landau, B. R. 7790.
Landau, L. 7665.
Landolt-Börnstein B 74.
Lane 7878.
Lang, E. W. 7968.
Lang, K. 7902.
Lange 7942.
Langhammer 7896.
Langworthy 7894.
Lanham 7955.
Lanzo 7968.
Lapin 7836.
Laporte Chemicals Ltd. 7900.
Laporte Titanium Ltd. 7905.
Laptei 7630.
Lapti 7616.
Lasarjanz 7967.
Laschko 7881.
Laskin 7864.
Lasko 7656.
Lasman 7962.
Lasoski jun. 7778.
Lassner 7879.
László, A. 7639.
Laszlo, D. 7814.
Laszlovszky 7881.
László 7971.
Latasch 7939.
Latham B 74.
Latta 7787.
Lattrell 7771.
Laue 7944.
Launoy 7837.
Laurent 7782.
Laurentis, de 7794.
Laurie 7918.
Lavedrine 7838.
Lawrence 7979.
Lawrowskaja 7712.
Lawton 7918.
Layrisse 7830.
Leaderman 7774.
Leak 7819.
Leather 7995.
Lebed 7933.
Lebedew 7941.
Lebowitz 7664.
Lechartier 7743.
Lechat 7854.
Lecocq 7640.
Lecomte 7617.
Le Dizet 7801.
Lee, F. A. 7974.
Lee, J. C. 7894.
Lee, S. C. 7823. 7828.
Leeds 7964.
Leeson 7864.
Leeuwen, van 7638.
Lefever 7618.
Legendre 7897.
Legrand 7949.
Legutke 7998.
Lehmann 7619.
Leibowitz 7962.
Leider 7659.
Leikin 7940.
Lein 7798. 7842.
Leitess 7727.
Lelli 7890. 7893.
Lennhartz 7940.
Leon 7815.
Leonard 7949.
Leprince-Ringuet 7621.
Lerner 7864.
Lesbre 7673.
Lesnewich 7948.
Leszczyńska 7899.
Leto 7677.
Letzko 7913.
Leuschner 7896.
Leuven, van 7606.
Levaux 7937.
Levelink 7935.
Levine 7988.
Levinson 7682.
Levitt 7846.
Lewis, D. A. 7964.
Lewis jun., F. R. 7616.
Lewis, G. P. 7634.
Lewis, K. H. 7976.
Li 7815.
Liang 7879.
Libby 7774.
Lidiard 7657.
Lienhop 7978.
Lieseberg 7991.
Likeš 7658.
Limanskaja 7911.
Linden, Van der 7979.
Lindigkeit 7797.
Lindner, E. 7858.
Lindner, R. 7653.
Lindsay 7657.
Linko 7975. 7976.
Linnewiel 7691.
Lipetz 7969.
Lipowetzkaja 7845.
Lipowski 7998.
Lipschitz 7837.
Lipscomb 7653. 7654.
Little jun. 7993.
Litvan 7857. 7954.
Litwak 7969.
Ljubetzki 7835.
Ljubin 7628.
Lober 7964.
Lobo 7632.
Locher 7950.
Lochner 7849.
Loew 7965.
Logan 7952.
Lohrie 7950.
Loitzjanski B 74.
Lomagin 7942.
Lommatsch 7964.
Lorck 7799.
Lorensen 7994.
Lorentz 7904.
Lorenz 7971.
Lorenzoni 7681.
Loshkin B 73.
Łoskiewiczowa 7892.
Loughlin 7879.
Louis 7983.
Louisfert 7619.
Louthan 7929.
Loveridge B 75.
Lowe 7873.
Lubatti 7921.
Lubrizol Corp. 7994.
Lucas 7894.
Lucchini 7603.
Lüty 7615.
Luitjen 7925.
Lukjanowa 7991.
Lumme 7694.
Lurje 7642.
Lutschnik 7783.
Lyon 7906.
Lyons 7774.
McAdams 7693.
McAndrew 7949.
McArthur 7948.
McCall 7926. 7927.
McCauley 7603.
McClintock 7644.
McConnell, H. M. 7692.
McConnell, R. L. 7926. 7927.
McCool 7605.
MacDonald, D. L. 7757.
McDonald, I. 7888.
McDonald, P. 7919.
McDonnell 7921.
McDowell 7693.
McFall 7949.
MacFarlane, H. 7792.
Macfarlane, M. H. 7608.
MacGlashan 7694. 7695.
MacGregor 7605.
Macnida 7982.
Machmudbekowa 7992.
Maciag 7656.
Mackay, A. L. 7653.
McKay, H. A. C. 7662.
Mackenzie, C. G. 7828.
Mackenzie, J. B. 7828.
McKeown 7973.
McKetta 7640.
McKinnell 7781.
Mackler 7787.
Maclagan 7831.
McLaughlin, H. E. 7969.
McLaughlin, R. W. 7966.
McLaughlin Gormley King Co. 7930.
McWeeny 7602.
Madaus, J. H. 7902.
Madden jun. 7656.
Maeda 7776.
Maeder 7959.
Mäsiar 7821.
Magee 7881.
Maggio, Di 7838.
Maggiolli Novais 7610.
Maggiorelli 7856.
Magidsson 7754.
Magill 7778.
Maglio 7843.
Magnac-Valette 7607.
Magovern 7906.
Magri 7968.
Mahadevan 7888.
Mahler 7981.
Maickel 7844.
Maier 7960.
Mairanowski 7694.
Maire 7670.
Maisel, G. M. 7932.
Maisel, J. I. 7934.
Majer 7683.
Majkowska 7883.
Major 7792.
Majumdar 7805.
Makarow 7720.
Makarowa 7911.
Makin 7716.
Makogon 7908.
Makrides 7637.
Maksymiuk 7900.
Malek 7869.
Malhotra 7816.
Malicskó 7615.
Malinckrodt Chemical Works 7869.
Malissa 7884.
Malmberg 7605.
Mamedow 7679.
Mandell 7693.
Mándi 7971.
Manelli 7815.
Manners 7780.
Mans 7633.
Manssurow 7839.
Mantegazzini 7848.
Manz 7626. 7627.
Manzo 7842.
Mapstone 7876.
Maranz 7909.
Marcianno da Silva 7610.
Marcu 7605.
Marcus 7977.
Marczenko 7877.
Mardanow 7992.
Marguin 7608.
Marinelli 7681.
Marioni 7603.
Mark 7773.
Marker 7779.
Markin 7695.
Markow, K. I. 7796.
Markow, P. K. 7605.
Markus 7940.
Marmo 7844.
Maron 7983.
Maroni 7701.
Maroni-Barnaud 7701.
Marót 7647.
Marr, A. G. M. 7812.
Marr, H. E. 7655.
Marro 7836.
Marrone 7834.
Marsal 7899.
Marshall, D. C. 7974.
Marshall, J. G. 7900.
Marshall, K. R. 7850.
Marshall, T. 7936.
Marsuwanow B 74.
Martenson 7895.
Martin, F. S. 7895.
Martin, L. E. 7831.
Martin, R. 7993.
Martin, R. W. 7966.
Maruya 7895.
Maruyama, Masao 7856.
Maruyama, Masuteru 7936.
Marvillet 7996.
Mascré 7935.
Mashbitsch 7835.
Maślanka 7931.
Mason 7779.
Massimilla 7896.
Masterson 7665.
Masumoto 7949.
Matarazzo 7815. 7816.
Mateo 7883.
Máthé 7844.
Mathieu 7618.
Matijević 7775.
Matsen 7647.
Matsukawa 7689.
Matsumoto, M. 7776. 7777.
Matsumoto, O. 7634.
Matsumura 7794.
Matsunaga 7693.
Matsushima 7838.
Matter 7867.
Mattern 7677.
Mattick 7974.
Matzojan 7714.
Maucher, A. B 75.
Maucher, D. 7705.
Mauri, Leandro 7982.
Mauri, Luis 7982.
Mauroy 7979.
Maximowa 7725.
Maximowitsch 7939.
Maxton 7963.
Maxwell 7999.
May 7995.
Mayberry 7815.
Mayer, M. 7700.
Mayer, W. 7690.
Mazanec 7658.
Mazzoni, G., S. p. A. 7981.
Mazzucchelli 7965.
Mead 7833.
Medick 7869.
Medowar 7939.
Medwedew B 74.
Meeron 7638.
Meerssche, van 7632.
Mehne 7903.
Mehrotra, R. C. 7671. 7874.
Mehta, M. L. 7606.
Metha, N. B. 7733.
Meienhofer 7815.
Meier 7859. 7867.
Meinold 7897.

Meissner 7636.
Melamed 7978.
Melichar 7852.
Mellor 7677.
Melnikow 7725. 7756. 7925.
Melsen, van B 73.
Meltzer 7929.
Men 7643.
Mengel 7920.
Menzel 7745.
Menzies 7887.
Merchant 7937.
Merck & Co., Inc. 7867. 7868. 7869.
Merian 7960.
Merrell, S., Co. Wns. 7857.
Merten, D. 7834.
Merten, R. 7965.
Metall & Thermit Corp. 7905.
Metallgesellschaft Akt.-Ges. 7902.
Meus 7937.
Meyer, E. 7771.
Meyer, F. 7962.
Michailetz 7909.
Michailow 7722.
Michałowski 7931.
Michard 7931. 7932. 7936. 7937.
Michaux 7936.
Michel 7660.
Michlin 7793.
Miclosi 7950.
Miele 7844.
Mihola 7964.
Mikami 7990.
Mikulski 7646.
Milano 7815.
Milazzo 7613.
Millan, M., & Bloedel Ltd. 7899.
Miller, D. R. 7906.
Miller, H. C. 7902.
Miller, J. N. B. 7759.
Miller, O. N. 7788.
Miller, P. A. 7869.
Miller, W. J. 7932.
Miller, W. R. 7729.
Milligan 7723.
Millikan 7994.
Mills, G. A. 7712.
Mills, G. T. 7796.
Milner 7992.
Milschenko 7910.
Miluschkowa 7881.
Minakami 7787.
Minami 7680.
Minczewski 7874.
Ming 7849.
Minkoff B 74.
Minkowitsch 7909.
Minnesota Mining & Mfg. Co. 7962. 7990. 7999.
Minor 7842.
Mirčevová 7789.
Miron 7693.
Mironow, A. G. 7626.
Mironow, W. F. 7722.
Mirsojan 7841.
Misenheimer 7972.
Mistrík 7952.
Mitchell 7711.
Mittal 7874.
Mittempergher 7681.
Mitzushima 7696.
Miyake 7794.
Mladenow 7714.
Mndshojan 7742.
Moccia 7648.
Mögle 7709.
Moenke 7884.
Mössner 7708.
Moest 7655.
Mohammad 7807.
Mohnke 7872.
Mohr 7943.
Mojžiš 7879.
Mokranjac 7843.
Mollenhauer 7974.
Molotilow 7630.
Monitsch 7749.
Monod 7790.
Monroe 7950.
Monsanto Chemical Co. 7902. 7921.
Monseur 7768.
Montecatini Soc. Gen. per l'Industria Mineraria e Chimica 7906. 7922. 7962. 7964. 7968.
Montenegro 7815.
Montgomery 7974.
Montigel 7854.
Montmollin, de 7914.
Mooney 7669.
Moore, A. 7657.
Moore, C. T. 7937.
Moore, J. A. 7769.
Moore, P. 7939.
Moore, S. T. 7989.
Mor 7833.
Morcom 7694. 7695.
Morehouse jun. 7964.
Morgan, A. D. 7935.
Morgan, D. J. 7677.
Morgan, R. A. P. 7948.
Morgan, V. 7906.
Morgenstern 7620.
Mori 7637.
Morimoto 7718.
Morino 7794.
Morisue 7794.
Morlin 7615. 7661.
Morotomi 7856.
Mors 7748.
Mory 7960.
Mosbach 7829.
Mosettig 7769.
Moss 7868.
Mostardini 7968.
Mottelson 7629.
Moulton 7691.
Moura Campos 7735.
Moussa 7608.
Müh 7686.
Mühlberger 7972.
Müller, F. 7962.
Müller, K. 7983.
Müller, L. 7997.
Müller-Hill 7818.
Muhury 7809.
Mukherjee, A. K. 7876.
Mukherjee, R. 7888.
Mulgaonkar 7820.
Muller, G. J. 7963.
Muller, P. 7987.
Muller, S. A. 7864.
Mulley 7964.
Mulryan 7966.
Mulziani 7840.
Mundie 7873.
Muneyuki 7777.
Munk 7917.
Munroe 7894.
Murár 7821.
Murata 7963.
Murawtschik 7952.
Murgulescu 7619.
Murin 7642.
Murphy 7779.
Murray jun. 7994.
Murrell 7697.
Murty 7993.
Musiani 7789.
Mussabajew 7789.
Mussachanjan 7714.
Musser 7865.
Mussolin 7969.
Muth 7930.
Myers, G. S. 7739.
Myers, R. J. 7617.
Mykura 7657.
Myron 7932.
Mysels 7870.
N. V. de Bataafsche Petroleum Mij. 7906. 7995.
N. V. Nutricia 7979.
N. V. Onderzoekingsinstituut Research 7966.
N. V. Organon 7868. 7869.
N. V. Philips' Gloeilampenfabrieken 7898. 7925.
Nădășan 7939.
Nagai, K. 7983.
Nagai, T. 7838.
Nagaoka 7937.
Nagarajan 7613.
Nagase 7855. 7856.
Nagayama, S. 7696.
Nagowitzyn 7941.
Naiman 7700.
Naito 7776.
Nakagawa 7777.
Nakajima, A. 7777.
Nakajima, M. 7983.
Nakamura, H. 7914.
Nakamura, S. 7937.
Nakamura, Y. 7726.
Nakane 7664.
Namasow 7953.
Namorado Rosa 7610.
Nangniot 7978.
Nanninga 7811.
Narang 7747.
Narayanan, C. R. 7766.
Narayanan, U. H. 7870.
Narisada, M. 7690.
Narten 7610.
Nasarow 7716. 7749.
Nasledov 7627.
Natali 7603.
Nathans 7659.
National Dairy Products Corp. 7980.
National Lead Co. 7907. 7961.
Natta 7773. 7774.
Nauenberg 7604.
Naumann, F. K. 7602.
Naumann, H. 7852.
Naumenko 7720.
Naumow 7648.
Naumowitsch 7913.
Nauta 7847.
Navarre, De B 76.
Navellier 7975.
Nayler, J. H. C. 7869.
Nazarov 7610.
Necheles 7949.
Neeb 7873.
Neff 7712.
Nehmtow 7642.
Neidlein 7715.
Nekraschewitsch 7623.
Nelson, D. J. 7685.
Nelson, I. V. 7633.
Nemanick 7866.
Nentwig 7989.
Nerney 7986.
Nes 7772.
Ness 7756.
Nessmejanow 7727.
Neuhaus 7930.
Neumann, J. A. 7962.
Neumann, K. 7975.
Neveu 7819.
Newey 7965.
Newman, D. G. 7884.
Newman, G. 7619.
Newman, M. S. 7710.
Newman, P. C. 7625.
Newsorowa 7845.
Ney jun. 7990.
Nicholas, H. J. 7851.
Nicholson 7840.
Nickel, E. 7683.
Nickel, H. 7960.
Nicolaus 7800. 7960.
Nicot 7908.
Nielsen 7991.
Nieper 7850. 7851.
Nierenberg 7606.
Nigon 7901.
Nikkilä 7975. 7976.
Nikolajew, A. I. 7800.
Nikolajew, G. M. 7749.
Nikolajew, M. N. 7612.
Nikolaus 7610.
Nikolinski 7714.
Nikolow, N. A. 7825.
Nikolow, P. 7837.
Nikolski 7612.
Nilsson, J. 7603.
Nippon Reyon Kabushiki Kaisha 7988.
Nishimura, Y. 7794.
Nishiyama, A. 7855. 7856.
Nishiyama, N. 7888.
Nisselsson 7674.
Nix 7686.
Nölken 7755.
Nomine 7868.
Nomoto 7914.
Nopco Chemical Co. 7868. 7954. 7966. 7979. 7998.
Norin 7685.
Norman, A. G. 7810.
Norman, N. 7779.
Norman, W. S. 7893.
Normann 7947.
Norris 7976.
Norrish 7664.
North American Philips Co., Inc. 7929.
Norwich Pharmacal Co. 7869.
Nosik 7647.
Notkins 7785.
Novak, L. 7868.
Novelli 7833.
Novello, F. C. 7867.
Nowikow 7612.
Nowosselzewa 7851.
Noyori 7989.
Nützel 7964.
Nutt 7892.
Nutting 7888.
Oakey 7816.
Oates 7900.
Obelode-Dönhoff 7683.
Obika 7867.
O'Connor 7954.
Oelnossewzew B 74.
Örne 7901.
Oertel 7814.
Ogata, S. 7777.
Ogawa, S. 7826.
Ogiermann 7934.
Okáč 7878.
Okamato 7898.
Okamura 7776. 7777. 7988.
Okanishi, T. 7697.
Okawara 7990.
Okuda, Kunio 7826.
Okuda, Kyuichiro 7785.
Oleson 7869.
Olin Mathieson Chemical Corp. 7861. 7864. 7901. 7902. 7995.
Olive B 73.
Oliveto 7862.
Ondik 7654.
Onsager 7632.
Ooka 7946.
Orabona 7815.
Orăşeanu 7944.
Organon Laboratories Ltd. 7864. 7869.
Orlowa 7912.
Ormerod 7774.
Ormonaterapia Richter S.p.A. 7861.
Orth 7835.
Osche 7952.
Oschujewa 7705.
Ossipow 7941.
Osstaptschenko 7675. 7676.
Osstroumow B 73.
Osterberg 7787.
O'Sullivan 7724.
Ōta 7984.
Otero de la Gándara 7671.
Ottendorfer 7871.
Ottolenghi 7831.
Overbeek, G. A. 7864.
Overbeek, J. T. G. B 74.
Owen 7945.
Owens B 75.
Owens-Illinois Glass Co. 7913.
Oyawoye 7684.
Paddock 7906.
Paderno 7674.
Padfield 7974.
Padmanaban 7624.
Paget 7887.
Palazzolo 7866.
Paleček 7784.
Palisstrant 7615.
Palko 7665.
Palm 7780.
Palmer, A. R. B 73.
Palmer, D. W. 7652.
Palmer, R. F. 7829.
Palmeras 7962.
Palmerio 7849.
Palmour III 7652.
Palmquist 7962.
Pammer 7898.
Pandres jun. 7647.
Pankow 7931.
Pankratowa 7909.
Pannetier, G. 7614.
Panse 7813.
Pantaloni 7782.
Pantschenko 7647.
Papajan 7742.
Papakin 7910.
Papasowa 7814.
Papoušek 7613. 7638.
Parham B 73.
Pariaud 7705.
Parikh 7607.
Pariser 7968.
Paritzki, L. G. 7626.
Paritzki, S. N. B 75.
Park 7990.
Parke, Davis & Co. 7923.
Parness 7727.
Parpaillon 7996.
Parr 7981.
Parran 7968.
Parsons 7832.
Parthasarathi 7807.
Paschajew 7643.
Pasternak 7629.
Patalong 7898.
Patani, M. J. 7644.
Patani, P. J. 7644.
Paterson 7683.
Patino 7918.
Patki 7726.
Pauligk 7997.
Paulson, R. 7873.
Pawlow B 74.
Paz 7830.
Pazur 7808.
Peach 7620.
Pearson, J. D. 7877.
Pearson, R. K. 7902.
Pease 7949.
Peck jun., C. F. 7895.
Peck, R. E. 7640.
Pederson 7974.
Pedley 7695.
Pedrazzoli 7854.
Peel 7907.
Peerman 8000.
Pejewa 7605.
Pekerman 7621.
Pellegrini 7922.
Pellerin 7830.
Pelzel 7942.
Penasse, L. 7868.
Pennings 7779.
Pennsylvania Industrial Chemical Corp. 7982.
Pentin 7692.
Peppel 7868.
Percival 7781.
Peressipkin 7888.
Perewalowa 7727.
Perez 7877.
Perez Y Jorba 7673.
Perfilow B 73.
Perfogit S.p.A. 7965. 7991.
Perham 7680.
Periti 7791. 7794.
Perkins 7968.
Perlin 7615.
Permachem Corp. 7987.
Permutit Co. Ltd. 7899.
Perosa 7795.
Perrett 7645.
Perrier 7847.
Perry, G. A. 7979.
Perry, M. B. 7758. 7781.
Perry, W. M. 8000.
Pertrix-Union G.m.b.H. 7899.
Perur 7786.
Pesente 7836.
Pessin 7748.
Peterson, M. A. 7645.
Peterson, M. D. 7883.
Petoschina 7621.
Petragnani 7735.
Petroll 7896.
Petrov 7722.
Petrović 7836.
Petrow 7727.
Petrussewitsch 7674.
Petterson 7994.
Peuster 7610.
Pfab 7884.
Pfizer, C., & Co., Inc. 7859. 7865. 7954.
Pförtner, H. 7689.
Pfundt 7877.
Phaal 7651.
Phenix Works Soc. An. 7962.

Philipp 7983.
Phillipps 7869.
Phillips, G. C. 7606.
Phillips, G. O. 7711.
Phillips Petroleum Co. 7929.
Piątkowski 7899.
Piazza, M. 7836.
Piazza, Mario 7968.
Pichler 7880.
Pickering 7775.
Pickett 7993.
Pielou 7921.
Pieroen 7641.
Pieterse 7750.
Pietsch 7880.
Pikl 7968.
Piliego 7795.
Piness 7660.
Pinna 7818.
Pinner 7777.
Pino Pérez 7883.
Piotrowski 7942.
Pitrot 7961.
Pittsburgh Plate Glass Co. 7904. 7903.
Plane 7617.
Platonowa 7882.
Plessis, Du 7652.
Plesskow 7627.
Plischkin 7783.
Poddubny 7841.
Podmore 7848.
Podnek 7892.
Podporina B 75.
Podynogin 7938.
Pogorzelski 7890.
Pohl 7778.
Poleti 7836.
Polievka 7952.
Pollard 7609.
Pollmann 7782.
Pollnow 7870.
Pollock 7616.
Poltawa 7796.
Polubojarinow 7909. 7911.
Polymer Corp. 7966.
Polymer Corp. Ltd. 7954. 7967.
Ponomarenko 7665.
Popescu 7911.
Popov 7870.
Popowa, A. W. 7823.
Popowa, N. M. 7882.
Porai-Koschitz 7655.
Porath 7780.
Porfirjewa 7842.
Portalski 7891.
Porter, G. 7663.
Porter, R. F. 7641.
Porter, R. S. 7872.
Portnoy 7714.
Poschkuss 7696.
Pospíšil 7953.
Postel 7975.
Potapow 7960.
Poulet 7618.
Powell, D. B. 7619.
Powell, W. M. 7603.
Powers, M. J. 7974.
Powers, W. H. 7932.
Prasad, K. 7816.
Pratt 7677.
Preibisz 7608.
Preobrashenskaja 7967.
Prettre 7668.
Preuss 7847.
Prévost 7699.
Prey 7601.
Preziosi 7844.
Přibil 7880.
Pridham 7699.
Pringle 7615. 7635.
Prins 7779.
Prisco, di 7786.
Pritchard 7692.
Procter & Gamble Co. 7968.
Prosser 7607.
Provazník 7879.
Providencia, Da 7606.
Pryor 7775.
Przybylski 7973.
Pszonicki 7874.
Pučar 7878.
Pudikow 7910.
Puerta Cabañés 7661.
Pütter 7745.
Pungor 7875. 7878.
Pure Oil Co. 7994.
Purnell, J. E. 7871.
Purnell, J. H. 7645.
Pusstowalow 7908. 7909.
Quagliariello 7836.
Quaker Oats Co. 7955.
Quarrell 7939.
Quentin, D. 7996.
Quentin, R. J. 7885.
Qui 7766.
Quinn 7920.
Rabinowitsch 7907.
Rácz 7970.
Rada 7953.
Radio Corp. of America 7898.
Radoman 7967.
Rädeker 7602.
Rahman 7919.
Raimes B 74.
Raja 7992.
Rajewsky 7686.
Rakavy 7609.
Rakotoarijimy 7614.
Ramaswamy 7807.
Ramette 7602.
Ramos, F. 7817.
Ramsden 7905.
Ranalli 7964.
Ranchers Cotton Oil 7980.
Randerath B 75. 7697.
Rangaswami 7809.
Ranney 7835.
Rao, A. B. 7681.
Rao, B. R. 7696.
Rao, G. G. 7875. 7886.
Rao, H. S. 7993.
Rao, H. S. R. 7696.
Rao, K. R. N. 7835.
Rao, N. V. 7886.
Rao, R. P. 7747.
Rao, S. S. 7798.
Rao, V. P. R. 7875.
Raphael 7921.
Rappleyea 7995.
Raschkowskaja 7896.
Rastrup-Andersen, J. 7690.
Ratcliff 7857.
Rathore 7840.
Ratner, L. 7929. 7930.
Ratner, S. L. 7930.
Raucq 7684.
Rausch 7994.
Raverdy 7847.
Ravier 7608.
Ravina 7842.
Raymondeaus 7847.
Raz 7608.
Read, B. E. 7777.
Read, R. R. 7866.
Reboux 7621.
Rebstock 7810.
Rebuffat 7812.
Reese 7930.
Reeve 7887.
Rege 7798.
Regel 7628.
Regnier, G. L. 7868.
Rehling 7995.
Reich 7996. 7997. 7998.
Reichstein, T. 7760. 7761. 7762. 7763. 7764. 7765. 7868. 7869.
Reid, J. A. 7961.
Reid, M. R. 7806.
Reilly, E. L. 7954.
Reilly, P. McK. 7954.
Reimann, H. 7863.
Reindl 7962.
Reinhardt, G. 7897.
Reiniger 7946.
Reininger 7945.
Reinstadler 7944.
Rellermeyer 7938.
Rembaum 7778.
Res 7692.
Research Institute of Temple University 7900.
Resta 7856.
Retjunin 7893.
Reusser 7914.
Reutow 7697.
Rewebzow 7941.
Reynes 7891.
Reynolds 7799.
Rhodes 7972.
Rhône-Poulenc Soc. An. 7868.
Ribnikar 7664.
Richards 7921.
Richter 7937.
Rickenbacher 7955.
Riddiford 7605.
Rienäcker 7601.
Ries 7906.
Riesch 7610.
Rigal 7996.
Riley, J. P. 7684.
Ringler 7787.
Ringold, H. J. 7862.
Rinisland 7900.
Ripley-Duggan 7965.
Rist 7932.
Ritchie 7893.
Rivoir Gómez 7658.
Roake 7906.
Robbins 7784.
Roberts, B. J. 7879.
Roberts, G. S. 7956.
Roberts, R. W. 7645.
Robin, M. 7962.
Robin, P. H. 7982.
Robinson, E. A. 7670. 7689.
Robinson, R. A. 7605.
Robnett 7889.
Rocchiccioli 7669.
Roche 7830.
Rockland 7980.
Rodewald 7946.
Rodgers jun. 7996.
Rodis 7903.
Rodnight 7822.
Rodopulo B 76.
Rodriguez 7637.
Roederer 7937.
Röhm & Haas G.m.b.H. 7867. 7954. 7965.
Römer, de 7682.
Rösch 7959.
Rogers, N. A. J. 7769.
Rognoni 7846.
Rohland 7956.
Rohm & Haas Co. 7924. 7925. 7930. 7955. 7962.
Rohner 7947.
Roholt 7799.
Roiter 7668.
Rolinson 7869.
Romankow 7896.
Romanowa 7967.
Romantschenko 7907.
Rood, van 7789.
Roos 7964.
Rosahl 7964.
Roschtschina, A. A. 7940.
Roschtschina, L. F. 7823.
Rose, A. W. 7682.
Rose, R. A. 7962.
Rosenberg 7833.
Rosendorff 7604.
Rosenfeld, I. L. 7952.
Rosenfeld, M. 7993.
Rosenkranz 7943.
Rosenstock 7638.
Roser 7611.
Ross, E. J. 7866.
Ross, W. C. J. 7721.
Rossman 7964.
Rossum, G. D. V. van 7832.
Rossum, L. van 7611.
Rost, G. 7820.
Rothwell 7653.
Rottig 7964. 7965.
Rouessac 7737.
Roussel-Uclaf 7868.
Rousson-Perruche 7705.
Rowatt 7796.
Rowinski 7660.
Royer 7743.
Rubel 7674.
Ruben 7655.
Rubinski 7910.
Rubinstein 7961.
Ruck 7779.
Rudinger 7815.
Rudolph 7883.
Rüdinger 7943.
Ruetschi 7634.
Ruggieri, de 7861.
Ruhrchemie Akt.-Ges. 7964. 7965.
Rumjanzewa 7967.
Rumler 7611.
Runowa 7834.
Ruschig 7858.
Russel, J. H. 7764. 7765.
Russell, J. E. 7604.
Russell, J. R. 7905.
Russinow 7837.
Russocki 7982.
Russtamowa-Gadshijewa 7820.
Rusz 7975.
Rutkowski 7942.
Rutman 7911.
Ruttloff 7970.
Ruzicka 7869.
Ryan 7876.
Rybatschenko 7950.
Rychlík 7815.
Ryhage 7691.
Rylski 7756.
Rzysko 7788.
Saalfeld 7654.
Sabey 7961.
Sabnis 7753.
Sacchetti 7815. 7816.
Sachdev 7747.
Sadoux 7975.
Saffert 7872.
Safta 7946.
Sagoschen 7944.
Saha 7809.
Sahini 7619.
St. Romain 7607.
Saionz 7909.
Saitô, A. 7718.
Saito, H. 7984. 7985.
Saito, K. 7885.
Saito, N. 7666.
Saitzewa 7941.
Saji 7845.
Sakaguchi 7983. 7984.
Sakai 7680.
Sakamoto 7794.
Sakurada 7777. 7983. 7984.
Sălăgean 7950.
Salák 7821.
Salhanick 7822.
Salomons-Grobben 7609.
Salzman, F. 7604.
Salzman, G. 7604.
Sama 7636.
Samachson 7814.
Samec 7970.
Sampath 7635.
Sancho 7637.
Sandell 7879.
Šandera 7973.
Sanders, J. H. 7614.
Sanders, R. G. 7866.
Sanderson 7826.
Sandler 7830.
Sandoz Akt.-Ges. 7955. 7960. 7981.
Sanshuck 7974.
Santamaria 7812.
Santarato 7827.
Sanyal 7992.
Sarett 7869.
Sarinski 7633.
Sarkar, S. 7991.
Sarkar, Satyapriya 7787.
Sarma 7829.
Sasaki 7867.
Sastry 7875.
Sata 7642.
Satgé 7673.
Satô, M. 7719.
Sato, Y. 7752.
Saturno 7648.
Satyanarayana, D. 7809.
Satyanarayana, G. 7875.
Satzepin 7611.
Sauciuc 7856.
Saul 7982.
Saur 7944.
Saurel 7640.
Sauvage 7705.
Sawjalow 7728. 7736.
Sawmiller 7798.
Saxena 7888.
Sayre 7808.
Scarborough 7631.
Scarf 7602.
Schaal 7875.
Schachbasjan 7602.
Schachnasarow 7960.
Schachtschabel 7916.
Schadritschewa 7967.
Schaefer 7712.
Schaefers 7931.
Schafer 7976.
Schafranowski 7601.
Schaitberger 7945.
Schajewitsch B 75.
Schalajew 7612.
Schaller 7854.
Schalnow 7911.
Schalygin 7893.
Schamowski 7614.
Schapiro 7881.
Schapkin 7642.
Schaposchnikow 7796.
Schaposchnikowa 7910.
Schapowalowa 7725.
Scharafijew 7912.
Scharf 7879.
Schaub 7862.
Schawrygina 7716.
Schebanow 7949.
Schebanowa 7736.
Schechter 7993.
Scheffler 7944.
Schegk 7930.
Schegulla 7955.
Scheibe 7751.
Scheibner 7645.
Scheil 7948.
Schellbach 7913.
Schenlabs Pharmaceuticals, Inc. 7869.
Scherer, J. R. 7687.
Scherer, O. 7927.
Schering, H. 7903.
Schering Akt.-Ges. 7866.
Schering Corp. 7862. 7863.
Scherr 7648.
Scheunert 7889.
Schibanow 7614.
Schichalowa 7967.
Schicke 7927.
Schikorr 7951.
Schildknecht 7813.
Schiller 7912.
Schimaschek 7629.
Schindel 7665.
Schindler, O. 7760. 7761. 7762. 7763. 7764. 7765.
Schindler, W. 7867. 7868.
Schink 7898.
Schinz 7769.
Schischcarew 7661.
Schkolnik 7809.
Schlegel 7913.
Schlömann 7631.
Schlör 7925. 7930.
Schlotzhauer 7914.
Schlyter 7993.
Schmall 7827.
Schmeisser 7601.
Schmidt, A. 7993.
Schmidt, H. 7807.
Schmiedel 7970.
Schmitt, K. 7858.
Schmitt, R. A. 7977.
Schmittner B 76.
Schmitz 7954.
Schmurga 7935.
Schmutz 7858.
Schnabel 7712.
Schnable 7634.
Schneider 7922.
Schnell 7989.
Schnitzer, H. J. 7603.
Schnitzer, M. 7916.
Schoch 7970.
Schoenemann 7890.
Scholder 7671.
Scholl 7957.
Schosstakowski 7714.
Schrader, E. W. 7605.
Schrader, G. 7927. 7928. 7930.
Schramm 7782.
Schrank 7616.
Schraufstätter 7930.
Schrauzer 7676.
Schreiber 7914.
Schreiner 7947.
Schrøder, K. 7882.
Schroeder, W. F. 7980.
Schtscheglow 7849.
Schtschepinow 7736.

Schtscherbakowa 7967.
Schubert, F. 7902. 7959.
Schubert, H. 7735.
Schubina B 75.
Schubnikow 7649.
Schüler 7893.
Schürmann 7936.
Schuhler 7890.
Schuikin 7711. 7742.
Schukjurow 7852.
Schulek 7665.
Schuler 7868.
Schulischowa 7674.
Schultz 7963.
Schulze 7610.
Schumacher 7636.
Schumilin 7907.
Schur 7738.
Schuschkina 7967.
Schutow 7802.
Schutze 7967.
Schwartz, B. 7624.
Schwartz, W. F. 7618.
Schwartzbart 7949.
Schwarz 7963.
Schwetzowa-Schilowskaja 7725.
Schwuttke 7647.
Schwyzer 7864.
Scott, K. J. 7974.
Scott, R. L. B 74.
Scott, V. D. 7657.
Scotti 7847.
Scrivani 7922.
Scruggs 7989.
Searle 7906.
Searle, G. D., & Co. 7860. 7864. 7869.
Sears jun. 7906.
Seaton 7613.
Sebastian 7899.
Secor 7760.
Seel 7995.
Segal 7833.
Seghezzi 7628.
Seguinot 7611.
Seidel, F. 7907.
Seidel, M. P. 7965.
Seifert 7816.
Sekera 7846.
Sekiguchi 7949.
Sekita 7779.
Sekiya, A. 7845.
Sekiya, K. 7832.
Seliger 7943.
Sell 7809. 7810.
Sellers, E. A. 7842.
Sellers, P. H. 7785.
Sellinger 7788.
Selwenski 7893.
Selye 7828.
Semtex Ltd. 7982.
Sen 7809.
Sénateur 7660.
Senkewitsch 7833.
Senkowski 7827.
Senn 7960.
Seppäläinen 7694.
Serita 7935.
Serna 7637.
Serra 7848.
Serrano 7847.
Serzalowa 7628.
Sevin 7914.
Sewin 7647.
Seyferth 7670.
Shafer 7827.
Shanaman 7845.
Shannon 7936.
Shapiro 7792.
Sharifi 7892.
Shaw 7702.
Shawinigan Chemicals Ltd. 7954.
Shebrowski 7961.
Sheely 7980.
Shchata 7604.
Shelanski 7869.
Shell Development Co. 7965.
Shell Internationale Research Mij. N. V. 7967.
Shell Oil Co. 7994.
Shelton 7758.
Sheludew 7692.
Sherlock 7868.
Sherrod 7849.
Shida 7666.
Shimura 7792.
Shin 7826.
Shinohara 7666.
Shiraishi 7777.
Shirsat 7726.
Shishido 7985.
Shmigelsky 7973.
Shmud 7675.
Sholette 7641.
Shome 7795.
Shora 7905.
Short 7806.
Shugart 7606.
Shukow 7658.
Shupp 7655.
Shurawlew 7674.
Shuse 7992.
Siarzewski 7936.
Siborow 7692.
Sicilio 7883.
Sidwell 7977.
Siebel 7991.
Sieger 7864.
Siemens & Halske Akt.-Ges. 7898.
Siemens-Schuckertwerke Akt.-Ges. 7898. 7903. 7905.
Sigwald 7847.
Silbert 7871.
Silverleaf B 73.
Silverman 7648.
Silvestro 7681.
Sim 7698.
Simenauer 7804.
Simionovici 7856.
Simon 7711.
Simon-Carves Ltd. 7900.
Simpson, J. E. 7962.
Simpson, K. 7917. 7919.
Simpson, P. G. 7653. 7654.
Sinclair Refining Co. 7994.
Sinderson 7895.
Singer, T. P. 7787.
Singer, W. 7907.
Singh, C. 7783.
Singh, I. 7816. 7829.
Singh, S. I. 7816.
Sinha 7698.
Sirat 7872.
Sirbu 7854.
Sirota 7816.
Siroux 7830.
Sisido 7718.
Sistiaga 7658.
Sitte 7886.
Sittkus 7686.
Sjao 7932.
Skeie 7813.
Skelly 7870.
Skiff 7966.
Skipper 7806.
Skljaranko 7695.
Skrzynskiej B 73.
Skubenko 7616.
Skwirskaja 7852.
Slater, C. D. 7700.
Slater, G. P. 7703.
Slatewa 7605.
Slesser 7894.
Śliwa 7658.
Sloan 7996.
Small 7964.
Smeljanski B 75.
Smetanin 7835.
Smirenkin 7612.
Smirnjagin 7716.
Smirnow, J. W. 7967.
Smirnow, W. I. 7932. 7933.
Smith, C. 7800.
Smith, C. S. 7660.
Smith, E. E. B. 7796.
Smith, F. T. 7663.
Smith, H. A. 7704. 7872.
Smith, H. G. 7901.
Smith, J. A. S. 7632.
Smith, M. L. 7972.
Smith, P. B. B 73.
Smith, P. F. 7808.
Smith, P. K. 7846.
Smith, R. G. 7774.
Smith, R. L. 7822.
Smith, W. J. 7933.
Snegirew, B. N. 7687.
Snegirew, J. A. 7837.
Snow 7826.
Snowdon 7605.
Sobatzki, R. I. 7924.
Sobatzki, R. J. 7930.
Soboczyńska 7883.
Sobue 7986.
Soc. An. du Blanc Omya 7961.
Soc. Metallurgique de Normandie 7900.
Soc. des Usines Chimiques Rhône-Poulenc 7979.
Socony Mobil Oil Co., Inc. 7994. 7995.
Sokalski 7644.
Soldatovic 7843.
Solinas 7818.
Sollner 7644.
Solymosi 7667.
Šorki 7655.
Šorm 7787. 7794. 7815.
Šormová 7783.
Soška 7784. 7834.
Sosnowski 7608.
Sotobayashi 7777.
Souchay 7701.
Soule 7887.
Soulen 7618.
Southward 7893.
Southwick 7744.
Spampinato 7798.
Spandau 7601.
Spandrio 7813.
Spang 7905.
Specht 7954.
Speier jun. 7966.
Spencer, D. P. 7991. 8000.
Spencer, H. 7814.
Spieß 7672.
Spinks 7711.
Spirchez 7605.
Spiro 7818.
Spitzer 7627.
Spitzyn 7674.
Spiwakowski 7672.
Spofa Sdružení Podniků pro Zdravotnickou Výrobu 7869.
Spranger 7963.
Spring 7850.
Sprinzak 7717.
Srb 7797.
Sree 7635.
Sreenivasan 7798. 7820.
Srinath 7798.
Ssaakjan 7612.
Ssadychow 7604.
Ssafronowa 7992.
Ssajew 7796.
Ssamssonow 7649. 7674. 7912.
Ssanikidse 7640.
Ssawtschenko 7630.
Sseljatitzki 7969.
Ssemenenko 7654. 7672.
Ssemionow 7658.
Sserebrjakowa 7674.
Ssergejew, B. F. 7991.
Ssergejew, J. W. 7953.
Ssergejew, P. W. 7836.
Ssidorenko 7654.
Ssimakow 7823.
Ssinaisski 7660.
Ssirenko 7660.
Ssmirnow 7643.
Ssobolew 7967.
Ssokolowa, J. B. 7736.
Ssokolowa, J. M. 7952.
Ssoldatow 7645.
Ssolowjewa 7819.
Ssorina 7695.
Ssuchomut 7851.
Ssultanow, A. S. 7667.
Ssultanow, M. J. 7895.
Ssyrkin 7620.
Stackhouse 7847.
Stachelin 7859. 7867.
Stager 7657.
Stair 7874.
Standard Oil Co. 7924. 7993.
Standard Telephones & Cables Pty. Ltd. 7898.
Stanford jun. 7655.
Stanković 7836.
Stanley 7954.
Stansbury 7929.
Starobinetz 7645.
Starodubzew 7645.
Starý, F. 7851.
Stary, Z. P. 7886.
Stather 7996. 7997. 7998.
Staude B 74.
Staudermann 7927.
Stechanow 7618.
Stecki 7644.
Steele 7772.
Ştefănescu 7725.
Stefano, Di 7974.
Stefanowitsch B 75.
Stehlow 7657.
Steinbergs 7887.
Steinbrunn 7923.
Stenberg 7659.
Stępień 7877.
Sterling Drug., Inc. 7867. 7925.
Stern 7636.
Stetson 7624.
Stevens 7954.
Stevenson 7891.
Stewart 7899.
Šticha 7623.
Stiehl 7671.
Stock 7875.
Stoianovici 7856.
Stoicheff 7690.
Stokes 7622.
Stoljarow 7879.
Stoll, W. 7954.
Stoll, W. G. 7857.
Stoltenberg 7900.
Stoltzenberg 7896.
Stone 7963.
Stookey 7914.
Storm 7869.
Strange 7792.
Strangway 7679.
Strassel 7906.
Strassen, zur 7912.
Stratonov 7625.
Stratton jun. 7964.
Straumanis 7951.
Strazielle 7775.
Streib 7962.
Streng, A. G. 7900.
Streng, L. A. 7622.
Strobel 7962.
Stroh 7964.
Stroke 7873.
Strominger 7791.
Stronski 7646.
Struthers Wells Corp. 7904.
Struwe 7818.
Studer 7946.
Stukanowskaja 7668.
Stulen 7945.
Stummeyer 7923.
Stump, B. L. 7704.
Stump jun., J. H. 7969.
Stupak 7939.
Stur 7857.
Sturgen 7854.
Stutz 7786.
Subbaratnam 7993.
Subbotin 7610.
Subow 7925.
Subramanian 7616.
Suckfüll 7960.
Sudlow 7899.
Suffert 7607.
Suginome 7748.
Sullivan 7633.
Sulzer 7959.
Sumitomo Chemical Co. Ltd. 7927.
Sumizu 7790.
Sund 7818.
Sundaram 7618.
Suryanarayana 7875.
Sutor 7954.
Sutton, L. E. 7677.
Sutton, M. M. 7663.
Suzor 7601.
Suzuki, F. 7940.
Suzuki, H. 7688.
Suzuki, Michio 7855. 7856.
Suzuki, Mutsuko 7855.
Suzuki, S. 7791.
Svanoe 7904.
Swain 7913.
Swalen 7690.
Swan 7723.
Sweeting 7779.
Swenson 7780.
Swiętosławska 7874.
Swintosky 7840.
Swoboda 7872.
Sworykina 7694.
Sylvania Electric Products, Inc. 7962.
Syntex Soc. An. 7862. 7863.
Szabo 7667.
Szejtli 7971.
Tache 7945.
Täufel 7970.
Tailby 7891.
Taira 7940. 7946.
Taitz 7788.
Tajima 7637.
Takahashi, S. 7895.
Takahashi, T. 7686.
Takahasi 7848.
Takamizawa 7670.
Takiguchi 7825.
Takikawa 7983.
Talaat 7832.
Talutz 7657. 7783.
Talvitie 7877.
Talypow 7660.
Tamikado 7778.
Tanabe Seiyaku Co. Ltd. 7867. 7868.
Tanaka, Katsunobu 7973.
Tanaka, Katutaro 7867.
Tanaka, S. 7790.
Tanaka, T. 7946.
Tancredi 7836.
Tandler 7801.
Tandon 7874.
Taniewska-Osińska 7641.
Tanik 7604.
Tannenbaum 7830.
Tanzyrew 7941.
Tarachowski 7843.
Taraschtschuk 7941.
Tarpinian 7650.
Tasaki 7631.
Tatewski 7692.
Tatsuoka 7794.
Taub 7773.
Taubel 7921. 7924.
Taubert 7624.
Tauscher 7949.
Tavares 7724.
Taveira Magalhães 7748.
Tavernier, J. 7638.
Tavernier, P. 7996.
Taylor, F. F. 7822.
Taylor, J. C. 7629.
Taylor, M. J. 7614.
Taylor, T. I. 7610.
Taylor, W. 7995.
Taylor, W. H. 7797.
Teiger 7611.
Teitelbaum 7885.
Teja 7906.
Temkin 7891.
Temnikowa 7705.
Templeton 7655.
Tendeloo 7633.
Tepelikjan 7714.
Terahara 7856.
Terentjew, A. P. 7750.
Terentjew, P. B. 7750.
Tereschkow 7908.
Terol 7671.
Tesařík 7871.
Tesche 7805.
Teske 7904.
Tewes 7609.
Tézé 7875.
Thaler 7975.
Theurer 7865.
Thinius 7964.
Thiokol Chemical Corp. 7965.
Thodos 7891.
Thomas, C. O. 7626. 7627. 7872.
Thomas, G. H. 7861.
Thomas, H. 7904.
Thomas, R. 7739.
Thompson, H. W. 7736.
Thompson, M. J. 7769.
Thompson, R. C. 7829.
Thompson, S. G. 7906.
Thomson 7802.
Thornhill 7903.
Thornton 7611.
Tice 7656.
Tichodejew 7623.

Tichonow 7933.
Tiersonnier 7891.
Tiggelen, van 7895.
Tipper B 74.
Tischler 7923.
Titow 7893.
Tjagai 7627.
Tobias 7816.
Tobolsky 7965.
Toda 7780.
Todd 7922.
Tokura 7832.
Tokyo Kogyo Daigaku Cho 7989.
Tolansky 7651. 7652.
Tolok 7610.
Tombrello 7606.
Tombs 7831.
Tomino 7868.
Tomisek 7806.
Tomlinson, C. 7884.
Tomlinson, R. H. 7871.
Tonge 7892.
Tonomura 7832.
Topalow B 75.
Torrontegui, de 7789.
Tougarinoff 7934.
Tourin 7616.
Tozaki 7822.
Tranchant 7996.
Trávničková 7638.
Tredgold 7628.
Treibacher Chemische Werke Akt.-Ges. 7996.
Tremmel 7647.
Trenn 7791.
Tresswjatski 7911.
Treurnich 7887.
Trexler 7929.
Tristam 7868.
Trivisonno 7660.
Troitzki 7624.
Tronche 7796.
Tropical & Eastern Produce Co. Ltd. 7967.
Trunow 7952.
Truter 7698.
Tschebotarewski 7961.
Tschen 7912.
Tschernew 7605.
Tschernjakowskaja 7967.
Tschernyschew 7727.
Tschudakow 7611.
Tschuiko 7614.
Tsuchihira 7990.
Tsugita 7790.
Tsuji 7878.
Tsukushi 7817.
Tsunita 7988.
Tuan 7603.
Tubiana 7830.
Tucker 7840.
Tudball 7668.
Tulin 7941.
Tungolin Co., Inc. 7980.
Turitzyna 7749.
Turner, J. F. 7806. 7807.
Turner, J. H. W. 7965.
Turner, R. C. 7913.
Turowa 7672.
Tursch, B. 7768.
Tursch, E. 7768.
Tvarusko 7633.
Tybring 7799.
Tybus 7950.
Tyner 7864.
Tyrrell 7908.
Tzou, K. H. 7603.
Tzou, Shih-fu 7879.
Uclaf 7955.
Uclaf Soc. An. 7924.
Uda 7984. 7985.
Udic Soc. An. 7954. 7982.
Udupa 7635.
Überla 7997.
Ueda 7990.
Uehleke 7813.
Uhlenbroek 7929.
Uhlig 7678.
Ulhôa Cintra de 7815.
Ulrich 7955.
Ulsperger 7785.
Umanski 7647.
Underwood 7865.
Unilever Ltd. 7981. 7990. 7999.
Unilever N. V. 7981.
Union Carbide Canada Ltd. 7965.
Union Carbide & Carbon Corp. 7965.
Union Carbide Corp. 7899. 7900. 7954. 7955. 7966. 7990. 7999. 8000.
United States of America, Secretary of Army 7993.
United States Atomic Energy Commission 7906.
United States Borax & Chemical Co. 7994.
United States Borax & Chemical Corp. 7903. 7906. 7986.
United States Steel Corp. 7914.
Uno 7776.
Unterman 7854.
Untermann 7854.
Upjohn Co. 7861. 7865. 7867. 7868.
Urasbajewa 7672.
Urgell Comas 7610.
Urich 7965.
Urry 7899.
Ursescu 7854.
Ushakov 7610.
Ushida 7989.
Utiyama 7602.
Utkin 7940.
Usui 7927.
Vachuda 7900.
Vaid 7635.
Vajda 7970.
Vallée 7785.
Vandael 7877.
Vandenbosch 7609.
Vandoni 7842.
Vannucchi 7789.
Varagić 7819.
Vardeu 7844.
Varga 7782.
Vasquez 7785.
Vassigh 7681.
Vassy 7686.
Vaughan 7781.
VEB Farbenfabrik Wolfen 7907. 7925. 7955.
Vedrenne 7877.
Veen, van der 7625.
Veilleux 7828.
Venanzi 7677.
Venini 7802.
Vercillo 7974.
Vereinigte Färbereien Akt.-Ges. 7955.
Vereinigte Glanzstoff-Fabriken Akt.-Ges. 7965.
Verma, J. P. 7788.
Verma, M. R. 7884. 7885.
Verne 7834.
Vernon 7701.
Verwey B 74.
Vescia 7786.
Vester 7811.
Vienne 7647.
Viereck 7820.
Vigneron 7607.
Villermaux 7663.
Vindušková 7625.
Vinograd 7782.
Visconti 7908.
Visser 7691.
Viswanathan, K. S. 7647.
Viswanathan, R. 7635.
Vivanco 7817.
Vives 7914.
Vlies, van der 7618.
Vlugter 7890.
Vodička 7953.
Vodróžka 7821.
Völker 7918.
Vogt 7852.
Vollmer 7933.
Voltz 7957.
Voort, v. d. 7633.
Vorbeck 7974.
Voris, Van 7939.
Voskyová 7789.
Vrba 7846.
Vrbský 7976.
Vrchlabský 7878.
Vries, De 7609.
Vrkljan 7643.
Vydra 7880.
Wachs 7929.
Wachtel 7961.
Wacker-Chemie G.m.b.H. 7930. 7964. 7988.
Wada, Hiroshi 7794.
Wada, Hosuke 7799.
Wada, S. 7794.
Waddington 7620.
Wadier 7617.
Wagner, E. L. 7648.
Wagner jun., R. E. 7993.
Wahl 7701.
Wahler 7797.
Wain 7810.
Wainio 7795.
Wainman 7877.
Waintraub 7802.
Waissfeld 7819.
Waissman 7852.
Wajchenberg 7815.
Waldeyer-Hartz, v. 7871.
Waldkötter 7898.
Waldmeier 7612.
Waldt 7973.
Walker, S. G. 7879.
Walker, V. A. 7963.
Wallace 7982.
Wallach 7782.
Wallenfels 7699. 7818.
Walling 7699.
Wallschlaeger 7948.
Walsh 7920. 7921.
Waltenberger-Razniewska 7936.
Walter, H. 7964.
Walter, M. 7962.
Walter, W. 7718.
Walther 7996.
Walton 7758.
Wander, Dr. A., Akt.-Ges. 7858. 7868.
Wang 7653.
Wangenheim 7657.
Waniewski 7936.
Ward 7622.
Wardi 7886.
Warner 7966.
Warner-Lambert Pharmaceutical Co. 7968.
Warren, J. C. 7822.
Warren, M. R. 7845.
Warrington 7660.
Warschalowitsch 7606.
Warschawski 7756.
Wartanjan, A. T. 7692.
Wartanjan, S. A. 7714.
Wassiljew, A. F. 7728.
Wassiljew, G. A. 7685.
Wassiljew, M. 7998.
Wassiljewa 7620.
Watanabe, S. 7793.
Watanabe, Yasushi 7792.
Watanabe, Yasuto 7825.
Watanabe, Yuzuru 7823. 7824.
Watson, J. P. 7915.
Watson, R. W. 7993.
Watson, W. K. R. 7603. 7605.
Wattenberg 7787.
Watts 7980.
Watzl 7965.
Wawrzyczek 7883.
Wax 7847.
Weare 7950.
Weaver 7622.
Webb 7614.
Weber 7636.
Webster, D. 7940.
Webster, G. C. 7808.
Webster, G. R. 7831.
Wegmann 7959.
Wei 7969.
Weigand 7943.
Weinberg, M. A. 8000.
Weinberg, N. 7986.
Weisenborn 7864.
Weiss, E. 7763.
Weiß, L. E. 7683.
Weiss, M. J. 7862.
Weiss, S. H. 7605.
Weissauer 7956.
Weisz 7871.
Weitz 7896.
Weitzel 7969.
Welijew 7992.
Weller 7809.
Wellner 7603.
Wells 7930.
Wendler 7773.
Werdelmann 7981.
Werschinin 7850.
Wess 7602.
Wesselowa 7934.
Wessely 7727.
West, A. R. 7611.
West, C. D. 7814.
West, F. W. 7962.
West, T. S. 7883.
Westermann 7844.
Western Electric Co. 7898.
Westinghouse Electric Corp. 7961. 7965.
Westminster Bank Ltd. 7960.
Wettermark 7780.
Weygand 7711.
Wheelock 7847.
Whiffen & Sons Ltd. 7956.
Whistler 7759.
Whitby 7843.
Whitcutt 7795.
White, A. J. R. 7684.
White, H. S. 7603.
White, J. E. 7622.
White, L. M. 7760.
White, W. N. 7700.
Whitley 7892.
Whitson 7948.
Whittaker 7635.
Whitten 7684.
Whyte 7968.
Wichers 7906.
Wicker jun. 7926.
Wickersheim 7618.
Wickhen Products, Inc. 7969.
Wickström 7801.
Wiedemann 7943.
Wiegand 7997. 7998.
Wieland 7782.
Wiesner 7766.
Wigginton 7905.
Wightman 7810.
Wighton 7886.
Wilborn 7904.
Wilcox 7631.
Wilder 7937.
Wiley 7772.
Wilkins 7635.
Wilkinson, B. G. 7974.
Wilkinson, D. H. 7603.
Wilkinson, G. 7676.
Wilkinson, W. D. B 75.
Wilkonson 7917.
Williams, A. 7663.
Williams, F.V. 7902.
Williams, G. 7777.
Williams, J. 7907.
Williams, K. 7921.
Williams, L. C. 7774.
Williams, T. J. 7890.
Williams, T.R. 7875.
Williamson, A. G. 7695.
Williamson, W. O. 7995.
Willmann 7603.
Willmott 7608.
Wilson, C. L. 7881.
Wilson, D. W. 7873.
Wilson jun., E. B. 7690.
Wilson, J. F. 7914.
Wilson, J. R. 7888.
Windemuth 7965.
Winder 7847.
Windover 7996.
Winogradowa, Je. W. 7750.
Winogradowa, L. W. 7911.
Winokur 7909.
Winters 7833.
Winthrop 7739.
Wischnewskaja 7888.
Wise 7781.
Wisseroth 7964.
Wit, de 7864.
Witkowski, H. 7913.
Witkowski, W. I. 7992.
Witt, De 7965. 7966.
Wittcoff 7951. 8000.
Wittwer 7809.
Wjaselschtschikow B 75.
Wladimirowa 7925.
Wlassow 7631.
Wlodarski 7986.
Woggon 7963.
Woitik 7793.
Wojtaszek 7658.
Wolff 7775.
Wolfrum 7745.
Wolikowskaja 7668.
Wolkenstörfer 7813.
Wolkowa 7793.
Wollish 7827.
Wolodin 7911.
Wolpin 7727.
Wompe 7749.
Wood, K. T. 7914.
Wood, R. M. 7894.
Woodford jun. 7630.
Woods 7995.
Woodtli 7681.
Wooler 7958.
Worrall 7777.
Wowtschenko 7893.
Wright, J. R. 7916.
Wright, W. B. 7867.
Wroniszewska 7831.
Wulff 7981.
Wurman 7916.
Wurmbach B 75.
Wydrina 7908.
Yamada, K. 7826.
Yamada, T. 7680.
Yamaguchi, H. 7984.
Yamaguchi, K. 7776.
Yamaguchi, Masao 7689.
Yamaguchi, Masaru 7940.
Yamamoto 7651.
Yan 7981.
Yardney International Corp. 7899.
Yasuda 7697.
Yates 7713.
Yntema 7608.
Yoccoz 7607.
Yokota 7633.
Yonts 7657.
Yoshida 7726.
Yoshikawa 7790.
Yoshino, M. 7989.
Yoshino, Y. 7982.
Yost 7955.
Young 7926.
Yphantis 7792.
Yu 7673.
Yutlandov 7608.
Zabin 7790.
Zachar 7994.
Zackrisson 7618.
Zadražil 7783.
Zagnoli 7867.
Zailingold 7967.
Zak 7941.
Zalkin 7655.
Zapp 7878.
Zaslowsky 7902.
Zbiral 7727.
Zdralek 7855.
Zeelenberg 7664.
Zeidman 7608.
Zeil 7689.
Zeisel 7912.
Zekwawa 7615.
Zeller 7787.
Zengin 7617.
Zenk 7999.
Ziabicki 7985.
Ziegenbalg 7944.
Ziegenfuss 7973.
Ziegler, E. 7755.
Ziegler, G. 7903.
Ziegler, K. 7964. 7968.
Ziegler, P. 7769.
Ziegler, V. 7681.
Zielen 7633.
Zielińska 7831.
Zigler 7907.
Zimmerman 7704.
Zimmermann, G. 7998.
Zimmermann, R. 7924.
Zingery 7631.
Zmbov 7691.
Zölch 7925.
Zottu 7790.
Zsoldos 7655.
Zsolnai 7839.
Zucchetti 7681.
Zugibe 7887.
Zuk 7610.
Zumwalt 7640.
Zwetajewa 7968.
Zwetkow 7667.
Zylicz 7608.
Zynkina 7908.

# Patentregister


**Deutsche Patente (München) (D.B.P.)**

| Nr. | | Seite |
|---|---|---|
| D.B.P. | 975834* | 7869 |
| D.B.P. | 975850* | 7981 |

**Auslegeschriften der Patentanmeldungen des Deutschen Patentamtes München (D.A.S.)**

| Nr. | | Seite |
|---|---|---|
| D.A.S. | 132404 | 7898 |
| D.A.S. | 1074049* | 7954 |
| D.A.S. | 1085166* | 7954 |
| D.A.S. | 1085628 | 7957 |
| D.A.S. | 1090226* | 7954 |
| D.A.S. | 1095970* | 7962 |
| D.A.S. | 1097598* | 7961 |
| D.A.S. | 1098643 | 7956 |
| D.A.S. | 1099672* | 7961 |
| D.A.S. | 1101423* | 7955 |
| D.A.S. | 1101664 | 7959 |
| D.A.S. | 1103912* | 7954 |
| D.A.S. | 1104642 | 7956 |
| D.A.S. | 1105406* | 7954 |
| D.A.S. | 1105879 | 7929 |
| D.A.S. | 1106333 | 7925 |
| D.A.S. | 1109808 | 7957 |
| D.A.S. | 1112078 | 7860 |
| D.A.S. | 1112525 | 7864 |
| D.A.S. | 1113694* | 7867 |
| D.A.S. | 1115257* | 7955 |
| D.A.S. | 1118380 | 7957 |
| D.A.S. | 1118778* | 7954 |
| D.A.S. | 1122050* | 7867 |
| D.A.S. | 1122071 | 7923 |
| D.A.S. | 1122321 | 7925 |
| D.A.S. | 1123316 | 7928 |
| D.A.S. | 1124296 | 7922 |
| D.A.S. | 1124472 | 7903 |
| D.A.S. | 1124501* | 7868 |
| D.A.S. | 1125891 | 7904 |
| D.A.S. | 1125892 | 7903 |
| D.A.S. | 1126068 | 7865 |
| D.A.S. | 1126403 | 7923 |
| D.A.S. | 1126670 | 7925 |
| D.A.S. | 1128412 | 7903 |
| D.A.S. | 1128413 | 7903 |
| D.A.S. | 1129143 | 7904 |
| D.A.S. | 1129145 | 7902 |
| D.A.S. | 1129484 | 7928 |
| D.A.S. | 1129937 | 7903 |
| D.A.S. | 1130294 | 7897 |
| D.A.S. | 1130558 | 7865 |
| D.A.S. | 1131196 | 7903 |
| D.A.S. | 1131485 | 7898 |
| D.A.S. | 1131512 | 7896 |
| D.A.S. | 1131647 | 7904 |
| D.A.S. | 1131999 | 7896 |
| D.A.S. | 1132131 | 7929 |
| D.A.S. | 1133393 | 7902 |
| D.A.S. | 1133413 | 7898 |
| D.A.S. | 1133942 | 7923 |
| D.A.S. | 1134509* | 7968 |
| D.A.S. | 1135904* | 7869 |
| D.A.S. | 1136922* | 7914 |
| D.A.S. | 1138053* | 7867 |
| D.A.S. | 1138055* | 7868 |
| D.A.S. | 1138065 | 7902 |
| D.A.S. | 1139109* | 7868 |
| D.A.S. | 1139506* | 7867 |
| D.A.S. | 1139939* | 7867 |
| D.A.S. | 1140937* | 7868 |
| D.A.S. | 1140939* | 7868 |
| D.A.S. | 1141294* | 7867 |

**Deutsche Patente (D.P.[DDR])**

| Nr. | | Seite |
|---|---|---|
| D.P.[DDR] | 23122 | 7866 |

**Amerikanische Patente (A.P.)**

| Nr. | | Seite |
|---|---|---|
| A.P. | 2828236* | 7962 |
| A.P. | 2838384 | 7996 |
| A.P. | 2838523* | 7955 |
| A.P. | 2841605* | 7955 |
| A.P. | 2863875* | 7960 |
| A.P. | 2866826* | 7969 |
| A.P. | 2868827* | 7954 |
| A.P. | 2880208* | 7955 |
| A.P. | 2901453* | 7962 |
| A.P. | 2914521* | 7960 |
| A.P. | 2927027 | 7979 |
| A.P. | 2929789 | 7993 |
| A.P. | 2934431 | 7980 |
| A.P. | 2939816 | 7929 |
| A.P. | 2943990 | 7994 |
| A.P. | 2944932 | 7929 |
| A.P. | 2945014 | 7994 |
| A.P. | 2945881* | 7954 |
| A.P. | 2948732* | 7868 |
| A.P. | 2949354 | 7922 |
| A.P. | 2950248 | 7994 |
| A.P. | 2952582 | 7929 |
| A.P. | 2954319 | 7929 |
| A.P. | 2954416 | 7993 |
| A.P. | 2955109* | 7955 |
| A.P. | 2957019 | 7927 |
| A.P. | 2957854 | 7994 |
| A.P. | 2958595 | 7922 |
| A.P. | 2960530 | 7994 |
| A.P. | 2961369 | 7927 |
| A.P. | 2961370 | 7927 |
| A.P. | 2961438 | 7957 |
| A.P. | 2961451 | 7981 |
| A.P. | 2961798 | 7930 |
| A.P. | 2962521 | 7927 |
| A.P. | 2963398 | 7927 |
| A.P. | 2963433 | 7993 |
| A.P. | 2963434 | 7995 |
| A.P. | 2964528 | 7926 |
| A.P. | 2965664 | 7994 |
| A.P. | 2967130 | 7866 |
| A.P. | 2967131 | 7866 |
| A.P. | 2968523 | 7901 |
| A.P. | 2968532 | 7901 |
| A.P. | 2968564 | 7980 |
| A.P. | 2969275 | 7901 |
| A.P. | 2969303 | 7929 |
| A.P. | 2970940 | 7927 |
| A.P. | 2971881 | 7930 |
| A.P. | 2974043 | 7980 |
| A.P. | 2974046 | 7979 |
| A.P. | 2974156 | 7924 |
| A.P. | 2975035 | 7900 |
| A.P. | 2976110* | 7959 |
| A.P. | 2976281* | 7868 |
| A.P. | 2976305* | 7930 |
| A.P. | 2977273 | 7999 |
| A.P. | 2977380 | 7924 |
| A.P. | 2978309 | 7921 |
| A.P. | 2978367 | 7898 |
| A.P. | 2979423 | 8000 |
| A.P. | 2979465 | 7969 |
| A.P. | 2980654* | 8000 |
| A.P. | 2980692 | 7925 |
| A.P. | 2981657 | 7866 |
| A.P. | 2982053* | 7913 |
| A.P. | 2982603 | 7906 |
| A.P. | 2982690 | 7857 |
| A.P. | 2983574 | 7901 |
| A.P. | 2983577 | 7906 |
| A.P. | 2983590 | 7902 |
| A.P. | 2984577 | 7902 |
| A.P. | 2987420 | 8000 |
| A.P. | 2989367 | 7906 |
| A.P. | 2990241 | 7906 |
| A.P. | 2991219 | 7930 |
| A.P. | 2991224 | 7866 |
| A.P. | 2991253 | 7980 |
| A.P. | 2992540 | 7900 |
| A.P. | 2992885 | 7902 |
| A.P. | 2992888 | 7906 |
| A.P. | 2995447 | 7979 |
| A.P. | 2995559 | 7858 |
| A.P. | 2996502 | 7861 |
| A.P. | 2996531 | 7927 |
| A.P. | 2998428 | 7864 |
| A.P. | 2998433 | 7862 |
| A.P. | 2999823* | 7966 |
| A.P. | 3000702 | 7901 |
| A.P. | 3000753 | 7980 |
| A.P. | 3001944 | 7969 |
| A.P. | 3001989 | 7862 |
| A.P. | 3004830 | 7901 |
| A.P. | 3004832* | 7907 |
| A.P. | 3005807 | 7967 |
| A.P. | 3005816 | 7862 |
| A.P. | 3005839 | 7864 |
| A.P. | 3006930 | 7864 |
| A.P. | 3007768 | 7902 |
| A.P. | 3007924 | 7864 |
| A.P. | 3007971 | 7899 |
| A.P. | 3008872 | 7929 |
| A.P. | 3008874 | 7865 |
| A.P. | 3008875 | 7867 |
| A.P. | 3009777 | 7905 |
| A.P. | 3009830 | 7988 |
| A.P. | 3009856 | 7866 |
| A.P. | 3009927 | 7863 |
| A.P. | 3009928 | 7863 |
| A.P. | 3009929 | 7863 |
| A.P. | 3009931 | 7863 |
| A.P. | 3010783 | 7902 |
| A.P. | 3010808 | 7900 |
| A.P. | 3010956 | 7862 |
| A.P. | 3010959 | 7863 |
| A.P. | 3010996 | 7857 |
| A.P. | 3018275* | 7968 |
| A.P. | 3021243* | 7914 |
| A.P. | 3024197* | 7981 |
| A.P. | 3025288* | 7868 |
| A.P. | 3025289* | 7867 |
| A.P. | 3030273* | 7867 |
| A.P. | 3033757* | 7869 |
| A.P. | 3033758* | 7869 |
| A.P. | 3035012* | 7968 |
| A.P. | 3035983* | 7868 |
| A.P. | 3035987* | 7969 |

**Australische Patente (Aust.P.)**

| Nr. | | Seite |
|---|---|---|
| Aust.P. | 224303* | 7982 |
| Aust.P. | 224506* | 7960 |
| Aust.P. | 224512* | 7869 |
| Aust.P. | 224533* | 7869 |
| Aust.P. | 228665 | 7923 |
| Aust.P. | 228827 | 7924 |
| Aust.P. | 230140* | 7914 |
| Aust.P. | 230243* | 7965 |
| Aust.P. | 230405* | 7906 |
| Aust.P. | 230431* | 7964 |
| Aust.P. | 230459* | 7899 |
| Aust.P. | 230487* | 7906 |
| Aust.P. | 230988 | 7981 |
| Aust.P. | 231132* | 8095 |
| Aust.P. | 231135* | 7995 |
| Aust.P. | 231138* | 7867 |
| Aust.P. | 231141* | 7868 |
| Aust.P. | 231143* | 7998 |
| Aust.P. | 231153* | 7995 |
| Aust.P. | 231159* | 7869 |
| Aust.P. | 231171* | 7982 |
| Aust.P. | 231191* | 7867 |
| Aust.P. | 231192* | 7959 |
| Aust.P. | 231193* | 7959 |
| Aust.P. | 231210* | 7995 |
| Aust.P. | 231218* | 8000 |
| Aust.P. | 231220* | 7959 |
| Aust.P. | 231236* | 7991 |
| Aust.P. | 231238* | 7982 |
| Aust.P. | 231253* | 7996 |
| Aust.P. | 231254* | 7962 |
| Aust.P. | 231294* | 7954 |
| Aust.P. | 231610* | 7964 |
| Aust.P. | 231627* | 7964 |
| Aust.P. | 231629* | 7930 |
| Aust.P. | 231638* | 7964 |
| Aust.P. | 231770 | 7898 |
| Aust.P. | 231784 | 7899 |
| Aust.P. | 231836 | 7906 |
| Aust.P. | 232348* | 7869 |
| Aust.P. | 232384 | 7864 |
| Aust.P. | 233123 | 7898 |
| Aust.P. | 233155 | 7898 |
| Aust.P. | 234702* | 7968 |
| Aust.P. | 234774* | 7914 |

**Belgische Patente (Belg.P.)**

| Nr. | | Seite |
|---|---|---|
| Belg.P. | 558169 | 7905 |
| Belg.P. | 560484* | 7954 |
| Belg.P. | 560708 | 7929 |
| Belg.P. | 560964 | 7958 |
| Belg.P. | 562234* | 7954 |
| Belg.P. | 562470* | 7995 |
| Belg.P. | 567105* | 7906 |
| Belg.P. | 569313 | 7969 |
| Belg.P. | 569330* | 7960 |
| Belg.P. | 571095* | 7868 |
| Belg.P. | 572621 | 7868 |
| Belg.P. | 572697* | 7869 |
| Belg.P. | 572698* | 7868 |

**Canadische Patente (Can.P.)**

| Nr. | | Seite |
|---|---|---|
| Can.P. | 559676* | 7965 |
| Can.P. | 559677* | 7965 |
| Can.P. | 559678* | 7965 |
| Can.P. | 560002* | 7965 |
| Can.P. | 560004* | 7965 |
| Can.P. | 560129* | 7965 |
| Can.P. | 560162* | 7965 |
| Can.P. | 560189* | 7965 |
| Can.P. | 560647* | 7965 |
| Can.P. | 560697* | 7966 |
| Can.P. | 560979* | 7966 |
| Can.P. | 560980* | 7966 |
| Can.P. | 561004* | 7966 |
| Can.P. | 561305* | 7914 |
| Can.P. | 561520* | 7965 |
| Can.P. | 562183* | 7965 |
| Can.P. | 562338* | 7965 |

**Englische Patente (E.P.)**

| Nr. | | Seite |
|---|---|---|
| E.P. | 806668* | 7960 |
| E.P. | 810356* | 7954 |
| E.P. | 826557 | 7993 |
| E.P. | 826558 | 7993 |
| E.P. | 827541* | 7954 |
| E.P. | 828877 | 7987 |
| E.P. | 832043* | 7954 |
| E.P. | 834143* | 7867 |
| E.P. | 834144* | 7867 |
| E.P. | 834384* | 7868 |
| E.P. | 834884 | 7988 |
| E.P. | 835693 | 7982 |
| E.P. | 836738* | 7955 |
| E.P. | 838722 | 7987 |
| E.P. | 838735 | 7955 |
| E.P. | 840357 | 7956 |
| E.P. | 845500 | 7859 |
| E.P. | 847105 | 7927 |
| E.P. | 847434 | 7957 |
| E.P. | 849032* | 7868 |
| E.P. | 849086 | 7982 |
| E.P. | 849138 | 7980 |
| E.P. | 849451 | 7999 |
| E.P. | 849541* | 7955 |
| E.P. | 851031* | 7966 |
| E.P. | 854158 | 7957 |
| E.P. | 854432 | 7958 |
| E.P. | 854582 | 7956 |
| E.P. | 855193* | 7869 |

| | Nr. | Seite |
|---|---|---|
| E.P. | 855245* | 7954 |
| E.P. | 856348* | 7960 |
| E.P. | 860636* | 7954 |
| E.P. | 861807 | 7860 |
| E.P. | 861838 | 7923 |
| E.P. | 863243 | 7861 |
| E.P. | 864232* | 7868 |
| E.P. | 866185 | 7904 |
| E.P. | 866446* | 7869 |
| E.P. | 867880 | 7867 |
| E.P. | 868157 | 7999 |
| E.P. | 869031* | 7960 |
| E.P. | 869951 | 7905 |
| E.P. | 870022 | 7999 |
| E.P. | 870396* | 7869 |
| E.P. | 870574 | 8000 |
| E.P. | 870958* | 7955 |
| E.P. | 871207 | 7900 |
| E.P. | 871220* | 7955 |
| E.P. | 871285 | 7979 |
| E.P. | 871426 | 7956 |
| E.P. | 872143 | 7926 |
| E.P. | 872149* | 7961 |
| E.P. | 872320* | 7868 |
| E.P. | 872349* | 7959 |
| E.P. | 872523 | 7982 |
| E.P. | 872541* | 7954 |
| E.P. | 872935 | 7979 |
| E.P. | 872944 | 7905 |
| E.P. | 873611 | 7905 |
| E.P. | 873974* | 7965 |
| E.P. | 873975* | 7965 |
| E.P. | 874061 | 7900 |
| E.P. | 874557 | 7901 |
| E.P. | 875076* | 7991 |
| E.P. | 875086 | 8000 |
| E.P. | 875731 | 7967 |
| E.P. | 876487* | 7954 |
| E.P. | 876488* | 7954 |
| E.P. | 876513 | 7905 |
| E.P. | 876902 | 7863 |
| E.P. | 876966* | 7955 |
| E.P. | 876972 | 7957 |
| E.P. | 876986 | 7862 |
| E.P. | 877067 | 7923 |
| E.P. | 877528* | 7966 |
| E.P. | 877585 | 7861 |
| E.P. | 877688* | 7869 |
| E.P. | 878024 | 7957 |
| E.P. | 878130 | 7905 |
| E.P. | 878959 | 7999 |
| E.P. | 879003* | 7990 |
| E.P. | 879021 | 7928 |
| E.P. | 879100 | 7864 |
| E.P. | 879101 | 7864 |
| E.P. | 879102 | 7864 |
| E.P. | 879181 | 7899 |
| E.P. | 879207* | 7867 |
| E.P. | 879237 | 7862 |
| E.P. | 879597 | 7967 |
| E.P. | 879805 | 7956 |
| E.P. | 880211* | 7954 |
| E.P. | 880276 | 7968 |
| E.P. | 880313* | 7867 |
| E.P. | 880753 | 7859 |
| E.P. | 881989* | 7991 |
| E.P. | 882551 | 7905 |
| E.P. | 882628 | 7969 |
| E.P. | 882808* | 7995 |
| E.P. | 883264 | 7904 |
| E.P. | 883327 | 7902 |
| E.P. | 883518* | 7959 |
| E.P. | 883711 | 7861 |
| E.P. | 883799* | 7954 |
| E.P. | 883826* | 7990 |
| E.P. | 883834* | 7954 |
| E.P. | 884067 | 7899 |
| E.P. | 884071 | 7967 |
| E.P. | 884122* | 7991 |
| E.P. | 884149* | 7959 |
| E.P. | 884550* | 7991 |
| E.P. | 884574 | 7999 |
| E.P. | 884581 | 7902 |
| E.P. | 884582* | 7959 |
| E.P. | 884655* | 7959 |
| E.P. | 884678* | 7954 |
| E.P. | 884679* | 7868 |
| E.P. | 884688 | 7968 |
| E.P. | 884714* | 7960 |
| E.P. | 884806 | 7904 |
| E.P. | 884824* | 7899 |
| E.P. | 884902 | 7967 |
| E.P. | 884975 | 7906 |
| E.P. | 885576* | 7954 |
| E.P. | 885651* | 7954 |
| E.P. | 885681* | 7960 |
| E.P. | 885750* | 7962 |
| E.P. | 885814* | 7959 |
| E.P. | 886177 | 7927 |
| E.P. | 886342* | 7914 |
| E.P. | 886965* | 7867 |
| E.P. | 887247* | 7981 |
| E.P. | 887441* | 8000 |
| E.P. | 888410* | 7867 |
| E.P. | 888764 | 7999 |
| E.P. | 889146* | 7868 |
| E.P. | 889349* | 7868 |
| E.P. | 889350* | 7868 |
| E.P. | 889421 | 7900 |
| E.P. | 890120 | 7959 |
| E.P. | 893450* | 7869 |
| E.P. | 896558* | 7913 |
| E.P. | 896598* | 7968 |
| E.P. | 899559* | 7868 |
| E.P. | 899656* | 7868 |
| E.P. | 901108* | 7867 |

**Französische Patente (F.P.)**

| | Nr. | Seite |
|---|---|---|
| F.P. | 71096* | 7899 |
| F.P. | 72262* | 7960 |
| F.P. | 72629* | 7960 |
| F.P. | 72857* | 7964 |
| F.P. | 73251* | 7964 |
| F.P. | 73743 | 7925 |
| F.P. | 73775* | 7930 |
| F.P. | 1169987* | 7960 |
| F.P. | 1172651* | 7899 |
| F.P. | 1205526 | 7957 |
| F.P. | 1205808* | 7966 |
| F.P. | 1208910* | 7964 |
| F.P. | 1210743* | 7964 |
| F.P. | 1211650 | 7988 |
| F.P. | 1211679* | 7964 |
| F.P. | 1212810 | 7958 |
| F.P. | 1213545 | 7957 |
| F.P. | 1213993 | 7989 |
| F.P. | 1215329 | 7989 |
| F.P. | 1215441* | 7964 |
| F.P. | 1219594* | 7965 |
| F.P. | 1219731* | 7964 |
| F.P. | 1220307* | 7964 |
| F.P. | 1221230* | 7964 |
| F.P. | 1221416 | 7990 |
| F.P. | 1221901 | 7988 |
| F.P. | 1222920 | 7957 |
| F.P. | 1223082* | 7965 |
| F.P. | 1223408 | 7957 |
| F.P. | 1224651 | 7979 |
| F.P. | 1225006 | 7996 |
| F.P. | 1226828 | 7957 |
| F.P. | 1227680* | 7964 |
| F.P. | 1228184 | 7958 |
| F.P. | 1228710* | 7964 |
| F.P. | 1229667* | 7960 |
| F.P. | 1231020* | 7960 |
| F.P. | 1231991 | 7967 |
| F.P. | 1232347* | 7965 |
| F.P. | 1233724* | 7964 |
| F.P. | 1233839* | 7964 |
| F.P. | 1233885 | 7986 |
| F.P. | 1233926 | 7981 |
| F.P. | 1233931 | 7987 |
| F.P. | 1234005* | 7930 |
| F.P. | 1234158 | 7987 |
| F.P. | 1234541* | 7966 |
| F.P. | 1235005 | 7987 |
| F.P. | 1235303* | 7964 |
| F.P. | 1235569* | 7965 |
| F.P. | 1235652 | 7988 |
| F.P. | 1235653* | 7930 |
| F.P. | 1236387 | 7982 |
| F.P. | 1237813 | 7987 |
| F.P. | 1238003 | 7956 |
| F.P. | 1239220* | 7960 |
| F.P. | 1240200* | 7906 |
| F.P. | 1240383* | 7906 |
| F.P. | 1241638* | 7906 |
| F.P. | 1242020 | 7967 |
| F.P. | 1257443* | 7960 |
| F.P. | 1257467* | 7960 |
| F.P. | 1261251* | 7960 |
| F.P. | 1262253* | 7960 |
| F.P. | 1264825* | 7960 |
| F.P. | 1266198 | 7896 |
| F.P. | 1266248* | 7960 |
| F.P. | 1266435* | 7907 |
| F.P. | 1267372* | 7961 |
| F.P. | 1269143* | 7960 |
| F.P. | 1271985* | 7914 |

**Indische Patente (Ind.P.)**

| | Nr. | Seite |
|---|---|---|
| Ind.P. | 64009* | 7995 |
| Ind.P. | 64052* | 7990 |
| Ind.P. | 64118 | 7958 |
| Ind.P. | 64148* | 7995 |
| Ind.P. | 64155 | 7858 |
| Ind.P. | 64160 | 7958 |
| Ind.P. | 64283 | 7987 |
| Ind.P. | 64313* | 7960 |
| Ind.P. | 64328* | 7960 |
| Ind.P. | 64521* | 7990 |
| Ind.P. | 64663 | 7958 |
| Ind.P. | 64760* | 7914 |
| Ind.P. | 64776 | 7866 |
| Ind.P. | 64792 | 7921 |
| Ind.P. | 64831 | 7959 |
| Ind.P. | 64871 | 7901 |
| Ind.P. | 64977 | 7958 |
| Ind.P. | 65049* | 7906 |
| Ind.P. | 65490* | 7930 |
| Ind.P. | 65503 | 7959 |
| Ind.P. | 65853 | 7993 |
| Ind.P. | 66107 | 7968 |
| Ind.P. | 66473 | 7864 |
| Ind.P. | 67273* | 7869 |

**Italienische Patente (It.P.)**

| | Nr. | Seite |
|---|---|---|
| It.P. | 544519* | 7991 |
| It.P. | 546155* | 7965 |
| It.P. | 547998* | 7965 |
| It.P. | 550133 | 7981 |
| It.P. | 550134 | 7981 |

**Japanische Auslegeschriften (Jap.A.S.)**

| | Nr. | Seite |
|---|---|---|
| Jap.A.S. | 9647/1960* | 7966 |
| Jap.A.S. | 9718/1960* | 7955 |
| Jap.A.S. | 16592/1960 | 7989 |
| Jap.A.S. | 17341/1960* | 7964 |
| Jap.A.S. | 17342/1960* | 7965 |
| Jap.A.S. | 17343/1960* | 7965 |
| Jap.A.S. | 17345/1960 | 7989 |
| Jap.A.S. | 17497/1960* | 7964 |
| Jap.A.S. | 17588/1960 | 7990 |
| Jap.A.S. | 17596/1960 | 7990 |
| Jap.A.S. | 17597/1960 | 7988 |
| Jap.A.S. | 17691/1960* | 7964 |
| Jap.A.S. | 17693/1960 | 7988 |
| Jap.A.S. | 17697/1960 | 7990 |
| Jap.A.S. | 17698/1960 | 7990 |
| Jap.A.S. | 17844/1960 | 7981 |
| Jap.A.S. | 17845/1960 | 7990 |
| Jap.A.S. | 17850/1960 | 7989 |
| Jap.A.S. | 18196/1960* | 7965 |
| Jap.A.S. | 18197/1960* | 7966 |

**Niederländische Patente (Niederl.P.)**

| | Nr. | Seite |
|---|---|---|
| Niederl.P. | 99097 | 7924 |
| Niederl.P. | 99203 | 7979 |
| Niederl.P. | 99969 | 7924 |
| Niederl.P. | 100049 | 7865 |
| Niederl.P. | 101004* | 7930 |
| Niederl.P. | 101184 | 7968 |

**Österreichische Patente (Oe.P.)**

| | Nr. | Seite |
|---|---|---|
| Oe.P. | 199242* | 7899 |
| Oe.P. | 207014 | 7958 |
| Oe.P. | 212845* | 7965 |
| Oe.P. | 212849 | 7926 |
| Oe.P. | 214399 | 7955 |
| Oe.P. | 214573 | 7865 |
| Oe.P. | 214947 | 7924 |
| Oe.P. | 215081 | 7866 |
| Oe.P. | 216154* | 7868 |
| Oe.P. | 216472 | 7986 |
| Oe.P. | 217599 | 7957 |
| Oe.P. | 217647* | 7869 |
| Oe.P. | 218477 | 7905 |
| Oe.P. | 219069* | 7930 |

**Schweizer Patente (Schwz.P.)**

| | Nr. | Seite |
|---|---|---|
| Schwz.P. | 343854* | 7962 |
| Schwz.P. | 348899* | 7962 |
| Schwz.P. | 349512* | 7962 |
| Schwz.P. | 349995 | 7859 |
| Schwz.P. | 351272* | 7955 |
| Schwz.P. | 351321* | 7954 |
| Schwz.P. | 351696* | 7960 |
| Schwz.P. | 352933* | 7962 |
| Schwz.P. | 353719* | 7959 |
| Schwz.P. | 355126 | 7955 |
| Schwz.P. | 356051* | 7962 |
| Schwz.P. | 356756* | 7930 |
| Schwz.P. | 356859* | 7960 |
| Schwz.P. | 358185* | 7995 |
| Schwz.P. | 358805* | 7868 |
| Schwz.P. | 360693* | 7973 |
| Schwz.P. | 361799* | 7930 |
| Schwz.P. | 362075* | 7867 |
| Schwz.P. | 362076* | 7868 |
| Schwz.P. | 362489* | 7868 |
| Schwz.P. | 362796* | 7869 |
| Schwz.P. | 363025* | 7868 |
| Schwz.P. | 363026* | 7868 |
| Schwz.P. | 363027* | 7868 |
| Schwz.P. | 363028* | 7868 |
| Schwz.P. | 363346* | 7868 |
| Schwz.P. | 363982* | 7868 |
| Schwz.P. | 364265* | 7868 |

**Tschechoslowakische Patente (Tschech.P.)**

| | Nr. | Seite |
|---|---|---|
| Tschech.P. | 99946 | 7900 |

**Sowjetische Patente (UdSSR.P.)**

| | Nr. | Seite |
|---|---|---|
| UdSSR.P. | 122871* | 7964 |
| UdSSR.P. | 123151* | 7907 |
| UdSSR.P. | 125380 | 7968 |
| UdSSR.P. | 125679 | 7967 |
| UdSSR.P. | 125705 | 7925 |

# Chemisches Zentralblatt



## Neue Bücher

### Geschichte. Unterricht

**A. Barclay,** Pure chemistry: a brief outline of its history and development. Part 1: Historical review. London: H.M.S.O. 1962. 7 s. 6 d.

**Eric J. Barker** and **C. L. Hammer,** Discoveries and inventions. London: Evans Bros. 1962. (64 S.) 9 s. 6 d.

**Giuseppina Deiana,** Chimica. Per gli istituti tecnici, sezione geometri. Torino, Genova, Milano: S.E.I. 1961. (358 S. m. Abb. u. Tab.) L. 1600.—.

**Giuseppina Deiana,** Dalla cellula all'elettrone. Vol. IV: Chimica e mineralogia. Torino, Genova, Milano: S.E.I. 1959. (340 S. m. Abb. u. Tab.) L. 1600.—.

**Margaret W. Gardiner,** Food preparation: a handbook for students. London: Constable. 1962. (401 S.) 20 s.

**Alexander Gero,** Textbook of organic chemistry. New York: Wiley. 1962. (704 S.) $ 9.25.

**Mario Giordani,** Guida all'analisi chimica qualitativa. Roma: Editr. „Studium". 1961. (IV + 161 S. m. Abb.) L. 2500.—.

**M. F. Grandon** and **H. B. Henbest,** Organic chemistry: an introduction. London: Oldbourne. 1962. 20 s.

**John R. Holum,** Elements of general and biological chemistry. New York: Wiley. 1962. (470 S.) $ 5.95.

**A. G. M. van Melsen,** De geschiedenis van het begrip atoom. Van atomos naar atoom. 2e druk. Utrecht: Het Spectrum. 1962. (288 S.) hfl. 2.50.

### A. Allgemeine, physikalische und anorganische Chemie

**S. Czerni i M. Skrzynskiej,** Slownik techniczny. 1. Polsko-angielski. 2: Angielsko-polski. Oxford, New York, Paris: Pergamon Press; Warszawa: Wydawnictiwa Naukowo-techniczne. 1962. 1: (372 S.) 2: (443 S.) 8⁰.

**Denis, Eckel** and **Hofer,** Dictionnaire allemand-français, français-allemand. Paris: Garnier Frères. 1962. (1324 S.) 30 NF.

**R. Iesdlin,** Dictionary of physics and allied sciences, English/German. London: Oven. 1962 75 s.

—, Elsevier's dictionary of general physics. In six languages. English, American, French, Spanish, Italian, Dutch and German. Amsterdam: Elsevier Publishing Cy. 1962. (872 S.) hfl. 60,—.

—, Russian supplement to Elsevier's dictionary of electronics and waveguides. Amsterdam: Elsevier Publishing Company. 1961. (IV + 57 S.) 42 s.

### $A_1$. Kernphysik und Kernchemie

**P. A. Egelstaff,** Neutron scattering studies of liquid diffusion. London: H.M.S.O. 1962. 5 s. 6 d.

**P. M. Endt** and **P. B. Smith,** eds., Nuclear reactions. Vol. 2. Amsterdam: Noord-Hollandsche U.M. 1962. (X + 546 S.) hfl. 55.—.

**E. P. Fowler,** A new reactor period meter used for fast period protection. London: H.M.S.O. 1962. 3 s. 6 d.

**G. Olive** and others, A review of high intensity neutron sources and their application in industry. London: H.M.S.O. 1962. 6 s.

**A. R. Palmer,** The emission of fission product rare gases from UO2—BeO and UO2—ThO2—BeO specimens during neutron irradiation in Bepo. London: H.M.S.O. 1962. 4 s.

**A. G. Parham,** Factors affecting the velocity resolution of gas Čerenkov counters. London: H.M.S.O. 1962. 2 s. 6 d.

**N. A. Perfilow, O. W. Loshkin** und **W. I. Osstroumow,** Kernreaktionen unter Einwirkung von Teilchen hoher Energie. Moskau-Leningrad: Verl. der Akad. der Wiss. der UdSSR, Leningrader Abt. 1962. (251 S. m. Zeichng.) 1 Rbl. 82 Kop. [russ.]

**D. J. Silverleaf,** Nuclear reactor operation. London: Temple Pr. 1962. 12 s. 6 d.

—, Radiation damage in solids. Part of the proceedings of the symposium on radiation damage in solids and reactor materials held by the International Atomic Energy Agency at the Fondazione Cini, S. Giorgio Maggiore, Venice, 7—11 may 1962. Vienna: International Atomic Energy Agency. 1962. 1. (385 S.) DM 24,50. 2. (289 S.) DM 21,—.

## $A_2$. Optisches Verhalten der Materie

**Ss. K. Kalinin, W. L. Marsuwanow** und **T. B. Bekbaulowa,** Atlas der Spektrallinien im Gebiet 2095 bis 1840 Å. Alma-Ata: 1960. (10 einzelne Bl. Tab. auf Pappe + 29 S. m. Erläut.) 50 Kop. [russ.]

**Landolt-Börnstein,** Zahlenwerte und Funktionen aus Physik, Chemie, Astronomie, Geophysik und Technik. 6. Aufl. Bd. 2: Eigenschaften der Materie in ihren Aggregatzuständen. Teil 8: Optische Konstanten. Berlin, Göttingen, Heidelberg: Springer. 1962. (XV + 901 S. m. 212 Abb.) 4°. DM 476,—.

**—,** Neuere Ergebnisse molekülspektroskopischer Untersuchungen. Kolloquium über Molekülspektroskopie der Kommission für Spektroskopie der Deutschen Akademie der Wissenschaften zu Berlin, Dresden, am 1. September 1961. Berlin: Akademie-Verl. 1962. (28 S. m. 15 Abb. u. 6 Tab.) 4° = Abhandlungen der Deutschen Akademie der Wissenschaften zu Berlin. Klasse für Mathematik, Physik und Technik. Jahrgang 1962, Nr. 3. DM 5,10.

## $A_3$. Elektrizität. Magnetismus. Elektrochemie

**—,** Halbleiterprobleme. Bd 7: Festkörperprobleme. Braunschweig: Vieweg. 1962. 8°.

## $A_4$. Thermodynamik. Thermochemie

**L. W. Gurwitsch, G. A. Chatschkurusow, W. A. Medwedew u. a.,** Die thermodynamischen Eigenschaften verschiedener Stoffe. Handbuch. In 2 Bänden. Bd. 1. Die Berechnung thermodynamischer Eigenschaften. Bd. 2. Tabelle thermodynamischer Eigenschaften. Vollständig überarb. u. erweitert. Moskau: Verl. der Akad. der Wiss. der UdSSR. 1962. (Bd. 1: 1162 S. m. Zeichng.; Bd. 2: 916 S.). [russ.]

**J. H. Hildebrand** and **R. L. Scott,** Regular solutions. London: Prentice-Hall. 1962. 45 s.

**Gabriel Joseph Minkoff** and **Charles Frank Howlett Tipper,** Chemistry of combustion reactions. London: Butterworths. 1962. (XII + 393 S. m. Taf., Tab. u. Diagr.) 75 s.

## $A_5$. Kolloidchemie. Grenzschichtforschung

**L. G. Loitzjanski,** Laminare Grenzschichten. Moskau: Fismatgis. 1962. (479 S. m. Zeichng.) 1 Rbl. 63 Kop. [russ.]

**E. J. W. Verwey** and **J. Th. G. Overbeek,** Theory of the stability of lyophobic colloids. The interaction of sol particles having an electric double layer. Amsterdam: Elsevier Publishing Cy. 1962. (XI + 209 S.) hfl. 22.50.

## $A_6$. Strukturforschung

**W. E. Addison,** Allotropy of the elements, The. London: Autumn. 1962. 15 s.

**Clifford D. Ferris,** Linear network theory. London: Prentice-Hall. 1962. 80 s.

**Stanley Raimes,** The wave mechanics of electrons in metals. New York: Interscience. 1962. (367 S. m. Abb.) $ 13.00.

## $A_7$. Gleichgewichte. Kinetik

**N. M. Emanuel, D. G. Knorre u. a.,** Lehrgang der chemischen Kinetik (homogene Reaktionen). Moskau: Verl. der Hochschule. 1962. (414 S. m. Zeichng.) 86 Kop. [russ.]

**Joseph Lionel Latham,** Elementary reaction kinetics. London: Butterworths. 1962. (XIII + 120 S. m. Tab. u. Diagr.) 15 s.

**Herbert Staude,** Photochemie. Mannheim: Bibliographisches Institut. 1962. (159 S.) 8° = B.I.-Hochschultaschenbücher. Bd. 27. DM 3,80.

## $A_8$. Präparative anorganische Chemie. Komplexverbindungen. Metallorganische Verbindungen

**T. D. Awtokratowa,** Analytische Chemie des Rutheniums $^{101,}{}_{44}Ru$. Moskau: Verl. der Akad. der Wiss. der UdSSR. 1962. (264 S. m. Abb.) 1 Rbl. 30 Kop. [russ.]

**R. A. Beljajew,** Berylliumoxid. Eigenschaften und Anwendung. Moskau: Gossatomisdat. 1962. (239 S. m. Zeichng.) 88 Kop. [russ.]

**M. P. Gertschuk,** Anleitung zum praktischen Studium der anorganischen Chemie. Moskau: Verl. des Zentrossojus. 1962. (196 S. m. Abb.) 41 Kop. [russ.]

**A. M. Pawlow, A. I. Odnossewzew, F. Ss. Frum u. a.,** Handbuch der Laboratoriumsarbeiten in der anorganischen Chemie. Gorki. 1962. (253 S. m. Abb.) 70 Kop. [russ.]

## $A_9$. Mineralogische und geologische Chemie

**Robert Brousse,** Analyses chimiques des roches volcaniques tertiaires et quaternaires de la France. Paris: C. Béranger. 1961. (XVI + 141 S.) 8⁰ = Ministère de l'industrie. Bulletin du Service de la carte géologique de la France. Tome 58. N⁰ 263. 22,80 NF.

**W. W. Burkow und Je. K. Podporina,** Strontium. Mineralogie, Geochemie und Haupttypen der Fundstätten. Moskau: Verl. der Akad. der Wiss. der UdSSR 1962. (180 S. m. Abb. u. Kart.) 1 Rbl. 3 Kop. [russ.]

**Albert Maucher,** Die Lagerstätten des Urans. Braunschweig: Vieweg. 1962. (VIII + 162 S. m. 19 Abb. u. 9 Taf.) 8⁰ = Die Wissenschaft. Bd. 119. DM 22,—.

## G. Analyse. Laboratorium

**Ernst Bayer,** Gas-Chromatographie. 2., völlig neu bearb., erw. Aufl. Berlin, Göttingen, Heidelberg: Springer. 1962. (IX + 324 S. m. 81 Abb.) 8⁰ = Anleitungen für die chemische Laboratoriumspraxis. Bd 10. DM 49,80.

**A. A. Berdisade,** Oxydimetrie. Baku: Aserutschpedgis. 1962. (166 S. m. Abb.) 35 Kop. [aserbaidshan.]

**Kurt Issleib, Hrsg.,** Anomalien bei Ionenaustausch-Vorgängen 1961. Plenar- und Diskussionsvorträge des Symposiums über „Anomale Vorgänge an Austauschadsorbentien" in Weimar vom 13.—15. April 1961. Veranst. vom Fachverband Analyt. Chemie der Chem. Ges. in der DDR. Berlin: Akademie-Verl. 1962. (XI + 488 S. m. Abb.) 8⁰ = Ionenaustauscher in Einzeldarstellungen. Bd 1. DM 44,—.

**Bořivoj Keil,** Laboratorní technika organické chemie. (Laboratoriumstechnik der organischen Chemie). 2. Aufl. In tschechisch. Praha: Verl. der Tschechoslowakischen Akademie der Wissenschaften. 1962. (816 S.) Kčs 69,—.

**B. A. Loveridge and A. F. Owens,** The determination of zinc-65 in Harvell affluent. London: H. M. S. O. 1962. 3 s.

**Kurt Randerath,** Dünnschicht-Chromatographie. Weinheim/Bergstr.: Verl. Chemie. 1962. (XII + 242 S. m. 78 Abb., 77 Tab. u. 2 Taf.) = Monographie Nr. 78 zu „Angewandte Chemie" und „Chemie-Ingenieur-Technik". DM 22,—.

**L. I. Topalow, A. B. Schajewitsch und Ss. B. Schubina,** Die Spektralanalyse der Ferrolegierungen. Swerdlowsk: Metallurgisdat, Swerdlowsker Abt. 1962. (288 S. m. Abb.) 1 Rbl. 2 Kop. [russ.]

## $H_7$. Agrikulturchemie. Schädlingsbekämpfung

**Francis Alan Gunther, ed.,** Residue Reviews. (Rückstands-Berichte). Vol. 1. Berlin, Göttingen, Heidelberg: Springer. 1962. (162 S. m. Abb.) 8⁰. DM 22,—.

**Ernst Klapp und Hermann Wurmbach, Hrsg.,** Die Beeinflussung der Bodenfauna durch Düngung. Hamburg, Berlin: Parey. 1962. (167 S. m. 115 Abb.) 8⁰ = Monographien zur angewandten Entomologie. Nr. 18. DM 37,40.

## $H_8$. Metallurgie. Korrosion

**Smith Bracewell,** Bauxite, alumina and aluminium. London: H. M. S. O. 1962. (V + 235 S. m. 3 Taf. u. Tab.) 15 s

**F. P. Jedneral und A. F. Filippow,** Berechnungen zur Elektrometallurgie des Stahls und der Ferrolegierungen. 2. verbess. u. vervollst. Ausg. Moskau: Metallurgisdat. 1962. (Einband 1963). (231 S. m. Zeichng.) 61 Kop. [russ.]

**Alfred James Kennedy,** Processes of creep and fatigue in metals. Edinburgh, London: Oliver & Boyd. 1962. (XIII + 480 S. m. Taf. u. Diagr.) 70 s.

**M. Ja. Smeljanski, W. A. Bojarschinow, K. D. Gutterman u. a.,** Vakuum-Lichtbogenöfen und Elektronen-Schmelzanlagen. Moskau: Metallurgisdat. 1962. (211 S. m. Abb.; 1 Bl. Zeichng.) 83 Kop. [russ.]

**M. A. Stefanowitsch,** Analyse des Hochofenprozesses. Moskau: Metallurgisdat. 1960. (286 S. m. Abb.) 1 Rbl. 15 Kop. [russ.]

**Walter Dunbar Wilkinson,** Uranium metallurgy. Vol. 1: Uranium process metallurgy. New York, London: Wiley. 1962. (XVII + 755 S. m. Abb., Tab. u. Diagr.) 6 £. 15 s.

**W. P. Wjaseischtschikow und S. N. Paritzki,** Handbuch der Bearbeitung goldhaltiger Erze und Sande. Moskau: Metallurgisdat. 1963. (650 S. m. Abb.; 2 Bl. Zeichng.) 2 Rbl. 72 Kop. [russ.]

—, Grundlagen der Metallurgie. In 4 Bänden. Bd. 3. Leichtmetalle. Moskau: Metallurgisdat. 1963. (519 S. m. Abb.) 2 Rbl. 33 Kop. [russ.]

—, High-strength steels: papers and discussions from the conference on high-strength steels sponsored by the Engineering Properties Committee of the British Iron and Steel Research Association and held at the Old Swan Hotel, Harrogate on 23 and 24 May 1962. London: Iron & Steel Institute. 1962. (135 S. m. Abb., Tab. u. Diagr.) = Special reports no. 76. 65 s.

—, Technische Fortschritte in der Schwarzmetallurgie der UdSSR. Die Eisenerzindustrie. Moskau: Gossgortechisdat. 1962. (440 S. m. Abb.) 2 Rbl. 70 Kop. [russ.]

## $H_{13}$. Ätherische Öle. Parfümerie. Kosmetik

**Maison G. De Navarre,** The chemistry and manufacture of cosmetics. 2nd edit. Princeton (New Jersey): Van Nostrand. 1962. (289 S. m. Abb.) $ 10.75.

## $H_{14}$. Zucker. Kohlenhydrate. Stärke

**Hermann Flotzinger, Hans Kötti und Franz Schmittner,** Zuckerrübenbau in Westeuropa. Wien: R. Spies. 1959. (236 S.) 8°. ö. S. 180,—.

## $H_{15}$. Gärungsindustrie

**Hans A. Bausch,** Arbeitsvorschriften zur chemisch-brautechnischen Betriebskontrolle. 4. Aufl. vollst. neubearb. Berlin, Hamburg: Parey. 1963. (164 S. m. 30 Abb.) 8°. DM 32,80.

**A. K. Rodopulo,** Über die biochemischen Prozesse im Weinbau. Moskau: Pischtschepromisdat. 1962. (179 S. m. Abb.) 68 Kop. [russ.]

## $H_{21}$. Leder. Gerbstoffe

**W. G. Babakina,** Die Verwendung von Fermenten in der Lederindustrie. Moskau: Rosstechisdat. 1962. (240 S. m. Abb.; 4 Bl. Abb.) 82 Kop. [russ.]

## Ausgewertete Bibliographie-Fachzeitschriften

| | |
|---|---|
| Belgien | Bibliographie de Belgique — Belgische Bibliographie |
| ČSSR | Bibliography of Publications Dealing with the Polarography Method [Praha] |
| | Bulletin — Die Neuesten Forschungsergebnisse der Tschechoslowakischen Wissenschaft |
| | Nové Knihy (Neue Bücher) Novinky (Neuheiten) |
| Dänemark | Danske Bogmarked |
| Deutschland | Börsenblatt für den Deutschen Buchhandel — Frankfurter Ausgabe |
| | Börsenblatt für den Deutschen Buchhandel — Leipziger Ausgabe |
| | Deutsche Bibliographie. Wöchentliches Verzeichnis. Ausgabe II. [Frankfurt/Main] |
| | Deutsche Nationalbibliographie. Reihe A: Neuerscheinungen des Buchhandels [Leipzig] |
| England | British National Bibliography |
| Frankreich | Bibliographie de la France |
| Griechenland | Greek Bibliography [Athen] |
| Italien | Bibliografia Nazionale Italiana |
| Niederlande | Nieuwsblad voor de Boekhandel |
| Österreich | Österreichische Bibliographie |
| Schweiz | Schweizer Buch. Serie A und Serie B |
| UdSSR | Bücherverzeichnis des Jahres (Книжная летопись) |
| | Neue Bücher (Новые книги) |
| USA | Publishers' Weekly |

Chemisches Zentralblatt

1963 Nr. 19 8. Mai

## Geschichte. Unterricht

**Franz Fehér.** Günther Rienäcker, Wilhelm Klemm, Josef Goubeau und Johann Ambrosius Barth. (Z. anorg. allg. Chem. **319,** 209–10, Jan. 1963; dt.) — Glückwunschadresse zum 60. Geburtstag des o. Prof. für Anorgan. Chemie an der Univ. Köln (geb. 22/1. 1903), bes. bekannt durch zahlreiche Arbeiten über Hydride des Schwefels. — Bild. A. Blaschette. 1◇

**Robert Schwarz.** M. Schmeisser. (Z. Elektrochem., Ber. Bunsenges. physik. Chem. **66,** 777–78, Nov. 1962; dt.) — Glückwunschadresse zum 75. Geburtstag des em. o. Prof. für Anorgan. Chemie an der TH Aachen (geb. 17/12. 1887), bekannt durch zahlreiche Arbeiten über Silicate u. Kieselsäuren, niedere Si-Halogenide, Ge-Verbb., präparative Anwendungen elektr. Entladungen, anorgan. Peroxoverbindungen. — Bild. A. Blaschette. 1◇

**Arthur Holly Compton.** Samuel K. Allison. (Science [Washington] **138,** 794–97, 16/11. 1962; Chicago, Ill., Univ. of Chicago, Enrico Fermi Inst. for Nucl. Studies; engl.) — Nachruf auf den amerikan. Physiker (geb. 1892; gest. 15/3. 1962), bes. bekannt durch die Entdeckung des sog. Compton-Effekts u. durch Unterss. der kosm. Strahlung; Nobelpreis für Physik 1927. — Bild. A. Blaschette. 1◇

**Nicolae Deleanu.** Anonym. (Farmacia [Bucureşti] **7,** 385–86, Sept./Okt. 1959; rum.) — Nachruf auf den am 29/5. 1959 im 80. Lebensjahr verstorbenen Professor N. Deleanu u. Würdigung seiner Forschungs- u. Hochschultätigkeit als Dekan der Fakultät für Pharmazie in Bukarest. J. Lehmberg. 1□

**Gerhart Jander.** H. Spandau. (Z. anorg. allg. Chem. **319,** 113–19, Dez. 1962; dt.) — Nachruf auf Prof. Dr. G. Jander (geb. 26/10. 1892 in Alt-Döbern, Lausitz, gest. 8/12. 1961 in Berlin), Direktor des Anorgan.-Chem. Instituts der TU Berlin. Kurzer Lebensabriß u. Würdigung seiner Arbeiten über Isopolysäuren u. -basen, nichtwss. Lsgm., Aerosole und andere. — Bild. Ch. Weiske. 1◇

**E. Waldmann.** Vinzenz Prey. (Österr. Chemiker-Ztg. **61,** 333–34, Nov. 1960; dt.) — Kurzer Nachruf auf Prof. Dr. Waldmann (geb. 16/11. 1889 in Sabatenreith, Österreich, gest. 9/8. 1960), Leiter des Inst. für Organ. Chemie der TH Wien, der sich bes. mit der Chemie der Kohlenhydrate (Triosen), aber auch mit textilchem. u. pharmazeut. Fragen befaßte. Ch. Weiske. 1◇

**Die Rolle von E. Ss. Fedorow in der Vorgeschichte der Röntgenstruktur-Kristallographie.** N. W. Below und I. I. Schafranowski. (Schr. mineralog. Allunions-Ges. [UdSSR] [2] **91,** 465–71, 1962; russ.) — Geschichtlicher Abriß über die theoret. Arbeiten von Fedorow, in denen die Existenz von 230 Raumgruppen bewiesen wird. Wiedergabe des Schriftwechsels mit Bragg u. Morosow. Ch. Weiske. 1◇

**Entwicklung und neue Gesichtspunkte der Kernphysik.** Francis Suzor. (Rev. gén. Sci. pures appl. Bull. Assoc. franç. Avancement Sci. **67,** 273–86, Sept./Okt. 1960; C.N.R.S., École Polytechn.; franz.) — Geschichtlicher Überblick. Gerhard Schmidt. 2□

**Geschichte der Neutronen und Kerne.** 1. u. 2. Mitt. N. Feather. (Contemporary Physics **1,** 191–203, Febr.; 257–66, April 1960; Edinburgh, Univ., Dep. of Natural Phil.; engl.) — Zusammenfassende Darst. der Begriffe „Neutron" u. „Kern" in der Geschichte der Physik der letzten 100 Jahre. L. Roth. 2□

**Die Entwicklung der Röntgenanalyse.** Lawrence Bragg. (Proc. Roy. Instn. Great Britain **38,** 526–43, 1961; Davy Faraday Res. Labor.; engl.) — Zusammenfassender, gekürzter Vortrag. C. Gottfried. 2

**Stand der archäologischen Forschung über die eisernen Doppelpyramiden-(Spitz-) Barren.** Otto Kleemann. (Arch. Eisenhüttenwes. **32,** 581–85, Sept. 1961; Bonn; dt.) — Herkunftsforschung der eisernen Doppelpyramiden-(Spitz-)Barren mit Hilfe metallograph. Unters. auf Grund ihrer Zahl u. Verbreitung, kleiner Formunterschiede u. ihrer Verbindung mit Eisenerz- oder Eisen verarbeitenden Gebieten. H. Hochstein. 2□

**Untersuchung vor- oder frühgeschichtlicher Spitzbarren.** Wilhelm Rädeker und Friedrich Karl Naumann. (Arch. Eisenhüttenwes. **32,** 587—95, Sept. 1961; Düsseldorf, MPI für Eisenforsch.; dt.) — Angaben über Fundstätten, Form u. Verw.-Zweck von Spitzbarren. Im Gebiet der oberen Donau gefundene Spitzbarren werden nach Aussehen u. Abmessungen beschrieben, makroskop. metallograph. sowie chem. untersucht. Mkr. wird eine Gefüge-Unters. des Metalls u. der elektrolyt. isolierten Schlackeneinschlüsse durchgeführt, u. es werden Angaben über Härteprüfung sowie Schmiede- u. Härtungs-Verss. gemacht. H. Hochstein. 2□

**The Playbook of Metals. Eines der ersten Lehrbücher der Metallurgie.** A. D. Hopkins. (Metallurgia [Manchester] **66,** 75—78, Aug. 1962; engl.) — Kurze Einführung in das vor über 100 Jahren erschienene Buch von Pepper „*Playbook of Metals*". M. Gehlen-Keller. 2□

**Probleme einer internationalen chemischen Nomenklatur.** K. A. Jensen. (Rev. Quím. Farmác. **20,** Nr. 9, 15—30, Sept. 1955; Kopenhagen, Univ., Chem. Labor.; span.) — Übersetzung der C. **1953,** 3185 referierten Arbeit. P. Golinske 4◇

**Eine realistische Einführung in Lösungsgleichgewichte.** Richard Ramette. (J. chem. Educat. **37,** 344—48, Juli 1960; Northfield, Minn., Carleton Coll.; engl.) — Richtlinien für einen Kursus über Gleichgewichte in wss. Lösung. W. Betcke. 6□

**Löslichkeit und Gleichgewichte von Silberchlorid.** Richard Ramette. (J. chem. Educat. **37,** 348—54, Juli 1960; engl.) — Vgl. vorst. Referat. — Die l. c. allg. behandelte Betrachtungsweise von Gleichgewichten in wss. Lsg. wird am Beispiel der Löslichkeit von AgCl in NaCl-Lsgg. verschiedener Konzz. erläutert. Die Ergebnisse von Löslichkeitsmessungen werden unter Berücksichtigung der verschiedenen möglichen Gleichgewichte diskutiert. Es werden 10 Fragen angegeben, deren Beantwortung zum Verständnis der behandelten Syst. beiträgt. W. Betcke. 6□

# A. Allgemeine, physikalische und anorganische Chemie

**Stochastische Lorentz-Observatoren und die Divergenzen in der Quantenfeldtheorie.** R. L. Ingraham. (Nuovo Cimento [10] **24,** 1117—46, 16/6. 1962; University Park, N. Mex., New Mexico State Univ., Res. Center; engl.) Herbert Weber. 10◇

**Über die Infrarotkatastrophe in der skalaren Quantenelektrodynamik.** W. A. Schachbasjan. (J. exp. theoret. Physik [UdSSR] **39,** 484—90, Aug. 1960; russ., Auszug: engl.) — Das asymptot. Verh. der „4-Vertex"-Funktion im IR-Bereich in der Quantenelektrodynamik der Teilchen mit dem Spin Null wird untersucht. Ein Verf. zur Beseitigung der IR-Divergenzen u. zur Summation der Wahrscheinlichkeiten der Streuung geladener Mesonen unter Einbeziehung der Emission einer beliebigen Zahl weicher Quanten wird diskutiert. H. Liepack. 10◇

**Renormalisierung der Quantenelektrodynamik in einem klassischen Gravitationsfeld.** Ryoyu Utiyama. (Physic. Rev. [2] **125,** 1727—40, 1/3. 1962; Chapel Hill, N. C., Univ. of North Carolina, Inst. of Field Phys.; engl.) — Unters. der Divergenzen der Green-Funktionen von Elektronen u. Photonen in einem klass. Gravitationsfeld. Herbert Weber. 10◇

**Eine konsistente Operatorlösung für das Thirring-Modell.** F. L. Scarf und J. Wess. (Nuovo Cimento [10] **26,** 150—67, 1/10. 1962; Seattle, Wash., Univ. of Washington, Dep. of Phys.; engl.) — Konstruktion expliziter Operator-Lösungen für das Johnson-Modell wechselwirkender Feldströme. Gerhard Schmidt. 10□

**Störungstheorie für die Fock-Diracsche Dichtematrix.** R. McWeeny. (Physic. Rev. [2] **126,** 1028—34, 1/5. 1962; Uppsala, Sweden, Uppsala Univ., Quantum Chem. Group; engl.) — Vf. drückt die Änderung der Dichtematrix bei einer Änderung der Hamilton-Matrix durch Störungsreihen aus u. gibt Formeln für diese Störung bis zu allen Ordnungen als Funktion der ungestörten Hamilton- u. Dichtematrix an. Es wird ferner gezeigt, daß man die ganze Störung direkt ohne Separierung der Ordnungen erhalten kann. D. Jörchel. 10□

## $A_1$. Kernphysik und Kernchemie

**Reaktion $\pi^- + p \rightarrow e^+ + e^- + n$ als Weg zur Messung des elektromagnetischen Formfaktors des geladenen Pions.** D. A. Geffen. (Physic. Rev. [2] **125,** 1745—50, 1/3. 1962; Minneapolis, Minn., Univ. of Minnesota, School of Phys.; engl.) — Unters. auf der Basis des Einzelpionenaustausches. Herbert Weber. 90◇

**Die K-Meson-Pion-Streuung.** A. P. Balachandran. (Nuovo Cimento **23,** 402—07, 16/1. 1962; engl.) — Der Einfl. der K-$\pi$- u. $\pi$-$\pi$-Resonanz auf die p-Wellen-K-$\pi$-Streuung im $T = \frac{1}{2}$-Zustand wird mittels doppelter Dispersionsbeziehungen untersucht. M. Wiedemann. 90□

**S-Wellenamplitude für das K–$\pi$-System.** V. Amar, M. Lucchini und C. Marioni. (Nuovo Cimento **23**, 392—401, 16/1. 1962; Milano, Univ., Ist. di Fis., Ist. Naz. di Fis. Nucl.; engl.) — Unter der Annahme einer K–K–$\pi$-Wechselwrkg. wird die S-Wellen-Amplitude des K–$\pi$-Syst. in doppelten Dispersionsbeziehungen untersucht. u der $\pi$–$\pi$–P-Wellen-Resonanzbeitrag berechnet. M. Wiedemann. 90□

**Isobarenmechanismus für höhere Pion–Baryon-Resonanzen.** San Fu Tuan. (Physic. Rev. [2] **125**, 1761—64, 1/3. 1962; Providence, R. I., Brown Univ., Dep. of Phys.; engl.) — Unterss. zu Pion–Hyperon-Wechselwrkg. unter der Annahme, daß $Y_1^*$ das $\pi\Lambda$-Isobar ist, dessen Masse unterhalb der $\bar{K}$N-Schwelle liegt. Herbert Weber. 90◇

**Theorie einer P-Wellen-$\pi$–$\Lambda$-Resonanz.** Saul Barshay. (Physic. Rev. [2] **127**, 2287, 15/9. 1962; engl.) — Druckfehlerberichtigungen von Gleichungen in der C. **1963**, 4 referierten Arbeit. Herbert Weber. 90◇

**Bestimmung der Kopplungsstärke von $\varrho$-Mesonen und Nucleonen.** P. Burt und W. K. R. Watson. (Physic. Rev. [2] **125**, 1770—71, 1/3. 1962; Pasadena, Calif., California Inst. of Technol., Jet Propulsion Labor.; engl.) — Eine Betrachtung der elast. $\pi$–N-Streuung in der Vorwärtsrichtung bei hohen Energien zeigt eine mögliche Meth. zur Best. der Kopplungsstärke des $\varrho$-Mesons (Zweipionenresonanz mit $I = 1$, $J = 1$) mit Nucleonen für Nullimpulsübertragung. Herbert Weber. 90◇

**Resonanzmodell für Photoerzeugung von K-Mesonen an Nucleonen.** Shigeo Hatsukade und Howard J. Schnitzer. (Physic. Rev. [2] **128**, 468—77, 1/10. 1962; Rochester, N.Y., Univ. of Rochester, Dep. of Phys. and Astronomy; Waltham, Mass., Brandeis Univ., Dep. of Phys.; engl.) Herbert Weber. 90◇

**Die Massendifferenz der neutralen K-Mesonen und die Gültigkeit der Störungsexpansion in der Theorie der schwachen Wechselwirkungen.** J. Nilsson. (Nuovo Cimento [10] **22**, 414—26, 16/10. 1961; Geneva, CERN; engl.) — In der V–A-Theorie der schwachen Wechselwrkg. ergibt sich aus der Massendifferenz zwischen $K_1^0$ u. $K_2^0$, deren Vorzeichen experimentell nicht bestimmt wurde, ein cut-off-Wert von einigen Nucleonenmassen. Ferner zeigt sich, daß das $K_2^0$ schwerer als das $K_1^0$ ist. M. Wiedemann. 90□

**$K_1^0$—$K_2^0$-Massendifferenz.** U. Camerini, W. F. Fry, J. A. Gaidos, H. Huzita, S. V. Natali, R. B. Willmann, R. W. Birge, R. P. Ely, W. M. Powell und H. S. White. (Physic. Rev. [2] **128**, 362—67, 1/10. 1962; Madison, Wis., Univ. of Wisconsin, Dep. of Phys.; Berkeley, Calif., Univ. of California, Lawrence Radiat. Labor.; engl.) — Durch Messung der Zeitabhängigkeit der $\bar{K}_0$-Intensität in einem Bündel, das ursprünglich nur aus reinen $K^0$ bestand, wurde die $K_1^0$–$K_2^0$-Massendifferenz zu $(1{,}5 \pm 0{,}2)\hbar/\tau_1 c^2$ bestimmt. Herbert Weber. 90◇

**Einige Wechselbeziehungen zwischen der Physik der Kernstruktur und der Physik der Elementarteilchen.** D. H. Wilkinson. (Proc. physic. Soc. **80**, 997—1040, 1/11. 1962; Oxford, Nucl. Phys. Labor.; engl.) — Vortrag (Rutherford Memorial Lecture 1962). — 147 Literaturangaben. A. Blaschette. 90◇

**Parität.** Graham P. McCauley. (Amer. J. Physics **29**, 173—81, März 1961; Ithaca, N.Y., Cornell Univ., Labor. of Nucl. Studies; engl.) — Nichtmathemat. Übersicht über die Rolle der Parität in der Elementarteilchenphysik. Herbert Weber. 90◇

**Eine Theorie der Leptonen.** K. H. Tzou. (J. Physique Radium **22**, 257—66, Mai 1961; Paris, Inst. Henri-Poincaré; franz.) — Vgl. C. **1963**, 386. — In der vorgeschlagenen vereinheitlichten Theorie der Leptonen ähnelt der lepton. Strom der schwachen Wechselwrkg. völlig dem elektr. Strom von Elektron–Myon. Die Nichterhaltung der Parität ist eine Folge eines M-Symmetrie-Prinzips. Gerhard Schmidt. 90◇

**Massenquantisierung und Leptonentheorie.** Marcel Wellner. (Physic. Rev. [2] **125**, 1750—54, 1/3. 1962; Bloomington, Ind., Univ. of Indiana, Dep. of Phys.; engl.) — Diskussion der Eigg. der Massenquantisierung, die durch Einführung eines kontinuierlichen inneren Freiheitsgrades in ein freies Feld erhalten wird u. auf die die übliche Teilcheninterpretation anwendbar ist. Herbert Weber. 90◇

**Suche nach einer Rotationssymmetrie der universellen Fermi-Wechselwirkung.** W. Królikowski. (Nuovo Cimento [10] **24**, 969—79, 16/6. 1962; Princeton, N. J., Inst. for Advanced Study; engl.) — Unters. zur Aufhebung von unerwünschten lepton. Prozessen. Herbert Weber. 90◇

**Bemerkungen über die elektromagnetischen Wechselwirkungen von masselosen Teilchen.** Loyal Durand III. (Physic. Rev. [2] **128**, 434—40, 1/10. 1962; New Haven, Conn., Yale Univ.; engl.) — Unters. der Vertex-Funktionen. Herbert Weber. 90◇

**Kinematische Verzweigungspunkte von n-Teilchen-Reaktionsamplituden.** Chan Hong-Mo. (Proc. Roy. Soc. [London], Ser. A **267**, 351–64, 1962; engl.) – Beschreibung einer Klasse kinemat. Verzweigungspunkte, deren Existenz auf die notwendig lineare Abhängigkeit aller 5 Vektoren im Lorentz-Raum zurückgeht.
H. Schroeder. 90□

**Streu- und Erzeugungsamplituden mit instabilen Teilchen.** J. S. Ball, W. R. Frazer und M. Nauenberg. (Physic. Rev. [2] **128**, 478–94, 1/10. 1962; San Diego, La Jolla, Calif., Univ. of California; New York, N.Y., Columbia Univ.; engl.) – Entw. einer S-Matrix-Theorie. Herbert Weber. 90◇

**Bemerkung über die Born-Reihen.** J. E. Russell. (Nuclear Physics [Amsterdam] **38,** 553–60, Nov. 1962; Pittsburgh, Pa., Carnegie Inst. of Technol., Phys. Dep.; engl.) – Vf. entwickelt die Born-Reihen für die nichtrelativist. elast. Streuamplitude für den elementarsten Typ nichtzentraler Wechselwrkg., eines Potentials zwischen 2 Spin-½-Teilchen, für welche die Abweichung von der sphär. Symmetrie von der Tensor-Wechselwrkg. herrührt. Gerhard Schmidt. 90◇

**Eine Untersuchung der Coulomb-Streuamplituden in der komplexen Drehimpulsebene.** Stanley Fenster. (Nuclear Physics [Amsterdam] **38,** 638–47, Nov. 1962; Los Angeles, Calif., Univ. of California, Dep. of Phys.; engl.) – Vf. vergleicht für Baryonen u. Mesonen die nichtrelativist. Coulomb-Streuamplitude mit den Streuamplituden, die den Regge-Bedingungen genügen. Die Eigg. der relativist. Coulomb-Amplitude werden untersucht. Gerhard Schmidt. 90◇

**Anwendungen der konformalen Zuordnung („mapping") auf die phänomenologische Darstellung von Streuamplituden.** William R. Frazer. (Physic. Rev. [2] **123,** 2180–82, 15/9. 1961; San Diego, La Jolla, Calif., Univ. of California; engl.)
Herbert Weber. 90◇

**Energiereiche Potentialstreuung.** S. Rosendorff und Smio Tanik. (Physic. Rev. [2] **128,** 457–67, 1/10. 1962; St. Louis, Mo., Washington Univ., Dep. of Phys.; University Heights, N.Y., New York Univ., Dep. of Phys.; engl.) – Unters. von Phasenverschiebungen u. Streuamplituden für Dirac- u. Klein-Gordon-Teilchen.
Herbert Weber. 90◇

**Unitarität und energiereiche unelastische Streuung.** M. Baker und R. Blankenbecler. (Physic. Rev. [2] **128,** 415–20, 1/10. 1962; Stanford, Calif., Stanford Univ., Dep. of Phys.; Princeton, N.J., Princeton Univ., Palmer Phys. Labor.; engl.) – Unters. zu Erzeugungs- u. Vielteilchenprozessen; Approximation vom Typ des Peripherie-Stoßes.
Herbert Weber. 90◇

**Modell des Austausches einzelner virtueller Teilchen bei energiereichen unelastischen Abprallstößen.** Freda Salzman und George Salzman. (Physic. Rev. [2] **125,** 1703–19, 1/3. 1962; Boulder, Colo., Univ. of Colorado, Dep. of Phys.; engl.) – Nach feldtheoret. Vorstellungen wird eine allg. Formulierung des Modells des Austausches eines einzelnen virtuellen Teilchens in energiereichen unelast. „Glancing"- oder „Peripherie"-Stößen wiedergegeben. Beispiele sind der Austausch eines einzelnen virtuellen Pions bei $\pi$–N- u. N–N-Stößen. Herbert Weber. 90◇

**Unelastische Beugungsstreuung.** E. V. Inopin und S. Shehata. (Nuclear Physics [Amsterdam] **38,** 590–96, Nov. 1962; Cairo, U.A.R. Atom. Energy Establ.; engl.) – Vff. entwickeln asymptot. Ausdrücke für die Querschnitte der elast. Beugungsstreuung an einem schwarzen Kern. Analoge Ausdrücke werden für den Fall unelast. Streuung abgeleitet, die zur Anregung kollektiver Zustände führt.
Gerhard Schmidt. 90◇

**Berechnung der höheren Momente der Dichte der Kernladung bei der Bremsstrahlung längspolarisierter Elektronen.** F. Ss. Ssadychow. (Nachr. Moskauer Univ., Ser. III **17,** Nr. 1, 19–21, Jan./Febr. 1962; Lehrstuhl für statist. Phys. u. Mechan.; russ.) – Der Einfl. des 4. Moments der Dichte der Kernladung auf Wirkungsquerschnitt u. Grad der Zirkularpolarisation der Bremsstrahlung längspolarisierter Elektronen wird untersucht. Für hohe Energien u. Winkel ist er beträchtlich, als Beispiel wird $^{12}C$ gewählt.
M. Wiedemann. 90□

**Streuwirkungsquerschnitte von Kohlenstoff bei kleinem Winkel.** M. L. De. (Nature [London] **194,** 181–82, 14/4. 1962; Calcutta, Saha Inst. of Nucl. Phys., Biophys. Div.; engl.) – Vf. berechnete die theoret. Streuwirkungsquerschnitte in C für 100-kV-Elektronen unter der Annahme der Atomradien 0,36 u. 0,24 Å u. vergleicht sie mit experimentellen Werten von Hall u. Inoue (vgl. C. **1958,** 12614) u. von Burge u. Silvester (vgl. J. biophysic. biochem. Cytol. **8,** [1960], 1). Auch in diesem Fall wurde, wie bereits l. c. für 50-kV-Elektronen, keine Übereinstimmung zwischen theoret. u. experimentellen Werten erhalten. C. Gottfried. 90

**Energiereiche Nucleon–Nucleon-Stöße.** W. K. R. Watson. (Nuovo Cimento [10] **22,** 183–88, 1/10. 1961; Pasadena, Calif., California Inst. of Technol., Jet Propuls. Labor.; engl.) — Vf. zeigt, daß das abstoßende Core bei Nucleon–Nucleon-Stößen durch den Austausch eines einzelnen Vektormesons wiedergegeben werden kann, ebenso ein elast. Wirkungsquerschni t, der sich einem konst. Wert nähert. Die Masse des Vektormesons dürfte bei einer Nucleonenmasse liegen. M. Wiedemann. 90□

**Neutron–Proton-Phasenverschiebungsanalyse bei 95 MeV.** Malcolm H. MacGregor. (Physic. Rev. [2] **123,** 2154–56, 15/9. 1961; Copenhagen, Univ., Inst. for Theoret. Phys.; engl.) Herbert Weber. 90◇

**Elastische Streuung von 6,7-MeV-Neutronen an Silber und Indium.** P. R. Malmberg und S. C. Snowdon. (Physic. Rev. [2] **128,** 351–57, 1/10. 1962; Washington, D. C., U.S. Naval Res. Labor., Nucleonics Div.; engl.) — Vgl. der in Ringgeometrie gemessenen differentiellen Querschnitte mit der Theorie. Herbert Weber. 90

**Die Wirkung eines zylindrischen Kanals auf die Neutronendiffusion.** N. I. Laletin. (J. nuclear Energy, Part A **13,** 57–64, Okt. 1960; engl. — C. **1960,** 11883.) E. Klever. 90◇

**Bedeutung der verzögerten Neutronen in der Übertragungsfunktion des Reaktors.** S. Barabaschi. (Energia nucleare, Suppl. **4,** 399–404, Okt. 1957; Milano, CISE, Labor.; engl.) — Es wird ein äquivalenter Reaktor auf konst. Energieniveau mit einem Überschuß an Reaktivität $\Delta$ u. mit verschiedenen Konst. der verzögerten Neutronen berechnet. M. Wiedemann. 90□

**Flexible kritische SM-2-Experimente.** W. J. McCool, R. A. Robinson, E. W. Schrader und S. H. Weiss. (Nuclear Sci. Engng. **9,** 47–54, Jan. 1961; Schenectady, N.Y., Alco Prod., Inc., Nucl. Power Engng. Dep.; engl.) — Im SM-2-Core mit Reflektor wurde eine Reihe von Parameter-Unterss. durchgeführt, deren Ergebnisse tabelliert u. in Diagrammen dargestellt sind. H. Schroeder. 90□

**Elastische Proton–Proton-Streuung bei kleinen Winkeln und einer Energie von 6,2 GeV.** A. I. Slatewa, P. K. Markow, A. T. Pejewa, L. G. Chrisstow und Ch. M. Tschernew. (C. R. Acad. bulg. Sci. **14,** 443–46, 1961; russ., Auszug: engl.) — Mittels einer Emulsionskammer wurden insgesamt 141 Fälle elast. Proton–Proton-Streuung unter Winkeln unter 11,5$^0$ untersucht. Die Winkelverteilung sowie die differentiellen Wrkg.-Querschnitte wurden bestimmt. M. Wiedemann. 90□

**Periphere Stöße und die (3/2, 3/2)-Resonanz der Reaktion $p + p \rightarrow n + p + \pi^+$ bei 970 MeV.** V. E. Barnes, D. V. Bugg, W. P. Dodd, J. B. Kinson und L. Riddiford. (Physic. Rev. Letters **7,** 288–90, 1/10. 1961; Cambridge, Cavendish Labor.; Birmingham, Univ., Dep. of Phys.; engl.) — Proton–Proton-Streuungen wurden mittels einer Blasenkammer mit fl. $H_2$ u. 970-MeV-Protonen untersucht. 3007 Ereignisse wurden gefunden, deren Wrkg.-Querschnitte bestimmt wurden (Rk., Zahl der Ereignisse, Wrkg.-Querschnitt in mbarn): $p + p \rightarrow p + p$, 1554, $24{,}4 \pm 1{,}0$; $p + p \rightarrow d + \pi^+$, 35, $0{,}55 \pm 0{,}1$; $p + p \rightarrow p + n + \pi^+$, 1170, $18{,}4 \pm 0{,}8$; $p + p \rightarrow p + p + \pi^0$, 239, $3{,}8 \pm 0{,}35$ u. einige andere Reaktionen. Die Ergebnisse lassen sich mit der Beziehung von Selleri (C. **1962,** 5919) für ein peripheres Modell erklären. H. Schroeder. 90□

**Über die „quasielastische Beugungs"-Streuung hochenergetischer Protonen.** B. T. Feld und Chikashi Iso. (Nuovo Cimento [10] **21,** 59–68, 1/7. 1961; Geneva, CERN; engl.) — Die Beobachtungen von Cocconi u. Mitarbeitern (Physic. Rev. Letters **6,** [1961], 231) über die quasielast. Beugungsstreuung von 10–25-GeV/c-Protonen an Nucleonen ergeben sich aus der „Isobar"-Anregung der Targetnucleonen. Die Verss. liefern den Beweis für die Anregung der ersten drei Niveaus. Gerhard Schmidt. 90□

**Relative Unelastizität und Anisotropie von Protonen-Wechselwirkungen bei 9 und 23,5 GeV.** E. M. Friedländer, M. Marcu und M. Spîrchez. (Physic. Rev. Letters **7,** 25–27, 1/7. 1961; Bucharest, Inst. of Atom. Phys., Cosmic Ray Labor.; engl.) — Es wird der bei der Beobachtung von Höhenstrahlen festgestellte Abfall der Unelastizität von Nucleon–Nucleon-Stößen mit zunehmender Energie der Primärteilchen zusammen mit einem Anwachsen des Vorwärts-Rückwärts-Maximums der Winkelverteilung der Sekundärteilchen bei den höchsten zu erreichenden Beschleunigerenergien untersucht. J.-M. Spaeth. 90□

**Untersuchung der Kernwechselwirkungen von 9-GeV-Protonen in Photoemulsionen.** Eva Gombos. (Magyar fizik. Folyóirat [Ung. physik. Z.] **10,** 265–91, Aug. 1962; Budapest, Zentralforsch.-Inst. für Phys.; ung.) — Vf. führte in mit 9-GeV-Protonen bestrahlten Photoemulsionen Winkel- u. Energiemessungen durch, berechnete die charakterist. Parameter, verglich diese Werte mit denen auf Grund der Kaskaden- u. Tunnel-Anschauung errechneten u. folgerte auf den Mechanismus der Kernwechselwrkg. bei Energien um 9 GeV. J. Plank. 90

**Über die Dichte von Eigenwerten einer Zufallsmatrix.** M. L. Mehta und M. Gaudin. (Nuclear Physics [Amsterdam] **18**, 420—27, Sept. 1960; Saclay, France, C.E.N.; engl.) — Exakte Berechnung der Niveaudichte von Kernen.
Herbert Weber. 95◇

**Paarungswechselwirkung in Kernen.** G. Abraham und K. K. Gupta. (Nuclear Physics [Amsterdam] **19**, 496—99, Nov. (6) 1960; Bombay, India, Atom. Energy Establ.; Trombay, Tata Inst. for Fundamental Res.; engl.) — Unter Benutzung einer konst. Paar-Wechselwrkg. zwischen Teilchen außerhalb der doppelt geschlossenen Schalen wurden die ersten angeregten Niveaus von Isotopen von *O*, *Ca* u. *Pb* berechnet.
Herbert Weber. 95◇

**Ein „Schwerpunkts"-Theorem zweiter Ordnung.** P. van Leuven. (Nuclear Physics [Amsterdam] **38**, 623—28, Nov. 1962; Mol, Studiecentrum voor Kernenergie; engl.) — Vf. behandelt das Energiespektrum eines Syst., das aus einem an ein sphär. Core gekoppelten Nucleon besteht, in zweiter Ordnung der Störungstheorie.
Gerhard Schmidt. 95◇

**Theorie der Reaktionsmatrix für einen endlichen Kern nach der Trennungsmethode.** H. S. Köhler. (Nuclear Physics [Amsterdam] **38**, 661—85, Nov. 1962; Uppsala, Inst. for Theor. Phys.; engl.) — Vf. berechnet Bindungsenergie, Einzelteilchenenergien u. den Radius von $^{16}O$ nach der Rk.-Matrixmethode. Von den Einzelteilchen-Wellenfunktionen wird angenommen, daß sie diejenigen eines harmon. Oscillators darstellen. Für das Nucleon–Nucleon-Potential wird von der Abstoßung an einem harten Core vom Radius 0,4 f, einer exponentiell verlaufenen Anziehung mit 2,5 f intrins. Reichweite u. von einer unendlichen Streulänge ausgegangen. Das spinunabhängige Potential soll nur in s-Zuständen wirksam sein. Die Neuordnungsenergie liefert eine Korrektur von $\approx -1$ MeV pro Nucleon in unendlicher Kernmaterie u. von $\approx -0{,}1$ MeV pro Nucleon für $^{16}$O.
Gerhard Schmidt. 95◇

**Zweikörper-Clusterzustände in Kernen.** G. C. Phillips und T. A. Tombrello. (Nuclear Physics [Amsterdam] **19**, 555—78, Nov. 1960; Houston, Tex., Rice Inst.; engl.) — Unters. zur Beschreibung von Daten über Kernzustände als Wechselwrkg. von zwei Clustern von Nucleonen, wie Deuteronen, angeregte Deuteronen, α-Teilchen, Tritonen, $^3$He, $^8$Be*, $^{12}$C* (z. B. $^6$Li als d + α, $^{13}$C—$^{13}$N-Spiegelpaar als $^{12}$C* + Nucleon). Die zur Erzeugung von Clustern erforderlichen Kernkräfte werden diskutiert.
Herbert Weber. 95◇

**Intrinsische Symmetrien von Kernrotationszuständen.** J. Da Providencia. (Nuclear Physics [Amsterdam] **38**, 597—600, Nov. 1962; Coimbra, Univ., Labor. de Fis.; engl.) — Es wird eine Dichtematrix aufgestellt, welche die stationären Hartree-Fock-Gleichungen befriedigt u. unter 3 orthogonalen Reflexionen für einen Kern entweder gerader oder ungerader Masse invariant ist.
Gerhard Schmidt. 95◇

**Kernspin des 9,5-Stunden-$^{196m}$Au.** Yau Wa Chan, W. Bruce Ewbank, William A. Nierenberg und Howard A. Shugart. (Physic. Rev. [2] **127**, 572—73, 15/7. 1962; Berkeley, Calif., Univ. of California, Dep. of Phys. and Lawrence Radiat. Labor.; engl.) — Messungen nach der Atomstrahl-Magnetoresonanz-Meth. im $^2S_{1/2}$-Elektronen-Grundzustand ergeben einen Kernspin von $I = 12$. Dieser Wert entspricht den Vorhersagen des einfachen Schalenmodells.
Gerhard Schmidt. 95◇

**Wahrscheinlichkeiten der Rotations-γ-Übergänge vom E 2-Typ und die Quadrupolmomente der deformierten Kerne mit K = 1 und 1/2.** D. A. Warschalowitsch. (J. exp. theoret. Physik [UdSSR] **39**, 461—62, Aug. 1960; russ., Auszug: engl.) — Berechnungen für $^{171}Yb$, $^{169}Tm$, $^{183}W$, $^{235}U$, $^{239}Pu$.
H. Liepack. 95◇

**Über Neutronendefizit-Isotope von leichten Kernen und das Phänomen der Proton- und Zweiprotonenradioaktivität.** V. I. Goldansky. (Nuclear Physics [Amsterdam] **19**, 482—95, Nov. 1960; Moscow, USSR Acad. of Sci., P. N. Lebedev Phys. Inst.; engl.) — Vgl. C. **1961**, 18582. — Eine Anwendung des Isobareninvarianzprinzips auf leichte Kerne führt zu einer einfachen Beziehung zwischen den Bindungsenergien des Z-ten Protons im Kern I ($_ZM_N^A$) u. des Z-ten Neutrons im Spiegelkern II ($_NM_Z{}^A$). Existenz u. Eigg. von ca. 90 neuen Neutronendefizit-Isotopen bis zu Z = 34 werden vorausgesagt. Ihre Stabilitätsgrenzen bzgl. des Zerfalls mit Protonenemission werden untersucht.
Herbert Weber. 103◇

**Winkelverteilung der Reaktion $^6$Li(p, α)$^3$He von 100—300 keV.** N'Guyen Huu Khanh, L. Goldman und R. Bouchez. (J. Physique Radium **22**, 267—70, Mai 1961; Grenoble, Univ. et C.E.A., Labor. de Phys. Nucl.; franz.) — Vff. bestimmen die Winkelverteilungen der $^3$He-Teilchen der Rk. $^6$Li(p, α)$^3$He bei 144, 171, 215 u. 247 keV von 45—150° unter Verw. eines α-*CsJ*-Scintillationsspektrometers u. eines 200-Kanal-Analysators. Die erhaltenen Punkte von 60—150° zeigen ein starkes Überwiegen der $^3$He-Teilchenemission in Vorwärtsrichtung sowie eine Abnahme nach kleineren Winkeln.

Die Compoundkerntheorie mit 2 interferierenden Niveaus ($3/2^+$ bei 1,5 MeV u. $5/2^-$ bei 1,85 MeV) erklärt nicht die beobachtete Winkelverteilung; ein direkter Wechselwrkg.-Prozeß (pick-up) scheint bei so niedrigen Protonenenergien vorzuliegen.
Gerhard Schmidt. 103◇

**Einige Bemerkungen zur Theorie des Photozerfalls von $^9$Be und $^7$Li.** A. Kowalska. (Acta physica polon. **20,** 1019—20, 1961; Cracow, Jagellonian Univ., Inst. of theoret. Phys.; engl.) — Korrekturen zur Theorie der Rkk. $^9$Be($\gamma$,n)$^8$Be u. $^7$Li($\gamma$,$^3$H)$^4$He.
H. Schroeder. 103□

**Photozertrümmerungsquerschnitt von Beryllium nahe der Schwelle.** Walter John und John M. Prosser. (Physic. Rev. [2] **127,** 231—35, 1/7. 1962; Livermore, Calif., Univ. of California, Lawrence Radiat. Labor.; engl.) — Vff. bestimmen den Querschnitt für die $^9$Be($\gamma$,n)-Rk. nahe der Schwelle unter Verw. von $\gamma$-Strahlen aus verschiedenen Radionucliden. Mit einer $^{124}$Sb-Quelle ($E_\gamma$ = 1,692 MeV) ergibt sich ein Querschnitt von 1,31 ± 0,08 mbarn. Mit $^{206}$Bi ($E_\gamma$ = 1,720 MeV) ist der Querschnitt 0,93 ± 0,05 des Querschnittes bei 1,692 MeV, während mit $^{28}$Al ($E_\gamma$ = 1,78 MeV) der Querschnitt 0,67 ± 0,03 des Querschnittes bei 1,692 MeV ist. Die Ergebnisse können durch eine Einzelnucleonenberechnung wiedergegeben werden. Gerhard Schmidt. 103◇

**$\gamma$-Strahlungen aus dem Beschuß von $^9$Be mit Deuteronen von 2—5,6 MeV.** Martin Suffert, Denise Magnac-Valette und Jean Yoccoz. (C. R. hebd. Séances Acad. Sci. **251,** 2335—37, 21/11. 1960; franz.) — Vff. weisen 2 $\gamma$-Strahlen nach, der eine mit einer Energie gleich der Anregungsenergie, der andere mit einer um 2 MeV niedrigeren Energie. J. M. Spaeth. 103□

**Neutronen niedriger Energie aus der Reaktion $^9$Be($\alpha$, n)$^{12}$C.** F. A. St. Romain, T. W. Bonner, R. L. Bramblett und J. Hanna. (Physic. Rev. [2] **126,** 1794—97, 1/6. 1962; Hooston, Texas, Rice Univ.; engl.) — Verss. über den Nachw. langsamer Neutronen aus der ($\alpha$,n)-Rk. in $^9$Be zeigen eine zunehmende Anzahl von Neutronen niedriger Energie, die bei einer $\alpha$-Energie von 4,3 MeV beginnen u. sich bis zu 5,6 MeV erstrecken. Gemessen werden die Energie u. Verteilung dieser Neutronen für $E_\alpha$ = 4,92 u. 5,11 MeV. Die Ergebnisse zeigen eine starke Spitze in der Vorwärtsrichtung. Bei einer $\alpha$-Energie von 5,11 MeV sind die mittlere Energie der Neutronen aus dem angeregten $^9$Be-Kern u. die differentiellen Querschnitte: 0° (0,33 MeV, 22 mbarn/sterad); 70° (0,21 MeV, 8 mbarn/sterad) u. 120° (0,07 MeV, 2 mbarn/ sterad). Das Neutronenspektrum einer Pu-Be-Quelle zeigt eine große Anzahl Neutronen niedriger Energie mit einer Peakintensität bei 0,3 MeV. Gerhard Schmidt. 103◇

**Wirkungsquerschnitt der Zerlegung von Kohlenstoff-12 in drei $\alpha$-Teilchen durch 90-MeV-Protonen und die Wahrscheinlichkeit einer $\alpha$-Übergangsstruktur.** Henri Gauvin, Raymond Chastel und Léopold Vigneron. (C. R. hebd. Séances Acad. Sci. **253,** 257—59, 10/7. 1961; Orsay, Fac. des Sci. de Paris, Labor. de Phys. nucl.; Gironde, Fac. des Sci. de Bordeaux-Talence, Labor. de Phys. nucl. et théor.; franz.) — Vff. bestimmen den Querschnitt der Rk. $^{12}$C(p,p') 3$\alpha$, die in einem Emulsionsstapel durch 90-MeV-Protonen induziert wird, zu $\sigma$ = 5,4 ± 0,9 mbarn. Acht Ereignisse liefern ein $\alpha$-Teilchen mit einer Energie $\geqq$ 30 MeV. Ein Vgl. mit dem totalen Querschnitt der elast. p-$^4$He-Streuung ermöglicht die Schätzung der Wahrscheinlichkeit der Ggw. einer evtl. $\alpha$-Übergangsstruktur zu ca. 0,30. Gerhard Schmidt. 103◇

**Absolute Wirkungsquerschnitte der Reaktion $^{12}$C(p, pn)$^{11}$C von 280 bis 383 MeV.** Vastupal Parikh. (Nuclear Physics [Amsterdam] **18,** 628—37, Sept. 1960; Liverpool, Nucl. Phys. Res. Labor.; engl.) — Vff. bestimmen die Anregungsfunktion für die Rk. $^{12}$C(p,pn)$^{11}$C im äußeren Protonenbündel eines 396-cm-Synchrocyclotrons. Die Targets bestehen aus Graphit von 0,54 g/cm² Dicke. Die $^{11}$C-Aktivität wird mit Hilfe eines geeichten Geiger-Müller-Zählers für $\gamma$-Strahlen gemessen. Die Ergebnisse werden mit denen aus anderen Labor. verglichen. Gerhard Schmidt. 103◇

**Wirkungsquerschnitte für die Reaktionen $^{27}$Al(p, 3pn)$^{24}$Na, $^{27}$Al(p, 5p5n)$^{18}$F und $^{12}$C(p, 3p3n)$^7$Be relativ zur Reaktion $^{12}$C(p, pn)$^{11}$C.** Vastupal Parikh. (Nuclear Physics [Amsterdam] **18,** 638—45, Sept. 1960; engl.) — Vgl. vorst. Referat. — Vf. bestimmt die Anregungsfunktion für obige Rkk. unter Verw. der l. c. wiedergegebenen Meßanordnung. Bei den Verss. werden Al-Targets zwischen 2 C-Platten (Sandwichtechnik) benutzt. Die Messungen erstrecken sich von 220—362 MeV. Die Ergebnisse werden mit experimentellen Daten aus anderen Labor. verglichen.
Gerhard Schmidt. 103◇

**Die in Beryllium, Sauerstoff und Fluor durch Protonen von 220 bis 362 MeV induzierten Aktivitäten.** Vastupal Parikh. (Nuclear Physics [Amsterdam] **18,** 646—53, 1960; engl.) — Vgl. vorst. Referate. — Be-, O- u. F-Targets werden im inneren Protonenbündel des Synchrocyclotrons (l. c.) beschossen. Die Dicke des Be-Targets beträgt 0,30 g/cm$^2$. Das für die Messung des abs. Querschnitts der Rk. $^{16}$O(p,3p3n)$^{11}$C benutzte Target besteht aus dest. Wasser. F wird in Form von LiF beschossen, wobei sich das Pulver zwischen Al-Platten befindet. Die Rk.-Querschnitte für mehrere Spallations-Prodd. werden bei verschiedenen Energien gemessen. Wiedergegeben werden die Verhältnisse $\sigma_0$ ($^{15}$O)/$\sigma_0$ ($^{11}$C) u. $\sigma_0$ ($^{13}$N)/$\sigma_0$ ($^{11}$C) für Protonenbeschußenergien von 222—362 MeV sowie der abs. Querschnitt $\sigma_0$ ($^{15}$O). Weitere Ergebnisse werden für $\sigma_F$ ($^{15}$O)/$\sigma_F$ ($^{18}$F), $\sigma_F$ ($^{13}$N)/$\sigma_F$ ($^{18}$F) u. $\sigma_F$ ($^{11}$C)/$\sigma_F$ ($^{18}$F) für die gleichen Protonenenergien erhalten. Der abs. Querschnitt $\sigma_F$ ($^{18}$F) wird mitgeteilt. Die wichtigste Folgerung aus diesen Ergebnissen besteht darin, daß bei jedem Element, bei dem die (p,pn)-Rk. beobachtet wird, diese einen höheren Querschnitt als jede andere hat. Gerhard Schmidt. 103◇

**Die Energieniveaus von $^{26}$Al im Gebiet von 2 MeV.** E. E. Baart, L. L. Green und J. C. Willmott. (Proc. physic. Soc. **75**, 154—58, 1/1. 1960; Liverpool, Univ., Nucl. Phys. Res. Labor.; engl.) — Mit NaJ(Tl)-Scintillatoren in Koinzidenz u. Summenkoinzidenz werden die 12 Resonanzen zwischen 436 u. 989 keV der Rk. $^{25}$Mg(p,$\gamma$) $^{26}$Al neu bestimmt. Bei sämtlichen Resonanzen mit Ausnahme denen bei 811 u. 956 keV reicht ein einzelnes Niveau bei 2,06 MeV aus, um die beobachteten $\gamma$-Strahlen zu erklären. Die Resonanzen bei 811 u. 956 keV werden im einzelnen diskutiert. Gerhard Schmidt. 103◇

**Untersuchungen der (d, t)-Reaktionen an Eisen und Nickel.** M. H. Macfarlane, B. J. Raz, J. L. Yntema und B. Zeidman. (Physic. Rev. [2] **127**, 204—12, 1/7. 1962; Rochester, N.Y., Univ. of Rochester; Argonne, Ill., Argonne Nat. Labor., Oyster Bay, N.Y., State Univ. of New York; engl.) — Vff. bestimmen die Winkelverteilungen u. abs. Querschnitte für die (d,t)-Rkk. auf $^{54}$Fe, $^{58}$Fe, $^{58}$Ni, $^{60}$Ni u. $^{61}$Ni bei einer Deuteronenenergie von 21,6 MeV unter Verw. einer Streukammer u. von NaJ(Tl)-Detektoren. Es werden Summenregeln angewandt, um die sich ergebenden red. Breiten in Form mittlerer Besetzungszahlen der $1f_{7/2}$—$2p$- u. $1f_{5/2}$-Bahnen in den verschiedenen Target-Grundzuständen zu interpretieren. Die so erhaltenen mittleren Besetzungszahlen werden mit den Vorhersagen des Paarungsmodells verglichen. Ferner untersuchen Vff., ob die aus obigen Ergebnissen gezogenen Schlüsse mit den Ergebnissen der (d,p)-Verss. an $^{58}$Ni u. $^{60}$Ni im Einklang sind. Gerhard Schmidt. 103◇

**Beim Beschuß von Brom mit $^3$He gebildete leichte Rubidiumisotope.** K. F. Chakkett und G. A. Chackett. (J. inorg. nuclear Chem. **19**, 13—15, Sept. 1961; Birmingham, Univ., Phys. Dep.; engl.) — Beim Beschuß von Br mit $^3$He-Ionen mit einer Energie von 27 MeV neben $^{81}$Rb u. $^{82}$Rb gebildetes $^{79}$Rb wurde nachgewiesen. Die Halbwertszeit beträgt 20,9 ± 0,8 Minuten. Die Zuweisung der Massenzahl erfolgte durch Identifizierung des Tochternuclides $^{79}$Kr. Das Trenn-Verf. ist eingehend beschrieben. H. Schroeder. 103□

**$\gamma$-Übergänge niedriger Energie und Auger-Elektronen des Zerfalls $^{99}$Mo → $^{99}$Tc.** J. Ravier, P. Marguin und A. Moussa. (J. Physique Radium **22**, 249—56, Mai 1961; Lyon, Inst. de Phys. Nucl.; franz.) — Vff. untersuchen die energiearmen $\gamma$-Übergänge aus dem Zerfall $^{99}$Mo → $^{99}$Tc über die innere u. äußere Konversion, um das Zerfallsschema zu präzisieren. Das Spektrum der Auger-K-Elektronen von $^{99}$Tc erlaubt die Best. der Fluorescenzausbeute u. der Intensitätsverhältnisse der Gruppen KLL, KLX u. KXY. Gerhard Schmidt. 103◇

**Suche nach dem Zweiquantenzerfall von $^{114m}$In.** Z. Grabowski, S. Gustafsson und G. Bäckström. (Nuclear Physics [Amsterdam] **38**, 648—53, Nov. 1962; Uppsala, Inst. of Phys.; engl.) — Der isomere 192-keV-Zustand von $^{114}$In zerfällt mit einer Halbwertszeit von 50 Tagen. Die Messungen des K/L-Verhältnisses mit einem doppelfokussierenden Spektrometer bestätigen, daß der Übergang zum Grundzustand E4-Charakter besitzt. Das Niveau kann alternativ über Zweiquantenemissionen zerfallen. Wird angenommen, daß der 192-keV–E4-Übergang stark verzögert ist, so scheint der Zerfall von $^{114m}$In bes. für den Nachw. des Zweiquantenzerfalls geeignet zu sein. Dieser Zerfallsmodus wird experimentell durch Koinzidenzmessungen zwischen 96-keV-$\gamma$-Strahlen u. anderen $\gamma$-Strahlen untersucht. Das Ergebnis zeigt, daß die relative Wahrscheinlichkeit für den Zweiquantenzerfall $< 3 \cdot 10^{-5}$ ist, ein Wert um mehrere Größenordnungen niedriger als die theoret. Schätzungen. Gerhard Schmidt. 103◇

**Notiz zur Positronenstrahlung von $^{140}$Pr.** S. Chojnacki, J. Kopystyński, Z. Preibisz, R. Sosnowski, J. Żylicz und I. Yutlandov. (Acta physica polon. **20**, 1021—23, 1961; Warsaw, Univ., Inst. of Exper. Phys.; Pol. Acad. of Sci., Inst. for Nucl. Res.; Dubna, Joint Inst. for Nucl. Res.; engl.) — Das Positronenspektrum von $^{140}$Pr wurde mit einem magnet. Spektrometer mit langen Linsen untersucht. Die Maximalenergie wurde zu 2366 ± 24 keV bestimmt. H. Schroeder. 103□

**Absolute Übergangswahrscheinlichkeiten in dem ungerade-ungerade-Kern $^{144}$Pr.** J. Burde, M. Rakavy und G. Engler. (Physic. Rev. [2] **128**, 325—32, 1/10. 1962; Jerusalem, Israel, Hebrew Univ., Dep. of Phys.; engl.) — Durch Koinzidenzmessungen zwischen dem $\beta$-Spektrum von $^{144}$Ce u. den Konversionslinien aus den $^{144}$Pr-Niveaus wurden die mittlere Lebensdauer der $^{144}$Pr-Niveaus von 133,5; 100 u. 80,1 keV zu $(0{,}95 \pm 0{,}5)\cdot 10^{-11}$; $(1{,}0 \pm 0{,}2)\cdot 10^{-9}$ bzw. $(1{,}8 \pm 0{,}2)\cdot 10^{-10}$ s gefunden. Neutron-Proton-Konfigurationen werden diskutiert. Herbert Weber. 103◇

**E2-K-Konversionskoeffizienten beim Zerfall von $^{152}$Eu mit 13 Jahren Halbwertszeit.** J. H. Hamilton, T. R. Duncan, H. Krouser und J. Pollard. (Nuclear Physics [Amsterdam] **38**, 539—52, Nov. 1962; Nashville, Tenn., Vanderbilt Univ., Phys. Dep.; engl.) — Nach der Meth. der inneren u. äußeren Konversion bestimmen Vff. die K-Konversions-Koeff. des 344-keV-Überganges ($2^+ \to 0^+$) in $^{152}Gd$ u. des 245-keV-Überganges ($4^+ \to 2^+$) in $^{152}Sm$ aus dem Zerfall von $^{152}$Eu. Die Ergebnisse sind $\alpha_K = (285 \pm 15)\cdot 10^{-4}$ u. $(91 \pm 14)\cdot 10^{-3}$ für die 344- bzw. 245-keV-Übergänge. Diese Werte sind 8% niedriger bzw. ca. 12% höher als die theoret. E2-Werte. Die $\gamma$-Intensität des 245-keV-Überganges ergibt sich zu ca. 24% der Intensität des 344-keV-Überganges. Das photoelektr. Querschnittsverhältnis für $U$ wird für h$\nu$ = 122 keV angegeben.
Gerhard Schmidt. 103◇

**Die Halbwertszeiten von $^{167}$Tm, $^{168}$Tm, $^{170}$Tm, $^{171}$Lu, $^{172}$Lu, $^{173}$Lu, $^{174}$Lu, $^{174m}$Lu, $^{195}$Au, $^{196}$Au und $^{196m}$Au.** N. A. Bonner, W. Goishi, W. H. Hutchin, G. M. Iddings und H. A. Tewes. (Physic. Rev. [2] **127**, 217—19, 1/7. 1962; Livermore, Calif., Univ. of California, Lawrence Radiat. Labor.; engl.) — Nach der Scintillationstechnik messen Vff. die Halbwertszeiten von $^{167}$Tm aus der $^{165}$Ho($\alpha$,2n)-Rk. zu 9,25 $\pm$ 0,1 Tagen, von $^{168}$Tm aus $^{169}$Tm (n,2n) zu 93 $\pm$ 5 Tagen, von $^{170}$Tm (n,$\gamma$) zu 125 $\pm$ 2 Tagen, von $^{171}$Lu aus $^{169}$Tm ($\alpha$,2n) zu 8,2 $\pm$ 0,1 Tagen, von $^{172}$Lu aus dem $^{172}$Hf-Zerfall zu 6,7 $\pm$ 0,1 Tagen, von $^{173}$Lu aus dem $^{173}$Hf-Zerfall zu 499 $\pm$ 5 Tagen, von $^{174}$Lu u. $^{174m}$Lu aus $^{175}$Lu (n,2n) zu 140 $\pm$ 10 bzw. 1300 $\pm$ 150 Tagen, von $^{195}$Au aus $^{196}$Au (n,2n) zu 185 $\pm$ 1 Tagen, von $^{196}$Au aus $^{197}$Au (n,2n) zu 6,17 $\pm$ 0,05 Tagen u. von $^{196m}$Au aus $^{197}$Au (n,2n) zu 9,7 $\pm$ 0,1 Stunden. Gerhard Schmidt. 103◇

**Präzissionsmessungen von Energien von $\gamma$-Strahlen beim Zerfall von einigen Goldisotopen.** C. De Vries und J. H. Dijkstra. (Nuclear Physics [Amsterdam] **18**, 446—53, Sept. 1960; Amsterdam, Inst. for Nucl. Res.; engl.) — $\gamma$-Energien im Zerfall von $^{194}$Au, $^{196}$Au, $^{196m}$Au (10h) u. $^{198}$Au zu den Isotopen $^{194}$Pt, $^{196}$Pt bzw. $^{198}$Hg wurden aus den Konversionslinienimpulsen bestimmt. Herbert Weber. 103◇

**Absolute und relative Konversionsbestimmungen von reinen E2-Übergängen in $^{198}$Hg, $^{199}$Hg, $^{194}$Pt und $^{196}$Pt.** C. De Vries, E. J. Bleeker und N. Salomons-Grobben. (Nuclear Physics [Amsterdam] **18**, 454—72, Sept. 1960; engl.) — Vgl. vorst. Referat. — Fortsetzung der Messungen mit einem eisenfreien, doppelfokussierenden Spektrometer vom Siegbahn-Edvarson-Typ. Herbert Weber. 103◇

**Verteilungen der kinetischen Energie von Fragmenten aus der Spaltung von Au, Tl, Pb und Bi.** R. Vandenbosch und J. R. Huizenga. (Physic. Rev. [2] **127**, 212—14, 1/7. 1962; Argonne, Ill., Argonne Nat. Labor.; engl.) — Die Verteilungsmessungen erstrecken sich auf die Spaltung, die durch He-Ionen u. Deuteronen induziert worden ist. Die Freigabe der mittleren totalen kinet. Energie besitzt die gleiche Proportionalität mit $Z^2/A^{1/3}$, die bei der Spaltung schwerer Elemente beobachtet worden ist. Die Breiten für die Verteilungen der totalen kinet. Energie sind mit denen vergleichbar, die für die Spaltung schwerer Elemente ermittelt worden sind. Durch Messung der Energien koinzidenter Fragmente wird eine vorläufige Massenverteilungskurve erhalten.
Gerhard Schmidt. 103◇

**Spaltquerschnitt und Fragmentwinkelverteilung für durch schnelle Neutronen induzierte Spaltung von $^{234}$U.** R. W. Lamphere. (Nuclear Physics [Amsterdam] **38**, 561—89, Nov. 1962; Oak Ridge, Tenn., Oak Ridge Nat. Labor.; engl.) — Vf. bestimmt den Spaltquerschnitt von $^{234}$U für Neutronen bis zu 4 MeV Energie. Die Winkelverteilung der Spaltfragmente wird für Beschußenergien zwischen 0,4 u. 3,8 MeV untersucht. Der Verlauf der Querschnittskurve wird nach der Wheelerschen Annahme erklärt, wonach die unelast. Streuung der Neutronen mit der Spaltung in einem Ausmaß konkurriert, das von den verfügbaren Niveaus in $^{234}$U für unelast. Streuung abhängt. Die bekannten Niveaus oberhalb 790 keV dienen dazu, den Spaltquerschnitt zwischen 850 u. 1050 keV Neutronenenergie herabzudrücken. Der Verlauf der Winkelverteilungskurve wird nach der Bohrschen Theorie der Spaltung über diskrete Niveaus kollektiver Natur analysiert. Diese Analyse weist auf eine K-Bandenstruktur im Compoundkern $^{235}$U* nahe der Sattelpunktdeformation von $1/2^+$, $3/2^-$ u. $1/2^-$ hin. Für Neutronenbeschußenergien von 500, 850 u. 1050 keV wird das Ausmaß geschätzt, bis zu dem jede Bande zur Spaltung beiträgt. Gerhard Schmidt. 103◇

**Elektromagnetische Trennung der Isotope des Tellurs, Thalliums, Bleis und Broms aus schwerflüchtigen Verbindungen dieser Elemente.** Włodzimierz Żuk. (Ann. Univ. Mariae Curie-Skłodowska, Sect. AA 12, 1—14, 1957, herausgeg. 1960; Lublin, Uniw. M. Curie-Sklodowskiej, Kat. Fiz. dosw.; pol., Auszug: engl.) — Die Trennung von Isotopen nichtflüchtiger Elemente oder Verbb. wird nach Überführung in den Dampfzustand u. Ionisierung elektromagnet. durchgeführt. Te wurde bei optimal 1000° mit 1,5 (‰ Ausbeute), Tl als TlCl bei 500° mit 30, Pb als $PbCl_2$ bei 730° bzw. als $PbJ_2$ bei 600° mit 8 bzw. 25 u. Br als AgBr bei 900° mit 2,6 in die Isotope getrennt. — 14 Literaturangaben. F. Urban. 104□

**Trennung von Stickstoff- und Sauerstoffisotopen durch Austausch von Stickstoffmonoxid mit nichtwäßrigen Lösungen von Stickstoffmonoxidkomplexen.** A. Narten und T. I. Taylor. (J. physic. Chem. **65**, 1877—80, Okt. 1961; New York, N.Y., Columbia Univ., Dep. of Chem.; engl.) — Vff. untersuchten die Verteilung der N- u. O-Isotope zwischen gasförmigem NO u. dem NO-Komplex mit $CuCl_2$ in fl. Methanol. Der Trennfaktor $\alpha(^{14}N/^{15}N)$ wurde bei einer einfachen Gleichgewichtseinstellung bestimmt; er liegt zwischen 1,017 bei —20° u. 1,012 bei +10°. Die Trennung, die in einer 200 cm langen, mit 2×2-mm-Silberdrahtringen gefüllten Kolonne erzielt wurde, entspricht Stufenhöhen von 2,2 bzw. 3,0 cm bei einem NO-Strom in der Kolonne von 1,0 bzw. 1,3 mMol/cm²·min u. Temp. von +14 bzw. —20°. Der Trennfaktor für die O-Isotope wurde zu $1,01 > \alpha(^{16}O/^{18}O) > 1,005$ bei Zimmer-Temp. bestimmt. Mit der Anordnung können $^{15}N$-Anreicherungen gut durchgeführt werden, nicht jedoch $^{18}O$-Anreicherungen, da sich in diesem Falle unvermeidbare Nebenrkk. in der Kolonne abspielen. Der NO-Komplex von $CuBr_2$ kann überhaupt nicht zur Trennung herangezogen werden, da das durch Red. durch Methanol u. NO entstehende CuBr in Methanol unlösl. ist u. die Kolonne verstopft. P. Kurzmann. 104◇

**Trennung der stabilen Stickstoffisotope durch Ionenaustauschchromatographie.** M. Urgell Comas, T. Batuecas Rodríguez, F. de la Cruz Castillo und R. Fernández Cellini. (An. Real Soc. españ. Física Quím., Ser. B **57**, 587—94, Sept./Okt. 1961; Secc. de Invest. Quím., Div. de Quím., Junta de Energia Nuclear; span.) — Die Trennung von $^{14}N$ u. $^{15}N$ in $NH_4^+$ mit Dowex-50 sowie der Einfl. verschiedener Anionen werden untersucht. Der Trennfaktor, der Frontal-Koeff. der Anreicherung u. das krit. Durchbruchs-Vol. bei verschiedenen Konzz. u. Durchfluß-Geschw. von 1—5 ml/cm²·min wird unter Verw. der Durchbruchschromatographie bestimmt. K. Huste. 104◇

**Konstruktion und Verwendung des AEG-Prüfreaktors.** Gerhard Riesch. (Atomwirtschaft **6**, 105—11, Febr. 1961; Frankfurt/M., AEG., Kernenergieanlagen; dt.) — Vf. beschreibt die Anlage des AEG-Prüfreaktors, den Aufbau u. die Herst. der Brennelemente, die Konstruktion der Spaltzone, die Eigg. des verwendeten Graphits, die Abschalt- u. Steuerstäbe, den Aufbau der Abschirmung durch schwalbenschwanzartig geschnittene Betonsteine, die ohne Bindemittel zusammengestellt werden, die Instrumentierung, die Brennstoffwechsel-Vorr., das Gebäude u. die Hilfseinrichtungen. H. Schroeder. 110□

**Meß-, Steuer- und Schutzschaltungen für das Versuchsatomkraftwerk Kahl.** H. Schulze, P. Nikolaus, R. Dyck und K. Peuster. (Atomwirtschaft **6**, 56—60, Jan. 1961; Frankfurt/M., AEG; Essen, RWE; dt.) W. Wesly. 110□

**Untersuchung der Wärmeübertragung beim turbulenten Fließen flüssiger Schwermetalle in Röhren.** M. Kh. Ibragimov, V. I. Subbotin und P. A. Ushakov. (Reactor Sci. Technol. **16**, 174, März 1962; engl. — C. **1961**, 9286.) E. Klever. 110◇

**Die Beschleunigung großer Impulsströme in linearen Elektronenbeschleunigern.** N. A. Khizhnyak, V. T. Tolok, V. V. Chechkin und N. I. Nazarov. (J. nuclear Energy, Part C **4**, 129—34, April 1962; engl. — C. **1962**, 9975.) E. Klever. 112◇

**Eichung der Betatron-Energie.** L. Katz. (Canad. J. Physics **37**, 1455—64, Dez. 1959; Saskatoon, Canada, Univ. of Saskatchewan, Dep. of Phys.; engl.) — Beschreibung eines Steuerkreises für die Energie u. der Benutzung von Photoneutronenschwellen zur Eichung. Herbert Weber. 112◇

**Durch den Effekt der Bremsstrahlung an dicken Scheiben mit Elektronen von 1 bis 2 MeV erzeugte Röntgenstrahlen. Bestimmung der Intensitätsverteilung in der Umgebung des Van de Graaff-Beschleunigers von L. F. E. N.** Maria do Carmo Anta, Manuel José de Campos Costa, Rui Namorado Rosa, Cândido Marciano da Silva und Horácio Maggiolli Novais. (Rev. Fac. Ci. Lisboa, 2.ª Sér., Secç. B **8**, 187—216, 1960/61; Sacavém, Portugal, Labor. de Fis. e Engenharia Nucl.; port.) — Es wurde die Intensitätsverteilung eines Röntgenstrahlenfeldes in der Umgebung eines Van de Graaff-Beschleunigers der L. F. E. N., das durch Auftreffen von beschleunigten Elektronen (1—2 MeV) auf eine dicke Goldscheibe erhalten wurde, mit Hilfe eines Dosimeters nach Fricke gemessen. An Hand dieser Messungen wurden die Kurven konst. Intensität bestimmt, u. die Vff. berechneten in Abhängigkeit von der Anfangsenergie der Elektronen den Anteil der Energie, welcher in Strahlungsenergie umgewandelt wird, ebenso die Intensität $J_{(\Theta=0)}$ (Au) der Bremsstrahlung, die auf der Scheibe in Richtung des einfallenden Elektronenstroms erzeugt wird.

K. Huste. 112□

**Auswahl der $K^+$-Mesonen in einem Sekundärstrahl des Protonensynchrotrons „Saturne".** J. Seguinot, J. Teiger und L. van Rossum. (Nuclear Instruments Methods [Amsterdam] **10,** 205—11, März 1961; Caen, Fac. de Sci., Labor. de Phys. Corpuscul.; Saclay, S.P.C.H.E.; engl.) — Es wird eine Meßanordnung zur Analyse der $K^+$-Mesonen beschrieben, die beim Stoß schneller Protonen des „Saturne" auf C entstehen u. unter 35° gegen die Protoneneinfallsrichtung emittiert werden. Nach Bündelung der von dem Target ausgehenden gesamten Sekundärstrahlung in einer Quadrupollinse durchläuft die Strahlung ein vertikales Magnetfeld, die $K^+$-Mesonen werden danach in Abständen von 2,50, 4,50 u. 5,50 m nachgewiesen u. analysiert. Die im Bündel vorhandenen leichten $\pi^+$-Mesonen werden mittels eines Čerenkov-Zählers registriert.

W. Reusse. 112□

**Eine Quelle für negative Ionen unter Benutzung einer Quecksilberkathode.** Ralph H. V. M. Dawton. (Nature [London] **195,** 1190, 22/9. 1962; Harwell, Berks., Nat. Inst. for Res. in Nucl. Sci., Electrost. Generator Group; engl.) — Eine Quelle für negative Ionen wird beschrieben, bei der die Kathode nicht aus einem Metallfaden, sondern aus fl. Hg besteht, wodurch eine hohe Lebensdauer erzielt wird. Ionenströme von $H^-$- (15 $\mu$A, 600 Std.), $O^-$- (15 $\mu$A, 300 Std.) u. $S^-$-Ionen (8 $\mu$A, 300 Std.) wurden ohne merkliche Veränderungen der Quelle erzielt. Beim Betrieb der umgepolten Anordnung ergab sich kein Hg-Ionenstrom. T. Tamberg. 112□

**Massenspektrometrie bei hohem Molekulargewicht. Erfahrung mit einem modifizierten Metropolitan-Vickers-MS-2-Massenspektrometer.** E. Thornton und A. R. West. (Z. analyt. Chem. **170,** 348—58, 1959; Sunbury-on-Thames, Middlesex, BP Co. Ltd., Res. Center; engl.) — Beschreibung einer Reihe konstruktiver Abänderungen, die eine Anwendung des Spektrometers auf Verbb. mit Molgew. bis zu 700—800 (z. B. Erdölfraktionen) erlaubt. Bei der Masse 600 beträgt die Auflösung 1/600.

A. Blaschette. 112◇

**Benutzung von Natriumjodidkristall-Dosimetern zur Ausmessung von Gebieten mit starker Untergrundstrahlung.** Francisco X. Roser und Thomas L. Cullen. (Science [Washington] **138,** 145—46, 12/10. 1962; Rio de Janeiro, Pontifícia Univ. Catól., Inst. de Fís.; engl.) — Bei Ausmessung des natürlichen Strahlenfeldes eines Monazit-Gebietes in Brasilien wurden eine Reihe von Testpersonen mit Dosimetern versehen, die aus einem Tl-aktivierten NaJ-Kristall mit aufgelegtem Röntgenfilm (sowie einem verschlossenen Kontrollfilm) in einer Al-Dose bestanden. Aus der gegenüber normalen Filmdosimetern um das tausendfache stärkeren Schwärzung der Röntgenfilme konnte unter Berücksichtigung vorangegangener Eichungen noch auf Strahlungsdosen in der Größenordnung von mr-Bruchteilen geschlossen werden. T. Tamberg. 112□

**Über die Methoden zur Aufsuchung von lokalen Photonenquellen hoher Energie.** G. T. Satzepin und A. Je. Tschudakow. (J. exp. theoret. Physik [UdSSR] **41,** 655—56, Aug. 1961; Physik. Lebedew-Inst. der Akad. der Wiss. der UdSSR; russ.) — Schauer, ausgehend von prim. Photonen mit $10^{12}$ eV in einem Winkel von $10^{-3}$ sterad, könnten mittels eines Photomultipliers im Fokus eines Parabolspiegels über die in der Atmosphäre ausgelöste Čerenkov-Strahlung nachgewiesen werden. Zur Registrierung von 50 Quanten/$m^2$ würde ein Spiegel mit 4 $m^2$ benötigt. Eine Abschätzung zeigt, daß die Photonenintensität, etwa vom Krebsnebel, sehr klein ist.

M. Wiedemann. 112□

**Nichtblockierender linearer Impulsverstärker für Scintillations- und Proportionalzähler.** C. Rumler. (Československ. Časopis Fysiku **11,** 226—41, 1961; Praha, Ústav jader. výzkumu Ceskoslov. akad. věd; tschech.) — Konstruktionsbeschreibung der App. für die $\gamma$-Spektroskopie. Die App. wurde durch Messung des $\gamma$-Spektrums von $^{137}$Cs mit einer Zähl-Geschw. von $2 \cdot 10^5$ Impulsen/s überprüft; das Auflösungsvermögen zeigt auch die aus geprägte X-Linie von $^{137}$Ba mit einer Energie von 32 keV in Anwesenheit von $^{60}$Co. J. Tůmová. 112□

**Zeitanalysator für Arbeiten im Nanosekundengebiet.** G. Jones. (J. sci. Instruments **37,** 318—22, Sept. 1960; Vancouver, Canada, Univ. of Brit. Columbia, Phys. Dep.; engl.) — Es wird ein Scintillationskoinzidenzkreis beschrieben, bei dem eine Zeit–Amplituden-Wandlung vorgenommen wird. Er enthält einen Begrenzerkreis u. einen Miller-Integrator. Die elektron. Zeitauflösung zeigt eine Halbwertsbreite von

0,05 ns, für die $^{60}Co$-$\gamma$-Strahlung wurde eine Halbwertsbreite von 0,8 ns gemessen, die Stabilität der Schaltung wird mit 0,03 ns/d u. besser angegeben.
W. Reusse. 112□

**Messung der relativen Verteilung des Stromes schneller Neutronen im Reaktor WWR-M mit Halbleitersonden.** R. F. Konoplewa und Ss. R. Nowikow. (Atomenergie [UdSSR] **11,** 546—47, Dez. 1961; russ.) — Vff. bestimmen die relative Verteilung des Stromes schneller Neutronen im Forschungsreaktor WWR-M mit Hilfe von n-Ge mit einem spezif. Widerstand von 1 $\Omega \cdot$cm u. der Abmessung $10 \times 1 \times 1$ mm. Das Prinzip der Messung beruht darauf, daß durch schnelle Neutronen Kristallgitterdefekte auftreten, die zu einer der Stärke des Neutronenstroms direkt proportionalen elektr. Leitfähigkeit führen. Die Meßergebnisse sind graph. dargestellt. R. Teichmann. 112□

**Anwendung von Resonanzindicatoren zur Untersuchung von Neutronenspektren in Reaktoren mit schnellen Neutronen.** W. I. Golubew, W. I. Iwanow, M. N. Nikolajew und G. N. Smirenkin. (Atomenergie [UdSSR] **11,** 522—27, Dez. 1961; russ.) — Unters. des niederenerget. Bereiches (1 bis wenige tausend eV) von Neutronenspektren in reflektierenden, schnellen Reaktoren mit Hilfe von aktivierten Resonanzindicatoren. In den Reaktoren BR-1 u. BR-5 wurden Resonanzneutronenströme von 4,9 eV ($^{197}Au$) u. 2,95 keV ($^{23}Na$) gemessen. R. Teichmann. 112□

## $A_2$. Optisches Verhalten der Materie

**Über die Gleichgewichtskonfigurationen von superdichtem entartetem Gas.** W. A. Ambarzumjan und G. Ss. Ssaakjan. (Astronom. J. [UdSSR] **38,** 785—97, Sept./Okt. 1961; Bjurakansk, Akad. der Wiss. der ArmenSSR; Astrophysik. Observatorium; russ., Auszug: engl.) — Für Sternmassen mit einer dem Atomkern entsprechenden Dichte (hochentartetes Gas von Baryonen) werden, auf den Einstein-Gravitationsgleichungen basierend, die Gleichgewichtskonfigurationen berechnet. Dabei wird die Ggw. von Hyperonen berücksichtigt. Modelle werden sowohl für ein ideales Fermi-Gas, als auch für ein reales Gas mit Wechselwrkg. zwischen den Teilchen berechnet.
M. Wiedemann. 113□

**Über die Änderungen in den Spektren der planetarischen Nebel IC 4997 und NGC 6905.** G. Ss. Chromow. (Astronom. J. [UdSSR] **38,** 809—18, Sept./Okt. 1961; Astronom. Sternberg Inst.; russ., Auszug: engl.) — Es wird gezeigt, daß die Schwankungen in den relativen Intensitäten der Linien der planetar. Nebel IC 4997 u. NGC 6905 durch Variationen der Temp. der Kerne gedeutet werden können. Bei dem ersten Nebel hätte demnach die Kern-Temp. in 20 Jahren um 10%, bei dem zweiten in 15 Jahren um 30% abgenommen. Die Schwankungen haben vermutlich den Charakter von Fluktuationen, nicht den einer Entwicklung. M. Wiedemann. 113□

**Neuere Laboratoriumsuntersuchungen über Moleküle von astronomischem Interesse.** G. Herzberg. (Mém. Soc. roy. Sci. Liège [4] **18,** 397—418, 1957; Ottawa, Nat. Res. Council, Div. of Pure Phys.; engl.) — Zusammenfassender Überblick an Hand der vorliegenden Literatur. — 66 Literaturhinweise. C. Gottfried. 113

**Voraussage der solaren Linien-Emission im extremen Ultraviolett.** G. Ss. Iwanow-Cholodny und G. M. Nikolski. (Astronom. J. [UdSSR] **38,** 828—42, Sept./Okt. 1961; Inst. für angew. Geophys. der Akad. der Wiss. der UdSSR, Inst. für Erdmagnetismus, für die Ionosphäre u. die Ausbreitung von Radiowellen der Akad. der Wiss. der UdSSR; russ.) — Auf der Basis von Raketenmessungen an den Linien von 18 Ionen werden 480 solare Linien im Bereich 20—2000 Å vorausgesagt, sie sind einschließlich Ion, Übergang, Wellenlänge u. Intensität tabelliert. M. Wiedemann. 113□

**Helium-Emission in der Sonnenchromosphäre.** Ju. W. Schalajew. (Astronom. J. [UdSSR] **38,** 997—98, Sept./Okt. 1961; Astronom. Sternberg Inst.; russ., Auszug: engl.) — Die Besetzung der He-Niveaus bis einschließlich $n = 5$ in der Chromosphäre wird berechnet. Dabei wird die Höhe zu 3000 km angesetzt u. die Temp. variiert. Die experimentellen Befunde befriedigt am besten eine Kontinuums-Temp. von 10000° u. eine Elektronen-Temp. von 10000—15000°. M. Wiedemann. 113□

**Der Intensitätsgradient der Coronalinie 6374 Å.** M. Waldmeier. (Z. Astrophysik **55,** 200—07, 1962; Zürich, Eidgen. Sternwarte Zürich; dt.) — Zur Best. der Intensität der roten Coronalinie 6374 Å wurde eine photometr. Meth. herangezogen, wobei mit Linien des Ne-Spektrums (vorwiegend 6383 Å) verglichen wurde. Aus den verschiedenen Meßreihen ist zu erkennen, daß keine Abhängigkeit zwischen dem Gradienten $\alpha$, der den Helligkeitsabfall ausdrückt, u. der heliograph. Breite besteht. Ein Vgl. mit dem Gradienten der grünen Linie, die an Stellen maximaler Intensität erhalten wurde, zeigt, daß die Gradienten bis $r = 1{,}09$ übereinstimmen, dann fällt der rote stärker ab, u. zwar bei r = 1,16 auf die Hälfte. Bis r = 1,09, d. h. in der innersten Corona, dominiert die Stoßanregung, weiter draußen (r > 1,09) dagegen die Strahlungsanregung. G. Herzog. 113□

**Beobachtung des Nachthimmels im nahen Infrarot.** J. Connes und H. P. Gush. (J. Physique Radium **21**, 645—54, Aug./Sept. 1960; Bellevue, C.N.R.S., Labor. Aimé-Cotton; franz.) — Unters. des Nachthimmels nach der Meth. der Fourier-Transformationen im Bereich zwischen 1,6 μ (Auflösung 2000) u. 1,0 μ (1000). Aus der Rotationsstruktur der Schwingungsrotationsbande des *OH*-Radikals ergeben sich Rotations-Temp. von 227, 242 bzw. 245° K. Das Verhältnis der Intensitäten vom Q- u. P-Zweig ist kleiner als der theoret. Wert. A. Blaschette. 113◇

**Berechnung der Wahrscheinlichkeiten der *l*-verbotenen Übergänge.** G. M. Bukat. (J. exp. theoret. Physik [UdSSR] **39**, 1716—17, Dez. 1960; Leningrad, Akad. der Wiss. der UdSSR, Phys.-techn. Inst.; russ.) — Die red. Matrixelemente für *l*-verbotene M 1-Übergänge werden mittels eines Konfigurationengemisches berechnet u. die Ergebnisse tabellar. mit experimentellen Werten verglichen. R. K. Müller. 114□

**Transformation der Tietz-Formel für die Zahl der aufgefüllten *l*-Untergruppen im statistischen Atommodell.** W. M. Kletschkowski. (Hochschulnachr. [Tomsk], Physik **1961**, Nr. 4, 37—39; Moskau, Landwirtsch.-Akad.; russ.) — Vf. zeigt, daß die auf Grund des statist. Atommodells (Tietz) erhaltene Abhängigkeit zwischen Z u. der Zahl $N_2$ der Elektronen, die im Grundzustand ein Niveau mit gegebenem *l* füllen, dazu führt, daß die Differenz der Größen $N_2/2(2\,l + 1)$ für ein beliebiges Paar von *l* nicht mehr von Z abhängt. M. Wiedemann. 114□

**Die Stoßparameter-Methode für Elektronenanregung bei optisch erlaubten Atomübergängen.** M. J. Seaton. (Proc. physic. Soc. **79**, 1105—17, 1/6. 1962; London, Univ. Coll., Dep. of Physics; engl.) — Nach der halbklass. Stoßparameter-Meth. sind die Übergangswahrscheinlichkeiten $P_{ji}(R)$ den Oszillatorstärken $f_{ji}$ proportional, wenn die Stoßparameter R groß im Vgl. zum Atomradius sind. Wenn diese Wechselbeziehungsbedingungen erfüllt sind, stehen die Ergebnisse sogar für Energien nahe des Schwellwertes in guter Übereinstimmung mit Quantenberechnungen. Die Meth. liefert Werte, die in guter Übereinstimmung mit experimentellen Werten für die Übergänge *H* 1 s → 2 p, *He* 1 s → 3 p u. *Na* 3 s → 3 p sind, u. ist der Born-Näherung überlegen. Vf. berechnet außerdem die Einfangquerschnitte für Übergänge zwischen angeregten Zuständen des Wasserstoffs. D. Noack. 114◇

**Die rotatorische Zustandssumme zweiatomiger Moleküle im Hundschen Kopplungsfalle a—b.** Dušan Papoušek. (Spisy přírodovědecké Fak. Univ. J. E. Purkyně Brně **1962**, 9—18; Ústav org. chemie a biochemie ČSAV Praha, Czechoslovakia; tschech.) — Die Beziehungen für die vereinfachte Berechnung der rotator. Zustandssumme (RZ) zweiatomiger Moll. in den Elektronenzuständen $X^2\Pi$ und $X^3\Pi$ im Hundschen Kopplungsfalle a—b wurden abgeleitet. RZ wurde mittels hyperbolischer Funktionen ausgedrückt u. nach der Entw. in Form von Potenzreihen wiedergegeben. Die Koeff. $\alpha_1$—$\alpha_{12}$ sowie $\beta_1$—$\beta_{12}$ als Funktion der Moll.-Konst. A (Kopplungs-Konst.) u. $B_v$ (Rotations-Konst.) werden aufgeführt. M. Valentová. 114

**Einige Hauptprobleme bei der Bestimmung einer Potentialfunktion.** S. Brodersen. (Pure appl. Chem. **4**, 27—32, 1962; Aarhus, Univ., Kem. Inst.; engl.) — Die innere Potentialfunktion verschiedener Moll. kann nicht vollständig auf Grund experimentell bestimmter Schwingungsfrequenzen ermittelt werden, sondern es gibt verschiedene Lösungen, von denen nur eine korrekt sein kann. Möglichkeiten für deren Bestimmung werden aufgezeigt. G. Heller. 114□

**Potentialkonstanten und thermodynamische Eigenschaften von $JF_5$ und $JF_7$.** G. Nagarajan. (Current Sci. [Bangalore] **30**, 413—14, Nov. 1961; Annamalainagar, S.India, Annamalai Univ., Dep. of Phys.; engl.) — Unter Zugrundelegung der experimentellen Unters.-Ergebnisse (Raman- u. IR-Spektroskopie) von Lord, Lynch, Schumb u. Slowinski (C. **1951**, I. 1113) wurden die Potential-Konst. von $JF_5$ (Symmetrie $C_{4v}$) u. $JF_7$ ($D_{5h}$) nach der Gruppentheorie von Wilson (J. chem. Physics **9**, [1941], 76) berechnet. Die thermodynam. Daten von gasförmigem $JF_5$ bei 1 atm Druck u. für den idealen Gaszustand sind zwischen 100 u. 1300° K tabelliert. Für 298,16° K werden folgende Werte angegeben (in cal/Grad Mol): $(H_0 - E_0^0)/T = 15{,}303$; $-(F_0 - E_0^0)/T = 53{,}114$; $S^0 = 68{,}417$ u. $C_p^0 = 23{,}696$. G. Gattow. 114□

**Vakuumultraviolettspektroskopie.** G. Milazzo. (Pure appl. Chem. **4**, 135—40, 1962; Roma, Ist. Super. di Sanità; engl.) — Schwierigkeiten bei der Vakuum-UV-Spektroskopie in der Schumann-Region treten durch a) die Absorption der Strahlen durch atmosphär. Gase, b) die Absorption durch opt. Materialien, c) Lichtquellen, d) Detektoren u. e) die Notwendigkeit der Arbeit mit Gasen oder Dämpfen auf; ihre

Überwindung wird diskutiert u. die Nützlichkeit der Spektroskopie in diesem Gebiet an einigen Beispielen erläutert (*NO* u. $NO^+$, H-Bindung in dünnen Schichten von *Eis*, festem $NH_3$ u. festem $CH_4$, Elektronenübergänge bei *exocycl. Ketonen*). — 25 Literaturangaben. G. Heller. 118□

**Selektive Anregung von Molekülemissionen durch metastabile Edelgasatome.** L. Herman und D. Rakotoarijimy. (J. Physique Radium **21,** 629—33, Aug./Sept. 1960; Paris-Meudon, Observ.; franz.) — Eine quant. Analyse der Emissionsspektren von *CO* in Ggw. von He, Ne, Ar, Kr oder Xe u. von $N_2$ in Ggw. von Xe läßt eine selektive Anregung der Syst. $d^3\Pi$–$a^3\Pi$ u. $a^{13}\Pi$–$a^3\Pi$ von CO u. des Syst. $B^3\Pi$–$A^3\Sigma$ von $N_2$ erkennen; sie wird auf Resonanzstoßanregung durch metastabile Edelgasatome im $^3P$-Zustand zurückgeführt. A. Blaschette. 118◇

**Suche nach Lichtverstärkung in einem Gemisch von Quecksilberdampf und Wasserstoff.** J. H. Sanders, M. J. Taylor und C. E. Webb. (Nature [London] **193,** 767, 24/2. 1962; Oxford, Clarendon Labor.; engl.) — Die von Butayeva u. Fabrikant entdeckte negative Temp. in einer angeregten Gasmischung von Hg-Dampf u. $H_2$ zwischen den $7^3S_1$- u. $6^3P_{0,1,2}$-Niveaus bei Hg konnte nicht nachgewiesen werden. Bei den angegebenen Wellenlängen von 5461 Å, 4358 Å u. 4047 Å konnte weder Absorption noch Verstärkung beobachtet werden, obwohl die Vers.-Bedingungen nahezu ident. waren. D. Noack. 118□

**Explosive Zersetzung und atomare Flammen von gewöhnlicher und schwerer Stickstoffwasserstoffsäure. Der $^3\Pi$-$^3\Sigma$-Übergang von NH und ND.** Guy Pannetier und Henri Guenebaut. (Acta chim. Acad. Sci. hung. **18,** 347—64, 1959; Paris, Fac. des Sci.; franz.) — Zusammenfassung früherer Unterss. (vgl. C. **1961,** 4591 u. früher). A. Blaschette. 118◇

**Einfluß von Deformationen auf das Absorptionsspektrum von Kupfer(I)-oxidkristallen bei 20° K.** W. W. Jeremenko und L. I. Tschuiko. (Optik u. Spektroskopie [UdSSR] **9,** 621—25, Nov. 1960; russ.) — Polykristalline $Cu_2O$ (**I**)-Filme (Dicke 20—30 μ) wurden bei 20° K einachsig (senkrecht zur Filmebene) zusammengepreßt (Druck ca. 5000 at) u. ihr Absorptionsspektrum beobachtet. Durch die Deformation wird die gelbe Serie (17470—17320 $cm^{-1}$) des **I**-Spektrums insgesamt längerwellig verschoben, wobei sich die 4 Banden stark verbreitern, ihr Abstand aber unverändert bleibt. Bei der grünen Serie (3 Banden bei 18498—18270 $cm^{-1}$) werden die beiden längerwelligen Banden unter Veränderung ihres Abstandes niederfrequent verschoben. Die dritte Bande zerläuft schon bei kleinen Deformationen zu einem Kontinuum. Vff. untersuchen ferner den Einfl. eines konst. elektr. Feldes auf die Struktur der gelben u. grünen Serie von **I** bei 20° K. Die Ergebnisse widersprechen der Deutung dieser H-ähnlichen Serien von **I** als Kombinationen von Excitonübergängen mit Gitterschwingungen. Die Verschiebung der gelben Serie als Ganzes kann nur durch die Änderung des Abstandes zwischen der entsprechenden Valenz- u. verbotenen Zone erklärt werden. Das Verh. der grünen Serie bei der Deformation weist auf die Änderung ihrer Rydberg-Konst., d. h. Änderung der effektiven Elektronen- oder Lochmasse, hin. Daraus folgt, daß die Grundlage beider Serien nur Valenz- oder verbotene Zone sein kann. Berechnungen ergeben, daß sich die Rydberg-Konst. der grünen Serie von 1200 auf 900 $cm^{-1}$ verringert, was einer Verringerung der effektiven Lochmasse auf $m^*_{p_3} = 1{,}37\ m^*_n$ entspricht. U.-L. Rau. 118◇

**Beziehungen zwischen dem ultravioletten Absorptionsspektrum der kristallisierten Alkalihydride und -halogenide und den Radien sowie der Kernladungen der Ionen.** 1. Mitt. **Die Verbindungen mit isoelektronischen Ionenpaaren.** Ernst Kordes. (Z. physik. Chem. [Frankfurt/M.] [N.F.] **33,** 1—14, Juli 1962; Bonn, Chem. Inst. der Univ.; dt.) — Für Verbb. mit isoelektron. Ionenpaaren, wie LiH, NaF, KCl, RbBr u. CsJ, wird die Lage der 1. UV-Bande mit einer einfachen Beziehung berechnet, in die nur Radius u. Kernladungszahl der Ionen sowie UV-Eigenschwingung der entsprechenden Edelgase eingehen. Umgekehrt werden aus den bekannten UV-Banden die Ionenradien ermittelt, die mit denen nach Goldschmidt u. a. übereinstimmen. Hierbei ist das Radienverhältnis der isoelektron. Ionen $c = \nu_-/\nu_+$ von Bedeutung, das für die oben angegebene Reihe zu 1,318, für MgO, CaS, SrSe u. BaTe zu 1,426 berechnet wurde. Allgemein kann c nach $c = \sqrt[4]{Z_{He} + W}$ errechnet werden, worin W die Wertigkeit der isoelektron. Ionenpaare bedeutet. Die Bedeutung der c-Werte zur Berechnung der Abschirmungs-Konst. wird diskutiert. H. Bürger. 118◇

**Besonderheiten der additiven Färbung aktivatorhaltiger Alkalihalogenide.** A. Ss. Schibanow und L. M. Schamowski. (Festkörperphysik [UdSSR] **4,** 443—48, Febr. 1962; Moskau, Allunions-Forsch.-Inst. für miner. Rohstoffe; russ.) — An aktivierten Alkalihalogenidkristallen (*NaCl* : *Ag*; *KCl* : *Ag*; *KJ* : *Tl*), die in der Wärme durch Alkalimetalldämpfe gefärbt wurden, beobachteten Vff. mkr. regelmäßig geformte Leerstellen („negative Kristalle") im ungefärbten Gebiet. Daraus u. aus der Struktur der gefärbten Region wird geschlossen, daß „atomare" u. koll. Farbzentren in einem Zweistufenprozeß gebildet werden. H. Roschkowski. 119◇

**Farbzentrenassoziate mit (100)-Symmetrie (A- und B-Zentren).** Fritz Lüty. (Z. Physik **165,** 17—33, 1961; Stuttgart, TH, II. Phys. Inst.; dt.) — Vgl. C. **1962,** 11452. — Ein optimaler Bestand an A-Zentren wird in einem reinen KCl-Kristall bei schwacher additiver Verfärbung u. opt. Umwandlung bei ca. $-30^0$ erreicht. Wird ein solcher Kristall nach seiner (F → A)-Umwandlung schnell auf $-180^0$ abgekühlt, so zeigt sein Absorptionsspektrum neben F- u. A-Zentren auch F'-Absorption. Diese kann durch Licht von einer Wellenlänge um 800 nm beseitigt werden. An dem dann verbleibenden Spektrum, das ausschließlich F- u. A-Zentren zugeordnet werden kann, sind die Unterss. durchgeführt worden. Einstrahlung mit nach (1 0 0) polarisiertem F-Licht bewirkt eine Umorientierung dieser Zentren, die sich in charakterist. dichroit. Absorption zeigt. Nach Vers.-Ergebnissen an mit Na-dotiertem KCl wird als Modell für das A-Zentrum ein F-Zentrum, bei dem einer der 6 nächsten $K^+$-Nachbarn durch ein $Na^+$ ersetzt ist, vorgeschlagen. Das B-Zentrum wird als Anlagerung eines F-Zentrums an ein A-Zentrum gedeutet. I. Zoll. 119◇

**Infolge Druck und Erhitzung entstehende Farbzentren in Natriumchlorid-Kristallen.** László Malicskó und Zoltán Morlin. (Magyar fizik. Folyóirat [Ung. physik. Z.] **10,** 157—67, Juni 1962; Budapest, TU, Lehrstuhl für exp. Phys.; ung.) — Wird NaCl-Pulver bei 600—700° unter 3000 kp/cm$^{-2}$ gepreßt, entstehen violettbraune, undurchsichtige Preßlinge. Zur Absorptionsmessung wurden diese pulverisiert u. bei 35—100° unter 10000 kp/cm$^{-2}$ zu Pastillen gepreßt. In diesem Material wurden F-, M-, R- u. V-Zentren sowie koll. Absorptionsmaxima beobachtet, deren Bldg. aus dem hocherhitzten Preßwerkzeug stammende Elektronen verursachen. J. Plank. 119

**Farbzentren in mit Röntgenlicht bestrahlten Alkalimetallaziden.** H. G. Heal und J. P. S. Pringle. (Physics Chem. Solids **15,** 261—69, Okt. 1960; Vancouver, Canada, Univ. of Brit. Columbia, Chem. Dep.; engl.) — Die durch Umkristallisation gereinigten Azide $NaN_3$, $KN_3$, $RbN_3$ u. $CsN_3$ wurden in einer früher beschriebenen App. (C. **1961,** 1841) bei Temp. von fl. $N_2$ mit Röntgenlicht (W-Strahlung) bestrahlt u. spektralphotometr. zwischen 250 u. 1000 m$\mu$ untersucht. Die Absorptionsbanden werden zugeordnet u. ausführlich diskutiert. G. Gattow. 119□

**Zur Theorie der Photoionisation von F-Zentren.** Ju. Je. Perlin und M. E. Palisstrant. (Optik u. Spektroskopie [UdSSR] **9,** 608—14, Nov. 1960; russ.) — Die Ionisation des F-Zentrums durch Photonen, deren Energie sich geringfügig von der Ionisationsenergie unterscheidet, wird betrachtet. Dabei werden die Zustände des kontinuierlichen Spektrums des F-Zentrums als *Polaronen* identifiziert, die sich im abgeschirmten Coulombschen Feld der Anionenleerstelle bewegen. Vff. berechnen die Wahrscheinlichkeit des Photoüberganges aus dem Grundzustand des F-Zentrums in diese Art von ionisierten Zuständen. Durch die Teilnahme von Phononen am Photoübergang besitzt die Abhängigkeit der Ionisationswahrscheinlichkeit von der Frequenz des absorbierten Lichtes die Gestalt einer nichtsymm. Kurve mit einem Maximum. Im zum Maximum längerwelligen Teil besitzt die Kurve Ähnlichkeit mit der Kurve von Pekar für Photoübergänge im diskreten Spektrum, im kurzwelligen Teil fällt sie gleichmäßiger ab. Mit zunehmender Temp. verringert sich die Höhe des Maximums der Photoionisation, während die Halbwertsbreite der Kurve zunimmt. U.-L. Rau. 119◇

**Lichtdispersion im Gebiet der Excitonenabsorption im Fall verbotener Dipolübergänge.** B. Je. Zekwawa. (Festkörperphysik [UdSSR] **4,** 501—09, Febr. 1962; Kiew, Halbleiter-Inst. der Akad. der Wiss. der UdSSR; russ.) — Theoret. Unters., bei der die Maxwell-Gleichungen für das kristalline Medium von der makroskop. Elektrodynamik unter Berücksichtigung höherer Näherungen in k abgeleitet werden. Die Berechnungen werden ohne Konkretisierung der Hamilton-Gleichung des Kristalls u. des Excitonenmodells durchgeführt. H. Roschkowski. 119◇

**Untersuchung der optischen Eigenschaften und der Struktur von Titandioxidfilmen.** T. N. Krylowa und G. O. Bagdykjanz. (Optik u. Spektroskopie [UdSSR] **9,** 644—47, Nov. 1960; russ.) — $TiO_2$ (**I**)-Proben wurden durch Hydrolyse alkohol. $Ti(OC_2 \cdot H_5)_4$-Lsgg. verschiedener Konz. u. Trocknen der Ndd. bei Temp. im Bereich 120—900° dargestellt. Die spektrale Abhängigkeit des Reflexions-Koeff. u. des Brechungsindex im sichtbaren Gebiet der **I**-Filme (auf Quarz aufgetragen, Dicke 3500—4300 Å) wurde ermittelt u. graph. dargestellt. In Übereinstimmung mit diesen Ergebnissen zeigt die

elektronograph. Unters. der I-Filme, daß die Glüh-Temp. von 120—250° I im amorphen Zustand vorliegt. Die ersten Anzeichen einer Kristallstruktur erscheinen bei der Glüh-Temp. 350°. Ihre Erhöhung auf 400, 500° u. höher führt zur Vertiefung der Kristallphase. Das Elektronogramm des I-Films mit der Glüh-Temp. 900° entspricht dem von Anatas. Längeres Glühen bei 900° von aus verd. Lsgg. erhaltenen I-Filmen führt zur Erhöhung des Brechungsindex, was durch Übergang in die Rutilstruktur erklärt wird.
U.-L. Rau. 119◇

**Optische Eigenschaften von $Sb_2S_3$-Einkristallen.** A. F. Skubenko und Ss. W. Lapti. (Festkörperphysik [UdSSR] **4**, 449—53, Febr. 1962; Tschorni, Pädagog. Inst.; russ.) — Reflexion u. Durchlässigkeit von $Sb_2S_3$-Einkristallen wurden zwischen 0,75 u. 20 $\mu$ gemessen u. aus den Werten die Absorptions- u. Dispersionskurven berechnet. Die Absorptionskurven zeigen ein Maximum zwischen 8 u. 12,5 $\mu$. Ein Bandabstand von 1,72 eV wird aus der Absorptionskante ermittelt. H. Roschkowski. 119◇

**Störstellen in festem Neon.** Albert Gold. (Physics Chem. Solids **18**, 218—37, Febr. 1961; Rochester, N.Y., Univ., Dep. of Phys., Inst. of Optics; engl.) — Theoret. Arbeit über Berechnung der Wellenfunktionen u. Absorptionsenergien eines Ar-Atoms als Störstelle in festem Ne. Die Berechnung wird mit Hilfe der Heitler-London-Näherung durchgeführt. Vf. sagt für Ar-Störstellen Absorptionslinien bei 11,7 u. 11,6 eV ± 1,3 eV voraus. K. H. Härdtl. 119◇

**Praktisches Differentialfilter für das optische Pumpen mit Natriumlicht.** Thomas R. Carver, Frank R. Lewis jun., Robert E. Pollock und Glen Schrank. (Rev. sci. Instruments **32**, 861—62, Juli 1961; Princeton, N.J., Univ., Palmer Phys. Labor.; engl.) — Um eine der beiden D-Linien des Na opt. abzutrennen, wird die Strahlung durch eine mit Na-Dampf gefüllte Zelle geleitet, die von einem Magnetfeld durchsetzt ist. Es kommt dann zu einer unterschiedlichen Zeeman-Aufspaltung der beiden D-Linien, so daß bei prakt. unverminderter Intensität der $D_1$-Linie die $D_2$-Linie um etwa eine Größenordnung geschwächt wird. W. Reusse. 119□

**Reflexion und Brechung des Lichtes in isotropen, optisch aktiven Medien.** B. W. Bokut und F. I. Fedorow. (Optik u. Spektroskopie [UdSSR] **9**, 635—39, Nov. 1960; russ.) — Vgl. C. **1961**, 8192. — Vff. führen eine genaue Berechnung der Polarisation von Licht durch, das an isotropen, opt. akt. Medien oder kub. Kristallen reflektiert wurde. Die reflektierte Welle hat bei beliebigem Einfallswinkel eine maximale Elliptizität, wenn die einfallende Welle linear polarisiert ist u. die Polarisationsrichtung parallel oder senkrecht zur Einfallsebene liegt. Bei einem gewissen Zwischenazimut der Schwingungen der einfallenden Welle ist die reflektierte Welle vollkommen linear polarisiert. Vff. zeigen, daß im Bereich einiger Winkel-Sek. nahe zu einem bestimmten Einfallswinkel (nahe dem Brewsterschen Winkel) bei einem Azimut gleich Null der Schwingungen der einfallenden Welle die reflektierte Welle ungewöhnlich scharf ihre Polarisation von zirkularer zu linearer u. dann umgekehrt wieder zu zirkularer ändert. U.-L. Rau. 119◇

**Das Reflexionsvermögen von Glas- und Aluminium-Gittern bei streifendem Einfall unterhalb 1000 Å.** R. S. Crisp. (Optica Acta [London] **8**, 137—49, April 1961; Nedlands, W.A., Univ. of Western Australia, Dep. of Phys.; engl.) — An den Emissionsspektren von Be, K, Al u. Mg zwischen 40 u. 1000 Å werden die Eigg. von Konkavgittern aus Al u. Glas untersucht. Es wird gezeigt, daß Al-Gitter empfindlich gegen Oberflächenveränderungen sind u. Glasgitter vorgezogen werden sollten. Es wird angegeben, wie die Aufstellung von Gittern zu erfolgen hat, deren Krümmungsradius nicht exakt mit dem Rowland-Kreis der App. übereinstimmt. H.-J. Eichhoff. 119□

**Lichtstreuung von wässerigen Elektrolytlösungen.** S. Subramanian. (Z. physik. Chem. [Frankfurt/M.] [N. F.] **33**, 15—22, Juli 1962; Bangalore, Indian Inst. of Sci., Dep. of Phys.; engl.) — Vf. behandelt eine verbesserte Theorie der Lichtstreuung von Elektrolyt-Lsgg. von Lochet, indem der Einfl. des Lsgm. u. die endliche Größe der Ionen u. ihrer Hydrathüllen berücksichtigt wird. Die Ergebnisse sind in guter Übereinstimmung mit den experimentellen Resultaten. D. Noack. 119◇

**Bemerkung über die Absorptionskoeffizienten von heißem $CO_2$ bei 4,40 $\mu$.** Richard H. Tourin und Harold J. Babrov. (J. chem. Physics **37**, 581—82, 1/8. 1962; Flushing, N.Y., Warner and Swasey Co., Control Instr. Div.; engl.) — Die Absorption von auf 1273° K erhitzten $CO_2/N_2$-Gemischen bei 4,40 $\mu$ hängt nicht von der Art der Erhitzung ab (Ofen oder Stoßwellen). Bei opt. Wegen von 0,1—2,5 cm·atm treten zwei Arten von Abweichungen vom Beerschen Gesetz auf: Bei konst. Verhältnis von $CO_2$- zu Gesamtdruck hängt der Absorptions-Koeff. (**A**) linear vom Druckverhältnis ab. Bei konst. Gesamtdruck bei wachsendem $CO_2$-Druck ist **A** eine nichtlineare Funktion des Drucks. Erklärt werden die Abweichungen durch die mit steigendem Druck bis zu einem Grenzwert zunehmende Verbreiterung der einzelnen nicht aufgelösten Spektrallinien.
P. Sartori. 119◇

**Durch Infrarotspektrographie beobachtete Analogien des Fluors und Sauerstoffs in ihren Komplexen.** Jean Lecomte, Clément Duval und Colette Wadier. (C. R. hebd. Séances Acad. Sci. **249,** 1991—94, 16/11. 1959; Paris, Sorbonne, Labor. de Rech. phys. et Ecole Nat. Supérieure de Chim.; franz.) — Gruppen vom Typ $MO_4$, z. B. $SO_4^{2-}$, besitzen 4 verschiedene Schwingungsarten, eine einfache Schwingung $\nu_1$, eine doppelt entartete ($\delta_{12}$), eine dreifach entartete ($\nu_{234}$), die sog. Valenzschwingung, u. eine weitere dreifach entartete ($\delta_{345}$), die sog. Deformationsschwingung, von denen nur die beiden letzten im IR akt. sind. Vff. stellten nun eine größere Anzahl von Verbb. mit der Gruppe $MF_4$ dar, von denen jedoch nur die Verbb. $KBF_4$, $K_2BeF_4$, $K_2ZnF_4$, $K_2CoF_4$, $(NH_4)_2CuF_4$, $KAlF_4$ u. $KSbF_4$ IR-Absorptionsspektren lieferten. Bei ihnen wurden nun die bei der Gruppe $MO_4$ beobachteten beiden Schwingungen $\nu_{234}$ u. $\delta_{345}$ gefunden. Daraus leiten Vff. eine gewisse Analogie zwischen F u. O ab. Ferner wird darauf hingewiesen, daß die Atomradien von F u. O mit 0,64 bzw. 0,66 nahezu ident. sind. Weiter sind die FF. u. Kpp. beider Elemente mit —217,96 bzw. —218,81° u. —187,92 bzw. —182,7 nahezu gleich. Schließlich wird noch auf gewisse Isomorphiefälle hingewiesen: so sind z. B. $NH_4BF_4$ u. $BaSO_4$ isomorph mit $(NH_4)_2BeF_4$; $CdBF_4 \cdot 8/3\ H_2O$ ist isomorph mit $CdSO_4 \cdot 8/3\ H_2O$. C. Gottfried. 120

**Infrarotspektrum von wässerigen HF-Lösungen.** Numan Zengin. (Commun. Fac. Sci. Univ. Ankara, Ser. A **11,** 1—5, 1961; Ankara, Univ., Fac. des Sci., Inst. de phys. exp.; franz.) — Die IR-Spektren wss. Lsgg. von HF (9; 30; 48%) zwischen 400 u. 4000 $cm^{-1}$ werden mitgeteilt, mit Spektren anderer Halogenwasserstoffsäuren verglichen u. bzgl. der Grundschwingungen der $H_3O^+$- u. $HF_2^-$-Ionen analysiert. H. Bürger. 120◇

**Kraftkonstanten und thermodynamische Funktionen von Jodheptafluorid.** R. K. Khanna. (J. molecular Spectroscopy **8,** 134—41, Febr. 1962; Bangalore, Indian Inst. of Sci., Dep. of Phys.; engl.) — Die von Lord u. Mitarbeitern (C. **1951,** I. 1113) aufgenommenen IR- u. Raman-Spektren von $JF_7$ wurden vom Vf. neu zugeordnet. Mit der Annahme einer pentagonalen Bipyramide (Raumgruppe $D_{5h}$) wurden nach Wilson [1941] die Kraft-Konst. berechnet. Die thermodynam. Funktionen wurden von 300 bis 1000° K unter der Annahme eines starren Rotators u. harmon. Oscillators berechnet u. tabelliert. Das Trägheitsmoment beträgt um die 5zählige Achse $543{,}875 \cdot 10^{-40}$ u. um die beiden orthogenalen Achsen in der Äquatorebene $489{,}488 \cdot 10^{-40}$ $gcm^2$. P. Sartori. 120◇

**Infrarotspektrum und thermodynamische Funktionen des $NF_2$-Radikals.** Marlin D. Harmony und Rollie J. Myers. (J. chem. Physics **37,** 636—41, 1/8. 1962; Berkeley, Calif., Univ. of California, Dep. of Chem.; engl.) — Vgl. C. **1962,** 4447. — Das IR-Spektrum von festem $N_2F_4$ bei 77° K u. von $NF_2$ in $N_2$-Matrix bei 20° K (Mol-Verhältnis $N_2/NF_2$ zwischen 100 u. 500) wurde zwischen 300 u. 4000 $cm^{-1}$ aufgenommen. Dem $NF_2$-Radikal in $N_2$-Matrix sind die Grundschwingungen $\nu_1 = 1069{,}6 \pm 0{,}5$, $\nu_2 = 573{,}4 \pm 1{,}0$, $\nu_3 = 930{,}7 \pm 0{,}5$ $cm^{-1}$ zuzuordnen. Folgende Kraft-Konst. wurden berechnet: $k_1 = 5{,}1 \pm 0{,}5$, $k_\alpha/r^2 = 1{,}15 \pm 0{,}15$, $k_{11} = 1{,}5 \pm 0{,}5$, $k_{1\alpha}/r = 0{,}4 \pm 0{,}3$ (mdyn/Å). $N_2F_4$ dissoziiert bei Raum-Temp. ziemlich langsam (Halbwertszeit $>$100 s), rasch bei erhöhter Temp. (Halbwertszeit bei 100° ca. 1 s). Die berechneten thermodynam. Funktionen von $NF_2$ werden für 273,15—3000° K tabellar. mitgeteilt (im Abstand von je 100°); bei 298,15° K ist $C_p^0 = 9{,}80$ (cal/Mol·Grad); $-G^0 + H_0^0/T = 51{,}24$; $S^0 = 59{,}70$; $H^0-H_0^0/T = 8{,}46$. P. Sartori. 120◇

**Molekülkonstanten von $CO_2$.** C. P. Courtoy. (Rev. univ. Mines, Metallurg., Mécan., Trav. publ., Sci. Arts appl. Ind. [9] **15 (102),** 449—51; Mai 1959; Namur, Fac. Univ. Notre Dame de la Paix; franz.) — Vgl. C. **1960,** 2418. A. Blaschette. 120◇

**Ramanintensitäten und die Struktur einiger Oxoanionen der 7. Gruppe.** G. W. Chantry und R. A. Plane. (J. chem. Physics **34,** 1268—71, April 1961; Ithaca, N.Y., Cornell Univ., Dep. of Chem.; engl.) — Die abs. Intensitäten u. die Depolarisationsgrade der Raman-Linien von $ClO_3^-$, $BrO_3^-$, $JO_3^-$, $JO_4^-$ u. $H_5JO_6$ werden bestimmt. Die Linien bei 797 bzw. 640 $cm^{-1}$, die in neutralen bzw. sauren Perjodat-Lsgg. auftreten, werden dem $JO_4^-$ bzw. dem $H_5JO_6$ zugeordnet. Die Bindungsart u. die Bindungsordnung in den obengenannten Verbb. wird diskutiert. Aus den Werten für $\bar{\alpha}_{xo}'$ ergibt sich, daß in $ClO_3^-$ $\pi$-Bindungsanteile auftreten, die genügend groß sind, um die formale Ladung auf +1 zu reduzieren. In $BrO_3^-$ u. $JO_3^-$ liegen gemäß den $\bar{\alpha}_{xo}'$-Werten entsprechende Verhältnisse vor. Nach den Depolarisationsgraden, die für $BrO_3^-$ u. $JO_3^-$ größer sind als für $ClO_3^-$, ist jedoch die $\pi$-Bindung in $BrO_3^-$ u. $JO_3^-$ schwächer ausgeprägt als in $ClO_3^-$. Eine eindeutige Entscheidung, welche der beiden Möglichkeiten oder ob ein zwischen den beiden Extremen liegender Zustand vorliegt, kann mit der Raman-Meth. nicht getroffen werden. Es werden Überlegungen über die Stabilität der Bindungen in $ClO_4^-$ u. $JO_4^-$ u. im Zusammenhang damit über die Instabilität von $BrO_4^-$ angestellt. F. Huber. 120□

**Infrarotspektrum von Nitrylperchlorat.** J. R. Soulen und W. F. Schwartz. (J. physic. Chem. **66,** 2066—67, Okt. 1962; Wyndmoor, Pa., Pennsalt Chem. Co., Res. and Dev. Labor.; engl.) — Das IR-Spektrum von $NO_2ClO_4$ zwischen 2 u. 20 $\mu$ wurde aufgenommen, zugeordnet u. in Hinblick auf das $NO_2^+$-Ion diskutiert. Zwischen 20 u. 40 $\mu$ erfolgt keine nennenswerte Absorption. Von den bei 2360, 1100, 937, 625 u. 570 $cm^{-1}$ auftretenden Banden werden die bei 2360 ($\nu_3$) u. 570 ($\nu_2$) dem $NO_2^+$-Ion zugeordnet ($\nu_1$ bei 1396 ist nur Raman-akt.). Das Spektrum des $NO_2^+$ entspricht also weitgehend dem des isoelektron. $CO_2$. P. Sartori. 120◇

**Struktur der OH-Schwingungsbande in Spektren von Wasserstoffbindungen enthaltenden Kristallen.** A. I. Stechanow. (Nachr. Akad. wiss. UdSSR, physik. Ser. **22,** 1109, Sept. 1958; russ.) — Vf. untersuchte die Raman- u. IR-Spektren von Gips, Seignettesalz u. $NaH_2PO_4$ bei Raum- u. niedrigen Temperaturen. Bei Raum-Temp. entsprach den $\nu$(OH) eine breite Bande mit komplizierter Struktur. Bei tiefen Temp. erschienen deutlich die einzelnen Komponenten. Sie bestehen aus einigen intensiven Linien, die am niederfrequenten Teil der $\nu$(OH)-Bande auftreten u. vielfach Dublettcharakter besitzen sowie aus einer Reihe schwacher Linien. Die Dublettstruktur der intensiven Linien wird dem Tunneleffekt des Protons zugeschrieben, der in Kristallen mit H-Bindung auftreten kann. Das Auftreten der schwachen Linien erklärt Vf. durch die Wechselwrkg. der innermol. Schwingungen mit den zwischenmol. Translationsschwingungen der Wasser-Moll. im Kristall. U.-L. Rau. 120□

**Schwingungsspektren von partiell deuterierten und tritierten Stibinen.** P. N. Daykin und S. Sundaram. (Z. physik. Chem. [Frankfurt/M.] [N. F.] **32,** 222—28, Mai 1961; Vancouver, British Columbia Res. Council; engl.) — Unter Verw. der von Sundaram (vgl. C. **1963,** 4597) bestimmten quadrat. Potentialenergie-Konst. von $SbH_3$ u. $SbD_3$ berechneten Vff. die harmon. Schwingungswellenzahl von $SbDH_2$, $SbTH_2$, $SbHD_2$, $SbTD_2$, $SbHT_2$ u. $SbDT_2$. Auf der Grundlage der Störungstheorie erster Ordnung wurden für diese Moll. die Rotationsverzerrungs-Konst. erhalten. Mittels statist. Meth. wurden aus den genau bestimmten harmon. Schwingungsfrequenzen die Wärmekapazität, der Wärmeinhalt, die freie Energie u. die Entropie für 1 Atmosphäre u. Temp. zwischen 100 u. 1000° K berechnet. Außerdem wurden noch aus den Schwingungsfrequenzen u. den Kraftfeldern für 25° die mittleren quadrat. Schwingungsamplituden berechnet. Die numer. Werte sind tabellar. angegeben. C. Gottfried. 120

**Eine spektroskopische Untersuchung einiger Acceptor–Donator-Systeme.** Margareta Zackrisson und Karl Inge Aldén. (Acta chem. scand. **14,** 994—1000, 1960; Uppsala, Univ. of Uppsala, Inst. of Chem.; engl.) — Die Liquiduskurven der Syst. $BiCl_3$–$POCl_3$, $AsCl_3$–$(CH_3)_2CO$ u. $SbCl_3$–$(CH_3)_2CO$ wurden untersucht. In jedem Syst. wurde eine Verb. gefunden: $BiCl_3 \cdot 2\,POCl_3$, $AsCl_3 \cdot (CH_3)_2CO$ bzw. $SbCl_3 \cdot 2\,(CH_3)_2CO$. Vff. untersuchten ferner die IR- u. Raman-Spektren der drei genannten Syst. sowie die IR-Spektren folgender Verbb.: $SbCl_3 \cdot (CH_3)_3PO$, $SbCl_3 \cdot 2\,(CH_3)_3PO$, $SbCl_5 \cdot (CH_3)_3PO$, $5\,HgCl_2 \cdot 2\,(CH_3)_3PO$, $HgCl_2 \cdot (CH_3)_3PO$ u. $2\,HgCl_2 \cdot (C_2H_5)_2S$. Weiter wurden die relativen Acceptorstärken von $SbCl_3$, $SbCl_5$ u. $HgCl_2$ mit $(CH_3)_3PO$ als Donator-Mol. bestimmt. Die Ergebnisse werden kurz diskutiert. D. Noack. 120◇

**Die Grundschwingungsfrequenzen von Hexammin-Koordinationsverbindungen.** Henri Poulet und Jean-Paul Mathieu. (C. R. hebd. Séances Acad. Sci. **255,** 1514 bis 1515, 24/9. 1962; Paris, Sorbonne, Labor. de Rech. phys.; franz.) — Vff. untersuchen Raman-spektroskop. (240—3230 $cm^{-1}$) $[Rh(NH_3)_6]JCl_3$ u. geben Lage u. Polarisationszustand der beobachteten $NH_3$- u. Rh–N-Grundschwingungen an. H. Bürger. 120◇

**Infrarot-Transparenz von kristallinem Yttriumoxid und verwandten Verbindungen.** K. A. Wickersheim und R. A. Lefever. (J. opt. Soc. America **51,** 1147—48, Okt. 1961; Malibu, Calif., Hughes Res. Labor.; engl.) — Es wird die Herst. von Einkristallen von $Y_2O_3$ u. verschiedenen gleichstrukturierten Seltenerdmetalloxiden beschrieben. Von $Y_2O_3$, $Yb_2O_3$ u. $(Y_{0,95}La_{0,05})_2O_3$ wird im IR — wo im Gegensatz zu anderen Bereichen die Durchlässigkeit nicht so stark von der Reinheit des verwendeten Ausgangsmaterials abhängig ist — die relative Durchlässigkeit in Abhängigkeit von $\lambda$ gemessen u. der Kurvenverlauf diskutiert. U. Aderhold. 120□

**Eine Untersuchung der Molekülstruktur von Vanadinoxidtrinitrat mit Hilfe des Raman- und Infrarotabsorptionsspektrums.** H. Gerding, W. F. Haak und C. van der Vlies. (Rev. univ. Mines, Métallurgie, Mécan., Trav. publ., Sci. Arts appl. Ind. [9] **15 (102),** 452—55, Mai 1959; Amsterdam, Municip. Univ., Labor. for Inorg. Chem.; engl.) — Das Raman- u. IR-Spektrum von fl. $V_2O_5 \cdot 3\,N_2O_5$ (**I**; aus $V_2O_5$ u. $N_2O_5$ bei 20°) sowie das Raman-Spektrum von fl. $VOCl_3$ (aus $V_2O_5$, C u. $Cl_2$) werden tabellar. mitgeteilt u. zugeordnet. Für **I** ergibt sich die kovalente Struktur $OV(ONO_2)_3$. A. Blaschette. 120◇

**Methode der ausgleichenden Scheibendicke. Anwendung zur Deutung des Spektrums von Calcit im Bereich um 1450 cm$^{-1}$.** J. Louisfert. (Rev. univ. Mines, Métallurgie, Mécan., Trav. publ., Sci. Arts appl. Ind. [9] **15 (102),** 458—61, Mai 1959; Paris, Sorbonne; franz.) — Die Störung des Absorptionsspektrums eines Kristalls durch Überlagerung des Reflexionsspektrums kann durch Verw. sehr dünner Scheibchen (1 $\mu$ u. weniger) u. eines Zweistrahlspektrographs vermieden werden. Das nach dieser Meth. erhaltene Spektrum von Calcit zeigt die entartete Grundvalenzschwingung ($E_u$) bei 1430 cm$^{-1}$. A. Blaschette. 120◇

**Ultrarotspektroskopische Untersuchungen zur Mischkristallreihe Forsterit–Fayalit.** H. Lehmann, H. Dutz und M. Koltermann. (Ber. dtsch. keram. Ges. e. V. **38,** 512—14, Nov. 1961; Clausthal, Bergakad., Inst. für Steine u. Erden; dt.) — Von pulverisierten Proben eines norweg. *Olivins* mit 11 ± 3 (%) *Fayalit* (I), eines *Hyalosiderits* mit 34 ± 3 I u. eines 100 ± 3%ig. I von Harzburg wurden die IR-Absorptionsspektren untersucht. Die Spektren der verschiedenen Glieder der Mischkristallreihe erwiesen sich als sehr ähnlich. Die Frequenzen der Absorptionsbanden u. deren Intensität sinken mit steigendem Verhältnis Fayalit/Forsterit. Die das Spektrum erzeugenden Schwingungen stammen im wesentlichen von den $SiO_4$-Tetraedern her. Als Grund für die kontinuierliche Frequenzabnahme der Schwingungen kann man beim Ersatz des Mg durch Fe den Einbau eines größeren Ions ansehen, das die gleiche Ladung trägt. Das Element mit der geringeren Elektronegativität, Mg, verstärkt die vom gleichen O-Atom ausgehende kovalente Si—O-Bindung in größerem Maße als das Fe. Die Polarität dieser Bindung wird durch die Substitution von Fe durch Mg herabgesetzt. Dies hat eine Frequenzerhöhung der SiO-Schwingung beim Übergang von Fayalit zu Forsterit zur Folge. Gleichzeitig nehmen die sich während der Schwingungen ändernden Dipolmomente zu, so daß die Intensität der Absorptionsbanden ebenfalls beim Übergang vom Fayalit zum Forsterit steigt. C. Gottfried. 120

**Frequenzverschiebungen in den Infrarotabsorptionsspektren komplexer Ionen in fester Lösung.** J. van der Elsken. (Rev. univ. Mines, Métallurgie, Mécan., Trav. publ., Sci. Arts appl. Ind. [9] **15 (102),** 445—47, Mai 1959; Amsterdam, Univ., Labor. for Gen. and Inorg. Chem.; engl.) — Vgl. C. **1960,** 10474. A. Blaschette. 120◇

**Zur Struktur der komplexen Kationen $Mg(OH_2)_6^{2+}$ und $Al(OH_2)_6^{3+}$ in Lösung.** Manuel Alves Marques. (Rev. Fac. Ci. Lisboa, 2.ª Sér., Secç. B **8,** 5—167, 1960/61; Inst. Superior Técn., Labor. de Fís.; port.) — Es werden die Frequenz, der Depolarisationsfaktor u. die Intensität der Raman-Linien der Komplexe $Mg(OH_2)_6^{2+}$, $Mg(OD_2)_6^{2+}$, $Al(OH_2)_6^{3+}$ u. $Al(OD_2)_6^{3+}$ in den Lsgg. einiger Salze des $Mg^{2+}$ u. $Al^{3+}$ in W. u. in schwerem W. bestimmt. Die erhaltenen Werte erlauben eine Präzisierung der Struktur der betreffenden Komplexionen. Vf. führt außerdem unter Annahme gewisser Hypothesen eine Berechnung der akt. Raman-Frequenzen der Komplexe aus, die eine genauere Zuordnung der beobachteten Frequenzen zu den Eigenschwingungen der Gruppen $Me(OH_2)_6$ u. $Me(OD_2)_6$ ermöglichen (Me = $Al^{3+}$, $Mg^{2+}$). K. Huste. 120□

**Schwingungsspektrum und Molekülstruktur von Dimethylaluminiumchlorid $[(CH_3)_2AlCl]_2$ und einiger ähnlicher Verbindungen.** M. P. Groenewege. (Rev. univ. Mines, Métallurgie, Mécan., Trav. publ., Sci. Arts appl. Ind. [9] **15 (102),** 461—64, Mai 1959; franz.) — Vgl. C. **1961,** 7492. — Die IR- u. Raman-Frequenzen (0—800 cm$^{-1}$) nachst. Verbb. werden verglichen u. zugeordnet: $[AlCl_3]_2$; $[AlBr_3]_2$; $[AlJ_3]_2$; $[(CH_3)_3Al]_2$; $[(C_2H_5)_3Al]_2$, Kp.$_{13}$ 102°; $[(CH_3)_2AlCl]_2$, Kp.$_{760}$ 119—121°; $[(C_2H_5)_2AlCl]_2$, Kp.$_{0,25}$ 39—41°; $[(CH_3)_2AlBr]_2$; $[(CH_3)_2AlJ]_2$; $[(CH_3)AlCl_2]_2$ (I), F. ca. 72°; $[(C_2H_5)AlCl_2]_2$, F. 32°, Kp.$_{0,8}$ 48°; $[(CH_3)AlBr_2]_2$. Mit Ausnahme der Trialkyl-Verbb. besitzen alle untersuchten Moll. Halogen-Brückenbindungen; die beiden $CH_3$-Gruppen von I befinden sich mit großer Wahrscheinlichkeit in trans-Stellung. A. Blaschette. 120◇

**Infrarotabsorptionsspektren einiger komplexer Oxalate.** I. G. Murgulescu und V. E. Sahini. (Rev. univ. Mines, Métallurgie, Mécan., Trav. publ., Sci. Arts appl. Ind. [9] **15 (102),** 464—66, Mai 1959; Bucarest, Univ., Labor. de Chim. Phys.; franz.) — Die IR-Absorptionsfrequenzen in Nujol (3,5—12,5 $\mu$) der nachst. Komplexe werden diskutiert u. mit denen der freien $C_2O_4^{2-}$ verglichen: $K_3[Cr(C_2O_4)_3]\cdot 3\,H_2O$, $K_3[Mn(C_2O_4)_3]\cdot 3\,H_2O$, $K_3[Fe(C_2O_4)_3]\cdot 3\,H_2O$, $K_3[Co(C_2O_4)_3]\cdot 3\,H_2O$, $K_2[Mn(C_2O_4)_2]\cdot 2\,H_2O$, $K_2[Fe(C_2O_4)_2]\cdot H_2O$, $K_3[Co(C_2O_4)_2]\cdot 6\,H_2O$. In den Komplexen der zweiwertigen Metalle ist der ion. Charakter der Me—O-Bindung erheblich stärker ausgeprägt als in den Komplexen mit dreiwertigem Zentralatom; innerhalb letzterer Verb.-Klasse sinkt der ion. Charakter beim Übergang von Co(III) u. Cr(III) zu Al(III) u. Fe(III). A. Blaschette. 120◇

**Die Infrarot-Spektren und Strukturen einiger Silber-Äthylendiamin-Komplexe.** G. Newman und D. B. Powell. (J. chem. Soc. [London] **1962,** 3447—50, Sept.; Aldgate, Sir John Cass Coll.; engl.) — Vff. teilen die IR-Spektren (400—4000 cm$^{-1}$) der

Silber–Äthylendiamin(en)-Komplexe *(AgCl)₂en* (**I**), *[Ag(en)]₂PtCl₄* (**II**) u. *[Ag₂(en)₂]Cl₂* (**III**) mit. Die Struktur von **I** entspricht der des Hg(en)$Cl_2$: polymeres Mol. mit en-Brücken in trans-Stellung. Das IR-Spektrum von **II** ist dem von **I** ähnlich. Der Ligand liegt ebenfalls in trans-Konfiguration vor. Für **II** wird ein kettenförmig-polymerer Aufbau angenommen. In **III** liegt en in cis-Konfiguration vor. Es scheint dimer zu sein. Vff. nehmen eine cycl. Struktur mit 2 en-Brücken an, in der en nicht als Chelatbildner auftritt.

Versuche: *Äthylendiamin-bis-[silberchlorid]* (**I**), $C_2H_8Ag_2Cl_2N_2$, durch Verrühren von en u. überschüssigem AgCl, Filtration, Fällen mit abs. A.; licht- u. wasserempfindliche weiße Substanz. — *Bis-[äthylendiaminsilber]-dichlorid* (**III**), $C_4H_{16}Ag_2Cl_2N_4$, analog vorst. Verb., jedoch mit überschüssigem en. — *Bis-[äthylendiaminsilber]-tetrachloroplatinat* (**II**), $C_4H_{16}Ag_2Cl_4N_4Pt$, rosa, a) aus Lsgg. von $[Ag_2(en)_2]SO_4$ u. $K_2PtCl_4$; b) aus wss. Lsg. von **III** u. $K_2PtCl_4$; c) durch Zugabe von en zu alkohol. $AgNO_3$ bis zur Wiederauflösung u. Fällen mit $K_2PtCl_4$. H. Bürger. 120□

**Die Strukturen des Phosphoroxidchlorid–Bortrichlorid-Komplexes und ähnlicher Substanzen.** M. E. Peach und T. C. Waddington. (J. chem. Soc. [London] **1962**, 3450—53, Sept. Cambridge, Univ., Chem. Labor.; engl.) — Die Komplexe $POCl_3 \cdot BCl_3$, $(C_6H_5)_2POCl \cdot BCl_3$ u. $(C_6H_5)_3PO \cdot BCl_3$ wurde IR-spektroskop. untersucht. Durch Vgl. mit ähnlichen Komplexen u. Nitril-Komplexen sowie durch Vgl. der Verschiebung der P=O-Frequenz der Komplexe gegenüber der von $POCl_3$ kommen Vff. zu dem Schluß, daß keine ion., sondern O-koordinierte Komplexe vorliegen. Die Abnahme der P=O-Frequenz ist um so größer, je leichter der Komplex-Partner d-Orbitale betätigen kann. H. Bürger. 120□

**Intensitäten von Raman-Linien der Gemische von $CCl_4$, $SiCl_4$, $GeCl_4$ mit Benzol, p-Xylol und Cyclohexan.** Ju. G. Borodko und Ja. K. Ssyrkin. (Optik u. Spektroskopie [UdSSR] **9**, 677—79, Nov. 1960; russ.) — Die Konz.-Abhängigkeit von Frequenzen u. Intensitäten (I) der Raman-Linien beider Komponenten in bin. Gemischen, die *$CCl_4$* (**I**), *$SiCl_4$* (**II**) oder *$GeCl_4$* (**III**) als eine u. *Bzl.* (**IV**), *p-Xylol* (**V**) oder *Cyclohexan* (**VI**) als zweite Komponente enthalten, wird untersucht. Die Gemische mit **VI**, das weder mit **I**—**III** noch **IV** u. **V** eine Wechselwrkg. zeigt, dienten zum Vergleich. Die Unveränderlichkeit der Frequenzen bei den übrigen Gemischen weist auf die Beibehaltung der Symmetrie von **I**—**III** ($T_d$) sowie von **IV** u. **V** hin. Der starke I-Anstieg der vollsymm. Valenzschwingungen von **I** (459 $cm^{-1}$), **II** (424) u. **III** (397) in **IV** u. **V** wird durch die Überlagerung einer Donator–Acceptor-Wechselwrkg. auf die nichtspezif. Dispersions-Wechselwrkg. erklärt. Als Donator fungiert der aromat. Ring mit seinen $\pi$-Elektronen, als Acceptor die Cl-Atome mit ihren unaufgefüllten 3d-Schalen. Diese Wechselwrkg. führt zu einer Veränderung der Polarisierbarkeit u. damit auch der Polarisierbarkeitsableitung nach Normalkoordinaten $\alpha'$, deren Quadrat I proportional ist. Mit den erhaltenen I-Werten berechneten Vff. $\alpha'$ von **I**—**III** in **IV** u. erhielten einen um ca. 30% angestiegenen Wert im Vgl. zu $\alpha'$ der reinen Tetrachloride. I der symm. Ringatmungsschwingung (992) von **IV** verringert sich im Gemisch mit **I**—**III** ebenso wie in **VI** mit abnehmender **IV**-Konzentration. Dies zeigt die Unempfindlichkeit von I dieser Schwingung gegenüber der Wechselwrkg. mit den Tetrachloriden sowie die Eigenassoziation von **IV**. Die Linien von **V** zeigen dagegen im bin. Gemisch mit **VI** keine Konz.-Abhängigkeit. U.-L. Rau. 120◇

**Temperaturabhängigkeit der ultravioletten und sichtbaren Phosphorescenz in KCl:Tl.** R. V. Joshi. (Physica [Utrecht] **27**, 1119—28, Dez. 1961; Baroda, India, M. S. Univ., Phys. Dep.; engl.) — Vf. stellt KCl:Tl einmal durch Kristallisation aus Lsgg. (KCl: 0,00142 Tl), zum anderen durch therm. Diffusion (KCl: 0,00386 Tl) her. Mit diesen Proben wurde das Abklingen der Phosphorescenz im UV- u. sichtbaren Gebiet bei Raum-Temp. u. tieferen Temp. herunter bis 104 bzw. 99° K gemessen. Weiterhin wurde die Luminescenzintensität als Funktion der Anregungszeit im UV- u. sichtbaren Gebiet bestimmt. Die Abklingkurven im UV ändern sich unregelmäßig mit der Temp.; im sichtbaren Gebiet dagegen sind sie nahezu unabhängig von der Temperatur. In allen Fällen sind die Abklingkurven streng hyperbolisch. Das Abklingen im UV könnte durch ein stufenweises Einfangen des angeregten Elektrons erklärt werden, während im Sichtbaren eine mehr oder weniger reine Rekombination mit dem Emissionszentrum ohne stufenweises Einfangen erfolgt. Vf. nimmt an, daß UV- u. sichtbare Phosphorescenz in verschiedenen Arten von Tl-Zentren ihren Ursprung haben. I. Zoll. 125◇

**Luminescenz nichtaktivierter KJ-Kristalle.** N. N. Wassiljewa und S. L. Morgenstern. (Optik u. Spektroskopie [UdSSR] **9**, 676—77, Nov. 1960; russ.) — Vff. stellten völlig Tl-freie KJ-Kristalle (**I**) dar. Ihr Emissionsspektrum bei Anregung mit $\gamma$-Strahlen von $^{60}Co$ bei der Temp. von fl. $N_2$ besteht aus einer Bande mit dem Maximum bei 370 nm u. einer Halbwertsbreite von 0,48 eV. Die photoangeregte Luminescenz von I bei der Temp. von fl. $N_2$ liegt im Bereich der I-Eigenabsorption (180—220 nm). U.-L. Rau. 125◇

**Elektroluminescenz von ZnS–Cu–Mn-Phosphoren im konstanten Feld.** O. N. Kasankin, F. M. Pekerman und L. N. Petoschina. (Optik u. Spektroskopie [UdSSR] **7**, 776—79, Dez. 1959; russ.) — Das Luminescenzspektrum des Elektroluminophors ZnS–Cu–Mn (I) im konst. elektr. Feld wurde in Abhängigkeit von der Cu- (0,1—0,3%) u. Mn-Konz. (0,02—3,0%) untersucht. Die Resultate zeigen, daß ein dauerndes intensives Leuchten von I im konst. Feld bei einem Cu-Geh. von 0,3% u. Mn-Geh. von 2,0—3,0% erzielt werden kann. Eine Verstärkung der Luminescenz ist durch eine Vorbehandlung von I möglich, bei der kurzzeitig (2—3 Min.) nacheinander ein Wechsel- u. ein konst. Feld auf I einwirkt. U.-L. Rau. 125◇

**Über den Einfluß der Temperatur auf die Feldverstärkung und Feldauslöschung der Kathodoluminescenz.** H. Gobrecht, H.-E. Gumlich und J. zum Bruch. (Z. Physik **162**, 169—79, 1961; Berlin, TU, II. Phys. Inst.; dt.) — ZnS(Mn)-Phosphore, die sowohl die blaue Grundgitter- als auch die gelbe Mangan-Bande emittieren, werden bei Temp. zwischen 90 u. 350° K mit Elektronenstrahlen angeregt u. die durch elektr. Wechselfelder hervorgerufenen Änderungen in der Stärke der Emissionsbanden gemessen. Im Gebiet niedriger Temp. wächst die Feldauslöschung der Mangan-Bande u. die Feldverstärkung der Grundgitterbande mit steigender Feldfrequenz. Die Feldverstärkung der blauen Emission, bzw. die Feldschwächung der gelben Emission, ist im Tieftemp.-Gebiet um so stärker, je niedriger die Anregungsstärke, aber je höher die Feldfrequenz ist. Im Gebiet höherer Temp. nimmt im wesentlichen die Feldverstärkung der gelben Bande mit wachsender Frequenz u. wachsender Anregungsstärke ab. Bei niedrigen Frequenzen u. Temp. u. geringen Anregungsstärken durchläuft der Feldfaktor mit steigender Feldstärke einen Extremwert. Mit sehr niedrigen Feldstärken wächst der Feldfaktor zuerst zu einem Wert, der über 1 liegt; die gelbe Emission wird verstärkt. Dann sinkt er mit wachsender Kondensatorspannung ab u. wird kleiner als 1; die Verstärkung geht in Auslöschung über. I. Zoll. 125◇

**Photoelektrische Meßmethoden des Polarisationsgrades der Photoluminescenz von Lösungen.** Alfons Kawski. (Postępy Fizyki **11**, 503—19, 1960; Gdańsk, Politechn., I. Kat. Fiz.; WSP., Kat. Fiz.; pol.) — Übersicht über stat. u. dynam. Meßmethoden. — 29 Literaturangaben. F. Urban. 125□

## $A_3$. Elektrizität. Magnetismus. Elektrochemie

**Diffusionstheorie der elektrodenlosen ringförmigen Entladung.** Hans U. Eckert. (J. appl. Physics **33**, 2780—88, Sept. 1962; Burbank, Calif., Lockheed-California Co., Basic Sci. Labor.; engl.) — Auf hochfrequente Induktionsentladungen, bei denen die Elektronenstoßfrequenz $\nu_c$ groß gegenüber der Feldfrequenz $\omega$ ist, wird die Schottkysche Theorie der positiven Säule angewandt; simultane Lösungen der Gleichungen für das induzierte Feld u. die Elektronenbilanz werden erhalten, wenn folgende Annahmen gemacht werden: 1. Die Beweglichkeiten der Elektronen u. Ionen im Entladungs-Vol. sind konstant. 2. Die Verteilung der Ionisations-Geschw. u. des Diffusions-Koeff. durch das Entladungsrohr werden durch den abs. Wert des induzierten elektr. Feldes am inneren Rohrradius $|E_R|$ u. seinen Gradienten an derselben Stelle bestimmt. 3. Die Verteilung von E kann auf Grund einer Äquivalentleitfähigkeit $\bar{\sigma}$ erhalten werden, die bei der Entladung die gleiche Impedanz ergibt wie die wirkliche Verteilung von $\sigma$. — Die charakterist. Beziehung zwischen $|E_R|$ u. R wird aufgestellt. Sie enthält einen zusätzlichen Term zur Berücksichtigung der Ungleichförmigkeit von $|E|$, der als Funktion der Parameter $\varrho_R \equiv 2\,R/\delta$ ausgedrückt wird. — Am Beispiel des $H_2$ wird die aufgestellte Meth. demonstriert, wobei für $\nu_c$, die Elektronenenergie, die Ionisierung u. für die Diffusions-Geschw. empir. Werte Verw. finden. Die Ergebnisse werden durch Einführung des Gasdruckes p als Ähnlichkeitsparameter in ähnlicher Weise wie bei Glimmentladungen verallgemeinert. Sie zeigen, daß die maximal erreichbare Elektronendichte prim. von dem Prod. $\omega\,H_R$, nur schwach von p u. gar nicht von R abhängt. W. Sobieski. 131◇

**Über den Hochfrequenz-Plasmabrenner.** François Galtier, François Leprince-Ringuet, Jean Reboux, Robert Collongues und George Chaudron. (C. R. hebd. Séances Acad. Sci. **255**, 2539—41, 2 Tafeln, 12/11. 1962; franz.) — Beschreibung eines Plasmabrenners, in dem das Gas nicht durch direkten Kontakt mit Elektroden, sondern durch hochfrequente Induktionsströme erhitzt wird. Auf diese Weise können sowohl inerte Gase (z. B. Ar) im Hinblick auf das Schmelzen oxydationsempfindlicher hochschm. Metalle als auch sehr reaktionsfreudige Gase ($O_2$, $H_2$, $N_2$) benutzt werden. Die erreichten Temp. betragen im Plasmazentrum bis zu 20000° K. Durch Überlagerung des Hochfrequenzfeldes durch ein elektromagnet. Gleich- oder Wechselfeld läßt sich die vom Plasma aufgenommene Leistung erheblich steigern. A. Blaschette. 131◇

**Das Absorptionsspektrum einer gleichmäßigen anisotropen Plasmaschicht.** I. P. French, G. G. Cloutier und M. P. Bachynski. (Canad. J. Physics **39**, 1273—90. Sept. 1961; Montreal, Canada, RCA Victor Co. Ltd., Res. Labor.; engl.) — Unter Verw. einer allg. Form des Kirchhoffschen Gesetzes wird eine Beziehung zwischen dem Gleichgewichtsspektrum der elektromagnet. Strahlung eines Körpers u. seinem Absorptionsspektrum gefunden. Das Absorptionsvermögen einer einheitlichen anisotropen Plasmaschicht für Mikrowellen bei senkrecht einfallenden elektromagnet. Wellen wird durch Anpassungsfelder an den Grenzzonen erhalten u. für ein Modell vollständig bestimmt. Das Absorptionsspektrum der Plasmaschicht wird für die Wellenausbreitung parallel u. senkrecht zu einem angelegten stat. Magnetfeld berechnet. Es werden verschiedene Elektronendichten, Elektronenstoßfrequenzen u. Schichtdicken eingesetzt. Das Absorptionsvermögen steigt mit größer werdender Schichtdicke u. Stoßfrequenz. Die Auswirkung der inneren Reflexion wird berücksichtigt. Sie verursacht Schwankungen im Absorptionsspektrum. H. Schibilla. 131□

**Messung eines hohen Brechungsindexes für Transmission von 3-cm-Mikrowellen durch ein Plasma.** A. N. Dellis und J. M. Weaver. (Nature [London] **193**, 1274—75, 31/3. 1962; Culham near Abingdon, Berks., United Kingdom Atom. Energy Auth., Culham Labor.; engl.) — Es wird die Ausbreitung ebener elektromagnet. Wellen in einem Plasma parallel zu einem überlagerten magnet. Feld nach Hartree-Appleton untersucht. Bei Plasmadichten über der krit. Dichte breitet sich nur ein rechts-zirkularpolarisiertes Signal aus; jedoch breitet sich bei solchen Dichten kein Signal aus, wenn die Elektronencyclotronfrequenz unter der angewandten Frequenz liegt. Der Brechungsindex für diese rechtsdrehende Welle ist $>1$. Der Polarisationssinn ist definiert relativ zur Richtung des magnet. Feldes u. nicht relativ zur Ausbreitungsrichtung. Messungen der Amplituden des rechtsdrehenden Signals für mittlere Plasmadichten stimmen mit den Voraussagen der Appleton-Hartree-Gleichung überein. J.-M. Spaeth. 131□

**Wärmeübergangsgeschwindigkeiten eines Argonplasmastrahls.** C. S. Stokes, W. W. Knipe und L. A. Streng. (J. electrochem. Soc. **107**, 35—38, Jan. 1960; Philadelphia, Pa., Temple Univ., Res. Inst.; engl.) — Gemessen wird die Wärmeströmung in einem Ar-Plasmastrahl. Bei 4—14 kW u. einer konst. Strömungs-Geschw. von 16 Liter/Min. liegt diese im Bereich von 0,5—4,5 kcal/cm$^2$·s. Die Energieverteilung für Kathode, Anode u. Plasma wird mitgeteilt. Mit Hilfe der Sahaschen Ionisationsgleichungen werden Temp. zwischen 9000° K bei 2 kW u. 19000° K bei 14 kW berechnet. P. Frenzel. 131◇

**Zündung eines Glühkathodenlichtbogens.** John E. White. (J. appl. Physics **33**, 2731—36, Sept. 1962; Nela Park, Cleveland, Ohio, Gen. Electr. Camp Res. Labor.; engl.) — Vf. zeigt, daß die Zündung einer Glühkathodenentladung bei der angelegten niedrigen Spannung von 2,4 V in *Ar*-Gas (3,5 mm Hg) am leichtesten bei Zusatz von *Hg*-Dampf (1,85 mm Hg-Druck) vor sich geht. Zur Zündung führt eine Ionisierung in zwei Stufen, der auch Edelgase unterworfen werden, wodurch bei Elektronenenergien von weniger als dem halben Ionisationspotential keine Zündung eintreten kann. W. Sobieski. 131◇

**Berechnungen von Kathodenfallcharakteristiken.** A. L. Ward. (J. appl. Physics **33**, 2789—94, Sept. 1962; Washington, D.C., Diamond Ordnance Fuze Labor.; engl.) — Für *He*, *Ne*, *Ar*, *Kr*, *Xe*, $N_2$ u. $H_2$ berechnet Vf. elektron. die Änderung von Kathodenfallspannung u. -abstand u. des Astonschen Dunkelraumes mit der Stromdichte auf Grund der Ionisationsgleichungen von Townsend unter Berücksichtigung der Feldstörung durch die Raumladung u. führt neue Analysen der Feldabhängigkeit des ersten Townsendschen Ionisations-Koeff. u. der Ionenbeweglichkeiten durch. — Vgl. der so ermittelten Kathodenfallcharakteristiken mit anderen experimentellen Ergebnissen bestätigen die Verwendbarkeit des benutzten Modells. W. Sobieski. 131◇

**Druckinduzierte Bogenübergänge und optische Löschung.** A. von Engel und K. W. Arnold. (Proc. physic. Soc. **79**, 1098—1104, 1/6. 1962; Oxford, Univ. of Oxford, Clarendon Labor.; engl.) — Vff. fanden, daß bei Reduzierung des Druckes eines einen Kohlebogen umgebenden mol. Gases unterhalb eines bestimmten Wertes, eine plötzliche Kontraktion des Kathodenkegels beobachtet wird. Dieser experimentelle Befund wird mit dem Übergang vom therm. Ionenkathodenbogen zum Dampfkathodenbogen erklärt. Der Übergangsmechanismus wird folgendermaßen gedeutet: Bei der Abnahme der Mol.-Konz. des den Bogen umgebenden Gases wird die opt. Löschung verringert u.

somit entzieht eine abnehmende Zahl von Moll. den angeregten Dampfatomen potentielle Energie. Folglich steht eine steigende Anzahl angeregter Atome zur Verfügung, die ihre potentielle Energie den Elektronen der Kathodensubstanz übertragen, wobei Elektronen von der Kathode ausgelöst werden, so daß ein Dampfkathodenkegel gebildet werden kann. Vff. zeigen, daß die numer. Best. des erforderlichen Löschungsquerschnitts (von der Größenordnung $10^{-15}$ $cm^2$) mit den Werten übereinstimmt, die bei opt. Löschungs-Verss. gefunden wurden. Abschließend diskutieren Vff. einige Folgerungen dieses Befundes für W-, Hg- u. Cu-Kathoden. D. Noack. 131◇

**Wechselwirkungen zwischen der Koronaentladung und einer Zinkoxidelektrode.** Tait Elder. (J. appl. Physics **33**, 2804—14, Sept. 1962; Palmerton, Pa., New Jersey Zinc Co., Res. Dep.; engl.) — Vf. untersucht experimentell die Wechselwrkg. einer negativen Koronaentladung in Luft u. einer dünnen *ZnO*-Anode (Harz als Bindemittel) u. findet, daß der Entladungsstrom um mehr als das 5fache ansteigt, wenn das *ZnO* negativ wird, u. für den Fall, daß die elektrostat. Ladung an der Oberfläche der ZnO-Harz-Elektrode durch Lichtbestrahlung aufgehoben wird, auf den Wert zurückgeht, den eine leitende Metallelektrode gleicher Geometrie verursachen würde. Diese Elektrodenfilme können bei Entladung über $10^9$ negative Elementarladungen pro $cm^2$ aufnehmen, obwohl die Leitfähigkeit oft $> 10^{-11}\,\Omega^{-1}\,cm^{-1}$ (gegenüber der von ZnO-Einkristallen von $10^{-2}$) ist. Der Einfl. negativer Ionen auf die Entladung an der beschriebenen Elektrodenoberfläche wird durch Bldg. kleiner isolierter Bereiche hohen spezif. Widerstandes gedeutet, die die Ladungen aufnehmen können. Der ungewöhnlich hohe Koronastrom wird einem Ansteigen der Leitfähigkeit im Koronaspalt infolge zusätzlicher Luftionisierung in der Nähe der geladenen ZnO–Harz-Oberfläche zugeschrieben. — Vf. vergleicht das behandelte Inselmodell mit einem anderen, in dem der Elektrodenfilm nach der elektrostat. Aufladung als homogener Isolator betrachtet wird. W. Sobieski. 131◇

**Zur Theorie des Barriereneffektes im System von Elektroden mit unvollständiger Barriere.** N. N. Tichodejew. (J. techn. Physik [UdSSR] **28**, 412—28, Febr. 1958; russ.) — Dem Funkenentladungsstadium geht in einem Elektroden-Syst. mit einem ungleichen Feld u. einer nicht vollständigen Barriere (Papier) das Stadium des Umströmens der Barriere mit einem Ionenstrom voraus. Es werden Gleichungen, die das Feld beschreiben, u. Ähnlichkeitskriterien formuliert. Ch. Weiske. 131

**Über den Mechanismus der Entstehung von Erosionsspuren auf Elektroden bei Impulsentladungen.** I. G. Nekraschewitsch und I. A. Bakuto. (Ber. Akad. Wiss. BelorussSSR **4**, 7—10, 1960; russ.) — Die experimentelle Unters. der Leuchterscheinungen in der Zone der Funkenentladung zeigt, daß das verdampfende Metall in Elektrodennähe keine gleichförmige Verteilung über den Querschnitt des Funkenkanals hat, sondern daß der Metalldampf in Form einzelner feiner Fäden auftritt, die nacheinander von verschiedenen Stellen der Elektrodenoberfläche in der Entladungszone abreißen. Diese Beobachtung u. der Befund, daß auch beim Durchgang eines einmaligen unipolaren Stromimpulses der Krater aus einer Überlagerung einer großen Zahl von Einzelspuren besteht, weisen darauf hin, daß die bisherigen theoret. Vorstellungen über die Prozesse an den Elektroden bei der Funkenentladung, die eine gleichförmige Verteilung der Stromdichte im Funkenkanal voraussetzen, einer Korrektur bedürfen. Wenn die Kathode aus zwei Teilen aus gleichen oder verschiedenen Metallen mit ebener Kontaktfläche zusammengesetzt ist, u. wenn die Entladung in einem Punkt nahe der geraden Trennlinie an der Kathodenoberfläche beginnt, entsteht ein unsymm. Krater, der auf die Seite beschränkt ist, auf der die Entladung begonnen hat. Auch dies ist mit der herkömmlichen hydrodynam. Theorie nicht zu erklären. Es wird vielmehr angenommen, daß ein rasch veränderlicher Stromkanal sehr hoher Stromstärke, dessen Querschnitt wesentlich kleiner als der Kraterdurchmesser ist, die Entladung vermittelt. F. Lenz. 131□

**Einfluß der Konzentration und der Temperatur der Lösungen auf die Charakteristiken der Entladung durch kathodischen Funken zwischen einer elektrolytischen Lösung und einer Metallkathode.** Ahmad Banège-Nia. (C. R. hebd. Séances Acad. Sci. **246**, 724—27, 3/2. 1958.) — Im Anschluß an frühere Unterss. (C. **1962**, 14274 u. C. **1963**, 4600) wird die Abhängigkeit der Entladungscharakteristik von der Konz. eines HCl- bzw. $H_2SO_4$-Bades untersucht, ebenso die Temp.-Abhängigkeit. H. K. Hofmeister. 131

**Bestimmung der Stromdichteverteilung von Elektronenbündeln.** M. Šticha. (Českoslov. Časopis Fysiku **10**, 477—79, 1960; Praha, Katedra elektroniky a vakuové fys. Karlovy univ.; tschech.) — Für quant. Messungen der Stromdichteverteilung des Bündels wird eine Blende mit einer Zentralöffnung von 0,09 mm Ø vorgeschlagen, welche an einer Feder befestigt ist u. mittels eines Magneten in sinusartige Bewegungen gebracht wird. Der durchgehende Strahl wird mittels eines Kollektors gesammelt u. auf einen Oscillographen übertragen (Meßdauer ca. 0,1 Sek.). J. Tůmová. 131 □

**Experimentelle Untersuchung einer Elektronenstrahlquelle in einem längs der Elektronenbahn gerichteten Magnetfeld.** Ju. W. Troitzki. (Nachr. sibir. Abt. Akad. Wiss. UdSSR **1960,** Nr. 1, 56—60; Inst. für Radiophysik u. Elektronik; russ.) — Unters. des Einfl. eines longitudinalen Magnetfeldes auf die Eigg. eines Elektronenstrahlerzeugers mit Pierce-Kathode für die Erzeugung eines zunächst konvergenten Strahlenbündels hoher Perveanz, wie es in Mikrowellenröhren verwandt wird. Die Stromdichteverteilung im Bündel kann mit Hilfe eines Meßkäfigs gemessen werden, dessen kleine Eintrittsöffnung in einer Ebene senkrecht zur Bündelachse u. in axialer Richtung verschoben werden kann. Der gemessene Zusammenhang zwischen der Flußdichte des bündelnden Magnetfeldes u. der axialen Lage der engsten Bündelquerschnitte ist in qual. Übereinstimmung mit theoret. Vorhersagen. F. Lenz. 131 □

**Die Herabsetzung des Kaliumionen-Untergrundes bei Wolframoberflächen-Ionisationsdetektoren für Molekularstrahlen.** E. F. Greene. (Rev. sci. Instruments **32,** 860—61, Juli 1961; Providence, R.I., Brown Univ., Metcalf Chem. Labor.; engl.) — Die Ionisierung von Atomstrahlen an geheiztem W im Vakuum zur Durchführung einer Massenspektroskopie des Atomstrahles wird durch zumeist im W vorhandene K-Spuren gestört. Vff. beschreiben eine Meth., um im Vakuum reine K-freie W-Schichten auf einem W-Band durch Zerfall von $W(CO)_6$ zu erzeugen. W. Reusse. 131 □

**Über die Theorie der Massenspektren.** R. Taubert. (Z. analyt. Chem. **170,** 333—48, 1959; Braunschweig; dt.) — Vgl. C. **1959,** 3031. — Vortrag. Behandelt werden: Zwei- u. mehratomige Moll.; metastabile Ionen; Anfangsenergie; Zerfallswege; Zerfalls-Konst.; Auswertung. — 25 Literaturangaben. A. Blaschette. 131◇

**Massenspektrometrische Untersuchung des Dischwefelmonoxids.** Robert Hagemann. (C. R. hebd. Séances Acad. Sci. **255,** 899—900, 30/7. 1962; Saclay, C.E.N., Serv. des Isotopes stables; franz.) — Die aus $O_2$ u. Schwefel bei 0,017—0,1 Torr u. 25—180° in einer Hochfrequenzentladung gebildeten u. innerhalb 1—2 Sek. in die Ionenquelle eines Massenspektrometers geleiteten Prodd. erwiesen sich als Gemisch von $SO_2$ u. $S_2O$ mit $S_2$ (Zers.-Prod. des $S_2O$) u. sehr wenig $O_2$. $S_2O_2$ u. SO konnten nicht nachgewiesen werden. Je nach Vers.-Bedingungen kann das Gemisch bis zu 75% $S_2O$ enthalten. Die Gleichgewichts-Konst. $K_p$ der Rk. $SO_2 + 3/8\ S_8 \rightleftharpoons 2\ S_2O$ ergibt sich zu 2,5 (Drücke in $10^{-4}$ Torr). A. Blaschette. 131◇

**Massenspektrometrische Bestimmung der Bildungswärme von $S_2O$.** Robert Hagemann. (C. R. hebd. Séances Acad. Sci. **255,** 1102—03, 6/8. 1962; franz.) — Vgl. vorst. Referat. — Durch Messung der Ionisations- u. Appearancepotentiale der Moll. $S_2O$, $SO_2$ u. $S_2$ ergibt sich für die Rk. 2 S (rhomb.) + 1/2 $O_2$ (Gas) → $S_2O$ (Gas) die Enthalpieänderung zu $\Delta H_f$ ($S_2O$) = ca. —17 kcal/Mol. Die Dissoziationsenergien des $S_2O$ folgen daraus zu D (SS—O) = ca. 106, D (OS—S) = ca. 94 kcal/Mol. Nachst. Ionisationspotentiale wurden ermittelt (in eV): $SO_2$ 12,5 ± 0,2; $S_2O$ 10,3 ± 0,1; $S_2$ 9,7 ± 0,1; $S_4$ 10,4 ± 0,5; $S_6$ 8,5 ± 0,3; $S_8$ 7,3 ± 0,3. Unter den in der Ionenquelle herrschenden Bedingungen besteht Schwefeldampf vorwiegend aus $S_2$. A. Blaschette. 131◇

**Eine Methode zur Bestimmung der Dielektrizitätskonstanten von Einkristallen bei sehr hohen Frequenzen.** R. A. Padmanaban. (J. sci. ind. Res. [New Delhi], Sect. B **20,** 303—06, Juli 1961; New Delhi, Nat. Phys. Labor.; engl.) — Mit Hilfe eines Mikrometerelektroden-Syst. kann die DK von Einkristallen bei sehr hohen Frequenzen (50—300 MHz) bestimmt werden. Zur Ausschaltung von Randeffekten wird ein geeigneter Probenhalter beschrieben. Die Genauigkeit der Meth. beträgt ca. 5%. J. Peters. 132◇

**Dielektrische Eigenschaften von Zirkonaten.** H. Stetson und B. Schwartz. (J. Amer. ceram. Soc. **44,** 420—21, 1/8. 1961; Somerville, N.J., Radio Corp. of America, Semiconductor and Mater. Div., Microelectronics Dep.; engl.) — Es wurden bei einer Frequenz von 1 MHz die DK von $CaZrO_3$, $SrZrO_3$, $BaZrO_3$, $Sr_{0,75}Ba_{0,25}ZrO_3$, $Sr_{0,6}Ba_{0,4}\cdot ZrO_3$, $Sr_{0,4}Ba_{0,6}ZrO_3$, $La_2Zr_2O_7$, $Nd_2Zr_2O_7$ u. $Sm_2Zr_2O_7$ gemessen. Bei den Erdalkalizirkonaten wurden die käuflichen Verbb. *Ticon CZ*, *Ticon SZ* u. *Ticon BZ* benutzt. Die Zirkonate der Seltenerdmetalle wurden aus den La-, Nd- u. Sm-Oxiden u. $ZrO_2$ dargestellt. Die naß gemahlenen Gemische wurden zunächst 1 Std. lang auf 1200° erhitzt, erneut gemahlen, zu Pastillen gepreßt u. mehrere Std. lang auf Temp. zwischen 1550 u. 1700° erhitzt. Tabellar. sind die DK-Werte bei 25° u. die Q-Werte für die Temp. —55°; +25 u. 85° angegeben. Der Temp.-Koeff. der DK von $BaZrO_3$ ist positiv, der von $CaZrO_3$ u. $SrZrO_3$ dagegen negativ. Auch bei den Zirkonaten der Seltenerdmetalle ändert sich das Vorzeichen des Temp.-Koeff. von negativ für die La-Verb. zu positiv für die Nd- u. Sm-Verbindungen. C. Gottfried. 132

**Dielektrische Anomalien in ZnS-Filmen.** Michael Hacskaylo und Charles Feldman. (J. appl. Physics **33,** 3042—45, Okt. 1962; Falls Church, Va., Melpar, Inc.; engl.) — ZnS-Filme werden durch Sublimation auf Quarzunterlagen im Vakuum bei Raum-Temp., 150 u. 250° hergestellt. Es wird die DK dieser ZnS-Filme als Funktion der Dicke im Bereich von 350 Å bis 4 $\mu$ gemessen. ZnS-Filme, bei Raum-Temp. hergestellt, zeigen stärkere Anomalien als die bei 150 u. 350° sublimierten Filme. Der höchste Meßwert wurde mit 34,7 bei einer Filmdicke von 900 Å erhalten, der niedrigste mit 5,3 bei 1 $\mu$ Dicke. Bei einer Filmdicke $>2\,\mu$ beträgt die DK ca. 10. I. Zoll. 132◇

**Über die Beziehung zwischen dem Zener-Durchschlag und dem Restwiderstand in Kristallen.** P. Gosar. (Nuovo Cimento [10] **18,** 241—50, 16/10. 1960; Ljubljana, Nucl. Inst. „J. Stefan"; engl.) — Die Zenersche Theorie des Durchschlags von Kristallen wird für den Fall sehr hoher Feldstärken erweitert. Im Durchschlagsbereich sinkt der spezif. Widerstand des Kristalls mit steigender Feldstärke rasch ab u. erreicht dann einen vom elektr. Feld unabhängigen endlichen Wert. Dieser Restwiderstand beruht auf der Streuung der Elektronen im period. Gitterpotential; sein Wert kann auf ähnliche Weise wie der auf Verunreinigungen beruhende Restwiderstand berechnet werden. Der Verunreinigungsrestwiderstand wird als Zener-Durchschlag eines Kristalls mit vielen schmalen Energielücken gedeutet, die durch die Verunreinigungen im Leitfähigkeitsband des Idealkristalls hervorgerufen werden. Es wird eine Theorie für den Elektronentransport in einem Kristall mit vielen Energielücken entwickelt u. mit der Transporttheorie von Boltzmann u. Bloch verglichen. A. Blaschette. 132◇

**Zur Theorie der Schallabsorption in piezoelektrischen Stoffen.** W. L. Gurewitsch. (Festkörperphysik [UdSSR] **4,** 909—17, April 1962; Leningrad, Akad. der Wiss. der UdSSR, Halbleiter-Inst.; russ.) — Die Schallabsorption piezoelektr. Halbleiter (*InSb*, *InP*, *GaP*, *GaAs* u. weiterer kub. Kristalle bzw. einiger des Wurtzittyps), die auf die Wechselwrkg. akust. induzierter elektr. Felder mit Ladungsträgern zurückzuführen ist, wird untersucht. Bei niedrigen akust. Frequenzen $\omega$ steigt der Absorptions-Koeff. proportional $\omega^2$, erreicht bei höheren $\omega$-Werten ein Maximum u. fällt dann ab. Die Abhängigkeit des Absorptions-Koeff. von der magnet. Feldstärke wird ebenfalls besprochen. Der Beitrag des genannten Mechanismus zum Gesamtabsorptions-Koeff. wird abgeschätzt u. die Möglichkeit eines elektroakust. Effekts angeführt. H. Roschkowski. 133◇

**Über den Winkel zwischen Wellenfront und Verschiebung einer akustischen Planwelle in Quarz.** B. van der Veen. (Philips Res. Rep. **12,** 273—80, Aug. 1957; Eindhoven, Philips' Quartz Crystal Dep.; engl.) — Piezoelektr. X-Schnitt-Schwingquarze werden normalerweise rechteckig geschnitten. Nach einem Vorschlag von Franx wird gezeigt, daß im allg. eine nicht rechteckige Form eine Kopplung Null für unerwünschte Transversalschwingungen geben kann. Hierzu muß der Winkel zwischen Wellenfront u. Verschiebung einer akust. Planwelle im Quarz berechnet werden (Behandlung nach der Theorie von Green u. Christoffel). P. Frenzel. 133◇

**Anomaler Seebeck-Effekt in Halbleitern.** P. C. Newman. (Proc. physic. Soc. **79,** 1299—1300, 1/6. 1962; Redhill, Surrey, Mullard Res. Labor.; engl.) — Vf. stellt fest, daß ein anomaler Seebeck-Effekt in Halbleitern durch steigende Bldg. von Fehlstellen, entweder Donatoren oder Acceptoren, mit der Temp. auftreten kann, wenn die Aktivierungsenergie für die Träger-Konz., u. bes. für die Leitfähigkeit, größer als die halbe Breite des verbotenen Bandes ist. Ferner kann die EMK das entgegengesetzte Vorzeichen des Hall-Koeff. besitzen u. mit steigender Temp. stark ansteigen. Vf. führt in diesem Zusammenhang Beispiele anderer Autoren an, die diese Effekte beobachtet haben. D. Noack. 133◇

**Elektronenemission bei NaCl-Kristallen nach dem Elektronenbeschuß.** A. Bohun und O. Vindušková. (Czechoslov. J. Physics, Sect. B **11,** 843—45, 1961; Prag, Inst. für techn. Phys. der Tschech. Akad. der Wiss.; tschech.) — Vgl. Yoshida u. Ikeda, C. **1960,** 13916. — Es werden die Thermoemissions- u. Thermolumineszenzkurven des durch Elektronenbeschuß blau verfärbten NaCl-Kristalls gemessen. Das Thermoemissionsmaximum liegt oberhalb 600° K. Bei Belichtung des gleichmäßig erhitzten blauen Kristalls mit UV vergrößert sich die Emissionsintensität wesentlich gegenüber der im Dunkeln gemessenen. Ebenfalls wird die Photoemission bei den durch Elektronenbeschuß (oder UV) gelb verfärbten Kristallen untersucht u. mit der von mit Röntgenstrahlen bestrahlten Kristallen verglichen. J.-M. Spaeth. 134□

**Photokathoden mit mehreren Alkalimetallen.** Oleg Stratonov und Miroslav Jedlička. (Československ. Časopis Fysiku **10,** 425—29, 1960; Praha, Výzk. ústav pro

vakuovou elektrotechniku; tschech., Auszug: russ., engl.) — [Cs]$Na_2$KSb-Photokathoden, hergestellt durch Aufdampfen der einzelnen Komponenten oder der Verbb., zeigten eine Integralempfindlichkeit bis zu 200 $\mu$A/Lm bei Beleuchtung mit W-Faden von 2850° K. Die Spektralcharakteristiken zeigen ca. 40% der Maximalempfindlichkeit im Gebiet der Wellenlänge von 600 m$\mu$; der Wert der photoelektr. Austrittsarbeit beträgt nach der Langwellengrenze ca. 1,55 eV. Im Vgl. mit der Sb–Cs-Photokathode besitzt die Cs–Na–K–Sb-Photokathode eine verhältnismäßig geringe Absorption im roten Spektralgebiet. Vf. nimmt an, daß für kernphysikal. Zwecke mit der Photokathode ohne Cs-Zusatz ($Na_2$KSb) mit geringer Integralempfindlichkeit, bedeutender Quantenempfindlichkeit im blauen Spektralgebiet u. einer ausnahmsweise geringen Thermoemission ($< 10^{-16}$ A/$cm^2$) gerechnet werden kann.
J. Tůmová. 134□

**Der Photo-Hall-Effekt und die Photoleitfähigkeit im magnetischen Feld.** W. N. Dobrowolski. (Festkörperphysik [UdSSR] **4**, 329—35, Febr. 1962; Kiew, Schewtschenko-Univ.; russ.) — Theoret. Unters., bei der die Abnahme der Photoleitfähigkeit beim Anlegen starker magnet. Felder vorausgesagt wird (Photoeffekt der magnet. Widerstandsänderung). Es wird gezeigt, daß die Leitfähigkeitsbeweglichkeiten der Majoritätsträger aus Messungen des Photo-Hall-Effekts bestimmt werden können.
H. Roschkowski. 135◇

**Besonderheiten der Störstellen-Photoleitfähigkeit beim Vorliegen einiger Arten lokaler Niveaus im verbotenen Band der Halbleiter.** L. G. Paritzki. (Festkörperphysik [UdSSR] **4**, 470—77, Febr. 1962; Leningrad, Physikal.-techn. Ioffe-Inst.; russ.) — Auf der Grundlage allg. Gleichungen der Photoleitfähigkeit im Grundzustand werden die Zusammenhänge zwischen Photostrom u. Lichtintensität behandelt. Speziell wird auf den Einfl. von Haftstellenniveaus eingegangen. Das Übergangs-Verh. der Störstellenphotoleitfähigkeit wird eingehend untersucht, ebenso die experimentelle Best. der Parameter der Fehlstellenniveaus. H. Roschkowski. 135◇

**Über die superlineare Zunahme der Photoleitfähigkeit eines Phosphors in den Anfangsstadien der Anregung.** W. W. Antonow-Romanowski. (Optik u. Spektroskopie [UdSSR] **7**, 827—29, Dez. 1959; russ.) — Der Zweistufentheorie der Phosphorescenz von Tolstoi widerspricht die beobachtete Phosphorescenzquantenausbeute, die ½ übersteigt. Vf. gibt zur Klärung dieses Widerspruchs im Rahmen des gewöhnlichen Zonenschemas eine Deutung der superlinearen Anfangszunahme der Photoleitfähigkeit, die nicht einer möglichen Ausbeute nahe 1 widerspricht. U.-L. Rau. 135◇

**Abschirmung eines Coulombschen Potentials in nicht entarteten Halbleitern.** W. B. Glassko und A. G. Mironow. (Festkörperphysik [UdSSR] **4**, 336—42, Febr. 1962; Moskau, Lomonossow-Univ.; russ.) — Mit Hilfe der Greenschen Funktion wird die Abschirmung eines Coulombschen Potentials durch ein nicht entartetes Elektronengas behandelt. Das Potential wird in der ersten Näherung für den Polarisationsoperator für beliebige Abstände u. den Bereich interessierender Parameterwerte abgeleitet. Die Debyesche Näherung ist oberhalb der Temp. des fl. $N_2$ anwendbar.
H. Roschkowski. 135◇

**Wirkung eines starken Feldes auf p–n-Übergänge.** G. W. Gordejew. (Festkörperphysik [UdSSR] **4**, 317—28, Febr. 1962; Leningrad, Phys.-techn. Ioffe-Inst.; russ.) — Mit der kinet. Gleichung für Elektronen u. Löcher in einem nicht homogenen elektr. Feld u. der Poissonschen Gleichung werden p-n-Übergänge bei angelegten Hochspannungen theoret. untersucht. Die Phononenstreuung wird berücksichtigt. Bedingungen, unter denen die Ladungsträgerverteilung im Gebiet der Raumladung dem Boltzmannschen Gesetz folgt, werden angegeben. Abweichungen von der Boltzmann-Verteilung äußern sich in der Strom–Spannungs-Charakteristik über einer krit. Spannung.
H. Roschkowski. 135◇

**Theorie des „Phononendrags" in Halbleitern des rhomboedrischen Systems.** W. L. Gurewitsch und Ju. A. Firssow. (Festkörperphysik [UdSSR] **4**, 530—37, Febr. 1962; Leningrad, Halbleiter-Inst. der Akad. der Wiss. der UdSSR; russ.) — Der Beitrag des Phononendrags zur therm. EMK eines Halbleiters des rhomboedr. Syst. wird als Funktion der Temp. berechnet. Die Änderungen mit der Temp. hängen davon ab, ob sich 2 Zweige des akust. Schwingungsspektrums kreuzen. Diese Kreuzung ist keine Funktion der Kristallsymmetrie. Bei zufälligem Kreuzen ist die Thermo-EMK proportional $T^{-0,5}$, während in Abwesenheit des Kreuzens die EMK sich mit $T^{-3}$ senkrecht zur Kristallachse u. mit $T^{-3} \cdot \ln T$ parallel zur Kristallachse ändert.
H. Roschkowski. 135◇

**Verteilung von Beimischungen in epitaktischen Siliciumfilmen.** C. O. Thomas, D. Kahng und R. C. Manz. (J. electrochem. Soc. **109**, 1055—61, Nov. 1962; Murray Hill, N.J., Bell Telephone Labor., Inc.; engl.) — Vff. beschreiben eine Meth. zur Best.

der Verteilung von Beimischungen in epitakt. Halbleiterfilmen, die von der Beziehung zwischen der differentiellen Kapazität u. der angelegten Umkehrspannung in Abhängigkeit von der Konz. N des Dotierungsmittels ausgeht. Am Beispiel von epitakt., As-dotierten Si-Filmen wird gezeigt, daß N allg. mit dem Abstand vom Substrat abnimmt. Ein Nomogramm zur Best. des Widerstandsprofils u. ein Modell für den Stofftransport werden mitgeteilt. Letzteres führt zu Verteilungsformeln, die in guter Übereinstimmung mit experimentellen Ergebnissen stehen. P. Frenzel. 135◇

**Anomale Diffusion von Beimischungen in epitaktischem Silicium in der Nähe des Substrats.** D. Kahng, C. O. Thomas und R. C. Manz. (J. electrochem. Soc. **109**, 1106—08, Nov. 1962; engl.) — Vgl. vorst. Referat. — Die Konz.-Profile der Beimischung werden für einen bei 1060° auf einem As-dotierten Si-Substrat gezüchteten epitakt. Si-Film nach Oxydation u. Dotierung mit B sowie für zusätzlich mit B dotierte, abgekantete Proben mit Hilfe vorst. beschriebener Meth. ermittelt. Wenig dotierte Proben zeigen normales Verh., während bei starker Dotierung in der Nähe der Genzfläche ein Bereich mit ausgeprägten Fehlstellen nachgewiesen wird (Ag–Ätzmittel). Dieser Bereich ist durch eine anomal hohe Diffusions-Geschw. gekennzeichnet, die jedoch in der restlichen Schicht normal ist. Bei sehr dünnen Filmen kann dieser Bereich den Hauptanteil des Films ausmachen. P. Frenzel. 135◇

**Untersuchung der Oberflächenrekombinationsgeschwindigkeit an einer Germanium-Elektrolyt-Grenzfläche.** W. A. Tjagai und Ju. W. Plesskow. (Festkörperphysik [UdSSR] **4**, 343—49, Febr. 1962; Moskau, Inst. für Elektrochem. der Akad. der Wiss. der UdSSR; russ.) — Die Oberflächenrekombinations-Geschw. (S) wurde als Funktion des Elektrodenpotentials $\varphi$ u. der Zus. des Elektrolyten [*NaOH*, *KJ* (I) bzw. $K_3[Fe(CN)]_6$ (II)] untersucht. In einem gewissen Bereich von $\varphi$, in dem der durch die Grenzfläche fließende Strom sehr gering ist, ähneln die Kurven S gegen $\varphi$ den von Many u. Mitarbeitern für Ge–Gas-Grenzflächen erhaltenen. Im Fall des n-Ge wird die effektive Lebensdauer gesenkt, wenn der Halbleiter zur Anode wird. Dieser Effekt wird für **I** ausgeprägt festgestellt u. fehlt in Ggw. von **II**. Es wird geschlossen, daß Löcher am anod. Auflösungsprozeß eine Rolle spielen. Bei der Entw. von $H_2$ an einer Ge-Kathode steigt S. Das wird auf die Bldg. von Rekombinationszentren auf Grund der H-Adsorption zurückgeführt. H. Roschkowski. 135◇

**Untersuchung der Entwicklung der Photoleitfähigkeit von Magnesiumfluorogermanat bei Einwirkung von Strahlung.** Georges Déjardin, Joseph Janin und Maurice Dailler. (C. R. hebd. Séances Acad. Sci. **255**, 1601—03, 1/10. 1962; Lyon, Inst. de Phys. gén.; franz.) — An 0,5 mm dicken Schichten von *Mg-Fluorogermanat* (**I**) wird der Photostrom J in einem elektr. Feld von 70 V u. bei Bestrahlung mit einer Hg-Dampflampe untersucht. Wird mehrere Std. im Vakuum vorbestrahlt, so wird **I** sensibilisiert u. J steigt von ca. $5 \cdot 10^{-13}$ auf $2{,}5 \cdot 10^{-12}$ A an, während bei vorheriger Bestrahlung an Luft eine Desensibilisierung auftritt; beide Vorgänge lassen sich beliebig oft wiederholen. Bei Sensibilisierung wird nach längerer Bestrahlung das Auftreten eines Sättigungsstromes beobachtet; der Stromanstieg nach der Bestrahlungszeit t wird mit $\Delta J_t = J_s(1 - e^{-t/\tau})$ beschrieben, wobei $1/\tau$ dem Lichtstrom proportional ist. Inakt. **I** zeigt nur bei Bestrahlung mit Licht der Wellenlängen $< 3000$ Å einen Photostrom, während die Anregung von aktiviertem **I** bis 3200 Å möglich ist. Die Erscheinungen sind offenbar auf die Bindung bzw. Desorption von $O_2$ an der Schicht zurückzuführen. Herbert Müller. 135◇

**Optische Absorption in n-leitendem Galliumphosphid.** W. G. Spitzer, M. Gershenzon, C. J. Frosch und D. F. Gibbs. (Physics Chem. Solids **11**, 339—41, Okt. 1959; Murray Hill, New Jersey, Bell Telephone Labor.; engl.) — An einer Anzahl polykristalliner n-GaP-Proben wurden IR-Spektren bei Zimmer-Temp. zwischen 1 u. 10 $\mu$ gemessen. GaP wurde aus Ga in P bei 20 atm dargestellt. Im Bereich $> 4\ \mu$ wächst der Absorptions-Koeff. $\alpha$ mit wachsender Wellenlänge u. mit wachsender Konz. der freien Ladungsträger, wie es für viele Halbleiter typ. ist. Eine breite Absorptionsbande tritt im Bereich $1\ \mu \leqq \lambda \leqq 4\ \mu$ auf. p-Leiter zeigen diese Absorptionsbande nicht. Ihr Auftreten in n-Leitern wird auf Elektronenübergänge zwischen 2 Leitungsbandminima mit einem Abstand von ca. 0,3 eV zurückgeführt. Die Minima sollen in [1 0 0]-Richtung liegen. K. Jäger. 135□

**Elektrische Eigenschaften einiger Verbindungen vom Typ $A^{III}B^{V}$.** Dimitri N. Nasledov. (J. Chim. physique Physico-Chim. biol. **57**, 479—85, Juni 1960; Leningrad, Acad. des Sci. de l'U.R.S.S., Inst. Physico-techn., Labor. des semi-conducteurs; franz.) — Zusammenfassender Überblick über die elektr. Eigg. von *InSb* u. *GaAs*. A. Blaschette. 135◇

**Absorption und Photoleitfähigkeit aktivierter Schichten aus amorphem Selen.** G. A. Andrejewa. (Festkörperphysik [UdSSR] **4**, 538—41, Febr. 1962; Leningrad, Pädagog. Herzen-Inst.; russ.) — Die Ergebnisse der Messungen an mit *Te*, $Bi_2Se_3$ u. $Bi_2Te_3$ dotiertem Se sind graph. dargestellt. Ein Maximum der Photoleitfähigkeit bei 680 nm wird durch Zugabe von 1% $Bi_2Se_3$ bei 20° beobachtet. Dieses Maximum tritt gewöhnlich nach Erhitzung auf. Der Einfl. von Kontakterscheinungen auf die Photoleitfähigkeit wird kurz besprochen. H. Roschkowski. 135◇

**Elektrische und photoelektrische Eigenschaften von Arsenselenidschichten.** B. T. Kolomijetz und W. M. Ljubin. (Festkörperphysik [UdSSR] **4**, 401—06, Febr. 1962; Leningrad, Phys.-techn. Ioffe-Inst. der Akad. der Wiss. der UdSSR; russ.) — Leitfähigkeit, Photoleitfähigkeit, Lichtabsorption u. Polarisationseffekte wurden an im Vakuum aufgedampften $As_2Se_3$-Schichten untersucht. Besonderheiten des inneren Photoeffekts werden auf Haftstellenprozesse u. Kontakterscheinungen an der Grenzfläche $As_2Se_3$–Metall zurückgeführt. H. Roschkowski. 135◇

**Beweis für Raumladungsleitung in Bariumtitanat-Einkristallen.** A. Branwood, O. H. Hughes, J. D. Hurd und R. H. Tredgold. (Proc. physic. Soc. **79**, 1161—65, 1/6. 1962; Bangor, Univ., Coll. of North Wales, Physics Dep.; engl.) — Vgl. C. **1962**, 16930. — Es kann gezeigt werden, daß die Stromdichte im Kristall bei gegebener Temp. exakt durch die Beziehung $i = a(V/L) + b(V/L)^2$ wiedergegeben wird, darin bedeuten, V das Potential, L die Dichte, a u. b sind Materialkonstanten. Vff. berichten ferner über Messungen mit radioaktiven Indicatoren zur Aufklärung elektrochem. Wechselwrkg. an der Anode. D. Noack. 135◇

**Elektrische Leitung im System $UO_2$–$ZrO_2$ bei hoher Temperatur.** H. A. Johansen und J. G. Cleary. (J. electrochem. Soc. **109**, 1076—79, Nov. 1962; Pittsburgh, Pa., Westinghouse Electr. Corp., Res. Labor.; engl.) — Vff. beschreiben ein Verf. zur Best. der Wechselstromleitfähigkeit $\sigma$ keram. Oxide in neutraler Atmosphäre bei Temp. bis zu 2000°, überprüfen des Verf. durch Messung von $\sigma$ an $(CaO)_{0,15}(ZrO_2)_{0,85}$ bei 2000° (Aktivierungsenergie $\Delta H = 1{,}26$ eV) u. untersuchen die elektr. Leitung im Syst. $UO_2$–$ZrO_2$. Für die Zus. $(UO_2)_x(ZrO_2)_{1-x}$ mit $0{,}1 \leq x \leq 0{,}9$ werden 2 Leitungsarten festgestellt: ein Tieftemp.-Bereich unter ca. 1100° mit $\Delta H = 0{,}26$ eV u. ein Hochtemp.-Bereich mit $\Delta H$ ca. 1,59 eV. Röntgenpulveraufnahmen zeigen, daß bei (x = ) 0,1 eine kub. Phase bzw. eine tetragonalflächenzentrierte Phase mit c/a ca. 1 mit Spuren von monoklinen $ZrO_2$, bei 0,15 nur die kub. Phase, bei 0,2 eine 2. Phase mit geringer Linienaufspaltung (Phasengrenze zwischen tetragonalflächenzentrierter u. kub.-tetragonalflächenzentrierter Phase; bis 70 Mol-% $UO_2$ auftretend), bei 0,7—1 kub.-flächenzentriertes $UO_2$ auftritt. P. Frenzel. 135◇

**Elektrische Leitfähigkeit von Natriumbleisilicatgläsern, die Eisen(III)-oxid enthalten.** L. A. Gretschanik, Je. A. Fainberg und I. N. Serzalowa. (Festkörperphysik [UdSSR] **4**, 454—57, Febr. 1962; Moskau, Wiss. Forsch.-Inst. für elektrotechn. Gläser; russ.) — Der Einfl. von $Na_2O$ u. $Fe_2O_3$ auf die Leitfähigkeit von $PbO$–$SiO_2$-Gläsern wird untersucht u. eine Abhängigkeit zwischen dem Widerstand $\varrho$ (bei 200°) u. der Aktivierungsenergie E der Leitfähigkeit gefunden. In $\varrho$/E-Diagrammen gruppieren sich ion. u. elektron. leitende Proben um 2 verschiedene, gerade Linien.
H. Roschkowski. 135◇

**Über den Einfluß der Dicke der Wismutfilme auf ihre elektrischen Eigenschaften.** W. I. Kaidanow und A. R. Regel. (J. techn. Physik [UdSSR] **28**, 402—11, Febr. 1958; Leningrad, Inst. für Halbleiter der Akad. der Wiss. der UdSSR; russ.) — Es wurden die elektr. Eigg. therm. niedergeschlagener Bi-Filme bei Temp. von —190 bis +150° untersucht. Der elektr. Widerstand fällt beim Durchlaufen dieses Bereiches von höheren zu tieferen Temp. zunächst ab u. steigt nach einem Minimum wieder an. Die Meßergebnisse werden graph. dargestellt bzw. in Tabellen zusammengestellt. Der Widerstand der Filme ist um so größer u. das Minimum wird um so weiter nach höheren Temp. verschoben, je dünner die Schichten sind. E. Winkler. 136□

**Untersuchungen im System Zirkonium–Sauerstoff.** 1. Mitt. **Der elektrische Widerstand von sauerstoffhaltigem Zirkonium.** Erich Gebhardt, Hans-Dieter Seghezzi und Wolfgang Dürrschnabel. (J. nuclear Mater. [Amsterdam] **4**, 241—54, Aug./Sept. 1961; Stuttgart, MPI für Metallforsch.; dt.) — An drahtförmigen, bei 1600 bis 2030°K u. einem Druck von $1{,}5 \cdot 10^{-3}$ Torr begasten Proben wird die Temp.-Abhängigkeit des spezif. Widerstands $\varrho$ von Zr–O-Mischkristallen (Existenzbereich 0 bis ca. 30 Atom-% O) im Temp.-Bereich von Raum-Temp. bis 2030°K untersucht. Das O-haltige $\beta$-Zr zeigt normales Temp.-Verh. von $\varrho$, es gilt die Matthiesensche Regel. Dagegen weist der Temp.-Gang von $\varrho$ bei stark O-haltigen $\alpha$-Zr-Mischkristallen eine Anomalie auf, die Matthiesensche Regel ist nicht erfüllt. Gelöstes O verringert die

Steigung der $\varrho$/Temp.-Kurven, oberhalb einer bestimmten Grenztemp. tritt ein negativer Temp.-Koeff. auf. Die Grenztemp. ist vom O-Geh. abhängig, sie beträgt für $\alpha$-Zr mit 18 Atom-% O ca. 550°K (Maximum). Die Anomalie kann qual. durch eine verstärkte Überlappung der Fermi-Oberfläche mit der Brillouin-Zone (Änderung des Achsenverhältnisses c/a der Elementarzelle) oder durch einen Elektronenaustausch zwischen gelöstem O u. dem Leitfähigkeitsband des Metalls erklärt werden. P. Frenzel. 136◇

**Messung des Verhältnisses der elektrischen Widerstände im System Cd–Zn.** Antoni Pasternak. (Zeszyty naukowe Uniw. jagiellońskiego, Ser. Nauk mat.-przyrodniczych, mat., Fizyka, Chem. **1957,** 97—106; Kraków, Uniw. Jagiell.; pol., Auszug: engl.) — Die Messung von $r_N$ (Verhältnis des elektr. Widerstandes der Leg. bei der Temp. des sd. $N_2$ u. bei der Temp. des schmelzenden W.) zeigt, daß das Syst. Cd–Zn sich anders verhält, als ähnliche bin. Legierungen. Die Meßergebnisse sind trotz der hohen Genauigkeit der Meth. nicht reproduzierbar. Die gegenseitige Löslichkeit der Metalle konnte deshalb nur annähernd bestimmt werden. Sie beträgt bei 255° für Zn in Cd ca. 6 (Atom-%), für Cd in Zn ca. 1,2. F. Urban. 136□

**Die spezifischen elektrischen Widerstände von Palladium–Silber-Legierungen.** B. R. Coles und J. C. Taylor. (Proc. Roy. Soc. [London], Ser. A **267,** 139—45, 24/4. 1962; London, Imp. Coll., Dep. of Phys.; engl.) — Vff. messen für das Leg.-Syst. *Pd–Ag* die spezif. elektr. Widerstände u. ermitteln die spezif. Rest- u. temperaturabhängigen Gesamtwiderstände mit wenigen Parametern aus dem Mottschen Modell für s–d-Streuung u. aus experimentellen Werten der Zustandsdichten an der Fermi-Oberfläche. Es werden ausgezeichnet mit der Theorie übereinstimmende Werte erhalten, die bis auf das Verh. des temperaturabhängigen Restwiderstands bei fast reinem *Pd* reproduzierbar sind. Der Ausnahmefall wird einer Zuordnung zu Löchern im d-Leitungsband zugeschrieben. W. Sobieski. 136◇

**Änderungen des spezifischen elektrischen Widerstands in getempertem $Cu_3Au$ oberhalb der kritischen Temperatur.** A. C. Damask, Z. A. Fuhrman und E. Germagnoli. (Physics Chem. Solids **19,** 265—80, Mai 1961; Milan, C.I.S.E., Labor.; engl.) — Die Änderungen des elektr. Widerstands von $Cu_3Au$-Drähten mit 0,2; 0,07 u. 0,04 mm Ø werden sowohl direkt beim Tempervorgang zwischen 400 u. 700° als auch nach Abkühlen bei Raum-Temp. gemessen. Allg. wird gefunden, daß die Zeit zur Einstellung des Gleichgewichtszustandes für den Widerstand mehrere Std. beträgt u. zwischen 400 u. 700° nur um den Faktor 3 schwankt. Während die Widerstandsänderungen bei der Temper-Temp. einen exponentiellen Verlauf zeigen, erweist sich die Deutung der Meßergebnisse bei Raum-Temp. als kompliziert. Wie auch Messungen von anderer Seite ergaben, stellten sich oberhalb u. unterhalb 600° verschiedene Gleichgewichtszustände des Widerstands ein. K. H. Härdtl. 136◇

**Teilchen–Loch-Inversion in der Fermi-Fläche: Eine symmetrische Operation für kollektive Anregungen.** J. C. Fisher. (Physic. Rev. [2] **125,** 492—94, 15/1. 1962. Schenectady, N.Y., Gen. Electr. Res. Labor.; engl.) — Vf. zeigt, daß die Transposition Teilchen (oder Loch) auf einer Seite einer Fermi-Oberfläche in Loch (oder Teilchen) auf der anderen Seite eine symm. Operation der red. Bardeen-Cooper-Schriefferschen Hamilton-Funktion ist sowie eine angenähert symm. der Hamilton-Funktion der skalaren Zweikörperwechselwirkung. Wird die symm. Operation als f-Inversion bezeichnet u. die erhalten gebliebenen Größe als f-Parität, so haben kollektive Anregungen mit der Ruheenergie Null in einem Fermi-Gas mit schwachen Anziehungswechselwrkg. die f-Parität −1. H. Liepack. 136◇

**Quantisierung und Stabilität von Strömen in Supraleitern.** A. Bohr und B. R. Mottelson. (Physic. Rev. [2] **125,** 495—99, 15/1. 1962; Copenhagen, Univ., Inst. for Theoret. Phys.; NORDITA; engl.) — Theoret. Behandlung der Beziehung zwischen Flußquantisierung u. Energiespektrum des Supraleiters sowie Stabilität des Dauerstroms. H. Liepack. 136◇

**Kritische magnetische Felder dünner Bleifilme.** Jeshi Schimaschek. (Acta physica polon. **20,** 553—61, 1961; Wroclaw, Poln. Akad. der Wiss., Tieftemp.-Labor.; russ.) — An Filmen von 31,5 m$\mu$ bis 1,16 $\mu$ Dicke wurde $H_c$ in der Nähe der krit. Temp. gemessen. Der Übergang zwischen normalem u. supraleitendem Zustand erfolgt nur bei dünnen Filmen reversibel; bei $\geqq 0{,}162\ \mu$ Filmdicke tritt Hysterese auf, falls der Übergang etwas unterhalb der normalen Sprung-Temp. erfolgt. G. Kirschstein. 136□

**Temperaturabhängigkeit der Eindringtiefe des Magnetfeldes in supraleitendes Blei.** Jeshi Schimaschek. (Acta physica polon. **20,** 563—65, 1961; russ.) — Vgl. vorst. Referat. — In der Formel $\delta = \delta_0 [1 - (T/T_c)^4]^{-1/2}$ hat $\delta_0$ (Eindringtiefe bei 0°K) den Wert $(4{,}5 \pm 0{,}2) \cdot 10^{-6}$ cm; er stimmt mit den Ergebnissen anderer Autoren befriedigend überein. G. Kirschstein. 136□

**Schaltzeitmessungen von Übergängen bei Supraleitern unter Verwendung eines supraleitenden Hochfrequenz-Mischgerätes (mixer).** Donald L. Feucht und James B. Woodford jun. (J. appl. Physics **32,** 1882–87, Okt. 1961; Pittsburgh, Pa., Carnegie Inst. of Technol., Dep. of Electr. Engng.; engl.) — Messungen an dünnen supraleitenden *Sn*-Filmen. Es wird ein Ersatzschaltbild für das Mischgerät behandelt, mit dem die Leistung der Anordnung unter Verw. stat. Übertragungskurven für einzelne Filme vorherbestimmt werden kann. Experimentelle Übertragungskurven werden diskutiert. Die gemessene Leistung des Mischgerätes wird mit der theoret. im Frequenzbereich von 240–840 MHz verglichen. Die Übergangs-Geschw. des supraleitenden dünnen Films wird bestimmt u. es wird eine Schaltzeit von $< 0{,}625$ ns erhalten.
H. Schibilla. 136 □

---

**Theorie der Domänenwände in geordneten Strukturen.** 2. Mitt. **Paarnäherung für von Null abweichende Temperaturen.** Ryoichi Kikuchi und John W. Cahn. (Physics Chem. Solids **23,** 137–51, Jan./Febr. 1962; Malibu, Calif., Hughes Aircraft Co., Hughes Res. Labor.; Schenectady, N.Y., Gen. Electr. Res. Labor.; engl.) — 1. vgl. Physics Chem. Solids **20,** [1961], **94.** — Vff. beschreiben die Strukturen einiger einfacher Domänenwände in geordneten stöchiometr. Legg. vom *AB*-Typ u. das entsprechende Ising-Modell für endliche Temp., bei denen Wechselwrkg. nächster Nachbarn angenommen wird. Die Paarnäherung ist auf einfache u. raumzentriert kub. Strukturen anwendbar; berücksichtigt werden nur P-Wände, in denen Bindungen zu nächsten Nachbarn parallel zur Wand gerichtet sind, u. W-Wände, in denen keine Bindungen zu nächsten Nachbarn parallel zur Wand liegen, vielmehr lediglich Bindungen zu Gitterpunkten benachbarter paralleler Wände bestehen. In kub. raumzentrierten Strukturen stellen P-Wände die {1 1 0}-Wand, die W-Wände die {1 0 0}-Wand dar. Für jeden Wandtyp werden die Fälle der Zentren in Atomebenen (a) bzw. in Zwischengitterebenen (b) unterschieden. Für P-Wände ist die Anordnung b stabiler u. die Oberflächenentropie verschwindet bei 0°K. Beim Auftreten von W-Wänden haben a- u. b-Anordnungen die gleiche Oberflächenenergie, jedoch verschwindet die Oberflächenentropie nicht bei 0°K. Herbert Müller. 137 □

**Über die Elementarbereich-Struktur dünner ferromagnetischer Schichten.** Jan Kaczér. (Czechoslov. J. Physics **7,** 557–66, 1957; Prague, Czechosl. Acad. Sci., Inst. of Phys.; engl.) — Für dünne Schichten von ferromagnet. Werkstoffen werden die Energiedichten von Bloch-Wänden berechnet, wobei sich für Fe 13mal so große Werte wie für das kompakte Material ergeben. Unter der Annahme von Drehprozessen für die Magnetisierung ergibt sich im Gegensatz zum kompakten Material keine Zunahme der Wandenergie. Für verschiedene Bloch-Wandtypen werden in verschiedenen kristallograph. Richtungen die Wandenergien berechnet. Zur Erklärung der Stabilität von 180°-Wandstrukturen mit abnehmender Schichtdicke wird ein Modell vorgeschlagen, mit dem die krit. Schichtdicke berechnet wird. Mit diesem Modell sollen auch die an dünnen ferromagnet. Schichten beobachteten Anomalien, die Elschner u. Unangst (vgl. C. **1956,** 6581) fanden, zu erklären sein. H. Fahlenbrach. 137 □

**Bereichsstruktur dünner ferromagnetischer Filme im magnetischen Feld.** L. W. Kirenski, W. A. Burawichin und M. K. Ssawtschenko. (Hochschulnachr. [Tomsk], Physik **1961,** Nr. 4, 52–55; Inst. für Phys. der Akad. der Wiss. der UdSSR; russ.) — Mittels der Meth. der Staubfiguren wurde an dünnen aufgedampften Schichten der Leg. 80 (%) Ni, 17 Fe u. 3 Mo, die bis zu 2600 Å dick waren, die Domänenstruktur untersucht. Diese hing stark von der Magnetisierungsrichtung im Verhältnis zur Magnetisierungsachse ab. Die Änderung der Domänenstruktur bei Änderung dieses Winkels. bei Ummagnetisierung u. im rotierenden Magnetfeld wurde untersucht. Eine Verschiebung der Domänengrenzen wird in dünnen Filmen kaum beobachtet.
M. Wiedemann. 137 □

**Der Einfluß nichtmetallischer Einschlüsse auf die Struktur von magnetisch weichen Legierungen.** B. W. Molotilow und I. N. Golikow. (Metallkunde therm. Metallbearb. [UdSSR] **1961,** Nr. 8, 46–51, Aug.; Zentr. Forsch.-Inst. für das Eisenhüttenwesen; russ.) — Durchgeführte Berechnungen u. Verss. vermögen die nachteilige Auswirkung nichtmetall. Einschlüsse in magnet. weichen Legg. zu ermitteln. Die Ggw. von Einschlüssen ruft eine Ungleichmäßigkeit des Magnetisierungs- u. Ummagnetisierungsprozesses der Leg. hervor; die magnet. Sättigung wird in solchen Fällen erst in wesentlich höheren Feldern erreicht. Das Gebiet der „verdorbenen“ Struktur u. „gebremsten“ Einzelbezirke besitzt einen Umfang, der den des Einschlusses mindestens um das 300-fache übersteigt. Die krit. Menge der Einschlüsse, bei der die gesamte Leg. in magnet. Beziehung verdorben ist, wird bestimmt. — 12 Literaturangaben. H. Hochstein. 137 □

**Thermomagnetische Hysterese von Nickel-Zink- und Mangan-Zinkferriten.** D. A. Laptei und A. I. Drokin. (Hochschulnachr. [Tomsk], Physik **1961,** Nr. 4, 110—14; Inst. für Physik der Akad. der Wiss. der UdSSR; russ.) — An Ni-Zn- u. an Mn-Zn-Ferriten einer Länge von 156 mm u. eines Ø von 3 mm wurde die Änderung der Magnetisierung bei cycl. Änderung der Temp. (um $+20^0$) untersucht. Sie hing stark vom magnet. Ausgangszustand ab. Die thermomagnet. Hysterese wurde bei denselben Feldern beobachtet wie die magnet. Hysterese. Beim Mn-Zn-Ferrit fielen Restmagnetisierung wie Koerzitivkraft in der Nähe des Curie-Punktes monoton ab, beim Ni-Zn-Ferrit wurde ein anomaler Gang beobachtet. M. Wiedemann. 137 □

**Thermomagnetische Hysterese und Temperaturhysterese der Magnetostriktion von siliciumhaltigem Nickel.** A. Ja. Wlassow und I. W. Antonow. (Hochschulnachr. [Tomsk], Physik **1961,** Nr. 4, 115—16; russ.) — An Ni-Proben mit 4% Si von 25 cm Länge u. 1,8 mm Ø wurden die Magnetisierung, die Magnetostriktion u. die Temp. gemessen. Untersucht wurde in verschiedenen Feldern die Temp.-Hysterese der Magnetisierung u. der Magnetostriktion bei einem Cyclus von Erwärmung u. Abkühlung zwischen 8 u. $60^0$. Das Maximum der Hystereseerscheinungen trat in schwachen Feldern von 0,5—2 Oe auf. M. Wiedemann. 137 □

**Einige experimentelle Untersuchungen des Parasiten-Ferromagnetismus von $\alpha$-$Fe_2O_3$.** Akira Tasaki und Shûichi Iida. (J. Physic. Soc. Japan **16,** 1697—1702, Sept. 1961; Tokyo, Univ. of Tokyo, Fac. of Sci., Dep. of phys.; engl.) — Bei verschiedenen magnet. Feldstärken wird die Temp.-Abhängigkeit ($-150$ bis $+50^0$) der Magnetisierung $\sigma$ polykristalliner $\alpha$-$Fe_2O_3$-Proben mit verschiedenen Zusätzen an *Al, Mn, Ga* u. *Cr* gemessen. Dabei wurden die Ergebnisse nach der Beziehung: $\sigma = \sigma_0 + \chi$ H ($\sigma_0$ = Parasitenferromagnetismus, $\chi$ = Susceptibilität, H = magnet. Feldstärke) analysiert. $\sigma_0$ wird durch die Zusatzelemente nicht nennenswert beeinflußt. DieUmwandlungs-Temp. wird aber durch die Zusätze deutlich erniedrigt u. die Umwandlung wird über einen größeren Temp.-Bereich verschmiert. Auch der Gedächtniseffekt (Verhältnis der Restmagnetisierungen vor u. nach der Abkühlung) wird durch die Zusatzelemente u. durch eine Änderung des O-Geh. wenig beeinflußt. Die Restmagnetisierung nimmt um ca. 50% nach den ersten Kühlungs-Erwärmungs-Zyklen ab, bleibt aber dann nach weiteren Zyklen ungeändert. H. Fahlenbrach. 137 □

**Anregung von Spinwellen in planaren Ferriten.** Isidore Bady und Ernst Schlömann. (J. appl. Physics, Suppl. zu **33,** Nr. 3, 1377—78, März 1962; Fort Monmouth, N.J., U. S. Army Sign. Res. and Developm. Labor.; Waltham, Mass., Raytheon Co., Res. Div.; engl.) — Das große magnet. Anisotropiefeld vieler planarer Ferrite beeinflußt das magnet. Hochfrequenzfeld, für das Spinwelleninstabilität einsetzt. Wenn das magnet. Hochfrequenzfeld senkrecht zu dem gleichgerichteten Feld wirkt, kann Spinwelleninstabilität über Prozesse von erster u. zweiter Ordnung eintreten. Bei ferromagnet. Resonanz dominiert der Prozeß erster Ordnung, wenn die Frequenz kleiner als die charakterist. Frequenz $\omega_c$ ist. $\omega_c$ wurde für ellipt. Proben berechnet. Für die meisten Probenformen wirkt das Anisotropiefeld auf eine Vergrößerung von $\omega_c$ hin u. begünstigt so das Auftreten des Prozesses erster Ordnung. Auch wirkt das Anisotropiefeld auf eine Verkleinerung des krit. Feldes hin, bei dem Spinwelleninstabilität einsetzt. Nimmt man an, daß in den beiden verglichenen Fällen die Spinwellenrelaxations-Geschw. gleich sind, so findet man, daß die Schwelle in der zweiten Ordnung ungefähr im Verhältnis $(8\pi M/H_a)^{1/2}$ für relativ hohe Frequenzen verkleinert wird, u. im Verhältnis $(\omega/\gamma\, H_a)^{1/2}$ für relativ kleine Frequenzen. Für den Fall, daß das Hochfrequenzfeld parallel zum gleichgerichteten Feld ist, wird die Schwellenfeldstärke im Verhältnis $4\pi M/(4\pi M + H_a)$ bei kleinen gleichgerichteten Feldern verkleinert. H. Laue. 137 □

**Beweglich gebaute Torsionswaage für Messungen der magnetischen Stabilität über längere Zeiträume.** D. E. Wilcox, W. M. Scarborough und W. L. Zingery. (Rev. sci. Instruments **32,** 1051—53, Sept. 1961; Downey, Calif., North Amer. Aviat. Inc., Autonetics Div.; engl.) — Es wird eine Induktionswaage nach dem Torsionsprinzip beschrieben, bei der ein festes Drehmoment durch ein von einem rotierenden Dauermagneten erzeugtes Moment ausgeglichen wird. Die Umlauf-Geschw. des Dauermagneten kann variiert werden u. bestimmt das zu messende Magnetfeld des Dauermagneten. Dieses wird mit einer Hall-Sonde, die laufend durch die kernmagnet. Resonanz nachgeeicht wird, bestimmt. Mit diesem Gerät wird die Langzeitstabilität moderner Dauermagnete gemessen, wobei Magnetfeldänderungen von 1/30000 noch erfaßt werden können. H. Fahlenbrach. 137 □

**Ultraschallkerninduktion in dielektrischen Kristallen.** N. G. Kolosskowa und U. Ch. Kopwillem. (Hochschulnachr. [Tomsk], Physik **1961,** Nr. 4, 48—51; Kasan, Lenin-Univ.; russ.) — Die Anwendung von Impulsgeneratoren, in diesem Fall einer Ultraschallquelle, zur Anregung eines paramagnet. Spin-Syst. in Kristallen, u.

zwar sowohl eines Elektronen- als auch Kern–Spin-Syst. wird behandelt. Der Ultraschallimpuls ruft Schwingungen der Nichtgleichgewichtskomponente des elektr. Quadrupolmoments des Spin-Syst. hervor. Die entsprechenden elektromagnet. Signale sind noch bei $10^{-5}$ °K bemerkbar. Die Möglichkeit der experimentellen Unters. der freien Kernpräzession in kub. Kristallen bei Anregung mit Ultraschall wird diskutiert.

M. Wiedemann. 137□

**Einfaches hochauflösendes Kernresonanzspektrometer.** R. Keuning. (Rev. sci. Instruments **31**, 839—43, Aug. 1960; Vlaardingen, Netherlands, Unilever Res. Labor.; engl.) — Das mit einem Dauermagneten u. einfacher Elektronik arbeitende Gerät liefert mit Proben von ca. 4,5 mm Ø eine Auflösung von $>1:10^8$ bei guter Stabilität u. befriedigendem Signal–Rausch-Verhältnis (Beispiele: Spektren von *Acetaldehyd* u. angesäuertem *Äthanol*). A. Blaschette. 137◇

**Ein Kernresonanzspektrometer für breite Linien.** E. Kleimon und G. Klee. (Mber. dtsch. Akad. Wiss. Berlin **1**, 463—67, 1959; Dt. Akad. der Wiss., Forsch.-Gemeinschaft, Inst. für Gerätebau; dt.) — Zur Unters. der Kernresonanzabsorption in Testkörpern u. hochviscosen Fll. wurde eine App. entwickelt. Der die Probe in einem Luftspalt von 28 mm Weite enthaltende Doppeljochmagnet mit einer Magnetfeldkonstanz von $10^{-5}$ wird beschrieben, ebenso kurz der Hopkins-Oscillator, abstimmbar zwischen 1 u. 30 MHz. Die als Blockschaltbild wiedergegebene Schaltung u. die Methodik der in Aussicht genommenen Messungen werden erläutert. W. Reusse. 137□

**Kernmagnetische Resonanz von $Na_2CO_3 \cdot NaHCO_3 \cdot 2\,H_2O$ (Trona).** Maurice van Meerssche, Jean Marie Dereppe und Pedro W. Lobo. (Acta crystallogr. [Copenhagen] **15**, 1310, 10/12. 1962; Louvain, Univ., Labor. de Chim. Phys.; franz.) — Aus dem protonenmagnet. Resonanzspektrum ergeben sich Wasserstofflagen, die mit den durch Neutronenbeugung ermittelten übereinstimmen. Der Valenzwinkel des $H_2O$-Mol. beträgt 106°, die Abweichung der Wasserstoffbindungen von der Linearität 4°.

A. Blaschette. 137◇

**Kernmagnetische Resonanzspektren einiger Trimethylplatin-Verbindungen.** J. A. S. Smith. (J. chem. Soc. [London] **1962**, 4736—37, Nov.; Leeds, Univ., School of Chem.; engl.) — Nachst. Spin-Spin-Kopplungs-Konst. J ($^{195}Pt-CH_3$) wurden gemessen (40,35 MHz; 35,5°): $[(CH_3)_3PtJ]_4$ (I) in Bzl., 77,9 ± 1,0 (Hz); I in Chlf., 77,7; $[(CH_3)_3Pt] \cdot NO_3$ in W., 77,3; $[(CH_3)_3PtCH(COCH_3)_2]_2$ in Bzl., 78,9; $[(CH_3)_3PtCH(COC_2H_5)_2]_2$ in Bzl., 71,6; $[(CH_3)_3PtCH(COC_3H_7)_2]_2$ in Bzl., 74,9. Die $H_3C-Pt$-Bindung erscheint demnach als reine σ-Bindung. Ein Vgl. mit weiteren bekannten Werten zeigt, daß die J-Werte organ. Pt-Verbb. Aufschluß über deren Struktur geben können. A. Blaschette. 137◇

---

**Die Leitfähigkeit symmetrischer Elektrolyte.** 1. Mitt. **Potential der Gesamtkraft.** Raymond M. Fuoss und Lars Onsager. (J. physic. Chem. **66**, 1722—26, Sept. 1962; New Haven, Conn., Yale Univ., Sterling Chem. Labor.; engl.) — Mit Hilfe einer multiplikativen Entw. der die lokalen Ionen-Konzz. beschreibenden Verteilungsfunktionen kann die Kontinuitätsgleichung von Onsager u. Fuoss (1932) unter Beibehaltung des expliziten Boltzmann-Faktors (statt einer abgebrochenen Potenzreihe) integriert werden. Das Ergebnis wird als Funktion des Potentials $\mu_{ij}$ der auf ein gegebenes Ion einwirkenden Gesamtkraft ausgedrückt. Die so erhaltene Näherung für $\triangle\mu_{ij}$ umfaßt das äußere Feld, die von den Nachbarionen u. von der Asymmetrie der Ionenwolke ausgehenden Kräfte u. die vom lokalen Konz.-Gradienten herrührenden virtuellen Kräfte. Weiterhin werden die Differentialgleichungen für die Ableitung der Kräfte aus dem Geschw.-Feld angegeben. A. Blaschette. 138◇

**Untersuchungen über anorganische Polyelektrolyte.** 3. Mitt. **Leitfähigkeitsverhalten wässeriger Lösungen kondensierter Phosphate.** A. C. Chatterji und H. N. Bhargava. (Kolloid-Z. **170**, 116—23, Juni 1960; Lucknow, India, Univ., Chem. Dep.; engl.) — 2. vgl. C. **1962**, 398. — Die elektr. Leitfähigkeit wss. Lsgg. von ca. 30 Graham-Salzproben u. ihre Abhängigkeit vom Molgew. $M_w$ wurden untersucht. Die Diagramme $\Lambda/C^{0,5}$ ($\Lambda$ bzw. C = äquivalente Leitfähigkeit bzw. Konz.) zeigen starke Krümmung bei niedrigerer Konz. ähnlich dem Verh. schwacher Elektrolyte (vermutlich infolge Assoziation von Gegenionen mit Polyionen). Die $\Lambda$-Zunahme bei C-Rückgang ist bei niedermol. Proben stärker als bei hochmolekularen. Die Diagramme $\Lambda/M_w$ für jedes C zeigen, daß $\Lambda$ mit steigendem $M_w$ erst stark u. dann langsamer fällt. Die stark gekrümmten $\Lambda/C^{0,5}$-Kurven werden bei doppelt log. Skala linear. Die für verschiedene Salzproben mittels der Ostwald-Regel berechneten Werte der „scheinbaren Basizität" liegen zwischen 2 u. 3; sie zeigen abnehmende Tendenz mit zunehmendem $M_w$.

R. Schäff. 138□

**Einfluß der Lösungszusammensetzung auf die Potentiale der Paare: Np(V–VI) Fe(II–III), Hg(0–I) und Hg(I–II).** A. J. Zielen und J. C. Sullivan. (J. physic. Chem. **66**, 1065–69, Juni 1962; Argonne, Ill., Argonne Nat. Labor.; engl.) — Das scheinbare Potential E' des Paares Np(V-VI) bei 25° in $HClO_4/LiClO_4(NaClO_4)$-Lsg. der Ionenstärke $\mu = 2$ ändert sich linear mit $[H^+]$, was vorwiegend u. möglicherweise ausschließlich auf Änderungen des Aktivitäts-Koeff. zurückzuführen ist u. die alleinige Ggw. von $NpO_2^+$ u. $NpO_2^{2+}$ bestätigt. Allg. gilt die Harnedsche Regel. Weiterhin werden die Paare $Fe^{2+}$–$Fe^{3+}$, Hg–$Hg_2^{2+}$ u. $Hg_2^{2+}$–$Hg^{2+}$ untersucht, Gleichungen für E' in Abhängigkeit von $[H^+]$ mitgeteilt u. der Einfl. von Änderungen des Aktivitäts-Koeff. bei Verw. von $Na^+$ oder $Li^+$ an Stelle von $H^+$ bei konst. $\mu$ erörtert. P. Frenzel. 140□

**Experimentelle Ermittlung der Diffusionspotentiale.** Ivory V. Nelson und Reynold T. Iwamoto. (Analytic. Chem. **33**, 1795–96, Nov. 1961; Lawrence, Kans., Univ., Dep. of Chem.; engl.) — Als Bezugselektroden-Syst., das sich für Unterss. in nichtwss. Lsgg. eignet, wird *4.7-Dimethyl-1.10-phenanthrolin-Fe(II)/Fe(III)* empfohlen. Fast ident. Solvatationsenergien u. Reversibilität wurden für die Lsgm. W. (Halbstufenpotential 0,830 V an der rotierenden Pt-Elektrode gegen gesätt. Kalomelelektrode), Acetonitril (0,860), Nitromethan (0,880), Methanol (0,890), Allylalkohol (0,890), A. (0,895), Essigsäureanhydrid (0,900), Acetylaceton (0,905), Propanol-(1) (0,915), Butanol-(1) (0,920), Propanol-(2) (0,925), Aceton (0,940) u. Pyridin (0,985) beobachtet. Da die Fe(II)/Fe(III)-Elektroden-Rk. von der Art des Lsgm. weitgehend unabhängig ist, stellen die Potentialdifferenzen zwischen dem Redoxpotential in W. u. einem der nichtwss. Lsgm. den Maximalwert des Diffusionspotentials zwischen dem Lsgm. u. gesätt. wss. KCl-Lsg. dar. E. Moisar. 140□

**Elektrochemische Eigenschaften einer neuen Glaselektrode, die Berylliumoxid enthält.** H. J. C. Tendeloo, A. E. Mans, I. Kateman und F. H. v. d. Voort. (Recueil Trav. chim. Pays-Bas **81**, 505–09, Juni 1962; Wageningen, Agric. Univ., Labor. of Phys. and Coll. Chem.; engl.) — Als Elektrodenglas wird ein bei ca. 1350° erschmolzenes Glas mit 73 (Mol-%) $SiO_2$, 6 BeO u. 21 $K_2O$ verwendet. Die Elektrode spricht gut auf $K^+$ u. $Na^+$, nicht auf $Ca^{2+}$ u. wenig auf $H^+$ an. EMK-Messungen werden an der Kette Ag–AgCl | Phosphatpuffer + NaCl | Glasmembran | X-Lsg. verschiedener Konz. | gesätt. Kalomelelektrode (X = Citronensäure–$Na_2HPO_4$-Puffer + NaCl; KCl, NaCl u. $CaCl_2$) durchgeführt. Der BeO-Geh. des Glases kann innerhalb bestimmter Grenzwerte variiert werden. P. Frenzel. 140□

**Potentiale einiger Kationenaustauschmembranen.** Ja. M. Kotz und W. A. Sarinski. (J. physik. Chem. [UdSSR] **35**, 1219–20, Juni 1961; Inst. für Geochem. u. analyt. Chem. der Akad. der Wiss. der UdSSR; russ., Auszug: engl.) — Aus der EMK der Kette (–) Ag, AgCl | KCl (0,02n) | Membran | KCl (0,01n) | AgCl, Ag (+) wurden die Membranpotentiale von DPU, DKB-10, DPB, DKU-101, DKU-100 sowie DKU-104 bei 25° bestimmt. Sie liegen bei 13,3–16,5 mV. Die Überführungszahlen von $K^+$ schwanken u. richten sich nach den Membranpotentialen. Ch. Weiske. 140◇

**Die Übergangsimpedanz von Leclanché-Elementen.** Aladar Tvarusko. (J. electrochem. Soc. **109**, 881–84, Okt. 1962; Yardley, Pa., Electr. Storage Battery Co., Carl F. Norberg Res. Center; engl.) — Vf. untersucht die Übergangsimpedanz Z (Verhältnis der Laplace-Transformationen von Spannung u. Strom) von Leclanché-Elementen in Ruhe u. bei Entladung. Z kann näherungsweise durch einen Ersatzstromkreis mit dem inneren Widerstand, der in Reihe mit einem zu einer Kapazität parallel geschalteten Widerstand liegt, dargestellt werden. Die Schaltelemente werden mit Hilfe der Zeit-Konst. für verschiedene Elektrolyte ($NH_4Cl$, $ZnCl_2$, $ZnCl_2$ + $NH_4Cl$) u. $MnO_2$-Sorten berechnet u. die Einfl. der Anode, Kathode u. Entladung auf Z erörtert. P. Frenzel. 140□

**Untersuchungen über Spezialbatterien.** 1. Mitt. **Die Magnesiumbatterie.** 1. Mitt. Yoshio Yokota. (J. electrochem. Soc. Japan **26**, 284, 1958; Tokyo, Tokyo Inst. of Technol., Tokyo Dry Battery Co. Ltd., Mizuguchi-Labor.; jap., Auszug: engl. S. E91–E95.) — Vf. beschreibt $Cu_2Cl_2$/Mg-Batterien u. untersucht Anoden aus reinem Mg (99,8%) im Vgl. zur Leg. AZ-31 [3 (%) Al, 1 Zn, ca. 0,2–0,5 Mn] sowie die Entladecharakteristik. Mit reinem Mg wird ein stärkerer Temp.-Anstieg, dagegen kein Unterschied der Entladekapazität C festgestellt. Bei niedriger Temp. (–30°) wird zur Aktivierung an Stelle von W. $CaCl_2$/W. bzw. $CH_3OH$/W. verwendet, wobei C abnimmt. P. Frenzel. 140□

**Brennstoffketten.** Marcel Eyraud. (Chim. mod. **6**, 77–86, März/April 1961; franz.) — Überblick. — 14 Literaturhinweise. C. Gottfried. 140

**Trennfaktor und Reaktionsmechanismus der elektrolytischen Wasserstoff-Deuterium-Trennung.** B. E. Conway. (Proc. Roy. Soc. [London], Ser. A **247**, 400–19, 30/9. 1958; Ottawa, Canada, Univ. of Ottawa, Dep. of Chem.; engl.) — Vgl. C. **1962**, 17657. — Die Theorie des elektrolyt. H/D-Trennfaktors R wird für verschiedene geschwindigkeitsbestimmende Mechanismen der kathod. $H_2$-Entw. untersucht, wobei die für die Isotopen unterschiedlichen thermodynam. Größen u. Zustandssummen berücksichtigt werden. R beträgt 6,1, wenn die elektrochem. Desorption von adsorbiertem H oder D geschwindigkeitsbestimmend ist, u. 3,0 für die einfache Entladung von $H_3O^+$. Experimentelle R-Werte liegen in der Nähe dieser Werte, sie stimmen für eine Reihe von Metallen mit den berechneten Werten überein. Weiterhin wird die R-Abhängigkeit vom $D_2O$-Geh. der Lsgg. bestimmt. Das Verhältnis der Geschw. der H- bzw. D-Entw. in reinem $D_2O$ oder $H_2O$ ist für den Rk.-Mechanismus charakteristisch. Vf. erörtert Anomalien in der Theorie der Protonenentladung u. Isotopentrennung in alkal. Lösungen. P. Frenzel. 141 □

**Die Abhängigkeit des elektrolytischen Wasserstoff-Deuterium-Trennfaktors vom Elektrodenpotential.** Gerald P. Lewis und Paul Ruetschi. (J. physic. Chem. **66,** 1487—92, Aug. 1962; Yardley, Pa., Electr. Storage Battery Co., Carl F. Norberg Res. Center; engl.) — Der Einfl. des Elektrodenpotentials E auf den kathod. H/D-Trennfaktor S im KOH-Elektrolyten sowie der Einfl. des Elektrodenmaterials (Pt, Pd, Ni, Ag, Pb), der Temp. u. der Oberflächenrauhigkeit [poröse Elektroden (Ni–Ag–Pd- bzw. Ni–Ag–Pd–C-Preßlinge) gegen vorst. glatte] wird mit Hilfe eines potentiostat. Verf. untersucht. S geht in Abhängigkeit vom Elektrodenmaterial mit zunehmend negativen E durch ein Maximum, häufig ist ein 2. Maximum zu beobachten. Im abnehmenden Bereich bei hohen negativen E nimmt der Einfl. des Materials ab. Poröse Elektroden ergeben um 10—100% niedrigere S-Werte als glatte Elektroden. Im Bereich von 30—50° nimmt S mit zunehmender Temp. um ca. 1%/Grad ab. Vff. erörtern die Kinetik der Austausch-Rk. u. den Einfl. der Oberflächenbedeckung. P. Frenzel. 141 □

**Elektrolytische Abscheidung von Metallpulvern.** Gunnar Gabrielson. (Ind. Chemist **34,** 529—32, Okt. 1958; Sweden, AB, Tudor; engl.) — Überblick über die Grundlagen der elektrolyt. Abscheidung glatter Metall-Ndd. u. die Bedingungen zur Abscheidung von Metallpulvern (hohe Stromdichten, niedriger Metall-Geh. des Elektrolyten, keine Badbewegung, niedrige Temp.). — Zur Erzielung einer gleichmäßigen Stromdichteverteilung bei der Pulver-Herst. wird die Verw. von Lochanoden empfohlen. — 16 Literaturangaben. P. Frenzel. 141 □

**Die elektrolytische Raffinierung von Antimon bei Anwendung alkalischer Sulfidlösungen.** W. N. Gaprindaschwili. (Mitt. Akad. Wiss. GrusinSSR **20,** 171—78, Febr. 1958; Tbilissi, Inst. für angew. Chem. u. Elektrochem. der Akad. der Wiss. der GrusinSSR; russ.) — Zur elektrolyt. Raffinierung von Sb werden als Elektrolyt Alkalihydroxid- u. Alkalisulfid-Lsgg. verwendet. Beim Einsatz sulfid. Lsgg. übersteigt die Stromausbeute 100%, da das Sb sich chem. löst. Mit einer 7—10%ig. Lsg. von $Na_2SO_4$, die 3—6% Sb enthält, kann man bei 70° u. einer Stromdichte von 100—500 $A/m^2$ an der Anode u. 200—300 $A/m^2$ an der Kathode Sb elektrolyt. raffinieren. Die Badspannung beträgt unter diesen Bedingungen 0,5 V. E. Winkler. 141 □

**Untersuchungen über den kathodischen Grenzstrom geschmolzener Salze.** 1. Mitt. **Kathodischer Grenzstrom des Zinkions über die Elektrolyse geschmolzener Fluoridlösungen.** Hidehiko Kido, Osamu Matsumoto und Yasumasa Hayakawa. (J. electrochem. Soc. Japan **26,** 289; E96—E98, 1958; Urawa, Saitama Univ., Coll. of Liberal Arts, Dep. of Chem.; jap., Auszug: engl.) — Inhaltlich ident. mit C. **1959,** 3383; 2. vgl. C. **1963,** 4251. P. Frenzel. 141 □

**Ein Schmelzbad für die elektrolytische Abscheidung einer geschmolzenen Cadmium-Indium-Legierung.** George L. Schnable und John G. Javes. (J. electrochem. Soc. **105,** 84—88, Febr. 1958; Lansdale, Pa., Philco Corp., Lansdale Tube Co. Div.; engl.) — Ellipsenförmige Perlen aus einer geschmolzenen Cd–In-Leg. können durch elektrolyt. Abscheidung aus der Salzschmelze auf Zuleitungsdrähten von Transistoremitter- u. -kollektorelektroden abgeschieden werden. Die sehr schnell erfolgende Abscheidung ergibt glatte, dichte u. nichtporöse Niederschläge. Die Schmelze besteht aus 6 (Gew.-%) $CdCl_2$, 56 InCl u. 38 $ZnCl_2$; Betriebstemp. 260°; W-Anoden; magnet. Rühren; $N_2$-Atmosphäre. Mit einem 6-V-Gleichstrom erhält man innerhalb ca. 4 Sek. eine 2 mg schwere Perle aus Cd–In angenähert eutekt. Zus. auf einem Draht von 0,5 mm Ø, der bis zu einer Tiefe von 1,5 mm in die Schmelze eintaucht. Die Stromdichte beträgt ca. 40 $A/cm^2$. Vff. erörtern den Einfl. der Bad-Zus. u. der Abscheidungsbedingungen auf die Zus. der Leg. u. die Abscheidungsgeschwindigkeit. Die Entfernung anhaftender Schmelze erfolgt im $ZnCl_2$-$NH_4Cl$-Flußmittel eutekt. Zus. bei 250°, Spülen in 3%ig. Essigsäure, kaltem u. heißem W.; anschließend wird in Luft getrocknet. Verd. HCl kann ebenfalls verwendet werden. Analysen-Meth. u. ein Verf. zur In-Rückgewinnung werden mitgeteilt. Cd-In-Kontakte sind in ihren Festigkeits-Eigg. Kontakten aus reinem In überlegen. P. Frenzel. 141 □

**Elektrolytische Abscheidung von Thorium aus Salzschmelzen an einer geschmolzenen Zinkkathode.** Ralph E. Johnson. (J. electrochem. Soc. **109**, 989—91, Okt. 1962; Canoga Park, Calif., Atomics Internat., Div. of North Amer. Aviat., Inc.; engl.) — Th wird elektrolyt. unter Ar aus LiCl-KCl-$ThCl_4$-Schmelze mit geschmolzener Zn-Kathode u. Th-Anode mit ca. 100% ig. Stromausbeuten (SA) bei 600° abgeschieden. Th-Abscheidung oder dendrit. Wachstum auf Zn wird durch Rühren des Zn verhindert. Zn kann mit ca. 15% Th (maximal 16,2%; Bldg. von *$Th_2Zn_{17}$*) angereichert werden. Maximale SA werden bei 15 Gew.-% $ThCl_4$ erreicht, die SA sind unabhängig von den Stromdichten. Die Reinheit der verwendeten Metalle u. Salze ist bzgl. maximaler SA nicht kritisch. Eine geeignete App. wird beschrieben. P. Frenzel. 141 □

**Elektrolytische Abscheidung von Blei und Blei-Zinn-Legierungen aus dem Diphosphatbad.** Vasanta Sree, J. Vaid und T. L. Rama Char. (J. electrochem. Soc. Japan [Overseas Edit.] **26**, 224; E78—E80, 1958; Bangalore, India, Indian Inst. of Sci., Dep. of Gen. Chem., Electrochem. Labor.; jap., Auszug: engl.) — Unterss. der Abscheidungsbedingungen für Pb aus dem Diphosphat (**I**)-Bad führen zu nachst. optimalen Bedingungen: 20,7 (g/Liter) Pb; 79,2 **I**; 1,0 Leim; pH 1,08; 60°; Badspannung 0,1—0,9 V; spezif. elektr. Widerstand 11,11 $\Omega \cdot cm$; maximale Stromdichte i, kathod. 5,0, anod. 1,2 $A/dm^2$; Stromausbeute (%), kathod. ca. 96—100, anod. ca. 98—100; kathod. Polarisation ca. 0,10—0,26 V, rotierende Pt- oder Cu-Kathode. Man erhält glatte, feinkörnige, festhaftende Ndd. mit kub.-flächenzentrierter Struktur (a = 4,93 Å). Zusätze von *$NH_4$-Citrat, Resorcin, Glycerin, Gelatine* (**II**) u. *α-Naphthol* setzen die Grenzstromdichte herab. Das **I**-Bad ist leistungsmäßig dem Amidosulfatbad gleichwertig, hat aber ein besseres Streuvermögen. Optimale Bedingungen für die Leg.-Abscheidung sind 10,4 (g/Liter) Pb; 11,8 Sn; 78,3 **I**; pH 9,5; 60°; Badspannung ca. 0,5—1,0 V; 9,9 $\Omega/cm^3$; Cu-, Messing-, Stahlkathoden; Hg-Anode mit 50% Pb; i, kathod. 0,5 bis ca. 5,0 ($A/dm^2$), anod. 0,1 bis ca. 1,2; Nd.-Zus. 85—99% Pb, 90 bis ca. 100 bzw. 100% ig. Stromausbeute; gutes Streuvermögen. **II** setzt das Kathodenpotential beträchtlich herab. Röntgenbeugungsaufnahmen der Leg.-Ndd. bestätigen die Bldg. von Mischkristallen. Vgl. mit dem Fluoroboratbad. P. Frenzel. 141 □

**Verwendung einer Edelmetallanode bei der elektrolytischen Gewinnung von hochreinem Chrom aus einem Fluoridbad.** J. A. Whittaker. (J. electrochem. Soc. **109**, 986—87, Okt. 1962; Stoke Poges, Bucks., England, Fulmer Res. Inst.; engl.) — Bei Verw. einer Pd-Anode ergibt sich in neu angesetzten Elektrolyten ein Abfall der kathod. Stromausbeute sowie eine Erhöhung des Badwiderstandes u. der Konz. an Cr(III). Die nachteiligen Effekte können durch Sättigung des Elektrolyten mit $PbCrO_4$ u. durch vorherige anod. Behandlung der Anode in $PbF_2$-gesätt. Lsg. zur Bldg. einer $PbO_2$-Schicht verhindert werden. P. Frenzel. 141 □

**Eine Radiotraceruntersuchung der anodischen Oxydation.** J. A. Davies, J. P. S. Pringle, R. L. Graham und F. Brown. (J. electrochem. Soc. **109**, 999—1001, Okt. 1962; Chalk River, Ontario, Canada, Atom. Energy of Canada Ltd., Res. Chem. Branch; engl.) — Die anod. Oxydation von Al u. Ta in wss. $NH_4$-Citrat-Lsg. wird mit $^{125}Xe$ als Tracer untersucht, wobei dessen Einbautiefe im Metall bzw. in der Oxidschicht aus den Änderungen der Elektronenenergiespektren (Maximum bei 21,79 keV) ermittelt wird. Die neue anod. Oxidschicht auf Al bildet sich unter der alten (Wanderung von O u. des Metalls; bei 0,1 $mA/cm^2$ vorwiegend O-Wanderung), gleichzeitig geht ein Teil des Al in Lösung. Bei Ta tragen O- u. Metallwanderung zum Oxidwachstum bei. P. Frenzel. 141 □

**Der Einfluß der Elektrolytzusammensetzung auf die anodische Oxydation von Zirkonium.** N. J. M. Wilkins. (J. electrochem. Soc. **109**, 998—99, Okt. 1962; Harwell, Berks., England, U.K.A.E.A., A.E.R.E., Metallurgy Div.; engl.) — Die Beziehung zwischen Färbung u. Gew.-Verlust (GV) als Maß der Filmdicke von anod. in 0,2n $H_2SO_4$-, gesätt. $NH_4$-Borat- u. 1 Gew.-% ig. KOH-Lsg. oxydiertem Zr wird durch Messung von GV u. der Reflexionsminima (RM) unter bestimmtem Einfallswinkel untersucht. Unabhängig vom Elektrolyten ergibt sich bei Auftragung der Ordnungen von RM gegen GV eine gleiche Geradenschar. Werte aus Kapazitätsmessungen bestätigen diesen Befund. Die Spannungsabhängigkeit der Färbung zeigt größere Unterschiede. Weiterhin wird das Filmwachstum bei Überführung der Proben von einem Elektrolyten in einen anderen untersucht. Mit einer Dichte des Oxidfilms von 5,7 $g \cdot cm^{-3}$ ergibt sich der Brechungsindex zu n = 2,05 bei λ = 5000 Å (ca. 2,1 am abgelösten Film). P. Frenzel. 141 □

**Elektrolytische Darstellung von Cu(I)-Oxid aus Messing.** S. Sampath, R. Viswanathan, H. V. K. Udupa und B. B. Dey. (J. sci. ind. Res. [New Delhi], Sect. A **17**, 39—40, Jan. 1958; Karaikudi, Central Electrochem. Res. Inst.; engl.) — Bei 80° Elektrolyt-Temp., Strömungs-Geschw. 5 Liter/h, Strommenge 2—5 A/h, einer NaCl-

Konz. von 10—25%, ($NaOH + Na_2CO_3$)-Geh. von 0,3—1,5 g/Liter u. einer Zellenspannung von 1,5—3,25 V untersuchten Vff. die Abscheidung von $Cu_2O$ aus Messinganoden (Cu : Zn = 60 : 40). Die Anoden wurden stationär oder als Drehanoden benutzt. Die Reinheit des $Cu_2O$ betrug 94—96%. H. Roschkowski. 141 □

**Elektrolytische Herstellung von Natriumperchlorat unter Verwendung von Bleidioxidanoden.** Joseph C. Schumacher, David R. Stern und Paul R. Graham. (J. electrochem. Soc. **105**, 151—55, März 1958; Whittier, Calif., Amer. Potash and Chem. Corp.; engl.) — An Stelle von Pt-Anoden wird eine $PbO_2$-Anode (**A**) bei der elektrolyt. Herst. von $NaClO_4$ (**I**) an Kathoden aus Cu-, gekohltem Stahl (**II**), Ni oder nichtrostendem Stahl (**III**) verwendet. Hierzu wird $PbO_2$ in Form eines dichten, schweren, nichtbrüchigen Nd. von metall. Aussehen auf vernickelten u. platinierten Ta-Drähten abgeschieden. Verss. im Labor.- u. Betriebsmaßstab zeigen, daß die Stromausbeute (SA) an Ni-, Cu- u. **III**-Kathoden größer als an **II**-Kathoden ist, an letzteren treten Neben-Rkk. auf. Ein Zusatz von mindestens 0,5 g/Liter NaF erweist sich dem von $Na_2Cr_2O_7$ (**IV**) überlegen. **IV** setzt die SA durch Bldg. eines dünnen Oberflächenfilms auf **A** herab. Für eine Ni-Kathode, **A** u. NaF-Zusatz ist die SA prakt. unabhängig von Stromdichte, Temp. u. pH-Wert. Bei Verw. von **A** scheinen niedrigere Badspannungen möglich zu sein. Die SA ist von der $ClO_3^-$-Konz., der kathod. Stromdichte u. vom Zusatz abhängig. Aus **I** hergestelltes $NH_4ClO_4$ enthält nur die üblichen metall. Verunreinigungen innerhalb der Grenzen handelsüblicher Reinheitsvorschriften. Eine **A** konnte 3000 Std. lang verwendet werden. P. Frenzel. 141 □

**Faradaysche Gleichrichtung und Elektrodenprozesse. 3. Mitt. Experimentelle Methoden für hohe Frequenzen und Anwendung auf die Entladung des Quecksilber(I)-Ions.** Hideo Imai und Paul Delahay. (J. physic. Chem. **66**, 1108—13, Juni 1962; Baton Rouge, La., Louisiana State Univ., Coates Chem. Labor.; engl.) — 2. vgl. C. **1962**, 7051. — Vff. untersuchen die Faradaysche Gleichrichtung im Bereich bis zu 50 Hz bei der Entladung von $Hg_2^{2+}$ an Hg in $HClO_4$ (**I**). Bestimmt werden die scheinbaren Austauschstromdichten bis zu 10 $A/cm^2$, die scheinbaren Standard-Geschw.-Konst. $k_\alpha^0$ = 100 cm/s für einen Elektrodenprozeß mit lösl. Oxydationsmittel u. Reduktor gleicher Konz. $c = 5 \cdot 10^{-4}$ Mol/Liter ($n = 2$; $D_{Ox.} = D_{Red.} = 10^{-5}$ $cm^2/s$; D = Diffusions-Koeff.) bzw. $k_\alpha^0$ = 1000 cm/s für $c = 5 \cdot 10^{-5}$ Mol/Liter entsprechen. Die Zellenkonstruktion für eine tropfende Hg-Elektrode mit niedriger Induktivität u. sehr geringem Kapazitätsverlust, die Messung der Zellenimpedanz u. der nicht-Faradayschen Gleichrichtung, die Best. der Gleichrichtungsspannungen, die Selbsterwärmung des Elektrolyten sowie Meßfehler werden erörtert. Weiterhin wird ein von der Best. der differentiellen Doppelschichtkapazität unabhängiges Modell entwickelt. $k_\alpha^0$ beträgt bei $24 \pm 2^0$ in 0,1-, 0,2- u. 1,1 m **I** 0,28, 0,35 bzw. 1,3 cm/s, der Überführungs-Koeff. $\alpha$ 0,28. Die Änderungen von $k_\alpha^0$ sind von der Struktur der Doppelschicht abhängig u. entsprechen theoret. Erwartungen. Die $k_\alpha^0$- u. $\alpha$-Werte werden mit Ergebnissen der galvanostat. Doppelimpuls-Meth. verglichen, deren niedriger Wert von 0,047 cm/s für 0,98 m **I** auf eine gekoppelte Rk. hinweist. Die Dissoziation von $HgClO_4^+$ im Innern der Lsg. scheidet hierfür aus. P. Frenzel. 142 □

**Faradaysche Gleichrichtung und Elektrodenprozesse.** 4. Mitt. Hideo Imai. (J. physic. Chem. **66**, 1744—46, Sept. 1962; engl.) — 3. vgl. vorst. Referat. — Beschreibung einer vereinfachten Meth. zur Messung der Faradayschen Gleichrichtungsspannung $\Delta$ E durch Messung der Frequenz bei $\Delta E = 0$. Hierdurch wird die Best. der für die Faradaysche Impedanz aufgewendeten Spannung vermieden. Ergebnisse für die polarograph. Red. $[Cr(CN)_6]^{3-} \rightarrow [Cr(CN)_6]^{4-}$ in KCN/KCl-Lsg. werden mitgeteilt. P. Frenzel. 142 □

**Sauerstofftransport und Reaktionsgeschwindigkeiten an einer durch Luft depolarisierten Kupferkathode.** H. C. Weber, H. P. Meissner und D. A. Sama. (J. electrochem. Soc. **109**, 884—89, Okt. 1962; Cambridge, Mass., MIT, Res. Labor. of Electron.; engl.) — Zur Lokalisierung der Rk. u. Best. der geschwindigkeitsbestimmenden Teil-Rk. untersuchen Vff. teilweise eingetauchte, durch Luft depolarisierte Elektroden im 20%ig. KOH-Elektrolyten. Die Rk. setzt prim. am durch den Elektrolytmeniskus bedeckten Teil der Elektrodenoberfläche ein. Geschwindigkeitsbestimmend ist die O-Diffusion durch den Meniskus zur Oberfläche. Massetransport kann, wie mit Hilfe einer besonderen, rotierenden Wischelektrode gezeigt wird, ausgeschlossen werden. Für die an letzterer, in Abhängigkeit vom $O_2$-Partialdruck gemessene Oxydations-Geschw. von Cu gilt eine logarithm. Beziehung. P. Frenzel. 142 □

**Die Abhängigkeit der Ladungsübertragung und der Oberflächendiffusionsgeschwindigkeit von der Struktur und der Stabilität einer Elektrodenoberfläche: Kupfer.** J. O'M. Bockris und Hideaki Kita. (J. electrochem. Soc. **109**, 928—39, Okt. 1962; Philadelphia, Pa., Univ. of Pennsylvania, Electrochem. Labor.; engl.) —

Der Einfl. der Oberflächen-Eigg. auf die Cu-Abscheidungs-Rk. in $CuSO_4/H_2SO_4$-Lsg. an verschieden hergestellten u. behandelten Oberflächen wird untersucht. Durch Abschrecken hergestellte Oberflächen zeigen stärkere Ladungsübertragung, niedrigere Oberflächendiffusions-Geschw. R u. geringere Adsorption. Die Doppelschichtkapazität $C_D$ ist an Oxidfilm- u. chem. red. Elektroden viel höher. An frischen, durch anod. Auflösung hergestellten Oberflächen fällt R stark, an Oxidfilmelektroden dagegen nicht ab. Bei Anlegung von Stromimpulsen an die „He-abgeschreckte" Elektrode (period. $H_2$-Entw.) nehmen $C_D$, die Austauschstromdichte der Überführung u. die Übergangszeit ($Cu^{2+} \rightarrow Cu$) linear mit der Anzahl der Impulse zu. Vff. erörtern die geschwindigkeitsbestimmenden Vorgänge u. mögliche Sekundäreffekte. P. Frenzel. 142□

**Wasserstoffüberspannung an Zirkonium.** Sakaé Tajima und Takemi Mori. (J. electrochem. Soc. Japan [Overseas Edit.] **26,** 226; E81—E83, 1958; Tokyo, Tokyo Metropolitan Univ., Fac. of Technol., Labor. of Electrochem.; jap., Auszug: engl.) — Vgl. C. **1958,** 8535. — Die H-Überspannung $\eta$ von Zr in 1n $H_2SO_4$ u. 1n NaOH wird bei 25 u. 45° sowie bei Stromdichten von 0,1—1,50 A/dm² in Abhängigkeit vom Oberflächenzustand bestimmt. Im Bereich von 0,05—1,00 A/dm² u. 45 bis ca. 25° gilt die Tafel-Gleichung. Die $\eta$-Werte sind an einer rauheren Oberfläche niedriger. Ähnlich wie bei Ti werden abnorm hohe Werte der Tafel-Konst. a in alkal. Lsg. festgestellt. Die Zr-Kathode wird im Gegensatz zu Ti nicht angegriffen. Die Mikrohärte nach Vickers ist an Ecken u. Kanten größer (299 MHV) als die der nicht behandelten Proben (228 MHV). P. Frenzel. 142□

**Wasserstoffüberspannung an Nickel in alkalischer Lösung.** A. C. Makrides. (J. electrochem. Soc. **109,** 977—84, Okt. 1962; Niagara Falls, N.Y., Union Carbide Metals Co., Metals Res. Labor.; engl.) — Austauschstromdichte $i_0$, Neigung der Tafel-Geraden, stöchiometr. Zahl u. anod. Grenzstrom der $H_2$-Entw. an Ni in 0,1n NaOH sind von der Vorbehandlung u. der vorausgegangenen Polarisation der Elektroden abhängig. An durch eine hohe Teilbedeckung mit adsorbiertem atomarem H charakterisierten Oberflächen ist der Entladungsschritt des Volmer-Tafel-Mechanismus geschwindigkeitsbestimmend. Diese Oberflächenzustände sind metastabil, bei cycl. anod./kathod. Behandlung gehen sie in Zustände über, bei denen H nur schwach adsorbiert wird. Die $i_0$-Werte der Entladung u. der Kombination sind dann angenähert gleich u. es liegt keine einfache geschwindigkeitsbestimmende Rk. vor. P. Frenzel. 142□

**Untersuchung des Diffusionsstroms der Quecksilbertropfelektrode.** A. Serna, A. Rodriguez und J. Sancho. (An. Real Soc. españ. Física Quím., Ser. B **57,** 673—82, Nov. 1961; Murcia, Univ. de Murcia, Fac. de Ciencias, Inst. „A. de G. Rocasolano" (C.S.I.C.), Labor. de Quím. Fís. y Electroquím.; span.) — Vff. erhielten durch eine Ableitung, die der von Ilkovic ähnlich ist u. bei der ein Tropfen der Hg-Elektrode als ein sphär. Segment betrachtet wird, die Gleichung für den Diffusionsstrom i einer Hg-Tropfelektrode: $i = 705 \cdot n \cdot CD^{1/2}\, m^{2/3}\, t^{1/6}\, [1 - 2 \cdot 10^4\, (x_3/m\, t)^{2/3} + 14 \cdot 10^5\, (a^3/m\, t)^{4/3}]$ (C = Konz. des zu oxydierenden Ions, D = Diffusions-Koeff., m = Vol. eines Hg-Tropfens, der in der Zeit t durch Austritt aus einer Capillare mit dem Radius a gebildet wird). Außerdem wurden am Beispiel von Cd u. Cu die verschiedenen Gleichungen (Gl) für den Diffusionsstrom überprüft. Die Gl von Ilkovic wurde nur für den letzten Teil der Lebensdauer des Tropfens als gültig befunden, in allen anderen Abschnitten, bes. am Anfang, gibt sie zu hohe Werte. Die Gl von Lingane-Loveridge u. Strehlow-Stackelberg gibt für die ganze Lebensdauer des Hg-Tropfens zu hohe Werte. Am besten gibt die angegebene Gl den tatsächlichen Verlauf des Diffusionsstroms wieder, lediglich am Anfang liefert sie etwas zu geringe Werte. H. Huste. 142□

**Anwendung der Methode des hängenden Quecksilbertropfens zur Untersuchung der Bildung einiger Metallamalgame.** W. Kemula und Z. Galus. (Bull. Acad. polon. Sci., Sér. Sci. chim., géol. géogr. **7,** 729—35, 1959; Warsaw, Univ., Dep. of Inorg. Chem.; engl.) — Durch elektrolyt. Red. von Lsgg. von $FeSO_4$, $NiCl_2$ u. $CoCl_2$ an einer hängenden Quecksilbertropfenelektrode (vgl. C. **1960,** 3646) wurden *Fe-*, *Ni-* u. *Co-Amalgame* erhalten, deren anod. Auflösung durch Messung der anod. Strom–Spannungs-Kurven verfolgt wurde. Während die Red. von $Fe^{2+}$ nur zu einem einzigen Red.-Prod. führt, zeigen die anod. Strom–Spannungs-Kurven von Ni- u. Co-Amalgam mehrere Maxima u. Minima. Das deutet darauf hin, daß eine zunächst vorliegende akt. Form des Amalgams mit weiterem Hg unter Bldg. z. B. einer stabileren Ni-Hg-Verb. reagiert. E. Moisar. 142□

**Verhalten der l-Ascorbinsäure als Trägerelektrolyt. Einfluß des Magnesiumions.** J. Alonso-López. (An. Real Soc. españ. Física Quím., Ser. B **57,** 733—40, Dez. 1961; Junta de Energia Nucl., Secc. de Investigación Quím., Div. de Quím.; span.) — Der

Einfl. der Konz. von *l*-Ascorbinsäure zwischen 0,1- u. 0,7 m u. des pH 2–6 auf das Halbstufenpotential ($E_{1/2}$) u. den Diffusionsstrom von 0,1 m $UO_2^{2+}$-Lsgg. wurde untersucht; $E_{1/2}$ ist unabhängig von beiden Faktoren, der Diffusionsstrom dagegen pH-abhängig. Außerdem wurden die kathod. Stufen von 0 bis –2,5 V (Hg-Tropfelektrode) von 0,1 m wss. *l*-Ascorbinsäure-Lsg. in Ggw. von $Mg^{2+}$ ($2{,}4\cdot10^{-6}$- bis $2{,}4\cdot10^{-2}$m) bei pH 2,2–11,35 untersucht. Folgende Stufen wurden festgestellt: bei pH 3 $E_{1/2}$ = –0,85 (V), bei pH >8,1 $E_{1/2}$ = –1,20 u. bei pH >9,7 $E_{1/2}$ = –1,40 bzw. –0,60. Die Ggw. von $Mg^{2+}$ ist bei pH ca. 6,0 mit einer Inhibitor-Wrkg. auf die kinet. Stufe der Dehydroascorbinsäure verbunden, was durch Bldg. eines Mg-Ascorbats erklärbar ist. Ein Einfl. auf die anderen Halbstufenpotentiale besteht nicht. K. Huste. 142□

## $A_4$. Thermodynamik. Thermochemie

**Thermodynamik.** George Martin Brown. (Ind. Engng. Chem. **52,** 451–55, Mai 1960; Evanston, Ill., Northwestern Univ., Chem. Engng. Dep.; engl.) — Zusammenstellung der 1959 erschienenen Arbeiten u. Monographien über allg. Thermodynamik, Thermodynamik der irreversiblen Prozesse, Zustandsgleichungen u. p-V-T-Daten, Dampfdrücke, Mol-Wärmen, Phasengleichgewichte u. chem. Gleichgewichte. — 157 Literaturangaben. A. Blaschette. 146◇

**Über eine Methode zur Lösung der stationären Boltzmann-Gleichung.** Jean Tavernier. (C. R. hebd. Séances Acad. Sci. **255,** 1868–70, 15/10. 1962; Fontenay-aux-Roses, Labor. Central des Ind. électr.; franz.) — Die Lösung wird für nachst. Fälle durchgeführt: Ggw. eines elektr. Feldes; Ggw. eines Magnetfeldes; Existenz von mit den Raumkoordinaten verknüpften Gradienten. A. Blaschette. 146◇

**Die spezifische Wärme eines Teilchens in einem Kasten.** Herbert B. Rosenstock. (Amer. J. Physics **30,** 38–40, Jan. 1962; Washington, D.C., U. S. Naval Res. Labor.; engl.) — Die spezif. Wärme $C_v$ eines freien Teilchens in einem würfelförmigen Kasten mit reflektierenden Wänden ist eine Funktion von $\eta = 2\,m\,L^2\,k\,T/\hbar^2$ (m = Masse des Teilchens, L = Kantenlänge des Kastens, T = Temp., k = Boltzmann- u. $2\pi\hbar$ = Planck-Konst.). Bei großen Werten für $\eta$ nähert sich $C_v$ dem klass. Wert für die Gleichverteilung, für kleines $\eta$ geht es mit $T^{-2}\exp(-\mathrm{const}\cdot T^{-1})$ gegen Null. Die Kurve durchläuft bei $\eta = 9\,\pi$ ein Maximum mit $C_v = (9/8)(d\,k/2)$ (d = Dimensionsbezeichnung). K. Ross. 146□

**Thermodynamische Funktionen eines anharmonischen Oscillators und eines schwingenden Rotators.** D. Papoušek, O. Cerman, H. Trávničková und J. Kučirek. (Spisy přírodovědecké Fak. Univ. J. E. Purkyně Brně **1962,** Nr. 429, 19–35; Ústav org. chemie a biochemie ČSAV Praha, Czechoslovakia; tschech.) — Beschreibung einer einfachen Meth. zur Berechnung der thermodynam. Funktionen eines idealen zweiatomigen Gases im Elektronenzustand $X\,^1\Sigma$ unter Berücksichtigung der Begrenzung der Schwingungs- u. Rotationsniveaus, der Schwingungs–Rotations-Wechselwrkg. u. der Zentrifugalkraft. Zur Vereinfachung der numer. Arbeit werden einzelne Funktionen tabellar. wiedergegeben. Die thermodynam. Funktionen $C_p^0$, $(H^0 - H_0^0)/T$, $-(G^0 - H_0^0)/T$ u. $S^0$ für $^1H^{35}Cl$ (1 at) unter Vernachlässigung der Entropie des Kernspins u. der Isotopenmischungsentropie werden für den Temp.-Bereich von 273,16 bis 5000° K berechnet. M. Valentová. 146

**Indirekte exponentielle Kopplung bei den klassischen Mehrkörperproblemen.** Emmanuel Meeron. (Physic. Rev. [2] **126,** 883–86, 1/5. 1962; San Diego, Calif., Convair, Phys. Sect.; engl.) — Vf. entwickelt eine neue Meth. zur Best. der Verteilungs- u. thermodynam. Funktionen eines klass. Mehrkörperproblems, die auf der Kopplung der Ursellschen f-Bindungen (an Stelle der direkten Wechselwrkg.-Potentiale) beruht. Die resultierenden Entw. nach Potenzen der exponentiellen Kopplungsparameter sind für prakt. physikal. Syst. endliche Polynome niedriger Ordnung; die Verteilungsfunktionen werden durch Verhältnisse endlicher Polynome gegeben, deren Koeff. selbst für stark singuläre (z. B. Hartkugel-) Potentiale endlich sind. Auf zahlreiche Anwendungen der neuen Meth. sowie auf die mögliche Anwendung auf quantenmechan. Syst. wird hingewiesen. D. Jörchel. 146□

**Über Phasentrennung in einer Isotopenmischung eines Hartkugel-Bose- und -Fermi-Gases.** E. G. D. Cohen und J. M. J. van Leeuwen. (Physica [Utrecht] **26,** 1171–73, Dez. 1960; Amsterdam, Univ., Inst. voor Theoret. Phys.; engl.) — Anwendung der Pseudopotential-Meth. für ein einfaches Gas von harten Kugeln zur Berechnung der Energieniveaus einer Isotopenmischung von harten Kugeln. Die erhaltene red. Phasentrennungs-Temp. $T_c/T_\lambda$ als Funktion der red. Dichte wird mit Daten für Mischungen von fl. $^4He$ u. $^3He$ verglichen. Herbert Weber. 146◇

**Über die Erweiterung und Verallgemeinerung des Freiheitsgradbegriffes.** Pál Benedek und Antal László. (Veszprémi Vegyipari Egyetem Közleményei [Mitt. Univ. chem. Ind. Veszprém] **5**, 197—209, März 1961; Lehrst. für phys. Chem.; ung.) — Die physikal. Größen eines Syst. bilden in algebraischen Sinne eine endlich freie Abelsche Gruppe. Das Basis-Syst. der Gruppe soll eine minimale Zahl von Veränderlichen enthalten u. alle anderen Variablen des Syst. sollen mit diesen Grundveränderlichen darstellbar sein. Die Freiheitszahl F des Syst. ist F=N—M, wo N die Zahl der das Syst. bildenden sämtlichen, aber nur endlichen Veränderlichen u. M die Zahl der bestimmenden Gleichungen ist. Der Begriff „Syst.“ wird also durch seine endliche Dimension, durch die Eigg. seiner Wand u. durch die minimale Zahl der voneinander unabhängigen Veränderlichen definiert. Aus diesen kann eine jede andere Veränderliche des Syst. als ein Potenz-Prod. $K = B_1^{\alpha_1} B_2^{\alpha_2} \cdots B_p^{\alpha_p} = \prod_{i=1}^{p} B_i^{\alpha_i}$ dargestellt werden. Einige der Veränderlichen können Grundveränderliche sein; das wird durch gruppentheoret. Axiome bestimmt. I. Náray-Szabó. 146

**Bestimmung des Freiheitsgrades bei verschiedenen Systemen.** Pál Benedek und Antal László. (Veszprémi Vegyipari Egyetem Közleményei [Mitt. Univ. chem. Ind. Veszprém] **5**, 211—23, März 1961; ung.) — Vgl. vorst. Referat. — Die Freiheitsgrade einer stationär funktionierenden, also mit der Zeit ständig gewordenen u. einer stationären, dimensionslosen Operationseinheit wurden bestimmt. Die durch physikal. Größen dargestellte Operationseinheit besitzt zwei verschiedene Freiheitsgrade. Beim ersten werden nur die konvektiven Ströme berücksichtigt (wie in technolog. Fließbild), dann ist $F = f(k + 2) + 3$, wo F die Zahl der Phasen, k die Zahl der Komponenten bedeutet. Werden auch die leitenden Ströme berücksichtigt, so ist $F' = f(2k + 5) - k + 1$. Der vollständige Freiheitsgrad des dimensionslosen Syst. wird durch $F'' = [F' - (f-1)] - r$ gegeben (r = Rang der Dimensionsmatrix). Die Freiheitsgrade werden bis $f = 3$ u. $k = 3$ berechnet. Es wird auch eine Kontroll-Meth. behandelt. I. Náray-Szabó. 146

**Zusammenhang zwischen den Veränderlichen des Systems.** Pál Benedek und Antal László. (Veszprémi Vegyipari Egyetem Közleményei [Mitt. Univ. chem. Ind. Veszprém] **5**, 225—37, März 1961; ung.) — Vgl. vorst. Referat. — Es wird bewiesen, daß die Zusammenhänge zwischen den Veränderlichen eines Syst. — wenn letztere eine Abelsche Gruppe bilden — immer auf einen Zusammenhang zwischen den Freiheitsgraden reduziert werden können. Die in dimensionalem Sinn betrachtete Homogenität baut eine eindeutige u. gegenseitige Beziehung zwischen den mit Dimensionen ausgedrückten Veränderlichen u. dem dimensionslosen Syst. aus. Vff. geben eine gruppentheoret. u. linear-algebraische Erörterung des Buckinghamschen $\pi$-Theorems. Es wird bewiesen, daß die dimensionale Homogenität die Zahl der Freiheitsgrade maximal mit vier verringert. Ist die Zahl der Grundveränderlichen p, so genügen zur Darst. zwischen ihnen p—1 Grundveränderliche, da das Grundsyst. selbst eine bestimmende Gleichung liefert; es enthält also eine Voraussetzung. Die Zusammenhänge können demnach mit p—1 minimalen Veränderlichen ausgedrückt werden.
I. Náray-Szabó. 146

**Zusammenhang zwischen den allgemeinen und Gibbsschen Freiheitsgraden.** Pál Benedek und Antal László. (Veszprémi Vegyipari Egyetem Közleményei [Mitt. Univ. chem. Ind. Veszprém] **5**, 239—43, März 1961; ung.) — Vgl. vorst. Referat. — Es wird bewiesen, daß der von Vff. eingeführte allg. Freiheitsgrad F mit der Summe des Gibbsschen (oder thermostat.) (G) u. des ebenfalls von ihnen eingeführten Strömungs- (oder thermodynam.) Freiheitsgrades (A) gleich ist, wobei für eine Strömung $A = f(k + 3) - (k + 2)$ gilt, also $F = f(k + 2)$. Durch die Verallgemeinerung des Freiheitsgrades gelang es, den Freiheitsgrad eines Syst. in beliebigem Zustand zu bestimmen. I. Náray-Szabó. 146

**Der Freiheitsgrad von Systemen mit „Quellen“.** Pál Benedek und Antal László. (Veszprémi Vegyipari Egyetem Közleményei [Mitt. Univ. chem. Ind. Veszprém] **5**, 245—65, März 1961; ung.) — Vgl. vorst. Referat. — Vff. erweitern ihre Best. des allg. Freiheitsgrades auf Syst. mit Kraftfeldern. Die chem. Rk. wird als eine „Komponentenquelle“ bzw. als ein „Komponentenverbraucher“ betrachtet. Die Rk.-Wärme, sowie der Druckabfall (als eine Impulsquelle) werden berücksichtigt. Die Grundveränderlichen der kraftfeldlosen Syst. werden somit durch drei dimensionslose Zahlen ergänzt: die erste u. dritte Damköhlersche Zahl (Da I u. Da III) u. die Zahl $E/\varrho v^2 d^2$, wobei E eine äußere Kraft bedeutet, u. im Falle einer Druckkraft mit der Eulerschen Zahl ident. ist. Es wird der Freiheitsgrad des Syst. auf den Fall R unabhängiger chem. Rkk. berechnet. Die Ähnlichkeitskriterien werden bestimmt u. bewiesen, daß ähnliche Syst. keinen Freiheitsgrad besitzen. Es wurde festgestellt, daß bei Maßstabvergrößerung von Industriereaktoren nur eine partielle Ähnlichkeit verwirklicht werden kann, die sich auf die sog. Steuerungsparameter bezieht, unter denen die Zahl Da I die wichtigste ist. I. Náray-Szabó. 146

**Eine Gleichung für den flüssigen und gasförmigen Zustand von Stickstoff.** R. F. Bukacek und R. E. Peck. (A.I.Ch.E. Journal **7,** 453—55, Sept. 1961; Chicago, Ill., Illinois Inst. of Technol.; engl.) — Vff. leiten für $N_2$ eine allg. Zustandsgleichung ab, die den fl. u. gasförmigen Zustand umfaßt: $P = -(A\,\varrho^2/T)\{1 - \exp[B(\varrho - \lambda_1)]\} + \lambda_2\,\varrho^2 \exp(-\lambda_3\,\varrho) + RT\,\varrho \exp(-I\,\varrho/T) + J\,\varrho^2 \exp(\lambda_4)$ mit $\lambda_1 = 1/(C + DT^2)$, $\lambda^2 = ET^{0,5} + F/T$, $\lambda_3 = 1/(GT^4 + H)$ u. $\lambda_4 = -K(\varphi - L)^2 - MT$. Mit P in atm., T in Grad K, $\varrho$ in Mol/Liter besitzen die 13 Koeff. für $N_2$ folgende numer. Werte: $A = 211{,}5$, $B = 0{,}08625$, $C = 0{,}02732$, $D = 6{,}073 \cdot 10^{-7}$, $E = 0{,}1007$, $F = 135{,}1$, $G = 2{,}746 \cdot 10^{-9}$, $H = 22{,}13$, $I = 22{,}71$, $J = 30{,}56$, $K = 0{,}0497$, $L = 13{,}1$ u. $M = 0{,}0505$. Die Ergebnisse dieser Gleichung stimmen bis auf 0,7% genau mit den experimentellen Daten überein. G. Gattow. 148◇

**Innere Energie und Enthalpie des Stickstoffs bis zu einem Druck von 900 Atmosphären bei den Temperaturen 300, 400, 500, 600, 700 und 800°.** Jean Saurel und Alfred Lecocq. (C. R. hebd. Séances Acad. Sci. **246,** 2586—89, 5/5. 1958; franz.) — Die von Saurel angegebenen empir. Ausdrücke für den 3. u. 4. Virial-Koeff. wurden auf Literaturdaten zur Berechnung der Änderungen der inneren Energie u. Enthalpie des Stickstoffs bei Drücken von 1—900 atm. für die Temp. 300, 400, 500, 600, 700 u. 800° angewandt, wobei als Standardzustand 1 atm. bei der jeweiligen Temp. angenommen wurde. Für Drücke bis 15 atm. wurden im Temp.-Bereich 220—330° die Kurven $\partial H/\partial p = 0$ berechnet, wobei sich gute Übereinstimmung mit den experimentellen Werten anderer Autoren ergab. E. Uhlein. 149□

**Thermodynamische Eigenschaften von Schwefeldioxid.** T. L. Kang und J. J. McKetta. (A.I.Ch.E. Journal **7,** 418—22, Sept. 1961; Austin, Tex., Univ. of Texas; engl.) — Vgl. C. **1962,** 7794. — Unter Zugrundelegung von an anderer Stelle publizierten experimentellen Daten wurden die thermodynam. Eigg. von $SO_2$ zwischen —60° bis +480° F u. von 1—4500 lb./sq.in. berechnet. Das Mollier-Diagramm, dem die Enthalpie- u. Entropieisothermen sowie die Isobaren u. die Sättigungskurve zu entnehmen sind, ist graph. wiedergegeben. G. Gattow. 149◇

**Thermische Relaxation in Gasen: Eine neue Methode zur Auswertung experimenteller Daten.** A. C. J. Johnson. (Proc. physic. Soc. **73,** 273—79, 1/2. 1959; Liverpool, Univ., Dep. of Phys., Sub-Dep. of Acoust.; engl.) — Vf. zeigt, daß man im Falle einer einzigen Relaxation die Relaxationszeit in einem Gas auf einfache Weise finden kann, wenn sowohl die Geschw.-Dispersion als auch die Absorption je Wellenlänge gemessen wird. Das Auswertungsproblem red. sich dann auf die Anpassung von Kreisen u. Geraden an die Daten. Für den Fall der Ggw. einer Mehrfachrelaxation wird die Ermittlung der individuellen Relaxationszeiten beschrieben. Die Meth. wird auf für $CO_2$, *Methan*, $NH_3$ u. $H_2$ gewonnene Daten angewandt. Abschließend wird die Behandlung von Gasen erörtert, für die die Stokes-Kirchhoffsche Absorption nicht bekannt ist. D. Jörchel. 149□

**Eine neue halbempirische Gleichung für den Gasfluß durch Capillaren.** E. S. Creutz und L. R. Zumwalt. (J. appl. Physics **33,** 2883—88, Sept. 1962; San Diego, Calif., Gen. Atomic Div. of Gen. Dynamics Corp., John Jay Hopkins Labor. for Pure and Appl. Sci.; engl.) — Vff. stellen ohne Unterscheidung zwischen Poiseuilleschem Gleitfluß u. Knudsenschem Fluß eine neue Gleichung für den Gasfluß durch Capillaren im unteren u. mittleren Druckbereich auf, wobei der Gesamtfluß aus zwei Komponenten besteht, wobei eine durch eine effektive mittlere freie Weglänge, die andere durch eine effektive Viscosität charakterisiert wird u. beide vom Verhältnis des mittleren Druckes in der Capillare p zum charakterist. Druck $p_1$ sowie von ihrem mittleren hydraul. Radius u. den Eigg. des Gases abhängig sind. Bei niedrigen Drücken wird die Knudsensche, bei hohen die Poiseuillesche Beziehung erhalten, deren Gleitterm durch $p_1$ bestimmt ist. — Die neue Gleichung $K = {}^2/_3\delta - 3\pi/32\alpha)\, r\, \bar{v}\, [p_1/(p + p_1)] + r^2/8\pi(p + p_1)$ hat ein Minimum in der Beziehung zwischen Permeabilität u. Druck, worin Diffusions- u. Viscositätsfluß von gleicher Größe sind. Sie paßt bei niedrigen Drücken u. im Übergangsgebiet zwischen Poiseuilleschem u. Knudsenschem Fließen gut zu Originalwerten von Knudsen u. Klose über Fließ-Geschw. verschiedener Gase durch Capillaren. — Vgl. zwischen gemessenen u. nach der neuen Beziehung berechneten Werten ergeben eine befriedigende Übereinstimmung. W. Sobieski. 149◇

**Zur Hydrodynamik von $^3He$-$^4He$-Lösungen nahe dem λ-Punkt.** D. G. Ssanikidse. (Hochschulnachr. [Tomsk], Physik **1961,** Nr. 4, 40—47; Grusin. polytechn. Inst.; russ.) — Für Lsgg. $^3He$-$^4He$ werden hydrodynam. Gleichungen erhalten, die in unmittelbarer Nähe des $\lambda$-Punktes gültig sind. Die Schallausbreitung in der Nähe des $\lambda$-Punktes wird behandelt, u. die Absorptions-Koeff. werden berechnet.

M Wiedemann 149□

**Die Erniedrigung der Dreiphasen-Gleichgewichtstemperatur in einem binären System durch Zusatz einer dritten Komponente.** A. P. Pieroen und A. E. Korvezee. (Recueil Trav. chim. Pays-Bas **81**, 898—903, Sept./Okt. 1962; The Hague, Netherlands, Shell Internat. Res. Maatschappij N. V.; engl.) — In Fortführung früherer Unterss. der Vff. (vgl. C. **1957**, 3734) wird das bin. Syst. A–B, in dem eine feste Verb. $AB_n$ neben einer fl. Phase, die hauptsächlich aus B besteht, u. einer gasförmigen Phase, die vorwiegend A enthält, auftritt, theoret. behandelt. Die Dreiphasen-Gleichgewichts-Temp. u. der Druck hängen voneinander ab. Für den Fall, daß bei vorgegebenem Druck nach Zusatz einer dritten Komponente C die Gleichgewichts-Temp. erniedrigt wird, leiten Vff. eine allg. Beziehung ab, die für spezielle Bedingungen vereinfacht werden kann. Ähnliche Gleichungen gelten auch, wenn die Verb. $AB_n$ aus zwei nicht mischbaren Fll. gebildet wird. G. Gattow. 150◇

**Schmelzwärmen von 60 BeO–40 CaO, 48 CaO–52 $Al_2O_3$, 75 CaO–25 $B_2O_3$ und 80 BeO–20 $Li_2O$.** Homer H. Glascock jun. (J. appl. Physics **33**, 3296—98, Nov. 1962; Schenectady, N.Y., Gen. Electr. Labor.; engl.) — In einem beschriebenen Calorimeter wurden durch Aufnahme von Abkühlungskurven die FF. u. Schmelzwärmen nachst. bin. Metalloxide (nach röntgenograph. Unters.) bestimmt: 48 Mol-% CaO + 52 Mol-% $Al_2O_3$ (Eutektikum, Komponenten: $CaAl_2O_4$ + $CaAl_4O_7$) 1590°, 85 ± 20 cal/g; 50 CaO + 50 $Al_2O_3$ 1610°, 115; 60 BeO + 40 CaO (kub.-flächenzentriert; a = 13,85 Å) 1380° ± 10°, 200 ± 25; 75 CaO + 25 $B_2O_3$ (Verb.) 1492° ± 5°, 160 ± 20; 80 BeO + 20 $Li_2O$ (BeO + unbekannte Struktur) 1000° ± 10°, 110 ± 15 cal/g. G. Gattow. 155◇

**Dampfdruck und Sublimationswärme von Gold.** D. L. Hildenbrand und W. F. Hall. (J. physic. Chem. **66**, 754—55, April 1962; Newport Beach, Calif., Ford Motor Co., Aeronutron. Div., Res. Labor.; engl.) — Vff. bestimmen mit Hilfe der Torsions–Effusions-Meth. den Dampfdruck sowie die Sublimationswärme von Au zu $\Delta H_{298} = 88{,}3 \pm 0{,}2$ kcal/Mol. D. Heinrich. 155◇

**Stabilität von gasförmigem Boroxin und seinen Fluorderivaten.** Richard F. Porter und William P. Sholette. (J. chem. Physics **37**, 198—99, 1/7. 1962; Ithaka, N.Y., Cornell Univ., Dep. of Chem.; engl.) — Massenspektrometr. Unterss. der Rk. von $H_2$–$BF_3$ mit $B_2O_3$ bei 1246—1326° K ergaben folgende Gleichgewichts-Rkk.: $H_2$ (g) + $B_3O_3F_3$ (g) ⇌ HF (g) + $B_3O_3F_2H$ (g), $K_1 = 4{,}2 \cdot 10^{-3} - 2{,}3 \cdot 10^{-2}$, $\Delta S^0 = 9 \pm 3$ (Entropieeinheiten), $\Delta H^0 = 24{,}9 - 21{,}8$ (kcal/Mol); 2 $B_3O_3F_2H$ (g) ⇌ $B_3O_3FH_2$ (g) + $B_3O_3 \cdot F_3$ (g), $K_2 = 0{,}62 - 0{,}46$, $\Delta S' = -2{,}2 \pm 2{,}0$, $\Delta H^0 = -1{,}5$ bis $-0{,}8$; 2 $B_3O_3FH_2$ (g) ⇌ $B_3O_3H_3$ (g) + $B_3O_3F_2H$ (g), $K_3 = 1{,}0 - 0{,}63$, $\Delta S^0 = -2{,}2 \pm 2{,}0$, $\Delta H^0 = -2{,}8$ bis $-1{,}6$. Zusammen mit der Bldg.-Wärme von $B_3O_3F_3$ (g) von −567 kcal/Mol bei 298° K ergeben sich die Bldg.-Wärmen für $B_3O_3F_2H$ (g), $B_3O_3FH_2$ (g) u. $B_3O_3H_3$ (g) zu $-479 \pm 5$, $-392 \pm 6$ u. $-307 \pm 8$ kcal/Mol. Aus der ziemlich hohen Stabilität von $B_3O_3H_3$ wird auf einen sechsgliedrigen Ring geschlossen. P. Sartori. 156□

**Untersuchungen über einige Beziehungen zwischen thermodynamischen Funktionen der Hydratation von Elektrolyten.** B. Jakuszewski. (Soc. Sci. Lodziensis, Acta chim. **4**, 5—15, 1959; Łódź, Univ., Dep. of Phys. Chem.; engl.) — Vf. gibt einen Überblick über bekannte Meth. für die Berechnung der Freien Hydratationsenergie $\Delta F_h$, der Hydratationsenthalpie $\Delta H_h$ u. der Hydratationsentropie $\Delta S_h$ u. errechnet die entsprechenden Werte für *HCl, HBr, HJ, LiCl, LiBr, LiJ, NaCl, NaBr, NaJ, KCl, KBr, KJ, RbCl, RbBr, RbJ, CsCl, CsBr, CsJ, AgCl,* $BeCl_2$, $MgCl_2$, $CaCl_2$, $SrCl_2$, $BaCl_2$, $ZnCl_2$, $CdCl_2$, $HgCl_2$, $CuCl_2$, $MnCl_2$, $PbCl_2$, $AlCl_3$. Sowohl zwischen $\Delta H_h$ u. $\Delta S_h$ als auch zwischen $\Delta F_h$ u. $\Delta S_h$ existieren lineare Zusammenhänge, die sich für die Halogenide $MeX_n$ durch nachst. Gleichungen beschreiben lassen (Genauigkeit: ±0,1%): $-\Sigma\Delta H_h(MeX_n) = -1{,}811 \cdot 10^3 \Sigma\Delta S_h(MeX_n) + A(Me^{n+})$ u. $-\Sigma\Delta F_h(MeX_n) = -1{,}513 \cdot 10^3 \Sigma\Delta S_h(MeX_n) + A(Me^{n+})$; die Größen von $A(Me^{n+})$ betragen für $H^+$ 256,81, $Li^+$ 114,86, $Na^+$ 102,14, $K^+$ 97,43, $Rb^+$ 96,74, $Cs^+$ 90,25, $Be^{2+}$ 522,5, $Mg^{2+}$ 430,6, $Ca^{2+}$ 375,9, $Sr^{2+}$ 343,6, $Ba^{2+}$ 342,4, $Al^{3+}$ 1042,7. Zwischen den Bldg.-Enthalpien der gasförmigen Ionen $\Delta H(Me^+ + X^-)_{gas}$ u. den Bldg.-Enthalpien der Ionen in wss. Lsg. $\Delta H_{aq}(MeX)$ besteht bei den Alkalimetallhalogeniden die lineare Beziehung $\Sigma\Delta H(Me^+ + X^-)_{gas} = 0{,}3759 \Sigma\Delta H_{aq}(MeX) + B(Me^+)$ mit $B(Me^+) = 142{,}32$ (für $Li^+$), 121,93 ($Na^+$), 100,08 ($K^+$), 94,89 ($Rb^+$) u. 86,79 ($Cs^+$). Die Freie Bldg.-Energie u. die Bldg.-Enthalpie des gasförmigen $F^-$ wurden zu $\Delta F_{298}(F^-)_{gas} = -76{,}7$ u. $\Delta H_{298}(F^-)_{gas} = -74{,}9 \pm 0{,}2$ kcal/Mol berechnet. G. Gattow. 156□

**Solvatationsenergien und -entropien von einwertigen Ionen in Methanol.** B. Jakuszewski und S. Taniewska-Osińska. (Soc. Sci. Lodziensis, Acta chim. **4**,

17–27, 1959; engl.) — Vgl. vorst. Referat. — Die Standard-Elektrodenpotentiale von einigen einwertigen Ionen in Methanol (I) wurden mit Hilfe von Zellen 3. Art bei 25,000 ± 0,002° bestimmt: $Li/Li^+$ −3,095, $Na/Na^+$ −2,728, $K/K^+$ −2,915, $Cl_2/Cl^-$ 1,1272, $Br_2/Br^-$ 0,8617, $J_2/J^-$ 0,357 V. Zwischen den Freien Solvatationsenergien $\Delta F_s$ in I u. den Freien Hydratationsenergien $\Delta F_h$ in $H_2O$ existieren bei den Alkalimetallhalogeniden lineare Beziehungen: $\Sigma\Delta F_s = 1{,}0338\,\Sigma\Delta F_h - A$ mit A = 10,74 (für Chloride), 9,88 (Bromide), 9,03 (Jodide). Aus den experimentellen Werten wurden unter Verw. von Daten aus der Literatur die abs. Entropien $S_a^0$ von einwertigen Ionen in $H_2O$ u. I berechnet (in cal/Grad·Mol): $H^+$ −4,8 u. −14,5, $Li^+$ −0,2 u. −10,2, $Na^+$ 9,6 u. −3,0, $K^+$ 19,7 u. 4,8, $Rb^+$ 24,9 u. 10,5, $Cs^+$ 27,0 u. 12,7, $Cl^-$ 18,0 u. 3,8, $Br^-$ 24,1 u. 9,1, $J^-$ 30,9 u. 15,3. G. Gattow. 156□

**Thermodynamik der Lösungen von Schwefel in flüssigem Eisen.** B. P. Burylew. (Hochschulnachr., Eisenmetallurgie [UdSSR] **1960,** Nr. 6, 5–14, Sibirien, Hochsch. für Metallurg.; russ.) — Durch Best. der Aktivität u. des Aktivitäts-Koeff. der einzelnen Komponenten von S-Lsgg. in fl. Fe in Ggw. von anderen Elementen (Mn, Si, C) wird festgestellt, daß S-Lsgg. in Fe als reguläre Lsgg. betrachtet werden können. Die Mischungsenergien werden errechnet: Q = +10000 cal (Fe–S); Q = −15000 cal (Mn–S); Q = +15000 cal (Si–S); Q = +25000 cal (C–S). Eine mathemat. Analyse des Einfl. des S auf die Löslichkeit des C ergibt, daß auch hier die Theorie regulärer Lsgg. angewendet werden kann. Gisela Richter. 156

**Gleichgewichtsuntersuchung der Uranoxide zwischen 1200 und 1800° C.** Anne Marie Anthony, Raisaku Kiyoura und Toshiyuk Sata. (C. R. hebd. Séances Acad. Sci. **255,** 1606–08. 1/10. 1962; Paris, C.N.R.S., Labor. des Échanges Therm.; Tokyo, Inst. of Technol., Res. Labor. of Engng. Materials; franz.) — Tabletten aus $UO_{2,60}$ werden 1–3 Std. lang in $N_2$–$O_2$-Gemischen (0,4–100% $O_2$) auf 1200–1800° C erhitzt u. in W. abgeschreckt. Das Verhältnis O/U wird aus der Red. der Proben in $H_2$ bei 700° C nach $UO_{2+x} + x\,H_2 \rightarrow UO_2 + x\,H_2O$ bestimmt. Die Isobaren werden mit der Rk. (a) $UO_{2,60} \rightleftharpoons UO_{2,25} + 7/40\ O_2$ beschrieben; zwischen $UO_{2,60}$ u. $UO_{2,25}$ liegt ein Zweiphasenbereich, dessen Komponenten röntgenograph. nachgewiesen werden. Der $O_2$-Partialdruck folgt zwischen 1400 u. 2000° K der Beziehung log p [Torr] = −20920/T + 10,94; damit wird für Rk. a bei 2000° K $\Delta H^0 = 16{,}75$ (kcal/Mol), $\Delta G^0 = -0{,}77$ u. $\Delta S^0 = 8{,}76$ cal/Grad·Mol erhalten. Herbert Müller. 156◇

**Über die Übertragungswärmen der Komplexe [$Cd^{2+}$Ag□] in AgBr + $CdBr_2$-Kristallen.** A. N. Murin, B. G. Lurje und G. N. Schapkin. (Ber. Akad. Wiss. [UdSSR] **127,** 1055–57, 11/8. 1959; Leningrad, Shdanow-Univ.; russ.) — Vff. bestimmen die Übertragungswärme $Q_K^*$ der Komplexe [$Cd^{2+}$Ag□], die sich in festen Lsgg. von $CdBr_2$ in AgBr bilden. Dazu wurden Proben aus AgBr mit 1 Mol-% $CdBr_2$, das radioakt. $^{115m}Cd$ enthielt, zu Tabletten gepreßt u. 5 dieser Tabletten in einem Spezialofen einem Temp.-Gefälle von je 20° unterworfen. Die Gesamttemp.-Differenz betrug 100°, die Behandlungszeit im Ofen 315 Std. Danach wurde nach der Sektions-Meth. die Verteilung des $^{115m}Cd$ in den Tabletten bestimmt. Aus den Resultaten ergab sich der Diffusions-Koeff. D der $Cd^{2+}$-Ionen bei 300° zu $(1{,}24 \pm 0{,}01) \cdot 10^{-8}$ cm²/s. Der D-Wert für 260° zeigte, daß die Dauer der Thermodiffusions-Vers. nur für den Bereich 310–290° ausreichend war. $Q_K^*$ für T = 300° wurde zu −0,54 eV berechnet. U.-L. Rau. 156□

**Detonationsempfindlichkeit und kritischer Durchmesser in homogenen festen Stoffen.** Marjorie W. Evans. (J. chem. Physics **36,** 193–200, 1/1. 1962; Menlo Park, Calif., Stanford Res. Inst.; engl.) — Vf. entwickelt Gleichungen für stabile Detonationswellen in homogenen festen Stoffen unter der Voraussetzung, daß das Druckprofil in Richtung auf die Stoßwellenbewegung zwischen der Wellenfront u. der Chapman-Jouguet-Fläche gerichtet ist. Mit dem Modell wird die Abhängigkeit der Rk.-Geschw. in der stationären Zone von der Detonations-Geschw. entsprechend der Temp. in der Rk.-Zone bestimmt. In Erweiterung der Ansätze von Eyring u. Mitarbeiter (C. **1949/I,** 5184) läßt sich ein krit. Durchmesser für stabile Detonationen angeben. Für größere Durchmesser hat die Gleichung 2 Lösungen. Die Berechnung des krit. Durchmessers, der Detonations-Geschw. bei dem krit. Durchmesser, der Induktionsdauer bei der Initiierung u. der Stoßempfindlichkeit für eine gegebene Probendimension sind möglich. Für fl. *Trinitrotoluol* u. *$NH_4NO_3$* (theoret. Dichte) werden die berechneten Werte mit experimentell bestimmten Daten verglichen. G. Krien. 157□

**Wärmeleitzahlen binärer Gasgemische in dimensionsloser Darstellung.** O. Nehmtow. (Mber. dtsch. Akad. Wiss. Berlin **3,** 148–53, 1961; Dresden, Dt. Akad. Wiss., Forsch.-Gemeinschaft, Arbeitsstelle für Tieftemp.-Phys.; dt.) — Zur einfachen, zuverlässigen u. für techn. Zwecke ausreichend genauen Best. der Wärmeleitzahl $\lambda$ von bin. Gemischen wurden die vorwiegend an Gemischen aus dipolfreien Komponenten erhaltenen Meßwerte durch Division mit $\lambda_2$ dimensionslos gemacht u. als Funktion von $\lambda_1/\lambda_2$ u. mit $v_2$ als Parameter aufgetragen. A. Leibbrandt. 158□

**Der Einfluß der Halogen-Zusätze auf die Wärmeleitfähigkeit von Bleitellurid.** Je. D. Dewjatkowa und I. A. Ssmirnow. (Festkörperphysik [UdSSR] **3,** 2298 bis 2309, Aug. 1961; Leningrad, Inst. für Halbleiter der Akad. der Wiss. der UdSSR; russ.) — Es wurden die Wärmeleitfähigkeit, die elektr. Leitfähigkeit, die Hall-Konst. u. die Thermo-EMK von Ein- u. Polykristallen von PbTe u. von Polykristallen einer festen Lsg. von PbTe + 1% PbSe u. von PbTe + 1% SnTe im Temp.-Intervall 80 bis 460° K gemessen. Die Proben wurden vor dem Messen in verschlossenen Ampullen geglüht, die Monokristalle bei 300° einige Tage, die Polykristalle bei 600° 8—10 Stunden. Die Halogenzusätze ($PbJ_2$, $PbBr_2$, $PbCl_2$) haben auf die abs. Wärmeleitfähigkeit bis zu einer Konz. von $1 \cdot 10^{19}$ cm$^{-3}$ keinen Einfl.; bei einer Konz. von $3 \cdot 10^{19}$ bis $2 \cdot 10^{20}$ cm$^{-3}$ wird die Wärmeleitfähigkeit des Kristallgitters merkbar erniedrigt, wobei die Verminderung proportional der Konz. der zugeführten Halogene ist. Die Verminderung der Wärmeleitfähigkeit zeigt, daß die Zusätze Cl, Br u. J einen großen Streuquerschnitt für Phononen haben. Für die Beimengungen von Se u. Sn ist der Streuquerschnitt bedeutend geringer; die Halogene streuen die Phononen 5mal mehr als Sn u. Se. Die elektr. Leitfähigkeit u. die Thermo-EMK von PbTe hängen nicht von der Art der Zusätze u. von der Menge des überschüssigen Pb (0,3—3 Gew.-%) ab. H. Matern. 158□

**Bestimmung der Wärmeleitfähigkeit einiger Cd–Sn- und Bi–Sn-Legierungen beim Schmelzen.** B. P. Paschajew. (Festkörperphysik [UdSSR] **3,** 2442—44, Aug. 1961; Dagestan. Lenin-Univ.; russ.) — Es wurde die Wärmeleitfähigkeit (WL) der Legg. der Zus. 4,9 (Gew.-%) Cd + Sn (**I**), 49,8 Cd + 49,83 Sn (**II**), 70,0 Cd + 29,7 Sn (**III**) u. 50 Sn + 50 Bi (**IV**) als Funktion der Temp., einschließlich der Schmelz-Temp. gemessen. Die WL der Cd–Sn-Legg. wächst in der Nähe des F.; im Schmelzgebiet nimmt sie mit zunehmender fl. Phase langsam wieder ab. Die gemessenen Grenzen des Zweiphasengebietes der Cd–Sn-Legg. stimmen mit dem Zustandsdiagramm dieses Syst. annähernd überein. Die Verhältnisse der gemessenen WL $\lambda_{fest}/\lambda_{fl.}$ beim Schmelzen sind: (**I**) 2,24; (**II**) 2,57; **III** 2,68; (**IV**) 1,15. Die Vers.-Fehler liegen nicht über 4—5%. H. Matern. 158□

**Zur Bestimmung der Konfigurationswärmeleitfähigkeit eines Mehrkomponentenspinells.** A. N. Men. (Festkörperphysik [UdSSR] **3,** 2466—69, Aug. 1961; Swerdlowsk, Inst. für Metallurg. der Akad. der Wiss. der UdSSR; russ.) — Es wurden die Abhängigkeit der Umkehrungsparameter von der Temp. bei hohen Temp., die Konz.- u. Temp.-Abhängigkeit der Konfigurationswärmeleitfähigkeit eines Mehrkomponentenspinells bei hohen Temp. gefunden. Es wird bewiesen, daß der Verlauf der Funktion der Konfigurationswärmeleitfähigkeit C(T) mindestens ein Maximum im Temp.-Intervall $T = (0, \infty)$ aufweist. H. Matern. 158□

**Neue Ergebnisse in Physik und Anwendung des Ultraschalls.** Josef Kolb. (Acta physica austriaca **13,** 234—61, Mai 1960; Innsbruck, Univ., Phys. Inst.; dt.) — Übersicht über Erzeugung, Nachw.-Meth. u. Meßverf., physikal. Bedeutung u. Anwendung des Ultraschalls. — 34 Literaturangaben. A. Blaschette. 159◇

**Über die Berechnung der Schallgeschwindigkeit in Gasmischungen.** 2. Mitt. V. S. Vrkljan. (Nuovo Cimento [10] **22,** 189—90, 1/10. 1961; Zagreb; dt.) — 1. vgl. C. **1962,** 749. — Für die Schall-Geschw. in einer Gasmischung wird ein Ausdruck abgeleitet, in den als mittlere Zahl der Freiheitsgrade der Gasmischung im therm. Gleichgewicht der arithmet. Mittelwert der Anzahl der den einzelnen Moll. zugehörigen Freiheitsgrade eingeht. W. Betcke. 159□

## $A_5$. Kolloidchemie. Grenzschichtforschung

**Oberflächengröße und Porenstruktur von Kieselgelen in Abhängigkeit von ihrer Vorgeschichte.** K. Gärtner und R. Grießbach. (Kolloid-Z. **160,** 21—26, Sept. 1958; Leipzig, Univ., Phys.-chem. Inst.; dt.) — Kieselsäuregele wurden durch Einlaufenlassen von Na-Silicat-Lsg. verschiedener Konz. in verd. $H_2SO_4$ bei pH 2—6 hergestellt u. nach Waschen (dest. W.) verschieden schnell getrocknet (Endtemp. 110°). Die spezif. Oberfläche O der Präpp. wurde durch Auswerten der Adsorptionsisothermen von Bzl. (dynam. Meth. nach Jockers [1950]) nach der BET-Theorie, die Porenverteilungskurven nach einer modifizierten Form der Kelvin-Gleichung erhalten. Mit wachsendem pH steigt der mittlere Porenradius, u. die Verteilungskurve wird breiter. O hat bei mittlerem pH u. bei mittlerer Konz. ein Maximum. Ein langsamer Schrumpfungsprozeß erzeugt relativ hohe O, verändert jedoch nicht die Struktur. Unter der Annahme, daß die den Verteilungskurven entnommenen Porenradien reelle Werte darstellen, werden die Ergebnisse durch Vorstellungen über das Kettenwachstum bei der Polykondens. erklärt. Größe u. Art des adsorbierten Mol. werden jedoch auch eine Rolle spielen (vgl. C. **1961,** 5707). R. Junge. 162□

**Elektrolytverteilung durch eine semipermeable Membran in Gegenwart von kolloidalem Siliciumdioxid.** M. J. Patani und P. J. Patani. (J. Indian chem. Soc. **36,** 388—90, Juni 1959; Ahmedabad, M.G. Sci. Inst.; engl.) — Die Hydratationszahl eines Kieselsäuresols ergibt sich unter Vernachlässigung des Membrangleichgewichts-Einfl. mit NaCl als Bezugssubstanz zu 33 Mol W./g Kolloid. Die in $NH_4^+$/g $SiO_2$ ausgedrückte Micell-Ladung beträgt 0,14. Als Membranen wurden Kollodiumbeutel verwendet. W. Hein. 162◇

**Periodische Fällung bei der gegenseitigen Koagulation von Solen.** V. Gore. (Kolloid-Z. **160,** 27—29, Sept. 1958; Jabalpur, India, Mahakoshal Mahavidyalaya, Chem. Labor.; engl.) — Wird ein $As_2S_3$-Sol (I) mit einem $Fe(OH)_3$-Sol (**II**) überschichtet, so findet nur an der Grenzfläche Koagulation statt. Mischt man **I** u. **II,** so wird bei geeigneter Konz. period. Koagulation beobachtet. Ggw. von Stärke (5 ml 0,2—4%ig. Lsg. zu 6 ml Solgemisch) verhindert ganz oder teilweise die Koagulation. Bei Ggw. von Agar-Agar (**III**) tritt nur bei mittlerer **III**-Konz. (5 ml 1%ig. Lsg. zu 6 ml Sol) period. Koagulation auf, niedrige **III**-Konz. (0,2—0,5%ig.) erzeugt partielle Koagulation, hohe **III**-Konz. (2%ig.) verhindert sie in der gebildeten steifen Gallerte. Die Ergebnisse lassen sich durch die vom Vf. [1938] entwickelte Theorie erklären, in der die Liesegangschen Ringe als Spezialfall für Elektrolyte enthalten sind. R. Junge. 164□

**Über die Oberflächenspannung regulärer Mischungen.** A. Bellemans und J. Stecki. (Molecular Physics **3,** 203—04, März 1960; Bruxelles, Univ. Libre; engl.) — Berechnung der Konfigurationszustandssumme einer regulären Lsg. unter Berücksichtigung von Randbedingungen (Oberflächeneffekten). A. Blaschette. 166

**Bestimmung des elektrokinetischen Potentials nach der Methode der Messung des Durchflußstroms.** Zdzisław Sokalski. (Zeszyty naukowe Politechn. Ślaskiej, Chem. **1954,** Nr. 1, 7—40, herausg. 1955, Gliwice, Politechn. Śląska; pol.) — Die voneinander abweichenden Werte des elektrokinet. Potentials $\zeta$ von Fll., bes. von W., sind durch die schwierige Messung der spezif. Leitfähigkeit $\varkappa$ der Fl. verursacht. Man erhält nur dann reproduzierbare Ergebnisse, wenn dasselbe W. verwendet wird. Verschiedene Verunreinigungen erzeugen verschiedene elektr. Spannungen beim Durchfluß durch die Capillare. Die gefundenen $\zeta$-Werte für W. liegen zwischen 77 u. 102 mV. F. Urban. 168□

**Elektroosmose in kationselektiven Kollodium-Matrix-Membranen abgestufter Porosität.** Charles W. Carr, Ruth McClintock und Karl Sollner. (J. electrochem. Soc. **109,** 251—55, März 1962; Minneapolis, Minn., Univ. of Minnesota, Med. School, Dep. of Physiol. Chem.; Bethesda, Md., Nat. Inst. of Health, Nat. Inst. of Arthritis and Metabolic Diseases, Labor. of Phys. Biol.; engl.) — Die Porosität variierte von ziemlich dichten Polystyrolsulfonsäure-Kollodium-Matrix-Membranen mit 9% $H_2O$-Geh. bis zu hochporösen Membranen mit 75% $H_2O$-Gehalt. In allen Membranen war die Menge des pro Faraday transportierten $H_2O$ in dem untersuchten Bereich von 0,05—0,80 mA/cm² unabhängig von der Stromdichte. Es wurde eine Parallele zwischen dem $H_2O$-Geh. der Membran u. dem transportierten $H_2O$ gefunden. In Ggw. von KCl variierte die transportierte $H_2O$-Menge in der untersuchten Membranreihe von 3—50 Mol/Faraday u. bei LiCl von 6—90 Mol/Faraday. Bei allen Membranen lagen die für LiCl gefundenen Werte ungefähr doppelt so hoch wie bei KCl. Dies steht in Übereinstimmung mit der Stromtheorie des Transportprozesses, nach der der $H_2O$-Transport um so größer ist, je größer die Reibung zwischen $H_2O$ u. den eindringenden Ionen ist. In Übereinstimmung damit ist die geringere Beweglichkeit des $Li^+$-Ions in der Membran u. der wss. Lsg. mit einem größeren **W.**-Transport pro Faraday durch die Membran verbunden. Für aniondurchlässige Membranen wurden analoge Ergebnisse erhalten. D. Noack. 168□

**Die molekulartheoretische Begründung der Hydrodynamik.** R. Eisenschitz. (Rheol. Acta (Ergänzungsh. z. Kolloid-Z.) Nr. **2,** 97—101, Juni 1962; Univ. of London, Queen Mary Coll.; dt.) — Es wird gezeigt, daß die Navier-Stokes-Gleichungen einer einatomigen Fl. aus den mechan. Bewegungsgleichungen der Moll. durch Transformation u. Mittelungen hergeleitet werden können. In dieser Ableitung spielt der Beitrag einzelner Mol.-Paare zum Impulsstrom eine wichtige Rolle. Die Viscosität der Fl. steht in einer einfachen Beziehung zu dem zeitlichen Korrelationsintegral dieses Beitrages. A. Blaschette. 173◇

**Reaktion von $CCl_2F_2$ und $C_2H_6$ mit Eisenfilmen.** Richard W. Roberts. (Nature [London] **195,** 1094, 15/9. 1962; Schenectady, N.Y., Gen. Electr. Res. Labor.; engl.) — $CCl_2F_2$ allein oder im Gemisch mit $C_2H_6$ reagiert bei 200° nicht mit reinen, im Vakuum auf Pyrex-Glas aufgedampften Fe-Schichten, wird aber geringfügig adsorbiert. Bei 350° tritt erhebliche Adsorption von reinem $CCl_2F_2$ ein, es entsteht, offensichtlich durch Rk. mit dem Glas, etwas CO. Reines $C_2H_6$ wird ebenfalls stark adsorbiert, es entsteht etwas $H_2$. Aus einem Gemisch von $CCl_2F_2$ u. $C_2H_6$ wird $CCl_2F_2$ wesentlich stärker adsorbiert, es entsteht etwas CO u. $H_2$, jedoch kein $CHClF_2$. P. Sartori. 176□

**Einfluß von $\gamma$-Strahlen auf die Adsorptionseigenschaften von Vakuummaterialien.** Sch. A. Abljajew, Ss. Je. Jermatow und Ss. W. Starodubzew. (Nachr. Akad. Wiss. UsbekSSR, Ser. physik.-math. Wiss. **1960,** Nr. 6, 93—95; Phys.-techn. Inst. der Akad. der Wiss. der UsbekSSR; russ.) — Nach Bestrahlung von Silicagel (u. auch Alumosilicaten) mit $\gamma$-Strahlen ($^{60}Co$, $3-4 \cdot 10^6$ r) steigt dessen Adsorptionsfähigkeit für Gase ($H_2$, $N_2$, Ar, $CO_2$, CO, $NH_3$, $C_2H_4$, $H_2S$). Die Steigerung ist je nach dem Gas verschieden u. gilt auch bei vermindertem Druck. Ein weiterer Anstieg der Adsorptionsfähigkeit kann durch Abkühlen (—130°) erzielt werden. J. Tůmová. 176□

**Untersuchung adsorbierter Gasfilme durch Elektronenbeugung.** L. H. Germer, E. J. Scheibner und C. D. Hartman. (Philos. Mag. [8] **5,** 222—36, 4 Tafeln, März 1960; Murray Hill, N.J., Bell Telephone Labor.; engl.) — An einer (1 1 1)-Fläche eines Ni-Kristalls gebeugte Elektronen werden soweit beschleunigt, daß die Beugungsbilder auf einem Fluorescenzschirm beobachtet werden können. Verschiedenen Gasen (CO, $N_2$, $O_2$ u. $H_2$) wurde der Zutritt zur Kristalloberfläche bei niedrigen Drücken gestattet u. aus den Beugungsbildern auf die Struktur der adsorbierten Schichten geschlossen. CO bildet eine Monoschicht, die Moll. bilden einen zweidimensionalen Einkristall mit einem doppelt so großen Mol.-Abstand wie die Oberflächen-Ni-Atome. Die Schicht verschwindet bei 175°. $N_2$ ergibt eine ähnliche Schicht; jedoch bestehen bei Vff. noch Unsicherheiten über die genaue Natur der Schicht. Das Kristallwachstum wird hier bei 125° angeregt, bei Temp. über 200° ergeben sich Umwandlungen in polymorphe Formen, davon scheint eine stabiler als die Ursprungsstruktur zu sein. $O_2$ kann in Schichten aus mehreren Atomen oder Moll. adsorbiert werden, eine Struktur tritt erst bei Anlassen über 125° auf u. ähnelt dann der kompliziertesten des $N_2$, sie ist polykristallin mit sehr kleinen Kristallindividuen. $H_2$ ergibt kein Beugungsbild. H. Roschkowski. 176□

**Berechnung des Flüssigkeits-Massentransportkoeffizienten bei der Gaschromatographie.** R. H. Perrett und J. H. Purnell. (Analytic. Chem. **34,** 1336—37, Sept. 1962; Lensfield, Cambridge, Univ., Dep. of Phys. Chem.; engl.) — Ableitung u. prakt. Überprüfung einer Gleichung, mit der die Koeff.-Werte schnell aus einem geeigneten Kurvenpaar (Trennstufenhöhe in cm über mittlere lineare Trägergas-Geschw. in cm/s) ermittelt werden können. W. Hein. 177◇

**Theoretische Untersuchung über die Möglichkeit des Arbeitens bei niedriger Flüssigkeitsbeladung und niedriger Temperatur in der Gaschromatographie.** J. Calvin Giddings. (Analytica chim. Acta [Amsterdam] **27,** 207—12, Sept. 1962; Salt Lake City, Utah, Univ. of Utah, Dep. of Chem.; engl.) — Der Einfl. der Reduzierung von fl. Phase u. Temp. auf die Trennwrkg. von Capillar- u. Glasbett-Kolonnen u. auf Kolonnen mit Diatomeenerde u. Ziegelmehl wird theoret. untersucht. R. Krämer. 177◇

**Zur Thermodynamik des Ionenaustausches.** G. L. Starobinetz und W. Ss. Ssoldatow. (Ber. Akad. Wiss. BelorussSSR **6,** 233—36, April 1962; Beloruss. Lenin-Univ.; russ.) — Untersucht wurde die Thermodynamik des Kationenaustausches von $Li^+$, $Na^+$, $K^+$, $Rb^+$ u. $Cs^+$ gegen $H^+$ eines sulfurierten Ionits aus Polystyrol mit 6% Divinylbenzol bei 0—90°. Das Verhältnis Metallion : $H^+$ bei $Li^+$ u. $Na^+$ ist wegen der positiven Hydratation unabhängig von der Zus. des Ionits. Bei $K^+$, $Rb^+$ u. $Cs^+$ mit negativer Hydratation, die sich durch stärkere Beweglichkeit der $H_2O$-Moll. in der Nähe dieser Ionen bemerkbar macht, ist das Verhältnis stark von der Zus. des Ionits abhängig. Die negative Hydratation von $K^+$, $Rb^+$ u. $Cs^+$ führt zur Erhöhung der Entropie im Vgl. zu Syst. mit positiver Hydratation. J. v. Schroeder. 177□

**Diffusionsaustausch austauschender Ionen und nichtaustauschender Elektrolyte in Ionenaustauschermembransystemen.** Marvin A. Peterson und Harry P. Gregor. (J. electrochem. Soc. **106,** 1051—61, Dez. 1959; Brooklyn, N.Y., Polytechn. Inst. of Brooklyn, Dep. of Chem.; engl.) — An kationen- u. anionenpermeablen Membran-

Syst. wurden der Wasser-Geh., Ohmsche Widerstand, diffundierfähige Elektrolyt-Geh., Einfl. der Rührgeschw. auf den Diffusionsstrom, die Austauschkapazität, Geschw. der Austauschdiffusion der Elektrolyte u. der Diffusion der Nichtelektrolyte u. das Konz.-Potential gemessen. Daraus errechneten sich die adhärierende Schicht zu 1—30 $\mu$, der Diffusions-Koeff. von $K^+$-Ionen in einer kationpermeablen Sulfonsäuremembran zu $1,09-2,18 \cdot 10^{-7}$ $cm^2/s$ in Abhängigkeit von der Konz. (0,001—0,1 m), der Diffusions-Koeff. des $Cl^-$-Ions zu konst. $3 \cdot 10^{-7}$ $cm^2/s$ u. die Diffusions-Koeff. der Nichtelektrolyte. Die Best. der Diffusions-Koeff. u. anderer Parameter aus berechneten Porendurchmessern, einem Krümmungsfaktor u. den Wasser-Geh. wird theoret. diskutiert.

W. Hein. 177◇

**Spektraluntersuchung des Kationenaustausches an Carboxymethylcellulose.** Ss. Ss. Gussew, M. A. Katibnikow und I. N. Jermolenko. (Kolloid-J. [UdSSR] **23,** 140—44, März/April 1961; Minsk, Inst. für Phys. der Akad. der Wiss. der BelorussSSR; russ., Auszug: engl.) — Aus UV- u. IR-Absorptionsspektren war ersichtlich, daß die Sorption von $Fe^{3+}$ an *Na-Carboxymethylcellulose* (Veresterungsgrad 78%) bei höherem pH-Wert langsamer verläuft. Zu Beginn der Sorption von $Fe^{3+}$ aus der $FeCl_3$-Lsg. beobachtet man ein starkes Ansteigen der Intensität der Absorption der COOH-Gruppen, welche sich später bei einem Anwachsen der Intensität der Bande der Fe-Carboxylatgruppen verringert. Der zu beobachtende Kationenaustausch findet in 2 Stufen statt (Austausch $Na^+$ gegen $H^+$ u. $H^+$ gegen $^1/_3$ $Fe^{3+}$). M. Ulmann. 177□

**Untersuchungen von Ionenaustauschgleichgewichten.** 1. Mitt. **Austausch von einwertigen Kationen an Harzen verschiedener Typen.** R. P. Bhatnagar. (J. Indian chem. Soc. **39,** 79—83, Febr. 1962; Indore, Holkar Coll., Chem. Labor.; Gwalior, Gov. Sci. Coll., Chem. Labor.; engl.) — Die Gleichgewichts-Konst. in Abhängigkeit von der Konz. der äußeren Lsg. bzw. der äquivalenten Menge des Ions in der Harzphase wurden für Li, Na, K, Rb u. Cs an Amberlite IRC-50, Amberlite IR-112, Amberlite IR-120, einem sulfonierten Phenol–Formaldehyd-Harz u. sulfonierter Kohle (alle in der $H^+$-Form) nach der batch-Meth. bestimmt. Die Kurven sind für jedes Harz verschieden.

R. Krämer. 177◇

**Ligandenaustausch.** 1. Mitt. **Gleichgewichte.** F. Helfferich. (J. Amer. chem. Soc. **84,** 3237—42, 5/9. 1962; Emeryville, Calif., Shell Developm. Co.; engl.) — Die Sorption eines Komplexbildners aus Lsg. an einen Ionenaustauscher, der mit einem zur Komplex-Bldg. fähigen Metallion als Gegenion beladen ist („Ligandensorption"), u. der Austausch eines Komplexbildners zwischen Lsg. u. solchen Ionenaustauschern („Ligandenaustausch") werden untersucht. Gleichungen für die Ligandensorptions- u. Ligandenaustauschgleichgewichte werden abgeleitet. Diese Gleichungen können zur Berechnung von Gleichgewichten aus tabellierten Komplexstabilitäts-Konst. dienen. Die mit Amberlite IRC-50 in der $Ni^{2+}$-, $Cu^{2+}$-, $Zn^{2+}$- u. $Ag^+$-Form u. $NH_3$ u. 1.3-Diaminopropanol-2 als Liganden erhaltenen Werte stimmen mit der Theorie gut überein. W. Hein. 177◇

**Ligandenaustausch.** 2. Mitt. **Trennung von Liganden mit verschiedenen Koordinationszahlen.** F. Helfferich. (J. Amer. chem. Soc. **84,** 3242—45, 5/9. 1962; engl.) — 1. vgl. vorst. Referat. — Ein bes. Vorteil des Ligandenaustausches zur Trennung von Liganden, die sich in ihren Koordinationszahlen unterscheiden, besteht in der Möglichkeit einer Umkehr der Selektivität des Sorbens durch Konz.-Wechsel der äußeren Lösung. Unter bestimmten Bedingungen nimmt das Sorbens vorzugsweise den Liganden mit der höheren (niedrigeren) Koordinationszahl aus verd. (konz.) Lsgg. auf. Demgemäß wird der Ligand mit der höheren Koordinationszahl vollständig u. selektiv aus verd. Lsgg. oder Mischungen im Austausch gegen einen Liganden mit niedrigerer Koordinationszahl adsorbiert u. kann von der Säule in hoher Konz. durch Verdrängung mit einer konz. Lsg. des Liganden mit niedrigerer Koordinationszahl eluiert werden. Die Durchführbarkeit solcher Sorptions-Verdrängungs-Zyklen mit Selektivitätsumkehr wird an Amberlite IRC-50 in der $Ni^{2+}$-Form als Sorbens u. $NH_3$ u. 1.3-Diaminopropanol-2 als die austauschenden Liganden nachgewiesen. W. Hein. 177◇

**Die radiochemische Trennung von U und Th, Th und Seltenerdmetallen sowie Th, Pa und U an kleinen Ionenaustauschersäulen.** Marian Gąsior, Jan Mikulski und Ignacy Stronski. (Nukleonika [Warszawa] **6,** 757—64, 1961; Kraków, Polish Acad. of Sci., Inst. of Nucl. Phys., Labor. of Chem. and Radiochem.; engl.) — Unter Verw. der Kationenaustauscher KU-2 u. Wofatit-F wurden $UO_2^{2+}$- u. $Th^{4+}$-Ionen getrennt. Eluierungsmittel waren 2,2 m HCl bzw. 2 m HCl für $UO_2^{2+}$, 0,2 m bzw. 0,3 m $NH_4$-Citrat für $Th^{4+}$. So konnte das $\beta$-akt. $^{234}Th$ (Uran $X_1$) von $^{238}U$ abgetrennt u. als trägerfreies Leitisotop für Th benutzt werden. An Wofatit-F gelang die Trennung von Seltenerdmetallen (repräsentiert durch $^{169}Yb$ u. $^{171}Lu$) u. Th. Eluiert wurde $Yb^{3+}$ mit 0,29 m $NH_4$-Lactat u. $Th^{4+}$ mit 1 m $NH_4$-Lactat. Die Trennung von Th, Pa u. U wurde an ASD-

2-Anionenaustauschern durchgeführt. Eluiert wurde $Th^{4+}$ mit 11,7m HCl, $Pa^{5+}$ mit 9m HCl + 1m HF u. $UO_2^{2+}$ mit 0,1m HCl. Es wurden Austauschersäulen von 100 mm Länge u. 2—3 mm Ø benutzt. T. Tamberg. 177□

## $A_6$. Strukturforschung

**Justierung von Einkristallproben für die neutronographische Untersuchung.** I. I. Jamsin und Ju. S. Nosik. (Kristallographie [UdSSR] **6,** 471—73, Mai/Juni 1961; Akad. der Wiss. der UdSSR, Inst. für Kristallogr.; russ.) — Beschreibung dreier Hilfsgeräte zur Erleichterung der genauen Orientierung von Einkristallproben für die Unters. im Neutronendiffraktometer. Die Proben (hier Kugeln von 6 mmØ) werden in einer Röntgenbeugungskammer so orientiert, daß die Achse der zu untersuchenden Zone senkrecht oder parallel zu dem Röntgenstrahl ausgerichtet u. auf einem Kristallhalter befestigt wird, mit dem zusammen sie dann im Neutronendiffraktometer montiert werden. Der gesamte Justierfehler beträgt dabei höchstens 10 Winkelminuten. F. Lenz. 181□

**Ein neuer Belichtungsmesser für die Elektronenmikroskopie.** Georges Vienne. (Bull. Microscopie appl. [2] **11,** 99—103, Aug. 1961; Bruxelles, Univ. Libre, Inst. d'Anatomie, Labor. de Microsc. Électron.; franz.) C. Gottfried. 181

**Herstellung von Kohlenstoffhäutchen für elektronenmikroskopische Untersuchungen.** István Marót und János Tremmel. (Magyar fizik. Folyóirat [Ung. physik. Z.] **10,** 219—21, Juni 1962; Budapest, Labor. für chem. Strukturforsch.; ung.) — Beschreibung der Vorr. u. des Verf. zur Herst. von 150—300 Å dicken Häutchen. J. Plank. 181

**Über diffraktometrische Verfahren der Präzisionsmessung der Parameter von Elementarzellen.** L. Ss. Sewin, M. M. Umanski, D. M. Cheiker und Ju. M. Pantschenko. (Kristallographie [UdSSR] **6,** 348—56, Mai/Juni 1961; Moskau, Lomonossow-Univ., Wiss. Forsch.-Inst. Asbestzement; russ.) — Diskussion der Verff. zur Best. der Elementarzelle aus Röntgenbeugungsdaten. Bes. werden die von verschiedenen Vff. verwandten Korrekturen für Dispersions-, Lorentz- u. Polarisationsfaktoren analysiert u. miteinander verglichen. Ferner wird der Einfl. der Art des bei der Auswertung prakt. immer notwendigen beiderseitigen Abschneidens der Peaks u. der Einfl. der von der Zählrate abhängigen statist. Schwankungen bei der Registrierung auf die Genauigkeit der Best. der Schwerpunktslage der Peaks diskutiert. F. Lenz. 181□

**Direkte Beobachtung von Gitterstörungen in Halbleiterkristallen durch anomalen Durchgang von Röntgenstrahlen.** G. H. Schwuttke. (J. appl. Physics **33,** 2760—67, Sept. 1962; Bayside, N.Y., Gen. Telephone and Electronis Labor., Inc.; engl.) — Vf. beschreibt eine Vers.-Anordnung zur direkten Beobachtung von Gitterstörungen in Einkristallen, die auf dem bei Kristallen hoher Perfektion beobachteten anomalen Durchgang von Röntgenstrahlen beruht. Die übliche Parallelstrahl-Meth. wird verbessert, so daß durch Röntgenstrahlen größere Gebiete topograph. wiedergegeben werden können. Die Meth. ist anwendbar zur Unters. von Verunreinigungen, Segregationen u. Nd. in Halbleitern. Der Einfl. letzterer Phänomene auf den anomalen Durchgang wird am Beispiel der $O_2$-Segregation in *Si*, des *Cu*-Nd. in Si u. der *As*-Segregation in *Ge* untersucht. Die Diskussion der Arbeitsbedingungen ergibt, daß die Segregationsphänomene typ. Verunreinigungskontraste zeigen, die in fester Lsg. reflexionsabhängig sind, während ausgefällte Verunreinigungen dies nicht zeigen. W. Sobieski. 181◇

**Die relativistische Theorie der chemischen Bindung.** K. S. Viswanathan. (Proc. Indian Acad. Sci., Sect. A **50,** 1—18, Juli 1959; Bangalore, Raman Res. Inst.; engl.) — Ausgehend von der von Breit (1929/32) angegebenen relativist. Gleichung für ein Syst. von zwei Elektronen wird gezeigt, daß für das $H_2$-Mol. bzw. für ein Syst. zweier sich in einem Feld mit Zylindersymmetrie bewegender Elektronen die Komponente des Gesamtdrehimpulses in Richtung der Mol.-Achse ($J_x$) eine Bewegungs-Konst. ist. Damit ist jeder Eigenzustand des Syst. gleichzeitig ein Eigenzustand von $J_x$. Die Russel-Saunders-Näherung u. die Art der Komponenten der Wellenfunktionen des Singulett- u. Triplettzustands werden näher erörtert. Die Wellenfunktion des $H_2$-Grundzustands läßt sich als Summe einer Reihe symm. Funktionen darstellen, deren erste die Heitler-London-Funktion ist. Für den Triplettzustand ergibt sich die Wellenfunktion als Überlagerung antisymm. mol. Orbitale. Die relativist. Theorie liefert unmittelbar die Beschreibung der Grundzustände von $C_2$ u. $O_2$. Die Behandlung von Moll. mit hoher Spin-Bahn- oder Spin-Spin-Wechselwrkg. wird kurz diskutiert. A. Blaschette. 182◇

**Wechselwirkung entarteter Konfigurationen.** Dave Pandres jun. und F. A. Matsen. (J. chem. Physics **37,** 1008, 1/9. 1962; Austin, Tex., Univ. of Texas, Dep. of Phys.; engl.) — Nähern sich zwei Konfigurationen einem Grenzzustand, in dem sie den

gleichen physikal. Sachverhalt beschreiben, so nähert sich die durch Variationsrechnung unter Verw. der Konfigurations-Wechselwrkg. erhaltene Energie einem niedrigeren Grenzwert, als wenn eine der beiden Konfigurationen für sich allein benutzt wird.
A. Blaschette. 182◇

**Störungsanalyse von Zwei- und Vierelektronen-Variationswellenfunktionen.** Charles W. Scherr und Jeremiah N. Silverman. (J. chem. Physics **37,** 1154—56, 1/9. 1962; Austin, Tex., Univ. of Texas, Dep. of Phys. and Chem.; engl.)
A. Blaschette. 182◇

**Für Einzentrumberechnungen nützliches Integral.** Antony F. Saturno. (J. chem. Physics **37,** 921—22, 15/8. 1962; Knoxville, Tenn., Univ. of Tennessee, Dep. of Chem.; engl.) A. Blaschette. 182◇

**Einzentrumentwicklung von SCF-MO-Elektronenwellenfunktionen für $XH_n$-Moleküle.** Roberto Moccia. (J. chem. Physics **37,** 910—11, 15/8. 1962; Chicago, Ill., Univ. of Chicago, Dep. of Phys., Labor. of Mol. Structure and Spectra; engl.) — Vorl. Mitt. über eine IBM-7090-Programmierung u. Berechnungen für $CH_4$, $NH_3$, $NH_4^+$, $H_2O$, $HO^-$, $HF$, $SiH_4$, $PH_3$, $PH_4^+$, $H_2S$, $HS^-$, $HCl$. A. Blaschette. 182◇

**Einige theoretische Gesichtspunkte zu den Bindungsverhältnissen in N—F-Verbindungen.** Joyce J. Kaufman. (J. chem. Physics **37,** 759—64, 15/8. 1962; Baltimore, Md., RIAS; engl.) — Durch Trennung der Substitutions-Einfl. in $\sigma$- u. $\pi$-Anteile u. getrennte Berücksichtigung ihrer Einw. auf Hamilton- u. Wellenfunktionen lassen sich verschiedene Unregelmäßigkeiten im physikal. Verh. von N—F-Verbb. theoret. deuten, so die Tatsache, daß die (F—$NF_2$)-Bindungsstärke in $NF_3$ geringer ist als die Stärke der (F—NF)-Bindung in $NF_2$, sowie die unerwarteten Unterschiede der Ionisationspotentiale von $NF_2$, $NF_3$ u. $CF_3$. A. Blaschette. 182◇

**Bindungscharakter in Molekülen vom Typ $XY_m$: Chlor-Sauerstoff-Verbindungen.** E. L. Wagner. (J. chem. Physics **37,** 751—59, 15/8. 1962; Oxford, Univ., Math. Inst., Wave Mechan. Group; engl.) — Es wird eine in sich geschlossene LCAO—MO-Meth. zur Best. des Bindungscharakters in $XY_m$-Moll. mit Atomen der zweiten Periode beschrieben. Sie beruht auf der Mofittschen „Meth. der Atome in Moll.", verwendet jedoch die Elektronegativitäten der betrachteten Atomvalenzzustände statt der schwer zugänglichen Ionisationspotentiale u. Elektronenaffinitäten. Die nach beiden Meth. erhaltenen Bindungsgrade u. Ladungen stimmen für $CO(X^1\Sigma^+)$, $CO^+(X^2\Sigma^+)$, $CO(A^1\Pi)$, $CO_2(^1\Sigma_g^+)$, $CO_2^+(^2\Pi_g)$, $SO$, $SO_2$ u. $SO_3$ gut überein. Anwendung der neuen Meth. auf Cl—O-Verbb. führt zu nachst. Ergebnissen (in der Reihenfolge: Ladung am Cl-Ctom, Ladung am O-Atom, gesamter $\pi$-Bindungsanteil): $ClO^-$, 0, —1,00, 0; $Cl_2O$, 0, 0, 0; $ClO_2^-$, +0,429, —0,715, 0,132; $ClO$, +0,509, —0,509, 0,500; $ClO_3^-$, +0,293, —0,431, 0,608; $ClO_2$, +0,769, —0,385, 0,737; $ClO_4^-$ +0,437, —0,359, 0,908. Die Beteiligung der 3 d-Orbitale des Cl an $\pi$-Bindungen steigt in der Reihenfolge ClO (0%), $ClO_2^-$ (100%), $ClO_2$ (52%), $ClO_3^-$ (100%), $ClO_4^-$ (100%). Diese Befunde decken sich gut mit den gemessenen Cl—O-Valenzfrequenzen. A. Blaschette. 182◇

**Über den Atomabstand in Molekülen gasförmiger Alkalihalogenide.** M. Ch. Karapetjanz. (J. Strukturchem. [UdSSR] **1,** 399—403, Nov./Dez. 1960; Moskau, Chem.-Techn. Mendelejew-Inst.; russ.) — Es wird eine Meth. der vergleichenden Berechnung der Atomabstände gasförmiger Alkalihalogenide angegeben. Die mittleren Abweichungen zu den experimentell gefundenen Daten liegen bei 0,0012 Å. Die Werte für $d_{Fr-X}$(X = F, Cl, Br, J) u. $d_{Me-At}$ (Me = Li, Na, K, Rb, Cs) werden extrapoliert.
M. Hähnert. 182□

**Elektronographische Untersuchung des Aufbaus des $ScF_3$-Moleküls in Dämpfen und die Abschätzung des Atomabstandes von Scandium-Halogen in den Molekülen $ScCl_3$, $ScBr_3$ und $ScJ_3$.** P. A. Akischin und W. A. Naumow. (J. Strukturchem. [UdSSR] **2,** 3—6, Jan./Febr. 1961; Moskau, Lomonossow-Univ.; russ.) — Das $ScF_3$-Mol. ist im Dampfzustand eben u. symm. mit den Parametern r(Sc—F) = 1,91 ± 0,03 Å, ∢ F—Sc—F = 120°. Die mittleren Werte für die Sc—Halogen-Abstände liegen bei r(Sc—Cl) = 2,32; r(Sc-Br) = 2,47; r(Sc—J) = 2,68 Å. M. Hähnert. 182□

**Beziehung zwischen dem Ionenbindungscharakter in Kristallen und in Molekülen,** René Deschamps. (C. R. hebd. Séances Acad. Sci. **255,** 659—61, 23/7. 1962; Bellevue, Seine-et-Oise, C.N.R.S., Labor. de Magnétisme et de Phys. du Solide; franz.) — Mit Hilfe eines Störungsterms wird eine wellenmechan. Beziehung zwischen dem Ionencharakter der Bindung in einem Mol. MX u. dem Ionencharakter der MX-„Bindung" im Kristallverband abgeleitet. A. Blaschette. 182◇

**Abstoßungsenergien in Ionenverbindungen.** 2. Mitt. **Gitterenergien einiger Metallnitride.** E. C. Baughan. (Trans. Faraday Soc. **55,** 2025—29, Dez. 1959; Shrivenham, Berks., Roy. Military Coll. of Sci., Chem. Dep.; engl.) — 1. vgl. C. **1959,** 10141. — Unter Zugrundelegung der l. c. abgeleiteten Gleichung wurden die Gitterenergien der im NaCl-

Typ krist. Verbb. *VN, CrN, TiN, NbN, ScN, ZrN* u. *LaN* unter der Annahme des Vorliegens von $Me^{3+}$ u. $N^{3-}$ im Gitterverband berechnet. Die Elektronenaffinität von $N \rightarrow N^{3-}$ wurde zur E = −511 ± 57 kcal/Mol ermittelt. Die Berechnung des g-Faktors erfolgte nach zwei unabhängigen Meth. zu 2,25 ± 0,25 $Å^{-1}$; für die Alkalimetallhallogenide beträgt g = 3,09 ± 0,05 $Å^{-1}$. G. Gattow. 182◇

**Elektronenstruktur und Eigenschaften von Nitriden schwerschmelzbarer Metalle.** G. W. Ssamssonow. (J. Strukturchem. [UdSSR] **1**, 447—52, Nov./Dez. 1960; Kiew, Inst. für Metallkeramik u. Speziallegg. der Akad. der Wiss. der UkrainSSR; russ.) — Bei Verbb. der Übergangsmetalle mit metalloiden Elementen (B, C, N) werden die Konz. der Bindungselektronen u. ihre Verteilung von der Zahl u. dem energet. Zustand der Elektronen der nicht vollbesetzten d-Schale des Übergangsmetalls u. der Größe der ersten Ionisationspotentiale des Metalloidatoms bestimmt. Vf. betrachtete die elektr. Leitfähigkeit (bei hoher u. sehr tiefer Temp.), die Aktivierungsenergien bei Diffusion des $N_2$ in die Metalle, die magnet. Eigg. u. a. Die Nitride von Ti, Zr, Hf u. V sind mehr metall. Natur, die von Mo u. W ionogener, während die von Nb, Ta u. Cr eine Mittelstellung einnehmen. M. Hähnert. 182□

**Elektronenverteilung und Energiebänder in Kristallen von Metallboriden des Typs $MB_6$.** S. Flodmark. (Ark. Fysik **14**, 513—50, 1959; Stockholm, Univ., Inst. of Theoret. Phys.; engl.) — Beschreibung der Valenzelektronen-Verteilung der B-Atome in Boriden vom Typ $MB_6$ unter Benutzung hybridisierter s-, p- u. d-Orbitale der L- u. M-Schale; Ermittlung der den verschiedenen irreduzierbaren Darst. der Symmetriegruppe $O_h$ zugrunde liegenden linaren Kombinationen von Hybridorbitalen; Konstruktion von Bloch-Wellenfunktionen; numer. Lösung der Säkulargleichungen in einer Einelektron-Näherung; theoret. Deutung der experimentell ermittelten elektr. Leitfähigkeit an Hand der Leitfähigkeitsbänder. A. Blaschette. 182◇

**Zur Keimbildung in binären Systemen.** M. Kahlweit. (Z. physik. Chem. [Frankfurt/M] [N.F.] **34**, 251—60, Sept. 1962; Göttingen, MPI für phys. Chem.; dt.) — Es wird gezeigt, daß die Berechnung von charakterist. Eigg. nach den bisherigen Theorien der Keim-Bldg. in bin. Lsgg. nicht richtig ist, da die Ergebnisse die Gleichgewichts-Kriterien verletzen, was durch Nichtbeachtung der bei der Rechnung notwendigen Nebenbedingungen begründet ist. Bei korrekter Berechnung ergeben sich Gleichungen, die die Ergebnisse von Becker (1937/38) als Näherung für niedrige Übersättigung einschließen, den Rechnungen späterer Autoren jedoch widersprechen. G. Gattow. 190◇

**Über heterogene Systeme mit kleinen Abmessungen.** 3. Mitt. **Gleichgewicht und Stabilität im System „Kleines Kriställchen–Flüssiges Tröpfchen gleicher Masse“.** K. A. Becker und R. Lacmann. (Z. physik. Chem. [Frankfurt/M.] [N.F.] **33**, 225—40, Juli 1962; Berlin, MPG, Fritz-Haber-Inst.; dt.) — 2. vgl. Z. Naturforsch. **17a**, [1962], 812. — Für das Syst. „Kleines Kriställchen–Flüssiges Tröpfchen gleicher Masse“ werden zwei charakterist. Temp. ermittelt. Bei der ersten besteht ein labiles Gleichgewicht der festen gegenüber der fl. Phase, da hier fl. u. feste Phase den gleichen Dampfdruck, aber nicht die gleiche Freie Energie haben. Die zweite Temp. ist durch den Stabilitätswechsel zwischen der festen u. fl. Phase ausgezeichnet, da beide Phasen die gleiche Freie Energie besitzen. Aus der Bedingung des labilen Gleichgewichts leiten Vff. eine Beziehung zwischen den Ober- u. Grenzflächenspannungen ab, in die die Dichten u. Faktoren der Kristallform als Parameter eingehen. D. Noack. 190◇

**Symmetrie und physikalische Eigenschaften von Wachstumspyramiden.** A. W. Schubnikow. (Kristallographie [UdSSR] **6**, 319—22, Mai/Juni 1961; Akad. der Wiss. der UdSSR, Inst. für Kristallogr.; russ.) — Ein realer Kristall kann als Gesamtheit von Pyramiden aufgefaßt werden, deren Grundflächen die Außenflächen des Kristalls bilden u. deren Spitzen in den einen Punkt zusammenfallen, von dem das Wachstum des Kristalls ausgegangen ist. Die Symmetrie jeder dieser Pyramiden ist dadurch herabgesetzt, daß die auf der Grundfläche senkrechte Wachstumsrichtung (Hauptachse) eine Vorzugsrichtung ist, in welcher die Gitterperiodizität im Gegensatz zu den dazu senkrechten Richtungen durch ungleichmäßiges Wachstum gestört ist. Die Verteilung von Verunreinigungen u. die Form von eingeschlossenen Hohlräumen weist ebenfalls auf Störungen der Symmetrie hin. Die Hauptachse ist eine polare Achse. Enthalten die Verunreinigungen eine opt. akt. Substanz, so kann sich die Symmetrie durch Wegfallen von Spiegelebenen weiter verringern. Da Kristalle der entsprechenden Klassen niedriger Symmetrie in der Natur selten sind, kann man bei wissenschaftlichen oder techn. Problemen, bei denen diese Symmetrie-Eigg. erwünscht sind, unter geeigneten Bedingungen gezüchtete Wachstumspyramiden verwenden. F. Lenz. 190□

**Zwillingsbildung in Graphit.** E. J. Freise und A. Kelly. (Proc. Roy. Soc. [London], Ser. A **284**, 269—76, 7/11. 1961; Cambridge, Univ., Dep. of Metallurgy; engl.) — Vff. untersuchten mkr. u. röntgenograph. mittels Laue- u. Drehkristallaufnahmen

2 Einkristalle von Graphit verschiedenen Ursprungs. Laue-Aufnahmen von einigen der Kristalle zeigten nur sehr wenig Asterismus, was auf einen hohen Grad von Vollkommenheit hinweist. Einige Kristalle wurden außerdem bei verschiedenen Temp. bis 3000° angelassen, u. zwar vor u. nach verschiedenen Verformungsversuchen. Die Zelldimensionen wurden zu $c = 6{,}702 \pm 0{,}001$ u. $a = 2{,}459 \pm 0{,}001$ Å bestimmt. Die Einkristalle werden durch Gleiten in der Basisebene verformt. Hierbei werden reichlich Gleitlinien erzeugt, vorausgesetzt, daß die angelegten Kräfte etwas Druck parallel zur hexagonalen-Achse erzeugen; die Gleitrichtung ist theoret. $\langle 1\,1\,\bar{2}\,0\rangle$. Außerdem treten auf der Basisebene eine große Anzahl von Streifungen auf, von denen viele entlang kristallograph. Richtungen liegen u. die sich meistens unter einem Winkel von 60° schneiden. Unters. der Kristalle auf dem Goniometer ergeben, daß die Streifungen Kippungen in der Basisebene entsprechen. Gewöhnlich treten diese Kippungen paarweise auf, so daß das Gebiet zwischen zwei Kippungsgrenzen einem desorientierten Gebiet des Kristalls entspricht. Fast stets betrug der Winkel an einer gut entwickelten Kippung $20°21' \pm 45'$. Die röntgenograph. Unters. ergab, daß die Spur der Kippungsgrenzflächen auf den Basisebenen in den meisten Fällen einer Ebene mit den Indices $\{1\,1\,\bar{2}\,1\,3\}$ entsprach. Laue-Aufnahmen an einer Stelle des Kristalls ohne Streifungen zeigten nur die Laue-Interferenzen eines Einkristalls. Bei Aufnahmen an Stellen mit Streifungen wurden Extrainterferenzen beobachtet, aus deren Indizierung auf das Auftreten von 3 Kristallen geschlossen werden konnte, u. zwar der Matrix u. einem Paar von Zwillingen. Einer der Zwillinge entsprach einer Orientierung, die von der Matrix durch eine Rotation von 20° 48′ um eine $(1\,\bar{1}\,0\,0)$-Richtung der Matrix erhalten wird u. der andere Zwilling der Orientierung, die durch eine ähnliche Rotation um dieselbe Achse im entgegengesetzten Sinne erzeugt wird. Zusammen mit den Zwillingen wurden of kleine Mikrosprünge beobachtet. Auch in einer Gruppe von Kristallen, die bei 3000° angelassen worden waren, konnte indirekt das Auftreten von Sprüngen an der Spitze von Zwillingen nachgewiesen werden. Während des Anlassens wurde die Basisfläche therm. angeätzt oder durch Verunreinigungen in der Atmosphäre des Ofens chem. angegriffen. Die Art der Entstehung der Zwillinge wird diskutiert. C. Gottfried. 190

**Rekristallisierte Mikrostrukturen von pyrolytischem Graphit.** Aram Tarpinian. (J. appl. Physics **33**, 3386, Nov. 1962; Watertown, Mass., Watertown Arsenal Labor.; engl.) — Vf. untersucht elektronenmkr. die Spaltstücke parallel zur Basisfläche von getempertem (1 Std. bei 3000°) pyrolyt. Graphit (PG). Neben einer Körner-Struktur als Gleichgewichts-Zustand wird eine sek. Rekristallisation beobachtet. Werden die Spaltstücke von PG mit Ar-Ionen (4000 V, 10 Min.) beschossen, dann tritt ein nadelförmiger Habitus auf, der Ähnlichkeit mit den chem. polierten Basisflächen von Zn oder mit chem. poliertem rekrist. Al hat. G. Gattow. 190◇

**Pyrolytische Graphite: Ihre Beschreibung als halbmetallische molekulare Festkörper.** Claude A. Klein. (J. appl. Physics **33**, 3338—57, Nov. 1962; Waltham, Mass., Raytheon Res. Div.; engl.) — Vgl. C. **1963**, 18. — Pyrolyt. Graphit (PG) wurde durch therm. Zers. von $CH_4$ an elektr. erhitzten glatten Oberflächen bei $\leq 1900$—2500° hergestellt (z. T. mit B-Zusatz), bei Temp. bis $>$ 3500° getempert u. untersucht. Bestimmt u. berechnet wurden die elektr., galvanomagnet. u. thermoelektr. Eigg. von PG in Richtung der kristallograph. a- u. c-Achsen (spezif. u. magnet. Widerstand, Seebeck-Koeff., Fermi-Niveau, Hall-Koeff., Beweglichkeit von Elektronen u. Löchern, thermoelektr. Kraft, Kristallgröße, Dichte, Gitterdimensionen); die Ergebnisse werden ausführlich diskutiert. Zwischen Zers.-Temp. von $CH_4$ zu PG u. Dichte, Länge der röntgenograph. c-Achse, Kristallgröße in Richtung der a- bzw. c-Achse existieren nachst. Zusammenhänge. $\leq$ 1900°: 1,50 g/cm³, $3{,}42_2$ Å, 90 Å bzw. 25 Å; 2100°: 2,15, $3{,}42_0$, 270 bzw. 185; 2300°: 2,18, $3{,}42_0$, 285 bzw. 230; 2500°: 2,23, $3{,}41_6$, 325 bzw. 250. — 86 Literaturangaben. G. Gattow. 190◇

**Epitaktisches Wachstum von Silicium auf Siliciumsubstraten durch Reduktion von $SiHCl_3$ mit Wasserstoff.** J. M. Charig und B. A. Joyce. (J. electrochem. Soc. **109**, 957—62, Okt. 1962; Towcester, Northants, England, Plessey Co. Ltd., Caswell Res. Labor.; engl.) — Epitakt. Si-Filme auf Si-Substraten werden durch Red. von $SiHCl_3$ (I) mit $H_2$ hergestellt. Vff. untersuchen die Rk.-Kinetik u. nehmen an, daß die Red. an der Substratoberfläche durch Rk. von $H_2$ mit einem I-Radikal erfolgt. Die wachsenden Schichten werden elektronenmkr. u. durch Elektronenbeugung untersucht. Das Wachstum scheint anfänglich eher über die Bldg. einzelner Wachstumskeime auf Grund von Oberflächendiffusion oder durch bevorzugte Chemisorption als kontinuierlich zu erfolgen, jedoch bricht der Keim-Bldg.-Prozeß offensichtlich bei Schichtstärken von ca. 1 $\mu$ ab. Bei konst. $H_2$-Strömungs-Geschw. u. konst. Partialdruck p von I beträgt die

Arrheniussche Aktivierungsenergie der Gesamt-Rk. 22 kcal/Mol (1110–1220°), darüber nimmt die Wachstums-Geschw. ab. Mit Erhöhung von p erreicht letztere einen Grenzwert. P. Frenzel. 190□

**Die Beziehung zwischen Auflösungsform und Lösungsanisotropie in kubischen Kristallen.** Mikio Yamamoto. (Sci. Rep. Res. Inst. Tôhoku Univ., Ser. A **13,** 151–59, Juni 1961; Res. Inst. for Iron, Steel and Other Metals; engl.) — Auf Grund phänomenolog. Betrachtungen kommt Vf. zu dem Ergebnis, daß die Endform eines kugelförmigen Kristalls bei langsamer Auflösung ein Polyeder ist, das von ebenen Flächen begrenzt ist, die benachbarten Hauptkristallrichtungen entsprechen. Von dieser Anschauung ausgehend wurde die Anisotrpie der Lsg.-Geschw. unter der Bedingung bestimmt, daß ein gegebenes Polyeder die Endauflösungsform eines kugelförmigen Kristalls ist. Bei der Unters. der Beziehung zwischen der Endauflösungsform eines ursprünglich kugelförmigen Kristalls u. der Lösungsanisotropie für kub. Kristalle kommt Vf. zu Ergebnissen, die sich mit experimentellen Beobachtungen an *Ge*-Kristallen decken, die mit dem Ätzreagens Nr. 2 geätzt worden waren. Das Reagens besteht aus einem Gemisch von 1 Vol. HF, einem Vol. $H_2O_2$ u. 4 Vcl. Wasser. C. Gottfried. 190

**Die Beziehung zwischen Wachstumsform und Wachstumsanisotropie in kubischen Kristallen.** Mikio Yamamoto. (Sci. Rep. Res. Inst. Tôhoku Univ., Ser. A **13,** 160–67, Juni 1961; engl.) — Vgl. vorst. Referat. — Vf. untersucht auf theoret. Wege die Beziehung zwischen der Wachstumsform u. der Wachstumsanisotropie für kub. Kristalle, deren Wachstumsformen von einer, von zwei oder allen {1 0 0}-, {1 1 0}-u. {1 1 1}-Flächen begrenzt sind. Die hergeleitete Beziehung stimmte gut mit Beobachtungen von Spangenberg [1925] über die Wachstumsformen von K-Alaun u. Harnstoff enthaltenden NaCl-Kristallen überein. C. Gottfried. 190

**Über die Wachstums- und Auflösungsformen von kugelförmigen Schalenkristallen und die Formen von Ätzgrübchen auf Kristallen.** Mikio Yamamoto. (Sci. Rep. Res. Inst. Tôhoku Univ., Ser. A **13,** 168–73, Juni 1961; engl.) — Vgl. vorst. Referat. — Ausgehend von den l. c. durchgeführten Unterss. zeigt Vf., daß sich beim langsamen Wachstum eines kugelförmigen Kristalls u. der langsamen Auflösung der inneren Oberfläche eines kugelförmigen Schalenkristalls u. bei der Ätzung ein Polyeder bildet, das durch ebene Flächen senkrecht zu den Hauptkristallrichtungen begrenzt ist. Diese Schlußfolgerungen stehen in Übereinstimmung mit Beobachtungen über die Auflösungsform eines mit 31,6%ig. $HNO_3$ behandelten kugelförmigen *Bi*-Kristalls sowie solchen bei der Bldg. von Ätzgrübchen auf der {1 1 1}-Fläche eines Bi-Einkristalls durch die gleiche Säure. C. Gottfried. 190

**Kinematische Theorie der Kristallauflösung und ihre Anwendung auf das Ätzen.** Nicolas Cabrera. (Proc. IVth int. Sympos. Reactivity Solids, Amsterdam **1960,** 345–51, 1961; Charlottesville, Va., Univ. of Virginia, Dep. of Phys.; engl.) — Es wird gezeigt, daß die Formen von Ätzgruben stark von der Art der Beziehung abhängen, die zwischen der Konz. der Oberflächenstufen u. der Geschw. ihrer Wanderung über die Oberfläche besteht (Fließkonz.-Kurve). Zwei charakterist. Typen dieser Kurve führen zu völlig verschiedenen Situationen, bei denen einmal die Ätzung von der Bldg.-Geschw. der Stufen am Ursprung u. zum anderen von ihrer Wanderungs-Geschw. vom Ursprung abhängt. Im zweiten Fall muß die Geschw. der Bldg. der Stufen am Ursprung zum Ätzen einen krit. Wert übersteigen. H. Roschkowski. 190◇

**Gitterstörungen in Diamanten vom Typ I und II.** T. Evans und C. Phaal. (Proc. Roy. Soc. [London], Ser. A **270,** 538–52, 1962; Reading, Berks., Whiteknights Park, J. J. Thomson Phys. Labor.; engl.) — Natürliche Diamanten lassen sich auf Grund ihrer unterschiedlichen IR- u. UV-Spektren in 2 Typen (I u. II) einteilen. Durch vorsichtige Oxydation mit $O_2$ bei 750° oder mit $CO_2$ bei 1350° wurden die Diamanten zu dünnen Schichten abgebaut u. elektronenmkr. im Durchlicht untersucht. Im Typ I liegen blättchenförmige Einschlüsse auf den Flächen {1 0 0} vor, die N enthalten. Die Anwesenheit von N in Blättchenform kann sowohl die anomalen Röntgenreflexe um einen normalen Laue-Reflex herum, als auch die Tatsache erklären, daß N in nichtparamagnet. Form vorliegt. In der Nähe der N-Blättchen werden auf den {1 1 1}-Flächen kleine Versetzungsschleifen beobachtet, die durch die Entstehung von Leerstellen nach der Blättchen-Bldg. erklärt werden. Beide Arten von Fehlern treten bei Diamanten des Typs II nicht auf. Aus den Ergebnissen wird geschlossen, daß Diamanten vom Typ II bei der Entstehungs-Temp. vom Typ I unter N-freien Bedingungen u. langsamem Abkühlen oder bei tieferen Temp. als der Typ I gewachsen sind. G. Gattow. 190□

**Synthetische Diamanten: Wachstums- und Ätzungserscheinungen.** S. Tolansky. (Proc. Roy. Soc. [London], Ser. A **270,** 443–51, 1962; London, Univ., Royal Holloway Coll.; engl.) — Vf. untersucht mit Hilfe der Zweistrahlinterferometrie u. der Phasenkontrastmikroskopie die Wachstumserscheinungen an synthet. Diamanten

(Hersteller: de Beers). Als Ergebnis der Unterss. an mehreren tausend Kristallflächen folgt, daß ca. 1% der Würfelflächen aufgewachsene Spiralen mit einer Schritthöhe von 200–1500 Å enthalten, während auf den Oktaederflächen in keinem Falle Spiralwachstum beobachtet wurde, sondern vielmehr blättchenförmige Schichten (Dicke $\leq$40 Å) auftreten. Orientierte dendritenförmige Wachstumsformen wurden gefunden, die sowohl dendrit. Diamanten als auch epitakt. Aufwachsungen von Fremdstoffen zugeordnet werden können. Ätzverss. über längere Zeiten zeigten, daß in einigen Fällen innerhalb von ca. 2 Jahren die Diamanten durch Ätzen ca. 10% an Gew. verloren haben. G. Gattow. 190□

**Thermisches Ausheilen der durch Bestrahlung mit 2,0-MeV-Elektronen in Diamant des Typs IIa erzeugten Schäden.** C. D. Clark und D. W. Palmer. (Proc. IVth int. Sympos. Reactivity Solids, Amsterdam **1960,** 436–45, 1961; Reading, Univ.; engl.) — Durch Bestrahlung gefärbte Diamanten wurden auf Temp. zwischen 200 u. 800° erhitzt u. die Änderungen der Absorptionsspektren nach den entsprechenden Wärmebehandlungen gemessen. Viele der einzelnen Ausheilprozesse können quant. bestimmt werden, da die betreffenden Defekte zur Adsorption in verschiedenen Spektralbereichen Anlaß geben. Aktivierungsenergiespektren des Anlassens u. Rk.-Ordnungen einzelner Prozesse wurden bestimmt. H. Roschkowski. 190◇

**Mikrostrukturelle Merkmale und Versetzungen auf thermisch angeätzten Saphir-Oberflächen.** Hayne Palmour III, John J. DuPlessis und W. Wurth Kriegel. (J. Amer. ceram. Soc. **44,** 400–04, 1/8. 1961; Raleigh, N.C., North Carolina State Coll; engl.) — Synthet. Saphirkristalle in Tropfenform werden nach der Basis-, Prismen- u. Rhomboederform geschnitten u. fein poliert. Die Orientierung der Flächen erfolgte mit Hilfe von Laue-Methoden. Die Proben wurden 1 Std. lang bei Temp. zwischen 1500 u. ca. 1900° angelassen, wobei sie gegenüber der Ofenatmosphäre geschützt waren. Die mkr. Unters. nach dem Anlassen ergab auf den Oberflächen das Auftreten von Kleinwinkelkorngrenzen, Versetzungen u. anderen Kristallunvollkommenheiten. Unterss. von bei verschiedenen Temp. angelassenen Proben zeigten, daß man 3 getrennte, sich überschneidende Prozesse unterscheiden muß. Die erste Rk. begann beim Erhitzen auf 1500 bis 1700° u. war bei 1850° beendet. Bei diesem Prozeß handelt es sich um Oberflächen- u. Vol.-Diffusionsprozesse. Bei höheren Temp. wird die Oberfläche durch einen therm. Verdampfungsprozeß angeätzt, bei dem Material in die Dampfphase sublimiert. Bei dem dritten Prozeß findet Absetzen von Al-haltigem Material auf der Oberfläche an energet. günstigen Plätzen statt (Dekorierung). Die beim Ätzen auftretenden Versetzungen zerfallen in 2 typ. Klassen, die in Charakter u. Konz. mit Daten aus der Literatur übereinstimmen. Durch das therm. Ätzen konnte eine Hochtemp.-Erholung von Restverformungsenergie nachgewiesen werden, die bei tieferer Temp. eingeführt worden war. C. Gottfried. 190

**Gitterfehler von Zinksulfid-Einkristallen.** Mária Farkas-Jahnke. (Magyar fizik. Folyóirat [Ung. physik. Z.] **10,** 153–56, Juni 1962; Forsch.-Inst. für techn. Phys.; ung.) — Auf von synthet. ZnS-Einkristallen hergestellten Drehkristallaufnahmen werden einzelne Reflexe durch diffuse Linien verbunden. Diese weisen auf die Ggw. von Gitterfehlern hin, welche in hexagonalen (Wurtzit-) Einkristallen als kub. (Sphalerit-) Gebiete, in der kub. Modifikation als hexagonale Gebiete erscheinen. J. Plank. 190

**Optische Untersuchungen an Spiralen auf synthetischen Quarzkristallen.** M. S. Joshi und S. Tolansky. (Proc. Roy. Soc. [London], Ser. A **260,** 475–79, 21/3. 1961; Egham, Univ. of London, Royal Holloway Coll.; engl.) — Auf den Basisflächen synthet. Quarzkristalle wurden Spiralmuster beobachtet u. opt. u. interferometr. untersucht. Die Muster sind gut sichtbar, sie zeigen einzelne u. verflochtene dreieckige Spiralen mit einigen Windungen u. sind immer von linearen Grenzsäumen umgeben. Die Topographie wurde mit Hilfe einer neuen Dünnfilmvielstrahlinterferenz-Meth. untersucht. Die Spiralen sind im Charakter von den gewöhnlichen Wachstumsspiralen verschieden. Es wird vermutet, daß sie durch einen Ätz- bzw. Lsg.-Mechanismus entstehen. Ernst Schulte. 190◇

**Theorie der Alkalihalogenid-Mischkristalle.** B. G. Dick jun. und T. P. Das. (J. appl. Physics **33,** 2815–20, Sept. 1962; Salt Lake City, Utah, Univ. of Utah, Dep. of Phys.; Riverside, Calif., Univ. of California, Dep. of Phys.; engl.) — Vff. untersuchen verd. Mischkristalle des Syst. *NaCl–NaBr* u. behandeln neben der Verschiebung nächster, zweitnächster u. drittnächster Nachbarn den Rest des Mediums als elast. Kontinuum, wobei Lsg.-Wärmen u. Änderungen der Gitter-Konst. berechnet u. mit den Vers.-Ergebnissen verglichen werden. Die Kristallstörungen um die Fremdatome herum äußern sich durch Feldgradienten in deren Nachbarschaft. Sie werden ermittelt u. mit magnet. Kernresonanz-Unterss. der betreffenden Mischkristalle verglichen. W. Sobieski. 190◇

**Untersuchung der Mitfällung von Pu(IV) mit Lanthanoxalat.** W. I. Grebenschtschikowa und R. W. Brysgalowa. (Radiochemie [UdSSR] **2**, 265—79, 1960; russ.) — Vff. untersuchen den Mitfällungsmechanismus u. die Kristallisations-Koeff. D für Pu(IV) mit Lanthanoxalat (I) u. den Einfl. von Komplexbildern auf die Mitfällung. Die La(III)- u. Pu(IV)-Oxalate bilden anomale Mischkristalle. Sie untersuchen den Einfl. des Löslichkeitsverhältnisses der Oxalate auf D. Pu(IV) diffundiert in einem gefällten Nd. von I nur zu 2—3% ein, wird aber zu 95% mit I mitgefällt. Bei der isothermen Aufhebung einer Übersättigung schwankt der Kristallisations-Koeff. zwischen 14 u. 80 in Ggw. von 1,5n $HNO_3$, zwischen 26 u. 80 bei 0,5n $HNO_3$ u. zwischen 14 u. 200 in Ggw. von 0,1 n $HNO_3$. Der nach der Meth. der fraktionierten Umkristallisation bestimmte Koeff. D ist konstant. D wird kleiner bei einer Vergrößerung der Konz. des „freien" Oxalates. Pu(IV) wird in Ggw. von oxalsäurehaltiger 0,5—1,5n $HNO_3$ oder $<0,1$ Mol $(NH_4)_2C_2O_4$ durch I angereichert: $D = 21$. G. Ewald. 190□

**Über das Vorkommen von Uranmetallpartikeln in geschmolzenem $UO_2$.** R. Colombo und G. Frigerio. (J. nuclear Mater. [Amsterdam] **5**, 259—61, Febr. 1962; Torino, Italy, FIAT, Sez. Energ. Nucl.; engl.) — Vff. berichten über Anschliff-Unterss. an gepulvertem, umgeschmolzenem Urandioxid der genauen stöchiometr. Zus. $UO_{1,995\pm0,004}$. Im Anschliffbild zeigt sich eine kristalline Phase, die sich unter dem Elektronenmikroskop als aus gut ausgebildeten Einkristallen bestehend erwies. Diese Kristalle zeigten eine geringere Mikrohärte als die umgebende Oxidmatrix. Sie werden als metall. U gedeutet, das sich an den Phasengrenzen abscheidet u. vermutlich durch Disproportionierung einer substöchiometr. Phase in $UO_2$ u. U entstanden ist. F. Weigel. 190◇

**Die Abgabe von $^{85}$Kr aus bestrahltem Urandioxid beim Tempern nach der Bestrahlung.** E. Rothwell. (J. nuclear Mater. [Amsterdam] **5**, 241—49, Febr. 1962; Harwell, Didcot, Berks., A.E.R.E., Metallurg. Div., U.K.A.E.A. Res. Group; engl.) — Mit Hilfe einer modifizierten Form der Hahnschen Emanier-Meth. unter Verw. von He als Trägergas u. eines Wolframbandofens untersuchen Vff. die Abgabe von $^{85}$Kr beim Tempern auf Temp. bis zu 2000°. Verwendet wurde bestrahltes Urandioxid mit erheblichem Uranabbrand (~0,1%), alle Operationen wurden in der heißen Zelle hinter 10 cm Bleiwand ausgeführt. Untersucht wurde das Emaniervermögen für $^{85}$Kr beim Durchlaufen mehrerer aufeinanderfolgender Aufheizungs- u. Abkühlungscyclen. Oberhalb 1800° ist das Emaniervermögen für $^{85}$Kr größer als auf Grund von Extrapolationen aus Daten bei niedrigeren Temp. zu erwarten stand. Die Abgabe von $^{85}$Kr erfolgt auf dreierlei Art: 1. beim Aufheizen tritt ein kurzer, kräftiger Schwall auf, 2. bei Konstanthaltung der Heiztemp. wird $^{85}$Kr in gleichmäßigem Strom abgegeben u. 3. beim Abkühlen tritt in der Gegend von ~1450° plötzlich ein kurzer, kräftiger Schwall ein. Das beobachtete Emaniervermögen für $^{85}$Kr wird gedeutet. Für die gleichmäßige Abgabe bei hoher Temp. scheint die Diffusion von $^{85}$Kr an die Korngrenzen verantwortlich zu sein, die plötzliche Abgabe beim Aufheizen u. Abkühlen beruht vermutlich auf einer Umwandlung von $UO_2$ in eine substöchiometr. Phase $UO_{2-y}$. F. Weigel. 190◇

**Die Reaktionsfähigkeit keramischer Kernbrennstoffe im festen Zustand bei hohen Temperaturen.** R. Lindner. (Proc. IVth int. Sympos. Reactivity Solids, Amsterdam **1960**, 467—74, 1961; Gothenburg, Sweden, Chalmers Univ. of Technol., Labor. for Nucl. Chem.; engl.) — Die Diffusions-Konst. der Spalt-Prodd. $^{85}Kr$ u. $^{133}Xe$ in $UO_2$ mit variablem O-Überschuß bzw. $U_3O_8$ u. von $^{133}$Xe in *UC* u. $ThO_2$ wurden gemessen. Zusätzlich wurde die Diffusion von $^{222}Rn$ in $UO_2$, $U_3O_8$ u. $ThO_2$ zur Best. des Einfl. der Größe des diffundierenden Atoms auf die Edelgasdiffusion untersucht. Die Selbstdiffusion von $^{233}$U in $UO_2$ verläuft mit einer Aktivierungsenergie von ca. 110 kcal/Mol. H. Roschkowski. 190◇

**Einige Aspekte der Topochemie der Eisenoxide und -hydroxide.** A. L. Mackay. (Proc. IVth int. Sympos. Reactivity Solids, Amsterdam **1960**, 571—83, 1961; London, Birkbeck Coll., Crystallographic Labor.; engl.) — Vf. berichtet über Röntgen- u. Elektronenbeugungs- sowie mkr. Unterss. am Syst. der Eisenoxide u. -hydroxide (Umwandlungen $\delta$-FeOOH $\rightarrow$ $\alpha$-FeOOH; $\alpha$-FeOOH $\rightarrow$ $\alpha$-$Fe_2O_3$; 3 $Fe(OH)_2 \cdot FeCl_2$ $\rightarrow$ $\beta$-FeOOH; $\beta$-FeOOH-Spinellphase u. „grüner Rost" $\rightarrow$ $Fe_3O_4$). Die Ergebnisse werden mit denen anderer Autoren zu einer allg. Übersicht über das Syst. zusammengestellt. — 26 Literaturangaben. H. Roschkowski. 190◇

**Molekülstruktur von $B_9H_{13}(CH_3CN)$.** Frederick E. Wang, Paul G. Simpson und William N. Lipscomb. (J. chem. Physics **35**, 1335—39, Okt. 1961; Cambridge, Mass., Harvard Univ., Dep. of Chem.; engl.) — Vgl. C. **1962, 3404**. — Aus Weissenberg-Aufnahmen an einem Einkristall von $B_9H_{13}(CH_3CN)$ (I), einem Abbau-Prod. von $B_{10}H_{12}(CH_3CN)_2$, konnte die vollständige Struktur von I einschließlich der H-Atom-

lagen ermittelt werden. Die 9 B-Atome bilden ein Ikosaederfragment, das der $B_{10}H_{14}$-Struktur entspricht, wenn ein B-Atom herausgenommen wird. I enthält 2 $BH_2$-Gruppen u. kann zu einem hypothet. $B_9H_{14}^-$ in ähnlicher Weise wie $B_{10}H_{12}(CH_3CN)_2$ zu $B_{10}H_{14}^{2-}$ in Beziehung gebracht werden. I ist monoklin, Raumgruppe P $2_1$/m, Z = 2, a = 5,64, b = 9,22, c = 9,81 Å; $\beta$ = 90° ± 30'; $D_{ber.}$ 0,98 g/cm³; $D_{beob.}$ 0,99 g/cm³.
F. Huber. 195◇

**Verfeinerung der Struktur von $B_9H_{15}$ und Prüfung auf das Vorliegen fester Lösungen.** Paul G. Simpson und William N. Lipscomb. (J. chem. Physics **35**, 1340—43, Okt. 1961; engl.) — Vgl. vorst. Referat. — Eine genauere Parameter-Best. aus Röntgenbeugungsdaten wird für $B_9H_{15}$ durchgeführt; dabei wird die schon früher ermittelte Struktur (vgl. C. **1957**, 2131; C. **1958**, 1223) im wesentlichen bestätigt. Die genauere Parameterfestlegung ermöglicht gleichzeitig eine Reinheitsprüfung für die aus unreinen Schmelzen gewachsenen Kristalle. Es kann gezeigt werden, daß die mit chem. Meth. prakt. nicht nachzuweisenden Verunreinigungen, bes. ein $B_8$-Hydrid, nur zu maximal ca. 5% vorhanden sein können. F. Huber. 195◇

**Die Struktur von Lithiumdikaliumtrimetaphosphat-1-Wasser.** Edward David Eanes und Helen M. Ondik. (Acta crystallogr. [Copenhagen] **15**, 1280—85, 10/12. 1962; Baltimore, Md., Johns Hopkins Univ.; Washington, D.C., Nat. Bur. of Stand.; engl.) — $LiK_2P_3O_9 \cdot H_2O$ (I) krist. monoklin in der Raumgruppe P $2_1$/c mit Z = 4, a = 8,669 ± 0,003, b = 14,497 ± 0,004, c = 7,634 ± 0,006 Å, $\beta$ = 99° 53' ± 3'; $D_x$ = 2,40 g/cm³, $D_{exp.}$ = 2,33; zweiachsig positiv mit 2 V ca. 42°; $n_\alpha$ = 1,486, $n_\beta$ = 1,490, $n_\gamma$ = 1,500 (±0,002). Die Struktur von I wurde mit Hilfe einer dreidimensionalen Patterson-Funktion gelöst u. mit Fourier-Projektionen bis auf einen Zuverlässigkeitsfaktor von R = 0,099 verfeinert; die Atomparameter u. Temp.-Faktoren sind tabelliert. Das $P_3O_9^{3-}$-Ion besteht aus drei fast regulären $PO_4$-Tetraedern, die über Ecken zu einem sechsgliedrigen Ring verbunden sind; P—$O_{Ring}$ = 1,59—1,63 Å, P—O = 1,44—1,59 Å. Die beiden $K^+$ sind unregelmäßig koordiniert: $K_1$ von 6 O + 1 $H_2O$ u. $K_2$ von 8 O. Li ist von 3 O + 1 $H_2O$ fast ideal tetraedr. umgeben: Li—O = 1,93—1,97 Å, Li—$H_2O$ = 1,96. Die Koordinationspolyeder der Kationen sind untereinander über Ecken u. Kanten verbunden; diese Atomanordnung steht in Übereinstimmung mit der Spaltbarkeit. — Zur Darst. von I wurde $Na_3P_3O_9 \cdot 1{,}5\ H_2O$ mit überschüssigem $AgNO_3$ zu $Ag_3P_3O_9$ umgesetzt, dieses als Suspension mit LiCl + KCl (1 : 2) behandelt, das AgCl abfiltriert u. I aus dem Filtrat mit A. gefällt. G. Gattow. 195◇

**Untersuchung der Hochtemperaturmodifikation von Berylliumoxidacetat.** K. N. Ssemenenko. (J. Strukturchem. [UdSSR] **1**, 442—46, Nov./Dez.; 1960; Moskau, Lomonossow-Univ.; russ.) — Nach Debye-Scherrer-Aufnahmen werden 3 Modifikationen unterschieden: 1. das normale kub. $Be_4O(CH_3COO)_6$, 2. die wahrscheinlich rhomb. $\gamma$-Modifikation u. 3. eine $\gamma'$-Modifikation, die durch Abkühlen einer auf ca. 230° erhitzte $\gamma$-Probe entsteht. Der Übergang $\alpha \rightarrow \gamma$-Modifikation erfolgt bei 146—148°. Die Gitterparameter der $\gamma$-Modifikation sind: a = 9,17, b = 15,98 u. c = 14,44 Å; Z = 4; D. = 1,30. M. Hähnert. 195□

**Strukturphase von dehydratisiertem Gibbsit.** H. Saalfeld. (Proc. IVth int. Sympos. Reactivity Solids, Amsterdam **1960**, 310—16, 1961; Würzburg, MPI for Silicate Res.; engl.) — Die therm. Zers. von *Gibbsit* verläuft in Ggw. von Wasserdampf in der Reihenfolge *Böhmit*-$\gamma$-$Al_2O_3$-$\Theta$-$Al_2O_3$-$\alpha$-$Al_2O_3$ mit Umwandlungs-Temp. von 300, 450, 900 u. 1100°. In Abwesenheit von W. entstehen bei 300° $\chi$-$Al_2O_3$, bei 800° $\varkappa$-$Al_2O_3$ u. bei 1300° $\alpha$-$Al_2O_3$. Zur Erklärung des kristallchem. Mechanismus dieser Umwandlungen wird versucht, die Kristallstrukturen zu ermitteln. Aus der Struktur des $\beta$-$Ga_2O_3$, das eine feste Lsg. mit $\Theta$-$Al_2O_3$ bildet, wird auf die Struktur der zweiten Verb. geschlossen. Gitter-Konst.: a = 11,24; b = 5,72; c = 11,74 Å, $\beta$ = 103° 20', Z = 32, Raumgruppe A2/m. Weissenberg-Aufnahmen der weiteren Phasen führen zu folgenden Ergebnissen: $\chi$-$Al_2O_3$: a = 5,56, c = 13,44 Å; $\varkappa$-$Al_2O_3$ krist. orthohexagonal, a = 16,80; b' = 9,71; c = 17,86 Å, $\alpha$-$Al_2O_3$: hexagonal, $u_{[1\bar{1}0]}$ = 8,25; $u_{[110]}$ = 4,76; c = 13,01 Å. Die mutmaßlichen Atomlagen werden besprochen. H. Roschkowski. 195◇

**Röntgenographische Untersuchung der natürlichen Uranoxide.** G. A. Ssidorenko. (Geochemie [UdSSR] **1958**, Nr. 1, 22—38, 2 Tafeln; Moskau, Allunions-Forsch.-Inst. für wirtschaftl. Minerale; russ., Auszug: engl.) — Die Struktur von $UO_2$ entspricht unter natürlichen Bedingungen dem $CaF_2$-Typ, bei Oxydation von U(IV) zu U(VI) ändert sich die Elementarzelle. Die Art der Abhängigkeit der Elementarzelle vom Oxydationszustand wird durch den Wert des Wasserstoff-Koeff. X ausgedrückt. Der hohe Dispersitätsgrad von U-Pechblende, der mit dem Oxydationsgrad ansteigt, ist für die Diffusität der Debye-Reflexe verantwortlich. Aus der Unters. der Phasenübergänge von U-Oxiden bei Oxydation u. Erhitzen an der Luft ergibt sich, daß die natürlichen Oxide beständiger sind als die synthet.; so folgt bei ersteren der Übergang aus der $CaF_2$-Struktur zu $U_3O_8$ u. anderen Phasen bei 400—700° im Vgl. zu 175° für synthet. Oxide. Unter den Glühprodd. der U-Oxidminerale wurde als neue Phase die „Y-Phase" nachgewiesen. H. Noack. 195△

**Die Kristallstruktur von Kobaltsulfat-6-Wasser.** Allan Zalkin, Helena Ruben und David H. Templeton. (Acta crystallogr. [Copenhagen] **15**, 1219—24, 10/12. 1962; Berkeley, Calif., Univ. of Berkeley, Lawrence Rad. Labor., Dep. of Chem.; engl.) — $CoSO_4 \cdot 6\,H_2O$ (I) wurde durch Kristallisation aus einer gesätt. wss. Lsg. bei 50—55° hergestellt. I krist. monoklin in der Raumgruppe $C_{2h}^6$—C 2/c mit Z = 8, a = 10,032 ± 0,004, b = 7,233 ± 0,003, c = 24,261 ± 0,010 Å, $\beta$ = 98,37 ± 0,03°; $D_x$ = 2,006 g/cm³, $D_{exp.}$ = 2,000—2,019. Mit Hilfe des isomorphen Ersatzes gegen $MgSO_4 \cdot 6\,H_2O$ (II) u. $MgSeO_4 \cdot 6\,H_2O$ (III) wurde die Struktur gelöst u. nach den üblichen Meth. bis auf einen Zuverlässigkeitsfaktor von R = 13,0% verfeinert. Die Atomparameter u. individuellen Temp.-Faktoren sind tabelliert. I ist aufgebaut aus isolierten $SO_4^{2-}$-Tetraedern u. zwei nicht gleichwertigen isolierten $Co(H_2O)_6^{2+}$-Oktaedern, die untereinander über H-Brücken verbunden sind. Nachst. durchschnittliche interatomare Abstände werden angegeben: S—O = 1,46 Å, Co—$O_{H_2O}$ = 2,11 u. O—H···O = 2,79. Isomorph mit I sind II, III, $CoSeO_4 \cdot 6\,H_2O$, $ZnSO_4 \cdot 6\,H_2O$ u. $NiSO_4 \cdot 6\,H_2O$. Für II u. III werden nachst. Gitterdimensionen angegeben (a, b, c, $\beta$): 10,110 ± 0,005 (Å); 7,212 ± 0,004; 24,41 ± 0,01; 98,30 ± 0,04° u. 10,36 ± 0,03 (Å); 7,38 ± 0,04; 25,1 ± 0,1; 98,1 ± 0,2°. G. Gattow. 195◇

**Über die Ähnlichkeit und die Verschiedenheit der Kristallstruktur von Kupfer- und Nickelinnerkomplexverbindungen.** M. A. Porai-Koschitz und P. M. Sorki. (J. Strukturchem. [UdSSR] **2**, 20—26, Jan./Febr. 1961; Moskau, Lomonossow-Univ.; russ.) — Sind Kristalle von gleichen Innerkomplex-Verbb. des Cu u. Ni nicht isostrukturell, so befindet sich mindestens eines der Metallatome nicht im Symmetriezentrum. Diese Aussage wird experimentell belegt. Innerhalb der Gruppen M-4 O u. M-4 S gleichartiger Cu- u. Ni-Verbb. zeigen sich für die erste Gruppe (z. B. Acetylacetonato-, Salicylaldehydato-Verbb.) zentrosymm. Lagen für die Cu-Atome, nicht aber für die Ni-Atome. Im zweiten Fall gilt das Umgekehrte (z. B. Diäthyldithiocarbamatokomplexe). Diamagnet. Verbb. des Ni der Gruppe M-2 N 2 O (trans) sind gewöhnlich mit analogen Typen des Cu isostrukturell, wobei in der Mehrzahl der Fälle das Metallatom zentrosymm. lagert. In den bekannten M-2 N, 2 O-cis-Formen liegen verschiedenartige Bauprinzipien vor. Die relativ kleine Zahl von existierenden Strukturdaten über M-4 N-Typen erlaubt nicht, bestimmte allg. Schlußfolgerungen zu ziehen. M. Hähnert. 195□

**Untersuchung der Struktur von $\alpha$-[$Cu(NH_3)_2Cl_2$] auf Grund von Pulveraufnahmen.** Lehel Zsoldos. (Magyar fizik. Folyóirat [Ung. physik. Z.] **10**, 189—98, Juni 1962; Budapest, L. Eötvös Univ., Lehrst. für exper. Phys.; ung.) — $\alpha$-[$Cu(NH_3)_2Cl_2$] krist. orthorhomb., Gitter-Konst.: a = 7,78 (Å), b = 10,65 u. c = 5,82. Raumgruppe: $D_{2h}^{17}$—C m c m. Im Gitter wird jedes Cu-Atom oktaedr. von 4 in einer Ebene liegenden $Cl^-$ u. 2 $NH_3$-Gruppen an der Spitze der Oktaeder umgeben. J. Plank. 195

**Die Dimensionen der Elementarzelle von Siberazid.** H. E. Marr und R. H. Stanford jun. (Acta crystallogr. [Copenhagen] **15**, 1313—14, 10/12. 1962; Pasadena, Calif., California Inst. of Technol., Gates and Crellin Labor. of Chem.; engl.) — Vff. bestimmten die Gitterdimensionen von $AgN_3$ aus einer Präzisionspulveraufnahme zu a = 5,6170 ± 0,0005, b = 5,9146 ± 0,0003, c = 6,0057 ± 0,0005 Å; Raumgruppe I b a m, Röntgendichte $D_x$ = 4,99 g/cm³. Als Eichsubstanz wurde *KCl* benutzt, dessen Gitter-Konst. zu a = 6,2933 ± 0,0009 Å ermittelt wurde. G. Gattow. 195◇

**Über die Struktur von $K_2OsNCl_5$ und K[$OsNBr_4H_2O$]-$H_2O$.** L. O. Atowmjan und G. B. Boki. (J. Strukturchem. [UdSSR] **1**, 501—03, Nov./Dez. 1960; Kurnakow-Inst. für Allg. u. Anorg. Chem. der Akad. der Wiss. der UdSSR; Nowosibirsk, Inst. für Anorg. Chem. der Akad. der Wiss. der UdSSR; russ.) — $K_2OsNCl_5$: a = 8,92 ± 0,03; b = 12,913 ± 0,007; c = 7,24 ± 0,03 Å; C m c; Z = 4; $KOsNBr_4 \cdot 2\,H_2O$: a = 9,53 ± 0,03; b = 13,363 ± 0,007; c = 7,44 ± 0,03 Å. Beide Verbb. sind isotyp. Die Atomkoordinaten sind angegeben. M. Hähnert. 195□

**Herstellung epitaktischer GaAs- und GaP-Filme durch Reaktion in der Dampfphase.** R. R. Moest und B. R. Shupp. (J. electrochem. Soc. **109**, 1061—65, Nov. 1962; Murray Hill, N.J., Bell Telephone, Inc.; engl.) — Einkristalline Filme aus GaAs (I) u. GaP (II) werden durch Rk. in der Dampfphase in einem geschlossenen Syst., das das Ausgangsmaterial u. HCl-Gas enthält, hergestellt. I u. II reagieren mit HCl unter Bldg. der Chloride, vorwiegend der Trichloride, u. As bzw. P. Letztere werden im Temp.-Gradienten übergeführt u. am kälteren Ende einige 100° unterhalb des F. als **I** bzw. **II** abgeschieden. Epitakt. I-Filme werden auf Ge- u. I-Substraten verschiedener Orientierung, epitakt. II-Filme auf I- u. II-Substraten erzeugt, wobei die Art der Leitung durch geeignete Dotierung des Ausgangsmaterials bestimmt wird. Die Wachstums-Geschw. v ist von der Temp. T des Ausgangsmaterials (600—850°) u. vom anfänglichen HCl-Druck p (50 bis 240 Torr), nicht jedoch von der Temp. (550—700°) u. der Orientierung des Substrates abhängig. v ist proportional exp (— $\Delta$ H/RT) (R Gas-Konst., $\Delta$ H mittlere Aktivierungsenergie der Rk. am Ausgangsmaterial). Für **I** u. p = 240 bzw. 50 (Torr) beträgt $\Delta$ H 39 bzw. 85 (kcal), für **II** u. p = 240 $\Delta$ H = 45. Die physikal. u. Oberflächen-Eigg. sowie die Einheitlichkeit der Filme sind von der Vorbehandlung der Substrate, jedoch nicht von ihrer Orientierung abhängig. P. Frenzel. 196◇

**Der Einfluß der Reduktion mit Wasserstoff auf die Morphologie von Kupferoxidwhiskern.** William R. Lasko und Warren K. Tice. (J. electrochem. Soc. **109**, 1070—76, Nov. 1962; East Hartford, Conn., United Aircraft Corp., Res. Labor.; engl.) — Die Red. von Oxidwhiskern auf getempertem u. nichtgetempertem Cu verläuft anfänglich an unregelmäßig verteilten Bereichen ihrer Oberfläche, ohne daß eine bevorzugte Red. der Spitzen zu beobachten ist. Danach bilden sich unregelmäßig geformte Knoten. Geschw. u. Art des Zusammenfallens unterscheiden sich für Whisker auf getemperten u. nichtgetemperten Proben, wahrscheinlich auf Grund der Größen- u.Formunterschiede der Whisker. Elektronenbeugungsaufnahmen zeigen, daß sich die Zus. der Whisker von CuO in *$Cu_2O$* u. dann in *Cu* ändert. In der Nähe der Metalloberfläche bildet sich wahrscheinlich $Cu_2O$. Die elektronenopt. Unters. von Abdrücken weist auf eine Oberflächenumordnung unter Bldg. einer Subkornstruktur. Vff. erörtern die Transportvorgänge u. die Bldg. von Defektstellen. P. Frenzel. 196◇

**Aggregat-Struktur in dünnen Ni-Filmen.** Joel S. Hirschhorn und Robert J. Maciag. (Nature [London] **195**, 169—70, 14/7. 1962; Brooklyn, N.Y., Polytechn. Inst. of Brooklyn, Metallurg. Engng. Div.; engl.) — Beim Niederschlagen dünner Metallfilme im Vakuum haben die auftretenden Atome genügende Beweglichkeit auf dem Substrat, um Kristallitcluster zu bilden. Der Aggregationsgrad ist hauptsächlich eine Funktion der Substrat-Temp. u. der Abscheidungsgeschwindigkeit. Ni-Filme mit einer Reinheit von 99,9% wurden auf Glas niedergeschlagen. Röntgen-Unterss. zeigten kub.-flächenzentrierte Gitter. Bei 80° wurde mit einer Lsg. von 50% konz. $HNO_3$ u. 50% $CH_3COOH$ 3—5 Sek. geätzt. Die Ätzung wurde mehrmals wiederholt, bis die Struktur zu erkennen war, nämlich bei einer Schichtdicke von 300—400 Å. Es wird vermutet, daß sich diese Ätz-Meth. auch für andere Metalle anwenden läßt. — 2 Mikrographien. R. Esenwein. 196□

**Mechanismus der Chemisorption, des Platzwechsels und der Oxydation an einer (1 0 0)-Nickeloberfläche.** H. E. Farnsworth und Hannibal H. Madden jun. (J. appl. Physics **32**, 1933—37, Okt. 1961; Providence, R.I., Brown Univ., Barus Phys. Labor.; engl.) — Mit Hilfe von Elektronenbeugungs- u. photoelektr. Austrittsarbeitsmessungen wurde der Verlauf der $O_2$-Adsorption an einer reinen (1 0 0)-Ni-Oberfläche bei Raum-Temp. untersucht. Nachdem zunächst eine Adsorption von $O_2$ in amorpher Form eintritt, diffundieren einige der adsorbierten Moll. über die Oberfläche hinweg zu Gitterfehlstellen, wo sie dissoziieren. Die hierbei entstehenden O-Atome gruppieren sich in einer Gitterstruktur um eine Fehlstelle, worauf mit fortschreitender $O_2$-Zugabe ein Platzwechsel zwischen einigen O- u. Ni-Atomen festzustellen ist, bei dem sich eine regelmäßige Quadratstruktur ausbildet, die von einer geringfügigen Zunahme der Gitter-Konst. begleitet ist. Unmittelbar hierauf tritt die Bldg. der Oxidstruktur entsprechend der des Steinsalzes ein. Für die Austrittsarbeit ergaben sich folgende Werte: $\psi$ = 5,08 eV nach Ar-Ionenbeschuß, $\psi$ = 5,12 eV nach mäßigem Glühen u. $\psi$ = 5,22 eV nach intensivem Glühen. D. Forst. 196□

**Die Elektronen-Energiebänder der Alkalimetalle und des metallischen Berylliums.** J. F. Cornwell. (Proc. Roy. Soc. [London], Ser. A **261**, 551—64, 23/5. 1961; London, Imp. Coll., Dep. of Math.; engl.) — Vf. untersucht die Anwendbarkeit verschiedener Interpolations-Verff. auf die Beschreibung der Elektronenenergiebänder der Alkalimetalle u. des metall. Be. Anschließend wird eine „l-abhängige" Pseudopotential-Meth. auf diese Metalle angewendet, in welcher der Ausdruck für die Wellenfunktionen der Valenzelektronen nur eine geringe Anzahl von ebenen Wellen enthält. Die Dichten der Zustandskurven u. der Fermi-Oberflächen werden berechnet. Beim Li kann die Fermi-Oberfläche die Grenzen der Brillouin-Zone berühren. Abschließend werden die berechneten u. die aus der Literatur bekannten Tieftemp.-Koeff. der spezif. Wärme u. die Valenzbandbreiten verglichen. Quant. Aussagen sind jedoch nicht möglich. Wolfgang Wagner. 197□

**Selektive Dekoration von Feinstruktureffekten im Beryllium.** H. M. Lindsay, V. D. Scott und A. Moore. (J. less-common Metals [Amsterdam] **3**, 407–11, Okt. 1961; Aldermaston, Berks., Atom. Weapons Res. Establ.; engl.) — Vff. berichten über eine neue chem. Meth. zur Kennzeichnung submkr. Struktureffekte in Be, wie die Ausbildung Fe-reicher Ndd. während des Alterungsvorganges. Durch Behandlung der metallograph. Oberfläche mit einer phosphorsauren $Cu^{2+}$-Lsg. wird in einer Ionenaustausch-Rk. Cu an den Stellen mit elektronegativeren Elementen angelagert. Die metallograph. Bilder, die sich durch opt. Mikroskopie, Elektronenmikroskopie u. Mikroanalyse mit Hilfe der Elektronensonde ergeben, werden einander gegenübergestellt. J. Peters. 197◇

**Phasenumwandlung in metallischem Zinn bei hohem Druck.** R. A. Stager, A. S. Balchan und H. G. Drickamer. (J. chem. Physics **37**, 1154, 1/9. 1962; Urbana, Ill., Univ. of Illinois, Dep. of Chem. and Chem. Engng.; engl.) — Eine Unstetigkeit des elektr. Widerstandes von 99,999%ig. weißem Sn bei einem Druck von 113–115 kbar wird einer reversiblen Phasenumwandlung erster Ordnung (wahrscheinlich tetragonal $\rightleftharpoons$ kub.) zugeschrieben. A. Blaschette. 197◇

**Wirkung des Beschusses mit energiereichen Deuteriumionen auf Titan.** O. C. Yonts und R. A. Stehlow. (J. appl. Physics **33**, 2903–04, Sept. 1962; Oak Ridge, Tenn., Oak Ridge Nat. Labor.; engl.) — Vff. berichten über die Wrkg. des Beschusses von *Ti*, wobei keine Metallzerstäubung festgestellt werden konnte. Mkr. Aufnahmen u. Röntgen-Unterss. zeigen die Bldg. von $TiD_{1,97}$ auf der Ti-Oberfläche bei Beschuß mit $D^+$-Ionen von 10–25 keV u. einem Gesamtfluß von $1{,}7 \cdot 10^{21}$ Partikeln in einer $D_2$-Atmosphäre von $2-3 \cdot 10^{-5}$ mm Hg Druck. Die Beziehung zwischen Energiedichte des $D^+$-Strahles u. Gew.-Zunahme der beschossenen *Ti*-Proben wird graph. demonstriert. W. Sobieski. 197◇

**Der Einfluß adsorbierter Verunreinigungen auf die Oberflächenenergie und die Oberflächenselbstdiffusion von Nickel.** J. M. Blakely und H. Mykura. (Acta metallurg. [New York] **9**, 595–99, Juni 1961; Glasgow, Univ., Dep. of Natuarl Philos.; engl.) — Vff. erhitzten 99,99%ig. Ni im Vakuum von ca. $10^{-5}$ Torr 50 Std. lang auf 900° u. untersuchten die Ni-Oberflächen mikroskopisch. Hierbei wurden Streifungen beobachtet, die sich als orientierungsabhängig erwiesen. Die Orientierungsverteilung dieser Streifungen deutet auf das Vorhandensein von punktförmigen Spitzen in der Polarkoordinaten-Darst. der freien Oberflächenenergie bei den Orientierungen (1 0 0), (1 1 0) u. (2 1 0) sowie einer linienförmigen Spitze zwischen (4 1 0) u. (5 1 0) hin. Weitere Beobachtungen deuteten auf eine starke Oberflächendiffusion auf (1 1 0) u. eine Reihe atomarer rauher Ebenen zwischen (4 1 0) u. (2 1 0) zusätzlich zu den glatten Ebenen (1 0 0) u. (1 1 1). Bei niedrigeren Erhitzungs-Temp. wird die Oberflächenenergie des Ni stark durch Adsorption von Verunreinigungen beeinflußt. C. Gottfried. 197

**Der Einfluß von gelösten Stoffen auf die Selbstdiffusion in Metallen.** A. B. Lidiard. (Philos. Mag. [8] **5**, 1171–80, Nov. 1960; Reading, Berkshire Univ., Phys. Dep.; engl.) — Unter Zugrundelegung des von Hart u. Mitarbeitern (vgl. C. **1963**, 6499) beschriebenen Leerstellenmodells sowie einer qual. Betrachtung von Korrelationseffekten entwickelte Vf. eine statist. Theorie des Einfl. der gelösten Komponenten auf die Selbstdiffusion des Lsgm. in niedriglegierten Metallen. C. Gottfried. 197

**Über den Mechanismus der interkristallinen inneren Adsorption in verdünnten festen Lösungen.** W. I. Archarow, B. Ss. Borissow, Ss. D. Wangenheim und G. G. Talutz. (Metallphysik u. Metallkunde [UdSSR] **8**, 792–94, Nov. 1959; Ural-Univ., Akad. der Wiss. der UdSSR, Inst. für Metallphys.; russ.) — Vgl. C. **1962**, 5954. — Unterss. über den „abgeschirmten" Atomradius zeigen, daß die Wechselwrkg. der Elektronenhüllen der in einer verd. festen Lsg. enthaltenen Atome das Verh. der Zusatzatome in dieser Lsg. stark beeinflussen können. Dies gilt bes. von der inneren Adsorption zwischen Kristalliten. Zusatzatome treten vor allem mit Defekten u. Strukturinhomogenitäten im Gitter in eine Fernordnungs-Wechselwrkg., da jede Strukturinhomogenität als Versetzungs-Syst. zu betrachten ist. Als Beispiele werden Unterss. an Ag mit 1% Tl, 5% Zn oder 1% Pb u. an Cu mit 1% Mg oder 1% Sn mitgeteilt; die Zusatzatome zeigen hierbei ein Verh., als ob sie einen größeren Atomradius als den normalen hätten. R. K. Müller. 197□

**Grenzflächen und Wachstumsformen nach dem Dekantieren.** G. A. Chadwick. (Acta metallurg. [New York] **10**, 1–12, Jan. 1962; Cambridge, Mass., Harvard Univ., Gordon McKay Labor.; engl.) — Verss. mit eutekt. Legg., von denen beim Erstarren das fl. schnell vom festen Metall getrennt wird, zeigen, daß auch beim schnellen Dekantieren ein Fl.-Film auf der Festkörperoberfläche zurückbleibt. Die manchmal auf den Oberflächen reiner Metalle nach dem Dekantieren beobachteten {1 1 1}- u. {1 0 0}-Facettenstrukturen entstehen durch die nachträgliche Erstarrung des verbliebenen Fl.-Films. Eine früher gemachte Annahme, wonach die Facetten die tatsächliche Form der Erstarrungsfläche beim Wachstum sind, wird ausgeschlossen u. vermutet, daß eine anisotrope Freie Oberflächenenergie die Ausbildung von abgestuften kristallograph. Ebenen niederer Indices begünstigt u. die Bldg. einer irrationalen Oberfläche auf der Freien Oberfläche von Metallkristallen zurückdrängt. W. Sobieski. 197□

**Eine Methode zur Bestimmung der Anzahl und Größe diskusförmiger Teilchen der Dispersionsphase.** J. Likeš, J. Čadek und K. Mazanec. (Acta techn. Acad. Sci. hung. **34**, 259—79, 1961; Prag, Forsch.-Inst. für das Eisenhüttenwes.; Wittkowitz, Klement-Gottwald-Eisenwerke; dt.) — Die Größe der Rotationsdiskusse wird durch zwei Dimensionen gekennzeichnet, nämlich D u. a — kD bzw. a u. $b = a\sqrt{2 - k/h'}$. Es wird angenommen, daß die Teilchen im Raum der Probe zufällig verteilt u. auch zufällig orientiert sind. Die Raumdimensionen der Teilchen u. ihre Anzahl je Vol.-Einheit der Probe werden rechner. ermittelt. Es wird der Fall erörtert, in dem alle Teilchen einheitliche Größe besitzen. Der Fall nichteinheitlicher Teilchengröße wird für $b \gg a$ u. $k =$ konst. durchgeführt, so daß die Teilchengröße vollkommen durch den Wert D (bzw. a) bestimmt wird. Für den Fall, wo k unbekannt ist, wird die Berechnung unter der Voraussetzung durchgeführt, daß D der Maxwellschen Verteilung folgt; für bekanntes k wurde die logarithm.-normale Verteilung der Veränderlichen D vorausgesetzt. Die Ergebnisse können für Messungen der kinet. Parameter der Bainit- u. Martensit-Rkk. verwendet werden. H. Hochstein. 197

**Über Zustandsdiagramme von eutektischen Legierungen.** A. A. Shukow. (J. physik. Chem. [UdSSR] **35**, 2137—41, Sept. 1961; Moskau, Baumann-Inst.; russ.) — Betrachtungen über graph. Darst.-Möglichkeiten von Zustandsdiagrammen von Vielkomponentenlegierungen. Wolfram Köhler. 197□

**Die Zinkecke des Systems Zn–Al–Mg.** I. A. Alexachin und A. A. Ssemionow. (Metallkunde therm. Metallbearb. [UdSSR] **1962**, Nr. 4, 40—45, 2 Tafeln, April; Allunions Forsch.-Inst. der Polygraph. Ind.; russ.) — Die übereutekt. Legg. mit über 3% Mg sind wegen ihrer Sprödigkeit nicht verwendbar; ihre Härte liegt über 140 HB. Besser verwendbar sind Legg. mit ca. 2% Mg. Ihre Härte im Gußzustand beträgt 120 bis 140 HB u. nach einer Glühung 90 HB. Die Leichtflüssigkeit dieser Legg. ist um so größer, je näher ihre Zus. bei der Linie des bin. Eutektikums $E_6$—$E_{10}$ liegt. Es können auch genügend niedrige Schmelztemp. (bis 343°) mit kleinem Kristallisationsbereich erhalten werden. Legg. mit 0,5—1,5% Mg besitzen geringere Leichtflüssigkeit. Diese Legg. haben im untersuchten Bereich den geringsten Abbrand u. eine Kerbschlagzähigkeit von 0,5 kg m/cm². Ihre Härte liegt bei 100 kg/mm² u. ihr Liquiduspunkt bei 360—370°. Auf Grund der Ergebnisse werden Legg. mit 1—1,5% Mg, 4,5—5% Al, Rest Zn als Ersatz für die weniger festen Pb-Linotype-Legg. empfohlen. H. Hochstein. 197□

**Untersuchungen über die Löslichkeit im festen Zustand und die polymorphen Umwandlungen im System Cd–Tl.** Bogusław Śliwa und Zdzisław Wojtaszek. (Zeszyty naukowe Uniw. jagiellońskiego, Ser. Nauk mat.-przyrodniczych, Mat., Fizyka, Chem. **1957**, 89—96, Kraków, Uniw. Jagiell., Zakł. Chem. nieorgan.; pol., Auszug: engl.) — Cd-Tl-Legg. mit 99—0,5 (Atom)-% Tl wurden mit Hilfe der DTA untersucht. Bei der eutekt. Temp. (203°) ist die Löslichkeit von Cd in Tl 4,5 %. Beim Erstarren der eutekt. Schmelze erhält man eine Leg. mit 73% Tl. Die Löslichkeit von Tl in Cd kann nicht > 0,5% betragen. Während die Temp. der polymorphen Umwandlung von reinem Tl bei 232° liegt, wird sie in Ggw. von Cd bei Abkühlen auf 152,5° gesenkt. Beim Erhitzen ist die Umwandlungs-Temp. dagegen 165°. Die niedrigere Temp. ist eine Folge der Unterkühlung. Bei Zimmer-Temp. existiert Tl nur in der α-Phase, β-Tl konnte weder durch DTA, noch röntgenograph. festgestellt werden. F. Urban. 197□

**Ternäres System Kupfer–Zink–Cadmium.** J. K. Critchley. (Nature [London] **196**, 262—63, 20/10. 1962; London, Brunel Coll. of Technol., Dep. of Chem.; engl.) — Mischungen von Cu, Zn u. Cd werden in evakuierten Quarzrohren geschmolzen, > 28 Tage bei 500° angelassen u. in W. abgeschreckt. Die Phasen-Zus. der Proben wird röntgenograph. untersucht u. aus den Meßergebnissen der isotherme Schnitt des Gleichgewichtsdiagramms der tern. Leg. für 500° abgeleitet. Herbert Müller. 197◇

**Die Temperatur $M_s$ in binären Aluminiumbronzen von angenäherter eutektischer Zusammensetzung.** José M. Sistiaga, Joaquin Hernáez und L. Rivoir Gómez. (An. Real Soc. españ. Física Quím., Ser. A **57**, 269—80, Nov./Dez. 1961; Dep. de Metales no Férreos del Patronato „Juan de la Cierva" [C.S.J.C.]; span.) — Vff. untersuchen an Hand von Abkühlungskurven den Einfl. der Abkühlungs-Geschw. auf die Temp. $M_s$ von bin. Al-Bronzen (Cu–Al), die eine angenähert eutekt. Zus. besitzen. Zur

Identifizierung der einzelnen Strukturen wurden Röntgenaufnahmen u. Ätzfiguren herangezogen. Für den Bereich von 11,5—12,9% Al ändert sich $M_s$ sehr langsam mit der Abkühlungsgeschwindigkeit. K. Huste. 197□

**Eine neue Verbindung im Au–Pb-Legierungssystem.** Yoshibumi Fujiki. (Mem. Coll. Sci. Univ. Kyoto, Ser. A **29,** 197—204, Sept. 1959; Kyoto, Prefectural Med. Coll., Inst. of Phys.; engl.) — Vgl. C. **1959,** 15279. — Eine neue Phase, die mit Hilfe der Elektronenbeugungs-Meth. in dünnen Filmen von Au–Pb-Leg. beobachtet wurde, konnte sowohl durch metallograph. als auch Röntgenbeugungs-Meth. an Pulverproben bestätigt werden. Die neue Phase ist eine intermetall. Verb. von der Zus. $AuPb_3$ u. wird peritekt. wie die Verbb. $Au_2Pb$ u. $AuPb_2$ gebildet. Die Elementarzelle des $AuPb_3$ ist tetragonal mit den Gitter-Konst. a = 11,958 Å u. c = 5,878 Å, die Dichte beträgt 12,8 $g \cdot cm^{-3}$, die gut mit der berechneten 12,93 $g \cdot cm^{-3}$ übereinstimmt, wenn man 8 Moll. pro Elementarzelle annimmt. Der peritekt. Punkt dieser Phase liegt sehr nahe bei der eutekt. Temp. 215°. G. Talsky. 197□

**Untersuchungen an Wismutlegierungen.** 1. Mitt. **Liquiduskurven der Systeme Wismut–Kupfer, Wismut–Silber und Wismut–Gold.** Marcel W. Nathans und Marjorie Leider. (J. physic. Chem. **66,** 2012—15, Okt. 1962; Livermore, Calif., Univ. of California, Lawrence Radiat. Labor.; engl.) — Mit Hilfe einer Meth., die die Probeentnahme während des Vers. erlaubt, wurden die Liquiduskurven der Syst. Bi–Cu, Bi–Ag u. Bi–Au neu bestimmt. Für die Bi–Ag-Kurve wurden dabei Abweichungen von bereits bekannten Werten festgestellt. Das Eutektikum wurde bei 262,5 ± 0,2° u. einer Zus. von 4,95 ± 0,05 Atom-% Ag (2,62 Gew.-%) gefunden. Die Liquiduskurve des Syst. Bi–Cu stimmt innerhalb des Meßbereiches von Kleppa (C. **1954,** 2770) mit dessen Werten überein. Das eutekt. Gemisch liegt bei 270,6 ± 0,1° u. 0,46 Atom-% Cu (0,14 Gew.-%) vor. Die Liquiduskurve des Syst. Bi–Au stimmt mit den wenigen bereits vorhandenen Daten schlecht überein; unterhalb der peritekt. Temp. wurde ein neuer Kurvenverlauf gefunden. Mit Hilfe der DTA wurde das Peritektikum bei 371 ± 2° u. einer Zus. von 23,1 Atom-% Au (24,1 Gew.-%) ermittelt. Das Eutektikum erstarrt mit 13,4 ± 0,2 Atom-% Au (14,1 Gew-%) bei 241,5 ± 0,5°. Vff. ermittelten ferner die Schmelzwärmen der vier untersuchten Elemente u. fanden, daß diese mit Ausnahme der des Bi gut mit den Literaturwerten übereinstimmen ($\Delta H_{exp.}$: Cu 2940, Ag 2780, Au 2870, Bi 3130; $\Delta H_{Lit.}$: Cu 3120, Ag 2855, Au 2955, Bi 2600 cal/g-Atom). D. Noack. 197◇

**Ruthenium-, Osmium- und Iridiumboride.** B. Aronsson, E. Stenberg und J. Åselius. (Nature [London] **195,** 377—78, 28/7. 1962; Uppsala, Univ. of Uppsala, Inst. of Chem.; engl.) — Vgl. C. **1952,** 2808. — Vff. untersuchten röntgenograph. im Lichtbogen geschmolzene Boride von Ru, Os u. Ir. Ungefähre Zus., Strukturtyp u. Gitterparameter (Å): $Ru_7B_3$, $Th_7Fe_3$-Typ, (a) = 7,46$_9$, (c =) 4,71$_3$; $Ru_{11}B_8$, 11,61, 11,34, 2,83$_6$; $RuB_{ca.1,1}$, $AlB_2$- oder $WC$-Typ, 2,852, 2,855; $RuB_{ca.1,5}$, $W_2B_5$-Typ, 2,89, 12,81; $RuB_{ca.2,1}$, 4,645, 2,865, 4,045; $OsB_{ca.1,2}$ $AlB_2$- oder $WC$-Typ, 2,876$_9$, 2,871; $OsB_{ca.1,6}$, $W_2B_5$-Typ, 2,91, 12,91; $OsB_{ca.2,2}$, 4,864, 2,872, 4,096; $IrB_{ca.1,1}$, $\alpha$-$ThSi_2$-Typ, 2,810, 10,26$_3$; $IrB_{ca.1,5}$ 10,52$_5$, 2,910, 6,099, $\beta = 91°$. Die isomorphen Phasen $RuB_{ca.2,1}$ u. $OsB_{ca.2,2}$ sind orthorhomb. mit der wahrscheinlichen Raumgruppe P m m n. Die Metallatome liegen in 2 (a) mit $Z_{Ru} = 0{,}1508$, $Z_{Os} = 0{,}1535$. Die B-Atome nehmen wahrscheinlich eine 4 (f)-Lage ein mit den ungefähren Koordinaten $x_B = 0{,}059$, $z_B = 0{,}639$ in $RuB_{ca.2,1}$ u. $x_B = 0{,}058$, $z_B = 0{,}632$ in $OsB_{ca.2,2}$. $IrB_{ca.1,5}$ ist monoklin mit der wahrscheinlichen Raumgruppe C 2/m. Die Ir-Atome besetzen 2 Plätze der 4 (i)-Lagen mit den Koordinaten: $x_1 = 0{,}0995$, $z_1 = 0{,}1388$, $x_2 = 0{,}3576$, $z_2 = 0{,}2885$. D. Hoene. 197□

**Die kubischflächenzentrierten festen Lösungen in Übergangsmetallegierungen der ersten langen Periode.** W. Hume-Rothery. (Philos. Mag. [8] **6,** 769—74, Juni 1961; Oxford, Univ., Dep. of Metallurg.; engl.) — Vf. verwendet bei seinen Unterss. den Begriff der Gruppenzahl (G·N·), wobei G·N· die Lage des Übergangsmetalls in der ersten langen Periode bedeutet; z. B. GN = 4 für Ti. Von den bekannten Gleichgewichtsdiagrammen der Syst. *Ni–Co, Ni–Fe, Co–Fe, Ni–V, Ni–Cr, Co–V, Co–Cr, Fe–V* u. *Fe–Cr* ausgehend trug Vf. die Grenzen der kub.-flächenzentrierten Phasen gegen die mittleren G·N·-Werte der Legg. auf. Bei den Ni-Legg. beginnen die Kurven von G·N· = 10 für reines Ni, während 1 Co-Atom äquivalent $^1/_2$ Fe-Atomen, $^1/_4$ Cr-Atomen u. $^1/_5$ V-Atomen ist. Läßt man das sich anomal verhaltende Mn aus, dann sind die kub.-flächenzentrierten festen Lsgg. stabil von G·N· = 10 bis etwa zu einem G·N·-Wert von ca. 7,7. Die Grenzen der kub.-flächenzentrierten festen Lsg. treten stets bei angenähert konst. G·N·-Wert auf, u. zwar in etwa der gleichen Art, wie die festen $\alpha$-Lsgg. in Cu- u. Ag-Legg. bei einem angenähert konst. Verhältnis Elektron : Atom auftreten. C. Gottfried. 197

**Die Diffusion in Eisen-Chrom-Legierungen.** Tatsuro Kunitake. (Nippon Kinzoku Gakkai-Si [J. Japan Inst. Metals] **25**, 698—702, 1961; jap., Auszug: engl.) — Unterss. über die Diffusion von Fe-Cr-Legg. zeigen, daß die Selbstdiffusions- u. die chem. Diffusions-Koeff. eine Funktion der Zus. im Temp.-Bereich von 950—1275° sind. Der Selbstdiffusions-Koeff. $D_0$ von Cr in reinem Cr hat den Wert $10^{-4}$ ($cm^2/s$); $D_0$ schwankt bei Legg. mit der Zus.; der Höchstwert bei ca. 70 (%) Cr beträgt $10^{+1}$, der Mindestwert bei 30—40 Cr $10^{-1}$, Die Konz.-Abhängigkeit des $D_0$ von Fe ähnelt der von Cr; $D_0$ schwankt zwischen $10^4$ u. $10^{-1}$ $cm^2/s$. Die Aktivierungsenergie der Selbstdiffusion von Cr beträgt 48 (kcal/g-Atom) bei 30—40 (%) Cr u. 72 bei 70 Cr, von Fe 50 bzw. 90. Der Verlauf der Diffusion wird erörtert. W. Wesly. 197□

**Formel und Kristallstruktur des Häggschen Carbids.** Jean-Pierre Sénateur, Robert Fruchart und André Michel. (C. R. hebd. Séances Acad. Sci. **255**, 1615—16, 1/10. 1962; Orsay, Fac. des Sci., Labor. de Chim. min.; Vitry, Centre d'Études de Chim. métallurg.; franz.) — Vff. stellen eine isomorphe Verb. des Häggschen Carbids dar; durch Rk. von C-Pulver mit Mn bei 700° wird $Mn_5C_2$ erhalten, das monoklin in der Raumgruppe $C_{2h}^6$s—C 2/c mit a = 11,66 , b = 4,573, c = 5,086 Å, $\beta$ = 97° 45' kristallisiert. Da die Gitter-Konst. des Häggschen Carbids nur unwesentlich davon abweichen, ist dafür die Zus. $Fe_5C_2$ anzunehmen. Herbert Müller. 197◇

**Zur Bestimmung der Dispersität und der Gitterverzerrung bei Stahl U-10 nach Härten und Anlassen.** B. Ja. Piness und A. F. Ssirenko. (Kristallographie [UdSSR] **7**, 125—27, Jan./Febr. 1962; Charkow, Univ.; russ.) — Abgesehen von den auf dem Wege der Analyse erfaßten Fehlern von experimentellen Werten auf Röntgenogrammen wird nachgewiesen, daß auch noch andere Fehler, z. B. die unrichtige Feststellung der Fourier-Koeff. der Interferenzlinien, möglich sind. Eine Überprüfung von Angaben, die sich auf Proben von gehärtetem u. angelassenem Stahl U-10 beziehen, ergibt, daß die mittleren Werte der Mikroverformung Gültigkeit behalten. Für die Dispersität werden dagegen geringere Werte erhalten. H. Hochstein. 197□

**Über den Einfluß einer plastischen Vorverformung durch Dehnung auf die Dauerfestigkeit von Stahl.** M. Ja. Galperin, B. M. Rowinski und W. M. Ssinaisski. (Nachr. Akad. Wiss. UdSSR, Abt. techn. Wiss., Mechan. Maschinenbau **1961**, Nr. 3, 161—62, Mai/Juni; Moskau, Inst. für Maschinenkunde der Akad. der Wiss. der UdSSR; russ.) — Der Einfl. einer geringen Vorverformung auf die Dauerfestigkeit von Proben aus Stahl 45 wird ermittelt u. dabei festgestellt, daß die größte Abnahme der Dauerfestigkeit bei Vorverformungsgraden von 1—2% erhalten wird. Bei Vorverformungsgraden von über 2% beginnt der Einfl. der Verformungsverfestigung, der zu einer Erhöhung der Dauerfestigkeit führt. Die bedeutende Rolle des Verhältnisses von orientierten Mikrospannungen u. von plast. Restverformungen wird erörtert. Jedoch kann ein einfaches mechan. Modell dieser Erscheinungen noch nicht vorgeschlagen werden, weil die Größe der orientierten Mikrospannungen bedeutend größer als die Erniedrigung der Ermüdungsfestigkeit ist. H. Hochstein. 200□

**Die Grenzen des Fließens und der Zerstörung von niedrig gekohltem Stahl im Falle einer einfachen und einer komplexen Belastung. Einfluß der Alterung.** G. B. Talypow. (Nachr. Akad. Wiss. UdSSR, Abt. techn. Wiss., Mechan. Maschinenbau **1961**, Nr. 6, 125—30, Nov./Dez.; Leningrad; russ.) — Eine natürliche Alterung nach einer plast. Verformung führt nicht zu einer Veränderung der Formen der Fließ- u. Bruchgrenzen. Bei einer Alterung bis zu 3 Monaten wird die Fließgrenze kontinuierlich nach allen Seiten verbreitert. Infolge der Alterung im Verlauf von 5 Monaten engt sich die Fließgrenze wieder ein u. nähert sich ihrer Lage vor der Alterung. Die Effekte der Verbreiterung u. des Rücklaufs der Fließgrenze bei der Alterung können theoret. berechnet werden. Die Bruchgrenze erweitert sich durch die Alterung von 3 Monaten im Vgl. zu ihrer Lage ohne Alterung nur unwesentlich u. es tritt bei einer Alterung von 5 Monaten ebenfalls eine Rückbildung zur Lage ohne Alterung ein. H. Hochstein. 200□

**Elastische Konstanten von Lithium-Aluminium-Legierungen.** J. Trivisonno und Charles S. Smith. (Acta metallurg. [New York] **9**, 1064—71, Dez. 1961; Cleveland, Ohio, Case Inst. of Technol.; engl.) — Berechnung der elast. Konst. aus Ultraschallmessungen unter Berücksichtigung der bekannten Struktur. Walter Franke. 200□

**Die Fließspannung von Aluminium und Kupfer bei hohen Temperaturen.** P. B. Hirsch und D. H. Warrington. (Philos. Mag. [8] **6**, 735—68, Juni 1961; Cambridge, Cavendish Labor., Crystallogr. Labor.; engl.) — Vff. berichten über Messungen des Verhältnisses der Fließspannung bei hohen Temp. zu der bei 0° für polykristallines Al u. Cu u. Al-Einkristalle. Bei Al wurden Messungen bis 500°, bei Cu bis 1000° durchgeführt. Es wurde gefunden, daß bei polykristallinem Al u. Al-Einkristallen das obige Verhältnis oberhalb einer krit. Temp. von 250° mit der Temp. stark abnimmt, während bei Cu eine mehr allmähliche Abnahme festgestellt wurde. Die Beobachtungen werden an Hand eines Modells erklärt, das auf unbeweglichen Leerstellen in Schraubenversetzungen basiert. Unterhalb einer gewissen krit. Temp. rücken die Schraubenversetzung mit Hilfe von Spannung vor u. lassen hierbei einen Dipol oder eine Reihe von Leerstellen hinter sich; in diesem Gebiet ist die Fließspannung nahezu temperaturunabhängig. Oberhalb der krit. Temp. rücken die Schraubenversetzungen mit der Hilfe von therm. Aktivierung vor, wobei Leerstellen emittiert u. gleichzeitig von den Versetzungen weg bewegt werden, u. zwar in dem gleichen therm. aktivierten Prozeß; in diesem Gebiet nimmt die Fließspannung stark mit der Temp. ab. Die Aktivierungsenergie dieses Prozesses ist die der Selbstdiffusion. C. Gottfried. 200

**Über die Abhängigkeit elastischer Konstanten eines Metalls von den plastischen Verformungen.** O. A. Schischmarew und Je. Ja. Kusmin. (Nachr. Akad. Wiss. UdSSR, Abt. techn. Wiss., Mechan. Maschinenbau **1961,** Nr. 3, 167—69, Mai/Juni; Kaliningrad; russ.) — Die plast. Verformung verringert die Größe elast. Konst. eines Metalls. Hierbei erleidet der Youngsche E-Modul die größte Veränderung. Die Größen der Veränderung des E-Moduls, die durch eine plast. Vorverformung hervorgerufen ist, werden beim gleichen Wert der plast. Gesamtverformung durch die Stahlqualität bestimmt. Größere Veränderungen erfahren die Module für weiche unlegierte Stähle u. geringere Veränderungen diejenigen für legierte Stähle, z. B. nichtrostenden Stahl. Die Größen der Abnahme des Moduls für die gleiche Stahlsorte hängen vom plast. Verformungsgrad ab. Allmählich gehen die E-Module wieder auf ihren ursprünglichen Wert zurück. H. Hochstein. 200□

**Mikrohärtemessungen an NaCl-Einkristallen.** Zoltán Morlin. (Magyar fizik. Folyóirat [Ung. physik. Z.] **10,** 169—81, Juni 1962; Budapest, Labor. für chem. Strukturforsch.; ung.) — Die an synthet. NaCl-Einkristallen ausgeführten Mikrohärtemessungen ergaben, daß die Abhängigkeit der Mikrohärte von der Belastung eine Folge von Verformungsunterschieden zwischen frischen Spaltflächen u. den tieferen Schichten des Kristalls ist. Durch Mikrohärtemessungen können die durch Wärmebehandlung hervorgerufenen Diffusionsvorgänge verfolgt werden. Durch $\gamma$-Strahlen ($^{60}$Co, $10^6$ r) stieg die Härte von 20 auf 26—28 $kg \cdot mm^{-2}$. J. Plank. 200

## A₇. Gleichgewichte. Kinetik

**Beitrag zur Untersuchung der Isopolymolybdate.** 1. Mitt. **Kryoskopisches Verhalten der Natrium- und Ammoniummolybdate in Lösung.** J. Beltrán Martinez und F. Puerta Cabañés. (An. Real Soc. españ. Física Quím., Ser. B **57,** 751—64, Dez. 1961; Valencia, Univ. de Valencia, Div. de Ciencias Mat., Med. y de la Naturaleza, Labor. de Quím. Inorg.; span.) — Mit Hilfe von salzkryoskop. Messungen an Isopolymolybdaten werden die Ergebnisse von Byé (Ann. Chimie **20,** [1945], 484) für das Natriummeta- u. -paramolybdat bestätigt. Bei den Ammoniumisopolymolybdaten liegen die bisher als „Trimolybdate" bezeichneten Verbb. in wss. Lsg. 6fach u. die „Oktamolybdate" 4fach kondensiert vor. K. Huste. 223□

**Grenzflächenspannung und Komplexbildung.** 2. Mitt. C. M. Desai. (J. Indian chem. Soc. **33,** 479—82, Juli 1956; Surat, M.T.B. Coll., Chem. Dep.; engl.) — 1. vgl. J. Indian chem. Soc. **31,** [1954], 957. — Die Tendenz zur Bldg. von Dipol- u. Ionenkomplexen zwischen Metallsalzen in wss. Lsg. wurde analog l. c. an Hand der Grenzflächenspannungen zwischen den wss. Salz-Lsgg. u. organ. Lsgm. mit H-Bindungen (Isoamyl- u. n-Butylacetat) für eine Reihe von Salzpaaren gemessen. Beim Auftragen der Grenzflächenspannung gegen das Mengenverhältnis der Salze A u. B in der wss. Lsg. wird die Bldg. von Komplexen (A·4 B, A·3 B, A·2 B, 2 A·3 B, A·B, 3 A·2 B u. 2 A·B) durch Maxima angezeigt. Die Ergebnisse sind für $ZnCl_2$, $Zn(NO_3)_2$ u. $ZnSO_4$ (A-Salze) u. einige Alkalisalze mit verschiedenen Anionen (B) sowie für Mischungen einer Reihe von Erdalkali- u. 2wertigen Übergangsmetallen mit gleichen Anionen tabellar. aufgeführt. Für $ZnCl_2$ nimmt die Komplex-Bldg.-Tendenz in der Reihenfolge der Mischungskomponenten (Anionen der Alkalisalze) ab: Halogenid $= S_2O_3^{2-} > NO_3^- = NO_2^- = CH_3COO^- > SO_4^{2-} > ClO_3^-$; für $Zn(NO_3)_2$ ist die Reihenfolge: $CH_3COO^- >$ Halogenid $= S_2O_3^{2-} = SO_4^{2-} > ClO_3^-$, für $ZnSO_4$: $NO_3^- = CH_3COO^- >$ Halogenid $= S_2O_3^{2-} > ClO_3^-$. $ClO_4^-$ zeigt keine Komplex-Bldg.-Tendenz. Die weiter untersuchten Kationen zeigen bzgl. der Befähigung zur Komplex-Bldg. die Reihenfolge: $Cu^{2+} = Co^{2+} = Ni^{2+} = Mg^{2+} > Pb^{2+} > Cd^{2+} > Zn^{2+} = Sr^{2+} = Ba^{2+} = Ca^{2+}$. $Be^{2+}$ hat in Mischung mit Cd-, Cu-, Co-, Ni-, Mg-, Ca-, Ba- u. Sr-Nitrat die gleiche Komplex-Bldg.-Tendenz wie diese, in Mischung mit $Pb(NO_3)_2$ oder $Zn(NO_3)_2$ eine geringere als $Pb^{2+}$ oder $Zn^{2+}$.
W. Betcke. 223□

**Die Stabilität einiger Chelate der 7-Jod-8-chinolinolsulfonsäure-(5) mit 2wertigen Metallen in wässeriger Lösung.** Aarne Ekman. (Suomen Kemistilehti B **35**, 111—13, 1962; Helsinki, Inst. of Technol., Labor. of Phys. Chem.; engl.) — Vf. bestimmte mit Hilfe der Titrations-Meth. von Näsänen u. Uusitalo (C. **1956**, 4384) oder spektralphotometr. die Stabilitäts-Konst. von Metallchelaten [MA ($k_1$) u. $MA_2^{2-}$ ($k_2$)] der 7-Jodchinolinol-(8)-sulfonsäure-(5) ($H_2A$) in wss. Lsg. bei 25° zu: (M =) *Ba*: (log $k_1$) 1,87; *Sr*: 2,37; *Ca*: 3,04; *Mg*: 4,12; *Mn*: 6,05; (log $k_2$ =) 10,0; *Cd*: 6,99; 11,4; *Zn*: 7,74; 13,4; *Co*: 7,42; 13,5; *Pb*: 8,16; —; *Ni*: 9,03; 17,0; *Cu*: 11,82; 20,1.
P. Scharner. 223□

**Über die Löslichkeit der Verbindung $Cs_2Ca[Fe(CN)_6]$.** A. W. Kossitzyn. (J. anorg. Chem. [UdSSR] **7**, 58—61, Jan. 1962; russ.) — Mit Hilfe des radioakt. Indicators $^{137}Cs$ wird die Löslichkeit von $Cs_2Ca[Fe(CN)_6]$ (I) radiometr. unter verschiedenen Bedingungen untersucht. Die Löslichkeit von I in W. beträgt $(3,6 \pm 0,5) \cdot 10^{-5}$ Mol/Liter bei 25°. In KCl- u. NaCl-haltigen Lsgg. steigt die Löslichkeit bei Vergrößerung der Elektrolyt-Konz. stark an u. beträgt bei einer KCl-Konz. von 0,9 Mol/Liter $7,7 \cdot 10^{-4}$ Mol/Liter. $CaCl_2$ vermag die Löslichkeit nur wenig zu steigern. Ein geringer Überschuß von $Ca_2[Fe(CN)_6]$ verringert die Löslichkeit von I, jedoch bleibt die Abhängigkeit von der $Na^+$- bzw. $K^+$-Konz. erhalten. G. Engelhardt. 224□

**Neue Untersuchungen über geschmolzenes Antimontribromid als ionisierendes Lösungsmittel.** E. Curras Puente. (An. Real Soc. españ. Física Quím., Ser. B **57**, 259—76, April 1961; Madrid, Univ. de Madrid, Fac. de Ciencias; Berlin, TU, Anorg.-Chem. Inst.; span.) — Für das Lsgm. $SbBr_3$ (**I**), das in geringem Maße gemäß 2 $SbBr_3 \rightleftharpoons SbBr^{2+} + SbBr_4^-$ dissoziiert ist, wurden die dem W. analogen Rkk. untersucht. Durch kryoskop. u. Leitfähigkeitsmessungen sowie potentiometr. Titrationen wurde gefunden, daß sich S u. $J_2$ in I lösen, ohne mit diesem zu reagieren. Rotes Se wandelt sich bei 100—150° in die graue Modifikation um, die in **I** unlösl. ist. Collidiniumbromid verhält sich wie ein starkes Basenanaloges, Antimonnitrid ($SbN \cdot 2\,SbBr_3$) wie ein potentielles Basenanaloges u. Br(III)-Bromid wie ein potentielles Säureanaloges. $(CH_3COO)_3Sb$ u. die Sb- u. Hg-Chalkogenide fungieren in **I** als Amphotere.

Versuche: *$SbN \cdot SbBrF_2 \cdot 3\,SbBr_3$*; durch Lösen von 5,15 g $SbN \cdot 2\,SbBr_3$ u. 0,71 g $SbF_3$ in 60 g **I**, Extrahieren des überschüssigen **I**; gelbes Pulver. — *$SbN \cdot 2$ [Collidinium] $Br_2 \cdot 3\,SbBr_3$*; durch Auflösen der stöchiometr. Mengen von $SbN \cdot 2\,SbBr_3$ u. Collidiniumbromid in **I** u. Extrahieren des überschüssigen **I** mit $CS_2$. — Analog werden dargestellt: *$HgO \cdot 3\,SbOBr$*, aus HgO; *$Hg_2Se_5Sb_4Br_6$*, aus HgSe, gelbbraunes Pulver; *$HgTe_5 \cdot Sb_5Br_7$*, aus HgTe, grüngraues Pulver. K. Huste. 224□

**Die Extraktion von Mineralsäuren mit Tri-n-butylphosphat (TBP).** E. Hesford und H. A. C. McKay. (J. inorg. nuclear Chem. **13**, 156—64, April 1960; Harwell, Didcot, Berks., A.E.R.E.; engl.) — Vgl. C. **1962**, 18037. — Die Extraktion von *HCl*, *$HNO_3$*, *$H_2SO_4$*, *$HClO_4$* u. *HF* aus wss. Lsg. in Tri-n-butylphosphat (TBP), rein u. als Lsg. in Kerosin oder Bzl., wird mit Hilfe von physikal.-chem. Meth. untersucht. Leitfähigkeitsmessungen zeigen, daß $HClO_4$ in der reinen TBP-Phase bei Konzz. $< 10^{-2}$m vollständig dissoziiert ist, während sich die anderen Säuren in TBP wie schwache Säuren ($K = 9 \cdot 10^{-5}$) verhalten. In verd. TBP (4%ig. in Bzl.) ist die $HClO_4$-Ionisation vernachlässigbar klein. Der Wasser-Geh. der TBP-Phase nimmt mit wachsender Säure-Konz. bei HCl, $H_2SO_4$ u. $HClO_4$ zunächst zu, bei $HNO_3$ dagegen ab u. geht dann durch ein Maximum bzw. Minimum. Im Zusammenhang damit steht eine Zunahme der Viscosität ($\eta$) der TBP-Phase mit wachsender Säure-Konz. bei HCl, $H_2SO_4$ u. $HClO_4$ im Gegensatz zu einem geringen Einfl. der $HNO_3$-Konz. auf den $\eta$-Wert der TBP-Phase. Die Extrahierbarkeit in reines TBP ist bei $HClO_4$ u. HF größer als bei den anderen Säuren, während für die Extrahierbarkeit in 2%ig. TBP die Reihenfolge $HNO_3 > HClO_4 > H_2SO_4 > HCl$ ist. In allen Fällen werden Solvate der Säuren mit je 1 Mol TBP, bei $HClO_4$ zusätzlich noch höhere Solvate, angenommen. W. Betcke. 224◇

**Die Extraktion von Uranylperchlorat mit Tri-n-butylphosphat.** E. Hesford und H. A. C. McKay. (J. inorg. nuclear Chem. **13**, 165—73, April 1960; engl.) — Vgl. vorst. Referat. — Die Verteilung von $UO_2(ClO_4)_2$ (I) zwischen wss. saurer Lsg. u. reinem oder verd. Tri-n-butylphosphat (TBP) sowie das Verh. von I in der organ. Phase werden untersucht. Der Verteilungs-Koeff. (K) von I zwischen verd. wss. $HClO_4$ u. reinem TBP nimmt ab ca. 3m $HClO_4$ linear mit der Säure-Konz. zu. Bei Extraktion in mit Bzl. verd. TBP nimmt K linear mit der TBP-Konz. zu. In der TBP-Phase kann I bei Konzz. $< 10^{-5}$m als vollständig ionisiert angenommen werden. I bringt eine geringe Menge $H_2O$ in die TBP-Phase, deren Konz.-Abhängigkeit auf das Vorliegen eines hydratisierten $UO_2^{2+}$ im Gegensatz zu nicht-hydratisiertem I schließen läßt. In TBP bildet I je nach den Konz.-Verhältnissen ein Mono- oder ein Disolvat. Die für das Nitrat-Syst. entwickelte Theorie läßt sich im allg. auch auf die I-Extraktion in TBP anwenden. Die Absorptionsspektren von I in wassergesätt. TBP wurden bei verschiedenen I-Konzz. aufgenommen. Der Einfl. der Entwässerung der TBP-Phase auf das Spektrum wird diskutiert. W. Betcke. 224◇

**Der Verteilungskoeffizient von Cupferron.** D. M. Kemp. (Analytica chim. Acta [Amsterdam] **27**, 480—89, Nov. 1962; Harwell, Berks., Atomic Energy Res. Establ.; engl.) — Die Farb-Rk. des Cupferrons mit $Na_3[Fe(CN)_5NH_3]$ wird zur spektrophotometr. Best. des Verteilungs-Koeff. von Cupferron herangezogen. Für die Verteilung zwischen Chlf. u. wss. $HClO_4$ bzw. HCl wird der Wert 142 bei pH $> 3$ erhalten. Stärker saure Lsgg. ergeben kleinere Werte (120—135). J. Peters. 224◇

**Das stochastische Modell für eine unimolekulare Gasreaktion.** Kenji Ishida. (Bull. chem. Soc. Japan **33**, 1030—36, Aug. 1960; Tokyo, Inst. of Technol., Labor. of Ind. Inorg. Chem.; engl.) — Die wahrscheinlichkeitstheoret. Grundlagen für die Anwendung der Theorie der stochast. Prozesse auf die „echte" unimol. Rk. werden untersucht. Eine verallgemeinerte Form der Theorie, welche die Zeitabhängigkeit des Parameters k(t) erfaßt, kann auf beliebige Rkk. höherer Molekularität angewandt werden. A. Blaschette. 225◇

**Die Kinetik der Rekombination von Wasserstoffatomen.** G. Dixon-Lewis, M. M. Sutton und Alan Williams. (Discuss. Faraday Soc. Nr. **33**, 205—12, 1962; Leeds, Univ., Houldsworth School of Appl. Sci.; engl.) — Vff. berichten über Unterss. der H-Atomrekombination bei 1072° K durch Messung der Abnahme der H-Konz. in den Abgasen von $H_2$—$O_2$—$N_2$-Flammen. Es zeigt sich, daß die Rekombination im ganzen Mischungsbereich konst. bleibt, d. h. daß die Gase ähnliche Rekombinations-Konst. besitzen. G. M. Neumann. 225◇

**Bildung von molekularem Wasserstoff in einem hoch angeregten Schwingungszustand durch homogene Rekombination von atomarem Wasserstoff.** Jacques Villermaux und René Gibert. (C. R. hebd. Séances Acad. Sci. **255**, 690—91, 23/7. 1962; Nancy, Fac. des Sci., E.N.S.I.C., Labor. de Chim. phys.; franz.) — Durch Hg-sensibilisierte Photolyse (2537 Å) in $H_2$ oder $H_2$–He-Gemischen vom Gesamtdruck 30—300 Torr gebildetes H reagiert bei geringen Dissoziationsgraden in einem Dreierstoß nach $2\,H + H_2 \rightarrow H_2 + H_2$ ($5 \leqslant v \leqslant 14$) zu angeregten $H_2$-Moll., die mehr als die Hälfte der Rekombinationsenergie als Schwingungsenergie enthalten u. sie nur sehr langsam abgeben. Für die homogene Desaktivierung sind mehr als $5 \cdot 10^7$ Stöße erforderlich; die heterogene Desaktivierung an der Wand erfolgt mit einer mittleren Stoßausbeute von $5{,}3 \cdot 10^{-4}$. A. Blaschette. 225◇

**Dreikörper-Stoßgeschwindigkeiten bei atomaren Rekombinationsreaktionen.** Felix T. Smith. (Discuss. Faraday Soc. Nr. **33**, 183—88, 1962; Menlo Park, Calif., Stanford Res. Inst.; engl.) — Vf. zeigt, daß sich durch eine symm. Beziehung die Stoß-Geschw. bei einem Dreikörperstoß durch Terme für die Massen, die Radien der Teilchen u. die Temp. ausdrücken läßt. Ein Vgl. mit experimentellen Daten zeigt, daß bei der Rk. $J + J + A \rightarrow J_2 + A$ (A = Edelgas) eine Stoßausbeute zwischen 1/720 für He u. 1/44 für Xe resultiert. G. M. Neumann. 225◇

**Mechanismus von Rekombinationsreaktionen dritter Ordnung.** G. Porter. (Discuss. Faraday Soc. Nr. **33**, 198—204, 1962; Sheffield, Univ., Dep. of Chem.; engl.) — Vf. berichtet über Unterss. zu den beobachteten negativen Temp.-Koeff. u. den großen Unterschieden bei der Wrkg. von Begleitmolekülen. Es läßt sich zeigen, daß die Ergebnisse durch einen Mechanismus dritter Ordnung bei Rekombinations-Rkk. u. zweiter Ordnung bei Dissoziations-Rkk. zufriedenstellend gedeutet werden können. Unterss. der $J_2$-Rekombination in Ggw. verschiedener Arten von Begleit-Moll. ergeben, daß mit der Radikal–Mol.-Komplex-Theorie die abs. Rk.-Geschw. u. ihre Abhängigkeit von den Begleit-Moll. gut vorausberechnet werden können, während die Energieübergangstheorie weniger erfolgreich anzuwenden ist. G. M. Neumann. 225◇

**Statistische Untersuchung der Dissoziationsquerschnitte zweiatomiger Moleküle.** James Keck. (Discuss. Faraday Soc. Nr. **33**, 173—82, 1962; Everett, Mass., Avco-Everett Res. Labor.; engl.) — Vf. entwickelt eine statist. Meth. zur Unters. des Mechanismus u. der Geschw. einfacher chem. Reaktionen. Die Meth. wird am Beispiel der Unters. der Dissoziation u. Rekombination von $H_2$, $O_2$ u. $J_2$ beim Zusammenstoß mit Ar bei Werten von 0,01 T u. 0,1 T der Dissoziations-Temp. T erläutert. Für den Dissoziationsquerschnitt als Funktion der inneren Energie $H_{12}$ des Mol. erhält Vf.

eine Proportionalität der Form $[1 + (B - H_{12})/kT]^{-3,5}$, wobei B die Höhe der Rotationsbarriere des 2atomigen Mol. ist. G. M. Neumann. 225◇

**Dissoziation zweiatomiger Moleküle.** Thor A. Bak und Joel L. Lebowitz. (Discuss. Faraday Soc. Nr. **33**, 189—97, 1962; Copenhagen, Univ., Inst. for Phys. Chem.; New York, N.Y., Yeshira Univ., Graduate School of Sci.; engl.) — Vff. betrachten die Dissoziation zweiatomiger Moll. mit einem eindimensionalen Modell unelast. Kugeln nach der klass. u. nach der quantenmechan. Methode. Es zeigt sich, daß sich die Dissoziations-Geschw. bzw. deren Konst. direkt nach Red. zu einer Fokker-Planckschen Gleichung aus der Liouvilleschen Gleichung ergibt. G. M. Neumann. 225◇

**Reaktive Zusammenstöße in gekreuzten Molekülstrahlen.** Dudley R. Herschbach. (Discuss. Faraday Soc. **1962**, Nr. 33, 149—61; Berkeley, Calif., Univ. of California, Dep. of Chem.; engl.) — Vf. berichtet über Unterss. der Verteilung der Geschw.-Vektoren von Rk.-Prodd. bei reaktiven Zusammenstößen gekreuzter Mol.-Strahlen. Experimentelle Unterss. des Rk.-Typs $M + RJ \rightarrow R + MJ$ mit $M = K$, Rb, Cs u. $R = CH_3$ u. $C_2H_5$ werden beschrieben u. diskutiert. Es zeigt sich, daß die Rk.-Energie meist in innere Anregungsenergie der Rk.-Prodd. übergeht u. daß die Winkelverteilung anisotrop ist. In bezug auf den ankommenden M-Strahl werden überwiegend die MJ-Moll. nach rückwärts u. die R-Moll. nach vorwärts aus dem Rk.-Zentrum emittiert.
G. M. Neumann. 225◇

**Reaktionen angeregter Ionen in $N_2$, $O_2$, CO, $SO_2$, $CO_2$, COS und $CS_2$.** V. Čermák und Z. Herman. (J. Chim. physique Physico-Chim. biol. **57**, 717—19, Sept. 1960; Prague, Acad. Tchécoslov. des Sci., Inst. de Chim. Phys.; franz.) — Vgl. C. **1961**, 4245; **1962**, 2289. A. Blaschette. 225◇

**Untersuchung der stöchiometrischen Oxydation des Stickstoffmonoxids durch Ozon an Hand der photometrischen Bestimmung des Stickstoffdioxids.** Guy G. Goyer. (Canad. J. Chem. **34**, 1730—41, Dez. 1956; McMasterville, Quebec, Canadian Ind. Ltd., Central Res. Labor.; franz.) — In Gasgemische mit 0,05—13,3 (Vol.-%) NO, 1,5—33 $O_2$ u. 63—98,4 $N_2$ sowie einer relativen Feuchtigkeit von 0—62% wurden 0—1,3 Vol.-% $O_3$ eingebracht u. die Konzz. des gebildeten $NO_2$ photometr. ermittelt. Der Einfl. der normalen Oxydation von NO durch $O_2$ zu $NO_2$ wurde durch eine Korrektur erfaßt. Im gesamten untersuchten Bereich konnte keine katalyt. Wrkg. des $O_3$ festgestellt werden; die Rk. verläuft vielmehr im Gegensatz zu Angaben von Sabolotski [1950] stöchiometr. gemäß $NO + O_3 \rightarrow NO_2 + O_2$. A. Blaschette. 225◇

**Untersuchung der Verbrennung von Schwefelwasserstoff durch Blitzlichtphotolyse und kinetische Spektroskopie.** R. G. W. Norrish und A. P. Zeelenberg. (Proc. Roy. Soc. [London], Ser. A **240**, 293—303, 11/6. 1957; Cambridge, Univ., Dep. of Phys. Chem.; engl.) — Die Verbrennung von $H_2S$ mit $O_2$ führt in einer über SH- u. OH-Radikale verlaufenden Ketten-Rk. zu $SO_2$; gleichzeitig mit dessen Auftreten erscheint eine Lichtemission, die dem Vorgang $SO + O \rightarrow SO_2 + h\nu$ zugeschrieben wird. In Ggw. eines großen Überschusses an Inertgas, u. bes. bei niedriger Temp., wird $S_2O_2$ gebildet.
A. Blaschette. 225◇

**Bemerkung über die Anwendbarkeit des Bortrifluoridmonohydrat-Prozesses für die Trennung von Borisotopen.** Slobodan V. Ribnikar und Živojin V. Knežević. (Bull. Inst. Nuclear Sci. „Boris Kidrich" **9**, 111—13, März 1959; Labor. of Phys. Chem.; engl.) — Die Wiedergewinnung des beim Isotopenaustausch zwischen $BF_3 \cdot H_2O$ u. $BF_3$ im Monohydrat angereicherten $^{10}B$ hängt von der vollständigen Umsetzung von $BF_3 \cdot H_2O$ mit $SO_3$ ab. Nach den Unterss. der Vff. beträgt die Löslichkeit von $BF_3$ in $H_2SO_4$ (96,5% bis 100% + 2% $SO_3$; 25 u. 220°; 750 u. 100 Torr) 12,4 Mol-% bei 97%ig. $H_2SO_4$, 25° u. 750 Torr; 3,1 Mol-% bei 100% $H_2SO_4$ + 2% $SO_3$, 25° u. 750 Torr; 1,6 Mol-% bei 96,5%ig. $H_2SO_4$, 220° u. 750 Torr; 1,4 Mol-% bei 100%ig. $H_2SO_4$ + 2% $SO_3$, 220° u. 750 Torr; 0,31 Mol-% bei 100%ig. $H_2SO_4$ + 2% $SO_3$, 220° u. 100 Torr. Als optimaler Rückgewinnungsprozeß für $^{10}B$ mit 99%ig. Isotopenreinheit ergibt sich hieraus die Rk.-Temp. von 220° bei 100 Torr, Entnahme von $BF_3$ nur aus der „erschöpften" Säure u. neue Anreicherung von ca. 60% der Säure mit $SO_3$ unter Rückführung in den $BF_3$-Gewinnungsprozeß. P. Sartori. 225□

**Isotopentrennung durch Tieftemperatur-Austausch. 1. Mitt. Das System $BF_3$–$SO_2$ zur Gewinnung von Bor-10.** Ryohei Nakane und Osamu Kurihara. (Sci. Pap. Inst. physic. chem. Res. [Tokyo] **54**, 274—80, Sept. 1960; Tokyo, Inst. of phys. chem. Res., Stable Isotope Labor.; engl.) — Vff. wiesen durch Best. der Einstufen-Trennfaktoren (1,006 bei —78° u. 700 Torr; 1,008, —89°, 700; 1,023, —95°, 500; 1,028, —95°, 700) nach, daß *$BF_3$* u. *$SO_2$* bei —95° einen fl. 1 : 1-Mol.-Komplex bilden, der oberhalb —89° nicht mehr auftritt. Durch Gegenstromverteilung zwischen aufsteigendem gasförmigem $BF_3$ u. herabfließendem $BF_3$ in $SO_2$ kann bei $-78^0$ eine Anreicherung von $^{10}B$ in der fl. Phase um 24,4—30,3 Atom-% erreicht werden. Aus den Trennfaktoren schließen Vff., daß eine bei $-95^0$ betriebene Gegenstromverteilung zwischen $BF_3$ u. dem fl. $BF_3 \cdot SO_2$-Komplex die vorteilhafteste Meth. zur Anreicherung von $^{10}B$ in der fl. Phase darstellt. P. Sartori. 225□

**Gleichgewichtskonstante des Borisotopenaustausches zwischen $BF_3$ und $BF_3 \cdot O(CH_3)_2$.** A. A. Palko, G. M. Begun und L. Landau. (J. chem. Physics **37**, 552—55, 1/8. 1962; Oak Ridge, Tenn., Oak Ridge Nat. Labor., Chem. Div.; engl.) — Der Borisotopenaustausch im Syst. $BF_3$–$BF_3 \cdot O(CH_3)_2$ verläuft rasch zwischen $BF_3$ in der teilweise dissoziierten Gasphase u. dem fl. Komplex ($^{11}B$-Anreicherung in der Gasphase). Die Gleichgewichts-Konst. $\alpha$ der Rk. $^{10}BF_3(g) + {}^{11}BF_3 \cdot O(CH_3)_2 \rightleftharpoons {}^{11}BF_3(g) + {}^{10}BF_3 \cdot O(CH_3)_2$ wurde bei $-8$, 4 u. $22^0$ massenspektrometr. bestimmt. Sie gehorcht der Gleichung $\log\alpha = 7{,}7692/T - 0{,}01405$. Aus den IR- u. Raman-Spektren wurde die Borisotopenverschiebung einzelner Banden bestimmt. Aus der Anreicherung von $^{10}BF_3$ im Komplex wird auf eine Schwächung der B—F-Bindungen bei der Komplex-Bldg. geschlossen. P. Sartori. 225◇

**Beiträge zur Chemie des Selens und der Selenverbindungen.** 5. Mitt. **Die Hydrolyse des Selens.** E. Schulek und E. Körös. (J. inorg. nuclear Chem. **13**, 58—63, April 1960; Budapest, L. Eötvös Univ., Inst. of Inorg. and Anal. Chem.; engl.) — 4. vgl. C. **1961**, 5552. — Die Rkk. verschiedener Se-Modifikationen mit $H_2O$ sowie mit konz. wss. Lsgg. von NaOH, KOH u. $NH_3$ werden mit Hilfe neuer Analysen-Meth. untersucht u. mit entsprechenden Rkk. des S verglichen. Im Gegensatz zu Montagnie [1934] können Vff. bis $100^0$ in Abwesenheit von $O_2$ keine Rk. des amorphen, des roten kristallinen oder des grauen Se mit $H_2O$ feststellen. An der Luft bildet amorphes Se mit sd. $H_2O$ geringe Mengen selenige Säure. Mit den alkal. Lsgg. bilden die Se-Modifikationen rotes koll. Se. Da dieses von $O_2$ rasch oxydiert wird, wurden die Unterss. im $N_2$-Strom ausgeführt. Seine Bldg. erklären Vff. über das nahezu vollständig auf der linken Seite liegende Gleichgewicht $3\,Se + 6\,OH^- \rightleftharpoons 2\,Se^{2-} + SeO_3^{2-} + 3\,H_2O$ (1). Graues Se reagiert unter den betrachteten Bedingungen ($240^0$/30 atm) nicht mit der konz. $NH_3$-Lösung. Bedingt durch die geringe Löslichkeit des $BaSeO_3$ liegt das Gleichgewicht $3\,Ba(OH)_2 + (2x + 1)\,Se \rightleftharpoons BaSeO_3 + 2\,BaSe_x + 3\,H_2O$ stärker als (1) auf der rechten Seite. In diesem Falle läßt sich im Gegensatz zu (1) auch $Se^{2-}$ in den Rkk.-Prodd. nachweisen. Theoret. Überlegungen auf der Basis von Redoxpotentialen stützen die experimentellen Befunde. Zur quant. Best. des Se in den Oxydationsstufen 0, +4 u. $-2$ wird eine Meth. angegeben. H. Kuckertz. 225◇

**Die Reaktion von Kohlenstofftetrachlorid mit Natriumnitrit.** A. A. Ponomarenko und R. Je. Schindel. (J. anorg. Chem. [UdSSR] **5**, 306—12, Febr. 1960; Lwow, handelswirtschaftl. Inst.; russ.) — Während die Rk. zwischen $Cl_2$-Gas u. geschmolzenem $NaNO_2$ unter Atmosphärendruck bei 280—$320^0$ einsetzt u. fast quant. unter Bldg. von NaCl u. $NO_2$ verläuft, beginnt die Rk. zwischen $CCl_4$ u. $NaNO_2$ unter Atmosphärendruck erst bei $500^0$, in verschlossenen Ampullen aber schon bei 255—$280^0$. Thermophotocolorimetr. Unterss. bei 270—$290^0$ u. Unters. der Zwischen- u. Endprodd. ergaben, daß es sich bei dieser, in diesem Temp.-Bereich heterogenen Rk. um einen komplexen Vorgang handelt. Die Rk.-Prodd. waren: *NaCl*, $COCl_2$, *NO*, $NO_2$, *NOCl* u. $CO_2$. Freies $Cl_2$ wurde nicht gefunden. Die Zeit bis zum Beginn der Rk. fällt bei Steigerung der Temp. von 270 auf $290^0$ von 13 auf 5 Min., die Dauer der Rk. von 71 auf 29 Minuten. Das molare Verhältnis $NaNO_2/CCl_4$ hat im Bereich von 1 : 1 bis 1 : 3 nur wenig Einfl. auf den Beginn u. die Geschw. der Reaktion. Es wurde gezeigt, daß das Zwischenprod. $NO_2$ mit $NaNO_2$ unter Bldg. von $NaNO_3$ u. $N_2O_3$ reagiert, während sich aus NOCl NaCl u. $N_2O_3$ bilden. — Ein Kettenmechanismus mit intermediär gebildetem Cl wird angenommen. G. Winkhaus. 225□

**Experimentelle Untersuchung der Oxydation von Kobalt- und Nickelarseniden in Sauerstoff und Kohlensäure enthaltenden Lösungen.** L. K. Jachontowa. (Geochemie [UdSSR] **1958**, Nr. 1, 70—80; Moskau, Univ., Lehrstuhl für Mineral.; russ., Auszug: engl.) — Die Unters.-Ergebnisse über den Charakter der Oxydation von Safflorit, Smaltin, Rammelsbergit, Nickelin in Carbonat- (pH 3,7) u. $O_2$-haltiger Carbonat-Lsg. (pH 4,5) bei $20^0$ werden beschrieben. Von diesen Arseniden wird quant. das Verhältnis zwischen den Elementen bestimmt, die ausgelaugt u. in Form von Oxydations-Prodd. auf prim. Mineralen abgeschieden werden. Entsprechend der Menge des ausgelaugten Materials bilden die Arsenide die Reihe Safflorit, Nickelin, Rammelsbergit, Smaltin, in der Smaltin am wenigsten stabil ist. H. Noack. 225△

**Oxydation von Kupfer-Nickel-Legierungen in Dampf-Sauerstoff-Gemischen.** J. E. Castle, J. T. Harrison und H. G. Masterson. (Nature [London] **196**, 261—62, 20/10. 1962; Leatherhead, Central Electric Res. Labor., Phys. Chem. Sect.; engl.) —

Cu-Ni-Legg. mit 10, 20 bzw. 30% Ni werden 1800 Std. lang in gesätt. Wasserdampf von 800 (lb./in.$^2$) u. Zusätzen von 250 $O_2$ auf 275° erhitzt u. die gebildeten Oxidschichten metallograph. untersucht. In der Oxidschicht werden Cu-Schichten an Berührungsstellen mit dem Grundmetall gebildet; jedoch wird eine elektrochem. Bldg.-Rk. ausgeschlossen. Offenbar wird Cu, das bei der bevorzugten Oxydation von Ni freigesetzt wird, unter dem Einfl. eines großen äußeren Druckes in anfänglich poröse Bereiche der Oxidschicht gedrückt. Herbert Müller. 225◇

**Über die Kinetik der Reaktion von Gehlenit mit Soda.** G. N. Koshewnikow und Ss. I. Kusnetzow. (Nachr. sibir. Abt. Akad. Wiss. UdSSR **1961**, Nr. 8, 127—30; Swerdlowsk, Ural-Abt. der Akad. der Wiss. der UdSSR; russ.) — Der Rk.-Ablauf der Rk. von $Na_2CO_3$ u. Gehlenit (Mol-Verhältnis 1 : 1) bei 900—1200° wird zeitlich verfolgt u. die Rk.-Geschw. bestimmt sowie in Abhängigkeit von der Menge an aufgeschlossenem Al im Rk.-Prod. die Rk.-Dauer ermittelt. Mit Steigerung der Temp. nimmt die Bldg.-Geschw. von *$NaAlO_2$* zu. So sind nach 3—5 Min. bei 1200° bereits 80—85% Al in Lsg. nachweisbar. W.-D. Heußner. 225□

**Die Radiolyse des Kohlendioxids.** A. R. Anderson, J. V. Best und D. A. Dominey. (J. chem. Soc. [London] **1962**, 3498—3503, Sept.; Harwell, A.E.R.E., Chem. Div.; engl.) — Zur Klärung bestehender Unsicherheiten über die Größe des Wertes G(CO) bei der $CO_2$-Radiolyse u. bei Anwesenheit von Verbb., die Sauerstoff abfangen, wurde $CO_2$ unter Zusatz von $SO_2$ u. $NO_2$ verschiedenen Arten von reiner $\gamma$-Strahlung u. gemischter n.$\gamma$-Strahlung aus dem BEPO-Reaktor ausgesetzt. Für alle $\gamma$-Quellen wurde in einem Bereich von $3{,}6\cdot10^{15}$—$9{,}4\cdot10^{17}$eV·g$^{-1}$·min$^{-1}$ G(CO) = 3,51 ±0,23 gefunden. Aus der n.$\gamma$-Bestrahlung ergab sich G(CO) = 3,06 ±0,3, wobei eine Korrektur angewandt wurde, die eine spezielle Eichung der Dosimetrie am BEPO-Reaktor berücksichtigt. T. Tamberg. 226□

**Die Radiolyse wäßriger Azidlösungen.** Kenichi Shinohara, Tadamasa Shida und Nobufusa Saito. (J. chem. Physics **37**, 173—77, 1/7. 1962; Tokyo, Univ., Inst. of Phys. and Chem. Res., Dep. of Chem.; engl.) — Folgende Radiolyse-Prodd. wurden nach Einw. von $^{60}$Co-$\gamma$-Strahlung auf wss. Azid-Lsgg. verschiedener Konzz. festgestellt: $N_2$, $OH^-$, $NH_3$ u. $H_2$. Die G-Werte der ersten drei Prodd. stiegen mit wachsender Azid-Konz. auf einen schließlich konst. Wert, wogegen G($H_2$) von Anfang an konst. blieb. Der zur Erklärung dieser Ergebnisse vorgeschlagene Mechanismus basiert auf der prim. Rk. $OH + N_3^- \rightarrow OH^- + N_3$, deren Geschw.-Konst. zu $8\cdot10^{10}$ Liter·Mol$^{-1}$·s$^{-1}$ gefunden wurde. Diese schnelle Rk. erklärt das Fehlen von $H_2O_2$ unter den Radiolyse-Prodd., während die Entstehung von $NH_3$ auf die Rk. $H + 2\,N_3^- + 2\,H_2O \rightarrow NH_3 + 2{,}5\,N_2 + 2\,OH^-$ zurückgeführt wird. Außerdem wurde G($-H_2O$) = 5,5 gefunden. T. Tamberg. 226□

**Der Einfluß der Bestrahlung mit Spaltfragmenten und Neutronen auf die Kinetik der Oxydation von Zirkonium.** B. Cox. (Proc. IVth int. Sympos. Reactivity Solids, Amsterdam **1960**, 425—35, 1961; Harwell, A.E.R.E., Chem. Div.; engl.) — Die Kinetik der durch Bestrahlung wesentlich beschleunigten Oxydation von Zr u. Zr-Legg. [mit 90 (%) V; 5 V + 1 Sn; 2 Cr + 1 Zn; 5 Ta; 5 Ta + 1 Sn bzw. Zircaloy-2] wurde mit verschiedenen Meth. untersucht. Zunächst wurden kinet. Unterss. bei genügend kleinen Energiedichten durchgeführt, um den Übergang vom Verh. des Zr im unbestrahlten Zustand zu dem bereits von anderer Seite untersuchten bei hohen Energiedichten bestimmen zu können. Weiter wurde der Übergang von der monoklinen zur kub. Phase des $ZrO_2$, der unter Bestrahlung mit schnellen Neutronen oder Spaltfragmenten verläuft, verfolgt u. der Einfl. der Bestrahlung auf die Lösungs-Geschw. des $ZrO_2$ bestimmt. Die Ergebnisse zeigen, daß die Phasenumwandlung zu langsam verläuft, um einen bestimmenden Einfl. auf die beschleunigte Oxydation ausüben zu können. Sie ist stark abhängig von der Ggw. von Keimen der kub. Phase im Anfangsmaterial. Die kinet. Daten zeigen, daß bei geringer Energiedichte die beschleunigte Oxydation durch Anstieg der Geschw. der ursprünglich diffusionsbestimmten Oxydation der Zr-Leg. bestimmt wird. Diese steigt mit dem Ausmaß der Gitterstörungen durch Bahnen der Spaltfragmente, durch die Wege erleichterter Diffusion gebildet werden.
H. Roschkowski. 226◇

**Bestrahlungserzeugte Defekte und chemische Reaktionsfähigkeit von Feststoffen.** G. J. Dienes. (Proc. IVth int. Sympos. Reactivity Solids, Amsterdam **1960**, 416—24, 1961; Upton, N.Y., Brookhaven Nat. Labor.; engl.) — Übersicht. — 34 Literaturangaben. H. Roschkowski. 226◇

**Einflüsse von Strahlung auf die Reaktionsfähigkeit von Oberflächen fester Körper.** William H. Cropper. (Science [Washington] **137**, 955—61, 21/9. 1962; New York, N.Y., Columbia Univ., Dep. of Chem. Engng.; engl.) — Übersicht über neuere Unterss.

über die strahlungsinduzierte Ad- u. Desorption von $O_2$ an ZnO, die Adsorption von $H_2$ u. $O_2$ sowie den katalyt. $H_2$—$D_2$-Austausch an bestrahltem Silicagel sowie über den Einfl. der „inneren" Radioaktivität auf Austauschvorgänge in den Syst. $(Me^I)_2 \cdot {}^{35}SO_4$(fest)-$SO_3$(gasförmig) mit $Me^I$ = Na oder K. — 65 Literaturangaben.

A. Blaschette. 227◇

**Über den Mechanismus der Katalyse. 3. Mitt. Über die Valenz- und die energetische Form der heterogenen und der Fermentkatalyse.** N. I. Kobosew. (J. physik. Chem. [UdSSR] **34**, 1443—59, Juli 1960; Moskau, Lomonossow-Univ., Lehrstuhl für Katalyse u. Gaselektrochem.; russ., Auszug: engl.) — 1. vgl. C. **1960**, 2797. — Vf. entwickelt eine neue Konzeption der heterogenen u. Fermentkatalyse. Die Aktivität anorgan. u. fermentoider Katalysatoren werden verglichen. Als eine der Vgl.-Rk. wird u. a. die Zers. des $H_2O_2$ genommen: Beginnend bei $Fe^{3+}$ in Lsg., über Hämin in Lsg., ferner Hämin auf Trägersubstanz bis zum Katalaseferment (Hämin auf spezif. Eiweiß) wächst die Aktivität um 10000000mal u. ist um einige 100mal größer als der aktivste anorgan. Katalysator, das adsorbierte Pt auf Pt-Gitter. Die bes. große Leistungsfähigkeit einer Reihe von Fermenten (bes. der mit großem Wärmeeffekt des enzymat. Prozesses) wird nicht durch bes. Aktivität der Valenzen der einfachen Atomgruppen erklärt, sondern durch energet. Versorgung des Eiweißträgers durch die Rk.-Energie. Die valenz-energet. Form der Katalyse ist die allgemeinste u. effektivste, dadurch bedingt, daß die heterogenen Kristall- u. Fermentkatalysatoren mit spezif. energet. Kapazitäten in Form der Kristallgitter u. Makromoll. ausgestattet sind. Siegfried Braun. 227□

**Über Erscheinungen der Autokatalyse bei Reaktionen unter Beteiligung von Festkörpern.** Ju. W. Zwetkow. (Kinetik u. Katalyse [UdSSR] **2**, 827—29, Nov./Dez. 1961; Baikow-Inst. für Metallurg. der Akad. der Wiss. der UdSSR; russ.) — Vf. untersucht die Kinetik der Red. von Metalloxiden (CuO, ZnO, PbO, $PbO \cdot SiO_2$) mit CO. Experimentell u. durch Vgl. mit Literaturwerten läßt sich zeigen, daß bei verschiedenem Aggregatzustand der Rk.-Prodd. die deutlichen Änderungen in der Rk.-Geschw. auf der katalyt. Wrkg. des festen Rk.-Teilnehmers beruhen. Die Autokatalyse ist nicht charakterist. für Prozesse, die unter Bldg. von gasförmigen oder fl. Prodd. verlaufen, oder bei denen das feste Rk.-Prod. im amorphen Zustand vorliegt.

G. Engelhardt. 227□

**Zur Katalyse von Reaktionen in fester Phase.** Z. G. Szabo, I. Batta und F. Solymosi. (Proc. IVth int. Sympos. Reactivity Solids, Amsterdam **1960**, 409—15, 1961; Szeged, Hungary, Univ., Inst. of inorg. and anal. Chem.; engl.) — Die Bldg. von $NiFe_2O_4$ aus NiO + $Fe_2O_3$ wurde durch Messung der magnet. Susceptibilität verfolgt u. der Einfl. der Dotierung des NiO (**I**) mit $Cr_2O_3$ (**II**) bzw. $Li_2O$ (**III**) u. der der Dotierung des $Fe_2O_3$ (**IV**) mit $TiO_2$ (**V**) auf die Rk.-Geschw. untersucht. Folgende Aktivierungsenergien wurden bei den einzelnen Rkk. gefunden: **I** + **IV** 95 (kcal), (**I** + 1% **III**) + **IV** 80, (**I** + 1% **II**) + **IV** 5,9, **I** + (**IV** + 1% **V**) 132. Durch die Dotierung von **I** mit **II** steigt die Anzahl leerer Ni□″-Plätze u. damit die Rk.-Geschw., die Diffusion von $Fe^{3+}$-Ionen in das NiO-Gitter wird erleichtert. Wird **IV** mit **V** dotiert, bilden sich $Fe^{2+}$-Ionen mit größerem Durchmesser u. kleinerer Beweglichkeit. Diese Beobachtung beweist die Wichtigkeit der Diffusion der $Fe^{3+}$-Ionen bei der Reaktion. Die Abnahme der Aktivierungsenergie bei Dotierung von **I** mit **III** wird von Vff. durch die Bldg. 4wertiger Ni-Ionen erklärt, deren Diffusion wegen des kleineren Ionenradius schneller verläuft. Weiterhin wurde der Einfl. von $O_2$ auf die Rk.-Geschw. untersucht. Die Chemisorption von $O_2$ steigert die Defektelektronen-Konz., sein Einbau steigert die Konz. von Ni-Fehlstellen. Damit steigt die Rk.-Geschw. auch in diesem Fall.

H. Roschkowski. 227◇

**Über die thermische Beständigkeit, Desaktivierung und Regeneration des Zink-Kupfer-Katalysators.** L. Ch. Freidlin, M. F. Abidowa und A. Ss. Ssultanow. (Usbek. chem. J. **1958**, Nr. 4, 41—44; Zelinsky-Inst. für organ. Chem. der Akad. der Wiss. der UdSSR u. Chem. Inst. der Akad. der Wiss. der UsbekSSR; russ., Auszug: usbek.) — Vgl. C. **1959**, 8104. — Vff. stellen fest, daß die Aktivität des Zink–Kupfer-Katalysators nach Behandlung bei 300—400° erhalten bleibt, u. daß dieser Katalysator im Vgl. zu anderen metall. Katalysatoren durch Bleiionen nicht „vergiftet" wird. Der Katalysator wird — infolge einer dicken Film-Bldg. — durch Luft-$O_2$ rasch desaktiviert. Nach einer Behandlung mit Lauge wird aber seine Aktivität regeneriert. Das bedeutet, daß allein das Metall u. nicht sein Oxid katalyt. akt. ist. Die Bldg. von ungesätt. KW-Stoffen bei der Red. von Aceton zu Isopropanol u. Cyclohexanon zu Cyclohexanol kann durch Vergrößerung der Durchsatz-Geschw. verringert werden.

C. Kozák. 227□

**Katalyse. — Einfluß der experimentellen Bedingungen auf den homogenen Teil der hetero-homogenen Oxydation von Methan in Gegenwart von weißglühendem Platin.** Pierre Dévoré, Charles Eyraud und Marcel Prettre. (C. R. hebd. Séances Acad. Sci. **248,** 2345—47, 20/4. 1959; franz.) — Ein $CH_4$–$O_2$–$N_2$-Gemisch wechselnder Zus. wurde über reines Pt-Band sowie Pt-, Pt/Rh- u. Pt/Ir-Draht geleitet u. der Anteil der homogenen Rk. bei verschiedenen Temp. bestimmt. Eine Verminderung des $O_2$-Geh. begünstigt den homogenen Teil der Rk. unterhalb ca. 1500—1600°. Eine Verminderung des $CH_4$-Geh. wirkt sich mehr auf die Gesamt-Rk. als auf den homogenen Teil aus. Durch den Übergang vom Pt-Band zum dünneren Pt-Draht wird bei vermindertem Gesamtumsatz der homogene Teil der Rk. weiter erhöht. Die Pt-Legg. verringern den homogenen Teil der Reaktion. Als Rk.-Mechanismus wird eine Ketten-Rk. der aktivierten Teilchen u. bes. bei höheren Temp., bei denen die Pt-Verdampfung merkbar ist, eine Rk. der reaktionsfähigen Prodd. mit dem Pt-Dampf in homogener Rk. diskutiert. K. Ross. 227□

**Untersuchungen der Kinetik der Oxydation von Schwefeldioxid am Platinkatalysator unter den Bedingungen eines stationären chemischen Gleichgewichts.** W. A. Roiter, N. A. Stukanowskaja, G. P. Korneitschuk, N. Ss. Wolikowskaja und G. I. Golodetz. (Kinetik u. Katalyse [UdSSR] **1,** 408—17, Sept./Okt. 1960; Pissarshewski-Inst. für phys. Chem. der Akad. der Wiss. der UkrainSSR; russ.) — Die Kinetik der Oxydation von $SO_2$ (markiert mit $^{35}S$) an einem Pt-Sieb im Gleichgewicht u. außerhalb des Gleichgewichtes in Abhängigkeit von der $SO_2$- u. $SO_3$-Konz. wird bei verschiedenen Temp. untersucht. Die Rk.-Geschw. W kann durch die Gleichungen $W = k'P(SO_2)$ oder $W = k''P(SO_3)$ dargestellt werden, wobei die 1. Gleichung der Kinetik des direkten u. die 2. des umgekehrten Prozesses entspricht. Die Molekularität der Rk. ist 1. Die Aktivierungsenergie des direkten u. umgekehrten Prozesses beträgt $E_d = 26$ kcal/Mol, $-E_u = 49$ kcal/Mol. Mit demselben Katalysator wurde die Kinetik außerhalb des Gleichgewichtes untersucht. Es wird gezeigt, daß die Kinetik in beiden Fällen gleich ist. Bei Vgl. der Resultate, die unter den Bedingungen des Gleichgewichtes u. außerhalb des Gleichgewichtes bei gleichen kinet. Abhängigkeiten u. gleichen Rk.-Mechanismen erhalten wurden, wurde ein starker Unterschied bei den abs. Konst. beobachtet. Die Geschw.-Konst. im Gleichgewichtszustand ist um ein vieles niedriger, aber die Aktivierungsenergie ist höher als die der berechneten außerhalb des Gleichgewichtszustandes. Diese Tatsache wird durch die Vergiftung des Pt mit $O_2$ erklärt, die hauptsächlich im Gleichgewichtszustand auftritt. H. Matern. 227□

**Über die Katalyse einiger Substitutionsreaktionen in komplexen Platinverbindungen.** Ju. N. Kukuschkin. (J. anorg. Chem. [UdSSR] **7,** 7—10, Jan. 1962; russ.) — Vgl. C. **1963,** 2773. — Bei der Synth. einer Reihe von komplexen Pt-Verbb. spielt *cis*-$[Pt(NH_3)_2Cl_2]$ (I) als Zwischenprod. eine wichtige Rolle. **I** wird nach der Meth. von Lebedinsky u. Golownja. (Ann. Secteur Platine autres Métaux précieux [UdSSR] **20,** [1947], 95) dargestellt. Metall. Pt beschleunigt die Rk., während $K_2[PtCl_6]$ sich hemmend auswirkt. Die Substitutions-Rk. von Cl durch Br im $K_2[PtCl_6]$ wird durch Zusätze von $K_2[PtCl_4]$ stark beschleunigt. G. Engelhardt. 227□

## $A_8$. Präparative anorganische Chemie. Komplexverbindungen. Metallorganische Verbindungen

**Darstellung von Chloroschwefelsäure-($^{35}S$) aus $Ba^{35}SO_4$-Abfall.** N. Tudball. (Nature [London] **196,** 580, 10/11. 1962; Cardiff, Univ. Coll. of South Wales and Monmouthshire, Dep. of Biochem.; engl.) — Das $Ba^{35}SO_4$ (I) wird in warmem konz. $H_2SO_4$ gelöst, die klare Lsg. mit $POCl_3$ versetzt u. unter Feuchtigkeitsausschluß destilliert. Aus 2,614 g **I,** 7,84 ml $H_2SO_4$ u. 6,72 ml $POCl_3$ wurden 6,6 ml $Cl^{35}SO_3H$, Kp. 157—158°, erhalten, dessen spezif. Aktivität ca. $^1/_{15}$ der des Ausgangsmaterials entsprach. A. Blaschette. 253◇

**Darstellung von Sulfamid.** 3. Mitt. **Thermische Zersetzung von Sulfamid.** Yukio Itō. (J. chem. Soc. Japan, ind. Chem. Sect. [Kōgyō Kagaku Zassi] **63,** 1198—1204, Juli 1960; Tôkyô-Hatagaya, Tôkyô-Kôgyô-Sikenzyo; jap., Auszug: engl. S. A 65.) — 2. vgl. C. **1960,** 6077. — Sulfamid, F. 92°, ist stabil unterhalb 110°, zersetzt sich jedoch oberhalb 120° gemäß (a) $2\ NH_2SO_2NH_2 \rightarrow NH_4N(SO_2NH_2)_2$ u. (b) $3\ NH_4N(SO_2NH_2)_2 \rightarrow (NH_4)_2[NH_2(NSO_2)_2SO_2NH_2] + (NH_4NSO_2)_3$. (a) verläuft viel schneller als (b), bes. unterhalb 170°, u. das Rk.-Prod. besteht zwischen 120 u. 170° zum größten Teil aus $NH_4N(SO_2 \cdot NH_2)_2$. Oberhalb 170° nehmen die Geschw. beider Rkk., bes. die von (b), stark zu. Wenn das Gemisch lange oberhalb 200° erhitzt wird, geht das gemäß der Rk. (b) gebildete

$(NH_4)_2[NH_2(NSO_2)_2SO_2NH_2$ in das *cycl. Ammoniumsalz* $(NH_4)_3(NSO_2)_3$ über. Aus dem Rk.-Gemisch der Rk. (b) wird $AgN(SO_2NH_2)_2 \cdot 2\,H_2O$ u. das *Trisulfimid-Ag-Salz* (I) hergestellt: I, $Ag_2[NH_2(NSO_2)_2SO_2NH_2 \cdot H_2O$, scheidet sich bei dieser Rk. als Öl aus, wird langsam harzartig u. geht endlich in leicht zerfallende Kristalle über. I ist lichtempfindlich, wird jedoch aus W. leicht in reiner Form umkristallisiert. E. Maekawa. 253□

**Untersuchungen über die wasserfreie Reaktion zwischen Ammoniak und Schwefeltrioxid.** 7. Mitt. **Synthese von Ammoniumamidosulfat.** Yukio Itō. (Rep. Government chem. ind. Res. Inst., Tokyo **52**, 281–84, Aug. 1957; jap., Auszug: engl. S. XXXII.) — 4. vgl. C. **1950/54**, 754 S; vgl. vorst. Referat. — Bei 220—250° wird *$NH_4$-Imido-bis-[sulfat]* unter $NH_3$-Druck in *$NH_4$-Amidosulfat* umgewandelt: $(NH_4SO_3)_2NNH_4$ (I) → $2\,NH_4SO_3NH_2$ bei hohem Druck; $(NH_4SO_3)_2NH + NH_3 \rightarrow 2\,NH_4SO_3NH_2$ bei niedrigem Druck. Wenn der $NH_3$-Druck höher als der Dissoziationsdruck von I ist, spielt sich die 1., sonst die 2. Rk. ab. Das bei 30—40 Min. langem Erhitzen von I oder der Rk.-Prodd. von $NH_3$ u. $SO_3$ auf 220—250° im Autoklaven bei 20—50 at $NH_3$-Druck entstehende Rk.-Prod. enthält 80—90 (%) $NH_4SO_3NH_2$, 3—10 *$(NH_4SO_3)_2NH$*, 0,4—1,0 *$NH_3$* u. 7—10 *$(NH_4)_2SO_4$*. Bei Temp. < 100° u. $NH_3$-Druck bildet sich eine bei Zimmer-Temp. u. atmosphär. Druck unbeständige Verb. *$(NH_4SO_3)_2NNH_4 \cdot NH_3$*. W. Wesly. 253□

**Untersuchungen über die wasserfreie Reaktion zwischen Ammoniak und Schwefeltrioxid.** 8. Mitt. **Gewinnung von Ammoniumamidosulfat aus Ammoniak und Schwefeltrioxid.** Yukio Itō. (Rep. Government chem. ind. Res. Inst., Tokyo **52**, 285—88, Aug. 1957; jap., Auszug: engl. S. XXXIII.) — 7. vgl. vorst. Referat. — Die Rk.-Geschw. der Bldg. von $NH_4$-Amidosulfat (I) u. dessen Ausbeute steigen mit dem $NH_3$-Druck; > 30 at ist der Anstieg nur noch gering. Die optimale Temp. beträgt 220 bis 280°; > 320° fällt die I-Ausbeute zugunsten der Bldg. von $(NH_4)_2SO_4$, dessen Entstehung auch durch Ggw. von Feuchtigkeit begünstigt wird. Die I-Bldg. vollzieht sich in 2 Stufen: $4\,NH_3 + 2\,SO_3 \rightarrow (NH_4SO_3)_2NNH_4 \rightarrow 2\,NH_4SO_3NH_2$, wobei man 5—10% $SO_3$ enthaltendes Röstgas auf $NH_3$ einwirken läßt u. das entstandene $NH_4$-Imido-bis-[sulfat] mit $NH_3$ 30 Min. im Autoklaven auf 220—250° erhitzt. Das rohe Rk.-Prod. enthält ca. 90% I; es wird durch Extraktion mit fl. $NH_3$ gereinigt. Die 1stufige Rk. von $SO_3$ mit $NH_3$ unter $NH_3$-Druck wird erörtert. W. Wesly. 253□

**Thermolyse der Amidosulfate und der Amidoschwefelsäure und Infrarotabsorptionsspektren ihrer Zersetzungsprodukte.** Claude Rocchiccioli. (C. R. hebd. Séances Acad. Sci. **255**, 1942—44, 15/10. 1962; Paris, E.N.S.C.; franz.) — Der therm. Abbau der Amidosulfate von Na, K, Ag, Cd, Ca, Co, Cu, Mg, Pb u. Sr wurde mit einer Chévenard-Waage verfolgt. Reine *Imido-bis-[sulfate]* wurden dabei nur von *K* (150°/h; stabil bei 320—450°), *Na* (50°/h im $N_2$-Strom; stabil bei 270—350°) u. *Ca* erhalten; ihre IR-Spektren (350—2000 $cm^{-1}$) werden mitgeteilt u. zugeordnet. Im Spektrum des instabilen Ca-Salzes erscheinen zusätzliche $NH_4^+$- u. $SO_4^{2-}$-Banden (Zerfall in $NH_4$- u. K-Sulfat). Alle thermolyt. Zers.-Rkk. oder Amidosulfate werden durch die Tiegelform, die Heiz-Geschw. usw. stark beeinflußt. Amidoschwefelsäure liefert bei 330° ein Prod., in dessen Spektrum $NH_4^+$, $SO_4^{2-}$ u. $S_2O_7^{2-}$-Banden erscheinen. A. Blaschette. 253◇

**Sterisch gehinderte Substitution im Bortrichlorid.** D. W. Aubrey, W. Gerrard und E. F. Mooney. (J. chem. Soc. [London] **1962**, 1786—89, Mai; London, Northern Polytechn.; engl.) — Vgl. C. **1961**, 8224. — $BCl_3$ (I) reagiert mit linearen u. β-verzweigten Dialkylaminen zu *Tris-[dialkylamino]-bor*, hingegen mit α-verzweigten (Isopropyl-, sek.-Butyl-) Dialkyl- sowie Dicyclohexyl- u. Diphenylaminen wegen ster. Hinderung nur unter Zweifachsubstitution zu *Bis-[sek.-amino]-borchloriden*, die sich mit ster. ungehinderten prim. u. sek. Aminen zu stabilen *Tris-[amino]-bor*-Verbb. umsetzen. So läßt sich $(RNH)B[N(iso\text{-}C_3H_7)_2]_2$ mit R = *$CH_3$*, (300°) [99]; *n-$C_3H_7$*, (315°) [99]; *iso-$C_3H_7$*, (250°) [91] u. *n-$C_4H_9$*, (330°) [85], beim Rückflußerhitzen (t°) zu [%] nicht kondensiert zurückgewinnen, während nur 70% *n-Propylamino-bis-[di-n-propylamino]-bor* in 4 Std. bei 250° unverändert bleiben, wobei sich u. a. *Tris-[di-n-propylamino]-bor* bildet. Neben ster. Effekten werden für die gehinderte Substitution auch elektron. Faktoren verantwortlich gemacht, da z. B. *Isopropylamino-bis-[diisopropylamino]-bor* u. *Tris-[isopropylamino]-bor* unerwartet keinen Substituentenaustausch geben sowie die *Tris-[dialkylamino]-bor-Verbb.* gegen W. u. Alkohol überraschend beständig sind.

Versuche: *Tris-[dialkylamino]-bor*, $(R_2N)_3B$, durch Zugabe von I zu Dialkylamin in Pentan bei —50°, Erwärmen auf Raum-Temp.; R = *Äthyl-*, $C_{12}H_{30}BN_3$, $Kp._{0,2}$ 52°, $n_D^{20}$ 1,4460, $D._4^{20}$ 0,8240; 93% (Ausbeute); *n-Propyl-*, $C_{18}H_{42}BN_3$, $Kp._{0,15}$ 101°, $n_D^{20}$ 1,4576, $D._4^{20}$ 0,8462; 92%; *n-Butyl-*, $C_{24}H_{54}BN_3$, $Kp._{0,2}$ 139°, $n_D^{20}$ 1,4584, $D._4^{20}$ 0,8409; 90%; *Isobutyl-*, $C_{24}H_{54}BN_3$, F. 129—129,5°, $Kp._{0,2}$ 141°; 53%; *Benzyl-*, $C_{42}H_{42}BN_3$, F. 266 bis 268°; 76%. — Analog: *Bis-[diorganylamino]-borchlorid*, $(R_2N)_2BCl$, mit R = *n-Propyl-*, $C_{12}H_{28}BClN_2$, $Kp._{0,15}$ 86°, $n_D^{20}$ 1,4558, $D._4^{20}$ 0,9051; 47,2%; *Isopropyl-*, $C_{12}H_{28} \cdot BClN_2$, Kp. $_{.08}$ 55°, $n_D^{20}$ 1,4560, $D._4^{20}$ 0,9031; 91%; *sek.-Butyl-*, $C_{16}H_{36}BClN_2$, $Kp._{0,15}$ 121°,

$n_D^{20}$ 1,4556, $D._4^{20}$ 0,9212; 98%; *Cyclohexyl-*, $C_{24}H_{44}BClN_2$, F. 116°; 92%; *Phenyl-*, $C_{24}H_{20}BClN_2$, Kp.$_{0,06}$ 192°; 65%. — *Bis-[diisopropylamino]-dialkylaminobor*, [(*iso-$C_3H_7$*)$_2$·N]$_2$B(NR$_2$), mit R = *Methyl-*, $C_{14}H_{34}BN_3$, Kp.$_{0,7}$ 73°, $n_D^{20}$ 1,4589, $D._4^{20}$ 0,8523; 91%; *Äthyl-*, $C_{16}H_{38}BN_3$, F. 76—78°, Kp.$_{4,5}$ 110°; 91%. — *Bis-[diisopropylamino]-alkylaminobor*, [(iso-$C_3H_7)_2N]_2B(NHR)$, mit R = *Methyl-*, $C_{13}H_{32}BN_3$, Kp.$_{2,3}$ 83°, $n_D^{25}$ 1,4562, $D._4^{25}$ 0,8494; 96%; *Äthyl-*, $C_{14}H_{34}BN_3$, Kp.$_{0,05}$ 62°, $n_D^{20}$ 1,4566, $D._4^{20}$ 0,8525; 94%; *n-Propyl-*, $C_{15}H_{36}BN_3$, Kp.$_{0,9}$ 92°, $n_D^{25}$ 1,4554, $D._4^{25}$ 0,8456; 95%; *Isopropyl-*, $C_{15}H_{36}BN_3$, Kp.$_{0,2}$ 62°, $n_D^{20}$ 1,4565, $D._4^{20}$ 0,8492; 88%; *n-Butyl-*, $C_{16}H_{38}BN_3$, Kp.$_{0,5}$ 108°, $n_D^{25}$ 1,4562, $D._4^{25}$ 0,8438; 99%. — *Bis-[di-n-propylamino]-n-propylaminobor*, $C_{15}H_{36}BN_3$, Kp.$_{0,2}$ 95°, $n_D^{20}$ 1,4523, $D._4^{20}$ 0,8375; 64%; neben wenig *Tris-[di-n-propylamino]-bor*. H. Bürger. 258□

**Borazol-Derivate.** 2. Mitt. **Eine Bis-[borazol]-Verbindung mit Kohlenstoffbrücke.** Dietmar Seyferth, Walter R. Freyer und Minoru Takamizawa. (Inorg. Chem. [Washington] **1,** 710—11, Aug. 1962; Cambridge, Mass., MIT, Dep. of Chem.; engl.) — 1. vgl. C. **1962,** 14837. — *B-Trichlor-N-trimethylborazol* wurde mit 2 Mol $(CH_3)_3SiCH_2$·MgCl umgesetzt. Hierbei bildet sich neben wenig *B-Tris-[trimethylsilylmethyl]-N-trimethylborazol* (I) hauptsächlich *B-Chlor-B-bis-[trimethylsilylmethyl]-N-trimethylborazol* (**II**), das mit $ClMg(CH_2)_4MgCl$ in das *1.4-Diborazolylbutan* (**III**) übergeführt wurde. **I** ist wegen der vollständigen Abschirmung durch 3 Trimethylsilylmethylgruppen gegen Hydrolyse u. Erhitzen auf ca. 400° beständig, **III** wird leicht hydrolyt. u. therm. zersetzt. Versuche: *B-Chlor-B-bis-[trimethylsilylmethyl]-N-trimethylborazol* (**II**), $C_{11}H_{31}$·$ClB_3N_3Si_2$, Kp.$_{0,03}$ 105—108°, durch 4 std. Rückflußerhitzen einer Grignard-Lösung aus 28,8 g Mg u. 147,2 g $(CH_3)_3SiCH_2Cl$ in 1 Liter Ae. mit 112 g B-Trichlor-N-trimethylborazol in 500 ml Ae.; Filtration, mehrfache fraktionierte Dest.; 50 g; bei stärkerem Verdünnen mit Ae. wurden 49% (Ausbeute) erreicht. Daneben: 10 g *B-Tris-[trimethylsilylmethyl]-N-trimethylborazol* (I), $C_{15}H_{42}B_3N_3Si_3$, F. 59—60° (aus $CH_3OH$), Kp.$_{0,45}$ 128 bis 129°. — *1.4-Bis-[B-bis-(trimethylsilylmethyl)-N-trimethylborazolyl]-n-butan* (**III**), $C_{26}H_{70}B_6N_6Si_4$, F. 93—94° (Ae./$CH_3OH$), aus 7,7 mMol $ClMg(CH_2)_4MgCl$ u. 4,9 g vorst. Verb. in 50 ml THF, 2 Tage Stehen bei Raum-Temp., 6 Std. Rückflußerhitzen, Einengen, Extrahieren mit 150 ml Ae., Zugabe von $CH_3OH$, weiße Nadeln; 58%. H. Bürger. 258□

**Anlagerungsverbindungen des $BF_3$ mit Aminosilanderivaten und deren Zersetzung.** Heinz Große-Ruyken und Renate Kleezaat. (Z. Chem. **1,** 219—20, 1961; Dresden, TH, Inst. für Anwend. radioakt. Isotope; dt.) — Aminosilane u. Silazane geben mit $BF_3$ bei niedrigen Temp. einige Zeitlang haltbare *Addukte* (**A**), die sich bei höherer Temp. unter Bldg. von *Fluorsilanen* zersetzen. Im folgenden sind angegeben: Silylamin, Verhältnis Silylamin : $BF_3$ im **A**, Zers.-Bereich des **A**, bei der Zers. entstehendes Fluorsilan: $(CH_3)_2Si[N(CH_3)_2]_2$, 1 : 1,97, —50 bis +20°, $(CH_3)_2SiF_2$; $CH_3Si$·$[N(CH_3)_2]_3$, 1 : 3,31, —37 bis 0°, $CH_3SiF_3$; $(CH_3)_2SiN(CH_3)_2Cl$, 1 : 0,99, oberhalb +50°, $(CH_3)_2SiFCl$; $CH_3Si[N(CH_3)_2]_2Cl$, 1 : 1,97, —55 bis +20°, $CH_3SiF_2Cl$; $CH_3Si[N(CH_3)_2]$·$Cl_2$, 1 : 1,16, —15 bis +50°, $CH_3SiFCl_2$; $(CH_3)_2SiN(CH_3)_2F$, 1 : 1,09, oberhalb +20°, $(CH_3)_2SiF_2$; $[(CH_3)_2FSi]_2NH$, 1 : 1,13, +20 bis +90°, $(CH_3)_2SiF_2$; $[(CH_3)_2FSi]_2NCH_3$, 1 : 1,09, —10 bis +20°, $(CH_3)_2SiF_2$. K. Rühlmann. 261□

**Die Darstellung und das Ramanspektrum von Diphosphoryltetrafluorid. Vergleich mit dem Spektrum des Diphosphoryltetrachlorids.** E. A. Robinson. (Canad. J. Chem. **40,** 1725—29, Sept. 1962; Toronto, Ontario, Univ. of Toronto, Dep. of Chem.; engl.) — $P_2O_3F_4$ wurde durch kondensierende Dehydratisierung von Difluorophosphorsäure dargestellt; das Raman- u. $^{19}$F-KMR-Spektrum wurden aufgenommen. Die Zuordnung u. Diskussion der Spektren stützt die Struktur $F_2P(O)-O-(O)PF_2$. Die teilweise Zuordnung des Raman-Spektrums erfolgte durch Vgl. mit den Spektren von $P_2O_3Cl_4$, $POF_3$ u. $POCl_3$.
Versuche: *Diphosphoryltetrafluorid*, $P_2O_3F_4$, Kp. 71°, durch 1 std. Erhitzen von 1 Mol $HPO_2F_2$ u. 0,25 Mol $P_4O_{10}$ unter leichtem Rückfluß u. fraktionierte Dest. der unter 75° sd. Fraktion. P. Sartori. 264◇

**Darstellung einiger Alkoxide des fünfwertigen Antimons.** Jean-Claude Maire und Laszlo Havas. (C. R. hebd. Séances Acad. Sci. **255,** 2449—50, 5/11. 1962; Strasbourg, Fac. des Sci., Inst. de Chim.; franz.) — Höhere *Antimon(V)-alkoxide* lassen sich nicht wie $Sb(OC_2H_5)_5$ (**I**) aus Sb-Halogeniden u. Na-Alkoholat darstellen, da die Rk.-Prodd. stets Sb(III) enthalten u. sich nicht destillieren lassen. Ihre Reindarst. gelang durch Alkoholyse von **I** mit überschüssigem Alkohol unterhalb 110°. Sie enthalten nur 0—1,4% Sb(III), lassen sich teilweise aus abs. Alkohol umkristallisieren u. sind sehr hydrolyseempfindlich. Dargestellt wurden $Sb(OR)_5$ mit R = *Äthyl-*, F. 44°; *n-Propyl-*, F. 48°; *Isobutyl-*, F. 84°; *n-Butyl-*; *Isopentyl-*, F. 37°; *n-Pentyl-*; *n-Hexyl-*; *n-Heptyl-*; *n-Octyl-*. H. Bürger. 266◇

**Untersuchung über Berylliumderivate der 2-Hydroxy-3-naphthoesäure.** R. P. Agarwal und R. C. Mehrotra. (J. less-common Metals [Amsterdam] 3, 398—406, Okt. 1961; Gorakhpur, Univ. of Gorakhpur, Chem. Labor.; engl.) — Durch potentiometr., konduktometr. u. präparative Unterss. wird festgestellt, daß Be mit 2-Hydroxy-3-naphthoesäure (I) zwei Komplexe bildet, einen 1 : 1-Komplex bei pH 5,5 u. einen 1 : 2-Komplex bei pH 8—9. In wss. Lsg. fällt nach Zugabe des K-Salzes von I zu $BeSO_4$ zuerst der 1 : 2-Komplex aus, der sich erst nach Zugabe von 1 Mol NaOH (pH 3,5 → 5,5) in den 1 : 1-Komplex umwandelt. In 50%ig. alkohol. Lsg., in der die Komplexe lösl. sind, bildet sich der 1 : 1-Komplex nur in saurer Lösung. Die Stabilitäts-Konst. der beiden Komplexe u. zum Vgl. auch der Salicylat (II)- u. Sulfosalicylat (III)-Komplexe in 50%ig. alkohol. Lsg. werden nach der Meth. von Bjerrum ermittelt; sie betragen für I $\log k_1 = 11{,}98$, $\log k_2 = 7{,}92$; für II $\log k_1 = 12{,}45$, $\log k_2 = 8{,}50$; für III $\log k_1 = 11{,}52$, $\log k_2 = 8{,}90$. Durch potentiometr. Titration unter Benutzung einer Normal-$H_2$-Elektrode werden die Dissoziations-Konst. der Säuren wie folgt bestimmt: I $pK_1 = 3{,}65$, $pK_2 = 12{,}87$; II $pK_1 = 3{,}91$, $pK_2 = 13{,}13$; III $pK_1 = 1{,}60$, $pK_2 = 3{,}41$, $pK_3 = 12{,}88$. Präparativ konnten durch Ausfällung folgende Derivv. hergestellt werden: $BeC_{11}H_6O_3 \cdot 2\,H_2O$, $H_2Be(C_{11}H_6O_3)_2$ u. $K_2Be(C_{11}H_6O_3)_2$. J. Peters. 281◇

**Über Hydroxomagnesate.** R. Scholder und C. Keller. (Z. anorg. allg. Chem. **317**, 113—22, 1962; Karlsruhe, TH, Inst. für anorgan. Chem.; dt.) — Vff. stellten krist. $Na_2[Mg(OH)_4]$ (I) durch Bodenkörperumwandlung von $Mg(OH)_2$ in hochkonz. NaOH (am besten 65%ig. bei 100°), $Ba_2[Mg(OH)_6]$ (II) u. $Sr_2[Mg(OH)_6]$ (III) durch gleichzeitigen Zusatz von Ba- bzw. Sr-Perchlorat dar. Untersucht werden die Debye-Scherrer-Diagramme von I, II u. III u. zum Vgl. von $Na_2[Ni(OH)_4]$. I besteht aus sechseckigen Plättchen u. entspricht strukturell der Hochtemp.-Form von $Na_2[Ni(OH)_4]$. Zwischen den beiden ließen sich Mischkristalle herstellen. II krist. in Form wasserklarer, schlecht ausgebildeter hexagonaler Prismen, $D._{pykn.}$ 4,01 g/cm³. III bildet ebenfalls schlecht ausgebildete hexagonale Prismen, $D._{pykn.}$ 2,92 g/cm³. Es werden untersucht: die Einw. von *Isoamylalkohol* (IV) auf ein Gemisch von I u. NaOH, die Reindarst. von I mit IV u. abs. Alkohol, das Verh. von II in NaOH, die Zers. von II u. III durch $H_2O$ u. das therm. Verh. von II u. III zur Ermittlung des Verlaufs der $H_2O$-Abspaltung. Bei II wird zwischen 255 u. 280° plötzlich stark $H_2O$ abgespalten, bei III zwischen 300 u. 350°. D. Hoene. 282□

**Chemische Zusammensetzung des wasserfreien kubischen Zinkborats.** S. Terol und M. J. Otero de la Gándara. (An. Real Soc. españ. Física Quím., Ser. B **57**, 343—48, Mai 1961; Madrid, Inst. de Opt. „Daza de Valdés"; span.) — Vff. bestimmten von kub. Zinkborateinkristallen, die durch Zusammenschmelzen von ZnO u. $B_2O_3$ in verschiedenen Verhältnissen bei 800° erhalten wurden (C. **1962**, 382), durch volumetr., potentiometr. u. gravimetr. Analyse den ZnO-Geh. zu 61% sowie den des $B_2O_3$ volumetr. zu 39,04%. Pyknometr. Dichte-Best. ergaben $\gamma = 4{,}22_2$ u. Pulverdiagramme (Fe–$K_\alpha$) $a = 7{,}493 \pm 0{,}005$ Å für die kub. Zelle; Z = 2; wahrscheinlichste Zus. $4\,ZnO \cdot 3\,B_2O_3$. K. Huste. 288□

**Beiträge zum System $H_2O/Al_2O_3$.** 2. Mitt. **Über die Bildung von kristallinem $Al(OH)_3$ und die Umwandlung von Bayerit in Hydrargillit.** Hans Ginsberg, Werner Hüttig und Helmuth Stiehl. (Z. anorg. allg. Chem. **318**, 238—56, 1962; Bonn, Vereinigte Aluminiumwerke Akt.-Ges., Forschungslabor.; dt.) — 1. vgl. C. **1961**, 12381. — Vff. untersuchen die Bedingungen, unter denen sich bei Fällungen saurer Al-Salz-Lsgg. mit $OH^-$-Ionen krist. Fällungs-Prodd. ergeben. Nach den Verss. ergibt sich für die Fällungen aus wss. Lsgg. bei Temp. von 20 bis ca. 40° folgendes Schema: $Al^{3+} + 3\,OH^- \xrightarrow{pH<8}$ bas. Al-Salz $\xrightarrow{pH>8}$ Gel (röntgenamorph) $\xrightarrow{pH>9}$ Al-Hydroxidgel $\xrightarrow{pH>10}$ $Al(OH)_3$ Bayerit (I) $\xrightarrow{+Na^+}$ Hydrargillit (II) $\xrightarrow{>80^\circ}$ Böhmit. Die Bldg. von krist. $Al(OH)_3$ ist von der Anwesenheit von $OH^-$-Ionen abhängig. Der Umbau von I zu II erfolgt bei stark dissoziierten Fällungspartnern erst, wenn der Aufbau des $Al(OH)_3$-Schichtengitters zu I abgeschlossen ist. Der Aufbau des Schichtengitters beginnt erst bei pH 10,0. Bei Verw. von KOH ist der vorkristalline Zustand schon nach 15 Min. überwunden, nach ca. 30 Min. liegt nur I vor. Bei NaOH wird erst nach 1 Std. I erhalten. Die Umwandlung von I zu II beginnt mit dem Einbau von $Na^+$- oder $K^+$-Ionen. Sie geht um so rascher u. vollständiger vor sich, je höher die Konz. des Fällungsmittels u. damit das Angebot an $Me^+$-Ionen ist. Bei 20° werden $Na^+$-Ionen schneller als $K^+$-Ionen in das Gitter eingebaut. Die Geschw. des Umlagerungsvorganges ist ferner von der Rk.-Temp. abhängig. Bei 40 bzw. 60° ist die Umwandlung schneller beendet als bei 20°, wo sie selbst bei pH 12,5 bis zu 60 Tage benötigt. Bis zu einer Fällungs-Temp. von 40° werden reine Trihydroxide als I bzw. II erhalten. Bei 60° findet sich ein deutlicher Anteil AlOOH, der als Vorstufe zum $\gamma$-AlOOH

(Böhmit) anzusehen ist. Mit steigender Temp. u. zunehmender Alkalität wird das $Al(OH)_3$ weiter abgebaut u. ist bei 100° in keinem Falle mehr nachzuweisen. Als prim. kristallines Stadium des $Al(OH)_3$ tritt immer erst I auf, aus dem sich durch Einlagerung von Alkaliionen II bildet, der damit als eine durch Fremdionen stabilisierte Modifikation angesehen werden kann. Im IR-Spektrum sind beide Trihydroxide am besten durch die verschiedene Lage der Maxima der OH-Knickschwingungen zu unterscheiden. Wird die Fällung mit $NH_3$ durchgeführt, so besteht das Rk.-Prod. aus I mit stark gestörtem Gitter, der durch Zugabe von NaOH oder KOH in II umgewandelt werden kann.

P. Scharner. 294 □

**Über die Synthese von Lithiumtetrahydridoaluminat.** K. N. Ssemenenko, N. Ja. Turowa und R. N. Urasbajewa. (J. anorg. Chem. [UdSSR] **5,** 508, Febr. 1960; Moskau, Lomonossow-Univ.; russ.) — 2,5 Mol zerkleinertes LiH (90% akt. Prod.) unter 50 ml Ae. werden mit äther. $AlBr_3$-Lsg. (0,002 Mol; aus 0,07 g Al u. 0,484 g $Br_2$ in 10 ml Ae., bei Zimmer-Temp.) unter Rühren versetzt; nach 15—20 Min. werden 0,5 Mol $AlCl_3$ in Ae. portionsweise so zugesetzt, daß der Ae. gleichmäßig siedet; Dauer der Rk. 2—2½ Stunden. Die filtrierte äther. Lsg. ist von hoher Aktivität.

G. Winkhaus. 294 □

**Basische Chloride und Hydroxide des Yttriums und Lanthans.** N. W. Aksselrud und W. B. Spiwakowski. (J. anorg. Chem. [UdSSR] **5,** 327—39, Febr. 1960; Inst. für allg. u. anorgan. Chem. der Akad. der Wiss. der UdSSR; russ.) — Die Bldg., Zus. u. Alterung der bei der Fällung von $La^{3+}$ oder $Y^{3+}$ mit NaOH in Ggw. von NaCl erhaltenen bas. Chloride wurden unter Verw. einer früher beschriebenen potentiometr. Meth. (vgl. C. **1958,** 12779) bei 25° untersucht. Folgende Verbb. wurden in den frisch gefällten bzw. gealterten, im Gleichgewicht mit der Lsg. stehenden festen Phasen nachgewiesen (in Klammern: log der $Cl^-$-Aktivität in der Lsg.; Aktivitäts-Prod. der Verb.; isobar-isothermes Bldg.-Potential der Verb. in kcal/Mol): Syst. $La^{3+}$-$OH^-$-$Cl^-$-$H_2O$: Nach 5 Min. bis 40 Tagen: *La(OH)₂Cl* ($+0{,}30$ bis $-1{,}00$; $2{,}57\cdot10^{-15}$ bis $2{,}0\cdot10^{-15}$; $-299{,}30$ bis $-299{,}45$); nach 65 Tagen: $La(OH)_{2,5}Cl_{0,5}$ ($-1{,}00$; $4{,}3\cdot10^{-19}$; $-308{,}65$) + $La(OH)_2Cl$; nach 166 Tagen: $La(OH)_3$ ($+0{,}30$ bis $-1{,}00$; $2{,}0\cdot10^{-22}$; $-315{,}25$). Syst. $Y^{3+}$-$OH^-$-$Cl^-$-$H_2O$: Nach 5 Min.: $Y(OH)_{1,75}Cl_{1,25}$ ($+0{,}30$ bis $-1{,}00$; $5{,}3\cdot10^{-17}$ bis $2{,}5\cdot10^{-15}$; $-288{,}96$ bis $-291{,}24$) + $Y(OH)_3$ ($-0{,}70$ bis $-1{,}00$; $6{,}8\cdot10^{-24}$; $-308{,}4$); nach 30 Tagen: $Y(OH)_2Cl$ ($+0{,}30$ bis $-1{,}00$; $5{,}0\cdot10^{-18}$ bis $1{,}0\cdot10^{-16}$; $-292{,}43$ bis $-294{,}20$); nach 100 Tagen: $Y(OH)_{2,5}Cl_{0,5}$ ($+0{,}30$ bis $-1{,}00$; $3{,}5\cdot10^{-23}$ bis $1{,}7\cdot10^{-22}$; $-303{,}44$ bis $-304{,}37$); nach 125 Tagen: $Y(OH)_{2,5}Cl_{0,5}$ ($+0{,}30$; $4{,}0\cdot10^{-22}$; $-302{,}92$) + $Y(OH)_3$ ($-1{,}00$; $3{,}2\cdot10^{-25}$; $-310{,}28$).

G. Winkhaus. 301 □

**Basisches Chlorid und Hydroxid des Samariums.** N. W. Aksselrud und W. B. Spiwakowski. (J. anorg. Chem. [UdSSR] **5,** 340—47, Febr. 1960; russ.) — Vgl. vorst. Referat. — Die Unters. des Syst. $Sm^{3+}$-$OH^-$-$Cl^-$-$H_2O$ ergab: Nach 5 Min.: $Sm(OH)_2Cl$ ($+0{,}30$ bis $-1{,}00$; $2{,}0\cdot10^{-18}$ bis $1{,}3\cdot10^{-17}$; $-295{,}46$ bis $-295{,}73$); nach 33 Tagen: $Sm(OH)_3$ ($+0{,}30$ bis $-1{,}00$; $1{,}3\cdot10^{-26}$ bis $1{,}6\cdot10^{-25}$; $-312{,}48$ bis $-313{,}98$).

G. Winkhaus. 308 □

**Basisches Chlorid und Hydroxid des Dysprosiums.** N. W. Aksselrud und W. B. Spiwakowski. (J. anorg. Chem. [UdSSR] **5,** 348—55, Febr. 1960; russ.) — Vgl. vorst. Referate. — Die Unters. des Syst. $Dy^{3+}$-$OH^-$-$Cl^-$-$H_2O$ ergab: Nach 5 Min.: $Dy(OH)_{1,75}\cdot Cl_{1,25}$ ($+0{,}30$; $1\cdot10^{-15}$; $-286{,}59$), $Dy(OH)_2Cl$ (0 bis $-0{,}70$; $1\cdot10^{-18}$ bis $3{,}2\cdot10^{-18}$; $-291{,}57$ bis $-292{,}26$) u. $Dy(OH)_{2,5}Cl_{0,5}$ ($-1{,}00$; $5\cdot10^{-22}$; $-300{,}10$), in Abhängigkeit von der $Cl^-$-Aktivität; nach 50 Tagen wurde in allen Fällen nur $Dy(OH)_3$ ($+0{,}30$ bis $-1{,}00$; $1{,}3\cdot10^{-26}$; $-309{,}28$) gefunden.

G. Winkhaus. 312 □

**Über die Bildung von Bariummetatitanat.** G. Spieß. (Ber. dtsch. keram. Ges. e. V. **38,** 495—511, Nov. 1961; Aachen, TH, Inst. für Gesteinshüttenkunde; dt.) — Die Einfl. der Korngröße, des molaren Mischungsverhältnisses u. der kristallograph. Modifikation der Ausgangskomponenten auf die Bldg.-Geschw. von $BaTiO_3$ wurden untersucht. Ausgangsstoffe waren 99,75%ig. $BaCO_3$, 99,70—99,77%ig. $TiO_2$ in Form von Rutil u. 99,85—99,92%ig. $TiO_2$ in Form von Anatas. Die Mischungsverhältnisse $BaCO_3 : TiO_2$ lagen zwischen 10 : 1 u. 1 : 1, die Korngrößen zwischen 300 u. 20 $\mu$. Besprochen wird genauer nur das Ergebnis der 1 : 1-Mischung. Als Maß der Rk.-Geschw. diente die bei konst. Temp. entwickelte $CO_2$-Menge, die in einem Eudiometerrohr mit Hg als Sperr-Fl. volumetr. bestimmt wurde. Es wurde gefunden, daß bei einer Aufheizgeschw. von 1,7°/min bis 990° das gesamte $CO_2$ abgespalten wird; das Rk.-Prod. besteht aus 100%ig. $BaTiO_3$. Der Einfl. der kristallograph. Modifikationen des $BaCO_3$ kommt in der Erhöhung der Temp.-Funktion der Rk.-Geschw. um den Faktor 2 im Gebiet zwischen den beiden Umwandlungen bei 815 u. 962° zum Ausdruck. Setzt man in der Rk. statt Rutil Anatas $\ll 63\ \mu$ ein, dann läuft die Rk. träger u. bei höheren Temp. ab. Die Rk.-Geschw. nimmt mit wachsender Oberflächengröße der Ausgangsmischung zu.

Bei zunehmender $TiO_2$-Konz. in dem Mischungsverhältnis wird jeweils nur so viel $CO_2$ aus dem $BaCO_3$ abgespalten, wie der jeweiligen $TiO_2$-Konz. entspricht. Röntgenanalyse der Rk.-Prodd. im Pulvergemisch 1 : 1 u. Korngrößen $\ll 63\ \mu$ u. bei Verw. von Rutil zeigte nur das Auftreten von $BaTiO_3$. Wird die Umsetzung mit Anatas durchgeführt, dann treten außer $BaTiO_3$ noch *$Ba_2TiO_4$* u. *$BaTi_4O_9$* auf, die aber oberhalb 1260° nicht mehr nachweisbar sind. Die Rk. läuft in 2 Stufen ab, wobei in der ersten Stufe durch Kontakt-Rk. zwischen den Körnern der Ausgangsstoffe $BaTiO_3$ als prim. Rk.-Prod. gebildet wird; dieser Prozeß ist nach ca. 10 Min. abgeschlossen. Die zweite Stufe stellt einen Diffusionsprozeß durch die prim. Rk.-Schicht dar, über den Näheres bis jetzt noch nicht ausgesagt werden kann. C. Gottfried. 321

**Beitrag zur Untersuchung der Systeme Zirkoniumdioxid-Oxide der Seltenerdmetalle.** Monique Perez Y Jorba. (Ann. Chimie [13] **7,** 479—511, 1962; Vitry-sur-Seine, Centre d'Études de Chim. métallurg.; franz.) — Mit Hilfe der mit Parabolspiegeln fokussierten Strahlung eines 45-kW-Lichtbogens werden *$ZrO_2$* (**I**), die Oxide der Seltenerdmetalle $R_2O_3$ sowie deren Gemische an Luft auf Temp. bis 2500° erhitzt u. sofort mit W. abgeschreckt; die Proben werden röntgenograph. untersucht. Bei **I** wird bis 1100° nur eine monokline u. darüber eine tetragonale Modifikation beobachtet, die bei 2660° schmilzt. Für $R_2O_3$ werden in Abhängigkeit vom Kationenradius die Strukturtypen A (hexagonal), B (monoklin) u. C (kub.; $Tl_2O_3$-Typ) erhalten. Die Umwandlung C $\rightleftharpoons$ B erfolgt für *$Gd_2O_3$* (**II**) bei 1000° u. für *$Dy_2O_3$* (**III**) bei 2400°; in **II**–**III**-Gemischen wird eine nahezu lineare Abhängigkeit der Umwandlungs-Temp. (UT) von der Zus. erhalten. Der Stabilitätsbereich der B-Phase von **II**, **III** u. *$Sm_2O_3$* (**IV**) ist beim Vorliegen fester Lsgg. mit **I** verringert. Bei hoher Temp. bildet $R_2O_3$ mit **I** feste Lsgg. mit kub. Fluoritstruktur, die mit steigendem $R_2O_3$-Geh. in die C-Struktur übergeht. Die festen Lsgg. **I**–**II** u. **I**–**III** weisen bei 1800 bzw. 1600° Mischungslücken auf, deren Breite mit dem $R^{3+}$-Radius ansteigt. Langsames Abkühlen der festen Lsgg. führt zur Bldg. neuer Phasen: in den Syst. **I**–*$La_2O_3$* (**V**), **I**–*$Nd_2O_3$* (**VI**), **I**–**IV** bzw. **I**–**II** eine kub. Pyrochlorphase $R_2Zr_2O_7$, im Syst. **I**–*$Yb_2O_3$* (**VII**) eine rhomboedr. $H_1$-Phase u. in den Syst. **I**–**II**, **I**–**III** bzw. **I**–**VII** die hexagonalen Phasen $H_2$ u. $H_3$. Ihre Struktur kann von der Fluorit- bzw. C-Struktur abgeleitet werden. $R_2Zr_2O_7$ wird aus der Fluoritphase durch eine Ordnungs–Unordnungs-Umwandlung gebildet. Die UT steigt mit dem $R^{3+}$-Radius an. In Gemischen von geordnetem *$Nd_2Zr_2O_7$* u. ungeordnetem *$Dy_2Zr_2O_7$* kann eine UT eingestellt u. mit der Zus. geändert werden. Die Abhängigkeit der UT vom $R^{3+}$-Radius wird für die anderen Syst. bestimmt u. diskutiert. Aus den Meßwerten werden die Gleichgewichtsdiagramme für die Syst. **I**–**II**, **I**–**III**, **I**–**IV**, **I**–**V**, **I**–**VI** u. **I**–**VII** abgeleitet. Herbert Müller. 322◇

**Darstellung und einige Eigenschaften von Germaniumdifluorid.** Neil Bartlett und K. C. Yu. (Canad. J. Chem. **39**, 80—86, Jan. 1961; Vancouver, B.C., Univ. of Brit. Columbia, Dep. of Chem.; engl.) — Überleiten von reinstem, abs. wasserfreiem $GeF_4$ über stückiges Ge bei 150—300° liefert reines $GeF_2$, F. 110°, im Vakuum bei 130° destillierbar, Zers. ab 160°. Es red. $SeF_4$ zu Se, das entstehende $GeF_4$ bildet mit überschüssigem $SeF_4$ krist. *2 $SeF_4 \cdot GeF_4$*. $\alpha$-$SO_3$ wird bei Erwärmen explosionsartig zu $SO_2$ reduziert. Mit $Cl_2$ entsteht ein Gemisch von $GeF_4$, $GeCl_4$ u. Ge-Chloridfluoriden. $J_2$ in äther. Lsg. bildet $GeF_4$ u. $GeJ_4$. $GeF_2$ hydrolysiert mit W., ist in 48%ig. HF lösl. u. red. in der Lsg. $AgNO_3$. $GeF_2$ krist. orthorhomb., a = 8,30; b = 5,17; c = 4,67 Å; Z = 4; $D.^{23}$ 3,7 g/ml; $D._{(röntg.)}$ 3,66. P. Sartori. 326◇

**Kondensation von Alkylgermaniumhydriden unter katalytischer Dehydrierung.** Michel Lesbre und Jacques Satgé. (C. R. hebd. Séances Acad. Sci. **254**, 4051—53, 4/6. 1962; Toulouse, Fac. des Sci., Labor. des Organométall.; franz.) — Alkylgermane $R_{4-n}GeH_n$ spalten mit OH-haltigen Verbb. in Ggw. von Cu-Pulver $H_2$ ab u. bilden Ge—O-Bindungen aus. So reagiert $H_2O$ bei 100° mit $(C_2H_5)_3GeH$ (**I**) zu *$[(C_2H_5)_3Ge]_2O$*, mit $(C_4H_9)_2GeH_2$ (**II**) zu *$[(C_4H_9)_2GeO]_x$*; prim. Alkohole (ab $C_3$) geben bei 95° bzw. Phenol bei 80° *Trialkylalkoxy-* bzw. *-phenoxygermane*, hingegen **II** mit Heptanol nur $(C_4H_9)_2 \cdot GeH(OC_7H_{15})$. Analog reagieren sek. Alkohole bei 150°, Cyclohexanol bei 160°. Während **I** mit Äthylenglykol, Butandiol-(1.4) (**III**) sowie Hydrochinon zu den *Bis-[triäthylgermoxy]-Verbb.* reagiert, cyclisiert **III** bei Umsetzung mit **II** bei 140° unter Bldg. von *$(C_4H_9)_2 \cdot GeO(CH_2)_4O$*. Mit **II** bildet Hydrochinon bei 150° ein hochviscoses Polymeres. Auch Carbonsäuren (einschließlich Acrylsäure) sowie $H_3BO_3$ reagieren mit **I** in Ggw. von Cu-Pulver zu den entsprechenden *Carbonsäure-* bzw. *Borsäuregermylestern*. Mercaptane setzen sich analog den Alkoholen um, wenn man in Ggw. von Pt an Stelle von Cu arbeitet.

Versuche (alle in Ggw. von Cu-Pulver): *Triäthylpropoxygerman*, $Kp._{760}$ 190°; $n_D^{20}$ 1,4388; $D._4^{20}$ 1,0250, u. *Triäthylbutoxygerman*, $Kp._{755}$ 209°; $n_D^{20}$ 1,4406; $D._4^{20}$ 1,0155, beide quant. aus **I** u. Propanol bzw. Butanol. — *Di-n-butylheptoxygerman*,

Kp.$_{18}$ 166°; $n_D^{20}$ 1,4489; $D._4^{20}$ 0,9614, aus II u. Heptanol; 40% (Ausbeute). — *Di-n-butyldicyclohexoxygerman*, Kp.$_{0,5}$ 149°; $n_D^{20}$ 1,4773; $D._4^{20}$ 1,0468, aus II u. Cyclohexanol; 65%. — *1.2-Bis-[triäthylgermoxy]-äthan*, Kp.$_{11}$ 162°; $n_D^{20}$ 1,4640; $D._4^{20}$ 1,1490, u. *1.4-Bis-[triäthylgermoxy]-butan*, Kp.$_1$ 151°; $n_D^{20}$ 1,4650; $D._4^{20}$ 1,1191, beide aus II u. Äthylenglykol bzw. III; 82 bzw. 90%. — *Dibutylbutylendioxygerman*, Kp.$_{10}$ 135°; $n_D^{20}$ 1,4648; $D._4^{20}$ 1,1025, aus II u. III; 80%. — *Triäthylphenoxygerman*, Kp.$_{18}$ 140°; $n_D^{20}$ 1,5102; $D._4^{20}$ 1,1329, aus I u. Phenol; 95%. — *1.4-Bis-[triäthylgermoxy]-benzol*, Kp.$_{0,35}$ 157°; $n_D^{20}$ 1,5103; $D._4^{20}$ 1,1931, aus I u. Hydrochinon; 88%. — *Acrylsäuretriäthylgermylester*, Kp.$_{10}$ 85°; $n_D^{20}$ 1,4480; $D._4^{20}$ 1,1141, aus I u. Acrylsäure; 60%. — *Borsäure-tris-[triäthylgermyl]-ester*, Kp.$_{0,25}$ 128°; $n_D^{20}$ 1,4607; $D._4^{20}$ 1,1723, aus I u. $H_3BO_3$; 50%. — *Triäthylbutylmercaptogerman*, Kp.$_{14}$ 120°; $n_D^{20}$ 1,4880; $D._4^{20}$ 1,0576, durch Rückflußerhitzen von I u. Butylmercaptan in Ggw. von Pt auf Stärke während 72 Std.; 75%. H. Bürger. 326◇

**Über die Reaktion von Gallium, Indium, Thallium, Germanium, Zinn und Blei mit Bor.** G. W. Ssamssonow, N. N. Shurawlew, Ju. B. Paderno, O. I. Schulischowa und T. I. Sserebrjakowa. (J. Strukturchem. [UdSSR] **1**, 458—63, Nov./Dez. 1960; Kiew, Inst. für Metallkeramik u. Speziallegg. der Akad. der Wiss. der UkrainSSR; russ.) — Die Umsetzung der Metalloxide oder Metalle mit B im Vakuum, in Ar oder $H_2$ ergab in keinem Fall ein Borid. Die Oxide wurden größtenteils zum Metall u. $Tl_2O_3$ zu $Tl_2O$ reduziert. Eine Erklärung des Verh. der Elemente der 3. u. 4. Nebengruppe des Perioden-Syst. bei der Umsetzung mit B wird ausgehend von der Auffüllung der inneren Elektronenschalen u. dem hohen Wert des zweiten Ionisationspotentials der Atome dieser Elemente gegeben. M. Hähnert. 328□

**Beitrag zur Kenntnis der Niob- und Tantalchloride.** Philippe Frère. (Ann. Chimie **7**, 85—99, 1962; Paris, Fac. des Sci., Centre d'Orsay, Labor. de Chim. min.; Établ. Kuhlmann, Labor. Central de Rech.; franz.) — Monoklines, mit $TaCl_4$, $NbJ_4$ u. $ThJ_4$ isomorphes *$NbCl_4$* wird in Form violettschwarzer Kristalle aus Nb u. $NbCl_5$ erhalten (380°, 8 Tage, Pyrexrohr, Vakuum). Bei der DTA (Ar, 150°/h) bildet es nacheinander die folgenden Phasen: ab 290° unter $NbCl_5$-Entw. braunschwarzes *$NbCl_{3+x}$* ($0,10 < x < 0,20$); ab 405° unter $NbCl_5$-Entw. dunkelgrünes *$NbCl_{2,66}$* ($Nb_3Cl_8$); ab 750° (790°) unter $NbCl_4$-Abgabe *$NbCl_2$* (*Nb*). Beim Übergang $NbCl_{3+x} \rightarrow NbCl_{2,66}$ tritt bei ca. 540° eine Änderung der Rk.-Kinetik in Erscheinung. — Nach Schäfer u. Dohmann (C. **1959**, 16974) bei 630° aus Ta u. $TaCl_5$ erhaltenes violettschwarzes *$TaCl_4$* krist. monoklin mit $a = 6,79$, $b = 11,71$, $c = 12,29$ Å; $\beta = 94° 38'$; $Z = 8$, u. ist im festen Zustand wahrscheinlich dimer. Seine therm. Zers. in Ar (150°/h) führt ab 285° zu $TaCl_5$ u. *$TaCl_{3+x}$* ($0,1 < x < 0,2$), das mit $NbCl_{3+x}$ isomorph ist u. bei 620° ohne Bldg. von $TaCl_{2,66}$ in $TaCl_5$, $TaCl_4$ u. *$TaCl_2$* disproportioniert. Oberhalb 630° erfolgt Rk. nach $2\,TaCl_2 \rightarrow Ta + TaCl_4$. — Zur Herst. von metall. *Nb* aus $NbCl_5/TaCl_5$-Gemischen eignet sich die Rk. mit Nb bei Temp. >400°; hierbei entsteht ein Gemisch aus $NbCl_{3+x}$ u. $TaCl_5$, das durch Sublimation getrennt werden kann. $NbCl_{3+x}$ wird sodann durch $H_2$ bei 545°, später bei 675° zu Nb reduziert. A. Blaschette. 332◇

**Synthese der Jodide von Tantal und Niob durch Reaktion von $TaCl_5$ und $NbCl_5$ mit $Al_2J_6$ und $SiJ_4$.** L. A. Nisselsson und I. W. Petrussewitsch. (J. anorg. Chem. [UdSSR] **5**, 249—54, Febr. 1960; Moskau, Kalinin-Inst. für Buntmetalle u. Gold; russ.) — Die Rkk. von $NbCl_5$ u. $TaCl_5$ mit $AlJ_3$ u. $SiJ_4$ wurden thermograph. untersucht u. die Bedingungen der Synth. von $NbJ_5$ u. $TaJ_5$ ausgearbeitet. Aus den Erhitzungskurven ging hervor, daß die Rkk. in den Syst. $NbCl_5$–$AlJ_3$, $TaCl_5$–$AlJ_3$, $NbCl_5$–$SiJ_4$ u. $TaCl_5$–$SiJ_4$ bei 98, 160, ca. 170 bzw. 246° einsetzten u. daß die auf die geschmolzenen Komponenten umgerechneten angenäherten Wärmetönungen der Rkk. 38,7, 30,3, 22,4 bzw. 19,8 kcal/(Mol Chlorid) betrugen. Unter Verw. dieser Daten wurden die Jodide durch 3—4std. Rk. der Metallchloride mit einem 10%ig. Überschuß an $AlJ_3$ ($SiJ_4$) bei 300—320 (Nb) bzw. 400—420° (Ta) im Röhrenofen bei einem Vakuum von 0,1—1,0 Torr dargestellt. Überschüssiges $AlJ_3$ ($SiJ_4$) u. gebildetes $AlCl_3$ ($SiCl_4$) wurden im Vakuum entfernt, Reste mit Bzl. ausgewaschen. Die Prodd. enthielten noch etwas Cl, das aber nach Wiederholung der Rk. nicht mehr nachzuweisen war. Die so gereinigten Prodd. hatten die Zus. $NbJ_{4,5-4,8}$ u. $TaJ_{4,95-5,0}$. Die Ergebnisse waren bei Verw. von $AlJ_3$ besser als bei $SiJ_4$. $NbJ_5$ ist dunkel, mit starkem Metallglanz, $TaJ_5$ ebenfalls dunkel mit braunviolettem Ton u. glasartigem Glanz. G. Winkhaus. 332□

**Über Guanidiniummolybdate.** Wikt. I. Spitzyn und M. P. Rubel. (J. anorg. Chem. [UdSSR] **5**, 292—96, Febr. 1960; Moskau, Lomonossow-Univ., Lehrstuhl für anorgan. Chem.; russ.) — Folgende Guanidiniummolybdate wurden synthetisiert: *Normales Guanidiniummolybdat* (I), $(CH_6N_3)_2MoO_4$, *Guanidiniumparamolybdat* (II), $10\,CH_5N_3 \cdot 11,94\,MoO_3 \cdot 8,05\,H_2O$, u. *Guanidiniummetamolybdat* (III), $2\,CH_5N_3 \cdot 4\,MoO_3 \cdot$

1,5 $H_2O$. Röntgenbeugungsaufnahmen zeigten, daß **I** rhomb. krist.; **II** zeigt ein von **I** stark verschiedenes Beugungsdiagramm, u. **III** ist wahrscheinlich amorph. Die Löslichkeiten der Verbb. in W. nehmen von **I** nach **III** ab u. werden durch die Ggw. von Guanidiniumnitrat (**IV**) herabgesetzt.

Versuche: *Normales Guanidiniummolybdat* (**I**); Nadeln; aus 20% ig. Lsg. von Guanidiniumcarbonat u. $MoO_3$ (1 : 1 Mol) bei 45—55°; $n_p$ 1,594, $n_g$ 1,710; 0,1n Lsg. hat bei Zimmer-Temp. pH 7. — *Guanidiniumparamolybdat* (**II**), durch Zugabe von 0,1n HCl zu 5% ig. Lsg. von **I**, bis pH 6,15 erreicht ist, bei Zimmer-Temp.; 62% Ausbeute; oder durch Zugabe der berechneten Menge 0,5m **IV**-Lsg. zu 10% ig. Lsg. von Natriumparamolybdat bei 75—80°. — *Guanidiniummetamolybdat* (**III**), aus äquivalenten Mengen 10% ig. Natriummetamolybdat-Lsg. u. 0,5m **IV**-Lsg. bei 60°; oder durch Zugabe der berechneten Menge 5,5n HCl zu 5% ig. Lsg. von **I** bei Zimmer-Temp.; grünlich.

G. Winkhaus. 336□

**Röntgenuntersuchung des Systems BaO–$WO_3$, BaO–$MoO_3$ und BaO–$Ta_2O_5$.** Je. Ss. Shmud und Je. P. Osstaptschenko. (J. Strukturchem. [UdSSR] **2**, 33—45, Jan./Febr. 1961; russ.) — Im Syst. BaO–$WO_3$ wurde röntgenograph. bei 2std. Glühen von $BaCO_3$ mit $WO_3$ in Luft (1200°) die Bldg. der Bariumwolframate *BaO·WO₃* (tetragonal mit $a_0 = 5{,}56$, $c_0 = 12{,}76$ Å), *2 BaO·WO₃* (Struktur konnte nicht ermittelt werden) u. *3 BaO·WO₃* (pseudokub. mit $a = 8{,}16$ Å) festgestellt werden. Im Syst. BaO–$MoO_3$ entstanden die den entsprechenden Wolframaten isostrukturellen Molybdate *BaO·MoO₃*, *2 BaO₃·MoO₃* u. *3 BaO·MoO₃*. Die Unters. des Syst. BaO-$Ta_2O_5$ in $H_2$ zeigte eine Abhängigkeit der Bldg. der Bariumtantalate von der Glühtemp.: *5 BaO·Ta₂O₅* (1000—1300°), *4 BaO·Ta₂O₅* (1400—1500°) u. *7 BaO·3 Ta₂O₅* (1200—1300°). Ebenfalls wurde die Bldg. von *BaO·Ta₂O₅* u. *3 BaO·7 Ta₂O₅* (oder evtl. BaO·2,5 $Ta_2O_5$) beobachtet.

M. Hähnert. 336□

**Über Thiocyanatowolframate(V).** H. Funk und H. Böhland. (Z. anorg. allg. Chem. **318**, 169—75, 1962; Halle/Saale, Martin-Luther-Univ., Inst. für anorgan. Chem.; dt.) — Durch Umsetzung von Alkaliwolframat-Lsgg. mit wss. Thiocyansäure oder durch Rk. von Wolframoxidchloriden oder $WCl_6$ mit Alkalithiocyanat-Lsgg. wurden Thiocyanatowolframate(V) folgender Verb.-Typen dargestellt: $(RH)_2[WO_2(NCS)_3]$ (R = Amin), $(RH)_2[WO(NCS)_5]$, $(RH)[WO(OH)_2(NCS)_2]$, $RH[W(OH)_3(NCS)_3]$, $RH\cdot[WO(NCS)_4]$, $(RH)_4[W_2O_3(NCS)_8]$. Auf Grund von Unterss. anderer Autoren werden die Verbb. als Isothiocyanate formuliert. Aus den wss., farbigen Rk.-Lsgg. lassen sich die komplexen Säuren durch Amine abfangen. Es eignen sich sowohl prim. als auch sek. u. tert. Amine. Es ergaben sich Hinweise, daß α-Picolin (**I**), Piperidin (**II**), N-Diäthylanilin (**III**), Chinolin (**IV**) u. Hydroxychinoliniumchlorid-Lsg. (**V**) häufig von den im Gleichgewicht vorliegenden Komplexen diejenigen mit den meisten Thiocyanatogruppen fällen. Erst bei Zugabe größerer Mengen werden auch die anderen Typen gefällt. Dagegen werden durch m-Toluidin (**VI**), p-Toluidiniumchlorid (**VII**) u. Thiosemicarbazidiumchlorid (**VIII**) bevorzugt die an Thiocyanatogruppen ärmeren Verbb. abgeschieden. Mono- u. Triäthanolamin, Äthylendiamin, o- u. p-Phenylendiamin, n-Butylamin u. Anilin erwiesen sich als weniger oder nicht geeignet. Die mit Aminen gefällten Thiocyanatowolframate(V) scheiden sich meist als Öle ab u. müssen noch gewisse Zeit zur Kristallisation unter der Mutterlauge verbleiben. Häufig sich zugleich abscheidende Zers.- bzw. Oxydations-Prodd. des HSCN lassen sich meist durch Lösen des Komplexes in kaltem Aceton u. Filtration abtrennen. Der Einfl. der Konz. der beteiligten Ionen ($H^+$, $Na^+$, $K^+$, $NH_4^+$, $SCN^-$ u. $WO_4^{2-}$) sowie der der Temp. u. der Zeit wurden eingehend untersucht. Auch die Menge des zugegebenen Amins ist nicht gleichgültig, häufig kann nur sehr wenig zugesetzt werden, weil ein größerer Zusatz zur Fällung einer weiteren Verb. führt.

Versuche: $(RH)_2[WO(NCS)_5]$: *(R =) Chinolin*, $(C_9H_7NH)_2[WO(NCS)_5]$ (**IX**), durch anteilweise Zugabe von 12 g $WOCl_4$ zu 140 g KSCN oder $NH_4SCN$ in 240 ml W. bei 0° unter Rühren, Filtration nach 24std. Stehen bei Raum-Temp., Versetzen von je 40 ml des Filtrats mit 5 ml 12,5m HCl unter Rühren u. tropfenweise Zugabe von 0,5 ml **IV**; aus Aceton–Hexan dunkelgrüne Nadeln; *Hydroxychinolin*, $(C_9H_7ONH)_2[WO(NCS)_5]$, wie vorst. Verb. mit 12 ml 10% ig. 2n HCl-saurer **V**-Lsg.; grünlichbraune Kriställchen. Die Darst. analoger Verbb. gelingt mit Pyridin (**X**), **II**, N-Äthylanilin (**XI**), **III**, **VI**, **VII** u. **I**; *Triäthylamin*, $(C_6H_{15}NH)_2[WO(NCS)_5]$, durch Eintragen von 3 g $WCl_6$ in eine Lsg. von 35 g $NH_4SCN$ in 60 ml W. bei 0° unter Rühren, 6tägiges Stehen bei Raum-Temp., Filtration u. Zutropfen von 0,2 ml Triäthylamin (**XII**); nach 2—3 Tagen olivgrüner, krist. Nd.; *α-Picolin*, $(C_6H_7NH)_2[WO(NCS)_5]$, wie vorst. Verb. mit 0,1 ml **I**; schwarzgrüne Nadeln; nach dem gleichen Verf. können analoge Verbb. mit **X**, **IV**, **V**, **II**, **XI** u. **III** erhalten werden. — $(RH)_4[W_2O_3(NCS)_8]$: *(R =) Hydroxychinolin*, $(C_9H_7ONH)_4\cdot[W_2O_3(NCS)_8]$, durch Eintragen von 3,4 g $WOCl_4$ in eine Lsg. von 3,04 g $NH_4SCN$ in

30 ml W bei 0° unter Rühren, 24std. Stehen bei Raum-Temp., Filtration u. Versetzen mit 4,5 ml 30%ig. wss. V-Lsg.; orangebraune Kriställchen; *Benzidin*, $(C_{12}H_{12}N_2H_2)_2 \cdot [W_2O_3(NCS)_8]$, wie vorst. Verb. durch Zugabe von 100—200 mg feingepulvertem Benzidin (**XIII**) unter Rühren u. 4tägigem Stehen bei Raum-Temp.; bräunlichorangefarbene Kristalle. Analoge Verbb. können mit **I**, **II** u. Benzylamin (**XIV**) erhalten werden. *Pyridin*, $(C_5H_5NH)_4[W_2O_3(NCS)_8]$, analog **IX** aus KSCN, Ansäuern von 100 ml des Filtrats mit 5 ml HCl (D. 1,19) u. tropfenweise Zugabe von 2 ml **X**; nach 24 Std. braune, vierseitige Blättchen; *Chinolin*, $(C_9H_7NH)_4[W_2O_3(NCS)_8]$, durch Eintragen von 3 g $WO_2Cl_2$ in eine Lsg. von 35 g $NH_4SCN$ in 60 ml W. bei 0° unter Rühren, nach 24std. Stehen Filtration u. Ansäuern von 30 ml des Filtrats mit 2 ml konz. HCl u. 3 Min. nach Säurezugabe Zutropfen von 0,1 ml **IV**; rotbraune, vierseitige Blättchen. Nach dem gleichen Verf. erhält man analoge Verb. mit **X**, **I**, **II** u. **XIV**. — *Pyridin*-Verb. der Zus. $C_5H_5NH[WO(NCS)_4]$, durch Zugabe von 20 ml 10m HCl zu einer Lsg. von 5 g $Na_2WO_4 \cdot 2\,H_2O$ u. 15 g $NH_4SCN$ in 50 ml W., 12tägiges Stehen bei Raum-Temp., Filtration, Zutropfen von 0,2—0,3 ml **X** u. 7—8tägiges Stehen; violette Kristalle. — *Benzylamin*-Verb. der Zus. $C_7H_9NH[WO(NCS)_4]$, wie vorst. Verb. mit 0,2—0,4 ml **XIV**; violette Kristalle. Analoge Verbb. können mit **I** u. **II** erhalten werden. — *Pyridin*-Verb. der Zus. $(C_5H_5NH)_2[WO_2(NCS)_3]$, durch Lösen von 10 g $Na_2WO_4 \cdot 2\,H_2O$ mit 25 g NaSCN oder 23 g $NH_4SCN$ in 200 ml W. bei Raum-Temp. u. Ansäuern mit 50 ml konz. HCl (D. 1,19), Filtration u. tropfenweises Einrühren von 7 ml **X**; gelbbraune–olivbraune Kristalle. **II**, **XII**, **XIII** u. **XIV** ergeben entsprechende Verbindungen. — *Piperidin*-Verb. der Zus. $C_5H_{11}NH[W(OH)_3(NCS)_3]$, durch Zugabe von 3 g $WCl_6$ zu 18 g $NH_4SCN$ in 60 ml W. bei 0° unter Rühren, 72std. Stehen bei Raum-Temp., Filtration, Verdünnung auf das Doppelte, ½std. Stehen u. Zutropfen von 0,1—0,12 ml **II**; schwarzviolette Kristalle. — *Chinolin*-Verb. der Zus. $C_9H_7NH[W(OH)_3(NCS)_3]$, wie vorst. Verb. aus 0,1—0,12 ml **IV**. Bei Zugabe von ca. 0,6 ml **IV** entsteht bei gleicher Arbeitsweise $(C_9H_7NH)_2[WO_2(NCS)_3]$. Analoge Verbb. lassen sich mit **V**, **X** u. **VII** darstellen. — *Chinolin*-Verb. der Zus. $C_9H_7NH[WO(OH)_2(NCS)_2]$, durch Lösen von 10 g $Na_2WO_4 \cdot 2\,H_2O$ u. 24 g $NH_4SCN$ in 100 ml W. u. Zugabe von 35 ml 4n $H_2SO_4$, 48std. Stehen, Filtration u. Zugabe von so viel **IV**, daß die überstehende Lsg. noch rot gefärbt ist u. sauer bleibt; rotbraune Nädelchen. Entsprechende Verbb. lassen sich mit **VI**, **VII**, **VIII**, **X** u. **XIV** darstellen. P. Scharner. 337□

**Röntgenographische Untersuchung von Ferriten in den Systemen MgO–MnO–$Fe_2O_3$, MgO–$Cr_2O_3$–$Fe_2O_3$ und MgO–$Al_2O_3$–$Fe_2O_3$.** Je. P. Osstaptschenko. (J. Strukturchem. [UdSSR] **1**, 437—41, Nov./Dez. 1960; russ.) — Das Bldg.-Gebiet homogener fester Lsgg. im Syst. MgO–MnO–$Fe_2O_3$ (I) wurde nach 2std. Glühen in $N_2$-Atmosphäre bei 1300° u. im Syst. MgO–$Cr_2O_3$–$Fe_2O_3$ (**II**) (Luft) bestimmt. Im homogenen Bereich von **I** wird zwar die Bldg. von $MgFe_2O_4$ u. $MnFe_2O_4$, nicht aber von $Mn_3O_4$ festgestellt. Bei **II** bilden sich $MgCr_2O_4$, $MgFe_2O_4$ u. Mg(Cr, Fe)$O_4$. Das Tempern bei 1300° des Syst. MgO–$Al_2O_3$–$Fe_2O_3$ führte nach 3 Std. zu keiner einphasigen festen Lösung. Die Unters.-Ergebnisse sind in Dreiecksdiagrammen wiedergegeben. M. Hähnert. 354□

**Einige neue Organoeisenverbindungen.** R. Burton, M. L. H. Green, E. W. Abel und G. Wilkinson. (Chem. and Ind. **1958**, 1592, 29/11.; London, Imp. Coll., Inorg. Chem. Res. Labor.; engl.) — $Fe(CO)_5$ oder $Fe_3(CO)_{12}$ reagieren mit Cycloheptatrien zu *Cycloheptatrieneisendicarbonyl*, $C_9H_8FeO_2$, Kp.$_{0,4}$ 70°, mit Azulen zu rotem *Azulendieisenpentacarbonyl*, $C_{15}H_8Fe_2O_5$, neben einem weiteren Prod., das fünf Fe-, zwei Azulen- sowie mittel- u. endständige CO-Gruppen enthält. Mit Thiophen bildet $Fe(CO)_5$ rotes *π-Thiopheneisendicarbonyl*, $C_6H_4FeO_2S$, F. 51°, mit Bicycloheptadien fl. *Bicyclo-[2.2.1]-heptadien-(2.5)-eisentricarbonyl*, $C_{10}H_8FeO_3$, bei höherer Temp. auch *Ferrocen* u. dimeres *π-Cyclopentadienyleisencarbonyl*, $[C_5H_5Fe(CO)_2]_2$. A. Blaschette. 354◇

**Tetracycloneisentricarbonyl.** G. N. Schrauzer. (Chem. and Ind. **1958**, 1403—04, 25/10.; Dayton, Ohio, Monsanto Chem. Co., Central Res. Labor.; engl.) — $Fe_3(CO)_{12}$ (**I**) reagiert mit Diphenylacetylen (**II**) in inerten Lsgm. zu Komplexen, aus denen *Tetraphenylcyclopentadienoneisentricarbonyl* (**III**), $C_{32}H_{20}FeO_4$, F. 174° (Zers.), in 12%ig. Ausbeute isoliert wurde. Beim Einleiten von Luft in eine **III**-Lsg. oder bei der Thermolyse von **III** entsteht *Tetraphenylcyclopentadienon*, F. 218°, welches seinerseits direkt mit **I** zu **III** reagiert. Als Zwischenprod. bei der Darst. von **III** wurde eine Verb. der Zus. $C_{18}H_{10}FeO_4$ (Zers. bei ca. 158°) isoliert, die mit einem Mol **II** zu **III** weiterreagiert. A. Blaschette. 354◇

**2.5-Diphenylcyclopentadienoneisentricarbonyl.** G. N. Schrauzer. (Chem. and Ind. **1958**, 1404, 25/10.; engl.) — Vgl. vorst. Referat. — Der nach Jones u. Mitarbeitern (C. **1956**, 5772) aus Phenylacetylen u. $Fe(CO)_5$ in Ggw. von $Ni(CO)_4$ in wss. Essigsäure bei 60—80° erhaltene Komplex der Zus. $C_{20}H_{12}FeO_4$, F. 222—222,5°, wird durch sein IR-Spektrum als *2.5-Diphenylcyclopentadienoneisentricarbonyl* (I) identifiziert. I wird durch HJ/P in Essigsäure zu *2.5-Diphenylcyclopentanon*, $C_{17}H_{16}O$, F. 92—94,5°, red., welches durch Oxydation mit $CrO_3$ in Eisessig zu *Dibenzoylmethan* identifiziert werden konnte. A. Blaschette. 354◇

**Struktur des Reaktionsprodukts aus Phenylacetylen und Eisencarbonyl.** F. A. Cotton und J. R. Leto. (Chem. and Ind. **1958,** 1592—93, 29/10.; Cambridge, Mass., MIT, Dep. of Chem.; engl.) — Vgl. vorst. Referat. — Aus dem chromatograph. Verh., dem Diamagnetismus, dem Dipolmoment (3,1 ± 0.2 D) der Elementaranalyse u. dem IR-Spektrum der Verb. $C_{20}H_{12}FeO_4$ ergibt sich eine Bestätigung der von Schrauzer vorgeschlagenen Konstitution. A. Blaschette. 354◇

**Einige innere Komplexe von Kobalt(III) mit Diäthylentriamin.** P. H. Crayton und J. A. Mattern. (J. inorg. nuclear Chem. **13,** 248—53, Mai 1960; Buffalo, N.Y., Univ. of Buffalo; engl.) — Vff. stellten eine Reihe von Co-Komplexen mit Diäthylentriamin (dien) dar: [*Co*$(NO_2)_3$(*dien*)] (**I**), a) aus $Co(NO_3)_2 \cdot 6\,H_2O$, $NaNO_2$ u. dien in Ggw. von Luft bei pH 5—6; b) aus trans-[Co-$(NO_2)_3(NH_3)_3$] u. dien in Ggw. von Luft bei 60°; c) aus $Na_3[Co(NO_2)_6]$ u. dien bei 50°; [*Co*$(NO_2)_2(NH_3)$ (*dien*)]*Cl* (**II**), aus [$CoCl(NO_2)_2$·(dien)] mit sd. wss. $NH_3$; [*CoCl*$(NO_2)_2$(*dien*)] (**III**), aus I in 6n HCl (24 Std.); [*Co*$(SCN)_3$·(*dien*)] (**IV**), aus $Co(SCN)_2$, KSCN u. dien in abs. A. in Ggw. von Luft; [*Co*(*OH*) $(SCN)_2$·(*dien*)] (**V**), aus $Co(NO_3)_2 \cdot 6\,H_2O$, KSCN u. dien bei pH 4—6 in Ggw. von Luft; [$CoCl_3$·(*dien*)] (**VI**), aus I mit warmem HCl; [*Co*$(NO_3)_3$ (*dien*)] (**VII**), aus I mit warmem $HNO_3$. I ist bemerkenswert stabil u. unlösl. in gewöhnlichen organ. Lsgm.; in W. lösen sich ca. 0,003 Mol/Liter, in Säuren löst sich I langsam auf unter Zers. der $NO_2$-Gruppe, in HCl wurde als prim. Rk.-Prod. **III** erhalten. **VI** ist in W. leicht lösl. u. hydrolysiert unter Bldg. verschiedenartiger Ionen. **V** entsteht durch Hydrolyse von **IV** in Wasser. Alle Verbb. verhalten sich gegenüber $NH_3$ u. Propylendiamin inaktiv. Ein Vgl. der Absorptionsmaxima (A) der Cl- u. Amminderivv. von I mit ähnlichen bekannten Verbb. deutet auf trans-Stellung der Nitrogruppen in I u. **III**. Die A von **VII** u. **V** sind angegeben. Das Spektrum von **VII** ist von dem von $[Co(H_2O)_3dien]^{3+}$ sehr verschieden. Vff. diskutieren die mögliche Konfiguration der Komplexe. D. Hoene. 355□

**Tetraedrische Nickel(II)-Komplexe und die Faktoren, die ihre Bildung bestimmen.** 4. Mitt. **Komplexe mit Tribenzyl-, Dibenzylphenyl-, Benzyldiphenyl- und Allyldiphenylphosphin.** M. C. Browning, J. R. Mellor, D. J. Morgan, S. A. J. Pratt, L. E. Sutton und L. M. Venanzi. (J. chem. Soc. [London] **1962,** 693—703, März; Oxford, Univ., Inorg. and Phys. Chem. Labor.; engl.) — 3. vgl. J. chem. Soc. [London] **1961,** 4816; 2. vgl. C. **1962,** 9273. — Vff. beschreiben die Darst. u. Eigg. der Komplexe $L_2NiX_2$ [L = $By_3P$, $By_2PPh$, $ByPPh_2$ bzw. $AllPPh_2$ u. X = Cl, Br, J bzw. SCN; By = $C_6H_5CH_2$, Ph = $C_6H_5$, All = $CH_2CHCH_2$]. Die Komplexe des Tribenzylphosphins u. des Dibenzylphenylphosphins sind denen der Trialkylphosphine sehr ähnlich. Die Halogeno- u. Thiocyanato-Komplexe sind monomer u. diamagnetisch. Die Maxima der Absorptionsspektren der Komplexe in Benzol-Lsg. sind tabelliert. Die Halogeno-Komplexe des Benzyldiphenylphosphins können in festem Zustand in zwei isomeren (diamagnet. bzw. paramagnet.) Formen erhalten werden. Der SCN-Komplex ist diamagnetisch. Beim Allyldiphenylphosphin konnten nur bei den Br-Komplexen isomere Formen in festem Zustand gewonnen werden. Die Cl- u. SCN-Komplexe sind diamagnet., der J-Komplex ist paramagnetisch. — Die Änderungen der magnet. Susceptibilität in Abhängigkeit von der Art der Phosphine wurden diskutiert. Die Dipolmomente der Tribenzylphosphin-, der Dibenzylphenylphosphin- u. der Benzyldiphenylphosphinkomplexe wurden mit Ausnahme der SCN-Verbb. der beiden letztgenannten Komplexe tabelliert.

Versuche (unter $N_2$): *Tribenzylphosphin*, $PCl_3$ in Ae. zu $C_6H_5CH_2MgCl$ in Ae. bei 0°; 69% (Ausbeute). — *Dibenzylphenylphosphin*, F. 73° (Zers.), Dichlorphenylphosphin in Ae. zu $C_6H_5CH_2MgCl$ in Ae. bei 0°; 89%. — *Benzyldiphenylphosphin*, F. 142—143° (Zers.), $(C_6H_5)_2PCl$ zu $C_6H_5CH_2MgCl$ oder $C_6H_5CH_2PCl_2$ zu $C_6H_5MgBr$; 54%. — *Allyldiphenylphosphin*, $Kp._{0,45}$ 102—103°, $(C_6H_5)_2PCl$ zu $CH_2CHCH_2MgCl$. — Darst. der Komplexe: Die heißen alkohol. Lsgg. des Phosphins u. des entsprechenden Ni-Salzes werden zusammengegeben u. die entstandenen Komplexe aus Butanol-(1) (Dibenzylphenylphosphin-Komplexe aus Nitromethan) umkristallisiert (Zers.-Punkt, Farbe, Dipolmoment in Klammern): *Dichloro-*, $C_{42}H_{42}Cl_2NiP_2$ [125—126°, rot, 1,35 (D)], *Dibromo-*, $C_{42}H_{42}Br_2NiP_2$ (134—137°, braun, 1,77), *Dijodo-*, $C_{42}H_{42}J_2NiP_2$ (134—137°, braun, 3,69) u. *Dithiocyanato-bis-[tribenzylphosphin]-nickel(II)*, $C_{44}H_{42}N_2NiP_2S_2$ (182—183°, orange, 2,73); *Dichloro-*, $C_{40}H_{38}Cl_2NiP_2$ (216—219°, rot, 169), *Dibromo-*, $C_{40}H_{38}Br_2NiP_2$ (223 bis 225°, schwachbraun, 2,14), *Dijodo-*, $C_{40}H_{38}J_2NiP_2$ (180—185°, braun, 3,2) u. *Dithio-*

*cyanato-bis-[dibenzylphenylphosphin]-nickel(II)*, $C_{42}H_{38}N_2NiP_2S_2$ (235—236°, orange,—). — *Dichloro-bis-[benzyldiphenylphosphin]-nickel(II)*, $C_{38}H_{34}Cl_2NiP_2$ (190—215°), a) rote Nadeln, aus $NiCl_2 \cdot 6\ H_2O$ in verd. $CH_3COOH$ u. dem Phosphin in Eisessig; b) blaugrüne Platten, aus $NiCl_2 \cdot 6\ H_2O$ u. dem Phosphin in sd. A. nach 3tägigem Stehenlassen; 20%. — *Dibromo-bis-[benzyldiphenylphosphin]-nickel(II)*, $C_{38}H_{34}Br_2NiP_2$ (192—193°), a) dunkelgrüne Kristalle analog vorst. Verb. (b); 75%; b) rote Platten, durch Umkristallisation der grünen Kristalle in Butanol-(1). — *Dijodo-bis-[benzyldiphenylphosphin]-nickel(II)*, $C_{38}H_{34}J_2NiP_2$, a) paramagnet. Form (150—151°), aus einer alkohol. $NiJ_2$-Lsg. bei Zugabe des Phosphins, dunkelrot; 60%; b) diamagnet. Form (140—141°), durch Umkristallisation der paramagnet. Form; bei zahlreichen Verss. zur Darst. der paramagnet. Form wurde nur die diamagnet. Form in 80%ig. Ausbeute erhalten. — *Dithiocyanato-bis-[benzyldiphenylphosphin]-nickel(II)*, $C_{40}H_{34}N_2NiP_2S_2$ (192—193°,orangerot), analog der Tribenzylphosphin-Verb.; 40%. — *Dichloro-bis-[allyldiphenylphosphin]-nickel(II)*, $C_{30}H_{30}Cl_2NiP_2$ (142—143°, rot), aus $NiCl_2 \cdot 6\ H_2O$ u. dem Phosphin in heißem A.; 47%. — *Dibromo-bis-[allyldiphenylphosphin]-nickel(II)*, $C_{30}H_{30}Br_2NiP_2$, a) purpurfarbene Form (114—115°), aus $NiBr_2 \cdot 3\ H_2O$ u. dem Phosphin in heißem A., Umkristallisation in Butanol-(1); 64%; b) dunkelgrüne Form (118—123°), aus $NiBr_2 \cdot 3\ H_2O$ durch Zugabe von wenig $H_2O$, Eisessig u. des Phosphins, Schütteln u. 24 std. Stehenlassen; 34%. — *Dijodo-bis-[allyldiphenylphosphin]-nickel(II)*, $C_{30}H_{30}J_2NiP_2$ (121—122°, dunkelbraun), analog vorst. Verb. (a); 48%. — *Dithiocyanato-bis-[allyldiphenylphosphin]-nickel(II)*, $C_{32}H_{30}N_2NiP_2S_2$ (135—139°, orangerot), aus $Ni(CN)_2$ u. dem Phosphin in heißem Butanol-(1); 58%. H. Schroeder. 356□

**Komplexbildung mit N-Substitutionsprodukten der 2.5-Diaminoterephthalsäure.** 3. Mitt. **Verbindungen mit tertiären Aminfunktionen.** E. Uhlig. (Z. anorg. allg. Chem. **314**, 321—33, März 1962; Jena, Friedrich-Schiller-Univ., Inst. für Anorg. Chem.; dt.) — 2. vgl. C. **1963**, 5395. — 2.5-Bis-[bis-(carboxymethyl)-amino]- (**I**, $H_6A$; $pK_6$ 9,3), 2.5-Bis-[carboxymethyl-(β-hydroxyäthyl)-amino]- (**II**, $H_4B$), *2.5-Bis-[N-pyridyl-(2)-methyl-N-carboxymethylamino]-* (**III**, $pK_1$ ca. 3,3; $pK_2$ ca. 3,7; $pK_3$ 6,43; $pK_4$ 8,83) u. *2.5-Bis-{N-carboxymethyl-N-[bis-(carboxymethyl)-aminoäthyl]-amino}-terephthalsäure* (**IV**, $H_8D$; $pK_5$ 6,84) bilden mit *Cu(II)*-, *Ni(II)*- u. *Co(II)*-Ionen in Lsg. je nach den Konz.-Verhältnissen ein- u. zweikernige Komplexe. Die Tendenz zur Bldg. 2kerniger Komplexe ist erwartungsgemäß stärker ausgeprägt als bei den früher untersuchten 2.5-Diaminoterephthalsäure-Derivv., die nur alkohol. OH-Gruppen in den Seitenketten enthielten. Im krist. Zustand konnten nur Mehrkernkomplexe isoliert werden. **I** u. $CuSO_4$ geben in der Siedehitze tiefgrüne, wss. Lsgg., aus denen bei sofortigem Abkühlen blaue Kristalle der Zus. $Cu_2H_2A \cdot 5\ H_2O$ erhalten werden. Der Komplex besitzt bei 1722 $cm^{-1}$ eine Absorptionsbande, die darauf schließen läßt, daß die beiden unveränderten Carboxylgruppen aliphat. gebunden sind. Auf Grund der geringen Löslichkeit von $Cu_2H_2A \cdot 5\ H_2O$ u. des in Darst. u. Eigg. ähnlichen Cu-Komplexes von **II**, $Cu_2B \cdot 5\ H_2O$, in W. handelt es sich bei beiden um Mehrkernkomplexe mit Wasser-Moll. als Brückenliganden. Beim therm. Abbau gehen beide Verbb. bei 100° in die Monohydrate über, bei $Cu_2B \cdot 5\ H_2O$ kann auch die Zwischenstufe $Cu_2B \cdot 3\ H_2O$ gefaßt werden. Werden die bei der Umsetzung von **I** mit $CuSO_4$ erhaltenen wss. Lsgg. nicht sofort abgekühlt, sondern weiter am Sieden gehalten, so lassen sich grüne Kristalle der Zus. $Cu_3A \cdot 4\ H_2O$ isolieren. Die mit **II** entstehenden Ni(II)- u. Co(II)-Komplexe kristallisieren bei Raum-Temp. als Oktahydrate, $Ni_2B \cdot 8\ H_2O$ u. $Co_2B \cdot 8\ H_2O$, beim Erhitzen auf 115° verliert die Ni-Verb. 5, die Co-Verb. 4 Moll. W., die beim Lagern an der Luft wieder aufgenommen werden; in beiden Verbb. sind daher vermutlich alle 8 Moll. W. koordinativ an die Zentralatome gebunden. Mit **IV** konnten in krist. Form Komplexe mit Verhältnissen von 2wertigem Metall zu **IV** wie 2:1, 3:1 u. 4:1 erhalten werden. 2:1-Komplexe fallen beim Zusatz von **IV** zu Co(II)- bzw. Ni(II)-Perchlorat-Lsgg. in Form der Oktahydrate aus, auf Grund der physikal. u. chem. Eigg. besitzen sie offenbar strukturelle Verwandtschaft zu den entsprechenden **II**-Komplexen. Aus $CuSO_4$ u. **IV** enthaltenden Lsgg. krist. blaues $Cu_3H_2D \cdot 6\ H_2O$, das beim Erhitzen auf 115° 5 W. verliert, die bei Raum-Temp. wieder aufgenommen werden. Im IR-Spektrum tritt eine auf aliphat. gebundene COOH-Gruppen hinweisende Bande bei 1715 $cm^{-1}$ auf, es ist also keine $NH_2$-Gruppe durch Protonenanlagerung blockiert. Wahrscheinlich nehmen in diesem Fall alle 12 funktionellen Gruppen von **IV**, auch die beiden unveränderten COOH-Gruppen, an der Komplex-Bldg. teil. Beim Kochen der wss. Lsg. von **IV** mit Cu-, Ni- oder Co-Carbonat werden alle 8 ionogen abspaltbaren H-Atome durch Metall ersetzt, u. es entstehen Verbb. mit hohem Kristallwasser-Geh.: $Cu_4D \cdot 12\ H_2O$, $Ni_4D \cdot 12\ H_2O$, $Co_4D \cdot 15\ H_2O$. Aus Farbe u. Zus. dieser Verbb. ergibt sich für alle Zentralatome die Koordinationszahl 6, beim Erhitzen auf 115° tritt Farbwechsel ein. Der therm. Abbau verursacht also eine Veränderung in den Koordinationspolyedern der Zentralatome.

Versuche: *2.5-Bis-[N-pyridyl-(2)-methyl-N-carboxymethylamino]-terephthalsäure* (III), $C_{24}H_{22}N_4O_8 \cdot 1\frac{1}{2} H_2O$, durch Lösen von 3,2 g 2.5-Bis-[pyridyl-(2)-methylamino]-terephthalsäure mit 1,5 g NaOH u. 2,2 g Chloressigsäure (V) in 10 ml W. unter Erhitzen, Zugabe von 10,5 ml 7%ig. NaOH zur sd. Lsg. innerhalb von 15 Min., 1std. Erhitzen u. Fällung durch Ansäuern als gelber, feinkrist. Niederschlag. — *2.5-Bis-{N-carboxymethyl-N-[bis-(carboxymethyl)-aminoäthyl]-amino}-terephthalsäure* (IV), $C_{24}H_{30}N_4O_{16} \cdot H_2O$, durch Zugabe von 2,6 g des Sulfats von 2.5-Bis-[β-aminoäthylamino]-terephthalsäure zu einer Lsg. von 4 g V u. 2,6 g NaOH in 12 ml W., Zutropfen von 6 ml 20%ig. NaOH zur sd. Lsg. innerhalb von 30 Min., 45 Min. langes Erhitzen u. Ausfällung aus dem erkalteten Rk.-Gemisch mit überschüssigem 50%ig. $H_2SO_4$. — *Dikupferdihydrogen-2.5-bis-[bis-(carboxymethyl)-amino]-terephthalat*, $C_{16}H_{12}Cu_2N_2O_{12} \cdot 4\frac{1}{2} H_2O$, durch Eintragen von 2,2 g I in eine sd. Lsg. von 5 g $CuSO_4 \cdot 5H_2O$ in 250 ml W., Filtration u. Abkühlen auf Raum-Temp., Stehen über Nacht, Lösen der mitentstandenen gelben Kristalle in 300 ml W. bei 90°; blaue Kristalle. — *Trikupfer-2.5-bis-[bis-(carboxymethyl)-amino]-terephthalat*, $C_{16}H_{10}Cu_3N_2O_{12} \cdot 4 H_2O$, wie vorst. Verb. nach 1std. Kochen; grüne Kristalle. — *Dikupfer-2.5-bis-[N-carboxymethyl-N-β-hydroxyäthylamino]-terephthalat*, $C_{16}H_{16}Cu_2N_2O_{10} \cdot 5 H_2O$, durch Lösen von 0,4 g II u. 1 g $CuSO_4 \cdot 5 H_2O$ in 30 ml sd. W., nach längerem Stehen Filtration u. Auskochen der abfiltrierten Kristalle mit 50 ml W.; grüne Kristalle. — *Trinickel-2.5-bis-[bis-(carboxymethyl)-amino]-terephthalat*, $C_{16}H_{10}N_2Ni_3O_{12} \cdot 11 H_2O$, durch Eintragen von 0,4 g $NiCO_3$ u. 0,43 g I in 35 ml sd. W., Erhitzen bis zum Nachlassen der $CO_2$-Entw., Filtration u. 2tägiges Stehen; blaugrüne Kristalle. Beim therm. Abbau oberhalb 80° das *Okta-* u. das hellgrüne *Hexahydrat* (bis 120° stabil). — *Trikobalt-2.5-bis-[bis-(carboxymethyl)-amino]-terephthalat*, $C_{16}H_{10}Co_3N_2O_{12} \cdot 5 H_2O$, durch ½std. Erhitzen einer Aufschwemmung von 0,43 g I u. 0,6 g $CoCO_3$ in 15 ml W. zum Sieden, Filtration der kalten Lsg. u. Einengen über konz. $H_2SO_4$; violette Kristalle. Bei 110° Bldg. des *Tri-* u. bei 130° des tiefblauen *Dihydrats*. — *Dinickel-2.5-bis-[N-carboxymethyl-N-β-hydroxyäthylamino]-terephthalat*, $C_{16}H_{16}N_2Ni_2O_{10} \cdot 8 H_2O$, durch Eintragen von 0,72 g II u. 0,5 g $NiCO_3$ in 50 ml sd. W., ½std. Erhitzen u. Filtration in der Hitze; hellgrüne Kristalle. — *Dikobalt-2.5-bis-[N-carboxymethyl-N-β-hydroxyäthylamino]-terephthalat*, $C_{16}H_{16}Co_2N_2O_{10} \cdot 8 H_2O$, wie vorst. Verb.; rosa. Bei 115° Abgabe von 6 $H_2O$. — *Dikupfer-2.5-bis-[N-carboxymethyl-N-pyridyl-(2)-methylamino]-terephthalat*, $C_{24}H_{18}Cu_2N_4O_8 \cdot 6 H_2O$, durch Zusammengeben der wss. Lsg. von $CuSO_4$ u. III im Mol-Verhältnis 2:1; mkr. kleine grüne Oktaeder. Über Silicagel Abgabe von 2½, bei 120° von 4 $H_2O$ unter Farbaufhellung. — *Trikupferdihydrogen-2.5-bis-{N-carboxymethyl-N-[bis-(carboxymethyl)-aminoäthyl]-amino}-terephthalat*, $C_{24}H_{24}Cu_3N_4O_{16} \cdot 6 H_2O$, Eintragen von 0,9 g IV in eine sd. Lsg. von 1,8 g $CuSO_4 \cdot 5 H_2O$ in 100 ml W., nach 1 Std. heiß filtriert, Trocknen über konz. $H_2SO_4$ u. 2tägiges Stehen an der Luft; blaue Kristalle. Bei 115° Bldg. des *Monohydrats*. — *Tetrakupfer-2.5-bis-{N-carboxymethyl-N-[bis-(carboxymethyl)-aminoäthyl]-amino}-terephthalat*, $C_{24}H_{22}Cu_4N_4O_{16} \cdot 12 H_2O$, durch ½std. Kochen einer Aufschwemmung von 1,2 g $CuCO_3$ u. 1,7 g IV in 150 ml W., Abgießen von unumgesetzten $CuCO_3$ u. Abtrennung eines anhaftenden, amorphen Nd. von den Kristallen durch wiederholtes mehrtägiges Stehen der Fällung in W. u. Filtration der Aufschlämmung durch einen Glasfiltertiegel G 3; nadelförmige Kristalle. Bei 115° Bldg. des dunkelgrünen Dihydrats, das bei Raum-Temp. unter $H_2O$-Aufnahme in grünes Undekahydrat übergeht. — *Dikobalttetrahydrogen-2.5-bis-{N-carboxymethyl-N-[bis-(carboxymethyl)-aminoäthyl]-amino}-terephthalat*, $C_{24}H_{26}Co_2N_4O_{16} \cdot 8 H_2O$, durch Eintragen von 1,3 g IV in eine sd. Lsg. von 2,9 g $Co(ClO_4)_2 \cdot 6 H_2O$ in 240 ml W.; cremefarben. Bei 115° Abspaltung von 2½ $H_2O$. — *Dinickeltetrahydrogen-2.5-bis-{N-carboxymethyl-N-[bis-(carboxymethyl)-aminoäthyl]-amino}-terephthalat*, $C_{24}H_{26}N_4Ni_2O_{16} \cdot 8 H_2O$, analog vorst. Verb.; grün. Bei 115° Übergang in das Pentahydrat. — *Tetrakobalt-2.5-bis-{N-carboxymethyl-N-[bis-(carboxymethyl)-aminoäthyl]-amino}-terephthalat*, $C_{24}H_{22}Co_4N_4O_{16} \cdot 15 H_2O$, durch ½std. Erhitzen von 1,2 g $CoCO_3$ u. 1,7 g IV in 50 ml W. zum Sieden, Filtration u. Einengen der kalten Lsg. auf die Hälfte über konz. $H_2SO_4$; rosafarbene Kristalle. Bei 115° Bldg. des blauvioletten Trihydrats. — *Tetranickel-2.5-bis-{N-carboxymethyl-N-[bis-(carboxymethyl)-aminoäthyl]-amino}-terephthalat*, $C_{24}H_{22}N_4Ni_4O_{16} \cdot 12 H_2O$; analog vorst. Verb.; hellblau. Bei Erhitzen auf 115° Abgabe von 6 $H_2O$ unter Farbänderung nach Hellgrün. P. Scharner. 358□

## $A_9$. Mineralogische und geologische Chemie

**Klassifikation von Silicaten.** Ch. Ss. Mamedow. (Ber. Akad. Wiss. AserbaidshanSSR **15**, 685—88, 1959; aserbaidshan., Auszug: russ.) Ch. Weiske. 370◇

**Remanenter Magnetismus und die Entstehung der harten Haematite in der präkambrischen, gebänderten Eisenerzformation.** W. H. Gross und D. W. Strangway.

(Econ. Geol. **56,** 1345—62, Dez. 1961; Toronto, Ont., Univ.; engl.) — Durch Messung des remanenten Magnetismus in haematit. Fe-Erzen, deren magnet. Intensität an u. für sich klein ist, können Aussagen über das Alter der Erze, die Zeit der Faltung u. der Metamorphose erhalten werden. Durch eine genügende Anzahl von Messungen kann die Richtung der Oberfläche zur Zeit der Bldg. bestimmt werden. Syngenet. Haematit (I) hat dieselbe magnet. Orientierung wie die ganze Erzformation. Durch Faltung ändert sich die Richtung. Durch Metamorphose oder Hochtemp.-Prozesse durchläuft I die Curie-Temp., so daß der Magnetismus in allen Teilen der Lagerstätte derselbe sein muß u. verschieden von all den Teilen, die nicht die Curie-Temp. erreicht haben. Durch Auflsg. u. Wiederabscheidung entsteht bei I eine neue Richtung der magnet. Remanenz unabhängig von der des bereits vorhandenen Materials, auch durch Seifen-Bldg. von I durch Heraus-Lsg. der Gangart verändert sich die Richtung des remanenten Magnetismus. Anwendung dieser Erkenntnisse auf die präkambr. Fe-Erzformation von Mauretanien. F. Ensslin. 378□

**Spurenelemente in den granitischen Gesteinen aus der Nähe des Koshibu Flusses, Präfektur Nagano, Zentral-Japan.** Tetsuo Yamada und Motomu Ishii. (J. geol. Soc. Japan **67,** 440—50, Aug. 1961; jap., Auszug: engl.) — Bei der spektrochem. Unters. der granit. Gesteine wurde festgestellt, daß die Geh. an Ni, Cr, Co u. V mit zunehmender Granitisierung abnahmen. Bes. ausgeprägt ist dies bei Cr u. V. Das Verhältnis ist stets Cr > Ni > Co. Pb nimmt im Frühstadium der Granitisierung ab u. im letzten Stadium wieder zu. Der Ga-Geh. ist gleichbleibend in allen Stufen 10—20 ppm. Die entsprechenden Typen der gneiss. Granite zeigen dasselbe Verhalten. F. Ensslin. 378□

**Kalium-Argon-Alter von Gesteinen des östlichen Grönland.** J. L. Kulp, R. Kologrivov, J. Haller und L. Koch. (Nature [London] **194,** 953—55, 9/6. 1962; New York, N.Y., Columbia Univ., Lamont Geol. Observatory and Geol. Dep., Geochem. Labor.; Basel, Univ., Miner.-Petrograph. Inst.; Copenhagen, East Greenland Expeditions; engl.) — Von präkambr. Basisgestein wurde das K/Ar-Alter von Biotit aus alkal. Granit bei 70° 20′ N/29° 47′ W zu 1900 (Jahre) bestimmt; für Biotit aus Migmatit bei 75° 00′ N/21° 50′ W zu 490. Von Quarz–Dolerit u. Phylliten präpaleozoischer Gesteine wurden Werte zwischen 375 u. 425 erhalten. Phlogopit aus kaledon. Schiefer bei 73° 20′ N/26° 35′ W 400; Biotit aus kaledon. Pegmatit bei 79° 20′ N/19° 40′ W 405. Muskovit aus Pegmatit spätorogener Einschiebungen bei 75° 41′ N/22° 15′ W 395. Biotit u. Muskovit aus Granit bei 73° 15′ N/22° 10′ W 395. Der Fehler der Best. ist < 3%. Die Werte werden mit denen von Gesteinen Englands, Irlands u. des nördlichen Grönlands verglichen. Ernst Schulte. 378□

**Bestimmung des geologischen Alters eines radiumisotophaltigen radioaktiven Sediments.** Hitoshi Sakai. (Bull. chem. Soc. Japan **28,** 509—14, Sept. 1955; Tokyo, Tokyo Univ., Fac. of Sci., Dep. of Chem.; engl.) — Die Sedimentations-Geschw. des radioakt. Sediments *Hokutolith* wird an zwei Proben durch Messungen der vertikalen Änderung der Verhältnisse $^{224}Ra/^{226}Ra$; $^{224}Ra/^{225}Ra$ bzw. der der $\beta$-Aktivität zu 0,25 bzw. 0,09 mm/a bestimmt. Im ersten Fall beträgt die bekannte Sedimentations-Geschw. 0,15 mm/a. Die Theorie wird ausführlich beschrieben. H. Roschkowski. 378□

**Isotopische Zusammensetzung des gewöhnlichen Bleis in Japan.** Hitoshi Sakai, Masatake Honda und Eiichi Minami. (Bull. chem. Soc. Japan **28,** 533—34, Sept. 1955; engl.) — Vgl. vorst. Referat. — Vierzehn Bleimineralproben, meistens *Galenit*, in zwei Fällen *Hokutolith* bzw. *Pyromorphit,* aus verschiedenen Teilen Japans wurden auf ihre isotop. Zus. massenspektrometr. als Pb-Tetramethyl untersucht. Die Verhältnisse $^{206}Pb/^{204}Pb$; $^{207}Pb/^{204}Pb$ u. $^{208}Pb/^{204}Pb$ u. die geolog. Alter sind tabelliert. Überwiegend sind sie tertiär. H. Roschkowski. 378□

**Nontronit in indischen Böden.** G. S. R. Krishna Murti und A. R. Deb. (J. sci. ind. Res. [New Delhi], Sect. B **21,** 405—06, Aug. 1962; New Delhi, Indian Agric. Res. Inst., Div. of Soil Sci. and Agric. Chem.; engl.) — Die Ggw. von Nontronit in den Tonfraktionen der roten Böden von Mysore u. der bergseitigen Böden von Himachal Pradesh wurde röntgenograph. ermittelt u. durch elektronenmkr. Unterss. bestätigt. G. Heller. 380□

**Ein Fund von seltenen pseudokubischen Quarzkristallen in Maine.** Frank C. Perham. (Rocks and Minerals **36,** 240—41, Mai/Juni 1961; West Paris, Maine; engl.) — In der Grube Tamminen, Greenwood, Maine, wurden pseudokub. Quarzkristalle mit einem Winkel von 85° 45′ gefunden. Die Kristalle wurden in Drusen eines Li-reichen Pegmatits entdeckt u. variieren zwischen mm u. cm in der Größe. J. Heinze. 380□

**Youngit, ein neuer Schmuckstein aus Wyoming.** Robert L. Anstey II. (Rocks and Minerals **36,** 242—43, Mai/Juni 1961; Natick, Mass.; engl.) — Youngite [Lokalname für farbenprächtige (rot, gelb, lichtblau) Quarzite] wurden an der Nordwestküste des Lake Guernsey, Wyo., gefunden. J. Heinze. 380□

**Differentialthermoanalysen brasilianischer Minerale. 1. Mitt. Gealterte Spodumenproben.** A. Bhaskara Rao. (J. sci. ind. Res. [New Delhi], Sect. B **21,** 397—98, Aug. 1962; Recife, Brazil, Univ. do Recife, Escola de Geologia-Cage; engl.) — DTA-Unterss. verschiedener gealterter Arten von Spodumen aus Nordostbrasilien zeigen, daß dieses Mineral eine Mischung von Tonmineralien, wie Illit u. Halloysit, ist. Die Alterung soll der hydatogenet. Phase der Pegmatit-Bldg. angehören.
G. Heller. 380□

**Differentialthermoanalysen brasilianischer Minerale. 2. Mitt. Einige Zeolithe.** A. Bhaskara Rao. (J. sci. ind. Res. [New Delhi], Sect. B **21,** 398—99, Aug. 1962; Recife, Brazil, Univ. do Recife, Escola de Geologia-Cage; engl.) — 1. vgl. vorst. Referat. — Durch DTA wurden Zeolithe, wie Stilbit, Chabasit u. Heulandit, aus Nordostbrasilien untersucht. Das Endprod. des Erhitzens von Stilbit ist Opal u. das von Chabasit Tridymit; die Heulanditprobe war ein Gemisch von Heulandit mit anderen Zeolithmineralen. G. Heller. 380□

**Uranmineralbildungen in den italienischen Alpen.** F. Ippolito, P. Baggio, S. Lorenzoni, G. Marinelli, M. Mittempergher und F. Silvestro. (Ind. mineraria [2] **12,** 1—7, Jan. 1961; ital.) — Zusammenfassender Überblick über die bisherigen U-Vork. in den italien. Alpen. C. Gottfried. 380

**Uranhaltige Körper in den Erzlagerstätten von Traversella (Italien).** Stefano C. Zucchetti. (Econ. Geol. **56,** 1469—71, Dez. 1961; Turin, Politecn., Sezione minere; engl.) — Die kontaktmetamorphe Lagerstätte zwischen einem Granodiorit u. kristallinen Schiefern enthält als Erzmineralien *Magnetit, Scheelit* u. verschiedene Sulfide. In einer der mehr oder weniger dicken Hornfelsaureolen treten die Erze zusammen mit $ThO_2$-haltigem *Uraninit* (I) auf mit der Zus. 79,03 (%) U, 0,37 Th, 0,47 Pb, 0,34 Bi, 0,12 Cu, Spur Au, 0,06 Mo, 3,07 W, 0,49 Fe, 0,08 Mn, 0,47 Ca, 0,42 S u. 0,51 Si. **I** ist vornehmlich mit sulfid. Mineralien vergesellschaftet u. kommt in den dunklen Teilen der Silicate vor, wobei helle Silicate, wie Feldspate, Granat, Zoisit, Wollastonit, fehlen. In den Granatiten tritt kein U auf. Er ist ein Prod. der Erstkristallisation.
F. Ensslin. 380□

**Neue Vererzungen in dem Massiv von Sheyvardagh, Aserbaidshan, Iran.** P. Bariand, V. Ziegler, V. Issakhanian und H. Vassigh. (Bull. Soc. franç. Minéralog. Cristallogr. **84,** 326—27, Juli/Sept. 1961; Paris, Sorbonne, Labor. de Minér.-Cristallographie; Teheran, Iran, Ministère de l'Ind. et des Mines; franz.) — Das Massiv besteht aus metamorphen Kalken, hervorgerufen durch eine Granitintrusion. Den Kontakt bilden verkieselte Kalke mit Diopsid, Hornblende, Granat usw. unter kontinuierlichem Übergang. In den Granatiten wurden Kupferkies u. als sek. Mineralien Malachit u. -Lasur gefunden. Neben der Kupferzone treten Molybdänglanz u. wenig Kupferkies auf. In der metamorphen Kalkaureole befindet sich die Grube von Djuban, in der Zinkblende mit etwas Bleiglanz, Kupferkies u. Pyrit auftreten. Aus radiometr. Messungen kann auf das Vork. von Pechblende geschlossen werden, welche in kleinsten Partikeln (0,01 mm) nachgewiesen wurde. F. Ensslin. 380□

**Die Zinn-Niob-Tantal-Lagerstätten von Südost-Asien.** Nicolas de Kun. (Neues Jb. Mineralog., Mh. **1960,** 89—96, Juni; Namoya, Belg. Kongo; dt.) — Die Sn–Nb–Ta-Lagerstätten von Südostasien werden beschrieben, bes. die Lagerstätten von Semiling, Bakri, Bangka u. der malay. Seifen. J.-E. Hiller. 380□

**Die Zinn-Niob-Tantal-Zirkonium- und Lanthaniden-Lagerstätten von Nigerien.** Nicolas de Kun. (Neues Jb. Mineralog., Mh. **1960,** 100—07, Juli; dt.) — Vgl. vorst. Referat. — Die Sn–Nb–Ta–Zr- u. Lanthanidenlagerstätten auf dem Hochplateau von Jos in Nigerien werden behandelt. *Columbit* kommt in der albit. Mittelphase der Granitkomplexe vor. In *Riebeckit*-Graniten wird auch *Pyrochlor* gefunden. *Zinnstein* kommt in kleinen Pegmatiten zwischen verschiedenen Phasen u. spurenweise im Albitgranit vor. *Tantalocolumbit* ist ein Pegmatitmineral der älteren Granite des Grundgebirges. Andere Begleitminerale sind *Xenotim, Monazit, Zirkon* u. *Thorit.* Abgebaut werden nur Seifen.
J.-E. Hiller. 380□

**Eisenerzreserven im nordöstlichen Kongo.** R. A. Woodtli. (Econ. Geol. **56,** 1385—91, Dez. 1961; Grandvaux, Schweiz; engl.) — Der Kongo ist reich an guten Fe-Lagerstätten, deren Abbau infolge der schlechten Lage bis jetzt nicht möglich ist. In dem Becken von Haut-Ituri treten Gänge von mehr oder weniger reinem Haematit in Itabiriten auf. Das Vork. umfaßt ca. 900 Mio t Erz mit ca. 45% Fe. In dem Becken von Haut Uele sind bekannte Vork. von mindestens 1350 Mio t Erz mit ca. 68% Fe vorhanden. Die östlichsten Lagerstätten an der Grenze von Uganda sind am leichtesten abbaubar. F. Ensslin. 380□

**Die Murray-Lagerstätte im Restigouche-Gebiet, Neu-Braunschweig. Eine geochemische-geophysikalische Entdeckung.** H. W. Fleming. (Canad. Mining metallurg. Bull. **54,** 230—35, März 1961; Toronto, Kennes Explorat. Ltd.; engl.) — Beschreibung der Entdeckung eines Sulfid-Vork. (Pyrit, Galenit, Sphalerit u. Chalkopyrit) durch geochem. u. -physikal. Verfahren. W. Wesly. 380□

**Bildungstemperaturen und Entstehung der Nigadoo und Brunswick Mining and Smelting No. 6-Lagerstätten, New Brunswick, Canada.** J. Kalliokoski. (Econ. Geol. **56,** 1446—55, Dez. 1961; Princeton, N.J., Univ., Dep. of Geol.; engl.) — Die Nigadoo-Lagerstätte ist ein Gang in u. bei einem epizonalen Quarz–Feldspat-Porphyr. Die grobkörnigen Mineralien bestehen aus *Pyrrhotit* (I), *Pyrit* (II), *Zinkblende* (III), *Bleiglanz* (IV), *Kupferkies* (V), *Arsenkies* u. *Zinnkies* in Calcitgangart. Nach dem Fe-Geh. der Blende liegt die Bldg.-Temp. bei 670°, was mit dem geringen Grad der Metamorphose des Nebengesteins nicht übereinstimmt. Die Brunswick No. 6-Lagerstätte ist eine große, massive Verdrängungslinse in Grünschiefer mit vorwiegend **II** u. weniger **IV** u. **III**. In einer Nebengesteinszone tritt **I, V** u. wenig Pb–Zn-Erz auf. Der Fe-Geh. der Blende ist in Ggw. von **I** höher als in Ggw. von **II**. Die maximale Bldg.-Temp. liegt bei 480 bis 250° im Grünschiefer. F. Ensslin. 380□

**Die „Quebec Copper" Lagerstätte in Südost-Quebec, Kanada.** H. S. de Römer. (Neues Jb. Geol. Paläontol., Mh. **1962,** 204—11; München, Univ., Inst. für Gesteinskunde; dt.) — Die Lagerstätte ist an den Kontakt von Metaandesit u. serpentinisiertem Peridotit gebunden u. ist auf die Verdrängung von Metaandesit durch sulfid. Erz-Lsgg. zurückzuführen. In 4 linsenartigen Erzzonen treten Pyrit, Kupferkies u. untergeordnet Zinkblende mit Spuren von Au u. Ag u. Magnetit in Quarz, Carbonat u. Nebengestein auf. Die Erze kommen in Trümmern u. Adern in den Scheiteln der Faltungszonen vor. Das Nebengestein ist stark umgewandelt u. verquarzt, sericitisiert u. chloritisiert. F. Ensslin. 380□

**Carbonatische Niob–Seltenerdmetall-Lagerstätten im Ravalli County, Montana.** E. Wm. Heinrich und A. A. Levinson. (Amer. Mineralogist **46,** 1424—47, Nov./Dez. 1961; Ann Arbor, Mich., Univ. of Michigan, Dep. of Geol. and Miner.; Freeport, Texas, Dow Chem. Comp.; engl.) — Geolog.-petrograph.-geochem. Charakterisierung von Vork. Seltener Erden u. Nb-Mineralien im Ravalli-Bezirk von Montana. Das Erz kommt in Dolomit u. Sr–Ba-Calcit vor; diese Carbonate enthalten unterschiedliche Anteile von Biotit, Chlorit, Aktinolith, Allanit, Quarz, Baryt, Apatit, Monazit, Pyrit, Magnetit u. Columbit. Seltener werden Ankylit, Fersmit, Nb-Rutil, Aeschynit, Andradit, Glaukophan u. Wollastonit gefunden. Die Vork. sind als metasomat. überprägte Schichten oder gebänderte Lagen in metamorphe Hornblendegesteine eingeschaltet u. hydrothermal entstanden. H. Moenke. 380□

**Wolfram-Vorkommen in den Landschaften Gila, Yavapai und Mohave, Arizona.** V. B. Dale. (U. S. Dep. Interior, Bur. Mines, Inform. Circ. **1961,** Nr. 8078, 1—104; engl.) — Bericht über eine größere Zahl von bekannten Fund-, Schürf- u. Abbaustellen von Wolframit in den Landschaften Gila, Yavapai u. Mohave. Die Vork. waren früher hauptsächlich der Edelmetalle wegen ausgebeutet worden. Nach heutiger Übersicht enthalten sie nur noch sporad. geringe Mengen nutzbarer Erze. R. Kaiser. 380□

**Erkennung der titanhaltigen Sandsteinlagerstätten von Utah, Wyoming, New Mexico und Colorado.** V. T. Dow und J. Vance Batty. (U. S. Dep. Interior, Bur. Mines, Rep. Invest. **1961,** Nr. 5860, 1—52; engl.) — Es wurden 82 Lagerstätten mit 28 Mio t Sandstein in den 4 Staaten untersucht. Die größten Vork. mit 21 Mio t u. 5,22 (%) $TiO_2$, 0,55 $ZrO_2$, 24,8 Fe u. 0,01 $ThO_2$ liegen in Wyoming an 19 Plätzen. New Mexico besitzt 4,75 Mio t mit 12,82 (%) $TiO_2$, 2,07 $ZrO_2$, 15,51 Fe u. 0,10 $ThO_2$, dann folgt Utah mit 1 Mio t mit durchschnittlich 17,98 (%) $TiO_2$, 5,67 $ZrO_2$, 20,98 Fe u. 0,09 $ThO_2$. Alle Sandsteine sind Küstenlagerstätten des oberen kretazäischen Meeres. Die Mineralien sind feinkörniger *Quarz, Feldspat, Titanmineralien, Zirkon, Magnetit* u. geringe Mengen *Monazit, Granat, Turmalin* u. andere Mineralien in einer Matrix von *Haematit* u. Carbonaten. Aufbereitungs-Verss. wurden nur beschränkt durchgeführt. An eine Ausbeutung wird zur Zeit nicht gedacht. F. Ensslin. 380□

**Der Eisengehalt des Sphalerits des Central Distrikts, New Mexico, und des Bingham Distrikts, Utah.** Arthur W. Rose. (Econ. Geol. **56,** 1363—84, Dez. 1961; Salt Lake City, Utah, Bear Creek Mining Co.; engl.) — Nach röntgenspektrograph. Unterss. beträgt der FeS-Geh. der Zinkblenden in Hanover im Centraldistrikt 4,2—18,5% u. im westlichen Teil des Gebiets 0,84—9,4%. Der FeS-Geh. der Zinkblenden von Bingham schwankt von 0,2—16,7%, wobei stets reichlich Pyrit u. gelegentlich Pyrrhotit vorhanden sind. Im allg. ist der FeS-Geh. in Ggw. des ersten niedriger als der letzteren. Zonar gebaute Zinkblenden ergaben in den einzelnen scharf abgesetzten Zonen FeS-Geh. von 4,2—12,1%, ein Zeichen, daß das Gleichgewicht bei Temp. von 425° nicht erreicht war, was häufiger beobachtet werden konnte. Da außerdem der Partialdruck des S u. der Gesamtdruck bei der Bldg. nicht bekannt sind, kann angenommen werden, daß die Bldg.-Temp., aus dem Fe-Geh. der Blende abgeleitet, stets zu niedrig liegen u. Minimal-Temp. darstellen. Die Bldg.-Temp. der Lagerstätte bei Hannover liegt bei 600°, in der Groundhog-Grube bei 350°, in der Cleveland-Grube bei 650° u. bei 550° im Bingham-Gebiet. In der Cleveland-Grube muß ein sehr hoher $CO_2$-Druck die Rk. zwischen Carbonaten u. Quarz behindert haben. F. Ensslin. 380□

**Experimentelle Faltung in Gesteinen.** M. S. Paterson und L. E. Weiß. (Nature [London] **195,** 1046—48, 15/9. 1962; Canberra, Australian Nat. Univ., Dep. of Geophys.; engl.) — Feld-Unterss. ergaben, daß Faltung oft von Knickung auf den gefalteten Oberflächen begleitet ist. Dieses Verh. ist bei der Deformation von Gesteinen charakterist., z. B. sind Schiefer, Phyllite u. Glimmerschiefer in der Natur stets sehr stark gefaltet. Es werden Verss. beschrieben, in denen zylindr. Proben von Phyllit u. Glimmerschiefer bei Raum-Temp. u. einem Druck von 5000 $kg \cdot cm^{-2}$ deformiert u. die Hauptknickung u. -faltung sichtbar gemacht wurden. Die beobachteten Mikrostrukturen sind geometr. ähnlich denen, die in der Natur gefunden werden. Ernst Schulte. 385□

**Der Hornblendegneis vom Ostern-Weschnitz im Odenwald.** Erwin Nickel und I.-M. Obelode-Dönhoff. (Neues Jb. Mineralog., Abh. **98,** 157—207, 2 Tafeln, 1962; Freiburg/Schweiz; Münster/Westfalen; dt.) — Eingehende petrograph. u. gefügekundliche Unters. der Hornblendegneisserie von Weschlitz-Ostern. Neufixierung der Grenzen. Auf einem Sockel von Augengneis lagert eine horizontal geplättete Serie (bunte Gneise). Die Metamorphitprägung erfolgte prä- bzw. frühvariscisch. Bei der varisc. Gebirgs-Bldg. erfuhren die Koordinaten eine Drehung in erzgebirg. Richtung. Wo der Sockel nach Westen abtaucht, an der Grenze Granit/Gneis, wurde das Gebiet von der Otzbergmylonitisierung überprägt. H. Moenke. 385□

**Mineralogie und Petrographie der Vulkangesteine des Mont-Dose-Massivs (Auvergne). Die Minerale.** 1. Mitt. **Systematische Petrographie.** 2. Mitt. R. Brousse. (Bull. Soc. franç. Minéralog. Cristallogr. **84,** 131—86, April/Juni 1961; Sorbonne, Labor. de Pétrographie; franz.) — Die tert. Vulkangesteine des Mont-Dore-Massivs wurden mit dem Polarisationsmikroskop, dem Punktzähler, röntgenograph. sowie durch chem. Analysen untersucht. Es wurden genaue Angaben erhalten über die Konstit. bereits früher in diesem Gebirge festgestellter Gesteinsarten (Sancyit, Doreit, Ordanchit). A. Leibbrandt. 385□

**Hydrothermale Verwitterung des Carrock Fell Gebiets, Cumberland, England.** A. Ewart. (Geol. Mag. **49,** 1—8, Jan./Febr. 1962; Lower Hutt, New Zeeland Geol. Surv.; engl.) — Der Grainsgill-Granit, der Carrock Fell-Gabbro u. ein Hornfels werden von einer Reihe von Quarzgängen durchschnitten. Hornfels u. Gabbro haben unter dem Einfl. der Granitintrusion eine Metamorphose durchgemacht u. der Hornfels unter dem Einfl. der Gabbrointrusion eine Lokalmetamorphose. Alle 3 Gesteine sind während der Entstehung der Quarzgänge hydrothermal verwittert. Es entstand ein Greisen unter Zufuhr von Pyrit u. Arsenkies. F. Ensslin. 385□

**Diopsid-Orthoklas-Hornblendegesteine aus den Lewisian-Paragneisen von South Harris, Äußere Hebriden.** R. Dearnley. (Geol. Mag. **49,** 27—32, Jan./Febr. 1962; London, Imp. Coll., Geol. Dep.; engl.) — Vgl. C. **1962,** 18767. — Petrograph. u. chem. Angaben über das Diopsid-Orthoklas-Hornblendegestein, das in den quarzhaltigen Granat-Cyanit-Biotit-Granuliten des Leverburgh Paragneises auftritt.
F. Ensslin. 385□

**Magmatische Gesteine im Gebiet von Bassit zwischen Latakia und Kessab im nordwestlichen Syrien.** Vladimir Majer. (Neues Jb. Mineralog., Abh. **98,** 250—82, 1 Tafel, 1962; Zagreb; dt.) — Diskussion von vier petrograph. u. zeitlich gut differenzierbaren Eruptivgesteinsgruppen Nordwest-Syriens im Bereich des Kap Bassit. Vf. gelangt zu der Schlußfolgerung, daß geolog. u. petrograph. fast völlige Übereinstimmung zwischen dem Peridotitmagmatismus der syr. Tauriden u. der jugoslaw. Dinariden besteht.
H. Moenke. 385□

**Über die sogenannte „Natrium-Metasomatose" der Sanbagawa-Schiefer in dem Bessi-Distrikt.** Shohei Banno. (J. geol. Soc. Japan **67,** 515—25, 1961; jap., Auszug: engl.) — Von 130 Gesteinen des Gebiets einschließlich der bas. u. pelit. Schiefer wurde der $Na_2O$-, $K_2O$-, Gesamt-Fe- u. MnO-Geh. bestimmt. Es wurde kein Beweis dafür gefunden, daß die Formation mit den Albitporphyroblasten durch eine Na-Metasomatose gebildet wurde. Mineralog. Unters. von Muskovit u. Chlorit aus pelit. Schiefern.
F. Ensslin. 385□

**Aegirin-Riebeckit-Schiefer von Südwestland, Neuseeland.** A. J. R. White. (J. Petrology **3,** 38—48, Febr. 1962; Canberra, Australia, Australian. Nat. Univ., Geol. Dep.; engl.) — Aus opt. u. chem. Unterss. der im Südwestland von Neuseeland im Verlauf eines Faltungsstranges vorgefundenen Schiefer wird gefolgert, daß eine Rekristallisation dieser Gesteine unter ungewöhnlichen P–T-Bedingungen zur vornehmlichen Ausbildung von Grünschiefern u. der Almandin-Amphibolitfazies geführt hatte. R. G. Kaiser. 385□

**Über ein Vorkommen von Fayalit-Quarzmonzonit im Basementkomplex von Bauchi, Nordnigeria.** M. O. Oyawoye. (Geol. Mag. **98,** 473—82, Nov./Dez. 1961; Ibadan, Nigeria, Univ. Coll., Dep. of Geol.; engl.) — Der Fayalit-Quarzmonzonit von Bauchi ist gegenüber den Fayalitgraniten des jüngeren Granitkomplexes durch Linearstrukturen, Kontakt-Bldg., seine Grobkörnigkeit u. den höheren Mirmekitanteil abgegrenzt. Er ähnelt dem Granit in der grünen Farbe u. dem hohen $FeO/Fe_2O_3$-Verhältnis. Der Monzonit ist älter als das Gestein der Ring-Dykekomplexe dieses Gebietes. J. Heinze. 385□

**Vorläufige Mitteilung über die ultrabasischen Massive von Zentral-Kasai und einige ihrer Erzkomponenten.** Paul Raucq. (Ann. Soc. géol. Belgique, Bull. **84,** 591 bis 615, Juni/Juli 1961; franz.) — Die ultrabas. Eruptiva liegen in Ostwestrichtung u. bestehen aus Serpentinit, Enstatitit, Diallagit, Tremolitit u. Hornblendit. Die Enstatitite u. Serpentinite von Lutshatsha u. die Serpentinite von N-Kongo werden beschrieben. Sie enthalten Ni-Geh. von 0,1—2,2% u. $Cr_2O_3$-Geh. von 0,12—1,10%. Der Co-Geh. beträgt 0,02—1,13%. Das NiO stammt wahrscheinlich aus dem Mg-Antigorit, vielleicht auch aus Garnierit. Ein Teil des Gesteins ist granitisiert. F. Ensslin. 385□

**Die mengenmäßige mineralogische Zusammensetzung und Veränderung des Granitkomplexes von Lacorne, La Motte und Preissac, Quebec, Canada.** Kenneth R. Dawson und E. H. Timothy Whitten. (J. Petrology **3,** 1—37; Ottawa, Ontario, Geol. Surv. of Canada; Evanston, Ill., Northwestern Univ.; engl.) — Eine petrolog. u. mineralog. Unters. des Granitkomplexes im westlichen Quebec. In den prägranit. Massiven finden sich metavulkan. Laven mit Xenolithen in den monzonit. u. diorit. Fazies, Pegmatite in den granodiorit. Partien mit Seltenerden-Pegmatiten in den Trümmerzonen. R. Kaiser. 385□

**Thorium- und Urangehalt von Australiten.** R. D. Cherry. (Nature [London] **195,** 1184—86, 22/9. 1962; Rondebosch, Univ. of Cape Town, Dep. of Phys.; engl.) — Von 6 Australiten wurde der U- u. Th-Geh. bestimmt. Es ergaben sich Werte für die Victoria-Proben von 2,1 bzw. 1,8 ppm U u. von 9,7 bzw. 10,6 ppm Th, für die Proben aus Westaustralien von 1,4 bzw. 2,4 ppm U u. 11,6 bzw. 8,4 ppm Th u. für die Proben aus Südaustralien von 2,2 bzw. 2,1 ppm U u. 8,3 bzw. 8,1 ppm Th. Die Standardabweichung beträgt bei den U-Werten 17%, bei den Th-Werten 15%. Ernst Schulte. 388□

**Die Isotopenzusammensetzung natürlicher Wässer und ihre Änderungen im Wasserkreislauf.** V. Jacobshagen. (Geol. Rdsch. **51,** 281—90, 1961; Marburg/Lahn; dt.) — Übersicht über die Isotopen-Zus. des Wassers. Im Meerwasser schwankt die Isotopen-Zus. in engen Grenzen, Süßwässer sind demgegenüber arm an schweren Isotopen, da diese letzten Endes aus verdunstetem Meerwasser stammen. u. bei der Verdunstung bevorzugt leichte Isotope in die Dampfphase übergehen. Bei der Kondens. müssen die Erstausscheidungen schwerere O- u. H-Isotope enthalten. Dem Meerwind abgewandte Gebirgshänge haben daher Ndd. mit leichten Isotopen. Schnee vom Südpol hat den niedrigsten $^{18}O$-Geh., der in natürlichen Wässern gemessen wurde. Die Isotopen-Zus. des Gletschereises u. Schmelzwassers hängt von der Zus. des Schnees ab. In Flüssen und Seen schwanken die Verhältnisse in weiten Grenzen, wobei Verdunstung eine Anreicherung der schwereren Isotopen hervorruft. Das Grundwasser hat im allg. die Isotopen-Zus. des Regens. In Solquellen nimmt der D-Geh. mit zunehmender Salinität zu, ist jedoch umgekehrt proportional zur Carbonat- u. Bicarbonatkonzentration. F. Ensslin. 393□

**Chlorgehalt, Leitfähigkeit und Dichte von Meerwasser.** R. A. Cox, F. Culkin, R. Greenhalgh und J. P. Riley. (Nature [London] **193,** 518—20, 10/2. 1962; Wormley, Godalming, Surrey, Nat. Inst. Oceanogr.; Liverpool, Univ., Dep. of Oceanogr.; engl.) — Genaue Messungen über die Dichte, den Salz- bzw. $Cl^-$-Geh. u. die elektr. Leitfähigkeit des Meerwassers hatten eine bedeutendere Präzision der Leitfähigkeitsmessung zur Berechnung der Seewasserdichte bis zur 6. Dezimalstelle gezeigt als die bisher hierfür herangezogene chem. Analyse. Es wurde daher beim Internationalen Rat für die Erforschung der Meere in Kopenhagen angeregt, dies Meth. als Standard-Meth. einzuführen. R. Kaiser. 393□

**Auflösung und Ausfällung von Kieselsäure bei tiefen Temperaturen.** Konrad B. Krauskopf. (Geochim. cosmochim. Acta [London] **10,** 1—26, Aug. 1956; Stanford,

Calif., Univ.; engl.) — Auf Grund von Daten aus der Literatur u. einiger eigener Unterss. kommt Vf. zu dem Ergebnis, daß die Löslichkeit von amorphem $SiO_2$ in W. bei 0° ca. 70 ppm, bei 25° 120 ppm u. bei 90° ca. 350 ppm beträgt u. daß die Löslichkeit in Seewasser nicht wesentlich von diesen Werten abweicht. In natürlichen Wässern ist $SiO_2$ entweder in koll. Form oder in Lsg. enthalten; die koll. Teilchen sind jedoch nicht stabil. Die Löslichkeit wird durch Änderung der pH-Werte zwischen 0 u. 9 wenig beeinflußt, nimmt jedoch sehr schnell zu, wenn pH $>9$ ist. Aus einer übersätt. Lsg. von $SiO_2$ fällt $SiO_2$ gewöhnlich nicht aus, sondern bleibt als Koll. gelöst. Die Auflösung u. Polymerisation des $SiO_2$ verlaufen in verd. Lsg. sehr langsam. Übersätt. Lsgg. benötigen Tage oder Wochen, um Sole zu bilden u. um das Gleichgewicht zwischen den gelösten u. koll. Fraktionen zu erreichen. $SiO_2$ kann man durch Verdampfung, Fällung mit anderen Koll. oder durch ziemlich konz. Elektrolyt-Lsgg. ausfällen. $SiO_2$ in echter Lsg. wird weder durch Elektrolyte noch Koll. ausgefällt, mit Ausnahme von übersätt. Lösungen. Da $SiO_2$ in den meisten Flußwassern in echter Lsg. ist, tritt bei Kontakt mit Seewasser keine Koagulation ein. Die Untersättigung der meisten terrestr. W. mit $SiO_2$ wird der Langsamkeit zugeschrieben, mit der sich $SiO_2$ u. Silicate auflösen u. ferner der Aktivität von Organismen, die $SiO_2$ zu ihrem Aufbau benötigen. C. Gottfried. 393

**Die geologischen Bildungsbedingungen der Bodenablagerungen von Kara-Bogas-Gol im Zusammenhang mit den Niveauschwankungen des Kaspischen Meeres.** A. I. Dsens-Litowski und G. A. Wassiljew. (Nachr. Akad. Wiss. UdSSR, geol. Ser. **26**, Nr. 3, 101—09, März 1961; Leningrad, Allunions Forsch.-Inst. für Halurgie; russ.) — Bohrungen am Kaspischen Meer innerhalb der letzten 25—30 Jahre zeigten, daß sich der Wasserspiegel an den Ausflußstellen des Kara-Bogas-Gol um fast 3 m gesenkt hat. Das führte zu Salz-Konzz. u. Ausfällungen. Drei Abscheidungszonen konnten isoliert werden: Südlicher u. westlicher Teil der Bucht, die Entsalzungszone (die Salzlaugen sind nicht an Halit gesätt., im Winter Abscheidung von Mirabilit); Ostzone — Absetzung von Halit mit Beimengungen von Astrakanit u. Epsomit im Sommer sowie von Mirabilit im Winter; Nordzone mit zum großen Teil metamorphisierter Sole (Halit mit Epsomit u. im Herbst Epsomit). Unter den oberen Schichten finden sich drei eingebettete vermischte Lagen, deren Hauptteile Gips–Carbonat-Lagen einnehmen. Außerdem wurden hier beobachtet: Halit, Glauberit, Astrakanit. M. Hähnert. 393□

**Einige geochemische Aspekte des Toten Meeres und die Frage seines Alters.** Yaacov K. Bentor. (Geochim. cosmochim. Acta [London] **25**, 239—60, Dez. 1961; Jerusalem, Hebrew Univ., Geol. Surv. of Israel; engl.) — Vf. beschreibt die chem. Zus. des Toten Meeres, dessen mittlerer Salz-Geh. mit 31,5% sehr hoch ist, dessen $SO_4^{2-}$-Konz. dagegen minimal u. dessen Br-Anteil (5920 mg/Liter) vermutlich der höchste bisher in natürlichen Gewässern gefundene ist. Das Tote Meer ist nach Meinung des Vf. kein Meerwasserrelikt. Sein Salz-Geh. soll durch Akkumulation in einem abgeschlossenen Inlandbecken unter ariden Bedingungen entstanden sein, u. aus dem Jordan bzw. aus stark salzhaltigen Quellen stammen. Dem Toten Meer wird ein Alter von 12000 Jahren zugeschrieben. Jährlich werden im Südbecken 0,306 g/cm² Salz sedimentiert. Der $Br_2$-Anteil kam nicht durch vulkan. oder organ. Prozesse in das Meer, sondern stammt aus tert. Laugen. H. Moenke. 393□

**Chemische Charakteristika der Grundwasserquellen von Jamaica, W.I.** 1. Mitt. **Ein Beitrag zur Interpretation hydrochemischer Daten.** V. G. Hill und A. C. Ellington. (Econ. Geol. **56**, 533—41, Mai 1961; Kingston, Jamaica, W.I., Dep. of Gov. Chem. and Sci. Res. Council; engl.) — Das Grundwasser in den Clarendon-Ebenen ist nicht einheitlich. Es kann in 3 Typen eingeteilt werden — den nördlichen Kalksteinrand, das Zentralgebiet u. den Küstensandrand. Im Zentralgebietwasser kann man wieder kalkige u. sandige Untertypen unterscheiden. Die spezif. Leitfähigkeit, der Na- u. Cl-Geh. sind brauchbare Parameter zur Klassifikation des Wassers. F. Ensslin. 393□

**Über die Verteilung der Elektrolyte in einigen Stoßbohrungen im Röglagebiet, südlich von Jonstorp im nordwestlichen Schonen.** Rolf Norin. (Bull. geol. Instn. Univ. Uppsala **40**, 205—09, 1961; dt.) — Die Best. der Leitfähigkeit u. des pH-Wertes der wss. Extrakte aus Bohrproben in Abhängigkeit von der Schlammenge u. der Vgl. der chem. Analysen dieser Lsgg. mit denen des Meerwassers zeigen, daß die Elektrolyte aus dem Meeresmilieu stammen, in dem die Sedimente abgelagert wurden, u. nicht eine Folge diagenet. Infiltrationsprozesse sind. H. Noack. 393

**Venusmuscheln als Indicator für Strontium-90.** D. J. Nelson. (Science [Washington] **137**, 38—39, 6/7. 1962; Oak Ridge, Tenn., Oak Ridge Nat. Labor., Health Phys. Div.; engl.) — Die Verteilung des von Oak Ridge Nat. Labor. in den White Oak Creek entlassenen $^{90}Sr$ konnte durch Analyse der Schalen von Frischwasser-Venusmuscheln, die Sr in den Schalen anreichern, bestimmt werden. Es ergab sich, daß das $^{90}Sr$ in Lsg. bleibt u. daß die Konz. in 500 Meilen Entfernung auf Grund des Verdünnungsgrades durch andere Flüsse berechnet werden kann. E. Schiewer. 393□

**Zum Chemismus der Porenlösung der Sedimente.** Wolf v. Engelhardt. (Bull. geol. Instn. Univ. Uppsala **40**, 189—204, 1961; dt.) — Als Hauptbestandteile der Poren-Lsgg. treten $Na^+$, $Ca^{2+}$, $Mg^{2+}$, $Cl^-$, $SO_4^{2-}$, $HCO_3^-$ auf. Die aus eingeschlossenem Meerwasser stammenden Salze werden während der Absenkung der Sedimente diagenet. verändert: Sulfat wird red., Carbonat ausgeschieden, Mg als Dolomit u. Silicat gebunden u. den Lsgg. zum größten Teil entzogen. Das Verhältnis Ca/Na ist durch den Basenaustausch mit Tonen bestimmt u. steigt mit zunehmender Konzentration. Die ursprünglich gleichmäßig verteilten Meerwassersalze reichern sich infolge der elektrochem. Eigg. der Tone in durchlässigen Lagen (Sandsteine) in Form hochkonz. Salz-Lsgg. an. Der Einfl. dieser Verteilung auf Metamorphose u. Magmatismus in den geosynklinalen Sedimenten wird diskutiert. H. Noack. 393

**Kohlendioxid in der Atmosphäre und im Wasser des Atlantischen Ozeans.** Taro Takahashi. (J. geophys. Res. **66**, 477—94, Febr. 1961; Palisades, N.Y., Columbia Univ., Lamont Geol. Obs.; engl.) — Vf. berichtet über in den Jahren 1957—1959 durchgeführte Messungen des $CO_2$-Geh. der Luft am Lamont-Observatorium u. des W. des atlant. Ozeans zwischen den Breiten 60° N u. 58° S. Der $CO_2$-Geh. der Luft lag im Mittel bei 330 ppm mit einer mittleren täglichen Schwankung von 27 ppm im Herbst 1957 u. 17 ppm im Frühjahr 1959. Über dem Ozean betrug die $CO_2$-Konz. 316 ppm; sie nahm zum Äquator hin etwas zu. Im Äquatorialgebiet scheint der Partialdruck des $CO_2$ im Oberflächenwasser höher zu sein als in der Atmosphäre, in höheren Breiten scheint er niedriger zu sein. Der gesamte $CO_2$-Geh. in der Erdatmosphäre wird zu $2{,}41 \cdot 10^{18}$ g geschätzt. C. Gottfried. 396

**Beziehungen zwischen Ozon und Verunreinigung der Luft.** Arlette Vassy. (C. R. hebd. Séances Acad. Sci. **252**, 571—73, 23/1. 1961; Paris, Fac. des Sci., Labor. de Phys. de l'Atmosph.; franz.) — Vf. vergleicht eigene Messungen des Ozon-Geh. der Pariser Luft mit Messungen in Los Angeles. Es wurde festgestellt, daß in Paris $O_3$ am Boden kaum, in Los Angeles dagegen in großer Menge vorkommt. Dieser Unterschied erklärt sich aus der Tatsache, daß der Geh. der Luft in Paris an $NO_2$ aus den Verbrennungsgasen der Automobile nicht die notwendige Konz. zur photochem. Bldg. von $O_3$ erreicht. In größeren Höhen — 57 m bzw. 30 m oberhalb des Erdbodens wurden z. T. beträchtliche Konzz. an $O_3$ gemessen. C. Gottfried. 396

**Das Auftreten eines Frühlingsmaximums in der Konzentration von Spaltprodukten aus Atomtests. (1960).** P. F. Gustafson, S. S. Brar und M. A. Kerrigan. (Science [Washington] **133**, 460—61, 17/2. 1961; Argonne, Ill., Argonne Nat. Labor., Div. of Biol. and Med. Res.; engl.) — Aktivitätsmessungen an Luftfiltern zeigen einen Anstieg der auf Atomtests zurückzuführenden Aktivitäten von April—Juni 1960. Das Maximum des Fallout ist durch eine Störung der Tropopause in mittleren Breiten hervorgerufen. W. Franke. 396□

**Strontium-90-Fallout von den sowjetischen Kernexplosionen 1961.** P. K. Kuroda und J. Nix. (Science [Washington] **137**, 991—92, 21/9. 1962; Fayetteville, Ark., Univ. of Arkansas, Dep. of Chem.; engl.) — Vgl. C. **1962**, 7088. — Bei Fayetteville, Ark., wurde nach der Kerntestserie 1961 ein ständiger Anstieg von $^{90}Sr$ in Regenwasserproben beobachtet. Die Ergebnisse sind in Abb. dargestellt; aus ihnen ergibt sich, daß die 1961 erprobten Kernwaffen im Durchschnitt ca. 5mal „reiner" waren, als die 1957 u. 1958 erprobten. Ernst Schulte. 396□

**Untersuchungen der Struktur von Spaltproduktschwaden.** H. Müh und A. Sittkus. (Z. Naturforsch. **17a**, 235—38, März 1962; Heidelberg, MPI für Kernphys., Außenstelle Freiburg-Schauinsland; dt.) — Zur Unters. der Struktur von Spaltproduktschwaden, die von Atombomben-Verss. im Oktober 1958 herrühren, wurden zwischen Dezember 1958 u. Februar 1960 Luftmengen von 6000—10000 $cm^3$ durch Aerosolfilter gesaugt u. von den Filtern Autoradiogramme hergestelllt. Die größeren Schwärzungsflecke wurden mkr., die Untergrundschwärzung photometr. ausgemessen. Daraus erhielt man die Häufigkeitsverteilung von radioakt. Teilchen im Aktivitätsbereich $2 \cdot 10^{-12}$ bis $0{,}5 \cdot 10^{-14}$ c. Die Halbwertszeit der Teilchen mit $> 2 \cdot 10^{-12}$ c betrug ca. 15 bis 20 Tage. Die Aktivität der Teilchen mit $< 10^{-13}$ c erreichte nach einem anfänglichen Abfall im März 1959 einen konst. bleibenden Wert. E. Schiewer. 396□

**Röntgen-Mikroanalyse von radioaktiven Teilchen mit Hilfe des Elektronenmikroskopes.** Manfred F. Rajewsky. (Nature [London] **195**, 369—70, 28/7. 1962; Frank-

furt/M., MPI für Biophys.; engl.) — Vf. prüfte drei Monate lang nach der Atomtestserie im September 1961 radioakt. Fallout röntgenmikroanalyt. auf darin enthaltene inakt. Elemente mit Ordnungszahlen von 13—40 u. zeigt an Hand von $K_\alpha$-Spektrogrammen am Beispiel eines Teilchens (4,4 $\mu$ ∅), daß inakt. *Fe*, *Al* u. *Si* vorlag.
E. Schiewer. 396□

# B. Allgemeine und theoretische organische Chemie

**Schwingungsspektren aromatischer Verbindungen.** 8. Mitt. **Charakteristische Schwingungen von 1.2-disubstituierten Benzolen.** A. M. Bogomolow. (Optik u. Spektroskopie [UdSSR] **10**, 322—27, März 1961; russ.) — 7. vgl. C. **1962**, 17351. — In Tabellen werden die Berechnungen der Verschiebungen der Atome von *o-Xylol* für die Symmetrieklassen $A_1$, $B_1$, $B_2$ u. $A_2$ für ebene u. nichtebene Schwingungen mitgeteilt. Bei ebenen Schwingungen des Ringes haben die Verschiebungen der Atome der $CH_3$-Gruppen nach der OZ-Achse so kleine Werte, daß sie vernachlässigt werden können. In einer weiteren Tabelle sind die Schwingungsfrequenzen der o-disubstituierten Benzol-Derivv. in 3 Gruppen unterteilt: Frequenzen völlig charakterist. Schwingungen, solcher, die der Frequenz nach charakterist. sind, u. Frequenzen nichtcharakterist. Schwingungen (unter Ausschluß der CH-Valenzschwingungen). Bei den nichtcharakterist. Schwingungen werden die Substituentengruppen $R_1R_2 = C_nH_m$ u. $R_1R_2$ = O, N, S, Cl, Br, J u. F unterschieden.
R. K. Müller. B 114□

**Schwingungsspektren aromatischer Verbindungen.** 9. Mitt. **Theoretische Berechnung der Intensitäten in den Infrarotspektren von Benzol und einigen Deuterobenzolen.** M. A. Kowner und B. N. Snegirew. (Optik u. Spektroskopie [UdSSR] **10**, 328—34, März 1961; russ.) — 8. vgl. vorst. Referat. — Die Formen aller in den IR-Spektren akt. Normalschwingungen der Moll. $C_6H_6$, $p$-$C_6H_4D_2$, $C_6H_5D$ u. $C_6D_6$ werden berechnet. Die Ergebnisse werden dazu verwendet, in erster Näherung der valenz-opt. Theorie die Intensitäten in den IR-Spektren zu berechnen. Die erhaltenen Intensitäten stimmen mit Vers.-Werten gut überein. Der Wert des Dipolmoments der CH-Bindungen in Bzl. ergibt sich eindeutig zu 0,65 D.
R. K. Müller. B 114□

**Ein modifiziertes Urey-Bradley-Kraftfeld für kondensierte aromatische Ringe.** James R. Scherer. (J. chem. Physics **36**, 3308—21, 15/6. 1962; Midland, Mich., Dow Chem. Comp., Chem. Phys. Res. Labor.; engl.) — Wie früher (Spectrochim. Acta [London] **17**, [1961], 719 bzw. C. **1963**, 3924) werden die ebenen Schwingungen von *Naphthalin* nach einem modifizierten Urey-Bradley-Kraftfeld (UBF, Kekulé-Modell) u. einem MO-Modell berechnet; beide Modelle führen zu den gleichen Ergebnissen der Schwingungsspektren. Die unter Verw. von 13 Kraft-Konst. (anderer Moll.) durchgeführte Berechnung stimmt gut mit den Zuordnungen von Freeman u. Ross (C. **1962**, 8194) u. Scully u. Whiffen (C. **1962**, 8195) überein. In der $B_{2u}$-Rasse, bei der die Zuordnungen durch diese Autoren stärkere Unterschiede aufweisen, begünstigt die UFB-Berechnung die Zuordnungen von Scully u. Whiffen. Eine 16-Parameter-UBF-Funktion wird für das $D_8$-Deriv. verfeinert, u. damit werden die Schwingungsfrequenzen aller D-Derivv. mit $V_h$-, $C_{2v}$- oder $C_{2h}$-Symmetrie berechnet.
G. Pötzscher. B 114◇

**Die spektralen Charakteristiken der Vitamine $B_1$ und $B_2$.** N. P. Iwanow und G. K. Iljitsch. (Laboratoriumswesen [UdSSR] **8**, Nr. 2, 24—27, Febr. 1962; Minsk, phys. Inst. der Akad. der Wiss. der BelorussSSR; russ.) — Es werden vom *Vitamin $B_1$* u. *$B_2$* die Abhängigkeit des Absorptionsspektrums (AS) u. des Luminescenzspektrums vom pH-Wert, die der Luminescenzintensität von der Bestrahlungsdauer u. die AS-Abhängigkeit von der Bestrahlungsintensität erörtert.
S. Baryschnikow. B 114△

**Substituenteneffekte auf das UV-Absorptionsspektrum von 1.3.5-Trinitrobenzol in einigen Lösungsmitteln.** Takehiro Abe. (Bull. chem. Soc. Japan **32**, 339—44, April 1959; Yokosuga, Kanagawa, Defense Acad., Dep. of Chem.; engl.) — Die UV-Absorptionsspektren von *1.3.5-Trinitrobenzol* (I), *2.4.6-Trinitrotoluol* (II), *Pikrylchlorid*, *2.4.6-Trinitrophenylmethylnitramin* (*Tetryl*) u. *Pikrinsäure* wurden in den Lsgm. W., A., Bzl., Aceton im Bereich 200—400 m$\mu$ u. in W. + NaOH im Bereich 200—600 m$\mu$ aufgenommen. In A. u. W. wird eine Erniedrigung des mol. Extinktions-Koeff. u. Rotverschiebung der 223 m$\mu$ Bande von I bei den substituierten Verbb. beobachtet u. mit der, durch die Substituenten bewirkten Abnahme der positiven Ladung des Benzolkerns erklärt. Bei Versetzen von wss. Lsgg. obiger Verbb. mit NaOH tritt Farbvertiefung in Gelb bis Rot ein, die aber nur bei I u. II stabil ist, sich bei den anderen drei Verbb. wieder aufhellt. Wahrscheinliche Struktur der Rk.-Prodd. u. der Rk.-Verlauf werden angegeben.
P. Kahlow. B 118

**Absorptionsspektren der adsorbierten Substanzen. I. Mitt. Nahultraviolettabsorptionsspektren von Phenol und p-Toluidin in adsorbiertem Zustand.** Jun-ichi Kobayashi. (J. chem. Soc. Japan, pure Chem. Sect. [Nippon Kagaku Zassi] **80**, 1399—1402, Dez. 1959; Sendai, Tôhoku-Daigaku, Kyôyôbu; jap., Auszug: engl. S. A 108—A 109.) — Die Absorptionsspektren der Suspensionen von Silica- oder Silicaaluminagel in einem Gemisch von Cyclohexan u. Dekalin, welches ungefähr den gleichen Brechungsindex wie das Gel selbst zeigt u. *Phenol* (I) bzw. *p-Toluidin* (II) enthielt, wurden im sichtbaren u. auch im nahultravioletten Bereich nach 30 Min. langem Rühren gemessen. Die Absorptionsmaxima liegen im Vgl. mit denen in gelöstem Zustand bei kürzeren Wellenlängen, u. die mol. Absorptions-Koeff. betrugen weniger als die Hälfte; die Verschiebung u. die Intensitätsabnahme sind bei **II** deutlicher als bei **I**. Andererseits verschiebt Silicagel die Maxima mehr u. läßt die Intensität stärker abnehmen als Silicaaluminagel. Gegen die Menge der an aktiviertem Silicagel adsorbierten Substanz aufgetragen, stellt die Extinktion jedes Absorptionsmaximums bei einer Oberflächenbedeckung unter 0,1 eine Gerade dar. E. Maekawa. B 118□

**Beziehungen zwischen Elektronenabsorptionsspektren und räumlichen Konfigurationen von konjugierten Systemen. I. Mitt. Biphenyl.** Hiroshi Suzuki. (Bull. chem. Soc. Japan **32**, 1340—50, Dez. 1959; Meguro-ku, Tokyo, Univ. of Tokyo, Coll. of Gen. Educ., Dep. of Chem.; engl.) — Vgl. C. **1961**, 16789. — Vf. nahm die UV-Spektren von *Diphenyl* (I) in n-Heptan [He.] (angegeben zwischen 200 u. 300 m$\mu$), Methanol, 95%ig. A., Chlf. u. $CCl_4$ auf u. diskutiert diese sowie die Spektren von kristallinem u. dampfförmigem **I**. Das **I**-Spektrum ist vom Lsgm. abhängig, die Konjugationsbande bei 247 m$\mu$ (in He.) verschiebt sich in steigendem Maße bathochrom bei Wechsel des Lsgm. in obiger Folge. Durch Berechnungen auf Grund der einfachen LCAO-Meth. erhält Vf. eine Beziehung zwischen der Lage der Konjugationsbande des Spektrums von **I** u. der räumlichen Konfiguration des **I**-Moleküls. Der Winkel zwischen den beiden Benzolringen beträgt für die wahrscheinlichste Konformation in Lsg. ca. 20° bzw. im Dampfzustand ca. 40 bis 43°. Die Werte sind in guter Übereinstimmung mit den Daten anderer Autoren. B. Gnauck. B 118□

**Beziehungen zwischen Elektronenabsorptionsspektren und räumlichen Konfigurationen von konjugierten Systemen. 2. Mitt. o-Alkyl- und o.o'-Dialkylbiphenyle.** Hiroshi Suzuki. (Bull. chem. Soc. Japan **32**, 1350—56, Dez. 1959; engl.) — 1. vgl. vorst. Referat. — Vf. nahm die UV-Spektren von *o-Methyl-* (**I**, in A.), *p.p'-Dimethyl-* (in A. u. n-Heptan) u. *o.o'-Dimethylbiphenyl* (**II**, in A.) auf, die Spektren in A. sind zwischen 210 u. 300 m$\mu$ angegeben. Unter Berücksichtigung der bathochromen Substituenteneffekte der o-Alkyl- u. o.o'-Dialkylgruppen wurde wie l.c. eine Beziehung zwischen den UV-Daten u. der wahrscheinlichsten räumlichen Konfiguration der Verbb. ermittelt. Aus den Ergebnissen folgt, daß der Winkel, den die beiden Benzolringebenen bilden, bei **I** u. seinen Analoga (o-Äthyl-, o-n-Propyl-, o-Isopropyl u. o-n-Butylbiphenyl) ca. 60°, bzw. bei **II** sowie o.o'-Diäthyl- u. -Diisopropylbiphenyl, die cis-Konfiguration besitzen, ca. 70° beträgt. Die Unterschiede zwischen den UV-Spektren von **I** u. **II** werden daher auf solche der Konfiguration des Biphenylgerüsts zurückgeführt; die Deutung von Braude u. Forbes (C. **1957**, 12112) wird verworfen. Vf. diskutiert die möglichen Zusammenhänge zwischen den vorgeschlagenen Konfigurationen der Biphenyl-Derivv. u. deren chem. u. physikal. Eigenschaften. B. Gnauck. B 118□

**Beziehungen zwischen Elektronenabsorptionsspektren und räumlichen Konfigurationen von konjugierten Systemen. 3. Mitt. o.o'-überbrückte Biphenyle.** Hiroshi Suzuki. (Bull. chem. Soc. Japan **32**, 1357—61, Dez. 1959; engl.) — 2. vgl. vorst. Ref.; 4. vgl. C. **1963**, 6526. — Das UV-Spektrum von *Fluoren* (I) wurde in n-Heptan zwischen 200 u. 300 m$\mu$ aufgenommen u. zusammen mit Literaturdaten verwandter Verbb., wie *9.10-Dihydro-* (**II**) u. *4.5-Methylen-9.10-dihydrophenanthren* sowie *o.o'-überbrückter Biphenyle* mit 3 u. 4 Brückenatomen, diskutiert. Wie l.c. versucht Vf., Beziehungen zwischen den UV-Daten u. der Konfiguration herzustellen. **I** u. **II** besitzen neben der intensiven Bande bei 260 m$\mu$ (Konjugationsbande) weitere weniger starke Banden bei ca. 300 m$\mu$. Die Spektren beider Verbb. ähneln sich stark, doch weist nur das von **I** eine gut aufgelöste Feinstruktur auf. Vf. diskutiert die Ursachen der bathochromen Verschiebung der Konjugationsbande von **I** im Vgl. zu Diphenyl (Koplanarität der aromat. Ringe u. Hyperkonjugationseffekte der Brückenmethylengruppe), ähnlich werden die analogen Verschiebungen im Spektrum von **II** u. **III** gedeutet. Mit zunehmender Zahl an Brückenatomen verschiebt sich die Konjugationsbande der o.o'-überbrückten Diphenyle nach kürzeren Wellenlängen, offenbar weil diese Verbb. eine nichtebene Konfiguration besitzen. Die durch die Ebenen der aromat. Ringe gebildeten Winkel werden für die Verbb. mit 3 bzw. 4 Brückenatomen zu **44,5—47,3°** bzw. **58,0—61,5°** berechnet. B. Gnauck. B 118□

**Über die Emission von Tryptophan.** Eiji Fujimori. (Biochim. biophysica Acta [Amsterdam] **40,** 251—56, 20/5. 1960; Woods Hole, Mass., Marine Biolog. Labor., Inst. for Muscle Res.; engl.) — Bei 77° K wurden die Emissionsspektren (Anregung bei 280 u. 350 m$\mu$) von *DL-Tryptophan* (**I**) in W., 8 m HCl-Lsg., 10%ig. Glucose (**II**)-Lsg., 80%ig. Aceton (**III**), wss. Methanol (**IV**), in wss. Lsgg. von Cystein (**V**), Histidin (**VI**), 2.4-Dinitrophenol (**VII**), Riboflavin (**VIII**) u. Folsäure (**IX**), ferner zum Vgl. auch die Emissionsspektren von *Indol* (**X**) in einem steifen Glasmedium (EPA, auch mit 2% **III**-Geh.) u. von *Rinderserumalbumin* (**XI**) in W. aufgenommen. **I** zeigte 2 Formen der Emission, jeweils mit einem kurz- u. einem langlebigen Bereich (ebenso wie **X** u. **XI**): Die Anregung der $\pi$-$\pi$-Absorption bei 280 m$\mu$ führte zu Fluorescenz (F) im UV- u. zu Phosphorescenz (P) im blauen Bereich bei ca. 430 m$\mu$ in den Lsgg. mit **II, IV, V, VI** u. HCl. In der gefrorenen wss. Lsg. war die P nicht zu beobachten, die F war etwas nach längeren Wellen hin verschoben. In der **III**-Lsg. war die F geringer als in der wss. Lsg., doch trat hier P auf, bedingt durch den Energieübergang zwischen den Triplettzuständen; der gleiche Effekt wurde im Syst. von **X** mit **III** beobachtet. Bei Anregung durch 350 m$\mu$ zeigten die wss. Lsg. des **I**, wie auch seine Lsgg. mit **II, III, IV, V** u. **VI**, sowie die wss. Lsgg. von **X** u. **XI** jeweils eine blaue kurzlebige u. eine grüne langlebige Emission. Im Falle von **I** konnte diese unterdrückt werden durch Zusatz von HCl oder durch Bldg. von Ladungsübertragungskomplexen mit **VII**, *Trinitrobenzol*, **VIII** oder **IX**; die Komplexe unterdrückten auch die Emission bei Anregung mit 280 m$\mu$.
E. Uhlein. B 118□

**Ultrarotspektroskopische Untersuchungen an perdeuterierten Derivaten des Isobutans.** W. Zeil, H. Buchert, H. Heel und H. Pförtner. (Z. Elektrochem., Ber. Bunsenges. physik. Chem. **64,** 769—73, 1960; Karlsruhe, TH, Inst. für Phys. Chem. u. Elektrochem.; dt.) — Vff. untersuchen die IR-Spektren der *Perdeutero-Derivv.* von *tert.-Butylchlorid, tert.-Butylbromid, tert.-Butylalkohol* u. *Trimethylessigsäure.* Durch Vgl. mit den entsprechenden Spektren der nichtdeuterierten Verbb. wird eine neue Zuordnung für einige Schwingungen der tert.-Butylgruppe vorgeschlagen: Eine starke Absorption bei ca. 1150 $cm^{-1}$ besteht aus 2 nicht oder nur unvollständig aufgelösten Banden. Demnach mußten die Zuordnungen von Sheppard (C. **1953,** 8808) u. von Mann, Aquista u. Lide jun. (J. molecular. Spectroscopy **2,** [1958], 575) eine Bande zuviel enthalten. Vermutlich ist es die dort angegebene $\nu_{17}[\varrho(CH_3)]$ bei 930—890 $cm^{-1}$, die wahrscheinlich eine Ober- oder Kombinationsschwingung ist, während $\nu_{17}$ bei 1150 liegt. Unterss. der IR-Spektren von *tert.-Butyl-, tert.-Butylmethylacetylen* u. der Raman-Spektren von *tert.-Butylbrom-* u. *-chloracetylen* stützen diese Annahme.
Volkmar Schmidt. B 120◇

**Charakteristische Schwingungen der Sulfurylgruppe.** E. A. Robinson. (Canad. J. Chem. **39,** 247—55, Jan. 1961; Hamilton, Ontario, McMaster Univ., Dep. of Chem.; engl.) — Für eine große Zahl von Verbb. mit $SO_2$-Gruppen werden symm. u. asymm. $SO_2$-Valenzfrequenzen zusammengestellt, u. es wird gezeigt, daß für zahlreiche Verbb. eine lineare Beziehung zwischen der $\nu(SO_2)_s$ u. $\nu(SO_2)_{as}$ besteht u. daß die Frequenzen in systemat. Weise von den Elektronegativitäten der an die $SO_2$-Gruppe gebundenen Reste abhängt. Diese Beziehungen lassen sich zur Zuordnung bzw. Neuzuordnung der $SO_2$-Banden in den IR- u. Raman-Spektren einiger Verbb. verwenden. Zwischen den $SO_2$-Frequenzen u. der Säurestärke von *Sulfonsäuren* scheint eine Beziehung zu bestehen; danach fällt die Säurestärke in der Reihe $H_2S_2O_7 > FSO_3H > CF_3 \cdot SO_3H > ClSO_3H > H_2SO_4 > CH_3SO_3H >$ p-Toluol- u. Benzolsulfonsäure. Aus Schwingungsfrequenzen der $SO_2$- u. PO-Gruppe (Phosphoryl-Verbb.) werden Werte der Gruppennegativitäten berechnet; für $SO_2$-Verbb. ist die Gruppennegativitätsreihe wahrscheinlich $F > OF > CF_3 > OR \simeq OH > Cl \simeq CCl_3 > SR \simeq NH_2 >$ Aryl $>$ Alkyl. Von folgenden Verb.-Klassen sind Werte der $\nu(SO_2)_s$ u. $\nu(SO_2)_{as}$ angegeben: *Sulfone, Thiolsulfonate* ($RSO_2SR$), *Sulfonsäuren* u. *Ester, Sulfonamide, $H_2SO_4$-Ester, Sulfonylchloride* u. *-fluoride, anorgan. Sulfuryl-Verbb., Sultone.* G. Pötzscher. B 120◇

**Infrarotspektroskopische Analyse in der organischen Chemie.** 7. Mitt. **Die einfache Berechnungsmethode angenäherter $\nu_{C=O}$-Werte im Infrarotabsorptionsspektrum der Carbonylverbindungen (Zusatz; eine analoge Methode bezogen auf $\nu_{P=O}$).** Masao Yamaguchi, Yuji Hayashi und Sadao Matsukawa. (Japan Analyst **10,** 1106—13, Okt. 1961; Wakayama Med. Coll., Dep. of Chem.; Osaka City, Univ., Fac. of Sci., Labor. of Organ. Chem.; jap., Auszug: engl.) — 6. vgl. J. chem. Soc. Japan, pure Chem. Sect. [Nippon Kagaku Zassi] **81,** [1960], 1118. — In der Gleichung $\nu_{C=O} = A_0 + \Sigma\Delta\nu_{C=O}[R]_r$ (in $cm^{-1}$) ist $A_0$ ein Zustandswert (1717), der 2. Term ist der Wert der durch einen die Carbonylgruppe einschließenden Strukturfaktor bedingten mittleren Verschiebung. Hierfür sind verschiedene Zahlenwerte tabelliert. 6 Summationsregeln werden aufgestellt. Die Berechnungs-Meth. steht in Einklang mit der Elektronentheorie u. liefert Werte, die mit Vers.-Daten gut übereinstimmen. Für $\nu_{P=O}$-Werte der Phosphoryl-Verbb. gilt eine analoge Gleichung. W. Hein. B 120◇

**Darstellung und Schwingungsspektrum des Bis-[hydroxymethyl]-dimethylsilans.** J. Goubeau und W. Mayer. (Z. anorg. allg. Chem. **318**, 287–92, 1962; Stuttgart, TH, Labor. für anorg. Chem.; dt.) — *$(CH_3)_2Si(CH_2OH)_2$* (I) konnte durch Red. von $(CH_3)_2Si(CH_2OCOCH_3)_2$ (II) mit $LiAlH_4$ dargestellt werden. Es ist ident. mit dem von Speier u. Daubert (J. Amer. chem. Soc. **70**, [1948], 1400) durch Umesterung von **II** mit $CH_3OH$ erhaltenen Prod.; Vff. konnten nach dieser Meth. jedoch nur *$(CH_3)_2Si\cdot(OCH_3)_2$*, bei Verw. von A. 30% an I erhalten, wobei *$(CH_3)_2Si(CH_2OH)(CH_2OCOCH_3)$* als gaschromatograph. nachgewiesenes Zwischenprod. entsteht. Ein durch Hydrolyse von **II** mit wss. HCl erhaltenes Gemisch von **II** u. **I** ließ sich schwer trennen. **I** ist eine farblose, geruchlose, hydrolysebeständige Fl., die in Campher assoziiert vorliegt. Die IR- bzw. Raman-Spektren von **I** u. **II** werden mitgeteilt, zugeordnet u. mit *$(CH_3)_2Si(CH_2NH_2)_2$* (**III**) verglichen. Es findet sich keine Erklärung für das unterschiedliche Verh. von **I** u. **III**.

Versuche: *Bis-[acetoxymethyl]-dimethylsilan* (II), $Kp._{27}$ 126–127°, aus $(ClCH_2)_2Si\cdot(CH_3)_2$, $KOCOCH_3$ u. Eisessig im Rührautoklaven bei 50 atm, 6–8 Std. lang bei 110 bis 130° u. weitere 16–18 Std. bei 150–160°; 65–70% (Ausbeute). — *Bis-[hydroxymethyl]-dimethylsilan* (I), $Kp._{15}$ 120–121°, durch Zutropfen von **II** zur äther. Lsg. von $LiAlH_4$ u. $^1/_2$std. Rühren; 55%. H. Bürger. B 120□

**Infrarotspektren von Desoxynupharidin und verwandten Verbindungen.** Masayuki Narisada. (J. pharmac. Soc. Japan [Yakugakuzasshi] **77**, 321–23, März 1957; Imafuku, Amagasaki, Shionogi and Co., Res. Labor.; jap., Auszug: engl.) — Auf Grund IR-spektroskop. Messungen (Absorptionsbanden bei 3135, 1499 u. 874 $cm^{-1}$) wird angenommen, daß in *Desoxynupharidin* ein Furanring vorhanden ist. Ein Zers.-Prod. von *Tetrahydrodesoxynupharidin* enthält, wie durch die Banden bei ca. 1060 u. 905 $cm^{-1}$ wahrscheinlich gemacht wird, einen Tetrahydrofuranring. P. Golinske. B 120◇

**Mikrowellenspektrum von Methylnitrat.** William B. Dixon und E. Bright Wilson jun. (J. chem. Physics **35**, 191–98, Juli 1961; Cambridge, Mass., Harvard Univ., Mallinckrodt Chem. Labor.; engl.) — An Hand der Rotations-Konst. des *Methylnitrats* im Grundzustand konnte gezeigt werden, daß die 5 schweren Kerne des Mol. in derselben Ebene liegen. Als Dipolmoment wurde durch Messung des Stark-Effektes $3{,}10 \pm 0{,}05$ D gefunden. Für angeregte Zustände der Torsion der $NO_2$-Gruppe wurden Satellitenlinien beobachtet. Grobe Messungen der relativen Intensität ergaben eine Frequenz von $130 \pm 20\ cm^{-1}$ für diese Grundschwingung u. eine Barriere von $9100 \pm 2600$ cal/Mol. Das weist auf einen erheblichen Anteil Doppelbindungscharakter bei der CO–N-Bindung hin. Für die interne Rotation der Methylgruppe wurden 2321 cal/Mol gefunden. M. Schüle. B 121□

**Mikrowellenspektrum von Methyldifluorsilan.** J. D. Swalen und B. P. Stoicheff. (J. chem. Physics **28**, 671–74, April 1958; Cambridge, Mass., Harvard Univ., Dep. of Chem.; Ottawa, Res. Council, Div. of Pure Phys.; engl.) — Aus den Mikrowellenspektren der 5 Methyldifluorsilane *$CH_3{}^{28}SiHF_2$*, *$CH_3{}^{29}SiHF_2$*, *$CH_3{}^{30}SiHF_2$*, *$^{13}CH_3\cdot{}^{28}SiHF_2$* u. *$CH_3{}^{28}SiDF_2$* wurden unter der Annahme r(CH) = 1,090 Å u. ∢ HCH = 108° die Parameter des abgeflachten, asymm. Rotor-Mol. zu r(FF) $2{,}541 \pm 0{,}001$, r(SiC) $1{,}833 \pm 0{,}002$, r(SiF) $1{,}583 \pm 0{,}002$, rSiH = r(SiD) $1{,}474 \pm 0{,}005$ Å, ∢ FSiF 106° 44′ ± 30′, ∢ CSiH 116° 10′ ± 1°, ∢ FSiC 109° 52′ ± 30′ bestimmt. Verglichen mit anderen Methylsilanen nimmt der Si–C-Abstand durch Fluorierung ab. Aus Messungen des Stark-Effektes von $J = 2 \leftarrow 1$-Übergängen wurde das Dipolmoment zu $2{,}11 \pm 0{,}02$ D bestimmt. Die gehinderte Rotation der $CH_3$-Gruppe macht sich in Dublettaufspaltungen verschiedener Rotationslinien bemerkbar, aus deren Abstand eine Energieschwellenhöhe für die Hinderung der inneren Rotation von 439 $cm^{-1}$ (1255 cal/Mol) errechnet wird.

H. Bürger. B 121□

**Graphische Berechnung des Absorptionskoeffizienten von Mikrowellen in Dielektrika.** A. Ju. Kerimow. (Nachr. Moskauer Univ., Ser. Math., Mechan., Astronom., Physik, Chem. [UdSSR] **13**, Nr. 3, 75–80, 1958; Moskau, Univ., Lehrstuhl für Radiotechnik; russ.) — Aufstellung der Formeln für die Berechnung des Brechungsindex n u. Absorptions-Koeff. k im Mikrowellenbereich für Dielektrika mit Darst. der Berechnung in Nomogrammform. — Die Ableitung von n u. k für *Bzl.* u. *Toluol* nach verschiedenen Berechnungs-Meth. mittels des Nomogramms u. Vgl. mit prakt. Ergebnissen (Messung mittels Klystrongenerator mit Resonator, $\lambda = 3{,}2$ cm, Wellenleiter $28{,}5 \times 12{,}6 \times 100$ mm-Blockschema) stimmen gut überein. J. Tůmová. B 121◇

**Die Struktur von Thiophen.** Børge Bak, Daniel Christensen, Lise Hansen-Nygaard und John Rastrup-Andersen. (J. molecular Spectroscopy **7**, 58–63, Juli 1961; Copenhagen, Denmark, Univ., Chem. Labor.; engl.) — Vff. untersuchten die

Mikrowellenspektren von $^{13}C_{(2)}$- u. $^{13}C_{(3)}$-Thiophen (I); die Proben waren zu 34% bzw. 22% an $^{13}C$ angereichert. Bei der Analysierung der Spektren konnten 3 Linien von $^{34}$S-I beobachtet u. identifiziert werden. Unter Mitverw. der früher (vgl. C. **1957**, 10707) für I u. deuterierte I erhaltenen Daten konnte eine eindeutige Berechnung der $r_s$-Struktur von I durchgeführt werden. Es wurden die folgenden Strukturparameter erhalten: C—S = 1,714 Å; C=C = 1,370 Å; C—C = 1,423 Å; $C_{(2)}$—$H_{(2)}$ = 1,078 Å; $C_{(3)}$—$H_{(3)}$ = 1,081 Å; ∢$C_{(5)}$—S—$C_{(2)}$ = 92° 10'; ∢ S'—$C_{(2)}$—$C_{(3)}$ = 111° 28'; ∢ $C_{(2)}$—$C_{(3)}$—$C_{(4)}$ = 112° 27'; ∢ S—$C_{(2)}$—$H_{(2)}$ = 119° 51' u. ∢ $C_{(4)}$—$C_{(3)}$—$H_{(3)}$ = 124° 16'. Hier liegen die C—C-Abstände näher den C—C-Abständen in Bzl. als in dem früheren (vgl. l. c.) Modell, d. h. I ist aromatischer als früher angenommen worden war. Roh abgeschätzt wurde die $\pi$-Elektronenverteilung in Thiophen. Die gesamte bewegliche Ladung beträgt 4,93 e in Übereinstimmung mit der Tatsache, daß C u. S dieselbe Elektronegativität haben. Daher können die 4 C- u. das S-Atom je eine negative Ladungseinheit an die „Wolke" der beweglichen Ladungen abgeben, während die zweite S—$\pi$-Elektronenladungseinheit eine sehr viel größere Ladungsschwelle zu überwinden hat. Das aus der Ladungsverteilung errechnete $\pi$-Moment ist 0,80 D u. zeigt von einem positiven S-Atom aufwärts gegen die $C_{(3)}$—$C_{(4)}$-Bindung. Das allg. angenommene C-Moment ist 1,260 u. zeigt in der entgegengesetzten Richtung. Das berechnete Dipolmoment ergibt sich hieraus zu 0,46 D gegenüber einem gemessenen Wert von 0,6 D. C. Gottfried. B 121

**Die Fluorescenz von Chinin in alkalischem Medium und in absolutem Äthanol.** H. A. Linnewiel und B. J. Visser. (Nature [London] **195,** 699, 18/8. 1962; Amsterdam, Univ., Pharm.-Therap. Labor.; engl.) — *Chinin* fluoresciert nicht nur in saurer, sondern auch in alkohol. u. in alkal. Lsg., wobei sich die Fluorescenzintensitäten wie 60 : 10 : 1 verhalten. Die Anregungsmaxima stimmen gut mit den UV-Absorptionsmaxima überein. W. Betcke. B 125□

**Massenspektrometrischer Nachweis von freien Methylradikalen in dem Einfluß einer elektrischen Entladung ausgesetzten Methan.** Natalija N. Dogramadži und Kiro F. Zmbov. (Bull. Inst. nuclear Sci. „Boris Kidrich" **9,** 105—09, März 1959; Inst. of Nucl. Sci. „Boris Kidrich", Labor. of Phys. Chem.; engl.) — *Methan* wird beim schnellen Durchfluß durch eine spezielle Entladungsröhre einer elektrodenlosen Hochfrequenzentladung bei 10 MHz bei einem Druck von 0,2—0,8 Torr ausgesetzt. Das so behandelte Gas wird in einem 90°-Sektor-Massenspektrometer (mit Nierscher Ionenquelle) analysiert. Es wird das Verhältnis der Ionenströme der Massen 14, 15 u. 16 gemessen. Ein Anstieg des Verhältnisses der Intensitäten $i_{15}/i_{16}$ um ca. 2% beim Einschalten der Entladung beweist die Bldg. freier $CH_3$-Radikale, während durch einen Anstieg von $i_{14}/i_{16}$ wegen größerer Fehlerquellen die Bldg. von $CH_2$-Radikalen nicht sicher bewiesen werden kann. P. Kahlow. B 131

**Vereinfachte Massenspektren mit Hilfe einer Feldemissions-Ionenquelle.** H. D. Beckey. (Z. analyt. Chem. **170,** 359—64, 1959; Bonn, Univ., Inst. für phys. Chem.; dt.) — Vgl. C. **1961,** 9684. — Ausdehnung der l. c. beschriebenen Meth. auf KW-Stoffe (*Bzl.*; $CH_4$; $n$-$C_nH_{2n+2}$ mit n = 2, 3, 4, 5, 6); Vgl. mit Elektronenstoßmassenspektren; Erörterung der Vor- u. Nachteile; Verbesserungsmöglichkeiten; Bedeutung für spezielle analyt. Probleme. A. Blaschette. B 131◇

**Verbesserungen an einem Massenspektrometer für die organische Strukturanalyse.** Ragnar Ryhage. (Ark. Kemi **16,** Nr. 3, 19—49, 1960; Stockholm, Karolinska Inst., Kem. Inst., Labor. for Mass Spectrometry; engl.) — Es wird eine detaillierte, Beschreibung der konstruktiven Einzelheiten gegeben, die der Verbesserung an der Ionenquelle, des Analysatorrohres u. des Sammelsyst. des Analysators dienten. Das Vakuum-Syst. mit Probeneingabe, das Schaltschema zur Ionenbeschleunigung, zur Stromregelung am Magneten, zur Regelung der Elektronenemission u. zur Spannungserzeugung an der Ionenquelle wird mitgeteilt. Die Leistungsfähigkeit des Gerätes wird am Beispiel des *n-Nonakosansäuremethylesters* ($C_{30}H_{60}O_2$) u. des *Cholesterins* illustriert. H.-P. Rettig. B 131□

**Lehrbuchirrtümer. 34. Mitt. Dipolmomente symmetrischer organischer Moleküle.** Wilbur N. Moulton. (J. chem. Educat. **38,** 522—23, Okt. 1961; Carbondale, Ill., Southern Illinois Univ.; engl.) — 23. vgl. C. **1963,** 3839. — Es stimmt nicht, daß symm. substituierte Moll. mit gewinkelten Substituenten von freier Drehbarkeit kein Dipolmoment $\mu$ haben. Sie müssen vielmehr in Bezug auf $\mu$ als eine Gleichgewichtsmischung von Konformationsisomeren behandelt werden. Die Behauptung, daß ein Symmetriezentrum in einem Mol. ein Kriterium für das Fehlen eines Moments sei, läßt sich an Hand von organ. u. anorgan. Beispielen widerlegen. — Es werden einige allg. Regeln hinsichtlich des Zusammenhangs zwischen Konformation, opt. Aktivität u. Dipolmoment formuliert. W. Betcke. B 132□

**Untersuchung von Additionsreaktionen durch Messungen der Dielektrizitätskonstanten.** Claude Abgrall und Roger Barre. (C. R. hebd. Séances Acad. Sci. **253**, 439—41, 17/7. 1961; franz.) — Die Messung der DK von Mischungen zweier äquimol. Lsgg. von 2 polaren Substanzen im gleichen unpolaren Lsgm. stellt eine Meth. dar, die Existenz von chem. Verbb. zwischen den polaren Substanzen nachzuweisen. Zunächst wird die lineare Abhängigkeit der DK einer Substanz von der Konz. sichergestellt. Folgende Verbb. in Bzl. wurden untersucht (T = 20°): *Pyridin* (I), *Phenol* (II), *Anilin* (III), *Essigsäure* (IV). Da die Linearität bis zu 1 Mol/Liter gewährleistet ist, wurden für die Unterss. von 2 Substanzen nebeneinander je 0,5 Mol/Liter verwendet. Für das Syst. **I–IV** bei 20, 60, 80 u. 100° zeigt $\varepsilon$(x) (x = Molenbruch) einen Knick bei äquimol. Verhältnissen u. für das Syst. **II–III** (20 u. 80°) einen solchen bei 2 Mol **II** u. 1 Mol **III**. Die Anwendung der Gleichung von Debye erlaubt eine Deutung des Knickpunktes: Für das 2. Syst. z. B. stellt der lineare Teil vor dem Knickpunkt eine Lsg. von **II** u. der Verb. **II–III**, der lineare Teil nach dem Knickpunkt die Lsg. von **II** u. **II–III** dar. Der Winkel zwischen beiden Geraden vergrößert sich mit steigender Temp., d. h. die Verb. dissoziiert zunehmend. H. G. Henkel. B 132□

**Besonderheiten der elektrischen Eigenschaften von Triglycinsulfat-Kristallen bei Infraniederfrequenz.** W. M. Gurewitsch, I. Ss. Sheludew und I. Ss. Res. (Kristallographie [UdSSR] **5**, 802—05, Sept./Okt. 1960; russ.) — Die seignetteelektr. Eigg. von *Triglycinsulfat*-Kristallen wurden bei Frequenzen von 0,01—50 Hz bei 22,4° untersucht. Es wurde gefunden, daß die spontane Polarisation $P_s$ bei Erniedrigung der Frequenz von 50 auf 0,01 Hz geringfügig zunimmt, das Koerzitivfeld $E_k$ in gleicher Richtung von 250 auf 236 V/cm abnimmt. Bei kleinen Frequenzen (0,01—0,1 Hz) nimmt $E_k$ mit wachsendem E zu. Die Gültigkeit der Beziehung $1/\tau_s = (1/\tau_\infty)\exp(-B\ln E_k)$ (mit $\tau_s$ = Zeit vom Anlegen des Feldes $E = E_k$ bis zur Erreichung $P_s = 0$; $\tau_\infty$, B = Konst.) wurde experimentell abgeleitet. Einige Beobachtungen über das elektr. Gedächtnis des Kristalls werden angegeben. G. Winkhaus. B 133□

**Elektrische Leitfähigkeit und Photoleitfähigkeit von Pinacyanol und Orthochrom T.** A. T. Wartanjan und I. A. Karpowitsch. (J. physik. Chem. [UdSSR] **32**, 543—53, März 1958; russ.) — Im Vakuum besitzen feste Schichten von *Pinacyanol* (I) u. *Orthochrom T* (II) eine spezif. Leitfähigkeit $\sigma$ von ca. $10^{-12}$ u. $10^{-13}$ $\Omega^{-1}$cm$^{-1}$, die mit steigender Temp. zunimmt (therm. Aktivierungsenergie $E_t$ 1,8 bzw. 2,05 eV). Die Photoleitfähigkeit $\Delta\sigma$ hängt mit der Intensität L der Bestrahlung entsprechend $\Delta\sigma = aL^n$ zusammen, worin 0,7 (schwach entgaste Schichten) $< n \leqslant 1$ ist u. exponentiell von der Temp. abhängt (opt. Aktivierungsenergie $E_0$ 0,4 bzw. 0,35 eV). Die Schichtdicke u. der nichtlineare Charakter von $\Delta\sigma$ beeinflussen die Form der spektralen Empfindlichkeitskurven. Bei dünnen Schichten entsprechen diese gut den Absorptionskurven. Die $E_0$-Werte, die für eine Reihe von Farbstoffen, wie **I**, **II**, *Trypaflavin*, *Acridinorange*, *Erythrosin*, *Phenosafranin*, *metallfreies* u. *Cu-Phthalocyanin*, nach der $\lambda_{1/2}$-Meth. u. nach der Meth. der „photoelektr. Geraden" bestimmt wurden, befinden sich sowohl untereinander als auch mit den $E_t$-Werten in guter Übereinstimmung. Trockner $O_2$ ist ohne Einfl. auf den Dunkelstrom u. setzt infolge photochem. Wechselwrkg. mit dem Farbstoff den Photostrom von **I** u. **II** herab. Wasserdampf bewirkt einen elektrolyt. Dunkelstrom u. schwächt oder stärkt den Photostrom je nach der Vorbehandlung der Schicht. Feuchter $O_2$ ruft eine erhebliche Zunahme des Photostromes bei schwach entgasten Schichten hervor. Es tritt dabei eine Photo-EMK auf. G. Rudakoff. B 134□

**Gesetzmäßigkeiten bei mittleren magnetischen Susceptibilitäten von Paraffinkohlenwasserstoffen und Alkoholen.** W. A. Siborow, Ju. A. Pentin und W. M. Tatewski. (J. physik. Chem. [UdSSR] **32**, 707—09, März 1958; Moskau, Lomonossow-Univ.; russ.) — Vff. berechnen nach einer Gleichung, in der Zahl u. Art der C-Atome (prim., sek. usw.) u. bestimmte, berechnete Gruppensusceptibilitäten additiv berücksichtigt werden, die magnet. Susceptibilitäten für die *Paraffine* (*n-Hexan*, *n-Heptan*, *n-Octan*, *n-Nonan*, *2.3-Dimethylbutan*, *3-Methylheptan*, *2.3-Dimethylheptan*) u. *aliphat. Alkohole* [*n-Propanol*, *n-Butanol*, *n-Pentanol*, *n-Hexanol*, *n-Heptanol*, *n-Octanol*, *x-Methylpentanol-(2)*, *2.4-Dimethylpentanol-(3)*, *2-Methylhexanol-(3)*, *3-Methylheptanol-(3)*, *2.5-Dimethylhexanol-(2)*, *-(3)* u. *-(4)*, *2-Methyloctanol-(4)*, *2.6-Dimethylheptanol-(4)*, *2.4-Dimethyloctanol-(4)* u. *5-Butyloctanol-(5)*] u. vergleichen sie mit experimentellen Ergebnissen. Dabei zeigt sich eine gute Übereinstimmung. Vff. sehen dies als eine Bestätigung ihrer Theorie über die annähernde Konstanz der partiellen physikal.-chem. Größen.
G. Rudakoff. B 137□

**Struktur des Methylradikals.** T. Cole, H. O. Pritchard, N. R. Davidson und H. M. McConnell. (Molecular Physics **1**, 406—09, Okt. 1958; Pasadena, Calif., California Inst. of Technol., Gates and Crellin Labor. of Chem.; engl.) — Bei paramagnet. Resonanzmessungen an einer Mischung von $^{12}CH_3$- u. $^{13}CH_3$-Radikalen, die bei der

Röntgen-Bestrahlung von $CH_3J$ bei 77°K gebildet wurden, wurden $^{13}C$-Hyperfeinaufspaltungen von $41 \pm 3$ Gauß gefunden. Diese Beobachtungen werden als Beweis für die Planarität der $CH_3$-Radikale angesehen. D. Noack. B 137◇

**Beobachtungen von weitreichender Kopplung zwischen Protonen und Kohlenstoff-13 in natürlicher Verteilung in den Proton-NMR-Spektren.** D. R. McAdams. (J. chem. Physics **36,** 1948—49, 1/4. 1962; Baton Rouge, Louisiana, Humble Oil & Refin. Comp., Esso Res. Labor.; engl.) — Weitreichende $^{13}C-H$-Kopplung läßt sich in Protonenresonanzspektren beobachten, vorausgesetzt, daß das Hauptsignal des ungekoppelten Protons genügend eng (1,5 Hz) ist. Solche Beobachtungen bei 35 Hz ergeben $J(^{13}C-H)$-Werte von 9,8—10,0 für *Acetonitril,* 5,8—6,0 für *Na-Acetat,* 6,8—6,9 (Acetatrest) für *Methylacetat,* 5,7 ($CH_3$) für *Acetophenon,* 6,0 ($CH_3$) für *Acetaldehyd* u. 5 (breit, $CH_3$) für *Toluol.* G. Pötzscher. B 137◇

**Fernwirkungs-Kopplungskonstanten in den NMR-Spektren von Olefinen.** Robert R. Fraser. (Canad. J. Chem. **38,** 549—53, April 1960; Ottawa, Ontario, Univ. of Ottawa, Dep. of Chem.; engl.) — Die kernmagnet. Resonanzspektren von *Tiglin-* u. *Angelicasäure* sowie deren *Methylester* wurden aufgenommen u. mit Hilfe der Störungstheorie 1. Ordnung untersucht. In jedem Fall waren die Fernwrkg.-Kopplungs-Konst. für trans-orientierte H-Atome größer als für cis-orientierte. Die Daten sowie Literaturwerte sind in Übereinstimmung mit der Annahme, daß die trans-Kopplungs-Konst. für solche H-Atome, die durch mehr als 3 Bindungen voneinander getrennt sind, größer sind als die cis-Kopplungskonstanten. — *Tiglinsäure,* F. 64—65°, durch 4std. Einw. von $AgNO_3$ auf Tiglinaldehyd (Kp. 114—115°) in 28%ig. A., Umwandlung über das Ca- in das Na-Salz u. Ansäuern; 53% (Ausbeute). *Methylester,* Kp. 133—135°, $n_D^{24}$ 1,4360; 91%. — *Angelicasäure,* F. 42—44°, aus vorst. Verb. nach Buckles u. Mock (C. **1951,** II. 1721); 39%. *Methylester,* Kp. 125—126°, $n_D^{24}$ 1,4307; 52%. B. Gnauck. B 137□

**Elektronenspinresonanzabsorption von Diphenylpikrylhydrazyl–Zinkoxid-Gemischen.** Y. Matsunaga und C. A. McDowell. (Canad. J. Chem. **38,** 724—27, Mai 1960; Vancouver, B.C., Univ. of Brit. Columbia, Dep. of Chem.; engl.) — Vgl. Harrison u. McDowell, C. **1958,** 2959. — Vff. untersuchten die Elektronenspinresonanz von *α.α-Diphenyl-β-pikrylhydrazyl* (**I**)–*ZnO*-Gemischen (1 : 9) u. verglichen die Daten mit denen von **I** selbst sowie von **I**–*KCl*-Gemischen. Hierbei ergibt sich, daß eine Elektronenübertragung zwischen **I** u. ZnO erfolgt. Damit werden die l. c. geäußerten Vermutungen, daß die I–ZnO-Gemische die Katalyse der o/pH-Umwandlung u. den H/D-Austausch vergrößern, bestätigt. Ähnliche Befunde wurden auch mit **I**–*NiO*-Gemischen erzielt. B. Gnauck. B 137□

**Kopplungskonstanten in starren fünfgliedrigen Ringen. NMR-Spektren der Camphan-2.3-diole.** F. A. L. Anet. (Canad. J. Chem. **39,** 789—94, April 1961; Ottawa, Canada, Univ. of Ottawa, Dep. of Chem.; engl.) — Die NMR-Spektren der 4 Isomeren von *Camphandiol-(2.3)* werden gemessen. In allen 4 Verbb. werden verschiedene Werte für die chem. Verschiebungen der Methylprotonen beobachtet. Die Kopplungs-Konst. der Protonen in 2-, 3- u. 4-Stellung sind in Übereinstimmung mit der Karplus-Beziehung (vgl. J. chem. Physics **30,** [1959], 11), so werden für die cis-Isomeren mit einem Diederwinkel von 0° zwischen den Protonen in 2- u. 3-Stellung wesentlich größere Kopplungs-Konst. beobachtet als für die trans-Isomeren mit einem Diederwinkel von 120°. Im einzelnen betragen die Kopplungs-Konst. für die isomere *2-exo-3-exo-* $J_{23} =$ 7,7 Hz, *2-exo-3-endo-* $J_{23} = 2{,}3$ Hz, *2-endo-3-exo-Verb.* $J_{23} = 2{,}2$ Hz. Bei der *2-endo-3-endo-Verb.* werden für die 2- u. 3-Protonen insgesamt 12 Linien beobachtet, es wird angenommen, daß auch eine Kopplung zwischen den exo-Protonen an $C_{(2)}$ u. $C_{(6)}$ bzw. $C_{(3)}$ u. $C_{(5)}$ eintritt. Die einzelnen Kopplungs-Konst. für diesen Fall sind $J_{23} = 8{,}9$, $J_{34} = 4{,}4$, $J_{26} = 1{,}4$ u. $J_{35} = 1{,}0$ Hz. Rudolf Albrecht. B 137□

**Das Verhalten von substituierten aromatischen Säuren in ausgewählten nichtwässerigen Lösungsmitteln.** Roy R. Miron und David M. Hercules. (Analytic. Chem. **33,** 1770—74, Nov. 1961; Richmond, Calif., California Res. Corp.; Huntington, Pa., Juniata Coll., Dep. of Chem.; engl.) — Der Einfl. nichtwss. Lsgm. (Pyridin, Acetonitril, 4-Methyl-2-pentanon, 2-Nitropropan, o-Nitritoluol, Nitrobenzol, N.N'-Dimethylformamid, Chlorbenzol u. Brombenzol) auf die sauren Eigg. substituierter Benzoesäuren (*m-Chlor-, m-Brom-, m-Jod-, m-Amino-, m-Methyl-, m-Nitro-, m-Methoxy-, p-Chlor-, p-Brom-, p-Jod-, p-Amino-, p-Methyl-, p-Nitro-, p-Methoxy-, p-Äthoxy-, p-Isopropylbenzoesäure* u. *Benzoesäure*) u. Phenole (*Phenol, m-Chlor-, m-Nitro-, p-Chlor-, p-Nitro-* u. *p-Bromphenol*) wurde mit den strukturellen Eigg. dieser Verbb. in den Lsgm. in Verbindung gebracht. Zwischen dem Halbwertspotential u. dem pK- bzw. dem $\sigma$-Wert von Hammett wurden für jedes Lsgm. lineare Beziehungen nachgewiesen. Die Gründe für das vom Verh. der übrigen substituierten Benzoesäuren abweichende Verh. von m-Amino-, p-Amino-, p-Methyl- u. p-Nitrobenzoesäure werden diskutiert.

P. Kurzmann. B 139◇

**Ionisation und Ultraviolettabsorption von Indol-2-carbonsäure.** Paavo Lumme und Niilo Seppäläinen. (Suomen Kemistilehti B **35,** 123—26, 1962; Helsinki, Finland, Univ., Dep. of Chem.; engl.) — Die Ionisation von *Indol-2-carbonsäure* in wss. KCl, HCl u. NaOH wurde potentiometr. untersucht. Der thermodynam. pK-Wert der $CO_2H$-Gruppe bei 25° beträgt 3,870. Aus den UV-Spektren in HCl- (bis 1 m) u. NaOH-Lsgg. (bis 1 m) (isosbest. Punkte bei 247, 282 u. 350 mμ) wird gefolgert, daß die Tendenz der Säure, das H-Atom am N-Atom ion. abzuspalten oder ein weiteres $H^+$-Ion aufzunehmen, sehr gering ist.

Versuche: *β-[2-Nitrophenyl]-α-ketopropionsäure,* F. 118—121° (Bzl.), durch Zugabe von 2-Nitrotoluol u. Äthyloxalat zu $KOC_2H_5$ in A.–Bzl. u. 2std. Kochen; 59,3% (Ausbeute). — *Indol-2-carbonsäure,* F. 204° (sd. W.), durch Zugabe von vorst. Verb. in 5%ig. $NH_4OH$ zu $FeSO_4 \cdot 7\,H_2O$ in 25%ig. $NH_4OH$ u. 10 Min. langes Kochen; 78%.

G. Pötzscher. B 139◇

**Anodische Oxydation von Methanol an Platin.** 2. Mitt. **Deutung der potentiostatischen Strom–Spannungs-Kurven in saurer Lösung.** S. Gilman und M. W. Breiter. (J. electrochem. Soc. **109,** 1099—1104, Nov. 1962; Schenectady, N.Y., Gen. Electr. Co., Res. Labor.; engl.) — 1. vgl. C. **1963, 3495.** — Die Form der period. potentiostat. Strom–Spannungs (I/U)-Kurven bei niedriger Lauf-Geschw. für verschiedene Konz. an $CH_3OH$ (I) in 1n $HClO_4$ an Pt wird auf die Oberflächenbedeckung mit **I** u. O bezogen. Beim Einsetzen der 1. Oxydationsstufe wird I allein auf die Oxydation von adsorbierten I-Moll. bei einem Bedeckungsgrad von $0{,}3 \leq \Theta < 0{,}9$ zurückgeführt. Die Adsorption u. die nachfolgende Entladung sind geschwindigkeitsbestimmend. Bei $\Theta < 0{,}3$ erfolgt die I-Oxydation mit größerer Geschw., wofür 2 Mechanismen vorgeschlagen werden. Die Abnahme von I nach dem 1. Maximum wird einer Blockierung durch adsorbierte O-Atome zugeschrieben. Die Form der I/U-Kurven, die mit Impulsen verschiedener Lauf-Geschw. in 1n $HClO_4$/1 m I erhalten werden, werden durch 2 Teilstromdichten, nämlich der für die Oxydation von I an der freien Oberfläche bzw. der von adsorbierten I-Moll., erklärt.

P. Frenzel. B 141◇

**Zur Polarographie des Astraphloxins.** H. Berg und W. Böckel. (Ber. dtsch. Akad. Wiss. Berlin **3,** 32—40, 1961; Jena, Dt. Akad. der Wiss., Forschungsgemeinschaft, Inst. für Mikrobiol. u. experimentelle Therapie; dt.) — Neben Gleichstrompolarographie mit verschiedenen Polarographen kam bei der Polarographie von *Astraphloxin* (*Indoleninrot, Chlorid* bzw. *Perchlorat*; **I**) u. *Astraviolett* (*Chlorid*; **II**) auch Wechselstrom-Meth. zur Anwendung, wie z. B. Dreiecksspannungs-, Umschalt-, Breyer- u. Heyrovsky-Polarographie ($d\pi/dt$) — $\pi$. Die Substanzen werden in Konzz. zwischen $5 \cdot 10^{-5}$ u. $2 \cdot 10^{-3}$ m in Britton-Robinson-Puffer polarographiert. Die Elektronenaufnahme, die aus dem Stufenvergleich gegen Fluorescein folgt, geschieht ohne Beteiligung von Protonen in 2 Teilschritten. Die Durchtritts-Rk. kann in folgender Weise modifiziert werden: a) Kleine Vorwelle variabler Potentiallage, wahrscheinlich infolge begrenzter Adsorption von **II**; b) Knickpunkt am Stufenbeginn, da aus den **II**-Anionen eine die Elektronenaufnahme verzögernde Deckschicht gebildet wird; c) Minimum, welches bei sehr hohen Konzz. durch die Deckschicht (b) verursacht werden kann; d) Adsorptionsnachstufen infolge Adsorption von I.

W. Graf. B 142□

**Polarographische Untersuchung von N-Oxiden des Anabasins und N-Methylanabasins.** Ss. G. Mairanowski, N. W. Baraschkowa, F. D. Alaschew und W. K. Sworykina. (Nachr. Akad. Wiss. UdSSR, Abt. chem. Wiss. **1960,** 938—40, Mai; Zelinsky-Inst. für org. Chem. der Akad. der Wiss. der UdSSR; russ.) — Es wurden die polarograph. Red.-Stufen von *Anabasin-N*$_{(Py)}$*-oxid, N-Methylanabasin-N*$_{(Py)}$*-oxid, -N*$_{(Pi)}$*-oxid* u. *-N.N'-dioxid* u. ihre Abhängigkeit vom pH-Wert u. der Depolarisator-Konz. untersucht. Der Charakter der polarograph. Red. ist bei den $N_{(Py)}$- u. $N_{(Pi)}$-Oxiden verschieden. Das ermöglicht es, die Struktur der Anabasinoxide polarograph. festzustellen.

Helmut Schäfer. B 142

**Die Thermodynamik von Mischungen von n-Hexan + n-Hexadecan.** 1. Mitt. **Mischungswärmen.** M. L. McGlashan und K. W. Morcom. (Trans. Faraday Soc. **57,** 581—87, April 1961; Reading, Univ., Dep. of Chem.; engl.) — Die Mischungswärmen $H^E$ von *n-Hexan* + *n-Hexadecan* (**I**) bei 20, 30, 40 u. 50° werden calorimetr. bestimmt. Sie folgen der Beziehung $H^E = Ax(1-x) + Bx(1-x)(1-2x)$ mit $x$ = Molenbruch von **I** u. $A = 315{,}5 - 12{,}58(T - 308{,}15) + 0{,}060(T - 308{,}15)^2$ u. $B = 30{,}5 - 0{,}90$

(T – 308,15) (beide in J·Mol$^{-1}$; T in °K). Aus diesen Werten wird die Temp.-Abhängigkeit der Aktivitäts-Koeff. vorausgesagt u. mit den experimentellen Werten (vgl. nachst Ref.) verglichen. G. Pötzscher. B 146◇

**Die Thermodynamik von Mischungen von n-Hexan + n-Hexadecan.** 2. Mitt. **Dampfdrücke und Aktivitätskoeffizienten.** M. L. McGlashan und A. G. Williamson. (Trans. Faraday Soc. **57,** 588–600, April 1961; engl.) — 1. vgl. vorst. Referat. — Mittels einer genau beschriebenen App. u. Meth. werden die Dampfdrücke von *n-Hexan* + *n-Hexadecan*-Mischungen bei 20, 30, 40, 50 u. 60° bestimmt. Daraus werden die Aktivitäts-Koeff. lnf u. Überschußfunktionen $G^E$, $S^E$, $H^E$ u. $C_p^E$ ermittelt; die lnf-Werte stimmen thermodynam. mit den l. c. berechneten Werten überein. G. Pötzscher. B 146◇

**Die Thermodynamik von Mischungen von n-Hexan + n-Hexadecan.** 3. Mitt. **Vergleich der Ergebnisse mit der Gittertheorie.** M. L. McGlashan, K. W. Morcom und A. G. Williamson. (Trans. Faraday Soc. **57,** 601–10, April 1961; engl.) — 2. vgl. vorst. Referat. — Die l. c. gefundenen Ergebnisse werden nach der Gittertheorie für Moll. mit verschiedener Größe diskutiert u. 3 Mischungsprozesse betrachtet: 1. Mischen bei konst. Druck; 2. Mischen bei der Volumenänderung null; 3. Mischen bei konst. Vol. pro Element (A = $-CH_3$ u. B = $-CH_2-CH_2-$), wobei Prozeß 3 dem des Gittermodells am meisten entpricht. Die Daten erlauben für Prozeß 3 jeoch nur einen qual. Vergleich. G. Pötzscher. B 146◇

**Thermische Konvektion auf einer schmelzenden Benzoloberfläche.** J. van der Burgh. (Appl. sci. Res. [The Hague], A **9,** 293–96, 1960; Delft, TH, Labor. voor Techn. Phys.; engl.) — Es wurde der Wärmeübergang durch therm. freie Konvektion auf einer Kugeloberfläche experimentell untersucht, indem eine Kugel aus festem *Bzl.* in eine großen Menge fl. Bzl. von einheitlicher Temp. geschmolzen wurde. Der Einfl. der kalten Fl., die bei dem Schmelzprozeß gebildet wird, wurde bei den Berechnungen des reinen Wärmeübergangsprozesses (ohne Schmelzen) berücksichtigt. Für die Konst. in der Beziehung für den Wärmeübergang durch therm. Konvektion $\overline{Nu} = C\,(GrPr)^{1/2}$ wurde der Wert C = 0,525 ermittelt. D. Noack. B 149◇

**Das Gleichgewicht fest–flüssig in idealen Systemen, anwendbar für Xylolmischungen.** I. Ciolan. (Rev. Chim. [Bucureşti] **7,** 690–93, Dez. 1956; rum.) P. Golinske. B 150△

**Bestimmung des Druckes von gesättigtem Dampf von schwerflüchtigen Substanzen.** Ss. I. Skljarenko, B. I. Markin und L. B. Beljajewa. (J. physik. Chem. [UdSSR] **32,** 1916–21, Aug. 1958; russ., Auszug: engl.) — App. zur Messung des Sättigungsdampfdruckes (S) schwerflüchtiger Substanzen mit Hilfe der Effusionsmethode. Gemessen wurden die S von *Naphthalin* [logp = –(3444/T) + 10,516], *Jod* [logp = –(2843/T) + 8,884], Sublimationswärme 13,01 (kcal/Mol), *Nitrobenzol* [logp = –(2741/T) + 8,680], Verdampfungswärme 12,54, *Phenol* [logp = –(3560/T) + 11,448], Sublimationswärme 16,29, u. *o-Nitrophenol* [logp = –(4446/T) + 13,867 für feste Verb.; logp = –(2123/T) + 6,567 für fl. Verb.], Sublimationswärme 20,35, Verdampfungswärme 9,72. H. Roschkowski. B 150□

**Das Flüssigkeit–Dampf-Gleichgewicht des Systems Ammoniak–Vinylchlorid beim Druck von 15 atm.** Sergio Carrà und Paolo Beltrame. (Chim. e Ind. [Milano] **43,** 1251–54, Nov. 1961; Milano, Univ., Ist. di Chim. fis.; ital.) — Das bin. Syst. $NH_3$–*Vinylchlorid* wurde im App. von Othmer [1946] bei 15 atm untersucht u. ein azeotropes Gemisch mit 88 Mol-% $NH_3$ vom Kp. 38,6° gefunden. Die Aktivitäts-Koeff. als Funktion der Zus. wurden berechnet. Die erhaltenen Ergebnisse wurden nach den Gleichungen von Laar [1929] u. von Redlich u. Kister [1948] theoret. überprüft. G. Platzer. B 150□

**Phasen- und Volumenbeziehungen in Systemen Flüssigkeit–Gas bei hohen Drücken.** 6. Mitt. **System Cyclohexan–Wasserstoff.** I. R. Kritschewski und G. A. Ssorina. (J. physik. Chem. [UdSSR] **32,** 2080–86, Sept. 1958; Moskau, Wiss. Forsch.-Inst. für Stickstoff-Ind.; russ., Auszug: engl.) — 5. vgl. C. **1950/54,** 702 S. — Das Fl.–Gas-Gleichgewicht im Syst. *Cyclohexan* (I)–$H_2$ wird für 20, 40 u. 60° u. Drücken bis zu 700 atm untersucht. Die Vol. der Lsgg. von $H_2$ in I bei allen Temp. u. Drücken wurden gemessen. Die Löslichkeit von $H_2$ in I steigt mit steigendem Druck u. steigender Temp. u. läßt sich gut durch die Gleichung von Kritschewski u. Ilinskaja [1945] ausdrücken. Die Löslichkeit von I in $H_2$ durchläuft mit steigendem Druck ein Minimum, erhöht sich jedoch mit der Temp., wobei das Minimum nach höheren Temp. verschoben wird. H. Roschkowski. B 150□

**Die Thermochemie von Reduktionen mit Lithiumaluminiumhydrid.** 1. Mitt. **Die Dissoziationsenergie der C–J-Bindung in $CH_3J$.** A. S. Carson, W. Carter und J. B. Pedley. (Proc. Roy. Soc. [London], Ser. A **260,** 550–57, 21/3. 1961; Leeds,

Univ., School of Chem., Dep. of Phys. Chem.; engl.) — In einem adiabat. Calorimeter wurden äther. Lsgg. von $LiAlH_4$ + LiH mit $CH_3J$ (I) bei 25° umgesetzt. Die Rk. kann durch die folgende Gleichung charakterisiert werden: $CH_3J$(fl.) + LiH(fest) → $CH_4$ (in Ae.) + LiJ (in Ae.). Die Rk.-Wärme wurde zu $\Delta H = -67{,}0 \pm 0{,}3$ kcal/Mol bestimmt. Um daraus die Bldg.-Wärme von I berechnen zu können, wurden folgende Rkk. thermochem. untersucht: $CH_4$ (gasförmig) → $CH_4$ (in Ae.), $\Delta H = -1{,}4 \pm 0{,}1$ kcal/Mol; $H_2$ (gasförmig) → $H_2$ (in Ae.), −0,04; LiJ (fest) → (LiJ (in Ae.), $-8{,}5 \pm 0{,}3$; LiH (fest) + ½ $J_2$ (fest) → LiJ (Ae.) + ½ $H_2$ (gasförmig), $-50{,}0 \pm 0{,}1$. Die Bldg.-Wärme von fl. bzw. gasförmigem I ergibt sich zu $\Delta H_f^0 = -2{,}9$ bzw. +3,8 kcal/Mol. Die Dissoziationsenergien DE werden berechnet zu DE($CH_3$—J) = 53,7 u. DE($CH_3$—H) = 101,9 kcal/Mol. G. Gattow. B 156□

**Ultraschallgeschwindigkeiten in einigen binären Mischungen des Benzylalkohols.** H. S. Rama Rao und B. Ramachandra Rao. (J. sci. ind. Res. [New Delhi], Sect. B **20,** 157—60, April 1961; Waltair, Andhra Univ., Phys. Dep.; engl.) — Vgl. C. **1962,** 5982. — Vff. untersuchten die Ultraschall-Geschw. u. berechneten die adiabat. Kompressibilität sowie die molare Schall-Geschw. fl. Mischungen von *Benzylalkohol* mit *n-Butanol, Isobutanol, sek.-Butanol, tert.-Butanol, Äthylenglykol, Glycerin, Cyclohexanol* u. *Phenol.* Die molare Schall-Geschw. ändert sich linear mit dem Molenbruch, obwohl sich die gemessene Geschw. u. die Dichte in einigen der Mischungen nicht linear ändern. Die Molenbruchabhängigkeit der Kompressibilität u. der Schall-Geschw. werden auf Grund der intermol. Kräfte erklärt. B. Krebs. B 159□

**Assoziations- und Phasengleichgewichte bei der Einwirkung von Paraffinkettenalkoholen in wässerigen Lösungen von Assoziationskolloiden.** Per Ekwall, Ingvar Danielsson und Leo Mandell. (Kolloid-Z. **169,** 113—24, März/April 1960; Åbo, Finnland, Åbo Akad., Inst. für phys. Chem.; dt.) — Die Phasengleichgewichte im Syst. *Na-Caprylat-Decanol-W.* wurden untersucht u. in einem Phasendiagramm dargestellt. Es treten zwei Gebiete mit isotropen Lsgg. auf, das eine mit W., das andere mit Decanol als Lösungsmittel. Im Syst. treten mehrere Phasen mit z. T. hohem Wasser-Geh. auf. Ihre Wasseraufnahme wird durch ein Donnan-Gleichgewicht geregelt. Eine allg. Theorie für die Bldg. wasserhaltiger Substanzen aus wss. Seifen-Lsgg. wurde entwickelt. H. Roschkowski. B 162□

**Gegenseitige Diffusion in nichtidealen flüssigen Mischungen.** 2. Mitt. **Diäthyläther-Chloroform.** D. K. Anderson und A. L. Babb. (J. physic. Chem. **65,** 1281—83, Aug. 1961; Seattle, Wash., Univ. of Washington, Dep. of Chem. Engng.; engl.) — 1. vgl. C. **1959,** 66. — An Mischungen von *Ae.* u. *Chlf.* wurden über den gesamten Mischungsbereich bei 25° die Diffusions-Koeff. $D_{AB}$ (Mach-Zehnder-Diffusiometer) u. die Viscosität (Ostwald-Viscosimeter) bestimmt. Die Kurve $D_{AB}$ gegen Molenbruch zeigt, daß die von Lemonde [1938] gemessenen Werte zu hoch sind. Die Meßwerte stimmen mit der nach der Gleichung von Hartley u. Cranck (C. **1949,** E. 5227) mit $f_A = 35{,}8$ u. $f_B = 40{,}5$ Å errechneten Kurve wahrscheinlich deshalb nicht gut überein, weil schwache 1:1-Komplexe gebildet werden. Die Gleichung wurde daher unter Einführung eines „Intrinsic"-Diffusions-Koeff. für den Komplex modifiziert u. ergibt dann bei geeigneter Wahl des Reibungs-Koeff. $f_{12}$, der hier empir. auf 45,9 Å abgeschätzt wurde ($f_1 = 22{,}2$, $f_2 = 30{,}0$ Å) gute Übereinstimmung mit den Meßwerten. R. Junge. B 171□

**Über die hygroskopische Natur von Harnstoffnitrat.** Yōjirō Mizushima und Seietsu Nagayama. (Rep. Government chem. ind. Res. Inst., Tokyo **52,** 359—63, Okt. 1957; jap., Auszug: engl. S. XLIII—XLIV.) — Bei 25° beträgt der Dampfdruck von reinem W. 23,76 (mm Hg), der einer gesätt., wss. *Harnstoffnitrat* (I)-Lsg. 22,10, einer gesätt. wss. $NH_4NO_3$ (II)-Lsg. 14,7. Daraus folgt, daß I in Japan nicht während des ganzen Jahres zerfließt. Die Löslichkeiten von I u. II in W. bei Temp. von 10—60° werden graph. wiedergegeben. Die Lösungswärme von I beträgt −9,30 kcal/Mol. Mit der Federwaage wird die Geschw. der Absorption von Wasserdampf aus einem mit W. gesätt. Luftstrom bei 12,3 u. 30,3° an gepulvertem I u. II bestimmt. Nach 1 Std. hat II die gesamte Feuchtigkeit, I aber nur 6% Feuchtigkeit absorbiert. W. Wesly. B 176□

**Statistische thermodynamische Berechnung des Adsorptionsgleichgewichtes von Benzol an Graphit.** A. W. Kisselew und D. P. Poschkuss. (Ber. Akad. Wiss. UdSSR **139,** 1145—48, 11/8. 1961; Inst. für Chemie u. chem. Technol. der Akad. der Wiss. der LettSSR; Inst. für physik. Chemie der Akad. der Wiss. der UdSSR; russ.) — Nach der statist. Meth., die auf einer theoret. Ermittlung der potentiellen Energie der Adsorption beruht, wurde nun auch für ein mehratomiges Mol., *Bzl.*, die Änderung des chem. Potentials beim Übergang aus der Gasphase an die Graphitoberfläche berechnet zu $\Delta\mu = -3{,}15 + 1{,}34 \log\Theta$ kcal/Mol, $\Theta$ = Sättigungsgrad. Die Berechnung stimmt mit experimentellen Befunden gut überein. M. Wiedemann. B 176□

**Dünnschicht-Chromatographie.** Kurt Randerath. (Monogr. „Angew. Chem." u. „Chem.-Ing.-Techn." **1962**, Nr. 78, 1—243; Darmstadt, TH, Inst. für organ. Chem.; dt.) —Monographie über Grundlagen u. Technik der Dünnschichtchromatographie sowie ihre Anwendung zur Trennung von Alkaloiden, Aminen, Aminosäuren u. Derivv., Peptiden, Proteinen, Steroiden, Lipiden, Carotinoiden u. Chlorophyllen, Vitaminen, Arzneimitteln u. Giften, Antibiotica, Phenolen u. phenol. Naturstoffen, Nucleinsäurebausteinen u. Nucleotiden, Coenzymen, Zuckern, Insekticiden, Farbstoffen u. einigen anorgan. Ionen. P. Golinske. B 177◇

**Die Papierchromatographie von Steroidsapogeninen.** Tameto Okanishi, Akira Akahori und Fumio Yasuda. (Annu. Rep. Shionogi Res. Lab. [Amagasaki, Japan] **1958**, Nr. 8, 927—31; jap., Auszug: engl.) — Smilagenin, Sarsasapogenin, Tigogenin, Diosgenin, Hecogenin, Samogenin, Markogenin, Yonogenin, Gitogenin, Tokorogenin, Digitogenin u. Metagenin werden papierchromatograph. untersucht. Die Sapogeninflecken werden folgendermaßen sichtbar gemacht: Die Chromatogramme werden mit einer 1%ig. Lsg. eines aromat. Aldehyds (Zimtaldehyd, Anisaldehyd) in A. besprüht, 3 Min. lang auf 70° erhitzt, mit einer Lsg. aus 25 g $SbCl_3$ u. 5 ml Nitrobenzol besprüht u. 3 Min. lang auf 70° erwärmt. Mengen von 1 $\gamma$ rufen rötlichorangefarbene bis gelbe Flecken hervor. Die $R_F$-Werte in den Lsgm.-Syst. mit Ligroin oder PAe. sind nicht reproduzierbar, Lsgm.-Syst. mit n-Hexan, n-Heptan oder Cyclohexan liefern gut reproduzierbare Werte. Da die Monohydroxysapogenine sehr viel schneller wandern als die anderen, ist es nötig, die Sapogenine in 2 Gruppen zu teilen u. mit geeigneten Lsgm.-Syst. weiter zu trennen. P. Golinske. B 177◇

**Elektronenvorstellungen in der organischen Chemie.** O. A. Reutow. (Chem. Schule [UdSSR] **15**, Nr. 4, 3—16, Juli/Aug. 1960; russ.) — Allg. Übersicht. E. Klever. B 182□

**Ein Mechanismus für den induktiven Effekt.** Henry A. Bent. (Canad. J. Chem. **38**, 1235—37, Juli 1960; Minneapolis, Minn., Univ. of Minnesota, Inst. of Technol., School of Chem.; engl.) — Vf. zeigt, daß der induktive Effekt mit gewissen Änderungen der Mol.-Geometrie in vorhersagbarer Weise gekoppelt ist u. diskutiert die Wrkg. elektronegativer Gruppen auf die Atomhybridisierung sowie die Wrkg. dieser auf die Elektronegativität von Substituenten. Hierbei ergibt sich, daß der s-Charakter eines Atoms zur Verdichtung der Elektronenbahnen führt, die zu einer elektropositiven Gruppe gerichtet sind. Ferner wird die Feststellung von Mulliken [1937] u. Walsh (Discuss. Faraday Soc. **2**, [1947], 18) bestätigt, daß mit steigendem s-Charakter einer Atombindung die Elektronegativität des an der Bindung beteiligten Atoms vergrößert wird. Betrachtet man die Atomfolge A—X—B, so ergibt sich bei Erhöhung der Elektronegativität von B eine geringe Rehybridisierung von X, als ob eine gewisse Verschiebung des s-Charakters von der Bindung mit B zur Bindung mit A erfolgt. Damit wird die Elektronegativität von X gegenüber A erhöht u. weiterhin die von A gegenüber anderen benachbarten Gruppen (außer X) ebenfalls (wenn auch in geringerem Ausmaß) etwas verstärkt. B. Gnauck. B 182□

**Die Beweglichkeit von Löchern und Elektronen in organischen Kristallen.** J. N. Murrell. (Molecular Physics **4**, 205—08, Mai 1961; Sheffield, Univ., Dep. of Chem.; engl.) — Vf. berechnete die Überlappungsintegrale zwischen den Molekularbahnen benachbarter *Anthracen*-Moleküle. Es wurde hierbei gefunden, daß in der c'-Richtung die höchsten besetzten Bahnen in einem größeren Ausmaß überlappen als die niedrigsten leeren Bahnen, u. zwar in einem Verhältnis von 4,7:1. Dieses Ergebnis bestätigt die experimentelle Tatsache, daß in dieser Richtung die Löcher beweglicher sind als die Elektronen. Es wird vorausgesagt, daß in der ab-Ebene die Beweglichkeiten der Löcher u. Elektronen angenähert gleich sein sollten u. beträchtlich größer als in der c'-Richtung. Dies wurde experimentell von Mette u. Pick (vgl. C. **1954**, 5036) festgestellt. C. Gottfried. B 182

**Beweis hinsichtlich der Flüssigkeitsstruktur.** Joel H. Hildebrand und Graham Archer. (Proc. nat. Acad. Sci. USA **47**, 1881—82, Dez. 1961; Berkeley, Calif., Univ. of California, Dep. of Chem.; engl.) — Vff. nehmen Bezug auf eine Arbeit von Hildebrand (Growth and Perfection of Crystals, New York: John Wiley and Sons, **1958**, 310), in der experimentelle Tatsachen gebracht worden waren, die nicht in Übereinstimmung standen mit irgendeiner Art „festkörperähnlicher" Struktur in Fll. u. berichten über neue Unterss., die diese Anschauung bestätigten. *m*- u. *p-Xylol* unterscheiden sich nur sehr wenig in ihren thermodynam. Eigg.; trägt man ihre Mol.-Vol. graph. gegen die Temp. auf, dann erhält man zwischen 100° u. dem Ep. des p-Xylols

(13,2°) innerhalb 0,5 cm³ parallele Gerade. Vff. bestimmten daher das Mol.-Vol. von festem p-Xylol in einem Dilatometer. Die Kontraktion beim Frieren der Fl. betrug 16,8%. Nimmt man das Mol.-Vol. der Fl. beim F. nach Massart [1916] als 122,5 cm³ an, dann ist das Mol.-Vol. des festen Körpers dicht unterhalb des F. 101,9 cm³. Die nahe Übereinstimmung der Mol.-Vol. u. der Wärmekapazitäten der 2 Isomeren u. im Gegensatz hierzu der sehr große Unterschied ihrer Epp. sind unvereinbar mit irgendeinem Geh. von „festkörperähnlichen" Aggregaten in den beiden Isomeren.

C. Gottfried. B 186

**Eingehende Verfeinerung der Kristallstruktur des Na-Salzes der Hydroxymethansulfinsäure (Rongalit).** Mary R. Truter. (J. chem. Soc. [London] **1962,** 3400–06, Sept.; Leeds, Univ., Dep. of Inorg. and Structural Chem.; engl.) — Die Kristallstruktur von $Na[HO \cdot CH_2 \cdot SO_2] \cdot 2\,H_2O$ (vgl. C. **1956,** 8008) wurde unter Berücksichtigung anisotroper therm. Bewegung u. der Rotationsschwingungen des Anions genauer ermittelt. Die Bindungslängen sind $S-O = 1,513 \pm 0,006$; $S-C = 1,83 \pm 0,01$ u. $C-O = 1,40 \pm 0,01$ Å. Die H-Lagen im Anion wurden bestimmt, u. ein ausgedehnteres Syst. von H-Bindungen als l. c. beschrieben wurde festgestellt. H. Roschkowski. B 195□

**Röntgenuntersuchungen von „molekularer Überfüllung". 2. Mitt. Die Kristall- und Molekularstruktur von o-Chlorbenzoesäure.** G. Ferguson und G. A. Sim. (Acta crystallogr. [Copenhagen] **14,** 1262–70, 10/12. 1961; Glasgow, Univ., Chem. Dep.; engl.) — 1. vgl. C. **1962,** 2690. — *o-Chlorbenzoesäure* krist. aus Aceton in Form dünner, schmaler u. monokliner Leisten, die nach der b-Achse gestreckt sind. Die Zellendimensione sind $a = 14,73 \pm 0,03$ (Å); $b = 3,90 \pm 0,02$; $c = 25,50 \pm 0,05$; $\beta = 112°40' \pm 20'$; Raumgruppe ist C 2/c; Z = 8. Die Struktur wurde mit Hilfe von Patterson-Projektionen, Differenz-Synth., 3dimensionaler Verfeinerung unter Verw. von *o-Brombenzoesäure* u. weiterer Behandlung mit Hilfe der Meth. der kleinsten Quadrate erhalten: $C_{(7)}$ (COOH) (x =) 0,1961; (y =) 0,3430; (z =) 0,0550; $C_{(1)}$: 0,1480; 0,4213; 0,0969; $C_{(2)}$: 0,1997; 0,5710; 0,1503; $C_{(3)}$: 0,1498; 0,6447; 0,1852; $C_{(4)}$: 0,0501; 0,5751; 0,1676; $C_{(5)}$: 0,0009; 0,4282; 0,1159; $C_{(6)}$: 0,0501; 0,3488; 0,0798; $O_{(1)}$: 0,2760; 0,4551; 0,0610; $O_{(2)}$: 0,1427; 0,1498; 0,0132; Cl: 0,3247; 0,6642; 0,1775. Die Kristallstruktur besteht aus durch H-Bindungen verknüpften Dimeren. Vollkommen eben ist nur der Benzolring. Die Ebene der Carboxylgruppe bildet mit der des Benzolrings einen Winkel von 13,7°. Das $C_{(7)}$-Atom u. das Cl-Atom liegen +0,036 bzw. −0,058 Å außerhalb der Ebene des Benzolrings. Ferner sind die exocycl. C—C- u. C—Cl-Bindungen seitwärts verschoben, so daß die Valenzwinkel von 120 auf 122,5 bzw. 124,7° erhöht sind.

C. Gottfried. B 195

**Röntgenuntersuchungen von „molekularer Überfüllung". 4. Mitt. Die Kristall- und Molekularstruktur von 2-Chlor-5-nitrobenzoesäure.** G. Ferguson und G. A. Sim. (J. chem. Soc. [London] **1962,** 1767–75, Mai; Glasgow, Univ., Chem. Dep.; engl.) — 3. vgl. Acta crystallogr. [Copenhagen] **15,** [1962], 346; 2. vgl. vorst. Referat. — Die Kristallstruktur von *2-Chlor-5-nitrobenzoesäure* wurde aus Einkristallaufnahmen über Patterson- u. Elektronendichteprojektionen bestimmt u. anschließend unter Verw. 3dimensionaler Daten nach der Meth. der kleinsten Quadrate mit Anisotropie-Temp.-Faktoren verfeinert. Die Verb. krist. monoklin, Raumgruppe $P\,2_1/c$, mit a = 5,86, b = 5,13, c = 26,65 Å, $\beta = 97°54'$, Z = 4. Folgende Atomkoordinaten wurden ermittelt: $C_{(1)}$: x = −0,2551, y = 0,1807, z = 0,1006; $C_{(2)}$: −0,4479, 0,0736, 0,1162; $C_{(3)}$: −0,5264, 0,1526, 0,1598; $C_{(4)}$: −0,4142, 0,3503, 0,1889; $C_{(5)}$: −0,2209, 0,4581, 0,1734; $C_{(6)}$: −0,1431, 0,3791, 0,1300; $C_{(7)}$: −0,1520, 0,0996, 0,0550; $O_{(1)}$ am $C_{(7)}$: −0,1858, −0,1173, 0,0367; $O_{(2)}$ am $C_{(7)}$: −0,0226, 0,2753, 0,0384; $O_{(3)}$ am N: 0,0806, 0,7441, 0,1922; $O_{(4)}$ am N: −0,1861, 0,7523, 0,2391; N: −0,1002, 0,6646, 0,2034; Cl: −0,6040, −0,1761, 0,0822. Die Moll. bilden im Gitter zentrosymm. Dimere, welche durch H-Brücken (2,61 Å) zwischen benachbarten Carboxylgruppen miteinander verbunden sind. Die Carboxylgruppe ist um 23°, die Nitrogruppe um 7° aus der Ebene des Benzolringes herausgedreht. Heinz Hess. B 195□

**Die Kristallstruktur von Benzalazin.** U. C. Sinha. (Indian J. Physics Proc. Indian Assoc. Cultivat. Sci. **35 (44),** 374–76, Juli 1961; Allahabad, Univ., Phys. Dep.; engl.) — Unter Bezugnahme auf eine frühere Unters. (vgl. Bull. Nat. Inst. Sci. India **14,** [1959], 107) bestimmte Vf. erneut mit größerer Genauigkeit die Zellendimensionen von *Benzalazin* zu a = 13,09 (Å); b = 11,76; c = 7,62; Raumgruppe ist $D_{2h}^{12} - P\,b\,c\,n$; Z = 4. Die Struktur wurde mit Hilfe von Fourier-Projektionen u. Differenz-Synth. bestimmt. Die gefundenen Parameter (in Å) sind: N (x =) $0,69_4$; (y =) $0,12_7$; (z =) 0,07; $C_{(1)}$: $1,23_9$; $1,00_3$; $-0,32_6$; $C_{(2)}$: $2,68_3$; $1,26_8$; $-0,16_5$; $C_{(3)}$: $3,27_2$; $2,40_6$; −0,66; $C_{(4)}$: $4,60_2$; $2,66_5$; $-0,50_8$; $C_{(5)}$: 5,40; $1,76_4$; $0,14_6$; $C_{(6)}$: $4,84_3$: $0,62_7$; $0,63_5$; $C_{(7)}$: $3,49_5$; $0,36_2$; 0,49. Aus der Intensität der diffusen (0 0 2)-Interferenz schließt Vf., daß das Mol. nahe der (0 0 1)-Ebene liegt. C. Gottfried. B 195

**Einfluß der Säurekonzentration und der Temperatur auf die Reversion von L-Arabinose.** L. Hough und J. B. Pridham. (Chem. and Ind. **1957,** 1178–79, 31/8.; Bristol, Univ., Dep. of Chem.; engl.) P. Golinske. B 221◇

**Untersuchung der Assoziation in den Systemen Äthylalkohol–Wasser und Isopropylalkohol–Wasser nach der Methode der kernmagnetischen Resonanz.** W. W. Iwanow und Ss. G. Enteliss. (Nachr. Akad. Wiss. UdSSR, Abt. chem. Wiss. **1962,** 178–80, Jan.; Akad. der Wiss. der UdSSR, Inst. für chem. Phys.; russ.) — Es wurden die chem. Verschiebungen der Protonen der OH-Gruppen in den Syst. *A.–W.* (6, 26, 54°) u. *Isopropanol–W.* (26°) in Abhängigkeit von der Wasser-Konz. bestimmt. Für die Struktur der Syst. wird als Modell ··(R)OH···(R)O(···HOH)H···(R)OH vorgeschlagen, mit dem die Vers.-Ergebnisse qual. erklärt werden können. Helmut Schäfer. B 223

**Komplexe von Dekaboran mit Pyridin und 2-Brompyridin.** L. Burkardt und N. R. Fetter. (Chem. and Ind. **1959,** 1191–92, 18/9.; China Lake, Calif., U. S. Naval Ordnance Test Station, Chem. Div.; engl.) — Durch Einw. von überschüssigem 2-Brompyridin (**I**) auf Dekaboran (**II**) bei −78°, Erwärmenlassen auf Raum-Temp. (1 Std.), Entfernung von überschüssigem **I** im Vakuum u. Kristallisation aus Aceton wird der $B_{10}H_{14}\cdot 2\ C_5H_4BrN$*-Komplex* erhalten. Mit Pyridin (an Stelle von **I**) wird analog bzw. beim Einleiten eines $N_2$/**II**-Stromes in Pyridin bei −78° der $B_{10}H_{14}\cdot 3\ C_5H_5N$*-Komplex* (orangefarbene Kristalle) gebildet, der beim Erhitzen auf 105° oder Behandeln mit Trimethylamin nicht zersetzt wird. L. Lamza. B 223△

**Pyridiniumkomplexe.** 4. Mitt. **Der Einfluß von N-Substituenten auf die Lage der Jodid-Ladungsübertragungsbande.** Edward M. Kosower, Dieter Hofmann und K. Wallenfels. (J. Amer. chem. Soc. **84,** 2755–57, 20/7. 1962; Univ. of Wisconsin, Dep. of Chem.; Freiburg/Br., Univ., Chem. Labor.; engl.) — 3. vgl. C. **1960,** 15703. — Die Lage der $J^-$-Ladungsübertragungsbande von 1-[x-Benzyl]-4-carbomethoxypyridiniumionen (aus dem entsprechenden Benzyljodid mit Isonicotinosäuremethylester) mit X = *H* (*Jodid* = J, F. 165–168°, Zers., gelb; *Perchlorat* = P, F. 178–180°), *4-Cl* (*J*, F. 173–175°, Zers., gelb; *P*, F. 158–159°), *2.6-Cl*$_2$ (*J*, F. 158–161°, Zers., gelb; *P*, F. 185–187°), *4-NO*$_2$ (*J*, F. 152–154°, orangerot; *P*, F. 187–189°), *4-CH*$_3$*O* [*J*, F. 136–140°, Zers., gelb; *P* (**I**), F. 142–144°] in cis-1.2-Dichloräthylen folgt der Beziehung $E_T/2{,}303\ RT = \varrho_s\cdot\sigma$, in der $\sigma$ die Hammett-Konst. u. $\varrho_s = -1{,}70$ ein dem gewöhnlichen $\varrho$-Wert vergleichbarer Empfindlichkeitsparameter ist. Die Übergangsenergie $E_T$ beträgt in der genannten Reihenfolge der Verbb. 62,8; 62,3; 60,9; 63,3; 60,9 (kcal/Mol). Es wird angenommen, daß die bei 3090 Å beobachtete Bande bei **I** ebenfalls einer intramol. Ladungsübertragung entspricht. G. Pötzscher. B 223◇

**Lösungshydrate wässeriger Nichtelektrolyte.** D. N. Glew. (Nature [London] **195,** 698–99, 18/8. 1962; Sarnia, Ontario, Canada, Dow Chem. of Canada Ltd., Exploratory Res. Labor.; engl.) — Mit Hilfe einer Computer-Meth. von Franks u. Johnson zur Berechnung der partiellen Mol.-Parameter eines bin. Syst. aus seinem Gesamt-Verh. wurde eine bisher nicht beobachtete Unregelmäßigkeit im Konz.-Gang des Partial-Vol. von *A.* in einem A.–W.-Gemisch beim A.-Molenbruch 0,06 beobachtet, die sich im Bereich 0–30° mit zunehmender Temp. verstärkt. Sie wird auf die Bldg. eines Hydrats A.·17 $H_2O$ zurückgeführt. W. Betcke. B 224□

**Methodik zur Trennung von ein-, zwei- und dreibasigen aromatischen Säuren.** S. Ch. Abidowa und G. Ch. Chodshajew. (Ber. Akad. Wiss. UsbekSSR **1959,** Nr. 7, 28–31; Akad. der Wiss. der UsbekSSR, Inst. für Chem.; russ.) — Vgl. C. **1960,** 10208. — Es wurde die Löslichkeit von folgenden Säuren u. ihren Derivv. in Ae., Aceton, Methanol u. Chlf. bei 20° u. W. bei 2, 20 u. 80° bestimmt: *Benzoe-* (F. 120,5–121°); *Phthal-* (F. 190–191°; *Dimethylester*, fl.; *Imid*, F. 130–131°); *Isophthal-* (F. 342–345°; *Dimethylester*, F. 62 bis 63°); *Terephthal-* (sublimiert 300°; *Dimethylester*, F. 140–141°); *Hemimellit-* (F. 190–191°; *1.3-Dimethylester*, F. 145–146°; *Trimethylester*, F. 100–101°); *Trimellit-* (F. 225–226°; *Trimethylester*, fl.; *Imid*, F. 265–268°) u. *Trimesinsäure* (F. 360–365°; *Trimethylester*, F. 143–144°). Für die Trennung der Säuren wird ein technolog. Schema angegeben, daß z. T. die Überführung in Imide, Methylester, Ba- u. Ammoniumsalze u. als Lsgm. Chlf., Methanol u. W. vorsieht. Helmut Schäfer. B 224△

**Kritik der Prozesse mit circularer Elektronenübertragung.** Ch. Prévost. (Acta chim. Acad. Sci. hung. **18,** 365–73, 1959; Paris, Fac. des Sci., Chaire de Chim. Organ.; franz.) — Vf. zeigt, daß die Regeln für die Bldg. von Ringen für solche Rkk. mit circularer Elektronenübertragung nicht gelten, bei denen die Polarisation eines Acceptor-C-Atoms eine entscheidende Rolle spielt. Die Prozesse mit circularer Elektronenübertragung sollten vielmehr als Mesomechanismen betrachtet werden, in denen eine durch Dipolkollision gebildete nucleophile Partikel einen Komplex angreift. Wenn dieses komplexe Ion mesomer ist, wird sich die Partikel nur mit den Polen aus geprägter Polarisierung vereinigen. Die Leichtigkeit, mit der sich ein Ring ausbilden kann, hat dabei nur einen orientierenden, keinen bestimmenden Einfluß. J. Richter. B 225◇

**Organische Reaktionen unter hohem Druck.** 6. Mitt. **Einige Claisen- und Cope-Umlagerungen.** Cheves Walling und Michael Naiman. (J. Amer. chem. Soc. **84**, 2628—32, 5/7. 1962; New York, N.Y., Columbia Univ., Dep. of Chem.; engl.) — 5. vgl. C. **1960,** 10899. — Der Einfl. des Drucks bis zu 6000 kp/cm² auf die Geschw. der Umlagerung von *Allylphenyläther* (Kp.$_{19}$ 85°, $n_D^{25}$ 1,5196) bei 160° zu 2-Allylphenol (Kp.$_3$ 72°, $n_D^{25}$ 1,5448) u. von *[1-Äthylpropenyl]-allylcyanessigsäureäthylester* bei 119° zu [1-Äthyl-2-methylpenten-(4)-yliden]-cyanessigsäureäthylester (Kp.$_{12}$ 147—148°, $n_D^{25}$ 1,4775) in verschiedenen Lsgm. wurde bestimmt. Beide Rkk. werden durch Druck beschleunigt u. sind vom Lsgm. unabhängig. Die Aktivierungs-Vol. V* betragen —6 bis —7 (cm³/Mol) zwischen 1000 u. 6000 kp/cm², die auf 1 atm extrapolierten —10 bis —15; sie zeigen ebenfalls keine Lsgm.-Abhängigkeit. Es wird eher ein Mechanismus mit einem ziemlich fest gebundenen cycl. Übergangszustand angenommen, in dem die Bldg. der neuen Bindung weiter fortgeschritten ist als der Bindungsbruch, als ein Mechanismus mit Ionenpaaren oder homolyt. Bindungsbruch im Übergangszustand.

Versuche: *[1-Äthylpropyliden]-cyanessigsäureäthylester,* Kp.$_{12}$ 123—125°, durch Kondens. von Diäthylketon mit Cyanessigsäureäthylester in Ggw. von $NH_4$-Acetat in Essigsäure. — *[1-Äthylpropenyl]-allylcyanessigsäureäthylester,* Kp.$_{0,7}$ 84—85°, aus vorst. Verb. mit Allylbromid in Ggw. von $NaOC_2H_5$; $n_D^{25}$ 1,4618.

G. Pötzscher. B 225◇

**Die ortho-Claisen-Umlagerung.** 6. Mitt. **Die Geschwindigkeit der Umlagerung von Allyl-m-X-phenyläthern zu 2-Allyl-5-X-phenolen.** William N. White und Carl D. Slater. (J. org. Chemistry **27**, 2908—14, Aug. 1962; Columbus, Ohio, Ohio State Univ., Dep. of Chem.; engl.) — 5. vgl. C. **1962,** 10791; 7. vgl. C. **1962,** 12980. — Die Kinetik der Claisen-Umlagerung folgender Allyl-m-X-phenyläther zu 2-Allyl-5- (**A**) u. -3-X-phenolen (**B**) in Carbitol bei 160,0—200,0° wurde UV-spektroskop. verfolgt u. folgende Aktivierungsparameter für die Bldg. der **A** u. **B** ermittelt: X = $CH_3O$ $E_a$ 30,0 kcal/Mol, $\Delta H^{\neq}$ 29,1 kcal/Mol, $\Delta S^{\neq}$ —14,7 kcal/Grad·Mol (für die Bldg. des entsprechenden **A**); 31,5, 30,6, —13,0 (für die Bldg. des entsprechenden **B**); $CH_3$ 31,6, 30,7, —13,2; 31,6, 30,7, —12,5; *Br* 34,4, 33,5, —7,7; 32,6, 31,7, —10,1; *Cl* 34,6, 33,7, —7,5; 31,6, 30,6, —13,0; *H* 33,3, 32,4, —10,3; $C_6H_5CO$ 33,6, 32,7, —11,4; 32,1, 31,2, —12,1; *CN* 34,1, 33,2, —9,9; 29,9, 29,0, —17,6. Die Werte der Geschw.-Konst. für die Umlagerung zu den **A** lassen sich in der Hammettschen Gleichung nur in Beziehung setzen bei Verw. der $\sigma_p^+$- u. nicht der $\sigma_m^+$-Werte u. eines $\varrho$-Werts von —0,66. Dieses unerwartete Ergebnis läßt sich damit erklären, daß im Übergangszustand eine gleichzeitige Homolyse der Allyl-O- u. Homogenese der Allyl—o-C-Bindung unter Beteiligung eines stark elektronegativen O-Atoms erfolgt. G. Pötzscher. B 225◇

**Untersuchung des Mechanismus der Faworski-Umlagerung in Gegenwart von deuteriertem Phenol.** Marianne Mayer. (C. R. hebd. Séances Acad. Sci. **253,** 488—90, 17/7. 1961; Gif-sur-Yvette, Seine-et-Oise, Inst. de Chim. des Substances natur.; franz.) — Es wird die Dehalogenierung von *[1-Chlorcyclohexyl]-methylketon* (**I**) durch Na-Phenolat in Ggw. von D-Phenol untersucht. Bei der in wasserfreiem Dioxan vorgenommenen Rk. entsteht neben Cyclohexen-(1)-ylmethylketon ein Gemisch aus 1-Methylcyclohexancarbonsäurephenylester u. [1-Phenoxycyclohexyl]-methylketon. Unterbricht man die Rk. nach einem viertel (7½ Std.) oder halbem (16 Std.) Umsatz, ist es möglich, partiell deuteriertes **I** zurückzugewinnen. Auf Basis des angenommenen Cyclopropanmechanismus für die Faworski-Umlagerung erlauben diese Resultate den Schluß, daß die Geschw. der intermediären Cyclopropanon-Bldg. die Gesamt-Geschw. der Rk. beeinflußt. H. G. Henkel. B 225□

**Umlagerung bei der Addition von Fluor an 1.1-Diphenylpropen-(1).** J. Bornstein. (Chem. and Ind. **1959,** 1193—94, 18/9.; Chestnut Hill, Mass., Boston Coll., Dep. of Chem.; engl.) — Im Gegensatz zu den Angaben von Bockemüller [1931] entsteht durch Einw. von Jodbenzoldifluorid/HF auf 1.1-Diphenylpropen-(1) (**I**) in Chlf. bei —20° nicht 1.1-Diphenyl-1.2-difluorpropan, sondern das Umlagerungs-Prod. *1.2-Diphenyl-1.1-difluorpropan* (**II**; $C_{15}H_{14}F_2$, Kp.$_{0,5}$ 95°, $n_D^{23}$ 1,5337), das durch 20%ig. KOH in A. oder Äthylenglykol oder 10%ig. alkohol. Na-Äthylat in der Siedehitze nicht angegriffen wird. **II** wird in geringerer Ausbeute u. weniger rein auch durch Umsetzung von **I** mit Pb-Tetraacetat/HF erhalten, es liefert durch 22std. Kochen mit 40%ig. alkohol. KOH *α-Fluor-α'-methylstilben* [**III**; $C_{15}H_{13}F$, F. 78,6—79,6°; 27% (Ausbeute)], das von $CrO_3$ in verd. Essigsäure unter Bldg. von *Essigsäure* u. *Acetophenon* oxydiert wird. Beim Eintragen von **II** in konz. $H_2SO_4$ entsteht unter Entw. von HF eine rote

Lsg., aus der beim Verdünnen 86% *Desylmethan* (**IV**; F. 51,5—52°. *2.4-Dinitrophenylhydrazon*, F. 152—153°) erhalten werden. Beim Erhitzen von **II** mit wenig $HgCl_2$ in Ggw. von HF auf 190° wird ein Gemisch aus **III** u. **IV** gebildet. L. Lamza. B 225△

**Spektralphotometrische Untersuchung der Überführung von 1.2.3.3-Tetramethylindoleniniummethylsulfat in 1.3.3-Trimethyl-2-methylenindolin.** Yvette Maroni-Barnaud, Henri Wahl und Pierre Maroni. (C. R. hebd. Séances Acad. Sci. **253**, 480—82, 17/7. 1961; Nancy, École Nat. Sup. des Ind. chim.; franz.) — Vgl. C. **1961**, 15700. — Es wird zu zeigen versucht, daß in *2.3.3-Trimethylindolenin* (**I**), *2.3-Dimethylbenzimidazol* (**II**), *2-Methylbenzoxazol* (**III**), *-benzothiazol* (**IV**), *-benzoselenazol* (**V**) u. bes. deren *Methomethylsulfaten* (MMS) die bes. Reaktivität der $CH_3$-Gruppe in 2-Stellung auf deren Existenz als Methylengruppe zurückzuführen ist. In den UV-Spektren von **I**—**V** sowie der MMS von **II** u. **III** ist ein Vorhandensein einer Methylengruppierung nicht nachweisbar. Dagegen sprechen für diese Form die Spektren der MMS von **I**, **IV** u. **V**. Diese Annahme scheint dadurch bestätigt, daß die Spektren von *1-Methyl-2-methylenbenzothiazolin* (krist. Dimeres) u. *1.3.3-Trimethyl-2-methylenindolin* (**Ia**) (fl. Monomer) in wss. 0,1 n HCl u. NaOH in gleichem Lsgm. mit denen der MMS von **I** u. **IV** deckungsgleich sind. Ferner sind beim Übergang vom sauren zum bas. Medium u. umgekehrt beide Rkk. vollständig reversibel. Aus den Spektren von **I**-MMS in 0,1 n HCl, 0,1 n NaOH u. bei pH 8,29, 8,62, 9,00, 9,13 u. 9,34, die bei 256 u. 233 mμ 2 isosbest. Punkte zeigen, ergab sich ein pK von 8,80. Diese u. potentiometr. Unterss. lassen annehmen, daß das betrachtete Gleichgewicht in wss. Lsg. u. bei schwachen Konzz. einer Umwandlung des Kations in die Pseudobase 1.2.3.3-Tetramethyl-2-hydroxyindolin entspricht, die in konz. NaOH **Ia** gibt, dessen UV-Spektrum in A. sich stark von dem in verd. Alkali unterscheidet. Die Säure–Base-Umwandlung von **IV**-MMS verbraucht 2 Äquivalente NaOH u. erfolgt nicht bei allen pH augenblicklich. Außerdem entsteht 2.2'-Diacetylmethylaminodiphenyldisulfid. H. G. Henkel. B 225□

**Transaminierung.** 2. Mitt. **Die nicht-enzymatischen Reaktionen zwischen Pyridoxamin und Brenztraubensäure sowie zwischen Pyridoxal und Alanin.** Barbara E. C. Banks, A. A. Diamantis und C. A. Vernon. (J. chem. Soc. [London] **1961**, 4235—47, Sept.; London, Univ. Coll., William Ramsay and Ralph Forster Labor.; engl.) — 1. vgl. C. **1962**, 3505. — Die Rk. äquimol. Mengen *Pyridoxamin* (**I**) u. *Brenztraubensäure* (**II**) in W. liefert bei 25° im pH-Bereich von 7—10 Pyridoxal (**III**) u. Alanin (**IV**). Nach kinet. u. spektroskop. Unters. erfolgt dabei sehr schnell u. reversibel die Bldg. der Schiffschen Base (**A**). Die die Geschw. bestimmende Rk., die der allg. Säurekatalyse unterliegt ist die reversible Umwandlung von **A** in die isomere Schiffsche Base (**B**): $-CH_2-N{=}C(CH_3)COOH$ (**A**) $\rightleftharpoons$ $-CH{=}N-CH(CH_3)COOH$ (**B**). Die tatsächliche Existenz von **A** u. **B** bzw. deren Anionen als Zwischenprodd. wird durch die Darst. entsprechender *Ni-Salze* (**VI** bzw. **VII**) sichergestellt. Von **B** wird auch ein *K-Salz* (**V**) synthetisiert. Bei der Rk. von **III** u. **IV** bei pH 10 werden aus bisher unbekannten Gründen **I** u. **II** nicht, wie erwartet, im Mol-Verhältnis 1:1, sondern 2:1 erhalten. Der Mechanismus u. die kinet. Messungen der Rkk. sowie die analyt. Best. von **I**, **II**, **III** u. **IV**, die durch Auswertung der UV-Spektren oder chromatograph. erfolgt, werden ausführlich beschrieben. UV-Maxima sind auch für **V** u. **VII** angegeben.

Versuche: *Pyridoxamin* (**I**)*-Dihydrat*, $C_8H_{16}N_2O_4$, aus dem **I**-Dihydrochlorid durch Neutralisation mit NaOH. — *Pyridoxal* (**III**), $C_8H_9NO_3$, durch 10 Min. langes Erwärmen von **III**-Äthylacetalhydrochlorid in W. auf 60° u. Zugabe der berechneten Menge $NaHCO_3$. — *Brenztraubensäure* (**II**), *K-Salz*, durch Zugabe von **II** zu $KOC_2H_5$ in abs. A., Absaugen, Lösen in wenig W. u. Fällen mit Äthanol. — *K-α-[Pyridoxyliden-(4)-amino]-propionat* (**V**), $C_{11}H_{13}KN_2O_4$, durch Rk. äquimol. Mengen **III** u. **IV** (K-Salz) in abs. A.; gelbe Kristalle aus abs. Äthanol. *Ni-Salz* (**VII**), $C_{22}H_{26}N_4NiO_8$, a) durch Rk. von je 2 Mol **III** u. **IV** (K-Salz) mit je 1 Mol Ni-Acetat u. Na-Acetat in W. bei 0°; b) durch Isomerisierung einer konz. **VI**-Lsg. bei pH 6,9 u. 25°; braune Kristalle. — *Ni-bis-{α-[Pyridoxyl-(4)-imino]-propionat}* (**VI**), $C_{22}H_{26}N_4NiO_8$, durch Rk. von je 2 Mol **I** u. **II** (K-Salz) mit 1 Mol Ni-Acetat in abs. A., in der Kälte; grüne Kristalle. A. Hesse. B 225□

**Ansäuern des Na-Salzes von 2-Nitropropan.** Pierre Souchay und Joseph Armand. (C. R. hebd. Séances Acad. Sci. **253**, 460—62, 17/7. 1961; Paris, Fac. des Sci., Labor. de Chim. P.C.B., IV; franz.) — Das Ansäuern einer 0,005 mLsg. des Ions von *2-Nitropropan* bei Raum-Temp. löst, neben der Isomerisierung [1. Haupt-Rk.; ist nicht 1. Ordnung u. nicht quant. (35%); Geschw.-Maximum bei pH 4,4] zur eigentlichen Nitroform, eine oxydoreduktive Spaltung [2. Haupt-Rk.: 2 $(CH_3)_2C{=}N(O)OH$ (**I**) $\rightarrow$ $(CH_3)_2\cdot CO$ (**III**) + $(CH_3)_2C = NOH$ (**II**) + $HNO_2$; zwischen pH 3,6 u. 2,2 ist $v = k[H^+]$ [**I**] mit $k = 35{,}4\ min^{-1}\cdot Mol^{-1}$] aus. Die sich anschließenden 3 sek. Rkk. — 1. Rk. von $HNO_2$ mit **I** zu Propylpseudonitrol (rasch zwischen pH 1,8 u. 3,8), 2. dessen langsame Zers.

zwischen pH 0 u. 5,5 u. 3. Rk. von **II** mit $HNO_2$ zu $N_2O + H_2O$ + **III** (v = k[$HNO_2$] [**II**] mit k = 8,3 $min^{-1} \cdot Mol^{-1}$) — ermöglichen eine Erklärung für die Bldg. der Pseudonitrole u. des Mechanismus der Nef-Reaktion. H. G. Henkel. B 225□

**Mechanismus der Oxydation von Isopropylchlorbenzol mit Luftsauerstoff und die Bildung von Peroxidverbindungen.** Alfons Krause. (Roczniki Chem. [Ann. Soc. chim. Polonorum] **36**, 721—23, 1962; Poznan, Univ., Inst. für Anorgan. Chem.; dt.) — Nach Ansicht des Vf. befindet sich das aus Chlorbenzol u. Isopropylalkohol unter Einw. von $AlCl_3$ gebildete *p-Isopropylchlorbenzol* (**I**) auf Grund der Rotation des am tert. C-Atom befindlichen H-Atoms in einem quasiradikal. Zustand. **I** ist ein Donatorradikal u. hat zugleich die Eig. eines potentiellen Kations. Es kann daher ein O-Atom aufnehmen. Das bewegliche H-Atom lagert sich an den im Mol. vorhandenen O unter Bldg. einer am C gebundenen OH-Gruppe an, an die sich das zweite O-Atom koordinativ anlagern kann, oder das H-Atom wird vom O-Atom unter Bldg. eines OH-Radikals aufgenommen, das sich dann wieder an das radikal. Mol. unter Bldg. von *p-[2-Hydroperoxyisopropyl]-chlorbenzol* anlagert. I. Ohme. B 225◇

**Perjodatoxydation.** 3. Mitt. **Der Oxydationsmechanismus cyclischer Glykole.** John Honeyman und C. J. G. Shaw. (J. chem. Soc. [London] **1959,** 2451—54, Juli/Aug.; London, Univ., King's Coll.; Manchester, Shirley Inst.; engl.) — 2. vgl. C. **1963,** 6986. — Die Kinetik der Perjodatoxydation von *Methyl-4.6-O-äthyliden-α-D-glucosid* [F. 76—77°; $[\alpha]_D^{19}$ +111,3° (c = 1,176; W.)] u. *Methyl-4.6-O-äthyliden-α-D-mannosid* [F. 116,5—117,5°; $[\alpha]_D^{19}$ +76,5° (c = 1,418; Chlf.] in wss. Lsg. wird bei verschiedenen pH-Werten u. verschiedenen Temp. untersucht. Die Rk. ist 1. Ordnung in bezug auf Perjodat u. verläuft über einen intermediären cycl. Komplex, dessen Bldg. den geschwindigkeitsbestimmenden Schritt darstellt. D. Jahnke. B 225△

**Perjodatoxydation.** 4. Mitt. **Der Einfluß der Konformation cyclischer Glykole auf die Geschwindigkeit der Perjodatoxydation.** John Honeyman und C. J. G. Shaw. (J. chem. Soc. [London] **1959,** 2454—65, Juli/Aug.; London, Univ., King's Coll.; Manchester, Shirley Inst.; engl.) — 3. vgl. vorst. Referat. — Die Kinetik der Perjodatoxydation einiger *cycl. α-Glykole* wird untersucht. Die Rkk. wurden meist in wss. Lsg. bei 25° u. einem pH 4,06 durchgeführt. Die relative Oxydations-Geschw. ist abhängig von der Bldg. eines cycl. Komplexes, in dem die C–O-Bindungen der Hydroxylgruppen die größtmögliche Koplanarität besitzen. Der Einfl. benachbarter Gruppen u. die Konformation der Glykole auf die Oxydations-Geschw. werden diskutiert. So werden die beiden axialen Hydroxylgruppen in Methyl-4.6-O-benzyliden-α-D-altrosid (α-**II**) nicht oxydiert. Ein weiterer Zusammenhang besteht zwischen der Bldg. von Cu-Ammoniakatkomplexen u. der Oxydationsgeschwindigkeit. Eine beträchtliche Abschwächung erfährt die Oxydations-Geschw. in wss./alkohol. Medium. Für alle untersuchten Verbb. ist die Geschw.-Konst. tabellar. angegeben.

Versuche: *Methyl-4.6-O-benzyliden-α-D-glucosid* (α-**I**), F. 164—165°, aus Methyl-α-D-glucopyranosid; $[\alpha]_D^{18}$ +110,2° (c = 1,2; Chlf.). *Anomeres β-***I**, F. 198—200°, aus Methyl-β-D-glucopyranosid; $[\alpha]_D^{18}$ —65,2° (c = 0,96; Chlf.), $[\alpha]_D^{23}$ —77,8° (c = 0,87; W.). — *Methyl-4.6-O-benzyliden-α-D-altrosid* (α-**II**), F. 170—171°, aus dem entsprechenden Glucosid; $[\alpha]_D^{18}$ +115° (c = 1,4; Chlf.). *Anomeres β-***II**, F. 188,5—189°; $[\alpha]_D^{20}$ —64° (c = 1,0; Aceton). — *Methyl-4.6-O-benzyliden-α-D-mannosid* (**III**), F. 143—144°; $[\alpha]_D^{19}$ +63,2° (c = 1,1; Chlf.). — *Methyl-4.6-O-benzyliden-α-D-gulosid,* F. 144—145°; $[\alpha]_D^{20}$ +80,3° (c = 0,83; Chlf.), $[\alpha]_D^{22}$ +88,9° (c = 1,8; W.). *Anomeres β-***IV**, F. 174—175°; $[\alpha]_D^{20}$ —88,0° (c = 7,0; Chlf.). — *Methyl-4.6-O-benzyliden-α-D-idosid,* F. 148—149°, aus dem entsprechenden Galaktosid; $[\alpha]_D^{25}$ +48,8° (c = 0,76; Chlf.). — *Methyl-4.6-O-benzyliden-α-D-galaktosid* (α-**V**), F. 166—167°, aus Methyl-α-D-galaktopyranosid; $[\alpha]_D^{21}$ +143,6° (c = 1,6; Chlf.). *Anomeres β-***V**, F. 199—200°, aus Methyl-β-D-galaktopyranosid; $[\alpha]_D^{22}$ —33,2° (c = 1,3; Chlf.). — *Methyl-4.6.O.äthyliden-α-D-glucosid* (α-**VI**), F. 76—77°, aus Methyl-α-D-glucopyranosid u. 1.1-Dimethoxyäthan (**VIII**); $[\alpha]_D^{19}$ +111,3° (c = 1,2; W.). *Anomeres β-***VI**, F. 188—189°, aus Methyl-β-D-glucopyranosid u. **VIII**; $[\alpha]_D^{20}$ — 74° (c = 1,9; W.). — *Methyl-4.6-O-äthyliden-α-D-mannosid* (α-**VII**), F. 116,5—117,5°, aus Methyl-α-D-mannopyranosid u. Paraldehyd; $[\alpha]_D^{19}$ +76,5° (c = 1,4; Chlf.). — *Methyl-4.6-O-propyliden-α-D-glucosid,* F. 102°; $[\alpha]_D^{18}$ +122° (c = 0,60; Chlf.). — *Methyl-4.6-O-butyliden-α-D-glucosid,* F. 108°; $[\alpha]_D^{20}$ +112°,9 (c = 2,4; Chlf.). — *Methyl-4.6-O-isopropyliden-α-D-glucosid,* F. 132—134°; $[\alpha]_D^{20}$ +88,9° (c = 1,8; Chlf.). — *Methyl-α-D-glucosid-4.6-hydrogenphosphat,* aus dem Cyclohexylaminsalz in W. durch Behandlung mit Amberlite IR-720 (H-Form). — *Methyl-α-D-glucosid-4.6-phenylphosphat,* F. 196—197°; $[\alpha]_D^{20}$ +100,8° (c = 1,2; A.). — *Methyl-4.6-di-O-methyl-α-D-altropyranosid;* Sirup; $[\alpha]_D^{20}$ +147° (c = 0,50; W.). — *Phenyl-4.6-O-benzyliden-β-D-glucosid,* F. 196—197°, durch 24std.

Schütteln von Phenyl-β-D-glucopyranosid mit $ZnCl_2$ u. Benzaldehyd bei Raum Temp. unter $N_2$ im geschlossenen Kolben, mehrstd. Stehen bei 0° u. Versetzen mit Eiswasser; aus wss. A. faserige Nadeln; $[\alpha]_D^{17}$ −66,5° (c = 1,1; Pyridin); 27% (Ausbeute). — *Methyl-4-O-methyl-α-D-glucopyranosid*, F. 94—95°; $[\alpha]_D^{25}$ +167° (c = 1,2; W.). *Anomere β-Form*, F. 102—103°; $[\alpha]_D^{20}$ −18° (c = 1,0; W.) — *Methyl-4-O-methyl-α-D-mannopyranosid*, F. 101—102°; $[\alpha]_D^{20}$ +83,9° (c = 0,80; W.). — *Methyl-4-chlor-4-desoxy-α-D-glucopyranosid*, F. 114—114,5°; $[\alpha]_D^{21}$ +130,9° (c = 1,0; W.). — *Methyl-4-O-tosyl-α-D-glucopyranosid*, F. 148—149°; $[\alpha]_D^{22}$ +107,6° (c = 1,1; A.). — *Methyl-4-O-tosyl-6-O-trityl-α-D-glucosid* (**XIII**), F. 146—147°; $[\alpha]_D^{20}$ +74,9° (c = 1,3; Chlf.). — *Methyl-2-desoxy-α-D-glucopyranosid*, F. 90—91°; $[\alpha]_D^{20}$ +135° (c = 0,67; W.). — *Methyl-2-O-methyl-α-D-glucopyranosid*, F. 147—148°. *Anomere β-Form*, F. 97—98°. — *Methyl-2-O-tosyl-α-D-glucopyranosid*, F. 138—139°. — *Methyl-2-chlor-2-desoxy-β-D-glucopyranosid*, F. 163—164°. — *Methyl-2-O-benzoyl-β-D-glucopyranosid*, F. 174—177°; $[\alpha]_D^{13}$ −1,8° (c = 1,8; Aceton). — *Methyl-2-O-methyl-α-D-altropyranosid*, F. 81—83°; $[\alpha]_D^{15}$ +111,6° (c = 1,0; Chlf.). — *p-Nitrophenyl-2-O-methyl-β-D-glucopyranosid*, F. 178—179°; $[\alpha]_D^{23}$ −90,2° (c = 4,0; A./W.). — *7-[4.6-O-Benzyliden-β-D-glucopyranosyl]-theophyllin* (**IX**), F. 272—273°. — *Methyl-3-amino-4.6-O-benzyliden-3-desoxy-α-D-altrosid* (**XII**), F. 188—190°. — *cis-Cyclohexandiol-(1.3)* (cis-**X**), F. 85—85,5°. — *trans-Cyclohexandiol-(1.3)* (trans-**X**), F. 118 bis 118,5°. — *cis-Cyclohexandiol-(1.2)*, F. 98—99°. — *trans-Cyclohexandiol-(1.2)*, F. 103,5 bis 104°. — *Pentaerythrit* (**XI**), F. 259—260°. — *7.9-Dihydroxy-6α-methoxy-2-phenyl-trans-1.3-dioxano-[5.4:e]-1.4-dioxepan, Hydrat*, F. 143—144°, durch Oxydation von α-**I**, **III** bzw. **XII**; $[\alpha]_D^{20}$ +61,8° (c = 4,0; Pyridin). — *7.9-Dihydroxy-6β-methoxy-2-phenyl-trans-1.3-dioxano-[5.4:e]-1.4-dioxepan*, $C_{14}H_{18}O_7$, *Hydrat*, F. 118—119°, aus β-**I**; aus Aceton/PAe. Nadeln; $[\alpha]_D^{20}$ −25°,0 (c = 0,80; W.). — *7.9-Dihydroxy-6β-methoxy-2-phenyl-cis-1.3-dioxano-[5.4:e]-1.4-dioxepan*, $C_{14}H_{18}O_7$, *Hydrat*, F. 118—119° (W.), aus β-**V** bzw. β-**IV**. — *7.9-Dihydroxy-6α-methoxy-2-methyl-trans-1.3-dioxano-[5.4:e]-1.4-dioxepan*, $C_9H_{16}O_7$, *Hydrat*, F. 143—144° (W./Dimethylsulfoxid), aus α-**VI** bzw. α-**VII**; $[\alpha]_D^{20}$ +73,6° (c = 0,90; W.). — α-**II**, β-**II**, **IX**, cis-**X**, trans-**X** u. **XI** werden nicht oxydiert, bei α-**II** u. β-**II** wird die Benzylidengruppe hydrolyt. abgespalten.

D. Jahnke. B 225△

**Reaktionen von Ketonen mit oxydierenden Agentien.** 1. Mitt. **Katalyse der Keton-Bleitetraacetat-Reaktion durch Bortrifluorid.** H. B. Henbest, D. N. Jones und G. P. Slater. (J. chem. Soc. [London] **1961**, 4472—78, Okt.; Belfast, Queen's Univ.; engl.) — Bei der Einw. von Pb(IV)-Acetat (**X**) auf Cholestan-3-on (**I**) bei 25° in Ggw. von $BF_3$ (als Ae.-Komplex) in Lsg. konnte nach Chromatographie *2α-Acetoxycholestan-3-on* (**II**) als einziges Acetoxyketon isoliert werden. In Bzl. läuft die Rk. schneller ab als in Ae. oder Essigsäure (Es.), bei der Rk. in Es. konnte außer **II** eine geringe Menge *Δ¹-Cholesten-3-on* abgetrennt werden. **II** ergab durch Red. mit $LiAlH_4$ *Cholestan-2α.3β-diol* (**IV**; isoliert als Diacetat **IVa**) als Haupt-Prod. sowie etwas *-2α.3α-diol* (**V**). **II** verwandelt sich durch Adsorption an akt. $Al_2O_3$ in *3β-Acetoxycholestan-2-on* (**III**); diese Isomerisation erfolgt durch Enolisierung u. Wanderung der Acylgruppe über eine cycl. Zwischenstufe. Die Red. von **III** mit $LiAlH_4$ führte zu einem Gemisch aus **IV** u. **V**. Zur weiteren Konstit.-Ermittlung von **II** u. **III** wurden auch *3α-Acetoxycholestan-2-on* (**VII**) u. *2β-1 Acetoxycholestan-3-on* (**IX**) dargestellt: **VII** durch Oxydation von Cholestan-2-on (**VI**) mit **X** in Ggw. von $BF_3$ in Es., **IX** durch $CrO_3$-Oxydation von 2β-Acetoxycholestan-3α-o (**VIII**; F. 115—117°), das durch Acetolyse von 2α.3α-Epoxycholestan nach Fürst u. Plattner (Helv. chim. Acta **32**, [1949], 275) erhältlich war. **IX** isomerisiert sich sogar an desaktiviertem $Al_2O_3$ schnell zu **II**. **III** u. **VII** wurden bei der Behandlung mit **X** in Ggw. von $BF_3$ in Es. zu 70 bzw. 90% unverändert wiedergewonnen. Unter diesen Bedingungen wandelte sich **II** teilweise in ein ungesätt. Keton um, 45% wurden zurückgewonnen; **IX** wurde in erheblichem Umfang in ein stärker O-haltiges Material übergeführt. **II** ist nicht das Haupt-Prod. der Umwandlung von **IX**, das demnach als Zwischen-Prod. der Rk. **I** → **II** nicht in Betracht kommt. Vff. vermuten, daß ster. Gründe für die bevorzugte Acetylierung in α-Lage maßgebend sind u. die Rk. analog der Bromierung von 2- u. 3-Ketonen verläuft (vgl. Djerassi u. Nakano, Chem. and Ind. **1960**, 1385). Die Einführung der Acetoxygruppe in **I** wird auch durch $HClO_4$ gefördert u. liefert bei 25° in Es. 14% **II**. Zusatz von HF war weniger wirksam als $BF_3$, da sich vermutlich **X** in $PbF_4$ umwandelt. Die Rotationsdispersionen, IR- u. UV-Spektren der Acetoxyketone wurden untersucht (Werte sind tabellar. angegeben). Die axiale Acetoxygruppe von **IX** führt zu einer geringen hypsochromen Verschiebung des UV-Maximums, ferner vermindert sich die Amplitude der Rotationsdispersionen durch Einführung einer axialen Acetoxygruppe.

Versuche (Rotationen in Chlf.): *2α-Acetoxycholestan-3-on* (**II**), $C_{29}H_{48}O_3$, F. 123 bis 125° (Aceton–A.), a) durch 1½ std. Rühren von **I** u. **X** in Ggw. von $BF_3$-Ätherat bei 25° unter $N_2$ u. Chromatographie in Pentan an Florisil; $[\alpha]_D$ +57°; 57% (Ausbeute). Daneben durch erneute Chromatographie an $Al_2O_3$ *Δ¹-Cholesten-3-on*, F. 96—98° (Aceton–A.); b) durch 1std. Adsorption von **IX** in Pentan–Bzl. (9:1) an desaktiviertem oder akt. $Al_2O_3$; 71 bzw. 65%. — *3α-Acetoxycholestan-2-on* (**VII**), F. 148—149° (Aceton–A.), analog **II** aus **VI**; $[\alpha]_D$ +57°; 40%. — *2β-Acetoxycholestan-3-on* (**IX**), F. 144—146° (Aceton–Methanol), durch Oxydation von **VIII** durch Chromsäure in Aceton; $[\alpha]_D$ +94°; 73%. — *2β.3α-Diacetoxycholestan*, $C_{31}H_{52}O_4$, F. 141—142° (Aceton–Methanol), durch Einw. von Acetanhydrid [Aa]/Pyridin [Py] auf **VIII**; $[\alpha]_D$ +60°. — *3β-Acetoxycholestan-2-on* (**III**), F. 146 bis 147°, durch 16std. Adsorption von **II** in Bzl. an akt. $Al_2O_3$; $[\alpha]_D$ +76°; 20%. — *2α.3β-Diacetoxycholestan* (**IVa**), F. 112—113° (Methanol), a) durch 20 Min. lange Red. von 250 mg **III** in sd. Ae. mit $LiAlH_4$, Einw. von Aa./Py. (1 Nacht) bei 20° u. Chromatographie an desaktiviertem $Al_2O_3$; 30 mg. Daneben 47 mg *2β.3β-Diacetoxycholestan*, F. 123 bis 125° (Methanol), u. 15 mg eines *Acetoxyalkohols vom F. 156—158°*; b) durch analoge Red. von 250 mg **II**; 151 mg, daneben 22 mg *2α.3α-Diacetoxycholestan*, F. 134—136°.

B. Gnauck. B 225□

**Mechanismus der Reduktion von Aldehyden durch Grignard-Lösungen.** Raymond Hamelin. (C. R. hebd. Séances Acad. Sci. **250**, 1081—83, 8/2. 1960; Paris, École Norm. Sup., Labor. de Chim.; franz.) — Die Rk. von *Propionaldehyd* (**I**) mit $C_2H_5MgBr$ in Ae. bei 36° liefert neben Pentanol-(3) (**II**; 85% Ausbeute) auch etwas n-Propanol (**III**; 3%) u. 3-Äthylpentanol-(3) (**IV**; 2%). Arbeitet man unter inverser Addition (Aldehydüberschuß), so fallen 11% **II**, 20% **III** u. 21% **IV** an. Es wird ein Mechanismus entwickelt, nach dem **I** zunächst $C_2H_5MgBr$ zum **II**-BrMg-Alkoholat addiert, das dann ein weiteres **I**-Mol. zu **III**-BrMg-Alkoholat red. u. dabei selbst in Diäthylketon (Rk. **a**) übergeht; letzteres wird schließlich durch $C_2H_5MgBr$ ins BrMg-Alkoholat von **IV** übergeführt. Hiermit stehen die Ergebnisse bei inverser Addition in Einklang, da dabei Rk. **a** u. Kondensations-Rkk. begünstigt werden. Bei der Rk. von *Chloral* mit $C_2H_5MgBr$ konnte auch bei inverser Addition kein tert. Alkohol gefaßt werden, doch gelang der Nachw. der Bldg. von Trichlor-tert.-butanol bei der Umsetzung von Chloral mit $CH_3MgBr$ durch Gaschromatographie. Nach den Ergebnissen verläuft die Red. von Aldehyden zu prim. Alkoholen durch Grignard-Verbb. über ein intermediäres Mg-Alkoholat, d. h. die Red. der Aldehyde verläuft nach einem anderen Mechanismus als die von Ketonen.

H.-E. Toussaint. B 225□

**Eine Untersuchung der katalytischen Hydrierung von Phenolen an Platin- und Rhodium-Katalysatoren.** Hilton A. Smith und Billy L. Stump. (J. Amer. chem. Soc. **83**, 2739—43, 20/6. 1961; Knoxville, Tenn., Univ. of Tennessee, Dep. of Chem.; engl.) — Vff. untersuchten die katalyt. Hydrierung von *Phenol* (**I**), *Brenzcatechin* [isoliertes Prod.: 2-Hydroxycyclohexanon (Phenylhydrazon, F. 117,4—118°), bei Red. in Ggw. von Semicarbazid·HCl als Semicarbazon · 2 $H_2O$, $C_7H_{17}N_3O_4$, F. 198—199°], *Resorcin*(→ Dihydroresorcin, F. 104—105°), *Hydrochinon* [→ 4-Hydroxycyclohexanon (2.4-Dinitrophenylhydrazon, $C_{12}H_{14}N_4O_5$, F. 157°)], *Phloroglucin, Pyrogallol, Cyclohexanon* u. *Cyclohexandion* an Pt- u. Rh-Katalysatoren. Die Hydrierungs-Geschw. haben die gleiche Größenordnung wie bei entsprechenden Methyl- u. Methoxy-Verbb. des Benzols. Während der Hydrierung tritt teilweise eine Spaltung ein, ihr Umfang ist von der Rk.-Temp. u. dem eingesetzten Katalysator abhängig. Obwohl während der Red. auch Ketone auftreten, deutet der kinet. Verlauf der Hydrierung darauf hin, daß der Zwischenzustand des Ketons bei der Hydrierung von **I** zu Cyclohexanol nicht erforderlich ist. Es wird angenommen, daß Cyclohexenole als Zwischenformen entstehen, u. daß diese entweder zu Cyclohexanolen red., zu Cyclohexanen gespalten oder zu Cyclohexanonen isomerisiert werden.

H. Dreyer. B 225□

**Orientierung bei Metall-Ammoniak-Reduktionen.** Howard E. Zimmerman. (Tetrahedron [London] **16**, 169—76, Dez. 1961; Madison, Wis., Univ. of Wisconsin, Dep. of Chem.; engl.) — Bei der Red. substituierter Aromaten mit Alkalimetall in fl. $NH_3$ bilden sich nach der Birch-Regel 1.4-Dihydrobenzole derart, daß sich eine maximale Anzahl von Alkoxyl- oder Alkylgruppen an den verbleibenden Doppelbindungen befindet, wobei die Alkoxylgruppen stärker wirken als die Alkylgruppen. Dieser Richtungseffekt wurde quantenmechan. mit Hilfe der LCAO-Theorie untersucht. Unter dem Einfl. des Alkalimetalls bildet sich ein Mol.-Anion, an das sich an dem Atom mit der höchsten $\pi$-Elektronendichte ein Proton anlagert. Nach dieser ersten Protonierungsstufe folgt eine weitere Anion-Bldg. u. die zweite, produktbildende Protonierung. Bei *Anisol*, sowie bei *o-, m-* u. *p-Dimethoxybenzol* ist die berechnete Elektronendichte des ersten Anions bes. hoch in der o-Stellung zur Methoxylgruppe, etwas geringer in der m-Stellung, während die p-Stellung sowie C-Atome mit einer Methoxylgruppe einen starken Abfall der Elektronendichte zeigen. Diese erste Stufe entsteht in Übereinstimmung mit der Birch-Regel. Der Verlauf der zweiten Protonierung läßt sich mit der einfachen LCAO-Theorie

nicht ermitteln, da diese die Überlappung vernachlässigt. Hierdurch ist die o- u. p-Stellung zum ersten Proton für das zweite Proton scheinbar gleich wahrscheinlich. Durch Berücksichtigung der möglichen Resonanzstrukturen des zweiten Anions läßt sich jedoch dessen Elektronendichte iterativ bestimmen, wonach die zweite Protonierung in Übereinstimmung mit der Birch-Regel in p-Stellung erfolgen muß. — Weiterhin werden die Substituenten-Einfl. auf die Leichtigkeit der Hydrogenolyse von Benzylalkoholen u. auf die Dealkylierung u. Dearylierung von Alkylaryl- u. Diaryläthern diskutiert.
W. Penn. B 225

**Die Hydrierung von Cycloalkenen an Platin-Trägerkatalysatoren.** James-Frederick Sauvage, Robert H. Baker und Allen S. Hussey. (J. Amer. chem. Soc. **83,** 3874—77, 20/9. 1961; Evanston, Ill., Northwestern Univ., Chem. Labor.; engl.) — Es wurden *1-Methyl-4-methylen-*, *1-Isopropyl-4-methylen-*, *1-Methyl-4-isopropylidencyclohexan*, *1.4-Dimethyl-*, *1-Isopropyl-4-methyl-*, *1-Methyl-4-isopropylcyclohexen* u. $\Delta^{1,9}$- sowie $\Delta^{9,10}$-*Oktalin* (I) in essigsaurer Lsg. an Pt-Trägerkontakten hydriert. Mit Ausnahme von I erfolgt dabei in erheblichem Maße eine Isomerisierung der unhydrierten Produkte. Aus allen Cycloalkenen entstehen Gemische von Cycloalkanen, in denen die stabilere Form der jeweiligen Isomeren überwiegt. Im Gegensatz dazu wurden an Pt-haltigen Kontakten, in denen das Pt durch Red. von Platinoxid erhalten wurde, ganz andere Prodd. gefunden. Zwecks Deutung der Vers.-Ergebnisse wird ein „stereochem. symm. Zwischenzustand" postuliert. H. Dreyer. B 225□

**Direkte Chlorierung von Cyclopentanon mit Chlorgas; Bestimmung der Reaktionsordnung.** Jean-Charles Pariaud und Claude Rousson-Perruche. (J. Chim. physique Physico-Chim. biol. **56,** 222—29, Febr. 1959; Chermont-Ferrand, Fac. des Sci., Labor. de Chim. Phys.; Lyon, Fac. Libre des Sci.; franz.) — Vgl. C. **1958,** 12063. — Vff. untersuchten die Kinetik der Mono- u. Dichlorierung von *Cyclopentanon* (I) mittels $Cl_2$ in $CCl_4$; der Rk.-Verlauf wurde IR-spektroskop. u. polarograph. kontrolliert. Im Gegensatz zu Cyclohexanon (III) wird I gleichzeitig in 2-Chlor (II; Kp.$_5$ 60°, Kp.$_{10}$ 76°, D.$^{14}$ 1,187, $n_D^{20}$ 1,4750) u. Dichlorcyclopentanon übergeführt. Die Chlorierung von **II** erfolgt insgesamt nach der 2. Ordnung ($k_2 = 1{,}52 \cdot 10^{-3}$ Mol/Liter·s). Während die Monochlorierung von **III** leichter erfolgt als die von **I,** ist die spezif. Geschw. der Dichlorierung im Fall von **I** größer. — IR-Spektren im Bereich von 650—850 $cm^{-1}$ u. die Polarogramme der Chlorcyclopentanone sind angegeben. J. Richter. B 225◇

**Chemische Umwandlungen von α-Halogenketonen.** 7. Mitt. **Zur Charakteristik des Dioxandibromids als Bromierungsmittel.** T. I. Temnikowa und N. A. Oschujewa. (J. allg. Chem. [UdSSR] **29 (91),** 3730—32, Nov. 1959; Leningrad, Univ.; russ.) — 6. vgl. C. **1961,** 9760. — Die Bromierung von *2-Methylcyclohexanon-(1)* mit Dioxandibromid (I) in Dioxan–Ae. liefert ein Gemisch (Kp.$_{8-10}$ 72—78°) aus 2-Methyl-6-brom- u. 2-Methyl-2-bromcyclohexanon-(1), das durch Hydrolyse über die Methylphenylketale in ein Gemisch aus 70% 2-Methylcyclohexanol-(6)-on-(1) u. 30% 2-Methylcyclohexanol-(2)-on-(1) übergeführt wird. Die Bromierung von 30 g *Methylisopropylketon* mit 90 g **I** in 30 ml Dioxan u. 120 ml Ae. liefert 27,3 g Methyl-α-bromisopropylketon (Kp.$_{50}$ 54—55°; → Dimethylacetylcarbinol, Kp.$_{14}$ 46—47°; Semicarbazon, F. 164°) u. 8,3 g Brommethylisopropylketon (Kp.$_{46}$ 83—84°; Oxydation → Isobuttersäure, Kp.$_9$ 52°; $n_D^{20}$ 1,3930).
Helmut Schäfer. B 225△

**Beiträge zur Konstellationsanalyse.** 7. Mitt. **Solvolyse von Toluolsulfonsäureestern.** 9. Mitt. **Konkurrenzreaktionen bei der Alkoholyse.** Walter Hückel, Dieter Maucher, Ottraud Fechtig, Jürgen Kurz, Martin Heinzel und Adolf Hubele. (Liebigs Ann. Chem. **645,** 115—62, 1961; Tübingen, Univ., Pharmazeut.-Chem. Inst.; dt.) — 6. vgl. C. **1961,** 9344 bzw. 8. vgl. C. **1962,** 12244. — Die bei der Solvolyse von *cis-* u. *trans-1-Methylcyclohexyl-(2)-* (I) u. -(3)- (II), $1^c.9^c.10^c$- (IV), $1^c.9^c.10^t$- (V) u. $1^t.9^c.10^t$-*α-Dekalyl-* (VI), $1^c.3^c.4^t$-*Menthyl-* (VII) u. $1^c.3^t.4^c$-*Isomenthyl-p-toluolsulfonat* (VIII) nebeneinander ablaufenden Substitutions- u. Eliminierungs-Rkk. wurden kinet. u. präparativ untersucht. Zur Aufklärung der Bldg. von Äthern durch sek. Rk. wurden $\Delta^1$- (IX) u. $\Delta^2$-*Methylcyclohexen* (X) in Ggw. von $CaCO_3$ oder Pyridin (Py.) u. äquivalenten Mengen von p-Toluolsulfonsäure (**XI**) den Bedingungen der Alkoholyse ausgesetzt; hierbei war keine Äther-Bldg. festzustellen. Ohne neutralisierende Mittel lieferte **X** (bei 65°, 210 Std. in Methanol [Ma.]-Überschuß) in Ggw. von **XI** 2% **IX** u. Spuren an Methyläther; aus **IX** bildeten sich dagegen unter diesen Bedingungen 82% 1-Methylcyclohexyl-(1)-methyläther (**XII**). In Isopropylalkohol (Ip.) wurde keine Äther-Bldg. beobachtet; $\Delta^{9,10}$-*Oktalin* (**XIII**) isomerisierte sich daher, u. zwar in Ggw. von 1 Mol **XI,** bei 50° nur zu 2% zu $\Delta^{1,9}$-Oktalin (**XIV**). Durch Zusatz von Py. wurde diese Rk. sowohl bei **XIII** als auch bei **XIV** unterbunden, in Ma. auch die Ätherbildung. In abs. Ma. in Ggw. von **XI** lieferten **XIII** bzw. **XIV** (bei 50°) ident. Gleichgewichtsgemische aus 78%

Oktalin (93—94% **XIII** + 6—7% **XIV**) u. 22% Dekalyl-(9)-methyläther (cis/trans = 1 : 3). Bei der Äther-Bldg. aus den p-Toluolsulfonaten durch Primär-Rk. sind folgende 3 Prodd. zu unterscheiden: 1. struktur- u. konfigurationsgleiche, 2. strukturgleiche Äther, aber entgegengesetzter Konfiguration, 3. strukturverschiedene, durch 1.2-Verschiebung eines Hydrid-Ions entstandenen tert. Äther. Bei der Methanolyse der Toluolsulfonate in Ggw. von $CaCO_3$ bei 40 bzw. 60° wurden folgende Äther (Angaben in % der Menge an gesamten Äther) gebildet: aus cis-**I** <1% cis-1-Methylcyclohexyl-(2)-methyläther (cis-**XV**), 14% trans-**XV**, 85% **XII**; aus trans-**I** 8% cis-**XV**, 86% trans-**XV**, 6% **XII**; aus cis-**II** 8% cis-1-Methylcyclohexyl-(3)-methyläther (cis-**XVI**), 92% trans-**XVI**; aus trans-**II** 4% cis-**XVI** u. 96% trans-**XVI**; aus **IV** ca. 100% cis-9-Methoxydekalin (cis-**XIX**); aus **V** 1% $1^c.9^c.10^t$-α-Dekalyl- (**XVII**) u. 8% $1^t.9^c.10^t$-α-Dekalylmethyläther (**XVIII**) sowie 92% trans-**XIX**; aus **VI** 4% **XVIII**, 96% **XVII** u. <2% 9-Methoxy-$1^t.9^c.10^t$-dekalin; aus **VII** 37,5% Menthylmethyläther, 55% Neomenthylmethyläther sowie 7,5% tert.-Menthyl-(4)-methyläther (**XX**; 2 Isomere vom F. 55 bzw. 11°, 3,9 bzw. 3,6%); aus **VIII** 10% Isomenthylmethyläther, 58% Neoisomenthylmethyläther u. 32% **XX** (13 + 19%). Neben vorst. Substitutions-Prodd. traten durch Eliminierung noch folgende KW-Stoffe auf: aus trans-**I** 47% [KW-Stoffe] (bestehend aus 28% **IX** u. 72% **X**); aus cis-**I** 73% (99% **IX** u. 1% **X**); aus trans-**II** 58% (71% $\Delta^3$-Methylcyclohexen [**XXI**] u. 29% **X**); aus cis-**II** 36% (62% **XXI** u. 38% **X**); aus **IV** 90% (91% **XIV** u. 9% **XIII**); aus **V** 76% (75% **XIV**, 24% **XIII** u. 1% $\Delta^{1.2}$-Oktalin [**III**]); aus **VI** 19% (29% **XIV**, 61% **III** u. 10% **XIII**). Die früher (vgl. Liebigs Ann. Chem. **543,** [1940], 191) vermutete Bldg. von **III** aus **IV** konnte nicht bestätigt werden. Auf titrimetr. Wege wurde schließlich die Kinetik der Alkoholyse von **IV** u. **V** bei 50° in Ip. in Ggw. u. ohne Na-Isopropylat (**XXII**) verfolgt, wobei nachst. $10^6k_1$-Werte (in $min^{-1}$?) bestimmt wurden: **IV** mit **XXII** 24,2, ohne **XXII** 16,2; **V** mit **XXII** 7,7, ohne **XXII** 6,0. **XXII** scheint hier im wesentlichen nur die Rolle des Neutralisationsmittels für die gebildete **XI** zu spielen; die Erhöhung der k-Werte wird als Salzeffekt gedeutet. Die Kinetik der Rk. von **VI** in A. wurde zwischen 50 u. 75° verfolgt; k $2,82 \cdot 10^{-7}$ bis $5,65 \cdot 10^{-6}$, E 26,3—27,0 kcal/Mol, ferner die von **IV** in A./$NaOC_2H_5$ bei 40°, für die reine Solvolyse ergab sich $k_1$ $10,7-10^{-6}$. Die Kinetik der Verseifung von *cis-* u. *trans-1-Methylcyclohexyl-(3)-hydrogensuccinat* sowie von *Cyclohexylhydrogensuccinat* (vgl. [1938]) wurde wie l. c. erneut untersucht, die E- u. PZ-Werte (zwischen 30 u. 40°) betrugen 11,4 u. $1,1 \cdot 10^8$ bzw. 12,3 u. $1,1 \cdot 10^8$ bzw. 10,4 u. $1,8 \cdot 10^7$. Bei den kinet. Unterss. der Alkoholyse der p-Toluolsulfonate traten mehrfach schwankende bzw. fallende k-Werte auf, was als Zeichen für das Auftreten von zwei nach verschiedenen Zeitgesetzen ablaufenden Konkurrenz-Rkk. gewertet wird. Bei der präparativen Durchführung der Methanolyse von **IV**—**VI** ergab sich, daß die Bldg. von **XIII** durch Erhöhung der Alkoholat-Konz. merklich vermindert wird, durch 4 Äquivalente Alkoholat wird sie bei **IV** vollständig unterdrückt. Vff. diskutieren die Änderungen der Abspaltungsrichtung im Zusammenhang mit der Änderung des Rk.-Typs u. zeigen erneut, daß $E_1$- u. $E_2$-Abspaltung ihre Eigengesetzlichkeiten haben u. es unzulässig ist, daß 4-Zentrenprinzip auf die $E_1$-Rk. anzuwenden. Neben der $E_2$-Rk. durch 4 Äquivalente **XXII** läuft eine schon früher beobachtete Spaltung der Toluolsulfonate an der O—S-Bindung einher, die jedoch nur bei den langsamer reagierenden **V** u. **VI** beobachtet wird. Dadurch entstehen ster. fast einheitlich 10% $1^c.9^c.10^t$-α-Dekalol (**XXV**) bzw. 42% $1^t.9^c.10^t$-α-Dekalol (**XXVI**). **VI** liefert von allen bisher untersuchten p-Toluolsulfonaten bei der einfachen Äthanolyse am wenigsten KW-Stoff (nur 19%), also am meisten Äther. Bei der Diskussion der Konkurrenz von KW-Stoff- u. Äther-Bldg. werden die Festigkeit der Solvatisierung des intermediär gebildeten Carbeniumions sowie dessen Neigung zur Abspaltung von $H^+$ betrachtet. Aus der Bldg. von tert. Äther wird geschlossen, daß die dafür erforderliche Wanderung von $H^-$ in die Oktettlücke eines cis-Alkohols leichter erfolgt als in die Oktettlücke eines trans-Alkohols. Dieser Vorgang wird also in erster Linie von der Konfiguration bestimmt, die Mol.-Konstellation hat einen geringeren Einfluß. Die Konkurrenz der beiden Rkk. wird folgendermaßen gek.: 1. Normaler Verlauf: Eliminierung erfolgt durch Abspaltung von $H^+$ am tert. C-Atom ($C^+$) unter Bldg. eines Alkoxoniumions mit Alkohol, das am $C^t$ hinterbleibende, einsame Elektronenpaar stellt die π-Bindung mit dem sek. C-Atom ($C^s$) her, an dem durch Ablösung des Säureanions eine Oktettlücke entstanden ist. Die Substitution erfolgt durch Eintritt von Alkoxylanion in die Oktettlücke von der entgegengesetzten Seite. 2. Anomaler Verlauf: Eliminierung erfolgt durch Wanderung von $H^-$ vom $C^t$ in die Elektronenlücke von $C^s$, Abtrennung von $H^+$ von $C^s$ oder von dem anderen Nachbaratom des $C^t$ durch den Alkohol u. Knüpfung der π-Bindung. Die Substitution läuft unter Wanderung von $H^-$ ab, die vielleicht mit der Eliminierung verknüpft ist. Aus der Diskussion des möglichen Verlaufs der Abspaltungs-Rkk. ergibt sich, daß die neuen Erkenntnisse die Theorie von Hughes [1935] ergänzen. — Die

Trennung u. Analyse der erhaltenen Prod.-Gemische erfolgte durch Gaschromatographie, Chromathographie an $Al_2O_3$ u. IR-spektrograph. Unters. [angegeben sind die IR-Spektren zwischen 4000 u. 650 $cm^{-1}$ von cis- u. trans- **XVI**, *cis-* (cis-**XXXIII**; u. *trans-Dekalol-(9)* (trans-**XXXIII**), *cis-1^c.9^c.10^c-α-Dekalylmethyläther*, **XVII**, **XVIII** sowie cis- u. trans-**XIX** in $CS_2$, ferner die IR-Hauptbanden von **XII**, cis- u. trans-**XV** in $CCl_4$ u. $CS_2$], die ungesätt. KW-Stoffe wurden durch Benzopersäuretitration, UV-spektroskop. (Jodkomplexe der Methylcyclohexene) u. durch Kaufmann-Titration bestimmt. Die Isomerisierung von *cis-* u. *trans-1-Methylcyclohexanol-(3)* durch 120—576std. Kochen in Paraffinöl in Ggw. von Na unter $N_2$ wurden ebenfalls untersucht. Ausgehend von den reinen Isomeren oder von einem Isomerengemisch wurde nach der gaschromatograph. Unters. jeweils ein Gemisch der mittleren Zus. von 79% cis- u. 21% trans-Verb. erhalten. Die α-Dekalole wurden durch Hydrierung von α-Naphthol (**XXIII**) oder ar-α-Tetralol (**XXIV**) in Ggw. von Raney-Ni bei 150—200 at mit oder ohne Lsgm. in folgenden Ausbeuten dargestellt: 1. aus **XXIII** (20 Std. bei 100°) 33% [Gesamtausbeute], davon 9% **XXV** (F. 49°; *3.5-Dinitrobenzoat* [*DNB*], $C_{17}H_{20}N_2O_6$, F. 116,6° [PAe.]), 10% **XXVI** (F. 62°; *DNB*, $C_{17}H_{20}N_2O_6$, F. 117,8°), 20% *1^t.9^c.10^c-α-Dekalol* (**XXVII**; F. 55°) u. 61% *1^c.9^c.10^c-α-Dekalol* (**XXVIII**; F. 93°; *DNB*, $C_{17}H_{20}N_2O_6$, F. 123,8°); 2. aus **XXIII** (10 Std. bei 100—200°) 56%, davon (in der Folge **XXV**—**XVXIII**) 17%, 14%, 32%, 37%; 3. aus **XXIV** (3 Std. bei 200°) 33%, davon 18%, 56%, 18%, 8%; 4. aus **XXIV** (18 Std. bei 100°) 34%, davon 7%, 9%, 23%, 61%. Reines **XXVI** wurde durch 76std. Erhitzen eines an Isomeren der cis-Reihe reichen Dekalolgemisches in Dekalin (**XXXII**) mit Na auf 220° u. Wasserdampf-Dest. erhalten; das Prod. enthielt 93,91% **XXVI**, 3,4% **XXV**, 3,4% **XXVIII** u. 1,1% **XXVII**. Die Reinigung von **XXVI** erfolgte über das DNB, die Reinigung über die Hydrogensuccinate bzw. Phthalate bereitete Schwierigkeiten. Die α-Dekalole wurden auch durch Red. der α-Dekalone dargestellt: 1. aus trans-α-Dekalon (**XXIX**) mit Na u. A. (Prod.: F. 60,3—60,9° [PAe.]); 2. durch 28std. Hydrierung von **XXIX** (enthielt 11% cis-α-Dekalon [**XXX**]) in Eisessig–konz. HCl in Ggw. von Adams-$PtO_2$ u. Verseifen mit methanol. Lauge (Prod.: 89% **XXV**, 11% **XXVI**); 3. durch Zutropfen von Al-Isopropylat (**XXXI**) in Ip. zu **XXIX**–**XXX** in Ip. (Prod.: 52% **XXV** u. 48% **XXVI**); 4. durch Red. von **XXIX**–**XXX** mit $LiAlH_4$ in sd. Ae. (Prod.: 20% **XXV** u. 80% **XXVI**). Ein Gemisch von 95% **XXV** u. 5% **XXVI** in Ip. konnte durch Zugabe von **XXXI** + Aceton u. 5std. Kochen in ein Gemisch von 72% **XXV** u. 28% **XXVI** umgewandelt werden.

Versuche: *1-Methyl-1-methoxycyclohexan* (**XII**), $Kp._{735}$ 147,0—148,0°, aus 1-Methylcyclohexanol-(1) (F. 25,6—25,9°, $Kp._{13}$ 55,7°) nach Müller u. Rundel (C. **1958**, 9175) mit $CH_2N_2$ u. $BF_3$ u. Chromatographie an $Al_2O_3$ (Elution mit Ae.); $D._4^{25}$ 0,8712, $n_D^{25}$ 1,4365, $n_D^{20}$ 1,4387; 58% (Ausbeute). — Analog: *cis-1-Methyl-2-methoxy-* (*cis*-**XV**), $Kp._{735}$ 143,5—144,5°, aus cis-1-Methylcyclohexanol-(2) ($Kp._{12}$ 60,4°); $D._4^{25}$ 0,8596, $n_D^{25}$ 1,4340, $n_D^{20}$ 1,4361, 60%. *trans-1-Methyl-2-methoxycyclohexan* (*trans*-**XV**), $Kp._{735}$ 145,5—146,0°, aus trans-1-Methylcyclohexanol-(2) ($Kp._{12}$ 66,7°); $D._4^{25}$ 0,8537; $n_D^{25}$ 1,4310, $n_D^{20}$ 1,4329; 63%. *cis-1-Methyl-3-methoxy-* (*cis*-**XVI**), $Kp._{745}$ 149,0—149,4°, aus cis-1-Methylcyclohexanol-(3) (F. —6 bis —5°, $D._4^{20}$ 0,9155, $n_D^{20}$ 1,4572, $[\alpha]_D^{20}$ —3,91°); $D._4^{20}$ 0,8637, $n_D^{20}$ 1,4320; 71%. *trans-1-Methyl-3-methoxycyclohexan* (*trans*-**XVI**), $Kp._{720}$ 145,6 bis 146,0°, aus trans-1-Methylcyclohexanol-(3) (F. —1 bis 0°; $D._4^{20}$ 0,9214, $n_D^{20}$ 1,4590); $D._4^{20}$ 0,8662, $n_D^{20}$ 1,4329; 71%. — *$\Delta^2$-Methylcyclohexen* (**X**), $Kp._{740}$ 102,6—102,8°, aus 1-Bromcyclohexen-(2) mit $CH_3MgJ$ nach Berlande (Bull. Soc. chim. France [5] **9**, [1942], 644); $D._4^{20}$ 0,8018, $n_D^{20}$ 1,4443; 58%. — *$\Delta^3$-Methylcyclohexen*, $Kp._{736}$ 100,8—101,5°, durch 22std. Hydrierung von p-Kresol in Ma. in Ggw. von Raney-Ni bei 100° u. 100 at, Überführung des Gemisches von cis- u. trans-1-Methylcyclohexanol-(4) in das p-Toluolsulfonat, Eintragen in **XXII** in Ip. bei 120° u. 3std. Einw.; $D._4^{20}$ 0,7983, $n_D^{20}$ 1,4420; 82%. — *cis-1-Methylcyclohexyl-(3)-hydrogensuccinat*, $C_{11}H_{18}O_4$, F. 28,8—29,2° (aus PAe. bei —40°), aus dem Alkohol mit Bernsteinsäureanhydrid (11 Std. bei 120°); analog *trans-Isomeres*, F. 48,4—49,0°. — *cis-Dekalol-(9)* (*cis*-**XXXIII**), F. 65,2—65,5° (PAe.), durch 60std. Einleiten von $O_2/O_3$ durch eine Lsg. von **XXXII** (88% cis-Geh.) in $CCl_4$ bei 0° u. Einw. von 2%ig. $H_2O_2$ auf das Prod. bei 60°; 28%. — *trans-Dekalol-(9)* (*trans*-**XXXIII**), F. 54° (PAe.), durch 25std. Oxydation von **XXXII** (77% cis-Geh.) mit $O_2$ bei 115°, Abdestillieren des nicht umgesetzten **XXXII** (50% cis-Geh.), Zugabe von PAe. [→ *Dekalinhydroperoxyd*, F. 93° (PAe. + 6% Eisessig); 3,8%] u. Red. mit $Na_2SO_3$ in Ma./W. (1 : 1); 1,8%. — Folgende Dekalylmethyläther analog **XII**, Chromatographie an $Al_2O_3$ u. Elution mit Ae./PAe. (1 : 1): *1^c.9^c.10^c-α-Dekalylmethyläther*, $Kp._{10}$ 93°, aus 12,2 g **XXVIII** (1,8 Std.); $D._4^{20}$ 0,9576; $n_D^{20}$ 1,4802; 9,1 g. — *1^c.9^c.10^t-α-Dekalylmethyläther* (**XVII**), $Kp._{10}$ 84°, aus 8,4 g **XXV** (2 Std.); $D.^{20}_4$ 0,9374, $n_D^{20}$ 1,4718; 1,8 g. — *1^t.9^c.10^t-α-Dekalylmethyläther* (**XVIII**), $Kp._{10}$ 86,5°, aus 6,9 g **XXVI** (2,75 Std.); $D._4^{20}$ 0,9315, $n_D^{20}$ 1,4690; 3,2 g. — *cis-9-Methoxydekalin* (cis-**XIX**), $Kp._{10}$ 91°, aus 8,0 g cis-**XXXIII**; $D._4^{20}$ 0,9690,

$n_D^{20}$ 1,4869; 5,8 g (verunreinigt mit Spuren von Oktalin u. Dekalol). — *trans-9-Methoxydekalin* (trans-**XIX**), aus 8,4 g trans-**XXXIII**; 7,9 g (Rohausbeute). Die IR-Hauptbanden sind für vorst. Dekalylmethyläther angegeben. — *Menthanol-(4), Isomeres vom F. 11°*, Kp.$_{12}$ 82—82,5°, durch Zutropfen von 4-Methylcyclohexanon in Ae. zu Isopropyl–MgBr in Ae., 2std. Kochen, Abkühlen auf 0°, Zers. mit $Na_2CO_3$-Lsg., Abtrennung von 60% Menthen durch Dest. u. präparative Gaschromatographie (*Phenylurethan*, F. 98,5° [PAe.]; 57%); daneben *Isomeres vom F. 54—55°* (Kp.$_{12}$ 82,5—83°; *Phenylurethan*, F. 139° [PAe.]; 43%). Beide Isomere zersetzen sich an der Luft u. bei der Chromatographie an $Al_2O_3$. — Nachst. Methyläther aus den sek. Mentholen in Ae. durch Einw. von $BF_3$-Ätherat u. gesätt. $CH_2N_2$ in Ae.: *Menthylmethyläther*, Kp.$_{12}$ 75°; D.$_4^{20}$ 0,8613; $n_D^{20}$ 1,4425; 74%. — *Neomenthylmethyläther*, Kp.$_{12}$ 74°; D.$_4^{20}$ 0,8586; $n_D^{20}$ 1,4405; 40%. — *Isomenthylmethyläther*, Kp.$_{12}$ 76,5°; D.$_4^{20}$, 0,8663; $n_D^{20}$ 1,4445; 78%. *Neoisomenthylmethyläther*, Kp.$_{12}$ 74,5°, D.$_4^{20}$ 0,8590, $n_D^{20}$ 1,4420; 4%. B. Gnauck. B 225□

**Beiträge zur Konstellationsanalyse.** 8. Mitt. **Solvolyse von Toluolsulfonsäureestern.** 10. Mitt. **Die β-Hydrindanole und die Solvolyse ihrer Toluolsulfonate.** Walter Hückel, Wolfgang Egerer, (mit einem Beitrag von Franz Mössner). (Liebigs Ann. Chem. **645**, 162—76, **649**, 212, 1961; dt.) — 7. bzw. 9. vgl. vorst. Referat. — Vff. untersuchten die Kinetik der Äthanolyse von *cis-β-Hydrindanol-* (cis-**Ia**; F. 59°) bei 30 u. 40° (k $6{,}26\cdot10^{-6}$ [$s^{-1}$] bzw. $2{,}06\cdot10^{-5}$; E 22,37 [kcal/Mol]), *cis-β-Hydrindanol-* (*cis*-**Ib**, F. 36°; k $4{,}42\cdot10^{-6}$ bzw. $1{,}49\cdot10^{-5}$; E 22,79) u. *trans-β-Hydrindanol-p-toluolsulfonat* (*trans*-**I**; k $4{,}15\cdot10^{-6}$ bzw. $1{,}34\cdot10^{-5}$; E 21,97) sowie die Methanolyse von trans-**I** [k = $14{,}08\cdot10^{-6}$ ($k_0$ $14{,}43\cdot10^{-6}$) bzw. $4{,}65\cdot10^{-5}$; E 22,5] u. die Solvolyse von trans-**I** in Isopropylalkohol (Ip.) bei 40 bzw. 50° (k 4,04 bzw. $11{,}02\cdot10^{-6}$; E 20,1). Die drei Verbb. unterschieden sich nur wenig in der Rk.-Geschw., cis-**Ia** reagiert etwas schneller als Cyclopentyl-p-toluolsulfonat (**II**), cis-**Ib** u. trans-**I** dagegen langsamer; die Verhältniszahlen betragen **II** 1,0, cis-**Ia** 1,25, cis-**Ib** 0,9, trans-**I** 0,8 sowie für *cis-α-Hydrindanol-p-toluolsulfonat* 0,25. In den Rk.-Prodd. verhalten sich die Verbb. ebenfalls ähnlich **II**: keine Bldg. von ungesätt. KW-Stoff (**II** liefert nur 7%); nur im präparativen Ansatz gab die Solvolyse von trans-**I** durch Ip. 2,2% trans-$\Delta^{1.2}$-Hexahydroinden (u. 97,8% trans-β-Hydrindanolisopropyläther). Die Unters. der Kinetik der Äthanolyse von *β-Indanol-p-toluolsulfonat* (**III**) bei 50 u. 60° lieferte folgende Daten: k 2,90 bzw. $9{,}16\cdot10^{-6}$, E 24,6; die Methanolyse von **III** bei 50° den k-Wert $8{,}85\cdot10^{-6}$. Die Äthanolyse von *ac-β-Tetralol-p-toluolsulfonat* (**IV**) bei 50 u. 60° ergab k $6{,}58\cdot10^{-6}$ u. $2{,}04\cdot10^{-5}$, E 24,0. Die Rk.-Geschw. von **III** beträgt nur $^1/_{17}$ der von **II**, was auf die um 1,9 kcal/Mol höhere Aktivierungsenergie zurückzuführen ist. Auch bei der Rk. von **III** bildet sich nur 9% Inden. Dieses Verh. wird mit dem in β-Stellung vorhandenen aromat. Ring erklärt, der bei **III** in entgegengesetzter Richtung wirkt wie beim α-Indanol, dessen p-Toluolsulfonat wegen Zers. nicht erhalten werden konnte. Bei der Methanolyse von **IV** entstanden 65 Mol-% β-Tetralolmethyläther u. 29% KW-Stoff (etwa gleiche Teile 1.2 u. 2.3-Dihydronaphthalin). Vff. diskutieren die Konfiguration u. Konstellation der Hydrindanole. Für die beiden cis-β-Hydrindanole läßt sich mit den Solvolysedaten ihrer Derivv. u. ihren Viscositätsunterschieden keine sichere Zuordnung treffen. Offenbar unterscheiden sich die Lagen der OH-Gruppen zum Mol.-Rest in den Isomeren nicht wesentlich, so daß wohl keine Konstellationsunterschiede vorhanden sind. Der fast ebene oder nur wenig deformierte Fünfring bedingt anscheinend wie der Sechsring keine Anomalitäten bei der Solvolyse. Wiedergegeben werden die Resultate von Bross (1960, unveröffentlicht) für die Verseifung von *Cyclopentylsuccinat* bei 40° (k [$min^{-1}$] 1,26) sowie von *cis-α-* (*Form I*; 0,943) u. *cis-α-* (*Form II*; 0,77), *cis-β* (*Form I*; 0,85) u. *trans-β-Hydrindanolsuccinat* (1,13). Die Verseifung des *Succinats von β-Indanol* verläuft dagegen ca. 4mal so rasch wie die der vorst. Verbb., was durch die hohe Aktions-Konst. verursacht wird. — Die UV-Spektren von *cis-α-*, *cis-β-* u. *trans-β-Hydrindanon* (in Hexan) sind zwischen 210 u. 320 mμ angegeben.

Versuche: *cis-α-Hydrindanol*, F. 18°, Kp.$_{12}$ 102—104°, durch Hydrierung (80 bis 140 Std.) von α-Hydrindon in A. in Ggw. von $PtO_2$; $n_D^{20}$ 1,4987; $n_D^{30}$ 1,4948; D.$_4^{30}$ 1,0039; 80—90% (Ausbeute). In Ggw. von Ni-Katalysatoren wurde stets Indan als Haupt-Prod. erhalten. — *cis-α-Hydrindanon*, Kp.$_{12}$ 90—91°, aus vorst. Verb. durch $CrO_3$-Oxydation; $n_D^{20}$ 1,4813. *Oxim*, F. 100°. Ließ sich durch Kochen, Einw. von A.–HCl, Acetanhydrid, Na-Äthylat-Lsg., Pd/Kohle (bei 250°) oder $AlBr_3$ nicht in die trans-Verb. umlagern. — *β-Indanol* (**V**), F. 70° (PAe.), Kp.$_{12}$ 120—123°, durch Zugabe von wss.-alkohol. KOH zu Indenbromhydrin u. 2std. Hydrierung in Ggw. von Raney-Ni; 60%. — Folgende β-Hydrindanole durch 80std. Hydrierung vorst. Verb. in A. in Ggw. von $PtO_2$ (55% Gesamtausbeute) u. Trennung durch Dest. mittels Drehbandkolonne: *cis-β-Hydrindanol* (*Form I*), F. 6°, Kp.$_{12}$ 105,5°; $n_D^{20}$ 1,4935; $n_D^{30}$ 1,4892; D.$_4^{30}$ 0,99190 [*p-Nitrobenzoat*, F. 114,5°; *3.5-Dinitrobenzoat*, $C_{16}H_{18}N_2O_6$, F. 92°; *Hydro-*

*genphthalat*, F. 110°; *Phenylurethan*, $C_{16}H_{21}NO_2$, F. 111° (PAe.); *p-Toluolsulfonat* [*cis*-**Ia**], $C_{16}H_{22}O_3S$, F. 59° (PAe.)] u. *cis-β-Hydrindanol* (*Form II*), F. 16,6°, Kp.$_{12}$ 108,5°; $n_D^{20}$ 1,4932; $n_D^{30}$ 1,4893; $D._4^{30}$ 0,9924 [*p-Nitrobenzoat*, $C_{16}H_{19}NO_4$, F. 64° (A.); *3.5-Dinitrobenzoat*, $C_{16}H_{18}N_2O_6$, F. 137° (PAe.); *Hydrogenphthalat*, F. 109°; *Oxalat*, $C_{20}H_{30}O_4$, F. 93° (PAe.); *Phenylurethan*, $C_{16}H_{21}NO_2$, F. 108° (PAe.); *p-Toluolsulfonat* [*cis*-**Ib**], $C_{16}H_{22}O_3S$, F. 36° (PAe.)]. — *trans-β-Hydrindanon*, Kp.$_{12}$ 83,8—84,0°, durch $CrO_3$-Oxydation von β-Dekalol, Reinigung des Prod. über das Semicarbazon (Kristallisation aus A.), Zutropfen des trans-β-Dekalons (Kp.$_{12}$ 100—102°; $n_D^{20}$ 1,4818) zu $NH_4VO_3$ in $H_2SO_4$ bei 70—75°, 1std. Kochen, Kühlen mit Eis [→ *trans-Cyclohexan-1.2-diessigsäure*, F. 170° (sd. W.); 42%; daneben untrennbares Gemisch mit Cyclohexyl-(1)-propionsäure-(2)], Vermischen mit $Ba(OH)_2$-Pulver u. langsames Erhitzen auf 265—273° (Bad-Temp.); $n_D^{20}$ 1,4756; 83%. — *trans-β-Hydrindanol*, F. 24,3°, Kp.$_{12}$ 98,5°, durch Red. vorst. Ketons mit $LiAlH_4$ in Ae. bei 20°; $n_D^{20}$ 1,4857 (unterkühlt); $n_D^{30}$ 1,4821, $D._4^{30}$ 0,97095; 93%. *p-Nitrobenzoat*, $C_{16}H_{19}NO_4$, F. 75,2° (A.). *3.5-Dinitrobenzoat*, $C_{16}H_{18}N_2O_6$, F. 122,5° (A. u. PAe.). *Phenylurethan*, $C_{16}H_{21}NO_2$, F. 115,3° (PAe.). *p-Toluolsulfonat* (*trans*-**I**), $C_{16}H_{22}O_3S$, F. 87,5° (PAe.). *Methyläther*, $C_{10}H_{18}O$, Kp.$_{12}$ 75,5—76°, mit $CH_2N_2/BF_3$; $n_D^{20}$ 1,4619; $n_D^{30}$ 1,4578. *Isopropyläther*, $C_{12}H_{22}O$, Kp.$_{14}$ 83°, aus trans-**I** durch 125std. Erwärmen in Ggw. von $CaCO_3$ in abs. Ip. auf 50°; daneben wenig trans-Hexahydroinden. — *β-Indanylmethyläther* (**VI**), $C_{10}H_{12}O$, Kp.$_{11}$ 92°, aus **V** mit $CH_2N_2/BF_3$; $n_D^{20}$ 1,5278; $D._4^{20}$ 1,0268; 60%. — *β-Indanol-p-toluolsulfonat* (**III**), $C_{10}H_{16}O_3S$, F. 117,5—118,5° (PAe./Bzl.), aus **V** mit p-Toluolsulfochlorid in Pyridin; 100%. — *ac-β-Tetralol*, F. 15,0—15,5°, Kp.$_{12}$ 139,8—140°, durch Red. von β-Naphthol mit Na in A. u. Reinigung über das Na-Salz des Hydrogenphthalats. *p-Toluolsulfonat* (**IV**), F. 86° (PAe./Bzl.). — *ac-β-Tetralylmethyläther*, Kp.$_{11}$ 114—114,5°, analog **VI**; $n_D^{20}$ 1,5326; $D._4^{20}$ 1,0239.

B. Gnauck. B 225□

**Alkoholyse von Toluolsulfonsäureestern. 11. Mitt. cis- und trans-1-Methylcyclopentanol-(2) und die Alkoholyse ihrer Toluolsulfonsäureester.** Walter Hückel und Eugen Mögle. (Liebigs Ann. Chem. **649**, 13—20, Nov. 1961; dt.) — 10. vgl. vorst. Referat. — Die Methanolyse von *cis-* (*cis*-**I**) u. *trans-1-Methylcyclopentyl-(2)-*(*trans*-**I**) u. *cis-* (*cis*-**II**) u. *trans-1-Methylcyclohexyl-(2)-p-toluolsulfonat* (*trans*-**II**) wurde kinet. u. präparativ untersucht. Die Zus. der Prodd. an Methyläther : Cycloolefin betrugen bei cis-**I** 60 : 40, trans-**I** 75 : 25, cis-**II** 27 : 73, trans-**II** 53 : 47, wobei sich die Ausbeuten an $\Delta^1$- : $\Delta^2$-Olefin bzw. an cis-2- : trans-2- : 1-Methyläther bei cis-**I** wie 92 : 8 bzw. 1,5 : 84,5 : 14, bei trans-**I** wie 100 : 0 bzw. 12 : 18 : 70, bei cis-**II** wie 99 : 1 bzw. 1 : 14 : 85 u. bei trans-**II** wie 28 : 72 bzw. 86 : 8 : 6 verhielten. Der Unterschied zwischen 5- u. 6-Ring ist am auffallendsten bei der zum tert. 1-Methyläther führenden anomalen Substitution. Die normale Substitution verläuft vorzugsweise unter Waldenscher Umkehr mit Ausnahme von trans-**I**, bei dem die Erhaltung der Konfiguration überwiegt. Daraus folgt, daß man das Verhältnis beim 5- nicht wie beim 6-Ring auf der Basis einer äquatorialen oder axialen Stellung verstehen kann. Die Geschw.-Konst. der Rk. von trans-**I** betragen $k^{30}$ 1,06·$10^{-6}$, $k^{40}$ 3,22·$10^{-6}$ ($s^{-1}$), die Aktivierungsenergie 20,9 (kcal/Mol); die Geschw.-Konst. der Rk. von cis-**I** nahmen mit der Rk.-Dauer ab.

Versuche: *Methylcyclopentenon*, Kp.$_{740}$ 154—158°, aus Cyclopentandion-(1.2) mit $CH_3MgBr$ in Ae. u. ¼std. Kochen; 25% (Ausbeute). — *1-Methylcyclopentanon-(2)*, $n_D^{20}$ 1,4344, durch Hydrierung von vorst. Verb. an $Pd/CaCO_3$. — *cis-1-Methylcyclopentanol-(2)*, Kp.$_{54}$ 76°, aus vorst. Verb. a) mit Na u. feuchtem Ae.; Gemisch mit 90% trans-Verb.; b) an Pt-Mohr in Eisessig-HCl; Gemisch mit 67% cis-Verb.; c) mit Raney-Ni in $CH_3OH$; Gemisch mit 73% cis-Verb.; d) mit $LiAlH_4$ in Ae.; Gemisch mit 25% cis-Verb.; e) mit Al-Isopropylat in Isopropanol; Gemisch mit 58% cis-Verb.; $D._4^{20}$ 0,9313; $n_D^{20}$ 1,4520; $\eta^{20}$ 15,4 (cP); $\varepsilon^{20}$ 10,2. *p-Toluolsulfonat* (*cis*-**I**), F. 26,8°. *p-Nitrobenzoat*, F. 68,5—69,3°. *Saures Phthalat*, F. 92,2°. *trans-Verb.*, Kp.$_{54}$ 84°; $D._4^{20}$ 0,9186; $n_D^{20}$ 1,4470; $\eta^{20}$ 18,1 (cP); $\varepsilon^{20}$ 14,2. *p-Toluolsulfonat* (*trans*-**I**), F. 34,5°. *3.5-Dinitrobenzoat*, F. 88°. *p-Nitrobenzoat*, F. 48,7—49,4°. — *1-Methylcyclopentanol-(1)*, F. 34—37°, aus Cyclopentanon mit $CH_3MgBr$ in Ae.; 80%. *p-Nitrobenzoat*, $C_{13}H_{15}NO_4$, F. 80—81° (PAe.). *Methyläther*, Kp. 115°, aus 10 g mit $CH_2N_2$ + $BF_3$/Ae.; 3,2 g. — *$\Delta^1$-Methylcyclopenten*, Kp. 74—76°, aus vorst. Verb. durch 1std. Kochen mit $J_2$ bei 145°; 77%. — *$\Delta^2$-Methylcyclopenten*, Kp. 63—65°, aus 60 g Chlorcyclopenten mit $CH_3MgBr$; 12,3 g.

G. Pötzscher. B 225◇

**Alkoholyse von Toluolsulfonsäureestern. 12. Mitt. Das cis-α-Dekalol, Schmelzpunkt 55°.** Walter Hückel und Herbert Feltkamp. (Liebigs Ann. Chem. **649**, 21—25, Nov. 1961; dt.) — 11. vgl. vorst. Referat. — Nach der Hydrierung von 2,5 kg α-Naphthol an Raney-Ni bei 200 at in Methanol ließ sich aus dem Gemisch (1,2 kg) isomerer Dekalole das *$1^t\cdot 9^c\cdot 10^c$-Isomere* (**I**, F. 55°; *Methyläther*, Kp.$_{13}$ 91,5°, $D._4^{20}$ 0,9511, $n_D^{20}$ 1,4794) mit 24,1%ig. Ausbeute neben den 3 anderen Isomeren (*$1^t\cdot 9^t\cdot 10^t$*-,

F. 49°; 12,2%; *1^t·9^c·10^t-*, **II**, F. 62°; 14,4%; *1^c·9^c·10^c-*, **III**, F. 93°; 49,3%) durch fraktionierte Dest. gewinnen. **I**, **II** u. **III** u. ihre Methyläther sowie zum Vgl. *trans-1-tert.-Butylcyclohexyl-(4)-methyläther* zeigen im IR-Spektrum im Axialgebiet keine $\nu$(C—O)-Banden. **I**-*p-Toluolsulfonat* ($k_{50}$ $0{,}82 \cdot 10^{-6}$, $k_{75}$ $1{,}64 \cdot 10^{-5} s^{-1}$, Aktivierungsenergie q 26,7 kcal/Mol) reagiert bei der Äthanolyse fast 3mal so schnell wie sein Konfigurationsanaloges der trans-Reihe, **II**-*p-Toluolsulfonat* ($k_{50}$ $0{,}28 \cdot 10^{-6} s^{-1}$). Bei der Methanolyse von **I**-Toluolsulfonat entsteht kein normales Abspaltungs-Prod., sondern in >95% Ausbeute $\Delta^{9,10}$-Oktalin. Aus den Ergebnissen folgt, daß eine kinet. Konstellationsanalyse nicht nur quant. unmöglich ist, sondern manchmal auch qual. zu Widersprüchen führt. G. Pötzscher. B 225◇

**Charakteristik der Anfangskinetik bei der Aldolisierung von Propanal.** Jaime Jimenez und André Broche. (Bull. Soc. chim. France **1961**, 1499—1502, Aug./Sept.; Clermont-Ferrand, Fac. des Sci.; Dakar, Fac. des Sci.; franz.) — Vgl. Broche, Bull. Soc. chim. France **1961**, 484. — Dilatometr. wurde die Kinetik der Selbstkondens. von *Propionaldehyd* (**I** = AH) in wss.-bas. Medium (NaOH) bei 25° zu Beginn der Rk. untersucht. Die Ergebnisse waren in Übereinstimmung mit folgendem Ionenmechanismus: 1. $AH + H_2O \underset{k_{-0}}{\overset{k_0}{\rightleftharpoons}} A^- + H_3O^+$, 2. $AH + OH^- \underset{k_{-1}}{\overset{k_1}{\rightleftharpoons}} A^- + H_2O$, 3. $A^- + AH \xrightarrow{k_2} HAA^-$, 4. $HAA^- + H_2O \rightarrow (AH)_2 + OH^-$ (schnell); $k_0$ 0,005 [$min^{-1}$], $k_1$ 5,7 [Liter/Mol·min]. Die Kinetik der Rk. von **I** entspricht dem Verh. des früher (vgl. Broche u. Gibert, C. **1955**, 9994) untersuchten Acetaldehyds (**II**). Die Rk.-Ordnung zu Beginn der Aldol-Kondens. von **I** beträgt 1,6. Hieraus wird geschlossen, daß die Geschw. der Ionisierung von **I** u. der Kondens. von gleicher Größenordnung sind. Weitere Rkk., wie die Bldg. höherer Kondens.-Prodd., traten nicht auf. Die geringere Rk.-Geschw. von **I** im Vgl. mit der von **II** wird auf den negativen induktiven Effekt der $CH_3$-Gruppe von **I** zurückgeführt. B. Gnauck. B 225□

**Beweis zugunsten eines Zweistufenmechanismus der Diels-Alder-Reaktion.** Melvin S. Newman. (J. org. Chemistry **26**, 2630—33, Aug. 1961; Columbus, Ohio, Ohio State Univ., Evans Chem. Labor.; engl.) — *1.3-Diphenylisobenzofuran* (**I**) u. *1-Mesityl-3-phenylisobenzofuran* (**II**) ergeben bei der Diels-Alder-Synth. mit *Vinylencarbonat* (**III**) das cycl. Carbonat von 2.3-Dihydroxy-1.4-diphenyl-1.4-epoxy-1.2.3.4-tetrahydronaphthalin bzw. die entsprechende 4-Mesityl-Verb., während bei *1.3-Dimesitylisobenzofuran* (**IV**) weder mit **III**, noch mit Maleinsäureanhydrid oder N-Phenylmaleinsäureimid eine solche Rk. eintritt. Zur Erklärung wird eine ster. Hinderung angenommen, die für eine intermol. Rk. stärker wirkt als für eine intramol. Reaktion. Bei **II** soll sich demnach in erster Stufe eine Bindung zwischen dem C-Atom des Furanringes, welches die Phenylgruppe trägt, u. einem C-Atom von **III** bilden. Hierdurch kommen beide Moll. in eine geeignete Lage, so daß die Hinderung durch die Mesitylgruppe unwirksam wird. Bei Verss. zur Darst. von Isobenzofuranen aus Phthaliden u. Grignard-Verbb. beobachteten Vff. eine deutliche Abhängigkeit der Ausbeuten vom Lösungsmittel. Bei Rk. von *Mesityl-MgBr* mit *3-Phenylphthalid* in Tetrahydrofuran (THF) wurde als Prod. einer reduktiven Spaltung des Lactons durch das Grignard-Reagens o-Benzylbenzoesäure (16%) neben dem disubstituierten Phthalid (61%) erhalten.

Versuche: *3-Phenylphthalid* (**V**), F. 114—115°, aus o-Benzoylbenzoesäure durch Red. mit $NaBH_4$ in wss. NaOH; 87% (Ausbeute). — *o-[α-Mesityl-(isopropoxy)-methyl]-benzoesäure* (**VI**), $C_{20}H_{24}O_3$, F. 186—187°, aus 3-Isopropoxyphthalid (**VII**) u. Mesityl-MgBr (**VIII**); 57%. — *α-Isopropoxy-α-mesityltoluol*, $C_{19}H_{24}O$, $Kp._7$ 169—170°, aus **VI** durch Kochen mit Cu-Pulver in Chinolin; 75%. — *3-Mesitylphthalid* (**IX**), $C_{17}H_{16}O_2$, F. 164 bis 165°, a) aus o-Mesitoylbenzoesäure analog **V**; Spuren; b) aus **VI** durch Einw. von 48%ig. HBr in Essigsäure; 93%; c) aus **VII** oder 3-Äthoxyphthalid mit 1 Äquivalent **VIII** in THF/Ae.; 15—20%; d) aus 30 g **VII** mit dem Grignard-Reagens aus 32 g Brommesitylen (**X**) in THF; 28%. Daneben wenig saure Prod. u. 17% nachst. Verbindung. — *1.3-Dimesitylisobenzofuran* (**IV**), $C_{26}H_{26}O$, F. 184—187°, aus 19,2 g **VII** u. **VIII** (aus 42 g **X**) in THF; 61%. — *α-Isopropoxy-α-phenyl-o-toluylsäure*, $C_{17}H_{18}O_3$, F. 83,5—85°, aus **VII** mit Phenyl-MgBr. — *1.3-Diphenylisobenzofuran* (**I**), F. 130—131°, aus **V** u. Phenyl-MgBr in THF/Ae.; 87%. — *1-Mesityl-3-phenylisobenzofuran* (**II**), $C_{23}H_{20}O$, $Kp._{0,5-1,0}$ 195—200°, aus **IX** u. Phenyl-MgBr in THF/Ae.; 97%. — *1.2-Dibenzoylbenzol*, F. 146—147°, aus **I** durch Oxydation mit Pb-Tetraacetat; >80%. — *1.2-Dimesitoylbenzol*, F. 232,5—234,0°, analog vorst. Verb. aus **IV**; >80%. — *1-Benzoyl-2-mesitoylbenzol*, $C_{23}H_{20}O_2$, F. 157,5—158,5°, analog vorst. Verb. aus **II**; >80%. — *Cycl. Carbonat des 2.3-Dihydroxy-1.4-diphenyl-1.4-epoxy-1.2.3.4-tetrahydronaphthalins*, $C_{23}H_{16}O_4$, F. 259—261° (Zers.), aus **I** u. **III** in Xylol bei Rückfluß-Temp.; fast 100%. — *Cycl. Carbonat des 2.3-Dihydroxy-1-phenyl-4-mesityl-1.4-epoxy-1.2.3.4-tetrahydronaphthalins*, $C_{26}H_{22}O_4$, F. 219—220° (Zers.), aus **II** u. **III** wie vorst.; 80%. W. Penn. B 225□

**Hofmann-Abbau tritiummarkierter quartärer Ammoniumjodide mit Phenyllithium.** Friedrich Weygand, Helmut Daniel und Helmut Simon. (Liebigs Ann. Chem. **654**, 111–18, 15/6. 1962; München, TH, Org.-Chem. Inst.; dt.) — Vgl. C. **1959**, 2076. — Beim Hofmann-Abbau von *Trimethyl-*[$T_{(2)}$*-äthyl*]*-ammoniumhydroxid* (I) bei 40° im Hochvakuum oder bei 180° in Glykol bzw. 160° in W. entsteht nur inakt. $(CH_3)_3N$. Danach erfolgt in Übereinstimmung mit Angaben von Cope u. Mitarbeitern (C. **1962**, 13350) auch bei Temp. >100° der Abbau nach einem reinen β-Eliminierungsmechanismus. Die l. c. angenommene Teilnahme einer α'.β-Eliminierung bei höheren Temp. wird durch die Bldg. von $(CH_3)_2N(CH_2CH_2T)$ vorgetäuscht, das neben $(CH_3)_3N$ entsteht. Für den Hofmann-Abbau von I-, [*T-Methyl*]*-dimethyläthylammonium-*, *Trimethyl-*[$T_{(1)}$*-äthyl*]*-ammonium-* u. *Trimethyl-*[$T_{(2)}$*-n-propyl*]*-ammoniumjodid* (II) mit Phenyl-Li bei Zimmer-Temp. dagegen wird eine α'.β-Eliminierung nach Wittig bewiesen. Dabei treten äußerst kleine Isotopeneffekte auf. — Darst. von **I**: Malonsäure $\xrightarrow{T_2O/H_2O\ 80^0}$ $T_{(\alpha)}$-Malonsäure $\xrightarrow{\Delta}$ $T_{(\alpha)}$-Essigsäure → Na-$T_{(\alpha)}$-Acetat $\xrightarrow{(C_2H_5O)_3PO}$ Äthyl-$T_{(\alpha)}$-acetat $\xrightarrow{LiAlH_4;\ HJ}$ $T_{(2)}$-Äthyljodid $\xrightarrow{(CH_3)_3N/A.}$ I-Jodid. Darst. von **II** analog **I** aus Methylmalonsäure → $T_{(\alpha)}$-Propionsäure → $T_{(2)}$-Propanol → $T_{(2)}$-Propyljodid → **II**-Jodid. G. Pötzscher. B 225◇

**Thermische Reaktionen organischer Stickstoffverbindungen.** 2. Mitt. **1-n-Butylpyrrol.** I. A. Jacobson jun. und H. B. Jensen. (J. physic. Chem. **66**, 1245–47, Juli 1962; Laramie, Wy., U. S. Dep. of Interior, Bureau of Mines, Laramie Petroleum Res. Center; engl.) — 1. vgl. C. **1959**, 11199. — Die Thermolyse von *1-n-Butylpyrrol* (**I**) wurde von 460–570° mittels einer Strömungs-, von 360–400° mittels einer stat. Meth. untersucht. **I** isomerisiert sich zu 2-n-Butylpyrrol (**II**) mit der Geschw.-Konst. $k_1 = 3{,}10 \cdot 10^{13} \exp(-57900 \pm 1100/RT) s^{-1}$. **II** isomerisiert sich weiter in einer reversiblen Rk. zu 3-n-Butylpyrrol, beide Verbb. zersetzen sich mit gleicher Geschw., $k_2 = 5{,}48 \cdot 10^{13} \exp(-59100 \pm 21200/RT) s^{-1}$, zu Pyrrol, 2- u. 3-Methyl-, 2- u. 3-Äthyl-, 2- u. 3-Vinylpyrrol, Pyridinen u. KW-Stoffen. Die Zers. ist heterogen, wird aber nicht durch NO beeinflußt. G. Pötzscher. B 225◇

**Elektronenspinresonanzuntersuchungen der durch Bestrahlung ausgelösten Addition von HBr an $C_2H_4$ im festen Zustand.** F. W. Mitchell, B. C. Green und J. W. T. Spinks. (Canad. J. Chem. **38**, 689–96, Mai 1960; Saskatoon, Saskatchewan, Univ. of Saskatchewan, Dep. of Chem.; engl.) — Vgl. Armstrong u. Spinks, C. **1961**, 6825. — Wie l. c. untersuchten Vff. die Elektronenspinresonanz bei der Addition von *HBr* an $C_2H_4$ bei 77° K (fl. $N_2$), die durch γ-Strahlen ($^{60}Co$) ausgelöst wurde. Neben Äthylbromid (**I**) entstanden geringe Mengen an Äthylendibromid (**II**) u. Buten-(1). Es treten daher vermutlich die Rkk. $Br + C_2H_4Br \rightarrow C_2H_4Br_2$ (wichtige Kettenabbruchs-Rk.) u. $C_2H_5 + C_2H_3 \rightarrow C_4H_8$ auf. Ferner ergibt sich, daß die nach Bestrahlung von **I** bzw. $C_2H_4$–HBr-Gemischen vorhandenen Radikale (bes. $C_2H_4Br$) gleich sind. Untersucht wurden auch bestrahltes **I**, **II**, HBr bzw. $C_2H_4$. Der Mechanismus der Rkk. wird diskutiert. B. Gnauck. B 226□

**Strahlungschemie der Kohlenhydrate.** 6. Mitt. **Einwirkung von γ-Strahlung auf wässerige, sauerstoffhaltige D-Mannose-Lösungen.** G. O. Phillips und W. J. Criddle. (J. chem. Soc. [London] **1960**, 3404–12, Aug.; Cardiff, Univ. Coll.; engl.) — 5. vgl. C. **1962**, 8214. — Durch papierchromatograph. u. Tracer-Unters.-Meth. wird nachgewiesen, daß bei $^{60}$Co-γ-Strahlen-Einw. ($3{,}7 \cdot 10^{22}$ u. $2{,}25 \cdot 10^{23}$ eV) von $O_2$-gesätt. *D-Mannose*-(**I**)-Lsgg. D-Mannuronsäure (**II**), D-Mannonsäure (**III**), D-Arabinose (**IV**), D-Erythrose (**V**), $C_2$-Aldehydbruchstücke (**VI**), Ameisensäure u. $CO_2$ entstehen. Es werden die Änderung der Acidität, die UV-Absorptionsspektren sowie die gebildete $H_2O_2$-Menge bei der Bestrahlung gemessen. Durch Auswertung der Ausbeute-Strahlendosiskurven für die entstehenden Prodd. bei niedriger Energieeinstrahlung werden Aussagen über die Natur der prim. Abbau-Prodd. gemacht. Aus Experimenten mit $^{14}C_{(1)}$-I geht hervor, daß die prim. Abbauprozesse die Oxydation an $C_{(1)}$ u. $C_{(6)}$ (Bldg. von **II** bzw. **III**), die Spaltung zwischen $C_{(1)}$ u. $C_{(2)}$ (Bldg. von **IV** u. $CH_2O$) sowie die Spaltung zwischen $C_{(2)}$ u. $C_{(3)}$ (Bldg. von **V** u. **VI**) sowie daneben noch die direkte Aufspaltung von **I** in 3 **VI** sind. Die Menge dieser Abbau-Prodd. entspricht insgesamt 80% der Anfangs-Konz. von **I**. Daneben werden durch sek. Rkk. noch **IV**, D-Lyxose, Oxalsäure, Ameisensäure u. $CO_2$ gebildet. E. Koßmehl. B 226◇

**Katalytische Umwandlungen von Piperidin in Wasserstoffatmosphäre.** N. I. Schuikin und W. M. Brussnikina. (J. allg. Chem. [UdSSR] **29** (**91**), 438–41, Febr. 1959; Inst. für org. Chem. der Akad. der Wiss. der UdSSR; russ.) — Es wird die Dehydrierung von Piperidin (**I**) am Ni–Al-Skelettkatalysator bei 250, 300, 350 u. 400° u. am Cu–Cr-Katalysator bei 400° im $H_2$-Strom untersucht. Bei 250 u. 300° wird **I** hauptsächlich zu *Pyridin* dehydriert unter gleichzeitiger Methylierung desselben zu *α-Picolin* durch Methylenradikale an der Oberfläche des Katalysators. Die Dehydrierung von I bei 400° an Ni–Al liefert neben Pyridin hauptsächlich gasförmige KW-Stoffe, während an Cu–Cr vor allem Pyridin entsteht. G. Nikolajewski. B 227◇

**Selektive Hydrierung der mit einer Äthylenbindung konjugierten Acetylenbindung am Zink-Katalysator.** L. Ch. Freidlin, W. I. Gorschkow und T. K. Lawrowskaja. (Nachr. Akad. Wiss. UdSSR, Abt. chem. Wiss. **1959**, 1679—81, Sept.; Akad. der Wiss. der UdSSR; Zelinsky-Inst. für org. Chem.; russ.) — Es werden die katalyt. Eigg. von Zn bei der Hydrierung von *Isopren* (I), *Piperylen* (II), *Vinyl-* (III) u. *Isopropenylacetylen* (IV) untersucht. Bei Temp. von 60—140° werden I u. II nicht hydriert. III läßt sich bei Temp. von 60—120° in bis zu 75%ig. Ausbeute (bei 80°) bis Divinyl hydrieren. Bei höheren Temp. treten Polymerisations-Prodd. auf, die die Ursache der Verluste u. der schnellen Desaktivierung des Katalysators sind. Am Zn–Cu-Katalysator wird III bei Temp. von 75—100° zum Butan hydriert. IV wird an Zn bei Temp. von 80—90° in 70%ig. Ausbeute zu I hydriert. G. Nikolajewski. B 227□

**Infrarotuntersuchung der Reaktion von Kohlenmonoxid und Wasserstoff an Eisen auf Kieselsäureunterlage.** G. Blyholder und Laurence D. Neff. (J. physic. Chem. **66**, 1664—67, Sept. 1962; Fayetteville, Ark., Univ. of Arkansas, Chem. Dep.; engl.) — Die IR-Spektren von Verbb. zwischen CO u. $H_2$, die an Fe-Oberflächen auf $SiO_2$-Unterlage bei 20 u. 180° entstanden, wurden aufgenommen u. der Fe-Katalysator durch Red. von auf $SiO_2$ (Cab-O-Sil)-Oberflächen feinverteiltem $Fe(NO_3)_3$ gewonnen. Bei 20° scheint keine Rk. einzutreten. Bei höheren Temp. bilden sich Komplexe des Typs R—CHOHMe (Me = Metall). Bei 180° sind noch nach 15 Std. 75% der Oberfläche befähigt, CO zu chemisorbieren, es befindet sich im Gleichgewicht zwischen Oberfläche u. Gasphase u. wird auch physikal. adsorbiert. — Die Ergebnisse bestätigen die Annahme, daß alkohol. Zwischenverbb. bei der Fischer-Tropsch-Synth. eine Rolle spielen. H. Roschkowski. B 227□

**Über Platin-Kohle-Katalysatoren.** K.-H. Schnabel. (Z. Chem. **1**, 274—75, 1961; Berlin, Humboldt-Univ., I. Chem. Inst.; dt.) — Vf. beobachtet, daß an einem nach der Zelinsky-Meth. hergestellten alkal. Pt–Kohle-Katalysator bei der $C_5$-Dehydrocyclisierung von Isooctan zu *1.1.3-Trimethylcyclopentan* nicht das Pt die einzig akt. Komponente ist, sondern dieses erst zusammen mit Alkali u. dem Trägermaterial katalyt. wirksam wird. Ein alkalifreier Katalysator wandelt bei geringerer Gesamtaktivität große Mengen des Ausgangsprod. über Naphthene in Aromaten u. Olefine um, da dieser Katalysatortyp C—C-Bindungen anzugreifen vermag. Auswaschen u. Wiederzusetzen von KOH verändert die Aktivität des Katalysators u. den Aromaten-Geh. der Reaktionsprodukte. Durch Unterss. konnte gezeigt werden, daß ein Zusatz von 0,28 Mol KOH/g-Atom Pt zu einem durch Red. von $H_2(PtCl_6)$ erhaltenen Katalysator dessen Eigg. völlig verändert. Dieser Zusatz von KOH vermindert die Fähigkeit, C—C-Bindungen aufzuspalten. Aktivitäts-Best. ergeben, daß alkalihaltige Katalysatoren durch Stabilisierung noch nach 30 Std. akt. sind, während reines, trägerfreies Pt-Schwarz bei der $C_5$-Dehydrocyclisierung inakt. ist. Es werden bes. $Al_2O_3$-Kohle u. $SiO_2$-Kohleträgermaterialien entwickelt u. mit Pt belegt u. vergleichbare Aktivitäten beobachtet. Zusätze von C steigern die Aktivität auf das 9,0- bzw. 3,5fache der Aktivität der C-freien Katalysatoren. Diese Unterss. ermöglichen eine bessere Reproduzierbarkeit u. einfachere Darstellungsweise unter Verw. von C-haltigen oxid. Trägern. W.-D. Heussner. B 227□

**Katalytische Effekte bei Isocyanat-Reaktionen.** A. Farkas und G. A. Mills. (Advances Catalysis related Subjects **13**, 393—446, 1962; Marcus Hook, Pa., Houdry Process and Chem. Co.; engl.) — Übersicht über Polymerisationen von Isocyanaten u. die Rkk. von Isocyanaten mit Verbb., die akt. H-Atome enthalten. — 74 Literaturangaben. P. Golinske. B 227◇

**Bemerkungen über die Gewinnung der Ketopimelinsäure aus Furylacrylsäure und den Mechanismus dieser Reaktion.** I. Gavăt und Paulo Glineschi. (Rev. Chim. [Bucureşti] **7**, 575—89, Okt. 1956; rum.) — Unterss. über die Darst. von *γ-Ketopimelinsäure* aus *β*-[Furyl-(2)]-acrylsäure u. den Einfl. verschiedener Katalysatoren u. Reaktionsbedingungen. — 23 Literaturangaben. P. Golinske. B 227◇

## C. Präparative organische Chemie. Naturstoffe

**Darstellung von Amidinsalzen durch Reaktion von Nitrilen mit Ammoniumsalzen in Gegenwart von Ammoniak.** F. C. Schaefer und A. P. Krapcho. (J. org. Chemistry **27**, 1255—58, 12/4. 1962; Stamford, Conn., Amer. Cyanamid Co., Chem. Res. Dep.; engl.) — Im Autoklaven werden bei 120—150° Nitrile (B) mit $NH_3$ u. Ammoniumsalzen zu

*Amidinsalzen* umgesetzt. Die Rk. liefert gute Ausbeuten u. ist auch für wenig reaktive **B** geeignet. Ein Rk.-Mechanismus wird diskutiert. Elektronegative Substituenten wirken aktivierend. Als Ammoniumsalze eignen sich das Chlorid u. das Bromid. $NH_3$ wird am besten im Verhältnis 1,2 : **B** angewandt. In manchen Fällen empfiehlt sich die Verw. eines Lsgm. (Methanol, A.). Es werden fast keine Neben-Rkk. beobachtet. Verss. zur Darst. von Amidinthiocyanaten aus Ammoniumthiocyanat u. **B** schlugen fehl mit Ausnahme von *p-Chlorbenzamidinthiocyanat*. An Stelle von Ammoniumthiocyanat kann auch Thioharnstoff verwendet werden.

Versuche: Folgende Amidinsalze wurden aus den entsprechenden **B** durch 18std. Erhitzen mit den entsprechenden $NH_4$-Salzen u. $NH_3$ im Schüttelautoklaven dargestellt: *Benz-, Hydrochlorid,* F. 166—168°, a) beim Mol-Verhältnis (Mvh.) 1 : 1:18 bei 200°; 8% (Ausbeute); b) beim Mvh. 1:4:18 bei 150°; 77%; c) beim Mvh. 1:1:2 in Ggw. von Methanol bei 125°; 81%. *Hydrobromid,* $C_7H_8N_2 \cdot HBr$, F. 122—124° (Acetonitril), a) beim Mvh. 1:4:18 bei 125°; 75%; b) beim Mvh. 1:3:18 in 5 Std. bei 150°; 78%; c) beim Mvh. 1:1:1,2 bei 155°; 70%. *Nitrat,* F. 116—120°, beim Mvh. 1:1:22 bei 150° in 8 Std.; 48%. — *p-Chlorbenz-, Hydrochlorid,* F. 237—239°, beim Mvh. 1:4:20 bei 125°; 72%. Daneben *p-Chlorbenzamid* (20%). *Thiocyanat,* $C_8H_8ClN_3S$, F. 202—203° (W.), a) beim Mvh. 1:4:20 bei 125°; ca. 50%; b) aus dem Nitril durch 5std. Erhitzen mit Thioharnstoff auf 190—200°; 90%. — *o-Chlorbenz-, Hydrobromid,* $C_7H_8BrClN_2$, F. 236—237° (Acetonitril), beim Mvh. 1 : 3 : 40 bei 125°; 30%. — *p-Methoxybenz-, Hydrobromid,* beim Mvh. 1 : 2 : 40 bei 140°; 48%. *Pikrat,* F. 209—211° (A.). — *Nicotinsäure-, Hydrochlorid,* F. 189—190° (A.), beim Mvh. 1 : 1 : 50 bei 125°; 86%. — *Propionsäure-, Hydrobromid,* $C_3H_9BrN_2$, F. 112—114° (Acetonitril), a) beim Mvh. 1 : 4 : 20 bei 150°; 80%; b) beim Mvh. 1 : 0,8 : 1,2 bei 150°; 80%. — *n-Buttersäure-, Hydrochlorid,* F. 97—100°, beim Mvh. 1 : 4 : 20 bei 150°; 55%. *Hydrobromid,* F. 106—110°, analog; 83%. — *Isobuttersäure-, Hydrobromid,* beim Mvh. 1 : 4 :12 bei 150°; 54%. — *Phenylacet-, Hydrochlorid,* F. 145—147°, beim Mvh. 1 : 4 : 22 bei 150°; 87%. — *O-tert.-Butylglykolsäure-, Hydrobromid,* F. 134—145° (Acetonitril), beim Mvh. 1 : 2 : 45 in 4 Std. bei 125°; 81%. — *2-[1-Isobutoxyäthoxy]-propionsäure-, Hydrobromid,*F. 116—126°, beim Mvh. 1 : 2 : 50 in 4 Std. bei 135°; 41%. — *Cyclohexen-(4)-carbonsäure-, Hydrochlorid,* $C_7H_{13}ClN_2$, F. 162—163°, beim Mvh. 1 : 4 : 22 bei 150°; 53%. D. Lauer. 460

**Pyrolyse von Estern.** 19. Mitt. **Synthese von optisch aktivem und racemischem 3-Methylpenten-(1).** William J. Bailey und Edwin T. Yates. (J. org. Chemistry **26**, 3193—96, 12/9. 1961; College Park, Md., Univ. of Maryland, Dep. of Chem.; engl.) — 18. vgl. C. **1961**, 6835. — Beschrieben wird die Darst. von *rac.-3-Methylpenten-(1)* u. *d-3-Methylpenten-(1)* in 12 bzw. 20% ig. Gesamtausbeute. Die Reinheit jedes Zwischenprod. wird gaschromatograph. untersucht.

Versuche: *dl-3-Methyl-n-amylalkohol,* $Kp._{30-32}$ 64—85°, durch Zugabe von Äthylenoxid in abs. Ae. zu der aus dl-sek.-Butylbromid in abs. Ae. hergestellten Grignard-Verb.; 28% (Rohausbeute). *Acetat,* $C_8H_{16}O_2$, $Kp._{20}$ 65—73°, durch Rk. des Alkohols in Pyridin mit Acetylchlorid; $n_D^{25}$ 1,4106; 80%. *Butyrat,* $C_{10}H_{20}O_2$, $Kp._{20}$ 92,5—94,4°, durch 20std. Kochen des Alkohols mit Buttersäureanhydrid (I) in Ggw. von Na-Butyrat (II); $n_D^{26}$ 1,4163—1,4166; 78%. — *dl-3-Methylpenten-(1),* Kp. 52—53°, a) durch Pyrolyse vorst. Acetats bei 510—530°; $n_D^{24}$ 1,3819—1,3831; 62%; b) durch Pyrolyse vorst. Butyrats bei 530°; $n_D^{25}$ 1,3828—1,3830; 36%. — *d-Amylalkohol,* durch Kolonnen-Dest. u. Reinigung über das *Dinitrobenzoat* (F. 84—86°; $[\alpha]_D^{25}$ +4,47°) $[\alpha]_D^{25}$ —5,83°. — *d-2-Methyl-n-butylchlorid,* Kp. 98—100°, durch Rk. vorst. Verb. in Pyridin mit $SOCl_2$; $n_D^{25}$ 1,4111—1,4115; $[\alpha]_D^{24}$ +1,44; 66%. — *d-3-Methyl-n-amylalkohol,* Kp. 151,5°, durch Zugabe von Paraformaldehyd zur Grignard-Verb. aus vorst. Verb. in sd. Ae. unter Einleiten von gasförmigem Formaldehyd; $n_D^{25}$ 1,4186; $D._4^{25}$ 0,829; $[\alpha]_D^{25}$ +8,36°; 62%. *Butyrat,* $C_{10}H_{20}O_2$, $Kp._{20}$ 93—94°, aus dem A. durch Rk. mit I/II; $n_D^{25}$ 1,4170; $D._4^{25}$ 0,877; $[\alpha]_D^{24}$ +7,61°; 92%. — *d-3-Methylpenten-(1),* $C_6H_{12}$, Kp. 53°, durch Pyrolyse vorst. Butyrats bei 530°; $n_D^{25}$ 1,3830; $D._4^{25}$ 0,668; $[\alpha]_D^{25}$ +33,49°; 33%.

G. Ziebarth. 520△

**Einwirkung von ungesättigten Organomagnesiumverbindungen auf die ungesättigten Ester der Halogenwasserstoffsäuren. Einfluß des Lösungsmittels.** Léone Groizeleau-Miginiac. (C. R. hebd. Séances Acad. Sci. **248**, 1190—93, 23/2. 1959; franz.) — Propargylbromid (**I**) u. Allylbromid (**II**) reagieren mit Propargyl-MgBr (**III**) bzw. Mg-Acetylid (**IV**) in äther. Lsg. nur in Ggw. von Tetrahydrofuran (THF). Aus **I** u. **III** in Ae. in Ggw. von THF entsteht ein Gemisch aus *Bipropargyl* u. *Biallenyl* (Kp. 86—90°) in 69% ig. Ausbeute. **II** u. **III** geben analog durch mehrstd. Kochen in 70% ig. Ausbeute ein Gemisch aus 31% *Hexen-(1)-in-(5)* (Kp. 70°; $n_D^{20}$ 1,4318; $D._4^{20}$ 0,756) u. 69% *Hexatrien-(1.2.5)* (Kp. 75°; $n_D^{20}$ 1,4476; $D._4^{20}$ 0,746). Mehrstd. Kochen von Mg-Phenylacetylid

(V) mit I in Ae. in Ggw. von THF gibt 22% *Propargyl-β-phenylacetylen* (VI; $Kp._{13}$ 110°, $n_D^{20}$ 1,5746; $D._4^{20}$ 0,979). Die Einw. von K-Alkoholat auf VI führt in 40%ig. Ausbeute zum isomeren *Methylphenyldiacetylen*. Aus II u. V werden 60% *Allylphenylacetylen* ($Kp._{12}$ 97°; $n_D^{28}$ 1,5616; $D._4^{18}$ 0,947) erhalten. P. Polczynski. 530△

**Über die Darstellung von Nitroalkoholen und Nitrobutadien.** P. Nikolinski, Iw. Mladenow, Ss. Dramow und M. Tepelikjan. (Annu. Inst. chim.-technol. [Sofia] **6**, Nr. 2, 95—106, 1959, herausgeg. 1961; bulg., Auszug: engl.) — Durch Kondens. von Nitromethan (I) mit Acetaldehyd (II) wird *1-Nitropropanol-(2)* (III) neben einem Gemisch aus *1-Nitro-1-[α-hydroxyäthyl]-propanol-(2)* u. *1-Nitro-1.1-bis-[α-hydroxyäthyl]-propanol-(2)* erhalten. III wird mit Paraformaldehyd (IV) in *2-Nitrobutandiol-(1.3)* (V), V mit $SOCl_2$ oder $PCl_5$ in ein Gemisch aus *2-Nitro-1.3-dichlorbutan* (VI) u. *2-Nitro-1-chlorbutanol-(3)* (VII) übergeführt. Die Dehydrochlorierung des VI–VII-Gemisches mit K-Äthylat liefert in 20%ig. Ausbeute *2-Nitrobutadien-(1.3)*. Die Kondens. von I mit Acrolein (VIII) gibt *4-Nitrobuten-(1)-ol-(3)* u. *4-Nitroheptadien-(1.6)-diol-(3.5)*.

Versuche: *1-Nitropropanol-(2)* (III), man gibt zu 100 g I u. 60 g II bei 25—30° 10 ml 1%ig. wss. $KHCO_3$, neutralisiert mit $H_2SO_4$ gegen Methylorange u. fraktioniert. Daneben Gemisch von *1-Nitro-1-[α-hydroxyäthyl]-* u. *1-Nitro-1.1-bis-[α-hydroxyäthyl]-propanol-(2)*. — *2-Nitrobutandiol-(1.3)* (V), man gibt zu 20 g Na-Äthylat in 225 ml Ae. portionsweise 31 g III u. 9 g IV in 75 ml Ae., rührt 50—55 Std., neutralisiert mit 18 ml Eisessig in 150 ml Bzl. u. chromatographiert. — Gemisch aus *2-Nitro-1.3-dichlorbutan* (VI) u. *2-Nitro-1-chlorbutanol-(3)* (VII), man gibt zu 15—20 g V bei 80—90° 45—50 g $PCl_5$ (oder $SOCl_2$) u. entfernt $POCl_3$ bei 10—15 mm. — *2-Nitrobutadien-(1.3)*, Kp. 118,5 bis 119,6°, man gibt zu 20 g VI–VII-Gemisch bei 75—80° 50 g gesätt. alkohol. K-Äthylat, erhitzt 1 Std. u. extrahiert mit Ae.; $n_D^{20}$ 1,4203; 20% Ausbeute. — *4-Nitrobuten-(1)-ol-(3)*, man läßt 50 g I, 10 g VIII u. $KHCO_3$ in Ggw. von Hydrochinon 72 Std. lang stehen, neutralisiert mit $H_2SO_4$ u. dest. bei 100—110°/3 mm; gelbes Öl; $n_D^{20}$ 1,4575. Daneben unreines *4-Nitroheptadien-(1.6)-diol-(3.5)*. Helmut Schäfer. 550

**Partiell fluorierte aliphatische Verbindungen durch reduktive Entschwefelung von substituiertem Thiophen.** S. Portnoy und H. Gisser. (J. org. Chemistry **27**, 3331—32, Sept. 1962; Philadelphia, Pa., Frankford Arsenal, U. S. Army Ordnance Corps, Titman-Dunn-Labor.; engl.) — Die Darst. von *1.1.1.2.2.3.3-Heptafluoroctanol-(4)* (I) durch reduktive Entschwefelung von *2-Heptafluorbutyrylthiophen* wird beschrieben.

Versuche: *2-Heptafluorbutyrylthiophen*, $C_8H_3F_7OS$, $Kp._{32}$ 91,5—92,1°, durch Zugabe von Thienyl-(2)-MgBr zu Heptafluorbutyrylchlorid in Ae.; $n_D^{20}$ 1,43186; 32% (Ausbeute). *2.4-Dinitrophenylhydrazon*, F. 90,2—90,8° (A.-W.). — *1.1.1.2.2.3.3-Heptafluoroctanol-(4)* (I), $C_8H_{11}F_7O$, Kp. 148,1—148,6°, durch 16std. Erhitzen vorst. Verb. mit Raney-Ni in 95%ig. A.; $n_D^{25}$ 1,34445; 41%. — *1.1.1.2.2.3.3-Heptafluoroctanon-(4)*, Kp. 119,7—121,3°, neben I; $n_D^{25}$ 1,326; 4%. *Semicarbazon*, F. 92,4—95,3°. — *1.1.1.2.2.3.3-Heptafluorocten-(4)*, $C_8H_9F_7$, Kp. 105,3—106,2°, durch Dest. von I über $P_2O_5$; $n_D^{25}$ 1,32980; 27%. — *1.1.1.2.2.3.3-Heptafluoroctan*, $C_8H_{11}F_7$, $Kp._{751}$ 108,8—109,6°, durch 26std. katalyt. Hydrierung vorst. Verb. in Ae. in Ggw. von $PtO_2$; $n_D^{25}$ 1,3226; 79%. A. Trodc. 560◇

**Methoden zur Synthese und Eigenschaften von Vinyläthern und substituierten Vinylsulfiden.** M. F. Schosstakowski, Je. P. Gratschewa und N. K. Kulbowskaja. (Fortschr. Chem. [UdSSR] **30**, 493—516, April 1961; Zelinsky-Inst. für org. Chem. der Akad. der Wiss. der UdSSR; russ.) — Überblick über Darst.-Meth., Rkk. u. Eigg. von *Vinyläthern* u. *Vinylsulfiden*. — 249 Literaturangaben. G. Froelich. 600◇

**Synthese und Umwandlungen von β-Acyloxyketonen.** Ss. G. Matzojan, G. A. Mussachanjan und Ss. A. Wartanjan. (Nachr. Akad. Wiss. ArmenSSR, chem. Wiss. **11**, 421—27, 1958; Inst. für org. Chem. der Akad. der Wiss. der ArmenSSR; russ.) — 1-Methoxy-5-methylhepten-(4)-on-(3) (I) gibt beim Erhitzen mit Essigsäure u. Acetanhydrid in Ggw. von Na-Acetat *1-Acetoxy-5-methylhepten-(4)-on-(3)*, das bei Hydrolyse mit $H_2SO_4$ in *2-Methyl-2-äthyltetrahydropyron-(4)* übergeht. Bei der analogen Rk. mit 1.5-Dimethoxypentanon-(3) (II) entsteht neben *1.5-Diacetoxypentanon-(3)* auch *1-Acetoxypenten-(4)-on-(3)* (III). Beim Erhitzen von Methyl-β-methoxyäthylketon (IV) mit 95%ig. Ameisensäure u. Na-Formiat entsteht *Methyl-β-formoxyäthylketon*, das sich mit Dimethylamin in *Methyl-β-dimethylaminoäthylketon* überführen läßt. Bei der Kondens. von 1-Acetoxybutanon-(3) (V) mit Acetessig- oder Malonester werden *3-Carbäthoxyheptandion-(2.6)* bzw. *1.1-Dicarbäthoxypentanon-(4)* erhalten.

Versuche: *1-Acetoxy-5-methylhepten-(4)-on-(3)*, $C_{10}H_{16}O_3$, $Kp._4$ 108—110°, durch 8std. Erhitzen von 26 g I mit 50 g Essigsäure, 26 g Acetanhydrid u. 2,5 g Na-Acetat auf 120—135° unter Abdestillieren des entstehenden Methylacetats; $D._4^{20}$ 1,0050;

$n_D^{20}$ 1,4655; 13 g (Ausbeute). — *2-Methyl-2-äthyltetrahydropyron-(4)*, Kp.$_9$ 82—84°, durch Hydrolyse vorst. Verb. mit 10%ig. $H_2SO_4$ + $H_2SO_4$. *Semicarbazon*, F. 168—169° (A.). — *1-Acetoxy-5-methylheptanon-(3)*, $C_{10}H_{18}O_3$, Kp.$_4$ 92—94°, durch Hydrierung vorvorst. Verb. an Pt; D.$_4^{20}$ 0,9481; $n_D^{20}$ 1,4350. *Semicarbazon*, F. 152—153° (A.). — *1-Acetoxypenten-(4)-on-(3)* (III), $C_7H_{10}O_3$, Kp.$_3$ 63—64°, durch 9std. Erhitzen von 34 g II mit 100 g Essigsäure, 70 g Acetanhydrid u. 4 g Na-Acetat auf 125—137°; D.$_4^{20}$ 1,0164; $n_D^{20}$ 1,4389; 8,8 g. Daneben 14,9 g *1.5-Diacetoxypentanon-(3)*, $C_9H_{14}O_5$, Kp.$_1$ 108—110°; D.$_4^{20}$ 1,1331; $n_D^{20}$ 1,4445. — *Tetrahydropyron-(4)*, Kp.$_{8,5}$ 60°, durch Hydrolyse von III mit 20%ig. $H_2SO_4$; $n_D^{20}$ 1,4520; *Semicarbazon*, F. 155°. — *Methyl-β-formoxyäthylketon*, $C_5H_8O_3$, Kp.$_{10}$ 76—78°, durch 4std. Erhitzen von 25 g IV mit 100 g 95%ig. Ameisensäure u. 3 g Na-Formiat auf 130°; D.$_4^{20}$ 1,0890; $n_D^{20}$ 1,4240; 9,4 g. *Semicarbazon*, $C_6H_{11}N_3O_3$, F. 120—121° (A.). — *Methyl-β-dimethylaminoäthylketon*, Kp.$_9$ 66°, durch Aminolyse von 5 g vorst. Verb. mit 15 ml 25% ig. Dimethylamin. *Pikrat*, F. 107—108°. — *1-Formoxyhexen-(4)-on-(3)*, $C_7H_{10}O_3$, Kp.$_3$ 81—82°, durch 3std. Erhitzen von 14,6 g 1-Methoxyhexen-(4)-on-(3) mit 44 g 95%ig. Ameisensäure u. 1 g Na-Formiat auf 110 bis 125°; D.$_4^{20}$ 1,059; $n_D^{20}$ 1,4646; 5 g. Gibt bei saurer Hydrolyse *2-Methyltetrahydropyron-(4)*. — *Propyl-β-formoxyäthylketon*, $C_7H_{12}O_3$, Kp.$_4$ 70—71°, durch Hydrierung vorst. Verb. in A. an Pt; D.$_4^{20}$ 0,9826; $n_D^{20}$ 1,4234. — *1-Formoxy-5-methylhexen-(4)-on-(3)*, $C_8H_{12}O_3$, Kp.$_{10}$ 104—105°, analog vorvorst. Verb. aus 1-Methoxy-5-methylhexen-(4)-on-(3) durch 10std. Erhitzen; D.$_4^{20}$ 1,0350; $n_D^{20}$ 1,4669. Gibt bei Hydroyse mit 10%ig. $H_2SO_4$ *2.2-Dimethyltetrahydropyron-(4)*, Kp.$_{12}$ 64—65°; *Semicarbazon*, F. 163 bis 164°. — *1-Formoxy-5-methylhexanon-(3)*, $C_8H_{14}O_3$, Kp.$_5$ 85—87°, durch Hydrierung vorst. Verb. in A. an Pt; D.$_4^{20}$ 0,9793; $n_D^{20}$ 1,4330. — *Methyl-β-acetoxyäthylketon*, Kp.$_{9-10}$ 77—80°, durch Erhitzen von Methyl-β-dimethylaminoäthylketon mit Essigsäure, Acetanhydrid u. Na-Acetat auf 135—140° (Bad-Temp.); $n_D^{20}$ 1,4229. *Semicarbazon*, F. 134° (A.). — *3-Carbäthoxyheptandion-(2.6)*, Kp.$_3$ 140—141°, durch 10std. Kochen von 10 g V mit 16 g Acetessigester u. 3 g Triäthylamin in 40 g o-Xylol; $n_D^{18}$ 1,4715; 9,5 g. Gibt beim Kochen mit 20%ig. $H_2SO_4$ *1-Methylcyclohexen-(1)-on-(3)*, Kp.$_{10}$ 75—78°; $n_D^{19}$ 1,4940; *Semicarbazon*, F. 194—196°. — *1.1-Dicarbäthoxypentanon-(4)*, Kp.$_3$ 126—127°, durch 12std. Kochen von 10 g V mit 17 g Malonester u. 3 g Triäthylamin in 40 g o-Xylol; $n_D^{18}$ 1,4401; 6,2 g. *Semicarbazon*, F. 117—118° (A.). — *3-Carbäthoxynonen-(7)-dion-(2.6)*, Kp.$_3$ 140—141°, durch 10std. Kochen von 10 g 1-Acetoxy-5-methylhexen-(4)-on-(3) mit 16 g Acetessigester u. 3 g Triäthylamin in 40 g o-Xylol; $n_D^{18}$ 1,4715; 5,2 g. G. Froelich. 740◇

**Über die Spaltung von Orthocarbonsäureestern mit Acylhalogeniden und Acylcyaniden.** Horst Böhme und Richard Neidlein. (Chem. Ber. **95**, 1859—62, herausgeg. 17/8. 1962; Marburg/Lahn, Univ., Pharmaz.-Chem. Inst.; dt.) — Vgl. C. **1962**, 7476. — Bei der Umsetzung von Orthoameisensäuretriphenylester (I) mit Acetyl- (II) bzw. Trichloracetylchlorid (III) entsteht neben dem *Carbonsäurephenylester Formylchloriddiphenylacetal* (IV), das mit Thiophenol (V) zu *Monothioorthoameisensäuretriphenylester*, mit Dimethylamin (VI) zu *Dimethylformamiddiphenylacetal* reagiert. Analog setzt sich Anisaldehyddiäthylacetal (VII) mit Acetylbromid (VIII) zum unbeständigen u. leicht hydrolysierbaren *Äthoxy-[4-methoxyphenyl]-methylbromid* (IX) um, das sich gegenüber V wie IV verhält. Orthoameisen- (X) bzw. Orthobenzoesäuretriäthylester (XI), Orthokohlensäuretetraäthylester (XII) u. Acetaldehyddiäthylacetal (XIII) reagieren mit Acetylcyanid (XIV) analog zu Derivv. des *Äthoxyacetonitrils* u. *Essigester* (XV), die Ausbeuten werden durch eine parallel verlaufende Dimerisation von XIV zu *α-Acetoxy-α-methylmalodinitril* (XVI) herabgesetzt.

Versuche: *Formylchloriddiphenylacetal* (IV), Kp.$_{0,15-0,2}$ 128—130°, a) aus I u. II in 5 Tagen bei Raum-Temp. unter $N_2$; 60% (Ausbeute); daneben *Essigsäurephenylester* (Kp.$_{0,15}$ 40—52°, $n_D^{20}$ 1,5012; 81%); b) aus I u. III in 2 Std. bei Raum-Temp. unter $N_2$; 68%; daneben *Trichloressigsäurephenylester* (Kp.$_{0,2}$ 114—117°; 79%). — *Formaldehyddiphenylacetal*, $C_{13}H_{12}O_2$, Kp.$_{13}$ 164—165°, durch Zutropfen von IV in Ae. zu $LiAlH_4$ in Ae. u. Aufkochen; 90%. — *Dimethylformamiddiphenylacetal*, $C_{15}H_{17}NO_2$, Kp.$_{0,01}$ 46—48°, durch Einleiten von VI in die Lsg. von IV in Ae. bei —50°, 3 Std. bei —50°, dann Erwärmen auf Raum-Temp.; 18%. — *Monothioorthoameisensäuretriphenylester*, $C_{19}H_{16}O_2S$, F. 49—50° (Ae.), durch Zugabe von V zur Lsg. von IV in Ae. in Ggw. von Pyridin; 42%. — *Äthoxy-[4-methoxyphenyl]-methylbromid* (IX), durch Zutropfen von VII zu VIII bei —60° unter $N_2$; zerfällt zu *Anisaldehyd*. — *Äthyl-[4-methoxy-α-phenylmercaptobenzyl]-äther*, $C_{16}H_{18}O_2S$, F. 80—81° (Hexan), durch Zugabe von Pyridin zu IX u. V in PAe. bei 0° u. 2 Std. bei Raum-Temp.; 36%. — *4-Methoxy-α-äthoxydiphenylmethan*, $C_{16}H_{18}O_2$, Kp.$_{0,01}$ 98—100°, durch Zutropfen von $C_6H_5MgBr$ in Ae. zu IX in PAe. u. 2std. Kochen. — *Diäthoxyacetonitril*, $C_6H_{11}NO_2$, Kp.$_{12}$ 56—58°, durch

Zutropfen von **XIV** zu **X** u. 20std. Erhitzen unter $N_2$ auf 80°; $n_D^{25}$ 1,3934; 52%; daneben *Ameisen-* u. *Essigsäureäthylester* (**XV**); 82%. — *Phenyldiäthoxyacetonitril*, $C_{12}H_{15}NO_2$, Kp.$_{15}$ 126—130°, $n_D^{20}$ 1,4815; 45%; u. *α-Acetoxy-α-methylmalodinitril* (**XVI**), Kp.$_{11}$ 101 bis 102°, F. 67—68°, durch Erhitzen von **XI** u. **XIV** während 50 Std. auf 90° im Rohr; daneben **XV**; 66%. — *Triäthoxyacetonitril*, $C_8H_{15}NO_3$, Kp.$_{13}$ 58—60°, durch Erhitzen von **XII** u. **XIV** während 48 Std. auf 80—90°; $n_D^{20}$ 1,3995; 37%; daneben **XV**. — *α-Äthoxypropionitril*, $C_5H_9NO$, Kp.$_{10}$ 30—31°, $n_D^{20}$ 1,3875; 10%; u. **XVI**, aus **XIII** u. **XIV** durch 16std. Erhitzen auf 80—90°; daneben **XV**; 32%. [A. Trede. 810◇

**Synthese höherer Fettsäuren und Alkohole aus tertiären Vinylcarbinolen.** I. N. Nasarow, Ss. M. Makin, O. A. Schawrygina und W. A. Smirnjagin. (J. allg. Chem. [UdSSR] **30 (92)**, 443—50, Febr. 1960; Moskau, Inst. für chem. Feintechnol.; russ.) — Es wird die Synth. höherer, gesätt. u. ungesätt. *Fettsäuren* u. *Alkohole* aus tert. Vinylcarbinolen beschrieben.

Versuche: *Crotylbromid*, Kp. 102—108°, man sättigt 200 g Divinyl bei —20 bis —40° in 90 ml Eisessig mit 325 g HBr u. läßt 3 Tage lang bei 0° stehen; $n_D^{20}$ 1,4770; 80% (Ausbeute). — *Hepten-(2)-on-(6)* (**I**), Kp.$_{25}$ 56—60°, man gibt zu Na-Acetessigester (89 g Na, 1000 ml Methanol, 635 g Acetessigester) in 1½ Std. unter Kühlen 475 g vorst. Verb., rührt 5 Std. bei 20°, dampft ein, erhitzt mit 290 g NaOH u. 2,2 Liter W. 6 Std. auf 70° u. säuert mit konz. HCl an; D.$_4^{20}$ 0,8442; $n_D^{20}$ 1,4300; 70%. — *6-Methylundecadien-(2.6)-on-(10)*, Kp.$_{12}$ 116—118°, analog aus 8-Brom-6-methyloctadien-(2.6) (**II**); $n_D^{20}$ 1,4619. — *6.10-Dimethylpentadecatrien-(2.6.10)-on-(14)*, Kp.$_{0,07}$ 106 bis 108°, durch Erhitzen von 3.7-Dimethyldodecatrien-(1.6.10)-ol-(3) mit Acetessigester; $n_D^{20}$ 1,4770. — *6-Methylocten-(2)-in-(7)-ol-(6)* (**III**), Kp.$_{13}$ 74—78°, man sättigt 3,5 Liter Ae. u. 550 g KOH bei —4° mit Acetylen (4,5 at), gibt in 2 Std. 500 g **I** zu u. rührt 2 Std.; $n_D^{20}$ 1,4570; 80,3%. — Analog: *6.10-Dimethyldodecadien-(2.6)-in-(11)-ol-(10)*, Kp.$_{0,05}$ 72—74°; $n_D^{20}$ 1,4760. — *6.10.14-Trimethylhexadecatrien-(2.6.10)-in-(15)-ol-(14)*, Kp.$_{0,02}$ 109—110°; $n_D^{20}$ 1,4863. — *6-Methyloctadien-(2.7)-ol-(6)*, Kp.$_{16}$ 75—78°, durch Hydrierung von 138 g **III** an 0,5 g Pd/$CaCO_3$; $n_D^{20}$ 1,4533; 95%. — Analog: *6.10-Dimethyldodecatrien-(2.6.11)-ol-(10)*, Kp.$_{0,1}$ 74—76°; $n_D^{20}$ 1,4744. — *6.10.14-Trimethylhexadecatetraen-(2.6.10.15)-ol-(14)*, Kp.$_{0,005}$ 113—116°; $n_D^{20}$ 1,4819. — *8-Brom-2.6-dimethyloctadien-(2.6)* (**IV**), man leitet in 50 g Linalool unter Eiskühlung 27 g HBr ein u. läßt 10 Std. lang stehen. — *2.6-Dimethylnonadien-(2.6)-dicarbonsäure-(9.9)* (**V**), *Diäthylester*, Kp.$_{0,5}$ 140—142°, man gibt zu Na-Malonester (7,7 g Na, 50 g Malonester, 90 ml Methanol) tropfenweise unter Kühlen 70 g **IV** u. kocht 10 Std.; $n_D^{20}$ 1,4612; 55%. — Analog: *6-Methylnonadien-(2.6)-dicarbonsäure-(9.9)* (**VI**), *Diäthylester*, $C_{16}H_{26}O_4$, Kp.$_3$ 133—135°, D.$_4^{20}$ 0,9942; $n_D^{20}$ 1,4601; 63,4%. — *6.10-Dimethyltridecatrien-(2.6.10)-dicarbonsäure-(13.13)*, *Diäthylester*, $C_{21}H_{34}O_4$, Kp.$_{0,5}$ 148—150°; D.$_4^{20}$ 0,9761; $n_D^{20}$ 1,4742; 52%. — *2.6-Dimethyldecadien-(2.6)-säure-(10)* (*Geranylessigsäure*), $C_{12}H_{20}O_2$, Kp.$_3$ 125—128°; $n_D^{20}$ 1,4730—1,4735; a) man gibt zu 30 g KOH in 30 ml W. auf dem sd. Wasserbad tropfenweise 48,5 g **V**-Diäthylester, rührt 2 Std., säuert mit konz. HCl an, extrahiert mit Ae. u. erhitzt auf 175°; 78%; b) man gibt zu Na-Acetessigester (7,7 g Na, 90 ml Methanol, 55 g Acetessigester) unter Kühlen tropfenweise 70 g **IV**, rührt 3 Std. bei 20°, dampft ein u. erhitzt den Rückstand 2 Std. mit 60 g KOH u. 9 ml W. auf 100—105°; 42%. *S-Benzylisothiuroniumsalz*, $C_{20}H_{30}N_2O_2S$, F. 113—114°. — Analog: *6-Methyldecadien-(2.6)-säure-(10)*, $C_{11}H_{18}O_2$, Kp.$_3$ 125—127°; D.$_4^{20}$ 0,9419; $n_D^{20}$ 1,4684; nach a) 58%; nach b) aus **II** u. Acetessigester; 35%. *S-Benzylisothiuroniumsalz*, $C_{19}H_{28}N_2O_2S$, F. 114—115°. — *6.10-Dimethyltridecatrien-(2.6.10)-carbonsäure-(13)*, $C_{16}H_{26}O_2$, Kp.$_{0,16}$ 150—152°, nach a); D.$_4^{20}$ 0,9324; $n_D^{20}$ 1,4842; 50%. — *6.10.14-Trimethylheptadecatetraen-(2.6.10.14)-carbonsäure-(17)*, $C_{21}H_{34}O_2$, Kp.$_{0,02}$ 154—162°, nach a); D.$_4^{20}$ 0,9263; $n_D^{20}$ 1,4890; 40%. *S-Benzylisothiuroniumsalz*, $C_{29}H_{44}N_4O_2S$, F. 89—90°. — *3.7-Dimethyldecadien-(3.7)-carbonsäure-(10)*, $C_{13}H_{22}O_2$, Kp.$_3$ 136—138°, nach b); D.$_4^{20}$ 0,9273; $n_D^{20}$ 1,4750; 41%. *S-Benzylisothiuoroniumsalz*, $C_{21}H_{32}N_2O_2S$, F. 117—118°. — *2-Chlor-6-methylnonadien-(2.6)-carbonsäure-(9)*, $C_{11}H_{17}ClO_2$, Kp.$_2$ 143—144°, nach b); D.$_4^{20}$ 1,0572; $n_D^{20}$ 1,4870; 38%. *S-Benzylisothiuroniumsalz*, $C_{19}H_{27}ClN_2O_2S$, F. 116 bis 117°. — *2.6-Dimethyldecadien-(2.6)-ol-(10)*, $C_{12}H_{22}O$, Kp.$_{0,05}$ 72—74°, man gibt zu 65 ml Ae. u. $LiAlH_4$ (64 mg/ml) in 1½ Std. bei 20° 10 g Geranylessigsäure in 100 ml Ae. u. rührt 5 Std.; D.$_4^{20}$ 0,8756; $n_D^{20}$ 1,4740; 80%. — Analog: *6-Methyldecadien-(2.6)-ol-(10)* (**VII**), $C_{11}H_{20}O$, Kp.$_{0,035}$ 64—66°; D.$_4^{20}$ 0,8720; $n_D^{20}$ 1,4711; 90%. — *6.10-Dimethyltetradecatrien-(2.6.10)-ol-(14)*, $C_{16}H_{28}O$, Kp.$_{0,4}$ 123—125°; D.$_4^{20}$ 0,8849; $n_D^{20}$ 1,4845; 90%. — *6-Methyldecanol-(10)*, $C_{11}H_{24}O$, Kp.$_4$ 114—115°, durch Hydrierung von 14 g **VII** in 35 ml abs. A. an Raney-Ni; D.$_4^{20}$ 0,8349; $n_D^{20}$ 1,4416; 94%. — *6-Methylnonandicarbonsäure-(9.9)*, *Diäthylester*, Kp.$_3$ 132—133°, durch Hydrierung von 7,6 g **VI**-Diäthylester in 15 ml Ae. an Raney-Ni; D.$_4^{20}$ 0,9690; $n_D^{20}$ 1,4481; 94%. — *6-Methyl-*

*decansäure-(10)*, Kp.$_3$ 128—129°, durch Verseifen u. Decarboxylieren von vorst. Ester; D.$_4^{20}$ 0,9209; $n_D^{20}$ 1,4548; 4,5 g. *S-Benzylisothinuroiumsalz*, $C_{19}H_{34}N_2O_2S$, F. 116—117°. Helmut Schäfer. 810△

**Darstellung von trans.trans-Octadecadien-(8.10)-säure.** S. C. Gupta und F. A. Kummerow. (J. Amer. Oil Chemists' Soc. **37**, 32—34, Jan. 1960; Urbana, Ill., Univ., Dep. of Food Technol.; engl.) — Die Darst. von *trans.trans-Octadecadien-(8.10)-säure* [**I**, $C_{18}H_{32}O_2$, F. 56—56,5°; 15—20% (Ausbeute)], ausgehend von *Ölsäure* (**II**), wird beschrieben. Durch 12std. Kochen von **II** mit N-Bromsuccinimid in $CCl_4$ in Ggw. von Benzoylperoxid wird eine *Brom-Verb.* erhalten, die bei —10 bis 0° in Ae. mit $Br_2$ weiter bromiert wird. Durch Br-Abspaltung mit Zn in A. entstehen die *Äthylester* der *Diensäuren.* Die Fraktion vom Kp.$_{0,25-0,4}$ 148—160° wird durch Kochen mit 1n alkohol. KOH hydrolysiert, mit verd. HCl angesäuert, ausgeäthert, eingedampft u. aus verd. A. u. PAe. umkristallisiert. Aus den Mutterlaugen läßt sich *Octadecadien-(9.11)-säure* (F. 33—34°) gewinnen. **I** wird durch 2—3std. Bestrahlen des Gemisches in PAe. mit UV-Licht in Ggw. von wenig $J_2$ erhalten. Durch 2std. Kochen von **I** mit $KMnO_4$ in Aceton entsteht *Korksäure* (F. 139,5—140,5°), durch Hydrieren von **I** an Pt *Stearinsäure* [F. 68—69° (Äthylacetat)]. W. Hampel. 810□

**Reaktionen von Verbindungen mit aktiven Methylengruppen in Pyridinlösung. 4. Mitt. Eine neue Synthese für β-Hydroxypropionitrile.** M. Avramoff und Y. Sprinzak. (J. org. Chemistry **26**, 1284—86, April 1961; Rehovoth, Israel, Weizmann Inst. of Sci., Daniel Sieff Res. Inst.; engl.) — 3. vgl. C. **1961**, 11285. — Arylacetonitrile werden in Pyridin in Ggw. von Triton B mit Paraformaldehyd (**I**) zu *β-Hydroxypropionitrilen* (**A**) umgesetzt. Dibenzylacetonitril reagiert nicht. Durch Kochen mit alkohol. KOH wird *α.α-Diphenyl-β-hydroxypropionitril* (**II**) wieder zu *Diphenylacetonitril* u. dieses zu *Diphenylessigsäure* gespalten. *α-Phenyl-α-benzyl-β-hydroxypropionitril* (**III**) konnte als einziges der dargestellten **A** sauer zur Hydroxysäure verseift werden.

Versuche: β-Hydroxypropionitrile: durch Zugabe von 40%ig. Titron-B-Lsg. zum Acetonitril u. **I** in Pyridin unter $N_2$. — *α.α-Diphenyl-* (**II**), $C_{15}H_{13}NO$, F. 65° (Bzl./PAe.), bei 25° in 22 Std.; 94% (Ausbeute). *Benzoat*, $C_{22}H_{17}NO_2$, F. 110° (Heptan), durch ½std. Kochen mit Benzoylchlorid in Pyridin. — *α.α-Bis-[p-tolyl]-*, $C_{17}H_{17}NO$, F. 97° (Heptan), aus Di-p-tolylacetonitril (F. 45—46°) bei 25° in 24 Std.; 92%. — *α-Phenyl-α-[naphthyl-(1)]-*, $C_{19}H_{15}NO$, F. 126—128° (Bzl./Heptan), aus Phenyl-α-naphthylacetonitril (F. 94,5—96°) in 18 Std. bei 25°; 95%. — *α-Phenyl-α-benzyl-* (**III**), $C_{16}H_{15}NO$, F. 89—90° (Essigester/PAe.), in 2 Std. bei 0°; 93%. — *α-Phenyl-α-[naphthyl-(1)-methyl]-*, $C_{20}H_{17}NO$, F. 146—148° (Bzl.), in 16 Std. bei 25°; 95%. — *α-Benzyl-α-[naphthyl-(1)]-*, $C_{20}H_{17}NO$, F. 122—124° (Bzl.), in 6 Std. bei 25°; 87%. — *α-[p-Chlorphenyl]-α-[p-chlorbenzyl]-*, $C_{16}H_{13}Cl_2NO$, F. 89—90° (Heptan), aus p-Chlorphenyl-p-chlorbenzylacetonitril (F. 90—91°) in 48 Std. bei 25°; 44%. — *α-[p-Methoxyphenyl]-α-[p-methoxybenzyl]-*, $C_{18}H_{19}NO_3$, F. 75—76° (Ae./PAe.), aus p-Methoxyphenyl-p-methoxybenzylacetonitril (F. 117—118°) in 48 Std. bei 25°; 45%. — *α-Phenyl-α-diphenylmethyl-*, $C_{22}H_{19}NO$, F. 161—162° (Bzl./Heptan), in 16 Std. bei 25°; 91%. — *Diphenylessigsäure*, F. 139—142° (A./W. u. Bzl./Heptan), durch 20std. Kochen von 1,0 g **II** mit alkohol. KOH u. Ansäuern; 0,7 g. — *α-Phenyl-α-benzyl-β-hydroxypropionsäure*, $C_{16}H_{16}O_3$, F. 190 bis 193° (Toluol), durch 30std. Kochen von 1 g **III** mit Eisessig, W. u. konz. $H_2SO_4$, Gießen in W., Alkalisieren, Abfiltrieren, Waschen mit W. u. Ae., Suspendieren in verd. HCl u. Ausäthern; 0,35 g. — *Diphenylacetonitril*, F. 72—75° (PAe.), durch 48std. Rk. von **II** mit alkohol. KOH bei Raum-Temp., Verdünnen mit W., Extraktion mit Ae. u. Chromatographie an $Al_2O_3$. E. Koßmehl. 850◇

**Über die Additionsrichtung von Alkylschwefelchloriden an Acrylsäure-Derivate.** Karl-Dietrich Gundermann und Roswitha Huchting. (Chem. Ber. **95**, 2191—94, herausgeg. 5/9. 1962; Münster/Westf., Univ., Organ.-Chem. Inst.; dt.) — Bei der Umsetzung von Methylschwefelchlorid (**I**) mit Acrylsäuremethylester (**II**) entsteht ein Gemisch der isomeren *β-Chlor-α-methylmercapto-* u. *β-Methylmercapto-α-chlorpropionsäuremethylester* (**III**) etwa im Verhältnis 1 : 1, die Konstit von **III** wird durch Oxydation zum *Sulfon* (**IV**) u. Hydrolyse u. Enthalogenierung zu *β-Methansulfonylpropionsäure* (**V**) bewiesen. Die Rk. von **I** mit Acrylnitril (**VI**) führt ebenfalls zu einem Isomerengemisch, aus dem nach Oxydation zum Sulfon, Verseifung des Nitrils u. Veresterung mit Methanol *β-Chlor-β-methansulfonylpropionsäuremethylester* isoliert wird, der aus β-Methylmercapto-α-chlorpropionitril durch Umlagerung entstanden ist. Auch aus Isopropylschwefelchlorid u. **II** wird ein Isomerengemisch im Verhältnis 1 : 1 gebildet (vgl. dagegen Brintzinger u. Langheck, C. **1955**, 7887).

Versuche: *β-Methansulfonyl-α-chlorpropionsäuremethylester* (**IV**), $C_5H_9ClO_4S$, F. 58 bis 60° (Methanol—W.), a) durch Oxydation von **III** mit 30%ig. $H_2O_2$ in Eisessig-Acetanhydrid; 50% (Ausbeute); b) aus **I** u. **II** in Ae. [→ *Isomerengemisch*, Kp.$_{12}$ 91—96°;

$n_D^{20}$ 1,4901; 81%], weiter analog a); 15%. — *β-Methansulfonylpropionsäure* (**V**), F. 102 bis 105° (Chlf.–Aceton), durch 7std. Kochen von **IV** mit 20%ig. HCl u. 8std. Erwärmen mit Zn in Eisessig auf dem Dampfbad; 90%. — *β-Chlor-β-methansulfonylpropionsäuremethylester*, $C_5H_9ClO_4S$, F. 129—131° (W.), a) durch Versetzen von β-Methylmercapto-α-chlorpropionitril mit 30%ig. $H_2O_2$ in Eisessig-Acetanhydrid unter Kühlung, 6std. Kochen mit 20%ig. HCl u. Verestern mit Methanol in Ggw. von HCl; 34%; b) aus **I** u. **VI** in Ae. bei —5° [→ *Isomerengemisch*, $Kp._{10}$ 98—104°; $n_D^{20}$ 1,510; 55%], weiter analog a); 10%. Behandlung mit Zn–Eisessig → **V**; 90%. A. Trede. 850◇

**Eine neue Synthese von α-Ketothiocarbonsäureamiden.** W. Walter und K.-D. Bode. (Angew. Chem. **74**, 694, 7/9. 1962; Hamburg, Univ., Chem. Staatsinst., Inst. für Organ. Chem.; dt.) — Durch Umsetzung von Glyoxylsäureimidchloriden (vgl. Ugi u. Fetzer, Chem. Ber. **94**, [1961], 1116) mit $H_2S$ werden *N-substituierte α-Ketothiocarbonsäureamide erhalten.*

Versuche: *p-Nitrophenylthioglyoxylsäure-N-isopropylamid*, F. 76—78° (Bzl.–PAe.), durch Sättigen von p-Nitrophenylglyoxylsäure-N-isopropylimidchlorid (F. 56—62°) in Bzl.–Chlf. mit $H_2S$; 87% (Ausbeute). — *Brenztraubensäure-N-isopropylthioamid*, $Kp._{11}$ 104°, analog. A. Trede. 870◇

**Synthesen von 9-Keto- und 10-Hydroxy-trans-decen-(2)-säure und verwandten Verbindungen.** Keiiti Sisido, Mituyosi Kawanisi, Kiyosi Kondô, Teizirô Morimoto, Akihisa Saitô und Norihiko Hukue. (J. org. Chemistry **27**, 4073—76, Nov. 1962; Kyôto, Univ., Fac. of Engng., Dep. of Ind. Chem.; engl.) — Synth. von *9-Keto-trans-decen-(2)-säure* aus 8-Jodoctin-(1) (3 Stufen) u. von *10-Hydroxy-trans-decen-(2)-säure* aus Nonen-(8)-säure (4 Stufen) sind beschrieben. Analoge Synth. von ω-Hydroxyaldehyden u. ω-Hydroxy-$\Delta^2$-carbonsäuren sind angegeben. Bei der Darst. von „Nonen-(8)-säure" aus 2-Allylcyclohexandion-(1.3) (vgl. Stetter u. Dierichs, C. **1954**, 3209) wandert die Doppelbindung, es bildet sich ein Gemisch.

Versuche: *8-Jodoctin-(1)*, $C_8H_{13}J$, $Kp._{19}$ 115—117°, aus 8-Chloroctin-(1) u. NaJ in sd. Aceton (24 Std.); $n_D^{16}$ 1,5078; 60% (Ausbeute). — *Octin-(7)-al*, $Kp._{16}$ 82—85°, instabil, durch Zugeben vorst. Verb. zu einer Lsg. von Trimethylaminoxid in Chlf. innerhalb 45 Min. (Eiskühlung), 1std. Kochen u. Zers. mit 2n HCl; $n_D^{14}$ 1,4658; 69%. *2.4-Dinitrophenylhydrazon*, $C_{14}H_{16}N_4O_4$, F. 93,5—95,5° (A.). — *Decin-(9)-trans-en-(2)-säure*, $C_{10}H_{14}O_2$, F. 47,5—48,5°, Prismen (PAe.), aus vorst. Verb. u. Malonsäure in Pyridin in Ggw. von Piperidin (33 Std. bei 50°, dann 28 Std. bei Raum-Temp. im Dunkeln); 65%. — *9-Keto-trans-decen-(2)-säure*, F. 54—53°, Prismen (PAe./Ae.), aus vorst. Verb. u. $HgSO_4$ in 80%ig. HCOOH (50 Min. bei 100°); 99%. — *Dexen-(9)-säureäthylester*, $C_{12}H_{22}O_2$, $Kp._{27,5}$ 135°, aus der Säure (**I**); $n_D^{22}$ 1,4366; 95%. — *1.1-Diphenyldecadien-(1.9)*, $C_{22}H_{26}$, $Kp._5$ 174°, aus vorst. Verb. u. $C_6H_5MgBr$, dann Dehydratisierung des rohen *Carbinols*; $n_D^{22}$ 1,5540; 81,7%. — *Nonen-(8)-säure*, $Kp._3$ 113—114°, aus vorst. Dien u. $CrO_3$ in wss. $CH_3COOH$; $n_D^{20}$ 1,4492; 58%. *p-Phenylphenacylester*, $C_{23}H_{26}O_3$, F. 54,5 bis 55,3° (A.). *Äthylester*, $Kp._{20}$ 117—118°; $n_D^{22}$ 1,4352. — *Nonen-(8)-ol-(1)* (**II**), $Kp._{20}$ 133 bis 134°, aus vorst. Ester u. $LiAlH_4$ in Ae.; $n_D^{22}$ 1,4452; 97%. — *dl-Nonantriol-(1.2.9)*(**III**), Fl., aus **II** u. 30%ig. $H_2O_2$ in HCOOH (3 Std. Rühren bei 40°); 88% (roh). *Triacetat*, $C_{15}H_{26}O_6$, $Kp._8$ 176°, $n_D^{22}$ 1,4419; 71,5%, bezogen auf **II**. — *Decen-(8)-säureäthylester*, $Kp._{33}$ 135—136°, aus **I** u. KOH in Diäthylenglykol (15 Std. bei 200—210°), dann Veresterung der rohen Säure; $n_D^{27}$ 1,4379; 92,3%. *Freie Säure*, $Kp._4$ 122—123°, durch Verseifung des Esters; $n_D^{29}$ 1,4475; 86,1%, bezogen auf **I**. *p-Phenylphenacylester*, $C_{24}H_{28}O_3$, F. 58,9—59,0° (A.). — *Decen-(8)-ol-(1)* (cis–trans-Isomerengemisch; **IV**), $C_{10}H_{20}O$, $Kp._7$ 96—97°, aus vorst. Äthylester u. $LiAlH_4$ in Ae.; $n_D^{25}$ 1,4500; 87,2%. — *1.1-Diphenylundecen-(1)-in-(9)*, $C_{23}H_{26}$, $Kp._6$ 215°, aus Undecin-(9)-säureäthylester ($Kp._{18}$ 150°, $n_D^{18}$ 1,4508) u. $C_6H_5MgBr$ wie oben; 79%. — *Decin-(8)-säure*, $C_{10}H_{16}O_2$, F. 38,5—39°, $Kp._{0,2}$ 122°, aus vorst. Verb. u. $CrO_3$ in $CH_3COOH$ wie oben; 53%. *Äthylester*, $C_{12}H_{20}O_2$, $Kp._3$ 102—104°; 80,5%. — *cis-Decen-(8)-säureäthylester*, $C_{12}H_{22}O_2$, $Kp._{23}$ 128—130, aus vorst. Ester u. $H_2$/Lindlar-Katalysator in A.; 80%. — *cis-Decen-(8)-ol-(1)*, $C_{10}H_{20}O$, $Kp._{29}$ 130°, aus vorst. Ester u. $LiAlH_4$; 86%. — *Decantriol-(1.8.9)* (**V**), aus 23,5 g **IV** u. $H_2O_2$/HCOOH wie oben; 29,1 g roh. *Triacetat*, $C_{16}H_{28}O_6$, $Kp._{3,5}$ 161,5—162,5°, $n_D^{22}$ 1,4429; 70,9%. — *Undecantriol-(1.2.11)* (**VI**), $C_{11}H_{24}O_3$, F. 74—75° (Essigester), aus Undecen-(10)-ol-(1) wie oben; 91,8%. — *9-Hydroxynonanal*, Öl, polymerisierte sich allmählich, aus threo-Hexadecantriol-(1.9.10) u. $KJO_4$ in A./1n $H_2SO_4$ (20 Min. Rühren bei 40°); 77%. *2.4-Dinitrophenylhydrazon*, F. 66—67°. — *11-Hydroxy-trans-undecen-(2)-säure*, $C_{11}H_{20}O_3$, F. 66—67,5° (n-Hexan/Ae.), aus vorst. Olal u. Malonsäure wie oben (2 Std. bei 100°); 40%. — *8-Hydroxyoctanal*, aus **III** oder **V** u. $KJO_4$ wie oben. *2.4-Dinitrophenylhydrazon*, Doppel-F. 64 u. 87—96°. — *10-Hydroxy-trans-decen-(2)-säure*, aus vorst. Olal. — *10-Hydroxydecanal*, aus **VI**. *2.4-Dinitrophenylhydrazon*, F. 100°. — *12-Hydroxy-trans-dodecen-*

*(2)-säure*, aus vorst. Olal. — „Nonen-(8)-säure", erhalten nach Stetter u. Dierichs (l. c.), gab mit wss.-alkal. $KMnO_4$ ein Gemisch aus *Korksäure*, F. 139—141° (W.), u. *Pimelinsäure*, F. 95—97° (W.). — *9-Hydroxy-trans-nonen-(2)-säure*, $C_9H_{16}O_3$, F. 64,5 bis 65,5° (PAe./Ae.), durch Zugabe von 5 g Aleuritsäure in A. zu einer Lsg. von $KJO_4$ in 1n $H_2SO_4$ (20 Min. Rühren bei 35—40°) u. Rk. des so erhaltenen rohen *Hydroxyaldehyds* (*2.4-Dinitrophenylhydrazon*, F. 82,5—85°) mit Malonsäure wie oben; 1 g roh. J. Rothe. 870◇

**Untersuchungen über Alken-(1)-ylisocyanate.** 6. Mitt. **Reaktion von N-[Alken-(1)-yl]-N'-[p-äthoxyphenyl]-harnstoffen mit Aminen.** Yoshio Iwakura, Masao Satô und Akira Ikegami. (J. chem. Soc. Japan, pure Chem. Sect. [Nippon Kagaku Zasshi] **80**, 632—35, Juni 1959; Tôkyô-Meguro, TH; jap., Auszug: engl.) — 5. vgl. J. chem. Soc. Japan, pure Chem. Sect. [Nippon Kagaku Zasshi] **80**, [1959], 502. — N-[Alken-(1)-yl]-N'-[p-äthoxyphenyl]-harnstoffe ergeben mit Aminen in Ae. bei Raum-Temp. *N-[p-Äthoxyphenyl]-harnstoff* (**I**), der auch aus denselben Ausgangs-Prodd. in Bzl. bei 80° neben den entsprechenden *N-Alkyl-N'-[p-äthoxyphenyl]-harnstoffen* entsteht. Aus den Alkenylresten bilden sich bei diesen Rkk. die *gem.-Diamine* $RCH_1 \cdot R'C(NHR'')_2$. Bei der Rk. von **I** mit 2.4-Dinitrophenylhydrazin (**II**) bilden sich neben *N-[2.4-Dinitranilino]-N'-[p-äthoxyphenyl]-harnstoff* (**III**) die entsprechenden *Keton-2.4-dinitrophenylhydrazone*.

Versuche: Durch Kochen von N-[Alken-(1)-yl]-N'-[p-äthoxyphenyl]-harnstoffen mit Aminen in Bzl. werden folgende Prodd. erhalten: *2.2-Bis-[butylamino]-propan* (**IV**), F. 83—84° (Ae.), a) aus N-[Vinyl]-N'-[p-äthoxyphenyl]-harnstoff (**V**) u. Butylamin (**VI**); 92% (Ausbeute); b) aus N-[Isopropenyl]-N'-[p-äthoxyphenyl]-harnstoff (**VII**) u. **VI**; 97%; c) aus N-[Buten-(1)-yl-(2)]-N'-[p-äthroxyphenyl]-harnstoff (**VIII**) u. **VI**; 93%; d) aus N-[Hexen-(1)-yl-(2)]-N'-[p-äthoxyphenyl]-harnstoff (**IX**) u. **VI**; 95%; e) aus N-[Octen-(1)-yl-(2)]-N'-[p-äthoxyphenyl]-harnstoff (**X**) u. **VI**; 93%; f) aus N-[1-Cyclohexylvinyl]-N'-[p-äthoxyphenyl]-harnstoff (**XI**) u. **VI**; 29%; daneben *N-[Cyclohexyl]-N'-[p-äthoxyphenyl]-harnstoff*, F. 138°; 53%; g) aus N-[1-Phenylvinyl]-N'-[p-äthoxyphenyl]-harnstoff (**XII**) u. **VI**; 31%; daneben *N-[Phenyl]-N'-[p-äthoxyphenyl]-harnstoff*; 48%. — *2.2-Bis-[p-äthoxyphenylamino]-propan*, a) aus **V** u. Phenetidin (**XIII**); 80%; b) aus N-[Propen-(1)-yl]-N'-[p-äthoxyphenyl]-harnstoff u. **XIII**; 49%; c) aus N-[n-Penten-(1)-yl-(2)]-N'-[p-äthoxyphenyl]-harnstoff u. **XIII**; 33%; daneben **XIV**; 13%; d) aus N-[2-Phenylvinyl]-N'-[p-äthoxyphenyl]-harnstoff (F. 203°) u. **XIII**; 63%. — *N.N'-Bis-[p-äthoxyphenyl]-harnstoff* (**XIV**), a) aus **VII** u. **XIII**; 76%; b) aus **VIII** u. **XIII**; 70%; c) aus **X** u. **XIII**; 84%; d) aus **XI** u. **XIII**; 83%; e) aus **XII** u. **XIII**; 58%. — *N.N-Dibutyl-N'-[p-äthoxyphenyl]-harnstoff*, F. 60°, aus **IX** u. Dibutylamin (**XV**); 80%. — *2.2-Bis-[cyclohexylamino]-hexan*, aus **IX** u. Cyclohexylamin; 44%; daneben *N-[Cyclohexyl]-N'-[p-äthoxyphenyl]-harnstoff*, F. 182°; 34%. — *2.2-Bis-[benzylamino]-hexan*, aus **IX** u. Benzylamin; 77%. — *N-[2.4-Dinitroanilino]-N'-[p-äthoxyphenyl]-harnstoff* (**III**), F. 223—224°, aus 0,5 g **VII** u. **II** durch 1½std. Kochen in Bzl.; 0,4 g; daneben *Aceton-2.4-dinitrophenylhydrazon*. — 2.4-Dinitrophenylhydrazone: *Acetophenon-*, analog aus **II** u. **XII**; 58%; daneben **III**; 31%. — *Methyläthylketon-*, aus **VIII** u. **II**; 59%; daneben **III**; 49%. — *Methylbutylketon-*, aus **IX** u. **II**; 22%; daneben **III**; 36%. — *Methylhexylketon-*, aus **X** u. **II**; 53%; daneben **III**; 62%. — *N-[p-Äthoxyphenyl]-harnstoff* (**I**), aus 8,6 g **VII** durch 24std. Stehen mit **VI** in Ae.; 7 g; daneben **IV**; b) aus **VII** u. **XV**; a) daneben *2.2-Bis-[dibutylamino]-propan*, F. 63° (Ae.); 20%; c) aus 0,5 g **XII** u. **XIII** durch 2 Monate langes Stehen in Tetrahydrofuran; 0,23 g; daneben **XIV** (0,02 g) u. eine *Verb.* $C_{16}H_{17}NO$, F. 87—88° (Ae./PAe.); 0,2 g. E. Maekawa. 880◇

**Untersuchungen über Alken-(1)-ylisocyanate.** 7. Mitt. **Reaktion der Alken-(1)-ylisocyanate mit Alkoholen oder Mercaptanen.** Masao Satô, Akira Ikegami und Yoshio Iwakura. (J. chem. Soc. Japan, pure Chem. Sect. [Nippon Kagaku Zasshi] **80**, 635—39, Juni 1959; jap., Auszug: engl.) — 6. vgl. vorst. Referat. — Alken-(1)-ylisocyanate ergeben bei niedriger Temp. mit Alkoholen *N-[Alken-(1)-yl]-carbaminsäureester*, die bei höherer Temp. ein weiteres Mol. Alkohol unter Bldg. von *N-[1-Alkoxyäthyl]-carbaminsäureestern* addieren; Thiophenol (**I**) u. Mercaptane zeigen entsprechende Addition. Je nach den Rk.-Bedingungen u. den Strukturen der Alkenyl-(1)-isocyanate bilden sich bei der Rk. mit Alkoholen daneben noch *Carbaminsäureester*, *N'-[1-Alkoxyalkyl]-cellophansäureester* u. *Acetale* oder *Ketale*. Aus dem Rk.-Gemisch von Alken-(1)-ylisocyanaten u. Phenol konnte nur eine kleine Menge *Carbaminsäurephenylester* isoliert werden, der größte Teil des Rk.-Gemisches zersetzt sich bei der Destillation. Bei der Rk. von Alken-(1)-ylisocyanaten mit Mercaptanen oder **I** bilden sich nur eine kleine Menge *Thiocarbaminsäureester* u. daneben noch weitere Additionsprodukte.

Versuche: Carbaminsäurebutylester: *N-Vinyl-* (**II**), $Kp._4$ 72—73°, durch ½std. Zutropfen von 13,8 g Vinylisocyanat (**III**) zu n-Butanol (**IV**) bei 0° u. Stehen über Nacht; $n_D^{25}$ 1,4570; 27,5 g (Ausbeute). — *N-[1-Butoxyäthyl]-* (**V**), $Kp._4$ 92—93°, a) aus **III**

u. **IV** bei 0° u. 8std. Erhitzen auf 100°; 75%; b) aus **II** u. **IV** durch 20std. Erhitzen auf 100°; 82%; $n_D^{25}$ 1,4332. — *N-[Penten-(1)-yl]-*, Kp.$_5$ 113,5—114,5°, aus Penten-(1)-ylisocyanat u. **IV** bei 30°; 80%. — *N-Isopropenyl-* (**VI**), Kp.$_7$ 88°, aus Isopropenylisocyanat (**VII**) u. **IV** bei —60 bis —50° u. 24std. Stehen bei Zimmer-Temp.; 89%. — *N-[Buten-(1)-yl-(2)]-*, F. 79—81°, aus **IV** u. Buten-(1)-yl-(2)-isocyanat bei 30°. — *N-[Hexen-(1)-yl-(2)]-*, Kp.$_6$ 115—117°, aus **IV** u. Hexen-(1)-yl-(2)-isocyanat bei 60°. — *N-[Octen-(1)-yl-(2)]-* (**VIII**), Kp.$_3$ 127°, aus **IV** u. Octen-(1)-yl-(2)-isocyanat bei 0°. — *N-[1-Cyclohexylvinyl]-*, Kp.$_2$ 125°, aus **IV** u. 1-Cyclohexylvinylisocyanat bei 60°. — *N-[1-Butoxy-1-methyläthyl]-* (**IX**), Kp.$_{0,1}$ 75—80°, durch Erhitzen von **VI** mit überschüssigem **IV**. — *N-[1-Phenylmercaptoäthyl]-*, a) aus **II** u. **I**; b) aus **V** u. **I**. — Isopropenylcarbaminsäureester: *-äthyl-*, Kp.$_3$ 52—54°, analog **VI** aus A. u. **VII**. — *-n-hexyl-*, Kp.$_3$ 95—105°, analog mit n-Hexanol. — *-isopropyl-*, Kp.$_3$ 55°, analog mit Isopropanol. — Allophansäurebutylester: *N'-[1-Butoxyäthyl]-* (**X**), F. 112—113°, a) aus **III** u. **IV** bei 30°; daneben *Acetaldehyddibutylacetal*; b) aus 5,2 g Carbaminsäurebutylester (**XI**) in A. durch Zugabe von **III** bei —5 bis 0°, 1std. Rühren bei 30° u. Zugabe von **IV**; 8,9 g. — *N'-[1-Butoxy-1-methyläthyl]-* (**XII**), F. 76°, aus **VII** u. **IV** bei 30°; daneben *Acetondibutylketal* u. **XI**; **XI** entsteht auch durch 24std. Erhitzen von **VI** bzw. **XII** oder **VIII** mit **IV**. — *N'-[1-Äthoxyäthyl]-allophansäureäthylester*, F. 123—124°, aus **III** u. A. bei 30°. — 2.4-Dinitrophenylhydrazone: *Acetaldehyd-*, a) aus **II** u. 2.4-Dinitrophenylhydrazin (**XIII**); b) analog aus **X**; c) analog aus **V**. — *Aceton-*, a) analog aus **VI** u. **XIII**; b) analog aus **XII**; c) analog aus **IX**. — Thiocarbaminsäurephenylester: *N-[1-Phenylmercaptoäthyl]-*, F. 88°, aus **I** u. **III** bei 0°. — *N-[1-Phenyl-1-phenylmercaptoäthyl]-*, F. 115°. — *N-[1-Methyl-1-phenylmercaptoäthyl]-*, Öl. — Butylmercaptan gibt mit **III** bzw. **VII** nur ölige Prodd., während mit 1-Phenylvinylisocyanat neben einem Öl *Thiocarbaminsäurebutylester* entsteht. — *Carbaminsäurephenylester*, F. 149°, durch 1wöchiges Stehen von Phenol u. 6,9 g **III** in Bzl. bei 0° u. 10std. Erhitzen auf 100°; 4,5 g.

E. Maekawa. 880◇

**Fluorierung des Komplexes aus Acetonitril und Bortrifluorid.** M. A. Englin, Ss. P. Makarow, Ss. Ss. Dubow, L. A. Krassnoussow und A. Ja. Jakubowitsch. (J. allg. Chem. [UdSSR] **30** (**92**), 2371—74, Juli 1960; russ.) — Die Fluorierung des Acetonitril–$BF_3$-Komplexes mit verd. Fluor liefert *$NF_3$*, *1.1.1-Trifluoräthan* (**I**), *1.2.2-Trifluoräthylenimin* (**II**), *α.α.N.N-Tetrafluoräthylamin* (**III**) u. *Difluoracrylonitril* (**IV**). Die Struktur von **II** u. **III** wird IR-analyt. bestätigt. Die Fluorierung des Komplexes mit unverd. Fluor liefert 6,5% *$NF_3$*, 5% **I**, 3% **II**, 2,5% **III** u. 1% **IV**. — Man leitet auf 40 g $CH_3CN \cdot BF_3$ u. 40 g KF auf einem Messingnetz 10—20%ig. Fluor–$N_2$-Gemisch (20°, 6—10 Liter/h, 6 Std.), kondensiert die Rk.-Prodd. bei —80 u. —190° u. fraktioniert: *1.1.1-Trifluoräthan* (**I**), $C_2H_3F_3$, Kp. —47,5 bis —46°; 11 g. — *1.2.2-Trifluoräthylenimin* (**II**), $C_2H_2F_3N$, Kp. —25 bis —24,5°; 8 g. — *α.α.N.N-Tetrafluoräthylamin* (**III**), $C_2H_3F_4N$, Kp. —4,8 bis —4,7°; 8 g, sehr wenig *Difluoracetonitril* (**IV**; $C_2HF_2N$, Kp. 22 bis 24°) u. *$NF_3$*, Kp. —122 bis —120°.

Helmut Schäfer. 910△

**Die Synthese einiger kationischer oberflächenaktiver Präparate.** P. W. Naumenko und B. A. Chasskin. (Öl- u. Fett-Ind. [UdSSR] **25**, Nr. 1, 33—35, 1959; Moskau, Staatl. wiss.-techn.; Zweigstelle des Komitee RSFSR Allunions-Fettforschungsinst.; russ.) — Die Synth. quart. Ammoniumsalze mit stark oberflächenakt. u. bakteriostat. Eigg. wird beschrieben.

Versuche: *Octadecylamin* (**I**), F. 52,2° (A.), durch Hydrierung von Stearonitril an Raney-Ni unter Druck; 95% (Ausbeute). — *Dimethyloctadecylamin* (**II**), durch Rk. von **I** mit HCOH u. HCOOH; 88—90%. — *Äthyldimethyloctadecylammoniumjodid* (Essigester), durch Rk. von **II** mit $C_2H_5J$; 91,5%. — *Benzyldimethyloctadecylammoniumchlorid*, analog vorst. Verb.; 90%.

H. v. Pezold. 910□

**Synthese von Lysinderivaten.** Louis-Marie Babineau und Louis Berlinguet. (Canad. J. Chem. **40**, 1626—31, Aug. 1962; Québec, Qué., Univ. Laval, Fac. de Med., Dep. de Biochem.; franz.) — Durch Kondens. von *5-[4-Brombutyl]-hydantoin* (**I**) mit prim. Aminen wird eine Reihe von *5-[4-Alkylaminobutyl]-hydantoinen* dargestellt, die man zu entsprechenden *$N^α$-substituierten Lysinen* (**A**) hydrolysiert. Mit Phenylisocyanat (**XV**) reagiert die α-Aminogruppe der **A** unter Bldg. von *$N^α$-Phenylcarbamoyl-Derivv.*, die zur Charakterisierung der **A** herangezogen werden. Umsetzung von 2.6-Dihydroxycapronsäurenitril (**IX**) mit prim. Aminen u. anschließende Hydrolyse liefert *N-substituierte 2-Amino-6-hydroxycapronsäuren*. *5-Amino-5-carboxypentansulfonamid* wird durch Umsetzung von **I** mit Thioharnstoff (**VIII**), Oxydation des entstandenen *S-{4-[Hydantoyl-(5)]-butyl}-isothiuroniumbromids* (**VI**) mit $Cl_2$, Behandeln des *5-[4-Chlorsulfonylbutyl]-hydantoins* (**X**) mit $NH_3$ u. anschließende Hydrolyse mit $Ba(OH)_2$ erhalten. Zu **X** gelangt man ausgehend von **VI** auch über die Stufe des *Bis-{4-[hydantoyl-(5)]-butyl}-disulfids* (**VII**).

Versuche: *5-[4-Brombutyl]-hydantoin* (**I**), $C_7H_{11}BrN_2O_2$, F. 126—127°, aus 5-[4-Hydroxybutyl]-hydantoin nach Gaudry (vgl. Canad. J. Res., Sect. B **26**, [1948], 387); 70% (Ausbeute). — 5-[4-Alkylaminobutyl]-hydantoine, Hydrobromide: *Methyl-* (**II**), F. 141—142° ($CH_3OH$), durch 2tägiges Aufbewahren von **I** mit überschüssigem äthanol. 30%ig. $NH_2CH_3$ bei Raum-Temp., Lösen des durch Eindampfen im Vakuum erhaltenen Rückstandes in $CH_3OH$ u. Stehenlassen in der Kälte zur Kristallisation; 45%. — *Äthyl-* (**III**), F. 175—181° (A.), analog **II** mit 70%ig. $NH_2C_2H_5$ (**XI**); 63%. — *Cyclohexyl-* (**IV**), F. 190—192° (A.), durch Lösen von **I** in heißem A. u. Zugabe von Cyclohexylamin (**XII**); 47%. — *5-[4-Piperidinobutyl]-hydantoin* (**V**), F. 185—187° (A.), aus **I** u. Piperidin; 44%. — 6-Alkylamino-2-aminocapronsäuren (**A**), Hydrobromide: *Methyl-* (**XIII**), F. 234—235° (wss. A.), a) durch 1/2std. Hydrolyse von **II** mit wss. $Ba(OH)_2$ bei 170° unter Druck; 74%; b) durch 15std. Kochen von **II** mit 48%ig. HBr; geringe Ausbeute. *$N^{\alpha}$-Phenylcarbamoyl-Deriv.*, F. 115—125°. — *Äthyl-*, F. 215—217° (wss. A.), a) aus **III** analog **XIII** nach a); 82%; b) aus **III** analog **XIII** nach b); 40%. *$N^{\alpha}$-Phenylcarbamoyl-Deriv.*, F. 163—165°. — *Cyclohexyl-*, F. 249—251° (A.), aus **IV** analog **XIII** nach a); 65%. *$N^{\alpha}$-Phenylcarbamoyl-Deriv.*, F. 127—128°. — *6-Piperidino-2-aminocapronsäure, Hydrobromid*, F. 223—225° (wss. A.), aus **V** analog **XIII** nach a); 77%. *$N^{\alpha}$-Phenylcarbamoyl-Deriv.*, F. 237—240°. — *2-Äthylamino-6-hydroxycapronsäurenitril* (**XIV**), $C_8H_{16}N_2O$, F. 44—45°, durch 3tägiges Aufbewahren der Lsg. von **IX** in überschüssigem 70%ig. äthanol. **XI** bei Raum-Temp., Eindampfen im Vakuum, Aufnehmen in Ae., Extraktion mit sd. PAe. u. Abkühlen der PAe.-Lsg.; 30%. — *2-Äthylamino-6-hydroxycapronsäure*, $C_8H_{17}NO_3$, F. 184—185° (Aceton), durch 15std. Hydrolyse von **XIV** mit konz. HCl, Eindampfen, Aufnehmen in A. u. Fällen aus der von $NH_4Cl$ abfiltrierten Lsg. mit Pyridin; 40%. — *2-Cyclohexylamino-6-hydroxycapronsäurenitril*, $C_{12}H_{22}N_2O$, F. 103—105° (A.), aus **IX** u. **XII** analog **XIV**; 73%. — *2-Cyclohexylamino-6-hydroxycapronsäure*, $C_{12}H_{23}NO_3$, F. 210—211°, durch Hydrolyse vorst. Verb. mit konz. HCl; 73%. — *S-{4-[Hydantoyl-(5)]-butyl}-isothiuroniumbromid* (**VI**), $C_8H_{15}BrN_4O_2S$, F. 176 bis 177°, durch 21std. Kochen der konz. äthanol. Lsg. äquimol. Mengen **I** u. **VIII** u. Abkühlen; 92%. — *Bis-{4-[hydantoyl-(5)]-butyl}-disulfid* (**VII**), $C_{14}H_{22}N_4O_4S_2$, F. 178 bis 180°, durch Lösen von **VI** in sd. W., 1std. Rühren mit 18,8%ig. NaOH, Oxydation mit $KJ/J_2$, Lösen des abfiltrierten Nd. in sd. Cellosolve u. Zusatz von W.; 63%. — *5-[4-Chlorsulfonylbutyl]-hydantoin* (**X**), $C_7H_{11}ClN_2O_4S$, F. 128—130°, a) durch Suspension von **VII** in W., Einleiten von $Cl_2$ bei 0° unter Rühren, Lösen des Rk.-Prod. in Essigsäureäthylester, Eindampfen der mit W. gewaschenen Lsg., Aufnehmen des Rückstandes in Essigsäureäthylester, Zugabe von PAe. u. Aufbewahren in der Kälte; 69%; b) durch Entfernen der $Br^-$-Ionen aus **VI** als AgBr u. Rk. mit $Cl_2$; 72%. — *5-[4-Aminosulfonylbutyl]-hydantoin*, $C_7H_{13}N_3O_4S$, F. 159—160°, aus **X** nach Reisner (vgl. C. **1957**, 4075); 63%. — *DL-5-Amino-5-carboxypentansulfonamid*, $C_6H_{14}N_2O_4S$, F. 243—245°, aus vorst. Verb. durch alkal. Hydrolyse nach Gaudry (l. c.); 89%. — *3-Phenyl-5-[4-aminosulfonylbutyl]-hydantoin*, $C_{13}H_{17}N_3O_4S$, F. 146—148° (A.), durch Rk. vorst. Verb. mit **XV** u. Behandeln des Rk.-Prod. mit 6n HCl. H. Gleinig. 950◇

**Einige oberflächenaktive Alkylierungsagentien.** W. C. J. Ross. (J. chem. Soc. [London] **1962**, 4739—40, Nov.; London, Roy. Cancer Hosp., Inst. of Cancer Res., Chester Beatty Res. Inst.; engl.) — *11-[Bis-(2-chloräthyl)-amino]-undecansäuremethylester*, erhalten aus 11-Aminoundecansäure (**I**), ist wirksam gegen Walker-Rattencarcinom u. gegen Crocker-Mäusesarkom. Die *freie Säure* sowie *11-Chloracetamido-* u. *11-Jodacetamidoundecansäure* waren gegen den erstgenannten Tumor unwirksam. Die Synth. dieser Verbb. erfolgte infolge Vermutungen über Zusammenhänge zwischen carcinostat. u. oberflächenakt. Wirkung.

Versuche (FF. korr.): *11-Aminoundecansäuremethylesterhydrochlorid*, $C_{12}H_{26}ClNO_2$, aus **I** u. methanol. HCl (4std. Kochen). — *11-[Bis-(2-hydroxyäthyl)-amino]-undecansäuremethylesterhydrochlorid*, $C_{16}H_{34}ClNO_4$, F. 84—85°, blaßgelbe Platten (Essigester), aus 65,1 g vorst. Verb. u. Äthylenoxid in Aceton (16 Std. bei 50° unter Rühren in der Druckflasche); 31 g (Ausbeute). — *11-[Bis-(2-chloräthyl)-amino]-undecansäuremethylesterhydrochlorid*, $C_{16}H_{32}Cl_3NO_2$, F. 82—84°, Nadeln (Essigester), aus vorst. Verb. u. $SOCl_2$ in Chlf. (1 Std. bei 60°). *Freie Säure, Hydrochlorid*, $C_{15}H_{30}Cl_3NO_2$, F. 50—52°, Nadeln (Chlf./Ae.). — *11-Chloracetamidoundecansäure*, $C_{13}H_{24}ClNO_3$, F. 85—87°, Platten (Bzl.), aus **I** u. $ClCH_2COCl$ in Aceton in Ggw. von Pyridin (10 Min. bei 100°). — *11-Jodacetamidoundecansäure*, $C_{13}H_{24}JNO_3$, F. 104—106°, Prismen (Bzl.), aus vorst. Verb. u. NaJ in sd. Aceton (3 Std.) J. Rothe. 950◇

**Synthese von DL-2-Amino-3.3-dimethylbutyrothiolacton und Bis-[DL-2.2-dimethyl-3-amino-3-carboxypropyl]-disulfid: Homologe von Penicillamin und Penicillamindisulfid.** S. Kukolja. (Tetrahedron [London] **18**, 1161—64, Okt. 1962; Zagreb,

Croatia, „Pliva" Pharmac. and Chem. Works, Res. Dep.; engl.) — Die Darst. von *DL-2-Amino-3.3-dimethylbutyrothiolacton* u. *Bis-[DL-2.2-dimethyl-3-amino-3-carboxy-propyl]-disulfid* erfolgt durch Kondens. von Benzylmercaptan mit N-Acetylpantonin (**I**), Hydrolyse, Entbenzylierung u. Cyclisierung bzw. Oxydation.

Versuche: *N-Acetyl-S-benzyl-3.3-dimethylhomocystein* (**II**), $C_{15}H_{21}NO_3S$, F. 134,5 bis 135,5° (A.), durch Zugabe von Dimethylformamid u. **I** zu Na-Benzylmercaptid, 4std. Erhitzen auf 130—150° u. 12std. Stehen bei Raum-Temp.; 80% (Ausbeute). — *S-Benzyl-3.3-dimethylhomocystein* (**III**), $C_{13}H_{19}NO_2S$, F. 208—210° (Dimethylformamid), durch 16std. Kochen von **II** mit konz. HCl-W. [→ *Hydrochlorid*, $C_{13}H_{20}ClNO_2S$, F. 154 bis 156° (konz. HCl-W.); 93%] u. Versetzen mit Pyridin in A.; 51%. — *DL-2-Amino-3.3-dimethylbutyrothiolacton, Hydrochlorid*, $C_6H_{12}ClNOS$, F. 205—208° (A.-Ae.), durch Lösen von **III**-HCl in fl. $NH_3$ u. Zugabe von Na [→ *Di-Na-Salz von 3.3-Dimethylhomocystein*] u. 1std. Erhitzen nach Verdunsten des $NH_3$ mit konz. HCl-W. auf dem Wasserbad; 50%. *N-Acetyl-Verb.*, $C_8H_{13}NO_2S$, F. 170° (wss. A.), a) durch Acetylierung mit Acetanhydrid in Pyridin, 15 Min. bei 60°; b) aus **II** mit Na u. $NH_3$ wie oben; 83%. — *Bis-[DL-2.2-dimethyl-3-amino-3-carboxypropyl]-disulfid*, $C_{12}H_{24}N_2O_4S_2$, F. 262—263° (Zers. W.), aus dem obigen Di-Na-Salz durch Luftoxydation in wss. Lsg. bei pH 8—8,5 in Ggw. von Spuren $FeCl_3$; 68%. A. Trede. 950◇

**β-Zerfall von α.β-Dibromäthylboronsäure- und β.γ-Dibrompropylboronsäurebutylester.** B. M. Michailow und P. M. Aronowitsch. (Nachr. Akad. Wiss. UdSSR, Abt. chem. Wiss. **1961**, 927—29, Mai; Zelinsky-Inst. für org. Chem. der Akad. der Wiss. der UdSSR; russ.) — Die Anlagerung von $Br_2$ an Vinyl- (**I**) u. Allylboronsäuredi-n-butylester (**II**) liefert *α.β-Dibromäthyl-* (**III**) u. *β.γ-Dibrompropylboronsäure-di-n-butylester* (**IV**), neben **IV** durch Zers. auch *Tri-n-butylborat* (**V**) u. *Allylbromid* (**VI**). Bei der Einw. von Na-Butylat erleiden **III** u. **IV** eine „β-Spaltung" zu *Vinylbromid* u. **V** bzw. **VI** u. **V**. **III** wird durch verd. $H_2SO_4$ zu *$H_3BO_3$*, *HBr*, *Butanol* u. **V** zersetzt.

Versuche: *α.β-Dibromäthylboronsäuredi-n-butylester* (**III**), $C_{10}H_{21}BBr_2O_2$, Kp.$_3$ 142 bis 143°, man gibt zu 25,2 g **I** in 25 ml n-Hexan in 20 Min. bei —25° 22,6 g $Br_2$ in 15 ml n-Hexan u. rührt 1 Std. lang; $D._4^{20}$ 1,3391; $n_D^{20}$ 1,4730; 93,5% (Ausbeute). Liefert bei Einw. von Na-n-Butylat in n-Butanol bei 20° *Vinylbromid* ($n_D^{12}$ 1,4335; 60%) u. *Tri-n-butylborat* (**V**; Kp.$_6$ 87—90°; $n_D^{20}$ 1,4105; 81,7%). — *β.γ-Dibrompropylboronsäuredi-n-butylester* (**IV**), $C_{11}H_{23}BBr_2O_2$, Kp.$_{0,5}$ 126—128°, aus **II** u. $Br_2$; $D._4^{20}$ 1,3337; $n_D^{20}$ 1,4747; 77%. Daneben **V**. Liefert bei der Dest. **V** u. **VI** (Bromierung → *1.2.3-Tribrompropan*, Kp.$_{32}$ 111—115°; $n_D^{20}$ 1,5795), bei der Einw. von Na-Butylat **V** u. **VI**.

Helmut Schäfer. 980

**Metallorganische und katalytische Methoden zur Synthese von monomeren Organosiliciumverbindungen.** Alexander D. Petrov. (Ber. chem. Ges. Belgrad **23/24**, 29—40, 1958/59; Moskau, Zelinsky-Inst. für org. Chem. der Akad. der Wiss. der UdSSR, Labor. für Chem. der KW-Stoffe; serb., Auszug: russ. — C. **1962**, 3790.)

Helmut Schäfer. 980

**Synthese und Eigenschaften von disilylsubstituierten Äthylenen.** W. F. Mironow. (Ber. chem. Ges. Belgrad **23/24**, 23—29, 1958/59; Moskau, Zelinsky-Inst. für org. Chem. der Akad. der Wiss. der UdSSR, Labor. für Chem. der KW-Stoffe; russ., Auszug: serb.— C. **1961**, 2946.) Helmut Schäfer. 980

**ω-Hydroperfluoralkylphosphonsäuren, Ester und Dichloride.** Neal O. Brace. (J. org. Chemistry **26**, 3197—3201, 12/9. 1961; Wilmington, Del., E. I. du Pont de Nemours & Co., Org. Chem. Dep., Res. and Development Div.; engl.) — Durch Einw. verschiedener Dialkylphosphonate auf Tetrafluoräthylen (**I**) in Ggw. eines Peroxids (Butylperoxid bzw. Bernsteinsäureperoxid) entstehen durch Telomerisierung die entsprechenden *ω-Hydroperfluoralkylphosphonsäureester*. Die Rk. erfolgt im Autoklaven bei 130° bzw. 60° (je nach Katalysator), wobei **I** vollständig umgesetzt wird. Das verwendete Mol-Verhältnis liegt zwischen 3,4 : 1 u. 2,6 : 1. Wenn das Mol-Verhältnis unter 2 : 1 gesenkt wird, kann durch Verw. von 1.1.2-Trichlor-1.1.2-trifluoräthan als Lsgm. die Ausbeute gesteigert werden. Es werden folgende ω-Hydroperfluoräthylphosphonsäureester dargestellt: *Dimethylester*, Kp.$_{10}$ 72°; $n_D^{25}$ 1,4041. — *Diäthylester*, Kp.$_{20}$ 100°; $n_D^{25}$ 1,3700. — *Di-n-butylester*, Kp.$_{0,45}$ 71—74°; $n_D^{25}$ 1,3970. — *ω-Hydroperfluorbutylphosphonsäure, Dimethylester*, Kp.$_{1,1}$ 58°; $n_D^{25}$ 1,3521. *Diäthylester*, Kp.$_{5,5}$ 95—96°; $n_D^{25}$ 1,3577. *Dibutylester*, Kp.$_{0,5}$ 88°; $n_D^{25}$ 1,3800. — *ω-Hydroperfluorhexylphosphonsäure, Dimethylester*, Kp.$_{0,6}$ 55°; $n_D^{25}$ 1,3486. *Diäthylester*, Kp.$_{0,22}$ 80°; $n_D^{25}$ 1,3507. — Bei Bad-Temp. über 150° wird die Estergruppe als *Alken* abgespalten, so entsteht bei der Dest. des Rk.-Prod. aus Di-[2-äthylhexyl]-phosphonat u. **I** *2-Äthylhexen-(1)* (Kp. 120—120,5°; $n_D^{25}$ 1,4156). Durch Verseifung mit konz. HCl entstehen aus den Estern die entsprechenden *Säuren*, hygroskop. Kristalle, die bei 0,1 mm nicht unter 200° destillierbar sind. Durch Einw. von $PCl_5$ auf Ester u. Säuren entstehen die entsprechenden *Dichloride*, die sich gut dest. lassen. Aus ihnen können durch Hydrolyse mit 50% wss. A. die reinen Säuren gewonnen u. als Monohydrate isoliert werden. An ω-Hydroperfluoralkylphosphonsäuredichloriden werden beschrieben: *-äthyl-*, $Kp._{300}$ 95°; $n_D^{25}$ 1,3862. — *-butyl-*, $Kp._{30}$ 75°; $n_D^{25}$ 1,3670. — *-hexyl-*, $Kp._{25}$ 95°; $n_D^{25}$ 1,3560. — *-octyl-*, F. 51,5—55,5°, $Kp._{12}$ 112°, $Kp._{20}$ 120°. — *-decyl-*, F. 90—91,5°; $Kp._{12}$ 132°, $Kp._{20}$ 144°. — *-dodecyl-*, F. 111—115° (sintert bei 109°), $Kp._{11}$ 147°. — *-tetradecyl-*, F. 116—127° (sintert bei 110°), $Kp._{11}$ 160°, $Kp._{19}$ 176°. — *-hexadecyl-*, F. 143—147° (sintert bei 135°), $Kp._{12}$ 180°. — *-octadecyl-*, F. 158—162°, $Kp._{11}$ 230° (sublimiert). Die Säuren sind wasserlösl. u. erniedrigen die Oberflächenspannung. Diese Eig. erreicht ihr Maximum bei der ω-Hydroperfluoroctylphosphonsäure. Alle dargestellten Säuren sind gegen 16% ig. Chromsäure-Lsg. stabil. Es werden die pK-Werte der Säuren gemessen u. mit denen der fluorfreien Alkylphosphonsäuren u. der Trifluormethyl- u. Heptafluorpropylphosphonsäure verglichen. Die IR-Maxima werden angegeben. G. Ziebarth. 980△

**Neue Synthesen von Disulfiden aus Bunte-Salzen.** Brian Milligan und J. M. Swan. (J. chem. Soc. [London] **1962,** 2172—77, Juni; Melbourne, Commonwealth Sci. and Ind. Res. Organization, Div. of Protein Chem.; Div. of Organ. Chem.; engl.) — Beim Erhitzen von Na-S-Benzylthiosulfat (I) oder anderen Bunte-Salzen (BS) mit Thioharnstoff (II) in 1n HCl oder Essigsäure werden neben $SO_2$ u. $SO_4^{2-}$ *Dibenzyldisulfid* (**IV**) bzw. andere *symm. Disulfide* (DS) erhalten, während in Abwesenheit von **II** nur Benzylmercaptan (**III**) aus **I** entsteht. Aus **I** u. **III** wird in Ggw. von **II** ebenfalls **IV** gebildet, während beim Fehlen von **II** keine Rk. erfolgt. Jedoch ergibt die Einw. von Cystein u. S-Sulfocystein sowohl in Ggw. als auch in Abwesenheit von **II** das entsprechende DS. Ein Mechanismus wird vorgeschlagen, bei dem das DS auf verschiedenen Wegen sowohl ohne als auch mit katalyt. Wrkg. von **II** gebildet werden kann. An Stelle von **II** wird die DS-Bldg. auch durch $J^{\ominus}$ u. durch $SCN^{\ominus}$ katalysiert. So entsteht **IV** sowohl beim Erhitzen von **I** als auch von **I** u. **III** in Ggw. von KJ, wobei intermediär *Benzylsulfonyljodid* auftritt. Demgemäß können unsymm. DS aus BS u. Arylsulfenylchloriden oder -thiocyanaten erhalten werden. S-Sulfocystein, Glycyl-S-sulfocystein, S-Sulfocysteinylglycin, Glycyl-S-sulfocysteinylglycin u. S-Sulfoglutathion werden in 98—100% ig. Ameisensäure mit **II**, Äthylenthioharnstoff, N.N.N'.N'-Tetramethylthioharnstoff oder KJ bei Raum-Temp. behandelt u. bei jeder Verb. der Anteil an BS, DS u. asymm. Disulfid papierelektrophoret. ermittelt.

Versuche: Disulfide (DS), durch 1std. Erhitzen des BS in 1n HCl oder Essigsäure auf 100° in Ggw. von **II**: *Dibenzyl-* (**IV**), F. 70°; 97% (Ausbeute). — *Diphenyl-*, F. 60°; 58%. — *Bis-[cyclohexylcarbamoylmethyl]-*, F. 163—164°; 88%. — *Bis-[p-nitrobenzyl]-*, F. 125°; 100%. — *Cystin*; 77%. — **IV**, a) durch 1std. Erhitzen von **I**, **III** u. **II** in Essigsäure auf 100°; 91%; b) durch 1std. Erhitzen von **I** u. $NH_4SCN$ in 1n HCl auf 100°; 50%; c) durch 1std. Erhitzen von **I** u. KJ in Essigsäure auf 100°; 98%. — *Bis-[p-nitrophenyl]-disulfid*, F. 191° (Bzl.), aus Na-S-o-nitrophenylthiosulfat u. $NH_4SCN$ in 1n HCl analog; 71%. — o-Nitrophenyldisulfide, a) aus o-Nitrobenzolsulfenylchlorid u. BS in Dimethylformamid bei Raum-Temp.; b) aus o-Nitrobenzolsulfenylthiocyanat analog a): *Benzyl-*, F. 54° (Methanol); nach a) 96%, nach b) 98%. — *Phenyl-*, F. 54—55° (PAe.); nach a) 61%, nach b) 36%. A. Trede. 1090◇

**Reaktionen von 2.3.5.6-Tetrakis-[β-hydroxyäthylmercapto]-hydrochinon-(1.4) und ähnlichen Verbindungen.** Marshall Kulka. (Canad. J. Chem. **40,** 1235—41, Juli 1962; Guelph, Ontario, Dominion Rubber Co. Ltd., Res. Labor.; engl.) — Durch Einw. von 2-Mercaptoäthanol (I) u. KOH auf Chloranil (II) wird *2.3.5.6-Tetrakis-[β-hydroxyäthylmercapto]-hydrochinon-(1.4)* (**III**) erhalten. Mit HCl bzw. HCl u. $SOCl_2$ setzt sich **III** bei genau einzuhaltenden Rk.-Bedingungen entweder zu *2.3.5.6-Tetrakis-[β-chloräthylmercapto]-hydrochinon-(1.4)* (**IV**) oder zu *2.3-Dihydro-6.7.8-tris-[β-chloräthylmercapto]-6-hydroxy-1.4-benzoxathiin* (**V**) um. Die Struktur von **V** wird durch Cyclisierung bewiesen. Bei der Pyrolyse von **IV** u. **V** entsteht *Äthylendichlorid.* Mit 2.3-Dichlornaphthochinon-(1.4) (**VI**) reagiert **I** in Ggw. von KOH oder Pyridin (**VII**) zu *2.3-Bis-[β-hydroxyäthylmercapto]-naphthochinon-(1.4)* (**VIII**), das zum Hydrochinon red. werden kann. Bei der Umsetzung von **VIII** mit HCl wird nur *1-Oxa-4-thiaanthrachinon-(9.10)* erhalten.

Versuche: *2.3.5.6-Tetrakis-[β-hydroxyäthylmercapto]-hydrochinon-(1.4)* (**III**), $C_{14}H_{22}O_6S_4$, F. 144—145° (wss. Methanol), a) durch Zutropfen einer Lsg. von KOH in **I** zu **II** in Bzl. bei 45° u. 2std. Rühren; 72% (Ausbeute); b) durch 15std. Kochen von **I** u. **VII** mit 3 g 2.5-Dichlor-3.6-dimorpholinobenzochinon-(1.4) in Bzl.; 2 g; c) aus 2.5-Dichlor-3.6-bis-[N.N-dimethylamino]-benzochinon-(1.4) analog b); 70%. *Tetraacetat,* $C_{22}H_{30}$·

$O_{10}S_4$, F. 90—91° (Methanol), a) durch 2std. Kochen von 5 g **III** mit Acetanhydrid in Pyridin; 6,5 g; b) durch Einleiten von HCl-Gas in die Lsg. von 35 g **III** in Essigsäure bei 60°; 32 g. — *2.3-Dihydro-5.7.8-tris-[β-chloräthylmercapto]-6-hydroxy-1.4-benzoxathiin* (**V**), $C_{14}H_{17}Cl_3O_2S_4$, F. 129—130° (Bzl.), durch Sättigen einer Lsg. von 25 g **III** in 250 ml konz. HCl mit HCl-Gas bei 20°, 12std. Stehen, Filtrieren u. Behandeln des trockenen Rückstandes mit $SOCl_2$ in Chlf. bei 30°; 20 g. *Acetat*, $C_{16}H_{19}Cl_3O_3S_4$, F. 120 bis 122° (Bzl.-Methanol), durch 4std. Erhitzen von 10 g **V** in Acetanhydrid in Ggw. von Spuren konz. $H_2SO_4$ auf dem Dampfbad; 5,5 g. — *2.3.5.6-Tetrakis-[β-chloräthylmercapto]-hydrochinon-(1.4)* (**IV**), $C_{14}H_{18}Cl_4O_2S_4$, F. 179—181° (Bzl.), a) durch Lösen von **III** in halbkonz. HCl, 3std. Kochen nach Zugabe von Chlf. u. Behandeln des Chlf.-Extrakts bei 30—35° mit $SOCl_2$; 70%; b) durch 2tägiges Stehen der Lsg. von **III** in methanol. HCl bei Raum-Temp. u. Behandeln des Nd. in Chlf. mit $SOCl_2$. — *2.3.8.9-Tetrahydro-5.6-bis-[β-chloräthylmercapto]-benzo-[1.2:b;4.3:b']-bis-[1.4-oxathiin]*, $C_{14}H_{16}Cl_2O_2S_4$, F. 228 bis 229° (Zers.; Äthylendichlorid), a) durch Zugabe von KOH in Methanol zur sd. Lsg. von 1,0 g **IV** in Aceton–Methanol; 0,45 g; b) analog a) aus 35 g **V**; 22 g. — *2.3.8.9-Tetrahydro-5.6-äthylendimercaptobenzo-[1.2:b;4.3:b']-bis-[1.4-oxathiin]*, $C_{12}H_{12}O_2S_4$, F. 239 bis 240° (Bzl.), durch Erhitzen von 1,0 g vorst. Verb. im Späth-Kolben auf 250° u. Sublimation des Rückstandes bei 250°/0,5 mm Hg; 0,25 g; daneben *Äthylendichlorid* (→ *1.2-Bis-[p-chlorphenylmercapto]-äthan*, F. 92—94°; 0,32 g). — *2.3-Bis-[β-hydroxyäthylmercapto]-naphthochinon-(1.4)* (**VIII**), $C_{14}H_{14}O_4S_2$, F. 117—118° (Methanol), a) aus 60 g **VI** analog **III** nach a); 12 g; b) durch Zugabe von **VII** zur Lsg. von 100 g **VI** u. **I** in Bzl. bei 54° u. Einstellen der Rk.-Temp. auf 65—67° durch Kühlung; 94 g. — *2.3-Bis-[β-hydroxyäthylmercapto]-naphthohydrochinon-(1.4)*, $C_{14}H_{16}O_4S_2$, F. 124—126° (Methanol), aus 62 g **VIII** u. Zn in Eisessig bei 25—30°; 39 g. — *1-Oxa-4-thiaanthrachinon-(9.10)*, $C_{12}H_8O_3S$, F. 213—233° (sublimiert bei 200°/1 mm Hg), durch Zugabe von methanol. HCl zu 25 g **VIII** in Methanol; 10,5 g. A. Trede. 1090◇

**Acetylierung von Benzolsulfonylaceton mit Acetanhydrid und Bortrifluorid unter Bildung des endständigen Methylderivats.** Donald F. Tavares, William Ivo O'Sullivan und Charles R. Hauser. (J. org. Chemistry **27**, 1251—54, 12/4. 1962; Durham, N.C., Duke Univ., Dep. of Chem.; engl.) — Benzolsulfonylaceton (**I**) reagiert mit Acetanhydrid in Ggw. von $BF_3$ nicht wie ein β-Diketon, sondern als Methylketon zu *1-Benzolsulfonylpentandion-(2.4)* (**II**). Die Bldg. von **II** erfolgt wahrscheinlich über seinen $BF_2$-Komplex. **II** gibt im Gegensatz zu **I** eine $FeCl_3$-Rk. u. mit Cu(II)-Acetat einen *Cu-Chelatkomplex*. $N_2H_4$ reagiert mit **II** zu *3-Benzolsulfonylmethyl-5-methylpyrazol*. Die Konstit. von **II** ergab sich aus seinem kernmagnet. Resonanzspektrum u. seiner Rk. mit Benzoldiazoniumchlorid zu *1-Benzolsulfonyl-3-phenylhydrazonopentandion-(2.4)* oder *1-Benzolsulfonyl-1-phenylhydrazonopentandion-(2.4)*. Ferner wurde **II** aus 3-Bromacetylaceton (**III**) durch dessen Isomerisierung zum *1-Brom-Deriv.* (**V**) u. nachfolgende Kondens. mit Na-Benzolsulfinat (**IV**) dargestellt. Daneben entstand *1.3-Bis-[benzolsulfonyl]-aceton*. Die Einw. von **III** auf **IV** lieferte keine Rk.-Prod. der $BF_3$-katalysierten Acetylierung von **I**, sondern, vermutlich durch Spaltung des teilweise entstehenden *3-Benzolsulfonylpentandions-(2.4)*, wieder **I**; daneben wurden *Na-Benzolsulfonat* u. wahrscheinlich *Acetylaceton* gebildet. Der Rk.-Mechanismus der $BF_3$-katalysierten Acetylierung von **I** wird diskutiert.

Versuche: *Benzolsulfonylaceton* (**I**), F. 57°, aus Chloraceton in A. u. **IV**. — *1-Benzolsulfonylpentandion-(2.4)* (**II**), $C_{11}H_{12}O_4S$, F. 98—99°, a) aus **I** in Acetanhydrid u. $BF_3$ in Eisessig durch 4¹/₂std. Rühren, anfänglich bei 0—5°, danach ¹/₂std. Kochen mit Na-Acetat in W.; Nadeln aus A.; 85% (Ausbeute); b) aus Acetylaceton in 0,25n NaOH durch Zugabe zu wss. $Br_2$-NaBr u. nachfolgend von 1n HBr, dann 5std. Rühren des erhaltenen rohen **III** mit 30—32%ig. Essigsäure-HBr bei Raum-Temp. u. anschließende Ae-Extraktion, darauf 24std. Kochen des isolierten **V** (49%) mit **IV** in 95%ig. A. u. Aufarbeitung; 3,9%. *Cu-Chelatkomplex*, $C_{22}H_{22}CuO_8S_2$, F. 243—245° (A.), analog **II**, Ae.-Extraktion u. Schütteln mit gesätt. wss. Cu-Acetat. — *3-Benzolsulfonylmethyl-5-methylpyrazol*, $C_{11}H_{12}N_2O_2S \cdot H_2O$, F. 146—147,5°, aus **II** u. $N_2H_4 \cdot H_2O$ in A. in 1 Std. auf dem Dampfbad; Nadeln aus wss. A.; 52%. — *1-Benzolsulfonyl-3-phenylhydrazonopentandion-(2.4)* [*1-Benzolsulfonyl-1-phenylhydrazonopentandion-(2.4)*] (?), $C_{17}H_{16}N_2O_4S$, F. 164—165,5° (abs. A.), aus **II** u. Na-Acetat in wss. A. u. Benzoldiazoniumchlorid in 30 Min. bei 5—10° u. 90 Min. bei Raum-Temp.; 61%. — *1.3-Bis-[benzolsulfonyl]-aceton*, F. 148—149°, aus rohem **V** u. **IV**-Hydrat in 95% A. durch 24std. Kochen neben **II** nach b); 3,5%. D. Lauer. 1090

**Reaktionen von N-Sulfinyl-Derivaten mit Carbonyl-Verbindungen.** G. Kresze und R. Albrecht. (Angew. Chem. **74**, 781—82, 21/10. 1962; München, TH, Organ.-chem. Inst.; dt.) — Vgl. C. **1962**, 10799. — Thionylanilin u. N-Sulfinylsulfonamide kondensieren sich mit Aldehyden u. N.N-disubstituierten Formamiden zu *Azomethinen* bzw. *Amidinen,* aliphat. Aldehyde geben *1.1-Bis-[arylsulfonamido]-Verbindungen.* N-[2.2.2-Trichloräthyliden]-p-toluolsulfonamid (I) läßt sich als Dienophil verwenden.

Versuche: *N-Benzalanilin,* F. 48°; 70% (Ausbeute). — *N-[2.2.2-Trichloräthyliden]-anilin,* $Kp._{10}$ 136—139°, F. 4°; 40%. — p-Toluolsulfonamide: *N-Benzal-,* F. 107°; 71%. — *N-p-Nitrobenzal-,* F. 206—207°; 78%. — *N-[2.2.2-Trichloräthyliden]-* (I), F. 105 bis 111°, in Ggw. von $AlCl_3$; 80%. — *N-Methylen-,* F. 166°. — *N-Furfural-,* F. 100—102°; 85%. — *N-Pyridyl-(2)-methylen-,* F. 121—122°; 92%. — *Dimethylaminomethylen-,* F. 135 bis 137°; 96%. — *Methylphenylaminomethylen-,* F. 101°; 20%. — *N.N-Dimethyl-N'-benzolsulfonylformamidin,* F. 129—130°; 97%. — *N-Benzal-p-chlorbenzolsulfonamid,* F. 110°. — I-*Dimethylbutadien-Addukt,* $C_{15}H_{18}Cl_3NO_2S$, F. 134—139°; 94%. — I-*Cyclopentadien-Addukt,* $C_{14}H_{14}Cl_3NO_2S$, F. 133,5°; 93%. A. Trede. 1090◇

**Methoden zur Synthese von Vanillin.** P. Ştefănescu. (Rev. Chim. [Bucureşti] **7,** 726, Dez. 1956; rum.) — Die Darst. von *Vanillin* (I) nach folgender Meth. wird kurz beschrieben: Aus Salicylsäure über O-Methylsalicylsäure (mit dem Na-Salz von Schwefelsäuremonomethylester wird Salicylsäure im Autoklaven auf 130—140° für 5—6 Std. erhitzt) u. Friessche Rk. mit $AlCl_3$ (8 Std. auf 100—150° erhitzen) entsteht I in 60%ig. Ausbeute. P. Golinske. 1140◇

**Suche nach Insekticiden in der Reihe der Arylester der N-Alkylcarbaminsäure.** N. N. Melnikow, K. D. Schwetzowa-Schilowskaja, S. I. Maximowa, L. P. Botscharowa und G. K. Schapowalowa. (Chem. Ind. [UdSSR] **1961,** 679—81, Okt.; russ.) — Analog dem α-Naphthyl-N-methylcarbamat (Sevin) zeigen auch andere Arylester der N-Methylcarbaminsäure, z. B. m- u. p-Kresylester oder deren Gemisch 1:1 sowie entsprechende Ester der N-Äthyl- u. der N-Isopropylcarbaminsäure, insekticide Eigg. (Tabellen).

Versuche: *Dikresyl-bis-[chlorformiat]* (I), $Kp._{12}$ 90—100°, $n_D^{20}$ 1,5102, durch Rk. einer Phosgen–Bzl.-Lsg. mit Dikresol u. Dimethylanilin in saurem Medium; 72% (Ausbeute). — *Dikresyl-bis-[N-methylcarbamat],* durch Rk. von I mit 35%ig. wss. Methylamin-Lsg.; 90%. Die einfachen Kresylester u. die Kresylester der N-Äthyl- u. N-Isopropylcarbaminsäure werden analog dargestellt. R. K. Müller. 1280

**Dinitrierung von m-Acettoluidid.** A. W. Baker, B. C. Fischback und G. H. Harris. (Chem. and Ind. **1959,** 1190, 19/9.; Pittsburgh, Calif., Dow Chem. Comp., Western Div., Res. Dep.; engl.) — Bei der Nitrierung von m-Acettoluidid (I) nach Cook u. Brady [1920] werden 52,5 ± 1% *4.6-*, 44 ± 1% *2.6-* u. 3,5 ± 0,5% *2.4-Dinitro-m-acettoluidid* erhalten (IR-spektroskop. Nachw.). Das gleiche Isomerenverhältnis wird auch bei der Nitrierung von N-[m-Tolyl]-succinimid nach Evans u. McGookin [1951] gebildet.

Versuche (FF. korr.): *2.6-Dinitro-m-acettoluidid,* F. 167,2—168,2° (A.), durch portionsweises Eintragen von 0,1 Mol I in 100 ml $HNO_3$ (D. 1,5) bei 0—7°, ½std. Rk. bei 12°, Zutropfen zu Eiswasser u. Aufarbeitung des Gemisches [67,4% (Ausbeute)] nach Cook u. Brady (l. c.); daneben *4.6-Dinitro-Deriv.* (F. 102,2—103,2°). — *2.4-Dinitro-m-acettoluidid,* F. 214—215° (A.), durch Rk. von 2.4-Dinitro-m-toluidin mit Acetanhydrid/$H_2SO_4$; 33%. L. Lamza. 1310△

**Kondensation von aromatischen Nitroverbindungen mit Arylacetonitrilen.** 4. Mitt. **Einige Reaktionen von α-Aryl-α-cyanchinonmethidoximen.** R. B. Davis und J. D. Benigni. (J. org. Chemistry **27,** 1605—08, Mai 1962; Notre Dame, Ind., Univ. of Notre Dame, Dep. of Chem.; engl.) — 3. vgl. C. **1962,** 9322. — Die $H_2O_2$-Oxydation von α-Aryl-α-cyanchinonmethidoximen (**A**) liefert *4-Nitrobenzophenone.* Die Überführung der **A** in *4.4'-Diaroylazoxybenzole* wird ebenfalls beschrieben.

Versuche: 4-Nitrobenzophenone: *3-Methyl-,* F. 134—135° (95%ig. A.), durch Oxydation von α-[3-Methyl-4-hydroximinocyclohexadien-(2.5)-yliden]-phenylacetonitril in W./Methanol/KOH mit 30%ig. $H_2O_2$; 91% (Ausbeute). — *3-Chlor-,* $C_{13}H_8ClNO_3$, F. 94—96° (Methanol/W.), analog vorst. Verb.; 89%. *2.4-Dinitrophenylhydrazon,* $C_{19}H_{12}ClN_5O_6$, F. 237—238° (Bzl.); 72%. — *3-Methoxy-,* $C_{14}H_{11}NO_4$, F. 92—94° (Methanol W.); 83%. *2.4-Dinitrophenylhydrazon,* $C_{20}H_{15}N_5O_7$, F. 265—266° (Zers.; Methanol); 60%. — *4-Amino-3-chlorbenzophenon,* F. 137—139° (Chlf./PAe.), durch ¼std. Erhitzen vorvorst. Verb. in Methanol mit Zn/Eisessig auf 50—60°; 85%. — Azoxybenzole: *4.4'-Dibenzoyl-* (**II**), $C_{26}H_{18}N_2O_3$, F. 203—204°, a) durch 2 Wochen langes Stehen von α-[4-Hydroximinocyclohexadien-(2.5)-yliden]-phenylacetonitril (I) in Eisessig mit Anilin an der Luft bei Raum-Temp.; aus Bzl. gelbe Platten; 37%; b) durch 2 Wochen langes Stehen von I u. Anilin in Methanol mit konz. HCl an der Luft bei Raum-Temp.; 49%; c) analog b) unter $N_2$; 16%; d) durch ½std. Kochen von p-Nitrobenzophenon u. Paraformaldehyd in methanol. KOH; 59%. — *4.4'-Bis-[p-chlorbenzoyl]-,* $C_{26}H_{16}Cl_2N_2O_3$, F. 290—292° (Chlf./Methanol), a) analog **II** nach a); 32%; b) analog **II** nach d); 33%. — *4.4'-Bis-[p-methoxybenzoyl]-,* $C_{28}H_{22}N_2O_5$, F. 244—246° (Bzl.), a) analog **II** nach d); 54%; b) analog **II** nach

d); 50%. — *4.4'-Dibenzoyl-2.2'-dimethyl-*, $C_{28}H_{22}N_2O_3$, F. 158—160° (Bzl./Methanol), a) analog II nach a); 54%; b) durch 1std. Kochen von 3-Methyl-4-nitrobenzophenon u. $SnCl_2 \cdot 2\,H_2O$ mit KOH in Methanol; 61%. — *4.4'-Dibenzoyl-2.2'-dichlor-*, $C_{26}H_{16}Cl_2N_2O_3$, F. 185—186° (Chlf./Methanol oder Bzl.), a) analog II nach b); 27%; b) analog II nach d) (2std. Kochen); 10%. — *4.4'-Dibenzoyl-2.2'-dimethoxy-*, $C_{28}H_{22}N_2O_5$, F. 175—177° (Bzl./Methanol oder Bzl.), a) analog II nach b); 32%; b) analog II nach d); 55%. — *4.4'-Dibenzoyl-2.2'-dichlorazobenzol*, $C_{26}H_{16}Cl_2N_2O_2$, F. 187—188°, durch 1½std. Kochen von 3-Chlor-4-nitrobenzophenon mit KOH u. Paraformaldehyd in Methanol; aus Bzl. rote Nadeln; 30%.
P. Golinske. 1310◇

**Chemotherapie der Darminfektionen. 2. Mitt. Synthese von N-Acylderivaten von p-Aminosalicylsäure.** V. M. Patki und M. V. Shirsat. (J. sci. ind. Res. [New Delhi], Sect. C **19**, 4—6, Jan. 1960; Bombay, Haffkin Inst., Dep. of Chemotherapy; engl.) — 3. vgl. C. **1962**, 13115; 1. vgl. J. sci. ind. Res. [New Delhi], Sect. C **18**, [1959], 113. — Mehrere N-Acyl-Derivv. von p-Aminosalicylsäure (PAS) werden dargestellt als mögliche chemotherapeut. wirksame Agentien gegen Darminfektionen. Im Gegensatz zu PAS sind die dargestellten Verbb. beim Stehen an der Luft stabil.

Versuche: p-Aminosalicylsäuren: *N-Formyl-*, $C_8H_7NO_4$, F. 225—226° (Zers.; A./Aceton), durch 3std. Kochen von PAS u. überschüssiger HCOOH; 70% (Ausbeute). — *N-Acetyl-*, $C_9H_9NO_4$, F. 216—218° (Zers.; abs. A.), durch 4std. Erhitzen von PAS mit Acetanhydrid auf dem sd. Wasserbad u. Gießen auf Eis; 55%. — *N.O-Diacetyl-*, $C_{11}H_{11}NO_5$, F. 186—187°, durch 6std. Kochen von PAS mit Acetanhydrid/Pyridin u. Eindampfen im Vakuum; 75%; daneben vorst. Verbindung. — *N-Butyryl-*, $C_{11}H_{13}NO_4$, F. 200—202° (Zers.; A.), durch 12std. Stehen von PAS u. Butyrylchlorid in abs. Pyridin u. Verdünnen mit W.; 58%. — *N-Isobutyryl-*, $C_{11}H_{13}NO_4$, F. 220—221°, analog vorst. Verb.; 52%. — *N-Isovaleryl-*, $C_{12}H_{15}NO_4$, F. 209—210°; 55%. — *N-Capronoyl-*, $C_{13}H_{17}NO_4$, F. 186—188°; 59%. — *N-Önanthoyl-*, $C_{14}H_{19}NO_4$, F. 185—186°; 61%. — *N-Capryloyl-*, $C_{15}H_{21}NO_4$, F. 186—187°; 62%. — *N-Pelargonoyl-*, $C_{16}H_{23}NO_4$, F. 177—179°; 58%. — *N-Caprinoyl-*, $C_{17}H_{25}NO_4$, F. 182—183°; 53%. — *N-Lauroyl-*, $C_{19}H_{29}NO_4$, F. 185—189°; 63%. — *N-Palmitoyl-*, $C_{23}H_{37}NO_4$, F. 183—184°; 59%. — *N-Stearoyl-*, $C_{25}H_{41}NO_4$, F. 181—182°; 55%. — *N-Dichloracetyl-*, $C_9H_7Cl_2NO_4$, F. 221—222°; 51%. — *N-Trichloracetyl-*, $C_9H_6Cl_3NO_4$, F. 212—213°; 53%. — *N-Crotonoyl-*, $C_{11}H_{11}NO_4$, F. 225 bis 226°; 50%. — *N-Benzoyl-*, $C_{14}H_{11}NO_4$, F. 223—225°; 60%. — *N-[o-Methoxybenzoyl]-*, $C_{15}H_{13}NO_5$, F. 236—237°; 65%. — *N-[m-Methoxybenzoyl]-*, $C_{15}H_{13}NO_5$, F. 217—218°; 57%. — *N-[p-Methoxybenzoyl]-*, $C_{15}H_{13}NO_5$, F. 226—227°; 54%. — *N-[o-Toluyl]-*, $C_{15}H_{13}NO_4$, F. 220—222°; 55%. — *N-[m-Toluyl]-*, $C_{15}H_{13}NO_4$, F. 214—215°; 64%. — *N-[p-Toluyl]-* $C_{15}H_{13}NO_4$, F. 240—241°; 59%. — *N-[Phenylacetyl]-*, $C_{15}H_{13}NO_4$, F. 212 bis 213°; 60%. — *N-Cinnamoyl-*, $C_{16}H_{13}NO_4$, F. 223—224°; 56%. — *N-[p-Chlorbenzoyl]-*, $C_{14}H_{10}ClNO_4$, F. 230—232°; 57%. — *N-[5-Bromhydroxybenzoyl]-*, $C_{14}H_{10}BrNO_5$, F. 243 bis 245°; 60%. — *N-[Trimethoxybenzoyl]-*, $C_{17}H_{17}NO_7$, F. 221—223°; 63%.
P. Golinske. 1350◇

**Spaltung optischer Isomerer von threo-β-Phenyl-DL-serin.** Norio Yoshida und Yoshiaki Nakamura. (Annu. Rep. Takamine Lab. **11**, 36—40, Dez. 1959; Tôkyô-Sinagawa, Takamine-Kenkyûzyo; jap., Auszug: engl.) — Aus *N-Acetyl-threo-β-phenyl-DL-serin* (DL-I) in Methanol fällt L-I durch Versetzen mit *L-(+)-threo-1-[p-Nitrophenyl]-2-aminopropandiol-(1.3)* (*d-Base*) als *d-Basesalz* aus. Aus *N-[p-Nitrobenzoyl]-threo-β-phenyl-DL-serin* (DL-II) läßt sich in 80%ig. A. mit *l-Base* das schwerlösl. Salz von L-II ausfällen.

Versuche: *threo-β-Phenyl-DL-serin* (DL-III), *N-Acetyl-Deriv.* (DL-I), F. 151° (Zers.; aus W. Prismen), aus DL-III in 10%ig. KOH durch Stehen mit Acetanhydrid über Nacht; 75,8% (Ausbeute). *N-p-Nitrobenzoyl-Deriv.* (DL-II), F. 167,5° (Zers.; aus W. hellgelbe Prismen), aus DL-III in 2%ig. KOH durch Versetzen mit p-Nitrobenzoylchlorid bei 5—10°; 83%. — L-I, $C_{11}H_{13}NO_4$, F. 168° (Zers.; aus W. Prismen), durch Alkalisieren nachst. Salzes mit 1n NaOH, Absaugen der ausgeschiedenen d-Base u. Ansäuern des Filtrats mit 10%ig. HCl; $[\alpha]_D^{22,5}$ +18,5° (c = 2; Methanol; 72%). *Salz* mit *L-(+)-threo-1-[p-Nitrophenyl]-2-aminopropandiol-(1.3)* (d-Base), $C_{20}H_{25}N_3O_8$, F. 178° (Zers.; aus W. hellgelbe Nadeln), aus DL-I u. d-Base durch Lösen in 70 cm³ Methanol bei erhöhter Temp. u. Stehen der Lsg. über Nacht bei Raum-Temp.; $[\alpha]_D^{24}$ +43,3° (c = 1; Methanol); 76%. — L-III, $C_9H_{11}NO_3$, F. 188° (Zers.; aus 50%ig. A. Prismen), aus L-I durch 2std. Erwärmen in 3n HCl auf 95°, Einengen des Gemisches u. Stehen des Rückstandes in einem Gemisch von A., W u.. $NH_4OH$ (pH 8); $[\alpha]_D^{22,5}$ —52,0° (c = 1; 6n HCl); 61,5%. — D-I, F. 169° (Zers.; aus W. Prismen), durch alkal. Hydrolyse nachst. Salzes; $[\alpha]_D^{26}$ —16,2° (c = 2; Methanol); 76,5%. *Salz mit l-Base*, F. 177,5° (Zers.; aus W. hellgelbe Nadeln), aus der Mutterlauge des Salzes aus L-I u. der d-Base; $[\alpha]_D^{26,5}$ —40,19° (c = 2; Methanol); 70%. — L-II, $C_{16}H_{14}N_2O_6$, F. 158° (Zers.; aus W. federartige Kristalle), durch Hydrolyse nachst. Salzes mit 1n NaOH; $[\alpha]_D^{26}$ −71,78° (c = 1,003; 0,5n NaOH); 91,4%. *Salz mit l-Base*, $C_{25}H_{26}N_4O_{10}$, F. 163,5° (Zers.; aus W. hellgelbe Prismen), aus DL-II u. *l*-Base durch Lösen in 100 cm³ 80% ig. A. bei erhöhter Temp. u. Stehen der Lsg. über Nacht bei Raum-Temp.; $[\alpha]_D^{25}$ +38,67° (c = 1,5; Methanol); 66,8%. — *O-[p-Nitrobenzoyl]-threo-β-phenyl-L-serinhydrobromid* (L-IV), $C_{16}H_{14}N_2O_6 \cdot HBr \cdot H_2O$, F. 139° (Zers.; aus Ae.-A. Nadeln), durch 4std. Kochen von L-II in 15% ig. HBr; daneben L-III; $[\alpha]_D^{25}$ +67,0° (c = 1; Methanol); durch Behandeln mit konz. $NH_4OH$ wird L-II zurückerhalten. — D-IV, F. 143° (Zers.; aus Ae.-A. Nadeln), aus 300 mg D-II; $[\alpha]_D^{25}$ −69,0° (c = 1; Methanol); gibt durch Behandeln mit konz. $NH_4OH$ D-II zurück; 200 mg.

E. Maekawa. 1350□

**Anlagerung von Hydridsilanen an Alkenylbenzole in Gegenwart von Platinchlorwasserstoffsäure.** A. D. Petrow, Je. A. Tschernyschew, M. Je. Dolgaja, Ju. P. Jegorow und L. A. Leitess. (J. allg. Chem. [UdSSR] **30 (92)**, 376—83, Febr. 1960; Inst. für org. Chem. der Akad. der Wiss. der UdSSR; russ.) — Durch Anlagerung von Trichlorsilan, Methyl- u. Äthyldichlorsilan an Styrol, Allylbenzol u. Butin-(1)-yl-(4)-benzol in Ggw. von $H_2PtCl_6$ wurden die entsprechenden *Trichlor-* bzw. *Dichlorsilylalkylbenzole* dargestellt. Die Trichlorsilylgruppe lagerte sich dabei ausschließlich an das ω-C-Atom, die Alkyldichlorsilylgruppe an beide C-Atome der Doppelbindung an. Einige der Verbb. wurden durch Rk. mit Methyl- u. Äthyl-MgBr in die *Trialkylsilylalkylbenzole* übergeführt. Die Raman-Spektren der Verbb. wurden aufgenommen.

Versuche: Trichlorsilane: *β-Phenyläthyl-*, $C_8H_9Cl_3Si$, Kp.$_{2,5}$ 73°, durch tropfenweise Zugabe von 124,8 g Styrol zu 162 g Trichlorsilan u. 1 ml 0,1m $H_2PtCl_6$ bei 30—40°; D.$_4^{20}$ 1,2386; $n_D^{20}$ 1,5184; 61,8% (Ausbeute). — Analog: *γ-Phenylpropyl-*, $C_9H_{11}Cl_3Si$, Kp.$_{10}$ 110°; D.$_4^{20}$ 1,2239; $n_D^{20}$ 1,5140; 42,4%. — *δ-Phenylbutyl-* (I), $C_{10}H_{13}Cl_3Si$, Kp.$_6$ 117°; D.$_4^{20}$ 1,1957; $n_D^{20}$ 1,5114; 24,3%. — Methyldichlorsilane: *Gemisch aus α-Phenyl-* u. *β-Phenyläthyl-*, $C_9H_{12}Cl_2Si$, Kp.$_2$ 68°; D.$_4^{20}$ 1,1311; $n_D^{20}$ 1,5120; 50%. — *γ-Phenylpropyl-* (II), $C_{10}H_{14}Cl_2Si$, Kp.$_9$ 119,5°, a) analog vorst. Verbb.; b) man gibt zu 94,5 g Allylbenzol in Ggw. von 1 g Pt/Kohle (0,06% Pt) in 1½ Std. bei 90° 91,2 g Methyldichlorsilan u. erhitzt 3 Std.; D.$_4^{20}$ 1,1090; $n_D^{20}$ 1,5102; 50%. Daneben *[1-Phenylpropyl-(2)]-methyldichlorsilan*, $C_{10}H_{14}Cl_2Si$, Kp.$_9$ 104,5°; D.$_4^{20}$ 1,1165; $n_D^{20}$ 1,5152; 7,5%. — Analog nach a) oder b): *1-Phenylbutyl-(3)-*, $C_{11}H_{16}Cl_2Si$, Kp.$_6$ 111,5°; D.$_4^{20}$ 1,0970; $n_D^{20}$ 1,5124; 9,7%. — *δ-Phenylbutyl-* (III), $C_{11}H_{16}Cl_2Si$, Kp.$_{10}$ 129—130°; D.$_4^{20}$ 1,0925; $n_D^{20}$ 1,5067; 61,9%. — Äthyldichlorsilane: *α-Phenyläthyl-*, $C_{10}H_{14}Cl_2Si$, Kp.$_7$ 98°; D.$_4^{20}$ 1,1218; $n_D^{20}$ 1,5160; 16,3%. — *β-Phenyläthyl-*, $C_{10}H_{14}Cl_2Si$, Kp.$_4$ 106°; D.$_4^{20}$ 1,1149; $n_D^{20}$ 1,5095; 40,3%. — *1-Phenylpropyl-(2)-*, $C_{11}H_{16}Cl_2Si$, Kp.$_5$ 105°; D.$_4^{20}$ 1,1060; $n_D^{20}$ 1,5160; 8,0%. — *γ-Phenylpropyl-* (IV), $C_{11}H_{16}Cl_2Si$, Kp.$_5$ 114°; D.$_4^{20}$ 1,0993; $n_D^{20}$ 1,5103; 57,0%. — *1-Phenylbutyl-(3)-*, $C_{12}H_{18}Cl_2Si$, Kp.$_7$ 124°; D.$_4^{20}$ 1,0883; $n_D^{20}$ 1,5135; 9,2%. — *δ-Phenylbutyl-* (V), $C_{12}H_{18}Cl_2Si$, Kp.$_6$ 147,5°; D.$_4^{20}$ 1,0837; $n_D^{20}$ 1,5078; 61,0%. — Durch Grignard-Synth. mit I—V wurden erhalten: *δ-Phenylbutyltrimethylsilan*, $C_{13}H_{22}Si$, Kp.$_3$ 91—92°; D.$_4^{20}$ 0,8656—0,8653; $n_D^{20}$ 1,4828—1,4835; 73% (aus I) bzw. 78% (aus III). — *γ-Phenylpropyltrimethylsilan*, $C_{12}H_{20}Si$, Kp.$_2$ 56°; D.$_4^{20}$ 0,8684; $n_D^{20}$ 1,4853; 63%. — *γ-Phenylpropyltriäthylsilan*, $C_{15}H_{26}Si$, Kp.$_{20}$ 165°; D.$_4^{20}$ 0,8939; $n_D^{20}$ 1,4949; 72%. — *δ-Phenylbutyltriäthylsilan*, $C_{16}H_{28}Si$, Kp.$_2$ 106°; D.$_4^{20}$ 0,8862; $n_D^{20}$ 1,4922; 68%.

Holmut Schäfer. 1380△

**Neue aromatische Systeme. 1. Mitt. Ferrocen als aromatisches System.** A. N. Nessmejanow und E. G. Perewalowa. (Chem. Wiss. Ind. [UdSSR] **3**, 146—58, 1958; russ.) — Überblick über Darst.-Meth., Eigg. u. Rkk. des *Ferrocens.* — 124 Literaturangaben. G. Froelich. 1800◇

**Neue aromatische Systeme.** 2. Mitt. **Nichtbenzoide aromatische Systeme — Tropyliumkation und Cyclopentadienylanion.** D. N. Kurssanow, M. Je. Wolpin und S. N. Parness. (Chem. Wiss. Ind. [UdSSR] **3**, 159—73, 1958; russ.) — 1. vgl. vorst. Referat. — Allg. Überblick über Synth., Struktur u. Eigg. von *Tropyliumsalzen* sowie die Bldg. von *Cyclopentadienyl*-Ionen. — 88 Literaturangaben. G. Froelich. 1800◇

**Ringerweiterungen an Benzochinolacetaten. 1. Mitt. Synthese von Troponen aus Benzochinolacetaten.** E. Zbiral, J. Jaz und F. Wessely. (Mh. Chem. **92**, 1155—66. 1961; Wien, Univ., Organ.-Chem. Inst.; dt.) — Während die Einw. von $CH_2N_2$ auf Benzochinolacetate in Abwesenheit von Lewis-Säuren zur Bldg. von Indazol-Derivv. führt, gelingt in Ggw. von $BF_3$ eine Ringerweiterung. Die dabei gewonnenen *Acetoxycycloheptandienone* stellen geeignete Ausgangsmaterialien für die Gewinnung von *Troponen* dar, zu denen man durch saure Verseifung der prim. Rk.-Prodd. gelangt. Bei Verbb., die in der zweiten o-Stellung zur Carbonylgruppe substituiert sind, ist keine Ringerweiterung möglich. Als Prodd. einer Konkurrenz-Rk. treten in 5-Stellung methylierte Chinolacetate auf. Bei der Ringerweiterung entstehende Cycloketone werden als 2.4-Dinitrophenylhydrazone abgetrennt. Dabei werden teilweise stereomere Gemische erhalten, die nicht aufgetrennt werden.

Versuche: *2-Methylcycloheptanon-2.4-dinitrophenylhydrazon* (**I**), F. 116—119°, a) durch Zugabe von äther. $CH_2N_2$-Lsg. zu 10 g 2-Methyl-o-benzochinolacetat in abs. Ae. in Ggw. von $BF_3$-Dimethylätherat bei —10°, 24std. Stehen bei 0°, Filtrieren, Waschen mit $NaHCO_3$-Lsg., Eindampfen, Dest. im Kugelrohr bei 80—100°/0,1 Torr als Öl (**A**) [8,15 g (Ausbeute)], 3std. Hydrierung in A. an Pd/Kohle, Zugabe von überschüssiger wss. NaOH, Dest. u. Zugabe von 2.4-Dinitrophenylhydrazin zum Destillatbei 60°; aus verd. Methanol hellgelbe Kristalle; 1,2 g; daneben 0,3 g *2.5-Dimethylcycloheptanon-2.4-dinitrophenylhydrazon* (**II**) u. 13,5% *2.5-Dimethylphenol* (F. 68—72°); b) durch katalyt. Hydrierung von **B** analog a); daneben **II**. — *2-Methyltropon* (**III**), a) durch Kochen von 16 g **A** mit wss./methanol. NaOH unter $N_2$, Extrahieren mit Ae. u. Dest. im Kugelrohr bei 55—75°/0,3 Torr; Öl (**B**); 2,17 g im Gemisch mit **IV**; b) durch Lösen des Pikrats in verd. NaOH u. mehrstd. Extrahieren mit Ae.; 12,5%. *Pikrat*, $C_{14}H_{11}N_3O_8$, F. 110—125° (Ae.), durch $^3/_4$std. Kochen von 8 g **A** mit 30%ig. $H_2SO_4$ in A., Zugabe von Soda bis pH 12, Extrahieren mit Ae., Dest. im Kugelrohr bei 90—110° 0,8 Torr, Lösen in Ae. u. Fällen mit Pikrinsäure; 2,6 g; daneben wenig **IV**-*Pikrat*. — *2-Hydrazino-7-methyltropon* (**V**), $C_8H_{10}N_2O$, F. 126—129°, durch 1,75std. Kochen von 0,5 g **III** mit 80%ig. Hydrazin-Lsg.; aus Bzl./PAe. gelbe Nadeln; 32%; daneben aus den Mutterlaugen *2-Hydrazino-4.7-dimethyltropon*, F. 95—110°, gelbe Nadeln; 40 mg. — *3-Methyltropolon*, F. 46—47° (Hexan), Kp.$_{0,05}$ 90—100° (Bad-Temp.), durch 2std. Kochen von **V** mit 6n NaOH; 7,4%. — *2.4-Dimethylcycloheptanon-2.4-dinitrophenylhydrazon*, $C_{15}H_{20}N_4O_4$, F. 100—113°, analog **I** aus 2.4-Dimethyl-o-benzochinolacetat; daneben 5—10% *2.4.5-Trimethylphenol*. — *2.4-Dimethyltropon*, durch 1std. Kochenvon 1,46 g vorst. Ketons mit 30%ig. $H_2SO_4$ in A., Einstellen auf pH 13, Extrahieren mit Ae. u. Dest. im Kugelrohr bei 75—100°/0,5 Torr; braunes Öl; 280 mg. *Pikrat*, $C_{15}H_{13}N_3O_8$, F. 105—107° (Ae.). — *2.5-Dimethylcycloheptanon-2.4-dinitrophenylhydrazon* (**II**), $C_{15}H_{20}$·$N_4O_4$, F. 105—130°, aus 2.5-Dimethyl-o-benzochinolacetat analog **I**; aus A. orangefarbene Kristalle. — *2.5-Dimethyltropon* (**IV**), durch saure Hydrolyse von **II**. *Pikrat*, $C_{15}H_{13}N_3O_8$, F. 126,5—131° (Ae.). — *2-Hydrazino-4.7-dimethyltropon*, $C_9H_{12}N_2O$, F. 132,5 bis 134° (Bzl./PAe.), durch 1,75std. Erhitzen von **IV** mit 80%ig. Hydrazinhydrat; 28%. — *3.6-Dimethyltropolon*, F. 56—58°, durch Hydrolyse von 50 mg vorst. Verb. mit NaOH; 3 mg. — *2.5-Dimethylbenzoesäure*, F. 125—129°, durch 24std. Stehen vorst. Verb. mit äther. $CH_2N_2$ in Methanol, Dest. bei 90—100°/0,1 Torr, 24std. Erhitzen mit Na-Methylat in Methanol auf 100° im Rohr u. Hydrolyse des gebildeten Methylesters. — *4-Methyltropon*, durch Umsetzen von 4-Methyl-p-benzochinolacetat mit äther. $CH_2N_2$-Lsg. u. Dest. im Kugelrohr. *Pikrat*, $C_{14}H_{11}N_3O_8$, F. 125—127° (Ae.). — *4-Methylcycloheptanon-2.4-dinitrophenylhydrazon*, $C_{14}H_{18}N_4O_4$, F. 140,5—144°, durch Hydrieren vorst. Verb.; aus Methanol gelbe Kristalle. W. Hampel. 1960◇

**Synthesen mit 2-Prenyldihydroresorcin.** W. I. Gunar und Ss. I. Sawjalow. (Nachr. Akad. Wiss. UdSSR, Abt. chem. Wiss. **1960**, 937, Mai; Zelinsky-Inst. für org. Chem. der Akad. der Wiss. der UdSSR; russ.) — Vgl. C. **1960**, 7828. — 2-Prenyldihydroresorcin (**I**) wird in *2.2-Dimethylchromanol-(5)*, *2-Prenyl-3-methylcyclohexen-(2)-on-(1)*, *5-Keto-9-methyldecen-(8)-säure-(1)* (**II**) u. *9-Methyldecen-(8)-säure-(1)* übergeführt. Aus **II** werden *6-Methyltetralon-(1)* u. *Geranylessigsäure* dargestellt.

Versuche: *2.2-Dimethylchromanol-(5)*, $C_{11}H_{14}O_2$, F. 119—120° (Heptan), man cyclisiert **I** mit $H_3PO_4$ zu *2.2-Dimethyltetrahydrochromanon-(5)* u. dehydriert dieses an Pd/Kohle (oder überführt in das *Dibromid* u. dehydrobromiert); 20 bzw. 50% (Ausbeute). *3.5-Dinitrobenzoat*, $C_{18}H_{16}N_2O_7$, F. 132—133° (Methanol). — *2-Prenyl-3-methylcyclohexen-(2)-on-(1)*, $C_{12}H_{18}O$, Kp.$_{0,05}$ 78—80°, man überführt **I** mit $CH_2N_2$ in den *Enolmethyläther* (92%) u. setzt diesen mit Methyl-MgJ um; $n_D^{20}$ 1,5092; 55%. *2.4-Dinitrophenylhydrazon*, $C_{18}H_{22}N_4O_4$, F. 138,5—139,5° (Methanol–Dioxan). — *5-Keto-9-methyldecen-(8)-säure-(1)* (**II**), $C_{11}H_{18}O_3$, Kp.$_1$ 155—160°, F. 41—42° (Heptan), durch Hydrolyse von **I** mit wss. $Ba(OH)_2$; 78%. — *6-Methyltetralon-(1)*, Kp.$_9$ 136—138°, durch Einw. von Polyphosphorsäure auf **II**; $n_D^{20}$ 1,5640; 12%. *Semicarbazon*, $C_{12}H_{15}N_3O$, F. 217,5—219,5° (Methanol–Dioxan). *2.4-Dinitrophenylhydrazon*, $C_{17}H_{16}N_4O_4$, F. 244—245° (Methanol–Dioxan). — *Geranylessigsäure*, aus **II** oder **II**-K-Salz mit Methyl-MgJ; 77—80%. — *9-Methyldecen-(8)-säure-(1)*, $C_{11}H_{20}O_2$, Kp.$_7$ 146—148°, durch reduzierende Spaltung von **I**; $n_D^{20}$ 1,4555; 87%. *S-Benzylisothiuroniumsalz*, $C_{19}H_{30}N_2O_2S$, F. 140,5—141,5° (W.–Methanol). Helmut Schäfer. 1970

**Direkte Hydroxylierung von 2-substituierten Dihydroresorcinen.** Ss. I. Sawjalow, W. I. Gunar und A. F. Wassiljew. (Nachr. Akad. Wiss. UdSSR, Abt. chem. Wiss. **1960**, 938, Mai; Zelinsky-Inst. für org. Chem. der Akad. der Wiss. der UdSSR; russ.) —

Durch Einw. von $H_2O_2$ auf 2-Methyldihydroresorcin, 2-Methyldimedon, 2-Benzyl- u. 2-Prenyldihydroresorcin in alkal. Medium wurden die nachst. 2-Hydroxycyclohexandione-(1.3) erhalten: *2-Methyl-*, $C_7H_{10}O_3$, F. 132—133° (Bzl.-Isooctan); 15% (Ausbeute). — *2.5.5-Trimethyl-*, $C_9H_{14}O_3$, F. 101—102° (Heptan); 52%. — *2-Benzyl-*, $C_{13}H_{14}O_3$, F. 110—111° (Bzl.-Heptan); 65%. — *2-Prenyl-*, 36%. *Acetat*, $C_{13}H_{18}O_4$, F. 76—77° (Heptan). Helmut Schäfer. 1970

**Tetracyanäthylen-Addukt von trans.trans-Octadecadien-(9.11)-säure.** W. R. Miller und J. C. Cowan. (J. Amer. Oil Chemists' Soc. **39**, 380, Aug. 1962; Peoria, Ill., Northern Reg. Res. Labor.; engl.) — Durch Zugabe von 4,2 g trans. trans-Octadecadien-(9.11)-säure in 7,5 ml Tetrahydrofuran (THF) zu 1,9 g Tetracyanäthylen (**I**) in 7,5 ml THF, Eindampfen im Vakuum nach 5 Min. u. Anreiben des graugrünen viscosen Rückstandes mit 10 ml Pentan/Hexan wird 5,8 g *1.1.2.2-Tetracyan-3-[7-carboxyheptyl]-6-hexylcyclohexen-(4)* ($C_{24}H_{32}N_4O_2$, F. 69,5—71°; aus Bzl./Pentan/Hexan glimmerähnliche Kristalle) erhalten. Im Verlaufe der Rk. erfolgt Farbänderung der grünen **I**-Lsg. über dunkelrot ($\pi$-Komplexe) nach hellgelb. Das IR-Spektrum bestätigt die Diels-Alder-Struktur. W. Liebscher. 2040△

**Einfachste Analoga der Corticosteroide. 9. Mitt. Stereochemie der Reaktion der nucleophilen Anlagerung an eine Carbonylgruppe. 6. Mitt. Räumliche Orientierung der Cyanhydrin- und der metallorganischen Synthese auf der Grundlage von 3-Methylcyclohexanon.** A. W. Kamernitzki und A. A. Achrem. (J. allg. Chem. [UdSSR] **30 (92)**, 754 bis 764, März 1960; Inst. für org. Chem. der Akad. der Wiss. der UdSSR; russ.) — 8. vgl. C. **1960**, 14346. — Die Anlagerung von HCN an Cyclohexen-(2)-on-(1) (**I**) u. Verseifung des erhaltenen *1.3-Dicyancyclohexanols-(1)* liefert *cis-Cyclohexanol-(1)-dicarbonsäure-(1.3)* (**II**). Die Red. von cis-**II**-Dimethylester mit $LiAlH_4$ führt zu *cis-1.3-Bis-hydroxymethylcyclohexanol-(1)* (**III**), die weitere Red. von **III**-Ditosylat gibt *cis-1.3-Dimethylcyclohexanol-(1)* (**IV**). Bei der Anlagerung von HCN an 3-Methylcyclohexanon-(1) (**V**) wird ein Gemisch von *cis-* u. *trans-1-Cyan-3-methylcyclohexanol-(1)* (**VI**) erhalten, das beim Verseifen hauptsächlich *trans-* u. daneben *cis-3-Methylcyclohexanol-(1)-carbonsäure-(1)* (**VII**) liefert. cis- u. trans-**VII**-Methylester werden durch $LiAlH_4$ zu *cis-* u. *trans-3-Methyl-1-hydroxymethylcyclohexanol-(1)* (**VIII**) reduziert. Die Tosylate von cis- u. trans-**VIII** gehen bei der Red. mit $LiAlH_4$ in cis- bzw. trans-**IV** über. Bei der Einw. von Methyl-MgJ auf **V** wird ein **IV**-*Gemisch* erhalten, das 60% *cis-* u. 40% *trans*-**IV** enthält.

Versuche: *Cyclohexen-(2)-on-(1)* (**I**), $Kp._{7,5}$ 48—51°, man chloriert 588 g Cyclohexanon in 1800 ml W. bis zur Gew.-Zunahme von 430 g [→ *2-Chlorcyclohexanon-(1)*, $Kp._8$ 69—76°; $n_D^{19}$ 1,4850; 400,7 g (Ausbeute]), dest. durch 7 Tage langes Kochen mit 800 ml Bzl., 200 ml Äthylenglykol u. 1,5 g p-Toluolsulfonsäure 66 ml W. ab [→ *2-Chlorcyclohexanon-(1)-äthylenketal*; 543 g], überführt 85 g des rohen Ketals durch Erhitzen mit 70 g KOH u. 150 ml Äthylenglykol in **I**-*Äthylenketal* ($Kp._6$ 57—59°; $n_D^{19}$ 1,4782; 30,9 g) u. erhitzt 208 g davon mit 180 ml 5%ig. HCl; $n_D^{20}$ 1,4865; 100 g. — *cis-Cyclohexanol-(1)-dicarbonsäure-(1.3)* (**II**), $C_8H_{12}O_5$, F. 133,5—134° (Bzl.-Nitromethan), man läßt 19,2 g **I**, 85 g Acetoncyanhydrin u. 50 ml gesätt. methanol. $K_2CO_3$ über Nacht bei 20° stehen, säuert mit $H_2SO_4$ an u. dampft bei 52—53°/4 mm ein: *1.3-Dicyancyclohexanol-(1)* (23,2 g); diese sättigt man in 60 ml Eisessig u. 80 ml konz. HCl mit HCl, läßt 3 Wochen lang bei 20° stehen u. kocht 3 Std.; 14 g. — *3-Methylcyclohexen-(2)-on-(1)*, $Kp._7$ 64—66°, man gibt zu 1300 g Acetessigester u. 150 g Paraformaldehyd in 1 Std. bei 55° 25 ml Piperidin, erhitzt ½ Std., läßt über Nacht bei 20° stehen (→ 1400 g Rohprod.) u. kocht 500 g des Rk.-Prod. mit 300 ml W., 250 ml Essigsäure u. 80 ml konz. $H_2SO_4$ 6 Std.; $n_D^{20}$ 1,4900; 111 g. — *3-Methylcyclohexanon-(1)* (**V**), $Kp._{15}$ 55,8—56,4°, durch Hydrierung von 270,4 g vorst. Verb. in 250 ml A. an 0,4 g $PtO_2$; $n_D^{20}$ 1,4454; 228,9 g. — Gemisch aus *cis-* u. *trans-1-Cyan-3-methylcyclohexanol-(1)* (**VI**), $Kp._{3,5}$ 92—93,5°, man läßt 11,2 g **V**, 17 g Acetoncyanhydrin u. 10 ml gesätt. methanol. $K_2CO_3$ über Nacht bei 20° stehen; $D.^{19}$ 1,4602; 12,2 g. — *3-Methylcyclohexanol-(1)-carbonsäure-(1)* (**VII**), *trans-Form*, $C_8H_{14}O_3$, F. 54,5—55° (PAe.), man sättigt 28 g cis–trans-**VI**-Gemisch in 120 ml Eisessig u. 160 ml konz. HCl mit HCl, läßt 7 Tage lang bei 20° stehen u. fällt aus ammonikal. Lsg. als Ba-Salz; 15,7 g. Daneben *cis-Form*, F. 104,5—105° (PAe.-Ae.); 5,5 g. *trans-Methylester*, $C_9H_{16}O_3$, $Kp._4$ 80—80,5°, aus 15,2 g trans-**VII** u. $CH_2N_2$; $D._4^{20}$ 1,055; $n_D^{20}$ 1,4614; 15,5 g. *cis-Methylester*, $Kp._4$ 72—72,5°, aus 7,2 g cis-**VII**; $D._4^{20}$ 1,044; $n_D^{20}$ 1,4556; 6,8 g. — *3-Methyl-1-hydroxymethylcyclohexanol-(1)* (**VIII**), *trans-Form*, $C_8H_{16}O_2$, $Kp._4$ 103,5—104°, durch 16std. Kochen von 5,4 g $LiAlH_4$ u. 12,1 g trans-**VII**-Methylester in 300 ml Ae.; $n_D^{20}$ 1,4790; 9,2 g. *cis-Form*, F. 72—73° (PAe.), aus 7,5 g cis-**VII**-Methylester u. $LiAlH_4$; 6,2 g. — *1.3-Dimethylcyclohexanol-(1)* (**IV**), *cis-Form*, $C_8H_{16}O$, $Kp._{21}$ 72—72,5°, $Kp._{19}$ 70°, F. 14—15°; $n_D^{20}$ 1,4527—1,4540; a) man überführt 11,3 g cis-**II** mit $CH_2N_2$ in den *Dimethylester* (11,4 g), red. mit 6,1 g $LiAlH_4$ zu *cis-1.3-Bis-hydroxymethylcyclo-*

*hexanol-(1)* (**III**; 4 g), setzt mit 11,5 g p-Toluolsulfochlorid zu cis-**III**-Ditosylat um (8,1 g) u. red. mit 4,5 g $LiAlH_4$; 1,2 g; b) man überführt 5,6 g cis-**VIII** in das Tosylat u. red. mit $LiAlH_4$; 3,1 g; c) durch 1std. Kochen von Methyl-MgJ (17,5 g Mg, 99,4 g Methyljodid u. 250 ml Ae.) u. 56 g **V**; 13,5 ml; daneben 5 ml *trans*-**IV**. *trans-Form*, $Kp._{21}$ 78,5 bis 79°, $Kp._{19}$ 76,5°, F. 26,5—27,5°; $n_D^{20}$ 1,4594; a) aus 8,8 g trans-**VIII** u. $LiAlH_4$ über das Ditosylat; 3,2 g; b) aus **V** u. Methyl-MgJ. *cis-3.5-Dinitrobenzoat*, $C_{15}H_{18}N_2O_6$, F. 118 bis 119° (PAe.). *trans-3.5-Dinitrobenzoat*, F. 59,5—61° (PAe.).

Helmut Schäfer. 2050△

**Säurekatalysierte Umlagerungen.** 2. Mitt. **Untersuchung der Reaktion nach Ritter.** 1. Teil. Robert Jacquier und Henri Christol. (Bull. Soc. chim. France [5] **1957,** 596—600, April; Montpellier, Univ., Inst. de Chim.; franz.) — 1. vgl. C. **1958,** 1275. — Vff. wenden die Rk. nach Ritter (vgl. J. Amer. chem. Soc. **70,** [1948], 4045 u. 4048) zur Darst. von *Aminen* aus Alkohlen u. Alkenen mit Hilfe von KCN u. $H_2SO_4$ in der aliphat. u. alicycl. Reihe an. Dabei können unter intermediärer Bldg. u. Wanderung von Carbeniumionen innermol. Umlagerungen auftreten. Bei Verw. von tert. Alkoholen findet im allg. nur ein Austausch der OH-Gruppe gegen die $NH_2$-Gruppe statt. So entsteht aus 1-Methylcyclohexanol-(1) (**I**) *1-Methyl-1-aminocyclohexan* (**IX**), das zum Vgl. ausgehend von *1-Methylcyclohexen-(3)-carbonsäure-(1)* (**X**), Hydrierung zu *1-Methylcyclohexancarbonsäure-(1)* u. Hofmann-Abbau von deren *Amid* erhalten werden kann. Analog **I** reagieren andere 1-Alkylcyclohexanole-(1), ferner einige 1-Alkylcyclopentanole-(1), 1-Alkylcycloheptanole-(1) u. 1-Alkylcyclobutanole-(1). Die sek. Alkohole Cyclopentanol (**II**), Cyclohexanol (**III**) u. Cyclooctanol liefern ebenfalls die entsprechenden *Amine*, nämlich *Aminocyclopentan*, *Aminocyclohexan* u. *Aminocyclooctan*, während aus Cycloheptanol (**V**) neben wenig *Aminocycloheptan* (**VI**) in der Hauptsache **IX** isoliert wird. **VI** kann aus Cycloheptanon (**VII**) durch Rk. mit Formamid (**VIII**) u. HCOOH u. Hydrolyse des Rk.-Prod. gewonnen werden.

Versuche: *1-Methylcyclohexancarbonsäure-(1)*, F. 39—40°, $Kp._{20}$ 134°, durch katalyt. Hydrierung von 20 g **X** in Essigester an Raney-Ni bei 180° unter Druck (100 kg), Filtration, Einengen u. Dest.; 18 g (Ausbeute). *Chlorid*, $Kp._{20}$ 81°, durch Eintropfen von $SOCl_2$ in die sd. äther. Lsg. von 18 g Säure u. ½std. Kochen; 20 g. *Amid*, F. 68°, durch Sättigen der äther. Lsg. des Chlorids mit $NH_3$. — *1-Methyl-1-aminocyclohexan* (**IX**), $Kp._{20}$ 49°, a) durch Zugabe der Lsg. von 10,5 g vorst. Amids in 80 ml $CH_3OH$ zu der Lsg. von 3,45 g Na in 120 ml $CH_3OH$, Einrühren von 12 g $Br_2$, 10 Min. langes Kochen, Einengen, Aufnehmen in W., Ae.-Extraktion, Abdestillieren des Ae., Abfiltrieren des gebildeten *Urethans* (F. 33°, $Kp._{20}$ 120—122°; 10 g) u. Hydrolyse des letzteren durch 2std. Kochen mit konz. HCl; b) durch Einrühren von 30 ml konz. $H_2SO_4$ in die mit 0,25 Mol KCN versetzte Lsg. von 0,1 Mol **I** in 50—80 ml Dibutyläther bei 40—45° (Entw. von HCN!), 1std. Rühren, Aufgießen auf 300 ml Eis, Alkalisieren, Ae.-Extraktion, Abdestillieren von Ae. u. Dibutyläther im Vakuum, 2std. Kochen des Rückstandes mit konz. HCl, Alkalisieren u. Ae.-Extraktion; 60%; *Benzoyl-Deriv.*, F. 100—101° (A.); *Pikrat*, $C_{13}H_{18}N_4O_7$, F. 112—113° (A.). *N.N-Dimethyl-Deriv.*, $Kp._{20}$ 66°, aus **IX** nach Mousseron u. Mitarbeitern (vgl. C. **1950/54,** 5286 S); *Pikrat*, $C_{15}H_{22}N_4O_7$, F. 229—230° (A.); *Styphnat*, $C_{15}H_{22}N_4O_8$, F. 214—215°. — *1-Äthyl-1-aminocyclohexan*, $Kp._{18}$ 64°, analog **IX** nach b) aus 1-Äthylcyclohexanol-(1); 60%; *Benzoyl-Deriv.*, F. 103—104° (Bzl./PAe.); *Pikrat*, $C_{14}H_{20}N_4O_7$, F. 194—195° (A.). *N.N-Dimethyl-Deriv.*, $Kp._{20}$ 87°; *Pikrat*, $C_{16}H_{24}N_4O_7$, F. 216—217° (A.); *Styphnat*, $C_{16}H_{24}N_4O_8$, F. 199—200° (A.). — *1-Propyl-1-aminocyclohexan*, $Kp._{25}$ 91°, analog **IX** nach b) aus 1-Propylcyclohexanol-(1); 50%; *Pikrat*, $C_{15}H_{22}N_4O_7$, F. 185—186° (A.). *N.N-Dimethyl-Deriv.*, $Kp._{30}$ 111°; *Pikrat*, $C_{17}H_{26}N_4O_7$, F. 164—165° (A.). — *1-Cyclohexyl-1-aminocyclohexan*, $Kp._{18}$ 139°, analog **IX** nach b) aus 1-Cyclohexylcyclohexanol-(1); 40%; *Benzoyl-Deriv.*, $C_{19}H_{27}NO$, F. 143—144° (Bzl./PAe.). *N.N-Dimethyl-Deriv.*, $Kp._{18}$ 154°; *Pikrat*, $C_{20}H_{30}N_4O_7$, F. 161—162° (A.); *Styphnat*, $C_{20}H_{30}N_4O_8$, F. 170—172° (A.). — *1-Methyl-1-aminocyclopentan*, $Kp._{760}$ 138°, analog **IX** nach b) aus 1-Methylcyclopentanol-(1); 30%; *Benzoyl-Deriv.*, $C_{13}H_{17}NO$, F. 122—123° (Bzl./PAe.); *p-Nitrobenzoyl-Deriv.*, F. 111—112° (Bzl./PAe.). *N.N-Dimethyl-Deriv.*, $Kp._{20}$ 63°; *Pikrat*, $C_{14}H_{20}N_4O_7$, F. 250—253° (Zers.). — *1-Äthyl-1-aminocyclopentan*, $Kp._{20}$ 48°, analog **IX** nach b) aus 1-Äthylcyclopentanol-(1); 50%; *Benzoyl-Deriv.*, $C_{14}H_{19}NO$, F. 116—117° (Bzl./PAe.). *N.N-Dimethyl-Deriv.*, $Kp_{20}$ 72°; *Pikrat*, $C_{15}H_{22}N_4O_7$, F. 232—233° (A.); *Styphnat*, $C_{15}H_{22}N_4O_8$, F. 233—235° (A.). — *1-Propyl-1-aminocyclopentan*, $Kp._{18}$ 62°, analog **IX** nach b) aus 1-Propylcyclopentanol-(1); 56%; *Pikrat*, $C_{14}H_{20}N_4O_7$, F. 208—209° (A.). *N.N-Dimethyl-Deriv.*, $Kp._{18}$ 83°; *Pikrat*, $C_{16}H_{24}N_4O_7$, F. 172—173° (A.). — *1-Methyl-1-aminocycloheptan*, $Kp._{18}$ 72°, analog **IX** nach b) aus 1-Methylcycloheptanol-(1); 50%; *Benzoyl-Deriv.*, $C_{15}H_{21}NO$, F. 111—112° (Bzl.). *N.N-Dimethyl-Deriv.*, $Kp._{18}$ 92°; *Pikrat*, $C_{16}H_{24}N_4O_7$, F. 203—204° (A.); *Styphnat*,

$C_{16}H_{24}N_4O_8$, F. 197—198° (A.). — *1-Äthyl-1-aminocycloheptan*, Kp.$_{20}$ 95°, analog **IX** nach b) aus 1-Äthylcyclohepten-(1) (Kp.$_{18}$ 59°); 28%. *N.N-Dimethyl-Deriv.*, Kp.$_{20}$ 110°; *Pikrat*, $C_{17}H_{26}N_4O_7$, F. 160—161° (A.). — *1-Methyl-1-aminocyclobutan*, Kp.$_{760}$ 83°, analog **IX** nach b) aus 1-Methylcyclobutanol-(1); 33%. *Benzoyl-Deriv.*, $C_{12}H_{15}NO$, F. 140—141° (Bzl.). — *Aminocyclopentan*, Kp.$_{760}$ 108°, analog **IX** nach b) aus **II**; 28%; *Benzoyl-Deriv.*, F. 158—159° (Bzl./PAe.). *N.N-Dimethyl-Deriv.*, Kp.$_{760}$ 135—137°; *Pikrat*, F. 177—178° (A.). — *Aminocyclohexan*, Kp.$_{760}$ 138°, analog **IX** nach b) aus **III**; 40%; *Benzoyl-Deriv.*, F. 149° (Bzl./PAe.); *Pikrat*, F. 157—158° (A.). *N.N-Dimethyl-Deriv.*, Kp.$_{20}$ 73°; *Pikrat*, F. 176° (A.). — *Cyclooctanon* (**IV**), F. 25—26°, Kp.$_{760}$ 202°, durch Rk. von Cycloheptanon (**VII**) mit Nitrosomethylurethan; 40%. *Dinitrophenylhydrazon*, F. 167 bis 168° (Bzl./PAe.). *Semicarbazon*, F. 168° (Bzl./PAe.). — *Cyclooctanol*, Kp.$_{20}$ 104°, durch Hydrierung von 26 g **IV** an Raney-Ni in A. bei 150° unter Druck (100 kg); 20 g. — *Aminocyclooctan*, Kp.$_{20}$ 80°, analog **IX** nach b) aus vorst. Verb.; 20%. *N.N-Dimethyl-Deriv.*, Kp.$_{20}$ 92°, a) aus vorst. Verb. nach Mousseron u. Mitarbeitern (l. c.); b) durch 4std. Erhitzen von **IV** mit Dimethylformamid u. 90%ig. HCOOH im Rohr auf 150—160° u. Reinigen der durch Aufnehmen in NaOH freigesetzten Base über das *Hydrochlorid*. 30%; *Pikrat*, $C_{16}H_{24}N_4O_7$, F. 184—185° (A.); *Styphnat*, $C_{16}H_{24}N_4O_8$, F. 196—198° (A.). — *Aminocycloheptan* (**VI**), Kp.$_{18}$ 60°, a) durch 5std. Erhitzen von **VII** mit **VIII**, Ammoniumformiat u. 90%ig. HCOOH im Rohr auf 160°, Aufnehmen in NaOH, Ae.-Extraktion, 2std. Kochen des Ae.-Rückstandes mit konz. HCl, Alkalisieren mit NaOH, Ae.-Extraktion, Eindampfen u. Dest.; 60%; b) analog **IX** nach b) aus **V**; 40% (daneben **IX**; 60%); *Benzoyl-Deriv.*, $C_{14}H_{19}NO$, F. 127—128° (Bzl.). *N.N-Dimethyl-Deriv.*, Kp.$_{20}$ 79°; *Pikrat*, $C_{15}H_{22}N_4O_7$, F. 184° (A.); *Styphnat*, $C_{15}H_{22}N_4O_8$, F. 193—194° (A.).

W. Schulenburg. 2110□

**Säurekatalysierte Umlagerungen. 3. Mitt. Untersuchung der Reaktion nach Ritter.** 2. Teil. Robert Jacquier und Henri Christol. (Bull. Soc. chim. France [5] **1957**, 600—10, April; franz.) — 2. vgl. vorst. Ref.; 4. vgl. C. **1959**, 14078. — Im folgenden bedeuten: **I** = *2-Methylcyclohexanol-(1)*; **II** = *3-Methylcyclohexanol-(1)*; **III** = *4-Methylcyclohexanol-(1)*; **IV** = *1-Methyl-1-aminocyclohexan*; **V** = *2-Methylcyclopentanol-(1)*; **VI** = *2-Äthylcyclohexanol-(1)*; **VII** = *2-Cyclohexylcyclohexanol-(1)*; **VIII** = *2-Methylbutanol-(2)*; **IX** = *3-Methylbutanol-(2)*; **X** = *1-Cyclopentylpropanon*; **XI** = *1-Methylcyclohexancarbonsäure-(1)*; **XII** = *1-Methylcyclohexen-(3)-aldehyd-(1)*; **XIII** = *1-Methyl-1-aminocyclopentan*; **XIV** = *Methylcyclopentylcarbinol*; **XV** = *1-Äthyl-1-aminocyclohexan*; **XVI** = *Hydroxymethylcyclohexan*; **XVII** = *Methylcyclobutylcarbinol*; **XVIII** = *2-Methylcyclopentanon*; **XIX** = *1-Cyclopentylpropanol-(2)*; **XX** = *Methylcyclohexylcarbinol*; **XXI** = *1-Methylcyclohexanaldehyd-(1)*; **XXII** = *Propylcyclopentylcarbinol*; **XXIII** = *Äthylcyclohexylcarbinol*; **XXIV** = *1-Cyclohexylpropanol-(2)*; **XXV** = *[Cyclohexen-(1)-yl]-aceton*; **XXVI** = *1.2-Dimethylcyclohexanol-(1)*; **XXVII** = *[1-Methylcyclopentyl-(1)]-methylcarbinol*; **XXVIII** = *2.2-Dimethylcyclohexanol-(1)*; **XXIX** = *2.2-Dimethylcyclohexanon*; **XXX** = *[1-Methylcyclopentyl-(1)]-methylketon*; **XXXI** = *1.2-Dimethylcycloheptanol-(1)*; **XXXII** = *[1-Methylcyclohexyl-(1)]-methylcarbinol*; **XXXIII** = *2-Methylcyclohexanon*. Die cycl. Alkohole sind Gemische der Diastereoisomeren. — Bei der über mesomere Carbeniumionen verlaufenden Rk. nach Ritter entsteht sowohl aus **I** als auch aus **II** u. aus **III** **IV**. Entsprechend reagieren die diastereoisomeren Gemische anderer Alkylcyclanole. So erhält man aus **V** **XIII**, aus **VI** **XV**, aus **VII** *1-Cyclohexyl-1-aminocyclohexan* u. aus *2-Methylcycloheptanol-(1)* *1-Methyl-1-aminocycloheptan*. *2-Methyl-2-aminobutan* wird sowohl aus **VIII** als auch aus **IX** gewonnen. Unterwirft man **XXVIII** der Rk. nach Ritter, so wird als einziges Rk.-Prod. *1.2-Dimethyl-1-aminocyclohexan* isoliert; das eigentlich erwartete Substitutions-Prod., *1-Amino-2.2-dimethylcyclohexan*, läßt sich nach Leuckart aus **XXIX** darstellen. *3.3-Dimethylcyclohexanol-(1)* wird bei der Rk. nach Ritter nicht verändert. *1-Methyl-1-hydroxymethylcyclohexan*, das man durch Red. von **XI** oder von **XII** gewinnt, liefert ebenfalls nicht das erwartete Amin. *1-Methyl-1-dimethylaminomethylcyclohexan* kann durch Leuckart-Rk. aus **XXI** oder über das *Dimethylamid* von **XI** erhalten werden. Bei Alkoholen der Cyclobutan- u. Cyclopentanreihe, bei denen sich die OH-Gruppe in einer Seitenkette befindet, tritt bei der Rk. nach Ritter Ringerweiterung ein. So erhält man z. B. aus **XVII** **XIII**, aus **XIV** **IV** u. aus **XIX** **XV** u. nicht *1-Cyclopentyl-2-aminopropan*, das man ausgehend von **X** gewinnen kann. Alkohole der Cyclohexan- u. Cycloheptanreihe mit der OH-Gruppe in der Seitenkette erfahren bei der Rk. nach Ritter keine Ringerweiterung. Aus **XVI** erhält man **IV** u. aus **XX** **XV**. **XXIV** ergibt *1-Propyl-1-aminocyclohexan*, während *1-Cyclohexyl-2-aminopropan* aus **XXV** gewonnen wird. Der Mechanismus der verschiedenen Umlagerungs-Rkk. wird ausführlich diskutiert.

Versuche: *2-Methylcyclohexanol-(1)* (*Diastereoisomerengemisch*; **I**), durch Hydrierung von **XXXIII** an Raney-Ni bei 140° unter Druck (150 kg). — *1-Methyl-1-amino-*

*cyclohexan* (**IV**), Kp.$_{20}$ 49°, a) durch Rk. von **I** mit KCN u. $H_2SO_4$ nach Ritter (vgl. l. c.); 35% (Ausbeute); b) analog a) aus **II**; 40%; c) analog a) aus **III**; 7,5%; d) analog a) aus **XIV**; 45%; e) analog a) aus **XVI**; 5%. *Benzoyl-Deriv.*, F. 100—101°. *N.N-Dimethyl-Deriv.*, durch Dimethylierung von **IV**; 90%; *Pikrat*, F. 229—230°. — *cis-1-Dimethylamino-3-methylcyclohexan, Pikrat*, F. 179°, als Nebenprod. bei der Dimethylierung eines nach b) erhaltenen **IV**-Präp.; 10%. — *2-Methylcyclopentanol-(1)* (*Diastereoisomerengemisch*; **V**) Kp.$_{760}$ 150°, durch katalyt. Red. von **XVIII** an Raney-Ni analog **I**. — *Cyclobutancarbonsäure, Chlorid*, Kp.$_{760}$ 138—140°, durch Kochen von 57 g Säure mit $SOCl_2$; 57 g. *Amid*, F. 151°, durch Einrühren von 57 g Chlorid in $NH_4OH$; 40 g. — *Acetylcyclobutan*, Kp.$_{760}$ 137°, durch 6std. Kochen von 35 g vorst. Amids mit $CH_3MgBr$ in Ae., Zers. mit verd. HCl u. Ae.-Extraktion; 18 g. *Dinitrophenylhydrazon*, F. 121—122° (A.). — *Methylcyclobutylcarbinol* (**XVII**), durch Red. von 13,5 g vorst. Ketons mit $LiAlH_4$ in Ae.; 10 g. — *1-Methyl-1-aminocyclopentan* (**XIII**), Kp.$_{760}$ 138°, a) aus **V** analog **IV** nach a); 30%; b) analog a) aus **XVII**; 40%. *Benzoyl-Deriv.*, F. 122—123°. *N.N-Dimethyl-Deriv., Pikrat*, F. 250—253° (Zers.). — *1-Dimethylamino-2-methylcyclopentan*, Kp.$_{20}$ 63, durch Rk. von **XVIII** mit Dimethylformamid (DMF). *Pikrat*, $C_{14}H_{20}N_4O_7$, F. 180—181° (A.). — *2-Äthylcyclohexanol* (*Diastereoisomerengemisch*; **VI**), durch Druckhydrierung von 2-Äthylidencyclohexanon an Raney-Ni. — *1-Cyclopentylpropanon* (**X**), Kp.$_{20}$ 80°, durch 18std. Kochen von 55 g Cyclopentylacetessigsäureäthylester mit 10%ig. KOH, Ae.-Extraktion u. Dest.; 30 g. *Dinitrophenylhydrazon*, F. 82—83° (Bzl./PAe.). — *1-Cyclopentylpropanol-(2)* (**XIX**), durch Druckhydrierung von **X** an Raney-Ni. — *1-Cyclopentyl-2-aminopropan*, Kp.$_{18}$ 61°, durch Hydrierung einer mit $NH_3$ gesätt. Lsg. von 15 g **X** in $CH_3OH$ an Raney-Ni; 6 g. *N.N-Dimethyl-Deriv.*, Kp.$_{18}$ 86°; *Pikrat*, $C_{16}H_{24}N_4O_7$, F. 119—120° (A.). — *1-Äthyl-1-aminocyclohexan* (**XV**), Kp.$_{27}$ 72—73°, a) analog **IV** nach a) aus **VI**; 32%; b) analog a) aus Äthylcyclopentylcarbinol [*Phenylurethan*, F. 56—57° (Bzl.)]; 45%; c) analog a) aus **XIX**; 54%; d) analog a) aus **XX**; 30%. *Benzoyl-Deriv.*, F. 103—104°. *Pikrat*, F. 194—195°. *N.N-Dimethyl-Deriv., Pikrat*, F. 216—217°; *Styphnat*, F. 199—200°. — *2-Cyclohexylcyclohexanol-(1)* (*Diastereoisomerengemisch*; **VII**), Kp.$_{16}$ 150°, durch Druckhydrierung von 2-Cyclohexylidencyclohexanon an Raney-Ni. — *1-Cyclohexyl-1-aminocyclohexan*, analog **IV** nach a) aus **VII**; 40%. *Benzoyl-Deriv.*, F. 143—144°. *N.N-Dimethyl-Deriv., Pikrat*, F. 161—162°. — *2-Methylcycloheptanon*, Kp.$_{18}$ 85—86°, durch Rk. von 65 g Cyclohexanon mit 80 g Nitrosoäthylurethan; 46 g. *Dinitrophenylhydrazon*, F. 115—116°. — *2-Methylcycloheptanol*, Kp.$_{16}$ 83—84°, durch Red. vorst. Ketons mit $LiAlH_4$ in Ae. unter Rühren, Aufkochen u. Zers. mit verd. $H_2SO_4$; 75%. — *1-Methyl-1-aminocycloheptan*, Kp.$_{18}$ 72°, analog **IV** nach a) aus vorst. Verb.; 17%. *Benzoyl-Deriv.*, F. 111—112°. *N.N-Dimethyl-Deriv., Pikrat*, F. 203—204°. — *2-Methyl-2-aminobutan*, Kp.$_{760}$ 80°, analog **IV** nach a) aus **VIII** oder aus **IX**; 60%. *Pikrat*, F. 175—176° (Bzl./Essigester). *N-Acetyl-Deriv.*, F. 77—78° (PAe.). — *2.3-Dimethyl-2-aminobutan*, Kp.$_{760}$ 115°, analog **IV** nach a) aus 2.3-Dimethyl- oder 3.3-Dimethylbutanol-(2); 40%. *Pikrat*, $C_{12}H_{18}N_4O_7$, F. 188—189° (Bzl./Essigester). *Benzoyl-Deriv.*, $C_{13}H_{19}NO$, F. 77—78° (PAe.). — *3.3-Dimethylcyclohexanol-(1)*, Kp.$_{18}$ 90—91°, durch Druckhydrierung von 3.3-Dimethylcyclohexanon an Raney-Ni bei 100°; 100%. — *1-Methylcyclohexen-(3)-aldehyd-(1)* (**XII**), Kp.$_{20}$ 90°, durch Dien-Synth. von Butadien u. α-Methylacrolein. *Dinitrophenylhydrazon*, F. 130—131° (Bzl./PAe.). *Semicarbazon*, F. 171—172° ($CH_3OH$). — *1-Methyl-1-hydroxymethylcyclohexan*, Kp.$_{20}$ 101°, a) durch Einrühren von 4 g **XI** in Ae. in die Suspension von $LiAlH_4$ in Ae. unter Kühlung, $^1/_2$std. Kochen u. Zers. mit verd. $H_2SO_4$ bei 0°; 2 g; b) durch Druckhydrierung von **XII** an Raney-Ni bei 150°; 80%. *Phenylurethan*, $C_{15}H_{21}NO_2$, F. 62° (PAe.). *3.5-Dinitrobenzoat*, $C_{15}H_{18}N_2O_6$, F. 77—78° (PAe.). — *1-Methylcyclohexancarbonsäure* (**XI**), *N.N-Dimethylamid*, Kp.$_{20}$ 130°, durch Eintropfen von 15 g **XI**-Chlorid in überschüssige 40%ig. wss. $NH(CH_3)_2$-Lsg. bei —10°, Einengen im Vakuum u. Ae.-Extraktion; 10 g. — *1-Methyl-1-dimethylaminomethylcyclohexan*, Kp.$_{20}$ 75°, a) durch 5std. Erhitzen von 8 g **XXI** mit 18 g DMF im Rohr auf 160°; 1,5 g; b) durch 10 Min. langes Kochen von 10 g **XI**-*N.N-Dimethylamid* mit $LiAlH_4$ in Ae. unter Rühren, Zers. mit Seignette-Salz-Lsg. u. Ae.-Extraktion; 3 g. *Pikrat*, $C_{16}H_{24}N_4O_7$, F. 165—166° (A.). — *Propylcyclopentylcarbinol* (**XXII**), Kp.$_{20}$ 100°, durch Rk. von $C_3H_7MgBr$ mit Epoxycyclohexan. — *Propylcyclopentylketon*, durch Oxydation von **XXII** mit $CrO_3/H_2SO_4$. *Semicarbazon*, F. 113—114° (Bzl./PAe.). — *Äthylcyclohexylcarbinol* (**XXIII**), durch Rk. von Propionaldehyd mit Cyclohexyl–MgCl. — *Äthylcyclohexylketon*, Kp.$_{20}$ 90°, durch Oxydation von **XXIII**. *Dinitrophenylhydrazon*, F. 140° (Bzl./PAe.). *Semicarbazon*, F. 150° (Bzl./PAe.). — *1-Cyclohexylpropanol-(2)* (**XXIV**), Kp.$_{20}$ 101—102°, durch Druckhydrierung von **XXV** bei 120° an Raney-Ni. — *1-Cyclohexylpropanon*, Kp.$_{20}$ 90°, durch Oxydation von **XXIV** mit $CrO_3/H_2SO_4$. *Semicarbazon*, F. 172—173° (A.). — *1-Propyl-1-aminocyclohexan*, Kp.$_{28}$ 80°, a) analog **IV** nach a) aus **XXII**; 40%; b) analog a) aus **XXIII**; 40%; c) analog a) aus **XXIV**; 6%. *Pikrat*, F. 185—186°. *N.N-Dimethyl-Deriv.*, *Pikrat*, F. 164—165°. — *1-Äthyl-1-aminocycloheptan*, Kp.$_{20}$ 95°, analog **IV** nach a) aus Methylcycloheptylcarbinol; 15%. *N.N-Dimethyl-Deriv.*, *Pikrat*, F. 160—161°. — *1-Cyclohexyl-2-aminopropan*, Kp.$_{18}$ 90°, durch Druckhydrierung der Lsg. von 15 g **XXV** in mit $NH_3$ gesätt. $CH_3OH$ an Raney-Ni bei 120°; 7 g. *N.N-Dimethyl-Deriv.*, *Pikrat*, $C_{17}H_{26}N_4O_7$, F. 156—157° (A.). — *1.2-Dimethylcyclohexanol-(1)* (*Diastereoisomerengemisch*; **XXVI**), Kp.$_{18}$ 72—75°, durch Rk. von **XXXIII** mit $CH_3MgBr$. — *[1-Methylcyclopentyl-(1)]-methylketon* (**XXX**), Kp$_{20}$ 73°, durch Erwärmen von 55 g durch Dehydratisierung von **XXVI** erhaltenem *1.2-Dimethylcyclohexen-(1)* mit 150 g HCOOH (90%ig.) auf 45°, Einrühren von $H_2O_2$ bei 55 bis 60°, 1std. Rühren bei 60°, Einengen im Vakuum, Hydrolyse mit 10%ig. $H_2SO_4$ bei 100° u. Ae.-Extraktion; 25 g. *Semicarbazon*, F. 142—143° (wss. A.). — *[1-Methylcyclopentyl-(1)]-methylcarbinol* (**XXVII**), durch Druckhydrierung vorst. Ketons bei 120°. — *2.2-Dimethylcyclohexanol-(1)* (**XXVIII**), Kp.$_{20}$ 90°, durch Druckhydrierung von **XXIX** [*Semicarbazon*, F. 199—200° ($CH_3OH$); *Dinitrophenylhydrazon*, F. 136—137° (A.)] an Raney-Ni bei 140°. *Phenylurethan*, F. 84—85° (PAe.). — *1.2-Dimethyl-1-aminocyclohexan* (*Diastereoisomerengemisch*), Kp.$_{20}$ 57—58°, a) analog **IV** nach a) aus **XXVI**; 72%; b) analog a) aus **XXVII**; 20%; c) analog a) aus 10 g **XXVIII**; 2 g; d) analog a) aus dem durch Rk. von Cyclopentancarbonsäuremethylester mit $CH_3MgBr$ erhaltenen Cyclopentyldimethylcarbinol; 20%; e) analog a) aus dem durch Rk. von Cyclopentanon mit Isopropyl-MgBr erhaltenen *1-[Propyl-(2)]-cyclopentanol-(1)* (Kp.$_{16}$ 73°); 15%. *Pikrat*, $C_{14}H_{20}N_4O_7$, F. 215—216° (Bzl./A.). *N.N-Dimethyl-Deriv.*, Kp.$_{20}$ 83°; *Pikrat*, $C_{16}H_{24}N_4O_7$, F. 217—218° (A.); daneben wenig eines isomeren *Pikrats*, F. 170—171° (A.); *Styphnat*, $C_{16}H_{24}N_4O_8$, F. 199—200° (A.). — *1-Amino-1-[1-methylcyclopentyl-(1)]-äthan*, a) durch Druckhydrierung von 16 g **XXX** in mit $NH_3$ gesätt. $CH_3OH$ an Raney-Ni bei 120°; 2 g; b) durch 4std. Erhitzen von 4 g **XXX** mit 10,5 g DMF auf 160—170° im geschlossenen Rohr; 0,4 g. *N.N-Dimethyl-Deriv.*, Kp$_{20}$ 83°; *Pikrat*, $C_{16}H_{24}N_4O_7$, F. 159 bis 160° (A.); *Styphnat*, $C_{16}H_{24}N_4O_8$, F. 143—144° (A.). — *2.2-Dimethyl-1-aminocyclohexan*, Kp.$_{20}$ 60°, durch 5std. Erhitzen von **XXIX**, Formamid, $NH_4$-Formiat u. 90%ig. HCOOH auf 160°, Aufnehmen in NaOH, Ae.-Extraktion, Hydrolyse des Ae.-Rückstands durch 2std. Kochen mit konz. HCl u. Dest.; 40%. *Pikrat*, F. 194—196° (Bzl./A.). *N.N-Dimethyl-Deriv.*, Kp.$_{18}$ 73°; *Pikrat*, $C_{16}H_{24}N_4O_7$, F. 210—211° (A.); *Styphnat*, $C_{16}H_{24}N_4O_8$, F. 201—202° (A.). — *1.2-Dimethylcycloheptanol-(1)* (*Diastereoisomerengemisch*; **XXXI**), Kp.$_{15}$ 87°, durch Rk. von 10 g 2-Methylcycloheptanon mit $CH_3MgBr$; 8 g. — *[1-Methylcyclohexyl-(1)]-methylcarbinol* (**XXXII**), Kp.$_{18}$ 94°, durch Rk. von **XII** mit $CH_3MgBr$ u. nachfolgende Druckhydrierung des Rk.-Prod. (50%) an Raney-Ni bei 60°. — *1.2-Dimethyl-1-aminocycloheptan* (*Diastereoisomerengemisch*), Kp.$_{18}$ 78°, a) analog **IV** nach a) aus **XXXI**; 40%; b) analog a) aus **XXXII**; 15%; c) analog a) aus Cyclohexyldimethylcarbinol; 40%; d) analog a) aus 1-[Propyl-(2)]-cyclohexanol-(1); 40%. *N.N-Dimethyl-Deriv.*, Kp.$_{18}$ 95°; *Pikrat*, $C_{17}H_{26}N_4O_7$, F. 190—191° (A.); daneben ein isomeres *Pikrat*, F. 171—172° (A.). W. Schulenburg. 2110□

**Campheramidsäuren, Aminoalkanole und Spirocamphidiniumsalze.** Nariman B. Mehta und Ronald E. Brooks. (J. org. Chemistry **27**, 1266—69, 12/4. 1962; Tuckahoe, N.Y., Burroughs Wellcome and Co., Inc., Wellcome Res. Labor.; engl.) — Die Rk. von Aminen mit Camphersäureanhydrid liefert in guten Ausbeuten *Campheramidsäuren*. Die *Aminoalkanole*, die daraus durch Red. erhalten werden, werden mit p-Toluolsulfonylchlorid leicht zu *Camphidiniumsalzen* cyclisiert.

Versuche: d-1.5.5-Trimethyl-1-carboxycyclopentan-4-carbonsäureamide: *-dimethylamid*, $C_{12}H_{21}NO_3$, F. 191—192° (Bzl.), durch 12std. Stehen von 30%ig. Dimethylamin in Ae. mit d-Camphersäureanhydrid (**III**) bei 40—45° in einer Druckflasche; $[\alpha]_D^{25}$ +27,2° (30%ig. A.); 12 g (Ausbeute). — *-piperidid* (**I**), $C_{15}H_{25}NO_3$, F. 220°, durch 4std. Kochen von Piperidin mit **III**, Eindampfen im Vakuum, Lösen in 5%ig. NaOH, Filtrieren u. Ansäuern; aus Bzl. Nadeln; 95%. *dl-Isomeres*, $C_{15}H_{25}NO_3$, F. 190°. — *-pyrrolidid*, $C_{14}H_{23}NO_3$, F. 220°, analog **I**. — *-diäthylamid*, $C_{14}H_{25}NO_3$, F. 174°; $[\alpha]_D^{25}$ +23,4°. — *-4-methylpiperazid*, $C_{15}H_{26}N_2O_3$, F. 217°. *dl-Isomeres*, $C_{15}H_{26}N_2O_3$, F. 198°. — *-anilid*, $C_{16}H_{21}NO_3$, F. 223°. — *-4-äthylpiperazid*, $C_{16}H_{28}N_2O_3$, F. 223°. — *-dipropylamid*, $C_{16}H_{29}NO_3$, F. 174°. — *-benzylamid*, $C_{17}H_{23}NO_3$, F. 150°. — *-N-methylbenzylamid*, $C_{18}H_{25}NO_3$, F. 122°. — 1-Hydroxymethyl-1.2.2-trimethylcyclopentane: *d-3-Piperidinomethyl-*, $C_{15}H_{29}NO$, F. 85—86° (Ae.), durch Zutropfen von **I** zu $LiAlH_4$ in abs. Ae. unter Sieden, 12std. Kochen u. Aufarbeiten; $[\alpha]_D^{25}$ +83,6°; 85%. *Hydrochlorid*, $C_{15}H_{29}NO \cdot HCl$, F. 318° (Zers.); $[\alpha]_D^{25}$ +51,2°. *dl-Isomeres*, $C_{15}H_{29}NO$, F. 175° (*Hydrochlorid*, $C_{15}H_{29}NO \cdot HCl$, F. 318—319°). — *d-3-Dimethylaminomethyl-*, $C_{12}H_{25}NO$, F. 63°, analog vorst. Verbindung. *Hydrochlorid*, $C_{12}H_{25} \cdot NO \cdot HCl$, F. 267°; $[\alpha]_D^{25}$ + 52,2°. — *d-3-Pyrrolidinomethyl-*, $C_{14}H_{27}NO$, F. 73°. *Hydrochlorid*, $C_{14}H_{27}NO \cdot HCl$, F. 296° (Zers.). — *d-3-Diäthylaminomethyl-* (**II**), $C_{14}H_{29}NO$,

F. 85°. *Hydrochlorid*, $C_{14}H_{29}NO \cdot HCl$, F. 250°; $[\alpha]_D^{25}$ +54,0°. — *d-3-[4-Methylpiperazinomethyl]-*, $C_{15}H_{30}N_2O$, F. 86°. *Dihydrochlorid*, $C_{15}H_{30}N_2O \cdot 2$ HCl, F. 293°; $[\alpha]_D^{25}$ +42,6°. *dl-Isomeres*, $C_{15}H_{30}N_2O$, F. 83° [*Dihydrochloridtrihydrat*, $C_{15}H_{30}N_2O \cdot 2$ HCl·3 $H_2O$, F. 278° (Zers.)]. — *d-3-Anilinomethyl-*, *Hydrochlorid*, $C_{16}H_{25}NO \cdot HCl$, F. 244°; $[\alpha]_D^{25}$ +58,2°. — *d-3-[4-Äthylpiperazinomethyl]-*, *Dihydrochlorid*, $C_{16}H_{32}N_2O \cdot 2$ HCl, F. 303°; $[\alpha]_D^{25}$+40,5°. — *d-3-Dipropylaminomethyl-*, *Hydrochlorid*, $C_{16}H_{33}NO \cdot HCl$, F. 248°; $[\alpha]_D^{25}$+48,6°. — *d-3-Benzylaminomethyl-*, *Hydrochloridhydrat*, $C_{17}H_{27}NO \cdot HCl \cdot H_2O$, F. 254—256°. — *d-3-[N-Methylbenzylaminomethyl]-*, *Hydrochlorid*, $C_{18}H_{29}NO \cdot HCl$, F. 272°; $[\alpha]_D^{25}$+48,0°. — d-1-Hydroxymethyl-1.2.2-trimethylcyclopentane: *3-Diäthylaminomethyl-*, *Äthojodid*, $C_{16}H_{34}JNO$, F. 240°, durch 1std. Kochen von 2 g **II** mit $C_2H_5J$ in A.; aus Methanol Prismen; 2 g. — *3-Dimethylaminomethyl-*, *Äthojodid*, $C_{14}H_{30}JNO$, F. 211°, analog vorst. Verbindung. — *3-Pyrrolidinomethyl-*, *Äthojodid*, $C_{16}H_{32}JNO$, F. 258°. *Chlorbenzylat*, $C_{21}H_{34}ClNO$, F. 203°. — *3-Piperidinomethyl-*, *Äthojodid*, $C_{17}H_{34}JNO$, F. 241—242°; $[\alpha]_D^{25}$+32,7°. *dl-Isomeres*, *Äthojodid*, $C_{17}H_{34}JNO$, F. 241°. — *3-[4-Äthylpiperazinomethyl]-*, *Äthojodid*, $C_{18}H_{37}JN_2O$, F. 250° (Zers.). — *3-Dipropylaminomethyl-*, *Jodpropylat*, $C_{19}H_{40}JNO$, F. 229—230° (Zers.). — d-1.2.2-Trimethylcyclopentane: *1-Acetoxymethyl-3-piperidinomethyl-*, *Hydrochlorid*, $C_{17}H_{31}NO_2 \cdot HCl$, F. 221° (Aceton/Ae.), durch 10std. Rk. des Hydrochlorids von **II** in Nitromethan mit Acetylchlorid in einer Druckflasche bei 40—45°; $[\alpha]_D^{25}$+43,8°; 100%. — *1-Acetoxymethyl-3-dimethylaminomethyl-*, *Hydrochloriddihydrat*, $C_{14}H_{27}NO_2 \cdot HCl \cdot 2$ $H_2O$, F. 205°, analog vorst. Verb.; $[\alpha]_D^{25}$+48,6°. — *1-Acetoxymethyl-3-pyrrolidinomethyl-*, *Hydrochlorid*, $C_{16}H_{29}NO_2 \cdot HCl$, F. 231°. — *3-[4-Methylpiperazinomethyl]-1-acetoxymethyl-*, *Dihydrochloridhydrat*, $C_{17}H_{32}N_2O_2 \cdot 2$ HCl·$H_2O$, F. 290°. — *1-Acetoxymethyl-3-dipropylaminomethyl-*, *Hydrochlorid*, $C_{18}H_{35}NO_2 \cdot HCl$, F. 184°. — *1-Benzoyloxymethyl-3-dimethylaminomethyl-*, *Hydrochlorid*, $C_{19}H_{29}NO_2 \cdot HCl$, F. 212°. — *1-Benzoyloxymethyl-3-diäthylaminomethyl-*, *Hydrochlorid*, *dl-Isomeres*, $C_{21}H_{33}NO_2 \cdot HCl$, F. 205°. — *1-Benzoyloxymethyl-3-[4-methylpiperazinomethyl]-*, *Dihydrochloridhemihydrat*, $C_{22}H_{34}N_2O_2 \cdot 2$ HCl·½ $H_2O$, F. 289°. — *d-N.N-Pentamethylencamphidiniumtosylat* („*d-1.8.8-Trimethyl-3-azabicyclo-[3.2.1]-octan-3-spiropentamethylenammoniumtosylat*"), $C_{22}H_{35}NO_3S$, F. 146—147° (Aceton/Ae.), durch 1std. Erhitzen von **II** in Triäthylamin mit p-Toluolsulfonylchlorid, Eindampfen im Vakuum, Extrahieren mit Ae., Extrahieren des Rückstandes mit wenig Aceton u. Eindampfen der Aceton-Lsg.; 100%. — *d-N.N-[3-Methylazapentamethylen]-camphidiniumtosylat* („*d-Spiro-3'-[methylaza]-pentamethylencamphidiniumtosylat*"), *Sesquihydrat*, $C_{22}H_{36}N_2O_3S \cdot 1½$ $H_2O$, F. 195—200°, analog vorst. Verb.; 80%.

P. Golinske. 2120◇

**Reaktionen von trans-α-Phenylchalkonoxiden mit Phenylmagnesiumbromid und Phenyllithium.** St. Francis Dilgen und Douglas J. Hennessy. (J. org. Chemistry **27**, 1223—29, 12/4. 1962; New York, N.Y., Fordham Univ., Dep. of Chem.; engl.) — Die Rkk. von Phenyl-MgBr (**I**) u. Phenyl-Li (**II**) mit trans-α-Phenylchalkonoxiden u. verwandten trans-α.β-Epoxyketonen wurden untersucht. Der Phenylsubstituent in α-Stellung des Chalkonoxids bewirkt zusätzliche Stabilität der prim. Additions-Prodd. u. gestattet die Isolierung der *α.β-Epoxyalkohole* (**A**) bei Anwendung von überschüssigem Organometallreagens bei Raumtemperatur. Bei Aufspaltung der **A** durch Säure oder Organometallreagens hängt die Art der Rk.-Prodd. von den Substituenten u. dem verwendeten Reagens ab. UV- u. IR-Spektren vgl. Original.

Versuche: *trans-α.β-Diphenylacrylophenonoxid* (**III**), $C_{21}H_{16}O_2$, F. 82—83° (wss. Methanol), a) durch Zugabe 30%ig. $H_2O_2$ u. 10%ig. wss. NaOH zur Suspension von trans-α.β-Diphenylacrylophenon in Methanol u. 20 Min. langes Rühren bei 60°; 60% (Ausbeute); b) durch 20 Min. lange Rk. von 3 (oder 2)-Brom-2 (oder 3)-hydroxy-1.2.3-triphenylpropanon-(1) in A. mit methanol. Na-Methylat-Lsg.; quantitativ. — *trans-α.β-Diphenyl-p-methoxyacrylophenon*, $C_{22}H_{18}O_2$, F. 92—93° (Methanol), durch 6std. Einleiten trockenen HCl-Gases in das Gemisch aus p-Methoxyphenylbenzylketon u. Benzaldehyd (**IV**), mehrstd. Stehen u. 5std. Kochen in Methanol mit geschmolzenem K-Acetat u. wasserfreiem $Na_2CO_3$; 43%; daneben *cis-α.β-Diphenyl-p-methoxyacrylophenon* [F. 92—93° (Methanol)]. — *trans-α.β-Diphenyl-p-methoxyacrylophenonoxid* (**V**), $C_{22}H_{18}O_3$, F. 133,5 bis 134,5° (A.), a) durch 8std. Rk. vorst. Verb. analog **III** nach a); 88%; b) analog durch ½std. Rk. bei 60—70°; c) analog **III** nach b) aus 1-[p-Methoxyphenyl]-3(oder 2)-brom-2 (oder 3)-hydroxy-2.3-diphenylpropanon-(1). — *trans-β-[p-Methoxyphenyl]-α-phenylacrylophenonoxid* (**VI**), $C_{22}H_{18}O_3$, F. 133 bis 134° (Methanol), analog **III** nach a) aus β-[p-Methoxyphenyl]-α-phenylacrylophenon durch 1std. Rühren; 47,5%. — *3 (oder 2)-Brom-2 (oder 3)-hydroxy-1.2.3-triphenylpropanon-(1)*, $C_{21}H_{17}BrO_2$, F. 196—198° (Zers., abs. A.), durch 7std. Kochen von **III** mit 1 Äquivalent **I** in Ae. u. ½std. Rühren mit $H_2SO_4$/Eis; 35%. — *1-[p-Methoxyphenyl]-3 (oder 2)-brom-2 (oder 3)-hydroxy-2.3-diphenylpropanon-(1)*, $C_{22}H_{19}BrO_3$, F. 176—180° (Zers., abs. A.), analog vorst. Verb. durch

6std. Kochen von **V**; 34%. — *2.3-Epoxy-1.1.2.3-tetraphenylpropanol-(1)* (**XI**), F. 131—132° (Methanol), a) durch ½std. Rk. von **III** mit überschüssigem **I** bei Raum-Temp. u. Hydrolyse mit $H_2SO_4$/Eis; 87%; b) analog durch 21std. Kochen mit 5 Äquivalenten **I** u. Hydrolyse mit kalter gesätt. $NH_4Cl$-Lsg. oder mit 3%ig. $H_2SO_4$/Eis; 59%; daneben 4% *α-Phenyldesoxybenzoin, Biphenyl* (**VII**) u. *Benzhydrol* (**VIII**, F. 66—67°); c) durch 1std. Rk. von **III** mit 2 Äquivalenten **II** bei Raum-Temp. u. Zers. mit verd. $H_2SO_4$/Eis; 79,5%. — *1-Methoxyphenyl-2.3-epoxy-1.2.3-triphenylpropanol-(1)* (**IX**), $C_{28}H_{24}O_3$, F. 145—146°, a) analog vorst. Verb. nach a) aus **V**; 49%; daneben durch Chromatographie in PAe./Bzl. an $Al_2O_3$ **VII**, **VIII** u. **IXa** (s. unten); b) durch ½std. Rk. von **III** mit p-Methoxyphenyl–MgBr; 11%; daneben 27,3% **IXa**. *Diastereoisomeres* **IXa**, $C_{28}H_{24}O_3$, F. 128—129° (Methanol), a) u. b) vgl. **IX** nach a) u. b); c) durch 7std. Kochen von **V** mit überschüssigem **I**, mehrstd. Stehen, Zers. mit $H_2SO_4$/Eis, Abtrennen von **IV** u. Chromatographie in PAe./Bzl. an $H_2O_3$; 25%; daneben **VII**, *Verb. vom F. 106—107°*, **VIII** (*α-Naphthylurethan-Deriv.*, F. 136°) u. *α-[p-Methoxyphenyl]-desoxybenzoin*; d) durch 2½std. Rk. von **V** mit 2 Äquivalenten **II** bei Raum-Temp.; 59%; e) durch 3std. Kochen von **V** mit 4 Äquivalenten **II**; 22%. — *3-[p-Methoxyphenyl]-2.3-epoxy-1.1.2-triphenylpropanol-(1)* (**X**), $C_{28}H_{24}O_3$, F. 138—139° (Methanol), durch 1std. Rk. von **VI** analog **IX** nach a); 83%. — *α-[p-Methoxyphenyl]-desoxybenzoin*, $C_{21}H_{18}O_2$, F. 89—90° (Methanol), a) durch 2std. Rk. von **IXa** mit HCl-Gas-gesätt. Eisessig bei Raum-Temp.; 58%; daneben **IV**; b) analog aus **IX**; daneben **IV**. *Oxim*, F. 139—140°. — *α-Phenyldesoxybenzoin*, $C_{20}H_{16}O$, F. 136—137° (Methanol), a) analog vorst. Verb. nach a); b) analog vorst. Verb. aus **XI**; 57%; daneben **IV**. — *p-Methoxybenzylphenylketon*, $C_{15}H_{14}O_2$, F. 95—96° (Methanol), a) analog vorst. Verb. nach b) aus **X**; daneben *Benzophenon* (**XII**); b) durch 1std. Rk. von **VI** mit **II** bei Raum-Temp.; 41%; daneben **XII**. — *Verb. $C_{33}H_{26}O$*, F. 160—161° (Methanol), a) analog **IXa** nach e) aus 3 g **III** u. Abtrennen von 0,2 g *Triphenylcarbinol* (**XIII**, F. 160°); 1 g; daneben *Desoxybenzoin* [**XIV**; *2.4-Dinitrophenylhydrazon*, F. 198—200° (Methanol)]; b) analog a) durch 4std. Rk. von 2 g **XI**; 0,5 g; daneben **XIII** u. **XIV**. H.-J. Weigmann. 2200◇

**Addition von Tellurverbindungen an Doppelbindungen.** M. de Moura Campos und N. Petragnani. (Tetrahedron Letters [London] **1959**, Nr. 6, 11—13, Juni; São Paulo, Univ., Escola Politécnica, Dep. of Chem.; engl.) — $TeCl_4$ reagiert heftig mit Cyclohexen unter Bldg. von *2-Chlorcyclohexyltellurtrichlorid* [$C_6H_{10}Cl_4Te$, F. 111—114° (Zers.)], während die Rk. in $CCl_4$ gemäßigt u. in besserer Ausbeute verläuft. p-Äthoxyphenyltellurtrichlorid (**I**) bildet mit sd. Cyclohexen *p-Äthoxyphenyl-2-chlorcyclohexyltellurdichlorid* [$C_{14}H_{19}Cl_3OTe$, F. 97—98° (A.)]. 2.2-Diphenylpenten-(4)-säure liefert durch Rk. mit p-Methoxyphenyltellurtrichlorid bzw. **I** *2.2-Diphenyl-5-[p-methoxyphenyldichlortellur]-pentansäure-γ-lacton* ($C_{24}H_{22}Cl_2O_3Te$, F. 178—181°) bzw. *2.2-Diphenyl-5-[p-äthoxyphenyldichlortelluro]-pentansäure-γ-lacton* ($C_{25}H_{24}Cl_2O_3Te$, F. 193—196°).
K. Zieloff. 2290

**Notiz zu den 4-Cyclohexylcyclohexancarbonsäuren.** Hermann Schubert und Roland Hackel. (J. prakt. Chem. [4] **15** (**287**), 18—23, Jan. 1962; Halle (Saale), Martin-Luther-Univ., Inst. für Organ. Chem.; dt.) — Das aus Diphenyl-4-carbonsäure durch katalyt. Hydrierung an $PtO_2$ in Eisessig anfallende Gemisch (**B**) der *4-Cyclohexylcyclohexancarbonsäuren* enthält die *cis*-(**I**) u. die *trans*-Form (**II**) im Verhältnis ~ 70 : 30. Durch fraktionierte Kristallisation läßt sich nur **I** in seiner Form isolieren. Eine quant. Trennung von **I** u. **II** wurde über eine Einschluß-Verb. mit Thioharnstoff durchgeführt. Bei der Einw. von $SOCl_2$ auf **I** $> 35°$ tritt Isomerisierung ein. Mehrstd. Kochen von **B** mit Formamid liefert unter Erhöhung des Anteils an **II** die entsprechenden Amide. Die Amide von **I** u. **II** lassen sich in konz. $H_2SO_4$ mit $NaNO_2$ zu **I** bzw. **II** verseifen. Das Zustandsdiagramm von **I**/**II** u. die IR-Spektren von **I**, **II** u. **B** werden angegeben.

Versuche: (FF. korr.) *Diphenyl-4-carbonsäure*, F. 227—228°, aus p-Phenylacetophenon durch Oxydation mit NaOCl; aus Eisessig Nadeln. — *4-Cyclohexylcyclohexancarbonsäure, Stereoisomerengemisch* (**B**), F. 72—96° (80%ig. Essigsäure), aus vorst. Verb. durch Hydrierung an $PtO_2$ in Eisessig in 7—9 Std., 85—90% (Ausbeute). *cis-Form* (**I**), $C_{13}H_{22}O_2$, F. 102—103° (80%ig. Essigsäure, Stäbchen), a) aus **B** durch fraktionierte Kristallisation aus 80%ig. Essigsäure; 45%; b) aus **B** u. Thioharnstoff in sd. Methanol durch Zugabe von $H_2SO_4$ zum Filtrat des nach dem Abkühlen ausgefallenen Nd.; 62%; *p-Bromphenacylester*, $C_{21}H_{27}BrO_3$, F. 132—133° (A., Tafeln); *Amid*, $C_{13}H_{23}NO$, F. 171 bis 172° (Bzl., Blättchen), a) aus **I** u. $SOCl_2$ in Bzl. in 4 Tagen bei Raum-Temp. u. Zugabe des erhaltenen *Chlorids* zu konz. $NH_4OH$; b) aus **B** durch 4std. Kochen mit Formamid neben dem **II**-Amid aus dessen methanol. Mutterlauge als unreines Prod.; liefert mit $NaNO_2$ in $H_2SO_4$ **I**. *trans-Form* (**II**), F. 161—162° (80%ig. Essigsäure oder PAe., Tafeln), a) neben **I** nach b) durch Zers. des bei 0° ausgefallenen Einschluß-Verb. mit warmer verd. KOH u. anschließendes Ausfällen von **II** mit verd. $H_2SO_4$; 30%; b) aus **B** durch

10std. Kochen mit $SOCl_2$ u. Verseifung mit W.; c) aus **I** analog b); *p-Bromphenacylester*, F. 128° (A., Nadeln); *Amid*, F. 204—205° (Methanol, Tafeln; Umlagerung ab 170° zu Nadeln), a) analog dem I-Amid; b) aus **B** durch 4std. Kochen mit Formamid; 39%; liefert durch 3std. Kochen mit Eisessig-konz. $H_2SO_4$ **II**. K. Bederke. 2410□

**Synthese von trans-8-Methyl-5-[p-methoxyphenyl]-hydrindanon-(1).** G. W. Kondratjewa, L. F. Kudrjawzewa und Ss. I. Sawjalow. (Nachr. Akad. Wiss. UdSSR, Abt. chem. Wiss. **1962**, 526—27, März; Zelinsky-Inst. für organ. Chem. der Akad. der Wiss. der UdSSR; russ.) — Nach der von Johnson u. Mitarbeitern (C. **1958**, 3031) angegebenen Meth. wird durch Rk. von trans-9-Methyl-6-[p-methoxyphenyl]-dekalon-(1) (I) mit Furfurol, Oxydation der erhaltenen 2-Furfuryliden-Verb. zu *trans-1-Methyl-4-[p-methoxyphenyl]-6-[β-carboxyäthyl]-cyclohexan-1-carbonsäure* u. deren Cyclisierung *trans-8-Methyl-5-[p-methoxyphenyl]-hydrindanon-(1)* dargestellt.

Versuche: *2-Furfuryliden-trans-9-methyl-6-[p-methoxyphenyl]-dekalon-(1)*, $C_{23}H_{26}O_3$, F. 117—118° (Methanol), durch 1½std. Erhitzen von 1 g I mit 1 g Furfurol in Ggw. von 5 g NaOH in 125 ml Methanol auf 50—60° u 12std. Stehenlassen bei 20°; 1,2 g (Ausbeute). — *trans-8-Methyl-5-[p-methoxyphenyl]-hydrindanon-(1)*, $C_{17}H_{22}O_2$, F. 54—55° (n-Heptan), durch Zugabe von Na-Methylat (11,5 g Na in 100 ml Methanol) u. 100 ml 30%ig. $H_2O_2$ zu einer Lsg. von 0,5 g vorst. Verb. in 150 ml Methanol bei 20°, 12std. Stehenlassen bei Zimmer-Temp., Erhitzen auf 50—60° bis zum Auflösen des Nd. (ca. 6 Std.), Abdampfen des Lsgm., Versetzen mit W. u. Extrahieren mit Ae., Ansäuern der wss. Phase u. Extrahieren der gebildeten Dicarbonsäure mit Ae. (0,35 g, viscoses Öl), 15 Min. langes Erhitzen von 1,05 g Dicarbonsäure mit 1 g $PbCO_3$ auf 300—310°/15 mm, Extrahieren mit Ae., Aufgeben auf eine Säule mit 5 g $Al_2O_3$, Abdampfen des Lsgm. im Vakuum u. Reinigung über das Semicarbazon; 0,3 g. *Semicarbazon*, F. 229—231°.

E. Höft. 2650□

**Lithiumorganische Synthese und Untersuchung der Eigenschaften einiger α-Alkylnaphthaline mit 18—20 C-Atomen.** Je. B. Ssokolowa, M. P. Schebanowa und Ss. A. Schtschepinow. (Hochschulnachr. [Iwanowo], Chem. chem. Technol. **4**, 617 bis 620, 1961; Moskau, Chem.-Technol. Mendelejew-Inst., Lehrstuhl für Technol. der petrochem. Synth.; russ.) — Durch Rk. von α-Naphthyl-Li (I) mit entsprechenden Alkylchloriden wurden *2.4-Dimethyl-4-[α-naphthyl]-hexan*, *2.6-Dimethyl-4 [α-naphthyl]-heptan*, *3-Methyl-3-[α-naphthyl]-octan* (**II**) u. *-nonan* dargestellt. Die Hydrierung von **II** an Raney-Ni lieferte *3-Methyl-3-[α-dekalyl]-octan*.

Versuche: Durch Grignard-Synth. von Alkyl-MgX mit entsprechenden Carbonyl-Verbb.: *2.4-Dimethylhexanol-(4)*, $C_8H_{18}O$, Kp.$_{18}$ 61°; $D._4^{20}$ 0,8272; $n_D^{20}$ 1,4288; 53% (Ausbeute). — *2.6-Dimethylheptanol-(4)*, $C_9H_{20}O$, Kp.$_{14}$ 72°; $D._4^{20}$ 0,8070; $n_D^{20}$ 1,4242; 70%. — *3-Methyloctanol-(3)*, $C_9H_{20}O$, Kp.$_{30}$ 96°; $D._4^{20}$ 0,8322; $n_D^{20}$ 1,4340; 63%. — *3-Methylnonanol-(3)*, $C_{10}H_{22}O$, Kp.$_{40}$ 112°; $D._4^{20}$ 0,8350; $n_D^{20}$ 1,4362; 74%. — Durch Chlorierung mit gasförmigem HCl bei 15°/5—6 Std. in Ggw. eines doppelten Überschusses $CuSO_4$: *2.4-Dimethyl-4-chlorhexan* (**III**), $C_8H_{17}Cl$, Kp.$_{132}$ 92°; $D._4^{20}$ 0,8635; $n_D^{20}$ 1,4275; 83%. — *2.6-Dimethyl-4-chlorheptan*, $C_9H_{19}Cl$, Kp.$_{110}$ 96°; $D._4^{20}$ 0,8498; $n_D^{20}$ 1,4319; 66%. — *3-Methyl-3-chloroctan*, $C_9H_{19}Cl$, Kp.$_{36}$ 84—86°; $D._4^{20}$ 0,8795; $n_D^{20}$ 1,4365; 71%. — *3-Methyl-3-chlornonan*, $C_{10}H_{21}Cl$, Kp.$_{30}$ 95°; $D._4^{20}$ 0,8702; $D._4^{20}$ 1,4390; 80%. — *2.4-Dimethyl-4-[α-naphthyl]-hexan*, $C_{18}H_{24}$, Kp.$_{0,5}$ 144°, Ep. —48°, man gibt zu **I** (2,5 Mol Li, 1 Mol 1-Bromnaphthalin, 1 Liter Ae.; 1½—2 Std. rühren) tropfenweise 0,77 Mol **III** in 500 ml Ae., rührt einige Std. u. läßt über Nacht stehen; $D._4^{20}$ 0,9723; $n_D^{20}$ 1,5704; 7,5%. — Analog: *2.6-Dimethyl-4-[α-naphthyl]-heptan*, $C_{19}H_{26}$, Kp.$_{10}$ 148°, Ep. —52,5°; $D._4^{20}$ 0,9591; $n_D^{20}$ 1,5496; 7,6%. — *3-Methyl-3-[α-naphthyl]-octan*, (**II**), $C_{19}H_{26}$, Kp.$_{50}$ 198°, Ep. —40°; $D._4^{20}$ 0,9778; $n_D^{20}$ 1,5800; 11,5%. — *3-Methyl-3-[α-naphthyl]-nonan*, $C_{20}H_{28}$, Kp.$_{0,5}$ 164—166°, Ep. —49°; $D._4^{20}$ 0,9840; $n_D^{20}$ 1,5813; 13,7%. — *3-Methyl-3-[α-dekalyl]-octan*, $C_{19}H_{36}$, Kp.$_{15}$ 134°, Ep. —48,5°, durch Hydrierung von **II** bei 130 at/170—180° an Raney-Ni; $D._4^{20}$ 0,9084; $n_D^{20}$ 1,4724.

Helmut Schäfer. 2700△

**Synthese von $\Delta^{8,9}$- und $\Delta^{9,10}$-Oktalon-(1).** Herbert O. House und Hugh W. Thompson. (J. org. Chemistry **26**, 3729—34, Okt. 1961; Cambridge, Mass., MIT, Dep. of Chem.; engl.) — Vff. suchten Möglichkeiten, um größere Mengen $\Delta^8$-(I) u. $\Delta^9$-Oktalon-(1) (**II**) herzustellen. Durch HCl-Abspaltung aus 9-Chlor-trans-dekalon-(1) wurde vorwiegend **II** gewonnen. Bei Pyrolyse von 9-Acetoxy-trans-dekalon-(1) (**III**) wurde Bldg. von **I** erwartet. Bei der Rk. von trans-Dekalon-(1) mit Hg-Acetat erhielten Vff. neben kleineren Mengen **I** u. **II** u. einer nicht beständigen Substanz, die wahrscheinlich das gewünschte **III** war, Prodd., die durch Substitution in 2-Stellung entstanden: *2-Acetoxy-trans-dekalon-(1)* (**IV**), das *$\Delta^{9,1}$-Enol des Dekalindions-(1.2)* u. sein *Enolacetat* (**V**) **III** konnte wegen seiner Unbeständigkeit nicht isoliert werden. **V** wurde auch durch

Verseifung von **IV** u. Oxydation des Verseifungs-Prod. mit Bi-Triacetat sowie Acetylierung des so erhaltenen Enols hergestellt. Acetylierung von trans-Dekalon-(1) führt zum erwarteten *$\Delta^{9,1}$-Enolacetat* (**VI**), daneben zum $\Delta^1$-Isomeren u. zu einer unbekannten Substanz, vermutlich dessen cis-Form. Behandlung von **VI** mit Peressigsäure führt über **III** zu den gewünschten Verbb. **I** u. **II** im Verhältnis 5 : 1. Hydrolyse von rohem **III** ergab in geringer Ausbeute 9-Hydroxydekalon-(1). Die Stereochemie der hergestellten Verbb. wird durch kernmagnet. Resonanz-, Infrarot- u. Ultraviolettspektren belegt.

Versuche: (FF. korr.): *9-Chlor-trans-dekalon-(1)*, F. 40—41°, aus trans-Dekalon-(1) u. Sulfurylchlorid in $CCl_4$; Prismen aus PAe.; $n_D^{25}$ 1,5013. — *$\Delta^8$-Oktalon-(1)* (**I**), durch HCl-Abspaltung aus vorst. Verb. a) therm. bei 185° unter $N_2$; 8% **I**; daneben 92% **II** (Ausbeute); b) mit Collidin 8 Min. bei 143° unter $N_2$; 1% **I**; daneben 99% **II**; c) mit LiCl u. Dimethylformamid 5 Std. bei 120° unter $N_2$; 1% **I**; daneben 99% **II**; d) durch Pyrolyse von **III** bei 220—225° unter $N_2$; **I** : **II** entstehen im Verhältnis 5 : 1; $n_D^{27}$ 1,5157. *2.4-Dinitrophenylhydrazon*, F. 226—226,5°; tiefrote Nadeln. *Semicarbazon*, F. 197,5—199,5°. — *$\Delta^9$-Oktalon-(1)* (**II**), neben **I**; $n_D^{25}$ 1,5267. *2.4-Dinitrophenylhydrazon*, F. 266—266,5°; rote Nadeln. — Folgende 4 Verbb. entstanden außer **I** (12%) u. **II** (1%) aus trans-Dekalon-(1) mit Hg-Acetat in Essigsäure beim Erhitzen auf 100—130°: *trans-Dekalindion-(1.2), Enolform*, $C_{10}H_{14}O_2$, F. 87,5—88°; stark lichtbrechende Plättchen ans PAe.; 18% (auch durch Oxydation mit Bi-Triacetat in Essigsäure bei 100° aus 2-Hydroxydekalon-(1); 72%). — *Enolacetat des trans-$\Delta^{9,1}$-Dekalindions-(1.2)* (**V**), $C_{12}H_{16}O_3$; schwachgelbe Fl.; $n_D^{25}$ 1,5114; 13% (auch durch Acetylieren mit Essigsäureanhydrid u. Pyridin aus trans-Dekalindion-(1.2). — *9-Acetoxy-trans-dekalon-(1)* (**III**), nicht isoliert; 14% (auch aus **VI** mit Peressigsäure in Essigsäure u. PAe.; 83% roh). — *2-Acetoxy-trans-dekalon-(1)* (**IV**), $C_{12}H_{18}O_3$, F. 72,5—73,5°; Nadeln aus PAe.; 29%. — *2-Hydroxy-trans-dekalon-(1)*, $C_{10}$·$H_{16}O_2$, F. 76—76,7°, durch Verseifung vorst. **IV** mit 5%ig. $H_2SO_4$ in Dioxan; Prismen aus PAe.; 65% roh. — *1-Acetoxy-$\Delta^{9,1}$-oktalin* (**VI**), $C_{12}H_{18}O_2$, aus trans-Dekalon-(1) Isopropenylacetat u. p-Toluolsulfonsäure; 44%; b) mit Essigsäureanhydrid u. p-Toluolsulfonsäure; $n_D^{25}$ 1,4881; 90%. — *1-Acetoxy-$\Delta^1$-oktalin*, $C_{12}H_{18}O_2$, wie **VI**; $n_D^{25}$ 1,4847; 46 bzw. 5%. — *1-Acetoxy-$\Delta^1$-cis-oktalin* (?), wie vorst. Verb.; 7 u. 3%. — *9-Hydroxy-trans-dekalon-(1)* (?), $C_{10}H_{16}O_2$, F. 62,5—63,5°, durch Verseifen von rohem **III** mit 5%ig. $H_2SO_4$ in Dioxan in geringer Ausbeute. Christa Thierig. 2700□

**Cycloalkylierung.** 1. Mitt. **Neue Methode zur Synthese von Dekalonen.** 1. Teil. Jean-Marie Conia und Francis Rouessac. (Tetrahedron [London] **16**, 45—58, Dez. 1961; Caen, Univ., Fac. des Sci.; franz.) — Vff. erhalten durch Rk. von *3-[4-Brombutyl]-cyclohexanonen* (**A**) mit Na-tert.-Amylat *Dekalone-(1)* (**B**). Bei Verw. solcher **A**, die in 2-Stellung keinen Substituenten tragen, werden die **B** als *cis–trans-Gemische* isoliert, in denen das *trans-Isomere* überwiegt. Sind die **A** dagegen in 2-Stellung substituiert, so entstehen in 9-Stellung substituierte **B**, in denen im allg. das *cis-Isomere* vorliegt. Die Synth. von *cis–trans-Dekalon-(1), cis–trans-3.3-Dimethyldekalon-(1), cis-9-Methyldekalon-(1)* (**I**) u. von *cis-3.3.9-Trimethyldekalon-(1)* wird beschrieben. Die **A** entstehen durch Einw. von 4-[Tetrahydropyranyl-(1)-oxy]-butyl-MgCl (**II**) auf 3-Alkoxycyclohexen-(2)-one-(1), wobei zunächst über verschiedene nicht isolierte Zwischenprodd. *3-[4-Hydroxybutyl]-cyclohexen-(2)-one-(1)* (**C**) gebildet werden, die man zu *3-[4-Hydroxybutyl]-cyclohexanonen* red. u. diese mit $PBr_3$ zu den **A** bromiert. Zu den **B** gelangt man auch, indem man die **C** zu *3-[4-Brombutyl]-cyclohexen-(2)-onen-(1)* bromiert, diese zu *Oktalonen* cyclisiert u. letztere zu den **B** hydriert. **I** läßt sich durch Erhitzen auf 250° an Pd-Kohle teilweise in das *trans-Isomere* umwandeln. Die Best. des Mengenverhältnisses zwischen *cis-* u. *trans*-Form der **B** erfolgt auf gaschromatograph. Wege. Die Stereospezifität der Cycloalkylierung wird diskutiert. Für die beschriebenen Verbb. sind die UV-Maxima u. die IR-Banden angegeben.

Versuche: *3-Äthoxycyclohexen-(2)-on-(1)* (**III**), durch Rk. von Cyclohexandion-(1.3) mit A. in Bzl. in Ggw. von p-Toluolsulfonsäure; 70—75% (Ausbeute). — *5.5-Dimethyl-3-äthoxycyclohexen-(2)-on-(1)* (**IV**), wie vorst. aus Dimedon; 70—75%. — *2-Methyl-3-isobutyloxycyclohexen-(2)-on-(1)* (**V**), aus 2-Methylcyclohexandion-(1.3) u. Isobutanol; 88%. — *2.5.5-Trimethyl-3-isobutyloxycyclohexen-(2)-on-(1)* (**VI**), F. 66° (PAe.), $Kp._{0,09}$ 114—116°, wie vorst. aus 2.5.5-Trimethylcyclohexandion-(1.3); 92%. — *2-[4-Chlorbutyloxy]-tetrahydropyran*, $Kp._{18}$ 130—131°, durch Zugabe von Dihydropyran zu 4-Chlorbutanol, 2 std. Erhitzen auf 40°, Zufügen von $Na_2CO_3$ u. Dest. im Vakuum; $n_D^{21}$ 1,4593; 82%. — *4-[Tetrahydropyranyl-(2)-oxy]-butyl-MgCl* (**II**), durch Zutropfen von vorst. Verb. in Tetrahydrofuran (THF) zu mit wenig $C_2H_5Br$ aktiviertem Mg in Ae. unter Rühren u. Kochen; ca. 65%. — *3-[4-Hydroxybutyl]-cyclohexen-(2)-on-(1)* (**VII**), $C_{10}H_{16}O_2$, $Kp._{0,2}$ 123—128°, durch Einrühren von **III** in THF in die vorst. sd. Lsg. von **II**, teilweise Abdestillation der Lsgm. nach 2 std. Sieden, Eingießen in Eiswasser, Einstellen mit

HCl auf pH 5, Ae.-Extraktion der organ. Phase, Abdestillieren des Ae. auf 1/4 seines Vol., Zugabe von A., W. u. $H_2SO_4$, Verdünnen mit W. nach einigem Stehen u. Ae.-Extraktion; $n_D^{21}$ 1,503; 75%. *p-Nitrobenzoat*, $C_{17}H_{19}NO_5$, F. 82°. — *1-Oxaspiro-[5.5]-undecanon-(8)*, $C_{10}H_{16}O_2$, F. 56°, Kp.$_{0,2}$ 100°, analog **VII** bei Verw. von $H_2SO_4$ in großem Überschuß. *Oxim*, $C_{10}H_{17}NO_2$, F. 98°. — *3-[4-Hydroxybutyl]-cyclohexanon* (**VIII**), Kp.$_{0,3}$ 112—114°, durch Hydrierung von **VII** an $PtO_2$ in Ae., Behandeln der filtrierten, eingeengten Lsg. mit $NaHSO_3$, Absaugen der *$NaHSO_3$-Anlagerungs-Verb.*, Zers. mit wss. sd. $Na_2CO_3$ u. Ae.-Extraktion; $n_D^{21}$ 1,471; 70%. *p-Nitrobenzoat*, $C_{17}H_{21}NO_5$, F. 64°. *Oxim*, $C_{10}H_{19}NO_2$, F. 129°. — *3-[4-Brombutyl]-cyclohexanon* (**IX**), Kp.$_{0,3}$ 104—106°, durch Einrühren von $PBr_3$ in die Lsg. von **VIII** in Bzl.–Pyridin bei 0—5°, Zugabe von Eis, Neutralisation mit NaOH u. Ae.-Extraktion; $n_D^{21}$ 1,479; 53%. *Dinitrophenylhydrazon*, $C_{16}H_{21}BrN_4O_4$, F. 115°. — *cis-trans-Dekalon-(1)* (**X**), Kp.$_{18}$ 120°, durch 3std. Kochen von äquimol. Mengen **IX** u. Na-tert.-Amylat in Bzl., Zugabe von W., Neutralisation mit HCl u. Aufarbeitung der Benzol-Lsg.; $n_D^{21}$ 1,4855; 54% (davon 90% *trans-* u. 10% *cis-Form*). *Dinitrophenylhydrazon*, F. 234°. — *5.5-Dimethyl-3-[4-hydroxybutyl]-cyclohexen-(2)-on-(1)*, Kp.$_{0,8}$ 135—139°, analog **VII** aus **II** u. **IV**; $n_D^{21}$ 1,497; 73%. *p-Nitrobenzoat*, $C_{19}H_{23}NO_5$, F. 109°. — *5.5-Dimethyl-3-[4-hydroxybutyl]-cyclohexanon*, Kp.$_{0,15}$ 118—120°, durch Hydrierung vorst. Verb. analog **VIII**; $n_D^{25}$ 1,472; 63%. *p-Nitrobenzoat*, $C_{19}H_{25}NO_5$, F. 74°. *Oxim*, $C_{12}O_{23}NO_2$, F. 121°. — *5.5-Dimethyl-3-[4-brombutyl]-cyclohexanon*, $C_{12}H_{21}BrO$, Kp.$_{0,3}$ 118—121°, aus vorst. Verb. u. $PBr_3$ analog **IX**; $n_D^{21}$ 1,477; 50%. *Dinitrophenylhydrazon*, $C_{18}H_{25}BrN_4O_4$, F. 93°. — *cis-trans-3.3-Dimethyldekalon-(1)*, Kp.$_{16}$ 130°, aus vorst. Verb. u. Na-tert.-Amylat in sd. Bzl. analog **X**; $n_D^{22}$ 1,4810; 58% (davon 95% *trans-* u. 5% *cis-Form*). *Dinitrophenylhydrazon*, $C_{18}H_{24}N_4O_4$, F. 198°. *Oxim*, $C_{12}H_{21}NO$, F. 170—171° (Sublimation). *Semicarbazon*, $C_{13}H_{23}N_3O$, F. 236°. — *2-Methyl-3-[4-hydroxybutyl]-cyclohexen-(2)-on((1)* (**XI**), $C_{11}H_{18}O_2$, Kp.$_{0,1}$ 132—138°, analog **VII** aus **II** u. **V** innerhalb von 16 Std.; $n_D^{21}$ 1,504; 72%. *Dinitrophenylhydrazon*, $C_{17}H_{22}N_4O_5$, F. 132—138°. — *2-Methyl-3-[4-hydroxybutyl]-cyclohexanon* (**XV**), Kp.$_{0,15}$ 130—135°, durch Lösen von **XI** in Ae. u. fl. $NH_3$, portionsweise Zugabe von Li unter Rühren, Zusetzen von A., Stehenlassen über Nacht, Aufnehmen in W., Neutralisation mit HCl u. Aufarbeitung der organ. Phase sowie des Ae.-Extrakts der wss. Lsg.; $n_D^{20}$ 1,481; 81%. *Dinitrophenylhydrazon*, $C_{17}H_{24}N_4O_5$, F. 128°. — *2-Methyl-3-[4-brombutyl]-cyclohexanon* (**XII**), Kp.$_{1,5}$ 143—146°, aus **XV** u. $PBr_3$ analog **IX**; $n_D^{21}$ 1,496; 50%. *Dinitrophenylhydrazon*, $C_{17}H_{23}BrN_4O_4$, F. 85°. — *2-Methyl-3-[4-brombutyl]-cyclohexen-(2)-on-(1)*, Kp.$_1$ 145—150°, aus **XI** u. $PBr_3$ analog **IX**; $n_D^{21}$ 1,516; 26%. *Dinitrophenylhydrazon*, $C_{17}H_{21}BrN_4O_4$, F. 135°. — *9-Methyl-$\Delta^{4.10}$(oder $\Delta^{5.10}$)-oktalon-(1)* (**XIII**), Kp.$_{17}$ 133—134°, aus vorst. Verb. u. Na-tert.-Amylat analog **X**; 22%. *Dinitrophenylhydrazon*, $C_{17}H_{20}N_4O_4$, F. 114—140°. — *cis-9-Methyldekalon-(1)* (**I**), Kp.$_{25}$ 130—131°, a) aus **XII** u. sd. Na-tert.-Amylat analog **X**; $n_D^{21}$ 1,4885; 55%; b) durch Hydrierung von **XIII** an $PtO_2$. *Dinitrophenylhydrazon*, $C_{17}H_{22}N_4O_4$, F. 164°. Durch 24std. Erhitzen von **I** mit Pd/Kohle auf 250° im verschlossenen Rohr wird ein Gemisch aus 40% *trans-9-Methyldekalon-(1)* u. 60% **I** erhalten. — *2.5.5-Trimethyl-3-[4-hydroxybutyl]-cyclohexen-(2)-on-(1)* (**XIV**), Kp.$_{0,2}$ 145—150°, analog **VII** aus **VI** u. **II** in 24 Std.; $n_D^{22}$ 1,497; 90%. *Dinitrophenylhydrazon*, $C_{19}H_{26}N_4O_5$, F. 158°. — *2.5.5-Trimethyl-3-[4-hydroxybutyl]-cyclohexanon*, Kp.$_{0,3}$ 140—144°, aus **XIV** analog **XV**; $n_D^{23}$ 1,479; 77%. *Dinitrophenylhydrazon*, $C_{19}H_{28}$·$N_4O_5$, F. 88°. — *2.5.5-Trimethyl-3-[4-brombutyl]-cyclohexanon* (**XVII**), Kp.$_{0,5}$ 139—141°, aus vorst. Verb. u. $PBr_3$ analog **IX**; $n_D^{22}$ 1,491; 40%. *Dinitrophenylhydrazon*, $C_{19}H_{27}$·$BrN_4O_4$, F. 102°. — *2.5.5-Trimethyl-3-[4-brombutyl]-cyclohexen-(2)-on-(1)*, Kp.$_{0,2}$ ca. 140°, aus **XIV** u. $PBr_3$ analog **IX**; $n_D^{21}$ 1,501; 26%. *Dinitrophenylhydrazon*, $C_{19}H_{25}BrN_4O_4$, F. 127°. — *3.3.9-Trimethyl-$\Delta^{4.10}$(oder $\Delta^{5.10}$)-oktalon-(1)* (**XVI**), Kp.$_{14}$ 120—140°, durch Cyclisierung vorst. Verb. mit Na-tert.-Amylat. — *cis-3.3.9-Trimethyldekalon-(1)*, F. 59° (PAc.), Kp.$_6$ 118—121°, a) aus **XVII** u. Na-tert.-Amylat analog **X**; 61%; b) durch Hydrierung von **XVI** an Pt. *Dinitrophenylhydrazon*, $C_{19}H_{26}N_4O_4$, F. 164—165°. *Semicarbazon*, $C_{14}H_{25}N_3O$, F. 204°. H. Gleinig. 2700□

**Katalytische Kondensation von Schiffschen Basen mit Methyl-α-naphthylketon.** N. Ss. Koslow und I. A. Schur. (Hochschulnachr. [Iwanowo], Chem. u. chem. Technol. **4**, 614—16, 1961; Perm, Landwirtsch. Inst., Lehrstuhl für Chem.; russ.) — Vgl. C. **1961**, 9004. — Durch Kondens. von Benzalanilin (**I**) u. **I**-Derivv. mit Methyl-α-naphthylketon (**II**) werden *3-Anilino-*, *3-m-Toluidino-*, *3-p-Toluidino-*, *3-p-Anisidino-*, *3-[p-Nitroanilino]-* u. *3-[m-Nitroanilino]-3-phenyl-1-[α-naphthyl]-propanon-(1)* erhalten. Die Kondens. von Benzal- (**III**), p-Nitrobenzal- (**IV**) u. p-Methoxybenzal-β-naphthylamin (**V**) mit **II** gibt entsprechend *2-Phenyl-*, *2-[p-Nitrophenyl]-* u. *2-[p-Methoxyphenyl]-4-[α-naphthyl]-5.6-benzochinolin.*

Versuche: 3-Phenyl-1-[α-naphthyl]-propanone-(1): *3-Anilino-*, $C_{25}H_{21}NO$, F. 180—181° (A.–Bzl. 1 : 1), durch 20 Min. langes Erhitzen von 1,8 g **I**, 1,7 g **II**, 5 ml A.

u. 1,0 g Anilinhydrochlorid auf dem sd. Wasserbad; 54,3% (Ausbeute). — Analog: *3-m-Toluidino-*, $C_{26}H_{23}NO$, F. 156°; 55,5%. — *3-p-Toluidino-*, $C_{26}H_{23}NO$, F. 183°; 48,7%. — *3-p-Anisidino-*, $C_{26}H_{23}NO_2$, F. 158°; 52,6%. — *3-[p-Nitroanilino]-*, $C_{25}H_{20}N_2O_3$, F. 178° (Bzl.); 53,0%. — *3-[m-Nitroanilino]-*, $C_{25}H_{20}N_2O_3$, F. 174° (Bzl.); 45,4%. — *1-Phenyl-3-[α-naphthyl]-propen-(1)-on-(3)*, F. 104°, a) aus Benzaldehyd u. **II**; b) man erhitzt 0,2—0,3 g der vorst. Verbb. u. 5 ml konz. HCl 10—20 Min. auf dem sd. Wasserbad; daneben die entsprechenden *Aniline*. — 4-[α-Naphthyl]-5.6-benzochinoline: *2-Phenyl-*, $C_{29}H_{19}N$, F. 152° (A.-Bzl.), man erhitzt 2,3 g **III**, 1,7 g **II** u. 1,0 g β-Naphthylaminhydrochlorid in 5 ml A. 1 Std. im Rohr auf dem sd. Wasserbad; 40,0%. *Hydrochlorid*, F. 218°. *Pikrat*, F. 232°. *Hexachloroplatinat*, $(C_{29}H_{19}N)_2 \cdot H_2PtCl_6$. — Analog: *2-[p-Nitrophenyl]-*, $C_{29}H_{18}N_2O_2$, F. 216°, aus **IV** u. **II**; 39,8%. *Hydrochlorid* u. *Pikrat*, schmelzen unter Zersetzung. — *2-[p-Methoxyphenyl]-*, $C_{30}H_{21}NO$, F. 197°, aus **V** u. **II**; 22,5%. Helmut Schäfer. 2700△

**Neue psychotrope Agentien. Derivate von Dibenzo-[a.d]-cycloheptadien.** Stanley O. Winthrop, M. A. Davis, G. S. Myers, J. G. Gavin, R. Thomas und R. Barber. (J. org. Chemistry **27**, 230—40, 18/1. 1962; Montreal, Canada, Ayerst Res. Labor.; engl.) — Eine Reihe von *5-Dialkylaminoalkyl-5-hydroxydibenzo-[a.d]-cycloheptadienen* wird durch Alkylierung der entsprechenden Dibenzo-[a.d]-cycloheptadienone-(5) mit bas. substituierten Grignard-Reagentien hergestellt. Die entsprechenden *5-Dialkylaminoalkyl-* u. *5-Dialkylaminoalkylidendibenzo-[a.d]-cycloheptadiene* werden ebenfalls synthetisiert. Wenn die Alkylierung nach der Grignard-Meth. versagt, werden andere Meth. angewendet. Viele dieser Verbb. werden auf Grund ihrer pharmakolog. Aktivität als psychotrope Agentien verwendet. Einige der Beziehungen zwischen Struktur u. Aktivität werden kurz erwähnt. — UV-Spektren vgl. Original.

Versuche: *4-Chlorbenzalphthalid* (**I**), $C_{15}H_9ClO_2$, F. 151—153° (A.), durch 3std. Erhitzen von 4-Chlorphenylessigsäure, Phthalsäureanhydrid u. Na-Acetat auf 240°; 68% (Ausbeute). — *3-Chlorbenzalphthalid*, $C_{15}H_9ClO_2$, F. 160—161° (A.), analog **I** aus 32,8 g 3-Chlorphenylessigsäure, Phthalsäureanhydrid u. Na-Acetat; 28 g. — *3.4-Dimethoxybenzalphthalid*, $C_{17}H_{14}O_4$, F. 130—131° (A.), aus 58,5 g 3.4-Dimethoxyphenylessigsäure, Phthalsäureanhydrid u. Na-Acetat; 50 g. — *2-[β-(4-Chlorphenyl)-äthyl]-benzoesäure* (**II**), $C_{15}H_{13}ClO_2$, F. 129—130° (A.), durch 12std. Kochen von 49,5 g **I**, 57%ig. HJ u. rotem P, Gießen auf Eis, Filtrieren, 20 Min. langes Kochen des Rückstandes mit konz. $NH_4OH$, Filtrieren u. Ansäuern des Filtrats mit verd. HCl; 41,5 g. — *2-[β-(3-Chlorphenyl)-äthyl]-benzoesäure*, $C_{15}H_{13}ClO_2$, F. 89—90° (wss. Isopropanol), analog **II** aus 28,4 g des entsprechenden Phthalids; 16 g. — *2-[β-(3.4-Dimethoxyphenyl)-äthyl]-benzoesäure*, $C_{17}H_{18}O_4$, F. 134—136° (wss. A.), aus 25 g des Phthalids; 12 g. — Dibenzo-[a.d]-cycloheptadienone-(5): *3-Chlor-* (**III**), $C_{15}H_{11}ClO$, F. 65—66° (Hexan), Kp.$_{0,08}$ 146—148°, durch 3std. Erhitzen von 39,5 g **II** u. Polyphosphorsäure (PPS) auf 170°, Gießen auf Eis u. Extrahieren mit Ae.; 28 g. — *2-Chlor-*, $C_{15}H_{11}ClO$, F. 76—78° (Hexan), Kp.$_{0,05}$ 146—150°, durch 3std. Erhitzen von 16,2 g der entsprechenden Benzoesäure-Verb. mit PPS auf 170°; 11 g. — *2.3-Dimethoxy-*, $C_{17}H_{16}O_3$, F. 127—128° (Isopropanol), analog **III** (3/4 Std., 90°); 94%. — Dibenzo-[a.e]-cycloheptatrienone-(5): *3-Chlor-*, $C_{15}H_9ClO$, a) F. 91—93° (Isopropanol), durch 1std. Zutropfen von $Br_2$ zu dem entsprechenden Dibenzocycloheptadienon-(5) bei 130° unter UV-Bestrahlung, ½std. Rühren u. Erhitzen auf 200° bis zum Ende der HBr-Entw.; 76%; b) F. 109—111°, analog a) durch Dehydrobromierung mit Triäthylamin; beide Formen sind ineinander überführbar. — *2.3-Dimethoxy-*, $C_{17}H_{14}O_3$, F. 132—134° (Aceton/Methanol), durch 20std. Kochen von 85,2 g vorvorst. Verb. mit N-Bromsuccinimid u. Benzoylperoxid in $CCl_4$, Filtrieren, Eindampfen u. 16std. Kochen mit Triäthylamin; 56 g. — 5-Hydroxy-dibenzo-[a.d]-cycloheptadiene: *5-[3-Dimethylaminopropyl]-3-chlor-* (**V**), $C_{20}H_{24}ClNO$, F. 127—128° (Isopropanol), durch Zugabe von Mg-Spänen zu Tetrahydrofuran (THF) u. etwas $J_2$, Zugabe von $C_2H_5Br$, Zutropfen von Dimethylaminopropylchlorid in THF, Zutropfen von **III** in THF unter leichtem Sieden (½ Std.) u. 16std. Kochen; 61%. — *5-[3-Benzyloxypropyl]-* (**VI**), Kp.$_{0,13}$ 230—256°, a) durch 16std. Kochen von 11,1 g Dibenzo-[a.d]-cycloheptadienon-(5) mit der Grignard-Verb. von 3-Benzyloxypropylchlorid in THF; $n_D^{25}$ 1,6041—1,6035; 5,75 g; daneben *5-Hydroxydibenzo-[a.d]-cycloheptadien*, F. 93° (Ae./Hexan); 2,35 g; b) analog a) mit 119 g 3-Benzyloxypropylbromid; 93,2 g; daneben *Dibenzo-[a.e]-cycloheptatrien*, $C_{15}H_{12}$, F. 132—133° (Isopropanol); 27 g. — *5-[tert.-Butoxycarbonylmethyl]-*, $C_{21}H_{24}O_3$, F. 100—103°, durch Zutropfen von Diäthylamin zu der Grignard-Lsg. aus $C_2H_5Br$ in Ae., ½std. Kochen, Kühlen auf —5°, Zugabe von Essigsäure-tert.-butylester u. Dibenzo-[a.d]-cycloheptadienon-(5), 2std. Kochen u. Gießen auf Eiswasser; aus Isopropanol Nadeln; 78%. — *5-[2-Hydroxyäthyl]-*, $C_{17}H_{18}O_2$, F. 125—127° (Isopropanol), durch Zugabe vorst. Verb. in THF zu $LiAlH_4$ in THF (20 Min.), 4std. Kochen u. Hydrolysieren mit 20%ig. NaOH; 78%. —

*5-[2-(p-Tosyloxy)-äthyl]-*, F. 91—100° (Bzl./Hexan), durch 1/4 std. Zugabe von p-Tosylchlorid in Bzl. zu vorst. Verb. in abs. Pyridin/Bzl. (1 : 1) bei 2° u. 6std. Rühren bei Raum-Temp.; 59%. — *5-[2-Dimethylaminoäthyl]-*, *Hydrochlorid*, $C_{19}H_{24}ClNO$, F. 225 bis 227° (Zers.; Methanol/Nitromethan/Ae.), durch 18std. Erhitzen vorst. Verb. mit wasserfreiem Dimethylamin in Methanol in einer Druckflasche auf 50—55°, Aufarbeiten u. Überführen in das Hydrochlorid; 61%. — *5-[β-(4-Methylpiperazino)-äthyl]-*, $C_{22}H_{28}N_2O$, F. 161—163° (Essigester), analog vorst. Verb.; 62%. — *5-[Pyridyl-(2)]-*, $C_{20}H_{17}NO$, F. 203—205°, durch Zutropfen von 2-Brompyridin in Ae. zu Butyl-Li in abs. Ae. bei —60 bis —40° (1/4 Std.), Zugabe von Dibenzo-[a.d]-cycloheptadienon-(5) u. 2std. Rühren bei —40°; aus Methanol lederfarbene Kristalle; 86%. *Hydrochlorid*, $C_{20}H_{18}ClNO$, F. 194 bis 195° (Zers.; Methanol/Ae.), in Methanol mit HCl. *Methobromid*, $C_{21}H_{20}BrNO$, F. 217 bis 218° (Zers.), durch 50std. Erwärmen der Base mit überschüssigem $CH_3Br$ in einer Druckflasche auf 65° u. 3tägiges Stehen bei Raum-Temp.; aus A./Methanol Prismen. — *5-[Pyridyl-(2)-methyl]-*, $C_{21}H_{19}NO$, F. 114—115° (Essigester), analog vorst. Verb.; 55%. *Hydrochlorid*, $C_{21}H_{20}ClNO$, F. 178—179° (Methanol/Ae.). — *(+)-5-[3-Dimethylamino-2-methylpropyl]-*, $C_{21}H_{27}NO$, F. 140—141°, a) durch Zugabe von (+)-Camphersulfonsäure zu 3-Dimethylamino-2-methylpropylchlorid, Überführen des Salzes {$[\alpha]_D$ +4,6° (c = 2; W.)} in die *freie Base* [*Hydrochlorid*, F. 172—174°; $[\alpha]_D$ —19,0° (c = 2; W.)], Umwandeln in die Grignard-Verb., 3std. Kochen mit Dibenzo-[a.d]-cycloheptadienon-(5), Aufarbeiten, Umkristallisieren aus Essigester u. Reinigen über das (+)- bzw. (—)-Tartrat; $[\alpha]_D$ +231° (c = 1; Chlf.); 77%; b) durch Trennung des Racemats **IV** (s. unten) mit (—)-Weinsäure. *(—)-Tartrat*, $C_{25}H_{33}NO_7$, F. 155—156° (A.); $[\alpha]_D$ +63,5° (Methanol). *(+)-Tartrat*, $C_{25}H_{33}NO_7$, F. 182—183°; $[\alpha]_D$ +89,0° (Methanol). — *(—)-5-[3-Dimethylamino-2-methylpropyl]-*, $C_{21}H_{27}NO$, F. 140—141° (Essigester), durch Spaltung des Racemats **IV** mit (+)-Weinsäure; $[\alpha]_D$ —246,2° (Chlf.); 27%. *(+)-Tartrat*, $C_{25}H_{33}NO_7$, F. 156—157° (A.); $[\alpha]_D$ —65,7° (Methanol). *(—)-Tartrat*, $C_{25}H_{33}NO_7$, F. 184—185° (A.); $[\alpha]_D$ —90,9° (Chlf.). — *5-[3-Dimethylamino-2-methylpropyl]-* (**IV**), $C_{21}H_{27}NO$, F. 148 bis 150° (Essigester); 92%. *Hydrochlorid*, $C_{21}H_{28}ClNO$, F. 203° (Zers.; Isopropanol/Methanol/Ae.). — *5-[3-Dimethylaminopropyl]-*, $C_{20}H_{25}NO$, F. 118—120° (Isopropanol); 60%. *Hydrochlorid*, $C_{20}H_{26}ClNO$, F. 209—210° (Isopropanol). *Methobromid*, $C_{21}H_{28}BrNO$, F. 233° (Zers.; Aceton/Methanol); 83%. — *5-[3-Diäthylaminopropyl]-*, $C_{22}H_{29}NO$, F. 92 bis 94° (Isopropanol); 48%. — *5-[3-Piperidinopropyl]-*, $C_{23}H_{29}NO$, F. 171—173° (Butanon/Hexan); 57%. *Hydrochlorid*, $C_{23}H_{30}ClNO$, F. 219° (Isopropanol/Methanol/Ae.). — *5-[3-(2-Methylpiperidino)-propyl]-*, $C_{24}H_{31}NO$, F. 116—118° (Isopropanol/Hexan); 25%. — *5-[3-Morpholinopropyl]-*, $C_{22}H_{27}NO_2$, F. 154—156° (Essigester); 50%. *Hydrochlorid*, $C_{22}H_{28}ClNO_2$, F. 209—210° (Zers.; Isopropanol/Methanol/Ae.). — *5-[3-Dimethylamino-2.2-dimethylpropyl]-*, $C_{22}H_{29}NO$, F. 101—103° (Bzl./Hexan); 48%. — *5-[N-Methylpiperidyl-(3)-methyl]-*, $C_{22}H_{27}NO$, F. 163—164° (A.); 78%. — *5-[N-Methylpyrrolidinyl-(3)-methyl]-*, $C_{21}H_{25}NO$, F. 135—136° (Zers.; Essigsäureisopropylester); 72%. *Hydrochlorid*, $C_{21}H_{26}ClNO$, F. 221° (Zers.; A./Ae.). — *5-{β-[N-Methylpiperidyl-(2)]-äthyl}-*, *Hydrochlorid*, $C_{23}H_{30}ClNO$, F. 239° (Zers.; Methanol/Ae.); 37%. *Freie Base*, $C_{23}H_{29}NO$, F. 117—118° (Isopropanol/Hexan). — *2-Chlor-5-[3-dimethylaminopropyl]-*, $C_{20}H_{24}ClNO$, F. 127—128° (Isopropylalkohol); 61%. — Dibenzo-[a.d]-cycloheptadiene: *α-3-Chlor-5-[3-dimethylaminopropyliden]-*, *Hydrochlorid*, $C_{20}H_{23}Cl_2N$, F. 235—236° (Isopropanol), durch 4std. Kochen von **V** in Acetanhydrid, Eindampfen, Versetzen mit wss. NaOH, Extrahieren mit Ae. u. Einleiten von HCl; weniger lösl.; 17%. — *β-3-Chlor-5-[3-dimethylaminopropyliden]-*, *Hydrochlorid*, $C_{20}H_{23}Cl_2N$, F. 228—230°, neben vorst. Verb. durch Reinigen über das Oxalat mit A.; 15%. — *5-[3-Dimethylamino-2.2-dimethylpropyliden]-*, *Hydrochlorid*, $C_{22}H_{28}ClN$, F. 236—239° (Zers.; Isopropanol/Acetonitril), durch Sättigen des entsprechenden tert. Alkohols mit HCl in abs. A. u. 3std. Kochen; 87%. — *5-[N-Methylpiperidyl-(3)-methylen]-*, *Sulfat*, $C_{22}H_{27}NO_4S$, F. 261—262° (Zers.; Methanol/Ae./Nitromethan), durch 4std. Kochen des entsprechenden tert. Alkohols in abs. Chlf. mit Acetylchlorid u. Umwandeln in das Sulfat; 80%. *Hydrochloridhydrat*, $C_{22}H_{28}ClNO$, F. 142 bis 144° (Zers.; Isopropanol/Ae.). — *5-[3-Brompropyliden]-*, $C_{18}H_{17}Br$, F. 70—71° (PAe.), $Kp._{0,20-0,35}$ 156—184°, durch 16std. Kochen von **VI** mit 48%ig. HBr; 53%. — *5-{3-[4-(β-Hydroxyäthyl)-piperazino]-propyliden}-*, *Dihydrochlorid* (**VII**), $C_{24}H_{32}Cl_2N_2O$, F. 261—262° (Zers.; Methanol), durch 16std. Kochen vorst. Verb. mit N-[β-Hydroxyäthyl]-piperazin in abs. Bzl.; 61%. — *5-[3-(1.2.3.6-Tetrahydropyridino)-propyliden]-*, *Hydrochlorid*, $C_{23}H_{26}ClN$, F. 198—200° (Isopropanol/Ae.), analog **VII**; 59%. — *5-[3-(4-Methylpiperazino)-propyliden]-*, *Dihydrochlorid*, $C_{23}H_{30}Cl_2N_2$, F. 238—249° (Methanol/Ae.), analog vorst. Verb.; 54%. — *5-[3-(4-Carbäthoxy-4-phenylpiperidino)-propyliden]-*, *Hydrochlorid*, $C_{32}H_{36}ClNO_2$, F. 205—206° (Zers.; Acetonitril/Nitromethan), analog vorst. Verb.; 47%. — *5-{3-[4-(β-Acetoxyäthyl)-piperazino]-propyliden}-*, *Dimaleat*, $C_{34}H_{40}N_2O_{10}$, F. 184—186° (Zers.; Acetonitril/Essigsäureisopropylester), durch 2std.

Kochen von **VII** mit Acetylchlorid in abs. Chlf.; 74%. *Dihydrochlorid*, $C_{28}H_{34}Cl_2N_2O_2$, F. 242° (Zers.; Isopropanol/Nitromethan/Ae.). — *5-{3-[Pyridyl-(2)-amino]-propyliden}-, Maleat*, $C_{27}H_{26}N_2O_4$, F. 146—147° (Zers.; A./Ae.), durch 2½std. Kochen von 2-Aminopyridin mit NaH in Xylol, Versetzen mit der entsprechenden 3-Brompropyliden-Verb., 20std. Kochen, Aufarbeiten u. Umwandeln in das Maleat; blaßgelbe Nadeln; 30%. — *5-[Carbäthoxymethylen]-*, $Kp._{0,25}$ 146—162°, durch 12std. Zutropfen von 55 g Bromessigsäureäthylester u. 41,6 g Dibenzo-[a.d]-cycloheptadienon-(5) zu Zn in Ae./Bzl. (1 : 1) in Ggw. von $J_2$ u. $C_2H_5Br$ unter Kochen, 12std. Kochen u. Hydrolysieren mit 20%ig. $H_2SO_4$; 35 g. — *5-[Carboxymethylen]-*, $C_{17}H_{14}O_2$, F. 172—173° (Isopropanol), durch 2std. Kochen von 35 g vorst. Verb. mit NaOH in 60%ig. A.; 14,6 g. — *5-[Dimethylaminocarbonylmethylen]-*, $C_{19}H_{19}NO$, F. 133—134° (wss. Methanol), durch Versetzen von 12,8 g vorst. Verb. mit Dimethylamin in Ae., Filtrieren u. 10std. Erhitzen auf 170° unter $N_2$; 3,2 g. — *5-[2-Dimethylaminoäthyliden]-, Hydrochlorid*, $C_{19}H_{22}ClN$, F. 213 bis 215° (Isopropanol/Ae.), durch Zutropfen vorst. Verb. in THF zu $LiAlH_4$ in THF, 3std. Kochen u. Versetzen der Base in Ae. mit äther. HCl; 49%. — *5-[2-(4-Methylpiperazino)-äthyliden]-*, $C_{22}H_{26}N_2$, F. 106—108° (Essigester). — *5-[N-Methylpyrrolidinyl-(3)-methylen]-, Oxalat*, $C_{23}H_{25}NO_4$, F. 191—193° (Zers.; Methanol/Nitromethan/Ae.); 63%. — *5-{2-[N-Methylpiperidyl-(2)]-äthyliden}-, Sulfat*, $C_{23}H_{29}NO_4S$, F. 169—170° (Isopropanol/Ae.); 61%. — *5-[3-Dimethylaminopropyliden]-, Hydrochlorid*, $C_{20}H_{24}ClN$, F. 197—199° (Acetonitril); 70%. — *5-[3-Diäthylaminopropyliden]-, Hydrochlorid*, $C_{22}H_{28}ClN$, F. 171—173° (Acetonitril); 63%. — *5-[3-Piperidinopropyliden]-, Hydrochlorid*, $C_{23}H_{28}ClN$, F. 225—226° (A./Ae.); 81%. — *5-[3-(2-Methylpiperidino)-propyliden]-, Hydrochlorid*, $C_{24}H_{30}ClN$, F. 229° (A./Ae.); 73%. — *5-[3-Dimethylamino-2-methylpropyliden]-, Hydrochlorid*, $C_{21}H_{26}ClN$, F. 211—212° (Isopropanol/Ae.); 81%. — *5-[3-Morpholinopropyliden]-, Hydrochlorid*, $C_{22}H_{26}ClNO$, F. 232—234° (A./Ae.); 77%. — *2-Chlor-5-[3-dimethylaminopropyliden]-, Hydrochlorid*, $C_{20}H_{23}Cl_2N$, F. 195—196° (Isopropanol); 90%. — *3-Chlor-5-[3-(4-methylpiperazino)-propyliden]-, Dihydrochlorid*, $C_{23}H_{29}Cl_3N_2$, F. 251—253° (A./Ae.); 34%. — *5-[Pyridyl-(2)]-*, $C_{20}H_{17}N$, F. 148—150° (Isopropylacetat), durch 3std. Kochen der entsprechenden 5-Hydroxy-Verb. mit rotem P u. 56%ig. HJ in Eisessig in Ggw. von $H_3PO_2$; 98%. *Hydrochlorid* (**VIII**), $C_{20}H_{18}ClN$, F. 218—220° (Zers.; A./Ae.). — *5-[Pyridyl-(2)-methyl]-*, $C_{21}H_{19}N$, F. 92—94° (Hexan), analog vorst. Verb.; 89%. *Hydrochlorid*, $C_{21}H_{20}ClN$, F. 257—259° (Zers.; A./Ae.). — *5-[Piperidyl-(2)-methyl]-, Hydrochlorid*, $C_{21}H_{26}ClN$, F. 221—223° (Zers.; Isopropanol/Ae.); 24%. — *5-[N-Methylpyrrolidinyl-(3)-methyl]-, Oxalat*, $C_{23}H_{27}NO_4$, F. 168—169° (Zers.; Methanol/Ae.); 79%. — *5-{2-[N-Methylpiperidyl-(2)]-äthyl}-, Hydrochlorid*, $C_{23}H_{30}ClN$, F. 206 bis 208° (Zers.; Acetonitril); 65%. — *5-[2-(4-Methylpiperazino)-äthyl]-, Dihydrochlorid*, $C_{22}H_{30}Cl_2N_2$, F. 310—313° (Zers.; Methanol/Nitromethan); 50%. — *5-[3-Dimethylaminopropyl]-, Hydrochlorid*, $C_{20}H_{26}ClN$, F. 185—186° (Isopropanol/Ae.), durch 30std. Hydrieren der entsprechenden Alkyliden-Verb. in abs. A. an $PtO_2$ in Ggw. von 70%ig. $HClO_4$ bei Raum-Temp. u. 50 lbs./sq.in.; 53%. — *5-[3-Diäthylaminopropyl]-, Hydrochlorid*, $C_{22}H_{30}ClN$, F. 136—138° (Isopropanol/Ae.), durch 12std. Kochen der entsprechenden Alkyliden-Verb. mit 56%ig. HJ u. rotem P in Essigsäure, Aufarbeiten u. Überführen in das Hydrochlorid; 65%. — *5-[3-Piperidinopropyl]-, Hydrochlorid*, $C_{23}H_{30}ClN$, F. 223 bis 224° (A./Ae.); 83%. — *5-[3-Dimethylamino-2-methylpropyl]-, Hydrochlorid*, $C_{21}H_{28}\cdot ClN$, F. 188—190° (Zers.; Isopropanol/Ae.); 92%. — *(+)-5-[3-Dimethylamino-2-methylpropyl]-, Hydrochlorid*, $C_{21}H_{28}ClN$, F. 194—197° (Isopropanol); $[\alpha]_D$ —21,4° (W.); 68%. — *(—)-5-[3-Dimethylaminopropyl]-, Hydrochlorid*, $C_{21}H_{28}ClN$, F. 194—195° (Isopropanol); $[\alpha]_D$ —20,8° (W.); 75%. — *5-[3-Dimethylamino-2.2-dimethylpropyl]-, Hydrochlorid*, $C_{22}H_{30}ClN$, F. 169—171° (A./Ae.); 82%. — *5-[2-Dimethylaminoäthyl]-, Hydrochlorid*, $C_{19}H_{24}ClN$, F. 199—200° (Aceton/Nitromethan/Ae.); 82%. — *3-Chlor-5-[3-dimethylaminopropyl]-, Hydrochlorid*, $C_{20}H_{25}Cl_2N$, F. 186—187° (Isopropanol/Ae.); 80%. — *5-[Piperidyl-(2)]-, Hydrochlorid*, $C_{20}H_{24}ClN$, F. 331° (Zers.), durch 46std. Hydrieren von 4,3 g **VIII** an $PtO_2$ in Dioxan/W. (2 : 1) bei 70°/50 lbs./sq.in., Aufarbeiten u. Umwandeln in das Hydrochlorid; 0,5 g. — Dibenzo-[a.e]-cycloheptatriene: *5-Hydroxy-5-[3-dimethylaminopropyl]-*, $C_{20}H_{23}NO$, F. 137—138° (Isopropanol); 62%. — *5-[3-Dimethylaminopropyliden]-, Hydrochlorid*, $C_{20}H_{22}ClN$, F. 216—217° (Isopropanol); 30%. — *3-Chlor-5-hydroxy-5-[3-dimethylaminopropyl]-*, $C_{20}H_{22}ClNO$, F. 138—140° (Isopropanol); 47%. *Phosphat*, $C_{20}H_{25}ClNO_5P$, F. 140° (Zers.; Aceton/Methanol). — *α-3-Chlor-5-[3-dimethylaminopropyliden]-, Hydrochlorid*, $C_{20}H_{21}Cl_2N$, F. 227—229° (Isopropanol/Ae.); 34%. *β-Isomeres Hydrochlorid*, $C_{20}H_{21}Cl_2N$, F. 165—166° (Essigester); Reinigen über das Oxalat mit A.; 9%. — *2.3-Dimethoxy-5-hydroxy-5-[3-dimethylaminopropyl]-*, $C_{22}H_{27}\cdot NO_3$, F. 220—222° (Bzl./Hexan); 21%. — *2.3-Dimethoxy-5-[3-dimethylaminopropyliden]-, Hydrochlorid*, $C_{22}H_{26}ClNO_2$, F. 92—98° (Methanol/Ae.); 75%. — *3-Chlor-5-hydroxy-5-[3-dimethylamino-2-methylpropyl]-*, $C_{21}H_{24}ClNO$, F. 151—153° (wss. Aceton); 85%. —

*3-Chlor-5-[3-dimethylamino-2-methylpropyliden]-*, *Hydrochlorid*, $C_{21}H_{23}Cl_2N$, F. 195 bis 197° (Isopropanol/Ae.); 39%. — *3-Chlor-5-hydroxy-5-[3-(4-methylpiperazino)-propyl]-*, $C_{23}H_{27}ClN_2O$, F. 130—131° (Aceton); 66%. P. Golinske. 2950◇

**Hydrierung von Furanverbindungen am Ni-ZnO-Katalysator.** N. I. Schuikin und I. F. Belski. (J. allg. Chem. [UdSSR] **29 (91)**, 442—45, Febr. 1959; Inst. für organ. Chem. der Akad. der Wiss. der UdSSR; russ.) — Vgl. C. **1961,** 804. — Die Hydrierung von α-Propenylfuran am Ni–ZnO-Katalysator bei 140° in der Dampfphase liefert *α-Propylfuran* in fast quant. Ausbeute. Silvan, α-Äthyl- u. α-Propylfuran werden bei 250° am Ni–ZnO-Katalysator unter Spaltung des Furanringes an der C—O-Bindung in 1.5-Stellung in 95%ig. Ausbeute in *Pentanon-(2)*, *Hexanon-(3)* u. *Heptanon-(4)* übergeführt. — *Pentanon-(2)*, $Kp._{755}$ 101—102°; $D._4^{20}$ 0,8086; $n_D^{20}$ 1,3906. *Semicarbazon*, F. 109—110°. — *Hexanon-(3)*, $Kp._{755}$ 123—124°; $D._4^{20}$ 0,8165; $n_D^{20}$ 1,4002. *Semicarbazon*, F. 110—110,5°. — *Heptanon-(4)*, $Kp._{755}$ 142,5—143°; $D._4^{20}$ 0,8170; $n_D^{20}$ 1,4082. *Semicarbazon*, F. 132°. G. Nikolajewski. 3061◇

**Untersuchungen auf dem Gebiet der Amine und ihrer Derivate.** 6. Mitt. **Methylester der Alkyl-[5-alkoxymethylfurfuryl-(2)]-carbaminsäuren.** A. L. Mndshojan, W. G. Afrikjan und G. L. Papajan. (Nachr. Akad. Wiss. ArmenSSR, chem. Wiss. **11,** 429—32, 1958; Inst. für organ. Feinchem. der Akad. der Wiss. der ArmenSSR; russ., Auszug: armen.) — 5. vgl. C. **1963, 2434.** — Zur Unters. der cancerolyt. u. antimitot. Eigg. wurden 12 *Alkyl-[5-alkoxymethylfurfuryl-(2)]-carbaminsäuremethylester* dargestellt.

Versuche: Carbaminsäuremethylester: *Methyl-[5-methoxymethylfurfuryl-(2)]-* $C_{10}H_{15}NO_4$, $Kp._3$ 119—121°, durch gleichzeitiges Zutropfen von 0,064 Mol Chlorkohlensäuremethylester in 10 ml abs. Bzl. u. 0,071 Mol NaOH in 5 ml W. zu 0,064 Mol Methyl-[5-methoxymethylfurfuryl-(2)]-amin in 70 ml Bzl. unter Kühlung, 15 Min. langes Rühren u. Zugabe von 20—25 ml W.; $n_D^{20}$ 1,4860; $D._4^{20}$ 1,1403; 93% (Ausbeute). — Analog: *Äthyl-[5-methoxymethylfurfuryl-(2)]-*, $Kp._3$ 127—129°; $n_D^{20}$ 1,4815; $D._4^{20}$ 1,1132; 82,6%. — *Methyl-[5-äthoxymethylfurfuryl-(2)]-*, $Kp._3$ 126—128°; $n_D^{20}$ 1,4825; $D._4^{20}$ 1,1073; 95,7%. — *Äthyl-[5-äthoxymethylfurfuryl-(2)]-*, $Kp._3$ 134—136°; $n_D^{20}$ 1,4780; $D._4^{20}$ 1,0880; 87,1%. — *Methyl-[5-propoxymethylfurfuryl-(2)]-*, $Kp._3$ 135—137°; $n_D^{20}$ 1,4810; $D._4^{20}$ 1,0947; 83,6%. — *Äthyl-[5-propoxymethylfurfuryl-(2)]-*, $Kp._3$ 144—146°; $n_D^{20}$ 1,4780; $D._4^{20}$ 1,0710; 92,2%. — *Methyl-[5-isopropoxymethylfurfuryl-(2)]-*, $Kp._3$ 130 bis 132°; $n_D^{20}$ 1,4780; $D._4^{20}$ 1,0941; 85,1%. — *Äthyl-[5-isopropoxymethylfurfuryl-(2)]-*, $Kp._3$ 138—140°; $n_D^{20}$ 1,4770; $D._4^{20}$ 1,0661; 80,5%. — *Methyl-[5-butoxymethylfurfuryl-(2)]-*, $Kp._3$ 146—148°; $n_D^{20}$ 1,4800; $D._4^{20}$ 1,0777; 80,7%. — *Äthyl-[5-butoxymethylfurfuryl-(2)]-*, $Kp._3$ 157—158°; $n_D^{20}$ 1,4770; $D._4^{20}$ 1,0635; 81%. — *Methyl-[5-isobutoxymethylfurfuryl-(2)]-*, $Kp._3$ 157—158°; $n_D^{20}$ 1,4752; $D._4^{20}$ 1,0774; 81,4%. — *Äthyl-[5-isobutoxymethylfurfuryl-(2)]-*, $Kp._3$ 151—153°; $n_D^{20}$ 1,4775; $D._4^{20}$ 1,0605; 88,5%. G. Froelich. 3061◇

**Untersuchungen auf dem Gebiet der Amine und ihrer Derivate.** 7. Mitt. **Synthese von disubstituierten Aminoäthanolen der Furanreihe und ihrer Halogenderivate.** A. L. Mndshojan, W. G. Afrikjan und G. L. Papajan. (Nachr. Akad. Wiss. ArmenSSR, chem. Wiss. **11,** 433—38, 1958; russ., Auszug: armen.) — 6. vgl. vorst. Referat. — Zur Unters. ihrer cancerolyt. Eigg. wird eine Reihe von *N-[5-Alkoxymethylfurfuryl-(2)]-β-alkylaminoäthanolen* u. *-β-alkylaminoäthylchloriden* dargestellt.

Versuche: [Furfuryl-(2)]-β-hydroxyäthylamine: *5-Methoxymethyl-*, *N-Methyl-* (I), $C_{10}H_{17}NO_3$, $Kp._3$ 128—130°, man läßt 0,064 Mol Methyl-[5-methoxymethylfurfuryl-(2)]-amin u. 0,064 Mol Äthylenbromhydrin 24—30 Std. lang bei Zimmer-Temp. stehen, gibt 5—10 ml konz. Lauge zu u. äthert aus; $D._4^{20}$ 1,0332; $n_D^{20}$ 1,4820; 66,4% (Ausbeute). — Analog: *5-Methoxymethyl-*, *N-Äthyl-*, $Kp._3$ 130—132°; $D._4^{20}$ 1,0551; $n_D^{20}$ 1,4890; 69,0%. — *5-Äthoxymethyl-*, *N-Methyl-*, $Kp._3$ 137—139°; $D._4^{20}$ 1,0105; $n_D^{20}$ 1,4800; 74%. — *5-Äthoxymethyl-*, *N-Äthyl-*, $Kp._3$ 140—142°; $D._4^{20}$ 1,0210; $n_D^{20}$ 1,4880; 64,8%. — *5-Propoxymethyl-*, *N-Methyl-*, $Kp._3$ 148—150°; $D._4^{20}$ 1,0387; $n_D^{20}$ 1,4850; 75,2%. — *5-Propoxymethyl-*, *N-Äthyl-*, $Kp._3$ 150—152°; $D._4^{20}$ 1,0306; $n_D^{20}$ 1,4875; 70,1%. — *5-Isopropoxymethyl-*, *N-Methyl-*, $Kp._3$ 144—145°; $D._4^{20}$ 1,0025; $n_D^{20}$ 1,4760; 65,0%. — *5-Isopropoxymethyl-*, *N-Äthyl-*, $Kp._3$ 146—147°; $D._4^{20}$ 1,0256; $n_D^{20}$ 1,4862; 65,8%. — *5-Butoxymethyl-*, *N-Methyl-*, $Kp._3$ 158—160°; $D._4^{20}$ 1,0253; $n_D^{20}$ 1,4835; 72,5%. — *5-Butoxymethyl-*, *N-Äthyl-*, $Kp._3$ 162—164°; $D._4^{20}$ 1,0130; $n_D^{20}$ 1,4830; 70,0%. — *5-Isobutoxymethyl-*, *N-Methyl-*, $Kp._3$ 150—152°; $D._4^{20}$ 1,0157; $n_D^{20}$ 1,4745; 68,0%. — *5-Isobutoxymethyl-*, *N-Äthyl-*, $Kp._3$ 154—156°; $D._4^{20}$ 0,9577; $n_D^{20}$ 1,4660; 65,3%. — [Furfuryl-(2)]-β-chloräthylamine: *5-Methoxymethyl-*, *N-Methyl-*, $C_{10}H_{16}ClNO_2$, $Kp._3$ 120—121°, durch tropfenweise Zugabe von 6,5 g $SOCl_2$ in 10 ml Bzl. zu 10,0 g I in 60 ml Bzl., Stehenlassen über Nacht, 3—4std. Erhitzen, Eindampfen, Behandeln des Rückstandes mit NaOH u. Ausäthern; $D._4^{20}$ 1,1074; $n_D^{20}$ 1,4945; 64,7%. *Hydrochlorid*, F. 108—110°. — Analog: *5-Methoxymethyl-, N-Äthyl-*, $Kp._3$ 127—128°; $D._4^{20}$ 1,0785; $n_D^{20}$ 1,4902; 62,5%. *Hydrochlorid*, F. 76—78°. — *5-Äthoxymethyl-, N-Methyl-*, $Kp._3$ 129—130°; $D._4^{20}$ 1,0727; $n_D^{20}$ 1,4860; 70,4%. *Hydrochlorid*, F. 69—71°. — *5-Äthoxymethyl-, N-Äthyl-*, $Kp._3$ 134—135°; $D._4^{20}$ 1,0543; $n_D^{20}$ 1,4855; 71,0%. *Hydrochlorid*, F. 80—81°. — *5-Propoxymethyl-, N-Methyl-*, $Kp._3$ 136—138°; $D._4^{20}$ 1,0660; $n_D^{20}$ 1,4860; 73,0%. *Hydrochlorid*, F. 58—60°. — *5-Propoxymethyl-, N-Äthyl-*, $Kp._3$ 142—144°; $D._4^{20}$ 1,0065; $n_D^{20}$ 1,4815; 69,3%. *Hydrochlorid*, F. 62—64°. — *5-Isopropoxymethyl-, N-Methyl-*, $Kp._3$ 131—133°; $D._4^{20}$ 1,0842; $n_D^{20}$ 1,4925; 61,0%. *Hydrochlorid*, F. 67—69°. — *5-Isopropoxymethyl-, N-Äthyl-*, $Kp._3$ 137—138°; $D._4^{20}$ 1,0568; $n_D^{20}$ 1,4850; 60,0%. *Hydrochlorid*, F. 61—63°. — *5-Butoxymethyl-, N-Methyl-*, $Kp._3$ 145—148°; $D._4^{20}$ 1,0373; $n_D^{20}$ 1,4850; 76,0%. *Hydrochlorid*, F. 59—61°. — *5-Butoxymethyl-, N-Äthyl-*, $Kp._3$ 152—153°; $D._4^{20}$ 1,0066; $n_D^{20}$ 1,4820; 73,3%. — *5-Isobutoxymethyl-, N-Methyl-*, $Kp._3$ 141—142°; $D._4^{20}$ 1,0461; $n_D^{20}$ 1,4910; 72,5%. *Hydrochlorid*, F. 75—77°. — *5-Isobutoxymethyl-, N-Äthyl-*, $Kp._3$ 146—148°; $D._4^{20}$ 1,0461; $n_D^{20}$ 1,4840; 70,7%. *Hydrochlorid*, F. 88—89°. G. Froelich. 3061◇

**Benzo-[b]-thiophen.** 3. Mitt. **Synthese hydroxylierter Diphenylalkane aus Anisylderivaten von Benzo-[b]-thiophen.** René Royer, Pierre Demerseman, Jean-Pierre Lechartier und Andrée Cheutin. (J. org. Chemistry **27,** 3808—14, Nov. 1962; Paris, Fondat. Curie, Inst. du Radium, Organ. Chem. Labor.; engl.) — 2. vgl. C. **1962,** 15206. — Durch reduktive Spaltung von *2-* bzw. *3-p-Methoxybenzylbenzo-[b]-thiophenen* (**A**) mit Raney-Ni werden *4-Methoxydiphenylalkane* dargestellt, die mit Pyridinhydrochlorid (**VI**) zu *4-Hydroxydiphenylalkanen* entmethyliert werden. Zu **A** führende Rkk. sind: a) Benzo-[b]-thiophen (**V**) → Benzo-[b]-thienyl-(2)-Li (**I**), mit Li-Acetat nach Shirley u. Mitarbeitern (C. **1958,** 14312) → *2-Acetyl-***V**, $SO_2Cl_2$ → *2-Chloracetyl-***V**, Pyridin → *[Benzo-[b]-thenoyl-(2)-methyl]-pyridiniumchlorid*, NaOH → *Benzo-[b]-thiophencarbonsäure-(2)* → *Chlorid* (**XXI**), Friedel-Crafts-Rk. mit Anisol (**VIII**) → *2-[4-Methoxybenzoyl]-benzo-[b]-thiophen* (**II**), Huang-Minlon-Red. → *2-[4-Methoxybenzyl]-benzo-[b]-thiophen* (**III**). **III** wird auch aus **I** u. p-Methoxybenzylchlorid (**IX**) erhalten, daneben entsteht etwas *2-[4-Hydroxybenzoyl]-benzo-[b]-thiophen*, das auch aus **II** u. **VI** erhalten wird. Acetylierung von **III** führt zu *2-[4-Methoxybenzyl]-3-acetylbenzo-[b]-thiophen* (**IV**) u. dessen Red. zu *2-[4-Methoxybenzyl]-3-äthylbenzo-[b]-thiophen* (**XII**); b) da das durch Rk. von **V** mit p-Methoxybenzoylchlorid (**X**) in Ggw. von $SnCl_4$ oder durch Kondens. von **VIII** mit **V**-Carbonsäure-(3)-chlorid darstellbare *3-[4-Methoxybenzoyl]-benzo-[b]-thiophen* nicht nach Clemmensen oder Huang-Minlon red. werden konnte, wird **V** mit **IX** in Ggw. von $ZnCl_2$ zu *3-[4-Methoxybenzyl]-benzo-[b]-thiophen* (**VII**) u. daneben *2.3-Bis-[4-methoxybenzyl]-benzo-[b]-thiophen* umgesetzt. **VII** ließ sich nicht acetylieren; c) p-Methoxybenzoylierung von 2-Äthylbenzo-[b]-thiophen (**XIX**) gibt → *2-Äthyl-3-[4-methoxybenzoyl]-benzo-[b]-thiophen*, das jedoch weder nach Clemmensen noch nach Huang-Minlon red. werden konnte; daher erfolgt Kondens. von **XIX** mit **IX** zu *2-Äthyl-3-[4-methoxybenzyl]-benzo-[b]-thiophen*; d) p-Methoxybenzoylierung von 3-Äthylbenzo-[b]-thiophen (**XI**) → *2-[4-Methoxybenzoyl]-3-äthylbenzo-[b]-thiophen*, Red. → **XII**, das auch aus dem 2-Li-Deriv. von **XI** u. **IX** erhalten wird. Die p-Methoxy-Verbb. werden durch **VI** zu entsprechenden *Hydroxy-Verbb.* demethyliert. — Kondens. von 2.3-Diäthylbenzo-[b]-thiophen (**XIII**) u. **X** in Ggw. von $AlCl_3$ führt zu *2.3-Diäthyl-6-* (**XIV**) u. *-5-[4-methoxybenzoyl]-benzo-[b]-thiophen* (**XV**). **XIV** wird durch Huang-Minlon-Red. in das *Benzyl-Analogon* übergeführt, das nach Red. mit Raney-Ni *4-Methoxy-4'-[hexyl-(3)]-diphenylmethan* (**XVI**) liefert; dessen Entmethylierung führt zu *4-Hydroxy-4'-[hexyl-(3)]-diphenylmethan* (**XVII**). Entsprechende Behandlung von **XV** führt zu *4-Methoxy-3'-[hexyl-(3)]-diphenylmethan* (**XVIII**). Die Strukturen von **XVI**, **XVII** u. **XVIII** werden durch die IR-Spektren (Abb.) gestützt. Der chem. Strukturbeweis durch direkte Synth. von **XVI** aus **VIII** oder Hexyl-(3)-benzol gelang nicht, da nur untrennbare Gemische isomerer Verbb. erhalten wurden.

Versuche: *2-Chloracetylbenzo-[b]-thiophen*, $C_{10}H_7ClOS$, F. 120°, durch 1½std. Kochen von 2-Acetyl-**V** u. $SOCl_2$ in Chlf.; aus A. Nadeln; 85,5% (Ausbeute). — *Benzo-[b]-thienoyl-(2)-methylpyridiniumchlorid*, $C_{15}H_{12}ClNOS$, F. 242° (bei langsamem Erhitzen Zers. >195°), durch Erhitzen vorst. Verb. u. Pyridin (2 Min.), Anreiben u. Auskochen mit Aceton; gelb; 95,5%. — *Benzo-[b]-thiophencarbonsäure-(2)*, F. 240° (A.), durch ½std. Erhitzen vorst. Verb. mit verd. NaOH, Filtrieren durch Glaswolle u. Ansäuern mit HCl; 79%. *Chlorid* (**XXI**), F. 84—86°, $Kp._{17}$ 176°, durch 2std. Kochen der Säure mit $SOCl_2$ in Bzl. u. Eindampfen; 82%. *Anilid*, $C_{15}H_{11}NOS$, F. 184°, aus dem Chlorid u. Anilin in Pyridin; aus A. Nadeln. — *2-[4-Methoxybenzoyl]-benzo-[b]-thiophen* (**II**), $C_{16}H_{12}O_2S$, F. 128°, $Kp._{17}$ 280—281°, durch Zusetzen von $AlCl_3$ zu vorst. Säurechlorid u. **VIII** in $CS_2$, 16std. Stehen bei 15° u. Erhitzen mit verd. HCl; grüne Nadeln;

85,5%. — *2-[4-Hydroxybenzyl]-benzo-[b]-thiophen*, F. 161°, neben dem Methyläther nach a) durch Ansäuern der wss., mit Bzl. extrahierten Lösung. *Methyläther* (**III**), $C_{16}H_{14}OS$, F. 111°, Kp.$_{17}$ 242°, a) durch $^1/_4$std. Erhitzen von **II** u. Hydrazinhydrat (**XX**) in Diäthylenglykol, Zusetzen von KOH, 40 Min. langes Kochen, Gießen in W. u. Extrahieren mit Bzl.; aus Bzl./PAe. Blättchen; 55,5%; b) durch Zusetzen von 49 g **IX** zu 0,3 Mol **I** (aus 0,3 Mol **V** u. n-Butyl-Li), 2std. Kochen, Stehen bei Raum-Temp. über Nacht, Behandeln mit Eiswasser u. Extrahieren der wss. Schicht mit Ae.; 27 g. *3-Acetyl-Deriv.* von **III** (**IV**), $C_{18}H_{16}O_2S$, Kp.$_{16}$ 268—270°, durch 3std. Rk. von **III** mit $CH_3COCl$ u. $SnCl_4$ in Bzl. bei 20°; $n_D^{21,5}$ 1,6487; grüne Fl.; 49%. — *3-[4-Methoxybenzoyl]-benzo-[b]-thiophen*, $C_{16}H_{12}O_2S$, F. 122,5° (A.), Kp.$_{16}$ 271 bis 272°, a) durch $2^3/_4$std. Stehen von **V** mit **X** u. $SnCl_4$ bei 20° u. Erhitzen; Nadeln; 45% (daneben *Gemisch* mit **II**); b) durch 15std. Stehen von **V**-Carbonsäure-(3)-chlorid, **VIII** u. $AlCl_3$ in $CS_2$ bei 15° u. Zers. mit heißer HCl; 62%. — *3-[4-Methoxybenzyl]-benzo-[b]-thiophen* (**VII**), $C_{16}H_{14}OS$, F. 79° (PAe./Cyclohexan), Kp.$_{15}$ 235—240°, durch Zutropfen von **IX** zu **V** u. $ZnCl_2$ in sd. Chlf., 2½std. Kochen u. Gießen in verd. HCl; 50%; daneben 16,5% *2.3-Bis-[4-methoxybenzyl]-benzo-[b]-thiophen*, $C_{24}H_{22}O_2S$, Kp.$_{15}$ 318 bis 325°; gelbe, viscose Fl.; $n_D^{23,5}$ 1,6452. — *2-Äthyl-3-[4-methoxybenzoyl]-benzo-[b]-thiophen*, $C_{18}H_{16}O_2S$, F. 70° (A.), Kp.$_{16}$ 263—265°, durch 3std. Stehen von **XIX** mit **X** u. $SnCl_4$ in Bzl. bei 20°; 93%. — *2-Äthyl-3-[4-methoxybenzyl]-benzo-[b]-thiophen*, $C_{18}H_{18}OS$, Kp.$_{14}$ 240—242°, durch 1½std. Zutropfen von **IX** zu **XIX** u. $ZnCl_2$ in sd. Chlf. u. 2½std. Erhitzen; $n_D^{21,5}$ 1,6257; fluorescierende, bernsteinfarbige Fl.; 65%. *Pikrat*, $C_{24}H_{21}N_3O_8S$, F. 82,5°; aus A. orangefarbene Nadeln. — *2-[4-Methoxybenzoyl]-3-äthylbenzo-[b]-thiophen*, $C_{18}H_{16}O_2S$, F. 94°, Kp.$_{14}$ 271°, durch ca. 3std. Stehen von **XI** mit **X** u. $SnCl_4$ in Bzl. bei 20°; wollige Nadeln; 90,5%. — *2-[4-Methoxybenzyl]-3-äthylbenzo-[b]-thiophen* (**XII**), $C_{18}H_{18}OS$, Kp.$_{16}$ 250—252°, a) durch Red. von **IV** mit **XX** u. KOH in Diäthylenglykol; $n_D^{21}$ 1,6348; hellgelbe Fl.; 64,5%; b) analog a) aus vorst. Verb.; 35%; c) durch Zutropfen von **IX** zum 2-Li-Deriv. von **XI** in Ae., 2std. Kochen u. Stehen bei Raum-Temp. über Nacht; 23,5%. — *4-Hydroxybenzoyl-* bzw. *-benzyl-Derivv. substituierter* Benzo-[b]-thiophene, durch Kochen der entsprechenden p-Methoxybenzoyl- bzw. -benzyl-Derivv. mit **VI** bis zur Homogenisierung, Gießen in verd. HCl, Dest. u. Kristallisation aus Bzl., PAe. oder Bzl./A.: *2-[4-Hydroxybenzoyl]-*, F. 161°; 90%. — *2-[4-Hydroxybenzyl]-*, F. 147°; 60%. — *2-[4-Hydroxybenzyl]-3-acetyl-*, F. 123,5°; 59%. — *3-[4-Hydroxybenzoyl]-*, F. 191°; 96%. — *3-[4-Hydroxybenzyl]-*, Kp.$_{20}$ 258°; $n_D^{26}$ 1,6610; 75,5%. *p-Nitrobenzoat*, F. 148°; aus A./Bzl. gelb. — *2-Äthyl-3-[4-hydroxybenzoyl]-*, Kp.$_{17}$ 289 bis 290°; 83%. — *2-Äthyl-3-[4-hydroxybenzyl]-*, Kp.$_{13}$ 253°; $n_D^{22}$ 1,6462; 84%. — *2-[4-Hydroxybenzoyl]-3-äthyl-*, F. 172°; 99%. — *2-[4-Hydroxybenzyl]-3-äthyl-*, F. 84°; 64%. — *2.3-Diäthyl-6-[4-hydroxybenzoyl]-*, F. 174,5°; 85%. — *2.3-Diäthyl-5-[4-hydroxybenzoyl]-*, Kp.$_{18}$ 302°; 55%. — *2.3-Diäthyl-6-[4-hydroxybenzyl]-*, F. 89°; 95%. — Diphenylalkane, durch $^3/_4$std. Kochen der **A** mit Raney-Ni W-4 in A., Filtrieren, Verdünnen mit W., Extrahieren mit Chlf., Eindampfen u. Dest. im Vakuum (Entmethylieren mit **VI**): *1-[4-Methoxyphenyl]-3-phenylpropan*, Kp.$_{16}$ 190°; $n_D^{20}$ 1,5508; 82%. — *1-[4-Methoxyphenyl]-2-phenylpropan*, Kp.$_{17}$ 178—179°; $n_D^{19,5}$ 1,5586; 82,5%. — *1-[4-Methoxyphenyl]-3-phenylpentan*, Kp.$_{14}$ 193°; $n_D^{19,5}$ 1,5458; 89%. — *1-[4-Methoxyphenyl]-2-phenylpentan*, Kp.$_{14}$ 188—190°; $n_D^{20}$ 1,5492; 89%. — *1.4-Bis-[4-methoxyphenyl]-2-phenylbutan*, Kp.$_{24}$ 288—289°; $n_D^{21,5}$ 1,5847; 82%. — *1-[4-Hydroxyphenyl]-3-phenylpropan*, Kp.$_{13}$ 200°; $n_D^{19}$ 1,5708. — *1-[4-Hydroxyphenyl]-2-phenylpropan*, F. 63°, Kp.$_{14}$ 193°. — *1-[4-Hydroxyphenyl]-3-phenylpentan*, Kp.$_{14}$ 203°; $n_D^{21,5}$ 1,5537. — *1-[4-Hydroxyphenyl]-2-phenylpentan*, F. 81,5°, Kp.$_{15}$ 201—202°. — *1.4-Bis-[4-hydroxyphenyl]-2-phenylbutan*, Kp.$_{20}$ 303°. — *2.3-Diäthyl-6-[4-methoxybenzoyl]-benzo-[b]-thiophen* (**XIV**), $C_{20}H_{20}O_2S$, F. 102,5°, durch 15std. Stehen von 20 g **XIII** mit **X** in $CS_2$ u. $AlCl_3$ bei 15°; aus A. Prismen; 18,5 g; daneben *2.3-Diäthyl-5-[4-methoxybenzoyl]-benzo-[b]-thiophen* (**XV**), $C_{20}H_{20}O_2S$, Kp.$_{17,5}$ 277 bis 279°; gelbe, viscose Fl.; $n_D^{22}$ 1,6467. — *2.3-Diäthyl-6-[4-methoxybenzyl]-benzo-[b]-thiophen* $C_{20}H_{22}OS$, Kp.$_{17}$ 277°, durch $^1/_4$std. Erhitzen von **XIV** mit **XX** u. KOH in Diäthylenglykol; $n_D^{22}$ 1,6178; gelbe, sehr viscose Fl.; 73%. — *4-Methoxy-4'-[hexyl-(3)]-diphenylmethan* (**XVI**), $C_{20}H_{26}O$, Kp.$_{18}$ 224°, durch Red. vorst. Verb. mit Raney-Ni W-4; $n_D^{23}$ 1,5410; 94%. — *4-Hydroxy-4'-[hexyl-(3)]-diphenylmethan* (**XVII**), $C_{19}H_{24}O$, Kp.$_{17}$ 236°, durch 1½std. Erhitzen von **XVI** u. **VI**, Gießen in verd. HCl u. Extrahieren mit Bzl.; $n_D^{25}$ 1,5530; bernsteinfarben; 48%. *p-Nitrobenzoat*, $C_{26}H_{27}NO_4$, F. 52,5°; Blättchen. — *4-Methoxy-3'-[hexyl-(3)]-diphenylmethan* (**XVIII**), $C_{20}H_{26}O$, Kp.$_{20}$ 225°, durch 1½std. Erhitzen von **XV**, **XX** u. KOH in Diäthylenglykol (→ *rotes Harz* vom Kp.$_{25}$ 288—295°) u. $^3/_4$std. Kochen in Ggw. von Raney-Ni in A.; $n_D^{26}$ 1,5380; bernsteinfarben. H. Gleinig. 3071◇

**4-Benzyliden-2.3-dioxopyrrolidine und 4-Benzyl-2.3-dioxopyrrolidine. Synthese und Experimente über Reduktion und Alkylierung.** Philip L. Southwick und Eugene F. Barnas. (J. org. Chemistry **27**, 98—106, 18/1. 1962; Pittsburgh, Pa.,

Carnegie Inst. of Technol., Dep. of Chem.; engl.) — Die säurekatalysierte Kondens. von 1-substituierten 2.3-Dioxopyrrolidinen (**A**) mit Benzaldehyd liefert 1-substituierte *4-Benzyliden-2.3-dioxopyrrolidine* (**B**) Eine bequeme präparative Meth., bei der durch Säurehydrolyse u. Decarboxylierung von 1-substituierten 4-Carbäthoxy-2.3-dioxopyrrolidinen **A** entstehen, die in einer Operation mit Benzaldehyd direkt kondensiert werden, wird beschrieben. Durch $NaBH_4$ werden die Doppelbindung u. die benachbarte Ketogruppe der **B** unter Bldg. von 1-substituierten *4-Benzyl-3-hydroxy-2-oxopyrrolidinen* hydriert, die mit $LiAlH_4$ zu 1-substituierten *4-Benzyl-3-hydroxypyrrolidinen* red. werden. Die katalyt. Hydrierung der **B** liefert 1-substituierte *4-Benzyl-2.3-dioxopyrrolidine*, die in der Enolform als *4-Benzyl-3-hydroxy-2-oxopyrroline* (**C**) vorliegen. Die **C** geben wie Phenole eine positive $FeCl_3$-Rk., reagieren sauer u. unterliegen sowohl der C- als auch der O-Alkylierung. Das ketonartige Verh. wird durch die Bldg. von *Anilin-Derivv.* bewiesen.

Versuche: 4-Benzyliden-2.3-dioxopyrrolidine (**B**), a) durch ½std. Einleiten von trockenem HCl in die Lsg. der **A** in überschüssigem Benzaldehyd, ½std. Stehen, Verdünnen mit PAe. u. Umkristallisieren aus 95%ig. A. (Meth. **a**); b) durch mehrstd. Rühren von 1-substituierten 4-Carbäthoxy-2.3-dioxopyrrolidin u. Benzaldehyd in verd. A.-haltiger HCl, mehrstd. Stehen im Eisschrank, Filtrieren u. Extrahieren der Mutterlaugen mit Chlf. (Meth. **b**): *N-Methyl-*, $C_{12}H_{11}NO_2$, F. 201,5—203°, 1std. Rk. nach **b**; Nadeln; 43%. — *N-Isopropyl-*, $C_{14}H_{15}NO_2$, F. 183,5—185°, nach **b** in 1½ Std.; Platten; 54%. — *N-Cyclohexyl-*, $C_{17}H_{19}NO_2$, F. 204—205,5°, nach **a** (1 Std.) u. **b** (2 Std.); Nadeln; 84 bzw. 76%. — *N-Phenyl-*, $C_{17}H_{13}NO_2$, F. 181,5—183°, nach **b** (3 Std.); Nadeln; 32%. — *N-Benzyl-*, $C_{18}H_{15}NO_2$, F. 188,5—190°, nach **a** (1 Std.) u. **b** (3 Std.); Nadeln; 76 bzw. 67%. — *N-[β-Phenäthyl]-*, $C_{19}H_{17}NO_2$, F. 157—158,5°, nach **b** (3 Std.); Platten; 53%. — 4-Benzyl-3-hydroxy-2-oxopyrrolidine: *N-[β-Phenäthyl]-*, $C_{19}H_{21}NO_2$, F. 141—142,5°, durch 10 Min. lange Zugabe der entsprechenden Benzyliden-Verb. zu $NaBH_4$ in 95%ig. A., 1std. Stehen bei Raum-Temp., Versetzen mit verd. HCl u. Eindampfen im Vakuum; aus Chlf./PAe. Nadeln; 45%; daneben *Isomeres vom F. 65,5—68°*; aus Bzl./Hexan lederfarbene Stäbchen; 12%. — *N-Methyl-*, $C_{12}H_{15}NO_2$, F. 109—110°, analog vorst. Verb.; aus Ae. oder Chlf./PAe. Prismen. *Isomerengemisch*, F. 95—99°; 89%. — *N-Cyclohexyl-*, $C_{17}H_{23}NO_2$, F. 128—130°; aus Heptan Nadeln; 71%. *Isomerengemisch*, F. 111,5—118°; 98%. — *N-Benzyl-*, $C_{18}H_{19}NO_2$, F. 107—109°; aus Ae. Nadeln. *Isomerengemisch*, F. 95—99°; 76%. — 4-Benzyl-2.3-dioxopyrrolidine (**C**), durch Hydrieren der **B** in einer Parr-App. in Eisessig an $PtO_2$ bei 60 lbs./sq.in. (½ Std.), Filtrieren, Einengen, Gießen in Eiswasser, mehrstd. Stehen bei Raum-Temp. u. Umkristallisieren aus 95%ig. A.: *N-Methyl-*, $C_{12}H_{13}NO_2$, F. 170—171°; Nadeln; 67%. *3-Anil-Deriv.*, $C_{18}H_{18}N_2O$, F. 137—138°, durch 1std. Kochen mit Anilin in 95%ig. A./1,76m Essigsäure (20:1), mehrstd. Stehen u. Umkristallisieren aus 95%ig. A.; 93%. — *N-Cyclohexyl-*, $C_{17}H_{21}NO_2$, F. 196—197°; Nadeln; 61%. — *N-Benzyl-*, $C_{18}H_{17}$·$NO_2$, F. 160—161°; Nadeln; 63%. *3-Anil-Deriv.*, $C_{24}H_{22}N_2O$, F. 137,5°; 87%. — *N-[p-Phenäthyl]-*, $C_{19}H_{19}NO_2$, F. 161—162°; Stäbchen; 63%. *3-Anil-Deriv.*, $C_{25}H_{24}N_2O$, F. 138,5 bis 139°; 96%. — 3-Hydroxy-4-benzylpyrrolidine, a) durch 1std. Stehen der **B** mit $NaBH_4$ in 95%ig. A., Abtrennen der entstandenen **C**, 24std. Kochen mit $LiAlH_4$ in abs. Ae., Aufarbeiten, evtl. Umwandeln in das *p-Toluolsulfonat* u. Umkristallisieren aus abs. A./Essigester; b) durch 24std. Kochen der entsprechenden 3-Hydroxy-2-oxopyrrolidine mit $LiAlH_4$ in abs. Ae. u. Weiterverarbeiten analog a): *N-Methyl-*, *p-Toluolsulfonat*, $C_{19}H_{25}NO_4S$, F. 131,5—133°; Nadeln; 25%. — *N-Cyclohexyl-*, $C_{17}H_{25}NO$, F. 93—94°; Stäbchen; 46% (roh). *p-Toluolsulfonat*, $C_{24}H_{33}NO_4S$, F. 140—141°; Nadeln; 30%. — *N-Benzyl-*, *p-Toluolsulfonat*, $C_{25}H_{29}NO_4S$, F. 142,5—144°; Nadeln; 14%. — *N-[β-Phenäthyl]-*, *p-Toluolsulfonat*, $C_{26}H_{31}NO_4S$, F. 134—135,5°; Nadeln; 38%. — *1.4.4-Tribenzyl-2.3-dioxopyrrolidin*, $C_{25}H_{23}NO_2$, F. 170—170,5° (95%ig. A.), durch 10 Min. langes Kochen von 1.4-Dibenzyl-2.3-dioxopyrrolidin mit Na-Äthylat in abs. A. unter $N_2$, Eindampfen, Versetzen mit Toluol, 20std. Kochen mit Benzylchlorid unter $N_2$ u. Eindunsten; 19%. P. Golinske. 3081◇

**Synthesen und Reaktionen neuer ortho-kondensierter Pyrazoloverbindungen.** K. H. Menzel, R. Pütter und G. Wolfrum. (Angew. Chem. **74**, 839—47, 7/11. 1962; Leverkusen, Farbenfabriken Bayer AG., Wiss. Hauptlabor.; Agfa-Photofabrik, Chem.-techn. Labor.; dt.) — *Pyrazolo-[1.5:a]-benzimidazole* (**A**) werden durch Kondens. von 2-Nitrophenylhydrazin (**I**)-Derivv. mit Acetessigsäure-Derivv. oder anderen β-Ketosäureestern (**D**) bzw. Iminoäthern des Cyanessigesters (**II**) zu *1-[2-Nitrophenyl]-5-hydroxy-3-methyl-* bzw. *-3-aminopyrazolen*, Red. der Nitrogruppe u. Cyclisieren des erhaltenen *1-[2-Aminophenyl]-pyrazolons-(5)* durch Erhitzen (in schwach saurem Medium, in organ. Lsg. oder ohne Lsgm.) dargestellt (Meth. **a**). Durch Erhitzen der durch Kondens. von **I**-Derivv. mit β-Ketosäure- oder β-Ketiminosäurenitrilen u. Red. der Nitrogruppen der

Prodd. erhältlichen 1-[2-Aminophenyl]-5-aminopyrazole in verd. $H_2SO_4$ (Meth. **b**) oder durch Erhitzen der aus 2-Chlorphenylhydrazinen mit elektrophilen Substituenten in 3- oder 5-Stellung u. Diacetonitril darstellbaren 1-[2'-Chlorphenyl]-5-aminopyrazole in höhersd. Alkoholen in Ggw. von Na-Acetat u. Cu-Pulver (Meth. **c**) werden ebenfalls **A** erhalten. Die Konsens. von o-Aminobenzoesäurehydraziden (**E**) mit **D** bzw. **II**-Iminoäthern u. Cyclisierung zu *4.9-Dihydro-9-oxopyrazolo-[5.1:b]-chinazolinen* (**B**) verläuft nicht über Pyrazolon-Derivv. sondern über das Hydrazon u. dessen unmittelbare, bas. katalysierte Cyclisierung (Meth. **d**). Schwach bas. **E** reagieren nur mit den Phenylestern der $\beta$-Ketosäuren ohne Alkalizusatz (Meth. **e**) zu **B**; mit Acetessigester entstehen dagegen z. B. bei der Rk. mit 5-Nitro-2-aminobenzhydrazid *3-Methylpyrazolon-(5)* u. *2-Amino-5-nitrobenzoesäure*. Durch Umsetzung der durch Dehydratisierung der *N-Acetoacetyl-Derivv.* von o-Aminoarylcarbonsäuren mit Acetanhydrid erhältlichen *2-Acetonyl-3.1-benzoxazinone* mit Hydrazinhydrat (Meth. **f**) oder durch Erhitzen von Isatosäureanhydrid mit 3-Methylpyrazolon-(5) lassen sich ebenfalls **B** darstellen. Meth. **f** kann als Eintopf-Rk. mit Anthranilsäuren (**G**) u. Diketen (**III**) als Ausgangskomponenten in Eisessig oder $CCl_4$ durchgeführt werden. *Pyrazolo-[3.4:b]-chinoline* (**C**) werden durch Cyclisieren von *5-[2-Carboxyarylamino]-pyrazolen* (**F**) mit Polyphosphorsäure oder $POCl_3$ (bei 30—80°) erhalten. Beim Erhitzen mit $POCl_3$ auf 120—130° werden die *4-Chloranaloga*, beim Erhitzen mit $PBr_3$ die *4-Bromanaloga* erhalten. **F** werden durch Umsetzung von 2-Acetonyl- bzw. 2-Phenacyl-3.1-benzoxazinonen-(4) mit Hydrazinen bei ca. 80° oder direkt in einem Zug mit **G** u. **III** als Ausgangs-Verbb. dargestellt. **F** kuppeln mit Diazoniumsalzen u. werden durch $HNO_2$ nitrosiert. Red. der **F**-Nitroso-Verbb. mit Fe führt zu *Aminen*, die diazotiert werden können. Die diazotierten Prodd. lassen sich z. B. mit Resorcin kuppeln; in Soda-Lsg. bilden sie *Triazole*. — **A** u. **B** werden alkyliert. Je nach den Bedingungen tritt bei den **B** Monoalkylierung am $N_{(1)}$ bzw. $N_{(4)}$ bzw. Dialkylierung zu mesomeren *1.4-Dialkyl-4.9-dihydro-9-oxopyrazolo-[5.1:b]-chinazoliniumsalzen* ein. Die *1.2-Dimethyl-* bzw. die *1.2.4-Trimethyl-*Verb. lagern sich >220° bzw. durch Kochen mit Anilin in *2.4-Dimethyl-4.9-dihydro-9-oxopyrazolo-[5.1:b]-chinazolin* um. 4-Hydroxy-**C**, z. B. 4-Hydroxy-3-methyl-1-phenylpyrazolo-[3.4:b]-chinolin (**IV**) werden mit Dimethylsulfat oder p-Toluolsulfonsäuremethylester in 2-Stellung, z. B. zum *2.3-Dimethyl-4-hydroxy-1-phenylpyrazolo-[3.4:b]-chinoliniumsalz* (**V**) oder am $N_{(9)}$ z. B. zu *4.9-Dihydro-3.9-dimethyl-1-phenylpyrazolo-[3.4:b]-chinolin* alkyliert. **V** geht in wss.-alkal. Lsg. in *2.4-Dihydro-2.3-dimethyl-4-oxo-1-phenylpyrazolo-[3.4:b]-chinolin* über. Das *O-Methyl-Deriv.* von **IV** wird ebenfalls dargestellt. **A** werden mit konz. $H_2SO_4$ am $C_{(3)}$ sulfoniert, mit rauchender $H_2SO_4$ bzw. bei höherer Temp. zersetzen sie sich; **B** werden zunächst am $C_{(3)}$ u. mit rauchender $H_2SO_4$ oder bei höherer Temp. auch am $C_{(7)}$ u. $C_{(5)}$ sulfoniert. Nitrosierung von **A** u. **B** (außer $N_{(1)}$-alkylierten Prodd.) erfolgt an $C_{(3)}$; 3-Sulfonsäuren werden durch $HNO_2$ ebenfalls in *3-Nitroso-Verbb.* übergeführt, die zu *3-Amino-Verbb.* red. werden. Am $C_{(3)}$ unsubstituierte **A** werden am $C_{(3)}$, die anderen im Benzolkern nitriert; die durch Red. erhaltenen *3-*, *5-* bzw. *7-Amino-Verbb.* können ebenfalls diazotiert werden. **A** u. **B** sowie ihre 3-Sulfonsäuren werden am $C_{(3)}$ mit Diazoniumsalzen iso- bzw. heterocycl. Amine zu *Azo-*, mit p-Phenylendiamin-Derivv. zu *Azomethinfarbstoffen* gekuppelt. Während **B** gegen NaOH beständig sind, werden 2- u. 4-Methyl-Derivv. durch Alkalien in *5-[2-Carboxyphenylamino]-pyrazole* gespalten, die sich in Ggw. von Säuren wieder zu **B** cyclisieren lassen. Die 4-Chlor-Derivv. von **C** tauschen durch Erwärmen mit prim. u. sek. Aminen, Alkalialkoholaten u. -phenolaten das Cl-Atom gegen Amino-, Alkoxy- u. Phenoxyreste. **A** u. **B** eignen sich als Farbkuppler in der Farbenphotographie u. zur Darst. von *Azo-*, *Metallkomplex-* u. *bas. Farbstoffen*. — 3H(4H)-Pyrazolo-[1.5:a]-benzimidazole (**A**): *2-Methyl-*, F. 245°, nach **a** oder **b**. — *2-Methyl-6-sulfo-*, F. >300° (Zers.), nach **a**. — *2-Methyl-5-carboxy-7-sulfo-*, F. >320° (Zers.), nach **c**. — *2-Phenyl-*, F. 260°, nach **a** bzw. **b**. — *2-Phenyl-6-sulfo-*, F. 265° (Zers.), nach **a**. — *2-Amino-6-sulfo-*, F. 280° (Zers.), nach **a**. — *2-Amino-6-chlor-*, F. 280° (Zers.), nach **a**. — *2-Amino-6-brom-*, F. 195°, nach **a**. — *2-Methyl-6-trifluormethyl-*, F. 280°, nach nach **a** bzw. **b**. — *2-[Heptyl-(3')]-*, F. 190°, nach **a**. — *2-Heptadecyl-*, F. 120°, nach **a** oder **b**. — *2-Heptadecyl-6-methyl-*, F. 125°, nach **a** oder **b**. — *2-Heptadecyl-7-chlor-6-sulfo-*, F. >280° (Zers.), nach **a**. — *2-Heptadecyl-6-sulfo-*, F. >260° (Zers.), nach **a**. — *2-Phenyl-6-amino-*, F. 320°, nach **a** bzw. **b**. — *2-[3-Aminophenyl]-*, F. 250°, nach **a**. — *2-Carboxy-*, F. 275° (Zers.), nach **a**. — *2-Methoxycarbonyl-*, F. 262°, nach **a**. — *2-Carboxy-6-chlor-*, F. >280° (Zers.), nach **a**. — 4.9-Dihydro-9-oxopyrazolo-[5.1:b]-chinazoline (**B**): *2-Methyl-*, F. 360° (Zers.), nach **d**, **e** bzw. **f**; 87, 90 bzw. 90%. — *2.4-Dimethyl-*, F. 243—244°, nach **d**; 90%. — *2-Methyl-4-cyanäthyl-*, F. 257° (Zers.), nach **e**; 85%. — *2-Methyl-4-diäthylaminoäthyl-*, F. 122—124°, nach **e**; 93%. — *2-Methyl-4-phenyl-*, F. 243—245°, nach **e**; 75%. — *2-Phenyl-*, F. >337—338°, nach **d**; 50%. — *2-[4-Nitrophenyl]-*, F. 380° (Zers.), nach **d**; 68%. — *2-[3-Nitrophenyl]-*, F. 375° (Zers.), nach **d**; 62%. — *2-[3-Nitrophenyl]-8-chlor-*,

F. 400° (Zers.), nach **d**; 58%. — *2-[4-Methoxyphenyl]-*, F. 330° (Zers.), nach **d**; 69%. — *2-Heptadecyl-*, F. 131—133°, nach **d**; 80%. — *2-Äthoxycarbonyl-*, F. 280° (Zers.), nach **d**; 35%. — *2.3-Dimethyl-*, F. 325° (Zers.), nach **d**; 85%. — *2.3-Tetramethylen-*, F. 239—241°, nach **d**; 80%. — *2-Methyl-8-chlor-*, F. 370° (Zers.), nach **d**; 65%. — *2-Methyl-6-chlor-*, F. 360° (Zers.), nach **e**; 75%. — *2-Methyl-6-nitro-*, F. 310° (Zers.), nach **e**; 40%. — *2-Methyl-6-amino-*, F. 360—363° (Zers.), nach **d**; 70%. — *2-Methyl-5-carboxy-*, F. >380°, nach **e** bzw. **f**; 68 bzw. 77%. — *2-Methyl-7-sulfo-*, F. >380°, nach **e**; 60%. — *2-Methyl-6.7-benzo-*, F. 340°, nach **e**; 80%. — *2-Amino-*, F. 250° (Zers.), nach **d**; 60%. — *2-Hydroxy-*, F. 370° (Zers.), nach **d**; 70%. — *2-Hydroxy-6-amino-*, F. 320° (Zers.), nach **d**; 60%. — *6.7-Phthaloyl-*, F. >380°, nach **e**; 70%. — *6.6'-Bis-[2-methyl-4.9-dihydro-9-oxopyrazolo-[5.1:b]-chinazolyl]*, F. >380°, nach **e**; 55%. — *2-Methyl-4H-pyrazolo-[1.5:b]-benzo-1.2.4-thiadiazin-S.S-dioxid*, F. 282—283°, nach **a** aus 1-[2-Aminobenzolsulfonyl]-3-methylpyrazolon-(5). — 3-Methylpyrazolo-[3.4:b]-chinoline (**C**): *1-Phenyl-4-hydroxy-* (**IV**), F. 282—283°; 95%. — *1-[3-Nitrophenyl]-4-hydroxy-*, F. 311—312°; 93%. — *1-[4-Sulfophenyl]-4-hydroxy-*, F. >360°; 84%. — *1-Methyl-4-hydroxy-*, F. 347—348°; 96%. — *1-[3'-Thiacyclopentyl]-4-hydroxy-*, *3'.3'-Dioxid*, F. 290—291°; 98%. — *1-Phenyl-4-hydroxy-7-sulfo-*, F. >360°; 90%. — *1-Phenyl-4-chlor-*, F. 138—139°; 97%. — *1-[3-Nitrophenyl]-4-chlor-*, F. 210°; 88%. — *1-[β-Chloräthyl]-4-chlor-*, F. 165°; 96%. — *1-Cyclopentyl-4-chlor-*, F. 102—103°; 93%. — *1-[3'-Thiacyclopentyl]-4-chlor-*, *3'.3'-Dioxid*, F. 211°; 94%. — *1-Phenyl-6-nitro-4-chlor-*, F. 265°; 93%. — *1-Phenyl-7-nitro-4-chlor-*, F. 224°; 96%. — *1-Phenyl-4.7-dichlor-*, F. 162°; 95%. — *1-Phenyl-7-chlorsulfonyl-4-chlor-*, F. 225°; 93%. — *1-[3'-Thiacyclopentyl]-7-chlorsulfonyl-4-chlor-*, *3'.3'-Dioxid*, F. 210°; 83%. — 3-Methyl-5-[2-carboxyanilino]-pyrazole (**F**): *1-Phenyl-*, F. 214°; 78%. — *1-[3-Nitrophenyl]-*, F. 217°; 96%. — *1-[2.4-Dinitrophenyl]-*, F. 179°; 60%. — *1-[4-Sulfamoylphenyl]-*, F. 275°; 68%. — *1-[4-Sulfophenyl]-*, F. >350°; 78%. — *1-Methyl-*, F. 212°; 60%. — *1-[3'-Thiacyclopentyl]-*, *3'.3'-Dioxid*, F. 232°; 83%. — *1-β-Cyanäthyl-*, F. 200°; 70%. — *1-[Benzthiazolyl-(2)]-*, F. 272°; 80%. — Analog: *1.3-Diphenyl-5-[2-carboxyanilino]-pyrazol*, F. 181°; 90%. — *3-Phenyl-5-[2-carboxyanilino]-1-[3-thiacyclopentyl]-pyrazol-3'.3'-dioxid*, F. 200°; 91%. — 1-Phenyl-3-methylpyrazole: *5-[5-Chlor-2-carboxyanilino]-*, F. 263°; 94%. — *5-[5-Nitro-2-carboxyanilino]-*, F. 254°; 60%. — *5-[3-Carboxynaphthyl-(2)-amino]-*, F. 258°; 50%. H. Gleinig. 3122◇

**Untersuchungen in der Thiazolreihe.** 3. Mitt. **Synthese einiger 2-Chlor- und 2-Hydroxythiazole.** H. S. Sachdev, K. S. Dhami und K. S. Narang. (J. sci. ind. Res. [New Delhi], Sect. C **19**, 9—10, Jan. 1960; Hoshiarpur, Punjab Univ., Chem. Dep.; engl.) — 2. vgl. C. **1960**, 3218; 4. vgl. C. **1962**, 14495. — Eine Reihe neuer *2-Hydroxythiazole* u. *2-Chlorthiazole* wird aus den entsprechenden Thiocyanketonen dargestellt. 2-Hydroxy-4-[2.4-dihydroxyphenyl]-thiazol hemmt das Wachstum von *Str. haemolyticus*, *S. typhi*, *S. parathyphi*, S. *schottmuelleri*, *Esch. coli* u. *S. paradysenteriae* (Flexner) in einer Verdünnung 1 : 5000. Ein Bldg.-Mechanismus der 2-Hydroxythiazole wird diskutiert.

Versuche: ω-Thiocyanacetophenone: *3-Methyl-6-hydroxy-*, $C_{10}H_9NO_2S$, F. 118°, durch 5 Min. langes Kochen von 7 g ω-Chlor-3-methyl-6-hydroxyacetophenon in A. mit einer gesätt. wss. Lsg. von Ba-Thiocyanat u. $^1/_2$std. Stehen; aus 80%ig. A. Nadeln; 6 g (Ausbeute). — *4-Methyl-6-hydroxy-*, $C_{10}H_9NO_2S$, F. 125—126°, analog vorst. Verb.; aus verd. A. Nadeln. — *2.3.4-Trihydroxy-*, $C_9H_7NO_4S$, F. 200°; aus 10%ig. Essigsäure rötliche Kristalle. — *2.4-Dihydroxy-*, $C_9H_7NO_3S$, F. 192° (verd. A.). — 2-Hydroxythiazole: *4-[3-Methyl-6-hydroxyphenyl]-*, $C_{10}H_9NO_2S$, F. 223° (verd. A.), durch 1std. Erhitzen des entsprechenden Thiocyanacetophenons in Essigsäure mit etwas W. u. konz. $H_2SO_4$ u. Verdünnen mit W.; 70%. — *4-[4-Methyl-6-hydroxyphenyl]-*, $C_{10}H_9NO_2S$, F. 213° (70%ig. A.); 85%. — *4-[2.4-Dihydroxyphenyl]-*, $C_9H_7NO_3S$, F. 257° (80%ig. A.); 92,5%. — *4-[2.3.4-Trihydroxyphenyl]-*, $C_9H_7NO_4S$, F. 230° (10%ig. Essigsäure); 40%. — *2-Chlor-4-[3-methyl-6-hydroxyphenyl]-thiazol*, $C_{10}H_8ClNOS$, F. 99—100°, durch Sättigen des entsprechenden Thiocyanketons in abs. Ae. mit HCl (2 Std.), Eindampfen u. Behandeln mit 2%ig. $Na_2CO_3$-Lsg.; aus verd. A. Nadeln; 90%. — *2-Chlor-4-[4-methyl-6-hydroxyphenyl]-thiazol*, $C_{10}H_8ClNOS$, F. 111—112°, analog vorst. Verb.; aus 80%ig. A. Nadeln; 90%. P. Golinske. 3142◇

**Thioindigoide Farbstoffe aus 2-Aryliminothiazolidon-(4). Darstellung einiger 3-[2-Arylimino-4-oxothiazolidinyliden-(5)]-oxindole.** Ravindra Pratap Rao. (J. sci. ind. Res. [New Delhi], Sect. B **19**, 29, Jan. 1960; Gorakhpur, Univ., Dep. of Chem.; engl.) — Durch 4—5std. Kochen von Isatin mit entsprechenden 2-Aryliminothiazolidonen-(4) u. geschmolzenem wasserfreiem Na-Acetat in Eisessig in Ggw. von Acetanhydrid u. Gießen in W. entstehen folgende 3-[2-Arylimino-4-oxothiazolidinyliden-(5)]-oxindole: *3-[2-(o-Äthoxyphenylimino)-*, $C_{19}H_{15}N_3O_3S$, F. 310—312°; dunkelrot. — *3-[2-(p-Äthoxyphenylimino)-*, $C_{19}H_{15}N_3O_3S$, F. 338—339°; dunkelrot. — *3-[2-(p-Nitro-*

*phenylimino)*-, $C_{17}H_{10}N_4O_4S$, F. 350°; schokoladenfarben. — *3-[2-(o-Chlorphenylimino)*-, $C_{17}H_{10}ClN_3O_2S$, F. 350°; tief orangerot. — *3-[2-(m-Chlorphenylimino)*-, $C_{17}H_{10}ClN_3O_2S$, F. 342°; dunkelrot. — *3-[2-(p-Chlorphenylimino)*-, $C_{17}H_{10}ClN_3O_2S$, F. 350°; dunkelrot. P. Golinske. 3142◇

**Untersuchung auf dem Gebiet der Chemie des 2.1.3-Thiodiazols. 11. Mitt. Chlorierung und Bromierung von 1′.2′-Naphtho-2.1.3-thiodiazol.** W. G. Pessin, A. M. Chaletzki und L. A. Kauchowa. (J. allg. Chem. [UdSSR] **30** (92), 2187—92, Juli 1960; Leningrad, Chem.-Pharmazeut. Inst.; russ.) — 10. vgl. C. **1961**, 1559. — Die Chlorierung u. Bromierung von Naphtho-[1′.2′:4.5]-2.1.3-thiodiazol (**I**) in der Schmelze liefert *3′.4′-Dichlor-* (**II**) bzw. *3′.4′-Dibrom-3′.4′-dihydronaphtho-[1′.2′:4.5]-2.1.3-thiodiazol* (**III**). **II** u. **III** gehen bei der Einw. von alkohol. NaOH in *4′-Chlor-* (**IV**) bzw. ein Gemisch aus *3′-* u. *4′-Bromnaphtho-[1′.2′:4.5]-2.1.3-thiodiazol* (**V**) über. Die Struktur von **IV** u. **V** wird durch Parallel-Synth. aus 4-Chlor- (**VI**) bzw. 4-Brom-1.2-diaminonaphthalin (**VII**) u. Thionylanilin (**VIII**) bewiesen. Die Chlorierung u. Bromierung von **I** in Eisessig gibt *x′.x′-Dichlor-* u. *x′.x′-Dibromnaphtho-[1′.2′:4.5]-2.1.3-thiodiazol*, die mit alkohol. NaOH kein Halogen abspalten. Die Synth. von **VI** u. **VII** wird beschrieben.

Versuche: Naphtho-[1′.2′:4.5]-2.1.3-thiodiazole: *3′.4′-Dichlor-3′.4′-dihydro-* (**II**), $C_{10}H_6Cl_2N_2S$, F. 153—153,5° (A.), durch Einleiten von $Cl_2$ in 3,2 g **I** bei 100°; 4,45 g (Ausbeute). — *4′-Chlor-*(**IV**), $C_{10}H_5ClN_2S$, F. 124° (verd. A.), a) durch 1 std. Kochen von 1 g **II** u. 0,6 ml 40%ig. NaOH in 30 ml A.; 0,75 g; b) durch 1 std. Erhitzen von 2,6 g **VI** u. 2,2 ml **VIII** in 20 ml Pyridin auf dem sd. Wasserbad. — *3′.4′-Dibrom-3′.4′-dihydro-* (**III**), $C_{10}H_6Br_2N_2S$, F. 210° (Aceton), durch 1 std. Kochen von 4 g **I** u. 2 ml $Br_2$; 7,3 g. — *4′-Brom-* (**V**), $C_{10}H_5BrN_2S$, F. 124—125° (50%ig. Essigsäure), a) durch 1 std. Erhitzen von 6 g **VII** u. 4,2 ml **VIII** in 50 ml Pyridin auf dem sd. Wasserbad; 6,2 g; b) im Gemisch mit *3′-Bromnaphtho-[1′.2′:4.5]-2.1.3-thiodiazol*, F. 113—124° (A.), aus 1,5 g **III** durch 2 std. Kochen mit alkohol. KOH; 0,51 g. — *x′.x′-Dichlor-*, $C_{10}H_4Cl_2N_2S$, F. 138—140° (A.), durch 15 Min. langes Einleiten von $Cl_2$ in 2 g **I** in 50 ml Eisessig bei 50°; Nadeln. — *x′.x′-Dibrom-*, $C_{10}H_4Br_2 \cdot N_2S$, F. 132—132,5° (A.), aus 2 g **I** u. 0,65 ml $Br_2$ in 20 ml Eisessig; 3,2 g. — *Thionylanilin* (**VIII**), aus 300 g Anilinhydrochlorid u. 125 ml $SOCl_2$ in 600 ml Bzl. (12 Std. lang kochen; 205 g. — *1.2-Naphthylendiamin* (**IX**), F. 95—96°, aus 18 g β-Naphthylaminhydrochlorid mit Benzoldiazoniumchlorid (9,3 g Anilin) in Ggw. von 18 g Na-Acetat u. Red. mit 25 g Zn-Staub in 600 ml 20%ig. Essigsäure; 12,5 g. — *Naphtho-[1′.2′:4.5]-2.1.3-thiodiazol* (**I**), F. 81° (A.), a) durch 1 std. Erhitzen von 2,3 g **IX** u. 3 g **VIII** in 10 ml Toluol auf dem Wasserbad; 90%; b) durch 20 Min. langes Erhitzen von 103 g **IX**-Sulfat, 100 ml Triäthylamin (oder Pyridin) u. 122 ml **VIII**; 96%. — *2-Nitro-1-aminonaphthalin* (**X**), *Acetyl-Deriv.*, F. 188—190° (A.), man erhitzt 60 g α-Naphthylamin, 55 ml Acetanhydrid u. 400 ml Eisessig 20 Min. auf dem sd. Wasserbad, gibt bei 15° tropfenweise 29 ml $HNO_3$ (D. 1,42) zu u. rührt 20 Std.; 12 g. Daneben *4-Nitro-1-acetylaminonaphthalin*, F. 168 bis 170°; 68,4 g. — *4-Chlor-2-nitro-1-aminonaphthalin* (**XI**), F. 201° (Bzl.), durch 6 std. Kochen von 10 g **XI**-Acetyl-Deriv., 100 ml 50%ig. $H_2SO_4$ u. 100 ml A. 6 Std.; orange Nadeln; 8,4 g. *Acetyl-Deriv.*, F. 219° (Eisessig), durch Einleiten von $Cl_2$ in 20 g **X**-Acetyl-Deriv. in 60 ml Eisessig bei 100°; 11 g. — *4-Chlor-1.2-diaminonaphthalin* (**VI**), F. 92—93°, durch Red. von 3 g **XI** in 180 ml sd. 50%ig. A. in Ggw. von 3,5 g $NH_4Cl$ mit Zn-Staub; 2,6 g. — *4-Brom-1-acetylaminonaphthalin* (**XII**), F. 190—192°, aus 39 g 1-Acetylaminonaphthalin in 250 ml Eisessig mit 14 ml $Br_2$; 47 g. — *4-Brom-2-nitro-1-aminonaphthalin* (**XIII**), F. 194—196°, man erhitzt 20 g **XIII**-Acetyl-Deriv. u. 50 ml konz. $H_2SO_4$ 3—4 Min. auf 40—50°; 12 g. *Acetyl-Deriv.*, F. 226—230° (A.), aus 21 g **XII** in 300 ml Eisessig bei 60° mit 6 ml $HNO_3$ (D. 1,5); 24 g. — *4-Brom-1.2-diaminonaphthalin* (**VII**), F. 100—102°, durch Red. von 10 g **XIII** in sd. 50%ig. A. in Ggw. von $NH_4Cl$ mit Zn-Staub; 5 g. Helmut Schäfer. 3173△

**Natürlich vorkommende aromatische Derivate von monocyclischen α-Pyronen.** Walter B. Mors, Mauro Taveira Magalhães und Otto Richard Gottlieb. (Fortschr. Chem. org. Naturstoffe [Wien] **20**, 131—64, 1962; Rio de Janeiro; engl.) — Übersicht über strukturelle Aufklärung, Synth., physikal. u. pharmakolog. Eigg. natürlich vorkommender aromat. Derivv. von α-Pyronen u. Betrachtungen über ihre Biosynth. u. Phylogenese. — 96 Literaturangaben (bis 1961). P. Golinske. 3211◇

**Sauerstoffheterocyclen.** 2. Mitt. **Die Synthese des Pterocarpin-Ringsystems.** Hiroshi Suginome und Tsukasa Iwadare. (Bull. chem. Soc. Japan **33**, 567—68, April 1960; Sapporo, Hokkaido Univ., Dep. of Chem., Fac. of Sci.; engl.) — 1. vgl. C. **1960**, 11299. — Auf der Suche nach Meth. zur Synth. von DL-Pterocarpin, DL-Homopterocarpin u. deren Isomeren gelang es den Vff., das Grundgerüst dieser Verbb. *6a.11a-Dihydrobenzofuro-[3.2:c]-α-benzopyran* u. eine Dehydro-Verb., *Benzofuro-[3.2:c]-α-benzopyran*, herzustellen.

Versuche: *2.2'-Dihydroxybenzoin*, $C_{14}H_{12}O_4$, F. 161—163°, durch milde Hydrolyse von 2.2'-Bis-[methoxymethoxy]-benzoin im sauren Medium. — *2'-Hydroxyisoflavon* (I), $C_{15}H_{10}O_3$, F. 153°, über 2.2'-Dihydroxydesoxybenzoin (aus vorst. Verb. durch Zn-Alkali-Red.) mit Äthylformiat u. Na. — *2'-Hydroxyisoflavanol-(4)*, durch Red. mit $LiAlH_4$ oder $NaBH_4$ aus vorst. Verb.; amorph. — *6a.11a-Dihydrobenzofuro-[3.2:c]-α-benzopyran*, F. 125 bis 126,5°, durch dehydratisierende Cyclisierung vorst. Verb. im sauren Medium. — *2'-Hydroxyisoflavanon*, F. 118—122°, aus I durch katalyt. Hydrierung an $PtO_2$. — *Benzofuro-[3.2:c]-α-benzopyran*, F. 80—83°, durch Cyclisierung vorst. Verb. im sauren Medium. Christa Thierig. 3211□

**Bemerkungen über die Arbeit von D. Jerchel und L. Jakob über „N-Pyridylaminophenole aus Pyridylaminophenyläthern; eine neue Umgruppierung".** A. F. Wompe, N. W. Monitsch und N. F. Turitzyna. (J. allg. Chem. [UdSSR] **29** (**91**). 3510, Okt. 1959; russ.) — Über die Meth. von Jerchel u. Jakob (C. **1959**, 17147), durch Rk. von γ-Phenoxypyridinen mit Aminen *N-Aryl-* u. *N-Alkyl-γ-aminopyridine* darzustellen, haben Vff. bereits **1957** berichtet. Vff. gingen bei der Synth. von γ-Aminopyridinen von Unterss. zur Cyclisierung von β-Alkoxy- u. β-Phenoxyglutaconaldehyddianil aus. Helmut Schäfer. 3231△

**Reduktion von Acetylenaminoalkoholen und ihren Estern.** I. N. Nasarow, R. I. Kruglikowa und G. M. Nikolajew. (J. allg. Chem. [UdSSR] **30** (**92**), 462—69, Febr. 1960; Moskau, Inst. für chem. Feintechnol.; russ.) — Vgl. C. **1961**, 2260. — Die Hydrierung von Dimethyl- (I), Methyläthyl-[γ-piperidinopropin-(1)-yl]-carbinol (II), 1-[γ-Piperidinopropin-(1)-yl]-cyclopentanol-(1) (III) u. -cyclohexanol-(1) (IV) an Pd/$BaSO_4$ verläuft selektiv u. liefert mit 1 Mol $H_2$ *Dimethyl-* (V), *Methyläthyl-[γ-piperidinopropen-(1)-yl]-carbinol*, *1-[γ-Piperidinopropen-(1)-yl]-cyclopentanol-(1)* (VI) bzw. *-cyclohexanol-(1)*, mit 2 Mol $H_2$ die entsprechenden gesätt. *Aminoalkohole*. Die Hydrierung von I- u. III-Benzoat liefert in nur geringer Ausbeute V- bzw. VI-*Benzoat*. Als Hauptprodd. bilden sich unter Spaltung der Esterbindung neben *Benzoesäure* (VII) entsprechend *2-Methyl-5-piperidinopentan* u. *1-[γ-Piperidinopropyl]-cyclopentan*. Letzteres wird auch aus 1-[γ-Piperidinopropin-(1)-yl]-cyclopenten-(1) (VIII) erhalten. Die Hydrierung von 1-Äthinylcyclopentanol-(1)-benzoat (IX) gibt *1-Vinylcyclopentanol-(1)-benzoat*.

Versuche: *1-[γ-Piperidinopropin-(1)-yl]-cyclopenten-(1)* (VIII), $C_{13}H_{19}N$, Kp.$_3$ 115 bis 117°, durch 30std. Erhitzen von 13 g 1-Äthinylcyclopenten-(1), 12,7 g Paraformaldehyd u. 36 g Piperidin in 50 ml Dioxan auf dem Wasserbad; $D.^{20}_{20}$ 0,970; $n_D^{20}$ 1,5252; 9,2 g (Ausbeute). — *[γ-Piperidinopropyl]-cyclopentan*, $C_{13}H_{25}N$, Kp.$_2$ 92—94°, Kp.$_1$ 74,5 bis 76°, $n_D^{20}$ 1,4925—1,4932, a) durch Hydrierung von 5,3 g VIII in 50 ml A. bei 30 at an 0,8 g Pd/$BaSO_4$; 91 %; b) durch Hydrierung von 1,6 g III-Benzoathydrochlorid in 20 m*l* A. an 0,2 g Pd/$BaSO_4$ (9 Std.); 62 % [daneben *Benzoesäure* (VII), F. 120—121°; 70 %]. *Hydrochlorid*, F. 180—182°. — *1-Vinylcyclopentanol-(1)*, *Benzoat* F. 51—51,5° (PAe.), aus IX an Pd/$BaSO_4$; 84 %. — *2-Methyl-5-piperidinopentan*, $C_{11}H_{23}N$, Kp.$_3$ 63—65°, man hydriert 11,5 g I-Benzoathydrochlorid in 50 ml A. an 0,7 g Pd/$BaSO_4$ bis zur Aufnahme von 2 Mol $H_2$; $D.^{20}_{20}$ 0,8511; $n_D^{20}$ 1,4651; 46,5 %. Daneben 48 % VII. — *Dimethyl-[γ-piperidinopropen-(1)-yl]-carbinol* (V), $C_{11}H_{21}NO$, Kp.$_{2,5}$ 70—71°, aus V-Hydrochlorid; $D.^{20}_{20}$ 0,9155; $n_D^{20}$ 1,4720. *Hydrochlorid*, $C_{11}H_{22}ClNO$, F. 183—184° (A.–Aceton 1:1), a) aus 6,3 g I-Hydrochlorid in 50 ml abs. A. an 0,7 g 6 %ig. Pd/$BaSO_4$; 84,5 %; b) durch 2std. Erhitzen von 0,52 KOH, 7 ml A., 0,5 ml W. u. 1 g I-Benzoathydrochlorid auf 90—95°; 0,45 g. *Benzoat*, $C_{18}H_{25}NO_2$, Kp.$_{2,3}$ 145—146°, aus 4,4 g Benzoathydrochlorid; $D.^{20}_{20}$ 1 034; $n_D^{20}$ 1,5225; 2,7 g. *Benzoathydrochlorid*, $C_{18}H_{26}ClNO_2$, F. 154,5—155,5° (Aceton–A. 10:1), man hydriert 15 g I-Benzoathydrochlorid in 50 ml A. an 1 g 6 %ig. Pd/$BaSO_4$ bis zur Aufnahme von 1 Mol $H_2$ (2 Std.), dest. u. leitet in die Fraktion Kp.$_{2,7}$ 160—162° in 75 ml Ae. HCl ein; 24,5 % (daneben 26 % VII). — *Methyläthyl-[γ-piperidinopropen-(1)-yl]-carbinol*, $C_{12}H_{23}NO$, Kp.$_2$ 72°, aus II; $D._{20}^{20}$ 0,9196; $n_D^{20}$ 1,4758; 80 %. *Hydrochlorid*, F. 154 bis 155°. — *1-[γ-Piperidinopropen-(1)-yl]-cyclopentanol-(1)* (VI), $C_{13}H_{23}NO$, Kp.$_{2,5}$ 98 bis 100°, aus dem Hydrochlorid; $D._{20}^{20}$ 0,9806; $n_D^{20}$ 1,5012. *Hydrochlorid*, F. 189—189,5° (Aceton–A.), a) aus III; 98 %; b) aus 1,0 g VI-Benzoathydrochlorid u. 0,23 g KOH in A.; 0,3 g. *Benzoat*, Kp.$_{1,5}$ 146—147°, durch Hydrierung von 6 g III-Benzoathydrochlorid in 80 ml A. an 0,7 g Pd/$BaSO_4$ bis zur Aufnahme von 1 Mol $H_2$; $n_D^{20}$ 1,5430; 22,5 % (daneben 18,2 % VII u. 18 % *[γ-Piperidinopropyl]-cyclopentan*). *Benzoathydrochlorid*, $C_{20}H_{28}ClNO_2$, F. 176—177°. — *1-[γ-Piperidinopropen-(1)-yl]-cyclohexanol-(1)*, $C_{14}H_{25}NO$, Kp.$_2$ 120°, aus IV; $D._{20}^{20}$ 0,9786; $n_D^{20}$ 1,4973; 78 %. *Hydrochlorid*, F. 198—199°. — *Dimethyl-[γ-piperidinopropyl]-carbinol*, $C_{11}H_{23}NO$, Kp.$_{2,5}$ 69—70°, aus dem Hydrochlorid; $D._{20}^{20}$ 0,9151; $n_D^{20}$ 1,4700. *Hydrochlorid*, $C_{11}H_{24}ClNO$, F. 179—180,5° (Aceton–A. 1:1), aus 5 g I-Hydrochlorid in 50 ml abs. A. an 0,5 g 6 %ig. Pd/$BaSO_4$; 85 %. — Analog aus II, III u. IV: *Methyläthyl-[γ-piperidinopropyl]-carbinol*, $C_{12}H_{25}NO$, Kp.$_2$ 98—100°; $D._{20}^{20}$ 0,9166; $n_D^{20}$ 1,4739; 75 %. *Hydrochlorid*, F. 181,5—182,3°. — *1-[γ-Piperidinopropyl]-cyclopentanol-(1)*,

$C_{13}H_{25}NO$, Kp.$_2$ 107—109°; D.$_{20}^{20}$ 0,9814; $n_D^{20}$ 1,4966; 83%. *Hydrochlorid*, F. 183,5 bis 184,5°. — *1-[γ-Piperidinopropyl]-cyclohexanol-(1)*, $C_{14}H_{27}NO$, Kp.$_2$ 122—123°; D.$_{20}^{20}$ 0,9765; $n_D^{20}$ 1,4953; 90%. *Hydrochlorid*, F. 208—209°. Helmut Schäfer. 3231△

**Anlagerung von aromatischen Aminen und Phenylhydrazin an 2-Methyl-5-vinylpyridin.** A. N. Kosst, A. P. Terentjew, Je. W. Winogradowa, P. B. Terentjew und W. W. Jerschow. (J. allg. Chem. [UdSSR] **30**(**92**), 2556—62, Aug. 1960; Moskau, Univ.; russ.) — Durch Anlagerung von Arylaminen an 2-Methyl-5-vinylpyridin (**I**) in Ggw. von Na werden *2-Methyl-5-[β-arylaminoäthyl]-pyridine* dargestellt u. in verschiedene Derivv. übergeführt. Bei der Anlagerung von Phenylhydrazin (**II**) an **I** entsteht *2-Methyl-5-[N-amino-β-anilinoäthyl]-pyridin* (**III**), das auch durch Red. von 2-Methyl-5-[N-nitroso-β-anilinoäthyl]-pyridin (**IV**) erhalten wird. **III** u. Cyclohexanon (**V**) reagieren in Ggw. von Säure zu *N-{β-[2'-Methylpyridyl-(5')]-äthyl}-1.2.3.4-tetrahydrocarbazol*. Die Verbb. haben Muscarin- u. Nicotinwirkung.

Versuche: 2-Methylpyridine: *5-[β-Anilinoäthyl]-*, $C_{14}H_{16}N_2$, Kp.$_5$ 194—195°, F. 76—77° (70%ig. A.), durch 5std. Rühren von 98 g Anilin, 75 g **I** u. 2,3 g Na auf dem sd. Wasserbad; 71,5% (Ausbeute). *Dihydrochlorid*, $C_{14}H_{18}Cl_2N_2$, F. 160—162° (A.). *Jodmethylat*, $C_{15}H_{19}JN_2$, F. 154—155° (A.). *N-Formyl-Deriv.*, Kp.$_5$ 204°; zähes Öl. *N-Formyljodmethylat*, $C_{16}H_{19}JN_2O$, F. 166° (A.). *N-Acetyl-Deriv.*, $C_{16}H_{18}N_2O$, Kp.$_{2,5}$ 202—203°; zähes Öl. *N-Acetyljodmethylat*, $C_{17}H_{21}JN_2O$, F. 158—159°. *N-Benzoyl-Deriv.*, $C_{21}H_{20}N_2O$, F. 86—87° (W.–A.). *N-Nitroso-Deriv.* (**IV**), F. 63—64° (Ae.–Bzl. 9:1). — *5-[β-o-Toluidinoäthyl]-*, $C_{15}H_{18}N_2$, Kp.$_3$ 199—201°, F. 75—76° (70%ig. A.), aus **I** u. o-Toluidin (3 Std.); 68,2%. *Jodmethylat*, $C_{16}H_{21}JN_2$, F. 193—194° (A.). *N-Acetyl-Deriv.*, $C_{17}H_{20}N_2O$, Kp.$_2$ 205°. — *5-[β-m-Toluidinoäthyl]-*, $C_{15}H_{18}N_2$. Kp.$_3$ 198—200°, F. 54,5—55° (A.), aus **I** u. m-Toluidin; 66,0%. *Dihydrochlorid*, $C_{15}H_{20}Cl_2N_2$, F. 175—176° (abs. A.). *Jodmethylat*, $C_{16}H_{21}JN_2$, F. 151—152° (A.). *N-Acetyl-Deriv.*, $C_{17}H_{20}N_2O$, Kp.$_6$ 212—214°. *N-Acetyljodmethylat*, $C_{18}H_{23}JN_2O$, F. 154—155° (A.). — *5-[β-p-Toluidinoäthyl]-*, $C_{15}H_{18}N_2$, Kp.$_3$ 191—193°, F. 65—66° (W.–A.), aus **I** u. p-Toluidin; 77,2% (daneben *N.N-Bis-{β-[2'-methylpyridyl-(5')]-äthyl}-p-toluidin*, $C_{23}H_{27}N_3$, Kp.$_2$ 235—237°, F. 90—91°). *Dihydrochlorid*, $C_{15}H_{20}$·$Cl_2N_2$, F. 187—189° (A.). *N-Acetyl-Deriv.*, Kp.$_2$ 190—195°. *N-Acetylhydrochlorid*, $C_{17}H_{21}$·$ClN_2O$, F. 151—152° (abs. A.). *N-Acetyljodmethylat*, $C_{18}H_{23}JN_2O$, F. 185° (A.). — *5-[β-(o-Methoxyanilino)-äthyl]-*, Kp.$_4$ 201—203°, aus **I** u. o-Anisidin; zähes Öl; 22,4%. *Dihydrochlorid*, $C_{15}H_{20}Cl_2N_2O$, F. 168—170° (A.). *N-Acetyl-Deriv.*, Kp.$_3$ 220—222°. *N-Acetyljodmethylat*, $C_{18}H_{23}JN_2O_2$, F. 172—173° (A.). — *5-[β-(p-Methoxyanilino)-äthyl]-*, Kp.$_4$ 209 bis 212°, aus **I** u. p-Anisidin; zähes Öl; 65,0%. *Dijodmethylat*, $C_{17}H_{24}J_2N_2O$, F. 240° (A.). *N-Acetyl-Deriv.*, Kp.$_3$ 232°. *N-Acetyljodmethylat*, $C_{18}H_{23}JN_2O_2$, F. 163° (abs. A.). — *5-[N-Äthyl-β-anilinoäthyl]-*, Kp.$_7$ 195—200°, aus **I** u. Äthylanilin; zähes, gelbes Öl; 47%. *Pikrat*, $C_{22}H_{23}N_5O_7$, F. 167—168° (A.). *Dihydrochlorid*, $C_{16}H_{22}Cl_2N_2$, F. 170—172° (A.). *Nitroso-Deriv.*, $C_{16}H_{19}N_3O$, F. 83—84° (Bzl.–PAe.); dunkelgrün. *Nitrosodihydrochlorid*, $C_{16}H_{21}Cl_2N_3O$, F. 173—175° (Zers.; A.). — *5-{β-[Naphthyl-(2)-amino]-äthyl}-*, $C_{18}H_{18}N_2$, Kp.$_2$ 320°, F. 110—111° (Bzl.), aus **I** u. β-Naphthylamin; 21,5%. — *5-[N-Amino-β-anilinoäthyl]-* (**III**), Kp.$_2$ 180°, a) durch Red. von **IV** in ca. 80%ig. Essigsäure bei —4° mit Zn-Staub; 83,6%; b) man löst 0,5 g Na in 22,4 g **II**, gibt tropfenweise 23,8 g **I** zu u. erhitzt 6 Std.; 79%. *Dipikrat*, $C_{26}H_{23}N_9O_{14}$, F. 158—159° (A.). *Dihydrochlorid*, $C_{14}H_{19}Cl_2N_3$, F. 196—198° (abs. A.). — *N-{β-[2'-Methylpyridyl-(5')]-äthyl}-1.2.3.4-tetrahydrocarbazol*, $C_{20}H_{22}N_2$, F. 72—73° (PAe.). *Sulfat*, F. 174—175° (W.), man kocht 5,5 g **III** u. 2 g **V** ½ Std., gibt in der Hitze 50 ml 20%ig. $H_2SO_4$ zu u. kocht 10 Min.; 70%.

Helmut Schäfer. 3231△

**Aminierungen von Bromderivaten des 4-Äthoxy- und des 2.4-Diäthoxypyridins, die wahrscheinlich über ein 2-Dehydropyridin als Zwischenprodukt verlaufen.** M. J. Pieterse und H. J. Den Hertog. (Recueil Trav. chim. Pays-Bas **81**, 855—63, Sept./Okt. 1962; Wageningen, Agric. Univ., Labor. of Org. Chem.; engl.) — Die Aminierung von 3-Brom-4-äthoxypyridin (**I**) mit $KNH_2$ in fl. $NH_3$ gibt *2-Amino-4-äthoxypyridin* (**III**) u. daneben *2-Amino-5-brom-4-äthoxypyridin* (**IV**) sowie *4-Äthoxypyridin* (**V**). Als Zwischen-Prodd. treten wahrscheinlich 4-Äthoxy-2-dehydropyridin bzw. 3.5-Dibrom-4-äthoxypyridin (**VIII**) u. 5-Brom-4-äthoxy-2-dehydropyridin auf. Hierfür sprechen die Bldg. von **VIII** neben **III** u. **V** bei kurzer Einw. von $KNH_2$ auf **I**, die Stabilität von **V** gegen längere Einw. von $KNH_2$ u. die nur langsame Debromierung von 2-Amino-3-brom-4-äthoxypyridin u. von **IV** unter gleichen Bedingungen. **IV**, das bei der Bromierung von **III** entsteht, wird durch Diazotieren zu *3-Brom-4-äthoxypyridon-(2)* u. dessen Rk. mit Diazoäthan zu *5-Brom-2.4-diäthoxypyridin* (**VI**) identifiziert. Bei der Aminierung von 3-Brom-2.4-diäthoxypyridin (**II**) entsteht *6-Amino-2.4-diäthoxypyridin* (**VII**); daneben werden *2.4-Diäthoxypyridin* (**IX**) u. wahrscheinlich *6-Amino-3-brom-2.4-diäthoxypyridin* (**X**) isoliert. **VII** wird aus 2-Amino-4.6-dibrompyridin (**XI**) u. $C_2H_5ONa$ synthetisiert. Es wird vermutet, daß **II**, evtl. über 2.4-Diäthoxy-3.5-dibrompyridin, in **VI** umgelagert wird, das dann analog **I** über 2.4-Diäthoxy-5-dehydropyridin zu **VII** reagiert. Hierfür sprechen die Bldg. von **VI** bei kurzer Einw. von $KNH_2$ auf **II** neben **VII**, **IX** u. **X**, die Bldg. von **VII**, **IX** u. **X** bei der Rk. von **VI** mit $KNH_2$ u. die Stabilität von **IX** gegen $KNH_2$.

Versuche: 4-Äthoxypyridine: *2-Amino-* (**III**), a) durch Rühren (5 Min.) von **I** in Ae. mit $KNH_2$ (aus K u. fl. $NH_3$) in fl. $NH_3$ bei $-33^0$, Zufügen von $NH_4Cl$, Abdunsten des $NH_3$, Zugeben von W., Extrahieren mit Ae., Eindampfen u. Gaschromatographie; daneben *4-Äthoxypyridin* (**V**) u. **IV**; b) analog a) in 7 Min.; daneben *3.5-Dibrom-4-äthoxypyridin* (**VIII**), **V** u. sehr wenig **IV**. — *2-Amino-5-brom-* (**IV**), F. 149—150° (W.), durch 1std. Stehen von **III** u. $Br_2$ in $CH_3COOH$ bei Raum-Temp., Alkalisieren mit NaOH u. Extrahieren mit Ae.; 80%; gibt bei 4std. Stehen mit $KNH_2$ in fl. $NH_3$ $<5\%$ **III**. — *2-Amino-3.5-dibrom-*, $C_7H_8Br_2N_2O$, F. 100—101° (W.), neben **IV** bei Verw. einer größeren $Br_2$-Menge. — *2-Amino-3-brom-*, $C_7H_9BrN_2O$ F. 147—148° (W.), durch 3std. Erhitzen von 2-Amino-3.4-dibrompyridin u. $C_2H_5ONa$ auf 135° im Rohr Eindampfen, Verdünnen mit W. u. Extrahieren mit Ae.; 75%; geht bei 7std. Rk. mit $KNH_2$ in fl. $NH_3$ in ca. 5% **III** über. — *5-Brom-4-äthoxypyridon-(2)*, $C_7H_8BrNO_2$, F. 205—206°, durch Lösen von **IV** in 30%ig. $H_2SO_4$, Zugeben von $NaNO_2$ in W., 1std. Erhitzen auf 60° u. Extraktion mit Ae. bei pH 6; ca. 85%. — 2.4-Diäthoxypyridine: *5-Brom-* (**VI**), F. 71—72° (W.), a) durch 15std. Stehen vorst. Verb. in abs. A. u. Diazoäthan in Ae. bei 0°, Eindampfen im Vakuum, Zugabe von W. u. Dest. mit Dampf; b) durch 5 Min. lange Rk. von **II** mit $KNH_2$. — *Unsubstituiert* (**IX**), durch 5std. Stehen von **II** oder **VI** in Ae. u. $KNH_2$ in fl. $NH_3$ bei $-33^0$; 10—15%. *Pikrat*, F. 136—138°. — *6-Amino-* (**VII**), $C_9H_{14}N_2O_2$, F. 35 bis 36° (PAe.), a) neben **IX**; ca. 50%; daneben ca. 10% *6-Amino-3(?)-brom-* (**X**); b) durch 6std. Erhitzen von **XI** u. $C_2H_5ONa$ in abs. A. auf 160° im Rohr. *Pikrat*, $C_9H_{14}N_2O_2 \cdot C_6H_3N_3O_7$, F. 176—177°, aus wss. A. gelbe Kristalle. H. Henze. 3231◇

**Synthesen und Reaktionen der Chinolylmethane.** 2. Mitt. Hans Joachim Friedrich, Walter Gückel und Günter Scheibe. (Chem. Ber. **95**, 1378—87, 15/6. 1962; München, TH, Physikal.-Chem. Inst.; dt.) — 1. vgl. C. **1963**, 507. — Zur Darst. von *Chinolyl-(2)-methanen* (**CM**) werden vier Synth.-Wege beschrieben. Der von Scheibe u. Friedrich (l.c.) angegebene Weg der Kondens. von Phenanthridinen mit 5.6-Benzochinolinen konnte in bezug auf die Abtrennung von *Trichinolyl-(2)-methanen* als Nebenprodd. verbessert werden. Die unter Austritt von Methylmercaptan ablaufende Rk. von 2-Methylmercaptochinolin mit überschüssigem Chinaldin verläuft im Gegensatz zu vorst. Kondens. langsam. Eine weitere Möglichkeit zur Synth. von **CM** ergibt sich durch die Umsetzung von Chinaldyl-Li mit Chinolin in abs. Ae., wobei durch Neben-Rkk. die Ausbeuten meist gering sind. Analog dieser Meth. lassen sich aus Picolyl-Li u. Pyridin bzw. Chinolin *Dipyridyl-(2)-methan* bzw. *Pyridyl-(2)-chinolyl-(2)-* u. *Pyridyl-(2)-chinolyl-(4)-methan* gewinnen. Zur Darst. von **CM** läßt sich die von Sperber u. Mitarbeiter (C. **1954**, 4388) zur Darst. von Dipyridyl-(2)-methan angewandte Meth. verwenden. Dabei wird durch Erhitzen von 2-Chlorchinolin mit $NaNH_2$ u. Acetonitril in abs. Toluol das sich in tautomerer Form befindende *ms-Cyandichinolyl-(2)-methan* (**I**) erhalten, welches beim Kochen mit 70%ig. $H_2SO_4$ *Dichinolyl-(2)-methan* liefert. Die **CM** sind die Stammsubstanzen von Cyaninen, Chinolinrotfarbstoffen u. Chelatkomplexen, die durch Umsetzung mit $CH_2J_2$ oder N.N'-Methylen-bis-pyridiniumjodid daraus erhalten werden. Die Strukturen der neuen Farbstoffe sowie die Rkk. der Salz-Bldg. mit Säuren werden eingehend diskutiert. Zahlreiche IR- u. UV-Spektren werden angegeben.

Versuche: Methane: *Dichinolyl-(2)-*, F. 103°, a) durch Kondens. von 2-Chlorchinolin u. Chinaldin nach Scheibe [1921], Lösen in Ae. oder Methanol u. Reinigen über den $ZnCl_2$-Komplex; ca. 80% (Ausbeute); b) durch Zugabe von Brombenzol in Ae. zu Li, Versetzen mit Chinaldin in Ae., ½std. Stehen, Zugabe von Chinolin in abs. Toluol, Erhitzen auf 110°, Abdestillieren des Ae., 8std. Kochen, Kühlen auf 0°, Zersetzen mit verd. HCl, Absaugen, Zugabe von Alkali, Extrahieren mit Ae., Eindampfen, Lösen in Methanol u. Reinigen über den $ZnCl_2$-Komplex; 12%; c) durch 4std. Kochen von **I** mit 70%ig. $H_2SO_4$. — *ms-Cyandichinolyl-(2)-* (**I**), $C_{20}H_{13}N_3$, F. 280°, durch 5std. Kochen von 2-Chlorchinolin u. Acetonitril in Toluol in Ggw. von $NaNH_2$ nach Sperber u. Mitarbeiter (l.c.); aus Dioxan orangefarbene Nadeln; 8%. — *ms-Cyandipyridyl-(2)-*, $C_{12}H_9N_3$, F. 129°, nach Sperber u. Mitarbeiter (l.c.); gelbe Nadeln; 12%. — *Dipyridyl-(2)-* (**II**), durch 4std. Kochen vorst. Verb. mit 70%ig. $H_2SO_4$, Neutralisieren mit NaOH u. Extrahieren mit Äther. *$ZnCl_2$-Komplex*, $C_{11}H_{10}Cl_2N_2Zn$. *$ZnBr_2$-Komplex*, $C_{11}H_{10}Br_2N_2Zn$. *$ZnJ_2$-Komplex*, $C_{11}H_{10}J_2N_2Zn$. — *Bromdichinolyl-(2)-*, *$ZnCl_2$-Komplex*, $C_{19}H_{13}BrCl_2N_2Zn$. *$ZnBr_2$-Komplex*, $C_{19}H_{13}Br_3N_2Zn$. *$ZnJ_2$-Komplex*, $C_{19}H_{13}BrJ_2N_2Zn$. — *Pyridyl-(2)-chinolyl-(4)-* (**III**), F. 63—64° (Ae.), durch Umsetzen von Picolyl-Li mit Chinolin nach Lede u. Marion (C. **1956**, 9729), Einengen der Chlf.-Extrakte, Dest.

bei Kp.$_{0,05}$ 175—213°, Lösen in A., Fällen der Hydrobromide mit HBr, Zersetzen mit NaOH u. Extrahieren mit Ae.; 7%; daneben *Pyridyl-(2)-chinolyl-(2)-* (**IV**), F. 66—67°, aus den Mutterlaugen u. Reinigen über das Hydrobromid u. den $ZnCl_2$-Komplex.

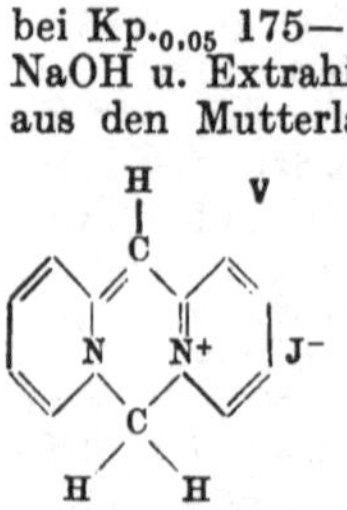

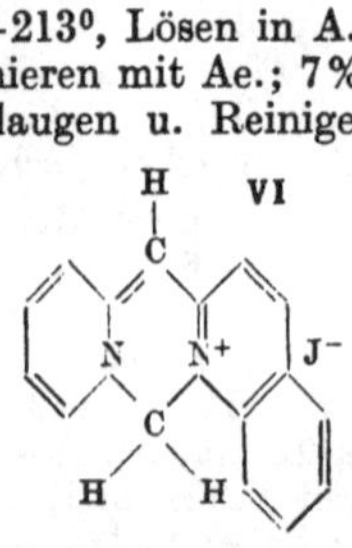

*$ZnCl_2$-Komplex*, $C_{15}H_{12}Cl_2N_2Zn$. *$ZnBr_2$-Komplex*, $C_{15}H_{12}Br_2N_2Zn$. *$ZnJ_2$-Komplex*, $C_{15}H_{12}J_2N_2Zn$. — *Pyridinrotjodid* (**V**), F. 195° (Zers.), durch ¼std. Erhitzen von **II** mit $CH_2J_2$ in Pyridin u. Chromatographie in Aceton/Methanol an $Al_2O_3$; rote Kristalle; 27%. *Dimethanolsolvat*, $C_{12}H_{11}JN_2 \cdot 2CH_3OH$. — *Pyridinchinolinrotjodid* (**VI**), F. 201—203° (Zers.), analog vorst. Verb.; 30%. — *N.N'-Dimethylpyridomonomethincyaninjodid*, F. 314—315° (Zers.), durch 2std. Erhitzen von **II** mit $CH_3J$ auf 95° im Rohr, Absaugen von **II**-*Dijodmethylat* ($C_{13}H_{16}J_2N_2$, F. 258—260°; aus A. Blättchen), Lösen in W. u. Zugabe von verd. NaOH; aus A. rote Blättchen; 100%. — *N.N'-Diäthylpyridomonomethincyaninjodid*, $C_{15}H_{19}JN_2$, F. 223—224°, durch 2std. Erhitzen von **II** mit Äthyljodid auf 90°, Absaugen von **II**-*Jodäthylat* (F. 173—175°; aus A. hellbraune Kristalle; 92%), Zugabe von verd. NaOH, 3std. Kochen der freien Base mit Äthyljodid auf 95° u. Chromatographie an $Al_2O_3$ in Aceton/Methanol (4:1); aus A./Ae. rote Kristalle; 28%. — *[N-Äthylpyridin-(2)]-[N-äthylchinolin-(4)]-monomethincyaninjodid*, $C_{19}H_{21}JN_2$, F. 187—188°, durch 2std. Erhitzen von **III** mit Äthyljodid auf 100° im Rohr, Absaugen des **III**-*Dijodäthylat* ($C_{19}H_{22} \cdot J_2N_2$, F. 239—241°; aus A. gelbe Kristalle; 75%), Lösen in Methanol, Zugabe von NaOH in der Hitze, Extrahieren mit Chlf. u. Eindampfen; aus Ae. tiefrote Kristalle; 78%. — *[N-Methylpyridin-(2)]-[N-methylchinolin-(2)]-monomethincyaninjodid*, F. 171° (Zers.), durch 2std. Erhitzen von **IV** mit $CH_3J$ auf 90° im Rohr; aus A. rosafarbene Kristalle; 60%. — *Verb. vom F. 110—111°* (Zers.), $C_{16}H_{14}N_2$, durch Umsetzen von **IV**-Jodmethylat mit NaOH; aus PAe. dunkelrote Verb.; 75%. — *Verb. vom F. 236 bis 238°* (Zers.), durch 2std. Erhitzen vorst. Verb. mit $CH_3J$ auf 90° im Rohr u. Chromatographie an $Al_2O_3$ in Aceton/Methanol (4:1); aus A./Ae. braune Nadeln. — *N.N'-Dimethyl-bis-[benzoxazol]-monomethincyaninchlorid, $ZnCl_2$-Komplex*, $C_{17}H_{15}Cl_3N_2O_2Zn$.
W. Hampel. 3231◇

**Synthesen von mit Lupinenalkaloiden verwandten Verbindungen.** 5. Mitt. **Synthese von 9-Azahexahydrojulolidin.** Yoshinobu Sato. (Chem. pharmac. Bull. [Tokyo] **7**, 801—04, Okt. 1959; Tokyo, Sankyo Co., Takamine Labor.; engl.) — 4. vgl. C. **1961**, 10554. — Vff. erhielten beim Strukturbeweis von 2-Methylperhydro-**P** (**P** = pyrido-[3.4.5:ij]-chinolizin) durch v. Braun-Abbau über *2-Cyanperhydro-***P** (**I**) *Perhydro-***P** (**II**; *9-Azahexahydrojulolidin*). Dehydrierung von **II** an Pd-Asbest liefert das bekannte *4.5.8.9-Tetrahydro-6H.7H-***P** (*9-Azajulolidin*). Für **I** u. **II** wird die *cis-Chinolizidin*-Struktur angenommen, da sie nicht mit den bekannten Stereoisomeren der *trans*-Reihe ident. sind. Hydrierung von 3.6-Dioxo-2.3-dihydro-1H.6H-**P** führte nicht zu **II**, sondern infolge Umlagerung des prim. entstehenden *3.6-Dioxo-1.2.7.8-tetrahydro-3H.6H-***P** vermutlich zu *3-Hydroxy-6-oxo-8.9-dihydro-6H.7H-***P** (**III**). Für die aus 2-Methyl-3.6-dioxo-2.3-dihydro-1H.6H-**P** erhaltene *Verb. vom F. 240°* (vgl. 4. Mitt., l.c.) wird auf Grund des UV-Spektrums die Struktur eines *2-Methyl-3.6-dioxo-2.3.8.9-tetrahydro-6H.7H-***P** vorgeschlagen.

Versuche: *2-Cyanperhydro-***P** (**I**), Kp.$_{0,05}$ 130—150°, aus 0,519 g 2-Methylperhydro-**P** mit BrCN in abs. Ae. unter 1std. Rühren u. Eiskühlung, mehrstd. Stehen u. Abfiltrieren von **I**- u. **II**-*Methobromid* (?); Öl; 0,180 g (Ausbeute). *Dipikrat*, $C_{21}H_{25} \cdot N_9O_{14}$, F. 180° (A.). — *9-Azahexahydrojulolidin* (**II**), aus 0,815 g **I** durch 4std. Kochen in 10%ig. HCl, Alkalisieren mit NaOH u. Ausäthern; Öl; 0,29 g. *Dipikrat*, $C_{23}H_{26}N_8O_{14}$, F. 240° (A.). — *9-Azajulolidin*, aus 120 mg **II** durch Erhitzen (20 Min.) mit 40%ig. Pd-Asbest unter $N_2$ auf 230—270° unter Entw. von 42 ml $H_2$; Öl; 20 mg. *Pikrat*, F. 218 bis 219°. — *3.6-Dioxo-2.3-dihydro-1H.6H-***P**, $C_{11}H_8N_2O_2$, F. 278—280° (A.), aus 320 mg 3.6-Dioxo-1H.3H.6H-pyrano-[3.4.5:ij]-chinolizin u. 20 ml fl. $NH_3$ durch 8std. Erhitzen im Autoklaven auf 100°; 30 mg. — *3-Hydroxy-6-oxo-8.9-dihydro-6H.7H-***P** (?; **III**), $C_{11}H_{10}N_2O_2$, F. 263—265° (A.), aus vorst. Verb. in Eisessig oder A. durch 5std. Hydrieren in Ggw. von $PtO_2$ unter Aufnahme von ca. 1 Mol $H_2$; nicht fluorescierende Kristalle.
B. Mehlis. 3231

**4.5-Substituierte Pyridazine.** 2. Mitt. Tsukasa Kuraishi. (Pharmac. Bull. [Tokyo] **5**, 376—78, Aug. 1957; Nagasaki, Univ., Pharm. Fac.; engl.) — 1. vgl. C. **1960**, 17456; 3. vgl. C. **1962**, 6036. — Es werden einige Substitutions-Rkk. an Chlorpyridazinen durchgeführt. Das Cl-Atom in 4- oder 5-Stellung ist gegenüber anion. Reagentien reaktiver als in 3- oder 6-Stellung. So läßt sich 3.4.6-Trichlorpyridazin (**I**) sehr leicht in *4-Äthoxy-* (**II**) oder *4-Hydrazino-3.6-dichlorpyridazin* (**IV**) überführen. Katalyt. Red. von **II** bzw. **IV** gibt *4-Äthoxypyridazin* (**III**) bzw. *4-Hydrazinopyridazinhydrochlorid*. Durch Erhitzen von **III** mit HBr in Eisessig ist *4-Hydroxypyridazin* erhältlich. Kochen von **I** mit Eisessig führt zu *3.5(4)-Dichlorpyridazon-(6)*, dessen Red.-Prod. *Pyridazon-(6)* ist. Ähnlich verhalten sich 3.4.5-Trichlor- (**V**) u. 3.6-Dichlorpyridazin (**VI**), die mit Eisessig *4.5-Dichlor-* bzw. *3-Chlorpyridazon-(6)* ergeben.

Versuche: *4-Äthoxy-3.6-dichlorpyridazin* (**II**), $C_6H_6Cl_2N_2O$, F. 115—116°, durch Lösen von 10 g **I** in abs. A., Zugabe von Na-Äthylat in A. unter Kühlung, 1 std. Stehen bei Raum-Temp., Eindampfen u. Gießen in W.; aus wss. A. Nadeln; 6,5 g (Ausbeute). — *4-Äthoxypyridazin* (**III**), Kp.$_5$ 118—119°, durch Hydrieren von 3,7 g **II** an Pd-Kohle, Eindampfen, Extraktion mit Chlf. u. Dest.; hygroskop.; 1,5 g. *Pikrat*, $C_6H_8N_2O \cdot C_6H_3N_3O_7$, F. 93—94°. — *4-Hydroxypyridazin*, F. 245—246° (Methanol), durch 3 std. Erhitzen von 6,5 g **III** mit HBr in Eisessig im Bombenrohr auf 120—125°, Eindampfen im Vakuum u. Extraktion mit A.; 1,5 g. — *4-Hydrazino-3.6-dichlorpyridazin* (**IV**), $C_4H_4Cl_2N_4$, F. 195—196° (Zers.; A.), durch Versetzen von 10 g **I** in A. mit 80%ig. Hydrazinhydrat u. ½ std. Erhitzen auf 100°; 3,6 g. — *4-Hydrazinopyridazinhydrochlorid*, $C_4H_6N_4 \cdot HCl$, F. 240—242° (Zers.), durch Hydrierung von 2 g **IV** an Pd-Kohle u. Eindampfen; aus A. Nadeln; 1,1 g. — *3.5(4)-Dichlorpyridazon-(6)*, $C_4H_2Cl_2N_2O$, F. 203—204°, durch 1½ std. Kochen von **I** in Eisessig u. Gießen in W.; aus W. Nadeln; 6,3 g. — *Pyridazon-(3)*, F. 96—99° (Essigester), durch Hydrierung von 3 g vorst. Verb. an Pd-Kohle; 0,6 g. *Monohydrat*, F. 70—71°. — *4.5-Dichlorpyridazon-(6)*, F. 199—200°, durch 1 std. Kochen von 8 g **V** mit Eisessig u. Gießen in W.; aus W. Prismen; 2,5 g. — *3-Chlorpyridazon-(6)*, F. 138—139° (Essigester), aus 2 g **VI** durch 1 std. Kochen mit Eisessig; 0,62 g.

Hans-Dieter Jacobi. 3272△

**Chemotherapie bakterieller Infektionen: Synthese einiger Pyrimidin-, Thiazol- und Pyrazolderivate.** K. D. Kulkarni, S. S. Sabnis und B. S. Kulkarni. (J. sci. ind. Res. [New Delhi], Sect. C **19,** 6—8, Jan. 1960; Bombay, Haffkin Inst., Dep. of Chemotherapy; engl.) — Neue Derivv. von Pyrimidin, Thiazol u. Pyrazol, die p-Nitrophenyl- u. Dichloracetylgruppen enthalten, werden dargestellt u. in vitro hinsichtlich ihrer Aktivität gegen *Salmonella typhosa* (**A**), *Sarcina lutea, Pasteurella pestis* u. *Streptococcus haemolyticus* (**B**) geprüft. 2-Amino-4-[p-nitrophenyl]-6-hydroxypyrimidin verringert das Wachstum von **B** in einer Konz. von 200 γ/ml, u. 5-Carbäthoxy-2-dichloracetylamino-4-[p-nitrophenyl]-thiazol, 2-Dichloracetylamino-4-[p-nitrophenyl]-thiazol u. 1-Dichloracetyl-3-[p-nitrophenyl]-5-methylpyrazol sind gegen **A** bei einer Konz. von 500 γ/ml wirksam.

Versuche: Pyrimidine: *2-Amino-4-phenyl-6-methyl-*, $C_{11}H_{11}N_3$, F. 175° (Bzl.), durch 2—3 std. Kochen von 6 g Benzoylacetylaceton u. 4 g Guanidincarbonat in A.; 1,4 g (Ausbeute). — *2-Amino-4-[p-methoxyphenyl]-6-methyl-*, $C_{12}H_{13}N_3O$, F. 207°, analog vorst. Verbindung. — *2-Amino-4-[p-nitrophenyl]-6-methyl-*, $C_{11}H_{10}N_4O_2$, F. 220°. — *2-Amino-4-phenyl-6-hydroxy-*, $C_{10}H_9N_3O$, F. 304°, a) analog vorst. Verb. aus Benzoylacetessigsäureäthylester; b) durch Kondens. von Guanidincarbonat mit Benzoylessigsäureäthylester. — *2-Amino-4-[p-nitrophenyl]-6-chlor-*, $C_{10}H_7ClN_4O_2$, F. 255°, durch 3—4 std. Kochen von 2-Amino-4-[p-nitrophenyl]-6-hydroxypyrimidin mit $POCl_3$; aus wss. A. gelbliche Nadeln. — *2-Dichloracetylamino-4-phenyl-6-methyl-*, $C_{13}H_{11}Cl_2N_3O$, F. 193—194°, durch 6 std. Kochen von 2-Amino-4-phenyl-6-methylpyrimidin u. Dichloressigsäureäthylester in Butanol; aus Bzl./PAe. Nadeln. — *2-Dichloracetylamino-4-[p-methoxyphenyl]-6-methyl-*, $C_{14}H_{13}Cl_2N_3O_2$, F. 186°, analog vorst. Verbindung. — *2-Dichloracetylamino-4-[p-nitrophenyl]-6-methyl-*, $C_{13}H_{10}Cl_2N_4O_3$, F. 236°. — *2-Dichloracetylamino-*, $C_6H_5Cl_2N_3O$, F. 134°. — *3-[p-Nitrophenyl]-5-methylpyrazol*, $C_{10}H_9N_3O_2$, F. 195°, durch 8 std. Kochen von 10 g p-Nitrobenzoylaceton u. $N_2H_4 \cdot H_2O$ in A.; aus A. gelbe Flocken; 7,5 g. — *1-Dichloracetyl-3-[p-nitrophenyl]-5-methylpyrazol*, $C_{12}H_9Cl_2N_3O_3$, F. 155°. — Thiazole: *2-Amino-4-[p-nitrophenyl]-5-carbäthoxy-*, $C_{12}H_{11}N_3O_4S$, F. 265°, a) durch ½ std. Kochen von α-Brom-p-nitrobenzoylessigsäureäthylester u. 2 g Thioharnstoff in A.; aus A. gelbe Kristalle; 5 g; b) durch 15 std. Erhitzen von 2,37 g p-Nitrobenzoylessigsäureäthylester, $J_2$ u. Thioharnstoff (1,56 g) im verschlossenen Glasrohr auf dem Dampfbad; 3 g. — *2-Amino-4-[p-nitrophenyl]-*, F. 285°, aus dem Hydrobromid mit $NH_4OH$. *Hydrobromid*, F. 244—246°, durch 1½ std. Kochen von 4,32 g p-Nitrophenacylbromid u. 2,52 g Thioharnstoff in A.; 5,5 g. — *2-Dichloracetylamino-4-[p-nitrophenyl]-5-carbäthoxy-*, $C_{14}H_{11}Cl_2N_3O_5S$, F. 142°. — *2-Dichloracetylamino-4-[p-nitrophenyl]-*, $C_{11}H_7Cl_2N_3O_3S$, F. 193—194°. — *2-Dichloracetylamino-*, $C_5H_4Cl_2N_2OS$, F. 146°.

P. Golinske. 3272◇

**Neue Reaktionen am Sulfanilamid.** 8. Mitt. **Sulfanilamidolyse von Aryl- und Alkylsulfonylpyrimidinen.** W. Klötzer. (Mh. Chem. **92,** 1212—17, 1961; Innsbruck,

Univ., Inst. für organ. u. pharmazeut. Chem.; dt.) — 7. vgl. C. **1962,** 16316. — Durch Umsetzung von Halogenpyrimidinen (**A**) mit Na-Alkyl- bzw.-Arylmercaptid u. nachfolgende Oxydation mit Peressigsäure (I) oder durch direkte Rk. der **A** mit aromat. Alkalisulfinaten werden *2-* u. *4-Alkyl-* bzw. *-Arylsulfonylpyrimidine* erhalten. Diese reagieren mit einem Überschuß an Sulfanilamid-Na (**II**) in guten Ausbeuten ohne Lsgm. oder mit wenig Dimethylformamid zu *Sulfanilamidopyrimidinen.*

Versuche: 2.6-Dimethoxypyrimidine: *4-Phenylmercapto-*, $C_{12}H_{12}N_2O_2S$, F. 65 bis 69° (A.), durch 2std. Kochen von Na-Äthylat, Thiophenol u. 4-Chlor-2.6-dimethoxypyrimidin (**III**) (Meth. **B**); 76% (Ausbeute). — *4-Benzolsulfonyl-* (**IV**), $C_{12}H_{12}N_2O_4S$, F. 104—106° (A.), a) aus vorst. Verb. in Eisessig durch Versetzen mit 13%ig. I u. ½std. Erhitzen auf 100° (Meth. **C**); 85%; b) durch 5std. Erhitzen von K-Benzolsulfinat, **III** u. trockenem Äthylenglykol (**V**) auf 145°; 35%. — *4-Äthylmercapto-*, $C_8H_{12}N_2O_2S$, $Kp._{12}$ 145°, aus **III** in abs. A. durch 2std. Kochen mit Na-Äthylmercaptid; 92%. — *4-Äthansulfonyl-* (**VI**), $C_8H_{12}N_2O_4S$, F. 108—111° (Methanol), aus vorst. Verb. nach **C** durch 3 Min. langes Erhitzen auf 80°; 52%. — *4-[p-Acetamidophenylsulfonyl]-*, $C_{14}H_{15}N_3O_5S$, F. 215—218° (50%ig. A.), aus K-p-Acetamidobenzolsulfinat, **III** u. **V** durch 3½std. Erhitzen auf 140°; 40%. — *4-Sulfanilamido-*, F. 199—202° (verd. A.), a) aus 1,4 g **IV** u. 4 g **II** durch 10std. Erhitzen auf 120°; 84%; b) aus **VI** u. **II** durch 2½std. Erhitzen auf 120°; 74%; c) aus 1 g vorst. Verb., 2 g **II** u. 1 ml Dimethylformamid durch 6std. Erhitzen auf 125°; 0,6 g; d) aus 0,5 g 2.6-Dimethoxypyrimidinsulfonsäure-(4), 2 g **II** u. 2 g Acetamid durch 5std. Erhitzen auf 120°; 0,2 g. — 4.6-Dimethylpyrimidine: *2-Phenylmercapto-*, $C_{12}H_{12}N_2S$, F. 68—69° (verd. Methanol), aus 7,1 g 2-Chlor-4.6-dimethylpyrimidin nach **B** durch ¾std. Kochen; 9,5 g. — *2-Benzolsulfonyl-*, $C_{12}H_{12}N_2O_2S$, F. 158—159° (A.), aus vorst. Verb. nach **C** durch 12std. Rk. bei 0° u. 1std. Rk. bei 20°; 64%. — *2-Sulfanilamido-*, F. 192—196°, aus vorst. Verb. u. **II** durch 8std. Erhitzen auf 125°; 97%. Dieter Groß. 3272□

**Über die Reaktion der Dihydroxypurine mit Phosphorpentasulfid.** Felix Bergmann, und Abraham Kalmus. (J. org. Chemistry **26,** 1660—61, 17/5. 1961; Jerusalem, Israel, Hebrew Univ., Hadassah Med. School, Dep. of Pharmacol.; engl.) — Das aus *2-Thioharnsäure* (**III**; durch Kondens. von 2-Mercapto-6-hydroxy-4.5-diaminopyrimidin mit Harnstoff oder Phosgen) durch Red. mit Raney-Ni erhältliche *6.8-Dihydroxypurin* gibt mit $P_2S_5$ *8-Hydroxy-6-mercaptopurin* (**I**), das bei der Red. mit Raney-Ni in konz. $NH_4OH$ *8-Hydroxypurin* (**II**) gibt. In Ggw. von Pyridin wird **I** zum *S-Methyl-Deriv.* methyliert, das, wie das *S-Benzyl-Deriv.*, in geringerer Ausbeute zu **II** desulfuriert werden kann; neben dem Ausgangs-Prod. wird in W. bei 70—80° ein Dihydro-Deriv. erhalten. In Pyridin oder Tetralin wird 2.8-Dihydroxypurin von $P_2S_5$ nicht angegriffen.

Versuche [$\lambda = \lambda_{max}$ in pH 8-Phosphatpuffer; $R_F$-Werte durch Papierchromatographie mit 95%ig. A.:Eisessig:W. (17:1:2)]: *6.8-Dihydroxypurin*, durch 1½std. Kochen von **III** in 2,5%ig. NaOH mit Raney-Ni, Filtrieren u. Ansäuern; Nadeln; $\lambda$ 263 m$\mu$, $R_F$ 0,28; 64% (Ausbeute). — *8-Hydroxy-6-mercaptopurin* (**I**), Zers. >300°, durch 6std. Kochen vorst. Verb. in Pyridin mit $P_2S_5$, Eindampfen im Vakuum u. Zers. mit W. bei 80°; $\lambda$ 309—310 m$\mu$, $R_F$ 0,42; Nadeln aus W.; 74%. *S-Methyläther, Hydrat,* $C_6H_6N_4OS \cdot H_2O$, Zers. >300°, durch 2std. Stehen mit $CH_3J$ in Pyridin bei Zimmer-Temp., Stehen über Nacht im Kühlschrank, Filtrieren u. Eindampfen im Vakuum; Nadeln aus W.; $\lambda$ 301—302 m$\mu$, $R_F$ 0,73; 42%. *S-Benzyläther*, $C_{12}H_{10}N_4OS$, F. 295°, durch Zutropfen von Benzylchlorid zu **I** in 10%ig. NaOH bei Zimmer-Temp.; Stäbe aus Dioxan; $\lambda$ 301—302 m$\mu$, $R_F$ 0,81; 78%. — *8-Hydroxypurin* (**II**), F. 305—307°, durch ½std. Kochen von **I** in konz. $NH_4OH$ mit Raney-Ni, Filtrieren, Waschen mit sd. W., Einengen u. Stehen über Nacht; aus W. kurze Stäbe; $\lambda$ 280 m$\mu$, $R_F$ 0,55; 30%. E. Koßmehl. 3272◇

**Kondensierte Polymethylenderivate von Heterocyclen aus Lactamen.** 3. Mitt. **Synthese von 1.2-Pentamethylenpyrimidinen.** R. G. Gluschkow und O. Ju. Magidsson. (J. allg. Chem. [UdSSR] **31 (93),** 189—93, Jan. 1961; Chem.-pharmazeut. Allunions-Ordshonokidse-Forschungsinst.; russ.) — 2. vgl. C. **1961,** 17211. — Das aus O-Methyl-ε-caprolactim (I) leicht durch Rk. mit $(NH_4)_2SO_4$ zugängliche *ε-Caprolactamiminsulfat* (II) geht mit un- u. α-monosubstituierten Malonsäureestern Kondens. zu *1.2-Pentamethylen-1.4.5.6-tetrahydropyrimidindionen-(4.6)* ein; Acetessigsäureäthylester liefert ebenso wie β-Aminocrotonsäureäthylester mit I *4-Methyl-1.2-pentamethylen-1.6-dihydropyrimidinon-(6)*. Mit α.α-disubstituierten Malonsäureestern reagiert **II** nicht. Die Rk. von I mit Anthranilsäure liefert *2.3-Pentamethylen-3.4-dihydrochinazolon-(4)*. Aus 2-Hydrazino-$\Delta^1$-homopiperidein u. Glyoxylsäure-n-butylester stellt man *3.4-Pentamethylen-4.5-dihydro1.2.4-triazinon-(6)* dar. **II** reagiert nach den Ergebnissen in der Diiminform. Die neuen Verbb. erscheinen zur Unters. ihrer biolog. Eigg. von Interesse.

Versuche: *ε-Caprolactamimin, Sulfat* (II), $C_6H_{12}N_2 \cdot 0,5H_2SO_4$, F. 210—212°, durch 43std. Schütteln von I mit $(NH_4)_2SO_4$ in abs. Methanol; 97,7% (Ausbeute). *Nitrat*, $C_6H_{12}N_2 \cdot HNO_3$, F. 128—129°, analog mit $NH_4NO_3$; 96,9%. — *1.2-Pentamethylen-1.4.5.6-tetrahydropyrimidindion-(4.6)*, $C_9H_{12}N_2O_2$, F. 218—220°, durch ½std. Kochen von II mit Malonsäurediäthylester in A. in Ggw. von $NaOC_2H_5$; aus A. Blättchen; 81,5%. — *5-Äthyl-1.2-pentamethylen-1.4.5.6-tetrahydropyrimidindion-(4.6)*, $C_{11}H_{16}N_2O_2$, F. 213—215°, analog vorst. Verb. aus II u. α-Äthylmalonsäurediäthylester; aus Methanol Tetraeder; 65,9%. — *4-Methyl-1.2-pentamethylen-1.6-dihydropyrimidinon-(6)*, $C_{10}H_{14}N_2O$, F. 84,5—86,5° (Ae.), a) durch 1std. Kochen von II mit Acetessigsäureäthylester in A. in Ggw. von $NaOC_2H_5$; 79,8%; b) durch ³/₄std. Rühren von 12 ml I mit 11 g β-Amino-crotonsäureäthylester in A., ½std. Erhitzen auf 80° u. Eindampfen; 2,5 g. *Hydrochlorid*, $C_{10}H_{14}N_2O \cdot HCl$, F. 231—233°. — *2.3-Pentamethylen-3.4-dihydrochinazolon-(4)*, $C_{13}H_{14}N_2O$, F. 95—96,5° (Ae.-A.), durch 1½std. Stehen von I mit Anthranilsäure in A.; 100%. *Hydrochlorid*, $C_{13}H_{14}N_2O \cdot HCl$, F. 209—211°. — *3.4-Pentamethylen-4.5-dihydro-1.2.4-triazinon-(6)*, $C_8H_{11}N_3O$, F. 98—100°, durch 1std. Kochen von Glyoxylsäure-n-butylester mit 2-Hydrazino-$\Delta^1$-homopiperidein in A.; aus Ae. Prismen; 36,4%.

H.-E. Toussaint. 3272◇

**Synthesen von Heterocyclen. 34. Mitt. Über kondensierte N-Heterocyclen.** E. Ziegler und E. Nölken. (Mh. Chem. **92**, 1184—90, 1961; Graz, Univ., Inst. für Organ. u. Pharmac. Chem.; dt.) — 33. vgl.C. **1962**, 1976. — Verbb., die in α-Stellung zum Ring-N-Atom eine $NH_2$-Gruppe tragen, neigen zur Ausbldg. von Ketiminformen. Deshalb reagieren sie (z. B. 2-Aminopyrimidin, 2-Aminothiazol, 2-Aminobenzthiazol, 6-Aminouracil u. a.) mit Benzylmalonsäure-bis-[2.4-dichlorphenylester] (I) leicht zu kondensierten N-Heterocyclen.

Versuche: *2-Oxo-3-benzyl-4-hydroxy-2H-pyrimido-[1.2:a]-pyrimidin*, $C_{14}H_{11}N_3O_2$, F. 290°, durch 5 Min. langes Erhitzen von 2-Aminopyrimidin u. I auf 160°; aus Butanol, Phenylacetat oder Nitrobenzol gelbe Platten: 98% (Ausbeute). — *2-Oxo-3-benzyl-4-hydroxy-6-methyl-2H-pyrimido-[1.2:a]-pyrimidin*, $C_{15}H_{13}N_3O_2$, F. 255° (Zers.), durch 20 Min. langes Erhitzen von 2-Amino-4-methylpyrimidin u. I auf 170°; aus A., Butanol, Dioxan oder Nitrobenzol gelbe Nadeln; 97%. — *2-Oxo-3-benzyl-4-hydroxy-6.8-dimethyl-2H-pyrimido-[1.2:a]-pyrimidin*, $C_{16}H_{15}N_3O_2$, F. 216° (Zers.), durch 20 Min. langes Erhitzen von 2-Amino-4.6-dimethylpyrimidin u. I auf 150°; aus A. gelbe Prismen, aus Butanol, Dioxan oder Nitrobenzol Nadeln; 70%. — *2-Oxo-3-benzyl-4-hydroxy-6.8-dimethyl-2H-pyrimido-[3.4:a]-pyrimidin*, $C_{16}H_{15}N_3O_2$, F. 229°, durch 20 Min. langes Erhitzen von 4-Amino-2.6-dimethylpyrimidin u. I auf 200°; aus Bzl., Dioxan, Trichloräthylen hellgelbe Nadeln; 50%. — *2-Oxo-3-benzyl-4.6.8-trihydroxy-2H-pyrimido-[3.4:a]-pyrimidin*, $C_{14}H_{11}N_3O_4$, F. >350° (Zers.), durch 5 Min. langes Erhitzen von 6-Aminouracil u. I auf 260—270°; aus Nitrobenzol oder m-Kresol Nadeln; 97%. — *1.3-Dimethyl-5-hydroxy-6-benzyl-2.4.7-trioxo-1.2.3.4.7.8-hexahydropyrido-[2.3:d]-pyrimidin*, $C_{16}H_{15}N_3O_4$, F. 236—237°, durch ¹/₄std. Erhitzen von 1.3-Dimethyl-6-aminouracil u. Benzylmalonsäure mit $POCl_3$ auf 100°; aus Toluol Nadeln. — *1.3-Dimethyl-5-hydroxy-2.4.7-trioxo-1.2.3.4.7.8-hexahydropyrido-[2.3:d]-pyrimidin*, $C_9H_9N_3O_4$, F. 270°, durch ¹/₄std. Erhitzen von 3,1 g 1.3-Dimethyl-6-aminouracil, 2,5 g Malonsäure u. $POCl_3$ auf 100° u. Zers. mit W.; aus Eisessig/W. (3:1) Nadeln; 0,75 g. *Acetyl-Deriv.*, $C_{11}H_{11}N_3O_5$, F. 163°; aus A. Plättchen. — *8-Oxo-7-benzyl-6-hydroxy-2(oder 4)-amino-8H-pyrimido-[1.2:a]-symm.-triazin*, $C_{13}H_{11}N_5O_2$, F. 318° (Zers.), durch 5 Min. langes Erhitzen von Diamino-symm.-triazin u. I auf 200°; aus Eisessig oder Nitrobenzol hellgelbe Nadelbüschel. — *5-Hydroxy-6-benzyl-7-oxo-7H-thiazolo-[3.2:a]-pyrimidin*, $C_{13}H_{10}N_2O_2S$, F. 241°, durch 7 Min. langes Erhitzen von 2-Aminothiazol u. I auf 240°; aus A. oder Xylol Platten, aus Dioxan Nadeln. *Acetyl-Deriv.*, $C_{15}H_{12}N_2O_3S$, F. 106°; aus Cyclohexan Nadeln. — *2-Oxo-3-benzyl-4-hydroxy-2H-pyrimido-[1.2:a]-benzimidazol*, $C_{17}H_{13}N_3O_2$, F. 337°, durch 5 Min. langes Erhitzen von 2-Aminobenzimidazol u. I auf 260°; aus Nitrobenzol Sterne; 95%. *Diacetyl-Deriv.*, $C_{21}H_{17}N_3O_4$, F. 169,5°; aus Nitrobenzol Nadeln. — *2-Oxo-4-hydroxy-2H-pyrimido-[1.2:a]-benzimidazol*, F. ca. 330° (Anilin), durch 3 Min. langes Erhitzen von 2-Aminobenzimidazol u. Malonsäure-bis-[2.4-dichlorphenylester] auf 125°; 100%. *Diacetyl-Deriv.*, $C_{14}H_{11}N_3O_4$. — *2-Oxo-3-benzyl-4-hydroxy-2H-pyrimido-[2.1:b]-benzoxazol*, $C_{17}H_{12}N_2O_3$, F. 295°, durch 3 Min. langes Erhitzen von 2-Aminobenzoxazol u. I auf 180°; aus Nitrobenzol Nadeln; 100%. *Acetyl-Deriv.*, $C_{19}H_{14}N_2O_4$, F. 153°; aus Essigester Prismen. — *2-Oxo-3-benzyl-4-hydroxy-2H-pyrimido-[2.1:b]-benzthiazol*, $C_{17}H_{12}N_2O_2S$, F. 255°, durch 3 Min. langes Erhitzen von 2-Aminobenzthiazol u. I auf 180°; aus Butanol, Eisessig, Xylol oder Nitrobenzol Nadeln; 90%. — *2.4-Dihydroxy-3-benzyl-pyrido-[3.2:b]-pyridin*, $C_{15}H_{12}N_2O_2$, F. 300° (Zers.), durch 2std. Erhitzen von 3-Aminopyridin u. I auf 280°; aus Butanol, Phenylacetat oder Nitrobenzol Platten; in Dioxan/W. violettrote $FeCl_3$-Rk.; 36%. *Acetyl-Deriv.*, $C_{17}H_{14}N_2O_3$, F. 210°; aus Bzl. oder Eisessig

Nadeln. — *Malonsäure-bis-[β-pyridylamid]*, $C_{13}H_{12}N_4O_2$, F. 212° (Nitrobenzol), durch ½std. Kochen von Malonsäurediäthylester u. 3-Aminopyridin; 67%. — *1-Phenyl-4-benzyl-3.5-dioxopyrazolidin*, $C_{16}H_{14}N_2O_2$, F. 182°, a) durch 5 Min. langes Erhitzen von Phenylhydrazin u. I auf 190—200°; aus Bzl. oder Chlf. Nadeln; 98%; b) durch 2std. Erhitzen von Benzylmalonsäure, Acetylphenylhydrazin u. $POCl_3$ auf 100° u. Zers. mit W.; 80%. P. Golinske. 3272◇

**Einige Phthalazine und Pyridazinderivate als potentielle Hypotensiva.** S. Biniecki, A. Haase, J. Izdebski, E. Kesler und L. Rylski. (Bull. Acad. polon. Sci., Sér. Sci. chim., géol. geogr. **6**, 227—33, 1958; Warsaw, School of Medicine, Dep. of Technology of Therapeutical Agents; Drug Res. Inst.; engl.) — Die Hypotensiva 1-Hydrazinophthalazinhydrochlorid (**I**; Apresolin) u. 1.4-Dihydrazinophthalazindihydrochlorid (**II**; Nepresol) sind relativ toxisch. Die Toxizität des *1-[2-Carbäthoxyhydrazino]-phthalazinhydrochlorids* [**III**; *Monohydrat*, F. 212° (Zers.)] ist bei gleicher Wrkg. 4mal geringer, wogegen das entsprechende *1.4-Bis-[2-carbäthoxyhydrazino]-phthalazinmonohydrochlorid* [*Monohydrat*, F. 207° (Zers.)] keine hypotensiven Eigg. mehr besitzt. Die Rk. von **I** in Pyridin mit Nicotinsäurechlorid (**IV**) bzw. Isonicotinsäurechlorid (**V**) ergibt Bldg. eines Triazol-Ringes zu *5'-[Pyridyl-(3)]-* (F. 215—216°) bzw. *5'-[Pyridyl-(4)]-1'.2'.4'-triazolo-[3'.4':1.2]-phthalazin* (F. 253—254°). Zur Aufklärung der Zusammenhänge zwischen Struktur u. pharmakolog. Wrkg. werden die sehr ähnlichen Verbb. *5'-[Pyridyl-(3)]-6-phenyl-* (**VI**; F. 188—189°) u. *5'-[Pyridyl-(4)]-6-phenyl-1'.2'.4'-triazolo-[3'.4':3.2]-pyridazin* (F. 306 bis 307°) aus 3-Hydrazino-6-phenylpyridazin (**VII**; F. 145—146°) u. **IV** bzw. **V** hergestellt. **VII** wird durch Rk. von Bernsteinsäureanhydrid mit Bzl. nach Friedel-Crafts zu *β-Benzoylpropionsäure*, Kondens. mit Hydrazin zu *6-Phenyl-3-hydroxy-4.5-dihydropyridazin*, Bromierung u. Dehydrobromierung zu *6-Phenylpyridazon-(3)*, Überführung des Ketons mit $POCl_3$ in *3-Chlor-6-phenylpyridazin* u. Umsetzung mit Hydrazin dargestellt. Die die Toxizität bewirkende freie Aminogruppe von **I** wird ferner durch Kondens. zu folgenden Phthalazinyl-(1)-hydrazonen blockiert: *Acetophenon-*, F. 144—145°. — *o-Hydroxyacetophenon-*, F. 203—205°. — *p-Hydroxyacetophenon-*, F. 229—231°. — *o-Aminoacetophenon-*, F. 268—270°. — *p-Aminoacetophenon-*, F. 183,5—184,5°. — *o-Hydroxybenzaldehyd-*, F. 211—212°. — *p-Hydroxybenzaldehyd-*, F. 197°. — *Piperonal-*, F. 236—238°. Die Verbb. zeigen in N-Methylacetamid verabreicht nur vorübergehende hypotensive Wirkung. Da 1-Hydrazino-4-chlorphthalazin (**VIII**) pharmakolog. relativ gut wirksam ist, werden einige **I**-Derivv. mit Chlor im benzoiden Ring hergestellt. 4-Nitrophthalimid wird zu *4-Aminophthalimid* red., dieses zu *5-Aminophthalid* umgewandelt u. durch Sandmeyer-Rk. in *5-Chlorphthalid* übergeführt, das durch Bromierung zu *3-Brom-5-chlorphthalid*, Hydrolyse zu *4-Chlorphthalaldehydsäure* u. Rk. mit Hydrazin *6-Chlorphthalazon-(1)* (**X**) gibt. Behandlung von **X** mit $POCl_3$ gibt *1.6-Dichlorphthalazin* u. anschließende Rk. mit Hydrazin *1-Hydrazino-6-chlorphthalazin* [*Hydrochloridmonohydrat*, F. 248° (Zers.)]. *1-Hydrazino-7-chlorphthalazin* [**IX**; *Hydrochloridmonohydrat*, F. 248° (Zers.)] wird analog aus 6-Aminophthalid (durch Nitrieren von Phthalid u. Hydrierung an Pd) gewonnen. Von den pharmakolog. getesteten Verbb. wirken **VIII** u. **IX** am besten, dann folgen **III**, **I** u. **II**. **III** ist jedoch 4mal weniger tox. als **VIII** u. **IX**. **VI** wirkt bedeutend schwächer als **I**. Hans-Dieter Jacobi. 3272△

**Aussichtsreiche Herbicide.** N. N. Melnikow, Ss. Ss. Kukalenko, Ss. L. Warschawski, L. P. Kofman und M. D. Below. (Chem. Ind. [UdSSR] **1961**, 703—04, Okt.; russ.) — Die optimalen Bedingungen für die Darst. von 2-Chlor-4.6-bis-[äthylamino]-symm.-triazin (Simiazin, **I**), F. 227—228°, u. 2-Chlor-4-äthylamino-6-isopropylamino-symm.-triazin (Atrazin, **II**), F. 173—175°, werden untersucht. **I** wird durch Rk. von Cyanurchlorid mit $C_2H_5NH_2$ im alkal. Medium dargestellt; 95% Ausbeute. Analog **II** in zwei Stufen durch Bldg. von 2.4-Dichlor-6-äthylamino-symm.-triazin u. Rk. mit Isopropylamin. R. K. Müller. 3313◇

**Substitution, Inversion und Wanderung bei acylierten 2-O-[p-Nitrophenylsulfonyl]-β-D-ribofuranosen.** Robert K. Ness. (J. org. Chemistry **27**, 1155—61, 12/4. 1962; Bethesda, Md., Nat. Inst. of Arthritis and Metabol. Diseases; engl.) — Durch Erhitzen von acylierten 2-O-p-Nitrophenylsulfonyl-β-D-ribofuranosen mit Pyridin (Py) oder Na-Benzoat in geschmolzener Benzoesäure (BS) entstehen *α-D-Arabofuranosen*. Als Rk.-Mechanismus wird die Eliminierung der Sulfonyloxygruppe mit Waldenscher Umkehr an $C_{(2)}$, Wanderung der Acyloxygruppe von $C_{(1)}$ nach $C_{(2)}$ u. Anlagerung einer Benzoyloxygruppe aus dem Lsgm. an $C_{(1)}$ angenommen. Ähnlich verläuft die Rk. von 1.3.5-Tri-O-benzoyl-2-O-p-nitrophenylsulfonyl-β-D-ribose (**IV**) mit Na-p-Nitrobenzoat in Dimethylformamid (DMF) zu *2.3.5-Tri-O-benzoyl-1-O-p-nitrobenzoyl-α-D-arabinose*.

Versuche: *1.3.5-Tri-O-benzoyl-2-O-p-nitrophenylsulfonyl-α-D-ribose* (**I**), $C_{32}H_{25}\cdot NO_{12}S$, F. 97—99° (Ae.) u. 143—144° (Essigester/A.), a) durch 18std. Rk. von 1.3.5-Tri-

O-benzoyl-α-D-ribose (V) mit p-Nitrobenzolsulfonylchlorid (SC) in abs. Py bei 5°, 4std. Stehen bei 20°, Zugeben von W. u. Extraktion mit Dichlormethan (DC); 77,2% (Ausbeute); b) durch 18std. Rühren von **II** mit Ag-Benzoat in abs. Bzl.; 43%; $[\alpha]_D^{20}$ +62,3° (c = 1,05; Chlf.). — *3.5-Di-O-benzoyl-2-O-p-nitrophenylsulfonyl-β-D-ribosylbromid* (**II**), $C_{25}H_{20}BrNO_{10}S$, F. 137—139°, Zers. bei 142°, durch 10 Min. lange Rk. von **I** in DC mit 32%ig. HBr in Eisessig; $[\alpha]_D^{20}$ +17,2° (c = 1,28; DC, keine Mutarotation innerhalb 40 Min.); $[\alpha]_D^{20}$ +0,13° [c = 0,43; Methanol–Dioxan (9 : 1); nach 0 Min.]; +0,41° (nach 7,3 Min.); +0,57° (nach 12,1 Min.); +0,82° (nach 23,2 Min.); +1,05° (nach 1 u. 22 Std.); 88%. — *3.5-Di-O-benzoyl-2-O-p-nitrophenylsulfonyl-D-ribosylchlorid*, $C_{25}H_{20}ClNO_{10}S$, F. 136—138° (Ae. oder Essigester/Pentan), durch 3tägige Rk. von **I** mit HCl/Eisessig; $[\alpha]_D^{20}$ +54,2° (c = 1,55; abs. DC); 69,1%. — *3.5-Di-O-benzoyl-2-O-p-nitrophenylsulfonyl-β-D-ribose* (**III**), $C_{25}H_{21}NO_{11}S$, F. 146—149°, Zers. bei 152° (A.), a) durch 50 Min. lange Hydrolyse von **II** mit $Ag_2CO_3$ in Aceton/W. (20 : 1); 88,6%; b) durch Rk. von **V** mit SC analog **I**, 20 Min. lange Rk. mit 32%ig. HCl in Eisessig bei 20° u. 1½std. Hydrolyse mit $Ag_2CO_3$ in Aceton/W. (10 : 1); 75,5%; $[\alpha]_D^{20}$ +66,5° (c = 1,36; Chlf.). — *1.3.5-Tri-O-benzoyl-2-O-p-nitrophenylsulfonyl-β-D-ribose* (**IV**), $C_{32}H_{25}NO_{12}S$, F. 160 bis 161° (Zers.; A.), a) durch 10 Min. lange Rk. von **III** mit Benzoylchlorid in abs. Py bei 0°, 5 Min. langes Stehen bei 20° u. Hydrolyse mit W.; 97%; b) durch 2std. Rk. von 1.3.5-Tri-O-benzoyl-β-D-ribose mit SC in abs. Py bei 0° u. 2std. Stehen bei 20°; 66,4%; c) aus den Mutterlaugen von **I** nach b); 13%; $[\alpha]_D^{20}$ +36,0° (c = 0,91; Chlf.). — *3.5-Di-O-benzoyl-1-O-p-nitrobenzoyl-2-O-p-nitrophenylsulfonyl-β-D-ribose* (**VI**), $C_{32}H_{24}N_2 \cdot O_{14}S$, F. 186—188° (Zers.; DC/A.), durch Zugeben von **III** zu p-Nitrobenzoylchlorid (BC) in abs. Py bei 0°, 10 Min. langes Stehen bei 0° u. 5 Min. lang bei 25°; $[\alpha]_D^{20}$ +48,7° (c = 1,61; Chlf.); 97%. — *α-D-Arabofuranosetetrabenzoat*, F. 116—119° (A.), a) durch Lösen von Na-Benzoat in geschmolzener BS, Zugeben von **VI** bei 120—123°, 1std. Rk. bei dieser Temp., Zugeben von Py, Eingießen in W. u. Extraktion mit DC; 69%; b) durch Zugeben von **VI** zu einem Gemisch von BS u. abs. Py bei 123—129°, 1std. Rk. u. Zugeben von Py, DC u. W.; 62%; $[\alpha]_D^{20}$ +28,1° (Chlf.). — *1.3.5-Tri-O-benzoyl-2-O-p-nitrobenzoyl-α-D-arabinose*, $C_{33}H_{25}NO_{11}$, F. 172—173°, a) durch 1std. Rk. von **VI** mit BS/Na-Benzoat bei 118—124°; 86%; b) durch 70 Min. lange Rk. von **VII** in DC mit 32%ig. HBr in Eisessig u. 1std. Rühren des sirupösen *Bromids* mit Ag-Benzoat in abs. Bzl.; 59,4%; $[\alpha]_D^{20}$ +19,7° (c = 3,14; Chlf.). — *1.3.5-Tri-O-benzoyl-2-O-p-nitrobenzoyl-β-D-arabinose* (**VII**), $C_{33}H_{25}NO_{11}$, F. 167—168°, durch 1¼std. Rk. von 1.3.5-Tri-O-benzoyl-β-D-arabinose mit BC in abs. Py; $[\alpha]_D^{20}$ —115° (c = 4,4; Chlf.); 100%. — *2.3.5-Tri-O-benzoyl-1-O-p-nitrobenzoyl-α-D-arabinose*, $C_{33}H_{25}NO_{11}$, F. 128—130° (A. oder Bzl./Pentan), a) durch Zugeben von heißem Na-p-Nitrobenzoat in DMF zu **IV** u. 16std. Rk. bei 100°; 17%; b) durch 25 Min. lange Rk. von 2.3.5-Tri-O-benzoyl-α-D-arabinosylbromid mit Ag-p-Nitrobenzoat in abs. Bzl.; 82%; $[\alpha]_D^{20}$ +32,4° (c = 1,13; Chlf.). — *2-Benzoyloxymethyl-4-p-nitrophenylsulfonyloxyfuran* (?), $C_{18}H_{13}NO_8S$, F. 111—112° (abs. A.), durch 1std. Erhitzen von **III** in BS/Py bei 123—128°; $[\alpha]_D^{20}$ +0,2° (c = 1,8; Chlf.); 43%. E. Schraven. 3400□

**Ein neuer Weg zu Glykosylphosphaten.** Donald L. MacDonald. (J. org. Chemistry **27**, 1107—09, 12/3. 1962; Bethesda, Md., Nat. Inst. of Arthritis and Metabol. Diseases; engl.) — *α-D-Glucose-1-phosphat* u. *α-D-Galaktose-1-phosphat* werden aus den peracetylierten Hexosen durch Erwärmen mit wasserfreier $H_3PO_4$ erhalten.

Versuche: *α-D-Galaktopyranose-1-phosphat, Bis-cyclohexylammoniumsalz* (**I**), $C_{18}H_{39} \cdot N_2O_9P \cdot \frac{1}{2} H_2O$, durch 2std. Verschmelzen von krist. $H_3PO_4$ mit 5 g β-D-Galaktosepentaacetat bei 5° im Vakuum, Lösen in Tetrahydrofuran, Eingießen in eiskalte n-LiOH, Stehen über Nacht, Reinigen an Dowex-50W, Versetzen mit Cyclohexylamin, Lösen der 3,72 g hygroskop. *Prodd.* {$[\alpha]_D^{20}$ +64° (c = 1,5; W.)} in 1,5n $NH_4OH$, Versetzen mit Mg-Acetat, Filtrieren über Dowex-50W, Reinigung der 2,85 g hygroskop. *Prodd.* {$[\alpha]_D^{20}$ +65,8° (c = 1,5; W.)} über das *Brucinsalz* {$[\alpha]_D^{20}$ +30° (c = 2; W.)} u. Trocknen bei 75°; $[\alpha]_D^{20}$ +78,5° (c = 2; W.). *Di-K-Salz*, $C_6H_{11}K_2O_9P \cdot 2 H_2O$, durch Versetzen vorst. Verb. mit 0,5n KOH bis pH 8,5 u. Fällen mit A. aus eiskalter Lsg.; $[\alpha]_D^{20}$ +97,3° (c = 2; W.); 35% (Ausbeute). — *α-D-Glucopyranose-1-phosphat, Bis-cyclohexylammoniumsalz*, $C_{18}H_{39}N_2O_9P$, aus β-D-Glucosepentaacetat analog **I** über das *Brucinsalz* {$[\alpha]_D^{20}$ +21° (c = 2; W.)}; $[\alpha]_D^{20}$ +60,8° (c = 2; W.); 31%. *Di-K-Salz*, $C_6H_{11}K_2O_9P \cdot 2 H_2O$, $[\alpha]_D^{20}$ +78,6° (c = 2; W.). E. Schraven. 3400□

**Aminozucker, Synthesen und Vorkommen in Naturstoffen.** Gerhard Baschang. (Fortschr. Chem. org. Naturstoffe [Wien] **20**, 200—70, 1962; Heidelberg; dt.) — Übersicht über Nomenklatur, allg. Rkk., Synth. u. enzymat. Auf- u. Abbau von Aminozuckern u. Aminozucker enthaltenden Naturstoffen. — 430 Literaturangaben (bis 1961). P. Golinske. 3400◇

**Aminozucker.** 32. Mitt. **Die Isolierung und Synthese des Methylestermethyl-α-glucosids von 3-O-β-D-Glucuronosyl-N-acetyl-D-glucosamin (Hyalobiuronsäure).** Roger W. Jeanloz und Harold M. Flowers. (J. Amer. chem. Soc. **84,** 3030, 5/8. 1962; Boston, Mass., Harvard Med. School, Dep. of Biol. Chem. and Med.; Massachusetts Gen. Hospital; engl.) — 30. vgl. Eylar, J. biol. Chemistry **237,** [1962], 1021; 20. vgl. C. **1961,** 1568. — *Methyl-3-O-[2.3.4-tri-O-acetyl-6-O-methyl-β-D-glucuronopyranosyl]-2-acetamido-4.6-di-O-acetyl-2-desoxy-α-D-glucopyranosid,* das aus Hyaluronsäure (**I**) durch Methanolyse u. Acetylierung des Prod. oder aus Hyalobiuronsäure (**II**; 3-O-[β-D-Glucuronopyranosyl]-2-amino-2-desoxy-D-glucose) durch Methylierung u. Acetylieren des Prod. erhalten wird, wird aus Methyl-2-acetamido-4.6-O-benzyliden-2-desoxy-α-D-glucopyranosid (**III**) synthetisiert.

Versuche: *Methyl-3-O-[2.3.4-tri-O-acetyl-6-O-methyl-β-D-glucuronopyranosyl]-2-acetamido-4.6-di-O-acetyl-2-desoxy-α-D-glucopyranosid,* $C_{26}H_{37}NO_{17}$, F. 237—238°, a) durch 24std. Kochen von 1,1 g **I** (aus menschlicher Nabelschnur) mit 6%ig. methanol. HCl, Rk. des erhaltenen Sirups mit Pyridin u. Acetanhydrid (**IV**) u. Chromatographie an Kieselsäure; $[\alpha]_D$ +30° (c = 0,68—0,98; Chlf.); 0,22 g (Ausbeute); b) durch Acetylieren nachst. Verb.; 80%; c) urch 2tägige Rk. von **III**, 2.3.4-Tri-O-acetyl-6-O-methyl-α-D-glucuronopyranosylbromid u. $Hg(CN)_2$ in $CH_3NO_2$/Bzl., Chromatographie des Prod. an Kieselsäure, $^1/_4$std. Erhitzen mit 60%ig. $CH_3COOH$ u. Acetylieren mit **IV** in Pyridin; 42%. — *Methyl-3-O-[6-O-methyl-β-D-glucuronopyranosyl]-2-acetamido-2-desoxy-α-D-glucopyranosid,* F. 223—225°, a) durch Rk. vorst. Verb. mit Ba-Methylat in $CH_3OH$ bei 0° u. Verestern des *Methyl-3-O-[β-D-glucuronopyranosyl]-2-acetamido-2-desoxy-α-D-glucopyranosidhydrats* [$C_{15}H_{25}NO_{12}\cdot H_2O$, F. 207—210°, $[\alpha]_D$ +31° (c = 0,74; $CH_3OH$); 95%] mit $CH_2N_2$ oder methanol. HCl; b) durch Kochen von *3-O-[β-D-Glucuronopyranosyl]-2-acetamido-2-desoxy-D-glucose* (aus **II** durch Acetylieren) mit 1,5n methanol. HCl u. Chromatographie an Kieselsäure; 50%. — *Methyl-3-O-[β-D-glucopyranosyl]-2-acetamido-2-desoxy-α-D-glucopyranosid,* $C_{15}H_{27}NO_{11}$, F. 252—254°, a) durch Red. vorst. Verb. mit $LiBH_4$ in Tetrahydrofuran u. Acetylierung des Prod.; $[\alpha]_D^{27}$ +44° (c = 1; W.); b) durch 3tägige Rk. von **III** mit 1 Val Tetra-O-acetyl-α-D-glucopyranosylbromid u. $Hg(CN)_2$ in Bzl./$CH_3NO_2$ bei 30°, Desacetylieren mit $CH_3ONa$, Erhitzen mit 60%ig. $CH_3COOH$ u. Chromatographie an Kohle/Celite (1:1); 35%. *Hexa-O-acetyl-Deriv.*, $C_{27}H_{39}NO_{17}$, F. 236 bis 237°, $[\alpha]_D^{28}$ +24° (c = 1,11; Chlf.). P. Schwerdtfeger. 3400◇

**Die Kohlenhydrat–Protein-Bindung in Glykoproteinen.** 1. Mitt. **Die Synthese von einigen substituierten Amid-Modellsubstanzen und einem L-Seryl-D-glucosaminid.** J. K. N. Jones, M. B. Perry, B. Shelton und D. J. Walton. (Canad. J. Chem. **39,** 1005—16, Mai 1961; Kingston, Ontario, Canada, Queen's Univ., Dep. of Chem.; engl.) — Die Synth. von *N-L-Seryl-*, *N-Glycyl-* u. *N-L-Glutamyl-D-glucosamin* sowie von *L-Seryl-N-acetyl-β-D-glucosaminid* (**I**) werden beschrieben. Diese Verbb. sind bis auf **I** relativ stabil gegenüber Säuren, jedoch unbeständig in neutraler oder alkal. Lsg., während **I** von Säuren hydrolysiert wird u. gegenüber Alkalien beständig ist. Die dargestellten Verbb. dienen als Modellsubstanzen bei der Auftrennung von Glykoproteinhydrolysaten. Die IR-Absorptionsmaxima sind angegeben.

Versuche: *Carbobenzoxychlorid* (**II**), durch Zugabe von 65 ml Benzylalkohol zu 69 g Phosgen in Toluol bei 0°; 76 g (Ausbeute). — *N-Carbobenzoxy(Cbo)-L-serin,* F. 116°, nach Moore u. Mitarbeitern (vgl. C. **1950/54,** 9069 S); 98%. — *N-Cbo-L-serinmethylester* (**XX**), durch Lösen vorst. Verb. in 2,5n methanol. HCl, Stehen über Nacht u. Entsäuern an Duolite A 4 ($OH^-$-Form); 94%. — *N-Cbo-O-tetrahydropyranyl-(2)-L-serinmethylester,* durch 3std. Stehen von **XX** mit 2.3-Dihydro-γ-pyran in 2,2n HCl bei 20°; gelbes Öl; 88%. — *N-Cbo-O-tetrahydropyranyl-(2)-L-serin* (**III**), F. 129°, durch Lösen vorst. Verb. in Methanol, Verseifen nach Iselin u. Schwyzer (vgl. C. **1956,** 7205) u. Zugabe von Ae. zur Äthylacetat-Lsg.; 14%; daneben *isomeres* **III** (**IV**), F. 150°, durch Einengen der Mutterlaugen; 30%. — *1.3.4.6-Tetra-O-acetyl-N-acetyl-β-D-glucosamin,* F. 190—192° (A.), durch 10 Min. langes Erwärmen von D-Glucosaminhydrochlorid mit Acetanhydrid in Ggw. von $ZnCl_2$ auf 70—80°; $[\alpha]_D^{25}$ +3° (c = 4,0; Chlf.); 52%. — *1.3.4.6-Tetra-O-acetyl-β-D-glucosaminhydrobromid* (**V**), Zers. bei 200°, aus vorst. Verb. nach Inouye u. Mitarbeitern (vgl. C. **1959,** 4478); $[\alpha]_D^{21}$ +12,1° (c = 4,0; W.); 45%. *α-Isomeres* (**VI**), Zers. bei 205—220°, analog aus der α-Verb.; $[\alpha]_D^{22}$ +129° (c = 4,0; W.); 45%. — *1.3.4.6-Tetra-O-acetyl-β-D-glucosamin,* F. 143° (A.), aus **V** mit Amberlite IR-45 ($CO_3^{2-}$-Form); $[\alpha]_D^{22}$ +27° (c = 3,6; Chlf.); 65%. *α-Isomeres* (**VII**), F. 118° (A.), analog aus **VI**; $[\alpha]_D^{23}$ +145,5° (c = 4,0; Chlf.); 65%. — *N-Cbo-O-tetrahydropyranyl-(2)-L-seryl-1.3.4.6-tetra-O-acetyl-β-D-glucosamin* (**VIII**), $C_{30}H_{40}N_2O_{14}$, F. 201° (A.), durch 20std. Schütteln von **III**, vorst. β-Verb. u. Diisopropylcarbodiimid in $CH_2Cl_2$ bei 20°, Zugabe von wenig Essigsäure, 1std. Schütteln, Absaugen, 24std. Kühlen auf

$-10^0$ u. Filtrieren; $[\alpha]_D^{23}$ $+10^0$ (c = 4,0; Chlf.); 40%. *Isomeres* **VIII**, F. 160°, analog aus **IV**; $[\alpha]_D^{23}$ $+2^0$ (c = 5,0; Chlf.); 29%. — *N-Cbo-O-tetrahydropyranyl-(2)-L-seryl-1.3.4.6-tetra-O-acetyl-α-D-glucosamin*, analog **VIII** aus **VII**; $[\alpha]_D^{23}$ $+91^0$ (c = 4,0; Chlf.); 35%. — *N-Cbo-L-seryl-1.3.4.6-tetra-O-acetyl-β-D-glucosamin* (**IX**), $C_{25}H_{32}N_2O_{13}$, F. 168°, durch 10 Min. langes Kochen von **VIII** mit 50%ig. Essigsäure, Verdünnen mit W., Extrahieren mit Chlf. u. Einengen; aus A. Nadeln; $[\alpha]_D^{23}$ $+25^0$ (c = 4,0; Chlf.); 75%. *α-Isomeres* (**X**), F. 145°, analog aus vorst. Verb.; $[\alpha]_D^{23}$ $+102^0$ (c = 3,7; Chlf.); 65%. — *N-Cbo-L-seryl-α-D-glucosamin* (**XI**), F. 195° (A.), durch 20std. Stehen von **X** mit Ba-Methylat in Methanol bei 5°, Verdünnen mit W. u. Einleiten von $CO_2$; $[\alpha]_D^{20}$ $+75^0$ (c = 4,0; Chlf.); 24%. *β-Isomeres* (**XII**), F. 198°, aus **IX**; $[\alpha]_D^{21}$ $+8^0$ (c = 4,0; Chlf.); 30%. — *N-L-Seryl-D-glucosaminhydrochlorid* (**XIII**), $C_9H_{19}ClN_2O_7$, Zers. bei 200—250°, durch 20std. Schütteln von **XI** mit Pd/Kohle in Methanol/Chlf. in Ggw. von 1n HCl unter 2 lb $H_2$ über Normaldruck; aus Ae./Methanol Kristalle; 86%. — *N-L-Seryl-D-glucosamin*, durch Hydrieren von **XII** in W. in Ggw. von Pd/Kohle analog **XIII** u. Entsäuern mit Amberlite IR-45 ($CO_3^{2-}$-Form), Einengen, Fällen mit Methanol, dabei Zersetzung. — *N-[N-Acetyl-O-acetyl-L-seryl]-1.3.4.6-tetra-O-acetyl-β-D-glucosamin*, durch 2tägiges Stehen von **XIII** mit Acetanhydrid/Pyridin bei 0°. — *N-Cbo-glycin*, aus Glycin u. **II** in Toluol. — *N-Cbo-glycin-p-nitrophenylester* (**XVI**), F. 127°, durch 1std. Stehen vorst. Verb., p-Nitrophenol u. Dicyclohexylcarbodiimid in Äthylacetat bei 0°, Erwärmen auf 20°, Filtrieren u. Einengen; 95%. — *N-Cbo-glycyl-1.3.4.6-tetra-O-acetyl-β-D-glucosamin* (**XIV**), F. 168° (Methanol), durch Kondens. von 1 g **XVI** mit **V** in Dimethylformamid in Ggw. von Triäthylamin; $[\alpha]_D^{22}$ $+49^0$ (c = 4,0; Methanol); 0,9 g. — *N-Cbo-glycyl-D-glucosamin* (**XV**), F. 188°, durch 20std. Stehen von 0,5 g **XIV** bei $-5^0$ analog **XI**; $[\alpha]_D^{24}$ $+39{,}5^0$ (c = 4,0; Methanol); 0,2 g. — *N-Glycyl-D-glucosaminhydrochlorid*, F. 172° (A.), aus 0,15 g **XV** analog **XIII**; $[\alpha]_D^{23}$ $+31{,}5^0$ (c = 1; W.); 70 mg. — *N-Glycyl-D-glucosamin*, durch Hydrieren von **XIV** oder **XV** in neutraler Lsg. unter Zersetzung. — *N-Cbo-L-glutaminsäure*, F. 124°, aus L-Glutaminsäure u. **II**; 95% — *N-Cbo-L-glutaminsäuredi-p-nitrophenylester*, F. 210° (A.), aus 21 g vorst. Verb. analog **XVI**; $[\alpha]_D^{23}$ $+17{,}1^0$ (c = 4,0; Bzl.); 21 g. — *N-Cbo-γ-L-glutamin-α-p-nitrophenylester*, $C_{19}H_{19}N_3O_7$, F. 158° (Methanol), durch Zugabe der berechneten Menge 1n methanol. $NH_3$ zu einer Lsg. vorst. Verb. in Bzl./Methanol bei 20° über Nacht, Abfiltrieren u. Fällen mit Bzl.; $[\alpha]_D^{21}$ $-25{,}1^0$ (c = 4,0; Dimethylformamid); 60%. — *N-[N^α-CbO-L-glutaminyl]-1'.3'.4'.6'-tetra-O-acetyl-β-D-glucosamin*, F. 178° (A.), durch 20 Min. langes Erhitzen von 0,4 g **V** u. 0,4 g vorst. Verb. in Dimethylformamid in Ggw. von Triäthylamin auf 95°; $[\alpha]_D^{20}$ $-6{,}0^0$ (c = 4,0; Pyridin); 0,23 g. — *N-[N^α-Cbo-L-α-glutamyl]-1'.3'.4'.6'-tetra-O-acetyl-β-D-glucosamin*, F. 218° (A.; Zers.), durch Zugabe überschüssiger $HNO_2$ zu 50 mg vorst. Verb., Verdünnen mit W. u. Extrahieren mit Chlf.; $[\alpha]_D^{18}$ $-7{,}4^0$ (c = 2,0; Pyridin); 30 mg. — *N-[N^α-Cbo-L-α-glutamyl]-D-glucosamin*, F. 184°, aus 30 mg vorst. Verb. analog **XI**; $[\alpha]_D^{18}$ $+70^0$ (c = 1,0; Pyridin); 9 mg. — *N-[L-α-Glutamyl]-D-glucosamin, Hydrochlorid*, $C_{11}H_{21}\cdot ClN_2O_8$, Zers. bei 200° (A./Bzn.), aus 63 mg vorst. Verb. analog **XIII**; $[\alpha]_D^{24}$ $+14{,}1^0$ (c = 1,5; W.); 30 mg. — *1-Chlor-1-desoxy-N-acetyl-3.4.6-tri-O-acetyl-α-D-glucosamin* (**XVII**), F. 124°, nach Inouye (l. c.); $[\alpha]_D^{25}$ $+116^0$ (c = 4,0; Chlf.); 25%. — *[N-Cbo-serinmethylester]-N-acetyl-D-glucosaminid* (**XVIII**), F. 133° (A./Bzn.), durch 140std. Schütteln von 3,23 g **XVII** u. 2,5 g **XX**, Chlf. u. Drierite in Ggw. von $Ag_2O$ u. $J_2$ im Dunkeln bei 20°, Abfiltrieren, Einengen, Chromatographie an Cellulosepulver in n-Butanol u. Behandeln mit Ba-Methylat analog **XI**; $[\alpha]_D^{23}$ $+6{,}4^0$ (c = 1,0; A.); 219 mg. — *[L-Serinmethylester]-N-acetyl-D-glucosaminid* (**XIX**), F. 230° (Zers.), aus 140 mg **XVIII** analog **XIII**; $[\alpha]_D^{24}$ $+1{,}7^0$ (c = 1,0; Methanol); 60 mg. — *[L-Serinmethylester]-N-acetyl-D-glucosaminidhydrochlorid*, $C_{12}H_{23}ClN_2O_8$, durch 6std. Stehen von **XVIII** mit 0,1n HCl in der Kälte u. Entsäuern mit Duolite A4 ($OH^-$-Form). — *L-Seryl-N-acetyl-β-D-glucosaminid* (**I**), $C_{11}H_{20}N_2O_8$, F. 236° (A./PAe.), durch 3std. Stehen von 48 mg **XIX** mit 0,5n NaOH in verd. Methanol bei 20°, Ansäuern mit 0,1n $H_2SO_4$, Eindampfen u. Extrahieren mit Methanol; $[\alpha]_D^{24}$ $-31{,}0^0$ (c = 1,0; W.); 27 mg. W. Hampel. 3400◇

**Alkalischer Abbau von Aminozuckern.** J. N. BeMiller und Roy L. Whistler. (J. org. Chemistry **27**, 1161—64, 12/4. 1962; Lafayette, Ind., Purdue Univ., Dep. of Biochem.; engl.) — Tri-N-acetylchitotriose, eine 2-Acetamido-2-desoxy-D-glucose mit einer glykosid. Bindung an $C_{(4)}$, wird durch Einw. von gesätt. wss. $Ca(OH)_2$ in „α"-*D-Isosaccharinsäure-1.4-lacton* umgewandelt. Es wird angenommen, daß die Rk. analog einer Benzilsäureumlagerung verläuft. Na-Hyaluronat wird unter den gleichen Bedingungen zu Säuren abgebaut.

Versuche: *Chitin*, durch 3tägiges Stehen von 500 g gemörserten, trockenen Hummerschalen in 10%ig., $O_2$-freier NaOH bei 20°, Waschen des Nd. mit viel 95%ig. A. u. wenig Aceton, abs. A. u. Ae., 4std. Stehen in 37%ig. HCl bei — 20°, Zentrifugieren, Waschen u. wiederholte Säurebehandlung; 100 g (Ausbeute). — *Tri-N-acetylchitotriose* (**I**), F. 304—306° (Zers.), nach Stacey u. Mitarbeitern (C. **1960**, 12343) u. papierchromatograph. Reinigung mit der oberen Phase von n-Butanol/A./W./$NH_4OH$ (40:49:10:1); $[\alpha]_D^{25}$ +2° (c = 1,0; W.). — „α"-*D-Isosaccharinsäure-1.4-lacton*, F. 96°, durch Lösen von 197 mg vorst. Verb. in 0,0435n $Ca(OH)_2$ bei 25°, Adsorbieren aliquoter Teile an Amberlite IR-120 ($H^+$), Waschen mit W., Eluieren mit 2n HCl, Einengen, 336std. Stehen, Behandeln mit Amberlite IR-120 ($H^+$), Eindampfen u. Extraktion mit heißem Essigester; 15 mg; daneben papierchromatograph. *2-Acetamido-2-desoxy-D-glucose* u. Spuren von **I** u. *Di-N-acetylchitobiose*. — *Na-Hyaluronat*, durch Vermischen zerschnittener menschlicher Nabelschnur mit W., Ansäuern mit 6n HCl auf pH 2,0, 24std. Behandeln mit Pepsin bei 37°, Einstellen mit 30%ig. NaOH auf pH 7,9—8,0, Versetzen mit „Ichtozyme", 3tägiges Dialysieren bei 45°, 20std. Schütteln mit Chlf., n-Pentanol, Eisessig, Na-Acetat u. W., ½std. Zentrifugieren, 24std. Stehen der oberen Schicht mit Na-Acetat in 95%ig. A. bei 0°, Lösen des Nd. in W., 2tägiges Dialysieren, Filtrieren durch Supercel u. Lyophilisieren. E. Schraven. 3400□

**D-Mannoheptulose-1-[N¹-benzyl-N¹-phenyl]-2-[N¹-phenyl]-osazon.** Lawrence M. White und Geraldine E. Secor. (J. org. Chemistry **27**, 2240—41, Juni 1962; Albany, Calif., U. S. Dep. of Agricult.; Agricult. Res. Div., West. Reg. Res. Labor.; engl.) — *D-Mannoheptulose-1-[N¹-benzyl-N¹-phenyl]-2-[N¹-phenyl]-osazon* wird aus D-Mannoheptulose (**I**), 1-Benzyl-1-phenylhydrazinhydrochlorid (**II**) u. Phenylhydrazinhydrochlorid (**III**) synthetisiert. Mit $CH_3COOH$ bildet es ein *Solvat*.

Versuche: *D-Mannoheptulose-1-[N¹-benzyl-N¹-phenyl]-2-[N¹-phenyl]-osazon*, $C_{26}H_{30}N_4O_5$, F. 191—193° (Zers.), durch mehrstd. Rk. von 1 mMol **I** in W. mit 4 mMol **II**, 2 mMol **III** u. 6 mMol Na-Acetat in Eisessig, Zugeben von Eisessig u. Filtrieren nach 20 Std.; hellgelbe Nadeln aus abs. A.; 242 mg (Ausbeute). *Essigsäuresolvat*, $C_{23}H_{30}N_4O_5 \cdot 2½\,CH_3COOH$, durch Lösen vorst. Verb. in heißem Eisessig u. langsames Abkühlen; gelbe Nadeln. E. Schraven. 3400◇

**Glykoside und Aglykone.** 216. Mitt. **Die Cardenolide der Samen von Erysimum perofskianum Fisch. et Mey.** 1. Mitt. Z. Kowalewski, Herb. Jäger, O. Schindler und T. Reichstein. (Helv. chim. Acta **43**, 957—72, 15/6. 1960; Basel, Organ.-chem. Anst. der Univ.; dt.) — 215. vgl. C. **1962**, 10475. — In den Samen von *Erysimum perofskianum* Fisch. et Mey. wurden 13 Cardenolidglykoside papierchromatograph. nachgewiesen. Nach fermentativem Abbau konnten *Helveticosid* (**A**), *Corchorosid A* (**B**), *Erysimosid* (**E**) u. 4 weitere, bisher unbekannte Glykoside isoliert werden, die sich alle vom Strophanthidin ableiten.

Versuche (FF. korr.): 250 g Samen von *Erysimum perofskianum* wurden 4 Tage bei 37° in W. u. Toluol fermentiert, bei 50° mit 50—95%ig. A. extrahiert, die Extrakte mit $Pb(OH)_2$ gereinigt, bei 40° u. pH 6 eingeengt u. nacheinander mit Ae., Chlf. u. Chlf.-A. (2:1) ausgeschüttelt. Ae.-Extrakt: 0,82 g; **A** papierchromatograph. nachweisbar. Chlf.-Extrakt: 3,09 g; enthielt **A**, **B**, Kabulosid (**C**) u. Perofskosid (**D**). Trennung durch Chromatographie an $Al_2O_3$: *Corchorosid A* (**B**), $C_{29}H_{42}O_9$, F. 165—167°, durch Eluieren mit Chlf.-Methanol (98:2); aus Methanol-W. Nadeln; $[\alpha]_D^{26}$ +9,9 ± 2° (c = 1,2; Methanol); 215 mg (Ausbeute). — *Helveticosid* (**A**), $C_{29}H_{42}O_9$, F. 153—156°, durch Chromatographie der mit Chlf.-Methanol (bis 50% Methanol) eluierten Fraktionen an $SiO_2$; aus Methanol mit feuchtem Ae. Blättchen; $[\alpha]_D^{26}$ +29,6 ± 2° (c = 1,2; Methanol); 246 mg. Die später von $SiO_2$ abgelösten Fraktionen ergaben nach weiterer Chromatographie an $Al_2O_3$ u. präparativer Papierchromatographie (Syst.: Tetrahydrofuran-Chlf.-Formamid 50:50:6,5/Formamid) *Kabulosid* (**C**; $C_{29}H_{42}O_{10}$; amorph; 18 mg) u. *Perofskosid* (**D**; $C_{29}H_{42}O_{10}$; amorph; 11 mg). — Chlf.-A.-Extrakt (2:1): 1,60 g; ergab nach Trennung durch Chromatographie an $SiO_2$: *Erysimosid* (*Strophanthidindigitoxosidoglucosid*; **E**), $C_{35}H_{52}O_{14}$, F. 173—176°, durch Eluieren mit Chlf.-Methanol (98:2), aus Isopropanol Kristallpulver; $[\alpha]_D^{22}$ +16,8 ± 2° (c = 1,5; Methanol); 21 mg; aus den folgenden Fraktionen weitere 42,5 mg **E**, **F** u. **G**. — 500 g Samen wurden mit PAe. bei 40° entfettet, mit W. bei 0° extrahiert, dann mit A. steigender Konz. heiß extrahiert; die A.-Extrakte mit den wss. Extrakten fermentiert u. wie oben gereinigt. Nach Einengen wurde mit Ae., Bzl.-Chlf. u. Chlf.-A. (2:1) ausgeschüttelt. Die Ae.- u. Bzl.-Chlf.-Fraktionen entsprachen den oben angeführten Trennungen. Die Chlf.-A.-(2:1)-Extrakte enthielten **E**, **F** (s. unten) u. 6 andere Verbb. (**G**, **H**, **J**, **K**, **L** u. **M**). Die ersten Chlf.-A. (2:1)-Fraktionen (3,53 g) wurden erneut mit Chlf.-A.-Gemischen fraktioniert ausgeschüttelt: 1. Chlf.-A. (95:5)-Extrakt enthielt **E**, **E'** u. **F**: *Eryperosid* (*isomeres Glucohelveticosid*; **E'**), $C_{35}H_{52}O_{14}$, F. 178—180°, nach Reinigung des Chlf.-A. (95:5)-Extraktes an $SiO_2$ u. Verteilungschromatographie von 215 mg Rohprod. an Cellulosepulver mit Bzl.-Butanol (2:1)-Gemisch; Kristallpulver aus Isopropanol; $[\alpha]_D^{23}$ +43,9 ± 1° (c = 1,8; Methanol);

80,1 mg; daneben 10,1 mg **E**. — 2. Chlf.-A. (90:10 u. 80:20)-Extrakt enthielt **E**, **F**, **G** u. **H**. — *Erycorchosid* (*Glucocorchorosid*; **F**), $C_{35}H_{52}O_{14}$, F. 238—240°, nach Trennung von 420 mg wie oben beschrieben; kleine Körner aus Isopropanol; $[\alpha]_D^{23}$ $+30,3\pm2^0$ (c = 1,4; Methanol); 15,1 mg; daneben 50 mg **E**. — *Penta-O-acetylerysimosid*, F. 210 bis 215°, aus 10,3 mg **E** durch 3tägige Rk. mit Acetanhydrid u. Pyridin bei 37° im Vakuum; $[\alpha]_D^{26}$ $+35,2\pm5^0$ (c = 0,49; Methanol); 1,3 mg. E. Schraven. 3450□

**Glykoside und Aglykone.** 217. Mitt. **Die Cardenolide von Erysimum perofskianum Fisch. et Mey.** 2. Mitt. Z. Kowalewski, O. Schindler, Herb. Jäger und T. Reichstein. (Helv. chim. Acta **43**, 1280—90, 1/8. 1960; dt.) — 216. bzw. 1. vgl. vorst. Referat. — Die Struktur der aus den Samen von *Erysimum perofskianum* Fisch. et Mey. isolierten Cardenolidglykoside *Kabulosid* (**C**), *Perofskosid* (**D**), *Erysimosid* (**E**), *Eryperosid* (**E'**) u. *Erycorchosid* (**F**) wird durch Abbau weitgehend aufgeklärt. Alle Glykoside enthalten *Strophanthidin* (**I**), dazu **C** vermutlich *2-Desoxy-D-gulose*, **D** *2-Desoxy-D-glucose*, **E** vermutlich *4-[β-D-Glucopyranosido]-D-digitoxose*, **E'** wahrscheinlich *3-* oder *4-[α-D-Glucopyranosido]-D-digitoxose*, **F** vermutlich *3-* oder *4-[α-D-Glucopyranosido]-D-boivinose*.

Versuche: *Strophanthidin* (**I**), FF. 136—144°/226—235°, durch Hydrolyse von 20 mg **D**; aus Methanol/Ae. Nadeln; 4 mg. — *O-Acetylstrophanthidin*, F. 241—248°, aus 5 mg Roh-I durch 48std. Rk. mit Acetanhydrid in Pyridin bei 23°; aus Methanol–Ae. Nadeln; $[\alpha]_D^{26}$ $+54,3\pm5^0$ (c = 0,36; Chlf.); 3,7 mg. — *2-Desoxy-D-glucose*, F. 143 bis 146°, neben **I** durch Chromatographie an A-Kohle u. Celite 535; krist. aus Aceton–Ae.; $[\alpha]_D^{22}$ $+17,8\pm8^0$ (c = 0,2; W.); 2,3 mg. — *2-Desoxy-D-glucose-β-naphthylhydrazon*, $C_{16}H_{20}N_2O_4$, F. 142—143°, durch 5 Min. langes Kochen von 20 mg 2-Desoxy-D-glucose mit β-Naphthylhydrazin in Methanol; Nadeln aus Methanol; $[\alpha]_D^{26}$ $+22,4\pm3^0$ (c = 0,8; Methanol); 37 mg. — *2-Desoxy-p-toluidino-D-glucose*, $C_{13}H_{19}NO_4$, F. 198—200°, durch ½std. Kochen von 50 mg 2-Desoxy-D-glucose mit p-Toluidin in Methanol; Nadeln aus Methanol–Ae.; $[\alpha]_D^{26}$ $-98,0\pm2^0$ (c = 1,3; Pyridin); 73 mg. — Die übrigen Glykoside wurden entsprechend hydrolysiert u. papierchromatograph. untersucht. Folgender Zucker konnte isoliert werden: *Digilanidobiose* (*4-[β-D-Glucopyranosido]-D-digitoxose*), F. 227—230°, neben **I** aus **E**; aus A./Ae. Nadeln. E. Schraven. 3450□

**Glykoside und Aglykone.** 218. Mitt. **Papierchromatographische Untersuchung der Cardenolide von 8 Erysimum-Arten und zwei Vertretern verwandter Gattungen.** Z. Kowalewski. (Helv. chim. Acta **43**, 1314—21, 1/8. 1960; dt.) — 217. vgl. vorst. Referat. — Die gemahlenen Samen von *Erysimum odoratum* Ehrh., *E. Witmannii* Zawadski, *E. hieraciifolium* L., *E. pulchellum* (Willdenow) J. Gay., *E. cheiranthoides* L., *E. perofskianum* F. E. L. Fischer et C. A. Meyer, *E. repandum* L., *E. diffusum* Ehrhardt, *Acachmena cuspidata* (Marsch. v. Bieb.) H. P. Fuchs u. *Conringia orientalis* (L.) Dumortier wurden nach Entfettung mit PAe. bei 20° mit warmem A. extrahiert bzw. nach 3tägiger Fermentierung bei 35° in $CO_2$-Atmosphäre mit eigenen Fermenten mit Ae., Chlf. u. Chlf.–A. (2:1)-Gemisch ausgeschüttelt. Der Geh. an Glykosiden ist bei den 8 *Erysimum*-Arten u. bei *Acachmena cuspidata* ähnlich, bei *Conringia orientalis* ca. 10mal kleiner. Die papierchromatograph. Analyse in den Syst. Chlf.–Tetrahydrofuran–Formamid (50:50:6,5)/Formamid, Chlf.–Formamid u. Benzol–Butanol (1:1)/W. (35%) ergab, daß *Helveticosid*, *Erysimosid*, *Erycorchosid* u. ein nicht rein bekanntes Glykosid in allen 10 Pflanzen enthalten sind. *Corchorosid A*, *Perofskosid* u. ein weiteres Glykosid treten unterschiedlich auf. *Eryperosid* ist nur in *E. perofskianum* sicher anwesend. E. Schraven. 3450□

**Glykoside und Aglykone.** 219. Mitt. **Die Struktur der Sarmentoside. Glykoside von Strophantus sarmentosus P. DC.** 11. Mitt. 4. Mitt. **über Glykoside von Strophanthus thollonii Franch.** B. Fechtig, J. v. Euw, O. Schindler und T. Reichstein. (Helv. chim. Acta **43**, 1570—84, 17/10. 1960; dt.) — 218. vgl. vorst. Referat. — Durch Dehydrierung von *Bipindogenin* (**I**) zu *3-Dehydrobipindogenin*, dessen Oxydation zu *Bipindogenon* u. Wasserabspaltung zu *4.5-Anhydrobipindogenon* wird die Struktur von **I** als *3β.5.11α.14β-Tetrahydroxy-$\Delta^{20,22}$-5β-cardenolid* bewiesen. Die cis-Ständigkeit der OH-Gruppen in 3- u. 5-Stellung ergibt sich aus der Bldg. von *11-O-Acetyl-14.15-anhydrobipindogenin-3.5-cyclosulfit*. Durch Ersatz der 10ständigen Methylgruppe von **I** durch $-CH_2OH$, $-CHO$, $-COOH$, $-COOCH_3$ oder $-COOC_2H_5$ ergeben sich damit eindeutige Formeln für die anderen Genine, die den Sarmentosiden (außer Sarmentosid D u. Zenkosid) zugrunde liegen.

Versuche (FF. korr.): *3-Dehydrobipindogenin* (*3-Keto-5.11α.14β-trihydroxy-$\Delta^{20,22}$-5β-cardenolid*, $C_{23}H_{32}O_6$, F. 297—300° (Zers.), durch 47std. Schütteln von 100 mg **I** mit vorhydriertem $PtO_2$ u. $O_2$ in W./Aceton; $[\alpha]_D^{27}$ $+38,3\pm2^0$ (c = 0,934; 80%ig. Methanol); 99 mg (Ausbeute). — *Bipindogenon* (*3.11-Diketo-5.14β-dihydroxy-$\Delta^{20,22}$-5β-cardenolid*, $C_{23}H_{30}O_6$, F. 234—238°, durch Versetzen einer Lsg. von 55 mg vorst. Verb. mit einer Lsg. von $CrO_3$ in W. u. $H_2SO_4$ bei 0°, Zugabe von Eiswasser nach 3 Min.

u. einer Lsg. von Na-Acetat in W. nach einer weiteren Min. u. Ausschütteln der Aceton-freien Lsg. mit Chlf.-A. (3:1); Drusen aus A./Methanol; $[\alpha]_D^{23}$ $+35{,}9 \pm 2^0$ (c = 1,05; 80%ig. Methanol); 45 mg. — *4.5-Anhydrobipindogenon* (*3.11-Diketo-14β-hydroxy-$\Delta^{4.20,22}$-cardadienolid*, $C_{23}H_{28}O_5$, F. 266—269° (Zers.), durch 23std. Rk. vorst. Verb. mit konz. HCl in Aceton bei 23°, Versetzen mit einer Lsg. von Na-Acetat in W. u. Ausschütteln der Aceton-freien Lsg. wie oben; Körner aus Chlf.-A.; $[\alpha]_D^{23}$ $+144{,}2 \pm 2^0$ (c = 0,98; Chlf.); 20 mg. — *Gemisch von 20.22-Dihydrosarmentogenon* u. *20.22-Dihydro-5α-sarmentogenon*, F. 218—232°, durch ½std. Hydrierung von 4,963 mg vorst. Verb. an $PtO_2$ in wss. Essigsäure bei 21°/739 Torr, Versetzen des Filtrats mit $CrO_3$-Eisessig-Lsg., 6std. Stehenlassen bei 20° u. weiteres 14std. Stehenlassen nach Zugabe von Methanol; aus Aceton-Ae. Körner; 2 mg. — *Dihydrobipindogenin*, durch 5std. Hydrierung von 29,175 mg I an $PtO_2$ in Eisessig; 28,7 mg. — *20.22-Dihydrobipindogenon*, durch 18std. Rk. von 28 mg vorst. Verb. mit $CrO_3$ in Eisessig bei 20° u. 6std. Stehenlassen nach Zusatz von 1 Tropfen Methanol; 21 mg. — *4,5-Dehydro-20.22-dihydrosarmentogenon*, F. 182—185°, durch 20std. Rk. von 19 mg vorst. Verb. mit konz. HCl in Aceton bei 20° u. übliche Aufarbeitung; Drusen aus Aceton-Ae.; $[\alpha]_D^{25}$ $+95{,}6 \pm 7^0$ (c = 0,282; Aceton); 5 mg. — *14.15-Anhydroperiplogenin-3.5-cyclosulfit*, $C_{23}H_{30}O_5S$, F. 232—234° (Zers.), durch 2std. Rk. von 100 mg Periplogenin mit $SOCl_2$ in Pyridin u. Bzl. bei 0° u. 1std. Rk. bei 20°; aus Aceton Prismen; $[\alpha]_D^{25}$ $-24{,}8 \pm 2^0$ (c = 1,09; Chlf.); 34 mg. — *11-Mono-O-acetylbipindogenin*, durch 24std. Stehenlassen von 14 mg 3.11-Di-O-acetylbipindogenin mit $KHCO_3$ in Methanol-W. bei 20°; 10 mg. — *11-O-Acetyl-14.15-anhydrobipindogenin-3.5-cyclosulfit*, $C_{25}H_{32}O_7S$, F. 211—213°, durch 1½std. Rk. einer Lsg. von 10 mg vorst. Verb. in abs. Pyridin mit einer Lsg. von $SOCl_2$ in Bzl. bei 0° u. 2std. Rk. bei 20°; Nadeln aus Aceton-Ae.; $[\alpha]_D^{25}$ $-49{,}0 \pm 3^0$ (c = 0,6; Chlf.); 6,5 mg.

E. Schraven. 3450□

**Glykoside und Aglykone.** 220. Mitt. **Die Glykoside der Knollen von Raphionacme burkei N. E. Br.** J. Binkert, O. Schindler und T. Reichstein. (Helv. chim. Acta **43**, 1984—2014, 1/12. 1960; dt.) — 219. vgl. vorst. Referat. — Aus den Knollen von *Raphionacme burkei* N. E. Br. wurde durch übliche Extraktion ein Esterglykosid-Gemisch isoliert, das durch Säuren u. Alkalien leicht, fermentativ oder durch milde saure Hydrolyse teilweise abgebaut wird. Die Hauptmenge der freigesetzten Zucker bestand aus *Di-* u. *Trisacchariden*, die vorwiegend aus D-Glucose aufgebaut sind. Außerdem waren *Xylose* u. *Digitalose* nachweisbar. Ein Genin u. 3 Glykoside konnten krist. isoliert werden. Ihre Struktur ist bisher nicht bekannt.

Versuche (FF. korr.): Aus 4,15 kg frischen Knollen von *Raphionacme burkei* N.E.Br. erhält man nach 48std. Stehenlassen mit Toluol bei 20° u. üblicher Aufarbeitung durch Extraktion mit PAe. 4,65 g, Ae. 1,96 g, Chlf. 18,7 g u. Chlf./A. (2:1) 3,5 g Rohextrakte. Ae.-Extrakt: N-frei, Zucker: positiv. Nach Hydrolyse von 495 mg Substanz mit 0,1 n $H_2SO_4$ in Methanol u. Dest. des Zuckersirups bei 110°/0,01 Torr erhält man 10 mg eines *Gemisches von Cymarose, Oleandrose, Digitoxose, Boivinose u. einer Biose.* — Chlf.-Extrakt: 12,7 g wurden in Methanol/0,1 n $H_2SO_4$ (1:1) 25 Min. gekocht, Methanol wurde im Vakuum abgedampft, der Rückstand 30 Min. auf 60° erwärmt u. dann mit Chlf.-A. (2:1) extrahiert (6,25 g JB 6). Die wss. Phase wird über Amberlite IR-4 B (OH-Form) filtriert, dann mit Aceton (290 mg Extrakt JB 29) u. anschließend mit Methanol (3,5 g Extrakt JB 7) extrahiert. 2malige Nachhydrolyse von JB 7 mit 2 n $H_2SO_4$ bei 90—100° liefert viel *Glucose* u. wenig *Digitalose*. Durch Acetylierung von 1,9 g JB 7 mit Acetanhydrid u. Na-Acetat, übliche Aufarbeitung u. Chromatographie an Silicagel mit PAe., Bzl., Bzl.-Ae. (3:2) erhält man: *Verb.* JB 24 (*O-Acetyl*-JB 9), F. 173—175°; Spieße; $[\alpha]_D$ $-37{,}6 \pm 2^0$ (Chlf.); 20 mg (Ausbeute). — *Verb.* JB 28, F. 193—194°; Nadeln; $[\alpha]_D$ $-2{,}1 \pm 5^0$ (Chlf.); 3 mg. — *Verb.* JB 26, $C_{28}H_{56}O_{15}$, F. 208—213°; Blättchen; $[\alpha]_D$ $-23{,}4 \pm 2^0$ (Chlf.); 14 mg. — *Verb.* JB 25, $C_{37}H_{54}O_{18}$, F. 147—151°; Blättchen; $[\alpha]_D$ $-20{,}7 \pm 2^0$ (Chlf.); 25 mg. — *Verb.* JB 27, F. 161—162°; Nadeln; $[\alpha]_D$ $+19{,}9 \pm 2^0$ (Chlf.); 15 mg. — Durch Schütteln von 6,25 g JB 6 mit Bzl.-Chlf. (3:2) erhält man 2,58 g unlösl. Anteile (JB 14) u. 3,68 g lösl. Anteile (JB 12). Die Trennung von 3,68 g JB 12 an 185 g $Al_2O_3$ mit Bzl. bis Bzl.-Chlf. (95:5) liefert: *Glykosid* JB 11, F. 153—156°; Nadeln; $[\alpha]_D^{23}$ $+34{,}5 \pm 2^0$ (c = 1,223; Chlf.); 210 mg. — *Genin* JB 9, F. 214—216°; Prismen; $[\alpha]_D^{20}$ $-35{,}4 \pm 2^0$ (c = 0,92; Chlf.); 199 mg. — Durch Lösen von 2,58 g JB 14 in Methanol u. Fällen mit Ae. erhält man 1,65 g lösl. Anteile (JB 30) u. 0,83 g unlösl. Anteile (JB 16). — *Glykosid* JB 15, F. 234—236°, durch Chromatographie von JB 30 an Cellulose u. Eluierung Bzl.-Butanol (1:1); Prismen; $[\alpha]_D^{25}$ $-23{,}0 \pm 2^0$ (c = 1,13; Methanol); 30 mg. — *Glykosid* JB 20, F. 260—266°, durch Trennung von 540 mg JB 16 an Kieselgur mit Bzl.-Butanol (3:1) zu 90% mit W. gesätt.; Rhomboeder; $[\alpha]_D^{26}$ $-35{,}8 \pm 3^0$ (c = 0,68; Methanol); 6 mg. E. Schraven. 3450□

**Glykoside und Aglykone.** 221. Mitt. **Die Cardenolide der Wurzeln von Pachycarpus distinctus (N. E. Br.) Bullock.** T. Golab, Herb. Jäger und T. Reichstein. (Helv. chim. Acta **43,** 2035—58, 1/12. 1960; dt.) — 220. vgl. vorst. Referat. — In den Wurzeln von *Pachycarpus distinctus* (N. E. Br.) Bullock werden durch Extraktion mit wss. A., fraktioniertes Ausschütteln mit Ae., Chlf., Chlf./A. (2:1) u. (3:2) u. papierchromatograph. Unters. 17 Kedde-positive Stoffe nachgewiesen. Sechs dieser Verbb. werden durch präparative Papierchromatographie rein in krist. Form isoliert u. als *Digitoxigenin, 3-Epidigitoxigenin, Xysmalogenin, Cannogenin, Pachygenin* u. *Sarmentogenin* identifiziert. Eine weitere Substanz, *Cannodixosid*, ist ein neues Glykosid, dem vermutlich die Struktur eines β-D-Digitoxosids des Cannogenins zukommt. Eine nicht ganz reine, jedoch in krist. Form isolierte Substanz *Bullosid* ist ebenfalls vermutlich ein neues Glykosid der Digitoxose. Es enthält *Bullogenin*, das mit keinem bekannten Genin ident. ist. Die übrigen nur papierchromatograph. nachgewiesenen Cardenolide werden als glucosereichere Derivv. vorst. Genine u. Glykoside angesehen. Des weiteren wird ein Kedde-negatives *Glykosid* der Formeln $C_{27}H_{44}O_6$ oder $C_{36}H_{60}O_8$ in krist. Form isoliert u. charakterisiert. Sein UV- u. IR-Spektrum sind angegeben.

Versuche (FF. korr.; Kofler-Block): *Digitoxigenin*, F. 240—250°; aus $CH_3OH$/Ae. Prismen; $[\alpha]_D^{25}$ +18,4 ± 3° (c = 0,79; $CH_3OH$). *Mono-O-acetat*, F. 214—222°; aus PAe./Ae. Prismen. — *3-Epidigitoxigenin*, F. 272—282°; aus $CH_3OH$/Ae. Prismen; $[\alpha]_D^{27}$ +25,3 ± 4° (c = 0,49; $CH_3OH$). *Mono-O-acetat*, F. 205—210°; aus Ae./PAe. Prismen; $[\alpha]_D^{26}$ +42,9 ± 3° (c = 0,43; Chlf.). — *Xysmalogenin*, F. 248—258°; aus $CH_3OH$/Ae. Nadeln, $[\alpha]_D$ —1,1 ± 2° (c = 1,0; Pyridin); $[\alpha]_D^{24}$ +17,0 ± 3° (c = 0,73; Chlf.). *Mono-O-acetat*, F. 242—255°; aus Aceton/PAe. Nadeln; $[\alpha]_D^{24}$ —4,4 ± 2° (c = 0,9; Chlf.). — *Cannogenin*, FF. 145/185/200—210°; aus $CH_3OH$/Ae. Blättchen; $[\alpha]_D^{23}$ —13,5 ± 3° (c = 0,62; Chlf.). *Mono-O-acetat*, F. 200/215—225°; aus $CH_3OH$/Ae. Prismen; $[\alpha]_D^{24}$ +1,1 ± 3° ( = 0,52; $CH_3OH$). — *Bullosid*, F. 220—223°; aus $CH_3OH$/Ae. unregelmäßige Körner; $[\alpha]_D^{24}$ —10,7 ± 3° (c = 0,68; Chlf.). — *Bullogenin*, durch Hydrolyse von 4 mg Glykosid mit 0,05n $H_2SO_4$; daneben *D-Digitoxose*. — *Pachygenin*, F. 216 bis 226°; aus $CH_3OH$/Ae. Nadeln; $[\alpha]_D^{21}$ —103,0 ± 3° (c = 0,61; Chlf.); $[\alpha]_D^{25}$ —107,2 ± 2° (c = 1,0; Pyridin). *Mono-O-acetat*, F. 272—282°; aus $CH_3OH$/Ae. Nadeln; $[\alpha]_D^{27}$ —139,3 ± 2° (c = 0,97; Chlf.). — *Cannodixosid*, F. 208—216°; aus $CH_3OH$/Ae. Prismen; $[\alpha]_D^{27}$ —7,1 ± 4° (c = 0,42; Chlf.); gibt nach Mikrohydrolyse *Cannogenin* u. *D-Digitoxose*. — *Sarmentogenin*, F. 258—266°; aus $CH_3OH$/Ae. Blättchen; $[\alpha]_D^{22}$ +20 ± 3° (c = 0,56; $CH_3OH$). *Di-O-benzoat*, F. 271—276°; aus Chlf./Ae. Blättchen; $[\alpha]_D^{22}$ +24,2 ± 3° (c = 0,54; Aceton). — *Glykosid* $C_{36}H_{60}O_8$ *oder* $C_{27}H_{44}O_6$, F. 180—182°; aus Aceton Ae. Nadeln; $[\alpha]_D^{27}$ +35,1 ± 3° (c = 0,5; $CH_3OH$); nach saurer Hydrolyse zeigt ein Papierchromatogramm den gleichen $R_F$ wie Glucose. G. Teege. 3450□

**Glykoside und Aglykone.** 222. Mitt. **Die Cardenolide von Castilla elastica Cerv.** P. Brauchli, O. Schindler und T. Reichstein. (Helv. chim. Acta **44,** 904—19, 15/6. 1961; dt.) — 221. vgl. vorst. Referat. — Durch Extrahieren mit Ae., Chlf. u. Chlf./A. (2:1) u. Chromatographie der Extrakte an $Al_2O_3$ oder $SiO_2$ bzw. durch Abtrennung mit Girards-Reagens T wurden aus dem Samen von *Castilla e Pastica Cerv. Periplocymarin* (I), *Cymarin* (II), *Cymarol* (III), *Helveticosid* (IV), *Desglucocheirotoxin, k-Strophanthin-β* sowie Spuren von drei Stoffen, von denen der eine vermutlich mit *Helveticosol* ident. ist, isoliert. Außerdem wird papierchromatograph. die Ggw. von *Corchorosid A, Cheirotoxin, k-Strophanthosid* u. einer nichtidentifizierten Substanz J nachgewiesen. Als Hauptbestandteile sind **I, II** u. **III** vorhanden. Der Milchsaft derselben Pflanze enthält **I, II, III, IV,** *Periplogenin* u. *Strophanthidin.*

Versuche (FF. korr.; Kofler-Block): *Periplocymarin* (I), F. 203—207°; aus $CH_3$·OH/Ae. Nadeln; $[\alpha]_D^{23}$ + 29 ± 2° (c = 0,94; $CH_3OH$). — *Cymarin* (II), F. 146—148°; aus Aceton/Ae. Nadeln; $[\alpha]_D^{23}$ +35,9 ± 2° (c = 1,27; $CH_3OH$). — *Cymarol* (III), F. 218 bis 235°; aus Aceton/Ae. Nadeln; $[\alpha]_D^{23}$ +25,1 ± 2° (c = 1,1; 80%ig. $CH_3OH$). — *Helveticosid* (IV), F. 155—158°; aus W. Nadeln; $[\alpha]_D^{23}$ +29 ± 3° (c = 0,75; $CH_3OH$). — *Desglucocheirotoxin*, $C_{29}H_{42}O_{10}$, F. 186—191°; aus W. Plättchen; $[\alpha]_D^{26}$ —1,8 ± 2° (c = 1,4; $CH_3OH$), $[\alpha]_D^{24}$ —3 ± 2° (c = 1,13; $CH_3OH$). *Tri-O-acetat*, F. 147—158°, durch 40std. Stehen von 35 mg der Verb. mit Acetanhydrid/Pyridin bei 25°; aus $CH_3OH$/Ae. Plättchen; $[\alpha]_D^{24}$ +10,6 ± 2° (c = 1,4; Chlf.); 16 mg. — *k-Strophanthin-β*, F. 207—212°; aus W. Nadeln; $[\alpha]_D^{26}$ +24,3 ± 2° (c = 1,1; $CH_3OH$). G. Teege. 3450□

**Glykoside und Aglykone.** 223. Mitt. **Partialsynthese von Carpogenin und Carpogenol sowie Identifizierung der Substanz HPU 28 aus Pachycarpus schinzianus mit Cannogenin.** R. Göschke, Ek. Weiss und T. Reichstein. (Helv. chim. Acta **44,** 1031—40, 15/6. 1961; dt.) — 222. vgl. vorst. Referat. — *Carpogenin* (I) aus Wurzeln u. Samen von *Pachycarpus schinzianus* (A) ist *3α.14β-Dihydroxy-19-oxo-*$\Delta^{20,22}$*-cardenolid* u. läßt sich auf zwei Wegen partialsynthet. darstellen. Cannogenin (II) wird über das *3-O-Tosylat* (**III**) durch Solvolyse mit Na-Acetat in Essigsäure u. folgende Hydrolyse in **I** übergeführt. Bei dem zweiten Weg wird **II** mit $NaBH_4$ zu *Cannogenol* (**IV**) red., das erstmals krist. erhalten wird. **IV** liefert bei Dehydrierung mit $O_2$ an Pt *19-Oxodigitoxigenon* (**V**) u. *19-Hydroxydigitoxigenon* (**VI**). Andererseits entsteht **V** auch direkt durch Dehydrierung von **II** u. ebenso aus **VI**. Durch Red. von **V** mit $LiAlH[OC\cdot(CH_3)_3]_3$ wird **I** erhalten. Red. von **I** mit $NaBH_4$ liefert *Carpogenol* (*3α.14β.19-Trihydroxy-$\Delta^{20,22}$-cardenolid*, **VII**), das andererseits direkt durch $NaBH_4$-Red. eines Gemisches von **I**, **V** u. **VI** erhalten werden kann. Die Identität des *Genins HPU 28* aus den Samen von **A** mit **II** wird durch papierchromatograph. Vgl. bewiesen. IR-Spektren von **V**, **VI** u. **VII**, Farb-Rkk. u. Abb. der Papierchromatogramme der Verbb. sind angegeben.

Versuche (FF. korr.; Kofler-Block): *3-O-Tosylcannogenin* (**III**), $C_{30}H_{38}O_7S$, F. 123—134°, durch 15std. Stehen von 164 mg **II** mit Tosylchlorid in Pyridin bei 5° u. 72std. Stehen bei 20°, Chromatographie an $SiO_2$ u. Eluieren mit Chlf./$CH_3OH$; aus Aceton/Ae. Plättchen; $[\alpha]_D^{24}$ +6,7 ± 3° (c = 0,78; Chlf.); 180 mg (Ausbeute). — *Carpogenin*(**I**), F. 253—256°, a) durch 5std. Erhitzen von 167,7 mg **III** mit wasserfreiem K-Acetat in Eisessig im Bombenrohr auf 110°, Verseifen durch 5tägiges Stehen in methanol.-wss. $KHCO_3$ bei 20°, Chromatographie an $SiO_2$ u. Eluieren mit Chlf./$CH_3OH$ (3:1); 7 mg; b) durch 65 Min. langes Rühren von 167 mg **V** mit $LiAlH[OC(CH_3)_3]_3$ in Tetrahydrofuran bei 0°, $Al_2O_3$-Chromatographie, Eluieren mit Bzl./Chlf. (3:7) (→43 mg **V**) u. Eluieren mit Bzl./Chlf. (3:7) u. Chlf.; 35 mg [daneben durch Eluieren mit Chlf./$CH_3OH$ (20:1) 40 mg **VI**]; aus Aceton/Ae. Nadeln; $[\alpha]_D^{24}$ +6,0 ± 4° (c = 0,5; $CH_3OH$). *3-O-Acetat*, F. 208—214°, durch 65std. Stehen von 81 mg **I** in Acetanhydrid/Pyridin, $Al_2O_3$-Chromatographie u. Eluieren mit Bzl./Chlf. (1:1); aus Aceton/Ae. Körner; $[\alpha]_D^{23}$ +15,6 ± 2° (c = 0,84; Chlf.); 8,5 mg. — *Cannogenol* (**IV**), $C_{23}H_{34}O_5$, FF. 185—186° u. 204—206°, durch 3std. Stehen von **II** mit $NaBH_4$ in 80%ig. A. bei pH 8 u. 0°, Zugabe von verd. $H_2SO_4$ (kongosauer), Verdünnen mit W., Einengen im Vakuum, Extrahieren mit Chlf., $Al_2O_3$-Chromatographie u. Eluieren mit Chlf./$CH_3OH$ (97:3); aus Aceton Prismen bzw. aus Aceton/Ae. Nadeln; $[\alpha]_D^{22}$ +23,7 ± 2° (c = 0,95; $CH_3OH$). *Acetat*, F. 189—190°; aus Aceton/Ae. Plättchen; $[\alpha]_D^{23}$ +25,4 ± 2° (c = 0,98; $CH_3OH$). — *19-Oxodigitoxigenon* (**V**), $C_{23}H_{30}O_5$, FF. 180—189 u. 201—210°, a) durch 24std. Schütteln von 150 mg **II** unter $O_2$ an Pt in wss. Aceton; 59 mg; b) analog aus **VI** in 45 Std.; aus Aceton Prismen; $[\alpha]_D^{23}$ +2,2 ± 3° (c = 0,64; Chlf.). — *19-Hydroxydigitoxigenon* (**VI**), F. 214—221°, aus 242 (109) mg **IV** analog **V** in 18 (21) Std., $Al_2O_3$-Chromatographie, Eluieren mit Bzl./Chlf. (3:7) [→ 142 (38) mg **V**] u. Eluieren mit Chlf./$CH_3OH$ (95:5); aus Aceton Prismen; $[\alpha]_D^{23}$ +24,7 ± 2° (c = 1,02; Chlf.); 10 (21) mg. *Acetat*, $C_{25}H_{34}O_6$, F. 180—181°; aus Aceton/Ae. Prismen; $[\alpha]_D^{21}$ +23,4 ± 3° (c = 0,8; Chlf.). — *Carpogenol* (**VII**), $C_{23}H_{34}O_5$, F. 269—270°, a) durch 6std. Stehen von 29,7 mg **I** (aus **A**) mit $NaBH_4$ in 80%ig. A. bei pH 8 u. 0°, $Al_2O_3$-Chromatographie u. Eluieren mit Chlf./$CH_3OH$ (98:2); 5 mg; b) analog aus 59 mg Gemisch von **I**, **V** u. **VI**; 29 mg; aus Aceton Prismen; $[\alpha]_D^{21}$ +27,1 ± 4°, $[\alpha]_D^{24}$ +32,7 ± 3° (c = 0,45 bzw. 0,77; $CH_3OH$). *Di-O-Acetat*, F. 189—190°; aus Ae. Plättchen; $[\alpha]_D^{23}$ +46,7 ± 3° (c = 0,75; Chlf.).

G. Teege. 3450□

**Glykoside und Aglykone. 224. Mitt. Die Cardenolide der Blätter von Roupellina boivinii (Baill.) Pichon.** 1. Mitt. J. H. Russel, O. Schindler und T. Reichstein. (Helv. chim. Acta **44**, 1293—1315, 1/8. 1961; dt.) — 223. vgl. vorst. Referat. — In den Blättern von *Roupellina boivinii* (Baill.) Pichon von Madagaskar werden 24 Cardenolide nachgewiesen. Durch Extraktion u. Chromatographie der Extrakte an $Al_2O_3$, $SiO_2$ bzw. an Papier im präparativen Maßstab, lassen sich davon 16 Verbb. in reiner Form isolieren. Drei dieser Verbb. sind die bekannten Glykoside *Pauliosid*, *Boistrosid* u. *Strospesid*. Die übrigen sind neu u. werden als *Madagascosid*, *17βH-Madagascosid*, *17βH-Pauliosid*, *Roupellosid*, *Zettosid*, *17βH-Zettosid*, *17βH-Boistrosid*, *Sadlerosid*, *17βH-Sadlerosid* u. ein frei vorliegendes Genin als *Tanagenin* bezeichnet. Die restlichen drei Glykoside erhalten die Bezeichnungen *Glykosid F'*, *K'* u. *M*. IR- u. UV-Spektren verschiedener Verbb. u. verschiedene Farb-Rkk. der **16** isolierten Substanzen sind angegeben.

Versuche ($[\alpha]_D$ in $CH_3OH$): *Madagascosidhydrat*, $C_{30}H_{46}O_7\cdot H_2O$, F. 196—198°; aus Aceton/Ae. Drusen; F. 219—222°; aus $CH_3OH$/Ae. Nadeln; $[\alpha]_D^{25}$ −23,3 ± 2° (c = 1,1). — *17βH-Madagascosid*, F. 184—190 u. 210—212°; aus $CH_3OH$/Ae. Nadeln; $[\alpha]_D^{25}$ −6,7 ± 2° (c = 1,26). — *Tanagenin*, F. 258—268°; aus $CH_3OH$/Ae. Körner. — *Pauliosid*, F. 209—212°; aus $CH_3OH$/Ae. Nadeln; $[\alpha]_D^{22}$ −7,1 ± 2° (c = 1,3). — *17βH-Pauliosid*, F. 190—192°; aus $CH_3OH$/Ae. Nadeln. — *Roupellosid*, F. 233—239°; aus $CH_3OH$/Ae. Nadelrosetten; $[\alpha]_D^{25}$ +4,7 ± 2° (c = 1,26). — *Glykosid F'*, F. 224—232°; aus $CH_3OH$/Ae. Nadeln; $[\alpha]_D^{25}$ +18,9 ± 2° (c = 0,8). — *17βH-Zettosid*, F. 135—138°; aus $CH_3OH$/Ae. Blättchen; $[\alpha]_D^{26}$ −12,1 ± 2° (c = 1,1). — *Zettosid*, F. 253—256°; aus

$CH_3OH$/Ae. Nadeln; $[\alpha]_D^{26}$ $-27,9 \pm 2^0$ (c = 1,19). — *Boistrosid*, F. 206—217°; aus Aceton/Ae. Prismen; $[\alpha]_D^{26}$ $+5,5 \pm 2^0$ (c = 1,5). — *17βH-Boistrosid*, FF. 142—148 u. 182—196°; aus Aceton/Ae. Plättchen; $[\alpha]_D^{26}$ $+1,9 \pm 2^0$ (c = 1,35). — *Glykosid K'*, F. 233—238°; aus $CH_3OH$/Ae. Prismen. — *Sadlerosid*, F. 170—171°; aus $CH_3OH$/Ae. Prismen; $[\alpha]_D^{22}$ $-9,1 \pm 3^0$ (c = 0,91). — *17βH-Sadlerosid*, F. 244—248°; aus $CH_3OH$/Ae. Nadelrosetten; $[\alpha]_D^{23}$ $+10,3 \pm 2^0$ (c = 1,15). — *Strospesid*, F. 253—255°; aus $CH_3OH$/Ae. Prismen; $[\alpha]_D^{24}$ $+18,0 \pm 2^0$ (c = 1,22). — *Glykosid M*, F. 164—166°; aus $CH_3OH$/Ae. Körner. G. Teege. 3450□

**Glykoside und Aglykone.** 225. Mitt. **Die Cardenolide der Blätter von Roupellina boivinii (Baill.) Pichon.** 2. Mitt. J. H. Russel, O. Schindler und T. Reichstein. (Helv. chim. Acta **44**, 1315—30, 1/8. 1961; dt.) — 224. u. 1. vgl. vorst. Referat. — Die Konst. von neun der aus *Roupellina boivinii* isolierten neuen Glykoside wird durch saure Hydrolyse u. papierchromatograph. Identifizierung bzw. Isolierung der Spalt-Prodd. geklärt. *Madagascosid* (**I**) besteht danach aus *Uzarigenin* (**II**) u. *D-Sarmentose* (**III**), *Zettosid* (**IV**) aus **II** u. *D-Boivinose* (**V**); *17βH-Madagascosid* (**VI**) aus *17βH-Uzarigenin* (**VII**) u. **III**, *17βH-Zettosid* (**VIII**) aus **VII** u. **V**, *17βH-Pauliosid* (**IX**) aus *17βH-Corotoxigenin* (**X**) u. **III**, *17βH-Boistrosid* (**XI**) aus **X** u. *D-Digitoxose*, *Sadlerosid* (**XII**) aus *3-Epi-corotoxigenin* u. **V**, *Glykosid φ* (**XIII**) aus *Coroglaucigenin* u. **III**; *Glykosid φ'* (**XIV**) aus *17βH-Coroglaucigenin* u. **III**. *Glykosid K'* liefert bei der Hydrolyse **III** u. ein unbekanntes *Genin K'*, während *17βH-Sadlerosid* (**XV**) aus **V** u. vermutlich *3-Epi-17βH-corotoxigenin* besteht. Bei energ. Hydrolyse von *Roupellosid* (**XVI**) u. dem *Glykosid F'* [*17βH-Roupellosid* (?), **XVII**] werden *D-Digitalose* (**XVIII**) u. als *Anhydro-F-* bzw. *Anhydro-F'-Genin* bezeichnete Verbb. isoliert. Unter gleichen Bedingungen liefert Tanagenin ebenfalls ein *Anhydro-γ-genin*. Strukturformeln u. Abb. der Papierchromatogramme u. die UV-Spektren der Anhydrogenine sind angegeben.

Versuche: *Uzarigenin* (**II**), a) F. 228—234°, durch ½std. Kochen von 2 mg **I** in $CH_3OH$/wss. 0,1n $H_2SO_4$ (1:1); 1 mg; daneben **III**; ca. 0,4 mg; b) F. 252—260°, analog a) aus **IV**; 1,2 mg [daneben **V**]; aus Aceton/Ae. Nadeln. — *17βH-Uzarigenin* (**VII**), F. 230—232°, a) aus 2 mg **VI** analog **II**; 0,3 mg; daneben **III**; b) analog aus 2 mg **VIII**; 0,5 mg [daneben **V**]; aus $CH_3OH$/Ae. Nadeln. — *17βH-Corotoxigenin* (**X**), F. 217—219°, a) aus 5 mg **IX** analog **II**; 1,6 mg; daneben **III**; b) analog aus 54 mg **XI**, Chromatographie an $SiO_2$ u. Eluieren mit Chlf./$CH_3OH$ (99:1); 8,2 mg [daneben *D-Digitoxose*]; aus $CH_3OH$/Ae. Nadeln; $[\alpha]_D^{26}$ $+16,8 \pm 3^0$ (c = 0,83; $CH_3OH$). — *3-Epicorotoxigenin*, F. 187—189°, a) analog **II** aus 2 mg **XII**; 0,9 mg; daneben **V**; b) durch 16std. Stehen von Corotoxigenin mit Tosylchlorid in Pyridin bei 0°, Lösen in Bzl./Chlf. (1:1), Adsorbieren an $Al_2O_3$, 20std. Stehen bei 20° u. Eluieren mit Chlf. u. Chlf./$CH_3OH$ (99:1); aus $CH_3OH$/Ae. Oktaeder. *3-O-Acetat*, F. 196—198°; aus $CH_3OH$/Ae. Körnchen. — *Coroglaucigenin*, F. 250—253°, a) analog **II** aus 48 mg Gemisch von **XIII**, **XIV** u. **XVII**, $Al_2O_3$-Chromatographie u. Eluieren mit Chlf./$CH_3OH$ (99:1 u. 97:3); 0,4 mg; daneben **III**; b) analog aus **XIII** (aus der Mutterlauge von **XVI**); aus $CH_3OH$/Ae. Nadeln. — *3-Epi-17βH-corotoxigenin* (?), F. 200—202°, aus 2 mg **XV** analog **II**; aus $CH_3OH$/Ae. Tetraeder, 0,7 mg; daneben **V**. — *17βH-Coroglaucigenin*, aus 2,5 mg **XIV** (aus der Mutterlauge von **XVII**) analog **II**; daneben **XVII** u. **III**. — *Genin K'*, aus 0,7 mg Glykosid K' analog **II**; amorph; 0,5 mg; daneben **III**. — *Anhydro-F-Genin*, aus 1,5 mg **XVI** durch 1std. Erhitzen mit Kiliani-Mischung auf 100°; 0,8 mg; daneben **XVIII**. — *Anhydro-F'-Genin*, aus 1,5 mg **XVII** analog vorst. Verb.; 0,8 mg; daneben **XVIII**. — *Anhydro-γ-Genin*, F. 215—235°, aus 1,5 mg Tanagenin analog vorvorst. Verb.; aus $CH_3OH$/Ae. Körnchen; 0,2 mg. G. Teege. 3450□

**Untersuchung des kristallisierten Stoffes, der bei der Darstellung von Anabasinsulfat entsteht.** A. Ss. Labenski. (J. allg. Chem. [UdSSR] **28** (**90**), 547—51, Febr. 1958; Chem.-Pharmazeut. Allunions-Forschungsinst.; russ.) — Das bei der techn. Darst. von Anabasinsulfat aus *Anabasis aphylla* anfallende feste Nebenprod. ist *Aphyllinsäure* (**I**)-*sulfat*. **I**-Sulfat wird in **I** u. **I**-*Derivv.*. übergeführt. **I** geht beim Erhitzen in *Aphyllin* (**II**) über. Die Hydrolyse von Aphyllidin (**III**) liefert *Aphyllidinsäure* (**IV**), die beim Erhitzen wieder in **III** übergeht. Aus techn. Anabasinsulfat lassen sich **I** u. **IV** isolieren. Beim Erhitzen von **I**- oder **II**-Hydrochlorid wird eine zu **II** isomere *Base* $C_{15}H_{24}N_2O$ erhalten.

Versuche: *Aphyllinsäure* (**I**), $C_{15}H_{26}N_2O_2$, F. 217—218° (Methanol-Aceton 1 : 1), man behandelt 10 g **I**-Sulfat in W. mit $Ba(OH)_2$, dann $CO_2$, dampft ein u. krist. um; $[\alpha]_D^{20}$ $+14,2^0$ (W.); Prismen; 6 g. *Sulfat*, $C_{15}H_{26}N_2O_2 \cdot H_2SO_4$, F. 214—215° (65%ig. Isopropanol), man krist. 100 g des Nd., der beim Behandeln der Lsg. der Alkaloide aus Anabasis aphylla in Kerosin mit $H_2SO_4$ ausfällt, 3mal aus 65%ig. Isopropanol um; $[\alpha]_D^{20}$ $+7,25$ (W.); glänzende Plättchen; 71,5 g. *Pikrat*, $C_{15}H_{26}N_2O_2 \cdot C_6H_3N_3O_7$, F. 175 bis 176° (A.). *Dihydrochloridäthanolat*, $C_{15}H_{26}N_2O_2 \cdot 2\,HCl \cdot C_2H_5OH$, F. 252—253° (Zers.);

$[\alpha]_D^{20}$ +6,4° (W.). *Methylester*, F. 82—83° (Äthylacetat). *Methylesterhydrochlorid*, F. 233—235°. *Methylesterpikrat*, $C_{16}H_{28}N_2O_2 \cdot C_6H_3N_3O_7$, F. 221—222° (Zers.; A.); gelbe Nadeln. — *Aphyllin* (**II**), Kp.$_{2-3}$ 185—190°, aus **II**-Hydrochlorid; $[\alpha]_D^{20}$ +13,1° (Methanol). *Hydrochlorid*, F. 210—213° (Zers.; A.); man erhitzt 15 g **I** 25 Min. auf 225—235° u. chromatographiert aus Bzl. an 100 g $Al_2O_3$; 12,4 g (Base). *Pikrolonat*, F. 230—231° (Zers.; Methanol). — *Aphyllidinsäure* (**IV**), $C_{15}H_{24}N_2O_2$, F. 215—216° (Zers.; Methanol-Aceton), man erhitzt 1,9 g **III** u. 20 ml 7,5%ig. $H_2SO_4$ 5 Std. auf dem Wasserbad u. behandelt mit $Ba(OH)_2$; $[\alpha]_D^{20}$ —8,0° (Methanol); Oktaeder; 1,1 g *Dipikrat*, $C_{15}H_{24}N_2O_2 \cdot 2\,C_6H_3N_3O_7$, F. 196° (Zers.; verd. A.). — *Aphyllidin* (**III**), F. 110—112°, man erhitzt 1,5 g **IV** 20 Min. auf 220—230°, dest. bei 2—4 mm/150°, chromatographiert aus PAe. an $Al_2O_3$ u. reinigt über das Perchlorat; 0,5 g. — *Base* $C_{15}H_{24}N_2O$, F. 105—106° (Hexan), a) man erhitzt 12,5 g **I**-Hydrochlorid 25 Min. auf 265—270°, alkalisiert, nimmt in Ae. auf u. sublimiert bei 2—4 mm/100°; $[\alpha]_D^{20}$ +25,9° (A.); 2,5 g; b) durch ½std. Erhitzen von 1,8 g **II**-Hydrochlorid auf 250—265°; 1 g. *Pikrat*, F. 179—180° (Zers.; A.); gelbe Nadeln. *Perchlorat*, F. 233—234° (Zers.); Plättchen. Helmut Schäfer. 3500△

**Neuere Entwicklungen auf dem Gebiet der Veratrum-Alkaloide.** C. R. Narayanan. (Fortschr. Chem. org. Naturstoffe [Wien] **20**, 298—371, 1962; Poona, India; engl.) — Übersicht über Vork. u. Struktur von Jerveratrum- u. Ceveratrum-Alkaloiden von Germin, Zygadenin, Protoverin u. Alkaloide unbekannter Struktur, pharmakolog. Aktivität, synthet. Ester u. ihre pharmakolog. Wrkg. u. die Biosynth. der Veratrum-Alkaloide. — 208 Literaturangaben (bis Jan. 1962). P. Golinske. 3500◇

**Struktur und Stereochemie von Lycopodium-Alkaloiden.** Karel Wiesner. (Fortschr. Chem. org. Naturstoffe [Wien] **20**, 271—97, 1962; Fredericton, New Brunswick, Canada; dt.) — Übersicht über die Struktur von Annotinin, Lycopodin u. einiger verwandter Alkaloide, Stereochemie u. Beziehungen von Alkaloiden mit Lycopodin-Skelett, Pyridon- u. Pyridinalkaloide von Lycopodium u. die Biogenese der Lycopodium-Alkaloide. — 35 Literaturangaben (bis 1961). P. Golinske. 3500◇

**Steroidalkaloide.** 9. Mitt. **20-Amino- und 3.20-Diaminoderivate des 5α-Pregnans: Alkaloide aus Funtumia africana (Benth.) Stapf und aus Malouetia bequaertina Woods.** Maurice-Marie Janot, Françoise Lainé, Qui Khuong-Huu und Robert Goutarel. (Bull. Soc. chim. France **1962**, 111—18, Jan.; Gif-sur-Yvette, C.N.R.S., Inst. de Chim. des Substances Naturelles; franz.) — 8. vgl. C. **1963**, 901. — Das *Oxim* des aus *3β-Acetoxy-Δ⁵-pregnen-20-on* durch Hydrierung erhältlichen *3β-Acetoxy-5α-pregnan-20-ons* läßt sich durch Hydrierung an Pt u. folgende Verseifung mit methanol. KOH in *Funtuphyllamin A* (*20α-Amino-5α-pregnan-3β-ol*; **I**) überführen, aus dem durch Formylierung u. anschließende Red. mit $LiAlH_4$ *Funtuphyllamin B* (*20α-Methylamino-5α-pregnan-3β-ol*; **II**), durch Methylierung mit Formaldehyd u. Ameisensäure *Funtuphyllamin C* (*20α-methylamino-5α-pregnan-3β-ol*; **III**) erhalten werden. Durch Oxydation mit $CrO_3$ in Essigsäure erhält man aus **II** *Funtumafrin B* (*20α-Methylamino-5α-pregnan-3-on*) u. aus **III** *Funtumafrin C* (*20α-Dimethylamino-5α-pregnan-3-on*; **V**). Das Dichlorid des Malouetins (**VI**) liefert beim Abbau nach Hofmann *Malouetimethin* (**VII**), dessen Konstit. sich aus der Anwesenheit einer hydrierbaren, in einer Vinylgruppe vorliegenden Doppelbindung, sowie aus der Identität seines Dihydroderiv. mit *3β-Dimethylamino-5α-pregnan* ergibt. Bei der Red. des **VI**-Dichlorids mit $LiAlH_4$ entsteht *3β.20α-Bis-[dimethylamino]-5α-pregnan* (**IX**), das auch aus dem *Oxim* von **V** durch Red. mit Na in A. u. Methylierung des gebildeten *3β-Amino-20α-dimethylamino-5α-pregnans* (*Chonemorphin*; **VIII**) mit HCHO/HCOOH dargestellt u. durch Umsetzung mit $CH_3J$ in das *Dijodid* von **VI** (*Bis-[methojodid]* von **IX**) umgewandelt werden kann. Aus dem *Oxim* des *Funtumins* (*3α-Amino-5α-pregnan-20-on*; **X**) erhält man durch Red. mit Na in A. u. folgende Methylierung mit HCHO/HCOOH *3α.20β-Bis-[dimethylamino]-5α-pregnan* (**XI**) u. geringe Mengen *3α.20α-Bis-[dimethylamino]-5α-pregnan* (**XII**), durch Hydrierung an Pt u. Methylierung mit HCHO/HCOOH dagegen **XII** u. nur geringe Mengen **XI**. Zum *3β.20β-Bis-[dimethylamino]-5α-pregnan* (**XIII**) gelangt man durch Red. von *5α-Pregnan-3.20-diondioxim* mit Na in A. u. Methylierung des Rk.-Prod. mit HCHO/HCOOH. **XI**, **XII** u. **XIII** werden durch Umsetzung mit $CH_3J$ in die entsprechenden *Bis-[methojodide]* übergeführt, die mit dem *Dijodid* von **VI** stereoisomer sind.

Versuche: *3β-Acetoxy-Δ⁵-pregnen-20-on*, F. 149° ($CH_3OH$), durch 1 std. Kochen von 30 g 3β-Hydroxy-Δ⁵-pregnen-20-on mit Acetanhydrid (**IV**); 26,3 g (Ausbeute). — *3β-Acetoxy-5α-pregnan-20-on*, F. 145° ($CH_3OH$), durch Hydrierung von 25 g vorst. Verb. an Pd-Kohle in Essigsäure u. Eindampfen der filtrierten Lsg.; 16 g. *Oxim*, F. 197°, aus 16 g vorst. Verb. u. $NH_2OH \cdot HCl$ in Pyridin; 16,3 g. — *20α-Amino-5α-pregnan-3β-ol* (*Funtuphyllamin* A; **I**), $C_{21}H_{37}NO$, F. 173° ($CH_3OH$), durch Hydrierung von 16 g vorst.

Verb. an $PtO_2$ in $CH_3COOH$, Eindampfen der filtrierten Lsg. im Vakuum, 1std. Kochen des Rückstands mit 10%ig. methanol. KOH, Umwandlung des durch Einengen erhaltenen Prod. in das *Hydrochlorid* (7,5 g), Lösen in $CH_3OH$, Alkalisieren mit NaOH u. Chlf.-Extraktion der mit W. verd. Lsg.; $[\alpha]_D$ +13° (c = 1,3; Chlf.); 6,4 g. *N-Benzylidenderiv.*, $C_{28}H_{41}NO$, F. 184° ($CH_3OH$), durch 2std. Kochen von 400 mg **I** mit Benzaldehyd in $CH_3OH$ u. Einengen; $[\alpha]_D$ +78° (c = 1; $CH_3OH$); 200 mg. — *20α-Formamido-3β-formyloxy-5α-pregnan*, durch Zutropfen von **IV** zu 433 mg **I** in 96%ig. HCOOH unter Kühlung, später 1std. Erhitzen auf dem Wasserbad u. Ae.-Extraktion; Harz; 453 mg. — *20α-Methylamino-5α-pregnan-3β-ol* (*Funtuphyllamin B*; **II**), $C_{22}H_{39}NO$, F. 215° ($CH_3OH$), durch 36std. Kochen von 423 mg vorst. Verb. mit $LiAlH_4$ in Tetrahydrofuran (THF), Eindampfen im Vakuum, Aufnehmen in Essigester, Ansäuern mit 2n HCl, Zugabe von Seignette-Salz, Alkalisieren mit $NH_4OH$ u. Ae.-Extraktion; $[\alpha]_D$ +24° (c = 0,6; Chlf.); 395 mg. — *20α-Dimethylamino-5α-pregnan-3β-ol* (*Funtuphyllamin C*; **III**), $C_{23}H_{41}$·NO, F. 172° ($CH_3OH$), durch 4std. Erhitzen von 8 g **I** mit HCHO/HCOOH auf dem Wasserbad, Gießen auf Eis, Alkalisieren mit NaOH, Extraktion mit $CH_2O_2$, Einengen der organ. Phase, 1std. Kochen des Rückstands mit methanol. KOH u. $CH_2Cl_2$-Extraktion der mit W. verd. Lsg.; $[\alpha]_D$ +24° (c = 1; Chlf.); 7,1 g. — *20α-Methylamino-5α-pregnan-3-on* (*Funtumafrin B*), $C_{22}H_{37}NO$, F. 160° (Aceton), durch 20std. Einw. von $CrO_3$ in 95%ig. $CH_3COOH$ auf 300 mg in $CH_3COOH$ gelöstem **II**, Zugabe von $CH_3OH$, Gießen auf Eis, Alkalisieren der mit W. verd. Lsg. mit $NH_4OH$ u. Ae.-Extraktion; $[\alpha]_D$ +42° (c = 1,2; Chlf.); 283 mg. — *20α-Dimethylamino-5α-pregnan-3-on* (*Funtumafrin C*; **V**), $C_{23}H_{39}NO$, F. 172—173° ($CH_3OH$), durch 24std. Einw. von $CrO_3$ in $CH_3COOH$ auf 5,9 g **III**, Zugabe von $CH_3OH$, Alkalisieren mit $NH_4OH$ u. Extraktion mit $CH_2Cl_2$; $[\alpha]_D$ +44° (c = 1,5; Chlf.); 3,77 g. — *3β-Dimethylamino-$\Delta^{20}$-pregnen* (*Malouetimethin*; **VII**), $C_{23}H_{39}N$, F. 88—90°, durch Überführen von 1,159 g **VI**-Dichlorid in die diquartäre Base mit Hilfe des Ionenaustauschers IRA-410 ($OH^-$-Form), nachfolgende Pyrolyse bei 195—200°/0,01 mm, Umwandlung des rohen **VII** in das *Hydrochlorid* [$C_{23}H_{40}NCl$, F. > 300° ($CH_3OH$); 748 mg], Lösen von 550 mg Hydrochlorid in $CH_3OH$, Zugabe von verd. NaOH u. Ae.-Extraktion; $[\alpha]_D$ −1° (c = 1; Chlf.); 430 mg; daneben 1 Mol *Trimethylamin* (*Pikrat*, F. 215—217°) u. *$CH_3OH$*. — *3β-Dimethylamino-5α-pregnan* (*Dihydromalouetimethin*), $C_{23}H_{41}N$, F. 96° (Aceton), durch Hydrierung von 172 mg **VII** an $PtO_2$ in $CH_3COOH$, Eindampfen der filtrierten Lsg., Aufnehmen in W. u. Ae.-Extraktion der mit verd. NaOH alkalisierten Lsg.; $[\alpha]_D$ +16° (c = 1,5; Chlf.); 174 mg. — *3β-Amino-20α-dimethylamino-5α-pregnan* (*Chonemorphin*; **VIII**), $C_{23}H_{42}N_2$, F. 149°, durch 4std. Kochen von 2 g **V** mit $NH_2OH$-Acetat in $CH_3OH$, Alkalisieren mit verd. HNaO, Chlf.-Extraktion, Isolierung von **V**-*Oxim* durch Einengen [F. 233—235° ($CH_3OH$); 1,9 g], Red. von 1,66 g Oxim durch 1std. Kochen mit Na in A., Verdünnen mit W., Extraktion des Rk.-Prod. (1,510 g) mit $CH_2Cl_2$ u. Reinigen über das *Digitonid*; $[\alpha]_D$ +25° (c = 1; Chlf.); 150 mg. — *3β.20α-Bis-[dimethylamino]-5α-pregnan* (**IX**), $C_{25}H_{46}N_2$, F. 112° (Aceton), a) durch 4std. Erhitzen von 910 mg rohem, nicht über das Digitonid gereinigtem **VIII** mit 40%ig. HCHO-Lsg. u. HCOOH auf dem Wasserbad, Verdünnen, Alkalisieren, $CH_2Cl_2$-Extraktion, Einengen der organ. Phase u. Reinigen aus Bzl.-Lsg. an $Al_2O_3$; $[\alpha]_D$ +22° (c = 2; Chlf.); 443 mg (daneben geringe Mengen **XII**); b) durch 4std. Kochen von 2 g **VI**-Dichlorid mit $LiAlH_4$ in THF; 69 mg. *Bis-[methojodid]* (**VI**-*Dijodid*), F. > 300°, durch 2std. Kochen von 210 mg **IX** mit $CH_3J$ in $CH_3OH$; $[\alpha]_D$ +3° (c = 1; W.–$CH_3OH$); 370 mg. *Bis-[methochlorid]* (**VI**-*Dichlorid*), F. > 300°, durch Behandeln von 370 mg vorst. Verb. mit IRA-410-Harz ($Cl^-$-Form); $[\alpha]_D$ +4° (c = 1; A.); 270 mg. *Bis-[methopikrat]* (**VI**-*Dipikrat*), $C_{39}H_{56}N_8O_{14}$, F. 256°. — *Funtumin* (**X**), *Oxim*, F. 240° ($CH_3OH$), aus 25 g **X** analog **V**-Oxim; 20,69 g. — *3α.20β-Bis-[dimethylamino]-5α-pregnan* (**XI**), $C_{25}H_{46}N_2$, F. 160° (Aceton), durch 2std. Kochen von 2,17 g **X**-*Oxim* mit Na in A., $CH_2Cl_2$-Extraktion der mit W. verd. Lsg., 4std. Erwärmen des $CH_2Cl_2$-Rückstandes mit HCHO/HCOOH auf dem Wasserbad, $CH_2Cl_2$-Extraktion der alkalisierten Lsg. u. chromatograph. Reinigung des $CH_2Cl_2$-Rückstands an $Al_2O_3$; $[\alpha]_D$ +9° (c = 1; Chlf.); 400 mg (daneben ca. 300 mg **XII**). *Bis-[methojodid]* (*3α.20β-Bis-[trimethylammonio]-5α-pregnandijodid*), F. > 300° ($CH_3OH$), durch Kochen von 380 mg **XI** mit $CH_3J$ in $CH_3OH$; 670 mg. *Bis-[methochlorid]*, F. > 300°, durch Behandeln des Jodids mit IRA-410-Harz ($Cl^-$-Form); $[\alpha]_D$ +16° (c = 1; A.). *Bis-[methopikrat]*, $C_{39}H_{56}N_8O_{14}$, F. 268° ($CH_3OH$). — *3α.20α-Bis-[dimethylamino]-5α-pregnan* (**XII**), $C_{25}H_{46}N_2$, F. 165° (Aceton), durch Hydrierung von 4,20 g **X**-Oxim an $PtO_2$ in $CH_3COOH$, Erwärmen von 3,6 g des durch Einengen der filtrierten Lsg. erhaltenen Rk.-Prod. (4,1 g) mit HCHO/HCOOH auf dem Wasserbad u. chromatograph. Reinigung des auf dem üblichen Wege isolierten Rk.-Prod. an $Al_2O_3$; $[\alpha]_D$ +24° (c = 1; Chlf.); ca. 1 g [daneben ca. 400 mg **XI**]. *Bis-[methojodid]* (*3α.20α-Bis-[trimethylammonio]-5α-pregnandijodid* F. > 300° (A.), durch Kochen von 420 mg **XII** mit $CH_3J$ in $CH_3OH$; 720 mg. *Bis-[methochlorid]*, F. > 300°; $[\alpha]_D$ +48° (c = 1; A.). *Bis-*

*methopikrat*], $C_{39}H_{56}N_8O_{14}$, F. 253°. — *5α-Pregnan-3.20-diondioxim*, F. 260°, aus 5α-Pregnan-3.20-dion analog **V**-*Oxim*. — *3β.20β-Bis-[dimethylamino]-5α-pregnan* (**XIII**), $C_{25}H_{46}N_2$, F. 127° (Aceton), durch 1 std. Kochen von 2,5 g vorst. Verb. mit Na in A., 4 std. Erhitzen von 2,0 g der 2,4 g erhaltenen Rk.-Prodd. mit HCHO/HCOOH auf dem Wasserbad, Extraktion der mit W. verd. u. alkalisierten Lsg. mit $CH_2Cl_2$ u. chromatograph. Reinigung an $Al_2O_3$; $[\alpha]_D$ +8° (c = 1; Chlf.); 520 mg. *Bis-[methojodid* (*3β.20β-Bis-[trimethylammonio]-5α-pregnandiojodid*) F. > 300°, aus **XIII** u. $CH_3J$ in $CH_3OH$. *Bis-[methochlorid]*, F. > 300°, $[\alpha]_D$ +13° (c = 1; A.). *Bis-[methopikrat]*, $C_{39}H_{56}N_8O_{14}$, F. 248° ($CH_3OH$).
H. Gleinig. 3500□

**Steroidalkaloide. 10. Mitt. Holafebrin (20α-Amino-Δ⁵-pregnen-3β-ol), ein aus Holarrhena febrifuga Klotzsch und aus Kibatalia arborea G. Don isoliertes natürliches Steroidamin.** Maurice-Marie Janot, Xavier Monseur, Christiane Conreur und Robert Goutarel. (Bull. Soc. chim. France **1962**, 285—87, Febr.; franz.) — 9. vgl. vorst. Referat. — Aus der Rinde von *Holarrhena febrifuga* u. aus den Zweigen von *Kibatalia arborea* wird ein neues als *Holafebrin* (**I**) bezeichnetes Alkaloid $C_{21}H_{35}NO$ mit einer prim. Aminogruppe u. einer Alkoholgruppe isoliert, das sich durch katalyt. Hydrierung in *Funtuphyllamin A* (*20α-Amino-5α-pregnan-3β-ol*), durch Desaminierung nach Ruschig (vgl. Med. u. Chem. **4**, [1942], 327) in *Δ⁵-Pregnen-3β-ol-20-on* überführen läßt u. demgemäß als *20α-Amino-Δ⁵-pregnen-3β-ol* zu formulieren ist. Für **II** u. **III** sind die IR-Banden angegeben.

Versuche: *Holafebrin* (*20α-Amino-Δ⁵-pregnen-3β-ol*; **I**), $C_{21}H_{35}NO$, F. 177° (Sublimation bei 150°/0,01 mm; Äthylacetat), a) durch Extraktion von 2,2 kg *Holarrhena-febrifuga*-Rinde mit einem Gemisch aus Ae., A., Chlf. u. konz. $NH_4OH$ bei 3—5°, Einengen der organ. Lsg. im Vakuum, Aufnehmen des Rückstands in 2n $H_2SO_4$, Rühren nach Zugabe von Ae., Abfiltrieren des abgeschiedenen **I**-*Sulfats* [14,6 g (Ausbeute)], Behandeln von 8,2 g Sulfat mit 2n NaOH, Chlf.-Extraktion u. Einengen der Chlf.-Lsg.; $[\alpha]_D$ −61,5° (c = 0,85; Chlf.); 4 g; b) durch Extraktion von 2,6 kg Zweigen von *Kibatalia arborea* mit A. bei 75°, Versetzen des eingeengten, mit PAe. gewaschenen u. mit W. verd. Extraktes mit $Na_2CO_3$, Extraktion mit Ae. u. mit $CH_2Cl_2$, Aufnehmen der in A. gelösten Basen in verd. Essigsäure, Überführung des unlösl. *Acetals* über das **I**-*Sulfat* in **I**; 0,72g. *Hydrochlorid* (**II**), $C_{21}H_{35}NO \cdot HCl \cdot CH_3OH$, F. >310° ($CH_3OH$), durch Lösen von 107 mg **I** in $CH_3OH$ Zugabe von wenig konz. HCl u. Aufbewahren in der Kälte; 85 mg. *Diacetyl-Deriv.* (**III**), $C_{25}H_{39}NO_3$, F. 250° ($CH_3OH$), durch Rk. von 271 mg **I** mit Acetanhydrid u. Pyridin; $[\alpha]_D$ −56,6° (c = 0,7; Chlf.); 245 mg. *p-Nitrobenzyliden-Deriv.*, $C_{28}H_{38}N_2O_3$, F. 242° (Sublimation bei 160°/0,01 mm). durch Kochen von **I** mit p-Nitrobenzaldehyd in $CH_3OH$. — *Dihydroholafebrin* (*Funtuphyllamin A*), $C_{21}H_{37}NO \cdot 0,5\,H_2O$, F. 173° (A.), durch Hydrierung von 255 mg **I** an Pd-Kohle in Essigsäure; $[\alpha]_D$ +10° (c = 0,45; Chlf.); 245 mg. — *Δ⁵-Pregnen-3β-ol-20-on*, $C_{21}H_{32}O_2$, F. 194° ($CH_2O_2$/Hexan), durch Umsetzung von 521 mg **I** mit N-Chlorsuccinimid in $CH_2Cl_2$ u. Kochen des entstandenen krist. *Chloramins* (578 mg) mit $NaOCH_3$-Lsg.; $[\alpha]_D$ +20° (c = 0,7; Chlf.); 490 mg.
H. Gleinig. 3500□

**Über die optische Aktivität des linksdrehenden Bornylchlorids.** Marcel de Botton. (C. R. hebd. Séances Acad. Sci. **251**, 2368—70, 21/11. 1960; Paris, École Normale Supér. Labor. de Chim.; franz.) — Aus dem äther. Öl von *Pinus maritima* wird durch Dest. gaschromatograph. einheitliches *β-Pinen* (*Nopinen*) mit den Konst.: $Kp._{13}$ 52—52,5°; $D._4^{19}$ 0,868; $n_D^{15}$ 1,4795; $[\alpha]_{578}$ −21,42° isoliert. Das aus ihm durch Einw. von HCl bei −10° erhaltene *Bornylchlorid* (**I**) zeigt nach zweimaligem Umkristallisieren aus A. u. nachfolgender Sublimation: F. 139—140°; $[\alpha]_{578}$ −41,3°; $[\alpha]_{546}$ −46,1°; $[\alpha]_{436}$ −80,1° (5%; Bzl.). **I** liefert bei der Umsetzung mit Mg u. darauf mit $CO_2$ *Camphancarbonsäure-(2)*, F. 73—77°; $[\alpha]_{578}$ +19,5° (5%; Bzl.). H.-J. Kötzsch. 3600□

**Triterpene aus Latex von Bursera.** Bernard Tursch und Edith Tursch. (Bull. Soc. chim. belges **70**, 585—91, Sept./Okt. 1961; Stanford, Calif., Univ., Dep. of Chem. and Chem. Engng.; franz.) — Vff. extrahieren aus Latex von *Bursera bipinnatum*, *B. sessiflorum*, *B. jorullense* u. *B. galleotianum* mit Hexan ein *glasiges Prod.* [78,5% (Ausbeute)], das sich durch Chromatographie an $Al_2O_3$ u. fraktionierte Elution mit PAe.-Ae. (9:1) in ein nicht näher untersuchtes *Öl* (19%), *3α-Hydroxylupen* (*Epilupeol*; **I**; 45,5%) u. *α-Amyrin* (**II**; 34%) trennen läßt. **I** wird durch Hydrierung an Pt zu *3α-Hydroxylupan*, dessen Oxydation mit $CrO_3$–$H_2SO_4$ in Aceton zum *Lupanon* u. dessen Red. nach Huang-Minlon zum *Lupan* oder durch Oxydation zum *Lupenon* (**III**) identifiziert. Die Identifizierung von **II** erfolgt durch Oxydation zu *α-Amyron*. Für **I** sind IR-Banden angegeben.

Versuche ($[\alpha]_D$ in Chlf.): *3α-Hydroxylupen* (*Epilupeol*; **I**), $C_{30}H_{50}O$; amorphes, farbloses Pulver (Sublimation bei 120° im Hochvakuum); $[\alpha]_D^{25}$ +16,8° (1%). *Acetat* (**IV**), $C_{32}H_{52}O_2$, F. 161—161,5° (Stäbchen; $CH_3OH$), durch 12std. Aufbewahren von **I** in

Acetanhydrid–Pyridin bei Raum-Temp., Gießen auf Eis u. Ae.-Extraktion; $[\alpha]_D$ −3,2°; 83%. — *Lupenon* (III), $C_{30}H_{48}O$, F. 165,5—167,5° (Prismen; $CH_3OH$), durch Lösen von I bei 20° in Aceton, Einrühren von $CrO_3$–$H_2SO_4$, Eingießen in W., Ae.-Extraktion, Chromatographie des Ae.-Rückstandes an $Al_2O_3$ u. Elution mit Ae.–Hexan (1 : 9); $[\alpha]_D$ +58,4°; 84%. — *3α-Hydroxylupan*, $C_{30}H_{52}O$, F. 160,5—163° (Prismen; $CH_3CN$), durch Hydrierung von I an $PtO_2$ in Eisessig, Gießen der filtrierten Lsg. in W., Ae.-Extraktion des entstandenen Nd. u. Eindampfen der neutral gewaschenen Ae.-Lsg.; $[\alpha]_D$ −4,3°; 89%. — *Lupanon*, $C_{30}H_{30}O$, F. 201—204° (Stäbchen; $CH_3OH$–Chlf.), aus vorst. Verb. analog III; $[\alpha]_D$ +17,5°; 93%. — *Lupan*, $C_{30}H_{52}$, F. 184—185° (Nadeln; $CH_3OH$), durch Lösen vorst. Verb. in Diäthylenglykol, 20 Min. langes Kochen nach Zugabe von 95%ig. $N_2H_4$, $^1/_2$std. Erhitzen des Gemisches nach Zugabe von KOH auf 180°, später auf 220° (2 Std.), Eingießen in W., Ae.-Extraktion, Lösen des Ae.-Rückstandes in Bzl., Chromatographie an $Al_2O_3$ u. Elution mit PAe.; $[\alpha]_D$ −11,5°; 57%. — *α-Amyrin* (II), $C_{30}H_{50}O$, F. 185—187° (Nadeln; Aceton); $[\alpha]_D^{25}$ +78,7°. *Acetat*, $C_{32}H_{52}O_2$, F. 224—225° ($CH_3OH$), aus II analog IV; $[\alpha]_D$ +74°; 77%. — *α-Amyron*, $C_{30}H_{48}O$, F. 119—122° ($CH_3OH$–Chlf.), aus II analog III; $[\alpha]_D$ +105°; 46%. H.-J. Kötzsch. 3600◇

**Nachtrag zur Arbeit von P. de Tribolet, G. Gamboni und H. Schinz in Helv. chim. Acta 41, [1958], 1587.** H. Schinz. (Helv. chim. Acta **45**, 1036, 2/5. 1962; Zürich; dt.) — Vgl. C. **1961**, 16482. — Für die in der oben angegebenen Arbeit beschriebene *Verb.* $C_{12}H_{20}O_3$ (*Semicarbazon*, F. 162°. *2.4-Dinitrophenylhydrazon*, F. 135°) wird nebenstehende Struktur angenommen, da sie die Eigg. der Substanz am einfachsten erklärt. P. Golinske. 3600◇

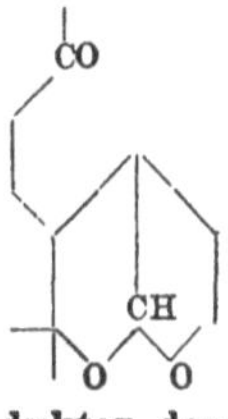


**Synthese von DL-Ambreinolid und einigen bicyclischen Zwischenprodukten der Terpensynthese.** D. B. Bigley, N. A. J. Rogers und J. A. Barltrop. (Chem. and Ind. **1958**, 558—59, 10/5.; Oxford, Univ., Dyson Perrins Labor.; engl.) — Durch Ozonolyse von $\Delta^{8,14}$-Podocarpenon-(7) (vgl. Barltrop u. Rogers, C. **1958**, 5061) wird *1.1.4aβ-Trimethyl-5β-[2-carboxyäthyl]-trans-dekalon-(6)* (I) gebildet, dessen *Methylester* (II) ein Abbau-Prod. von Manool ist. I oder II reagieren mit $CH_3MgJ$ unter Bldg. von *1.1.4aβ.6α-Tetramethyl-5β-[2-carboxyäthyl]-6β-hydroxy-trans-dekalin-δ-lacton* (F. 146°), das am $C_{(6)}$ mit Ambreinolid epimer ist. Bei Einw. von $LiCH_3$ auf I wird *1.1.4aβ.6α-Tetramethyl-5β-[2-acetyläthyl]-6β-hydroxy-trans-dekalin* gebildet, das durch Dehydratisierung u. Hypojoditoxydation *1.1.4aβ.6-Tetramethyl-5-[2-acetyläthyl]-trans-$\Delta^5$-oktalin* bzw. *1.1.4aβ.6-Tetramethyl-5-[2-carboxyäthyl]-trans-$\Delta^5$-oktalin* (III) liefert. III ist auch durch Abbau von Marrubiin oder Ambrein zugänglich. In saurem Medium wird III zu *DL-Ambreinolid* (F. 136,5—138,5°) umgelagert. L. Lamza. 3600

**Substitutions- und Eliminierungsreaktionen während der Acetolyse von Derivaten der 3β.6β-Dihydroxyallocholansäure.** P. Ziegler. (Canad. J. Chem. **37**, 1004—07, Mai 1959; Toronto, Canada Packers Ltd., Res. and Dev. Labor.; engl.) — Die Darst. von *3α.6β-Dihydroxyallocholansäure* aus *3β.6β*-Dihydroxyallocholansäuremethylester (I) wird beschrieben.

Versuche: *3β.6β-Dimesyloxyallocholansäuremethylester*, $C_{27}H_{46}O_8S_2$, F. 125—127° (Zers.; Äthylacetat/Ae.), durch 20std. Stehen von 3 g I mit Methansulfonylchlorid in Pyridin bei 3°; 3,05 g (Ausbeute). — *3β-Hydroxy-$\Delta^5$-cholensäure*, F. 231—233° (Äthylacetat), durch 5std. Erhitzen von 3 g vorst. Verb. u. K-Acetat in wss. Dimethylformamid auf 120—125°, Verdünnen mit verd. HCl, Filtrieren, 2std. Kochen mit 4%ig. methanol. KOH u. Ansäuern; 680 mg. *Methylester*, F. 142—143° (Hexan), durch Methylieren mit $CH_2N_2$; $[\alpha]_D^{24}$ −36,2° (c = 1,02, Dioxan). — *3β.6β-Ditosyloxyallocholansäuremethylester*, $C_{39}H_{54}O_8S_2$, F. 133—136° (Zers.; Äthylacetat/Ae.), durch 22std. Stehen von 2,15 g I mit Tosylchlorid in Pyridin bei 25°, Verdünnen mit wss. HCl u. Extrahieren mit Ae./Chlf.; 690 mg; daneben durch Kühlen der Mutterlaugen *3β-Tosyloxy-6β-hydroxyallocholansäuremethylester* (II), $C_{32}H_{48}O_6S$, F. 150—152° (Zers.; Äthylacetat/Hexan); $[\alpha]_D^{24}$ −13,6° (c = 1,75; Dioxan); 1,85 mg. — *3α.6β-Dihydroxyallocholansäurehemihydrat*, $C_{24}H_{40}O_4 \cdot {}^1/_2 H_2O$, F. 248—252° (Methanol, Aceton oder Äthylacetat), durch Erhitzen von K-Acetat u. wss. Dimethylformamid auf 110°, Zugabe von 1,12 g II, 4std. Erwärmen, Ansäuern, Extrahieren mit Ae., Eindampfen, 2std. Kochen mit 4%ig. methanol. KOH u. Ansäuern; $[\alpha]_D^{23}$ +10,7° (c = 0,991; Dioxan); 596 mg. — *3.6-Dioxoallocholansäure*, F. 206—208° (A.), durch $1^1/_2$std. Oxydation von 235 mg vorst. Verb. mit $CrO_3$ in Essigsäure bei 10°; 178 mg. *Methylester*, F. 149—151,5° (Methanol). W. Hampel. 3700◇

**Die Reduktion von 22.26-Oxido-$\Delta^{17,20}$-cholesten-3β.22-diol-16-on mit Lithiumaluminiumhydrid.** Malcolm J. Thompson, James A. Moore und Erich Mosettig.

(J. org. Chemistry **27**, 4108—09, Nov., 4719, Dez. 1962; Bethesda, Md., National Inst. of Arthritis and Metabolic Diseases; Newark, Del., Univ., Dep. of Chem.; engl.) — Das bei der $LiAlH_4$-Red. von 22.26-Oxido-$\Delta^{17,20}$-cholesten-3β.22-diol-16-on erhaltene vermeintliche $\Delta^{17,20}$-22-Isoallospirosten-3β-ol (vgl. Nussbaum u. Mitarbeiter, C. **1953**, 865) ist in Wirklichkeit *22.26-Oxido-$\Delta^{17,20}$-cholesten-3β.16ξ-diol*, das bei der $LiAlH_4$-Red. von 22.26-Oxido-$\Delta^{5.17,20}$-cholestadien-3β.22-diol-16-on erhaltene vermeintliche $\Delta^{5.17,20}$-22-Isospirostadien-3β-ol (vgl. Sandoval u. Mitarbeiter, C. **1952**, 6063) ist in Wirklichkeit *22.26-Oxido-$\Delta^{5.17,20}$-cholestadien-3β.16ξ-diol.*

Versuche (FF. Kofler-Block; [α] in Chlf., ca. 1%ig. Lsgg.): *$\Delta^{16.20,22}$-Allofurostadien-3β.26-diol-3β.26-diacetat*, F. 94—96° ($CH_3OH$), aus 10,0 g 5.6-Dihydrokryptogenindiacetat u. sd. Acetanhydrid in Ggw. von p-Toluolsulfonsäure; $[\alpha]_D^{20}$ +10°; 6,0 g (Ausbeute). *Freies Diol*, F. 187—189°; $[\alpha]_D^{20}$ +30°. — *22.26-Oxido-$\Delta^{17,20}$-cholesten-3β.22-diol-16-on*, $C_{27}H_{42}O_4$, F. 205—206°, Stäbchen (Essigester), durch Behandeln von 5 g vorst. Acetats mit $CrO_3/CH_3COOH$ bei Raum-Temp. u. nachfolgende Verseifung mit sd. 2%ig. methanol. KOH (1 Std.); $[\alpha]_D^{20}$ —106°; 3,0 g. — *22.26-Oxido-$\Delta^{17,20}$-cholesten-3β.16ξ-diol*, $C_{27}H_{44}O_3$, F. 228—230°, Nadeln ($CH_3OH$), aus 2,0 g vorst. Verb. u. $LiAlH_4$ in sd. Tetrahydrofuran (1 Std.); $[\alpha]_D^{20}$ —11°; 1,2 g. *Diacetat*, $C_{31}H_{48}O_5$, F. 218—220°, Platten ($CH_3OH$); $[\alpha]_D^{20}$ —9°. *Bis-[3.5-dinitrobenzoat]*, $C_{41}H_{48}N_4O_{13}$, F. 186—187°, Platten (Aceton/$CH_3OH$). — *22.26-Oxido-$\Delta^{17,20}$-cholesten-3.16-dion*, $C_{27}H_{40}O_3$, F. 195 bis 197° (A.), aus 300 mg vorst. Diols u. $CrO_3$ in wss. $H_2SO_4$/Aceton (Rühren bei 20°); $[\alpha]_D^{20}$ —78°; 280 mg. *Monooxim*, $C_{27}H_{41}NO_3$, F. 234—237° (leichte Zers.), Platten (A.). Red. des Dions mit $LiAlH_4$ gab 60% vorst. *Diols*. — *$\Delta^{5.16.20,22}$-Furostatrien-3β.26-diol-3β.26-diacetat*, F. 94—95°, aus Kryptogenindiacetat; $[\alpha]_D^{20}$ —44°; 60%. — *22.26-Oxido-$\Delta^{5.17,20}$-cholestadien-3β.22-diol-16-on*, F. 220—223°, aus 5 g vorst. Verb. wie oben; $[\alpha]_D^{20}$ —178°; 3,1 g. — *22.26-Oxido-$\Delta^{5.17,20}$-cholestadien-3β.16ξ-diol*, $C_{27}H_{42}O_3$, F. 236 bis 237°, Nadeln ($CH_3OH$), aus vorst. Verb. u. $LiAlH_4$ wie oben; $[\alpha]_D^{20}$ —80°; 65%. *Diacetat*, $C_{31}H_{46}O_5$, F. 258—260°, rechteckige Platten (Chlf./$CH_3OH$); $[\alpha]_D^{20}$ —71°. *Bis-[3.5-dinitrobenzoat]*, $C_{41}H_{46}N_4O_{13}$, F. 206—207°, Platten (Aceton/$CH_3OH$); $[\alpha]_D^{20}$ —1°. J. Rothe. 3700◇

**Zur Chemie der p-Chinole. 4. Mitt. Neue Östranabkömmlinge mit verschiedenen Substituenten in 3-Stellung.** Erich Hecker. (Chem. Ber. **95**, 977—84, 19/4. 1962; München, MPI für Biochem.; dt.) — 3. vgl. C. **1963**, 2855. — Rkk. von 3-Amino-$\Delta^{1.3.5,10}$-östratrien-17β-olacetat (I) nach Sandmeyer-Gattermann-Leuckart werden beschrieben. Man erhält neue Östranabkömmlinge, die sich formal vom 17β-Östradiol durch Ersatz der phenol. Hydroxylgruppe ableiten. UV- u. IR-Spektren s. Original.

Versuche: $\Delta^{1.3.5,10}$-Östratrien-17β-ole: *Unsubstituiert*, $C_{18}H_{24}O$, F. 116° (PAe.), aus **II** in Methanol durch Versetzen mit p-Toluolsulfonsäure (**III**), Abdestillieren von $^4/_5$ des Lsgm. in 5 Std., Aufarbeiten mit $CH_2Cl_2$ u. $NaHCO_3$ u. Chromatographieren; $[\alpha]_D^{24}$ +71° (2%); 67% (Ausbeute). — *Acetyl-Deriv.* (**II**), $C_{20}H_{26}O_2$, F. 120—121° (Methanol), durch Diazotieren von **I** in Eisessig/5n HCl; Zugabe von Harnstoff, Versetzen mit 60%ig. $H_4P_2O_6$ unter Rühren, 20std. Stehen bei 0°, kurzes Erwärmen, Aufarbeiten mit $CH_2Cl_2$, $NaHCO_3$, dann W. u. Chromatographieren an $Al_2O_3$; $[\alpha]_D^{25}$ +52° (2%); 72%. — *3-Chlor-*, aus 0,076 g des Acetyl-Deriv. in Methanol durch $1^1/_2$std. Kochen mit **III**, Abdestillieren von $^3/_5$ Lsgm. in 3 Std., Zugabe der gleichen Menge Lsgm., Einengen auf $^1/_5$ in 3 Std., Gießen in W. u. Aufarbeiten wie vorst.; Öl; 0,071 g. *Acetyl-Deriv.*, $C_{20}H_{25}ClO_2$, F. 137° (Methanol), aus **I** durch Diazotieren in $CH_3COOH$, Eintragen in CuCl/2,5n HCl in der Kälte in 50 Min., 1std. Rühren u. Aufarbeiten analog **II**; $[\alpha]_D^{20}$ +40° (2%); 78%. — *3-Jod-*, analog vorst. entacetylierter Prodd. aus 0,08 g; 0,062 g. *Acetyl-Deriv.*, $C_{20}H_{25}JO_2$, F. 173° (Methanol), durch $^3/_4$std. Eintragen von wss. KJ-Lsg. in die Eisessig/5n HCl-Lsg. von diazotiertem **I** bei 10°, 1std. Stehen u. Aufarbeiten analog **II**; $[\alpha]_D^{24}$ +35° (2%); 70%. — *3-Cyan-*, *Acetyl-Deriv.*, $C_{21}H_{25}NO_2$, F. 181° (Methanol), durch Diazotieren von **I** a) in Tetrahydrofuran/n $H_2SO_4$, Zugabe von Harnstoff, Neutralisieren mit gesätt. $NaHCO_3$-Lsg., Verdunsten des Lsgm. durch Einblasen von $N_2$, Eintragen in $KCN/CuSO_4$/W. bei 0°, 1std. Rühren u. Aufarbeiten; 80%; daneben **II**; 3%; b) in Glykoldimethyläther/n $H_2SO_4$; 40%; daneben **II**; 10%. — *3-Carbomethoxy-* (**IV**), $C_{20}H_{26}O_3$, F. 186—187° (Methanol/$CCl_4$ 1 : 1), durch Einleiten von trockenem HCl in die sd. abs. methanol. Lsg. von 0,33 g vorst. Verb., Abkühlen unter HCl-Strom, Eingießen in Eis/W., Ausäthern, Waschen der Ae.-Phase mit $NaHCO_3$ u. Zentrifugieren vom Prod. **A** (0,08 g); $[\alpha]_D^{21}$ +75° (1%); 0,215 g; durch Chromatographieren von **A** an $Al_2O_3$ u. Eluieren mit Bzl., Bzl./Chlf. (1 : 1) u. Chlf. weitere 0,009 g **IV**; daneben *3-Carbamoyl-*, $C_{19}H_{25}NO_2$, F. 186—187° (Methanol/W.); 0,04 g u. *3-Carbamoyl-*, *Acetyl-Deriv.* 0,005 g. — *3-Carboxy-*, $C_{19}H_{24}O_3$, F. 286—287°, durch 1std. Kochen der **IV**-Mutterlaugen mit methanol./wss. KOH unter $N_2$, Abkühlen, Zugabe von $H_2SO_4$ bis pH 4, Einengen,

Gießen in W. u. Aufarbeiten mit Ae.; aus Methanol Nadeln; $[\alpha]_D^{25}$ +75° (1%); 0,104 g. — *3.3'-Azo-, Acetyl-Deriv.*, $C_{40}H_{50}N_2O_4$, F. 259—261°, durch Chromatographieren der Rk.-Prodd. aus der Sandmeyer-Rkk. (verbleibt als gelbe Zone auf der Säule); aus Bzl./Aceton gelbe Kristalle; gibt beim Hydrieren in Methanol/Tetrahydrofuran an Raney-Ni nach Hecker (C. **1960**, 16766) durch Spaltung I. — *3-Äthylxanthogen-, Acetyl-Deriv.*, $C_{23}H_{30}O_3S_2$, F. 133—135°, durch Zutropfen der neutralen Lsg. von diazotiertem I zu wss. K-Äthylxanthogenat bei 80°, 1std. Rühren, Aufarbeitung analog II u. Chromatographieren an $Al_2O_3$ mit Bzl./PAe. (1 : 1 u. 2 : 1); aus Methanol Nadeln; $[\alpha]_D^{22}$ +35° (1%); 43%; daneben 8% II u. wenig *Diacetyl-Deriv. nachst. Verbindung.* — *Bis-[$\Delta^{1.3.5.10}$-östratrien-17β-ol-3-yl]-disulfid*, $C_{36}H_{46}O_2S_2$, F. 193—194° (Methanol/Glykolmonomethyläther 7 : 1), durch 3std. Erhitzen von 0,382 g vorst. Verb. in 4%ig. äthanol. KOH unter $N_2$, nach Erkalten mit 2n HCl, neutralisieren versetzen mit äthanol. $FeCl_3$; 2std. Rühren, Gießen in W., Stehen über Nacht bei 4°, Zentrifugieren u. Chromatographieren in Bzl. u. Bzl./Chlf.-Gemischen an $Al_2O_3$; $[\alpha]_D^{24}$ +97° (0,4%); 0,088 g; daneben vorst. Verb. u. mehrere nicht identifizierte *Produkte. Diacetyl-Deriv.*, F. 226—228° (A.), aus 0,03 g Hydroxy-Verb. durch 24std. Rk. mit Acetanhydrid/Pyridin; $[\alpha]_D^{23}$ +53° (0,1% in Dioxan/Chlf. 1 : 1), 0,013 g. — *3-Thio-17β-östradiol*, $C_{18}H_{24}OS$, F. 98—100° (Methanol/W.), aus 0,08 g vorst. Verb. in Tetrahydrofuran durch 7std. Rühren mit K-Thioglykolat u. KOH in äthanol. Lsg., Ansäuern mit 2n HCl, Aufarbeiten mit $CH_2Cl_2$ u. W. u. Sublimieren bei 170°/0,02 Torr; 0,027 g.

H.-J. Weigmann. 3750□

**Zur Chemie der p-Chinole.** 5. Mitt. **Stereochemie des Tetralin-p-chinols und der Östra-p-chinole-(10).** Erich Hecker, Rudolf Lattrell und Elisabeth Meyer. (Chem. Ber. **95**, 985—95, 19/4. 1962; dt.) — 4. vgl. vorst. Referat. — *rac.-5.6.7.8-Tetrahydronaphthochinol-(2.4a)* (*rac.*-I) wird über die Strychninsalze der sauren 3-Nitrophthalsäureester in die opt. Antipoden (**A**) zerlegt. Die Konfiguration u. Konformation der **A** wird diskutiert u. zur Konfiguration u. Konformation der Östra-p-chinole auf Grund des opt. Verschiebungssalzes u. die Rotationsdispersion in Beziehung gesetzt. Daraus ergibt sich die abs. Konfiguration der **A**. IR- u. UV-Spektren s. Original.

Versuche: *rac.-5.6.7.8-Tetrahydronaphthochinol-(2.4a)* (*rac.*-I), F. 125—126° (Aceton/Essigester), durch Nitrieren von Tetralin nach Schroeter [1922] zum Gemisch der *5-* u. *6-Nitro-Derivv.* ($Kp._{13}$ 156—165°), 20 Min. lange Red. der Prodd. (90 g) in A. mit $Zn/NH_4Cl$-Lsg. bei 70°, Filtrieren, Waschen des Rückstandes mit 80%ig. A., Gießen in W., Ausäthern (Extrakt **A**), Schütteln von **A** mit 10%ig. $H_2SO_4$, Absaugen vom *6-Hydroxylaminotetralinsulfat*, Suspendieren der Verb. in der sauren Lsg., 10std. Extraktion mit Bzl. bei 65°, Eindampfen bei 25° u. Zugabe von Cyclohexan, 5—6 g (Ausbeute); daneben aus **A** *5-Nitrotetralin* [F. 34—35° (Methanol), $Kp._{13}$ 150—165°; 40 g (Rohprod)] sowie *6.6'-Azoxytetralin*, $C_{20}H_{22}N_2O$, F. 99—100° (A.), 15 g (Rohprod.). (+)-I-*Verb.*, F. 119—120°, aus 1,07 g (+)-II-Verb. durch Überführen in die (+)-IV-*Verb.*, Spalten mit $K_2CO_3$ in Methanol, Chromatographieren der Prodd. u. Rechromatographieren der Chinolfraktionen; aus Essigester derbe Prismen; $[\alpha]_D^{26}$ +111° (c = 1; Dioxan); 0,04 g. — (—)-I-*Verb.*, F. 118—119° (Essigester), analog der (+)-Verb. aus 1,8 g Ester; $[\alpha]_D$ —112° (c = 1; Dioxan); 0,032 g. — *rac.-3-Nitrophthalsäure-2-mono-[5.6.7.8-tetrahydronaphthochinol-(2.4a)]-ester* (*rac.*-II), $C_{18}H_{15}NO_7$, F. 172° (Methanol), durch 7std. Rk. von I mit 3-Nitrophthalsäureanhydrid in $CH_2Cl_2$/Pyridin bei 40—45°, Stehen über Nacht, 1std. Erwärmen auf 40°, Gießen in Eiswasser, Ansäuern mit HCl, Extrahieren mit Chlf./$CH_2Cl_2$ (3 : 1), Waschen mit W., Trocknen u. Krist. aus Methanol; 62%; daneben *rac.-3-Nitrophthalsäure-1-mono-[5.6.7.8-tetrahydronaphthochinol-(2.4a)]-ester* (*rac.*-III), $C_{18}H_{15}NO_7$, F. 192° (Glykolmonomethyläther), aus den Mutterlaugenrückständen durch Behandeln mit Glykolmonomethyläther; 50%. *1-Methylester* (*rac.*-IV), $C_{19}H_{17}NO_7$, F. 114 bis 115,5° (Methanol, dann Bzl./Chlf. 1 : 1), durch Zersetzen der kalten rac.-II-Chlf.-Lsg. mit $CH_2N_2$/Ae., Chromatographieren des Rohprod. in Bzl. an $Al_2O_3$ u. Elution mit Bzl., dann mit Chlf.; 95%; wird durch 5 Tage lange Rk. mit $K_2CO_3$ in Methanol/W. im Dunkeln in 71% *3-Nitrophthalsäuredimethylester*, F. 68—69° u. 37% I gespalten. (+)-II-*Verb.*, F. 173—174° (Methanol), aus rac.-II in Aceton durch Rk. mit Strychnin in wenig Chlf., Einengen bei 40° im Vakuum, Zugabe von Aceton, Einengen, Zugabe von W., Einengen bis zum Aceton/W.-Verhältnis 2 : 1, Stehen über Nacht, Absaugen, Waschen des Prod. mit Aceton/W. (2 : 1), 3maliges Kristallisieren aus Chlf./Aceton/W. unter Einengen wie oben, Spalten der (+)-*Strychnin-Verb.* ($[\alpha]_D^{24}$ —12°; A./Chlf. 4 : 1; 31%) in Chlf. durch Schütteln mit 2n HCl, Neutralwaschen, Trocknen u. Einengen; $[\alpha]_D^{26}$ +62° (c = 1,25; Dioxan); $[\alpha]_D^{25}$ +32° (c = 1,25; A.); 80%. (—)-II-*Verb.*, F. 170—171° (Chlf., Methanol, Chlf.), durch Eindampfen der Mutterlauge des (+)-Strychnin-Deriv., Lösen des Rückstandes in Aceton, Zugabe der gleichen Menge W., mehrtägiges Eindunsten u. Spalten von 5 g (—)-*Strychnin-Verb.* [$[\alpha]_D^{26}$ +14° (c = 1,08; A./Chlf. 4 : 1)] wie vorst. beschrieben; $[\alpha]_D^{25}$ —62° (c = 1,69; Dioxan); $[\alpha]_D^{26}$ —30° (c = 0,93; A.); 1,4 g.

H.-J. Weigmann. 3750□

**Der Einfluß einer $\Delta^{9,11}$-Doppelbindung auf Richtung und Mechanismus der Alkyl-Sauerstoff-Spaltung von ungesättigten Steroiden.** William R. Nes und John A. Steele. (J. org. Chemistry **22**, 1457—65, Nov. 1957; Bethesda, Md., U.S. Dep. of Health, Education and Welfare, Nat. Inst. of Arthritis and Metabolic Diseases, Nat. Inst. of Health, Public Health Service; engl.) — Die Solvolysen-Geschw. von *Dehydroergosteryltosylat* (**I**) ist angenähert gleich der von *Ergosteryltosylat* (**II**) u. deutet auf eine homoallyl. Reaktion. Das Solvolysen-Prod. von **I** in wss. $NaHCO_3$-haltigem Aceton ist *Isodehydroergosterin* (*3.5-Cyclo-$\Delta^{7,9,11,22}$-ergostatrien-6β-ol*; **III**) u. von **II** *Isoergosterin* (*3.5-Cyclo-$\Delta^{7,22}$-ergostadien-6β-ol*; **IV**) u. nicht 3.5-Cyclo-$\Delta^{6,22}$-ergostadien-8-ol. Die säurekatalysierte Solvolyse von **IV** in A. liefert ca. 70% *3.5-Cyclo-$\Delta^{6,8,14,22}$-ergostatrien* u. ca. 30% *Ergosteryläthyläther*, während **III** ca. 85% *Dehydroergosteryläthyläther* u. ca. 15% *3.5-Cyclo-$\Delta^{6,8,14,9,11,22}$-ergostatetraen* (**V**) ergibt. **III** reagiert zu ca. 50% schneller als **IV** u. beweist eine geringfügige Beteiligung der $\Delta^{9,11}$-Doppelbindung an einer allyl. Alkyl-Sauerstoffspaltung. Zur kinet. Verfolgung der Rk. wurde die UV-Absorption herangezogen. IR-Maxima werden angegeben.

Versuche: *Ergosteryltosylat* (**II**), F. 110—112° (Aceton), aus dem Sterin u. p-Toluolsulfochlorid in Pyridin. — *Dehydroergosteryltosylat* (**I**), F. 112—113°, wie vorst. Verbindung. — *Isoergosterin* (**IV**), $C_{28}H_{44}O$, F. 132—133°, durch 5 Min. lange Behandlung von **II** mit sd. $KHCO_3$-haltigem Aceton–W. u. Einengen; $[\alpha]_D^{20}$ —11° (c = 1; Chlf.); aus Aceton Nadeln; 90% (Ausbeute). — *Isoergosteryläthyläther*, $C_{30}H_{48}O$, F. 75—76°, durch Umkristallisieren von **IV** in sd. A. in Ggw. von Säure. — *Isodehydroergosterin* (**III**), F. 127—128°, aus **I** analog **IV**; aus Aceton Nadeln; 60%. — *3.5-Cyclo-$\Delta^{6,8,14,22}$-ergostatrien*, F. 103—104°, a) durch $^3/_4$std. Kochen von 500 mg **IV** in wenig Oxalsäure enthaltendem A. Eindampfen, Chromatographie an $Al_2O_3$ u. Eluieren mit PAe. (Kp. 30 bis 60°); $[\alpha]_D^{20}$ 95° (c = 1; Chlf.); aus Aceton Nadeln; 64% (roh); daneben durch Eluieren mit Chlf. 78 mg *Ergosteryläthyläther* [F. 123—124° (A.); $[\alpha]_D^{20}$ —111° (c = 1; Chlf.)]; b) durch 17-Min. langes Erhitzen von **II** in Pyridin auf 100°, Eindampfen u. Extraktion mit PAe.; 56%. — *Dehydroergosteryläthyläther*, $C_{30}H_{46}O$, F. 86—87°, a) durch 1std. Kochen von **III** in oxalsäurehaltigem A., Eindampfen, Lösen in W., Ausschütteln mit Bzl., Chromatographie an $Al_2O_3$ (bas.) u. Eluieren mit Ae. (nach Eluieren mit Petroläther); $[\alpha]_D$ 197° (c = 1; Chlf.); ca. 82%; daneben 10—20% **V**; b) durch 10 Min. langes Kochen von **I** in A., Zugabe von $NaHCO_3$, Eindampfen u. Chromatographie; c) analog a); 65%; daneben 15% **V**. — *Dehydroergosterin*, F. 101—110°, durch 10 Min. langes Kochen von 200 mg **I** in wss. Aceton; 110 mg. — *3.5-Cyclo-$\Delta^{6,8,14,9,11,22}$-ergostatetraen* (**V**), F. 99—101°, a) durch mehrstd. Stehen von 1 g **III** u. Trichloracetylchlorid in Pyridin bei 20°, Gießen in Eis u. $NaHCO_3$, Extraktion mit Chlf., Chromatographie an $Al_2O_3$ u. Eluierung mit PAe.; aus Aceton/Methanol lange Säulen; 0,4 g; daneben 88 mg vorst. Verb.; b) aus **III** u. 3.5-Dinitrobenzoylchlorid in Pyridin.

Hans-Dieter Jacobi. 3750△

**Pyridoxalhydrazinderivate für die Krebschemotherapie.** Richard H. Wiley und Gether Irick. (J. med. pharmac. Chem. **5**, 49—53, 6/1. 1962; Louisville, Ky., Coll. of Arts and Sci., Dep. of Chem.; engl.) — Es wird eine Reihe von Pyridoxal- u. Pyridoxal-phosphat-Derivv. dargestellt. *Pyridoxaldimethylhydrazon* u. *Pyridoxalmethylhydrazon* sind relativ tox., u. letzteres besitzt tumorhemmende Aktivität gegenüber Sarkom 180.

Versuche: *Pyridoxaldimethylhydrazon* (**I**), $C_{10}H_{15}N_3O_2$, F. 119—122° (Methanol–W.); durch 1std. Erhitzen einer Mischung von Pyridoxinhydrochlorid u. $MnO_2$ in konz. $H_2SO_4$ u. W., Konzentrieren im Vakuum, Neutralisieren u. Zusetzen von Dimethylhydrazin. *Hydrochlorid*, $C_{10}H_{16}ClN_3O_2$, F. 233° (Zers.; A.–PAe.), durch Einleiten von trockenem HCl in eine Lsg. von **I** in Butanol. *Diacetat* (**II**), $C_{14}H_{19}N_3O_4$, F. 68—70° (Äthylacetat–PAe. bei —20°), durch $^1/_4$std. Kochen von **I** mit Acetanhydrid. *Diacetathydrochlorid* (**V**), $C_{14}H_{20}ClN_3O_4$, F. 173—176°. — *Pyridoxalmethylhydrazon*, $C_9H_{13}N_3O_2$, F. 168—170° (Bzl.–PAe.), durch Lösen von Pyridoxalhydrochlorid (**III**) in W. u. Zugeben von Methylhydrazin. — *Pyridoxalsemicarbazon*, $C_9H_{12}N_4O_3$, F. 230° (Zers.; A.), durch Zugeben von Semicarbazid u. Na-Acetat in W. zu **III** in wss. Lösung. — *Pyridoxalthiosemicarbazon*, $C_9H_{12}N_4O_2S$, F. 232° (Zers.; A.), wie vorst. Verbindung. — *Pyridoxalcarboxymethyloxim*, $C_{10}H_{12}N_2O_5$, F. 208° (Zers.; Dimethylformamid), durch $^1/_4$std. Kochen von **III**, Aminoxyessigsäurehemihydrochlorid, A. u. Na-Acetat. — *4-Pyridoxylidenaminomorpholin*, $C_{12}H_{17}N_3O_3$, F. 203° (Zers.; Methanol), aus 4-Aminomorpholin u. **III**. — *Pyridoxalisopropylhydrazon*, $C_{11}H_{17}N_3O_2$, F. 139—140° (A.–W.), aus **III** u. Isopropylhydrazin. *Hydrochlorid*, $C_{11}H_{18}ClN_3O_2$, F. 224° (Zers.; A.–Äthylacetat). — *Pyridoxalmethyl-*

*phenylhydrazon*, $C_{15}H_{17}N_3O_2$, F. 196° (Chlf.), aus III u. Methylphenylhydrazin. — *Pyridoxalphosphatisonicotinoylhydrazon*, *Mono-Na-Salz*, $C_{14}H_{14}N_4NaO_6P$, F. 255° (Zers.), durch Erwärmen einer wss. Lsg. von Pyridoxalphosphat (IV) mit Isonicotinoylhydrazin. — *Pyridoxalphosphatthiosemicarbazon*, $C_9H_{13}N_4O_5PS$, Zers. >200°. — *Pyridoxalphosphatdimethylhydrazon*, $C_{10}H_{16}N_3O_5P$, F. 243° (Zers.; W.), durch Behandeln von angesäuerter IV-Lsg. mit Dimethylhydrazin. — *Pyridoxamindihydrat*, $C_8H_{16}N_2O_4$, F. 194° (W.), durch katalyt. Hydrierung an $PtO_2$ in Methanol aus I. — *2.5-Dimethyl-3-hydroxy-4-acetamidomethylpyridin*, $C_{10}H_{14}N_2O_2$, F. 235°; *Pikrat*, F. 163°, durch katalyt. Hydrierung von V an 5%ig. Pd-Kohle. P. Gregorzewski. 3800◇

**Synthese in der Griseofulvin-Reihe. 6′-Desmethylgriseofulvin.** D. Taub und N. L. Wendler. (Angew. Chem. **74**, 586, 7/8. 1962; Rahway, N.J., Merck & Co., Merck Sharp & Dohme Res. Labor.; dt.) — *2.4.2′-Trimethoxy-6.4′-dihydroxy-5-chlorbenzophenon* (I) wird durch Kondens. von 2-Chlor-3.5-dimethoxyphenol mit 2-Methoxy-4-acetoxybenzoesäure in Trifluoressigsäureanhydrid bei 20° hergestellt. Aus dem Kondens.-Prod. ließ sich I mit 2%ig. KOH extrahieren; der neutrale Anteil ergab nach milder Verseifung zu *2-Methoxy-4-hydroxybenzoesäure-2-chlor-3.5-dimethoxyphenylester* (F. 192 bis 196°) u. folgender Friesscher Umlagerung mit $TiCl_4$ in Nitrobenzol zusätzliche Mengen von I. Verss., I in *6′-Desmethyl-$\Delta^{5'}$-dehydrogriseofulvin* (II) (F. 345—350°) mit $K_3[Fe(CN)_6]$ zu überführen, gaben nur Ausbeuten von ca. 1%. Hingegen konnte I mit PbO in Ae./Aceton glatt in 80—90%ig. Ausbeute in II übergeführt werden. Bei der Red. von II mit $H_2$ in Ggw. von Pd/Kohle u. anschließend mit Zn/Essigsäure entstehen *Benzophenon*, I u. ein neutraler Anteil, der durch Chromatographie an $Al_2O_3$ getrennt wird. Dabei wird *6′-Desmethylgriseofulvin* (F. 227—228°) u. *6′-Desmethyl-2′.3′-dihydrogriseofulvin* erhalten. W. Hampel. 3900◇

**Forschungen am Lignin.** K. Freudenberg. (Fortschr. Chem. org. Naturstoffe [Wien] **20**, 41—72, 1962; Heidelberg; dt.) — Übersicht über Lignin-ähnliche Präpp., Abbausäuren, die destruktive Hydrierung von Lignin, p-Hydroxyzimtalkohole, die Darst. des Dehydrierungspolymerisats, Vgl. zwischen natürlichem u. künstlichem Lignin, Zwischenprodd. der Lignin-Bldg., Biochemie u. Verss. mit Isotopen, Wachstumsprinzipien des Lignins, Bindung des Lignins an Kohlenhydrate, Entwürfe zum Konstit.-Schema des Coniferen Lignins u. über Laubholzlignin. — 73 Literaturangaben (1961). P. Golinske. 3950◇

## D. Makromolekulare Chemie

**Bericht über die Nomenklatur sterisch regelmäßiger Hochpolymerer.** M. L. Huggins, G. Natta, V. Desreux und H. Mark. (J. Polymer Sci. **56**, 153—61, Jan. 1962; engl.) — Es wird ein Bericht über die Klassifizierung u. Benennung von *Hochpolymeren* gegeben, die aus ster. regelmäßig angeordneten Moll. bestehen. Auf verwandte Nomenklaturprobleme wird hingewiesen. Der Bericht wurde von der Kommission für Makromoll. der IUPAC probeweise für ein Jahr approbiert. H. Czech. 4000◇

**Die Wärmeleitfähigkeit von Hochpolymeren im Temperaturbereich von —180 bis 90°C.** K. Eiermann und K.-H. Hellwege. (J. Polymer Sci. **57**, 99—105, März 1962; Darmstadt, Dtsch. Kunststoff-Inst.; engl.) — Es wird über systemat. Messungen der Wärmeleitfähigkeit von *Naturkautschuk*, *Vulkollan*, *Polyisobutylen*, *Polyvinylchlorid* mit verschiedenen Weichmachern, Se, *gestrecktem* (bis 375%) u. *ungestrecktem Polymethylmethacrylat*, *Polyäthylen*, *Polytrifluorchloräthylen*, *Polyäthylenterephthalat*, *Polytetrafluoräthylen* u. *Siliconkautschuk* mit Hilfe von verschiedenen sich wechselseitig kontrollierenden App. berichtet. Im Temp.-Bereich von —180 bis +100° hängt die Wärmeleitfähigkeit nur relativ wenig von der Temp. ab. Bei amorphen Kunststoffen u. Naturkautschuk hat sie einen Knick beim Durchgang durch den Erweichungspunkt. Dieser Knick hängt wahrscheinlich mit dem Knick in der Vol.-Temp.-Kurve zusammen. An verstreckten Proben wird nachgewiesen, daß die Leitfähigkeit parallel zu den Ketten größer als senkrecht zu ihnen ist. Teilkristalline Kunststoffe zeigen ein komplizierteres Verhalten. — Diskussionsbemerkungen. H. Czech. 4000◇

**Polykondensation.** H. Mark. (Makromolekulare Chem. **35 A**, IUPAC Sympos. Makromoleküle Wiesbaden 1959, 49—64, Juli/Aug. 1960; Brooklyn, N.Y., Polytech. Inst.; dt.) — Übersicht über den gegenwärtigen Stand unseres Wissens. Behandelt werden neue Monomere, der Stand der Oligomerenforschung einschließlich der neuen Ergebnisse, neue Meth. der Polykondens. u. der Synth. anorgan.-organ. Polymerer, die Polymerisation von *Caprolactam* u. die Herst. von *Polyanhydriden*. H. Czech. 4000◇

**Elektronenspinresonanzspektrum von gedehntem Polyäthylen.** D. Libby und M. G. Ormerod. (Physics Chem. Solids **18**, 316—19, März 1961; Swindon, Shrivenham, Royal Military Coll. of Sci., Phys. Branch; engl.) — Das zu den Verss. verwendete *Polyäthylen, Alkathene 7*, wurde in einer Maschine für Zug-Verss. mit einer Geschw. von 15% pro Min. bis zu einer permanenten Verlängerung von 450% gedehnt u. hierauf im Vakuum bei 77° K unter Verw. einer $^{60}$Co-Quelle (2400 c) 2 Std. bestrahlt. Von den Proben wurden die Elektronenspinresonanzspektren bei 77 u. 195° K untersucht, u. zwar mit dem magnet. Feld senkrecht, parallel u. unter 45° geneigt zur Dehnungsachse. Die erhaltenen, verschiedenen Spektren lassen sich durch die Anisotropie des α-H-Atoms erklären, die infolge der Orientierung der Mol.-Achsen beim Dehnen aufgelöst wurde. Die für den Abstand der α-H-Hyperfeinkomponente erhaltenen Werte stehen in guter Übereinstimmung mit Werten, die von anderen Seiten für bestrahlte Einkristalle erhalten worden waren. C. Gottfried. 4010

**Wärmekapazität von kristallinem Polyäthylen von 1,8° K bis 5,3° K.** L. L. Isaacs und C. W. Garland. (Physics Chem. Solids **23**, 311—15, März 1962; Cambridge, Mass., Inst. of Technol., Dep. of Chem. and Res. Labor. of Electronics; engl.) — Mit einem isothermen Vakuumcalorimeter maßen Vff. die Wärmekapazität von *Marlex*, einem hochkristallinen linearen Polyäthylen in dem Temp.-Bereich von 1,8—5,3° K. Die Dichte des Marlex betrug 0,973 g·cm$^{-3}$, der Kristallinitätsgrad auf Grund röntgenograph. Unterss. 90%. Auf Grund der Messungen läßt sich die Wärmekapazität Cp wiedergeben durch die Gleichung $Cp = 1{,}13 \cdot 10^{-5}\, T^3$ J Grad$^{-1}$ g$^{-1}$, wobei T die abs. Temp. bedeutet. Bemerkenswert ist, daß sich das $T^3$-Gebiet der Born- von Karmanschen Theorie der Gitterdynamik bis 5,3° K erstreckt. An Hand eines vereinfachten Modells, in dem das feste Polymere als eine Reihe schwachgekuppelter eindimensionaler Ketten behandelt wird, werden die Ergebnisse qual. diskutiert. C. Gottfried. 4010

**Beiträge zur Abhängigkeit der inneren Viscosität vom mittleren Molekulargewicht von Polyäthylen.** R. Chiang. (J. Polymer Sci. **36**, 91—103, April 1959; Wilmington, Del., Hercules Powder Co., Res. Center.; engl., Auszug: franz., dt.) — Vf. untersucht die Gründe für die schlechte Übereinstimmung der in der Literatur angegebenen Beziehungen zwischen der Viscositätszahl u. dem mittleren Molgew. von *Polyäthylen* hoher Dichte u. macht folgende Faktoren dafür verantwortlich: Polydispersität, unkorrekte Korrektur der Disymmetrie u. unzureichende Klärung der Lösung. Diese Faktoren werden im einzelnen untersucht, Meßergebnisse sowohl an fraktionierten als auch an unfraktionierten Proben werden mitgeteilt. Für die Ermittlung einer exakten Beziehung zwischen Viscositätszahl u. mittlerem Molgew. müssen enge Fraktionen untersucht werden. G. Engelhardt. 4010◇

**Bildung von Ungesättigtheit und von Vernetzungen bei der Radiolyse von n-Alkanen und von Polyäthylen.** B. J. Lyons. (Nature [London] **195**, 690—91, 18/8. 1962; London, Brit. Insulated Callender's Cables, Ltd., Res. Organiz.; engl.) — Nach einer einleitenden kurzen Diskussion der früheren Literatur (17 Zitate) wird gezeigt, daß die von Snow u. Moyer (vgl. C. **1958**, 12069) bei der Bestrahlung von *Paraffinwachs* erhaltenen Daten durch die Annahme eines Abfalls des C=C-Geh. infolge von Vernetzung erklärt werden können; die C=C-Bldg. u. die C—H-Spaltung bei der Bestrahlung werden dabei nicht als getrennte Effekte der Strahlen, sondern als aufeinanderfolgende Rk.-Stufen angenommen. Diese Annahmen werden durch weitere Literaturdaten gestützt. O. Fuchs. 4010◇

**Kinetische Untersuchungen über die Bildung von Stereoblockpolymeren.** Giulio Natta. (Atti Accad. naz. Lincei, Rend., Cl. Sci. fisiche, mat. natur [5] **24**, 246—53, März 1958; Milano, Politecnico, Ist. di Chim. Ind.; ital.) — Vf. nimmt Bezug auf eine Unters. von Natta u. Mitarbeitern (vgl. C. **1960**, 1188) u. bespricht an Hand der l. c. erhaltenen Ergebnisse die Kinetik der Prozesse, die die Stereospezifität der Polymerisationen beeinflussen. Die Unterss. werden an *Polypropylen* vorgenommen. C. Gottfried. 4010

**Rheologie von Polyisobutylen. 3. Mitt. Elastische Rückfederung, nicht-Newtonsches Fließverhalten und Molekulargewichtsverteilung.** Herbert Leaderman, Robert G. Smith und L. C. Williams. (J. Polymer Sci. **36**, 233—57, April 1959; Washington, D.C., Nat. Bur. of Standards; engl., Auszug: dt. u. franz.) — 2. vgl. C. **1955**, 9345. — Die Momente der Molgew.-Verteilung ($M_z$, $M_{z+1}$) wurden in der Gleichgewichtsultrazentrifuge für 2 rohe Fraktionen von *Polyisobutylen* (mittleres Molgew. $M_w$ 1,6·10$^4$ u. 1,31·10$^5$) unter idealen Bedingungen gemessen. Messungen des Fließens u. der elast. Rückfederung wurden an diesen Materialien u. einer Reihe von Mischungen ausgeführt, das nicht-Newtonsche Fließen bei kleinen Schubspannungen wurde durch den Reziprokwert des „inneren Schubmoduls“ $G_i$ nach Ferry charakterisiert u. die elast. Rückfederung durch die stationäre elast. Nachgiebigkeit $J_e$. Diese hatte etwa die 2—3fache Größe von $1/G_1$. Die Meßwerte von $M_{z+1}$ an den Fraktionen schienen im Vgl. zu den Werten, die unter Annahme einer Lansing-Kraemer-Verteilung erhalten wurden, zu hoch zu sein. Mit beiden Wertreihen von $M_{z+1}$ für die Fraktionen wurde gefunden, daß $J_e$ für diese Stoffe dem Quadrat von $(M_z M_{z+1}/M_w)$ proportional ist, was mit den Ergebnissen der Mol.-Theorien, die eine Proportionalität zur ersten Potenz dieser Funktion vorhersagen, nicht übereinstimmt.

G. Engelhardt. 4010◇

**Die Kalibrierung von Lichtstreuungsgeräten: eine kritische Übersicht.** J. P. Kratohvil, Gj. Deželić, M. Kerker und E. Matijević. (J. Polymer Sci. **57**, 59—77, März 1962; Potzdam, N.Y., Clarkson Coll. of Technol., Dep. of Chem.; engl.) — Die Werte des Rayleigh-Verhältnisses $R_{90}$ u. der Depolarisation $p_u$ für Bzl., Toluol, $CCl_4$ u. $CS_2$ u. die Trübung von *Cornell Polystyrol* u. von *D.C./P.I. 3-Polystyrol* werden für die Wellenlängen 4358 u. 5461 Å tabelliert. Es wurden größere Unterschiede in den Literaturangaben gefunden, als allg. als annehmbar gehalten wird. — 133 Literaturangaben.

H. Czech. 4010◇

**Optische Kalibrierung einiger monodisperser Polystyrollatices in Tröpfchenanordnungen.** Herbert E. Kubitschek. (Nature [London] **192**, 1148—50, 23/12. 1961; Argonne, Ill., Nat. Labor., Div. of Biol. and Med. Res.; engl.) — Vf. nimmt Bezug auf das elektronenmkr. Kalibrier-Verf. von Bradford u. Vanderhoff (vgl. C. **1957**, 4996) sowie auf das Verf. von Bateman u. Mitarbeitern (J. Colloid Sci. **14**, [1959], 308) durch Messen der Lichtstreuung von Suspensionen u. beschreibt ein leichter u. schneller durchführbares lichtmkr. Verf., das Durchmesserwerte der Tröpfchen lieferte, die gut mit denen übereinstimmte, die mit Hilfe der beiden anderen Verff. erhalten werden.

C. Gottfried. 4010△

**Experimentelle Untersuchung der Streuung des Lichts durch das System Polystyrol–Benzol–Cyclohexan.** Claude Strazielle und Henri Benoit. (J. Chim. physique Physico-Chim. biol. **58**, 678—81, Juli/Aug. 1961; Strasbourg, Centre de Recherches sur les Macromol.; franz.) — Um die Ergebnisse der Messungen der Lichtzerstreuung in dem Syst. *Polystyrol*-Bzl.-Cyclohexan deuten zu können, war es von Wichtigkeit, zuvor den Brechungsindex des bin. Lsgm. als Funktion der Zus. zu messen u. ebenso den Wert von dn/de zu bestimmen. Gemessen wurde die Lichtzerstreuung in Lsgg., die Polystyrole mit den Molgew. 413000; 540000 u. 73000 enthielten u. wobei die Zus. der bin. Lsgm.-Gemische in weiten Grenzen variiert wurden. Aus den Meßergebnissen konnte die Anzahl von Bzl.-Moll. bestimmt werden, die selektiv pro Mol. Polystyrol adsorbiert werden. Mit Hilfe thermodynam. Überlegungen werden die erhaltenen Ergebnisse mit denen anderer Autoren verglichen. C. Gottfried. 4010

**Bestimmung der inneren Viscosität eines Polystyrols durch Strömungsdoppelbrechung.** Claude Wolff. (J. Chim. physique Physico-Chim. biol. **57**, 712—16, Sept. 1960; Strasbourg, Centre des Rech. sur les Macromol.; franz.) — Eine von Cerf (C. **1959**, 15375) abgeleitete Gleichung für die Extinktion polydisperser *Polystyrole* wird mathemat. ausgewertet. Die graph. Extrapolation der von der Extinktion abhängigen inneren Viscosität auf den Wert Null führt zu von der Konz. unabhängigen Ergebnissen. Dadurch sind Rückschlüsse auf Struktur u. Dispersität des Makromol. möglich. Durch Messung der Doppelbrechung beim Ausfließen eines polydispersen Polystyrols bei verschiedenen Konzz. konnten die Ergebnisse bestätigt werden.

H. Hein. 4010□

**Reaktionen von Radikalen. Geschwindigkeiten der Kettenübertragung von Disulfiden und Peroxiden mit dem Polystyrolradikal.** William A. Pryor und Timothy L. Pickering. (J. Amer. chem. Soc. **84**, 2705—11, 20/7. 1962; Lafayette, Ind., Purdue Univ., Dep. of Chem.; engl.) — *Styrol* (I) wurde in Ggw. verschiedener Verbb., die mit den wachsenden Radikalen Übertragungs-Rkk. eingehen können, bei 60° im Vakuum bis zu einem Umsatz von 10—15% polymerisiert. Von den Polymerisaten wurde der Polymerisationsgrad P viscosimetr. bestimmt. Die Übertragungs-Konst. $C = k_{tr}/k_p$ ergibt sich aus $1/P = 1/P_0 + C[T]/[M]$, wobei [T] = Konz. des Übertragungsmediums u. [M] = I-Konz., je in Mol·Liter$^{-1}$. C (in Einheiten von $10^{-4}$) ergibt sich so zu: *Dimethyl-* (**II**) 94,0, *Dipropyl-* 23,4, *Diisopropyl-* 6,60, *Di-n-butyl-* 23,78, *Diisobutyl-* 20,37, *Di-sek.-butyl-* 4,38, *Di-tert.-butyl-* (**III**) 1,42, *Dibenzoyldisulfid* 107; *Dibutyl-* 21,8, *Di-tert.-butylsulfid* 250; *Di-tert.-butylperoxid* 13 u. *2.2-Dimethylbutan* 0,43. Aus den erhaltenen Daten folgt, daß die Geschw. der Rk. eines Disulfids mit einem Radikal durch wachsende ster. Abschirmung des S vermindert wird u. daß Peroxide wesentlich schneller reagieren als die entsprechenden Disulfide. Die Rk. erfolgt nach $M_n^{\cdot} + RSSR \rightarrow RSM_n + RS\cdot$. Die hierfür erhaltenen Ergebnisse werden mit denen analoger radikal. oder ion. Rkk. (z. B. $J\cdot^* + RCH_2J \rightarrow RCH_2J^* + J\cdot$ oder $S^*O_3^{2-} + RSSO_3^- \rightarrow RSS^*O_3^- + SO_3^{2-}$ oder

$J^- + RCH_2Cl \rightarrow RCH_2J + Cl$ u. a., wobei * ein radioakt. Atom bezeichnet, je Literaturdaten) verglichen. Es fällt dabei z. B. auf, daß das Verhältnis der Austausch-Geschw. zwischen Mercaptidionen einerseits u. **II** u. **III** andererseits $10^6$ beträgt (Literaturdaten), das oben für **II** u. **III** genannte C-Verhältnis aber nur 66. Die zugrunde liegenden Rk.-Mechanismen werden diskutiert. O. Fuchs. 4010◇

**Durch verschiedene Diradikalquellen katalysierte Polymerisation von Styrol und Methacrylsäuremethylester.** Masaichi Asai, Kaichi Yamaguchi, Koji Uno und Seizo Okamura. (Chem. high Polymers [Tokyo] **16**, 249—54, 1959; Kyoto, Univ., Dep. of Textile Chem.; jap., Auszug: engl.) — Synthetisiert werden *Di-tert.-butyldiperphthalat* [**I**; F. 57—57,5° (99,5% rein), aus tert.-Butylhydroperoxid (**Ia**) u. Phthaloyldichlorid (**Ib**); 80% Ausbeute], *Di-tert.-butyldiperadipat* [**II**; F. 42—43° (96% rein), aus **Ia** u. Adipyldichlorid; 40%], *Dianthrylperoxid* [**III**; 99,8% rein (nach Dufraisse, 1936)] u. *Diphthaloylperoxid* (**IV**; aus **Ib** u. $BaO_2$; 89% rein). **II** u. **IV** sollen bei der therm. Zers. je ein Diradikal bilden, **I** u. **III** jedoch ein Diradikal u. 2 Monoradikale. Bei 60° werden in Ggw. je eines der 4 Peroxide *Styrol* (**V**) bzw. *Methacrylsäuremethylester* in Substanz polymerisiert. Für die Peroxid-Konz. erwies sich die Quadratwurzelregel als gültig. Die Kurve der Beziehung zwischen $1/\overline{P}$ u. $R_p$ (worin $\overline{P}$ = numer. Mittel des Polymerisationsgrades, $R_p$ = Polymerisations-Geschw.) wird mit der „Monoradikal (MR)-Linie" verglichen: bei der Polymerisation von mit **II** katalysiertem **V** liegt besagte Kurve unterhalb der MR-Linie, in den übrigen Fällen tritt Deckung bzw. Parallelität ein. Daraus läßt sich schließen, daß im ersten Fall ein Diradikalmechanismus eine Rolle spielt. Dabei geht die Zers. stufenweise vor sich, u. der $\overline{P}$-Wert steigt mit dem der $R_p$ an. L. Schuler. 4010□

**Polymere Peroxide und die Rolle des Sauerstoffs bei der Vinylpolymerisation.** V. Karnojitzky. (Chim. et Ind. **81**, 895—901, Juni 1959; franz.) — $O_2$ kann bei der Polymerisation von Vinylmonomeren (VM) je nach den Bedingungen hemmend oder beschleunigend wirken. Es bildet sich in jedem Fall zunächst ein Peroxid, das in Radikale zerfällt. Entweder lagern sich diese an ein VM an oder zerfallen, ohne mit einem VM zu reagieren. An den Beispielen *Styrol* (**I**), *Methacrylsäuremethylester* (**II**), *Vinylacetat*, *Vinylchlorid* (**III**), *Vinylidenchlorid* u. *Acrylonitril* werden die verschiedenen Bedingungen erläutert. Im allg. beschleunigt $O_2$ die therm. Polymerisation u. hemmt die Photo- u. Emulsionspolymerisation mit $K_2S_2O_8$. Die polymeren Peroxide zerfallen in Aldehyde oder andere Carbonyl-Verbb., sie geben bei der katalyt. Hydrierung 1.2-Glykole. Sie sind fest oder viscose Fll. u. besitzen die Konstit. $(-O-CHR-CH_2-O-)_n$. Mit den Peroxiden von **I**, **II** u. **III** werden die entsprechenden VM polymerisiert.

Versuche: Polymere Peroxide: a) von *Styrol*, Molgew. 1500—3500, < 0° spröde, < 40° weich, < 100° explosiv, durch Einleiten von $O_2$ in **I** während 77 Std. bei 60°, abdest. von **I** bei 40° im Vakuum u. Zugabe von Methanol. — b) von *Methacrylsäuremethylester*, Molgew. 1800, pastös, analog aus 1 Liter **II** in 5 Tagen; 3,6 g Ausbeute. — c) von *Vinylacetat*, pastös. — d) von *Vinylchlorid*, viscose Fl. analog aus **III** in Ggw. von Azoisobuttersäurenitril (**IV**). — e) von *Vinylidenchlorid*, unrein, explodiert auf Schlag. — f) von *Acrylonitril*, gelborange Fl., analog oder in Ggw. von Diacetyl oder **IV**. W. Holland. 4010□

**Viscosität verdünnter wässeriger Lösungen von wärmebehandelten Polyvinylalkoholen.** Kiyokazu Imai, Umpei Maeda und Masakazu Matsumoto. (Chem. high Polymers [Tokyo] **16**, 212—16, 1959; Sakazu, Kurashiki Reyon Co.; jap., Auszug: engl.) — Durch Naßverspinnen gewonnene *Polyvinylalkohol* (**I**)-Faser wird einige Min. in Luft auf 180—210° erhitzt. Die scheinbare Viscosität ihrer wss. Lsg. nimmt dann beim Kochen ab, bleibt aber noch immer höher als die der Lsg. des ursprünglichen **I** oder der unbehandelten Faser. Auch bei Wärmebehandlung ohne Luft in gesätt. $Na_2SO_4$-Lsg. (2 Std. bei 120—125°) zeigt **I** das gleiche Verhalten. Bes. sorgfältig gereinigter **I** zeigt diese Eig. jedoch nicht. Der durch Kochen etwas verminderte Viscositätsanstieg wird von Vff. mit der Ggw. von geringen Anteilen an CO-Gruppen im gewöhnlichen **I** erklärt, welche eine Vernetzung bzw. Verzweigung von **I** veranlassen. L. Schuler. 4010□

**Abbau von Polyvinylalkohol in Dimethylsulfoxid-Lösung.** Ryunosuke Naito und Kiyokazu Imai. (Chem. high Polymers [Tokyo] **16**, 217—21, 1959; Sakazu, Kurashiki Reyon Co.; jap., Auszug: engl.) — Der Abbau von *Polyvinylalkohol* ($\overline{P}$ = 2830) durch Erhitzen (90°) in Dimethylsulfoxid-Lsg. (20 g/Liter) während 23 Std. verläuft nach viscosimetr. Verfolgen der Rk. in 2 Stufen: in der 1. Stufe (ca. 10 Std.) wird rasch eine Sättigung erreicht; dabei ergibt sich eine Aktivierungsenergie (AE) von 6,6 (kcal/Mol), was auf die Ggw. einer relativ schwachen Bindung deutet. Deren Bldg. hängt von den Polymerisationsbedingungen ab, bes. vom Umsatz. Als Ursache für die

Aufspaltung wird die Ggw. von CO-Gruppen in der Hauptkette des Polymeren angesehen. Für die 2. Stufe ergibt sich eine AE von 15,0. Die Wahrscheinlichkeit der Spaltung steigt linear mit der Erhitzungsdauer u. der Konz. der Lösung. Diese Stufe scheint einen ungeordneten Abbau der Hauptkette durch Oxydation darzustellen.

L. Schuler. 4010□

**Abbau von in alkalischer Lösung oxydiertem Polyvinylalkohol.** Makoto Shiraishi und Masakazu Matsumoto. (Chem. high Polymers [Tokyo] **16,** 81—85, 1959; Okayama, Kurashiki Reyon Co., jap., Auszug: engl.) — Vgl. Chem. high Polymers [Tokyo] **15,** [1958], 265. — *Polyvinylalkohol* (I) wird in alkal. Lsg. mit Bromsuccinimid oxydiert u. das Oxydations-Prod. mit $NaBH_4$ reduziert. Die Unters. der Spaltungs-Rk. ergibt, daß I schrittweise von der CO-Endgruppe her abgebaut (depolymerisiert) wird u. beim Erhitzen in alkal. Lsg. durch eine umgekehrte Aldol-Kondens. Acetaldehyd liefert. Ist in der Hauptkette von I eine Keto-Gruppe vorhanden, ist ein Abbau an der $\beta$-ständigen Hydroxygruppe zu erwarten. Beim Oxydations-Vers. von I mit derartigen CO-Gruppen wird der Abbau quant. verfolgt u. Folgendes gefunden: 1. Die Spaltung erfolgt leicht; 2. es gilt: $1/P = \alpha\, a_0/100 + 1/P_0$ u. $a = 100\,(1/P - 1/P_0)\,(1 + 1/\alpha) + C$. Darin ist $P_0$ der Polymerisationsgrad des oxydierten I, $a_0$ = Mol-% CO mit Ausnahme des CO-Endgruppen-Geh. (= C) (dieser wird gleich dem CO-Geh. des nichtoxydierten I angenommen), P = Polymerisationsgrad u. a = CO-Geh. nach dem Abbau.

L. Schuler. 4010□

**Synthese von vernetztem Polyvinylalkohol, der partiell mit Glyoxylsäure acetalisiert ist.** Ichiro Sakurada, Akio Nakajima und Hideto Sotobayashi. (Chem. high Polymers [Tokyo] **16,** 86—89, 1959; Kyoto, Univ., jap., Auszug: engl.) — Zur Unters. der thermodynam. Eigg. von Polyelektrolyt-Lsgg. wird ein partiell mit Glyoxylsäure (I) acetalisierter u. mit *Divinyläther* (III) vernetzter *Polyvinylalkohol* (II) wie folgt dargestellt: Vinylacetat wird unter Zusatz von 0—5 Mol-% III (aus Äthylenchlorhydrin u. $H_2SO_4$) polymerisiert (Dibenzoylperoxid als Katalysator, 70°, 22 Std.), das Polymere mit NaOH verseift u. der so erhaltene vernetzte II mit I acetalisiert. Das Prod. hat zwischen den Vernetzungsstellen (Ätherbrücken aus III zwischen den benachbarten Ketten des gebildeten acetalisierten II) einen Polymerisationsgrad von 500 bzw. 640 mit einem Geh. von 0,2 bzw. 10 Mol-% I in der Kette. L. Schuler. 4010□

**Durch Bestrahlung ausgelöste Polymerisation von Alkylvinyläthern.** S. H. Pinner und R. Worrall. (J. appl. Polymer Sci. **2,** 122—23, Juli/Aug. 1959; Hinxton Hall, Cambridge, Tube Investments Res. Labor.; engl.) — *Alkylvinyläther* (I) können radikal. u. ion. polymerisiert werden, jedoch entstehen nur mit kation. Katalysatoren bei tiefen Temp. Polymere mit hohem Molgewicht. Solche Polymere konnten nun auch durch Bestrahlung von I mit $^{60}Co$-$\gamma$-Strahlen (320—5200 rad/min) u. mit 2 MeV Elektronen ($10^8$ rad/min) erhalten werden. Die polymeren Prodd. sind durchscheinend u. gummiähnlich. Sie konnten nur bei Zimmer-Temp. erhalten werden; bei tiefen Temp. ergab sich prakt. keine Ausbeute. Bimol. Abbruchs-Rkk. u. Gel-Effekt bestimmen das kinet. Verh. von I u. machen einen freien Radikalmechanismus wahrscheinlich.

E. Weber. 4010□

**Die dielektrischen und dynamisch-mechanischen Eigenschaften von Polyoxymethylen (Delrin).** B. E. Read und G. Williams. (Polymer [London] **2,** 239—55, Sept. 1961; Teddington, Middlessex, Nat. Physic. Labor., Basic Physics Div.; engl.) — An einem techn. *Polyoxymethylen, Delrin 500* von Du Pont, mit dem durchschnittlichen Molgew. 30000—50000, werden im Vers.-Teil beschriebene Messungen von mechan. u. bes. elektr. Eigg. in dem Temp.-Bereich von —180 bis +180° durchgeführt u. in 11 Kurvenbildern u. 3 Tabellen erfaßt u. diskutiert. Es wird als möglich angesehen, daß bei dem zu 70% krist. Prod. die Beweglichkeit des amorphen Anteils eine Rolle spielt.

W. Rittler. 4010□

**Eine bequeme Methode zur Entfernung von Polyäthylenglykol, das in nichtionische oberflächenaktive Stoffe eingeschlossen ist.** Toshio Nakagawa und Ryonosuke Muneyuki. (Annu. Rep. Shionogi Res. Lab. [Amagasaki, Japan] **7,** 509 bis 510, 1957; jap., Auszug: engl.) — Eine einfache u. bequeme Meth. zur Entfernung von *Polyäthylenglykol,* das in nichtion. oberflächenakt. Stoffen eingeschlossen ist, wird beschrieben. Das Prinzip dieser Meth. ist eine Verteilungschromatographie, in der n-butanolgesätt. W., adsorbiert an Silicagel, als fixierte Phase u. wassergesätt. n-Butanol als bewegte Phase dienen. P. Golinske. 4010◇

**Pfropfpolymerisation von Styrol auf Polymethylmethacrylat.** Seizo Okamura, Hiroshi Inagaki und Sakae Ogata. (Chem. high Polymers [Tokyo] **16,** 653—56, 1959; Kyoto, Univ., Dep. of Textile Chem.; jap., Auszug: engl.) — Bei der Pfropfpolymerisation von *Styrol* auf *Polymethacrylsäuremethylester* bei 60, 70 u. 80° ergibt sich für die benutzten Initiatoren bei hoher Temp. folgende Reihenfolge der Wirksamkeit: *Dilauroylperoxid* > *Dibenzoylperoxid* > *α.α'-Azodiisobutyronitril.* L. Schuler. 4010◇

**Die Reaktivitätsverhältnisse von langkettigen Acrylsäureestern.** Takashi Tamikado und Yoshio Iwakura. (J. Polymer Sci. **36,** 529—32, April 1959; Ookayama, Meguro-Ku, Tokyo Inst. of Technol., Labor. of Organ. Chem.; engl.) — Es wird der Einfl. von *Dodecylacrylat* (I; $Kp._1$ 120°, $n_D^{20}$ 1,4440) u. *Octadecylacrylat* (II; F. 31°) auf die Copolymerisation mit *Acrylonitril* (III; Kp. 77°; $n_D^{25}$ 1,3888) untersucht u. mit *Methylacrylat* (IV; Kp. 80°; $n_D^{20}$ 1,4040) u. *Butylacrylat* (V; $Kp._{10}$ 39°; $n_D^{20}$ 1,4190) verglichen (2.2'-Azo-bis-isobutyronitril-katalysierte Blockpolymerisation bei 60°). Bei **IV** u. **V** entspricht die Zus. des Copolymerisats etwa der des eingesetzten Monomerengemisches, wogegen bei **I** u. **II** der **III**-Anteil im Copolymerisat (auch bei Emulsionspolymerisation) erhöht ist. Die Reaktivitätsverhältnisse $r_1$ (Nitril) u. $r_2$ (Ester) der Monomerenpaare werden angegeben. Überprüfung einer techn. Emulsion (**I** : **III** = 40 : 60) ergibt Übereinstimmung mit obigem Ergebnis. Es wird angenommen, daß die Rk.-Fähigkeit des Acrylsäureteils von der Kettenlänge des Esterteils beeinflußt wird. Hans-Dieter Jacobi. 4010◇

**Feuchtigkeitspermeabilität von Polymeren.** 1. Mitt. **Die Rolle der Kristallinität und Orientierung.** S. W. Lasoski jun. und W. H. Cobbs jun. (J. Polymer Sci. **36,** 21—33, April 1959; Buffalo, N.Y., E. I. du Pont de Nemours & Co., Film-Dep.; engl., Auszug: dt. u. franz.) — An 3 sich in bezug auf ihre Polarität stark unterscheidenden Polymeren, *Polyäthylenterephthalat* (**I**), *Polyäthylen* (**II**) u. *Nylon 610* wird gezeigt, daß die Permeabilität P für Wasserdampf mit zunehmendem amorphem Bruchteil $X_a$ entsprechend der Beziehung $P = P_a X_a^2$ zunimmt ($P_a$ = Permeabilität des amorphen Bereiches). Für **II** gilt diese Beziehung nur für Filme, deren Dichte unter 0,94 liegt. Obige Abhängigkeit kann theoret. durch eine lineare Abhängigkeit der Diffusions- u. Löslichkeits-Koeff. vom amorphen Bruchteil geklärt werden, sie scheint ein Grenz-Verh. für solche Strukturen zu sein, bei welchen die Kristallisation den Segmentbewegungen, die für die P wichtig sind, keine Beschränkungen auferlegt. Treten solche Beschränkungen auf, besteht eine Abhängigkeit höherer Ordnung vom amorphen Bruchteil, wie z. B. in orientierten Filmen. Dieses Verh. wurde an biaxial u. uniaxial orientierten Filmen von **I** untersucht, wobei gezeigt werden konnte, daß eine Orientierung in orientiert-kristallinen Filmen außer der auf die Kristallinität zurückführbaren noch eine zusätzliche Abnahme von P hervorruft. Die Beziehung der Permeabilitäts- u. Löslichkeits-Koeff. zur Kristallinität haben eine wichtige prakt. Bedeutung, da mit geeigneten Daten das Ausmaß der Kristallinität oder die Kristalldichte bestimmt werden kann. So wurde aus Literaturangaben über Wasserdampfpermeabilitäten die Kristalldichte von 2 Polymeren hoher Dichte vom Typ **I** zu 0,995, 1,008 u. 0,998 bestimmt, was in Übereinstimmung mit den aus Röntgenspektren berechneten Werten steht. G. Engelhardt. 4010◇

**Einfluß von hohem Druck auf einige organische halbleitende Polymere.** Herbert A. Pohl, Alan Rembaum und Arnold Henry. (J. Amer. chem. Soc. **84,** 2699—2704, 20/7. 1962; Princeton, N.J., Princeton Univ., School of Engng., Plastics Labor; engl.) — Von den sehr hochmol. Polymeren aus *Pyromellitsäuredianhydrid* (**I**) u. *Anthracen* (**II**) (**I/II**), aus **I** u. *Triphenylchlormethan* (**I/III**), **I** u. *Terphenyl* (**I/IV**), **I** u. *Pyren* (**I/V**) u. aus *Naphthalsäureanhydrid* (**VI**) u. *1-Hydroxyanthrachinon* (**VII**) wurde im Druckbereich p = ca. 5000—40000 at u. im Temp.-Bereich t = 25—100° die elektr. Leitfähigkeit $\sigma$ gemessen. Die Ergebnisse lassen sich darstellen durch $\ln(\sigma_p/\sigma_0) = p^{1/2}(b_0/kT + b''/k)$. Für $b_0$ (in Einheiten von $10^{-3}$ eV $at^{-1/2}$) bzw. b'' (in Einheiten von $10^{-6}$ eV $at^{-1/2}$ $Grad^{-1}$) wurden erhalten: 0,935 bzw. 1,05 für **I/II** bei 25°, 0,395 bzw. 2,38 (**I/III**, 36°), 0,260 bzw. 2,12 (**I/IV**, 26°), 0,086 bzw. 2,23 (**I/V**, 26,5°), 0,300 bzw. 2,04 (**VI/VII**, 25°). $b_0$ ist unabhängig von t; b'' von **I/II** steigt mit t etwas an u. ist bei **I/III**, **I/IV**, **I/V** u. **VI/VII** unabhängig von t. Die Aktivierungsenergie (in eV) berechnet sich für **I/II** bis **VI/VII** zu 0,410, 0,576, 0,306, 0,225 u. 0,277. Die Ergebnisse werden auf Grund der Kompressibilität der zwischenmol. Abstände u. der Energieschranken für den Elektronenübergang diskutiert, wobei z. T. Übereinstimmung zwischen Vers. u. Theorie erhalten wird. O. Fuchs. 4010◇

**Schmelzverhalten und sphärolithische Kristallisation von Polycapronamid (Nylon 6).** J. H. Magill. (Polymer [London] **3,** 43—51, März 1962; Pontypool, Mont., British Nylon Spinners Ltd., Res. Dep.; engl.) — Aus Induktionszeitmessungen, aus denen die Geschw. des Auftretens doppelbrechender Strukturen während der isothermen Kristallisation ersichtlich ist, wurde der Einfl. der Schmelzbedingungen, der Feuchtigkeit u. der relativen Viscosität der Proben auf das Kristallisations-Verh. von *Nylon 6* untersucht. Die Meßergebnisse sind in zahlreichen Diagrammen wiedergegeben u. wurden eingehend besprochen. C. Gottfried. 4010△

**Die Ausdehnung von Nylon 6 als eine Funktion der Menge und Natur von sorbiertem Wasser.** Koji Kawasaki, Yoshiyasu Sekita und Kyoichi Kanou. (J. Colloid Sci. **17,** 865—71, Dez. 1962; Tokyo, Japan, Elektrochem. Labor.; engl.) — Die Zugdehnung einer *Nylon-6-Faser* wird als Funktion der relativen Feuchtigkeit der Umgebung u. die Menge des von der Faser adsorbierten W. als Funktion des Wasserdampfdrucks gemessen. Die Zugdehnung der Faser als Funktion der adsorbierten Wassermenge läßt drei Adsorptionsstufen erkennen, u. zwar die Besetzung der freien Amidgruppen, die mit der Bldg. einer monomol. Schicht abgeschlossen ist, die Besetzung der Amidgruppen zwischen den Mol.-Ketten, die unter Aufbruch der Bindungen erfolgt, u. die weitere physikal. Adsorption unter Bldg. einer Vielfachschicht. Auf diesen Mechanismen beruhende Rechenausdrücke zur quant. Beschreibung der Adsorption werden erörtert. Die Ergebnisse lassen darauf schließen, daß eine mehrschichtige Adsorption an allen akt. Stellen stattfindet, u. daß der Zustand des adsorbierten W. nicht der einer reinen Fl. ist, diesem aber nahekommt. W. Betcke. 4010◇

**Die polyelektrolytische Natur von Cellulosegelen in alkalischen Lösungen.** A. J. Pennings und W. Prins. (J. Polymer Sci. **58,** 229—48, April 1962; Syracuse, N.Y., Cellulose Res. Inst., State Univ.; engl.) — Die Vff. untersuchen experimentell die Quellungsdrucke, die entstehen, wenn in W. gequollene *Cellulose* bei konst. Vol. der Wrkg. alkal. Lsgg. ausgesetzt wird. Die Messungen werden nach Konditionierung der Cellulose mit einem Gelosmometer durchgeführt. Es wird gezeigt, daß die Drucke gut mit der einfachen Theorie der Donnan-Gleichgewichte beschrieben werden können, die Cellulose wird hierbei als schwache Polysäure behandelt. Aus dem Gew. im feuchten Zustand u. der $Na^+$-Konz. innerhalb u. außerhalb des Cellulosegels wird die Säuredissoziations-Konst. zu $0,52 \cdot 10^{-14}$ bestimmt. Es wird gezeigt, daß der von Neale [1931] angegebene Wert $1,84 \cdot 10^{-14}$ wegen einer unerlaubten Näherung in den Berechnungen fehlerhaft ist. — 19 Literaturangaben. — Diskussionsbemerkungen. F. Lang. 4050◇

**Bemerkung über die Bestimmung des Kristallinitätsindex von Cellulose.** M. Kouris, H. Ruck und S. G. Mason. (Canad. J. Chem. **37,** 998, Mai 1959; Montreal, Quebec, Canada, Pulp and Paper Res. Inst. of Canada; engl.) — Vff. nehmen Bezug auf eine frühere Unters. (vgl. Canad. J. Chem. **36,** [1958], 931) über eine Meth. zur Best. des Kristallinitätsindex von *Cellulose* u. teilen die Bedingungen mit, die zu einer erfolgreichen Anwendung der Meth. notwendig sind. C. Gottfried. 4050

**Bildung und Eigenschaften der kristallinen X-Modifikation der Cellulose.** Ø. Ellefsen und N. Norman. (J. Polymer Sci. **58,** 769—79, April 1962; Oslo, Norwegen, Norwegian Pulp and Paper Res. Institute; engl.) — Durch Behandlung von Baumwolle u. Zellstoffen mit starker HCl wird die *Cellulose-X-Modifikation* (**I**) erhalten. Es wird weiter gezeigt, daß man auch durch Behandlung mit 84,5%ig. $H_3PO_4$ sehr reine Ndd. von **I** erhalten kann. Eine Hypothese für die Bldg. dieser neuartigen Modifikation wird diskutiert. Es wird angenommen, daß für die **I**-Bldg. eine sehr starke Quellung erforderlich ist u. daß die Komplexe $(C_6H_{10}O_5 \cdot 4\,H_2O \cdot HCl)_n$ u. $(C_6H_{10}O_5 \cdot 2\,H_2O \cdot H_3PO_4)_n$ entstehen. Röntgen-Unterss. zeigen, daß die für **I** wahrscheinlichste Elementarzelle die gleichen Dimensionen wie *Cellulose IV* besitzt, jedoch andere Reziprokwerte für die Stellung der eckständigen u. mittleren Celluloseketten im Gitter aufweist. Das IR-Spektrum von **I** liegt zwischen dem von *Cellulose II* u. *IV*, besitzt aber etwas größere Ähnlichkeit mit Cellulose II. — 5 Literaturangaben. — Diskussionsbemerkungen.
F. Lang. 4050◇

**Der Einfluß von Weichmachern auf den Elastizitätsmodul von regenerierten Cellulosefolien.** Orin C. Hansen jun., Leon Marker und Orville J. Sweeting. (J. appl. Polymer Sci. **5,** 655—62, Nov./Dez. 1961; New Haven, Conn., Olin Mathieson Chem. Corp.; engl.) — Für *Cellophanproben* mit 7,3, 13,7 oder 21,3% Glycerin, mit 23,5, 24,4% Diäthylcarbonat u. mit 7,9, 11,1 oder 13,1% Äthylendiamin als Weichmacher werden bei 75° F u. einer relativen Feuchtigkeit von 15, 35 u. 81% Wasser-Geh., Dichten u. Elastizitätsmodul $E \cdot 10^{-10}\,dyn/cm^2$ mit Hilfe der Resonanzfrequenz in beiden Richtungen u. deren geometr. Mittel E bestimmt. Durch Vgl. der Werte glycerinweichgemachter Folien mit denen nichtweichgemachter Folien konnte eine empir. Beziehung für den Modul glycerinweichgemachter Folien als Funktion des Feuchtigkeits- u. Weichmacher-Geh. aufgestellt werden: $1/E = (1/E_w)(1 - 1,71\,M_{Glycerin})$, wobei $10^{10}/E_w = 2,144 - 2,642\,V_c + 4,811\,V_c^2$. $V_c$ ist das 1 g Cellulose entsprechende Folienvolumen. Die Wrkg. eines Mol Glycerin beim Aufbrechen der Wasserstoffbindungsstruktur der Cellulose ist doppelt so groß wie die eines Mol Wasser. G. Vetter. 4050□

**Thermischer Abbau natürlicher Cellulose im Vakuum.** E. J. Murphy. (J. Polymer Sci. **58,** 649—65, April 1962; New York, N.Y., Rockefeller Inst.; engl.) — Vf. bestimmt die Rk.-Geschw. der therm. Zers. von *Cellulose* durch die Geschw. der Gas-Entw. im Vakuum im Temp.-Bereich 100—250°. 2 Zustände der Cellulose konnten unterschieden werden, der „Anfangszustand“ (**A**) u. ein durch lang andauerndes Erhitzen erreichbarer „stabiler Zustand“ (**S**). Bei **A** ist die Geschw. der CO-Entw. $k = 2{,}8 \cdot 10^9 \cdot \exp\{-34{,}0 \cdot 10^3/RT\}$, bei **S** $k = 1{,}0 \cdot 10^{11} \exp\{-39{,}4 \cdot 10^3/RT\}$, hierbei ist k in Mol CO pro Mol Cellobiose u. Sek. ausgedrückt. Bei **S** hat das entweichende Gas ungefähr die Zus. 10 $H_2O$, 2,5 $CO_2$, 1 CO, dieses Verhältnis bleibt auch bei Änderung der Vers.-Bedingungen relativ konstant. Das Verhältnis $2{,}8 \cdot 10^9/1{,}0 \cdot 10^{11}$ kann man als den Strukturanteil ansehen, der sich mit niedrigerer Aktivierungsenergie (34,0 kcal/Mol) zersetzt; er kann als Maß für einige sek. Strukturmerkmale (innere Oberfläche, micellare Struktur, Endgruppen usw.) angesehen werden. Wegen der Konstanz des Wertes 39,4 kcal/Mol bei **S** wird er als Aktivierungsenergie der therm. Zers. von α-Cellulose betrachtet. Die Verss. werden im Hinblick auf prakt. Vorgänge (Trocknung u. Zers.) diskutiert. — 13 Literaturangaben. — Diskussionsbemerkungen. F. Lang. 4050◇

**Thermische Röntgenbeugungsuntersuchungen an hochacetylierter Baumwollcellulose.** Carl M. Conrad und Joseph J. Creely. (J. Polymer Sci. **58,** 781—90, April 1962; New Orleans, La., Plant Fibres Pioneering Res. Labor.; engl.) — Baumwolle wurde bei 15° in einem Gemisch aus Isopropylacetat u. Essigsäureanhydrid in Anwesenheit von $HClO_4$ acetyliert (1,1—2,9 $CH_3COO$-Gruppen pro Anhydroglucoseeinheit). Von den Acetylierungs-Prodd. wurden bei Raum-Temp. u. (mit Hilfe einer speziell gebauten, heizbaren Kamera) bei erhöhten Temp. Röntgenbeugungsdiagramme aufgenommen. Sie zeigen das allmähliche Verschwinden der Struktur der *nativen Cellulose* mit zunehmender Acetylierung. Bei 2,93 $CH_3COO$-Gruppen pro Anhydroglucoseeinheit ist die Struktur prakt. vollständig verschwunden. — 15 Literaturangaben. — Diskussionsbemerkungen. F. Lang. 4050◇

**Photochemischer Abbau von gelöstem Cellulosenitrat durch Lichteinstrahlung.** Stig Claesson, Gösta Palm und Gunnar Wettermark. (Ark. Kemi **17,** Nr. 59, 579—82, 1961; Uppsala, Univ., Inst. of Physic. Chem.; engl.) — Eine Probe handelsüblicher teilweise nitrierter *Cellulose* wurde mittels eines Syst. von Aceton/W.-Mischungen fraktioniert. Eine mittlere Fraktion (N-Geh. 12,12%) wurde für die Unters. eingesetzt. Es zeigte sich, daß nur in den ersten 50 Std. der Lichteinstrahlung (302 mμ) ein durch Viscositätsabnahme feststellbarer Abbau eintritt, bei wochenlanger Belichtung behält die Viscosität einen konst. Wert. F. Lang. 4050◇

**Lösungseigenschaften des Diäthylacetamidderivates von Cellulosexanthogenat in Dimethylsulfoxid.** R. H. Cornell und H. A. Swenson. (J. appl. Polymer Sci. **5,** 641—46, Nov./Dez. 1961; Appleton, Wis., Inst. of Paper Chem.; engl.) — Lichtstreuungs-, Brechungsinkrements- u. Viscositätsmessungen an *N.N-Diäthylcellulosexanthogenacetamid* (D) in 90% Dimethylsulfoxid/10% W. ergaben, daß bei gleicher Kettenlänge die Derivv. mit niedrigerem Substitutionsgrad (SG) in Lsg. viel stärker aufgeweitet sind als solche mit höherem SG. Zwischen Viscositätszahl u. $DP_w$ wurde die empir. Beziehung $[\eta] = (5{,}63 - 3{,}35\, SG) \cdot 10^{-3} DP_w$ gefunden. Das Verh. von D in Lsg. ist anderen Cellulose-Derivv. auffallend ähnlich. Zunehmender SG bei gleicher Kettenlänge u. damit wachsendes Molgew. von D scheint die Affinität zum Lsgm. proportional zu vermindern. D scheint sich in Lsg. bei einem SG $>$09 u. einem Molgew. $>$400000 dem Verh. der flexibleren synthet. Polymeren zu nähern. G. Vetter. 4050□

**Pfropf-Copolymerisation auf Cellulose durch Natriumperjodat.** Takao Toda. (J. Polymer Sci. **58,** 411—27, April 1962; Katata-Cho, Shiga-Ken, Japan, Textile Res. Inst., Toyo Spinning Co. Ltd.; engl.) — Vf. zeigt, daß mit $NaJO_4$ eine glatte Aufpfropfung von Acrylmonomeren auf *Cellulose* erfolgt. Die scheinbare Aktivierungsenergie wird zu 10,5 kcal/Mol bestimmt. Die Rk.-Geschw. nimmt mit steigender $NaJO_4$-Konz. zu. $NaJO_4$ erzeugt bei steigender Konz. mehr Aldehydgruppen in den Pfropfcopolymeren u. die Ketten werden kürzer. Wahrscheinlich werden die wachsenden aufgepfropften Ketten durch die während der Pfropf-Rk. in der Cellulose gebildeten Aldehydgruppen abgebrochen. Röntgenbeugungsdiagramme der mit Acrylonitril gepfropften Cellulose geben neben dem typ. Diagramm der Cellulose einen Gitterabstand von 5,2 Å u. ca. 3 Å, welche dem aufgepfropften *Polyacrylonitril* zugeschrieben werden. Aus der Intensitätsverteilungskurve des Debye-Scherrer-Ringes bei 5,2 Å wird geschlossen, daß die kristallinen Aufpfropfungen entlang der Faserachse des ursprünglichen Polymeren orientiert sind. — 17 Literaturangaben. — Diskussionsbemerkungen. F. Lang. 4050◇

**Gelfiltrierung.** Jerker Porath. (Svensk kem. Tidskr. **74,** 306—13, 1962; Uppsala, Uppsala univ., Biokem. inst.; schwed.) — Kurzer Überblick unter besonderer Berücksichtigung der Verw. von vernetztem Dextran (Sephadex). — 17 Literaturangaben. A. Senning. 4050◇

**Perjodatoxydation von Laminarin.** F. B. Anderson, E. L. Hirst und D. J. Manners. (Chem. and Ind. **1957,** 1178, 31/8.; Edinburgh, Univ., Dep. of Chem.; engl.) P. Golinske. 4050◇

**Kristallines Glucomannan aus Kiefernspäne.** John M. Vaughan, Louis E. Wise und LeRoy Borchardt. (J. org. Chemistry **25,** 1837—38, Okt. 1960; Appleton, Wis., Inst. of Paper Chem.; engl.) — In Abwandlung der Meth. von Yundt (Tappi **34,** [1951], 94) wurde aus Holocellulose von Kiefernspänen ein krist. *Glucomannan* (**I**) isoliert (2,5 $\mu$ lange Stäbchen, starke Doppelbrechung in polarisiertem Licht), das bei der Hydrolyse 77% *Mannose* u. 23% *Glucose* ergab. G. Marquard. 4050

**Das extracellulare Mannan von Penicillium charlesii G. Smith.** L. Hough und M. B. Perry. (J. chem. Soc. [London] **1962,** 2801—07, Juli; Bristol, Univ.; engl.) — Beim Wachstum von *Penicillium charlessii* G. Smith auf einem D-Glucose-haltigem Nährboden wurden extracellular ein *Galaktan* (**I**) u. ein *Mannan* (**II**) gebildet. Nach Abtrennung von **I** durch selektive Hydrolyse (0,015n $H_2SO_4$, 100°) wurde mit A. ein elektrophoret. homogenes **II** [$[\alpha]_D^{25}$ +57° (c = 1,5; W.)] vom Molgew. 1660 ± 65 (8 Mannoseeinheiten) ausgefällt, das mit 2n $H_2SO_4$ zu *D-Mannose* [F. 132°; $[\alpha]_D^{25}$ + 14,5° (c = 1,2; W.)] hydrolysiert werden konnte. Die vollständige Methylierung u. Hydrolyse

D-Man p 1—2 D-Man p 1—2 D-Man p 1—2 D-Man p
1
|
II 6
D-Man p 1—2 D-Man p 1—2 Man p 1—2 D-Man p

von **II** ergab: 2 Teile *2.3.4.6-Tetra-O-methyl-D-mannose* [identifiziert als *2.3.4.6-Tetra-O-methyl-N-phenyl-D-mannosylamin,* $C_{16}H_{25}NO_5$, F. 142°; $[\alpha]_D^{25}$ —80° → —7° (c = 0,5; $CH_3OH$)], 5 Teile *3.4.6-Tri-O-methyl-D-mannose* [identifiziert als *3.4.6-Tri-O-methyl-D-mannonolacton,* F. 98°; $[\alpha]_D^{25}$ + 160° → + 110° (c = 1,2; W.)] u. 1 Teil *3.4-Di-O-methyl-D-mannose,* $C_8H_{16}O_6$, F. 114°; $[\alpha]_D^{25}$ + 2° (c = 2,1; W.) [identifiziert als *3.4-Di-O-methyl-D-mannonolacton,* F. 157—159°; $[\alpha]_D^{25}$ + 173° → + 130° (c = 0,3; W.)]. Daraus geht hervor, daß die Mannoseeinheiten in **II** durch 1 → 2-Bindung verknüpft sind u. in einer Einheit eine Verzweigung am $C_{(6)}$ besitzen. Die Perjodatoxydation bestätigte diese Struktur u. ergab, daß auf jeder Seite der 1 → 6-Bindung 4 D-Mannopyrannosyleinheiten vorhanden sind. H. Rossow. 4050

**Strukturuntersuchungen an dem wasserlöslichen Polysaccharid des grünen Seetangs Enteromorpha compressa.** J. P. McKinnell und Elizabeth Percival. (J. chem. Soc. [London] **1962,** 3141—48, Aug.; Edinburgh, Univ., Chem. Dep.; engl.) — Vgl. C. **1962,** 6827. — Nach der Extraktion mit 85%ig. A. wurde der Seetang mit 70° heißem W. extrahiert u. aus dem im Extrakt enthaltenen *Polysaccharid* nach Erhitzen in 0,03n $(NH)_2CO_3$-Lsg. (30 Min., 117—120°) die Stärke mit J-KJ-Lsg. entfernt (3,5%). Das aus der überstehenden Lsg. zurückgewonnene *Polysaccharid* ($PS_I$) ($[\alpha]_D$ —87°) enthielt 13,7% Asche, 16% $SO_2$ u. 18,3% Uronsäureanhydrid u. ergab bei der Hydrolyse (n-$H_2SO_4$, 8 Std., 100°) 45% *L-Rhamnose* (F. 92°, $[\alpha]_D$ + 7,8°, c = 0,98; *Phenylosazon,* F. 190°), 15% *D-Xylose* (F. 143°, $[\alpha]_D$ + 19,4°, c = 1,0; *Dibenzylidendimethylacetal,* F. 211°), 5,7% *D-Glucose* ($[\alpha]_D$ + 52°, c = 0,6) u. 18,3% *Glucuronosyl-L-rhamnose,* die nach Red. ihres Methylestermethylglykosids gleiche Mengen Rhamnose u. Glucose liefert. $PS_I$ wurde durch 48std. Behandlung mit 0,09m methanol. HCl entschwefelt (S-Geh. 0,75%, $[\alpha]_D$ —88°). Der nun gefundene Monosaccharid-Geh. (51,0 : 15 : 9,75 : 23,5% vgl. oben) zeigte keine fundamentalen Strukturänderungen. $PS_I$ wurde von $\alpha$-Amylse u. Schafs-Xylanase nicht angegriffen u. konnte nicht weiter fraktioniert werden. Die Perjodatoxydation von $PS_I$ u. des entschwefelten PS zeigte, daß der Hauptanteil der Sulfatgruppen an die Rhamnoseeinheiten gebunden ist. $PS_I$ wurde mit ähnlichen Extrakten aus *Ulva lactuca* u. *Acrosiphonia centralis* verglichen. H. Rossow. 4050

**Die sauren Zuckerkomponenten von Cochlospermum gossypium-Gummi.** G. O. Aspinall, E. L. Hirst und Margaret J. Johnston. (J. chem. Soc. [London] **1962,** 2785—89, Juli; Edinburgh, Univ., Dep. of Chem.; engl.) — Nach der vollständigen Hydrolyse des methylierten Gummis (90%ig. HCOOH, 25 Std., 100°) wurden die neutralen u. sauren Zucker an einer Cellulosekolonne getrennt. Im neutralen Anteil wurden chromatograph. nachgewiesen: *2.3.4.6-Tetra-* u. *2.3.6-Tri-O-methyl-D-galaktose, 2.3.4-Tri-, 3.4-Di-* u. *3-O-Methyl-L-rhamnose.* Die methylierten sauren Zucker wurden in die Methylestermethylglykoside verwandelt, mit $LiAlH_4$ red. u. hydrolysiert. Durch Fraktionierung an Cellulose wurden als Hauptbestandteile *2.3.4-Tri-O-methyl-D-glucose* ($[\alpha]_D$ + 66°, c = 1,84; W.) u. *3-O-Methyl-D-galaktose* (F. 140—142°) neben kleinen Mengen von *3.4-Di-O-methyl-D-glucose, 2.3.6-Tri-, 2.3-, 3.4-Di-, 2-O-Methyl-D-galaktose* u. *3-O-Methyl-L-rhamnose* gefunden. In dem Gummi scheinen demnach Glucuronsäureabkömmlinge als nicht reduzierende Endgruppen vorzukommen, während Galakturonsäureabkömmlinge im Innern des Polysaccharids Verzweigungspunkte bilden. — Bei einer partiellen Säurehydrolyse (2n $H_2SO_4$, 12 Std., 100°) des Gummi wurden nach Abtrennung der neutralen Zucker aus dem Gemisch der sauren Zucker durch papierchromatograph.

Trennung erhalten: *Galakturonsäure* (identifiziert nach Red. des Methylestermethylglykosids u. Hydrolyse als *Galaktose*), *2-O-[α-D-galaktopyranuronosyl]-L-rhamnose* [identifiziert als *Methylglykosidpenta-O-methylätherdihydrat*, F. 67—69°; $[\alpha]_D$ +92° (c = 0,49; Chlf.)] u. ein Gemisch, aus dem durch Methylieren, Reduzieren der methylierten Säuren mit $LiAlH_4$ u. Hydrolyse *2.3.4-Tri-O-methyl-D-glucose*, *2.3.4-* u. *2.3.6-Tri-* u. *2.4-Di-O-methyl-D-galaktose* u. *3.4-Di-O-methyl-L-rhamnose* isoliert wurden. Der strukturelle Aufbau des *Cochlospermum gossypium Gummi* im Vgl. zu *Khaya* u. *Sterculia-Gummi* wurde erörtert. H. Rossow. 4050

**Bestrahlung von Mucopolysacchariden mit Ultraviolett-Licht und Elektronen.** Endre A. Balazs, Torvard C. Laurent, Arthur F. Howe und Laszlo Varga. (Radiation Res. **11**, 149—64, Aug. 1959; Boston, Mass., Harvard Med. School, Retina Foundat.; engl.) — UV- u. Elektronenbestrahlung von *Hyaluronsäure* (**I**), *Hyaluronschwefelsäure* (**II**) u. *Heparin* (**III**) in wss. Lsg. mindert deren pH u. Farbstoffbindungsvermögen u. erhöht die Red.-Werte; aus **I** u. **III** entstehen dabei Abbau-Prodd. mit charakterist. UV-Absorption (Maximum bei 267 mμ in neutraler u. alkal. Lsg., beim Ansäuern Verschiebung nach kürzeren Wellenlängen). **I** (aus Rinderglaskörper) wird durch UV in kürzere Teilstücke mit niedrigerem Molgew. zerlegt; **II** u. **III** verlieren durch UV an Blutgerinnungshemmungs-Aktivität. Elektronenbestrahlung depolymerisiert die hochmol. Polysaccharide zu dialysierfähigen Bruchstücken, wobei auch die Hexosamin- u. Hexuronsäure-Hälften zerstört werden. H. Gibian. 4050◇

**Methoden zur Knüpfung der Peptidbindung.** Th. Wieland. (Makromolekulare Chem. **35 A,** IUPAC Sympos. Makromoleküle Wiesbaden 1959, 65—73. Juli/Aug. 1960; Frankfurt/M., Univ., Inst. für organ. Chem.; dt.) — Es wird ein Überblick gegeben über diejenigen Meth. zur peptidartigen Verknüpfung von α-Aminosäuren, die sich für die Darst. von *Polypeptiden* bewährt haben: Polykondens. der Oligopeptidmethylester, -thioester, -azide u. -chloride u. der N-Phenylthiocarbonylverbindungen. Poly-α-aminosäuren höchsten Molgew. erhält man aus N-Carbaminsäureanhydriden mit starken Basen als Startern. Für die Rk. werden 2 Mechanismen angeführt. Erwähnt wird die Möglichkeit der Synth. von Polypeptiden aus niederen Peptiden mit proteolyt. Enzymen. H. Czech. 4070◇

**Die Lichtstreuung von durch ein elektrisches Feld orientierten Poly-L-benzylglutamat-Lösungen.** Morton L. Wallach und Henri Benoit. (J. Polymer Sci. **57,** 41—52, März 1962; Strasbourg, France, Centre de Rech. sur les Macromol.; engl.) — Die Lichtstreuung von *Poly-L-benzylglutamat*-Lsgg. bei Orientierung durch ein elektr. Feld ist eine Funktion der Feldstärke, des Beobachtungswinkels, der Feldrichtung u. der Feldfrequenz. Es wurde gefunden: Die Helix-Moll. werden durch das elektr. Feld nicht deformiert; die Mol.-Orientierung ist hauptsächlich durch ein permanentes elektr. Moment bedingt, dessen axiale Komponente pro Monomereinheit in der Größenordnung von 3 Debye liegt; wie von der Theorie von Burgers [1938] vorhergesagt, ist die Rotationsdiffusions-Konst. umgekehrt abhängig von der dritten Potenz der Stäbchenlänge. H. Czech. 4070◇

**Die Verwendung der Röntgenstrahlenbeugung bei der Strukturuntersuchung von Proteinen.** Michèle Chadenson und M. Philippe Comte. (Rev. techn. Ind. Cuir **54,** 81—101, April 1962; franz.) — Übersicht. — 105 Literaturangaben. J. Lehmberg. 4070□

**Über SH-Gruppen im β-Lactoglobulin.** Dominique Pantaloni. (C. R. hebd. Séances Acad. Sci. **254,** 1884—86, 5/3. 1962; franz.) — Bei pH 8,3 wurde an *β-Lactoglobulin* unter dem Einfl. von $CuSO_4$ (2 $Cu^{2+}$ je Mol.) das Auftreten u. Verschwinden eines Absorptionsmaximums bei 375 mμ u. der Anstieg des scheinbaren spezif. Drehvermögens bei 346 mμ untersucht. Die Chelat-Wrkg. von $Cu^{2+}$ wird durch Äthylendiamintetraacetat u. Cystein gehemmt. Durch das $Cu^{2+}$ dürften als erster Schritt zur Denaturierung 2 SH-Gruppen freigelegt werden. M. Wiedemann 4070◇

**Gleichgewichtssedimentation von Makromolekülen und Viren in einem Dichtegefälle.** Jerome Vinograd und John E. Hearst. (Fortschr. Chem. org. Naturstoffe [Wien] **20,** 372—422, 1962; Pasadena, Calif.; engl.) — Übersicht über experimentelle Meth., theoret. Betrachtungen, Bewertung der Ergebnisse, Anwendung auf einige physikal. u. biolog. Probleme u. einige Tabellen. — 84 Literaturangaben (bis Febr. 1962). P. Golinske. 4070◇

**Nicht-enzymatische Synthese von Polysacchariden, Nucleosiden und Nucleinsäuren.** G. Schramm, H. Grötsch und W. Pollmann. (Angew. Chem. **73, 619,** 11/9. 1961; Tübingen, Max-Planck-Inst. für Virusforsch.; dt.) — Vgl. C. **1962,** 14535. — Wird *Glucose* (**I**) in Dimethylformamid in Ggw. von Polyphosphorsäureester (**II**) mit

Methylglucose kondensiert, so erhält man *Cellobiose* in 40%ig. Ausbeute (Molgew. 50000), die noch z. T. phosphoryliert ist. Wird **I** in Formamid unter den gleichen Bedingungen kondensiert, so erhält man in 15%ig. Ausbeute phosphatfreies *Polyglucosid* (Molgew. 50000). Aus Ribose (**III**) entsteht analog ein *Polyribosid* mit Molgew. 40000, in dem die **III**-Reste α-1 → 5 einheitlich verknüpft sind. Entsprechend erhält man *Nucleoside* aus **II** u. freiem Zucker u. Purin (Pu) oder Pyrimidin (Py), z. B. aus Desoxyribose u. Adenin *Adenindesoxyribosid* in 30%ig. Ausbeute, aus **III** u. Adenin bildet sich *Adenosin* neben wenig *2'-* u. *3'-Adenylsäure.* Setzt man Apurinsäure mit **II** u. Pu oder Py um, so werden die Lücken in der Nucleinsäure quant. aufgefüllt. Py werden dabei langsamer als Pu eingebaut. Bei der Rk. von Nucleotiden oder Desoxynucleotiden mit **II** ohne Lsgm. erhält man bei 50–60° *Ribo-* bzw. *Desoxyribonucleinsäure,* deren Molgew. zwischen 15000 u. 50000 liegen. Sie weisen die Konfiguration natürlicher Nucleinsäuren auf, da sie mit Nucleasen spaltbar sind. Polyadenylsäure beschleunigt die Synth. von *Polyuridylsäure* aus Uridylsäure in Ggw. von **II**. L. Träger. 4090□

# E. Biologische Chemie. Physiologie. Medizin

## $E_1$. Allgemeine Biologie und Biochemie

**Biologische Polymere.** P. Doty. (Proc. int. Symposium macromolecular Chem., Prague **1957**, 5–27, Suppl. 2 zu: Tetrahedron [London]; Cambridge, Mass., Harvard Univ.; engl.) — Übersicht über Struktur u. physikal. Eigg. der in lebenden Syst. wichtigen polymeren Makromoll. der Polypeptide, Nucleinsäuren u. Polynucleotide. — 24 Literaturstellen. L. Laschet. 4100□

**Die Beeinflussung der inaktivierenden und mutagenen Wirkung von Äthylmethansulfonat durch Mangan- und Magnesiumchlorid.** H. Böhme. (Biol. Zbl. **81**, 267–76, Jan./April 1962; Gatersleben, Dtsch. Akad. der Wiss. zu Berlin, Inst. für Kulturpflanzenforsch.; dt.) — Durch Vorbehandlung von *Proteus mirabilis* mit $3 \cdot 10^{-3}$m *$MnCl_2$*-Lsg. wird die nichtaktivierende u. mutagene Wrkg. von *Methansulfonsäureäthylester* (**I**) signifikant verstärkt, durch $3 \cdot 10^{-3}$m *$MgCl_2$* die letale **I**-Wrkg. verringert u. die mutagene Wrkg. nicht beeinflußt. P. Gregorzewski. 4130

**Zur Frage des spiraligen Baues der Moleküle von Desoxyribonucleinsäure (DNS) und des Mechanismus ihrer Selbsterneuerung.** Ju. M. Plischkin, N. W. Lutschnik und G. G. Talutz, (Biophysik [UdSSR] **4**, 275–83, 1959; Swerdlowsk, Uraler Filiale der Akad. der Wiss. der UdSSR; russ., Auszug: engl.) — Es wurden die Bedingungen für die Beständigkeit von Syst. betrachtet, die aus 2 Mol.-Ketten bestehen. An Hand der Ergebnisse wurde einige Fragen der Autoreproduktion von Makromoll. der *Desoxyribonucleinsäure* (DNS) analysiert. Unter den analysierten Bedingungen hat das Syst. aus 2 Fäden nur ein einziges Energieminimum, das der Konfiguration einer doppelten Helix entspricht. Qual. wurden einige andere ähnliche Syst. betrachtet. Es wird die Hypothese aufgestellt, daß bei der Autoreproduktion der DNS durch Anlagerung von Nucleotiden an das ursprüngliche Mol. prim. eine Aufspaltung der Fäden dieses Mol. stattfindet; die Internucleotidbindungen bilden sich nach dieser Aufspaltung. Helmut Schäfer. 4150

**Papierchromatographische Bestimmung von Nucleinsäuren mit basischen Farbstoffen.** Chanan Singh. (J. sci. ind. Res. [New Delhi], Sect. C **19**, 78–80, März 1960; Lucknow, Central Drug Res. Inst.; engl.) — Mit Hilfe der bas. Farbstoffe *Toluidinblau* u. *Azur C* gelingt es, *DNS* u. *RNS* auf Papierchromatogrammen zu identifizieren. *RNS* gibt eine violett bis purpurviolette Färbung, *DNS* zeigt im Zentrum des Fleckes grün bis grünblaue u. am Rand ebenfalls violette Farbe. Die verschiedene Färbung bei der *DNS* wird auf die Uneinheitlichkeit der verwendeten, käuflich erworbenen *DNS* zurückgeführt. — Verss., mit 10 verschiedenen Chromatographie-Syst. *RNS* u. *DNS* zu trennen, gelangen nicht. Die Chromatogramme in diesen Syst. zeigten aber, daß die handelsüblichen Nucleinsäure-Prodd. sehr inhomogen sind. E.-R. Lochmann. 4150□

**Vergleich der enzymatischen Spaltstücke der Ribonucleinsäuren aus Geweben normaler und bestrahlter Tiere.** S. Zadražil und Z. Šormová. (Collect. czechoslov. chem. Commun. **26**, 2651–59, Okt. 1961; Prague, Czechoslov. Acad. Sci., Inst. of Organic Chem. and Biochem.; engl.) — Aus Leberhomogenaten mit Röntgenstrahlen (600 r, 0,5 mm Cu/Al-Filter) behandelter Wistar-Ratten wurden mittels *Phenol Ribonucleinsäuren* (*RNS*) isoliert. Durch Pankreas-*Ribonuclease* erhaltene Spaltstücke wurden an einer Ionenaustauschersäule mit Dowex 1-X2 vorgetrennt u. weiter mittels Hochspannungselektrophorese u. Papierchromatographie gereinigt. Die terminalen Nucleoside werden nach Spaltung mit Prostata-*Phosphomonoesterase* erhalten. Bei den bestrahlten

Tieren wird schon nach 4 Std. eine Senkung des *RNS*-Geh. um 30% beobachtet. Es konnte kein Unterschied in der qual. Zus. der Oligonucleotide aus beiden Typen der *RNS* gefunden werden. Die Werte für den Geh. an *P*, *N*, *Desoxyribonucleinsäuren*, *Proteine*, *Aminosäuren*, die Zus. der Nucleotide u. die Absorptionsspektren sind gleich. Die abs. Menge mancher Fraktionen im enzymat. Hydrolysat ist jedoch bei den bestrahlten *RNS* bedeutend höher als im Kontroll-Vers., bes. die Fraktionen der Zus. C, U, AAC u. (GGA)U. Durch Bestrahlung kommt es wahrscheinlich auch bei der hochmol. *RNS* zu Veränderungen, vorwiegend in der sek. Struktur. B. Meloun/Prag. 4150

**Die Wirkung ionisierender Strahlung auf Desoxyribonucleinsäure.** 2. Mitt. **Die molaren Beziehungen der Desoxyribonucleinsäurebasen des Rattenhirns nach Verabreichung von Pyrimidindesoxyribotiden.** E. Paleček und J. Soška. (Folia Biol. [Praha] **6**, 168—71, 1960; Brno, Tschechoslow. Akad. der Wiss., Inst. Biophysik; engl.) — Nach Röntgenbestrahlung (400 r) des gesamten Tierkörpers wurde 1 Tag später *Desoxycytidylsäure* (I) oder *Thymidylsäure* (II) Ratten verabreicht. Die *Guanin/Cytosin-* u. *Adenin/Thymin*-Verhältnisse waren nach Isolierung der *Desoxyribonucleinsäure* aus der Milz I-behandelter Ratten niedriger als in den bestrahlten Kontrollen. Nach Gaben von II war nur der *Guanin/Cytosin*-Geh. reduziert. Ch. Zimmer. 4150□

**Hinweis auf die Bildung von Pseudouridin durch Umlagerung eines Uridinderivats.** Phillips W. Robbins und James B. Hammond. (J. biol. Chemistry **237**, PC 1379 bis PC 1380, April 1962; Cambridge, Mass., MIT, Dep. of Biol., Div. of Biochem.; engl.) — Nach Inkubation von $^{3}H_{(5,6)}$- u. $^{14}C$-*Uridin* (I) mit *Saccharomyces carlsbergensis* in synthet. Nähr-Lsg. wurde im alkal. Hydrolysat aus gewaschenen Zellen isolierter *Ribonucleinsäure* (II) durch Chromatographie an Dowex-1 (Formiat) u. Papierchromatographie *Pseudouridin* (III) identifiziert. $^{3}H$- u. $^{14}C$-I wurde in die II-Nucleotide eingebaut. Der Pyrimidin-Anteil von I wird nach einem Vers. mit $^{14}C_{(Pyrimidin)}$-I, ebenso wie die Ribosekomponente, direkt in III inkorporiert. K. Maier. 4150□

**Untersuchungen an Nuclei.** 3. Mitt. **Die Wirkung des Erhitzens auf die Viscosität der Nucleoproteide in 1 m NaCl.** W. D. Fisher und C. L. Burger. (Exp. Cell Res. **22**, 9—13, Jan. 1961; Oak Ridge, Tenn., Oak Ridge Nat. Labor., Biol. Div.; engl.) — 2. vgl. C. **1961**, 8020. — Thymuszellkernextrakte in 1 m NaCl zeigen eine Viscosität, die von der Temp., der Zeit des Erhitzens u. der Konz. der Nucleoproteide abhängt. Die hohe Viscosität frischer Extrakte ist durch eine lineare Anordnung der Moll. des DNS-Proteinkomplexes erklärbar. Die Abnahme der Viscosität beim Erhitzen beruht nicht auf einer Denaturierung der DNS oder des Proteins, sondern auf einem Bruch der intramol. Bindungen. Die therm. Energie zur Denaturierung der DNS bzw. des Proteins liegt viel höher als die Aktivierungsenergie für die Viscositätsverminderung. Die Rate der Bindungsaufbrüche ist konzentrationsabhängig. M. W. Görlich. 4150□

**Untersuchungen an Nuclei.** 4. Mitt. **Beweise für die Existenz von DNS-Proteinsträngen in intakten Zellkernen.** N. G. Anderson und W. D. Fisher. (Exp. Cell Res. **22**, 13—17, Jan. 1961; engl.) — 3. vgl. vorst. Referat. — Die hohe Viscosität von Thymuszellkernextrakten in 1 m NaCl wird durch eine kettenförmige Anordnung der DNS-Proteinkomplexe im Kern erklärt (vgl. vorst. Ref.). Derartige Extrakte zeigen nach Deformation der Zellkerne durch Homogenisation eine deutliche Abnahme der Viscosität. Durch die Homogenisation werden intakte Kerne zerstört u. die Ketten in kurze Stücke gespalten. Da die Viscosität deutlich von der Anzahl der intakten Kerne abhängt, ist zu schließen, daß die hohe Viscosität der Extrakte in 1 m NaCl auf bereits im Kern vorhandene DNS-Proteinketten zurückzuführen ist. M. W. Görlich. 4150□

**Über den Gehalt an Eiweißfraktionen, Lipoproteiden und Glykoproteiden im Blutserum von Kranken mit Magen- und Darmkrebs nach den Ergebnissen der Elektrophorese.** M. W. Budjanski. (Usbek. med. J. **1962**. Nr. 2, 66—70, Febr.; Taschkent, Med. Inst., Lehrstuhl für Propädeutik der inneren Krankheiten; russ.) — Elektrophoret. Unterss. des Blutserums bei Kranken mit Magen- u. Darmkrebs zeigten Verringerung des Geh. an *Gesamteiweiß*, *Albuminen*, *β*- u. *γ-Glykoproteiden*, Vermehrung der $\alpha_1$-, $\alpha_2$- u. teilweise auch der *γ-Globuline* u. $\alpha_1$- u. $\alpha_2$-*Glykoproteide*; bei Darmkrebs zeigte sich Vermehrung der *α*- u. Verminderung der *β-Lipoproteide*. Die Veränderungen verstärkten sich bei klin. Verschlechterung. I. v. Kloch-Kornitz. 4160□

**Die Bildung von 11β-Hydroxyprogesteron durch Nebennierenrindentumoren, die von an Conn-Syndrom erkrankten Patienten stammen (Primärer Aldosteronismus).** E. Brode und J. K. Grant. (Biochem. J. **83**, 10 P—11 P. April 1962; Glasgow, Royal Infirmary, Univ. Dep. of Steroid Biochem.; engl.) — Nebennierenhomogenisate in Saccharose-Nicotinamid-Lsg. wurden mit einer Lsg. inkubiert (2 Std., 37°), die u. a. $^{14}C_{(4)}$-Progesteron enthielt. Nach Aufarbeitung konnten verschiedene Metaboliten in der Inkubations-Fl. nachgewiesen werden; *11β-Hydroxyprogesteron*, eine mögliche Zwischenstufe der Aldosteron-Synth., konnte jedoch nur in dem Tumorgewebe solcher Patienten identifiziert werden, die an der von Conn (J. Lab. clin. Med. 45, [1955], 3) beschriebenen Krankheit litten. Sonstige Nebennierengewebe dieser u. einer brustkrebskranken Patientin bildeten die Verb. nicht. P. Hajdú. 4160□

**Veränderungen einiger Flavinenzyme in der Rattenleber während der DAB-Carcinogenese.** Kyuichiro Okuda. (Proc. XVIIIth gen. Meeting Jap. Cancer Assoc. **1959**, 62, März 1960, Suppl. zu: Gann, Japan J. Cancer Res. **50**; Okayama, Univ., School of Med., Dep. of Biochem.; engl.) — Ratten wurden für einen Monat mit *4-Dimethylaminoazobenzol* (*DAB*) gefüttert u. die Aktivität der Flavinenzyme in der Leber bestimmt. Die Aktivitäten der *D-Aminosäureoxydase*, *DPNH-Cytochrom c-Reduktase* u. *TPNH-Cytochrom c-Reduktase* waren vermindert. Die verminderten Aktivitäten wurden nicht durch Zusatz von *Flavinadenindinucleotid* (I) wieder erhöht. Die Rk.-Geschw. der *Xanthinoxydase* wurde durch die Fütterung nicht beeinflußt. *Bernsteinsäuredehydrogenase* war durch die Fütterung vermindert, I-Zusatz hob die Depression jedoch wieder auf. W. Hiller. 4160□

**Infektion von tumortragenden Mäusen mit dem Milchsäuredehydrogenase-Agens.** Abner Louis Notkins und Robert E. Greenfield. (Proc. Soc. exp. Biol. Med. **109**, 988—91, April 1962; Bethesda, Md., Nat. Inst. of Health, Nat. Cancer Inst., Labor. of Biochem.; engl.) — Das *Milchsäuredehydrogenase* (I)-*Agens* (vgl. Riley u. Wroblewski, Science [Washington] **1960**, 151) wurde normalen (A) u. tumortragenden Mäusen (B) intraperitoneal injiziert u. die I- u. *Glutamin-Oxalessigsäure-Transaminase* (II)-Aktivität im Blutplasma bestimmt. Bei A wurde die I-Aktivität innerhalb 72 Std. um das 4—5fache gesteigert, die II-Aktivität jedoch kaum erhöht. Bei B, deren I-Aktivität gegenüber A bereits erhöht ist, wurde die I-Aktivität auf das 88fache der Aktivität von A erhöht. Bei B handelte es sich um Plasmazelltumor SS (70429), der frei von I-Agens gefunden wurde. W. Damerau. 4160□

**Untersuchungen in vitro über die Steroid-Hormon-Biosynthese in Nebennierenrindentumoren von Mäusen.** F. G. Hofmann und N. P. Christy. (Biochim. biophysica Acta [Amsterdam] **54**, 354—56, 9/12. 1961; New York, N.Y., Columbia Univ., Coll. of Physicians and Surgeons, Dep. of Pharmacol. and Med.; engl.) — Vgl. C. **1961**, 10977. — In Nebennierenrindentumoren von Mäusen war die $C_{(11)}$- u. $C_{(21)}$-*Hydroxylase*- u. die $C_{(17)}$-, $C_{(20)}$-*Desmolase*-Aktivität herabgesetzt u. die 17β-ol-Dehydrogenase fehlte ganz. $^{14}C_{(4)}$-*17α-Hydroxyprogesteron* wurde nicht in erhöhtem Maße in ein Androgen umgewandelt. K. Zingraf. 4160□

**Die Fixierung cancerogener Derivate des mit Radiokohlenstoff markierten angulären Benzacridins durch Zellproteine.** Pascaline Daudel, Gabriel Vallée und René Vasquez. (C. R. hebd. Séances Acad. Sci. **248**, 1880—82, 23/3. 1959; franz.) — Beim Auftragen des stark cancerogenen *2.10-Dimethyl-7.8-benzacridins* (I) auf eine Hautfläche von 4 cm² der Halsrückenpartie von Mäusen wurde vom I ca. 10mal mehr durch Zellproteine gebunden als vom nur schwach cancerogenen *2.10-Dimethyl-5.6-benzacridin*. In beiden Fällen wirkten 180 μg gelöst in 0,2 ml Bzl. ein. L. Macher. 4160□

**Grenzflächenaktive Polyhydroxylverbindungen. 16. Mitt. Hämolytische und cytolytische Wirksamkeit grenzflächenaktiver Zuckerurethane.** E. Ulsperger. (J. prakt. Chem. [4] **15 (287)**, 303—07, März 1962; Berlin-Adlershof, Dtsch. Akad. der Wiss., Inst. für Fettchemie; dt.) — 15. vgl. C. **1962**, 14722. — Ergänzend zu der vorhergehenden Mitt. wird über die Ergebnisse der Prüfung von Zuckerurethanen hinsichtlich deren hämolyt. u. cytolyt. Wrkg. berichtet. Bei der Prüfung von *N-n-Heptylcarbaminsäure-α-D-galactopyranoseester-(6)*, *N-n-Octylcarbaminsäuresaccharosemonoester* (Isomerengemisch, I); u. *N-n-Dodecylcarbaminsäuresaccharosemonoester* (II) im Vgl. zu *Handelssaponin* u. *Äscin* (Kastaniensaponin, III); ergibt sich mit dem Wachsen der Alkylkette eine zunehmende hämolyt. Aktivität. Bei einer Verlängerung der Alkylkette um 4 C-Atome wird eine 50fache Steigerung der Aktivität bewirkt. Die Wirksamkeit von II ist derjenigen von III gleichzusetzen. — Bei der Prüfung der Cytolyse (Ehrlich-Ascitescarcinomzellen) wurden folgende Werte gefunden: bei N-n-Heptylcarbaminsäure-α-D-galactopyranoseester-(5) bei einer Verdünnung von 1:100 eine Zeit von 2 Min., bei I 10 Min. (Verdünnung 1:400—1:800) u. bei III ebenfalls 10 Min. (Verdünnung 1:8000—1:16000). Nach diesen Ergebnissen scheint es möglich, grenzflächenakt. Verbb. zusätzlich mit cytostat. wirksamen Gruppen zu koppeln u. damit Cytostatica für die Therapie maligner Tumoren herzustellen. H. Spohn. 4160□

## $E_2$. Enzymologie. Gärung

**Analog- und Digitaldarstellung der Enzymkinetik.** Britton Chance, unter techn. Mitarbeit von Edwin M. Chance II und Peter H. Sellers. (J. biol. Chemistry

235, 2440—43, Aug. 1960; Philadelphia, Pa., Univ. of Pennsylvania, Johnson Res. Foundation; engl.) — Eine Genauigkeitsprobe der Digitalcomputer-Lsg. der nach Briggs-Haldam modifizierten Michaelis-Menten-Gleichung wurde mittels verschiedener Kriterien überprüft (Genauigkeit der Konzz. 1 %, der Geschw. 6 % bei graph., 0,1 % bei rechner. Ermittlung). K. Maier. 4210□

**Die Verwendung von 2.3.5-Triphenyltetrazoliumchlorid zur Messung der Dehydrogenaseaktivität im Pflanzenblattgewebe.** N. G. Perur. (Current Sci. [Bangalore] **29,** 431—32, Nov. 1960; Dharwar, Coll. of Agric., Agric. Chem. Sect.; engl.) — Teile von Maisblättern werden 72 Std. in einer 0,1 %ig. wss. Lsg. von *2.3.5-Triphenyltetrazoliumchlorid* im Dunkeln gehalten. Danach wird das gebildete rote unlösl. Triphenylformazan in $CH_3OH$ gelöst, mit Toluol extrahiert u. bei 490 m$\mu$ spektrophotometr. gemessen. Es wird gezeigt, daß Pflanzen mit Fe-Mangel eine geringere *Dehydrogenase*-Aktivität besitzen. P. Gregorzewski. 4210□

**Die Indolyl-(3)-essigsäureoxydase von Lupinus albus L.** Robert E. Stutz. (Plant Physiol. **32,** 31—39, Jan. 1957; Lemont, Ill., Div. of Biol. and Med. Res., Argonne Nat. Labor.) — Aus Homogenaten verschiedener Organe von grünen oder etiolierten *Lupinus albus*-Pflanzen wurde eine wasserlösl. *Indolyl-(3)-essigsäureoxydase* (**I**) gewonnen u. durch Fällung mit $(NH_4)_2SO_4$ u. Elektrophorese in Stärke mit 0,025 Phosphatpuffer von pH 7 auf das 1000fache angereichert. Die elektrophoret. einheitlichen Enzyme der oberird. Organe grüner u. etiolierter L. albus-Pflanzen unterscheiden sich nicht in ihrer Wirkung. Sie besitzen beide Oxydase- u. Peroxydase-Wrkg., die auch durch fortgesetzte Reinigung nicht zu trennen ist. Beide Präpp. erfordern einen phenol. Aktivator (*2.6-Dichlorphenol*) u. zeigen erhöhte Wirksamkeit in Ggw. von $Mn^{2+}$ in Orthophosphatpuffer. $Mn^{2+}$ scheint nur sek. Bedeutung für die Aktivierung von **I** zu besitzen. Während $Mn^{2+}$ in Phosphatpuffer die I-Aktivität erhöht, beobachtet Vf. in Citratpuffer nahezu vollständige Hemmung nach $Mn^{2+}$-Zusatz. Eine ähnliche Hemmung wird in Pyrophosphatpuffer beobachtet. Vf. schließt daraus auf die Bldg. enzymat. unwirksamer Chelate des Mn-Enzym-Komplexes. Oxydase u. Peroxydase des isolierten Enzym-Präp. werden durch $NaN_3$, $NaCN$, $(NH_4)_2S$, $NH_2OH$ u. *Semicarbazid* in etwa gleicher Stärke gehemmt. Unter Einfl. von **I** wird *Indolyl-(3)-essigsäure* decarboxyliert. *Indolyl-(3)-aldehyd* konnte nicht nachgewiesen werden. W. Schenk. 4210□

**Bernsteinsäureoxydase-Aktivität in Rattengonaden nach Cadmiumchloridgaben.** R. P. Das, C. R. Krishna Murti und Amiya B. Kar. (J. sci. ind. Res. [New Delhi], Sect. C **20,** 259—61, Sept. 1961; Lucknow, Central Drug Res. Inst.; engl.) — Eine einmalige subkutane $CdCl_2$-Injektion (1 mg/100 g) verursacht eine empfindliche Hemmung der *Bernsteinsäureoxydase* (**I**)-Aktivität in den Rattengonaden. In den Testis fällt die I-Aktivität fortschreitend bis zum 16. Tag u. nimmt dann wieder zu. In den Ovarien fällt die I-Aktivität am 2. Tag, steigt am 4. Tag etwas an u. fällt am 7. Tag erneut. In vitro wird die I-Aktivität ebenfalls in Gonadenhomogenaten durch $CdCl_2$ gehemmt. P. Gregorzewski. 4210□

**Nachweis der Aktivitätszentren der Succindehydrase bei Bacterium coli.** W. M. Kuschnarew. (Bull. exp. Biol. Med. [UdSSR] **50** (**25**), Nr. 8, 106—07, Aug. 1960; Moskau, Gamaleja-Inst. für Epidemiol. u. Mikrobiol., Abt. für Bio-Trocken-Präp. u. Labor. für Luminescenz- u. Elektronenmikroskopie; russ., Auszug: engl.) — Wurde der Stamm 894 von *Escherichia coli* 17½ Std. auf Fleisch-Pepton-Agar bei 37° mit *2.3.5-Triphenyltetrazol* (**I**) in Ggw. von Na-Succinat in verschiedenen Konzz. sowie von Ferment-Aktivatoren u. -Inhibitoren inkubiert, so ließ sich elektronophotograph. feststellen, daß es sich bei **I** um ein spezif. Reagens auf die *Succindehydrase* handelt, welche in jeder Bakterienzelle 1—3 „Aktivitätszentren" in der Nähe der Zellwand hat. Die genannten Zentren werden als funktionelle Äquivalente der Mitochondrien angesehen. E. Rentz. 4210□

**Untersuchungen über gereinigte 3-Hydroxyanthranilsäureoxydase.** Alessandro Vescia und Guido di Prisco. (J. biol. Chemistry **237,** 2318—24, Juli 1962; Ferrara, Italien, Univ. of Ferrara, Inst. of Human Physiol.; engl.) — *3-Hydroxyanthranilsäureoxydase* (**I**) aus Kalbsleber (di Prisco, Vescia u. Bocri, Arch. Biochem. Biophysics **95,** [1961], 400), welche die Oxydation von *3-Hydroxyanthranilsäure* (**II**) zu unstabilen aliphat. Verbb. katalysiert, die spontan in Chinolinsäure oder enzymat. in Picolinsäure u./oder Nicotinsäure übergeführt werden, wird weiter 3000fach gereinigt: Überstehendes (18000·*g*) des Homogenats wird mit Aceton fraktioniert; dann folgen 5 Min. Erwärmen des hierbei Überstehenden auf 55°, Fraktionieren mit $(NH_4)_2SO_4$, Chromatographie an Carboxymethylcellulose. Die gereinigte **I** zeigt eine einzige Bande im UV (Maximum 278 m$\mu$; $A_{280}/A_{260} = 1{,}5$). — **I** ist sehr instabil u. wird bei pH 8,0 (Zimmer-Temp.) rasch inaktiviert. $Fe^{2+}$ stabilisiert **I**; andere Ionen hemmen, wobei $Fe^{3+}$ teilweise wirksam ist u. in nichtkompetiver Weise hemmt. — Verbb., die mit II strukturelle Verwandtschaft haben, hemmen; außer Anthranilsäure hemmen alle Verbb. nichtkompetitiv. Die Rk.-Geschw. wird durch hohe II-Konz. (schon ab 0,4mm) erniedrigt. — Bei Verss. unter zunehmendem $O_2$-Partialdruck ist die I-Aktivität proportional dem $O_2$-Druck (im Gebiet 0—1 at). A. Hesse. 4210□

**Aminoxydasen.** 19. Mitt. **Hemmung der Monoaminoxydase durch Phenylcyclopropylamin und Iproniazid.** E. Albert Zeller und Satyapriya Sarkar. (J. biol. Chemistry **237,** 2333—36, Juli 1962; Chicago, Ill., Northwestern Univ., Med. School, Dep. of Biochem.; engl.) — 18. vgl. C. **1960,** 16130. — In Fortsetzung der früheren Befunde (l. c.) über die Inaktivierung der *Monoaminoxydase* (I) durch *cis-* bzw. *trans-2-Phenylcyclopropylamin* (II) wird gezeigt, daß *trans-2-Methylcyclopropylamin* u. *1-Phenylcyclopropylamin* ebenfalls starke Inhibitoren sind. trans-II wirkt stärker hemmend als *1-Isonicotinoyl-2-isopropylhydrazin* (*Iproniazid*; III), wobei II gegen I aus Kaninchenlebermitochondrien 10mal, I aus Rinderlebermitochondrien dagegen 100mal stärker als III wirkt. — Das Maximum der hemmenden Wrkg. von trans-II u. III wird nach 10 Min. erzielt. — Im Gegensatz zu III erfordert trans-II zur Erzielung der vollständigen Blockierung von I nicht die Ggw. von $O_2$ während der Präinkubationszeit. A. Hesse. 4210□

**Coenzym-Q-Konzentration in proliferativen Leberläsionen.** Kenneth A. Osterberg und Lee W. Wattenberg. (Proc. Soc. exp. Biol. Med. **108,** 300—03, Nov. 1961; Minneapolis, Minn., Univ. of Minnesota, School of Med., Dep. of Pathol.; engl.) — Quant. Unterss. an normaler u. regenerierender Leber zeigen, daß während des proliferativen Vorgangs hohe Konzz. von *Coenzym-Q* (I) aufrecht erhalten werden, u. daß demnach für den niedrigen Geh. an *Bernsteinsäure-2-[p-Jodphenyl]-3-[p-nitrophenyl]-5-phenyltetrazoliumchlorid-Reduktase* (II) nicht ein evtl. Mangel an I verantwortlich ist. Im Gegensatz zur regenerierenden Leber spielt beim Morris-Hepatom u. Novikoff-Hepatom die erniedrigte I-Aktivität vermutlich eine Rolle für die niedrige II-Aktivität. U. Tausendfreund. 4210□

**Untersuchungen über atmungskettengebundene Dihydrodiphosphorpyridinnucleotiddehydrogenase.** 1. Mitt. **Bestimmung des Enzyms in teilchenhaltigen und löslichen Präparaten.** Shigeki Minakami, Robert L. Ringler und Thomas P. Singer. (J. biol. Chemistry **237,** 569—76, Febr. 1962; Detroit, Mich., Henry Ford Hosp., Edsel B. Ford Inst. for Med. Res.; engl.) — Eine Meth. zur Best. von *red. Diphosphopyridinnucleotid* (*DPNH*)*-Dehydrogenase* (I) der Herzatmungskette, beruhend auf der spektrophotometr. Messung der Red.-Geschw. von $Fe(CN)_6^{3-}$ (II) bei extrapolierter unendlicher Konz. des Elektronenacceptors, wird beschrieben. Die Meth. kann für lösl. wie auch für teilchenhaltige I-Präpp. benutzt werden. Andere Elektronenacceptoren, wie z. B. 2.6-Dichlorphenolindophenol, Menadion, Coenzym $Q_{10}$ u. *Cytochrom c* (III), stören die Best. nicht wesentlich. Eine analyt. Ausnutzung der Transhydrogenierung von DPNH mit DPN-Analoga ist nur in teilchenfreien I-Präpp. möglich. Unterss. über den Einfl. von pH, II- u. Substrat-Konz. zeigen, daß die Rk. oberhalb pH 5,5 nullter Ordnung u. bei pH 5,0 bzgl. DPNH 1. Ordnung ist. DPNH u. DPN treten in mäßigen Konzz. als konkurrierende Inhibitoren bzgl. II auf (Kurven). II reagiert an 2 Punkten der Atmungskette, nämlich auf I-Niveau u. wahrscheinlich mit III, wobei ausschließlich die letzte Rk. durch Antimycin A u. Amytal gehemmt, durch Cytochromoxydase-Inhibitoren jedoch verstärkt wird. G. Kirsten. 4210□

**Untersuchungen über DPNH-Oxydase: Gebundenes Diphosphopyridinnucleotid.** Bruce Mackler und Margery J. Latta. (Biochim. biophysica Acta [Amsterdam] **36,** 254—55, Nov. 1959; Seattle, Wash., Univ. of Washington, Dep. of Pediatrics; engl.) — Extrakte aus *DPNH-Oxydase* [I; red. Diphosphopyridinnucleotid (DPNH) oxydierendes Enzym] werden erhalten durch Behandlung der nach C. **1958,** 3054 dargestellten I mit 10% $HClO_4$, 5% Trichloressigsäure, 0,3n HCl, 3n HCl, 0,2m $Na_2CO_3$ oder mit KOH bei pH 12,5; diese Extrakte enthalten kein DPNH; dagegen enthalten die mit Säure erhaltenen Extrakte aber DPN. Aus den Fluorescenzspektren (Maximum: 440—450 m$\mu$) wird geschlossen, daß DPN in gebundener Form vorliegt. A. Hesse. 4210□

**Enzymatischer Abbau der Desoxyribonucleinsäure.** 1. Mitt. **Verteilung der Basen in durch Desoxyribonuclease II hydrolysierten Fraktionen der Kalbsthymusdesoxyribonuclease.** J. Doskočil und F. Šorm. (Coll. Czechoslov. chem. Commun. **26,** 2739—48, Nov. 1961; Prague, Czechosl. Acad. of Sci., Inst. of Org. Chem. and Biochem.; engl.) — Die aus Kalbsthymus gewonnene *Desoxyribonucleinsäure* (*DNS*) wurde mit *Desoxyribonuclease II* in Acetatpuffer (pH 4,5) bei 37° hydrolysiert u. das Rk.-Gemisch gleichzeitig gegen denselben Puffer dialysiert. Das Dialysat wurde alle

2 Std. durch frische Puffer-Lsg. ersetzt; die Gesamtdauer der Rk. betrug 28 Stunden. Die erhaltenen Fraktionen wurden papierchromatograph. in n-Propanol–Ammoniak–W. (6:3:1) gereinigt. Das Dialysat enthält während der ganzen Rk.-Dauer mehr *Purine* als der nichtdialysierende Rest. Die erste Fraktion des Dialysats enthält mehr *Guanin* als *Cytosin*; in weiteren Fraktionen sinkt der Anteil von *Thymin*, welches in dem nichtdialysierten Rest kumuliert wird. Die letzten 7% des Substrats enthalten 3mal so viel Thymin wie *Adenin*. Die Di- u. Trinucleotidfraktionen, welche mittels Papierchromatographie erhalten wurden, sind reich an Adenin. Auch die Mononucleotidfraktionen enthalten mehr Purinnucleotide als Pyrimidinnucleotide. Unterschiede zwischen der Zus. dieser Fraktion u. der Zus. anderer Fraktionen können jedoch nicht nur dem verschiedenen Geh. der Mononucleotide zugeschrieben werden. In weiteren Verss. wurde die Hydrolyse ohne Dialyse durchgeführt u. das Rk.-Gemisch nach der Entfernung des Proteins an Dowex 1-X 2 in Formiatform mit Hilfe eines Elutionsgradienten der Formiatpuffer getrennt. Die Verteilung der Basen im Hydrolysat war fast dieselbe wie in Verss., die mit Dialyse durchgeführt wurden. Nur eine einzige Fraktion, welche 8,6% des bei 260 m$\mu$ absorbierenden Materials darstellt, weist ein Verhältnis der Basen auf, das dem Verhältnis in DNS nahe ist. In allen anderen Fraktionen sind die Verhältnisse der Basen von der DNS verschieden. Die höchsten Fraktionen, die durchschnittlich aus Hexa- oder Heptanucleotiden bestehen u. ca. 10% des Hydrolysats darstellen, enthielten 40% Thymin u. nur 17% Adenin. Auch der Geh. an 5-Methylcytosin (MC) ist in den einzelnen Fraktionen verschieden. Das Verhältnis MC/Cytosin erreicht höchste Werte in Di- u. Trinucleotiden, während höhere Fraktionen, die viel Thymin enthalten, gleichzeitig sehr arm an MC sind. Diese Fraktionen werden mit Ameisensäure u. Diphenylamin nach Burton u. Petersen (C. **1962**, 16352) abgebaut. Im Gegensatz zum Hydrolysat der nativen DNS enthält das Hydrolysat der höchsten Fraktionen fast keine solitären Pyrimidine, während die Polypyrimidinsequenzen hier bedeutend angereichert sind. Die in sehr kleiner Menge vorkommende *Thymidylsäure* ist wahrscheinlich aus der endständigen solitären Thymidylsäure der Oligonucleotide entstanden. *Cytidylsäure* wurde nicht festgestellt.

V. Kostka/Prag. 4210

**Untersuchungen über die enzymatische Ausstattung von Alternaria.** 1. Mitt. **Qualitativer Nachweis der Fermente.** S. N. Das-Gupta und J. P. Verma. (Current Sci. **30**, 450—52, Dez. 1961; Lucknow, Univ., Dep. of Botany; engl.) — Drei phytopathogene Arten von *Alternaria* werden auf ihre Enzymausstattung untersucht. Es wird eine große Anzahl von Fermenten gefunden, wie *Phosphorylase, Aldolase, Dehydrogenasen, Amidasen, Desaminasen, Ribonuclease, Nucleodesaminase, Glycerophosphatase* u. *Nucleophosphatasen.* H. Struck. 4210□

**Aktivität der Phosphorylase bei der durch $\gamma$-Strahlen von $^{60}$Co verursachten experimentellen Strahlenkrankheit.** M. Ju. Taitz. (Ber. Akad. Wiss. BelorussSSR **5**, 273—76, Juni 1961; Akad. der Wiss. der BelorusSSR, Inst. für Physiol.; russ.) — Bei Kaninchen erwiesen sich verschiedene Teile des Zentralnerven-Syst., der Muskulatur u. der Leber empfindlich gegenüber fraktionierten Dosen der $\gamma$-Strahlen von $^{60}$Co. Bei experimenteller Strahlenkrankheit trat eine Änderung der phosphorolyt. Aktivität der *Phosphorylase* in den genannten Organen ein, u. zwar mit Phasencharakter. Die wiederholte Herabsetzung der phosphorolyt. Aktivität 19 Tage nach dem Verschwinden der äußeren klin. Erscheinungen der Strahlenkrankheit, nachdem auch die Zahl der Formelemente des Blutes den normalen Pegel erreicht hat, spricht für tiefe u. anhaltende Störungen, vor allem des Kohlenhydratstoffwechsels. F. du Mans. 4210□

**Die Phosphorylierung von Acetol.** Otto Z. Sellinger und O. Neal Miller. (Biochim. biophysica Acta [Amsterdam] **36**, 266—68, Nov. 1959; New Orleans, La., Tulane Univ., School of Med., Dep. of Biochem. and the Nutrit. and Metabolism Res. Labor.; engl.) — *Acetol* (**I**) wird durch Leberhomogenate (Ratte, Kaninchen) phosphoryliert (C. **1959**, 6512). Diese Rk. wird durch Zusatz von $Mg^{2+}$ zu frischen Homogenaten verzögert. — Gefrierenlassen u. Auftauen der Homogenate setzt (in Abwesenheit von $Mg^{2+}$) die Phosphorylierung von *Dihydroxyaceton* (**II**) bis zu 80% herab. — Offenbar benötigt das I-phosphorylierende Syst. ein höheres mol. Verhältnis von Adenosintriphosphat zu $Mg^{2+}$ als das **II**-phosphorylierende System. — Vff. nehmen ferner an, daß I mittels einer spezif. *Kinase* phosphoryliert wird. A. Hesse. 4210□

**Phosphorylierung von H-Meromyosin im Verlauf der Adenosintriphosphat-Spaltung.** J. Brahms und Czesława Rzysko. (Acta biochim. polon. **6**, 287—93, 1959; Warszawa, Zaklad Biochemii Inst. Biol. Doswiadczalnej im. Nenckiego; engl.) — Während der *ATP*-Spaltung durch *H-Meromyosin* (**I**) wurde die Bldg. eines phosphorylierten **I** als mögliches Zwischenprod. beobachtet. *Mg*-Ionen ($5 \cdot 10^{-3}$ m) verringern die enzymat. Spaltung von *ATP*, aktivieren aber die Phosphorylierung von **I**. *DNP* ($5 \cdot 10^{-3}$ m) hat die gegenteilige Wrkg.: Die enzymat. Aktivität von **I** nimmt zu, während die Phosphorylierung abnimmt. *Glutathion* aktiviert *ATP*-Spaltung u. Phosphorylierung, während *p-Chlormercuribenzoat* ($5 \cdot 10^{-4}$ m) diese Vorgänge hemmt. H. Aman. 4210□

**Fraktionierung des die oxydative Phosphorylierung in Azotobacter vinelandii bewirkenden Systems.** H. G. Hovenkamp. (Nature [London] **184**, 471, 8/8. 1959; Univ. of Amsterdam, Labor. of Physiol. Chem.) — Die *Azotobacter vinelandii*-Fraktion mit atmungskettenphosphorylierender Aktivität kann nach vorangegangener Inaktivierung durch Salzentzug bei 50000·*g* fraktioniert werden. Das Sediment enthält 85—90% der *red. Diphosphopyridinnucleotidoxydase*-Aktivität, doch ist die oxydative Phosphorylierungsaktivität nur durch Inkubation mit dem abgetrennten Überstand u. $MgCl_2$ wiederherzustellen. Der Überstand muß einen Faktor enthalten, der zur Wiederherst. der enzymat. Aktivität der inaktivierten Teilchen notwendig ist. Dieser Faktor wird durch 5 Min. langes Erhitzen auf 100° zerstört. P. Gregorzewski. 4210□

**Die Hexokinaseaktivität von Darmmucosa nach Verfüttern verschiedener Diäten.** Gertrudis de Torrontegui. (Biochim. biophysica Acta [Amsterdam] **50**, 164—65, 10/6. 1961; Utrecht, Univ., Labor. for Physiol. Chem.; engl.) — Die *Hexokinase* (**I**)-Aktivität des Darmmucosahomogenats junger ♂ Wistar-Ratten bei fettreicher, glucosereicher bzw. Grunddiät war 0,66 ± 0,17, 1,71 ± 0,46 bzw. 1,56 ± 0,35 (μMol in 10 Min. verbrauchte Glucose/100 mg feuchte Mucosa, bei 30°). Nach 24 Std. langem Nahrungsentzug betrugen die Werte 1,2 ± 0,36, 1,65 ± 0,61 bzw. 1,41 ± 0,37. Da die Geschw. der Glucoseresorption durch 24std. Hungern sicher abnimmt, besteht offenbar keine Korrelation zwischen Geschw. der Resorption u. **I**-Geh. der Mucosa. K. Maier. 4210□

**Stoffwechsel von Uridindiphosphatglucuronsäure in Leber und Niere.** A. H. Conney und J. J. Burns. (Biochim. biophysica Acta [Amsterdam] **54**, 369—72, 9/12. 1961; Tuckahoe, N.Y., Wellcome Res. Labor.; engl.) — Nierenpartikelchen von Ratten zeigten eine hohe *Uridindiphosphatglucuronsäurepyrophosphatase* (**I**)- u. *Glucuronsäure-1-phosphatphosphatase* (**II**)-Aktivität, Leberpartikelchen eine hohe **I**-, aber eine sehr geringe **II**-Aktivität. Daher bildete sich bei Inkubation von Nierenpartikelchen mit *Uridindiphosphatglucuronsäure* (**III**) viel Glucuronsäure, bei Inkubation von Leberpartikelchen mit **III** dagegen viel *Glucuronsäure-1-phosphat.* K. Zingraf. 4210□

**Die alkalische Phosphatase des Blutes von Kranken mit Virusgrippe $A_2$.** I. K. Mussabajew und D. M. Gussewa. (Med. J. Usbek. **1962**, Nr. 2, 9—11, Febr.; Taschkent, Inst. für Ärtzefortbldg., Klin. für Infektionskrankheiten; russ.) — Die Aktivität der *alkal. Phosphatase* im Blut (bestimmt nach der Hydrolyse-Geschw. von β-Glycerophosphat), die normal 2,6—7,6 E. beträgt, war bei Kranken mit Virusgrippe $A_2$ leichten u. mittleren Grades normal oder leicht erhöht, bei schwerem Krankheitsverlauf bis auf 27,75 E. erhöht. Der Geh. an *Vitamin C* im Blut u. Urin (normal 0,8—1,0 mg% bzw. 20—40 mg) war bis auf 0,27 mg% bzw. 6,7 mg vermindert. I. v. Kloch-Kornitz. 4210□

**Aktivität der Phosphohexoseisomerase des Plasmas bei Kindern verschiedenen Alters.** S. Musiani, C. Vannucchi und F. Corsini. (Boll. Soc. ital. Biol. sperim. **37**, 195—97, 15/3. 1961; Bologna, Univ., Ist. di Clin. Pediat.; ital.) — Die Unterss. werden an 84 normalen Personen bis zu 20 Jahren durchgeführt, wobei die Aktivität der *Phosphohexoseisomerase* (**I**) aus der Katalyse der Rk. Glucose-6-phosphat → Fructose-6-phosphat (**II**) resultiert. Es zeigt sich, daß die **I**-Aktivität im ersten Jahr einen Wert von 11,6 (μMol **II**, die von 1 ml Plasma in 1 Std. freigesetzt werden) u. im 2. Jahr von 9,23 erreicht. Zwischen 3 u. 20 Jahren beträgt der Wert im Mittel 4,36. F. Kren. 4210□

**Aminosäureaktivierung in Extrakten von nichtreifen Entenerythrocyten.** J. van Rood, J. Boot, J. W. Bruning und A. Kassenaar. (Biochim. biophysica Acta [Amsterdam] **39**, 232—36, 8/4. 1960; Leiden, Univ. Hosp., Dep. Clin. Endocrinol. and Metabolic Diseases; engl.) — Die Extrakte aus unreifen Entenerythrocyten katalysieren den *Aminosäure*-abhängigen $PO_4^{3-}$-Austausch zwischen *Adenosintriphosphat* (**I**) u. *Pyrophosphat.* Die akt. Enzymfraktion scheidet sich bei pH 5,15 ab. Unter den getesteten *Aminosäuren* waren *Leucin* (**II**), *Valin*, *Isoleucin* u. *Glutaminsäure* (**III**) aktiv. Das pH-Optimum des $PO_4^{3-}$-Austausches lag in Ggw. von **III** bei 5,5 u. für **II** bei 7,3. Zwischen **I** u. Orthophosphat erfolgt kein Austausch. Ch. Zimmer. 4210□

**Einfluß von Adenosintriphosphat auf die Aktivität der Aldolase.** L. Mirčevová und J. Vosyková. (Collect. czechoslov. chem. Commun. **26**, 2670—73, Okt. 1961; Prag, Inst. für Hämatol. u. Bluttransfusion; dt.) — Bei der Umwandlung von *Glucose* (**I**) in Triosen ist *Adenosintriphosphat* (ATP) die Phosphatquelle bei der Hexokinase- u. Phosphohexokinasereaktion. Verfolgt wurde der Einfl. von ATP auf die Gesamtumwandlung von **I** in Triosen in hämolysierten menschlichen Erythrocyten. Die Best. der Triosen-Bldg. aus **I** wurde nach der Meth. von Bruns (C. **1955, 3164**) für die Aktivitäts-Best. der *Aldolase* (**II**) durchgeführt. Der ATP-Zusatz wirkt bei Erythrocyten, die mit dest. W. hämolysiert wurden, bis zu einer bestimmten Konz. stimulierend, ein weiterer ATP-Zusatz hemmt die Reaktion. Bei der Hämolyse in Ggw. von Saponin wirkt ATP immer stimulierend. Der Einfl. des ATP auf die Umwandlung der **I** in Triosen kann entweder durch Wechselwrkg. des ATP-Überschusses mit $Mg^{2+}$ oder dadurch erklärt werden, daß das ATP die Hexokinase- u. Phosphohexokinase-Rk. hemmt. Möglich ist auch die Hemmwrkg. des ATP auf ein weiteres Enzym des angeführten Stoffwechsels. In dieser Hinsicht besitzt das ATP eine Hemmwrkg. auf die **II**-Aktivität im Erythrocytenhämolysat. Noch stärker wird die Aktivität einer kristallinen Muskel-**II** durch ATP gehemmt. Die geringere Wrkg. des ATP auf die **II**-Aktivität in hämolysierten Erythrocyten kann durch die teilweise Zers. des zugesetzten ATP durch ATPase in den Erythrocyten erklärt werden. B. Meloun/Prag. 4210

**Untersuchungen über den Kohlenhydratstoffwechsel in Rattenleberschnitten** 15. Mitt. **Pyruvat- und Propionatstoffwechsel und $CO_2$-Fixierung in Rattenleberschnitten in vitro.** Bernard R. Landau, James Ashmore, A. Baird Hastings und Sylvia Zottu. (J. biol. Chemistry **235,** 1856—58, Juli 1960; Boston, Mass., Harvard Med. School, Dep. of Biol. Chem.; engl.) — 14. vgl. J. biol. Chemistry **233,** [1958], 1257; 13. vgl. C. **1963, 7818.** — Rattenleberschnitte wurden jeweils 90 Min. aerob bei 37° in vitro inkubiert mit: *Pyruvat* (**I**) + $^{14}CO_2$ (in Form von $NaH^{14}CO_3$), $^{14}C_{(1)}$-**I** + $CO_2$, $^{14}C_{(2)}$-**I** + $CO_2$, *Propionat* (**II**) + $^{14}CO_2$, $^{14}C_{(1)}$-**II** + $CO_2$, $^{14}C_{(2)}$-**II** + $CO_2$ u. $^{14}CO_2$ allein. Der $^{14}$C-Einbau in *Glykogen* (**III**), *Glucose* (**IV**), *Fettsäuren* (**V**), $C_{(1)}$ von *Lactat* (**VI**), $C_{(2,3)}$ von **VI** sowie die Oxydation der Substrate zu $CO_2$ (bzw. $^{14}CO_2$) wurden untersucht u. sind tabellar. angegeben. Aus den Ergebnissen wird gefolgert, daß $CO_2$-Fixierung vor Umwandlung von **I** u. **II** in **III** u. **IV** stattfindet, u. daß das $C_{(1)}$ von **II** auf einem anderen Weg als über den Citronensäurecyclus in **V** eingebaut wird. S. Dittmann-Mitzscherlich. 4210□

**Aminosäuresequenz in dem N-endständigen Abschnitt von Takaamylase A.** Akira Tsugita. (J. Biochemistry [Tokyo] **46,** 583—92, Mai 1959; Osaka, Univ., Fac. of Sci., Labor. of Biochem.; engl.) — Aus dem Ergebnis der Hydrolyse von mit Dinitrophenol (DNP) behandelter *Takaamylase A* (**I**), Trennung der endständigen DNP-Peptide durch Gegenstromverteilung, Papierelektrophorese usw. wird auf folgende *Aminosäuren*-Sequenz im N-endständigen Abschnitt der **I** geschlossen: Ala·Gly·Asp·Glu·Ser·Ala·Leu·Threo. A. Hesse. 4210□

**Untersuchungen über die Xylanase von Pericularia oryzae.** Koichiro Sumizu, Masako Yoshikawa und Shozo Tanaka. (J. Biochemistry [Tokyo] **50,** 538—43, Dez. 1961; Kyoto, Kyoto Univ., Fac. of Sci., Dep. of Chem.; engl.) — Im Kulturmedium von *Pericularia oryzae*, Stamm 9, wurden zwei unterschiedliche *Xylanasen* identifiziert. Das pH-Optimum dieser Enzyme war a) 8,1 u. b) 6,4. Das Temp.-Optimum des Enzyms b ist 45°; es ist stabil zwischen pH 6,0 u. 3,5 bei 45° u. zwischen den Temp. von 0—40° bei pH 6,4. $Ca^{2+}$ in Konz. $10^{-3}$m aktiviert dieses Enzym merklich, während $10^{-3}$m $Zn^{2+}$, $Co^{2+}$, $Fe^{2+}$ u. $10^{-5}$m p-Chlormercuribenzoat (**I**) hemmend wirken. Chromatograph. konnte als Abbau-Prod. des Xylans Xylose nachgewiesen werden. Das Temp.-Optimum des Enzyms a ist 45°, das zwischen pH 6,0 u. 9,5 stabil ist bzw. von 0—50° beim optimalen pH-Wert. $Ca^{2+}$ wirkt bei $10^{-3}$m aktivierend, während $10^{-3}$m $Zn^{2+}$, $Co^{2+}$, $Fe^{2+}$ u. $10^{-5}$m **I** in gleicher Weise hemmend einwirken. Dieses Enzym baut Xylan zu Xylobiose u. Xylotriose ab. L. Macher. 4210□

**Thiogalaktosidtransacetylase.** Irving Zabin, Adam Kepes und Jacques Monod. (J. biol. Chemistry **237,** 253—57, Jan. 1962; Paris, Inst. Pasteur, Serv. de Biochim. Cellulaire; engl.) — *Thiogalaktosidtransacetylase* (**I**), welche die Übertragung der Acetylgruppe aus *Acetyl-Coenzym A* (**II**) auf ein *Thiogalaktosid* katalysiert, wurde in *Escherichia coli* (Stamm ML 308) nach Züchten in 1% Succinat enthaltendem Kulturmedium nachgewiesen. Teilweise (25fache) Reinigung der **I** erfolgte nach Extraktion mit Kaliumphosphatpuffer pH 7,2 durch Zentrifugieren (30000·*g*), Erhitzen des Überstehenden auf 70—75°, Zentrifugieren bei 23500·*g*, Fällen mit $(NH_4)_2SO_4$, Lösen des Nd. in Phosphatpuffer pH 7,2, Dialyse, Chromatographie an Diäthylaminoäthylcellulose, Elution u. Dialyse. Das **I**-Präp. enthält anorgan. Pyrophosphat u. Spuren von Myokinase, ist aber frei von Adenosintriphosphatase, Phosphotransacetylase, β-Galaktosidase, Acetylphosphatase u. Acetylcoenzym A-Deacylase. — Die Wrkg. gegen

*Isopropyl-β-D-galaktosid* (III) erfolgt optimal bei pH 7,0 in Phosphatpuffer bzw. bei pH 8,2 in Trispuffer; bei pH 7,4 ist die Rk. in Phosphatpuffer 40% größer als in Trispuffer. Durch $K^+$ des Phosphatpuffers wird die Rk. nicht verstärkt. — $K_m$ für II beträgt $<4 \cdot 10^{-5}$ Mol/Liter; $K_m$ für III beträgt 0,36 Mol/Liter. — *Butyryl-Coenzym A* zeigt nur 10% der Wrkg. von II; Succinyl-Coenzym A u. Palmityl-Coenzym A sind unwirksam. — Die Wrkg. gegen andere Galaktoside als III beträgt (in% der Wrkg. gegen III): β-D-Thiomethyl- (28), β-D-Thiobutyl- (93), β-D-Thiophenyl- (84), β-D-Phenyl- (79), β-D-Methylgalaktosid (9) u. β-D-Thiodigalaktosid (44); gegen β-D-Thiophenylglucosid beträgt die Wrkg. 53% der Wrkg. gegen III. — Zweiwertige Kationen sind für Wrkg. von I bei III als Acceptor nicht erforderlich; 0,001 m Konz. von $Mg^{2+}$, $Ca^{2+}$, $Fe^{2+}$, $Co^{2+}$, $Mn^{2+}$, $Zn^{2+}$ u. $Cu^{2+}$ führten zu 98, 97, 96, 77, 76, 73 bzw. 8% der bei Fehlen der Metallzonen beobachteten Wirkung. — Die I-Wrkg. wird bei Präinkubieren (10 Min.; 35°) mit 0,05 m Arsenat, 0,005 m Arsenit u. 0,001 m Jodacetat prakt. nicht gehemmt. 0,001 m p-Chlormercuribenzoat hemmt unter den gleichen Bedingungen zu 31%; diese Hemmung wird durch red. Glutathion nicht aufgehoben. — Fast die gesamte I-Wrkg. findet sich in dem nach Lysis der Protoplasten erhaltenen Überstehenden.
A. Hesse. 4210□

**Wirkung von Hyaluronidase auf Augenwasser und Augendruck.** Vittorio Cima und Giovanni Aguggini. (Arch. int. Pharmacodynam. Thérap. **122,** 67—74, Okt. 1959; Milan, Univ., Inst. of Gen. and Special Physiol. of Domestic Animals and Biol. Chem.; engl.) — Intraperitoneale Injektion von *Hyaluronidase* (I) bewirkt eine Erhöhung des intraocularen Druckes bei Kaninchen von durchschnittlich 21,2 auf 33,2 mm Hg. — Der Geh. an *Ascorbinsäure* in Augenwasser, Blut u. Linse erfährt durch die I-Injektionen eine geringe Verminderung. A. Hesse. 4210□

**Die Trennung spezifischer Mucopolysaccharidsulfotransferasen.** Sakaru Suzuki, Robert H. Trenn und Jack L. Strominger. (Biochim. biophysica Acta [Amsterdam] **50,** 169—70, 10/6. 1961; St. Louis, Mo., Washington Univ., School. of Med., Dep. of Pharmacol.; engl.) — Aus einem Enzym-Präp. aus Hühnereileiter (Isthmus) wurde durch DEAE-Cellulose-Chromatographie eine spezif. *Heparitinsulfotransferase* (I; Ausbeute ca. 40%), die relativ frei von Begleitenzymen war, abgetrennt. Daneben wurden einige weitere Sulfotransferasen teilweise getrennt, die andere Mucopolysaccharide als Acceptoren verwerteten. Die I-Aktivität blieb bei 20 Std. langer Aufbewahrung bei —18° fast unverändert, während die übrigen Aktivitäten völlig verschwanden.
K. Maier. 4210□

**Serum Glutaminsäure-Oxalessigsäure-Transaminase-Aktivität bei Vitamin-$B_6$-Mangelratten.** M. J. Babcock. (J. Nutrit. **67,** 205—12, 10/2. 1959, New Brunswick, N.J., New Jersey State Univ., Agric. Exp. Stat., Rutfers Dep. of Agric. Biochem.; engl.) — Ratten, welche mit einer *Vitamin-$B_6$*-Mangeldiät ernährt wurden, zeigen signifikante Aktivitätsverminderung der *Glutaminsäure–Oxalessigsäure-Transaminase* im Blutserum. Nach Zufütterung von *Vitamin $B_6$* steigt die Aktivität deutlich wieder an u. ebenso die Aktivität eines Enzym-Syst. des *Tryptophan*-Stoffwechsels. H. Struck. 4210□

**Gemeinsame Wirkung von Streptomycin und Dihydrostreptomycin in vitro und in vivo bei der Ratte auf die Glutamin-Oxalessigsäure- und Glutamin-Brenztraubensäure-Transaminase des Serums.** P. Periti. (Boll. Soc. ital. Biol. sperim. **37,** 448 bis 450, 31/5. 1961; Florenz, Univ., Ist. di Farmacol.; ital.) — Es wird die Wrkg. gleicher Teile eines Gemisches von *Streptomycin* u. *Dihydrostreptomycin* auf die *Glutamin-Oxalessigsäure* (I)- u. *Glutamin-Brenztraubensäure-Transaminase* untersucht. In vitro erfolgt kein merklicher Effekt von Konzz. von 3,75 u. 5 mg/ml auf das Serum der Ratte; werden i.m. 480 mg/kg des Gemisches injiziert, dann verändert sich nur die I-Transaminase, u. zwar erhöht sie sich schon nach 60 Min. u. erreicht nach 90 Min. ein Maximum. F. Kren. 4210□

**Untersuchungen der Wirkung von Adenylsuccinase auf 6-Thioanaloge der Adenylbernsteinsäure.** Alexander Hampton. (J. biol. Chemistry **237,** 529—35, Febr. 1962; New York, N.Y., Sloan-Kettering Inst. for Cancer Res., Div. of Nucleoprotein Chem., and Cornell Univ., Med. Coll., Sloan-Kettering Div.; engl.) — *Adenylbernsteinsäure* (I), das D-Succinenantiomorphe, das D- u. L-Enantiomorphe des 6-Thioanalogen (II) von I, das entsprechende Aglykon *dl-6-Succinomercaptopurin* (III) u. dessen *Diäthylester* (IV) wurden synthetisiert. L-II hemmt die I-Spaltung durch teilweise gereinigte *Adenylsuccinase* (VIII; fumarasefrei aus Hefe) u. wird selbst langsam irreversibel zu *6-Thioinosinsäure* u. *Fumarsäure* (VI) oder *Äpfelsäure* (VII) gespalten. Die übrigen I-Analogen dienten weder als Substrate noch als wirksame Inhibitoren. IV ist gegen $H^+$-Ionen beständig, gibt aber mit $OH^-$-Ionen leicht *6-Mercaptopurin* (V) u. VI oder VII, während III gegen $H^+$ u. $OH^-$ beständig ist. Die II-Spaltung erfolgt wahrscheinlich an der akt. Stelle von VIII.

Versuche: *dl-6-[1.2-Dicarboxyäthylmercapto]-purin, dl-6-Succinomercaptopurin* (III), $C_9H_8N_4O_4S \cdot \frac{1}{2} H_2O$, F. 195—198° (Zers.), aus V u. dl-2-Brombernsteinsäure in Dimethylformamid bei Raum-Temp. (4 Std.); cremefarbene Nadeln (W.); 66% (Ausbeute). Rk. von dl-2-Mercaptobernsteinsäure mit 6-Chlorpurin liefert schlechte Ausbeuten. — *dl-6-[1.2-Dicarbäthoxyäthylmercapto]-purin*, $C_{13}H_{16}N_4O_4S$, F. 111—112°, aus 2-Mercaptobernsteinsäurediäthylester u. 6-Chlorpurin in 50% wss. Dimethylformamid bei 25° (5 Std.); Nadeln; 84%. — *6-[L-1.2-Dicarboxyäthylamino]-9-β-D-ribofuranosylpurin-5'-phosphat, Adenylbernsteinsäure* (I), aus K-6-Chlor-9-β-D-ribofuranosylpurin-5'-phosphatdihydrat (IX) (aus dem Ba-Salz durch Dowex-50-Passage, $K^+$-Form), L(+)-Asparaginsäure u. $KHCO_3$ in Dimethylformamid–W. (2:3; Raum-Temp., 3 Tage), Reinigung durch Papierchromatographie in n-Butanol–Essigsäure–W. (5:2:3,5). *D-Form*, analog aus D(—)-Asparaginsäure. — *6-[L-1.2-Dicarboxyäthylmercapto]-9-β-D-ribofuranosylpurin-5'-phosphat*, aus IX, L(—)-2-Mercaptobernsteinsäure u. $KHCO_3$ in W. (25°, 48 Std.). — *D-Form*, analog aus D(+)-2-Mercaptobernsteinsäure, Isolierung als $NH_4$-Salz. K. Maier. 4210□

**Bestimmung von S-Methylmethionintransmethylase und von S-Adenosylmethioninhomocysteintransmethylase.** Stanley K. Shapiro und David A. Yphantis. (Biochim. biophysica Acta [Amsterdam] **36**, 241—44, Nov. 1959; Lemont, Ill., Argonne Nat. Labor., Div. of Biol. and Med. Res.; engl.) — Es wird eine neue Meth. zur Best. von *Homocysteintransmethylase* (I; aus *Aerobacter aerogenes, Escherichia coli, Saccharomyces cerevisiae*; Gewebeextrakte) beschrieben. Hierzu wird ein Gemisch von I, $^{14}C_{(CH_3)}$-*S-Methyl-L-methionin* oder mit $^{14}C_{(CH_3)}$-*S-Adenosyl-L-methionin* bei pH 6,4 (Phosphatpuffer) u. 35° inkubiert; die Rk. wird durch rasches Abkühlen im Eisbad unterbrochen, worauf das nichtverbrauchte radioakt. Substrat mittels einer Säule von Dowex-50 in Li-Form abgetrennt wird; das gebildete $^{14}C$-Methionin wird darauf durch Waschen der Säule mit dest. W. gewonnen. A. Hesse. 4210□

**Enzymatische Synthese von L-Isoleucin durch Hefeextrakt.** Yasushi Watanabe, Kikuko Hayashi und Kensuke Shimura. (Biochim. biophysica Acta [Amsterdam] **31**, 583—85, Febr. 1959; Sendai, Tohoku Univ., Dep. of Agricult. Chem., Labor. of Biochem.) — Zellfreier Bäckerhefeextrakt (bei 18000 *g* erhaltener Überstand) wandelt *α-Hydroxy-α-acetylbuttersäure* (I) bei der Inkubation mit Triphosphopyridinnucleotid, Isocitrat u. $Mg^{2+}$ in *L-Isoleucin* u. geringe Mengen von *α-Keto-β-methylvaleriansäure* um. I wird folgendermaßen dargestellt: α-Acetoxy-α-acetylbuttersäureäthylester (durch Oxydation von α-Äthylacetessigester mit Bleitetraacetat, *Semicarbazon*, $C_{11}H_{19}N_3O_5$, F. 124°) wird mit 0,2n NaOH bei Raum-Temp. hydrolyt. in I, Acetat u. A. gespalten. P. Gregorzewski. 4210□

**Neuere Untersuchungen an Histaminase.** Regina Kapeller-Adler und H. MacFarlane. (Biochem. J. **82**, 49P—50P, März 1962; Edinburgh, Univ., Dep. of Clin. Chem.; engl.) — Zur Darst. von *Histaminase* (I)-Präpp. dienten folgende Arbeitsgänge: Salzextraktion aus Schweineniere; teilweise Reinigung durch Fraktionieren mit $(NH_4)_2SO_4$ u. therm. Denaturierung des Proteins; Dialyse; Chromatographie an DEAE-Cellulose bei pH 8,6; Elution bei pH 5,5; Rechromatographieren der vereinigten Abläufe aus verschiedenen Kolonnen; Zusatz von gepulverter Saccharose zu den Eluaten mit höchster I-Wrkg. u. Konzentrierung. Die erhaltene I wandert auf Celluloseacetatstreifen als homogene Einzelbande zur Anode u. wird im Gebiet zwischen $\alpha_2$- u. β-Globulin lokalisiert. Die Beweglichkeit der I nimmt mit fallenden pH-Werten ab, wobei keine Wanderung bei pH 5,15—5,0, dem vermutlichen isoelektr. Punkt der I, erfolgt; bei pH 4,6 wandert I zur Kathode. I-Präpp. sind bei 4° für Wochen, bei —18 bis —20° für Monate haltbar. — I wirkt spezif. gegen Histamin; Cadaverin, Putrescin oder Hexamethylendiamin werden nicht angegriffen. — Nach spektrophotometr. u. fluorometr. Unterss. weist I zwei prosthet. Gruppen auf: Pyridoxalphosphat u. Flavinadenindinucleotid, d. h. die aktiven Formen von Vitamin $B_6$ bzw. Vitamin $B_2$. A. Hesse. 4210□

**Zellwand-auflösende Enzyme bei der Sporulation und Sporenkeimung in Bacillen-Arten.** R. E. Strange und F. A. Dark. (J. gen. Microbiol. **17**, 525—37, Okt. 1957; Porton, Wiltshire, Microbiol. Res. Establishment; engl.) — Bei der Inkubation gewaschener sporulierender Zellen von *Bacillus cereus* in Ggw. von Toluol tritt eine teilweise Autolyse u. Freisetzung reifer u. unreifer Sporen auf. Das Autolysat enthält lyt. Enzyme, die vegetative Zellen u. Zellwand-Präpp. unter Freisetzung Hexosaminhaltiger Peptide charakterist. Konstit. angreifen. P. Gregorzewski. 4210□

**Die Wirkung einiger antimikrobieller Stoffe auf die Trypsinaktivität.** József Major und Magdolna Jezsik. (Budapesti müszaki Egyetem Élelmiszerkémiai Tanszékének Közleményei [Mitt. Inst. Lebensmittelchem. Univ. techn. Wiss.] **1961**, 14—16; ung.) — Es wurde die Wrkg. von $K_2S_2O_5$, $NaBO_2$, *NaF* u. *Na-Acetat* **auf die** ***Trypsin-***

Aktivität bei der Spaltung von Casein untersucht u. die Menge des in $NaHCO_3$-alkal. Lsg. entwickelten $CO_2$ gemessen. Die Verminderung der Aktivität nimmt in der oben genannten Reihenfolge ab. Die Hemmung ist mit der Konz. beinahe linear. K. Gärtner. 4210

**Untersuchung der fermentativen Bruchstücke von Trypsin.** Ss. Je. Bressler, M. Champagne und Ss. Ja. Frenkel. (Biochemie [UdSSR] **26,** 909—15, Sept./Okt. 1961; Leningrad, Inst. für hochmol. Verbb. der Akad. der Wiss. der UdSSR; russ., Auszug: engl.) — Die Messung der Aktivität der Bruchstücke bei der Autolyse von *Trypsin* (I) nach der Amidase-Wrkg. im spezif. Substrat (Benzoyl-l-argininamid) zeigt, daß die Bruchstücke ca. die Hälfte der Aktivität aufweisen u. thermostabil sind: ihre Aktivität wird nach dem Kochen, wie beim **I**, wiederhergestellt. Wird das Autolysat vorher auf 100° erhitzt, so können die Disulfidbindungen der Bruchstücke mit Hilfe der Thioglykolsäure gesprengt werden. Nach der Zerstörung der S—S-Bindungen verschwindet die Aktivität gänzlich. Die spezif. Drehung des **I** enthält ein Inkrement der Spiralstruktur von +24%. Nach Abkühlung nimmt das denaturierte Mol. erneut eine Spiralstruktur an. Das **I** enthält entweder nur kleine Spiralbereiche oder solche mit linker u. rechter Drehung, da bei 100%ig. Spiralstruktur ein Inkrement von ca. 100% vorhanden sein müßte. Die Denaturierung ist im Hydrolysat ebenso umkehrbar wie im **I** selbst. O. Lebtag. 4210△

**Gehalt an Enterokinase und Pankreasfermenten im Duodenalsaft von Kranken mit chronischer Colitis und Enterocolitis.** W. I. Alijewa und Ss. Ja. Michlin. (Usbek. med. J. **1962,** Nr. 3, 38—40, März; Akad. der Med. Wiss. der UdSSR, Inst. für Ernährung, Labor. für Physiolog. der Verdauung u. Abt. für Heilernährung; russ.) — Bei Kranken mit chron. Colitis u. Enterocolitis war der Geh. an *Enterokinase*, *Trypsin* u. bes. *Lipase* im 1. u. 2. Duodenalsaft (30 Min. nach Zufuhr von 30 $cm^3$ 0,02%ig. HCl) unabhängig von der Schwere des Krankheitsverlaufes häufig stark verringert. Der Geh. an *Amylase* war normal. I. v. Kloch-Kornitz. 4210□

**Kinetik der Cholinesterasereaktion mit irreversiblen Inhibitoren.** W. A. Jakowlew und R. I. Wolkowa. (Ber. Akad. Wiss. UdSSR **128,** 843—46, 1/10. 1959; Ssetschenow-Inst. für Evolutionsphysiol. der Akad. der Wiss. der UdSSR; russ.) — Es wurde die Kinetik der Hydrolyse von *Acetylcholin* (I) durch *Cholinesterase* (II) in Abwesenheit u. Ggw. von *Armin* (**III**; Äthylphosphonsäureäthyl-p-nitrophenylester) untersucht. Die Hydrolyse von **I** erfolgt in Abwesenheit von **III** nach einer Rk. 0-ter Ordnung. Durch einen **III**-Überschuß wird die Hydrolyse-Geschw. von **I** progressiv mit der Zeit erniedrigt; sie ist nach einigen Min. prakt. gleich Null. Aus den kinet. Kurven wurde für eine Konz. von **I** = 0 in Ggw. eines **III**-Überschusses die Geschw.-Konst., für die Rk. von **II** mit **III** zu $K_2 = 3{,}3 \cdot 10^5$ /Liter/Mol·Min. interpoliert. $K_2$ erniedrigt sich mit zunehmender **II**-Konz. bis auf den prakt. konst. Endwert (ab $1{,}4 \cdot 10^{-2}$ m **II**) von $K^*_2 = 0{,}87 \cdot 10^5$ Liter/Mol·Minute. Die Abhängigkeit des $K_2$ von der **II**-Konz. wird durch 2 Konkurrenz-Rkk. erklärt: **III** reagiert mit **II** unter Vergiftung von **II** zu **II·III** (Geschw.-Konst. $K_2$); **III** reagiert mit dem Komplex **I·II** unter Eliminierung von **I** ebenfalls zu **II·III** (Geschw.-Konst. $K'_2$). $K^*_2$ resultiert aus den Geschw.-Konst. $K_2$ u. $K_2'$. Prakt. der gleiche Wert für $K_2$ wurde auf einem anderen Weg erhalten, indem die nach der Rk. von **III** mit **II** in Abwesenheit von **I** verbleibende Restaktivität von **II** potentiometr. bestimmt wurde. Helmut Schäfer. 4210

**Die Cholinesteraseaktivität bei Rheumaschäden des Herzens.** W. F. Woitik. (Therap. Arch. [UdSSR] **34,** Nr. 3, 54—60, März 1962; Saratow, Med. Inst., Propädeut. Therapeut. Klinik; russ., Auszug: engl.) — Die Aktivität der *Cholinesterase* war bei Kranken mit Rheumatismus u. Herz- u. Kreislaufinsuffizienz 1.—3. Grades in der inakt. Phase normal (13,8—23,54), in der akt. Phase u. bei rheumasept. u. chron. sept. Endocarditis, je nach der Schwere des Krankheitsverlaufes, bis auf 2,44 verringert. I. v. Kloch-Kornitz. 4210□

**Experimentelle Untersuchungen über den Einfluß verschiedener Hormone auf die Serumcholinesterase-Aktivität.** Shiro Watanabe. (Fukuoka Acta med. [Fukuoka-Igaku-Zassi] **50,** 4463—80, Okt. 1959; Hosp. of Nittetsu Futase Mining Co. Ltd.; jap., Auszug: engl.) — Die *Serumcholinesterase*-Aktivität (**I**) schwankt mit dem Cyclus der Frau. Sie ist während der Schwangerschaft geringer u. erreicht ihr Minimum im letzten Monat der Gravidität. Bei ♀ Ratten ist **I** höher als bei ♂. Durch *Androgen* (**II**) wird **I** unabhängig vom Geschlecht erniedrigt, durch *Östrogen* (**III**) erhöht u. durch *Progesteron* nicht beeinflußt. Bei kastrierten ♂ nimmt **I** zu, wird durch **II** inhibiert u. durch **III** erhöht. Bei kastrierten ♀ sinkt **I** ab, wird durch **II** nicht beeinflußt, nach **III** neigt **I** zur Zunahme. Bei normalen ♀ nimmt **I** durch *Atonin* ab, bei normalen ♂ durch *adreno-*

*corticotropes Hormon.* Bei normalen ♂ bewirken außerdem *Adrenalin, Thyradin* (*Thyroidhormon*) u. *Parotin* eine I-Erhöhung, *Insulin* eine Abnahme; *Cortisonacetat* ist ohne Einfluß. P. Gregorzewski. 4210□

**Reinigung der von Rhizopus gebildeten Lipase.** Sueo Tatsuoka, Akira Miyake, Shyozo Wada, Isuke Imada und Chikashi Matsumura. (J. Biochemistry [Tokyo] **46,** 575—81, Mai 1959; Osaka, Takeda, Pharmac. Ind. Ltd., Inst. for Fermentation; engl.) — Aus *Rhizopus* (Stamm R-302) wurde nach aerober Kultur [auf Maiseinweichwasser, $(NH_4)_2SO_4$, Dextrin, $CaCO_3$ bei pH 6,8] in der filtrierten Kultur-Fl. eine *Lipase* (I) erhalten. I wurde durch Fraktionieren mit $(NH_4)_2SO_4$ u. nachfolgende Adsorption an $Ca_3(PO_4)_2$ teilweise gereinigt. — Bei Adsorption der so gereinigten I an $Ca_3(PO_4)_2$ + Celite (1 : 3) u. Elution mit Lsgg. von $(NH_4)_2SO_4$ (0,2%—12% ansteigend) ergab sich eine Aufspaltung in α-I u. β-I [eluierbar mit 1,5- bzw. 3,0%ig. $(NH_4)_2SO_4$]. Die wss. Lsgg. von α-I u. β-I verloren ca. 50% ihrer Wrkg. nach 60 Min. bei 30—40° bzw. 100% der Wrkg. bei 60° (1 Std.) oder bei pH > 8,5. — Die teilweise gereinigte I zeigt pH-Optima bei pH 4,9 bzw. 6,8, was dem Optimum von α-I bzw. β-I entspricht. Bei Papierelektrophorese der teilweise gereinigten I entstehen zwei Flecke, von denen der rascher wandernde Fleck der α-I, der langsamer wandernde der β-I entspricht. A. Hesse. 4210□

**Oxytocinase im Blut der Frau in Geburtswehen.** P. Periti, A. Centaro und G. de Laurentiys. (Boll. Soc. ital. Biol. sperim. **37,** 455—58, 31/5. 1961; Florenz, Univ., Ist. di Farmacol. e Clin. Ostetr. e Ginecol.; ital.) — Es wird die Aktivität der *Oxytocinase* (I) im Blut von 42 Frauen in verschiedenen Phasen der Schwangerschaft untersucht. Es ergibt sich eine progressive I-Zunahme bis zum Ende der Schwangerschaft (Maximum während der Geburtswehen), worauf sie schnell absinkt. F. Kren. 4210□

**Oxytocinase-Aktivität im Uterus der Frau mit Geburtswehen und unter verschiedenen Umständen infolge Gravidität.** P. Periti, A. Centaro und G. de Laurentis. (Boll. Soc. ital. Biol. sperim. **37,** 453—55, 31/5. 1961; Florenz, Univ., Ist. di Farmacol. e Clin. Ostetr. e Ginecol.; ital.) — Vgl. vorst. Referat. — Es wird die Aktivität der *Oxytocinase* (I) bei 12 Frauen bei Kaiserschnitt u. Hysterektomie untersucht. Es zeigt sich, daß der Uterus u. das Serum während der Geburtswehen eine deutliche I-Aktivität aufweisen, während dies bei 5 hysterektomierten Fällen nur einmal der Fall ist, wobei jedoch das Blut kein I enthält. F. Kren. 4210□

**Enzymatische Inaktivierung des Oxytocins.** 3. Mitt. **Desthiooxytocin und S.S'-Dibenzyldihydrooxytocin als Inhibitoren und Substrate der Oxytocinase.** Z. Beránková und F. Šorm. (Collect. czechoslov. chem. Commun. **26,** 2557—61, Okt. 1961; Prague, Czechosl. Acad. of Sci., Inst. of Org. Chem. and Biochem.; engl.) — 2. vgl. C. **1962,** 11262. — *S.S'-Dibenzyldihydrooxytocin* (I) u. *Desthiooxytocin* (II) sind ohne Einfl. auf die Kontraktionen des Uterus in vitro, u. zwar wenn die Konzz. das 1000- bei I bzw. 2500fache bei II der wirksamen Konz. des *Oxytocins* (III) betragen. I u. II sind auch ohne Einfl. auf die Einw. des III (Konz.-Verhältnisses 100 : 1 (bei I); 1000 : 1 (bei II) auf den isolierten Uterus der Ratte. I u. II sind die stärksten bisher bekannten Inhibitoren der *Oxytocinase* (IV). Aus der Reihe der niedrigen Peptide weisen eine vergleichbare Intensität der Hemmwrkg. nur *Cys-bis-(Pro·Leu·Gly·(NH₂)*, das entsprechende *S-Benzyl-Cystein-Tetrapeptid* u. das Hexapeptid *Glu·Asp·-S-Benzylcys·Pro·Leu·Gly·(NH₂)* auf. Vff. untersuchten ferner die Wrkg. zweier verschiedener Präpp. der IV (aus dem Serum schwangerer Frauen — 36.—40. Woche der Schwangerschaft — u. aus den Zellen der Mäuseleber) des normalen Serums der Männer u. der *Leucinaminopeptidase* auf I, II u. das Hexapeptid *Glu·Asp·Al·Pro·Leu·Gly·(NH₂)*. I wird weder mit dem Serum der Schwangeren noch mit *Leucinaminopeptidase* u. dem Zellpräp. gespalten. II wird durch das Serum (normal u. der Schwangeren) oder Zellpräpp. aus der Leber rasch gespalten. V. Kostka/Prag. 4210

**Enzymatische Untersuchungen über Pyridoxinstoffwechsel.** Hiroshi Wada, Teiichi Morisue, Yuzuru Nishimura, Yoshimasa Morino, Yukiya Sakamoto und Katashi Ichihara. (Proc. Japan Acad. **35,** 299—304, Juni 1959; Osaka, Japan, Osaka Univ., Med. School, Dep. of Biochem.; engl.) — Extrakte aus Leber bzw. Gehirn von Kaninchen katalysieren die Umwandlung von *Pyridoxin* (I) zu *Pyridoxalphosphat* (II) in Ggw. von Adenosintriphosphat. Durch die Leberextrakte wird ferner *Pyridoxinphosphat* (III) in II übergeführt. Es wurde festgestellt, daß die Oxydation von I zu *Pyridoxal* u. die von III zu II durch 2 verschiedene Enzyme katalysiert wird, die durch Fraktionieren mit A. u. Behandlung mit Ca-Phosphatgel voneinander getrennt werden können. — Bldg. von II läßt sich direkt spektrophotometr. nachweisen. — In vivo verläuft die Umwandlung in der Reihenfolge I → III → II. A. Hesse. 4210□

**Die enzymatische Synthese von Cobamidcoenzymen.** Roscoe O. Brady, Esther G. Castanera und H. A. Barker. (J. biol. Chemistry **237,** 2325—32, Juli 1962; Berkeley, Calif., Univ. of California, Dep. of Biochem.; engl.) — Ein *Enzym* (**I**)-Präp. aus Zellextrakt von *Propionibacterium shermanii*, welches die Biosynth. von *Cobamid-Coenzymen* (**II**) katalysiert, wurde 337fach gereinigt [fraktioniertes Fällen mit $(NH_4)_2 \cdot SO_4$; Adsorption (u. Elution) an $Ca_3(PO_4)_2$-Gel u. Diäthylaminoäthylcellulose]. Die Bldg. von **II** erfordert Ggw. von *Adenosintriphosphat* (ATP), $Mn^{2+}$, $K^+$, *red. Flavin-adenindinucleotid*, einer SH-Verb. u. einem Cobamidderivat. — Der Adenosylteil von **II** entsteht aus dem Adenosinteil von ATP ohne vorangehende Hydrolyse. Es wird ca. 1 Mol anorgan. Phosphat je Mol synthetisiertes **II** gebildet. Anorgan. Orthophosphat entsteht aus der $\gamma$-Phosphatgruppe von ATP; dieser Vorgang könnte teilweise mit der **II**-Synth. in Zusammenhang stehen. *Adenosindiphosphat* ist nicht so wirksam wie ATP u. scheint auch nicht ein Zwischenprod. der **II**-Synth. zu sein. — *Vitamin-$B_{12}$*-Derivv. reagieren bei Bldg. der entsprechenden **II** mit teilweise gereinigter **I** in nachstehender Reihenfolge: *Adenylcyanocobamid* > *Cobinamid* (*Hydroxofaktor B*) > *5.6-Dimethylbenzimidazolylhydroxocobamid* > *5.6-Dimethylbenzimidazolylcyanocobamid* > *Benzimidazolylhydroxocobamid* > *Benzimidazolylcyanocobamid* > *Hydroxofaktor $V_{1a}$*. — Es wird ein Schema der **II**-Synth. diskutiert, das zum Teil von der Annahme ausgeht, daß $Co^{2+}$ in **II** vorliegt; da gegen diese Annahme der 2-Wertigkeit zur Zeit Zweifel aufgetreten sind, muß das Schema evtl. entsprechend geändert werden. A. Hesse. 4210□

**Die Synthese von Bilirubindiglucuronid in der Leber des Fötus.** L. Perosa und N. Piliego. (Boll. Soc. ital. Biol. sperim. **37,** 200—02, 15/3. 1961; Bari, Univ., Ist. di Clin. Med.; ital.) — Die Unterss. werden an 6 Rattenföten durchgeführt. Die Leber dieser Tiere besitzt keine Enzymaktivität zur Synth. von *Bilirubindiglucuronid*; vermutlich ist darauf auch die Cooley-Anämie zurückzuführen. F. Kren. 4210□

**Basische Proteine und glykolytische Enzyme in normaler Leber und im Hepatom.** J. M. Whitcutt und L. A. Elson. (Biochem. J. **83,** 11P. April 1962; London, Chester Beatty Res. Inst.; engl.) — Normal-Rattenleberextrakt u. das entsprechende Material von 3 durch *4-Dimethylamino-3'-methylazobenzol*-Fütterung hervorgerufener Hepatome wurden auf DEAE-Cellulose chromatographiert u. die erste Hauptfraktion auf ihre Enzymaktivität untersucht. Alle 3 Hepatome zeigten eine gleiche Verminderung der Milchsäure–Dehydrogenase-Aktivität bzgl. des vorhandenen Phosphoglucose–Isomerase-Spiegels u. eine Aldolaseerhöhung. Durch Stärkegel-Elektrophorese konnten Dehydrogenase u. Isomerase in allen Fällen bestimmten Eiweißfraktionen zugeordnet werden, die Aldolase-Aktivität dagegen nicht, sie ging bei der Elektrophorese der Hepatome verloren, bei den Normalextrakten wurde sie zwar wiedergefunden, war aber nicht lokalisierbar. P. Hajdú. 4210□

**Untersuchungen in der medizinischen Mycologie. 6. Mitt. Eine Bemerkung zu Enzymen von zwei gewöhnlichen Dermatophyten.** S. N. Das-Gupta und S. K. Shome. (Current Sci. **29,** 432—33, Nov. 1960; Lucknow, Lucknow Univ., Bot. Dep.; engl.) — *Trichophyton rubrum* u. *Trichophyton mentagrophytes* werden in Hinblick auf ihre intra- u. extrazellulären Enzyme untersucht. Es ergibt sich ein ähnliches Bild wie bei anderen parasit. Mikroorganismen. P. Gregorzewski. 4211□

**Enzyme bei Proteinerschöpfung. 3. Mitt. Enzyme in Hirn, Niere, Skelettmuskel und Milz.** W. W. Wainio, J. B. Allison, L. T. Kremzner, E. Bernstein und M. Aronoff. (J. Nutrit. **67,** 197—204, 10/2. 1959; New Brunswick, N.J., Rutgers Univ., Bureau of Biol. Res.; engl.) — Vgl. C. **1950/54,** 3250 S. — Ratten erhalten für 7 Wochen proteinfreie Mangeldiät. Als Kontrolle dienen Tiere, welche die gleiche Mangeldiät mit einer Proteinergänzung in Form von 18% Casein erhalten u. Tiere mit ausreichender Nahrung. *Cytochromoxydase*, *Succinat–Cytochrom c-Reduktase* u. *DPNH–Cytochrom c-Reduktase-Aktivität* werden in Hirn, Niere, Skelettmuskulatur u. Milz, *Cholinesterase* in Hirn, *d-Aminosäureoxydase* in Niere u. *Aldolase* in Skelettmuskulatur u. im Herzventrikel bestimmt. Mangelnde Ernährung hat nur geringen Einfluß. Dagegen zeigten Tiere mit proteinfreier Ernährung in Niere, Skelettmuskulatur u. Milz eine Aktivitätsverminderung der Enzyme um 10—20%. H. Struck. 4210□

**Die enzymatische Entgiftung einiger phosphororganischer Insekticide bei vollentwickelten Nephotettix bipunctatus cincticeps Uhler, insbesondere durch ein Malathion-Enzym und dessen Hemmung.** Ken'ichi Kojima und Tadayoshi Ishizuka. (Botyu-Kagaku [Sci. Insect Control] **25,** 22—29, Febr. 1960; jap., Auszug: engl.) — Mit Enzym-Präpp. (E 1 bzw. E 2) aus *Nephotettix bip. cinct.* bzw. Rattenleber u. unter Verw. von *Malathion* (**I**), *Malaoxon, O-[β.β-Dichlorvinyl]-phosphorsäuredimethylester* (**II**), *Methylparaoxon* (**III**), *Paraoxon* (**IV**), *Parathion* (**V**), *Phosphamidon* (**VI**), *Ciba 885* (**VII**) u. *Sevin* (**VIII**) als Substrat bzw. Inhibitor wurden Warburg-Verss. durchgeführt. — E 1 u. E 2 enthalten jeweils 2 Typen von Esterasen mit Wirksamkeit gegen I oder andere der genannten Insekticide. Die **I** hydrolysierende Aktivität wird durch andere phosphororgan. Insekticide gehemmt. Eins der in E 1 u. E 2 enthaltenen Enzyme hydrolysierte **II**, **III** u. **VII**, aber kein **IV**, **V** oder **VI**. — Die **I**-Hydrolyse wird durch E 2 ca. 230mal schneller katalysiert als durch E 1. — Die Hemmung der **I**-Hydrolyse wird bei E 2 durch Vorbebrütung (50 Min. lang) mit **II** oder **IV** oder bei gleichzeitiger Zugabe mit dem Substrat gehemmt — auch **VIII** wirkt inhibitorisch. Graduelle Unterschiede zwischen E 1 u. E 2 lassen vermuten, daß auch bei anderen Tierspecies solche Abweichungen auftreten. — Die Hemmung der Hydrolyse (Entgiftung) von **I** durch **II** mag auch der Grund sein, weswegen das Gemisch von **I** u. **II** eine so prompte „knock-down"-Wrkg. hervorruft. P. Loch. 4210□

**Über eine bestimmte Anzahl von Effektoren der Salicylsulfatase.** G. Dastugue, P. Bastide und J. Tronche. (Trav. Soc. Pharmac. Montpellier **18**, 185—87, 1958, herausgeg. 1959; Clermont-Ferrand, Fac. Med. et Pharmac., Labor. Pharmacodynamie et Chim. Biol.; franz.) — Vff. berichten über die Hemmwrkg., die Anionen, wie Fluoride, Borate, Sulfide, Phosphate usw. haben, ferner über die aktivierende Wrkg., die von Kationen ausgeübt werden. Alle untersuchten Mineralwässer haben Hemmwrkg., dagegen haben Antikoagulantien, Weichmacher, Alkaloide, Antibiotica, einige organ. Säuren oder Salze, Glucose, Priscol u. Probanthin keine Wrkg. auf die Aktivität von Salicylsulfatase. P. Nachtwey. 4310□

## $E_3$. Mikrobiologie. Bakteriologie. Immunologie

**Das Wachstum von Bordetella pertussis: Eine Übersicht.** Elizabeth Rowatt. (J. gen. Microbiol. **17**, 297—326, Okt. 1957; Elstree, Hertfordshire, Lister Inst. of Preventive Med.; engl.) — Übersicht, Medien, Hemmung, verschiedene Substanzbedürfnisse, Stoffwechsel u. -Prodd., biolog. Aspekte. — 71 Literaturangaben. P. Gregorzewski. 4310□

**Penicillin und Thiamin als Wuchsfaktoren der Staphylokokken.** G. K. Ssajew und K. Iw. Markow. (Ber. Akad. Wiss. UdSSR **111**, 1121—22, 11/12. 1956; Sofia, Med. Inst.; russ.) — Bei 41 Stämmen des Staphylococcus aureus unterblieb auf einem Nährboden, der als Wachstumsfaktor $1{,}6 \cdot 10^{-6}$ Mol *Nicotinsäure* (**I**)/Liter enthielt, jegliches Wachstum. 29 der untersuchten Stämme wuchsen beim gleichzeitigen Vorhandensein der **I** u. des *Thiamins* (**II**; $3 \cdot 10^{-10}$ Mol/Liter). **II** konnte durch ein Gemisch der Thiazol- u. Pyrimidin-Komponenten von **I** ersetzt werden. Einzeln waren diese Komponenten ohne Wirkung. Bei 15 von diesen 29 Stämmen konnte **II** durch eine äquimol. Penicillin-Konz. ersetzt werden. Die gleichen Resultate erhielt man auch mit Benzylpenicilloinsäure. Unter den Staphylokokken, bei denen dieser Austausch möglich war, befanden sich hauptsächlich penicillinresistente Stämme. Von den 12 Stämmen, die in einem Nährboden mit Zusatz von **II** u. **I** nicht wuchsen, gediehen 6 beim Zusatz von *Penicillin* zum Nährboden. Die 6 übrigen Stämme entwickelten sich bei diesen Bedingungen nicht. F. du Mans. 4310

**Der Einfluß von Verbindungen der Pyrrolgruppe auf die Entwicklung von Actinomyces streptomycini.** W. N. Schaposchnikow, T. B. Kasanskaja und I. G. Poltawa. (Ber. Akad. Wiss. UdSSR **128**, 840—42, 1/10. 1959; Inst. für Mikrobiol. der Akad. der Wiss. der UdSSR; russ.) — Es wurde der Einfl. verschiedener Pyrrol-Verbb. auf das Wachstum von *Actinomyces streptomycini* (Stamm LS-1) u. die Bldg. von *Streptomycin* (**I**) in einer Glucose–Mineralsalz-Kultur-Fl. aus 2% Glucose, 0,4% $(NH_4)_2SO_4$, 0,25% NaCl, 0,05% $KH_2PO_4$, 0,3% $CaCO_3$ u. Aqua destillata untersucht. Die Zugabe von *Prolin*, *Succinimid* u. *Succindiamid* begünstigt das Wachstum der Kulturen u. die **I**-Bldg. in der obigen Kultur-Fl., wenn diese auch Histidin u. Lysin enthält. Die **I**-Ausbeute beträgt 74—84%, bezogen auf die Ausbeute in Ggw. von Sojamehl. *Hydroxyprolin* als einzige organ. N-Quelle begünstigt das Wachstum von Act. u. stimuliert schwach die Bldg. von **I**. Sind jedoch Histidin u. Lysin anwesend, so wird durch Hydroxyprolin nur das Wachstum der Kultur günstig beeinflußt, während die Ausbeute an **I** erniedrigt wird. Helmut Schäfer. 4310

**Zellpolysaccharide nichteingekapselter Pneumokokken vom Typ II.** Evelyn E. B. Smith, G. T. Mills, Elizabeth M. Harper und B. Galloway. (J. gen. Microbiol. **17**, 437—44, Okt. 1957; Glasgow, Univ., Dep. of Biochem., Dep. of Bact.; engl.) — Vgl. C. **1960**, 2921. — Aus *Streptococcus pneumoniae* R 19 isoliertes Polysaccharid enthält *Galaktose*, *Mannose* u. *O-acetyliertes N-Acetylglucosamin*. P. Gregorzewski. 4315□

**Bakteriencarotinoide** 9. Mitt. **Die Konstitution des dritten Gliedes der P 481-Gruppe (3.4-Dehydrorhodopin).** L. M. Jackman und S. Liaaen Jensen. (Acta chem.

scand. **15,** 2058—60, 1961; London, Imp. Coll. of Sci. and Technol.; Trondheim, Norges Tekn. Hogskole, Organ. Chem. Labor.; engl.) — Vgl. C. **1961,** 5562; 8. vgl. C. **1962,** 11973. — Für das aus *Rhodopseudomonas palustris* isolierte Carotinoid *OH-P 481* (**I**; F. 186—190°) wird auf Grund der UV-, IR- u. kernmagnet. Resonanzspektren die Konstit. als *1.2-Dihydro-3.4-dehydro-1-hydroxylycopin* (3.4-Dehydrorhodopin) bewiesen u. seine Nichtidentität mit *Rhodovibrin* (**II**) durch die $R_F$-Werte [0,54 bzw. 0,70 in PAe./Aceton (9:1) an Schleicher & Schüll Nr. 287] sowie Vgl. der Spektren von **I** u. **II** festgestellt. F. Heller. 4315□

**Untersuchungen über die Konstitution des Mucokomplexes aus Micrococcus lysodeikticus.** 5. Mitt. **Über die Konstitution der mit Lysozym erhaltenen Abbauprodukte.** Otomatsu Hoshino. (Chem. pharmac. Bull. [Tokyo] **8,** 411—16, Mai 1960; engl.) — 4. vgl. C. **1962,** 12337. — Ein gereinigtes *Lysozym* (**I**) -Hydrolyse-Prod. aus einem aus *M. lysodeikticus* gewonnenen *Mucokomplex* (**II**) hat auf Grund der Hypojodit- u. Perjodatoxydation in Verbindung mit der elektrometr. Titration die Konst. von *O-[N-Acetylmuramsäure]-(1 → 4)-N-acetylglucosamin* (**II**). Die enzymat. Spezifität von **I** für die vorgeschlagene Konst. **II** wird diskutiert. K. Maier. 4315□

**Über ein phosphoryliertes Aminosäurederivat aus Escherichia coli.** Ruth Lindigkeit und Bozkourt E. Wahler. (Acta biol. med. german. **5,** 138—45, 1960; dt.) — Aus Alkalihydrolysaten nach Schmidt-Thamnhauser der Phosphoprotein-Ribonucleinsäure-Fraktion von *E. coli* wurde mit Hilfe von Hochspannungselektrophorese ein neues phosphoryliertes Aminosäure-Deriv. (**I**) isoliert. **I** ist erheblich alkalistabil, wird aber bei pH 2 u. 0° rasch entphosphoryliert. Der organ. **I**-Rest ist kein Peptid. Auf Grund des Vgl. mit N-phosphorylierten Aminosäure-Derivv. hat **I** die Eigg. eines Phosphorsäureamidderivats. **I** liegt vor der Alkali-Einw. anscheinend durch Veresterung des Phosphorylrests stabilisiert vor. K. Maier. 4315□

**Buttersäuregärung auf synthetischem Medium mit Brenztraubensäure und Glycerin.** L. G. Asowa. (Ber. Akad. Wiss. UdSSR **132,** 945—47, 1/6. 1960; Moskau, Lomonossow-Univ.; russ.) — Vgl. C. **1961,** 6184. — Auf einem synthet. Nährmedium mit 0,3% $(NH_4)_2HPO_4$, 0,01 Vol.-% Hefeautolysat u. 0,1% KOH wird die Vergärung von *Brenztraubensäure* (**I**) + *Fumarsäure* (**II**) u. **I** + **II** + *Glycerin* (**III**) bei pH 6,4—6,6 durch *Clostridium butyricum* untersucht. In den Verss. mit **I** + **II** allein nimmt der Verbrauch mit der Zahl der Zellen zu; es entsteht nur Essigsäure (**IV**), keine *Buttersäure* (**V**). In den Gasen ist im Maximum $CO_2/H_2$ = 3,9. In Ggw. von **III** entsteht zuerst auch nur **IV**; nach 12 Std. nimmt die **III**-Konz. ab; in den Prodd. tritt **V** auf. Der **II**-Verbrauch verläuft regelmäßig, der **I**-Verbrauch nimmt langsamer zu, wenn die **V**-Bldg. langsamer zunimmt. **IV** scheint an der **V**-Bldg. beteiligt zu sein. Mit **I**, **II** oder **III** allein oder **I** + **III** tritt keine Entw. ein. R. K. Müller. 4320□

**Weinsäurestoffwechsel bei Neurospora crassa.** S. W. Browne jun. und Adrian M. Srb. (Science [Washington] **130,** 455—56, 21/8. 1959; Ithaca, N.Y., Cornell Univ., Plant Breeding Dep.; Cheney, Eastern Washington Coll. of Educat; engl.) — Das Wachstum eines Wildtyps von *Neurospora crassa* wird durch verschiedene organ. Säuren, wie *Weinsäure* (**I**), *Tartronsäure* (**II**) u. *Mesoxalsäure* (**III**) stimuliert. Es wurde nachgewiesen, daß dieser Organismus d- oder *l*-**I** zu **II** u. **III** umformt, wahrscheinlich durch Bindung von $CO_2$. H. Aman. 4320□

**Biosynthesewege eines bakteriellen Kapselpolysaccharids.** 1. Mitt. **Charakterisierung von Organismus und Polysaccharid.** W. Herman Taylor und Elliot Juni. (J. Bacteriol. **81,** 688—93, Mai 1961; Atlanta, Ga., Emory Univ., Dep. of Microbiol.; engl.) — Aus Boden wurde ein gramnegativer Coccus isoliert, der während des Wachstums auf Mineralsalzmedium, das eine C-Quelle enthält, große *Polysaccharid* (**I**)-Kapseln bildet. Hydrolyse des isolierten, gereinigten **I** lieferte *D-Glucose* u. *L-Rhamnose*. Aminozucker-, Zuckeralkohol-, Uronsäure- oder Pentosekomponenten waren nicht nachweisbar. K. Maier. 4320□

**Biosynthesewege eines bakteriellen Kapselpolysaccharids.** 2. Mitt. **Kohlenhydratstoffwechsel und terminale Oxydationsmechanismen eines kapselbildenden Coccus.** W. Herman Taylor und Elliot Juni. (J. Bacteriol. **81,** 694—703, Mai 1961; Atlanta, Ga., Emory Univ., Dep. of Microbiol.; engl.) — 1. vgl. vorst. Referat. — Ein aus Boden isolierter gramnegativer, große Polysaccharidkapseln bildender Coccus baut *Glucose* (**I**), den einzigen als C- u. Energiequelle dienenden Zucker, ausschließlich nach einem induzierbaren Entner-Doudoroff-Schema, unter Bldg. von *Pyruvat* (**II**) u. *Triosephosphat* als Anfangs-Prodd. ab. Die Vorstufen hierzu sind **I**-Oxydation zu *Gluconat* u. anschließende Phosphorylierung zu *6-Phosphogluconat*. Pentose-Bldg. ver-

läuft anscheinend nicht unter Oxydation des letzten, sondern wahrscheinlich unter Einw. von *Transketolase* u. *Transaldolase* auf *Fructose-6-phosphat.* In Extrakten in Ggw. von **I** u. Succinat gewachsener Zellen waren alle für die Synth. von Hexosephosphaten aus **II** notwendigen Enzyme feststellbar. Während der I-Oxydation durch ruhende Zellen werden $C_{(1,2,3)}$ zu $CO_2$ oxydiert, während die übrigen C-Atome weitgehend assimiliert werden. Mechanismen der Synth. des Kapselpolysaccharids werden besprochen.
K. Maier. 4320□

**Biosynthese von Cholin und seine Inkorporation durch ruhende Zellen von Neurospora crassa.** F. R. Dalal, D. V. Rege und A. Sreenivasan. (J. sci. ind. Res. [New Delhi], Sect. C **20**, 255—58, Sept. 1961; Mysore, Central Food Technol. Res. Inst.; Bombay, Univ., Dep. of Chem. Technol.; engl.) — Bei der Inkubation ruhender u. wachsender *Neurospora crassa*-Kulturen (N.c.) unter verschiedenen Bedingungen mit Äthanolamin u. Methionin oder Serin als mögliche $C_{(1)}$-Donatoren wird keine *Cholin* (**I**)-Zunahme beobachtet, obgleich N.c. auch **I** auf **I**-freien Medien enthält. Eine *Cholinoxydase* wird nicht nachgewiesen. **I** wird von beiden Zellarten schnell inkorporiert.
P. Gregorzewski. 4320□

**Einfluß von Kobalt auf die Vitamin-$B_{12}$-Synthese in Abwasser bei aerober und anaerober Behandlung.** S. Sathyanarayana Rao und E. G. Srinath. (J. sci. ind. Res. [New Delhi], Sect. C **20**, 261—65, Sept. 1961; Bangalore, Ind. Inst. of Sci., Dep. of Biochem.; engl.) — Unter beiden Bedingungen verursacht *Co* (1 ppm) eine 50%ig. Steigerung der *Vitamin-$B_{12}$*-Bldg. in Belebtschlamm.
P. Gregorzewski. 4320□

**Chlorierungsinhibitoren, die die Tetracyclinbiosynthese beeinflussen.** J. Lein, L. F. Sawmiller und L. C. Cheney. (Appl. Microbiol. **7**, 149—51, Mai 1959; Syracuse, N.Y., Bristol Labor., Inc.) — In Ggw. von $Cl^-$ bildet *Streptomyces aureofaciens* neben *Tetracyclin* beträchtliche Mengen *Chlortetracyclin* (**I**). Durch Zusatz von *2-Mercaptobenzoxazol, 2.5-Dimercapto-1.3.4-thiadiazol* u. *2-Mercaptobenzimidazol* wird die **I**-Bldg. sehr stark, durch *2-Mercapto-4.5-dimethylthiazol* u. *2-Mercaptobenzthiazol* stark, durch *2-Aminothiophenol* u. *2-Mercapto-2-thiazol* schwach u. durch *Mercaptoessigsäure, 1-Thiododecanol, 2.4-Dithiobiuret, Thiosemicarbazid, Na-Rhodanid* u. *2-Methyl-2-thiouracil* nicht inhibiert.
P. Gregorzewski. 4320□

**Chromogenese des Staphylococcus infolge Einwirkung von Magnesiumionen.** V. Spampinato. (Boll. Soc. ital. Biol. sperim. **37**, 235—37, 15/3. 1961; Messina, Univ., Ist. di Microbiol. della Facolta Scienze; ital.) — Es wird die Wrkg. von *$MnSO_4$* in einer Konz. von 0,01 m in Agarkultur auf die Chromogenese des *Staphylococcus aureus 53, albus 22* u. *citreus 2* im Vgl. zu 0,01% $CaCl_2$, Hefeextrakt, Alanin, Loeffler-Kultur, $MgSO_4$ usw. untersucht. Es zeigt sich, daß $MnSO_4$ immer eine deutliche Chromogenese induziert, ohne prakt. das Wachstum zu beeinflussen; viel geringer wirkt $CaCl_2$ u. Hefeextrakt, während $MgSO_4$ u. Alanin sogar hemmend auf die Chromogenese wirken.
F. Kren. 4320□

**Biologische Wirkungen photochemischer Wasserstoffperoxidbildung.** 1. Mitt. **Cytotoxische Effekte von Anthrachinonsulfonsäuren in bestrahlten Suspensionen von Proteus vulgaris.** H. Berg und H.-E. Jacob. (Z. Naturforsch. **17b**, 306—09, Mai 1962; Jena, Inst. für Mikrobiol. u. exp. Therap.; dt.) — Bestrahlt man die wss. Lsg. von $6 \cdot 10^{-4}$m *Na-Anthrachinon-2-sulfonat* (**I**; Emissionsmaximum 500—600 m$\mu$, unterhalb 360 m$\mu$ kaum Emission), so ist die *$H_2O_2$*-Konz. nach 3 Std. ca. $10^{-4}$m. Wird die Bestrahlung in Ggw. von *Isopropanol* (**II**; 5%) durchgeführt, so ist die $H_2O_2$-Konz. nach 3 Std. über $10^{-3}$m. (**I** durch den Wasserstoffacceptor **II** im Licht red., Hydrochinon unter $H_2O_2$-Bldg. durch gelösten $O_2$ reoxydiert.) In Ggw. von *Proteus vulgaris* oder von *Serumalbumin* ist dagegen die $H_2O_2$-Ausbeute unter gleichen Bedingungen niedriger. Die $H_2O_2$-Bldg. bei Bestrahlung von **I** in Phosphatpuffer vom pH 7 wurde auch polarograph. verfolgt. Bestrahlung allein u. **I** im Dunkeln hemmen das Wachstum von *Proteus vulgaris* nicht, Bestrahlung in Ggw. von $6 \cdot 10^{-4}$m **I** (oder *Anthrachinon-2.6-disulfonat*) führt dagegen in Phosphatpuffer zu starker Abnahme der vermehrungsfähigen Bakterienkeime. Die Hemmwrkg. ist von Temp., pH-Wert u. eingestrahlter Lichtintensität abhängig. Zusatz von *Katalase* zur Bakteriensuspension hebt die Hemmwrkg. völlig auf, Zugabe von *Glutamat* verzögert sie meistens. Zugabe von $H_2O_2$ erniedrigt die Keimzahl bedeutend geringer als Bldg. der gleichen $H_2O_2$-Konz. durch Bestrahlung in Ggw. von **I**. Da außerdem die Wrkg. von direkt zugesetztem $H_2O_2$ durch zusätzliche Bestrahlung gesteigert werden kann, wird gefolgert, daß bes. die Radikale $\dot{O}H$ u. $H\dot{O}_2$ an der Hemmwrkg. beteiligt sind.
S. Dittmann-Mitzscherlich. 4330□

**Untersuchungen über die Stabilität der p-Aminosalicylsäure-Resistenz von Tuberkelbazillen in vitro und in vivo.** 1. Mitt. Akira Funahashi. (Fukuoka Acta med. [Fukuoka-Igaku-Zasshi] 50, 4093—4106, Okt. 1959; Hukuoka, Kyushu Univ., Fac. of Med., 3rd Dep. of Internal Med.; jap., Auszug: engl.) — Obwohl in einigen Fällen die *p-Aminosalicylsäure*-Resistenz (PASR) abnimmt, bleibt im allg. die PASR über mehrere Passagen in Meerschweinchen oder künstlichen Medien erhalten. PAS-resistente Stämme, die auf PAS-haltigem Medium kultiviert wurden, erfahren eine Resistenzzunahme durch mehrere Meerschweinchenpassagen oder durch mehrfache Übertragung auf PAS-haltige Medien. P. Gregorzewski. 4330□

**Untersuchungen über die Stabilität der p-Aminosalicylsäure-Resistenz von Tuberkelbazillen in vitro und in vivo.** 2. Mitt. Akira Funahashi. (Fukuoka Acta med. med. [Fukuoka-Igaku-Zasshi] 50, 4107—26, Okt. 1959; jap., Auszug: engl.) — 1. vgl. vorst. Referat. — In den meisten Fällen ist die PAS-Resistenz nach Meerschweinchenpassage stabil, Resistenzabnahme ist selten, Resistenzsteigerung ziemlich häufig. Inversion der Resistenz wird nicht beobachtet. Bei Patienten bleibt die PAS-Resistenz auch nach Absetzen von PAS bestehen. Die Virulenz resistenter Bazillen gegenüber Meerschweinchen ist nicht merklich verändert. P. Gregorzewski. 4330□

**Untersuchungen über klinische Resistenzänderungen von Tuberkelbazillen gegenüber Streptomycin, p-Aminosalicylsäure und Isonicotinsäurehydrazid.** Hōsuke Wada. (Fukuoka Acta med. [Fukuoka-Igaku-Zasshi] 50, 4386—97, Okt. 1959; Fukuoka, Kyushu Univ., Fac. of Med., 3rd Dep. of Internal Med.; jap., Auszug: engl.) — Durch Beobachtungen an 34 Patienten wird festgestellt, daß die Abnahme der *Streptomycin*-Resistenz am geringsten ist u. gleichzeitig mit einer Resistenzabnahme gegenüber *p-Aminosalicylsäure* u. *Isonicotinsäurehydrazid* auftritt. P. Gregorzewski. 4330□

**Fusidsäure: ein neues Antibioticum.** W. O. Godtfredsen, S. Jahnsen, H. Lorck, K. Roholt und L. Tybring. (Nature [London] 193, 987, 10/3. 1962; Copenhagen, Leo Pharmaceut. Prod.; engl.) — Aus der Kultur-Fl. (24°, pH 6,5—7,5, Saccharose–Cornsteepliquor-Kulturmedium, 120 Std.) eines *Fusidium*-Stammes wurde durch Extraktion mit Methylisobutylketon bei pH 5 ein neues Antibioticum, *Fusidsäure* (I), $C_{31}H_{48}O_6$, F. 192—193°; $[\alpha]_D^{20}$ —9° (Chlf.), isoliert. I ist eine Carbonsäure. *Monomethylester*, $C_{32}H_{50}O_6$, F. 153—154°; $[\alpha]_D^{20}$ —14° (Chlf.), enthält 1 Acetoxy- u. 2 OH-Gruppen, deren eine leicht acetylierbar ist. Katalyt. Hydrierung mit Pd-Kohle in A. gibt *Dihydro*-I, $C_{31}H_{50}O_6 \cdot H_2O$, F. 182—183°; $[\alpha]_D^{20}$ 0°, mit $PtO_2$ in Eisessig *Tetrahydro*-I, $C_{31}H_{52}O_6$, F. 172—173°; $[\alpha]_D^{20}$ —64°. I (Na-Salz) enthält ein tetracycl. Ringsystem. I hemmt eine Anzahl von Bakterien, z. B. *S. aureus*, *C. diphtheriae*, *N. gonorrhoeae*, *C. diphtheriae*, *Cl. tetani*. I ist ungiftig; $DL_{50}$, Maus, subkutan u. oral 1,2 u. 1,5 g/kg, i.v. 0,2 g/kg. Täglich 0,4 g/kg per os wurden von Ratten 6 Monate ohne Nebenerscheinungen u. patholog. Veränderungen gut vertragen. K. Maier. 4340□

**Untersuchungen über den Wirkungsmechanismus von Vancomycin.** P. E. Reynolds. (Biochim. biophysica Acta [Amsterdam] 52, 403—05, 16/9. 1961; Cambridge-Univ., Med. Res. Council Unit for Chem. Microbiol., Dep. of Biochem.; engl.) — *Vancomycin* (I), ein Antibioticum aus *Streptomyces orientalis*, wirkt bereits in geringen Konzz. gegenüber grampositiven Bakterien bakterieid. Kultiviert man unter Belüftung *Staphylococcus aureus* (Stamm Duncan) auf einem definierten Medium (Salze, Glucose, 18 Aminosäuren, Purine, Pyrimidine), so zeigen die Kontrollen ohne I während einer 40minütigen Inkubation einen Anstieg der Ribonucleinsäure (RNS)-, Desoxyribonucleinsäure (DNS)- u. Protein-Synth. um 50%, während die mit I (25 µg/ml) behandelten Kulturen eine Hemmung der DNS-Synth. um 33% zeigen, die RNS- u. Protein-Synth. bleiben unbeeinflußt. Die Aufnahme von *$^{14}$C-Adenin* in die mit kalter 5%ig. Trichloressigsäure fällbare Fraktion ebenso kultivierter Zellen wird durch I nicht beeinflußt, ebenso der Einbau von *$^{14}$C-Leucin*, *-Glycin* oder *-Glutaminsäure* (II) in die Proteinfraktion. Werden die Zellen in einem Medium kultiviert, das an Stelle von 18 nur die 4 am Zellwandaufbau beteiligten Aminosäuren enthält, dann ist der Einbau von *$^{14}$C-Alanin* (III), -II u. *-Lysin* (IV) in die Zellwandfraktion 20 Min. nach Zugabe von I um 80% gehemmt. Werden die Zellen in einem Pepton–Glucose-Medium oder in einer definierten Nährlsg. (Salze, Glucose, Uracil, II, III, IV) in Anwesenheit von I kultiviert, dann fand eine rasche Akkumulation von in Stellung 1 substituierter, N-Acetylaminozucker enthaltender Komponenten statt. Diese Akkumulation setzte sofort mit der Zugabe von I ein. Mit Hilfe der Anionenaustauscherchromatographie konnte in diesen Komponenten ein Verhältnis von 1 : 1 zwischen Hexosamin u. Nucleotiden ermittelt werden. In den Nucleotiden konnten II, III u. IV nachgewiesen werden. Die Pyrimidinkomponente war Uracil. Es konnte gezeigt werden, daß die I-Wrkg. nicht auf eine Verunreinigung von **I** mit Penicillin (**V**) zurückzuführen ist. **I** scheint genau wie **V** eine Rolle bei der Synth. der Zellwand von **I**- bzw. **V**-empfindlichen Zellen zu spielen, wobei der Wrkg.-Mechanismus von **I** u. **V** nicht der gleiche zu sein braucht. M. Lorenz. 4340□

**Mikrobiologischer Nachweis von Antibioticis auf Dünnschichtchromatogrammen.** B. J. R. Nicolaus, C. Coronelli und A. Binaghi. (Experientia [Basel] **17**, 473—74, 15/10. 1961; Milano, Italie, Lepetit S. p. A., Labor. Ric.; dt.) — Zahlreiche *Tetracycline, Penicilline* u. *Rifomycine* auf Dünnschichtchromatogrammen können durch mikrobiolog. Entw. mit *Sarcina lutea* u. *Bacillus subtilis* in Ggw. von *Triphenyltetrazolium*-Salzen nachgewiesen werden. Empfindlichkeit: 0,01—0,1 $\gamma$, sehr deutliche Hemmungszonen. K. Zingraf. 4340□

**Über den Zusammenhang zwischen der Antikörpersynthese und dem Zustand der Nucleinsäuren.** 1. Mitt. A. I. Nikolajew und A. Ch. Achmadijewa. (Usbek. med. J. **1962**, Nr. 2, 75—77, Febr.; Minist. für Gesundheitswesen der UsbekSSR, Wiss. Inst. für Röntgenolog., Radiolog. u. Onkolog.; russ.) — Immunisierung von gesunden Ratten mit 0,5 mm *Meerschweinchenantigen* (2% ig. Lsg., 4mal täglich) sowie 2 Tage vor oder 1 Std. nach Röntgenbestrahlung (600 r) führte zur verstärkten Aufnahme von $^{14}$*C-Glycin* in die *Nucleinsäuren* (**I**) u. *Eiweiße* (**II**) von Milz u. Serum u. in die *Antikörper* (**III**). Immunisierung 5 Tage nach der Bestrahlung führte bei verringerter **II**- u. **I**-Synth. zu keiner **III**-Bildung. Die Verss. zeigten die Bedeutung der **I** bei der Biosynth. der **III**. I. v. Kloch-Kornitz. 4370□

**Abhängigkeit der Adsorption der Immunantikörper von der chemischen Struktur der Adsorbentien.** A. K. Adamow. (Bull. exp. Biol. Med. [UdSSR] **50 (25)**, Nr. 8, 107—11, Aug. 1960; San.-Epidemiolog. Labor.; russ., Auszug: engl.) — Die Unters. der Abhängigkeit der Adsorption der Immunantikörper (Agglutinin von Kaninchenserum) von Besonderheiten der chem. Struktur der Adsorbentien ergab folgendes: Organ. Verbb., welche in ihrem Mol. keine funktionellen Gruppen enthalten (*Naphthalin, Anthracen, Acridin*), adsorbieren keine Agglutinine. Ebenso unwirksam sind diesbzgl. Substanzen, welche in ihrem Mol. Cl enthalten (*p-Dichlorbenzol, Polyvinylchlorid, DDT, Hexachlorcyclohexan*) oder Aminogruppen: *Benzidin, α-Naphthylamin, Thiamin*, die Anionite *EDE 10* u. *EDE 10 P*. Hingegen sind Substanzen mit OH-Gruppen, wie *β-Naphthol, γ-Hydroxychinolin, Phenolrot* (**I**), Aldehydgruppen (*p-Dimethylaminobenzaldehyd*), COOH-Gruppen (*Naphthalintetracarbonsäure, Methylorange*), Chinongruppen (*Naphthochinon, Anthrachinon*), Sulfogruppen (*Naphthalin-1.6-disulfonsäure*, die Kationite *KU-1* u. *KU-2*), Nitrogruppen (*Mononitronaphthalin, Trinitrotoluol, 2.4-Dinitrodiphenylamin* in der Lage, Agglutinine mehr oder weniger stark zu adsorbieren. Am intensivsten wirken Stoffe mit mehreren OH-Gruppen, wie *Alizarin* (**II**) u. bes. **I**. Die Einführung einer Aminogruppe in den Anthrachinonring (*α-Aminoanthrachinon*) wirkt abschwächend auf die adsorptive Aktivität, während die Einführung einer OH-Gruppe (*α-Aminohydroxyanthrachinon*) dieselbe deutlich steigert. Die Adsorption der Agglutinine ist nicht als streng selektiv anzusehen, denn es werden außer den Immunantikörpern auch andere Serumproteine, vor allem durch EDE 10 P, adsorbiert. An **II** sowie an KU-2 adsorbierte Agglutinine werden an der Oberfläche der Adsorbentien so fest gebunden, daß sie sich durch schwache Lsgg. von Säuren und Alkalien sowie durch physiolog. u. hyperton. NaCl-Lsgg. nicht desorbieren lassen. Änderungen im Bereich von pH 6—7,4 u. der Temp. 6—37° haben keinen Einfl. auf den Grad der Agglutininadsorption. E. Rentz. 4370□

**Die Inaktivierung von Viren durch die photodynamische Wirkung von Toluidinblau.** C. W. Hiatt, Eleanor Kaufman, Jerome J. Helprin und Samuel Baron. (J. Immunology **84**, 480—84, Mai 1960; Bethesda, Md., Nat. Inst. of Health, Div. of Biol. Standards, Dep. of Health; engl.) — In der Konz. von $2 \cdot 10^{-5}$ m inaktiviert *Toluidinblau* bei der einfallenden Lichtintensität von 0,39 W/cm² 11 untersuchte Virusarten mit verschiedener Geschw.-Konstante. Diese liegt am höchsten für den Coliphagen T 3 u. Vaccine mit 0,44, am niedrigsten für Coxsackie B 2 u. die Polioviren mit weniger als 0,0005. Vermutlich haftet der Farbstoff an der infektiösen Seite der Partikel u. wirkt hier als Überträger von spezif. Quantenenergie. B. v. Kérekjártó. 4374□

**Die Infektion von Rhoeo discolor mit Tabakmosaikvirus-Ribonucleinsäure.** Milton Paul Gordon und Conley Smith. (J. biol. Chemistry **236**, 2762—63, Okt. 1961; Seattle, Wash., Univ. of Washington, Dep. of Biochem.; engl.) — Die Möglichkeit einer Infektion von *Rhoeo discolor* mittels Tabakmosaikvirus-RNS wurde überprüft. Sie tritt ein, wenn die Pflanze mit Licht niedriger Intensität bestrahlt wird. Bei Bestrahlung mit hohen Intensitäten konnte nach Impfen sowohl mit Tabakmosaikvirus-RNS als auch mit intakten Viren ein Ansteigen der Virus-Konz. gemessen werden. K. Heyns. 4374□

**Wege der Phosphatübertragung in normalen und mit Bläschen-Stomatitis-Virus infizierten Hühnerembryozellen.** P. D. Cooper. (J. gen. Microbiol. **17,** 335—52, Okt. 1957; Pasadena, Calif., California Inst. of Technol., Div. of Biol.; engl.) — *Phosphat* dringt in normale Zellen über ein anorgan. Syst. in reversiblem Gleichgewicht mit dem äußeren Phosphat ein u. geht aus diesem Syst. oder aus in organ. Säure lösl. Phosphat in die großmol. Phosphate über. Während der latenten u. exponentiellen Periode der Virusinfektion wird dieser Vorgang nicht verlangsamt. P. Gregorzewski. 4374 □

## $E_4$. Pflanzenchemie. Pflanzenphysiologie. Pflanzenpathologie

**Natur und Verteilung der Carotinoide in einigen Blaugrünalgen.** T. W. Goodwin. (J. gen. Microbiol. **17,** 467—73, Okt. 1957; Liverpool, Univ., Dep. of Biochem.; engl.) — Die Blaugrünalgen *Anabaena cylindrica, A. variabilis, Coccochloris elabens, Cylindrospermum* sp., *Mastigocladus laminosus, Microcoleus vaginatus* u. *Nostoc* sp. synthetisieren die gleichen Hauptcarotinoide: *β-Carotin, Echinenon* u. *Myxoxanthophyll. Zeaxanthin* kommt in kleinen Mengen vor. P. Gregorzewski. 4380 □

**Eine Methode zur Gewinnung von Extrakten freier und gebundener organischer Säuren aus trocknem Pflanzengewebe.** F. R. Bharucha, G. V. Joshi und M. V. Dabholkar. (Sci. and Cult. **23,** 556—57, April 1958; Bombay, Inst. of Sci., Dep. of Bot.; engl.) — Aus gereinigten u. bei 67—70° getrockneten Pflanzenteilen werden drei verschiedene Extrakte gewonnen. 1. Extrakt der freien Säuren: 0,5 g werden in einem Mörser mit 100 ml 80%ig. A. verrieben u. über Nacht im Kühlschrank aufbewahrt. Dann wird filtriert u. der Extrakt auf 5 ml eingeengt. 2. Extrakt der Gesamtsäuren: 0,5 g werden mit 100 ml 80%ig. A., der mit 1 ml konz. HCl angesäuert ist, in gleicher Weise behandelt. Nach der Filtration wird der Extrakt völlig zur Trockne eingedampft. Der Rückstand wird mit 80%ig. neutralem A. aufgenommen u. auf 5 ml aufgefüllt. 3. Extrakt der Gesamtsäuren mit Ausnahme der als Ca-Oxalat gebundenen Oxalsäure: Der Extrakt wird in analoger Weise wie Extrakt 2 gewonnen mit dem Unterschied, daß der A. mit 1 ml Eisessig statt mit konz. HCl angesäuert wird. In den Extrakten können die Säuren titrimetr. bestimmt oder chromatograph. getrennt u. nachgewiesen werden. K. Pavel. 4400

**Oxalsäure und Kalium in Acetabularia.** C. J. Tandler. (Naturwissenschaften **49,** 112, 1. März-H. 1962; Wilhelmshaven, Max-Planck-Inst. für Meeresbiol.; dt.) — In Vacuolen u. Membranen der Algen *Acetabularia mediterranea, crenulata* u. *cliftonii* werden Kristalle von Calciumoxalat u. Calciumcarbonat gebildet, sofern die Algen in Seewasser zerdrückt u. erhitzt werden. $Ca^{2+}$ stammt aus dem Seewasser. Das Vork. freier *Oxalsäure* (I) im Innern der Algen weist darauf hin, daß das lebende Protoplasma für die $Ca^{2+}$ sehr undurchlässig ist. Der pH-Wert des Vacuolensaftes liegt zwischen 2 u. 3 u. zeigt, daß I in diesem vorhanden ist. Das Seewasser hat einen pH von 8. $K^+$ ist ebenfalls in allen Pflanzenteilen zu finden. Auch deren Konz. ist in den Vacuolen um ein mehrfaches größer als im Seewasser. P. Nachtwey. 4410 □

**Untersuchungen über die Struktur der Pentasaccharide der Wurzeln von Lychnis dioica.** Alf Wickström, Jean-Émile Courtois, Paul Le Dizet und André Archambault. (C. R. hebd. Séances Acad. Sci. **247,** 1911—13, 24/11. 1958; Oslo-Blindern, Inst. de Pharm.; Paris, Fac. de Pharm., Labor. de Chim. Biol.; franz.) — Aus den Wurzeln von *Lychnis dioica* wurden 2 isomere *Pentasaccharide* (I), *α.D-Galaktopyranosyl-⟨1 → 6⟩-α.D-glucopyranosyl-⟨1 → 2⟩-β.D-fructofuranosyl-⟨1 → 1⟩-α.D-galaktopyranosyl-⟨6 → 1⟩-α.D-galaktopyranosid* u. *α.D-Galaktopyranosyl-⟨1 → 6⟩-α.D-glucopyranosyl-⟨1 → 2⟩-β.D-fructofuranosyl-⟨3 → 1⟩-α.D-galaktopyranosyl-⟨6 → 1⟩-α.D-galaktopyranosid,* isoliert, die sich durch glykosid. Bindung von α.D-Galaktose an die prim. Alkoholgruppe der an Fructose gebundenen Galaktose der Tetrasaccharide *Lychnose* bzw. *Isolychnose* herleiten.

Versuche: Partielle Hydrolyse von I mit 0,4n $H_2SO_4$ bei 37° → *Melibiose* u. *dextrogyres Trisaccharid* (II) mit reduzierender Gruppe in der Fructose (Trennung durch Papierchromatographie). Partielle Hydrolyse von II mit *α-Galaktosidase* → *Galaktose* u. *α-Galaktosido-⟨1 → 1⟩-fructose.* Oxydation mit $HJO_4$ ergibt HCHO u. erweist II als *α.D-Galaktopyranosyl-⟨1 → 6⟩-α.D-galaktopyranosyl-⟨1 → 1⟩-fructose.* — Vollständige Methylierung von I, Hydrolyse u. Papierchromatographie ergibt *2.3.4.6-Tetramethyl-D-galaktopyranose, 2.3.4-Trimethyl-D-glucose* u. *2.3.4-Trimethyl-D-galaktose* im mol. Verhältnis ≈2 : 1 : 1 sowie *3.4.6-Trimethyl-D-fructose* u. *1.4.6-Trimethylfructose.* Letztere wurde nachgewiesen durch Oxydation mit $HJO_4$ zu *2.4-Dimethyl-3-methoxyacetyl-D-erythrose,* die durch Freisetzung von Methoxyessigsäure bei partieller Hydrolyse papierchromatograph. identifiziert werden kann. W. Schönborn. 4420 □

**Verteilung von Ascorbinsäure, Säuren und Zuckern in der Ananas (Varietät Cayenne lisse).** R. Huet. (Qualitas Plantarum Mater. vegetabiles [Den Haag] **III/IV**, 244—55, 25/9. 1958; Foulaya, par Kindia, Guinée Française; franz.) — Der Geh. an *Ascorbinsäure* (I) u. Gesamtsäure nimmt während der Reifung der Ananasfrucht stark ab, der *Saccharose*-Geh. zu. Die I-, Säure- u. Zuckerverteilung ist in der reifen Frucht u. während der Reifung verschieden. Gegen Ende der trocknen Jahreszeit des trop. Klimas weisen die zentralen Teile der großen Früchte Anaerobioseerscheinungen auf. Je kg des zentralen Fruchtteils treten 0,2—0,3 g A. auf. K. Maier. 4420□

**Untersuchungen über die Biosynthese von Stärke-Granula. 2. Mitt. Die Eigenschaften der Stärke-Komponenten von Erbsen mit glatten und runzeligen Samen während des Wachstums.** C. T. Greenwood und J. Thomson. (Biochem. J. **82**, 156—64, Jan. 1962; Edinburgh, Univ., Dep. of Chem.; engl.) — Es werden Daten über die physikal. u. chem. Eigg. der Stärkegranula u. ihrer Komponenten (chem. Zus., Mol.-Größen usw.) bei einigen Erbsenvarietäten mit glatten oder runzeligen Samen mitgeteilt. Die Unterss. erstrecken sich über verschiedene Wachstums- u. Reifestadien. U. Mothes. 4420□

**Über die Globuline des Wickensamens.** I. A. Waintraub, A. D. Schutow und W. G. Klimenko. (Biochemie [UdSSR] **27**, 349—58, März/April 1962; Kischinew, Univ., Labor. für Chem. der Eiweißstoffe; russ., Auszug: engl.) — Durch isoelektr. Fällung wurden die *Globuline* aus dem Samen von *Vicia sativa* (A) u. *Vicia ervilia* (B) in *Legumin* (I) u. *Vicilin* (II) zerlegt. Die nach 6facher Reinigung gewonnenen I-Präpp. waren bei der Papierelektrophorese homogen, enthielten jedoch nach den Ergebnissen der Best. der N-endständigen Aminosäuren 7—9% II-Komponenten. Als N-endständige Aminosäuren von I treten Glycin, Leucin u. Threonin auf. Ihr Geh. ist bei A u. B annähernd gleich. Aus der Elektrophorese u. der Best. der endständigen Aminosäuren folgt, daß die II-Fraktion von A aus 3 Komponenten besteht. Beim pH 7,0 erhält man die dunkelrot gefärbte A-Form von I, beim pH 8,6 die beiden anderen Komponenten. Die II-Fraktion von B unterscheidet sich von der von A dadurch, daß sie noch eine 4. Komponente enthält, daß der Charakter des an Eiweiß gebundenen Pigments ein anderer ist u. daß die Komponenten anders verteilt sind. O. Lebtag. 4420△

**Fettsäurenzusammensetzung von Olivenölen einheimischer Erzeugung.** Beatriz Ofelia Venini. (An. Direcc. nac. Quím. **11**, 17, 1958; Buenos Aires, Dir. Nac. de Quím., Labor. Central de Invest. y Contr.; span.) — Argentin. Olivenöle enthielten folgende Anteile an *Fettsäuren* (I; in % der Gesamtsäure): *Myristinsäure* 0,1—2,4; *Palmitinsäure* 9,8—20,0; *Stearinsäure* 0,3—2,9; *Arachinsäure* 0,1—1,3; *Palmitölsäure* 0,2—3,4; *Ölsäure* 54,0—78,0; Linolsäure 6,0—22,7; gesätt. I insgesamt 13,0—23,2. JZ. der Öle betrug 79,4—93,2. K. Zingraf. 4420□

**Untersuchung der Zusammensetzung der Samenöle von 25 Erdnuß-Varietäten des Handels, die zur selben Zeit und vom gleichen Boden (Manfredi Prov. Córdoba) geerntet wurden.** Marta S. A. Fuchs. (An. Direcc. nac. Quím. **11**, 16, 1958; Buenos Aires, Dir. Nac. de Quím., Labor. Central de Invest. y Contr.; span.) — Erdnußöle von Manfredi (Prov. Córdoba) enthielten folgende Anteile an *Fettsäuren* (I; in % der Gesamtsäure): *Myristinsäure* 0,1—1,4; *Palmitinsäure* 8,2—12,9; *Stearinsäure* 1,6 bis 3,8; *Arachinsäure* 0,9—2,0; *Behensäure* 2,3—5,0; *Lignocerinsäure* 1,3—2,5; *Palmitölsäure* 0,2—1,0; *Ölsäure* 36,1—54,0; *Linolsäure* 25,7—42,8; gesätt. I insgesamt 17,0—24,2. JZ. der Öle betrug 90,5—104,8. K. Zingraf. 4420□

**Beitrag zum Studium der Fettsäurenzusammensetzung von argentinischen Maiskeimölen.** Nelida Haydee di Tomaso. (An. Direcc. nac. Quím. **11**, 15, 1958; Buenos Aires, Dir. Nac. de Quím., Labor. Central de Invest. y Contr.; span.) — Argentin. Maiskeimöle enthielten folgende Anteile an *Fettsäuren* (I; in % der Gesamtsäure): *Myristinsäure* 0,1—2,5; *Palmitinsäure* 9,5—18,7; *Stearinsäure* 0,1—3,2; *Arachinsäure* 0,1—2,1; *Palmitölsäure* 0,1—3,5; *Ölsäure* 25,6—45,5; *Linolsäure* 35,1—56,8; gesätt. I insgesamt 11,5—21,9. JZ. der Öle betrug 103,2—123,4. K. Zingraf. 4420□

**Über die Fettsäurenzusammensetzung von einheimischen Baumwollsamenölen.** Nelida C. Costanzo. (An. Direcc. nac. Quím. **11**, 14, 1958; Buenos Aires, Dir. Nac. de Quím., Labor. Central de Invest. y Contr.; span.) — Argentin. Baumwollsamenöle enthielten folgende Anteile an *Fettsäuren* (I; in % der Gesamtsäure): *Myristinsäure* 0,2 bis 2,9; *Palmitinsäure* 15,8—28,2; *Stearinsäure* 0,3—9,7; *Arachinsäure* 0,1—1,9; *Palmitölsäure* 0,4—2,8; *Ölsäure* 11,9—25,5; *Linolsäure* 43,1—56,9; gesätt. I insgesamt 24,4—31.5. JZ. der Öle betrug 96,2—112,1; Spezif. Gew. bei 25/4° 0,9095—0,9203; SZ. 2,4—16,0 mg KOH/g; Unverseifbares 0,96—2,46%; JZ. des Unverseifbaren 73,2—100,7. K. Zingraf. 4420□

**Petunosid, ein acyliertes Flavon aus Petunien.** Leonhard Birkofer und Christelmargot Kaiser. (Z. Naturforsch. **17b**, 279—80, April 1962; Köln, Univ., Inst. für organ. Chem.; dt.) — Aus den Blütenblättern der Sorte v 75 von *Petunia hybrida* wird durch Chromatographie des wss.-methanol. Extrakts an Polyamid neben *Kämpferol* (I)-*3-β-sophorosid* (**Ia**) ein neues Flavon-Deriv., *Petunosid* (II), als *Monohydrat*, $C_{37}H_{38}O_{19} \cdot H_2O$, F. 201—203°; $[\alpha]_D^{20}$ —64,3° (90% ig. A.) [$R_F$ absteigend an Papier Schleicher & Schüll 2043b 0,72 (Butanol/Eisessig/W., 10 : 3 : 7), 0,78 (Äthylacetat/HCOOH/W., 10 : 2 : 3), 0,68 (2% ig. Essigsäure)], isoliert. Die Konstit. von **II** als **I**-*3-β-Feruloylsophorosid* wird durch alkal. Hydrolyse zu **Ia** (F. 195°) u. *Ferulasäure*, saure Hydrolyse zu **I** (F. 276°) sowie partielle saure Hydrolyse zu einer *Feruloylglucose* ($R_F$ 0,68; —; —) u. einer *Feruloylsophorose* ($R_F$ 0,52; —; —) bewiesen. Die Stellung des Feruloylrestes wurde nicht festgestellt. — UV- u. IR-Spektren. F. Heller. 4420□

**Plastidenfarbstoffe von Gametophyten und Sporophyten der Moose.** R. O. Freeland. (Plant Physiol. **32**, 64—66, Jan. 1957; Evanston, Ill., Northwestern Univ., Dep. of Biol. Sci; engl.) — Die Plastidenfarbstoffe von Gametophyten u. Sporophyten von *Entodon seductrix*, *Ditrichum vaginans*, *Brachythecium acuminatum*, *Mnium sylvaticum* u. *Thuidium recognitum* wurden aus homogenisiertem Material mit PAe. extrahiert u. analysiert. In beiden Generationen sämtlicher untersuchter Moose wurde *Chlorophyll a* u. *b*, *α*- u. *β-Carotin*, *Lutein*, *Violaxanthin* u. *Zeaxanthin* gefunden. *Ditrichum vaginans* u. *Entodon seductrix* enthalten zusätzlich *Neoxanthin* u. *E. seductroix* auch *Kryptoxanthin*. Es wird gezeigt, daß zwischen Gametophyt u. Sporophyt kein qual. Unterschied im Vork. der Plastidenfarbstoffe besteht u. daß die grünen Plastiden der Moossporophyten Chloroplasten sind. W. Schenk. 4420□

**Über Pflanzenstoffe.** 12. Mitt. **Neutrale Substanzen aus Telekia speciosa (Schreb.) Baumg.** V. Benešová und V. Herout. (Collect. czechoslov. chem. Commun. **26**, 2916—20, Nov. 1961; Prague, Czechoslov. Acad. of Sci., Inst. of Org. Chem. and Biochem.; engl.) — 11. vgl. C. **1962**, **6834**. — Aus den Lactonkonzentraten von Wurzel, Blättern u. Blüten (10 g Proben) der Composite *Telekia speciosa* lassen sich durch präparative Papierchromatographie [Whatman No. 1; PAe.–Toluol–Methanol–W. (8 : 2 : 8 : 2)] neben *Isoalantolacton* noch 4 weitere Lactone isolieren u. durch IR-Spektren charakterisieren. Der Komponenten-Geh. in den einzelnen Pflanzenteilen ist tabellar. angegeben. Im Hauptvers. werden 7,8 kg der getrockneten u. fein gemahlenen Pflanze mit PAe. erschöpfend extrahiert, auf 1 Liter eingedampft, 15 mal mit 60% ig. wss. A. ausgeschüttelt, der wss.-alkohol. Extrakt auf 750 ml im Vakuum eingeengt, ausgeäthert u. der Ae. abdest.; Ausbeute 87 g des Lactonkonzentrats. Chromatographie des vorher an 500 g $Al_2O_3$ adsorbierten Lactonkonzentrats an 4500 g $Al_2O_3$ lieferte eine nicht näher untersuchte *Substanz*, F. 172°, *Telekin* (I), $C_{15}H_{22}O_3$, F. 159,5—160°; $[\alpha]_D^{20}$ +234° (c = 4,56; Chlf.), u. *Isotelekin* (II), $C_{15}H_{22}O_3$, F. 144,5—145°; $[\alpha]_D^{20}$ +100,05° (c = 4,61; Chlf.) [Konstit.-Aufklärung von **I** u. **II** vgl. Benešová, Herout u. Šorm, Collect. czechoslov. chem. Commun. **26**, [1961], 1350] neben *Dihydroxylacton* (**III**), $C_{15}H_{22}O_4$, F. 177°. Hydrierung von **III** an $PtO_2$ in Eisessig zeigte die Anwesenheit einer Doppelbindung, die wahrscheinlich als exocycl. u. zur Lactongruppe konjugierte Methylendoppelbindung vorhanden ist (Methylendoppelbindungs-Best. nach Naves ergab 0,43 Mol von Formaldehyd). Wegen Mangel an Material konnte **III** nicht weiter untersucht werden. L. Novotný/Prag. 4420

**Inhaltsstoffe von Centalla asiatica.** 3. Mitt. **Untersuchung der indischen Varietät.** S. C. Bhattacharyya. (J. Indian chem. Soc. **33**, 893—98, Dez. 1956; Poona, Nat. Chem. Labor. of India; engl.) — 2. vgl. J. Indian chem. Soc. **33**, [1956], 630. — Aus in Assam gesammelter *Centalla asiatica* wird nach Trocknen an der Sonne u. 6 monatiger Lagerung eine *Triterpensäure*, *Indocentosäure* (I) u. ein **I**-*Glykosid*, *Indocentellosid*, isoliert. **I** besitzt auf Grund der Rkk. u. Abbau-Verss. die gleiche Struktur wie *Centosäure* (II), die Verschiedenheit ist wahrscheinlich auf eine andere Anordnung der Hydroxylgruppen zurückzuführen.

Versuche: *Indocentosäure* (I), $C_{30}H_{48}O_6$, F. 272° (auf 220° vorgeheiztes Bad); $[\alpha]_D^{17}$ +38,6° (c = 1,464%; Pyridin), durch Zerlegen des Brucinsalzes mit Säure; mit $C(NO_2)_4$ gelb, mit $H_2SO_4/HNO_3$ kirschrot; verbraucht 1,067 Mol $KJO_4$. Gibt wie **II** ein neutrales *Bromlacton*. *Brucinsalz*, aus 9 kg Pflanzenmaterial wie l. c. u. fraktionierte Kristallisation der aus dem Triterpensäuregemisch (160 g) erhaltenen Brucinsalze; $[\alpha]_D^{17}$ —77° (c = 1,37; A.); aus A. große Platten; 131 g (Ausbeute). *Diacetyl-Deriv.*, $C_{34}H_{52}O_8$, F. 150°, aus **I** u. Acetanhydrid/Pyridin bei Raum-Temp. (24 Std.) oder durch 3 std. Kochen mit Na-Acetat/Acetanhydrid; amorph; $KJO_4/AgNO_3$-Test nach Feigl positiv. *Methylester*, $C_{31}H_{50}O_6$, F. 173—175° (Ae.), aus 5 g **I** u. $CH_2N_2$ in Ae. bei Raum-Temp.; 4,5 g; Feigl-Test positiv (Spaltprod. besitzt Aldehydfunktion); läßt sich nicht verseifen. *Diisopropyliden-Deriv. des Methylesters*, $C_{37}H_{58}O_6$, F. 213°, aus 1 g Ester u.

4 Tropfen HCl in warmem Aceton; aus Aceton Nadeln; 0,6 g. *Dimedon-Deriv.*, F. 189°. — *1.7-Dimethylnaphthalin* (?), durch Se-Dehydrierung von 5 g **I** u. Chromatographie der neutralen Prodd. an $Al_2O_3$; Öl; 0,760 g. *Pikrat*, $C_{18}H_{15}N_3O_7$, F. 121°. Daneben eine *Verb. vom F. 298°* (sublimiert bei 260°/$10^{-4}$ mm), wahrscheinlich *1.8-Dimethyl-* oder *1.7.8-Trimethylpicen.* — *Indocentellosid, Brucinsalz*, erweicht langsam ab 145°, aus den Mutterlaugen der Triterpensäure; $[\alpha]_D^{17}$ —70° (c = 1,3; A.); aus A. große Platten. F. Heller. 4420□

**Untersuchungen über Pilocarpus pennatifolius Lem. von Sizilien.** A. Imbesi. (Arch. ital. Sci. farmacol. [3] **7**, 66—72, Jan. 1957; Messina, Univ., Ist. Farmacol.; ital.) — Als Beitrag zum Problem der Biogenese der *Alkaloide* (**I**) des in Sizilien üppig wachsenden *Pilocarpus pennatifolius* Lem. wurde der **I**-Geh. in verschiedenen Teilen der Pflanze u. bei verschiedenen Wachstumsstadien untersucht. Die Blätter, die morpholog. u. anatom. keine wesentlichen Abweichungen zur Originalpflanze aus Paraguay aufweisen, haben aber einen wesentlich niedrigeren **I**-Gehalt. Den höchsten **I**-Geh. haben die Wurzelrinden, 0,185%, berechnet als *Pilocarpinbase*; 0,138%, berechnet als *Pilocarpinnitrat*; dann folgen die Samen mit 0,065 bzw. 0,046, die jungen Blättchen mit 0,061 bzw. 0,055 u. weiter die Blattstiele, Fruchtgehäuse, Blüten u. andere. Das Verhindern des Blühens u. Düngung mit $(NH_4)_2SO_4$, Superphosphat u. KCl bewirken eine Erhöhung um 20 bzw. 15%. Vf. nimmt an, daß **I** in den Wurzeln synthetisiert werden u. von dort in die anderen Teile der Pflanze weitergeleitet werden. B. Stieb. 4420□

**Untersuchungen über die Biochemie des Cholins und seiner Derivate.** 37. Mitt. **Betain und Cholin in Beta vulgaris.** Alfred Simenauer. (Bull. Soc. Chim. biol. **39**, 1429—39, 12/2. 1958; Paris, Centre Nat. de la Rech. Sci., Labor. de M. le Prof. Ernest Kahane; franz.) — 36. vgl. C. **1960**, 9271; 35. vgl. C. **1963**, 7827. — Der *Betain* (**I**)-Geh. von *Beta vulgaris* stieg in den Blättern bis zur Blüte (138. Tag) von 2,4 mg **I**/g Trockengew. auf 22,7 an. Der Anstieg in der Wurzel verlief nicht ganz so steil. Der mittlere *Cholin* (**II**)-Geh. liegt bei 1 mg/g Trockengew. u. ist kaum altersabhängigen Schwankungen unterworfen. Vf. glaubt nicht, daß **I** bei *Beta* die Rolle von **II** in anderen, **I**-freien Pflanzen spielt. **I** wurde als Reineckat gefällt. Freies **II** als Reineckat oder Perjodid, in W. lösl. **II** nach Hydrolyse des wss. Extrakts, Gesamt-**II** nach Hydrolyse der Pflanze. H. Frank. 4425

**Untersuchungen über die Biochemie des Cholins und seiner Derivate.** 38. Mitt. **Stoffwechsel des Betains in den Früchten von Beta vulgaris.** Alfred Simenauer. (Bull. Soc. Chim. biol. **39**, 1441—53, 12/2. 1958.) — 37. vgl. vorst. Referat. — Früchte von Runkelrüben wurden eingeweicht u. während der Quellzeit der *Betain* (**I**)-Geh. untersucht. **I** fällt innerhalb von 4 Tagen von 6,9 auf 2 mg/g Trockengewicht. **I** ließ sich nicht im Quellwasser oder in Form flüchtiger Basen nachweisen. Es wird vermutlich in den Samenschalen abgebaut, ohne daß ein Ferment hierfür gefunden wurde. Zwischenprodd. des vermeintlichen Abbaus wurden auch nicht entdeckt. — Im Fruchtextrakt wurde ein Keimungshemmstoff gefunden. — Vf. hält ein Eingreifen des **I** in den Kohlenhydratstoffwechwel für möglich. H. Frank. 4425

**Untersuchungen über die Biochemie des Cholins und seiner Derivate.** 39. Mitt. **Betain und Phosphatide in Pflanzen.** Alfred Simenauer. (Bull. Soc. Chim. biol. **40**, 203—09, 12/3. 1958.) — 38. vgl. vorst. Referat. — An *Beta vulgaris* (B) u. *Cicer arietinum* (C) wurden *Phosphatide* (**I**) untersucht. Bei B hatten die **I** der Früchte 2,18% P, 0,63% N u. 1,22% *Cholin* (**II**), der Wurzeln 2,18% P, 1,2% N u. 3,3% **II** u. der Blätter 2,12% P, 1,3% N u. 1,83% **II**. **I** von Chatten 2,25% P, 1,13% N u. ca. 5% **II**. Der geringe P-Geh. wird auf die Anwesenheit von Zucker im Mol. zurückgeführt. *Betain* wurde in keinem Falle gefunden. H. Frank. 4425

**Untersuchungen über die Biochemie des Cholins und seiner Derivate.** 40. Mitt. **Die Phosphatidylcholine bei Patella vulgata.** Jacqueline Etienne und Ernest Kahane. (Bull. Soc. Chim. biol. **40**, 211—20, 12/3. 1958.) — 39. vgl. vorst. Referat. — Vff. benutzen die Meth. von Folch-Pi u. Mitarbeitern (J. biol. Chemistry **191**, [1951], 833) zur Extraktion der *Phospholipide* (**I**) aus *Patella vulgata*. Die schalenlosen Tiere werden 1—2 Min. in Methanol gewaschen (1 Vol.), 3 Vol. Chlf. zugesetzt, 3 Min. gewaschen, abfiltriert, das Filtrat im Vakuum eingedampft u. in Ggw. von $H_2SO_4$ wasserfrei gemacht, mit kaltem u. warmem Chlf. extrahiert. Die Lsg. wird mit $^1/_3$ Vol. Methanol versetzt, im Gefäß mit permeablen Membranwänden in W. gehängt u. durch Diffusion von Methanol in W. die hydrophilen Stoffe abgetrennt. Die Extraktion von **I** erfolgt quant. u. ist der mit kaltem A. überlegen. Die **I**-Lsg. in Chlf. wurde eingedampft u. der Rückstand 24 Std. in Ggw. von $H_2SO_4$ im Vakuum getrocknet, der Rückstand mit Aceton extrahiert (kalt u. warm; Abtrennung der Neutralfette) u. der unlösl. Rückstand in Chlf. gelöst. Mit Aceton werden sehr reine **I** gefällt (ohne Zusatz von $MgCl_2$). Die **I** wurden hydrolysiert (Methanol/HCl konz. = 1 : 1) u. elektrophoret. untersucht (sauer

u. alkal.). 2 Flecke wurden erhalten. *Cholin* (vermutlich aus der Hydrolyse von Lecithinen) u. *Betain*. Die durch Aceton fällbaren I sind den in der Mutterlauge verbleibenden sehr ähnlich u. wahrscheinlich damit identisch. Die Zus. von I ist nach dem neuen Extraktions-Verf. der anderer Organismen analog: 10,65% *Cholin*, 3,35% P u. 1,80% N. Walter Schäfer. 4487

**Untersuchungen über die Biochemie des Cholins und seiner Derivate.** 41. Mitt. **Bilanz der verschiedenen Formen von Cholin in Pflanzen.** Fabien Cohen-Boulakia. (Bull. Soc. Chim. biol. **41,** 1093–1100, 25/9. 1959; Paris, C.N.R.S., Fac. de Méd.; franz.) — 40. vgl. vorst. Referat. — Es wird über Technik der Trennung u. Best. der verschiedenen Formen von *Cholin* (I) in Pflanzen berichtet. Die durch das Fällen von I als Reineckat in gewissen Fällen auftretenden Fehler werden durch die vorgeschlagene Technik vermieden. Zwischen den verschiedenen Formen von I u. dem Gesamt-I, ausschließlich des Phosphoryl-I, werden Bilanzen aufgestellt. H. Aman. 4425□

**Beeinflussung des Saccharidgehaltes junger Weizenpflanzen durch erhöhten Thiaminspiegel.** Manfred Tesche. (Naturwissenschaften **49,** 113, 1. März-H. 1962; Dresden, TU, Inst. für Botan.; dt.) — Vf. versucht, den Einfl. von *Thiamin* (I) auf den *Saccharid*-Geh. von Sommerweizen (Sorte: Hadmerslebener Koga) zu erfassen. Das gesamte zugeführte I wurde vom Bodensubstrat adsorbiert. Der I-Spiegel in den Sproßteilen der Pflanzen war um 150% höher als der der Kontrollen. In den Wurzeln betrug die Steigerung bis 200%. Bei erhöhtem I-Spiegel war die Zuckerproduktion beträchtlich, der Fructose-Geh. bis zu 197% gesteigert. Xylose, Galaktose u. Maltose waren außerordentlich gering vorhanden. P. Nachtwey. 4425□

**Pulverchromatographie zur Bestimmung von Carotin auf dem Felde.** B. N. Majumdar und B. N. Gupta. (Current Sci. [Bangalore] **29,** 434–35, Nov. 1960; Izatnagar, U.P., Ind. Vet. Res. Inst., Animal Nutrition Div.; engl.) — Das Probenmaterial wird zerkleinert, mit PAe.-Aceton (1:1) extrahiert, der acetonfreie Extrakt mit Knochenmehl geschüttelt, filtriert u. *Carotin* spektrophotometr. bestimmt. Die Ergebnisse stimmen gut mit den nach Säulenchromatographie erhaltenen überein. P. Gregorzewski. 4425□

**Untersuchungen über die Kationenaustauschkapazität von Wurzeln.** S. G. Heintze. (Plant and Soil [The Hague] **13,** 365–83, Jan. 1961; Harpenden, Herts, Rothamsted Exp. Stat.; engl.) — Die Kationenaustauschkapazität (KAK) von Wurzeln verschiedener u. unter verschiedenen Bedingungen gewachsener Pflanzenarten wurde verglichen, die sauren Gruppen der Wurzeloberfläche charakterisiert u. die Beziehung zwischen KAK u. Aufnahme von ein- u. zweiwertigen Kationen unter kontrollierten Bedingungen untersucht. KAK wird in mVal je 100 g Trockengew. (24 Std. bei 70°) angegeben. Die Austauschacidität von Wurzeln ergab verschiedene KAK-Werte, wenn die Austausch-Lsg. (HCl in nKCl) anfangs auf pH 2 oder auf pH 5 eingestellt war. Im ersteren Fall ergaben sich bei Erbsen u. Hafer KAK-Werte von 50 u. 23, in letzterem von 8 bzw. 9. — Infolge enzymat. Bldg. von Carboxylgruppen aus dem Pektin fiel der pH der Wurzelsuspension wieder auf saure Werte. Nach Vorbehandlung mit Pektinase, $(NH_4)_2C_2O_4$ u. kochendem W. fand keine Säure-Bldg. statt u. es ergaben sich niedrigere KAK-Werte. Die mit $BaCl_2$ gemessene KAK wurde durch Kontaktdauer u. Konz. nicht beeinflußt. $K^+$ wurde schneller desorbiert u. ergab konzentrationsabhängige KAK-Werte. In unternormalen Lsgg. zeigten die Wurzeln stärkere Affinität zu $Ba^{2+}$ als zu $K^+$. Mit $^{45}CaCl_2$ ließ sich an Ca-gesätt. Erbsen- u. Weizenwurzeln das gesamte Ca voll austauschen, was die Möglichkeit einer Chelatbindung von Ca ausschließt. — Abtöten durch Ätherdampf beeinflußte die KAK nicht, wohl aber Eintauchen, vermutlich durch auflösende Wirkung. — Die KAK von Gramineenwurzeln (Raygras, Weizen, Gerste) wurde durch verschiedene Kulturmedien nur wenig beeinflußt. Stärkere Unterschiede ergaben sich bei Rotklee, wo die Feldwerte weniger als ½ so groß wie auf Kies im Gewächshaus waren. N-Düngung [100 lb/acre als $(NH_4)_2SO_4$] erhöhte die KAK von 4 monatigen, auf N-Mangelboden im Gewächshaus gezogenem *Lolium perenne* von 21 auf 26. Entsprechende Gaben von $(NH_4)_2SO_4$, $Ca(NO_3)_2$ u. $CO(NH_2)_2$ erhöhten die KAK von im Feld gewachsenem *Lolium multiflorum* von 25 auf 32, 34 bzw. 26. P-Düngung steigerte die KAK von *Lolium perenne* auf P-Mangelboden. Zwischen KAK-Werten u. $Ca/K^+$-Verhältnis der Sprosse ergab sich nur schwache Korrelation. G. Jagnow. 4450□

**Die Dynamik der schwefelhaltigen Verbindungen in Pflanzen.** A. N. Bugakowa. (Ber. Akad. Wiss. UdSSR **141,** 1236–38, 11/12. 1961; Krasnojarsk, Landwirtschaftl. Inst.; russ.) — Untersucht wurde unter Anwendung von $Na_2{}^{35}SO_4$ in Sojapflanzen der Geh. an Eiweiß-S, der $SO_4$-Geh. u. der Geh. an Gesamt-S in 5 verschiedenen Entw.-Phasen der Pflanzen sowie im Samenlappen der Bohne. Im Samenlappen nimmt der Gesamt-S-Geh. während der Vegetation der Pflanze ab, da die S-Verbb. in die wachsenden Organe transportiert werden. Neben den Zerfallsprozessen im Samenlappen finden noch immer synthet. Prozesse statt, da S neu aufgenommen wird. Die negative Bilanz im S-Haushalt entsteht, weil im gegebenen Falle der Zufluß an S kleiner ist als der Abtransport. Die beobachtete S-Bilanz in einer gegebenen Entw.-Periode erklärt sich aus dem parallel zur S-Aufnahme stattfindenden Abtransport S-haltiger Verbindungen. Die Intensität der Aufnahme ist nahezu gleich der Intensität der nachfolgenden Prozesse (Abtransport.) R. Laue. 4460 □

**Photosynthese.** S. Aronoff. (Bot. Rev. **23**, 65—107, Febr. 1957; Ames, Iowa, State Coll., Dep. of Bot. and Inst. of atom. Res.; engl.) — Zusammenfassende Darst. der bisher bekannten photosynthet. Rkk., in der Vf. nicht nur Einzelveröffentlichungen, sondern auch drei Übersichts-Reff. auswertet. — 85 Literaturangaben. U. Baumann. 4460

**Untersuchung der Photoreduktion des Chlorophylls in Anwesenheit von Elektronenacceptoren.** A. A. Krassnowski und N. N. Drosdowa. (Biochemie [UdSSR] **26**, 859—71, Sept./Okt. 1961; Moskau, Bach-Inst. für Biochemie der Akad. der Wiss. der UdSSR; russ., Auszug: engl.) — Die Unterss. über die Abhängigkeit der Red. von *Chlorophyll* (**I**; a u. a + b) durch *Ascorbinsäure* (**II**) von der Ggw. von Elektronenacceptoren ergaben, daß die polycycl. KW-Stoffe (Tetracen) u. die Verbb. mit Polyenkette, wie Carotin, Lutein, Violaxanthin, Vitamin-A-Acetat, β-Jonon, Crotonsäure, die Photo-Red. von **I** durch **II** hemmen. Je größer die Zahl der konjugierten Doppelbindungen, um so stärker ist diese Wirkung. In Ggw. der genannten Verbb. treten keine beständigen Prodd. der sensibilisierten Photo-Red. auf. Die Polymethinfarbstoffe inhibieren die Photo-Red. des **I** durch **II**. Im Unterschied zu den Carotinoiden bilden sie Prodd. der photosensibilisierten Reduktion. Heterocycl. Verbb., wie *Acridin*, *Phenazin*, *Menadion*, zeigen die gleiche Wrkg. wie die Polymethinfarbstoffe. Aus dem Vgl. der untersuchten Verbb. ist zu folgern, daß die inhibierende Wrkg. auf die Photo-Red. des **I** auf der umkehrbaren Elektronenaufnahme durch die konjugierten Doppelbindungen beruht, daß die Ggw. eines Heteroatoms im Syst. der konjugierten Doppelbindungen die Bldg. relativ beständiger Prodd. der photosensibilisierten Red. verursacht. O. Lebtag. 4460△

**Untersuchungen der photosynthetischen Reaktion.** 3. Mitt. **Der Einfluß verschiedener Hemmstoffe auf Wachstum und Carbonatfixierung in Chlorella pyrenoidosa.** Arthur Tomisek, Mary R. Reid, William A. Short und Howard E. Skipper. (Plant Physiol. **32**, 7—10, Jan. 1957; Birmingham, Ala., Southern Res. Inst., Biochem. Div.; engl.) — Der Einfl. einer Anzahl Antibiotica u. anderer Hemmstoffe [*Azaserin, Bacitracin, Carbomycin, (—)-4'-Oxothiazolidinyl-(2')-hexacarbonsäure, Erythromycin, Gliotoxin, Neothiolutin, Netropsin, Hydroxytetracyclin, Pleocidin, Polymyxin B, Puromycin, Rimocidin, Streptomycin, Tetracyclin, Thiolutin, 5-Brom-, 5-Nitro- u. 2-Thiouracil, Orotsäure, Thymin, 2.4-Dichlorphenoxyessigsäure, Indolyl-(3)-essigsäure, 2.4-Dihydroxypropan-1-sulfonsäure, Isäthionsäure, Taurin u. Taurinamid*] auf das Wachstum von *Chlorella pyrenoidosa* u. deren $CO_2$-Fixierung wurde in Lang- u. Kurzzeit-Verss. mit $NaH^{14}CO_3$ als C-Quelle untersucht. Vff. fanden, daß *Bacitracin* u. *Erythromycin* selbst in Dosen, die deutlich das Wachstum hemmen, die $CO_2$-Fixierung stimulieren. *Oxytetracyclin* stimuliert Wachstum u. $CO_2$-Fixierung, *Gliotoxin, Thiolutin, Polymyxin B u. Streptomycin* hemmen die $CO_2$-Fixierung. W. Schenk. 4460 □

**Untersuchungen über Photosyntheseprozesse.** 1. Mitt. **Der Einfluß der Lichtintensität auf Triphosphorpyridinnucleotid-Reduktion, Adenosintriphosphat-Bildung und Kohlendioxid-Assimilation in Spinatchloroplasten.** John F. Turner, Clanton C. Black und Martin Gibbs. (J. biol. Chemistry **237**, 577—79, Febr. 1962; Ithaca, N.Y., Cornell Univ., Dep. of Biochem.; engl.) — Der Einfl. der Lichtintensität (L) auf die $CO_2$-Fixierung durch isolierte Chloroplasten (A) u. auf die Bldg. von *red. Triphosphorpyridinnucleotid* (*TPNH*) bzw. *Adenosintriphosphat* (*ATP*) durch A-Fragmente in Trispuffer bei pH 7,5 wird untersucht. Die $CO_2$-Fixierung nimmt mit steigender L zu, weist jedoch bei niedrigen L eine Verzögerung auf (Kurve). Die TPNH-Bldg. nimmt bei niedriger (15 μg/ml) wie hoher (120 μg/ml) *Chlorophyll* (**I**)-Konz. mit steigender L linear zu, wogegen die ATP-Bldg. bei niedriger **I**-Konz. eine Verzögerung bei 10—25 foot candles (f.c.), bei hoher **I**-Konz. unterhalb 250 f.c. aufweist, ehe sie mit steigender L zunimmt. Auch bei höchsten L (3000 f.c.) u. niedriger **I**-Konz. erreicht die ATP-Ausbeute nicht den Umfang der TPNH-Bldg. (Kurven). Bei niedriger **I**-Konz. u. 3000 f.c. nähert sich das Mol-Verhältnis ATP:TPNH dem Wert 1,0, beträgt bei hoher **I**-Konz. jedoch nur maximal 0,5. Austausch-Rkk. zwischen anorgan. Phosphat u. ATP wurden nicht festgestellt. Die mögliche Bedeutung der Vers.-Ergebnisse für photosynthet. Prozesse wird diskutiert. G. Kirsten. 4460 □

**Untersuchungen über Photosyntheseprozesse.** 2. Mitt. **Wirkungsspektren und Quantenbedarf für Triphosphorpyridinnucleotid-Reduktion und die Bildung von Adenosintriphosphat durch Spinatchloroplasten.** Clanton C. Black, John F. Turner, Martin Gibbs, D. W. Krogmann und Solon A. Gordon. (J. biol. Chemistry **237,** 580—83, Febr. 1962; Ithaca, N.Y., Cornell Univ., Dep. of Biochem.; Detroit, Mich., Wayne State Univ., Dep. of Chem.; Argonne, Ill., Argonne Nat. Labor., Div. of Biol. and Med. Res.; engl.) — 1. vgl. vorst. Referat. — Der Einfl. von monochromat. Licht auf die Red. von TPN u. die damit gekuppelte ATP-Bldg. mit u. ohne Ggw. von *Phenazinmethosulfat* (**I**) in Spinatchloroplasten wird in Tris-$KH_2PO_4$—$K_2HPO_4$-Puffer in Ggw. von $MgCl_2$ untersucht. Das Wrkg.-Spektrum der TPN-Red. zeigt Banden bei 450, 500 u. 675 m$\mu$, die gleichlaufende Phosphorylierung bei 430 u. 680 m$\mu$ sowie eine Flanke bei 500 m$\mu$, die in **I**-Ggw. eine volle Bande ergibt u. möglicherweise auf die Wrkg. anwesender Carotinoidfarbstoff hindeutet. Der Quantenbedarf für die TPN-Red. beträgt 9 bei 675 m$\mu$, 15 für die assoziierte Phosphorylierung, steigt jedoch in **I**-Ggw. auf das 10—15fache an. Das Mol-Verhältnis ATP:TPNH nähert sich nur bei hohen Lichtintensitäten dem Wert 1,0 u. ist im Gebiet der blauen Absorptionsbanden am größten, während sowohl für die Phosphorylierung als auch die Red. die höchsten Quantenausbeuten im roten Gebiet erzielt werden. — Absorptions- u. Wrkg.-Spektren sind abgebildet. G. Kirsten. 4460□

**Die Rolle der Phenolkörper im Stoffwechsel des Sandel (Santalum album Linn) bei Gesundheit und Krankheit.** K. Parthasarathi und M. N. Ramaswamy. (J. sci. ind. Res. [New Delhi], Sect. C **20,** 273—75, Sept. 1961; Bangalore, Forest Res. Labor.; engl.) — Der *Phenol-Körper* (**I**)-Geh. gesunder u. viruskranker (spihed leaves) Sandelholzblätter wird untersucht. Erkrankte Blätter haben einen signifikant höheren **I**-Gehalt.
P. Gregorzewski. 4460□

**Chemische Untersuchungen über den Biosyntheseweg der Blütenfarbstoffe in Mutanten von Antirrhinum majus.** H. Schmidt. (Biol. Zbl. **81,** 213—26, Jan./April 1962; Gatersleben, Dtsch. Akad. der Wiss. zu Berlin, Inst. für Kulturpflanzenforschung; dt.) — In den *Antirrhinum majus*-Mutanten „*sulfurea*", „*incolorata*", „*eluta*" u. „*eosinea*", werden je nach genet. Konstit. papierchromatograph. u. spektrophotometr. *Cyanidin, Pelargonidin, Luteolin, Apigenin* u. *Aureusidin* nachgewiesen. Alle Mutanten enthalten *p-Cumarsäure* (**I**), *Kaffeesäure* (**II**), *Ferulasäure* (**III**) u. *p-Hydroxybenzoesäure* als Glucoseester. Durch Verabreichung von $^{14}C_{(2)}$-Phenylalanin wird nachgewiesen, daß *Apigenin* über **I, II** u. **III** entsteht. Bei der zur Pigment-Bldg. unfähigen Mutante „nivea" sind daher auch **I, II** u. **III** 10fach gegenüber den farbigen Mutanten angereichert. Als Intermediär-Prodd. bei der Synth. der Hydroxyzimtsäuren treten *p-Hydroxyphenylbrenztraubensäure* (**IV**) u. *p-Hydroxyphenylmilchsäure* auf. In der „nivea„-Mutante ist die *Polyphenoloxydase*-Aktivität gegenüber den farbstoffbildenden Mutanten verringert. Bei Lichtausschluß wird die Zimtsäure-Synth. auf der Stufe von **IV** blockiert.
P. Gregorzewski. 4460□

**Untersuchungen der Biogenese von Nicotinalkaloiden in Tabakpflanzen.** 1. Mitt. **Der Einfluß von anorganischen Stickstoffverbindungen und verschiedenen Aminosäuren auf die in vitro-Synthese von Nicotin durch Blätter, Stengel und Wurzeln von Nicotiana tabacum.** B. C. Bose, H. N. De, I. H. Dalal und Sultan Mohammad. (Indian J. med. Res. **44,** 81—88, Jan. 1956; Indore, M.B., Dep. of Pharmacol. and Biochem., M. G. M. Med. Coll.; engl.) — Vgl. C. **1960,** 10632. — Nach Applikation von $(NH_4)_2SO_4$ u. $KNO_3$ ($10^{-5}$m) an Blatt-, Wurzel- u. Stengelscheiben wurde gegenüber Kontrollen nach 24 Std. ein erhöhter *Nicotin* (**I**)-Geh. gefunden. Der Anstieg betrug das 1,5 (Stengel)- bis 2 (Blätter)-fache gegenüber den Kontrollen. Gaben von Aminosäuren unter gleichen Bedingungen führte ebenfalls zu erhöhtem **I**-Gehalt. Die Eignung der Aminosäuren nimmt in folgender Reihenfolge ab: *Tryptophan* (**II**), *Prolin, Arginin, Ornithin* u. *Anthranilsäure.* In Freiland-Verss. wurde nach Aufsprühen von **II** erhöhte **I**-Synth. in den Blättern beobachtet. Nach diesen Befunden sprechen Vff. den Blättern eine besondere Rolle bei der **I**-Biosynth. zu. W. Schenk. 4460□

**Untersuchungen der Biosynthese von Nicotinalkaloiden in Tabakpflanzen.** 2. Mitt. **Untersuchung der Transmethylierung von Nicotin und Nornicotin in Nicotiana tabacum und Nicotiana glauca.** B. C. Bose, H. N. De und Sultan Mohammad. (Indian J. med. Res. **44,** 91—97, Jan. 1956; engl.) — 1. vgl. vorst. Referat. — Zur Best. des *Nornicotins* (**I**; 10—100 $\mu$g) wurde dessen Kirschrotfärbung mit *Chinhydron* in Phosphatpuffer von pH 7 verwendet. Mit Enzym-Präpp. aus *N. tabacum* u. *N. glauca*, die durch Acetonfällung aus wss. Extrakten von Blatt-, Wurzel- u. Stengelhomogenaten erhalten wurden, konnten Vff. in Ggw. von *Äthanolamin* Umwandlung von *Nicotin* (**II**) in **I** beobachten. In Ggw. von *Methionin* wurde kein Hinweis auf Methylierung von **II** zu **I** gefunden.
W. Schenk. 4460□

**Der Hexosemonophosphat-Nebenweg als Hauptrespirationsweg während der Sporulation von Rostpilzen des Saflor (Carthamus tinctorius).** J. M. Daly, R. M. Sayre und J. H. Pazur. (Plant Physiol. **32,** 44—48, Jan. 1957; Lincoln, Nebr., Univ. of Nebraska, Dep. of Plant Pathol. and Biochem. and Nutrition.) — Vgl. zwischen gesunden u. mit *Puccinia carthami Cda.* infizierten Epicotylstücken des Saflor (*Carthamus tinctorius*) zeigen, daß während der Sporulation der Pasteur-Effekt — gemessen als Verhältnis anaerober zu aerober $CO_2$-Prod. — stark vermindert wird ($CO_{2aerob}/CO_{2anaerob}$ $< 0{,}33$). Die Hemmung der Atmung durch NaF wird während der Sporulation geringer als in gesundem Gewebe. Applikation von $^{14}C_{(1)}$- u. $^{14}C_{(6)}$-*Glucose* an infizierte u. gesunde Epicotylstücke zeigte, daß infizierte Gewebe mehr $CO_2$ aus dem $C_1$ der Glucose bilden als gesunde Gewebe. Das Verhältnis $C_6/C_1$ wurde mit gesunden Pflanzen zu 0,63 u. nach Infektion zu 0,18 bestimmt. Vff. schließen daraus, daß die Atmung infizierter Hypocotyle des Saflor im wesentlichen nach dem *Hexosemonophosphatnebenweg* abläuft, während im gesunden Zustand der Embden-Meyerhoff-Abbau bevorzugt wird.
W. Schenk. 4462□

**Einige Einflüsse der Ascorbinsäure und Metallkomplexe bildender Agentien auf die Atmung von Haferwurzeln.** S. I. Honda. (Plant Physiol. **32,** 23—31, Jan. 1957; Univ. of Sydney, Australia, Plant Physiol. Unit, C.S.I.R.O. and Bot. School.) — *Ascorbinsäure* (I) erhöht die $O_2$-Aufnahme von Haferwurzelsegmenten in *Tris-* u. *EDTA*-haltigen Pufferlösungen. Zur Unters. des Einfl. der I u. verschiedener Komplexbildner auf die Respiration wurden Segmente von Wurzelspitzen junger Hafersämlinge in *Tris-* u. *EDTA*-haltigen Puffer-Lsgg. mit den untersuchten Substanzen inkubiert u. die Atmung mit der manometr. Meth. nach Warburg gemessen. Durch **I** wurde solange die $O_2$-Aufnahme erhöht u. die $CO_2$-Abgabe vermindert, bis eine der zugesetzten **I** äquivalente $O_2$-Menge aufgenommen war. Im Vgl. mit Kontrollen ohne **I** konnte so die scheinbare I-Oxydaseaktivität bestimmt werden. Vf. fand die durch **I** induzierte Verminderung der $CO_2$-Abgabe etwa äquivalent der Hemmung der $O_2$-Aufnahme, die durch *Cyanid* (**II**) herbeigeführt werden kann. $10^{-3}$m **II** hemmte in den meisten Verss. die Atmung um 65—70%. Die maximalen Hemmungen der Atmung mit *8-Hydroxychinolin* (**III**) u. *Phenylthioharnstoff* (**IV**) sind etwa ebenso groß wie die Cyanidhemmung. Dagegen hemmt *Na-Diäthylthiocarbamat* die Atmung nur etwa halb so stark wie **II, III** u. **IV**, hemmt aber 95% der I-Oxydase, die von **II, III** u. **IV** nicht beeinflußt wird.
W. Schenk. 4462□

**Untersuchungen des Wachstums von Citrus-Sämlingen mit verschiedenen Stickstoffquellen in Wasserkulturen.** Paul F. Smith. (Plant Physiol. **32,** 11—15, Jan. 1957; Orlando, Fla., Horticult. Crops Res. Branch, Agricult. Res. Serv., U. S. Dep. of Agricult.; engl.) — Frisch gezogene Orangensämlinge werden mit verschiedenen N-Quellen in Wasserkulturen gezogen. $(NH_4)_2SO_4$ u. *Nitrat-N* führen zu etwa gleicher Entw. der Pflanzen. Wird der pH der Nährlsg. bei 4 gehalten, so bleiben die darin gezogenen Pflanzen im Wachstum zurück. Parallel dazu verringern sich die Konzz. der K-, Ca- u. Mg-Ionen in den Blättern u. es erscheint Vf. wahrscheinlich, daß dieser Effekt gleichzeitig aber nicht prim. für die Wachstumsverzögerung unter sauren Bedingungen verantwortlich zu machen ist. W. Schenk. 4470□

**Der Einfluß von Biuret auf die Proteinsynthese in Pflanzen.** George C. Webster, Richard A. Berner und A. N. Gansa. (Plant Physiol. **32,** 60—61, Jan. 1957; Pasadena, Calif., California Inst. of Technol., Kerckhoff Labor. of Biol.) — *Biuret* (I)-haltige Harnstoffdünger rufen Blattschäden hervor. Die Blätter vergilben von der Blattspitze beginnend u. zeigen eine erhöhte Hemmung der Resynth. der *Proteine* (**II**). Während *Harnstoff* (**III**) allein gegeben, den Protein-Geh. der Blätter junger *Xanthium pensylvanicum*-Pflanzen erhöht, ist nach Gabe von reinem **I** nur eine geringe Abnahme des Geh. an **II** zu beobachten. Die Schädigung wird wesentlich erhöht bei gleichzeitiger Gabe von **I** u. **II**. Die folgenden Stoffwechselprozesse werden von **I** nicht oder nur unwesentlich beeinflußt: die Absorption u. Hydrolyse von **III** durch *Xanthiumblätter*, die Oxydation von *Aminosäuren*, die Decarboxylierung von *Glutaminsäure*, die Hydrolyse von *Arginin* u. der **II**-Abbau der Blätter. Dagegen wird der Einbau von *Aminosäuren* in **II** durch **I** u. bes. in Kombination mit **III** beträchtlich gehemmt. Vff. schließen daraus, daß die Schädigung der Blätter durch **I** im wesentlichen in einer direkten oder indirekten Hemmung der *Protein-Synth.* zu sehen ist. W. Schenk. 4470□

**Eintritt und Verteilung des markierten Phosphors in Kartoffelpflanzen bei Blattdüngung.** A. I. Gretschuschnikow und W. P. Kirjuchin. (Ber. Akad. Wiss. UdSSR **142,** 719—22, 21/1. 1962; russ.) — An Kartoffelpflanzen, auf deren Blätter während der Blüte 2 ml $NaH_2{}^{32}PO_4$ (0,14 $\mu$c) aufgetragen u. daneben jungen Blättern zusätzlich $CuSO_4$, $K_2SO_4$ oder Heteroauxin zugeführt wurde, untersuchten Vff. den Geh.

an $^{32}P$ in den Pflanzenorganen zu verschiedenen Zeiten nach der Blattdüngung. $^{32}P$ gelangt innerhalb kürzester Zeit in alle Organe der Pflanze, allerdings in unterschiedlichen Konzentrationen. Diese Konz. wird wesentlich durch die zusätzliche Blattdüngung bestimmt. Die größte Steigerung des Geh. an $^{32}P$ in allen Organen konnte durch Zusatz von $K_2SO_4$ erzielt werden. Eine zusätzliche Blattdüngung mit Harnstoff blieb ohne Einfl. auf den $^{32}P$-Geh. der Pflanze. R. Laue. 4470□

**Aluminiumaufnahme und Giftigkeit in Pflanzen.** L. H. Jones. (Plant and Soil [The Hague] **13,** 297—310, Jan. 1961, Birmingham, Univ.-Dep. of Bot.; engl.) — In 8 Flugascheproben von verschiedenen Stationen lagen die Geh. an verfügbarem *Al* zwischen 24 u. 710 ppm (pH 6,45—9,01). Auf diesen Böden gewachsene Gerstenpflanzen zeigten eine positive Korrelation von aufgenommenem u. verfügbarem Al. Wurzelhomogenisate von Gerste (empfindlich), Erbse (schwach tolerant) u. Mangold (tolerant) wurden auf ihre komplexbildende Fähigkeit gegenüber Al untersucht. Von 10 $\mu$g Al banden 0,2 g frische Wurzeln von Mangold 8,4, von Erbse 6 u. von Gerste 4 $\mu$g. Vf. schließt, daß die komplexbildenden Wurzelsubstanzen kleine, dialysierbare, organ. Anionen, keine Aminosäuren, sondern wahrscheinlich Säuren des Krebs-Cyclus sein müssen. Citronensäure (**III**) u. Oxalsäure (**IV**) waren die aktivsten, Äpfelsäure (**I**) u. Weinsäure (**II**) schwächere, Malein- u. Milchsäure keine Komplexbildner für Al. Wurzeln von in Podsolboden-Flugasche-Mischungen [1, 2, 5, 25, 75, 100% Asche, pH 4,55—8,75 u. (korr.) lösl. Al von 1—25 ppm] gewachsenen Senfpflanzen wurden gequetscht u. chromatograph. auf Al-Komplexe untersucht. Die gefundenen $R_F$-Werte entsprachen denen der Al-Komplexe von **I, III** u. **IV**. Die Flecken enthielten keine Ninhydrin-positiven Substanzen. In einem ähnlichen Experiment mit Gerste zeigten sich keine „III"-Flecken. Der P-Geh. empfindlicher Gerstenpflanzen war auf Flugasche stärker vermindert als der unempfindlicher Pflanzen (Senf, Atriplex). G. Jagnow. 4470□

**Über die teilweise Aufhebung eines Zinkmangels bei Pflanzen mit Hilfe der Vitamine $B_1$ und $B_6$.** M. Ja. Schkolnik und W. N. Dawydowa. (Ber. Akad. Wiss. UdSSR **142,** 230—32, 1/1. 1962; Komarow-Inst. für Botanik der Akad. der Wiss. der UdSSR; russ.) — Vff. untersuchen, inwieweit sich ein Zn-Mangel bei Tomatenpflanzen durch Verabreichung der *Vitamine* $B_1$ u. $B_6$ bzgl. der Wachstumsprozesse ausgleichen läßt. Es werden Nährlsgg. ohne Zn u. ohne Vitamine, mit Zn u. ohne Vitamine, ohne Zn u. mit Vitaminen angewandt. Zur Auswertung wurden das Längenwachstum der Pflanzen u. das Trockengew. der einzelnen Pflanzenorgane herangezogen, wobei die Vegetationszeit zwischen 23 u. 37 Tagen variiert wurde. Sowohl im Trockengew. als auch im Längenwachstum der Pflanzen zeigte sich ohne Ausnahme die kompensierende Wrkg. der Vitamine $B_1$ u. $B_6$ bei akutem Zn-Mangel. Es verbleibt eine kleine Depression gegenüber der Variante mit Zn, die sich im Laufe der Vegetationszeit etwas erhöht. R. Laue. 4470□

**Die Wirkung von Pflanzenregulatoren auf die Geschlechtsmanifestation bei der gerippten Netzgurke (Luffa acutangula Roxbg.).** G. Satyanarayana und G. Rangaswami. (Current Sci. **28,** 376—77, Sept. 1959; Annamalainagar, Madras State, Annalai Univ., Dep. of Agric.; engl.) — Besprühen von *L. acutangula* vom Keimlingsstadium an in regelmäßigen Abständen mit Lsgg. von *α-Naphthylessigsäure, 2.4-Dichlorphenoxyessigsäure* (**I**) u. *p-Chlorphenoxyessigsäure* (**II**; 0,05 u. 25 ppm) red. die Gesamtblütenzahl/Pflanze, wobei 25 ppm **II** eine maximale Verminderung von 80% hervorriefen. Die ♂ Blüten wurden verstärkt vermindert. **II** verzögerte das Blühen, u. **I** (25 ppm) bewirkte Bldg. von Blütentrauben. Anscheinend wird die Geschlechtsdetermination dieser Pflanze von einem hormonalen Wrkg.-Mechanismus gesteuert. K. Maier. 4485□

**Über die Vernichtung der Wasserhyazinthe (Eichhornia crassipes Solms) durch 2.4-Dichlorphenoxyessigsäure.** K. C. Saha, D. P. Sen und G. N. Muhury. (Sci. and Cult. **23,** 556, April 1958; Calcutta, Directorate of Fisheries, Technol.-Labor.; engl.) — Die Zerstörung eines vollkommen dichten Bewuchses mit Wasserhyanzinthe auf einer Fläche von 100 acres (ca. 40 ha) wurde durch Besprühen mit einer 0,2%ig. Lsg. von *2.4-Dichlorphenoxyessigsäure* (Na-Salz) erreicht. Es wurde in zwei Abschnitten gesprüht (Nov. 1954 u. März bis Mai 1955) mit einem Aufwand von insgesamt 3 lbs. 12 oz pro acre. Nach 10 Wochen waren die behandelten Pflanzen vernichtet, ohne daß der Bestand an ind. Karpfen geschädigt wurde. Der Kostenaufwand von ca. 10 Rupien/bigha (ca. 6,65 DM/100 $m^2$) wird als wirtschaftlich bezeichnet. K. Pavel. 4485

**Einige Einflüsse des Gibberellins auf Blühen und Fruchtansatz.** S. H. Wittwer, M. J. Bukovac, H. M. Sell und L. E. Weller. (Plant Physiol. **32,** 39—41, Jan. 1957; East Lansing, Mich., Michigan State Univ., Dep. of Horticult. and Agricult. Chemistry.) — Behandlung mit *Gibberellin* (**I**) führt bei Tomaten zur Entw. parthenocarper Früchte

u. löst bei verschiedenen Pflanzen ein frühes Blühen aus. Zur Induktion einer parthenocarpen Frucht-Entw. sind geringere I-Konzz. erforderlich, als sie für *Indolyl-Derivv.* beschrieben werden. Die Wrkg. des I ist nicht spezif. auf die Blühinduktion gerichtet, sondern ist in einer allg. Stimulation der vegetativen Entw. zu sehen.

W. Schenk. 4485□

**Cumarin als Wachstumsstimulator von etioliertem Maisstengelgewebe.** J. S. Knypl und A. P. Dmitruk. (Current Sci. **30,** 448—49, Dez. 1961; Lodz, Poland, Univ., Dep. of Plant Physiol.; engl.) — Maisstengelgewebe wird in W. suspendiert u. mit verschiedenen Konzz. *Cumarin* (I) behandelt. Das mit I behandelte Gewebe zeigt eine deutliche Steigerung des Längenwachstums. Zusätzlich wird noch die Wasseraufnahme bestimmt, welche durch I ebenfalls gesteigert wird. H. Struck. 4485□

**Wachstumsrepression höherer Pflanzen durch 2-Mercaptopyridin-N-oxid.** A. G. Norman. (Plant Physiol. **32,** 16—19, Jan. 1957; Ann Arbor, Mich., Univ. of Michigan, Bot. Dep.; engl.) — *2-Mercaptopyridin-N-oxid* (I) u. verschiedene seiner Derivv. mit breiter antibakterieller u. fungicider Wirksamkeit werden Hydrokulturen junger Kürbis- u. Haferpflanzen zugesetzt. Sie führen zur Verringerung des Wurzellängenwachstums u. zur Red. des Trockengew. der oberird. Organe. 50%ig. Repression des Längenwachstums der Wurzeln von Kürbispflanzen wurde nach 96 Std. mit folgenden Konzz. beobachtet: *[Dipyridyl-(2)]-disulfid-1.1'-dioxid* $3{,}4 \cdot 10^{-6}$m, *2-Guanylmercaptopyridin-1-oxid-hydrobromid* $7{,}0 \cdot 10^{-6}$m, *2-Mercaptopyridin-1-oxid* (*Na-Salz*) $9{,}5 \cdot 10^{-6}$m, *2-Benzylmercaptopyridin-1-oxid* $6{,}6 \cdot 10^{-5}$m, *4-Mercaptopyridin-1-oxid* $1{,}2 \cdot 10^{-3}$m, *2-Mercaptoisonicotinumid-1-oxid* $3{,}0 \cdot 10^{-4}$m, *2-Mercaptopyridin* $1{,}4 \cdot 10^{-3}$m, *2.2'-Thiodipyridin-1.1'-oxid* $>1 \cdot 10^{-3}$m, *Pyridyl-(2)-thioessigsäure-N-oxid* $>8 \cdot 10^{-3}$m. Applikation dieser Stoffe auf das Kraut verschiedener Pflanzen bleibt ohne Einfl. auf das Wachstum. Die durch Wurzelbehandlung mit I u. dessen Derivv. erzeugten zwergwüchsigen Pflanzen bilden normal auskeimende Samen. W. Schenk. 4485□

**Der Einfluß der chemischen Struktur auf die Pflanzenwachstumshemmung von einigen Säureanalogen des 2-Mercaptobenzimidazols.** Theodore L. Rebstock, Charles D. Ball, Charles L. Hamner und Harold M. Sell. (Plant Physiol. **32,** 19—22, Jan. 1957; East Lansing, Mich., Michigan State Univ., Dep. of Agricult. Chem., Chem. and Horticult.; engl.) — Der Einfl. von substituierten *2-Mercaptobenzimidazol-Derivv.* (I) der *Essigsäure* u. *Propionsäure* auf das Wachstum junger Bohnenpflanzen u. die Wurzel-Entw. von Kürbissämlingen wurde untersucht. Die Testsubstanzen wurden in 0,005 bzw. 0,0005 m Lsg. den 6—8 Tage alten Bohnenpflanzen durch kurzes Eintauchen der Blätter verabreicht; die Kürbissämlinge wurden auf Filterpapier, das mit der Test-Lsg. imprägniert war, angezogen. Die I der in $\beta$-Stellung substituierten *Propionsäure* zeigen etwas größere Wachstumshemmung als die entsprechenden *Essigsäure-Derivv.*, während die $\alpha$-substituierten *Propionsäure-Derivv.* weniger wirksam sind. Derivate mit Cl oder Br in 5-Stellung des *Benzimidazolkerns* zeigen erhöhte Hemmung des Wachstums, wobei die *Cl-Verbb.* wirksamer sind als die *Br-Verbindungen. 5.6-Dichlor-Derivv.* wirken ähnlich den *5-Chlor-Derivv.*, dagegen wirken die *4.6-Dichlor-Verbb.* ähnlich den unsubstituierten Stammsubstanzen. *4.5.6-Trichlor-Verbb.* besitzen nahezu keinen Einfl. auf das Wachstum. *Nitro-*, *Phenyl-*, $CH_3$- u. $CH_3O$-Gruppen setzen die wachstumshemmende Wrkg. herab, u. sie verschwindet schließlich vollständig bei Derivv., die 2 $CH_3$-Gruppen in 4.6- bzw. 5.6-Stellung am *Benzimidazolkern* enthalten. Die wirksamsten Verbb. sind *$\beta$-5-Chlorbenzimidazolyl-(2)-mercaptopropionsäure* u. *5-Chlor-* bzw. *5-Brombenzimidazolyl-(2)-mercaptoessigsäure.* W. Schenk. 4485□

**Untersuchungen über das Pflanzenwachstum regulierende Substanzen.** 12. Mitt. **Polycyclische Säuren.** R. A. Heacock, R. L. Wain und F. Wightman. (Ann. appl. Biol. **46,** 352—65, Sept. 1958; Univ. of London, Wye Coll., Agric. Res. Council Unit on Plant Growth Subst. and Syst. Fungicides; engl.) — 11. vgl. C. **1961, 545.** — Vff. prüfen eine Reihe polycycl. Carbonsäuren in verschiedenen Konzz. nach 3 Meth. (Weizen-Koleoptiltest, Erbsen-Segmenttest u. Erbsen-Krümmungstest) auf wachstumsregulierende Eigenschaften. Die Ergebnisse zeigen, daß alle Verbb., die hohe Aktivität entfalten, wie *Indan-1-carbonsäure, Inden-1-carbonsäure, 1.2.3.4-Tetrahydronaphthoesäure, 1.4-Dihydronaphthoesäure, Fluoren-9-carbonsäure* u. *1-Acenaphthencarbonsäure,* die einem ungesätt. Ring-Syst. benachbarte Gruppe = *CHCOOH* enthalten. Verbb. mit einem völlig gesätt. Ring-Syst., wie z. B. *Cyclohexancarbonsäure,* zeigen keine wachstumsfördernde Aktivität. — Es wird gefolgert, daß für eine biolog. Aktivität sowohl die Mol.-Struktur als auch die stereochem. u. Elektronenkonfiguration bestimmend sein können.

Versuche: *Inden-1-carbonsäure,* $C_9H_7COOH$, F. 159—160°, nach Knowles, Kuch u. Elderfield (J. org. Chem. **7,** [1942], 375) u. Reinigung über Silicagelkolonne mit Bzl.; sehr schwach gelbe Nadeln aus Bzl.–*Indan-1-carbonsäure,* $C_9H_9COOH$, F. 57 bis 58°, aus vorst. Verb. durch katalyt. Hydrierung nach Knowles et al. (l. c.); aus

Leichtpetroleum Nadeln. — *Indan-2-carbonsäure*, $C_9H_9COOH$, F. 128—129°, aus o-Xylol nach Perkin (J. chem. Soc. **53**, [1888], 1); aus Bzl.-Leichtpetroleum farblose Nadeln. — *1.2.3.4-Tetrahydronaphthoesäure-(1)*, $C_{10}H_{11}COOH$, F. 84°, durch Red. von Naphthoesäure-(1) mit Na in Amylalkohol (Sowinski, B. dtsch. chem. Ges. **24**, [1891], 2354); aus Leichtpetroleum Prismen. — *1.2.3.4-Tetrahydronaphthoesäure-(2)*, $C_{10}H_{11}COOH$, F. 96—97°, aus Naphthoesäure-(2) durch Red. mit Na in Amylalkohol (vgl. Sowinski, l. c.; Baeyer u. Besseiusfelder, Liebigs Ann. Chem. **266**, [1881], 187); aus wss. A. Nadeln. — *1.4-Dihydronaphthoesäure-(2)*, $C_{10}H_9COOH$, F. 85—86°, durch vorsichtige Red. von Naphthoesäure-(1) mit Na-Amalgam; Nadeln aus Leichtpetroleum. — *3.4-Dihydronaphthoesäure-(1)*, $C_{10}H_9COOH$, F. 120—121,5°, aus vorst. Verb. in kochender wss. NaOH; aus Leichtpetroleum lange Prismen. — *Fluoren-9-carbonsäure*, $C_{13}H_9COOH$, F. 226—227°, durch Carbonisierung von Na-Fluorenyl-(9) nach Greenhow, White u. McNeil (J. chem. Soc. [London] **1951**, 2848); schwachgelbe Nadeln aus Bzl.-Leichtpetroleum. — *9.10-Dihydroanthracen-9-carbonsäure*, $C_{14}H_{11}COOH$, F. 205—206°, durch Carbonisierung mit festem $CO_2$ des Li-(9)-Deriv. von 9.10-Dihydroanthracen in $N_2$ nach Burtner u. Cusic (J. Amer. chem. Soc. **65**, [1943], 1582); aus wss. A. schwachgelbe Plättchen. — *Xanthen-9-carbonsäure*, $C_{13}H_9OCOOH$, F. 219—220°, aus o-Phenoxybenzoesäure durch Umwandlung zum Xanthon, Reduzierung zum Xanthen u. Carbonisierung des Li-9-Xanthen in $N_2$; nach chromatograph. Reinigung aus Bzl. Nadeln. — *Thioxanthen-9-carbonsäure*, $C_{13}H_9SCOOH$, F. 228—229°, aus Thiosalicylsäure durch Umwandlung zum Thioxanthon, dessen Red. zum Thioxanthen (F. 128—129°), mit Na sd. abs. A. u. Li-9-Deriv.; aus Isopropanol Nadeln. — *9.10-Dihydrophenanthren-9-carbonsäure*, $C_{14}H_{11}COOH$; F. 124 bis 126°, aus o-Nitrophenylessigsäure durch Red. in Ggw. von Pa mit $H_2$ in A. zum Oxindol, Umsetzung mit $Ba(OH)_2$ in W. in geschlossenem Rohr bei 170° (6—7 Std.), Ausfällen des Ca mit $Na_2CO_3$ u. Diazotieren des gebildeten Na-Salzes der $\alpha$-(2-Aminophenyl)-$\beta$-phenylpropionsäure mit $Na_2NO_2$ bei 0° in Ggw. von $H_2SO_4$, Zugabe von Cu-Pulver zur $N_2$-Entbindung, Extraktion des Rk.-Gemisches mit Chlf., Waschen des Extraktes mit wss. $NaHCO_3$, Ansäuern der Lsg. u. Extrahieren mit Ae.; nach chromatograph. Reinigung über Silicagel aus Leichtpetroleum fast farblose Prismen. — *Acenaphthen-1-carbonsäure* (I), $C_{12}H_9COOH$, F. 163—164°, aus Acenaphthen durch Bromieren u. Umwandlung zum Diäthyl-1-acenaphthenylmalonat nach Bachmann u. Sheehan (J. Amer. chem. Soc. **63**, [1941], 204), Umsetzung (modifiziert nach Julia u. Baillarge, Bull. Soc. chim. France **1952**, 1065) der letzteren Verb. in A. mit Na u. Isoamylnitrit, Eindampfen zur Trockenheit im Vakuum (<30°), Lösen in Eiswasser, Ansäuern mit 25%ig. $H_2SO_4$ u. Extrahieren mit Ae., Behandeln des Ae.-Extraktes mit 2n NaOH, Abtrennen u. Homogenisieren der alkal. u. Ölschicht aus dem gebildeten 3-Phasen-Syst. durch Erwärmen, Ansäuern u. Reinigen des gebildeten *1-Acenaphthenylnitrils* in Bzl. über Silicagel; $C_{13}H_9N$, F. 65—67°; aus Leichtpetroleum Platten; durch Säurehydrolyse aus vorst. Verb. wird I gebildet; aus Leichtpetroleum Nadeln. H. Spohn. 4485□

**Übertragbare Hemmstoffe des Pflanzenwachstums von Penicillium thomii und Arachniotus trisporus.** Roy W. Curtis. (Plant Physiol. **32**, 56—59, Jan. 1957; Lafayette, Ind., Purdue Univ., Dep. of Bot. and Plant Pathol., Agricult. Exp. Station; engl.) — Werden die Primärblätter von Bohnenpflanzen mit Kulturfiltraten von *Penicillium thomii* oder *Arachniotus trisporus* in Maiswürze behandelt, so bleiben die folgenden Blätter, bes. an der dem Applikationsort zugekehrten Seite, im Wachstum zurück. Mit diesen Kulturfiltraten konnte das Längenwachstum von Bohnenpflanzen u. das Wachstum von Maispflanzen gehemmt werden. Die Hemmstoffe sind hitzestabil bei pH 5,7 u. 9, werden aber bei pH 2 zerstört. Von den Anionenaustauschern Dowex I-X8 u. I-RA 400 werden sie adsorbiert u. können mit 0,75% NaCl eluiert werden. W. Schenk. 4485□

**Genetisch bedingte Tumoren und der Gehalt an freien Aminosäuren bei Nicotiana.** F. Anders und F. Vester. (Experientia [Basel] **16**, 65—66, 15/2. 1960; Saarbrücken, Univ. des Saarlandes, Zool. Inst. u. Inst. für Org. Chemie; dt.) — Der amphidiploide Bastard *N. glauca/N. langsdorffii*, der im Gegensatz zu den Ausgangsarten spontan Tumoren bildet; enthält wesentlich mehr *Cystin*, *Histamin*, *Oxyprolin*, *Alanin*, *Kynurenin*, *Tryptophan* (I) u. eine unbekannte ninhydrinpositive Substanz als die Eltern. Vermutlich hängt der anomal hohe Geh. dieser Verbb. mit der spontanen Tumor-Bldg. zusammen. I ist bei den beiden Arten überhaupt nicht nachweisbar. K. Maier. 4490□

## $E_5$. Tierchemie. Tierphysiologie. Tierpathologie

**Berechnung von freiem Magnesium, Calcium und Kalium im Muskel.** L. B. Nanninga. (Biochim. biophysica Acta [Amsterdam] **54**, 338—44, 9/12. 1961; Los Angeles, Calif., Univ. of California, Dep. of Med.; Los Angeles County Heart Ass. Cardiovasc. Res.

Labor.; engl.) — Unter Zugrundelegung der Bindekonst. der durch Wechsel-Wrkg. von $Mg^{2+}$, $Ca^{2+}$ u. $K^+$ mit Adenosintriphosphat, Kreatinphosphat u. Myosin gebildeten Verbb. wurden Gleichungen zur Berechnung der Verteilung von $Mg^{2+}$, $Ca^{2+}$ u. $K^+$ im Froschmuskel aufgestellt. Es ergaben sich an freien Kationen (in $10^{-3}$m): *Mg* 3,37, *Ca* 0,91 u. *K* 122,0. K. Zingraf. 4510□

**Untersuchung von Fetuin durch präparatives Ultrazentrifugieren und Agardiffusion.** A. G. M. Marr. (Austral. J. Sci. **24,** 142—43, Sept. 1961; Melbourne, Commonwealth Serum Labor.; engl.) — Vgl. nachst. Referat. — Bei mehrstd. Ultrazentrifugieren biolog. akt. 40—45% ig. $(NH_4)_2SO_4$-Fraktionen (a) von *Fetuin* (**I**), dem $\alpha_1$-*Globulin* aus fötalem Kalbsserum, in 0,15m NaCl mit 5% Gesamtprotein werden mehrere Fraktionen erhalten, die hauptsächlich aus einem rasch sedimentierenden „*Makroglobulin*" (**II**) sowie **I** bestehen. a, **I** u. **II** werden mittels Agardiffusion gegen ein mit a erhaltenes Kaninchenantiserum getestet (Tabelle), wobei **I** bzw. **II** stark positiv reagieren. Cohn-Fraktionen eines Rinderserums reagieren nur schwach mit a. Die Serum-Rkk. werden diskutiert. G. Kirsten. 4520□

**Über die Struktur des Kohlenhydratrests in Fetuin.** E. R. B. Graham. (Austral. J. Sci. **24,** 140—41, Sept. 1961; Melbourne, Commonwealth Serum Labor.; engl.) — Aus dem Serum von Kalbsföten läßt sich *Fetuin* (**I**) durch $(NH_4)_2SO_4$-Fällung u. Fraktionieren mit $CH_3OH$ in Ggw. von 0,1 Mol/Liter Ba-Acetat bei —5° isolieren. **I** erweist sich bei der Papierelektrophorese (pH 7,8) u. auch in der Ultrazentrifuge als einheitliches Produkt. Bei Behandeln von **I** mit krist. α-Neuraminidase aus *Vibrio cholerae* werden 95% der *Sialsäure* (**II**) frei u. die Hämagglutinationsinhibitor-Wrkg. geht vollständig verloren. Das restliche Glykoprotein ist ebenfalls ein einheitliches Produkt. **I** enthält 8,7% **II** (als *N-Acetylneuraminsäure*), 5,4% *Hexosamin* [**VII**, vorwiegend *Glucosamin* (**VI**) u. wenig *Galaktosamin*] sowie 6,7% *Hexosen* [*Galaktose* (**III**) u. *Mannose* (**IV**) im Verhältnis 2:1]. Fraktionierte Säurehydrolyse (0,1—0,6n $H_2SO_4$, 80—100°, 1—2 Std.) ergibt Kohlenhydrat (A)-Abspaltung in der Reihenfolge **II**, **III**, *N-Acetylhexosamin* (**V**) u. **IV**. Zusammen mit **V** wird *3-Galaktosyl-N-acetylglucosamin* abgespalten, das bei Säurehydrolyse **III** u. **VI**, bei Red. mit $NaBH_4$ u. Säurebehandlung **III** u. *Aminohexitol* u. bei milder Alkalihydrolyse **III**, *Anhydro-* (*Chromogen I*) u. *Dianhydro-N-acetylglucosamin* (*Chromogen III*) liefert. K-Metaperjodatoxydation (24 Std., 4°, pH 4,5) von **I** liefert 80% **VII** u. 20% **III** u. **IV** im Verhältnis 2:1. Bei $Ba(OH)_2$-Hydrolyse werden keine peptidfreien A erhalten. Die Befunde lassen vermuten, daß *α-Sialyl-*(2→?)*-galaktosyl* (*1* → *3*)*-N-acetylglucosamin* endständig in der prosthet. A-Gruppe von **I** auftritt, analog der A-Folge in *Orosomucoid* u. daß die A-Peptidbindung eine O-glykosid. Bindung mit *Serin-* u./oder *Threonin*-Resten ist. G. Kirsten. 4520□

**Quantitative Bestimmung der N-endständigen Aminosäure von Fetuin.** R. Gross. (Austral. J. Sci. **24,** 143, Sept. 1961; Melbourne, Commonwealth Serum Labor.; engl.) — Vgl. vorst. Referat. — Die endständige Aminosäure in *Fetuin* (**I**; vgl. l. c.) wird mittels der Phenylisothiocyanat-Meth. u. anschließender Säurehydrolyse (5,7n HCl, 150°, 20 Std. lang im geschlossenen Rohr) des Phenylthiohydantoin-Deriv. als *Isoleucin* (**II**) identifiziert. **I** enthält bei einem angenommenen Molgew. von 48400 1 Mol **II**/Mol Protein. G. Kirsten. 4520□

**Physikalisch-chemische Untersuchung von Rinder-$\alpha_n$-Crystallin bei niedrigem pH.** R. Santamaria, A. Bonavolantà und P. Rebuffat. (Biochim. biophysica Acta [Amsterdam] **54,** 469—73, 23/12. 1961; Naples, Italy, Univ. of Naples, Inst. of Human Physiol. and Ophthalmol. Clin.; engl.) — Rinder-$\alpha_n$-*Crystallin* wurde durch wiederholtes Ausfällen als reines, elektrophoret. homogenes Protein dargestellt, u. bei niedrigem pH wurden einige phys.-chem. Messungen u. elektronenmkr. Unterss. durchgeführt. K. Zingraf. 4520□

**Die subcellulare Verteilung der Substanz P in den Nervengeweben.** Kiyoshi Kataoka. (Jap. J. Physiol. **12,** 81—96, 15/2. 1962; Kyoto, Univ., School of Med., Dep. of Physiol.; engl.) — Gehirn u. Rückenmark vom Kaninchen wurden nach Homogenisierung in 0,32m Rohrzucker-Lsg. durch Zentrifugieren in 6 subcelluläre Fraktionen unterteilt (nucleare Fraktion, Mitochondrien, Bläschenmaterialien, amorphes, mikrosomat. u. cytoplasmat. Material). Die Aktivität der *Substanz P* (*SP*; **I**) in diesen Fraktionen wurde verglichen. Ungefähr 50—70% von **I** wurden in dem Bläschenmaterial u. dem cytoplasmat. überbleibenden Teil gefunden. **I** wurde mit hoher Geschw. durch Steigerung der Temp. auf 60—100°, durch Ansäuern auf pH 3—4 u. durch Druckminderung frei gemacht. Bei der Inkubation mit der mikrosomalen Fraktion von Nervengewebe wird **I** ebensogut wie die extrahierte **I** inaktiviert, aber die anderen Fraktionen zeigen kaum eine inaktivierende Wirkung. Eine derartige inaktivierende Fähigkeit der überbleibenden Fraktion wurde durch Zugabe von *Strychnin* oder LSD-25 zu dem Inkubationsmedium

unterdrückt, wogegen die I durch Kochen zerstört wurde, nicht aber durch Dialyse in Verlust geriet. Daher wird diese Wrkg. auf ein Enzym zurückgeführt.
P. Nachtwey. 4520□

**Die Bestandteile von menschlichem Smegma.** V. B. Kamat, T. B. Panse und V. R. Khanolkar. (Proc. Indian Acad. Sci., Sect. B **52**, 1—8, Juli 1960; Bombay, Parel, Ind. Cancer Res. Centre, Biochem. Dep.; engl.) — Es werden aus dem PAe.-Extrakt durch Säulenchromatographie 3 krist. Substanzen erhalten: Verb. C ist mit *β-Cholestanol* (I), $C_{27}H_{48}O$, F. 139,6—141,2°, identisch. *Verb. A*, $C_{20}H_{40}O_2$, ist ein I-Ester einer gesätt. Fettsäure u. *Verb. B* ein Hydroxysteroid.

Versuche: β-Cholestanolester durch Kondens. von β-Cholestanol mit den entsprechenden Säurechloriden nach Fieser u. Schneider: *β-Cholestanolpalmitat*, $C_{43}H_{78}O_2$, F. 94,8—95,2°, $[\alpha]_D^{22}$ +10,9 (Chlf.). — *β-Cholestanolmyristat*, $C_{41}H_{74}O_2$, F. 91 bis 92,2°, $[\alpha]_D^{22}$ +7,6° (Chlf.). — *β-Cholestanollaurat*, $C_{39}H_{70}O_2$, F. 86—86,4°, $[\alpha]_D^{24}$ +9,8 (Chlf.).
P. Gregorzewski. 4520□

**Isolierung von Enteramin, Bufotenin und Bufotenidin aus dem Krötengift durch Koppelung der elektrophoretischen und chromatographischen Methode.** L. Spandrio. (Arch. Scienze biol. **45**, 337—44, Okt.—Dez. 1961; Pavia, Univ., Ist. di Anat. comparat., Busto Arsizio, Osped., Centro Studio Tumore; ital.) — Durch Elektrophorese bei pH 4 u. Trennung der bas. Substanzen mittels Chromatographie auf einer Cellulosepulversäule (Lsgm.: n-Butanol: Essigsäure: W. = 100:24:100; tert.-Butanol: Ameisensäure: W. = 70:15:15; n-Butanol: konz. $NH_4OH$ = 90:10) ist es möglich, aus einem alkal. Acetonextrakt der Parotoiddrüsen von *Bufo vulgaris Bufotenin, Bufotenidin* u. *Enteramin* zu isolieren.
K. Zingraf. 4520□

**Petermännchenfisch-Toxin. Extraktionsmethoden, Bestimmung der Toxizität und Stabilitätsuntersuchungen.** E. Skeie. (Acta pathol. microbiol. scand. **55**, 166—74, 1962; Copenhagen, Statens Seruminst., Serum and Toxoid Dep.; engl.) — Übersicht über die Extraktions-Meth. von Petermännchenfisch-Toxin. Die für 100% der Tiere innerhalb von 24 Std. letale Dosis wurde für Mäuse zu 0,0004 ml u. für Meerschweinchen zu 0,0008 ml des unverd. Toxins ermittelt. Ein Fisch liefert ca. 250 für die Maus letale Dosen. Durch *Filtration* durch ein Seitz-Filter EKS, Zusatz von 15% Glycerin, unmittelbares Einfrieren u. Lagerung bei —60° ist es möglich, das Toxin 2 Jahre lang aufzubewahren, ohne daß die Toxizität abnimmt.
K. Zingraf. 4520□

**Über einen Inhaltsstoff der Pygidialblasen vom Gelbrandkäfer.** 10. Mitt. **Über Insektenabwehrstoffe.** H. Schildknecht, K. Holoubek und M. Wolkenstörfer. (Z. Naturforsch. **17b**, 81—83, Febr. 1962; Erlangen-Nürnberg, Univ., Inst. für Organ. Chemie; dt.) — 9. vgl. XI. Internationaler Kongreß für Entomol. Wien [1960], Verhandlungen Bd. III, 269. — Aus 7 mg Sekret der Pygidialblasen von *Dytiscus marginalis* L. werden durch Chromatographie in Chlf. an Kieselgel 4,5 mg einer *Verb.* $C_7H_6O_2$ erhalten, die nach Reinigung durch Zonenschmelze den F. 121—122° besitzt u. durch Misch-F., UV- u. IR-Spektren (s. Original) sowie papierchromatograph. als *Benzoesäure* identifiziert wird.
F. Heller. 4520□

**Untersuchungen mit fluorescenz-markierten Antikörpern.** 4. Mitt. **Die Markierung von Antikörpern mit Sulfochloriden fluorescierender Farbstoffe.** H. Uehleke. (Schweiz. Z. allg. Pathol. Bakteriol. **22**, 724—29, 1959; München, Dt. Forschungsanst. für Psychiatrie (Max-Planck-Inst.), Abt. für Serologie u. Mikrobiol.; dt.) — Vgl. C. **1960**, 3246. — Beschreibung der Markierung von Antikörpern durch Fluorescenzfarbstoffe mit Sulfogruppen über die jeweiligen Sulfochloride, die sich mit prim., sek. u. tert. Aminen u. Hydroxylgruppen im Protein-Mol. umsetzen. Folgende Farbstoffe wurden erfolgreich getestet: *Sulfofluorescein* (Misch-Prod.), *Sulforhodamin B* (I), *Brillantsulfoflavin* u. *3-Hydroxy-5.8.10-pyrentrisulfonsäure*. Die Markierung erfolgt beim Eintropfen der Lsg. eines Sulfochlorids in eine Protein-Lsg., die auf pH 8,5—9,0 gepuffert (Trispuffer) ist, bei 2°; nach mehrstd. Stehen wird gegen 0,01 m Phosphatpuffer von pH 7,4 dialysiert. — *Pyrendi-* u. *Pyrenmono-sulfonsäure* verlieren ihre Fluorescenz bei der Bindung an Proteine. Von den Sulfofarbstoffen erfüllen bisher allein *1-Dimethylnaphthalin-5-sulfonsäure* u. I ausreichend die Forderung nach Stabilität der reaktionsfähigen Form bei gleichzeitiger UV-Stabilität u. Tendenz zu fester Bindung an Proteine. E. Uhlein. 4551□

**Eine Antigendifferenz zwischen A-Antigenen im menschlichen Epithel- und Endothelgewebe.** P. C. Brown und E. J. Holborow. (Nature [London] **193**, 1190, 24/3. 1962; Maidenhead, Canadian Red. Cross Mem. Hosp., Med. Res. Council, Rheum. Res. Unit; engl.) — In Verss. mit Färbung verschiedener menschlicher Gewebe (Speicheldrüsen, Thymus, Magen, Appendix) durch fluorescierendes Anti-A-Konjugat mit u. ohne Adsorption von Schweine-A-, Schweine-Nicht-A- u. menschlichen Erythrocyten wird gezeigt, daß das A-Antigen des menschlichen Gefäßendothels Determinanten besitzt, die von denen des in W. lösl. Mucosa-Antigens verschieden sind. Durch Adsorption durch

Schweine-A-Erythrocyten kann die Färbung der in W. lösl. A-Substanz aus Epithelgeweben entfernt werden, während die in A. lösl. A-Substanz des Endothels der Capillaren unbeeinträchtigt bleibt. Es wird vermutet, daß das A-Antigen des Endothels die abweichenden Determinanten zusätzlich besitzt. U. Tausendfreund. 4551 □

**Fluorgehalt des Wassers der Wasserversorgung auf der Kola-Halbinsel und Zahncaries der Schüler.** B. G. Afanassjew. (Hyg. u. Sanitätswes. [UdSSR] **25,** Nr. 8, 96—98, Aug. 1960; russ.) — Vf. weist nach, daß zwischen dem niedrigen Geh. an *F* in den Seen der Kola-Halbinsel (0,045—0,16 mg/Liter), welche das Trinkwasser für die Bevölkerung liefern, u. der Carieshäufigkeit bei den Schulkindern (85—89,8%) Beziehungen bestehen. E. Rentz. 4552 □

**Veränderungen des Eiweißes im Speichel bei experimentellem neurodystrophischem Syndrom im Parodont.** Je. Baltschewa, Jel Atanassowa und M. Papasowa. (Bull. Inst. Physiol., Acad. Sci. Bulg. [Sofia] **5,** 139, 1962; bulg., Auszug: dt.) — An 4 Hunden mit Speicheldrüsenfisteln wurden die Veränderungen des *Eiweiß* (I)-Geh. im Speichel bei experimentellem neurodystroph. Syndrom im Parodont verfolgt. Bei einem mittleren Ausgangs-Geh. an I von 7,13 mg% stieg dieser auf 11,2 mg% einen Tag nach Einführung von Glassplittern in die Pulpa u. auf 14,7 mg% nach 6 Tagen. Diese maximale Erhöhung des I-Geh. im Speichel geht den ersten sichtbaren Veränderungsn der Pulpa gewöhnlich 1—2 Tage voraus. G. Wesirow. 4555

**Die Isolierung und Identifizierung von Östron, Östradiol und Östriol im menschlichen Plasma in der Schwangerschaft.** Georg W. Oertel, C. D. West und Kristen B. Eik-Nes. (J. clin. Endocrinol. Metabolism **19,** 1619—25, Dez. 1959; Salt Lake City, Utah, Univ. of Utah, Coll. of Med. and Veterans Administr. Hosp., Dep. of Biochem. and Med.; engl.) — Aus 360 ml von Schwangeren erhaltenem menschlichem Plasma isolieren Vff. 18,6 μg *Östron,* 11,8 μg *Östradiol* u. 10,4 μg *Östriol.* Die aus dem mit HCl hydrolysierten Plasma mit Äthylacetat ausgeschüttelten Östrogene wurden durch Verteilung zwischen Toluol/nNaOH isoliert u. durch Gegenstromverteilung in Methanol/W./Chlf./$CCl_4$ (7:3:4:6) u. Äthylacetat/Cyclohexan/A./W. (4:6:6:4) getrennt. Die Identifizierung u. quant. Best. geschah durch Papierchromatographie, Farb-Rkk. nach Kober u. Barton sowie durch IR-Spektrophotometrie u. nach Zusatz von $^{14}$C-Verbb. durch Reinigung bis zur konst. spezif. Aktivität. A. Gude. 4559 □

**Stoffwechseleffekte von Mytatriendiol im Menschen.** Herta Spencer, Bernard Kabakow, Joseph Samachson und Daniel Laszlo. (J. clin. Endocrinol. Metabolism **19,** 1581—96, Dez. 1959; New York, Montefiore Hosp., Div. of Neoplastic Dis.; engl.) — Vff. verabreichten Patienten *3-Methoxy-16α-methyl-$\Delta^{1.3.5,10}$-östratrien-16β.17β-diol* (I; *Mytatriendiol*) u. *3-O-Methyl-16-chloröstron* (II; *SC-8246*) in Dosen von 50 mg/Tag oral bzw. intravenös. I u. II bewirken Abnahme der $Ca^{2+}$-Ausscheidung im Urin auf ca. $^1/_3$, die auf verminderte Calciurie, aber nicht auf verstärkte Calciumresorption der inneren Organe zurückzuführen ist. Die verminderte $Ca^{2+}$-Ausscheidung dauert ca. 30 Tage nach dem Ende der Behandlung an. Auch die $^{85}Sr^{2+}$-Ausscheidung im Urin wird durch die I u. II-Behandlung beträchtlich vermindert. A. Gude. 4559 □

**Der Stoffwechsel von 11β-Hydroxy-$\Delta^4$-androsten-3.17-dion in der congenitalen Hyperplasie der Nebenniere.** H. Leon Bradlow und T. F. Gallagher. (J. clin. Endocrinol. Metabolism **19,** 1575—80, Dez. 1959; New York, Sloan-Kettering Inst. for Cancer-Res.; engl.) — Vff. verabreichen einem Patienten mit congenitaler Hyperplasie der Nebenniere i. v. 0,2 mg *$^{14}C_{(4)}$-11β-Hydroxy-$\Delta^4$-androsten-3.17-dion* (I) in A. u. 5%ig. Glucose-Lsg. u. bestimmen die im Urin ausgeschiedenen Stoffwechsel-Prodd. von I nach chromatograph. Trennung an Silicagel. Ca. 70% der I-Aktivität werden als *3α.11β-Dihydroxyandrostan-17-on* (II), je ca. 7% werden als 3α-Hydroxyätiocholan-11.17-dion (III) u. 3α.11β-Dihydroxyätiocholan-17-on (IV) wiedergefunden. Diese Zahlen unterscheiden sich nicht von den an gesunden Individuen gefundenen [vgl. Bradlow, Gallagher, C. **1958**; 8098]. Es scheint die II-Produktion des Patienten ca. 6mal höher zu sein, als die des gesunden Menschen. Die endogene *Androsteron-* u. IV-Produktion des Patienten wird auf das 5fache der eines gesunden Menschen geschätzt. Auch die III-Produktion des Patienten ist abnorm hoch. A. Gude. 4559 □

**Direkte und indirekte Bestimmung der Adrenocorticotropinreserven in der Hypophyse von Menschen nach der Behandlung mit Nebennierensteroiden.** Donald A. Holub, Joseph W. Jailer, Julian I. Kitay und Andrew G. Frantz. (J. clin. Endocrinol. Metabolism **19,** 1540—52, Dez. 1959; New York, N.Y., Presbyterian Hosp. and Columbia Univ., Coll. of Physicians and Surgeons, Dep. of Med. Obstetrics and Gyn.; engl.) — Vgl. C. **1961,** 10250. — Vff. untersuchen die Wrkg. einer lang andauernden Behandlung mit Nebennierensteroiden u. bestimmen den *Adrenocorticotropin* (ACT)-Geh. der Hypophyse direkt durch Autopsie bzw. indirekt durch klin. Versuche. In den meisten

Fällen wird nach der Steroidbehandlung keine Abnormalität festgestellt. Bei 2 Patienten, die außergewöhnlich hohe Steroidmengen erhalten hatten, wird vollständiges Fehlen von ACT in der Hypophyse bzw. ungenügende Hypophysenfunktion festgestellt. Vff. glauben an einen Zusammenhang zwischen der insgesamt verabreichten Steroidmenge u. der bisweilen als Folgeerscheinung beobachteten Hypophysenstörung. A. Gude. 4560 □

**Wirkungen von Natrium und flüssigem Ammoniak auf die biologische Aktivität von Adrenocorticotropin.** Johannes Meienhofer und Choh Hao Li. (Biochim. biophysica Acta [Amsterdam] **54**, 351—53, 9/12. 1961; Berkeley, Calif., Univ. of California, Hormone Res. Labor.; engl.) — Durch Behandlung mit fl. $NH_3$ allein oder in Kombination mit Na wurde die Melanocyten-stimulierende Wrkg. von *Adrenocorticotropem Hormon* (I) an der Froschhaut in vitro, nicht jedoch in vivo verringert. Die Aminosäure-Zus. u. die adrenalstimulierende Wrkg. von I wurde durch die Behandlung nicht beeinflußt. K. Zingraf. 4560 □

**Hypophysen- und Choriongonadotropine der Säugetiere und Ovulation der Amphibien in vivo und in vitro.** H. Manelli und E. Milano. (Arch. Scienze biol. **45**, 409—17, Okt./Dez. 1961; Roma, Univ., Ist. di Zool.; ital.) — ♀ u. Ovarstücke von *Rana esculenta* u. *Xenopus laevis* wurden teils in vivo, teils in vitro, teils in vivo u. in vitro mit *Hypophysen-* u. *Choriongonadotropinen* von Säugetieren behandelt, Bei Rana trat nie Ovulation ein; bei Xenopus trat Ovulation immer in vivo, teilweise in vivo u. in vitro, aber nie in vitro allein ein. K. Zingraf. 4560 □

**Die Wirkung von Choriongonadotropin beim Klinefelter Syndrom.** Nelson Leon, Bernardo Leo Wajchenberg, Mario Rubens Montenegro und A. B. de Ulhôa Cintra. (J. clin. Endocrinol. Metabolism **19**, 1667—79, Dez. 1959; São Paulo, Hosp. das Clin., Dep. of Endocrin. of the First Med. Clin.; engl.) — Der Effekt großer Mengen von menschlichem *Choriongonadotropin*, das in einem Fall des Klinefelterschen Syndroms über lange Zeit verabreicht wurde, wird beschrieben. Es besteht ein enger Zusammenhang zwischen dem Ausfall der histolog. Teste u. dem Ansteigen der Ausscheidung von *17-Ketosteroiden* u. *Östrogenen* im Harn. Das Brustgewebe zeigt eine Zunahme der Röhren, die von vielschichtigem hyperplast. Epithel umgeben sind. Die Gonadotropinausscheidung im Harn wird nicht geändert. A. Gude. 4560 □

**Nachweisversuch von Melanophorenhormon im menschlichen Blut.** William E. Mayberry und A. Albert. (J. clin. Endocrinol. Metabolism **19**, 1553—62, Dez. 1959; Rochester, Minn., Mayo Clin. and Mayo Found., Endocrin. Labor.; engl.) — Verss. der Vff., im menschlichen Blut *melanophorenstimulierendes Hormon* (I) nachzuweisen, schlagen fehl, obwohl mit der aus dem Säure/Aceton-Verf. entwickelten Meth. der Vff. I aus dem menschlichen Hypophysenvorder- oder -hinterlappen, das dem menschlichen Blut zugesetzt wurde, einwandfrei bestimmbar war. Vff. schließen daraus, daß menschliches Blut nicht über 0,001 $\gamma$ I/ml enthält. A. Gude. 4560 □

**Hemmung der uteruskontrahierenden Wirkung des Oxytocins durch O-Methyloxytocin.** Z. Beránková, I. Rychlík, K. Jošt, J. Rudinger und F. Šorm. (Collect. czechoslov. chem. Commun. **26**, 2673—75, Okt. 1961; Prague, Czechosl. Acad. of Sci., Inst. of Org. Chem. and Biochem.; engl.) — Synthet. *Tyr-* (*Me*)$^2$-*Oxytocin* (I) verursacht keine Kontraktionen des isolierten Uterus der Ratte, u. zwar auch wenn die verwendete Menge das 1000fache der minimalen wirksamen Dosis des *Oxytocins* (II) beträgt. I hat also weniger als 0,1% der spezif. Aktivität des II im Gegensatz zu den Ergebnissen von Law u. du Vigneaud (J. Amer. chem. Soc. **82**, [1960], 4579), die in vitro eine 1%ig. spezif. Aktivität bei I feststellten. Die Wrkg. einer 50-mU-Dosis von II auf den Uterus in vitro wird durch Zugabe von I zu 50% (Verhältnis I:II = 50:1) oder vollständig (Verhältnis I:II = 100:1) gehemmt. Die Wrkg. einer 100-mU-Dosis des Hormons auf den Uterus in vitro wird durch einen 250fachen Überschuß des O-Methyl-Deriv. teilweise gehemmt. Die Wrkg. des Inhibitors dauert länger als 1 Stunde. I ist einer der wirksamsten Inhibitoren der II-Wrkg. auf den isolierten Uterus der Ratte.
V. Kostka/Prag. 4560

**Quantitative Bestimmung der Steroide des Plasmas, die der Nebennierenrinde entstammen (Bestimmungsmethode).** C. Matarazzo, M. L. Orabona, R. Chiummo und G. Sacchetti. (Boll. Soc. ital. Biol. sperim. **37**, 480—83, 31/5. 1961; Bari, Univ., Ist. di Patol. Med. e Metodol. Clin.; ital.) — Es wird eine Meth. der Best. der Steroide beschrieben, bei der das Plasma zuerst mit dem Somogij-Reagens deproteinisiert wird, worauf die Steroide mit Butanol extrahiert werden; der trockene Extrakt wird mit *β-Glykuronidase* hydrolysiert. Mit dieser Meth. waren für bekannte Mengen Cortison Werte von 92—102% erhalten worden. F. Kren. 4561 □

**Die Nebennierenrinde beim Diabetes mellitus. Untersuchung der qualitativen und quantitativen Exkretion der Steroide der Nebennierenrinde durch den Harn mittels papierchromatographischer |Fraktionierung.** C. Matarazzo, R. Chiummo und

G. Sacchetti. (Boll. Soc. ital. Biol. sperim. **37**, 484—86, 31/5. 1961; Bari, Univ., Ist. di Patol. Med. e Metodol. Clin.; ital.) — Die Unterss. werden am aliquoten Teil der 24 std. Gesamtdiurese von 10 Diabetikern durchgeführt. In den meisten Fällen ergeben sich prakt. normale Werte für die Tetrahydro-Derivv. E u. F; gering erhöht sind E u. F; deutlich verringert die Verb. B; dazu kommt bei Diabetikern mit Acidose, daß die Fraktionen DOC u. $H_4$DOC deutlich erhöht sind. F. Kren. 4561 □

**Die Nebennierenrinde beim Diabetes mellitus. Die Nebennierenrindensteroide des Plasmas beim Diabetes mellitus.** C. Matarazzo, G. Sacchetti und R. Chiummo. (Boll. Soc. ital. Biol. sperim. **37**, 486—88, 31/5. 1961; Bari, Univ., Ist. di Patol. Med. e Metodol. Clin.; ital.) — Es werden die Nebennierensteroide des Plasmas von 10 Diabetikern ohne u. mit Stimulierung der Rinde mit *Corticotropin* (I) bestimmt. Bei Patienten mit ausgeglichenem Stoffwechsel bleiben die Werte der Corticoide innerhalb der Norm; durch I nehmen sie im Harn viel stärker zu als im Plasma. Bei Patienten mit Aciaose ist gegenüber der Norm nur ein qual. Unterschied gegeben (deutliche relative Zunahme der reduzierenden Gesamtcorticoide gegenüber den 17-Hydroxycorticoiden); hier wird durch I die Fraktion der *17-Desoxycorticoide* stark verringert. F. Kren. 4561 □

**Erhöhte Adrenalinproduktion bei der Ratte nach Verabreichung von 2-Desoxy-D-glucose.** Bernt Hökfelt und Stellan Bydgeman. (Proc. Soc. exp. Biol. Med. **106**, 537—39, März 1961; Stockholm, Karolinska Hosp., Dep. of Endocrin.; Karolinska Inst., Dep. of Physiol.; engl.) — *2-Desoxy-D-glucose* verursacht bei der intakten Ratte eine verstärkte *Adrenalin*-Absonderung, nicht aber nach Nebennierendenervierung. Es wird ein zentral lokalisierter Receptormechanismus angenommen, der die Nebennierensekretion steuert u. nicht auf den Blutglucosespiegel als solchen anspricht.
P. Gregorzewski. 4561 □

**Die Abgabe von Adrenalin und Noradrenalin im Froschherz bei der Stimulation der sympathetischen Nerven.** Inderjit Singh, Sunita Inderjit Singh, C. L. Malhotra und K. Prasad. (Proc. Indian Acad. Sci., Sect. B **52**, 33—42, Aug. 1960; Agra, Med. Coll., Dep. of Physiol.; New Delhi, Lady Hardinge Med. Coll., Dep. of Pharmacol.; engl.) — Das Herz von *Rana tigrina* enthält mehr *Noradrenalin* (I; 0,178—0,245 $\mu$g/g) als *Adrenalin* (II; 0,117—0,178 $\mu$g/g). Während des kontinuierlichen Schlagens in Ringer-Lsg. werden I u. II in gleichen Mengen u. kein *Acetylcholin* freigesetzt. Bei der Stimulation der sympathet. Nerven ist die I-Freigabe größer als die von II. Nach 1 std. Reizung sind die Nerven erschöpft, was am Rückgang der I- u. II-Abgabe zu erkennen ist. Durch anschließende direkte elektr. Stimulation wird erneut eine noch stärkere Freigabe von I u. II erreicht. Es wird angenommen, daß diese Hormone aus den Muskelzellen stammen.
P. Gregorzewski. 4561 □

**Untersuchung der Brenzcatechinamine im menschlichen Harn.** A. M. Baru. (Biochemie [UdSSR] **27**, 260—65, März/April 1962; Charkow, Ukrain. Psychoneurol. Inst., Labor. für Biochemie; russ., Auszug: engl.) — Die Meth. von Ossinskaja (vgl. C. **1953**, 6920) wird so modifiziert, daß mit ihrer Hilfe die Best. von *Adrenalin* (I) u. *Noradrenalin* (II) im Harn möglich wird. Mit Hilfe dieser Meth. wird bei 18 gesunden Personen u. bei Personen mit psych. Krankheiten der 24-Std.-Harn auf den Geh. an I u. II untersucht u. festgestellt, daß bei Gesunden der mittlere I-Geh. 10,2 $\gamma$, der mittlere II-Geh. 36,4 $\gamma$ beträgt. Die Werte für I u. II bei maniakalen u. depressiven Zuständen entsprechen den Vorstellungen über den Zusammenhang zwischen der Ausscheidung der Brenzcatechinamine u. dem Zustand der emotionellen Sphäre. O. Lebtag. 4561 △

**Speicheldrüsenhyperplasien durch Noradrenalin.** Vorl. Mitt. G. Seifert. (Naturwissenschaften **49**, 259, 1. Juni-H. 1962; Münster/Westf., Univ., Pathol. Inst.; dt.) — Bei Ratten kommt es unter Einfl. von 100 mg *Aludrin* (*N-Isopropylnoradrenalinsulfat*)/Tag, bis zur Gesamtdosis von 1600 mg, intraperitoneal, oder von 25—50 mg *Isoproterenol* (*N-Isopropylnoradrenalinhydrochlorid*)/Tag, bis zur Gesamtdosis von 125 mg zur Vermehrung des Parotis-Gew. auf über 500% u. des Submandibularis-Gew. auf das Doppelte. Die Drüsenveränderungen sind Ausdruck einer extrem gesteigerten Enzym-Synth.; Beschleunigung des Sekretionscyclus, Verkürzung der Stapelphase. Diese Schwellungen sind den Parotishypertrophien des Menschen im morpholog. Substrat ähnlich, so daß ähnlicher Mechanismus vermutet wird. U. Tausendfreund. 4561 □

**Der Einbau von gelöstem Sauerstoff in Steroide in wässeriger Lösung bei Röntgenbestrahlung.** R. E. Oakey. (Biochim. biophysica Acta [Amsterdam] **54**, 357—58, 9/12. 1961; Newcastle upon Tyne, Univ. of Durham, King's Coll., Chem. Dep.; engl.) — Gelöster $^{18}O$ wurde unter Röntgenbestrahlung in erhöhtem Maße in *Desoxycorticosteron* in wss. Lsg. eingebaut. K. Zingraf. 4561 □

**Akute Wirkungen von 9α-Fluorhydrocortison und 2-Methyl-9α-fluorhydrocortison auf die Nierenclearance von Natrium und Kalium beim Menschen.** Jonas H. Sirota, Marcus A. Krupp, Bernard J. Axelrad, G. James Tobias und Jean

Fellows. (Proc. Soc. exp. Biol. Med. **108**, 592–97, Dez. 1961; Palo Alto, Calif., Palo Alto Med. Res. Found.; San Jose, Calif., Santa Clara County Hosp.; engl.) — Intravenöse Anwendung von *9α-Fluorhydrocortison* (**I**) u. *2-Methyl-9α-fluorhydrocortison* (**II**) in Dosen, welche bei Personen mit Salzmangel u. -überschuß tiefgreifende Elektrolytveränderungen bewirkten, veränderten im allg. die Glomerulusfiltrations-Geschw. nicht wesentlich. Die Na-retinierende Wrkg. von **II** war größer als die von **I** (diese Wrkg. beider Verbb. war auch bei Personen mit Salzmangel nachweisbar). Der K-Verlust war nach **I** stärker als nach **II** u. bei Personen mit Salzüberschuß größer als bei Salzmangel. Die Konz. von $Na^+$, $K^+$ u. $Cl^-$ im Plasma veränderte sich innerhalb von 4 Std. nach i. v. Verabreichung von **I** oder **II** nicht wesentlich. K. Zingraf. 4561□

**Einfluß von DL-Thyroxin und Cortison auf die Oberschenkelknochen von Ratten mit Odoratismus (Lathyrismus).** Sabit Gabay, Francisco Vivanco, Francisco Ramos und C. Jimenez Diaz. (Arch. Biochem. Biophysics **92**, 87–93, Jan. 1961; Madrid, Univ., Inst. de Invest. Clin. y Med.; engl.) — Die durch Verfütterung von *Lathyrus odoratus* oder *Methylenaminoacetonitril* (**I**; 5 mg/100 g/Tag) bei Ratten hervorgerufenen Knochenveränderungen werden mit Odoratismus bezeichnet, um eine Unterscheidung vom menschlichen Lathyrismus nach *Lathyrus sativus* zu schaffen. Die Wrkg. von **I** beruht auf einer Über-Prod. von *Mucopolysacchariden* bei gleichzeitigem Absinken des *Mineral*-Gehaltes. Durch *DL-Thyroxin* (75 μg/100 g/Tag) kann die Über-Prod. völlig verhindert u. die Knochenverbildung verhütet werden; Thyroxin allein senkt den Mucopolysaccharid-Gehalt. *Cortison* (1 mg/Tag) übt ebenfalls eine, wenn auch nur teilweise Schutz-Wrkg. aus. Der *Hexosamin/Kollagen*-Quotient, der durch **I** erhöht wird u. bei Verhütung normal bleibt bzw. nicht so hoch ansteigt, kann als Wrkg.-Kriterium dienen. U. Tausendfreund. 4562□

**Schilddrüsen/Serum-Quotient der Radiojodkonzentration während des Östruscyclus der Maus.** Anthony V. Boccabella und Elizabeth A. Alger. (Proc. Soc. exp. Biol. Med. **108**, 484–86, Nov. 1961; Jersey City, N.J., Seton Hall Coll. of Med. and Dent., Dep. of Anatomy; engl.) — Die Fähigkeit der Schilddrüse zur *J*-Konzentrierung aus dem Serum weist cycl. Veränderungen auf, die zu den Östruscyclusstadien in Beziehung stehen. So konnte bei der Maus während des Diöstrus der niedrigste Schilddrüsen/Serum-Quotienten für $^{131}J$ nachgewiesen werden, während der Quotient während des Proöstrus am höchsten war u. während der anderen Stadien eine Mittelstellung einnahm. Die Periode maximaler Schilddrüsenaktivität weicht bei der Maus von dem bei der Ratte bekannten ab. U. Tausendfreund. 4562□

**Chromatographische Bestimmung des Insulins.** Dsh. D. Ch. Choman. (Med. Ind. [UdSSR] **16**, Nr. 4, 20–27, April 1962; Oss/Holland, Organon-Forsch.-Labor.; russ.) — Eine Modifizierung der chromatograph. Best. des *Insulins* nach Bouman u. Homan (vgl. C. **1962**, **2795**) wird erörtert. S. Baryschnikow. 4564

**In Leberenzymen von diabetischen Ratten durch Verfütterung von Glucose und Fructose bewirkte Anpassungsrichtungen und -Schemata.** Walter M. Fitch und I. L. Chaikoff. (Biochim. biophysica Acta [Amsterdam] **57**, 588–95, 12/3. 1962; Berkeley, Calif., Univ. of California, Dep. of Physiol.; engl.) — Bei diabet. Ratten, deren Futter 60% *Glucose* (**I**) oder *Fructose* enthielt, war die Aktivität von *Glucose-6-phosphatase, Fumarase, Glutamat–Asparagat-Transaminase* u. *Glutamat–Alanin-Transaminase* erhöht, die von *6-Phosphoglucosedehydrogenase, α-Glycerinphosphatdehydrogenase* (nur bei **I** im Futter), *Lactatdehydrogenase* u. *Malatdehydrogenase* (abhängig von Triphosphopyridinnucleotid) verringert K. Zingraf. 4564□

**Der Stoffwechsel von α-Ketosäuren und Ketonkörpern bei Diabetes mellitus.** Hiromichi Tsukushi. (Fukuoka Acta med. [Fukuoka-Igaku-Zassi] **50**, 4311–28, Okt. 1959; Fukuoka, Kyushu Univ., Fac. of Med., 3rd Dep. of Internal Med.; jap., Auszug: engl.) — Bei Diabetikern ist der *Pyruvat* (**I**)-Geh. erhöht u. der *α-Ketoglutarsäure* (**II**)-Geh. im Urin überdoppelt so hoch wie bei Normalen. Nach i.v. Verabreichung von *Fructose* (**III**) sind *Lactat*, **I** u. **II** etwas erhöht, nach 2 Std. etwas erniedrigt u. nach 3 Std. normal. Ebenso sind *Acetoacetat* (**IV**) u. *Aceton* (**V**) im Urin erhöht; nach **III**-Gabe sind **IV** u. **V** bei Normalen u. Diabetikern im Urin erhöht, bei ersten tritt Normalisierung nach 2 u. bei letzten nach 3 Std. ein. Intravenöse *Na-Succinat*-Gabe bewirkt bei Normalpersonen einen **I**-Abfall im Urin u. innerhalb 1 Std. einen Anstieg u. anschließenden Abfall des **II**-Gehaltes. Bei Diabetikern erfolgt sofort eine geringe **I**-Zunahme u. in 3 Std. eine Abnahme auf oder unter den Ausgangswert u. eine merkliche **II**-Zunahme innerhalb 1 Std. u. eine Abnahme auf oder unter den Ausgangswert in 3 Stunden. Der **IV**- u. **V**-Geh. im Urin wird sowohl bei Normalen als auch bei Diabetikern verringert. Na-Acetat, i. v. verabreicht, hat bei beiden Vers.-Gruppen keinen Einfl. auf den **IV**- u. **V**-Geh. des Urins. Es wird gefolgert, daß bei Diabetikern der Tricarbonsäurecyclus langsamer abläuft. P. Gregorzewski. 4564□

**Zink im Harn bei juvenilem Diabetes mellitus und bei Ketonämie.** H. G. Krainick, B. Müller-Hill, F. E. Struwe, H. Sund und K. Wallenfels. (Klin. Wschr. **39**, 1132—37, 1/11. 1961; Freiburg/Br., Univ.-Kinderklinik; Chem. Labor. der Univ.; dt.) — Bei 31 Insulinmangeldiabetikern wurde im 24-Std.-Harn die *Zink*-Ausscheidung (HZA) bestimmt. Verglichen mit 14 Kontrollpersonen waren die HZA-Werte bei den Diabetikern im Mittel erhöht. Die Höhe der HZA erwies sich unabhängig vom Alter, Geschlecht, Gew., Diabetesdauer, Insulinbedarf, Harnmenge u. Harnzuckerausscheidung. Best. der HZA bei ketonäm. Diabetikern ergaben Anhaltspunkte dafür, daß zwischen Harnketonkörperausscheidung u. HZA Beziehungen bestehen. K. Böhm. 4564 □

**Veränderungen des Blutzuckers und der Insulintoleranz infolge chronischer Schädigungen des Zentralnervensystems.** F. Solinas und G. Pinna. (Arch. Scienze biol. **45**, 376—88, Okt./Dez. 1961; Sassari, Univ., Ist. di Fisiol. umana; ital.) — Jeder direkte Eingriff am Zentralnerven-Syst. bewirkt beim Kaninchen vorübergehend eine Hyperglykämie. Injektion von *Glucose* erzeugt ebenfalls eine im Verhältnis zur Dosis supernormale Hyperglykämie; dabei wird die Insulinresistenz verändert (um 1—2 Std. verzögerter Eintritt). K. Zingraf. 4564 □

**Untersuchungen über den Kohlenhydratstoffwechsel in Rattenleberschnitten.** 11. Mitt. **Die Wirkung längerer Insulingaben auf alloxandiabetische Tiere.** Robert G. Spiro und A. Baird Hastings. (J. biol. Chemistry **230**, 751—59, Febr. 1958; Boston, Mass., Harvard Med. School, Dep. of biol. Chem.; engl.) — 10. vgl. C. **1959**, 16040. — Bei alloxandiabet. Ratten wurden durch 2wöchige *Insulin*-Gaben die normalen Stoffwechselfunktionen, wie Umwandlung von *Glucose* u. *Fructose* in *Glykogen*, *Fettsäuren* u. $CO_2$, sowie die *Glucose-6-phosphatase*-Aktivität in Leberhomogenaten wiederhergestellt. Nur 2 Tage behandelte Ratten zeigten vergrößerte Leber mit hohem Glykogen-Geh. u. in Leberschnitten eine Zunahme der meisten Funktionen, während die Glucose-6-phosphataseaktivität auf dem Diabetikerspiegel verblieb. K. Heyns. 4564

**Untersuchungen über den Kohlenhydratstoffwechsel in Rattenleberschnitten** 12. Mitt. **Reihenfolge der Stoffwechselwirkungen nach akutem Insulinentzug.** Robert G. Spiro, James Ashmore und A. Baird Hastings. (J. biol. Chemistry **230**, 761—71, Febr. 1958.) — 11. vgl. vorst. Referat. — Alloxandiabet. Ratten, deren Stoffwechsel mit *Insulin* normalisiert worden war, wurde das *Insulin* entzogen u. darauf die Stoffwechsel-Wrkg. nach verschiedenen Zeiten untersucht. Nach 6½ Std. war der Blutzucker angestiegen, die Glykogenmenge vermindert. Nach 96 Std. war das Bild eines ausgebildeten Diabetes noch nicht erreicht. Diaphragma–Glucose-Aufnahme war nach 10 Std., Leber–Glucose-Phosphorylierung nach 14 Std. auf die Hälfte reduziert. Beide Funktionen ließen sich durch Insulin in 4 Std. restaurieren. K. Heyns. 4564

**Untersuchungen über den Kohlenhydratstoffwechsel in Rattenleberschnitten.** 13. Mitt. **Einfluß der Hypophyse auf den Insulinmangelzustand.** Robert G. Spiro. (J. biol. Chemistry **230**, 773—79, Febr. 1958.) — 12. vgl. vorst. Referat. — Hypophysektomy von alloxandiabet. Ratten führt zu einer Vermehrung der Diaphragma-Glucose-Aufnahme. In Leberschnitten ist dagegen die Glucosephosphorylierung, $CO_2$-Bldg. u. Fett-Synth. unverändert. Die Glucose-6-phosphataseaktivität nimmt wieder normale Werte an. K. Heyns. 4564

**Die Wirkung der Vorbehandlung mit dem Sulfonamidpräparat 2254 RP auf die Entstehung und den Verlauf des Alloxan-Diabetes beim Kaninchen.** G. De Bastiani und L. Granata. (Arch. ital. Sci. farmacol. [3] **7**, 3—8, Jan. 1957; Padova, Univ., Ist. Fisiol.) — Entstehung u. Verlauf des *Alloxan* (**I**)-Diabetes änderten sich nicht bei Kaninchen, die mit 1 g/kg per os des Sulfonamid-Präp. *2254 RP* (**II**; *2-[p-Aminobenzolsulfonamido]-5-isopropyl-1.3.5-thiodiazol*) an 3 Tagen vorbehandelt wurden u. dann nach 24 Std. 200 mg **I**/kg i.v. erhielten. Die anfängliche hyperglykäm. Phase wird verstärkt, die Erscheinungen der folgenden hypoglykäm. Phase gemildert. Histolog. Unterss. des Pankreas ergaben bei der angewandten Dosis in den meisten Fällen keine Schädigung der α-Zellen, aber eine vollständige Zerstörung der β-Zellen. Bei Tieren, die 1 oder 2 Std. vor der **I**-Injektion mit einer einmaligen Dosis von 1 g **II**/kg behandelt wurden, ist das Diabetessyndrom weniger schwer, u. die β-Zellen sind fast frei von degenerativen Veränderungen. In diesem Falle scheint **II** eine geringe Schutz-Wrkg. auszuüben. B. Stieb. 4564 □

**Der Mechanismus der externen Pankreassekretion.** S. Dikstein und D. Birnbaum. (Experientia [Basel] **16**, 365—67, 15/8. 1960; Jerusalem, Hebrew Univ., Hadassah Med. School, Dep. of Pharmacol.; Hadassah-Hebrew Univ. Hosp., Gastroenterol. Res.; engl.) — Bei der externen Pankreassekretion der Hunde nimmt mit wachsender Sekretionsrate die Bicarbonat (I)-Konz. zu, die Chlorid-Konz. ab, wobei die Summe fast konst. bleibt, u. die Sekretion stets mit der extracellulären Fl. isoton. ist. Der Mechanismus der äußeren Bauchspeicheldrüsensekretion läßt sich durch die Annahme deuten, daß zuerst eine I-reiche Lsg. gebildet wird, die bei Passage der Pankreasgänge mit extracellulärem Chlorid austauscht, wobei die Wände der Gänge als anionendurchlässige Membran wirken. K. Maier. 4564□

**Mögliche Beziehungen zwischen der durch Monoaminoxydasehemmung ausgelösten Hypoglykämie und Angina pectoris.** David Leak und Thomas L. Dormandy. (Proc. Soc. exp. Biol. Med. **108,** 597—600, Dez. 1961; Edinburgh, Royal Infirmary, Dep. of Cardiol.; London, Central Middlesex Hosp., Dep. of Pathol.; engl.) — Beschreibung eines Kohlenhydrattoleranztestes mit 25 g Galaktose u. 25 g Glucose, der bei Normalpersonen u. Patienten mit Angina pectoris angewandt wurde. Mit der Besserung der Angina pectoris (Herabsetzung der Anfallshäufigkeit) ging eine Abnahme der Blutzuckerwerte parallel. K. Zingraf. 4564□

**Einfluß der Adrenalinbelastung auf den Histaminumsatz in der Norm und bei Zwischenhirnerkrankungen.** I. L. Waissfeld und A. D. Ssolowjewa. (Bull. exp. Biol. Med. [UdSSR] **50 (25),** Nr. 8, 62—67, Aug. 1960; Moskau, Med. Inst., Klinik für Nervenkrankheiten, Abt. für biolog. Wiss. der Akad. der Wiss. der UdSSR; russ., Auszug: engl.) — Während beim Gesunden (33 Vers.-Personen) der Geh. an *Histamin* (I) im Blut 10 Min. nach subkutaner Injektion von 0,3 ml 0,1%ig. *Adrenalin*-Lsg. abnimmt u. die Aktivität der *Diaminooxydase* (II) leicht ansteigt, nimmt bei diencephalen Erkrankungen (20 Patienten) der I-Geh. des Blutes zu u. die Aktivität der II etwas ab. Die histaminopekt. Wrkg. (d. h. die Eig. des Blutserums, in vitro zugesetztes I zu inaktivieren) bleibt in beiden Fällen prakt. unbeeinflußt. E. Rentz. 4569□

**Beitrag zur Untersuchung des Histaminstoffwechsels.** Thérèse Neveu. (J. de Physiol., Suppl. Nr. **2,** 1—87, 1960; Paris, Hôp. Broussais, Clin. Méd., Labor. de Méd. exp.; franz.) — Bei der Albinoratte wurden Freisetzung, Stoffwechsel u. Ausscheidung von endogenem u. $^{14}$*C-Histamin* (I) untersucht. Kontrolltiere u. *α-Aminoguanidin* (II)-behandelte erhielten parenteral oder oral I, wobei erstere 20%, letztere 50% ausschieden. Intravenös gegebenes I verschwindet sehr rasch aus dem Kreislauf. Mittels $^{14}$C-Messung war die Best. von Gesamt-I in biolog. akt. Form u. nach Umwandlung in den Geweben möglich. Während der ersten Sek. nach Injektion diffundierte I sehr rasch aus dem Blut heraus. I drang rasch in die Zellen aller Gewebe, ausgenommen des Hirns, ein, in die Nieren am schnellsten. Von den Geweben aufgenommenes I wurde rasch umgewandelt, wobei der Wert von biolog. akt. I/$^{14}$C entsprechend abnahm. Die Geschw. der I-Umwandlung in der extracellulären Fl. u. in den verschiedenen Organen wurde bestimmt. II-Vorbehandlung von Tieren mit ausgeschalteten Nieren verzögerte den Abbau von $^{14}$*C*-I erheblich. Bei Injektion eines I-freisetzenden Faktors (48/80) war wenige Min. nach dem fast vollständigen Verschwinden von $^{14}$*C*-I aus dem Blute keine Abgabe von $^{14}$*C*-I in das Blut zu beobachten, während endogenes I aus den Geweben frei wurde. Die Kinetik der I-Freisetzung wurde mit Hilfe verschiedener Typen von I-*Liberatoren* (III), wie *48/80, 1935 L., Dextran, Ovomucoid, Tween* (IV), *Polyvinylpyrrolidon* u. *Antigen-Antikörper-Komplex* untersucht. *Hypothermie* veränderte die Kinetik der I-Abgabe erheblich u. abhängig von III. Makromol. III, wie Polyvinylpyrrolidon, IV, geben kreuzweise Schutz gegen anaphylakt. Schock. *Cortison* hemmte die I-Biosynthese. — 180 Literaturangaben. K. Maier. 4569□

**Der Einfluß von Substanz P auf den 5-Hydroxytryptamin-Gehalt des Darmes.** D. Beleslin und V. Varagić. (Experientia [Basel] **15,** 186—88, 15/5. 1959; Belgrad, Med. Fac., Dep. of Pharmacol.; engl.) — Die Einw. von 60—80 Einheiten Substanz P für 20—30 Min. intraluminal auf ein 15—20 cm langes isoliertes Dünndarmstück vom Meerschweinchen sowie die intraperitoneale Injektion von 60—120 Einheiten/kg für 4 Tage bei Ratten führt zur Erhöhung des *5-Hydroxytryptamin* (I)-Geh. um 60—100% sowohl im isolierten Darmstück des Meerschweinchens als auch im Darm u. Magen der Ratte. Eine Änderung des I-Geh. in der Milz war nicht nachweisbar. Joachim Schmidt. 4569□

**Die Struktur des menschlichen Hämoglobins.** 1. Mitt. **Die Trennung der α- und β-Kette und ihre Aminosäurezusammensetzung.** Robert J. Hill, William Konigsberg, Guido Guidotti und Lyman C. Craig. (J. biol. Chemistry **237,** 1549—54, Mai 1962; New York, N.Y., Rockefeller Inst.; engl.) — Die Darst. von *Globin* aus dem *Hämoglobin* Erwachsener nach einer modifizierten Meth. von Teale wird beschrieben. Das Häm wird aus einer salzsauren Lsg. von CO-Hämoglobin mit Methyläthylketon bei 5° extrahiert. Die dialysierte Globin-Lsg. wird bei pH 2 in einem Gegenstromverteilungs-Verf. bei 25° in α- u. β-Kette aufgetrennt. Das Lsgm.-Syst. besteht aus sek.-Butanol-0,5n Essigsäure u. 10%ig. Dichloressigsäure (9 : 10 : 1). Die Isolierung der beiden Ketten gelingt mit einer Ausbeute von 60—75%. Die Aminosäuren-Best.

erfolgte nach der Hydrolyse in 6n HCl bei 105—115° automat. in einer Spinco-App. nach der Meth. von Moore, Spackman u. Stein. *Tryptophan* wurde spektrophotometr., *Cystein* als Cysteinsäure bestimmt. Die quant. Aminosäure-Zus. der α- u. β-Kette wird in einer Tabelle angegeben. Die α-Kette besteht aus 141 Aminosäuren (Molgew. 15126); die β-Kette aus 146 Aminosäuren (Molgew. 15866). Das Molgew. des *Hämoglobins* ergibt sich zu 66450. K. Heyns. 4572□

**Einfluß des Kobalts und Kupfers auf das quantitative Verhältnis von Globin und Hämatin im Blut von weißen Ratten.** A. A. Abrarow. (Usbek. med. J. **1962**, Nr. 3, 54—57, März; Inst. für Ernähr. der Akad. der Med. Wiss. der UdSSR, Labor. für Stoffwechsel u. Energie; russ.) — In Verss. mit Ratten führte Ausschluß von *Cu* oder *Co* aus der synthet. Diät (18% Eiweiß, 27% Fett, 55% Kohlenhydrate, 4% Salze mit 2,5 mg% $CoCl_2$ u. 46,7 mg% $CuSO_4$) oder Zugabe von 50 mg% $CuSO_4$ zu keiner Veränderung, Zugabe von 40 mg% $CoCl_2$ zur Erhöhung des Geh. an *Globin* um 50%, *Hämatin* um 43% (nach 44 Tagen) u. die Erythrocytenzahl im Blut. Bei experimenteller alimentärer Anämie hatten Gaben von 0,2 mg Co oder Cu nur geringen Einfl. auf die Erythropoese; gleichzeitige Gaben von 0,5 mg Fe führten zu starker Stimulierung der Hämopoese, bei der Co die Erythro- u. Cu die Globin-Synth. stärker erhöhte.
I. v. Kloch-Kornitz. 4572□

**Eigenschaften und Vorkommen eines Ribonuclease-Hemmstoffes im stromafreien Hämolysat roter Blutkörperchen.** G. Rost (unter Mitarbeit von Ch. Hahn und G. Viereck). (Acta biol. med. german. [Berlin] **3**, 276—83, 1959; Berlin, Humboldt-Univ., Physiolog.-chem. Inst.; dt.) — Krist. *Ribonuclease* wird nach Lindigkeit (Folia haematol. [Leipzig] **74**, [1956], 3) durch einen im stromafreien Hämolysat anäm. Kaninchen nachgewiesenen *Hemmstoff* (I) gehemmt. **I** ist hitzebeständig, säurestabil, alkalilabil u. nicht dialysierbar. **I** kommt in Erythrocyten von Rind (größter **I**-Geh.), Pferd, Schwein, Hammel u. Kaninchen vor. Die **I**-Wrkg. erfolgt optimal bei pH 6,5. — Verss. zur Reinigung von **I**, das vielleicht ein Mucoproteid ist, führten nicht zum Erfolg.
A. Hesse. 4573□

**Veränderung der Eiweißfraktionen des Blutes von Tieren unter dem Einfluß von Dysenterietoxin.** L. A. Alimowa. (Usbek. med. J. **1962**, Nr. 2, 25—29, Febr.; Taschkent, Medizin. Inst. u. Inst. für exp. Med. der Akad. der Wiss. der UdSSR, Lehrstuhl für patholog. Physiolog.; russ.) — Bei Ratten führte einmalige i.v. Injektion von 1—3 mg Schiga-*Toxin* (**I**, $DL_{100}$ 5 mg) zur Verringerung des Geh. an *Albuminen* (**II**) bis auf 38% (bezogen auf Gesamteiweiß) u. Vermehrung der *Globuline* (**III**) im Blutserum ($\alpha_1$- auf 14, $\alpha_2$- auf 11,3, β- auf 20,9, γ-**III** auf 15,8% gegenüber 52, 8,8, 9,8, 16,6 u. 13,9 in der Norm). Bei wiederholter Injektion von 1 mg **I** (2mal wöchentlich) u. bes. bei gleichzeitiger eiweißarmer Diät (26 Tage 4% *Eiweiß*) wurde die Empfindlichkeit der Tiere gegen **I** erhöht. I. v. Kloch-Kornitz. 4574□

**Veränderungen in den Serumproteinen der Ratte bei Folsäure- und Vitamin-$B_{12}$-Mangel.** Anand G. Mulgaonkar und A. Sreenivasan. (Proc. Soc. exp. Biol. Med. **94**, 44—46, Jan. 1957; Bombay, Univ., Dep. of Chem. Technol.; engl.) — Vgl. C. **1961**, 2001. — Bei der Ratte wurde bei *Folsäure*- oder *Vitamin-$B_{12}$* (**I**)-Mangel eine signifikante Verringerung des Gesamteiweißes sowie des *Albumins*, $\alpha_1$- u. *γ-Globulins* im Serum beobachtet; der Geh. der Einzelkomponenten war vom Eiweiß-Geh. der Nahrung abhängig; der Geh. von *β-Globulin* im Serum war erhöht (wahrscheinlich ein Zeichen für einen höheren Geh. von freiem **I** im Serum während des Mangelzustandes).
K. Zingraf. 4574□

**Zur Frage des Einflusses von Licht und photoaktiven Stoffen auf den Zuckergehalt des Blutes.** B. G. Russtamowa-Gadshijewa. (Ber. Akad. Wiss. AserbaidshanSSR **16**, 87—92, 1960; aserbaidshan., Auszug: russ.) — Kaninchen, die bei Tageslicht oder in der Dunkelheit gehalten wurden, erhielten eine subkutane Einspritzung von alkal. Fluorescein (I). Man fand höhere Zuckerwerte bei den bei Tageslicht gehaltenen Kaninchen. Auch bei der Injektion von Glucose (**II**) war der Anstieg bei den Tageslichttieren etwas stärker. Dieser Unterschied wurde am stärksten 2 Std. nach der Injektion. Bei Kaninchen, denen 0,05 g **I**/kg Körper-Gew. zugeführt wurden, stieg der Zuckerspiegel im Blut um 20—50%. Bei höheren Dosen von **I** (0,1 g/kg) nahm der Zuckerspiegel im Blut ab. Es konnte dabei hypoglykäm. Schock auftreten. Injizierte man den Tieren neben **I** auch **II**, so war die hyperglykäm. Rk. bei den Tieren, die 0,05 g **I** erhielten, viel ausgeprägter. Der Zuckerspiegel im Blut war auch 2 Std. nach der Injektion noch nicht normalisiert. Führte man 0,1 g **I** zusammen mit **II** ein, so wirkte **II** entgiftend, so daß der Zuckerspiegel im Blut nicht so fiel wie bei der Verabfolgung von höheren Dosen **I** allein. Ein hypoglykäm. Schock blieb in diesem Falle aus. F. du Mans. 4574□

**Photooxydation der Blutproteine. 8. Mitt. Photooxydation des menschlichen Hämoglobins in Gegenwart von Sensibilisatoren.** Z. Vodrážka, J. Čejka und J. Salák. (Collect. czechoslov. chem. Commun. **26**, 2813–16, Nov. 1961; Prague, Inst. of Hematol. and Blood Transfus.; engl.) — 7. vgl. C. **1958**, 10991. — Vff. untersuchten den Verlauf der Photooxydation von *Globin* u. *Hämoglobin* in Ggw. von *Eosin* als Sensibilisator. Verss. wurden mit sog. „*renaturiertem*“ *Globin* (I) in Boratpuffer von pH 9 u. mit *Oxyhämoglobin* (II) in Phosphatpuffer von pH 7 durchgeführt. Der Verlauf der Destruktion der Imidazol-, Indol- u. Phenolgruppen bei I war derselbe, wie er bei denaturiertem Globin beobachtet wurde (vgl. 7. Mitt.). Die Photooxydation von II hat zuerst eine Farbvertiefung der Lsg. zur Folge; die Absorption bei 500 u. 600 m$\mu$ steigt, u. I ist nach Verbrauch von 12 Moll. $O_2$/Mol. Protein vollständig zu Ferrihämoglobin oxydiert. Nach 3std. Bestrahlung einer 0,6%ig. Lsg. von II war der Verbrauch des $O_2$ 170 $\mu$l in $8 \cdot 10^{-4}$m *Eosin*, 140 $\mu$l in $1{,}3 \cdot 10^{-4}$m *Methylenblau*, nur 110 $\mu$l in $1 \cdot 10^{-3}$m *Protoporphyrin* u. 50 $\mu$l in $4 \cdot 10^{-4}$m *Riboflavin*. Der Sedimentations-Koeff. der Mehrzahl der Moll. von II bleibt nach der Photooxydation unverändert u. nach 30std. Bestrahlung einer 9%ig. Lsg. von II bei 10° waren nur 15% des Materials aggregiert. Der Geh. der Indol- u. Phenolgruppen sinkt in II fast ebenso wie in I. Der Abbau der Indolgruppen verläuft linear. Die Photooxydation der Imidazolgruppen verläuft konst. bis zum Abbau von ca. 29 Resten; dann wird der Abbau langsamer, u. der Test auf die Ggw. von Imidazolgruppen ist nicht negativ, auch wenn die Bestrahlung fortgesetzt wird. Vff. schließen auf Grund des Verlaufes der Photooxydation von I, II u. Histidin, daß sich in Hämoglobin ungefähr 4 unoxydierbare Imidazolgruppen befinden, welche wahrscheinlich in der Bindung zwischen dem Häm u. dem Globin eine Rolle spielen. V. Kostka/Prag. 4574

**Untersuchung der Hämoglobinbiosynthese in den Reticulocyten der Ratte.** P. Mäsiar und J. Murár. (Collect. czechoslov. chem. Commun. **26**, 2562–69, Okt. 1961; Košice, P. J. Šafárik Univ., Fac. of Med., Inst. of Biochem.; engl.) — Es wurde die Inkorporierung von *$^{14}C_{(1)}$-Alanin* (I) in *Hämoglobin* (II) der Reticulocyten u. der Mechanismus dieser Inkorporierung untersucht. Reticulocyten der Ratte wurden mit I 140 Min. inkubiert u. danach das markierte II isoliert, krist. u. gereinigt. Durch Fällung mit Aceton wurde aus II *Globin* (III) erhalten. III wurde der Hydrolyse mit *Trypsin* unterzogen, das Hydrolysat durch Hochvoltelektrophorese getrennt u. die spezif. Aktivität einzelner Zonen festgestellt. In anderen Verss. wurde markiertes II mit Salzsäure hydrolysiert, das Totalhydrolysat zweidimensional getrennt u. die Aktivität gemessen. Es wurde festgestellt, daß *Alanin* die einzige Aminosäure war, welche eine spezif. Aktivität hatte u. daß also I gleichzeitig mit der Synth. von II inkorporiert wurde. Ferner stellten Vff. fest, daß I in vitro direkt in die Polypeptidkette eingebaut wird u. daß die Inkorporierung nicht einem Acylierungsprozeß an der Oberfläche des Protein-Mol. zugeschrieben werden kann. Alanin wird in vitro an derselben Stelle des Hämoglobins wie in vivo inkorporiert, wie durch die Isolation eines der betreffenden Peptide festgestellt wurde. Die Synth. des Globin-Mol. hat also einen de novo-Charakter. Auf Grund der Messung der spezif. Aktivität des I in den Hydrolysaten einzelner Fraktionen aus der trypt. Spaltung vermuten Vff., daß die Inkorporierung von I stufenweise verläuft. Die Ergebnisse der Vff. beweisen, daß I ebenso gut wie andere Aminosäuren inkorporiert wird, obwohl es ein Substrat der *Transaminase* darstellt.
V. Kostka/Prag. 4574

**Untersuchung über den Stoffwechsel $^{131}$J-markierter Serumproteinfraktionen.** Tutomu Fukuda. (Fukuoka Acta med. [Fukuoka-Igaku-Zassi] **50**, 4127–47, Okt. 1959; Fukuoka, Kyushu Univ., Fac. of Med., 3rd Dep. of Internal Med.; jap., Auszug: engl.) — Beim normalen Hund beträgt der austauschbare „Pool“ an Serumproteinfraktionen 6,62 $\pm$ 2,23 (g/kg) für *Gesamtprotein*, 3,10 $\pm$ 1,21 *Albumin*, 0,32 $\pm$ 0,20 $\alpha_1$-, 1,17 $\pm$ 1,25 $\alpha_2$-, 1,62 $\pm$ 1,49 $\beta$-, 0,495 $\pm$ 0,297 *$\gamma$-Globulin*. Bei Leberkrankheiten sind alle Fraktionen außer der der $\alpha_1$-Globuline verringert. Die Halbwertszeiten der verschiedenen Fraktionen bei verschiedenen Leberstörungen werden mitgeteilt.
P. Gregorzewski. 4574□

**Der Einfluß von Zeugungszustand, Geschlecht und Gonadenhormonen auf den Hexosamin- und Proteingehalt in Vogel- und Rinderserum.** D. L. Grant und P. A. Anastassiadis. (Canad. J. Biochem. Physiol. **40**, 639–51, Mai 1962; Quebec, Canada, McGill Univ., Macdonald Coll., Fac. of Agric.; engl.) — In Vogel- (VS) u. Rinderserum (RS) werden *Hexosamin* (I)- u. *Protein* (II)-Geh. in Abhängigkeit von Geschlecht u. Zeugungszustand bestimmt. Im RS ist der Geh. an I als auch an II höher als im VS. Im Reifezustand steigt I bei ♀ Hühnern stark, bei Kühen nur gering an. Trächtige Kühe zeigen ein mäßiges Ansteigen von I. An unreifen Hühnern wurde weiter der Einfl.

der Gonadenhormone auf den I-Geh. des Serums untersucht. *Östradiolbenzoat* erhöht den I-Geh., *Androgen* verstärkt diesen Effekt u. *Androgen* u. *Progesteron* zusammen unterdrücken ihn. H. Struck. 4574□

**Bestimmung des Corticosteroidbindungsvermögens menschlichen Plasmas.** James C. Warren und Hilton A. Salhanick. (Proc. Soc. exp. Biol. Med. **105**, 624—28, Dez. 1960; Omaha, Nebr., Univ. of Nebraska, Coll. of Med., Dep. of Obstetr. and Gynecol. and Biochem.; engl.) — Gleichzeitige Dialyse 2 verd. Plasmaproben in Ggw. von Humanserumalbumin u. $^{14}C_{(4)}$-*Cortisol* bei 37° eignet sich zur Messung der relativen Mengen des vorhandenen Corticosteroid bindenden Proteins. In nichtverd. Proben ist der Zerfall des Steroid–Protein-Komplexes selbst bei 37° langsam. Bei 4° ist auch in verd. Plasma kein Gleichgewichtszustand erreichbar. Die von früheren Vff. beim Vgl. von Proben von Schwangeren- u. Nichtschwangerenplasma beobachteten Unterschiede lassen sich durch dieses unvollständige Gleichgewicht erklären. K. Maier. 4574□

**Harnstoffderivate als die Fibrinolyse unterstützende Agentien.** Kurt N. von Kaulla und Robert L. Smith. (Proc. Soc. exp. Biol. Med. **106**, 530—33, März 1961; Denver, Univ. of Colorado, Colo., School of Med., Dep. of Med.; Belle Bonfils Mem. Blood Bank; engl.) — Ein Zusatz von 2—4% *Urethan, Methylurethan, Äthylthioharnstoff, Butylharnstoff, Allylthioharnstoff* oder *Äthylurethan* (I) zum Plasma vor oder nach der Klümpchen-Bldg. bewirkt spontane Wiederauflösung der Klümpchen im menschlichen Plasma. Rinderfibrinklumpen werden nur in Ggw. von Humanplasma aufgelöst. I ist die aktivste Substanz. P. Gregorzewski. 4574□

**Zur Wirkungsweise der Erythropoetine.** Vorl. Mitt. Otokar Bilek und Bohumíra Bílková. (Naturwissenschaften **49**, 233—34, 2. Mai-H. 1962; Brno, Medizin. Fak., Lehrstuhl für patholog. Physiol.; Lehrstuhl für medizin. Phys.; dt.) — Die Wrkg. der *Erythropoetine* hängt offenbar vom Milieu der blutbildenden Zellen ab, sie wirken direkt über das reticulohistiocytäre System. Der blutbildende Effekt nimmt mit dem Grad der Läsion des reticulohistiocytären Syst. ab. U. Tausendfreund. 4575□

**Die Rolle des Kaliums in der natriuretischen Reaktion eines Steroidlactons (SC-9420).** Frederic F. Taylor und William W. Faloon. (J. clin. Endocrinol. Metabolism **19**, 1683—87, Dez. 1959; Syracuse, N.Y., State Univ. of New York, Coll. of Med., Dep. of Med.; engl.) — Patienten mit Cirrhose u. Ascites bekommen alle 6 Std. 100 mg *SC-9420* (*3-[3-Keto-7-thioacetoxy-17β-hydroxy-4-androsten-17α-yl]-propionsäurelacton*) oral verabreicht. Bei einer $Na^+$-armen Diät wird durch Verabreichung von ca. 150 mVal $K^+$ eine merkliche Erhöhung der $Na^+$-Ausscheidung im Urin erreicht. Gleichzeitig sinkt der $Na^+$-Geh. des Serums, während der $K^+$-Geh. ansteigt. Die mit $K^+$ reich ernährten Patienten haben außerdem einen höheren Gew.-Verlust. Ohne *SC-9420* hat $K^+$ keinen natriuret. Effekt. A. Gude. 4577□

**Indole der Körperflüssigkeiten bei Geisteskrankheit.** R. Rodnight. (Int. Rev. Neurobiol. [New York] **3**, 251—92, 1961; London, Maudsley Hosp., Inst. of Psychiatry, Dep. of Biochem.; engl.) — Übersicht. Hypothesen bzgl. *Indole* (I) u. Hirnfunktion (Darmautointoxikation, anomale Gewebe-I, Störung des Gleichgewichts normal vork. I); I normaler Körper-Fll.: Wege des *Tryptophan* (II)-Stoffwechsels in Geweben, II-Stoffwechsel durch die Darmflora, normale Harn- u. Blut-I, Cerebrospinal-Fl.-I; I der Körper-Fll. bei Geisteskrankheit: Hartnup-Krankheit, Phenylketonurie, wesentliche Geisteskrankheiten (Harn-I: Indican, Sulfatoxyskatol, Indolylessigsäure, -milchsäure, -ameisensäure; Indolaminstoffwechsel). — 131 Literaturangaben. K. Maier. 4578□

**Über den Kupfergehalt der Nahrungsmittel des Kindes.** Heinz Kleinbaum. (Z. Kinderheilkunde **86**, 655—66, 1962; Greifswald, Univ., Kinderklinik; dt.) — In Nahrungsmitteln für Säuglinge u. Kleinkinder ergaben sich sehr unterschiedliche Cu-Werte. Cu wurde nach einer hochempfindlichen Meth. (Callan u. Henderson) durch Kupplung mit *Na-Diäthyldithiocarbamat* bestimmt. In der Frauenmilch ging der Cu-Geh. im Verlauf der Lactationsperiode von 134 auf 26 γ% zurück; frische Kuhmilch enthält nur 10,2, Buttermilch (pulverförmig) 27,7 γ%. Obst–Zwieback- bzw. Gemüsebreie enthielten 83 bzw. 149 γ%. Die höchsten Cu-Werte wurden in Rinder- u. Kalbsleber, 2469 bzw. 4122 γ%, sowie in Hasel- u. Walnüssen, 1350 bzw. 1426 γ%, festgestellt. Der Cu-Geh. von Eigelb mit 371 γ% wird besonders hervorgehoben.
H. Doßmann. 4585□

**Untersuchung über den Wachstumsstimulierenden Faktor für Lebewesen im Mycel von Aspergillus oryzae. 4. Mitt. Die Wirkung von Mycel, zu synthetischen Nahrungsmitteln zugegeben, auf das Wachstum der Ratten.** Teijiro Kamihara, Michiko Fukano und Eiko Tozaki. (Vitamins [Kyoto] **25**, 229—31, 1962; Kyoto,

Kyoto Univ., Fac. of Engng., Dep. of Ind. Chem.; jap., Auszug: engl.) — Wurde das Mycel mit synthet. Nahrungsmitteln gemischt (gereinigtes Casein, Kornstärke oder Saccharose, Öle, Salze u. Vitamine enthaltend) an Lebewesen verfüttert, so konnte eine Wachstumshemmung beobachtet werden. I. Hahn. 4585□

**Einfluß der langen Ernährung mit Sonnenblumenöl auf den Verlauf der experimentellen Hypertonie.** T. A. Braksch, O. Ja. Kurzin, A. W. Popowa und L. F. Roschtschina. (Fragen d. Ernähr. [UdSSR] **21,** Nr. 2, 11—16, März/April 1962; Moskau, Akad. der Wiss. der UdSSR, Labor. für höhere Nerventätigkeit u. Labor. für Stoffwechsel; russ., Auszug: engl.) — *Sonnenblumenöl* (I)-Diät (*Eiweiß*, raffiniertes I, *Kohlenhydrate*; 6—8 Monate) führte bei Hunden mit experimenteller bedingtreflektor. Hypertonie nur in den ersten 2—3 Monaten zu einer individuell bedingten instabilen Verringerung des erhöhten arteriellen Druckes u. des Geh. an *Cholesterin* im Blut u. zur Normalisierung der bedingtreflektor. Nerventätigkeit. I. v. Kloch-Kornitz. 4585□

**Radiochemische Untersuchungen an radioaktiv verseuchtem Fisch.** Toshiharu Kawabata. (Res. Effects Influences Nuclear Bomb Test Explosions **2,** 861—73, 1956; Tokyo, Nat. Inst. of Health, 1. Food Control Div., Dep. of Food Control; engl.) — Unterss. über die radioakt. Elemente in verseuchten Fischen zeigen auf Grund der Zerfalls-Geschw. u. Absorptionskurven Unterschiede in Art u. Menge der Elemente in mehreren Organen u. Geweben. Die Radioaktivität wird (Zahlentafeln) von Elementen der Gruppe III (a u. b) verursacht. Die Trennung von Muskelproben mit Kationenaustauschern ergibt im Oxalsäure (0,5%)- + $NH_4$-Citrat (0,5%)-Eluat bei pH 4,1 eine beträchtliche Aktivität u. bei pH 4,6 in Eingeweideproben. Der Hauptbestandteil der Radioisotope in den Muskeln von „Albacore" ist $^{65}Zn$, das in Organen u. Geweben weit verbreitet ist. W. Wesly. 4558□

**Aminosäuremangel in der Nahrung und Glucosegehalt des Blutes.** P. W. Ssimakow. (Ukrain. biochem. J. **34,** 400—05, 1962; Moskau, Ernährungsinst. der Akad. der Med. Wiss. der UdSSR, Abt. Ernähr. des Kindes; russ., Auszug: engl.) — In Verss. mit weißen Ratten wurde der *Glucose* (**I**)-Geh. des Blutes bei normaler Diät u. bei ca. 50%ig. Mangel der Nahrung an *Methionin* (**II**), *Valin* (**III**), *Leucin* (**IV**) oder *Phenylalanin* (**V**) untersucht. In der Kontrolle betrug der **I**-Geh. des Blutes im Mittel 106 mg%. Bei **II**-Mangel betrug der **I**-Geh. 134—356, im Mittel 239 mg%. Ein gleich hoher **I**-Spiegel wurde beobachtet, wenn neben Mangel an **II** ein solcher an **III, IV** oder **V** bestand. Fehlten in der Nahrung **II, IV** oder **V** bei normalem **II**-Geh., so war der **I**-Geh. normal. Zusatz von Cystin zur Nahrung senkte den **I**-Geh. des Blutes nicht. **II** kann demnach in der Nahrung nicht durch Cystin ersetzt werden. O. Lebtag. 4585△

**Einfluß des tierischen und pflanzlichen Eiweißes auf den Riboflavinbedarf der Tiere.** Go-Tschen Fen. (Fragen d. Ernähr. [UdSSR] **21,** Nr. 2, 69—76, März/April 1962; Moskau, Inst. für Ernähr. der Akad. der Med. Wiss. der UdSSR, Abt. für Vitaminolog.; russ., Auszug: engl.) — Ratten zeigten bei 9%ig. *Kleber* (**I**)-Diät Wachstumshemmung u. stärkere Verringerung des Geh. an *Hämoglobin* im Blut u. *Riboflavin* (**II**) in der Leber sowie Fettinfiltrationen in der Leber, die sich bei **I**-Erhöhung auf 18% teilweise besserten, u. höhere Ausscheidung des **II** im Urin als nach 9—18%ig. *Casein*-Diät. Zusatz von 0,5 g *l-Lysin* u. 0,1 g *dl-Tryprophan*/100 g zur **I**-Diät verringerte die **II**-Ausscheidung im Urin u. vermehrte die Fettinfiltration u. den Geh. an **II** in der Leber. I. v. Kloch-Kornitz. 4585□

**Eine Untersuchung pathologischer Wirkungen von Orotsäure auf Ratten.** Shih Chih Lee. (Vitamins [Kyoto] **21,** 538—41, 1960; Kyoto, Prefectural Univ. of Med., Dep. of Pathol.; jap., Auszug: engl.) — Bei Verabreichung von *Orotsäure* (0,5, 1 bzw. 5 g/kg) an Ratten während einer Zeit von 2 Monaten konnten weder makroskop. noch mkr. Veränderungen an den Organen beobachtet werden; auch das Wachstum der Tiere wurde nicht beeinflußt. K.-F. Müller. 4587□

**Histochemische Untersuchungen über den Thiaminstoffwechsel bei Verabreichung von Antibioticis.** 1. Mitt. **Verteilung von Thiamin in Organen der Ratte bei Massenverabreichung von Aureomycin.** Yuzuru Watanabe. (Vitamins [Kyoto] **21,** 476—85, 1960; Kyoto, Kyoto Prefectural Univ. of Med., Dep. of Pediatr.; jap., Auszug: engl.) — Veränderungen in der Verteilung des *Thiamins* (**I**) in verschiedenen Organen von Ratten wurden histochem. untersucht, denen 200 mg *Aureomycin* (**II**)/kg/Tag 3 Tage bis 4 Wochen lang oral verabreicht wurden. In der Leber nimmt bei 3tägiger **II**-Verabreichung der **I**-Geh. deutlich ab, gefolgt von einer patholog. Umwandlung. Werden 500 μg **I** nach der **II**-Verabreichung gegeben, so nimmt der **I**-Geh. in allen Organen zu; in der Leber ist die Zunahme jedoch gering. K.-F. Müller. 4587□

**Histochemische Untersuchungen über den Thiaminstoffwechsel bei Verabreichung von Antibioticis.** 2. Mitt. **Verteilung von Thiamin in den Organen der Ratte bei Verabreichung geringer Aureomycinmengen.** Yuzuru Watanabe. (Vitamins [Kyoto]

**21,** 486—91, 1960; jap., Auszug: engl.) — 1. vgl. vorst. Referat. — Nach Verabreichung von 20 mg *Aureomycin* (I)/kg/Tag nimmt der *Thiamin* (II)-Geh. in den Organen der Ratte, bes. in der Leber, zu. Das Wachstum von Ratten, denen I verabreicht wurde, wird gegenüber dem Wachstum der Kontrollen gefördert. Bei der II-Beladung sind die II-Zunahmen in der Leber, der Niere u. im Dünndarm deutlicher. K.-F. Müller. 4587 □

**Histochemische Untersuchungen des Thiaminstoffwechsels bei Verabreichung von Antibioticis.** 3. Mitt. **Verteilung von Thiamin in den Organen der mit Pneumococcus infizierten Ratte bei Aureomycinverabreichung.** Yuzuru Watanabe. (Vitamins [Kyoto] **21,** 492—98, 1960; jap., Auszug: engl.) — 2. vgl. vorst. Referat. — Der *Thiamin* (I)-Geh. in Organen von Ratten, die 2—4 Tage nach einer *Pneumococcus*-Infektion starben oder 1 Woche nach der Infektion getötet wurden, wurde mit dem I-Geh. der Organe von Ratten 3 Tage oder 1 Woche nach der *Aureomycin* (II)-Verabreichung verglichen. Im Herz, in der Leber, der Niere u. der Milz wurden deutliche Veränderungen gefunden. Bei 3tägiger Verabreichung von 50 mg II/kg/Tag war der I-Geh. in den Organen fast unverändert; er nahm nach 1 wöchiger Verabreichung sogar zu. Die Abnahme des I-Geh. durch Pneumococcus-Infektion beruht wahrscheinlich auf patholog. Veränderungen. K.-F. Müller. 4587 □

**Untersuchungen über die Wachstumsreaktion von Thiaminderivaten gegenüber Lactobacillus fermenti.** 1. Mitt. **Wachstumsreaktion von Disulfidderivaten des Thiamins.** Kunisato Fujiwara. (Vitamins [Kyoto] **21,** 447—52, 1960; Kyoto, Univ., Fac. of Med., Dep. of Hyg.; jap., Auszug: engl.) — *Disulfid*-Derivv. des *Thiamins* (I), wie die *Allyl-*, *Methyl-*, *Äthyl-*, *Tetrahydrofurfuryl-* u. *2-Hydroxyäthyldisulfid*-Derivv., haben für *L. fermenti* eine bessere Wachstums-Wrkg. als I-Hydrochlorid. K.-F. Müller. 4587 □

**Untersuchungen über die Wachstumsreaktion von Thiaminderivaten gegenüber Lactobacillus fermenti.** 2. Mitt. **Wachstumsreaktion von Acyl-, Phosphorsäure- und anderen Derivaten des Thiamins.** Kunisato Fujiwara. (Vitamins [Kyoto] **21,** 452—57, 1960; jap., Auszug: engl.) — 1. vgl. vorst. Referat. — *Thiamin* (I)-*mono-* u. *-diphosphat* haben für *L. fermenti* eine bessere Wachstums-Wrkg. als I-*Hydrochlorid,* während *O-Acetyl-* oder *Benzoyl*-I u. *O.S-Diacetyl-* oder *Dibenzoyl*-I keine Wachstums-Wrkg. für L. fermenti besitzen. *S-Benzoyl*-I-*monophosphat* hat Wachstums-Wrkg., ist jedoch labil u. verändert sich unter gewissen Lösungsbedingungen oder bei Hitzebehandlung. *Thio-*, *Hydroxy-*, *Dihydro-* u. *Anhydro*-I u. *Thiochrom* haben keine erkennbare Wrkg.; die Wrkg. von *Cyan-* u. *Äthyl*-I entspricht etwa der des I-*Hydrochlorids.* K.-F. Müller. 4587 □

**Untersuchungen über die Wachstumsreaktion von Thiaminderivaten gegenüber Lactobacillus fermenti.** 3. Mitt. **Faktoren, welche die Wirkungen von Thiaminderivaten betreffen.** Kunisato Fujiwara. (Vitamins [Kyoto] **21,** 457—60, 1960; jap., Auszug: engl.) — 2. vgl. vorst. Referat. — Maximale Wachstums-Wrkg. von *Thiamin* (I)-*hydrochlorid,* I-*Propyldisulfid* u. *S-Benzoyl*-I-*monophosphat* werden bei pH 6,1 u. 37—42° erhalten. Die Pyrimidin- oder Thiazolhälfte allein hat nur geringen Einfl. auf das Wachstum des Organismus; beide Hälften zusammen bewirken jedoch eine deutliche Wachstumssteigerung. Weiterhin wurde die Beziehung zwischen Wachstum u. Kultivierungsdauer bei Verw. von I-*Hydrochlorid,* I-*Mono-* u. *Diphosphat,* I-*Methyldisulfid* u. *Benzoyl*-I-*monophosphat* untersucht. K.-F. Müller. 4587 □

**Die Bildung von Thiochrom.** 1. Mitt. **Oxydation von Thiamin durch Ferricyanid oder Bromcyan und Nachweis seiner Reaktionsprodukte durch Papierchromatographie.** Takatomo Horio. (Vitamins [Kyoto] **21,** 515—19, 1960; Toyonaka, Osaka Univ., Fac. of Pharm.; jap., Auszug: engl.) — Bei Oxydation von *Thiamin* (I) im alkal. Bereich entsteht immer I-*Disulfid* neben *Thiochrom* (II). Bei Einw. von *CBrN* auf I-Lsgg. von pH <11,4 entsteht II als Hauptprod.; bei einem pH von 10,7—11,6 entsteht *Cyanthiamin* (III) als ausgeprägtester Fleck, während bei einem pH >12 I-*Anhydrid* u. I-*Disulfid* nachgewiesen wurden. I wird in alkal. Medium durch CBrN zunächst in III übergeführt; in stärker alkal. Medium wird das letzte zu I-*Anhydrid* zersetzt oder reagiert mit einem weiteren I-Mol. unter Bldg. von I-*Disulfid.* Die Oxydation von I durch Ferricyanid zu II verläuft mit einer Ausbeute von 72—74%; in $N_2$-gesätt. W. erreicht die Ausbeute 80—84%. K.-F. Müller. 4587 □

**Die Bildung von Thiochrom.** 2. Mitt. **Beziehung zwischen pH und der Bildung von Thiochrom aus Thiamin durch Bromcyan.** Takatomo Horio. (Vitamins [Kyoto] **21,** 520—24, 1960; jap., Auszug: engl.) — 1. vgl. vorst. Referat. — Die Bldg. von *Thiochrom* (I) durch Zusatz von *CBrN* zu gepufferten *Thiamin* (II)-Lsgg. ist am stärksten bei pH 9—11 u. verläuft bei pH 10—12 schneller als bei pH 7—9. Läßt man die gepufferte II-Lsg. vor dem BrCN-Zusatz 1 Std. stehen, so wird II nur bei einem pH <9,5 gebildet, während *Cyanthiamin* u. **II**-*Disulfid* bei einem pH >10 entstehen. **I** entsteht auch noch in neutralem oder schwach saurem Medium, obwohl die Rk. langsam u. unvollständig ist. Die Lsg. eines **II**-Halogenids (Rhodanids) kann durch BrCN ohne NaOH beim Erwärmen in **I** mit einer Ausbeute von 30—40% übergeführt werden. K.-F. Müller. 4587 □

**Untersuchungen über die Wirkungen von Thiaminderivaten in der Ernährung. 8. Mitt. Resorption von Thiamindicetylsulfat im Kükendarm und Veränderungen des Thiaminspiegels in den Organen.** Yasuto Watanabe. (Vitamins [Kyoto] **25,** 213—17, 1962; Fukuoka, Kyushu Univ., Fac. of Agriculture, Dep. of Agricultural Chem.; jap., Auszug: engl.) — 6. vgl. C. **1963,** 5539. — Nach Fütterung von *Thiamindicetylsulfat* (**I**) bzw. *Thiaminhydrochlorid* (**II**) an Küken wird die Resorption von **I** bzw. **II** im Verdauungstrakt mit der Chromoxid-Meth. bestimmt. In der Mitte des Dünndarms wurde ein Resorptions-Koeff. (RK) für **II** von 75% u. für **I** von 55% gefunden, während am Ende des Dünndarms für **II** ein RK von 90% u. für **I** von 85% festgestellt wurde. Die Geh. von **I** u. **II** in den Organen bzw. der *Brenztraubensäure* (**III**)-Geh. im Blut wurden 1 bis 5 Std. nach Verabreichung untersucht. Die Unterss. ergaben, daß zuerst eine Zunahme des **II**-Geh. in Leber u. Blut eintrat, danach eine Zunahme des **I**-Geh., während der **II**-Geh. später absank. Im Muskel wurde keine Veränderung des Thiaminspiegels beobachtet. Wurde **II** verfüttert, sank der **III**-Geh. im Blut 1 Std. nach Verabreichung signifikant, während nach **I**-Gaben erst nach 5 Std. eine Verminderung des **III**-Spiegels festgestellt wurde. I. Hahn. 4587 □

**Behandlung der Atherosklerose mit Co Nr. 8.** A. Ch. Chodshajew und N. S. Kotschergina. (Usbek. med. J. **1962,** Nr. 2, 48—53, Febr.; Taschkent, Med. Inst., Lehrstuhl für Hospitaltherapie; russ.) — Therapie mit *Co Nr. 8* (1 $cm^3$ 1%ig. Lsg. in 0,5%ig. Novocain-Lsg. i.m., 10—15 Tage), einem *Thiamin*-Komplex mit 13,68% Co, führte bei 73 Kranken mit Atherosklerose 1.—3. Grades sowie gleichzeitiger Hypertonie vorwiegend zur Verringerung des *Cholesterin* (**I**)-Geh. um 6—62 mg%, am stärksten bei denen 1. Grades, des **I**/*Lecithin* (**II**)-Koeff. u. zur Vermehrung des **II**-Geh. im Blut, Normalisierung des arteriellen Blutdrucks u. zur klin. Besserung. I. v. Kloch-Kornitz. 4587 □

**Eine einfache Bestimmungsmethode für Dibenzoylthiamin.** Masatake Hori und Isamu Aoki. (Vitamins [Kyoto] **25,** 225—28, 1962; Osaka, Res. Labor. of Takeda Chem. Industries; jap., Auszug: engl.) — Die Best. von *Dibenzoylthiamin* wird durch dessen geringe Löslichkeit in den verschiedenen Lsgm. sehr erschwert. In 70%ig. alkohol. 0,1n HCl-Lsg. löst es sich gut u. kann damit aus Nahrungsmitteln extrahiert werden. Der Nachw. erfolgt durch alkal. Hydrolyse u. fluorometr. Best. durch eine modifizierte Thiochrom-Meth. (Oxydation mit BrCN). I. Hahn. 4587 □

**Über die Entdeckung eines Riboflavinabbauproduktes in Pflanzengewebe.** Kazuo Hotta und Osamu Ando. (Vitamins [Kyoto] **21,** 499—502, 1960; Wakayama, Med. Coll., Dep. of Biochem.; Gifu, Women's Junior Coll.; jap., Auszug: engl.) — Vgl. C. **1962,** 12343. — Wird der über dem Boden liegende Teil der Erbsenpflanze in *Riboflavin* (**I**) enthaltendem W. kultiviert, so ist in den Blättern eine blau fluorescierende Verb. mit dem $R_F$-Wert 0,45 [Fließmittel: Butanol–Essigsäure–W. (4:1:5)] nachweisbar. Diese Verb. wurde als *Flavoviolett* (= *1-Ribityl-2-oxo-3-hydroxy-6.7-dimethylchinoxalin*) identifiziert, das von Hotta u. Mitarbeitern aus den Prodd. einer Alkalipyrolyse von **I** isoliert wurde. K.-F. Müller. 4587 □

**Untersuchungen über den Riboflavingehalt der Pollen.** Kiyoko Takiguchi und Kazuo Hotta. (Vitamins [Kyoto] **21,** 503—05, 1960; Nagoya, Aichi Women's Coll.; Univ., Fac. of Med., Dep. of Biochem.; jap., Auszug: engl.) — Lebende weiße Pollen enthalten 2—3mal soviel *Riboflavin* (**I**) wie andere Pflanzenteile. In keimenden Pollen liegt **I** immer in veresterter Form, meist als Flavinmononucleotid (FMN), in geringerem Maße als Flavinadenindinucleotid (FAD), vor. Wenn der Pollen seine Keimkraft verloren hat, zersetzt sich FAD sehr schnell u. FMN nimmt ab; FAD u. FMN gehen wahrscheinlich in die freie Form über. K.-F. Müller. 4587 □

**Einfluß der Nicotinsäure und ihres Amids auf die höhere Nerventätigkeit.** N. A. Nikolow. (Fragen d. Ernähr. [UdSSR] **21,** Nr. 2, 64—68, März/April 1962; Plowdiw, Bulgarien, Pawlow-Inst. für höhere Med., Lehrstuhl für patholog. Physiolog.; russ., Auszug: engl.) — Zufuhr von *Nicotinsäure* (**I**) u. *Nicotinsäureamid* (**II**) in Dosen von 3—6 mg/kg peroral oder 0,06—0,08 (mg/kg) i.v. bei Hunden (a) u. in Dosen von 25 bis 50 per os oder i.v. 3mal täglich bei gesunden Menschen (b) führten zur individuell bedingten Erhöhung der experimentellen positiven bedingten Reflexe u. Aufhebung der hypnot. Hemmung bei a, Intensivierung der Hirnrindenprozesse bei b, bei Neurasthenikern mit hypostenodepressivem Syndrom zur klin. Besserung. Erhöhung der Dosen bei a auf 6,2 **I**, bei b auf 35—45 **I** i.v. bzw. 100 **II** führte zur Hemmung u. Verlängerung der latenten Periode der Bewegungsreflexe. I. v. Kloch-Kornitz. 4587 □

**Wirkungen von Vitamin $B_6$, γ-Aminobuttersäure und γ-Amino-β-hydroxybuttersäure auf durch Verabreichung von Toxopyrimidin oder Isonicotinsäurehydrazid verursachte Krämpfe beim Hund.** Hiroaki Koguchi. (Vitamins [Kyoto] **21**, 470—76, 1960; Tokyo, Jikeikai Med. Coll., Dep. of Biochem.; jap., Auszug: engl.) — *γ-Aminobuttersäure* (I), *γ-Amino-β-hydroxybuttersäure* (II) oder *Vitamin $B_6$* (III) wurden in die Cisterna magna eines Hundes injiziert, bei dem Krämpfe durch Verabreichung von *Toxopyrimidin* oder *Isonicotinsäurehydrazid* erzeugt wurden. III bewirkte eine merkliche Hemmung der Krämpfe; I u. II hatten keine signifikante Wirkung. III wirkt deshalb nicht als Depressor für das Zentralnervensystem. K.-F. Müller. 4587 □

**Der Einfluß von Vitamin $B_6$ auf die Biosynthese des Schilddrüsenhormons der Ratte.** Kozo Yamada, Shuhei Ogawa und Tomohiro Shin. (Vitamins [Kyoto] **21**, 506—08, 1960; Nagoya, Univ., Fac. Med., Dep. of Intern. Med.; jap., Auszug: engl.) — Es wird gezeigt, daß *Pyridoxalphosphat* (I), *Pyridoxal* (II) u. *Pyridoxaminphosphat* (III) die Synth. von *Monojodtyrosin* u. *Dijodtyrosin* bei der Ratte nicht beeinflussen, daß jedoch I die Biosynth. des *Thyroxins* hemmt. II u. III hemmen diese Synth. nicht. K.-F. Müller. 4587 □

**Calciumoxalatausscheidung und Hämaturie bei mit Phthalylsulfathiazol gefütterten Vitamin-$B_6$-Mangelratten.** W. K. Calhoun, R. B. Jennings und W. B. Bradley. (J. Nutrit. **67**, 237—52, 10/2. 1959; Chicago, Ill., Northwestern Univ., Dep. of Pathol., Amer. Inst. of Baking; engl.) — Entwöhnte ♂ Ratten mit *Vitamin $B_6$* (I)-Mangeldiät erhalten mit der Nahrung 0,5% *Phthalylsulfathiazol* (II) für 9 Wochen. Es wird stark erhöhte *Ca-Oxalat*-Ausscheidung im Urin u. starke Hämaturie beobachtet. Einige Tiere, welche weniger als 0,35 μg I/g Nahrung erhielten, zeigten Hydronephrosis. Die Hämaturie entsteht bei den Kristallablagerungen im Nierenbecken. Erhöhte I-Aufnahme verhindert die Kristallablagerung, nicht aber die Ausscheidung von *Ca-Oxalat* (III). 5 γ *Pyridoxin·HCl* verhindern III-Ausscheidung u. Nierenschädigung bei gleichzeitiger Fütterung von II. Die Ablagerungen in der Niere enthalten II u. rufen bei I-Mangel Schäden hervor. H. Struck. 4587 □

**Der Nahrungseinfluß auf die Speicherung des Vitamins $B_{12}$ in Leber und Niere.** Lillian N. Ellis, Blendena J. Duncan und Ina B. Snow. (J. Nutrit. **67**, 185—96, 10/2. 1959; New Brunswick, N.J., Douglass Coll., Chem. Dep.; engl.) — Junge entwöhnte Ratten erhalten eine Diät ohne *Vitamin $B_{12}$* (I), *Riboflavin* (II), *Folsäure* (III) u. *Cholin* (IV). Nach 14 Tagen erhält eine Tiergruppe zur Diät einen geringen Zusatz von II—IV (0,2 mg II, 0,1 mg I oder 50 mg IV/100 g) u. eine zweite Gruppe einen hohen Zusatz (1,0 mg II, 0,5 mg III oder 100 mg IV/100 g), alle Tiere bekommen wöchentlich 1,5γ *Vitamin $B_{12}$* subkutan injiziert. In Leber u. Niere werden freies u. totales I bestimmt. Bei Vitaminmangeldiät wird deutliche Abnahme des freien u. totalen I beobachtet. Nach dem höheren Vitaminangebot steigt auch der I-Geh in Leber u. Niere an. Nur bei hohem IV-Angebot findet man einen erniedrigten I-Geh. in Leber u. Niere. H. Struck. 4587 □

**Eigenzersetzung von $^{60}$Co-Vitamin $B_{12}$.** Grant H. Barlow und Nancy D. Sanderson. (Biochim. biophysica Acta [Amsterdam] **41**, 146—47, 17/6. 1960; Chicago, Ill., Abbott Labor., Res. Div., Phys. Chem. Dep.; engl.) — Bis zu 65 Tage gelagertes *$^{60}$Co-Vitamin $B_{12}$* (I) zeigt im Gegensatz zu nicht radioakt. Präpp. nach 6std. Papierelektrophorese bei 400 V u. pH 6,2 mindestens 2 zusätzliche, anod. wandernde Komponenten, die mit den bei milder Säurehydrolyse erhältlichen Abbau-Prodd. ident. sind u. durch Verlust von 1 bzw. 2 Amidgruppen aus I entstehen. Die I-*Monocarbonsäure* besitzt ca. $^1/_3$, die I-*Dicarbonsäure* keine I-Aktivität. Die Zers. beruht offenbar auf radiolog. Einw. u. kann bis zu 5% von I betragen. G. Kirsten. 4587 □

**Untersuchungen an einem Patienten mit selektiver Resorptionsstörung für Vitamin $B_{12}$.** E. Colle, L. Greenberg und William Krivit. (Blood **18**, 48—60, Juli 1961; Minneapolis, Minn., Univ. of Minnesota, Dep. of Ped.; engl.) — Die *Vitamin-$B_{12}$*-Resorptionsstörung bei einer 2jährigen Patientin mit sek. Megaloblastenanämie beruhte offenbar auf einem Mangel an einem *Darmfaktor*, da durch Zufuhr von Darmsaft eines normalen Patienten zusammen mit dem Vitamin eine durch positiven Schilling- u. Glass-Test bzw. verminderte Vitaminausscheidung mit dem Stuhl gesicherte Vitaminresorption zustande kam. U. Tausendfreund. 4587 □

**Ausscheidung von Intrinsic factor und seinem Vitamin-$B_{12}$-Komplex in die Galle nach intravenöser Injektion.** Kunio Okuda. (Proc. Soc. exp. Biol. Med. **108**, 737—40, Dez. 1961; Ube, Japan, Yamaguchi Med. Coll., Dep. of Med.; engl.) — Nach i.v. Injektion von *Intrinsic factor* (I) oder einem Gemisch von I u. *$^{60}$Co-Vitamin $B_{12}$* (II) bei Kaninchen oder Ratten tritt sofort eine Ausscheidung von $^{60}$Co bzw. II-Bindevermögen in der Galle auf; beide erreichen innerhalb einer Std. beachtliche Werte. K. Zingraf. 4587 □

**Untersuchungen über die Biochemie des Cholins und seiner Derivate.** 33. Mitt. **Untersuchungen an Phosphorylcholin.** Marthe Diament. (Bull. Soc. Chim. biol. **37**, 1337—46, 1955; Paris, Fac. de Méd., Ecole de Méd.; franz.) — 30. vgl. C. **1957**, 13718. — Die alkal. Hydrolyse von *Ovolecithin* in der Kälte liefert *Phosphorylcholin* (**I**); unter gleichen Bedingungen erhält man **I** auch aus *Glycerophosphorylcholin* (**II**). Vf. schlägt vor, das Baersche Schema der alkal. Hydrolyse von Lecithinen folgendermaßen zu erweitern: Lecithine → Fettsäuren + **II** → Cholin + Glycerophosphorsäure oder → Glycerin + **I**. Die Unters. von Lämmerleber lieferte **I**, das bei der Hydrolyse von Cholinbestandteilen dieses Organs entsteht, aber nicht vorgebildet vorliegt. Die Behandlung von Rinderpankreas u. von Samenbläschen von Ratten lieferte kein **I**. A. Gude. 4587

**Untersuchungen über die Biochemie des Cholins und seiner Derivate.** 35. Mitt. **Das Betain bei Patella vulgata.** Jacqueline Etienne. (Bull. Soc. Chim. biol. **38**, 1315 bis 1328, 7/12. 1956.) — 34. vgl. C. **1961**, 14346; 33. vgl. vorst. Referat. — Vf. isoliert aus Eingeweide-, Muskel- u. Sexualorgangewebe von *Patella vulgata* eine Base, deren Konz. 5—6 mg/g Gewebe beträgt. Die quant. Analyse des Jodids ergibt die Summenformel $(J_{0,48}C_{5,2}H_{11,9}NO_{2,1})_n$ u. läßt auf Betain schließen, was durch die chromatograph. u. elektrophoret. Best. bestätigt wird. R. Lenschau. 4587

**Der Einfluß der Thioctsäure auf die Hemmwirkung von Desacetylmethylcolchicin und Colchicin auf den Citrat- und Pyruvatstoffwechsel im Milzgewebe.** R. Santarato. (Arch. ital. Sci. farmacol. [3] **7**, 52—57, Jan. 1957; Modena, Univ., Ist. Farmacol. e Ist. Patol.) — Vgl. C. **1957**, 14017. — Mit dem Warburg-Bacroft-App. wurde festgestellt, daß die hemmende Wrkg. von *Desacetylmethylcolchicin* u. von *Colchicin* auf den *Citrat-* u. *Pyruvat*-Stoffwechsel im Milzgewebe von *Thioctsäure* (**I**) allmählich, was die $CO_2$-Produktion betrifft, soweit abgebaut wird, bis die Mol.-Konzz. der Alkaloide u. **I** äquivalent sind. Was den $O_2$-Verbrauch angeht, scheint **I** die Hemmwrkg. noch zu verstärken. **I** ohne die Alkaloide wirkt je nach Konz. auf den Stoffwechsel teils hemmend, teils steigernd. B. Stieb. 4587□

**Eine photometrische Bestimmung von Vitamin D in Gegenwart von Vitamin A.** M. Schmall, B. Senkowski, R. Colarusso, E. G. Wollish und E. G. E. Shafer. (J. Amer. pharmac. Assoc., sci. Edit. **47**, 839—44, Dez. 1958; Nutley, N.J., Hoffmann-La Roche Inc., Anal. Res. Labor.; engl.) — Die beschriebene Best. von *Vitamin D* (**I**) in Ggw. von *Vitamin A* (**II**) in Vitamin-Präpp. gründet sich auf Chromatographie an *Florex XXS* (**III**). Nach dem Grund-Verf. wird eine Probe von ca. 4000 Einheiten **I** in alkohol. KOH unter $N_2$ verseift u. unter Aussalzen mit $Na_2SO_4$ in PAe. aufgenommen. Ca. 1600 Einheiten des Verseiften werden 15 Min. mit 5 g **III** bei 50° geschüttelt u. das Ganze auf eine Säule von 5 g **III** gegeben. Nach Ablauf des PAe. wird mit Bzl. eluiert, im Vakuum unter $N_2$ eingeengt u. in Chlf. aufgenommen. 60 Sek. nach Zugabe von $SbCl_3$-Reagens nach Nield wird die Absorption bei 495 m$\mu$ u. nach weiteren 30 Sek. bei 550 m$\mu$ gemessen. Die Messung wird nach Hinderung der Farb-Entw. durch Zusatz von Eisessig in einer 2. Probe wiederholt. Der Analysengang wird in gleicher Weise mit einem **I**-Standard etwa gleicher Menge durchgeführt, dem die der Probe entsprechenden Mengen **II** u. *Vitamin E* zugesetzt sind. Die Berechnung des Geh. aus den Absorptionen s. Original. — Gelbfärbung an Stelle Orangefärbung bei Rk. mit $SbCl_3$ (Analyse von Multivitamin-Präpp.) konnte vermieden werden, indem vor der Verseifung eine PAe.-Ausschüttelung vorgenommen wurde. — Wenn **I** dabei nicht restlos extrahiert wurde, empfahl es sich, nach dem Grund-Verf. das eingeengte Bzl.-Eluat in PAe. über eine $Al_2O_3$-Säule mit 8% Wasser-Geh. zu geben. Mit Bzl.–PAe. (3:1) werden **II**-Abbau-Prodd. ausgewaschen (Prüfung mit $SbCl_3$) u. **I** mit Bzl. eluiert. — Zur Analyse in Ggw. von **II**-Abbau-Prodd. u. bei einem **I**:**II**-Verhältnis <1:10 eignet sich folgendes Vorgehen: Das Verseifte wird eingeengt u. in der oberen stationären Phase des Gemisches aus tert. Butanol–Methanol–W.–Heptan (25:75:50:100) auf eine 2teilige Säule aus Polyäthylenpuder gegeben. Mit der unteren mobilen Phase werden dann **II** u. **II**-Abbau-Prodd. in den unteren Säulenteil gewaschen (Prüfung im langwelligen UV), dieser Teil abgenommen u. **I** aus dem oberen Teil mit PAe. eluiert. Die PAe.-Phase wird durch Zentrifugieren klar erhalten u. nach dem Grund-Verf. weiterbehandelt. — Analysenergebnisse in Ggw. von *Vitamin C*, $B_1$, $B_2$, $B_6$, $B_{12}$, *Biotin*, *Folsäure*, *Nicotinsäureamid*, *p-Aminobenzoesäure*, *Panthenol* u. *Inosit* im Vgl. zur biolog. Best. nach USP werden gegeben. W. Schönborn. 4587◇

**Beiträge zur Bestimmung des gesamten Vitamins E und einzelner Tocopherole in einigen tierischen und pflanzlichen Eiweißträgern (Erbsen, Algen, Hecht, Eigelb, Steinpilz, Champignon, Lorchel, Pfifferling, Morchel).** H. Kubin und H. Fink.

(Fette, Seifen, Anstrichmittel **63,** 280—86, März 1961; Köln, Univ., Inst. für Gärungswiss. u. Enzymchemie; dt.) — Best. der Gesamttocopherole (Probenvorbereitung, Verseifung, Extraktion, Entfernen störender Begleitstoffe, Messung u. Auswertung), Best. der Einzeltocopherole, durch Papier- u. Säulenchromatographie.
K. Maier. 4587□

**Der Einfluß von Tocopherol auf die Vitamin-A-Absorption auf lymphatischem Wege.** A. Imbesi. (Arch. ital. Sci. farmacol. [3] **7,** 58—65, Jan. 1957; Messina, Univ., Ist. Farmacol.; ital.) — Die Intestinalabsorption von *Vitamin-A* (**I**)-*Acetat* über die Lymphe u. ihre Aufspeicherung in der Leber wird in Dosen von 1 mg/kg bei Hunden, die gleichzeitig peroral 5 mg *dl-α-Tocopherol* (**II**)-*Acetat*/kg erhielten, günstig beeinflußt. Der Weg über den Blutkreislauf wird wenig oder nicht beeinflußt. Die Absorption von **I** ist größer, wenn **I** u. **II** in öliger Lsg. vorliegen, statt in Milchemulsion oder wss. Mikrodispersion mittels Tween 80. Aber sie ist schneller u. intensiver, wenn **I** u. **II** in wss. Dispersion statt in öliger Lsg. vorliegen. Zwischen den Konzz. von **I** im Blut u. in der Lymphe bestehen keine Wechselbeziehungen, wohl aber zwischen den Konzz. von **I** u. **II**.
B. Stieb. 4587□

**Die Wirkung von α-Tocopherol, α-Tocopherylhydrochinon und seiner Ester auf die experimentelle Muskeldystrophie bei der Ratte.** Julia B. Mackenzie und Cosmo G. Mackenzie. (J. Nutrit. **67,** 223—35, 10/2. 1959; Denver, Colo., Univ. of Colorado, School of Med., Dep. of Biochem.; engl.) — Bei Ratten wird durch *Vitamin-E*-Mangeldiät ohne Antioxydantienzusatz eine Muskeldystrophie mit Muskelläsionen, Kreatinurie u. vermindertem Wachstum erzeugt. *α-Tocopherol* u. seine Derivv. werden täglich i.v. injiziert u. Kreatinausscheidung u. Muskelläsionen alle 2 Wochen untersucht. *α-Tocopherol u. sein Hydrochinon* erniedrigen die *Kreatin* (**I**)-Ausscheidung u. heilen die Muskelläsionen. *α-Tocopherylacetat* bewirkt langsamen Abfall des **I**, bleibt aber ohne Einfl. auf die Läsionen während der Unters.-Periode.
H. Struck. 4587□

**Untersuchungen über die Schädigung reproduktiver und endokriner Organe bei Vitamin-E-Mangel.** Shih Chih Lee. (Vitamins [Kyoto] **21,** 528—38, 1960; Kyoto, Kyoto Prefectural Univ. of Med., Dep. of Pathology; jap., Auszug: engl.) — Über die Veränderungen der reproduktiven u. endokrinen Organe von Ratten, die mit einer *Vitamin-E*-Mangeldiät ernährt wurden, wurden histopatholog. Unterss. durchgeführt. Eine deutliche Degenerierung u. Atrophie der Testes wurde beobachtet. Vitamin-E-Mangel bewirkt eine bemerkenswerte Proliferation der Interstitialzellen. Weiterhin wurden Veränderungen der Hypophyse u. Nebennieren beobachtet.
K.-F. Müller. 4587□

**Die Bildung von calciphylaktisch facialen, ösophagalen und mediastinalen Schädigungen durch kombinierte Behandlung mit Dihydrotachysterin und Thoriumdioxid.** Hans Selye, Giovanni Gentile und René Veilleux. (Brit. med. J. **1961,** II, 1194—96, 4/11.; Montreal, Quebec, Canada, Univ. de Montreal, Inst. de Méd. et de Chirurgie; engl.) — Vff. geben ♀ Ratten eine Einzeldosis *Dihydrotachysterin* (**I**; 1 mg per os) bzw. eine *$ThO_2$*-Suspension (**II**; *Thorotrast,* 25 mg i.v.) oder **I** zusammen mit **II** u. untersuchen verschiedene Gewebe u. Organe auf histochem. Wege. Tiere, die nur **I** oder **II** allein erhalten haben, zeigen keinerlei tox. Symptome u. Gewebeschädigungen. Dagegen werden bei sämtlichen Tieren, die mit **I** + **II** behandelt worden sind, nach 3 Tagen tox. Erscheinungen (Schwellungen u. Verfärbungen an der Schnauze u. in der Nähe der Ohren, Atmungsbeschwerden) beobachtet. Ferner werden starke Verkalkungen in der Muskulatur der Extremitäten, an der Zunge u. am Ösophagus festgestellt. Die Organe weisen nur geringe Calcifizierungen auf. $ThO_2$-Ablagerungen lassen sich in den Kupffer-Zellen u. Phagocythen der Milz nachweisen. Die mineral. Ablagerungen verursachen Bindegewebeproliferationen, Entzündungsvorgänge, akute Osteitis fibrosa u. Hautschädigungen (Scleroderma). Zwischen diesen an Tieren induzierten patholog. Erscheinungen u. der beim Menschen auftretenden Sclerodermie bestehen jedoch keine Beziehungen.
P. Fahrnlaender. 4587□

**Vitamin K-S(II) bei Leberkrankheiten.** John C. Hoak und John R. Carter. (A. M. A. Arch. intern. Med. **107,** 715—22, Mai 1961; State Univ. of Iowa, Coll. of Med., Dep. of Int. Med. and Pathol.; engl.) — *Vitamin K-S* (*II*) (*S-[2-Methylnaphthochinon-(1.4)-yl-(3)]-β-mercaptopropionsäure*) hat gute Wrkg. bei einer Reihe von Leberkrankheiten ohne tox. Nebenwirkungen.
P. Gregorzewski. 4587□

**Ein einfacher Nachweis für fettlösliche Vitamine auf Aluminiumoxid-Dünnschichtchromatogrammen.** J. Blattná und J. Davídek. (Experientia [Basel] **17,** 474, 15/10. 1961; Prague, Czechoslovakia, Central Res. Inst. of Food. Ind.; Inst. of Chem. Technol., Dep. of Chem. and Contr. of Food; engl.) — Beschreibung einer Meth. zum Nachw. von fettlösl. Vitaminen auf $Al_2O_3$-Dünnschichtchromatogrammen mit 70%ig. $HClO_4$ u. 98%ig. $H_2SO_4$.
K. Zingraf. 4587□

**Charakteristik der organischen Säuren des Magens.** P. G. Kandiljotiss. (Usbek. med. J. **1962,** Nr. 3, 43—45, März; Taschkent, Med. Inst., Lehrstuhl für Mikrobiolog.; Lehrstuhl für fakultative Therapie der Heilfakultät; russ.) — Der Geh. an flüchtigen Fettsäuren (*Essig-*, *Butter-*, *Propion-* u. *Valeriansäure*) im Magensaft von 76 Kranken mit Gastritis, der normal 10—20% der Gesamtsäuren (I) betrug, war umgekehrt proportional I u. bei Anacidität bis auf 40—60% vermehrt.
I. v. Kloch-Kornitz. 4594□

**Galaktose-1-phosphat im Darmgewebe der Ratte während der Galaktoseresorption.** Donald F. Diedrich und Laurens Anderson. (Biochim. biophysica Acta [Amsterdam] **45,** 490—98, 18/12. 1960; Madison, Wis., Univ. of Wisconsin, Coll. of Agric., Dep. of Biochem.; engl.) — Das aus dem Trichloressigsäureextrakt des Dünndarms von *D-Galaktose* (I) assimilierenden Ratten isolierte wasserlösl., A.-unlösl. Ba-Salzgemisch wurde an Dowex-1-Borat fraktioniert. Jede der Fraktionen bestand aus mehreren Komponenten. 3 enthielten I, einschließlich einer, in der säurelabile Phosphate vorherrschten. In nicht Ba-behandelten Darmauszügen wurde I-*1-Phosphat* (II) enzymat. identifiziert. Eine hohe II-Konz. besteht im Darmgewebe während der I-Resorption. II fehlt aber, wenn L-Sorbose resorbiert wird. Werden die Tiere auf einer Diät mit niedrigem I- oder Lactose-Geh. gehalten, so beeinflußt dies die Darm-II-Konz., 1 Std. nach I-Zufuhr mit Magensonde gemessen, nicht. II entsteht durch Phosphorylierung freier I im Darmgewebe. K. Maier. 4594□

**Frühe pathologische und biochemische Veränderungen bei mit Dihydrocholesterin gefütterten Kaninchen.** Erwin H. Mosbach und Margaret Bevans. (Amer. J. Pathol. **37,** 631—39, Nov. 1960; New York, N.Y., Goldwater Memorial Hosp.; Columbia Univ., Res. Serv. and Columbia Univ., Coll. of Phys. and Surg., Dep. of Biochem. and Med.; engl.) — Vff. untersuchten an Kaninchen die frühe Pathogenese einer durch *Dihydrocholesterin* (I) erzeugten Cholecystitis u. Cholelithiasis. 7 Tage nach Einsetzen der I-Verfütterung wurden Schädigungen des Gallentraktes, wie Ödeme, celluläre Infiltration u. Konkremente beobachtet; nach der Entzündungs-Rk. bildeten sich Gallenkonkremente. Diese Gallensteine bestanden größtenteils aus Glycinkonjugaten mit Cholansäuren, die zu gleichen Teilen aus I u. Cholesterin entstanden sind. Vff. glauben, daß die Bldg. dieser Gallensteine z. T. der Ggw. von Allocholansäuren aus I zuzuschreiben ist. G. Bratfisch. 4594□

**Der Einfluß des Ernährungszustandes des Schweins auf seinen „angenäherten" Grundumsatz.** Georges Charlet-Léry. (C. R. hebd. Séances Acad. Sci. **251,** 455—56, 18/7. 1960; franz.) — Vf. berichtet, daß der „angenäherte" Grundumsatz des Schweins (nach einer Fastenzeit von 15 Std.) in erster Linie von der pro Mahlzeit eingenommenen Stickstoffmenge u. nur in geringerem Maße von der aufgenommenen Trockensubstanz positiv beeinflußt wird. A. Gude. 4595□

**Kontraktion des ungestreiften Muskels ohne Adenosintriphosphat- oder Kreatinphosphatspaltung.** Inderjit Singh und T. Janardana Sarma. (Proc. Indian Acad. Sci., Sect. B **52,** 43—48, Aug. 1960; Agra, Med. Coll., Dep. of Physiol.; engl.) — Im Winter nimmt der Geh. an *Adenosintriphosphat* (I) oder *Kreatinphosphat* (II) des Magenmuskels von *Rana tigrina* bei der durch KCl-Lsg. induzierten Kontraktion nicht ab. Im Sommer dagegen wird bei der gleichen Behandlung bei Zimmer-Temp. I u. II gespalten, nicht aber bei 0°. Es wird gefolgert, daß I nicht die prim. energieliefernde Substanz des glatten Muskels bei der Kontraktion ist. P. Gregorzewski. 4595□

**Über die Resorption einiger Mikro- und Makroelemente bei Kranken mit chronischer Enterocolitis.** A. M. Krassnowa. (Therap. Arch. [UdSSR] **34,** Nr. 3, 73—81, März 1962; Zentral-Inst. für Ärztefortbldg., Lehrstuhl für Heilernährung; russ., Auszug: engl.) — Bei Kranken mit Endocarditis schweren Grades war die Bilanz (Ausscheidung mit dem Kot u. dem Harn) für Mikro- u. Makroelemente (*Na, Ca, Mg, P, Si, Fe, Li, Al, Sr, Zn, Ni, Cu, Mo, Mn, Cr, Sn, Ti, Ag, Sb, Ga, Zr*) durch die erhöhte Ausscheidung mit dem Kot u. die verminderte Resorption im Darm verringert, während sie beim Krankheitsverlauf mittlerer Schwere oder nach Darmresektion wenig verändert war. I. v. Kloch-Kornitz. 4596□

**Unterscheidung zwischen Strontium und Calcium bei der intestinalen Resorption.** Ray F. Palmer und Roy C. Thompson. (Proc. Soc. exp. Biol. Med. **108,** 296—300, Nov. 1961; Richland, Wash., Gen. Electric Co., Hanford Labor., Biol. Labor.; engl.) — Aus einer je 0,1 $\mu c$ $^{85}$*Sr* u. $^{45}$*Ca*/ml enthaltenden Lsg. werden bei in vivo-Perfusion des Rattendarmes ca. 4,3% $^{85}$Sr u. 1,9% $^{45}$Ca resorbiert (die $^{85}$Sr-Menge beträgt ca. $^1/_3$ der $^{45}$Ca-Menge), falls kein weiteres unmarkiertes Ca in der Perfusions-Fl. enthalten ist. Wird unmarkiertes Ca der Perfusions-Fl. zugefügt, so sinkt (von 1—25 mm Ca) der Prozentsatz des resorbierten $^{85}Sr$ u. $^{45}Ca$ bei steigendem Anteil von $^{85}Sr$ bis auf $^2/_3$ der resorbierten $^{45}Ca$-Menge (bei 1 mm Ca-Zugabe werden noch 3,2% $^{85}Sr$ u. 7,3% $^{45}Ca$ resorbiert, bei 25 mm Ca-Zugabe nur noch 1,4% $^{85}Sr$ u. 2,2% $^{45}Ca$). Bei der Abgabe von $^{85}Sr$ u. $^{45}Ca$ aus dem Blut an den Darm ist keine Unterscheidung möglich. Die obige Unterscheidung wird als dominierender Faktor bei der Best. der Sr–Ca-Beziehungen angesehen. U. Tausendfreund. 4596□

**Hakenwurmanämie: Eisenstoffwechsel und Erythrokinetik.** Miguel Layrisse, Alfredo Paz, Norma Blumenfeld und Marcel Roche. (Blood **18,** 61—72, Juli 1961; Caracas, Venezuela, Centro de Invest. del Banco Municipal de Sangre; Hosp. Univ. [Med. 2]; Inst. Venezolano de Invest. Cientificas; engl.) — Die Schwere der Hakenwurmanämie, die an Hand der Best. von Plasma-*Fe,* Gesamt-Fe-Bindungsvermögen, Knochenmarks-*Hämosiderin*-Geh. u. Plasma-$^{59}Fe$-Clearance als Fe-Mangelanämie erkannt wurde, beruht auf dem Mißverhältnis von Geschw. der Neubldg. von Erythrocyten (2mal so rasch als normal) zu Geschw. der Erythrocytenzerstörung (5mal so rasch wie normal). Die *Urobilinogen*-Ausscheidung im Stuhl beruht auf Abbau des in den Darm ausgeschiedenen *Hämoglobins.* Die Ausscheidung von $^{59}Fe$ beträgt nur 63% der Ausscheidung von $^{51}Cr$ nach entsprechender Markierung der Erythrocyten (Hinweis auf die Rückresorption von Hämoglobin). Es werden täglich bis zu 4,7 mg Fe durch den Stuhl ausgeschieden. U. Tausendfreund. 4596□

**Untersuchung über die Verteilung von radioaktivem Eisen bei Mäusen durch anatomische Autoradiographie bei —195°.** Maurice Tubiana, Pierre Pellerin und Marie-Renée Siroux. (C. R. hebd. Séances Acad. Sci. **249,** 2875—76, 21/12. 1959; Villejuif, Seine, Inst. Gust. Roussy, Serv. des Isotopes; Paris, Inst. Nat. d'Hygiene, Serv. de Protection contre les Radiations, Serv. de biol. du Commissariat a l'Energie Atomique; franz.) — Mit Plasma wird Mäusen in die Schwanzvene $^{59}$*Fe* injiziert. Die Autoradiographie der 1, 4½ oder 15 Std. nach der Injektion getöteten Mäuse ergibt, daß die Aktivität des zirkulierenden Blutes nach 1 Std. sehr hoch, nach 4½ Std. schwächer u. nach 15 Std. wieder höher ist. Die Radioaktivität von Knochen u. Milz ist sofort hoch, die der Leber steigt langsam, wogegen die der Lungen u. Nieren gering bleibt. Die Fe-Menge der Magen- u. Darmschleimhäute steigt von der 1. Std. an u. bewirkt eine Schwärzung nach 4½ Std., die nach 15 Std. schwächer ist. Die Fäkalien im Darm haben nach 1 Std. eine schwache, später eine starke Radioaktivität. W. Wesly. 4596□

**Glucose- und Acetat-Stoffwechsel bei Fischen.** P. W. Hochachka. (Canad. J. Biochem. Physiol. **39,** 1937—41, Dez. 1961; Halifax, N.S., Dalhousie Univ., Zool. Labor.; engl.) — Nach Injektion von $^{14}C_{(1)}$- u. $^{14}C_{(6)}$-*Glucose* (I) bei Goldfischen wurde unter aeroben Bedingungen etwa gleichviel $^{14}C_{(1)}$ u. $^{14}C_{(6)}$ im ausgeatmeten $CO_2$ ausgeschieden, aber mehr $^{14}C_{(6)}$ in Glykogen u. Fett eingebaut. Unter aeroben Bedingungen erfolgte die Oxydation von $^{14}C_{(1)}$-I 3mal rascher als unter Anoxiebedingungen (Durchströmen des W. mit $N_2$ an Stelle von $O_2$), während die Oxydation von $^{14}C_{(1)}$-Acetat unter beiden Bedingungen gleich schnell erfolgte. In Muskelschnitten von *Salvelinus fontinalis* (akklimatisiert an W. von 4°) erfolgte nach Zusatz von $^{14}C_{(1)}$- oder $^{14}C_{(6)}$-I die Oxydation zu $^{14}CO_2$ unter anaeroben Bedingungen u. der Einbau von $^{14}C_{(1)}$ oder $^{14}C_{(6)}$ in Fett unter beiden Bedingungen gleichmäßig. Bei der Oxydation unter aeroben Bedingungen machte sich dagegen die Aktivierung des Pentosecyclus während der Kälteakklimatisierung geltend. K. Zingraf. 4596□

**Atherom der Aorta und die mögliche Rolle des Mangels an ungesättigten Fettsäuren bei seiner Entstehung.** Maurice Sandler und Geoffrey H. Bourne. (Nature [London] **193,** 1184—85, 24/3. 1962; Atlanta, Ga., Emory Univ., Dep. of Anat.; engl.) — Aus den Ergebnissen von Ratten-Verss. u. patholog. Befunden menschlicher Aorten wird der Schluß gezogen, daß zur Entstehung von Aortenatheromen ein von der Aortenwandung selbst synthetisierter *Fett-* u. *Cholesterin*-Anteil beiträgt, welcher in den Atheromen angehäuft wird, wobei der zur Anregung dieses Vorganges erforderliche Faktor vermutlich in einem Mangel an polyungesätt. Fettsäuren zu suchen ist; erhöhter Cholesterin-Geh. des Blutes ist wahrscheinlich nur als zusätzlicher, nicht jedoch als auslösender Faktor bei der Atherom-Bldg. anzusehen. Somit wird vor den anderen Theorien derjenigen der Vorzug gegeben, die eine akt. Teilnahme der Arterienwandung als solcher an der Atherom-Bldg. annimmt. U. Tausendfreund. 4596□

**Der Stoffwechsel von 5-Hydroxyindolverbindungen bei experimentell erzeugter Phenylketonurie bei Ratten.** Irene Huang, Sheila Tannenbaum, Lucy Blume und David Yi-Yung Hsia. (Proc. Soc. exp. Biol. Med. **106,** 533—36, März 1961; Chicago, Ill., Northwestern Univ., Med. School, Dep. of Pediatrics; Children's Mem. Hosp.; engl.) — Durch mehrwöchige Fütterung von 3,75% *L-Tyrosin* u. 2,5% *DL-Phenylalanin* (I) entsteht bei Ratten eine Phenylketonurie. Es tritt eine merklich erhöhte

*Phenylpyruvat* (**II**)-Ausscheidung mit dem Urin u. ein erhöhter **I**-Plasmaspiegel auf. Wird nur **I** gefüttert, so sind diese Symptome weniger ausgeprägt. Die erhöhte **II**-Ausscheidung ist mit einer verringerten *5-Hydroxyindolylessigsäure*-Ausscheidung gekoppelt, ebenso ist die **I**-Zunahme im Plasma mit einer Abnahme des Plasma-Geh. an *5-Hydroxytryptamin* verbunden. P. Gregorzewski. 4596□

**Die Auswirkung der Hydrolyse auf die Ultraviolettabsorption von Proteinen bei 210 mμ.** M. P. Tombs und N. F. Maclagan. (Biochem. J. **81**, 41 P, Dez. 1961; London, Westminster Med. School, Dep. of Chem. Path.; engl.) — Die spektralphotometr. Beurteilung von Proteinen bei 210 mμ hatte sich zur Erkennung der Peptidbindung als nützlich erwiesen (Tombs, Souter u. Maclagan [1959]). Auf Grund einer abweichenden Beobachtung von Taylor untersuchten Vff. den Einfl. der sauren (6n HCl) u. der enzymat. (Trypsin u. Papain) Hydrolyse auf Menschen- u. Ochsen-*Albumin* sowie Ochsen-*Protamin* u. *Globulin*. Der Vgl. der Ergebnisse mit der Biuret-Rk. zeigt, daß das Absorptionsminimum auf die Hydrolyse der Peptidbindung zurückzuführen ist. Ein anfänglicher Anstieg wurde einer Denaturierung zugeschrieben. K. Heyns. 4596□

**Untersuchungen zur Biochemie der Wachsmotte (Galleria mellonella).** 16. Mitt. **Gewicht der Gewebe und Organe während der Hungerzeit der Larven.** Z. M. Zielińska und A. Wroniszewska. (Acta Biol. exp. [Warszawa] **17**, 345—49, 1957; Warsaw, Nencki Inst. of Exp. Biol., Dep. of Biochem.; engl.) — 15. vgl. C. **1958**, 13286. H. G. W. Gleiß. 4596□

**Untersuchungen zur Biochemie der Wachsmotte (Galleria mellonella).** 17. Mitt. **Stickstoff-Metabolismus in den Geweben und Organen der Larven.** Z. M. Zielińska. (Acta Biol. exp. [Warszawa] **17**, 351—71, 1957; engl.) — 16. vgl. vorst. Referat. — *Stickstoff*-Best. an den Raupen nach der Kjeldahl-Meth. zeigten, daß während einer Hungerperiode von 3—4 Wochen der Gesamtprotein-Geh. zu ca. 60% u. der Bestand an Aminosäuren zu 30% aufgebraucht wird. Die N-Best. im Chitin nach Hydrolyse mit heißer KOH ergab, daß die Chitinmenge unverändert blieb. Das verbrauchte Protein entstammte zu 25% den Spinndrüsen, zu 25% dem visceralen Fettkörper u. den Muskeln, zu je 20% dem Blut u. dem Magen-Darm-Trakt u. zu 10% dem Integument. Der Geh. des Verdauungskanals, der Malphigischen Gefäße u. des Fettkörpers an Harnsäure stieg dabei fast auf das 20fache des normalen. H. G. W. Gleiß. 4596□

**Vorläufige Untersuchungen über die Aktivität einer Lipopeptid-Fraktion gegenüber der Steatose bei der Ratte.** O. Barnabei und C. Ottolenghi. (Boll. Soc. ital. Biol. sperim. **36**, 877—80, 31/8. 1960; Ferrara, Univ., Ist. di Fisiol. Gener.; ital.) — Die Unterss. werden an Ratten durchgeführt, die 6 Tage lang täglich 0,2 ml einer 20%ig. $CCl_4$-Lsg. subkutan u. eine wss. Lsg. einer *Lipopeptid*-Fraktion der Leber injiziert erhalten, von der antithyreotox. Wrkg. bekannt ist. Im Gegensatz zu den nur mit $CCl_4$ behandelten Tieren wird infolge der täglichen Dosis von 10 mg Lipopeptid eine Gew.-Zunahme u. ein normaler Geh. der Leber an Fetten konstatiert. Diese Aktivität ist nicht allein auf den geringen Geh. an Inosit u. Cholin der Substanz zurückzuführen. F. Kren. 4596□

**Einige Aspekte des Lipidstoffwechsels im Nervengewebe.** G. R. Webster. (Int. Rev. Neurobiol. [New York] **3**, 293—317, 1961; London, Guy's Hosp. Med. School, Dep. of Chem. Pathol.; engl.) — Übersicht. Der Lipidumsatz im Nervengewebe: Cholesterin, Cerebroside, Phospholipide; Abbau von Lipiden; Wrkg. von Lysolecithin auf das Hirn. — 123 Literaturangaben. K. Maier. 4596□

**Biochemische Veränderungen in den Geweben von mit Eisen injizierten Tieren.** 3. Mitt. **Lipid-Peroxydation.** L. Golberg, L. E. Martin und A. Batchelor. (Biochem. J. **83**, 291—98, Mai 1962; Holmes Chapel, Cheshire, Benger Labor. Ltd.; engl.) — Mäusen u. Ratten werden i.m. wiederholt *Eisen* (**I**)-, *Aluminium*- bzw. *Antimondextran* verabfolgt u. in einer Reihe von Geweben wird (Haut, Muskel, Leber, Niere, Herz, Gehirn, Testis) nach Herst. von Homogenaten mittels der Thiobarbitursäure-Rk. (TBS) nach Wolfson u. a. (Exp. Cell Res. **10**, [1956], 556) auf die aus autoxydierten Lipiden entstehenden Zerfalls-Prodd. geprüft. Bei hohen **I**-Dosen nimmt die Konz. der TBS-wirksamen Prodd. in Muskel, Haut, Leber u. Niere zu; mittlere **I**-Mengen rufen bei der Maus keine gesteigerte TBS-Rk. hervor, wohl aber bei der Ratte am Ort der Injektion. Zugabe von *Ascorbinsäure* (**II**) zum Gewebehomogenat von unbehandelten Ratten verstärkt die TBS-Rk. nach der Inkubation bei den behandelten Tieren nur in Leber u. Nieren. Die **II**-Synth. in den Leberhomogenaten wird durch das Eisendextran prakt. nicht beeinflußt. Zugabe von *α-Tocopherol*, das die **II**-Produktion bei den behandelten Ratten verdoppelt, nicht aber bei Mäusen, hat eine herabgesetzte Intensität der TBS-Rk. im

Gefolge. Dextran, Aluminium- u. Antimondextran üben auf die Autoxydation keinen Effekt aus. Es wird gefolgert, daß die Anreicherung von I in den Geweben ihre lokale antioxydative Fähigkeit beeinträchtigt u. auf diese Weise erhöhte Bldg. von Gewebeperoxiden im Gefolge hat, die ihrerseits zu patholog. Veränderungen führen (Toxizität der Lipidperoxide; Degeneration von Mikrosomen; Strahlenschäden; ausgedehnte Fibrosis; Bldg. von Sarkomen usw.). K. Täufel. 4596 □

**Heparin und Leberlipoide bei der Phlorrhizin-Vergiftung der Ratte.** G. Angeli und F. Cavazzuti. (Arch. ital. Sci. farmacol. [3] **7,** 45–51, Jan. 1957; Modena, Univ., Ist. Clin. Med. Gen. e Ter. Med.) — Untersucht wurden Veränderungen des Gesamt-Geh. der *Lipoide,* des *Cholesterins,* der *Phosphatide* u. der *Neutralfette* + *Fettsäuren* in der Leber von Ratten, die an 6 Tagen 130 mg *Phlorrhizin* (I)/kg subkutan verabreicht erhielten. Vom 3. Tag an erhielt ein Teil dieser Ratten intraperitoneal 5 mg *Heparin* (II). Die Gesamtmenge der Lipoide nahm zu, bes. durch II-Einfl., wobei vor allem der Anteil an Neutralfetten + Fettsäuren u. in kleinerem Maße der der Phosphatide zunahm. Die Cholesterinmenge blieb unverändert. Vff. schließen daraus, daß II eine Leberverfettung noch begünstigt. B. Stieb. 4596 □

**Die Bindung von Myosin A an F-Actin.** Yuji Tonomura, Seichi Tokura und Kazuko Sekiya. (J. biol. Chemistry **237,** 1074–81, April 1962; Sapporo, Hokkaido Univ., Fac. of Sci., Res. Inst. for Catalysis and Dep. of Chem.; engl.) — Die pK-Werte für die Bindung von *Myosin A* (I) an *F-Actin* (II) wurde unter sehr verschiedenen Bedingungen bestimmt. Das I/II-Bindungsverhältnis ist 3,7:1 (Gew.). Die Rk. ist eine endotherme Gleichgewichts-Rk. mit pK in 0,6 m KCl von $4{,}6 \cdot 10^{-7}$ m (pH 7,5, 9°). Entropie- u. Enthalpieänderung des Bindungsvorganges sind +234 cal/Grad/Mol u. +57,5 kcal/Mol. pK nimmt ab, wenn pH von 6,3 auf 7,6 ansteigt, u. zu mit wachsender Ionenstärke. Diese sinkt bei A.-Zusatz. Die Bindungs-Geschw. ist der I- u. II-Konz. proportional mit der Geschw.-Konst. $k = 1{,}9 \cdot 10^5\ \mathrm{Mol}^{-1} \cdot \mathrm{s}^{-1}$ (0,6 m KCl, pH 7,0, 9°). *k* steigt mit der Temp., sowie bei $Ca^{2+}$- u. besonders bei $Mg^{2+}$-Zusatz an. Die Aktivierungsenthalpie beträgt +11,5 kcal/Mol. *k* nimmt mit wachsendem pH (6,3 → 8,0) zu u. mit wachsender Ionenstärke ab. Die opt. Drehung des I–II-Syst. ändert sich bei der *Actomyosin* (III)-Bldg. nur geringfügig. Der überschüssige Geh. an rechtsgewundenem Helixmaterial (Best. nach Doty) nimmt bei der Komplex-Bldg. offensichtlich um mehrere % ab. Bei Modifizierung einer $NH_2$-Gruppe (wahrscheinlich eines Lysinrestes) von *G-Actin* (IV) mittels 2.4.6-Trinitrobenzolsulfonat wird die Umwandlung von **IV** in **II** nicht gehemmt, die III-Bldg. ist jedoch gehemmt. K. Maier. 4597 □

**Netto-Triglycerid-Synthese durch die Kaninchencornea in vitro.** J. Stevens Andrews und Toichiro Kuwabara. (Biochim. biophysica Acta [Amsterdam] **54,** 315–21, 9/12. 1961; Boston, Mass., Massachusetts Eye and Ear Infirm., Harvard Med. School, Howe Labor. of Ophthalmol.; engl.) — Inkubation von Kaninchencornea in einem Oleat (I)–Serum-Gemisch erhöht ihren *Triglycerid*-Geh. deutlich. Es konnte nachgewiesen werden, daß $^{14}C_{(1)}$-I u. $^{14}C_{(6)}$-Glucose in dieser Synth. Vorläuferfunktion besitzen. Mit $^{14}C_{(2)}$-I trat Isotopenverdünnungseffekt auf. K. Zingraf. 4597 □

**Die 17-Ketosteroide im Urin bei Bilharzscher Lebercirrhose.** Abdel-Rahman M. Higazi, Alfonse R. Fahmy und M. Talaat. (J. clin. Endocrinol. Metabolism. **19,** 1626–32, Dez. 1959; Cairo, Univ., Fac. of Med., Dep. of Med. and Physiol.; engl.) — Bei Unterss. der Bilharzschen Lebercirrhose an 28 ♂ u. 7 ♀ Patienten finden Vff., daß die Ausscheidung der *17-Ketosteroide* im Urin beträchtlich vermindert ist. Die Verminderung ist der Schwere der Erkrankung proportional. Die Erscheinung beruht vor allem auf der Unfähigkeit der Leber, exogenes *Androgen* im Stoffwechsel umzusetzen, außerdem auf Hypopituitarismus u. Hypogonadismus. Da die Ausscheidung der 17-Ketosteroide im Harn schon in einem Stadium der Krankheit vermindert ist, in dem noch kein anderer Leberfunktionstest anspricht, glauben Vff. einen wichtigen u. empfindlichen Leberfunktionstest gefunden zu haben. A. Gude. 4597 □

**Regulation von Flüssigkeiten und Elektrolyten in der Leber von Rana temporaria.** D. S. Parsons und G. D. V. van Rossum. (Biochim. biophysica Acta [Amsterdam] **54,** 364–66, 9/12. 1961; Oxford Univ., Dep. of Biochem.; engl.) — In Froschleber in vivo besteht zwischen Temp. von 4 u. 18° ein Regulationsmechanismus, welcher K im Gewebe zurückhält u. Na vom Gewebe ausschließt. Unter der Einw. von Kälte taucht osmot. akt. Material, möglicherweise organ. Anionen, in den Leberzellen auf u. bewirkt eine Schwellung. K. Zingraf. 4597 □

**Kationen und Transport von Galaktose in Nierenrindenschnitten.** A. Kleinzeller und A. Kotyk. (Biochim. biophysica Acta [Amsterdam] **54,** 367–69, 9/12. 1961; Prague, Czechoslovak Akad. of Sci., Inst. of Biol., Labor. for Cell Metabol.; engl.) — Der akt. Transport von *Galaktose* (I) in Nierenrindenschnitten hängt von aeroben Bedingungen u. der Ggw. von $Na^+$ ab u. wird durch *Phlorrhizin* u. *Ouabain* gehemmt. Die während der Inkubation erreichte I-Konz. bei Fließgleichgewicht hängt vom $K^+$-Geh. im Medium ab. K. Zingraf. 4597 □

**Transport von Aminosäuren durch Rindenschnitte aus der Rattenniere.** Leon E. Rosenberg, Alberta Blair und Stanton Segal. (Biochim. biophysica Acta [Amsterdam] **54**, 479—88, 23/12. 1961; Bethesda, Md., Nat. Inst. of Health, Nat. Cancer Inst., Metabol. Serv.; Nat. Inst. of Arthritis and Metab. Dis., Clin. Endocrinol. Branch.; engl.) — *α-Aminoisobuttersäure, Glycin, L-Phenylalanin* u. *L-Histidin* werden in vitro durch Schnitte von Rattennierenrinde gegen einen Konz.-Gradienten gespeichert. Die beteiligten Prozesse sind vom oxydativen Stoffwechsel abhängig. Geschw. u. Ausmaß des Transports hängen von der Anfangskonz. der Aminosäuren ab. K. Zingraf. 4597 □

**Energiestoffwechsel des Nierenmarks.** Edward L. Kean, Patricia H. Adams, Robert W. Winters und Robert E. Davies. (Biochim. biophysica Acta [Amsterdam] **54**, 474—78, 23/12. 1961; Philadelphia, Pa., Univ. of Pennsylvania, School of Med., Dep. of Biochem. and Physiol.; engl.) — Bei einer Osmolalität des Mediums von 300 mOsmol/kg W. betrug die anaerobe Glykolyse-Geschw. ($A^{N2}_{CO_2}$) im inneren Mark der Hundeniere 5,1 ± 0,35, in der Rinde dagegen nur 1,4 ± 0,06 μl $CO_2$/mg Trockengew./Std., der entsprechende $O_2$-Verbrauch betrug —2,26 ± 0,084 bzw. —14,1 ± 0,072. Mit steigender Osmolalität wurde die Glykolyse-Geschw. in der Rinde, nicht aber im inneren Mark gehemmt, während der $O_2$-Verbrauch in Mark u. Rinde gehemmt wurde. K. Zingraf. 4597 □

**Das Verhalten der Mitochondrien der hypertrophischen Niere nach erhöhter funktioneller Belastung oder nach Behandlung mit toxischen Substanzen.** M. A. Dianzani Mor und A. Novelli. (Arch. Scienze biol. **45**, 365—75, Okt./Dez. 1961; Genova, Univ., Ist. di Patol. generale; ital.) — Nach einseitiger Nephrektomie bei Ratten enthält die verbliebene hypertrophierte Niere eine subnormale Anzahl von Mitochondrien, von denen ein Teil Vol.-Zunahme u. eine Steigerung der oxydativen Aktivität bei normalem P/O-Quotienten zeigt. Nach Injektion kleiner Mengen *Staphylokokkentoxin* oder *Thiomerin*, welche in den Mitochondrien normaler Nieren keine Veränderungen bewirken, nimmt der P/O-Quotient in den Mitochondrien der hypertrophierten Niere deutlich ab. K. Zingraf. 4597 □

**Oberflächeneigenschaften von Knochenmineral.** I. G. F. Gilbert. (Biochim. biophysica Acta [Amsterdam] **54**, 489—94, 23/12. 1961; London, Royal Cancer Hosp., Inst. of Cancer Res., Phys. Dep.; engl.) — Ladung u. Wechselwrkg. zwischen Ionen in der Mineraloberfläche des Knochens wurden elektrophoret. untersucht. In isoton. NaCl besitzt die Oberfläche eine negative Ladung. Die Ladungsdichte der Oberfläche hängt von der Konz. der Suspensions-Fl. u. von der Adsorptionsfähigkeit der Ionen ab. Sie hat die Reihenfolge $Ca^{2+} > Mg^{2+} \gg Cs^+ > K^+ > Na^+$ für Kationen u. $HPO_4^{2-} > H_2PO_4^- > CO_3^{2-} > HCO_3^- \gg Cl_4^-$ für Anionen. Die Austauschvorgänge scheinen sich jedoch nur in einer dünnen wasserhaltigen äußeren Schicht der Knochenoberfläche abzuspielen. K. Zingraf. 4597 □

**Zusammensetzung der sauren Mucopolysaccharide des Knochens und des Callusgewebes während der Regeneration.** G. D. Senkewitsch und B. Ss. Kassawina. (Biochemie [UdSSR] **27**, 279—85, März/April, 1962; Moskau, Zentral-Inst. für Traumatol. u. Orthopädie, Biochem. Labor.; russ.; Auszug: engl.) — Verss. mit Kaninchen ergaben, daß in den verschiedenen Stadien der Regeneration nach Knochenbrüchen neben einer Veränderung des Gesamt-Geh. an sauren *Mucopolysacchariden* (I) im Callus auch eine Veränderung der qual. Zus. erfolgt. Das Verhältnis der *Glucosamine* (II) u. *Galaktosamine* (III) ist im I-Präp. u. im Knochen verschieden. In der Norm beträgt das Verhältnis II/III im Röhrenknochen im Mittel 1,9. Der mittlere Sulfat-Geh. beträgt 36 mg%. Nur ca. $^2/_3$ der I enthalten S. 7 Tage nach dem Knochenbruch ist der Geh. an II- u. III-haltigen I etwa der gleiche u. die I liegen zu $^2/_3$ in der sulfatierten, zu $^1/_3$ in der nichtsulfatierten Form vor. 14 u. 21 Tage nach dem Knochenbruch sind die II-haltigen I vorherrschend u. liegen fast völlig in der sulfatierten Form vor. 55 Tage nach dem Knochenbruch ist der I-Geh. fast gleich dem normalen Gehalt. Es besteht eine deutliche Beziehung zwischen der Menge u. der Zus. der I einerseits u. den morpholog. Stadien der Regeneration der Knochen andererseits. O. Lebtag. 4597 △

**Verteilung der Markierung durch $^{14}C_{(1)}$-Acetat in Stearinsäure im Hirn.** James F. Mead und Armand J. Fulco. (Biochim. biophysica Acta [Amsterdam] **54**, 362—64, 9/12. 1961; Los Angeles, Calif., Univ. of California, School of Med., Dep. of Biophys. and Nucl. Med., Labor. of Nucl. Med. and Radiat. Biol.; Dep. of Physiol. Chem.; engl.) — Bei Ratten, welchen $^{14}C_{(1)}$-*Acetat* injiziert worden war, trugen die COOH-Gruppen in der

*Stearinsäure* (I) des Cadavers ca. 30 % der gesamten Radioaktivität, so daß für die übrigen C-Atome im Durchschnitt 8,8 % übrigblieben. (Gleichmäßige Verteilung 11,1 % je C-Atom.) Die entsprechenden Werte für I im Hirn betrugen 12,7 u. 10,9 %.

K. Zingraf. 4598 □

**Die örtliche Verlagerung der Radioaktivität im Cervicalganglion superior nach Injektion von $^{35}$S-Methionin.** J. Verne und B. Droz. (Experientia [Basel] **16,** 77–78, 15/2. 1960; Paris, Fac. de Méd., Labor. d'Histol.; franz.) — Ratten erhielten eine intraperitoneale Injektion mit $^{35}$*S-dl-Methionin* in einer Dosis von 2 $\mu$c/g Körpergewicht. Nach 30 Min., 24 u. 72 Std. wurde das Cervicalganglion superior radioautographiert. Es zeigt sich dabei, daß mit wachsender Zeit nach der Injektion in zunehmendem Maß radioakt. Zentren in den postganglionären Fasern auftreten. Aus diesem Wanderungsprozeß schließen Vff. auf eine mögliche Proteinwanderung in den Nervenfasern.

W. Reusse. 4598 □

## E₆. Pharmakologie. Therapie. Toxikologie. Hygiene

**Zur Kontamination der Lebensmittel.** E. Knoop und D. Merten. (Nahrung **4,** 995–1009, 1960; Kiel, Physik. Inst. der BFA für Milchwirtschaft; dt.) — Spaltprodd. von Atombomben-Verss., Abgase u. Abwässer von atomtechn. Anlagen führen zur Verunreinigung der Biosphäre. Vff. führen in Tabellen an: Langlebige Spaltprodd. mit ihren Halbwertzeiten sowie $\beta$- u. $\gamma$-Strahlung; Messungen der spezif. $^{90}$Sr-Aktivität im Regen in Heidelberg 1957, 1958 u. 1959; spezif. Aktivität von $^{90}$Sr u. $^{157}$Cs im Zisternenwasser; $\beta$-Aktivität von Trinkwasser in Augsburg in pc/Liter; $^{90}$Sr-Geh. der Milch 1950–1958 in 7 Ländern; $^{90}$Sr-Geh. von Milch in der BRD 1955–1957.

P. Nachtwey. 4601 □

**Untersuchung des Regenerierungsprozesses im Knochenmark bestrahlter Mäuse, die nachfolgend mit Pyrimidindesoxyribonucleotiden behandelt wurden.** Z. Karpfel, J. Soška und Nina F. Barakina. (Folia biol. [Praha] **6,** 179–85, 1960; Brno, Inst. Biophys., Tschechoslow. Akad. Wiss.; engl.) — Vgl, C. **1962,** **1305.** — Es wurde ein Anstieg der Mitoseaktivität im Knochenmark bestrahlter Ratten nach Verabreichung von *Desoxycytidyl-* oder *Thymidylsäure* beobachtet unter gleichzeitiger Stimulierung einer deutlichen Regenerierung. Bestrahlung verursacht einen sichtbaren Abfall des Prophase–Metaphase-Verhältnisses, das nach 4–10 Tagen normal wird. Verabreichung von Desoxynucleotiden bewirkt eine bedeutend schnellere Regenerierung des normalen Verhältnisses.

Ch. Zimmer. 4601 □

**Vergleich der Einwirkung einiger Nucleotide und Nucleoside auf den Mitose-Index im Knochenmark bestrahlter Mäuse.** J. Soška und Z. Karpfel. (Folia Biol. [Praha] **6,** 172–78, 1960; Brno, Inst. Biophys., Tschechoslow. Akad. Wiss.; engl.) — Der Effekt der Injektion von *Ribosiden, Desoxyribosiden* u. *Nucleotiden* sowie von *Nucleosid-Derivv. des Adenins, Guanins, Uracils* u. *Thymins* auf das Knochenmark bestrahlter Mäuse wurde verglichen. Der mitot. Index, der durch Bestrahlung erniedrigt wird, stieg deutlich an bei Verabreichung von *Desoxycytidyl- Thymidyl-* u. *Desoxyadenylsäure*; die Wrkg. war durch *Thymidin, Desoxyadenosin* u. *Cytidylsäure* geringer; *Desoxyguanylsäure* bewirkte dagegen eine Erniedrigung des mitot. Index. Ch. Zimmer. 4601 □

**Der Einfluß einiger Komplexverbindungen von Kobaltsalzen mit Vitaminen der Gruppe B auf das periphere Blut bei experimenteller Strahlenkrankheit.** M. F. Runowa. (Pharmakol. u. Toxikol. [UdSSR] **24,** Nr. 2, 191–97, März/April 1961; Inst. für Pharmakol. u. Chemother. der Akad. der med. Wiss. der UdSSR, Labor. für spezielle Pharmakol.; russ.; Auszug: engl.) — Verss. an 474 weißen Ratten mit experimenteller Strahlenkrankheit (400–500 r) ergaben, daß von den untersuchten Komplex-Verbb. von Co-Salzen mit Vitaminen der B-Gruppe das Präp. *Co Nr. 23* (Verb. von 3wertigem Co u. Nicotinsäure mit 12,5 % Co) die Erythropoese am kräftigsten stimuliert. Ähnlich wirkte auch *Co Nr. 7* (enthält 2 mal weniger Co u. 2 mal mehr Vitamin in Form von Nicotinsäureäthylester als Coamid, dazu 20 % Br). Es folgen in abnehmender Reihe die Präpp.: *Co Nr. 25* (Verb. von $CoJ_2$ u. Novocain mit 5 % Co u. 20 % J), *Co Nr. 1* (I; *Coamid;* Verb. von $CoCl_2$ u. Nicotinsäureamid), *Co Nr. 8* (Verb. von Co u. Vitamin $B_1$ mit 13 % Co). Eine geringe Wrkg. zeigte noch *Co Nr. 13* (Verb. von Co u. Pyridoxin mit 9 % Co). Ohne merkliche Wrkg. waren *Co Nr. 9* (Verb. von Co u. $\gamma$-Aminobenzoesäure mit 18 % Co), *Co Nr. 11* (Verb. von Co u. Folsäure mit 11 % Co), *Co Nr. 2* (Verb. von Co u. Nicotinsäure mit 19 % Co) u. *Co Nr. 6* (wie I, aber mit 13 % Co u. 34 % Br statt Cl).

E. Rentz. 4601 □

**Untersuchungen über die biohumoralen und histologischen Wirkungen von Kobaltchlorid beim Kaninchen.** 3. Mitt. **Erklärende Betrachtungen der histologischen**

**und biohumoralen Veränderungen.** N. Marrone. (Arch. Scienze biol. **45**, 324—36, Okt./Dez. 1961; Urbino, osped. civile, Sez. chir.; ital.) — 2. vgl. C. **1960**, 13756. — Einmalige Gabe von $CoCl_2$ bewirkt beim Kaninchen reversible degenerative Schädigungen der A-Zellen des Pankreas, eine vorübergehende Verringerung des Leberglykogens, begleitet von Lebersteatose u. histolog. Schilddrüsenveränderungen. Die gleichzeitige starke Verringerung der Lipide in der Zone fasciculata der Nebenniere sowie die Mobilisierung der Cholesterin-Verbb. sind als Stress-Rkk. u. damit als Ausdruck eines Abwehrmechanismus anzusehen. K. Zingraf. 4606 □

**Einige Fragen der Pathogenese des durch Silbernitrat hervorgerufenen Lungenödems. 3. Mitt. Über den Mechanismus des Absterbens der Versuchstiere.** B. I. Mashbitsch. (Bull. exp. Biol. Med. [UdSSR] **50 (25)**, Nr. 8, 70—75, Aug. 1960; Karaganda, Med. Inst. Lehrstuhl für pathol. Physiol.; russ., Auszug: engl.) — In Verss. an morphinisierten Hunden wird festgestellt, daß der Tod der Tiere nach i.v. Injektion von $AgNO_3$ (I; 3,2—32 mg/kg) weniger auf das zu beobachtende Lungenödem als vielmehr auf den $O_2$-Mangel im Blut infolge einer direkten Wrkg. von I auf das Kreislauf-Syst. zu beziehen ist. Überlebensdauer u. $O_2$-Geh. des arteriellen Blutes stehen zueinander in umgekehrtem Verhältnis. E. Rentz. 4606 □

**Cyclische substituierte Thioharnstoffe. 1. Mitt. Darstellung einiger 3-substituierter 1.2.3.4-Tetrahydrochinazolinthione-(2) und ihrer Zwischenprodukte.** Ronald E. Orth und James W. Jones. (J. pharmac. Sci. **50**, 866—68, Okt. 1961; Iowa City, State Univ. of Iowa, Coll. of Pharm.; engl.) — Da Vff. in diesen kondensierten Ringthionen thyroide, antituberkulöse u. antifungale Eigg. vermuten, werden N-substituierte o-Nitrobenzylamine dargestellt, aus diesen die entsprechenden o-Aminobenzylamine, die durch Umsetzung mit $CS_2$ 1.2.3.4-Tetrahydrochinazolinthione-(2) bilden.

Versuche: *N-Äthyl-o-nitrobenzylamin, Hydrochlorid*, F. 223—225° (Zers.) aus α-Brom-o-nitrotoluol u. 70%ig. wss. Äthylamin in A. nach 8tägigem Stehen bei Raumtemperatur. — Ebenso aus den entsprechenden Aminen: o-Nitrobenzylamine: *N-Methyl-, Hydrochlorid*, F. 185—187° (Zers.); *N-n-Propyl-, Hydrochlorid*, F. 138° (Zers.); *N-Isopropyl-, Hydrochlorid*, F. 255° (Zers.); *N-Allyl-, Hydrochlorid*, F. 168 bis 170° (Zers.); *N-Isobutyl-, Hydrochlorid*, F. 189° (Zers.); *N-tert.-Butyl-, Hydrochlorid*, F. 173—174° (Zers.), *N-Phenyl-, Hydrochlorid*, F. 182—184° (Zers.), *N-Benzyl-, Hydrochlorid*, F. 225°; *N-Cyclohexyl-, Hydrochlorid*, F. 250—252° (Zers.). — *N-Phenyl-o-aminobenzylamin*, F. 86°, durch Red. von N-Phenyl-o-nitrobenzylamin mit Zn-Staub in Eisessig. Ebenso mit Sn u. Salzsäure aus vorst. Verbb.: o-Aminobenzylamindihydrochloride: *Unsubstituiertes*, F. 167° (Zers.), *N-Methyl-*, F. 217° (Zers.), *N-Äthyl-*, F. 210° (Zers.), *N-n-Propyl-*, F. 275° (Zers.), *N-Isopropyl-*, F. 191° (Zers.), *N-Allyl-*, F. 163° (Zers.), *N-Benzyl-*, F. 210° (Zers.), *N-Cyclohexyl-*, F. 234° (Zers.). — *3-Aryl-* u. *3-Alkyl-1.2.3.4-tetrahydrochinazolinthione-(2)*, durch mehrstd. Kochen vorst. freier Basen mit $CS_2$ in A.: 1.2.3.4-Tetrahydrochinazolinthione-(2): *Unsubstituiertes*, F. 212° (Zers.); *3-Methyl-*, F. 181° (Zers.); *3-Äthyl-*, F. 185° (Zers.); *3-Isopropyl-*, F. 110°; *3-Phenyl-*, F. 212° (Zers.); *3-Cyclohexyl-*, F. 147° (Zers.); *3-Benzyl-*, F. 112°. P. Gregorzewski. 4607 □

**Selektive Wirkung gewisser phosphororganischer Verbindungen.** K. R. Nagaraja Rao. (Sci. and Cult. **23**, 483—85, März 1958; Coimbatore, Agricult. Res. Inst.; engl.) — Vf. untersucht die kontaktinsekticide Wrkg. von drei phosphororgan. Schädlingsbekämpfungsmitteln *Pestox* (I), *Systox* (II) u. *E 605* (III) gegenüber *Cryptolaemus montrouzieri* Muls. (Feind von Mehlwanzen) u. *Chilomenes sexmaculata* Fabr. (Feind von Blattläusen). Die Verss., die mit ausgewachsenen Tieren u. Larven ausgeführt wurden, zeigten, daß gegenüber diesen Insekten die Toxizität von III am größten, die von I u. II weniger stark ist. Am zweckmäßigsten ist die Anwendung von I, wenn es darauf ankommt, einen Schädling zu bekämpfen, ohne dessen natürliche Feinde gleichermaßen abzutöten. K. Pavel. 4607

**Ein die Cholesterinsynthese in vitro hemmendes Azasterin.** R. E. Ranney und R. E. Counsell. (Proc. Soc. exp. Biol. Med. **109**, 820—24, April 1962; Chicago, Ill., G. D. Searle & Co., Div. of Biol. and Chem. Res.; engl.) — Die in vitro-Prüfung eines wahrscheinlich in ähnlicher Weise wie verfüttertes *Cholesterin* (I) die I-Synth. hemmendes Azasterin, welches mit *SC-11952* (*20α-[2-Dimethylaminoäthyl]-amino-5α-pregnan-3β-ol-dihydrochlorid*) bezeichnet wird, zeigte Hemmung der Inkorporierung von *Acetat* in I ohne Verminderung der Acetatumwandlung zu $CO_2$, Fettsäuren oder Ketosäuren. Die Hemmung der *Mevalonat*-Umwandlung zu I war geringer ausgeprägt. Die Wrkg. der Substanz kann als cholesterinomimet. bezeichnet werden.
U. Tausendfreund. 4607 □

**Über die Toxizität des neuen Defolianten Folex.** B. E. Gurewitsch, N. I. Smetanin und Ch. S. Ljubetzki. (Hyg. u. Sanitätswesen [UdSSR] **27**, Nr. 8, 97—99,

Aug. 1962; russ.) — Verss. an Ratten (a), weißen Mäusen (b), Meerschweinchen (c) u. Kaninchen (d) zeigen, daß bei der peroralen Einführung von *Folex* (I) die $DL_{50}$ bei a 580 (mg/kg), bei b 635, bei c 850 u. bei d 170 beträgt. Die entsprechenden Werte bei der Einführung durch die Atemwege betragen bei a 460 u. bei b 495. Infolge des starken Geruchs des Präp. soll die Ernte der mit 2 kg/ha I besprühten Baumwollkulturen erst 10 Tage nach der Behandlung durchgeführt werden. S. Baryschnikow. 4607

**Deltamine, ein neues Mittel gegen Müdigkeit. Vorläufige Untersuchungen.** Pierra Bugard. (Presse méd. **68**, 1785—86, 29/10. 1960; Paris, Inst. de Protect. Mutuelle du Cheminot Consultation d'Endocrinologie; franz.) — *5-Phenyl-2-imino-4-oxooxazolidin* (*LA 956*; *Deltamine*; **I**) besitzt weder neurolyt. noch psychoanalept. Wirkungen. In täglichen Dosen von 30—40 mg hat I keinen Einfl. auf das Elektroencephalogramm. Bei der Behandlung depressiv reaktioneller oder neurot. Zustände mit Asthenie scheint I von Wert. An Normalpersonen u. in Fällen, in denen es gilt, die Wachsamkeit gegenüber der Umgebung aufrechtzuerhalten, bewährte sich I als Mittel ganz neuer Art gegen Müdigkeit. K. Böhm. 4607 □

**Über den Metabolismus Tryptophan → Nicotinsäure bei der experimentellen Hepatitis der Maus durch den Virus MHV-3.** M. Piazza, F. Tancredi und E. Quagliariello. (Boll. Soc. ital. Biol. sperim. **37**, 226—28, 15/3. 1961; Neapel, Univ., Ist. di Chim. Biol. e Clin. delle Malatt. Infet. e Cameriono, Univ., Ist. di Fisiol. Gener. e Chim. Biol.; ital.) — Mäusen werden einmal vor u. 4 mal nach der Inokulierung mit dem Virus MHV-3 je 10 mg *L-Tryptophan* subkutan injiziert. Im Urin von nur mit L-Tryptophan behandelten Tieren werden Spuren von *Kynurenin*, *Kynuren-* u. *Xanthurensäure*. *Acetylchinurenin* u. manchmal *Anthranilsäure* gefunden, während es bei den infizierten Tieren konst. größere Mengen vorst. Verbb. u. daneben noch *3-Hydroxykynurenin* sind. F. Kren. 4607 □

**Die perorale Anwendung von Dicalciumäthylendiamintetraacetat als diagnostischen Test bei Personen, die der Einwirkung von Blei ausgesetzt waren.** Miloš Stanković, Ljubomir Petrović und Dragoljub Poleti. (Acta pharmac. jugosl. **10**, 155—59, 1960; Beograd, Higijen. inst. NR Srbije; serbokroat.) — Vergleichende Unterss. der *Pb*-Ausscheidung im Harn nach peroraler Einnahme von 3 g *Di-Ca-Äthylendiamintetraacetat* ergaben bei gesunden Personen im Mittel 0,117 (mg/24 Std.), höchstens 0,340, bei Personen, die einer leichten Einw. von *Pb* ausgesetzt waren, 0,236 $\pm$ 0,101, bei Personen mit klin. Symptomen einer *Pb*-Vergiftung 2,476 $\pm$ 1,233. Bei einer *Pb*-Ausscheidung $>$ 0,340 besteht, auch bei Fehlen deutlicher klin. Symptome, der Verdacht einer latenten *Pb*-Vergiftung. S. Beckmann. 4607 □

**Wirkung des 2.4-Dinitrophenols auf den Transport des Natriums und den Nettodurchgang von Wasser in der isolierten Haut des Frosches mit und ohne osmotischen Gradienten.** V. Capraro, F. Marro und L. Pesente. (Boll. Soc. ital. Biol. sperim. **37**, 220—23, 15/3. 1961; Parma, Univ., Ist. di Fisiol. Gener.; ital.) — Die Unterss. werden mit *2.4-Dinitrophenol* von 0,1 mMol/Liter an der Bauchhaut von *Rana esculenta* durchgeführt. Es kommt zu einem fast völligen Ausfall des Transports von Na u. des Potentials, während der Nettodurchgang von W. bei osmot. Gradienten oder ohne ihn unverändert bleibt. F. Kren. 4607 □

**Das elektrocardiographische Bild der Wirkung von 2.4-Dinitrophenol auf das Froschherz.** I. P. Lapin. (Bull. exp. Biol. Med. [UdSSR] **50** (25), Nr. 8, 97—100, Aug. 1960; Leningrad, Pädiatr. Med. Inst., Lehrstuhl für Pharmakol.; russ.; Auszug: engl.) — Verss. an Fröschen (*Rana temporaria*), welche 5—20 $\gamma$ *2.4-Dinitrophenol* (**I**)/g in einen Lymphsack erhielten, ergaben nach den elektrocardiograph. Unterss. Abnahmen des Rhythmus der Herzkontraktionen, Zunahme u. Deformation der T-Zacke, Verlängerung des P–R- u. R–T-Intervalls sowie eine Verkleinerung oder ein Verschwinden der S-Zacke. Die Bedeutung der durch I bewirkten Störung der respirator. Phosphorylierung durch I wird diskutiert. E. Rentz. 4607 □

**Über die radiomimetrischen Eigenschaften der oxydierten Ölsäure.** Ju. B. Kudrjaschow. (Wiss. Hochschulber. (Moskau), Biol. Wiss. [UdSSR] **1962**, Nr. 1, 102—04, Moskau, Lomonossow-Univ., Lehrstuhl für Biophysik; russ.) — *Oxydierte Ölsäure* zeigte bei Ratten nach wiederholten i.v. Injektionen von 0,04—0,06 $cm^3$ täglich kumulierende tox. Wrkg. analog der einmaligen $\gamma$-Totalbestrahlung mit 800 r (Lebensdauer 10—14 Tage), nach einmaliger Injektion von 0,2—0,4 $cm^3$ nach 2—12 Std. eine dem Terminalstadium der Strahlenkrankheit analoge letale Wirkung.
I. v. Kloch-Kornitz. 4607 □

**Über den kombinierten Einfluß von Glucose und Cardiotrast auf die Gewebeatmung verschiedener Organe der weißen Ratte.** P. W. Ssergejew. (Pharmakol. u. Toxikol. [UdSSR] **23**, 532—35, Nov./Dez. 1960; Moskau, 2. Med. Pirogow-Inst., Lehrstuhl für Pharmakol.; russ.) — 96 Verss. an weißen Ratten ergaben, daß *Glucose* (0,1 ml der 40%ig. Lsg. pro 100 g Körper-Gew. i.v.) die durch *Cardiotrast* (0,1 ml der 70%ig. Lsg.) bewirkte Gewebehypoxie in Gehirn, Leber, Nieren u. Herz herabsetzt bzw. verhindert. E. Rentz. 4607 □

**Untersuchung der Speicherung und Ausscheidung von Pentamidin bei Maus und weißer Ratte.** L. Launoy, M. Guillot und H. Jonchère. (Ann. pharmac. franç. **18**, 273—84, Mai 1960; franz.) — Vgl. C. **1963**, 596. — Nach einmaliger Injektion (intraperitoneal) einer wss. Lsg. von 0,1 mg *Pentamidindimethansulfonat* (*Lomidin*; **I**) werden während der ersten 5—6 Tage ca. 50% der Dosis ausgeschieden. Die Verw. von zentral sowie endständig $^{14}C$-markiertem **I** zeigte, daß mindestens während dieser Zeit kein Abbau stattfindet. K. Maier. 4607 □

**Der Einfluß des Etamids auf die Ausscheidung von PAS durch die Niere.** Je. A. Snegirew. (Probleme d. Tuberkulose [UdSSR] **40**, Nr. 4, 87—92, 1962; Militär-Med. Kirow-Akad., Lehrstuhl für Pharmakol. u. Pharmazie; russ., Auszug: franz.) — *Etamid* (**I**; 50—150 mg/kg i.v.) prolongierte die *p-Aminosalicylsäure* (**II**)-Wrkg. im Organismus, indem es bei Kaninchen den **II**-Geh. im Blut nach i.v. Injektion von 100—200 mg **II**/kg 1,5—2 mal erhöhte u. bei Hunden die Sekretion des **II** in den Nierenkanälchen u. das „Reinigungs"-Verhältnis von **II** zu *Insulin* bei konst. Blut-Konz. von 2,2—3,6 auf 0,2 bis 0,9 verringerte. I. v. Kloch-Kornitz. 4607 □

**Der Charakter des Antagonismus von Pachycurare gegenüber einigen depolarisierenden Stoffen am Musculus rectus abdominis des Frosches.** I. W. Komissarow. (Bull. exp. Biol. Med. [UdSSR] **50 (25)**, Nr. 8, 93—97, Aug. 1960; Minsk, Med. Inst., Lehrstuhl für Pharmakol.; russ., Auszug: engl.) — Verss. am Musculus rectus abdominis von *Rana esculenta* ergaben, daß bei Anwendung niedriger Konzz. der *Pachycurare*-Präpp. (**I**; *d-Tubocurarinchlorid, Paramyon, Diplacin*; $1 \cdot 10^{-7}$ bis $1 \cdot 10^{-6}$ Mol/Liter) gegenüber den *depolarisierenden Agentien* (Acetylcholin; Succinylcholin) ein Adsorptionsmechanismus prakt. fehlt u. der zu beobachtende Antagonismus als rein kompetitiv oder konkurrierend anzusehen ist. Bei höheren Konzz. von **I** ist das nicht mehr der Fall u. es gewinnt infolge der Beeinflussung der cholinreaktiven Strukturen durch **I** die adsorptive Komponente an Bedeutung. E. Rentz. 4607 □

**Einfluß der Adeninnucleotide auf die Durchlässigkeit der Hautgefäße von Ratten.** R. U. Lipschitz. (Bull. exp. Biol. Med. [UdSSR] **50 (25)**, Nr. 8, 67—70, Aug. 1960; Charkow, Med. Inst., Lehrstuhl für pathol. Physiol; russ., Auszug: engl.) — Verss. an weißen Ratten, welche intraperitoneal 0,8—1 ml 1%ig. Trypanblau-Lsg. u. 3—4 Min. später in die Bauchhaut *Adenosintriphosphorsäure* (**I**) oder *Adenylsäure* (**II**; 250—1000 $\gamma$ in 0,1 ml physiolog. NaCl-Lsg.) erhielten, ergaben, daß die Adeninnucleotide die Gefäßpermeabilität der Haut erhöhen, wobei jedoch **II** weniger wirksam ist als **I**. E. Rentz. 4607 □

**Pharmakologische Untersuchung der Mittel für die Therapie der Hyperkinesen extrapyramidalen Ursprungs.** 1. Mitt. **Untersuchung des Präparates aus Radix belladonnae und Folia hyoscyami.** P. Nikolow, K. Russinow und Ss. Atanassowa-Schopowa. (Bull. Inst. Physiol., Acad. Sci. Bulg. **5**, 251—69, 1962; bulg., Auszug: engl.) — Durch subkutane Zufuhr von *Antiparkin* (**I**) 30 Min. vor der Zufuhr von *Areculin* (**II**) werden die Hyperkinesen u. andere zentrale u. vegetative **II**-Wrkg. bei weißen Mäusen durch 0,50—60, bei Kaninchen durch 0,60, bei Tauben durch 0,15 ml/kg verhindert. Die Nicotinhyperkinese wird bei weißen Mäusen durch 2,0 **I** verhindert. Bei Kaninchen sind Dosen bis 5,0 unwirksam. Die durch *Tremorin* verursachten Effekte werden bei Mäusen durch **I**-Dosen über 0,80, bei Tauben über 0,30 verhindert. 1 ml **I** enthält höchstens 0,35 mg *Scopolamin* (**III**). **I** zeigt demnach nach dem **III**-Geh. eine vervielfachte Wrkg. im Vgl. zum reinen **III**. G. Wesirow. 4608

**Der Einfluß einiger Saponine auf die sekretorische und fermentative Funktion der Magendrüsen von Hunden.** M. A. Aripow. (Usbek. med. J. **1962**, Nr. 3, 32—34, März; Taschkent, Med. Inst., Lehrstuhl für Pharmakolog.; russ.) — Im experimentell isolierten Hundemagen führte perorale Zufuhr von 0,01 g *Digitonin* (**I**)/kg u. bes. 0,05 g *Glycyrrhizinsäure* (**II**)/kg in 0,25%ig. Lsg. nach 1—2 Std. zur Erhöhung der Magensaftsekretion, Gesamtacidität u. des Geh. an freier HCl u. zur Verringerung der Pepsinfermentation des Magensaftes, die sich nach Unterbrechung der **I**- u. **II**-Zufuhr wieder normalisierten u. keine schädliche Wrkg. auf den Körper hatten. I. v. Kloch-Kornitz. 4608 □

**Zur Pharmakologie des neuen Alkaloids Rinderin.** W. A. Karimow. (Usbek. med. J. [UdSSR] **1962**, Nr. 2, 78—81, Febr.; Akad. der Wiss. der UdSSR, Inst. für Chemie des Pflanzenstoffwechsels, Labor. für Pharmakolog. u. Chemotherapie; russ.) — *Rinderin* (**I**; 25—200 mg/kg, 15 Min. vorher), ein Alkaloid aus Rindera baldshuanica, beschleunigte u. verstärkte bei Ratten u. Mäusen die narkot. Wrkg. von *Chloralhydrat* (**II**; 300 mg/kg),

hatte keinen Einfl. auf die narkot. Wrkg. von *Barbamyl* (**III**; 75 mg/kg) u. verstärkte die Wrkg. von subnarkot. Dosen des **II** u. **III** (275 bzw. 50 mg/kg). **I** hatte keinen Einfl. auf die *Coffein*-Stimulierung (40—50 mg/kg), wirkte krampfverringernd nach *Nicotin*- oder *Corazol*-Injektion (1 bzw. 40 mg/kg) u. verminderte in Dosen von 20—25 mg/kg bei Hunden die Speichelexkretion nach *Pilocarpin*-Injektion (0,02 mg/kg subkutan).
I. v. Kloch-Kornitz. 4608□

**Wirkungen besonderer Anionen auf den kontrahierenden Effekt von Coffein.** Tatsuaki Matsushima, Masahiro Fujino und Torao Nagai. (Jap. J. Physiol. **12,** 106—12, 15/2. 1962; Japan, Sapporo, Sapporo Med. Coll., Dep. of Physiol.; engl.) — *Coffein* bewirkt Kontraktionen, indem es auf die elektr. Eigg. der Plasmamembrane einwirkt. Dies tritt nicht nur in normaler Ringer-Lsg. ein, sondern auch in K-Ringer-Lsg. u. ist in der letzteren eher gesteigert. Diese Kontraktion wird durch folgende Anionen in fallender Stärke bewirkt: SCN > $NO_3$ > Br > Cl. Der Zeitablauf der Kontraktion geht in zwei Phasen vor sich. P. Nachtwey. 4608□

**Digitaloide und Acetylcholin.** G. Dastugue und M. Lavedrine. (Trav. Soc. Pharmac. Montpellier **18,** 188—89, 1958, herausgeg. 1959; Frankreich, Clermont-Ferrand, Fac. Med. et Pharmac., Labor. Pharmacodynamie et Chim. Biol.; franz.) — Vff. untersuchten nach der Meth. von Minz u. Fühner an einem entnervten Rückenmuskel des Blutegels die Wrkg. von *Thevetosid* (**I**; *Thevetia nereiflora*), *Ouabain* (**II**; *Strophantus gratus*), *Oleandrin* (**III**; *Neriol*) (*Nerium oleander*), *Digitalin* (**IV**; Digitoxin aus *Digitalis purpurea*), *Lanatosid A* (**V**) u. *C* (**VI**) aus *Digitalis lanata* u. verglichen sie mit der von *Acetylcholin* (**VII**). Nur **II** gab in wss. Lsg. (1:100000) eine muscarinähnliche Wrkg. (Zuckungen). Bei Anwendung von **I**–**VI** in größeren Verdünnungen 6 Minuten vor der Zugabe von **VII** wird die Intensität der Zuckungen verdoppelt. Die aktivierende Wrkg. von **II**, **IV** u. **VI** ist von einer Anticholinesterase-Wrkg. begleitet.
P. Nachtwey. 4608□

**Die Wirkung von Quercetin auf den Verlauf einiger experimentell erzeugter pathologischer Prozesse im Zusammenhang mit Arteriosklerose.** G. Di Maggio. (Arch. ital. Sci. farmacol. [3] **7,** 29—37, Jan. 1957; Hamburg, Univ., Inst. Chim. fisiol.) — Vgl. C. **1960,** 16165. — Bei der i.m. Behandlung von 2 Gruppen von Ratten mit *Quercetin* (**I**), die einer *Cholesterin* (**II**)-diät unterworfen wurden bzw. an Avitaminose $B_6$ litten, wurde festgestellt, daß **I** eine Senkung von **II** im Blut, eine Tendenz zur Normalisierung des Lipoidstoffwechsels, eine Zunahme der *β-Globuline*, aber Abnahme der $\alpha_1$- u. $\gamma_1$-*Globuline* bewirkt. Bei den mit **II** belasteten Ratten wird eine Zunahme des *Albumins* u. des *Albumin/Globulin*-Verhältnisses beobachtet. Histolog. zeigt sich ein Zurückgehen fettdegenerierender u. nekrot. Erscheinungen der verschiedenen Parenchyme, vor allem der Leber. Eine Wrkg. von **I** bei Arteriosklerose wird diskutiert. B. Stieb. 4608□

**Pharmakologische Untersuchungen über das wirksame Prinzip von Atractylis gummifera.** 6. Mitt. **Konzentrationen der Milchsäure und Brenztraubensäure im Blut nach Verabreichung von Kaliumatractylat.** G. Cascio. (Arch. ital. Sci. farmacol. [3] **7,** 13—16, Jan. 1957; Palermo, Univ., Ist. Farmacol.; ital.) — 5. vgl. C. **1959,** 9311. — Bei Ratten u. Hunden wurde nach subkutanen bzw. i.v. Injektionen tödlicher Gaben von *K-Atractylat* festgestellt, daß bei Hunden die Alkalireserve stark sinkt. Der Geh. an *Brenztraubensäure* (**I**) im Blut bleibt bei beiden Tierarten ziemlich unverändert, während der Geh. an *Milchsäure* (**II**) beträchtlich ansteigt. Gleichzeitige Injektionen von 35%ig. Glucose-Lsg. ergeben ein nur geringes Ansteigen von **I**, aber noch eine starke Erhöhung des **II**-Geh., ohne daß Krampfanfälle auftreten. B. Stieb. 4608□

**Pharmakologische Untersuchungen über das wirksame Prinzip von Atractylis gummifera.** 7. Mitt. **Der Einfluß von Kaliumatractylat auf die Prozesse der Glykogensynthese.** G. Cascio. (Arch. ital. Sci. farmacol. [3] **7,** 17—20, Jan. 1957; ital.) — 6. vgl. vorst. Referat. — Nüchterne Ratten, denen subkutan 35%ig. *Glucose*-Lsg. (**I**; 4 g/kg Körper-Gew.) injiziert wird, verwerten diese, indem sie die *Glykogen* (**II**)-Reserve der Leber u. der Muskeln wiederherstellen. Werden aber gleichzeitig tödliche Dosen *K-Atractylat* verabreicht, gelingt der **II**-Aufbau nicht; der Blutzuckerwert bleibt lange Zeit erhöht u. **II** wird in Leber u. Muskeln abgebaut; dagegen bleibt der **I**-Geh. des Herzens unverändert. B. Stieb. 4608□

**Pharmakologische Untersuchungen über das wirksame Prinzip von Atractylis gummifera.** 8. Mitt. **Das Verhalten des $O_2$-Verbrauchs bei Ratten nach Verabreichung von Kaliumatractylat.** G. Cascio. (Arch. ital. Sci. farmacol. [3] **7,** 21—28, Jan. 1957; ital.) — 7. vgl. vorst. Referat. — Im Zusammenhang mit der Unters. des Krebs-Cyclus wird der Einfl. von *K-Atractylat* (**I**) auf verschiedene Gruppen von Ratten, die bei Temp. von 10—12° bzw. 20—30° teils mit, teils ohne gleichzeitige Verabreichung von *Glucose*

behandelt wurden, untersucht. Es zeigt sich in Abhängigkeit von den äußeren Bedingungen eine auffallende Hemmwrkg. von **I** auf die Oxydationsvorgänge im Organismus.
B. Stieb. 4608 □

**Pharmakologische Wirkung von Daemia extense R. Br.** B. J. Roy Ghatak und N. N. De. (J. sci. ind. Res. [New Delhi], Sect. C **20,** 51—53, Febr. 1961; Lucknow, Central Drug Res. Inst.; engl.) — Die äthylacetatlösl. *Polypeptid*-Fraktion (**I**-F) hat bei Hunden u. Katzen allg. musculotrophe Wrkg., auf das Herz wirkt **I**-F cardiotox.; Tonus u. Stärke der Kontraktion werden am isolierten Intestinum u. in situ gesteigert; gleiche Wrkg. wird auf den Uterus von Katze, Hund, Meerschweinchen u. Kaninchen ausgeübt. DL (i.v.) 4—6 mg/kg für Meerschweinchen, Kaninchen, Katze u. Hund u. 80 mg/kg für Mäuse. P. Gregorzewski. 4608 □

**Einfluß des Lagochilusaufgusses auf den Venendruck im Experiment.** M. M. Manssurow. (Usbek. med. J. [UdSSR] **1962,** Nr. 3, 60—61, März; Samarkand, Med. Inst., Lehrstuhl für Pharmakolog.; russ.) — Bei gesunden Hunden sowie bei experimenteller Hypertonie nach Injektion von 0,1%ig. $BaCl_2$ oder 1 $cm^3$ 5%ig. *Ephedrinhydrochlorid*-Lsg. senkte Injektion von 10 $cm^3$ wss. Lagochilus-Aufguß/kg i.v., unabhängig von der *Barbamyl*-Narkose (0,05 g Trockensubstanz/kg), den arteriellen u. venösen Blutdruck. I. v. Kloch-Kornitz. 4608 □

**Einfluß der tierischen Gifte auf die höhere Nerventätigkeit von Säugetieren.** N. M. Artemow. (Wiss. Hochschulber. (Moskau), Biol. Wiss. [UdSSR] **1962,** Nr. 1, 88—92, Gorki, Lobatschewski-Univ., Lehrstuhl für Human- u. Veterinärphysiolog.; russ.) — Subkutane Injektionen von 1—5 mg *Bienen, Schlangen-* oder *Krötengift*/100 g führten bei Ratten zur anfänglichen Bewegungsaktivität, Verlängerung der latenten Phase u. Hemmung der bedingten Reflexe bis zur Ausgleichs- u. Paradoxalphase.
I. v. Kloch-Kornitz. 4609 □

**Die Chemie der tierischen Gifte.** Michael H. Briggs. (Sci. Progr. **48,** 456—62, Juli 1960; Wellington, New Zealand, Victoria Univ.; engl.) — Übersicht der chem. Eigg. einiger tier. Gifte: Proteintoxine, Nichtproteintoxine. — 37 Literaturangaben.
K. Maier. 4609 □

**Versuche zur chemotherapeutischen Beeinflussung der durch Trichomonas vaginalis hervorgerufenen Infektionen.** 3. Mitt. Endre Jeney und Tibor Zsolnai. (Zbl. Bakteriol. Parasitenkunde, Infektionskrankh. Hyg., I. Abt., Orig. **180,** 136—39, Sept. 1960; Debrecen, Med. Univ., Hygien. Inst.; dt.) — 1. vgl C. **1959,** 7550. — Bei der in vitro-Unters. zeigten nur *Poly-1.8-diazaundecanhydrobromid* u. *Poly-1.8-diaza-10-hydroxyundecanhydrochlorid* eine bedeutende Wirkung. Außerdem wurden getestet: *1-[6'-Amino-n-hexyl]-pyrrolidinhydrobromid, 1-[6'-Amino-n-hexyl]-piperidinhydrobromid,* 1-Amino-n-hexanhydrojodide: *6-[n-Hexylamino]-, 6-[n-Octylamino]-, 6-[n-Decylamino]-, 6-[n-Dodecylamino]-, 1-Amino-6-[benzylamino]-n-hexanhydrochlorid, 1.3-Bis-[6'-amino-n-hexylamino]-propandihydrobromid, 1.3-Bis-[6'-amino-n-hexylamino]-2-hydroxypropandihydrochlorid;* N-[6'-Amino-n-hexyl]-glykokollesterhydrochloride: *n-Hexyl-, n-Octyl-, n-Decyl-, n-Dodecyl-; Bis-[N-(6'-amino-n-hexyl)-glycin]-glykolesterdihydrochlorid* u. *Bis-[N-(6'-amino-n-hexyl)-glycin]-tetramethylenglykolesterdihydrochlorid.*
P. Gregorzewski. 4610 □

**Chemotherapeutische Studien in der Reihe der heterocyclischen Azoverbindungen.** 1. Mitt. **Arylazothiazole.** Endre Jeney und Tibor Zsolnai. (Zbl. Bakteriol. Parasitenkunde, Infektionskrankh. Hyg., I. Abt., Orig. **180,** 84—95, Sept. 1960; Debrecen, Med. Univ., Hygien. Inst.; dt.) — Es wird die in vitro ausgeübte bakteriostat. Wrkg. von 14 Arylazothiazol-Derivv., 2 Arylazopyridin-Derivv. u. einem Arylazoimidazol-Deriv. gegenüber polyresistenten *Staphylococcus aureus-* u. *albus*-Stämmen sowie gegenüber 20 verschiedenen gramnegativen Bakterienstämmen untersucht. Gegen Staphylococcus-Stämme sind *2-Amino-4-methyl-5-[4'-tolylazo]-thiazol* u. *2-Amino-4-methyl-5-[4'-chlorphenylazo]-thiazol* am wirksamsten, doch wird diese Wrkg. durch Zusatz von 10% Rinderserum zum Nährboden aufgehoben bzw. wesentlich vermindert. Gegen gramnegative Bakterien sind sämtliche untersuchten Verbb. völlig wirkungslos. Außerdem wurden geprüft: 2-Amino-4-methylthiazole: *5-Phenylazo-, 5-[Azobenzol-4'-azo]-, 5-[4'-Chlorazobenzol-4''-azo]-, 5-[4'-Chlor-2''-methylazobenzol-4''-azo]-, 5-[4'-Methyl-5'-β-hydroxyäthyl-2'-thiazolylazo]-;* 2-Aminothiazole: *5-Phenylazo-, 5-[4'-Tolylazo]-, 5-[4'-Chlorphenylazo]-;* 2-Amino-4-phenylthiazole: *5-Phenylazo-, 5-[4'-Tolylazo]-, 5-[4'-Chlorphenylazo]-, 5-[4'-Äthoxyphenylazo]-, 2-Amino-5-[4'-chlorphenylazo]-pyridin, 2.6-Diamino-3-[4'-chlorphenylazo]-pyridin* u. *2-Amino-4-methyl-5-[4'-chlorphenylazo]-imidazol.* P. Gregorzewski. 4610 □

**Chemotherapeutische Studien in der Reihe der heterocyclischen Azoverbindungen.** 2. Mitt. **Arylazo-Derivate der $N^1$-Heterocyclylsulfonamide.** Endre Jeney und Tibor

Zsolnai. (Zbl. Bakteriol. Parasitenkunde, Infektionskrankh. Hyg., I. Abt., Orig. **180**, 96—112, Sept. 1960; dt.) — 1. vgl. vorst. Ref.; 3. vgl. C. **1960**, 10552. — Es wird die in vitro bakteriostat. Wrkg. gegenüber Sulfanilamid-resistenten u. -empfindlichen Staphylokokken untersucht. Da Rinderserum die Wrkg. der aktivsten Verbb. stark vermindert, sind sie zur inneren Behandlung ungeeignet. Die Möglichkeit zur Verw. gegen Pyodermien wird bei einigen nicht ausgeschlossen. Folgende Verbb. werden getestet: 2-[p-Aminobenzolsulfamido]-thiazole: *5-Phenylazo-*, *5-[4'-Tolylazo]-*, *5-[4'-Chlorphenylazo]-*, *5-[4'-Äthoxyphenylazo]-*; 2-[p-Aminobenzolsulfamido]-4-methylthiazole: *5-Phenylazo-*, *5-[2'-Tolylazo]-*, *5-[3'-Tolylazo]-*, *5-[4'-Tolylazo]-*, *5-[4'-Chlorphenylazo]-*, *5-[4'-Bromphenylazo]-*, *5-[4'-Äthoxyphenylazo]-*, *5-[2'-Nitrophenylazo]-*, *5-[3'-Nitrophenylazo]-*, *5-[4'-Nitro phenylazo]-*, *5-[2'.5'-Dichlorphenylazo]-*, *5-[2'.6'-Dibrom-4'-chlorphenylazo]-*, *5-[2'-Brom-4'-tolylazo]-*, *5-[4'-Brom-2'-tolylazo]-*, *5-[2'-Nitro-4'-tolylazo]-*, *5-[4'-Nitro-2'-tolylazo]-*, *5-[2'-Nitro-4'-chlorphenylazo]-*, *5-[2'-Nitro-4'-äthoxyphenylazo]-*, *5-[4'-Diäthylaminophenylazo]-*; 2-[p-Aminobenzolsulfamido]-4-methyl-5-phenylazothiazole: *-4'-sulfonsäure*, *-2'-carbonsäure*, *-4'-carbonsäure*, *-4'-carbonsäureäthylester*; 2-[p-Aminobenzolsulfamido]-4-methylthiazole: *5-[3'-Hydroxyphenylazo]-4'-carbonsäure*, *5-[1'-Naphthylazo]-*, *5-[Azobenzol-4'-azo]-*, *5-[4'-Chlorazobenzol-4''-azo]-*, *5-[4'-Chlor-2''-methylazobenzol-4''-azo]-*, *5-[4'-Methyl-5'-β-hydroxyäthyl-2'-thiazolylazo]-*, *5-[2'-Äthoxy-9'-aminoacridyl-(6')-azo]-*, *5-[4'-(Aminosulfonyl)-phenylazo]-*, *5-[4'-(2''-Pyridylaminosulfonyl)-phenylazo]-*, *5-[4'-(4''.6''-Dimethyl-2''-pyrimidylaminosulfonyl)-phenylazo]-*, *5-[4'-(6''-Methoxy-3''-pyridazylaminosulfonyl)-phenylazo]-*; 2-[p-Acetaminobenzolsulfamido]-4-methylthiazole: *5-Phenylazo-*, *5-[4'-Tolylazo]-*, *5-[4'-Chlorphenylazo]-*, *5-[4'-Äthoxyphenylazo]-*; 2-[p-Aminobenzolsulfamido]-4-phenylthiazole: *5-Phenylazo-*, *5-[4'-Tolylazo]-*, *5-[4'-Chlorphenylazo]-*, *5-[4'-Äthoxyphenylazo]-*; 2-[p-Toluolsulfamido]-thiazole: *5-Phenylazo-*, *5-[4'-Chlorphenylazo]-*; 2-[p-Aminobenzolsulfamido]-pyridine: *5-Phenylazo-*, *5-[4'-Chlorphenylazo]-*, *5-[4'-Äthoxyphenylazo]-*, *5-[4'-(Aminosulfonyl)-phenylazo]-*, *5-[4'-Pyridyl-(2'')-aminosulfonylphenylazo]-*, *5-{4'-[4''.6''-Dimethylpyrimidyl-(2'')-aminosulfonyl]-phenylazo}-*; 2-[p-Aminobenzolsulfamido]-4.6-dimethylpyrimidine: *5-Phenylazo-*, *5-[4'-Chlorphenylazo]-*, *5-[4'-Äthoxyphenylazo]-*, *5-{4'-[Pyridyl-(2'')-aminosulfonyl]-phenylazo}-*, *5-{4'-[4''.6''-Dimethylpyrimidyl-(2'')-aminosulfonyl]-phenylazo}-*; 2-Amino-4-methylthiazole: *5-{4'-[Pyridyl-(2'')-aminosulfonyl]-phenylazo}-*, *5-{4'-[4''.6''-Dimethylpyrimidyl-(2'')-aminosulfonyl]-phenylazo}-*, *5-{4'-[6''-Methoxypyridazyl-(3'')-aminosulfonyl]-phenylazo}-*; *2-Amino-5-{4'-[pyridyl-(2'')-aminosulfonyl]-phenylazo}-pyridin*; 2.6-Diaminopyridine: *3-{4'-[Pyridyl-(2'')-aminosulfonyl]-phenylazo}-*, *3-{4'-[4''.6''-Dimethylpyrimidyl-(2'')-aminosulfonyl]-phenylazo}-*, *3-{4'-[6''-Methoxypyridazyl-(3'')-aminosulfonyl]-phenylazo}-*; 1-Phenyl-3-methylpyrazolone-(5): *4-{4'-[Pyridyl-(2'')-aminosulfonyl]-phenylazo}-*, *4-{4'-[4''.6''-Dimethylyrimidyl-(2'')-aminosulfonyl]-phenylazo}-*, *4-{4'-[6''-Methoxypyridazyl-(3'')-aminosulfonyl]-phenylazo}-*, *5-{4'-[Pyridyl-(2'')-aminosulfonyl]-phenylazo}-salicylsäure*, *5-{4'-[4''.6''-Dimethylpyrimidyl-(2'')-aminosulfonyl]-phenylazo}-salicylsäure*, *5-{4'-[6''-Methoxypyridazyl-(3'')-aminosulfonyl]-phenylazo}-salicylsäure*. P. Gregorzewski. 4610 □

**Sulfaäthylthiadiazol.** 6. Mitt. **Blut- und Urinkonzentrationen nach Tabletten mit sofortigem oder verzögertem Zerfall.** Arnold E. Nicholson, Stanley J. Tucker und Joseph V. Swintosky. (J. Amer. pharmac. Assoc., sci. Edit. **49**, 40—44, Jan. 1960; Philadelphia, Pa., Smith, Kline and French Labor.; engl.) — 4. Vgl. J. Amer. pharmac. Assoc., sci. Edit. **47**, [1958], 753; 3. vgl. C. **1961**, 11032. — Bei 6 Personen wurde der Blutspiegel (BS) u. die Harn-Konz. nach Tabletten von *Sulfaäthylthiadiazol* mit schneller u. langsamer Resorption ermittelt. Nach letztem waren die Unterschiede zwischen Maximum u. Minimum des BS bedeutend geringer u. die Ausscheidung im Urin konstanter. Mit solchen Tabletten war es möglich, mit 2 Dosierungen pro Tag eine wirksame Therapie durchzuführen. E. Carstens. 4610 □

**Chemotherapie der Tuberkulose.** 8. Mitt. **Synthese einiger neuer N-Aryl-N'-pyrimidyl-(2)-thioharnstoffe.** B. S. Rathore, Z. Mulziani und C. V. Deliwala. (J. sci. ind. Res. [New Delhi] Sect. C. **20**, 266—68, Sept. 1961; Bombay, Haffkine Inst., Dep. of Chemotherap.; engl.) — Durch Kondens. von Phenylisothiocyanat oder p-Alkoxyphenylisothiocyanaten mit 2-Aminopyrimidinen werden N-Aryl-N'-pyrimidyl-(2)-thioharnstoffe dargestellt. *N-Phenyl-N'-pyrimidyl-(2)-* u. *N-Phenyl-N'-[4-methyl-6-methoxy]-pyrimidyl-(2)-thioharnstoff* hemmen das Wachstum von *Mycobacterium tuberculosis* var. *hominis* bei einer Konz. 1 μg/ml im Youman-Medium.

Versuche: *2-Amino-4-methyl-6-methoxypyrimidin*, F. 158°, aus 2-Amino-4-methyl-6-chlorpyrimidin durch 2½std. Kochen mit Methanol u. NaOH, aus Äthylendichlorid, 70% (Ausbeute). — *N-p-Anisyl-N'-pyrimidyl-(2)-thioharnstoff*, $C_{12}H_{12}N_4OS$, F. 226°, aus 2-Aminopyrimidin u. p-Anisylisothiocyanat in Chlf. durch 40std. Kochen, Eindampfen, aus A. 76%. — *N-p-Anisyl-N'-[4-methylpyrimidyl-(2)]-thioharnstoff*, $C_{13}H_{14}$·$N_4OS$, F. 225°, aus 2-Amino-4-methylpyrimidin u. p-Anisylisothiocyanat in Chlf. durch 40std. Kochen, aus A. 39%. — *N-Aryl-N'-pyrimidyl-(2)-thioharnstoffe*, aus den entsprechenden 2-Aminopyrimidinen u. Arylisothiocyanaten durch 10—12std. Kochen in Toluol, Kühlen u. Verdünnen mit PAe.: N'-Pyrimidyl-(2)-thioharnstoffe: *N-Phenyl-*, $C_{11}H_{10}N_4S$, F. 201—202°, 95%; *N-p-Äthoxyphenyl-*, $C_{13}H_{14}N_4OS$, F. 221°, 46%; *N-p-n-Propoxyphenyl-*, $C_{14}H_{16}N_4OS$, F. 189—190°. 26%; *N-p-Isopropoxyphenyl-*, $C_{14}H_{16}N_4OS$, F. 201°, 52%; *N-p-n-Butoxyphenyl-*, $C_{15}H_{18}N_4OS$, F. 179—180° 67%; *N-p-Isobutoxyphenyl-*, $C_{15}H_{18}N_4OS$, F. 191°, 32%; *N-p-sek.-Butoxyphenyl-*, $C_{15}H_{18}N_4OS$, F. 182°, 34%; N'-4-Methylpyrimidyl-(2)-thioharnstoffe: *N-Phenyl-*, $C_{12}H_{12}N_4S$, F. 200°, 41%; *N-p-Äthoxyphenyl-*, $C_{14}H_{16}N_4OS$, F. 208°, 31%; *N-p-n-Propoxyphenyl-*, $C_{15}H_{18}N_4OS$, F. 179—180°, 20%; *N-p-Isopropoxyphenyl-*, $C_{15}H_{18}N_4OS$, F. 167—168°, 50%; *N-p-n-Butoxyphenyl-*, $C_{16}H_{20}N_4OS$, F. 186°, 56%; *N-p-Isobutoxyphenyl-*, $C_{16}H_{20}$·$N_4OS$, F. 177°, 27%; *N-p-sec.-Butoxyphenyl-*, $C_{16}H_{20}N_4OS$, F. 167°, 25%; N'-4.6-Dimethylpyrimidyl-(2)-thioharnstoffe: *N-Phenyl-*, $C_{13}H_{14}N_4S$, F. 210°, 84%; *N-p-Methoxyphenyl-*, $C_{14}H_{16}N_4OS$, F. 188°, 68%; *N-p-Äthoxyphenyl-*, $C_{15}H_{18}N_4OS$, F. 178°, 67%; *N-p-n-Propoxyphenyl-*, $C_{16}H_{20}N_4OS$, F. 165°, 56%; *N-p-Isopropoxyphenyl-*, $C_{16}H_{20}N_4OS$, F. 164°, 68%; *N-p-n-Butoxyphenyl-*, $C_{17}H_{22}N_4OS$, F. 148—149°, 62%; *N-p-Isobutoxyphenyl-*, $C_{17}H_{22}N_4OS$, F. 163—164°, 48%; *N-p-sec.-Butoxyphenyl-*, $C_{17}H_{22}$·$N_4OS$, F. 143—144°, 48%. N'-4-Methyl-6-methoxypyrimidyl-(2)-thioharnstoffe: *N-Phenyl-*, $C_{13}H_{14}N_4OS$, F. 203°, 74%; *N-p-Methoxyphenyl-*, $C_{14}H_{16}N_4O_2S$, F. 201—202°, 61%; *N-p-Äthoxyphenyl-*, $C_{15}H_{18}N_4O_2S$, F. 194°, 28%; *N-p-n-Propoxyphenyl-*, $C_{16}H_{20}N_4O_2S$, F. 168°, 54%; *N-p-Isopropoxyphenyl-*, $C_{16}H_{20}N_4O_2S$, F. 178°, 40%; *N-p-n-Butoxyphenyl-*, $C_{17}H_{22}N_4O_2S$, F. 164°, 58%; *N-p-Isobutoxyphenyl-*, $C_{17}H_{22}$·$N_4O_2S$, F. 168°, 50%; *N-p-sek.-Butoxyphenyl-*, $C_{17}H_{22}N_4O_2S$, F. 162—163°, 35%.

P. Gregorzewski. 4610□

**Die Inaktivierung der Isonicotinsäureabkömmlinge und ihre klinische Bedeutung.** M. A. Klebanow und A. F. Poddubny. (Probleme d. Tuberkulose [UdSSR] **40**, Nr. 4, 35—40, 1962; Ukraine, Janowski-Inst. für Tuberkulose u. Brustchirurgie; russ., Auszug: franz.) — Der Heilerfolg der Therapie mit *Isonicotinsäure-Derivv.* bei cavernöser Lungentuberkulose (a) war bei langsamen Inaktivatoren (I) besser als bei schnellen I: Geh. von 0—0,12 $\gamma/cm^3$ akt. *Isoniazid* im Blut 6 Std. nach Zufuhr von 0,1 g *Tubazid* (I). Bei Lungentuberkulose ohne Cavernen (b) war er in beiden Fällen gleich. *Phthivazid* (**II**) wird schneller, *Methazid* (**III**) langsamer als **I** inaktiviert. Bei b wird Therapie mit 0,5 g **II** oder 0,1 g **I** (3mal täglich) empfohlen, um Neben-Rkk. zu vermeiden, bei a vorherige Best. der Inaktivierung, bei schnellen **I** 0,2—0,3 g **I** oder 0,1—0,75 g **II** oder **III**, um einen gleichmäßigen Geh. im Blut zu gewährleisten.

I. v. Kloch-Kornitz. 4610□

**Die Änderung der Katalaseaktivität des Blutes unter dem Einfluß antituberkulöser Präparate und des Tuberkulins im Experiment.** E. S. Mirsojan und A. A. Kaminskaja. (Probleme d. Tuberkulose [UdSSR] **37**, Nr. 3, 78—86, 1959; Inst. für Tuberkulose der Akad. der med. Wiss. der UdSSR; russ.) — In Vers. an gesunden mit Bovinus infizierten Meerschweinchen u. Kaninchen nahm die Aktivität der *Katalase* (**I**) im Blut mit dem Fortschreiten d s Krankheitsprozesses ab. Ein Teil der Tiere erhielt während der Krankheit *Phthivazid* (**II**) in Kombination mit *Tuberkulin* (**III**). Die Normalisierung von **I** erfolgte am schnellsten unter dem Einfl. von **II** u. *Methazid*, u. zwar innerhalb von 2, manchmal 3 Monaten nach Beginn der Therapie. Später, etwa nach dem 7. Beobachtungsmonat, ging **I** wieder zurück, obwohl in den Organen der Tiere nur noch minimale Veränderungen bestanden u. die Erreger nicht mehr gezüchtet werden konnten. Weniger erfolgreich waren *Larussan*, *Tubazid* u. *Rimifon*. Unterbrach man die Behandlung, so verhielt sich **I** der Entw. des spezif. Prozesses in den Organen der Tiere entsprechend. Verabfolgung von **III** bei einer akut verlaufenden Tuberkuloseinfektion führt zunächst zu einem erheblichen Anstieg der **I** im Blut. Nach 6—8 **III**-Injektionen tritt eine anhaltende Hemmung der **I** auf. Bei chron. Verlauf der Tuberkulose steigt die **I** unter dem Einfl. von **III**-Injektionen stark an. Nach 5—6 Injektionen erreicht sie ein hohes Niveau, das nur unbedeutend schwankt. Voraussetzung ist eine häufige (2—3mal in der Woche) Verabfolgung des **III**. Erhält ein krankes Tier **III** nur alle 14 Tage einmal, so tritt nach einem kurzen Anstieg eine dauernde Hemmung der **I** ein. Längere Ververwendung der antituberkulösen Chemotherapeutica ist für den kranken Körper in keiner Weise gleichgültig, weil sie die oxydativen Prozesse in den Geweben stören. So erklärt sich wahrscheinlich auch das Versagen dieser Therapeutica bei manchen hochempfindliche Keime ausscheidenden Schwerkranken. Häufige Verabfolgung von **II** bei chron. Prozessen, die gleichzeitig mit Chemotherapeuticis behandelt werden, ist therapeut. bes. günstig.

F. du Mans. 4610

**Biologische und therapeutische Wirkung von Triparanol.** A. Ravina. (Presse méd. **68,** 1700–01, 22/10. 1960; Paris; franz.) — Mit *Triparanol* (*1-[p-(Diäthylaminoäthoxyphenyl]-1-[p-tolyl]-2-[p-chlorphenyl]-äthanol*; *Mer-29*; **I**) läßt sich die gesteigerte Bldg. von *Cholesterin* (**II**) hemmen u. die **II**-Werte im Blut u. Gewebe, vor allem in den Arterienwänden, verringern. **I** bewirkt eine deutliche Abnahme der Blut–**II**-Werte. In Dosen von 250 mg täglich verursacht **I** keine tox. Rk. u. beeinflußt die endokrinen Drüsenfunktionen, bes. die der Nebennieren, nicht. Klin. bewirkt diese Therapie eine sehr bedeutende Senkung des Blut-**II** u. des Gesamt-**II**. **I** wirkt auch in Fällen von Angina pectoris, die resistent gegen andere Mittel sind, verbessert die Coronardurchblutung u. beeinflußt das Elektrocardiogramm günstig. K. Böhm. 4610 □

**Der Einfluß von Iproniazid und Pyrogallol auf den thermogenen Einfluß des Noradrenalins.** Gordon E. Johnson und E. A. Sellers. (Canad. J. Biochem. Physiol. **40,** 631–38, Mai 1962; Toronto, Ontario, Univ., Dep. of Pharmacol.; engl.) — Es wird an Ratten der Einfl. eines *Monaminoxydase-Hemmers* (*Iproniazid,* **I**) u. eines Inhibitors der *Brenzcatechin-O-methyltranspherase* (*Pyrogallol,* **II**) auf den calor. Effekt von i.v. oder subkutan verabreichtem *Noradrenalin* (**III**) beschrieben. Weiter werden *Isoniazid* (**IV**), *Syrosingopin, Tetrabenazin* u. *dl-Normetanephrin* auf die Wrkg. des **III** untersucht. Die Hemmung der Monaminoxydase erhöht u. verlängert die calor. Wrkg. von exogenem u. endogenem **III. II** u. **IV** bewirken nur geringe Veränderungen. H. Struck. 4610 □

**Die Veränderungen des Phosphor-Kohlenhydratumsatzes der Erythrocyten bei der Penicillinbehandlung einiger Krankheiten.** B. Ss. Beresowski. (Therap. Arch. [UdSSR] **34,** Nr. 5, 83–89, Mai 1962; Kasan, Med. Inst., Lehrstuhl für Röntgenolog. u. Radiolog.; russ., Auszug: engl.) — In der 1.–3. Woche der *Penicillin* (**I**)-Therapie (400000–800000 E. täglich) kam es bei $^2/_3$ der an Rheumatismus oder anderen Kollagenosen erkrankten 50 Patienten infolge Störung des P-Kohlenhydrat-Stoffwechsels zunächst zur Verringerung der Permeabilität der Erythrocyten (E) für $^{32}P$ u. infolge Störung der bioerget. Prozesse der E zur Veränderung des *Adenosintriphosphorsäure/Kreatinphosphorsäure*-Verhältnisses bis auf 35:65 (normal 10:90 bis 20:80) u. Erhöhung der Blutsenkungs-Geschw., die sich bei weiter fortgesetzter Therapie mit **I**, *Salicylaten* oder Hormon-Präpp. wieder normalisierten. I. v. Kloch-Kornitz. 4611 □

**Herstellung und Eigenschaften des 2-Biphenylpenicillins.** A. Gourevitch, C. T. Holdrege, G. A. Hunt, W. F. Minor, C. C. Flanigan, L. C. Cheney und J. Lein. (Antibiotics and Chemotherapy **12,** 318–24, Mai 1962; Syracuse, N.Y., Bristol Labor., Res. Div.; engl.) — Aus *2-Biphenylcarbonsäurechlorid* in Aceton u. *6-Aminopenicillansäure* in wss.-aceton. Bicarbonat-Lsg. gewinnt man *2'-Biphenylpenicillinnatrium* (**I**) als Monohydrat, $C_{21}H_{19}N_2NaO_4S \cdot H_2O$, F. 173–180° (Zers.); Ausbeute 72,5%. **I** ist so säureempfindlich wie *Methicillin* (**II**) u. *Penicillin-G* (**III**). Es hat etwa das gleiche Wrkg.-Spektrum wie *5'-Methyl-3'-phenyl-4'-isoxazolylpenicillin* (**IV**) u. 2,7% der *Penicillinase*-Empfindlichkeit von **III** (**II** hat 0,8%, **IV** hat 1,3%). Die Blutspiegel nach oraler Anwendung beim Menschen liegen bis 50% tiefer als bei **IV**. K. W. Glombitza. 4611 □

**Über die Resorption einiger Tetracycline durch den Darm.** F. Berté und G. Vandoni. (Boll. Soc. ital. Biol. sperim. **37,** 204–07, 15/3. 1961; Pavia, Univ., Ist. di Farmacol. e Terap. Sperimenz.; ital.) — Bei Albinoratten wird die Resorption äquiakt. Dosen von *4-[β-Hydroxyäthyl]-diäthylendiaminomethyltetraciclin* (**I**) u. *Dimethylchlortetracyclin* im Vgl. zu *Tetracyclin* im Dünndarm untersucht, wobei der Geh. im Plasma u. der Rest im Dünndarm bestimmt wird. Der Geh. von **I** im Blut ist deutlich höher als der der anderen Antibiotica, die sich diesbezüglich untereinander kaum unterscheiden. F. Kren. 4611 □

**Einfluß der Antibiotica der Tetracyclingruppe auf die Aktivität der Leberkatalase.** R. P. Porfirjewa. (Bull. exp. Biol. Med. [UdSSR] **52(26)**, Nr. 11. 54–57; Nov. 1961; Moskau, Akad. der med. Wiss. der UdSSR, Inst. für Pharmakolog. u. Chemotherapie, Abt. für experimentelle Chemotherapie; russ., Auszug: engl.) — Die *Katalase* (**I**)-Aktivität in der Rattenleber verringerte sich in vivo nach Gaben von 100 mg/kg (5 Tage, per os) *Chlortetracyclin* (**II**) oder *Tetracyclin* (**III**) um 19,9 bzw. 23,8% u. blieb nach Gaben von *Oxytetracyclin* (**IV**) infolge der geringeren Resorption im Magen–Darm-Traktus u. geringeren Bindung in der Leber unverändert. In Verss. in vitro verminderte **IV** durch Verringerung des pH-Wertes in Abhängigkeit von den Konz. (5, 50 u. 200 mg/cm³) die **I**-Aktivität stärker (7,4–44,8%) als **II** u. **III** (6,1–26,6%). I. v. Kloch-Kornitz. 4611 □

**Histologische Befunde an verschiedenen Strukturen des inneren Ohres nach Verabfolgung von Kanamycin.** E. Manzo. (Boll. Soc. ital. Biol. sperim. **37,** 595–97,

30/6. 1961; Neapel, Univ., Ist. di Anatom. norm. veterin., Istol. ed Embriol. e Ospedale S. Gennaro Reparto Otorinolaringoiatrico; ital.) — Meerschweinchen erhalten subkutan täglich 30 Tage lang 300 mg/kg *Kanamycinsulfat* (**I**); eine Gruppe dieser Tiere wird 30 weitere Tage mit täglich 150 mg **I**/kg behandelt. Die histolog. Befunde zeigen, daß **I** bei diesen die therapeut. Dosen für den Menschen um das 20fache übersteigenden Mengen schädigend auf das innere Ohr wirkt, u. zwar direkt proportional zur injizierten I-Gesamtmenge. F. Kren. 4611 □

**Kanamycin: ein neues Arzneimittel mit Wirkung gegen Mycobakterien.** I. Maglio und M. U. Corvi. (Farmaco [Pavia], Ediz. prat. **15**, 709—20, Dez. 1960; Pavia, Univ., Ist. di Fisiol.; ital.) — Pharmakolog. u. klin. Übersicht. — 71 Literaturangaben. K. Zingraf. 4611 □

**Die Wirkung einiger Antibiotica auf die Bleimobilisation bei dem mit kleinen Bleimengen vergifteten Tier.** Momčilo Mokranjac und Danilo Soldatovic. (C.R. hebd. Séances Acad. Sci. **246**, 3386—87, 16/6. 1958; Beograd, Fac. de Pharm., Labor. de Tox.) — Vgl. C. **1959**, 9310. — Nachdem schon früher in Verss. mit Schafen gezeigt worden war, daß die Verabreichung von Penicillin an Tiere mit chron. Pb-Vergiftung zu einer Mobilisierung von Pb mit erhöhtem Pb-Geh. in Blut u. Harn führt, wurden ähnliche Wrkg. bei der Zufuhr von *Streptomycin*, *p-Aminosalicylsäure* u. *Terramycin* beobachtet. Die Pb-Konzz. im Blut stiegen nach diesen Antibioticis von 200—220 auf 350 bzw. 630 bzw. 720 $\gamma$ Pb/100 ml an. F. Krusen. 4611 □

**Wirkung der Hemmung von sowohl Brenzcatechin-O-methyltranspherase als auch Monaminoxydase auf die cardiovasculären Reaktionen gegenüber Norepinephrin.** J. Richard Crout. (Proc. Soc. exp. Biol. Med. **108**, 482—84, Nov. 1961; Bethesda, Md., Nat. Heart Inst., Exp. Therap. Branch; engl.) — Gleichzeitige Hemmung der *Brenzcatechin-O-methyltranspherase* (durch *Pyrogallol*) u. der *Monaminoxydase* (durch *1-Phenyl-3-hydrazinobutan*; JB-845) bewirkte mäßige Verlängerung der Herzkreislauf-Wrkg. von *l-Norepinephrin* (**I**) bei narkotisierten Hunden; diese Verlängerung der pharmakolog. Wrkg. in Ggw. von Enzymhemmstoffen stand in Zusammenhang mit einer verzögerten Eliminierung des injizierten **I** aus dem Kreislauf. Die physiolog. Inaktivierung des zirkulierenden **I** an den Rezeptoren bedarf offenbar keiner metabol. Zerstörung von **I** durch die genannten Enzyme. U. Tausendfreund. 4620 □

**Einfluß von Heilmitteln auf $^3$H-Noradrenalin-Aufnahme und -Stoffwechsel.** Georg Hertting, Julius Axelrod und L. Gordon Whitby. (J. Pharmacol. exp. Therapeut. **134**, 146—53, Nov. 1961; Bethesda, Md., Nat. Inst. of Health, Nat. Inst. of Mental Health, Labor. of Clin. Sci.; engl.) — Der Einfl. folgender Medikamente wurde in Herz, Milz, Nebenniere, Leber u. Skeletmuskel der Katze untersucht: *d-Amphetamin·HCl*, *Catron* (*β-Phenylisopropylhydrazin*), *Chlorpromazin·HCl*, *Cocain·HCl*, *Dichlorisoproterenol·HCl*, *Dibenzyline* (*Phenoxybenzamin*)*·HCl*, *Guanethidin·$H_2SO_4$*, *Hexamethonium·HCl*, *Imipramine·HCl*, *Ouabain*, *Pyrogallol*, *Regitine* (*Phentolaminmethansulfonat*), *Reserpin* (*Serpasil* Ciba), *TM 10 B* (*2-[2.6-Dimethylphenoxy]-propyltrimethylammoniumchlorid*) u. *Tyramin·HCl*. Verabreichtes *$^3$H-Noradrenalin* wird von den einzelnen Substanzen in den verschiedenen Organen verschieden stark aufgenommen u. *$^3$H-Normetanephrin* in unterschiedlichen Mengen festgestellt. M. Metze. 4620 □

**Die zentrale Wirkung der als Gangliolytica angewandten Abkömmlinge der quaternären Ammoniumbasen.** M. L. Tarachowski. (Pharmakol. u. Toxikol. [UdSSR] **24**, Nr. 1, 3—13, Jan./Febr. 1961; Tschernowitz, Med. Inst., Lehrstuhl für Pharmakol., Inst. für experim. Med. der Akad. der Med. Wiss. der UdSSR, Pharmakol. Abt.; russ., Auszug: engl.) — Untersucht wurden die folgenden Derivv. quatern. Ammoniumbasen: *Hexamethylen-bis-[trimethylammonium]-dijodid* (*Hexonium*; $DL_{50}$ für die weiße Maus 119 $\pm$ 5,19 mg/kg intraperitoneal), *-dipyridin-β-carbonat* (Hexonat; 147 $\pm$ 5,48), *-di-p-aminobenzoat* (303 $\pm$ 9,58), *-dibenzoat* (180 $\pm$ 9,95), *di-p-nitrobenzoat* (138 $\pm$ 6,38); *Hexamethylen-bis-[äthyldimethylammonium]-dijodid* (36 $\pm$ 3,45), *-dipyridin-β-carbonat* (38 $\pm$ 3,16), *-di-p-aminobenzoat* (68 $\pm$ 5,48); *Hexamethylen-bis-[β-hydroxyäthyldimethylammonium]-dichlorid* (80 $\pm$ 5,39), *-dipyridin-β-carbonat* (120 $\pm$ 4,47); *Hexamethylen-bis-[triäthylammonium]-dijodid* (31 $\pm$ 1,63), *-dipyridin-β-carbonat* (39 $\pm$ 2,31); *Hexamethylen-bis-[tris-(β-hydroxyäthyl)-ammonium]-dichlorid* (345 $\pm$ 7,24); *Hexamethylen-bis-[diäthylisoamylammonium]-dijodid* (89 $\pm$ 5,85) u. *Pentamethylen-bis-[chinolyldimethylammonium]-dibromid* (9,1 $\pm$ 0,49). In Verss. an Katzen u. Kaninchen wird festgestellt, daß die untersuchten Gangliolytica (0,5—10 mg/kg i.v.) in einer 1. Phase die Erregungsprozesse in der Großhirnrinde verstärken u. in einer 2. Phase die funktionelle Aktivität der Rinde herabsetzen, so daß die Hemmungsprozesse überwiegen. Die hemmende Wrkg. der Gangliolytica auf die bioelektr. Aktivität der Großhirnrinde breitet sich auch auf die sub-

corticalen Gebiete aus. Entsprechend der Wrkg. auf die höheren Bereiche des Zentralnerven-Syst. wird auch die Leitung der Impulse über die synapt. Strukturen des Rückenmarks gehemmt (Verlängerung der Latenzperiode der Beugereflexe bei Kaninchen). Am aktivsten sind dabei diejenigen Salze, deren Anion cycl. N-haltige Radikale enthält (β-Pyridincarbonate, p-Aminobenzoate, p-Nitrobenzoate). Sie sind gleichzeitig auch relativ weniger tox. als ihre Benzoat- u. Halogenhomologen. Es wird angenommen, daß die Cholinolytica die mesodiencephale reticuläre Formation blockieren u. dadurch die funktionelle Verbindung zwischen Rinde u. Subcortex aufheben.
E. Rentz. 4620 □

**Die Wirkung des Reserpins auf den Gehalt des Rattengehirns an gesamtreduzierenden Stoffen und Glykogen.** V. Máthé, Gy. Kassay und K. Hunkár. (Z. ges. exp. Med. **134**, 249—53, 1961; Budapest, Zentralinst. für Nerven- u. Geisteskrankh., Biochem. Labor.; dt.) — Vgl. C. **1931**, 16909. — Nach einmaliger intraperitonealer Gabe von 0,65 mg *Reserpin*/100 g ist bei Ratten der Geh. an *gesamtreduzierenden Substanzen* (I) im Gehirn u. der Geh. an *Glykogen* (II) erhöht. Tägliche Gaben von 0,07 mg/100 g für 2 Wochen bewirken eine Erhöhung von I u. eine Normalisierung von **II**. 4 Wochen nach gleicher täglicher Dosis sind die **I**-Werte gegenüber der Norm vermindert, die **II**-Werte erhöht.
U. Tausendfreund. 4620 □

**Einflüsse von Reserpin und Kälte-Behandlung auf die Hypophysennebennieren-Funktionen der Ratte.** R. P. Maickel, E. O. Westermann und B. B. Brodie. (J. Pharmacol. exp. Therapeut. **134**, 167—75, Nov. 1961; Bethesda, Md., Nat. Heart Inst., Labor. of Chem. Pharmacol.; engl.) — An adrenal- bzw. hypophysektomierten sowie entmarkten (Nebenniere) Ratten wurde der Einfl. von *Reserpin* (I)-Kältebehandlung (KB) u. verschiedener Rauwolfia-Alkaloide [*Isoreserpin, Isorauneścin, Serpentin, Raunescin* (II), *Rescinnamin* (III)] untersucht. **I** u. KB rufen eine starke Hypersekretion von *Adrenocorticotropem Hormon* (*ACTH*) hervor. Ebenso wirken **II** u. **III**, die den Hirn-Geh. an Noradrenalin u. Serotonin senken u. Sedation bewirken. Eine hohe **I**-Dosis u. lange KB senken ACTH in der Hypophyse auf einen Wert, der keine Hypophysen-Rk. mehr auf zusätzliche Stimulantien zuläßt.
M. Metze. 4620 □

**Der Einfluß eines Phenothiazins gegen den Parkinsonismus.** M. T. Vardeu. (Boll. Soc. ital. Biol. sperim. **37**, 349—52, 30/4. 1961; Cagliari, Univ., Ist. di Farmacol.; ital.) — Hunden wird intracisternal 1 E/kg *Corticotropin* u. danach i.v. *10-[2-Diäthylaminoäthyl]-phenothiazin* (I) injiziert. 10—50 mg I/kg stoppen die Muskelkontraktionen (2 Std. bei 50 mg u. 1 Std. bei 10 mg); durch 1 mg/kg *Chlorpromazin* setzen sie mehr als 3 Std. aus.
F. Kren. 4620 □

**Wirkung des Hydrochlorothiazids auf die isolierte Aorta des Kaninchens.** A. Crema und G. L. Corona. (Boll. Soc. ital. Biol. sperim. **37**, 211—14, 15/3. 1961; Pavia, Univ., Ist. di Farmacol. e Terap. Speriment; ital.) — Es wird die antagonist. Wrkg. von *Hydrochlorothiazid* (I) auf die Kontraktion der isolierten Aorta des Kaninchens durch *Adrenalin, Noradrenalin, Serotonin* u. *Hypertensin* untersucht. Für alle vorst. Verbb. stellt sich eine hemmende Wrkg. von **I** in hohen Konzz. ($2 \cdot 10^{-5}$ bis $2 \cdot 10^{-4}$) bei geringen Konzz. der Verbb. heraus.
F. Kren. 4620 □

**Verhalten einiger blutdrucksteigernder Reaktionen bei Hunden, die subakut mi Hydrochlorothiazid behandelt wurden.** P. Preziosi, E. Miele und E. Marmo. (Boll. Soc. ital. Biol. sperim. **37**, 192—95, 15/3. 1961; Neapel, Univ., Ist. di Farmacol; ital.) — Hunde erhalten i.m. 7 Tage lang therapeut. Dosen von 10 mg/kg *Hydrochlorthiazid* (I) täglich, u. es werden blutdrucksteigernde Wrkg. ausgelöst durch: i.v. Gabe von *Acetylcholin* nach *Atropin, Nicotinbitartrat, Noradrenalin* (I), *Adrenalin* (II), synthet. *Hypertensin, KCl*, mechan. Asphyxie usw. Es zeigt sich, daß alle hypertensiven Effekte durch **I** verringert werden, bes. die durch **I, II** u. KCl.
F. Kren. 4620 □

**Einfluß von Phentolamine (Regitine) auf die freien Fettsäuren im Plasma in vivo.** Robert F. Klein und Morton D. Bogdonoff. (Proc. Soc. exp. Biol. Med. **103**, 544—46, März 1960; Durham, N.C., Duke Univ. Med. Center, Dep. of Med.) — 9 Personen erhielten *Phentolamine* (I; *Regitine*) infundiert. Unter dem **I**-Einfl. fiel der venöse Plasmaspiegel an *freien Fettsäuren* (II) abrupt ab, ohne daß die Blut-*Glucose* sich veränderte. 1 Std. nach der Infusion stiegen die **II**-Werte wieder an. Der Mechanismus der **I**-Wrkg. ist unbekannt.
M. Metze. 4620 □

**Wirkung von Hydroxyzine auf den Harnfluß beim Hund.** William P. Blackmore. (Proc. Soc. exp. Biol. Med. **103**, 518—20, März 1960; Dallas, Tex., Univ. of Texas Southwest. Med. School, Dep. of Pharmacol.) — 5 mg *Hydroxyzine* (**I**; i.v.)/kg senkten beim Hund den Harnfluß von 96,2 auf 72,6% (Vol. abgegebenen Harns in 3 Std.);

hämodynam. Änderungen traten nicht auf. Bei Tieren mit Diabetes insipidus veränderte I den Harnfluß nicht. Vf. nimmt an, daß I die Freisetzung des antidiuret. Hormons stimuliert. M. Metze. 4620□

**Die analgetische Wirksamkeit von Phenelzine und anderen Substanzen.** Jane Frances Emele, John Shanaman und Marshall R. Warren. (J. Pharmacol. exp. Therapeut. **134**, 206—09, Nov. 1961; Morris Plains, N.J., Warner-Lambert Res. Inst., Dep. of Pharmacol.; engl.) — Vergleichende Unterss. mit *Phenelzine* (I) u. *Phenylisopropylhydrazin* (II) an Mäusen ergaben eine dem *Codein* (III) vergleichbare Hemmwrkg. bei Phenylchinon-induzierten Krämpfen (Mäuse krümmen sich). Beim Test an der heißen Platte erhöhten I u. II die Rk.-Schwelle mehr als III. Die analget. Aktivität von I u. II ist unabhängig von ihrer Monaminoxydase-Hemmwrkg. u. vom Hirn-Geh. an Serotonin u. Brenzcatechinaminen. M. Metze. 4620□

**Aminazin in der Klinik der inneren Krankheiten.** T. A. Newsorowa. (Klin. Med. [UdSSR] **37 (40)**, Nr. 9, 32—37, Sept. 1959; Moskau, Med. Ssetschenow Inst., Psychiatr. Korssakow-Klin.; russ.) — Auf Grund einer 4jährigen Praxis der therapeut. Verw. von *Aminazin* (I) in der psychiatr. Klinik u. in der Ambulanz ergibt sich, daß die Wrkg. des I in 2 Phasen erfolgt. Die erste dauert einige Std. bis 12 Tage u. wird durch Auftreten einer Reihe von somat. Verschiebungen charakterisiert. Diese können bei vielen Krankheiten eine Verschlimmerung des Allgemeinzustandes hervorrufen. Die 2. Phase, die Phase der Adaption, wird durch Milderung der psychopatholog. u. einiger somat. Symptome charakterisiert. Bei Einnahme von I per os können dyspept. Symptome auftreten; sie verschwinden sofort, wenn man I parenteral verabreicht. Im Laufe der ersten 24 Std. gehen die Hämoglobinmenge u. die Zahl der Erythrocyten u. der Leukocyten (diese auf Kosten der Neutrophilen) zurück. Die Blutsenkung wird meist beschleunigt. Es tritt ein Abfall des Albumin/Globulin-Koeff. ein (bis 1,0—0,9). Das Bilirubin im Blut kann bis zu 3,4—4 mg% ansteigen. Es besteht auch eine gewisse Tendenz zum Anstieg des Prothrombinwertes. Alle diese Erscheinungen gehen bei der Adaption an I zurück. Verträgt der Patient I schlecht, so muß die Behandlung unterbrochen werden. 2—3 Wochen nach Beginn der Behandlung kann eine Hepatitis auftreten, die auf eine tox. Wrkg. des I auf Leber u. Gallengänge zurückgeführt wird. Allerg. Erscheinungen wurden beobachtet. Sie verlaufen meist gutartig. Eine einmalige Verabfolgung des I wird bevorzugt. I soll per os oder i.m. verabfolgt werden; seine Dosen dürfen 200—300 mg pro Tag nicht übersteigen. Am zweckmäßigsten ist die Dosierung von 100—200 mg pro Tag. Es verstärkt u. verlängert die Wrkg. der Analgetica u. der Barbiturate. Bei Herz-Kreislauf-Störungen soll I bei fixierter neurot. Rk. unter ständiger Kontrolle des Prothrombinwerts verwendet werden. I ist wirksam bei neurasthen. Syndrom, bei akutem psychomotor. Aufregungszustand, bei Epilepsie jeglicher Genese. Es ist kontraindiziert bei akuten Erkrankungen des Darmtrakts, bei Lebercirrhose, bei Hepatitis epidemica, bei Cholelithiasis u. Cholangitiden, bei Magen- u. Zwölffingerdarmulcus, bei Nephritiden u. Nephrosen, bei Nephrolithiasis, im akuten Stadium der Coronarinsuffizienz, bei Thrombophlebitiden, bei Hypertonie nach Insulten u. bei ausgeprägter Hypotonie.
F. du Mans. 4620□

**Angaben über den Einfluß des Aminazins auf den Umsatz von Ascorbinsäure und Adrenalin bei Tieren, die Vitamin C synthetisieren oder nicht synthetisieren.** E. I. Lipowetzkaja. (Fragen d. Ernähr. [UdSSR] **21**, Nr. 2, 81—84, März/April 1962; Charkow, Med. Inst., Lehrstuhl für Biochem.; russ., Auszug: engl.) — Wiederholte Injektionen von 20—60 mg/kg *Aminazin* (I) führten bei Meerschweinchen (a) u. Ratten (b) zu unwesentlichen Veränderungen des Geh. an freier u. gebundener *Ascorbinsäure* (II) u. *Adrenalin* (III) in den Nebennieren der a u. in Hirn u. Leber der a u. b, zusätzliche Gaben von 15 mg II täglich zur Erhöhung der freien II bei Abwesenheit der gebundenen II in den Nebennieren u. Erhöhung der Red.-Fähigkeit der *Dehydroascorbinsäure*. In den Nebennieren der b kam es nach 20 mg I zur Vermehrung, nach 60 mg I zur Verringerung des Geh. an II u. III. I. v. Kloch-Kornitz. 4620□

**Die Einflüsse von Monaminoxydasehemmern auf die vasopressorische Wirkung verschiedener Sympathomimetica.** Chikao Kono, Zengo Kanda, Atsushi Sekiya und Eizo Saji. (Nagoya J. med. Sci. **24**, 159—70, Jan. 1962; Nagoya Univ., School of Med., Dep. of Pharmacol.; engl.) — Im Hunde- u. Ratten-Vers. wird nachgewiesen, daß die pressor. Wrkg. von *Ephedrine* u. *Tetrahydrozoline* durch die Monaminoxydaseinhibitoren *1-Phenyl-2-hydrazinopropanhydrochlorid* (I) u. *Phenelzine* (II, *Phenethylhydrazinsulfat*) signifikant erniedrigt wird. Die *Epinephrin*- u. *Heptaminol*-Wrkg. wird durch I u. II nicht geändert. Die nicotinähnliche Wrkg. von *Acetylcholin* wird durch I nicht blockiert; daraus folgt, daß kleine I-Mengen die Brencatechinaminfreisetzung nicht verringern. Die *Tyramin*-Wrkg. wird durch I u. II verstärkt.
P. Gregorzewski. 4620□

**Neurovegetative Kontrolle der Magenperistaltik beim isolierten Nerv–Magen-Präparat der Ratte.** Davide Della Bella und Francesco Rognoni. (J. Pharmacol. exp. Therapeut. **134**, 184—89, Nov. 1961; Milan, Italien, Labor. Bioterapico Milanese Selvi u. C.; engl.) — Das Präp. kann zur qual. u. quant. Best. der Eigg. von *Atropin*-artigen Mitteln u. *Ganglienblockern* verwendet werden. M. Metze. 4620 □

**Wirkungen von d-Lysergsäurediäthylamid auf Hirn-Serotonine.** Daniel X. Freedman. (J. Pharmacol. exp. Therapeut. **134**, 160—66, Nov. 1961; New Haven, Conn., Yale Univ., School of Med., Dep. of Psychiatry and Pharmacol.; engl.) — *d-Lysergsäurediäthylamid* (*LSD-25*), 130—1300 μg/kg, ruft eine geringe, aber signifikante Erhöhung des *Serotonin* (5-HT)-Spiegels im Rattenhirn (10—120 Min. nach Verabreichung) hervor. Nach Vorbehandlung der Tiere mit *Reserpin* (I) ruft LSD-25 eine 2fache Erhöhung des 5-HT hervor (96 Std. nach Verabreichung), dabei zeigt sich eine dosisabhängige Wrkg.-Beziehung. LSD-25 erhöht weder in vitro noch in vivo den 5-HT-Abbau u. verändert auch nicht die 5-HT-Synth. aus $2 \cdot 10^{-4}$m 5-Hydroxytryptophan.
M. Metze. 4620 □

**Die Verteilung verschiedener nichtnarkotischer Analgetica im Zentralnervensystem von verschiedenen Species.** Clarke Davison, James L. Guy, Morton Levitt und P. K. Smith. (J. Pharmacol. exp. Therapeut. **134**, 176—83, Nov. 1961; Elkhart, Ind., Inc., Miles Labor.; Washington, D.C., George Washington Univ., School of Med., Dep. of Pharmacol.; engl.) — Unterss. an Maus, Ratte, Katze, Hund u. Affe nach Gaben von $^{14}C_{(1)}$-Acetyl-markierter *Acetylsalicylsäure* (**I**), $^{14}C_{(COOH)}$-*Salicylsäure* (**II**) u. $^{14}C_{(1)}$-Acetyl-markiertem *N-Acetyl-p-aminophenol* (**III**) ergaben folgendes: In allen Hirnabschnitten traten nur geringe **II**-Geh. auf, in den Hypophysen zeigte sich eine 2—3fach größere **II**-Konzentration. **I**-Gabe führte nur zur **II**-Auffindung im Hirn. **III** u. *Salicylamid* dringen in größerem Ausmaß in das Hirn als das Salicylat-Ion.
M. Metze. 4627 □

**Der Einfluß einiger Narcotica, Analgetica und von Aminazin auf die in den Gefäßen des kleinen Blutkreislaufs entstehenden Reflexreaktionen.** S. N. Iwanowa. (Bull. exp. Biol. Med. [UdSSR] **50** (**25**), Nr. 8, 100—05, Aug. 1960; Leningrad, 1. Med. Pawlow-Inst., Lehrstuhl für Pharmakol.; russ., Auszug: engl.) — In Verss. an Katzen u. Kaninchen wird festgestellt, daß die durch Injektion in die Lungenarterien hervorgerufenen komplexen reflektor. Rkk. durch i.v. Injektion von *Urethan* (**I**), *Nembutal* (**II**), *Hexenal* (**III**), *Morphin* (**IV**), *Promedol* (**V**) u. *Aminazin* (**VI**) verschieden beeinflußt werden. **I** erleichtert die Ausatmung, ohne die cardiovasculären Komponenten (Hypotension u. Bradycardie) merklich zu verändern. **II**, in etwas geringerem Grade auch **III**, schwächt den gesamten reflektor. Komplex ab. **V** schwächt in Verss. an Kaninchen anfangs die Reflexe ab u. erleichtert anschließend die Ausatmung u. verstärkt die Bradycardie (2phas. Wrkg.), während in Verss. an der Katze die 1. Wrkg.-Phase fast völlig fehlt. **IV** wirkt in Verss. an Katzen u. Kaninchen ungleichmäßig, indem es entweder die Hypotonie u. Bradycardie verstärkt u. die Ausatmung erleichtert oder aber ohne Wrkg. bleibt. Die hemmende Wrkg. von **V** auf das Zentralnerven-Syst. ist daher weniger selektiv als jene von **IV**. **VI** setzt die reflektor. Rkk. mehr oder weniger deutlich herab. Die Wrkg. von **VI**, **V** u. **II** auf die von den Receptoren der Lungengefäße ausgehenden reflektor. Rkk. ist bei Kaninchen beständiger u. wesentlich deutlicher als bei der Katze. E. Rentz. 4627 □

**Synthese und anästhetische Aktivität einer Reihe von neuen Derivaten des Xylocains.** Rudolf Dofek, Ales Sekera und Cenek Vrba. (Ann. pharmac. franç. **18**, 159—61, März 1960; Brno, Univ., Inst. de Chim. Pharmaceut. de l'Univ. Masaryk et Labor. de Pharmacol. de la Fac. de Méd. vét.; franz.) — Folgende Mesocain (ω-Diäthylaminoacetmesedid)-Derivv. werden durch Rk. von Halogenacetmesedid mit den entsprechenden prim. u. sek. Aminen dargestellt: Aminoacetmesedidhydrochloride: *$N^2$-Butyl-*, F. 247°; *$N^2$-Hexyl-*, F. 199°; *$N^2$-Cyclohexyl-*, F. 254°; *$N^2$-Benzyl-* (**VII**), F. 205°; *$N^2.N^2$-Dibutyl-* (**VIII**), F. 126°; *$N^2$-Phenyl-$N^2$-äthyl-*, F. 163°; Acetmesedidhydrochloride: *Pyrrolidino-*, F. 212—214°; *Piperidino-*, F. 196°; *2-Methylpiperidino-* (**II**), F. 188°; *3-Methylpiperidino-* (**III**), F. 104°; *4-Methylpiperidino-* (**IV**), F. 217—219°; *2.6-Dimethylpiperidino-* (**V**), F. 261°; *2.4.6-Trimethylpiperidino-* (**VI**), F. 175°; *Morpholino-*, F. 250°; *Thiomorpholino-*, F. 225°; *5-Äthyloxycarbonylpiperazino-*, F. 132°; Mesedidhydrochloride: *α-[Diäthylamino]-propionyl-*, F. 212°; *α-[Diäthylamino]-valeryl-*, F. 175°; *α-[Diäthylamino]-butyryl-*, F. 216—217°; *β-Diäthylaminopropionyl-*, F. 163°. Durch Einw. von $P_2S_5$ auf die entsprechenden Acetanilide Diäthylaminothioacetanilidhydrochloride: *2.6-Dimethyl-*, F. 162°; *2.4.6-Trimethyl-*, F. 160°. **II**, **III**, **IV**, **V** u. **VI** zeigen einen höheren Aktivitäts–Toxizitäts-Quotienten als die Vgl.-

Substanz Mesocain (**I**). **VI** ist 3mal stärker in der Oberflächenanästhesie u. fast 2mal stärker in der Infiltrationsanästhesie als **I** u. 3mal weniger giftig. **VII** u. **VIII** sind 2- u. 9mal stärker in der Oberflächenanästhesie, 2mal intensiver in der Infiltrationsanästhesie als **I**; **VII** ist 2- u. **VIII** ist 10mal weniger giftig. S. Groitzsch. 4627 □

**Der analgetische Effekt des 4-Hydroxycumarins.** M. C. de Jonge und W. Th. Nauta. (Arzneimittel-Forsch. **10**, 463—65, Juni 1960; Amsterdam, N. V. Koninklijke Pharmaceutische Fabrieken, v/h Brocades-Stheeman & Pharmacia; dt.) — Im Gegensatz zu Unterss. von Stern u. Mitarbeitern (C. **1959**, 2198) zeigt *4-Hydroxycumarin* (Applikation von 0,01 $\gamma$ bis 10 mg/kg) bei verschiedenen Tieren (Ratte, Maus, Meerschweinchen, Kaninchen) nach Schmerzerregung keine analget. Wirkung.
Klaus Schmidt. 4627 □

**Glucuronidbildung aus narkotischen Arzneimitteln in vitro und in vivo.** Julius Axelrod und Joseph K. Inscoe. (Proc. Soc. exp. Biol. Med. **103**, 675—76, April 1960; Bethesda, Md., U.S. Dep. of H.E.W., Inst. of Mental Health, Labor. of Clin. Sci.; engl.) — Bei der Inkubation von Meerschweinchenlebermikrosomen mit *Morphin*, *Nalorphine*, *l-Dromoran* u. *Codein* in Ggw. von Uridindiphosphat–Glucuronsäure entstehen die entsprechenden *Glucuronide*, nach längerer Inkubation mit $\beta$-Glucuronidase tauchen die ungepaarten Arzneimittel wieder auf. Nach intraperitonealer Verabreichung der obengenannten Verbb. an Meerschweinchen werden die gesamten Substanzen als Glucuronide mit dem Urin ausgeschieden. Codein wird außerdem noch in anders gepaarter Form im Urin gefunden. P. Gregorzewski. 4627 □

**Pharmakologische Untersuchungen über 1.2-Dimethyl-3-phenyl-3-propionoxypyrrolidin (CI-427), ein analgetisch wirkendes Mittel.** C. V. Winder, J. Wax, B. Serrano, L. Scotti, S. P. Stackhouse und R. H. Wheelock. (J. Pharmacol. exp. Therapeut. **133**, 117—28, Juli 1961; Ann Arbor, Mich., Res. Div., Parke, Davis & Comp.; engl.) — Bei Meerschweinchen u. Ratten besitzt *1.2-Dimethyl-3-phenyl-3-propionoxypyrrolidin* (*CI-427*; **I**) im Vgl. mit *Morphin*, *Codein* (**II**) u. *Meperidin* (**III**) eine zuverlässige u. ausgeprägte schmerzstillende Wrkg., die unabhängig von der Art der Darreichung ist. Gleiche Dosen von **I** sind bei parenteraler Verabreichung nicht so wirksam wie die entsprechenden von **II**, bei oraler Gabe wirken sie gleich oder sogar stärker als **II**. Es fehlen aber bei **I** antipyret. u. stopfende Effekte bei der Ratte, antiphlogist. beim Meerschweinchen u. hustenstillende, atmungssenkende u. cardiovasculäre Wrkg. beim Hund. **I** wirkt wie **III** in hohen Dosen erregend u. die Körper-Temp. senkend. Subkutane Injektionen seines HCl-Salzes reizen aber weniger. Das d-Isomere von **I** ist parenteral ca. 2mal so wirksam u. tox. wie das *l*-Isomere. Bei oraler Verabreichung sind diese Unterschiede aber nicht so ausgeprägt. Nach i.v. Injektion von 3,5 mg Racemat/kg innerhalb 1 Min. wurden beim nicht anästhesierten Hund zentralnervöse Nebenwrkg. beobachtet. K. Böhm. 4627 □

**Erratum.** R. Preuss und R. Kopp. (Arzneimittel-Forsch. **10**, 64, Jan. 1960; dt.) — In der Arbeit von Preuss u. Kopp (C. **1961**, 13267) muß die Bezeichnung der Formeln für *Valamin I* (**I**) u. *Docental I* (**II**) auf S. 789 wie nebenst. lauten.
R. Strufe. 4627

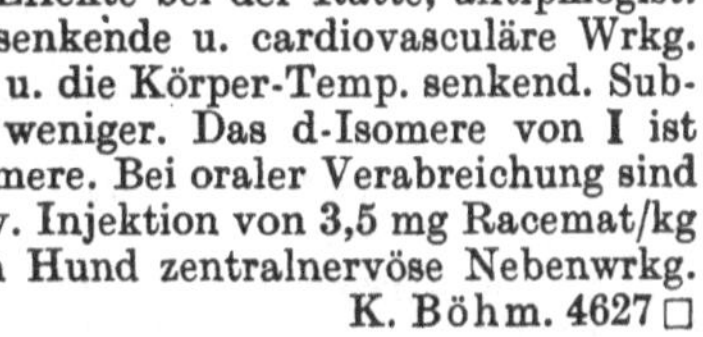


**Weitere Untersuchungen über die Wirkung von Ephedrin in Gegenwart von Cocain.** Phillip V. Hammond. (J. Amer. pharmac. Assoc., sci. Edit. **48**, 602—05, Okt. 1959; Washington, D.C.; Howard Univ., Coll. of Pharm.) — Vgl. C. **1961**, 11037. — Die Presser-Wrkg. am Hund von 0,38 mg/kg *Ephedrin* (**I**) wird durch *Cocain* (**II**) bis zu 90% red., ohne daß die Tachyphylaxie beeinflußt wird. Am isolierten Kaninchenherzen ließ sich die Wrkg.-Abnahme von **I** nicht nachweisen. Die Schlag-Vol.-Steigerung des Herzens nach **I** wird durch **II** gemindert. E. Carstens. 4627 □

**Der psychische Wirkstoff RP 7162, [3-Dimethylamino-2-methylpropyl]-5-iminodibenzyl. Therapeutische, panpsychotrope und analgetische Eigenschaften.** J. Sigwald, D. Bouttier, Ph. Raverdy, Cl. Raymondeaus, P. Perrier und J.-L. Donnet. (Presse méd. **69**, 1780—83, 7/10. 1961; Paris; franz.) — Vff. berichten über die Anwendung von *2.3*; *6.7-Dibenzo-1-[3-dimethylamino-2-methyl-n-propyl]-4.5-dihydroazepin* [**I**, *Surmontil*, *Wirkstoff RP 7162*, $DL_{50}$ (mg/kg): 42 (i.v.), 285 (subkutan), 425 (oral), Maus] bei verschiedenen psych. Erkrankungen (melanchol. Depressionen, Neurosen, Epilepsie) u. in der Neurologie. Die Applikation erfolgt buccal in Dosen bis zu 500 mg. **I** weist eine gute Verträglichkeit auf u. besitzt nur geringe Nebenwirkungen.
P. Fahrnlaender. 4627 □

**Durch Betäubungsmittel in der Hirnrinde von Katzen verursachte Veränderungen des Ruhepotentials.** Daijiro Kozasa. (Fukuoka Acta med. [Fukuoka-Igaku-Zassi] **50,** 4148—59, Okt. 1959; Fukuoka, Kyushu Univ., Fac. of Med., 3rd Dep. of Anat.; jap., Auszug: engl.) — Narkotica, wie *Cyclopannatrium, Chloralhydrat, Urethan, Morphin,* werden i.v.; *Ae.* u. *Chlf.* durch Inhalation verabreicht. Alle Substanzen verursachen eine negative Potentialveränderung. P. Gregorzewski. 4627 □

**Inhibition der Freigabe intracellulären Kaliums durch nichtnarkotische Analgetica.** Fred B. Benjamin. (Proc. Soc. exp. Biol. Med. **103,** 669—71, April 1960; New Brunswick, N.J., Colgate Palmolive Co.; engl.) —Es wird der Einfl. von *Acetanilid, Phenacetin* u. *Aminopyrin* auf die K-Ionenfreigabe aus dem Meerschweinchendarm u. aus Erythrocyten unter Kälte-Einfl. bestimmt, wobei die K-Freigabe als Maß für die analget. Wrkg. dient. Durch die genannten Pharmaca in einer Konz. von 0,05 $\mu$g/ml wird die K-Abgabe erniedrigt. P. Gregorzewski. 4627 □

**Schnelle Papierchromatographie von Barbituraten.** D. A. Podmore. (Clin. chim. Acta [Amsterdam] **7,** 176—79, März 1962; Sheffield, Great Britain, Royal Infirmary, Dep. of Chem. Pathol.; engl.) — Die Schnelligkeit der Meth. wird erreicht durch Verw. eines Aceton–W.-Gemisches zum Papier statt Chlf., n-Butanol–$NH_3$ oder Amylalkohol–$NH_3$ u. eines kleinen Tanks. Die Chromatographie dauert 15 Minuten.
M. Metze. 4627 □

**Wirkung des Diphenylhydantoins, Phenobarbitals, Trimetadions und Pentobarbitals auf die Clementi-Epilepsie beim Kaninchen.** P. Mantegazzini. (Arch. int. Pharmacodynam. Thérap. **107,** 397—413, 1/9. 1956; Pisa, Univ., Ist. Fisiol del lavoro u. Centro di Fisiopatol. del Lavaro Subacqueo della Marina Militare.) — Längere Behandlung mit *Phenobarbital* hemmt das Auftreten lokalisierter autorhythm. Konvulsivität, modifiziert jedoch nicht die Ausbreitung auf die Hirnrinde. *Trimetadion* u. *Pentobarbital* sind ohne Wrkg. auf die Clementi-Epilepsie. W. A. Schäfer. 4628 □

**Endplatteneffekt von Tetraäthylammonium und Methoxyambenonium und deren Antagonismus gegenüber d-Tubocurarin und Decamethonium.** Alexander G. Karczmar, K. C. Kim und K. Koketsu. (J. Pharmacol. exp. Therapeut. **134,** 199—205, Nov. 1961; Chicago, Ill., Loyola Univ., Stritch School of Med., Dep. of Pharmacol. and Therapeut.; Univ. of Illinois Coll. of Med., Dep. of Psych.; engl.) — Unterss. am Nerv–Sartoriusmuskel-Präp. des Frosches (*Rana pipiens*) zeigten, daß der Antagonismus von *Tetraäthylammonium* (I) u. *Methoxyambenonium* (*WIN 8078*; II) gegenüber *Decamethonium* (III) z. T. von dem nicht polarisierenden Charakter der neuromuskulären Blockade durch III u. z. T. von den ungewöhnlichen Endplattenaktivitäten von I u. II abhängt. M. Metze. 4628 □

**Spasmolytische und Antiserotoninwirkung von 1-[p-Chlorphenäthyl]-2-methyl-6.7-dimethoxy-1.2.3.4-tetrahydroisochinolin.** Franco Cugurra und Gian Carlo Serra. (Clin. terapeut. [Roma] **22,** 883—98, 31/5. 1962; Genova, Univ., Ist. di Farmacol.; Ist. di Clin. Chir. e Terap. Chir.; ital.) — *1-[p-Chlorphenäthyl]-2-methyl-6.7-dimethoxy-1.2.3.4-tetrahydroisochinolin* (*IK-1*) zeigte am isolierten Meerschweinchendarm u. am Magenfundus der Ratte eine spasmolyt. u. Antiserotonin-Wrkg., die etwa die gleiche Stärke wie die von Papaverin besaß. K. Zingraf. 4628 □

**Beziehungen zwischen der blutdrucksenkenden Wirkung von $\gamma$-Aminobuttersäure beim Kaninchen und deren chemischer Struktur.** Hidehiko Takahashi, Chikao Koshino und Osamu Ikeda. (Jap. J. Physiol. **12,** 97—105, 15/2. 1962; Tokyo, Shinjuku-ku, Tokyo Med. Coll., Dep. of Physiol.; engl.) — *4-Aminobutanol, N-Methyl-4-aminobutanol* u. *n-Buttersäure* haben keinerlei Wrkg. auf Blutdruck u. Atmung, dagegen vermindern *N-Methyl-, N.N-Dimethyl-, N-Trimethyl-, N-Phenyl-* u. *N-Acetyl-$\gamma$-aminobuttersäure* die Wrkg. von *$\gamma$-Aminobuttersäure* (I) auf den Blutdruck u. die Atmung. I-*Methylester* ruft eine senkende Wrkg. hervor, die zwar gleich groß, aber extrem kurz in ihrer Dauer gegenüber der durch I bewirkten ist. Die Wrkg. von I-Methylester wird nicht gesteigert durch *N-Monomethyl-*I, 2—3fach gesteigert durch *N.N-Dimethyl-*I, ca. 60fach durch *N-Trimethyl-*I. Die Wrkg. der letzteren Substanz ist ca. ½ mal so groß wie die von *Acetylcholin.* Die anderen Ester folgen in ihrer blutdrucksenkenden Wrkg. der Reihe: *N-Methyl-* > *N-Butyl-* > *N-Phenyl-* > *N-Äthyl-*I*-methylester.* Die Ester von Methyl-I folgen in der Reihe: *Methyl-*I*-methylester, Methyl-*I*-benzylester* > *Methyl-*I*-äthylester* > *Methyl-*I*-butylester.* Die vorst. Verbb. haben keine Einw. auf die Atmung. Mit Ausnahme von *N-Trimethyl-*I*-methylester* rufen die anderen Methylester keine so merkliche Bradykardie hervor. *$\beta$-Hydroxy-*I u. ihr Methylester haben eine schwächere blutdrucksenkende Wrkg. als I u. I-Methylester. *Nicotinsäure* u. *Isonicotinsäure* rufen selten einen Druck hervor. Ihre Methylester wirken stärker als die Säuren, aber ein wenig schwächer als I-Methylester oder N-Methyl-I-methylester. Die blutdruckherabsetzende Wrkg. der Methylester von I war stark gemildert durch Atropineinwirkung. N-Trimethyl-I-methylester hat eine beträchtlich starke Nicotinwirkung. Innerlich applizierte I führt zu einer stärkeren u. länger dauernden Druckminderung als i.v. Applikation. Andererseits bewirken die Methylester u. die N-Substituenten von I kaum eine Druckminderung, wenn sie intrathecal angewendet werden. P. Nachtwey. 4630□

**Die Wirkung von Digoxin und Insulin auf den Glucosetransport durch die Myocardzellmembran.** Gerald A. Kien, Allen W. Gomoll und Theodore R. Sherrod. (Proc. Soc. exp. Biol. Med. **103**, 682—85, April 1960; Chicago, Ill., Univ. of Illinois Coll. of Med., Dep. of Pharmacol.; engl.) — Hunde erhalten i.v. 0,065 mg/kg *Digoxin* (**I**) oder 1 E/kg *Insulin* (**II**) u. ½ Std. später 0,5 μc/kg $^{14}$*C-Galaktose* (**III**), 1, 5 u. 10 Min. später wird das Herz entfernt u. in n-NaCl-Lsg. homogenisiert. Nach **I** u. **II** ist die **III**-Aufnahme u. -Akkumulation im Myocard signifikant erhöht, zwischen **I** u. **II** besteht kein Unterschied. P. Gregorzewski. 4630□

**Methyldopa bei Hypertension. Klinische und pharmakologische Untersuchungen.** C. T. Dollery und M. Harington. (Lancet **1962** (I), 759—63, 24/4.; London, Postgrad. Med. School, Hammersmith Hosp., Dep. of Med.; engl.) — *Methyldopa* (0,5—4 g/Tag) führte bei 32 von 59 Hypertonikern zu zufriedenstellender Kontrolle des Blutdrucks; Versager waren bei schwerer Hypertonie u. bes. bei Männern zu verzeichnen. Durch *Thiazid*-Verbb. ist eine Potenzierung der hypotensiven Wrkg. möglich. Nebenwrkg. äußern sich in Form von Ödemen (Herzinsuffizienz); gelegentlich Toleranzentwicklung. Die Wrkg. einer Einzeldosis beginnt nach 5 Std. u. hält 24 Std. an. Die Resorption aus dem Darm ist gut, die Ausscheidung geht rasch vor sich (nach 12 Std. 90% bei normaler Nierenfunktion). U. Tausendfreund. 4630□

**Der Elektrolytaustausch bei Kranken mit Kreislaufinsuffizienz bei ihrer Behandlung mit Novurit, Hypothiazid und Fonurit.** A. Ju. Schtscheglow. (Therap. Arch. [UdSSR] **34**, Nr. 3, 35—40, März 1962; Kirow-Inst. für Ärztefortbldg., 1. therapeut. Lehrstuhl; russ., Auszug: engl.) — Bei Kranken mit Kreislaufinsuffizienz 2. (a) u. 3. Grades (b) führte Therapie mit *Novurit* (**I**; 1—2 cm³ i.m. 1—2mal wöchentlich) zur stärkeren Vermehrung der verminderten Diurese als *Hypothiazid* (**II**; 100—200 mg täglich) oder *Fonurit* (**III**; 250—500 mg täglich) bes. bei b, während **II** u. **III** eine stärkere Vermehrung des Geh. an Na u. K im Urin hervorriefen. Die Cl-Diurese wurde durch **I** u. **II** stärker gesteigert. Um der Entw. von Hypochlorämie nach **I** oder Hyponatriämie u. Hypokaliämie nach **II** vorzubeugen, wird Komplextherapie mit KCl oder Cl-Präpp. u. bei a Kombination von **II** u. **III**, bei b Kombination von **I** u. **II** empfohlen. I. v. Kloch-Kornitz. 4630□

**Untersuchung über die stimulierende Wirkung einiger Substanzen auf die Chemoreceptoren des Sinus caroticus und über die erweiternde Wirkung auf die Coronargefäße.** Vorl. Mitt. W. Lochner und Hj. Hirche. (Naturwissenschaften **49**, 259, 1. Juni-H. 1962; Düsseldorf, Med. Akad., Physiol. Inst.; dt.) — Als Beitrag zur Klärung des Mechanismus der Coronardilatation wird durch Verss. mit wirksamen Substanzen gezeigt, daß die Chemoreceptoren des Sinus caroticus u. die zur Dilatation führende Chemoreception der Coronargefäße auffallend gleiche pharmakolog. Eigg. aufweisen. Alle Substanzen, die die Chemoreceptoren im Sinus caroticus stimulieren, bewirken auch Erweiterung der Coronargefäße: *NaCN*, $Na_2S$, *Dinitrophenol*, *Nicotin*, *Lobelin*, *Papaverin*, *Persantin* (*2.6-Bis-[diäthanolamino]-4.8-dipiperidinopyrimido-[5.4-d]-pyrimidin*), *Coffein*, *Cordialin* (*Hydroxyäthyltheophyllin*), *Nitroglycerin*. Mit *Procain* kann die Wrkg. von NaCN auf beide Receptorentypen blockiert bzw. gehemmt werden. U. Tausendfreund. 4630□

**Herzgewebereaktion auf Endotoxin.** C. Palmerio, S. C. Ming, E. D. Frank und J. Fine. (Proc. Soc. exp. Biol. Med. **109**, 773—76, April 1962; Boston, Mass., Beth Israel Hosp., Dep. of Surg., Yamins and Kirstein Labor.; Dep. of Pathol.; Harvard Med. School; engl.) — Durch gleichzeitige Verabreichung von *Adrenalin* oder *Noradrenalin* mit *Endotoxin* (**I**; *Escherichia coli*) kommt es bei normalen Kaninchen zu stärkeren Entzündungsvorgängen u. ausgeprägterer Nekrose des Herzmuskels als durch die alleinige Verabreichung der Substanzen. Die Schädigung kann durch Vorbehandlung mit *Dibenamin* verhütet oder vermindert werden. Eine gleich starke Schädigung wie bei Kombination kann durch **I** bewirkt werden, falls es im Schock verabreicht wird, weil vermutlich bereits reichlich Brenzcatechinamine vorhanden sind. Möglicherweise kann **I** als Schlüsselfaktor für die Irreversibilität des hämorrhag. Schocks gegenüber Transfusion gelten. U. Tausendfreund. 4630□

**Die Einflüsse von Chlorothiazid auf die Plasmaelektrolyte des nephrektomierten Hundes.** W. R. Beavers. (Proc. Soc. exp. Biol. Med. **103**, 711—12, April 1960;

Dallas, Tex., Univ. of Texas Southwestern Med. School, Dep. of Pharmacol.; engl.) — An 50 nephrektomierten Hunden wird der Einfl. einiger Diuretica auf den *Na*- u. *K*-Geh. des Plasmas untersucht. *Mercaptomerin* u. *Acetazolamid* sind unwirksam; *Chlorothiazid* u. *Hydrochlorothiazid* erniedrigen den *K*-Geh. um 15% 1,5—2 Std. nach der Verabreichung von 20 bzw. 2 mg/kg. P. Gregorzewski. 4634□

**Das Kaliumchlorid als harntreibendes Mittel.** G. Ss. Atamanow. (Therap. Arch. [UdSSR] **34,** Nr. 3, 111—15, März 1962; Kasan, Med. Inst., Lehrstuhl für fakultative Therapie; Minist. für Gesundheitswesen der TschuwaschASSR, Republik.-Krankenhaus, Therapeut. Abt.; russ., Auszug: engl.) — Gaben von 4,5—6 g *KCl* in 10%ig. Lsg. in Verbindung mit *Mercusal* führten bei Kranken mit dekompensierter Herztätigkeit 3. Grades zur starken Erhöhung der Diurese u. zur Besserung der Elektrolytbilanz u. der klin. Symptome. KCl ist für die Kranken verträglicher als $(NH_4)Cl$.
I. v. Kloch-Kornitz. 4634□

**Vergleichende pharmakologische Prüfung eines neuen Salidiureticums (Cyclopenthiazid) am gesunden Menschen.** L. Dettli und P. Spring. (Z. ges. exp. Med. **134,** 310—22, 1961; Basel, Univ., Med. Klinik; dt.) — *Cyclopenthiazid* (*6-Chlor-3-cyclopentylmethyl-3.4-dihydro-7-aminosulfonyl-2H-benzothiadiazin-1.1-dioxid*; *Ciba 8341-Su*; *Navidrex*, Ciba; I) dürfte einen ähnlichen Wrkg.-Mechanismus wie *Hydrochlorothiazid* (II) haben, ist jedoch gewichtsmäßig gesehen wirksamer als II (*Na*-Ausscheidung 71 mal, *Cl*-Ausscheidung 86 mal stärker, Gew.-Abnahme 125 mal stärker). Eine bereits meßbare Wrkg. ist mit Dosen von 100 µg erzielbar. Es kommt nicht zu *Carboanhydrase*-Hemmung in vivo. Die *K*-Ausscheidung ist nach I im Vgl. mit der Na-Ausscheidung relativ gering; mit einer Na-Einnahme von ca. 730 mVal/Tag beträgt der Na/K-Koeff. ca. 3,5. Bei lang dauernder Verabreichung von I ist mit hypochlorräm. Alkalose zu rechnen. Die Verträglichkeit therapeut. Dosen ist gut; nach 0,5 mg kommt es zur milden Diurese mit Maximum zwischen der 6. u. 9. Std.; 24 Std. nach der Verabreichung keine Wrkg. mehr.
U. Tausendfreund. 4634□

**Untersuchungen über die Entwicklung der emetischen Reaktion auf Brechweinstein und Kupfersulfat bei der Katze.** K. R. Brizzee und K. R. Marshall. (Proc. Soc. exp. Biol. Med. **103,** 839—42, April 1960; Univ. of Utah, Coll. of Med., Dep. of Anat.; engl.) — Es wird der Einfl. des Alters auf die Brech-Rk. nach Gaben von *Brechweinstein* (I) u. $CuSO_4$ (II) untersucht. Bei ganz jungen Katzen (<750 g) bewirkt II (8 mg/kg) kein Erbrechen, bei Tieren zwischen 600 u. 1000 g erfolgt in 90% der Fälle Erbrechen, bei Vers.-Tieren über 2 kg sinkt das Erbrechen auf 66%. Nach 80 mg II/kg erbrechen alle Katzen, die schwerer als 200 g sind. Ein ähnliches Verh. wird auch I gegenüber beobachtet. Bei Tieren von 150 g oder weniger beträgt das Erbrechen nach 5 mg I/kg 0%, nimmt von 50% auf 100% für 200—400 g schwere Katzen zu u. bis auf 77% bei erwachsenen Tieren ab. 50 mg I/kg sind bei Neugeborenen unwirksam, bei bis zu 100-g-Tieren 25%ig u. bei allen älteren 100%ig wirksam. P. Gregorzewski, 4646□

**Die anthelminthischen Eigenschaften des Piperazinadipinats bei der Passalurose von Kaninchen.** A. W. Jablonski, I. I. Werschinin und W. P. Iljuchin. (Kaninchen- u. Pelztierzucht [UdSSR] **3,** Nr. 11, 30—31, Nov. 1961; russ.) — *Piperazinadipinat* hatte bei Kaninchen in Dosen von 500—700 mg/kg starke anthelminth. Wrkg. auf frühe u. reife Formen der Parasiten ohne tox. Neben-Rk. u. erforderte keine Hungerdiät. I. v. Kloch-Kornitz. 4649□

**Experimentelle Grundlagen und klinische Anwendung von Elektrolyt-Schlepperverbindungen. 3. Mitt. Normalisierende Wirkung von Mg- und K-Asparaginat auf eine atypische Substratbilanz, die bei protrahierter Behandlung mit Digoxin auftritt.** Hans A. Nieper und Kj. Blumberger. (Ärztl. Forsch. **15,** I/507—09, 10/11. 1961; Aschaffenburg, Städt. Krkhs., Med. Abt.; dt.) — Durch Verabreichung der Elektrolyt-Schlepper-Verb. *Trophicard* (50:50 Gemisch von *Mg-Asparaginat* u. *K-Asparaginat*; 1 g als 10%ig. Lsg.; i.v.) kann die unter protrahierter Behandlung mit 0,5 mg *Digoxin*/Tag auftretende Atypie der Substratbilanz [die sich im Anstieg des *Milchsäure* (I)-Spiegels, einer Erniedrigung des *Brenztraubensäure*/I-Quotienten, sowie einem Absinken des *Ketoglutarsäure*-Spiegels unter die Norm zu erkennen gibt] normalisiert werden. — Ähnliche Beobachtungen konnten für *Strophantin* gemacht werden (1961).
U. Tausendfreund. 4670□

**Experimentelle Grundlagen und klinische Anwendung von Elektrolyt-Schlepperverbindungen. 4. Mitt. Normalisierende Wirkung von K- und Mg-Asparaginat auf eine atypische Substratbilanz, die bei Krebskranken auftritt. Die Bedeutung für das Problem des Wirtsorganismus.** Hans A. Nieper. (Ärztl. Forsch. **15,** I/510—18,

10/11. 1961; dt.) — 3. vgl. vorst. Referat. — Unter der Annahme, daß der körpereigenen Abwehr des gesunden Organismus gegenüber isologen u. homologen Tumoren eine größere Bedeutung zukommt als allg. vermutet wird, wäre der durch i.v. Verabreichung von *Trophicard* (50:50 Gemisch von *Mg-Asparaginat* u. *K-Asparaginat* als Elektrolyt-Schlepper-Verb. 1 g in 10%ig. Lsg.) erfolgenden Normalisierung des bei Krebskranken verringerten *Brenztraubensäure/Milchsäure*-Quotienten u. verminderten *α-Ketoglutarsäure*-Serumspiegels eine Bedeutung bzgl. einem Entgegenwirken gegen die Schädigung des Wirtsmilieus zuzuerkennen. U. Tausendfreund. 4670□

**Experimentelle Grundlagen und klinische Anwendung von Elektrolyt-Schlepperverbindungen. 5. Mitt. Orientierende Untersuchung von Kalium- und Magnesium-2-aminoäthanolphosphat.** Hans A. Nieper. (Ärztl. Forsch. **16,** I/641—42, 10/12. 1962; Aschaffenburg, Städt. Krankenhaus; dt.) — 4. vgl. vorst. Referat. — Vf. verwendet als Schlepper-Verb. bes. für K u. Mg die sauren *K-* u. *Mg-Salze* des *Phosphorsäure-β-aminoäthylesters* (I; Dr. Franz Köhler Chemie, Alsbach/Bergstraße), um bei Krebskranken den patholog. erniedrigten Quotienten *Brenztraubensäure/Milchsäure* u. den erniedrigten Geh. des Serums an Ketoglutarsäure zu normalisieren. Bei jenem ist die Wrkg. etwa ebenso groß wie die von *Mg-K-Asparaginat.* I hat einen antitetan. Effekt u. ruft bei Krebskranken Schüttelfrost hervor, der bei Tetanie-Patienten nie beobachtet wird. P. Loch. 4670◇

## F. Pharmazeutische Chemie. Desinfektion

**Delphinium elatum L. — eine neue Arzneipflanze.** N. P. Nowosselzewa. (Apothekenwesen [UdSSR] **10,** Nr. 5, 20—23, Sept./Okt. 1961; Allunionsinst. für Heilmittel- u. Duftpflanzen; russ., Auszug: engl.) — *Delphinium elatum L.* ist in der UdSSR weit verbreitet u. enthält Alkaloide (I) mit Curarewirkung. Folgende I wurden isoliert: Elatin, Delphelin, Delatin, Eldelidin, Delsin. Günstigste Anbauergebnisse nach 30tägiger Vorkeimung bei Frühjahrs- oder Herbstaussaat. D. Ropte. 4782◇

**Versuch einer Echinopsinisolierung aus den Früchten von Echinops ritro L. mit Hilfe von Ionenaustauschharzen.** 2. Mitt. L. K. Ssuchomut. (Apothekenwesen [UdSSR] **10,** Nr. 5, 16—19, Sept./Okt. 1961; Moskau, Medizin. Ssetschenow-Inst., pharm. Fak.; russ., Auszug: engl.) — 1. vgl. C. **1961,** 14751. — *Echinopsin* (I) wurde mit Essigsäure aus den Früchten von *Echinops ritro L.* extrahiert. Daraus wurde I mit Kationenaustauschern angereichert. Das sich in den Kationenaustauschern ebenfalls anreichernde, störend wirkende $Mg^{2+}$ läßt sich durch Auswaschen der beladenen Kolonne mit 3%ig. HCl beseitigen. D. Ropte. 4782◇

**Die Bestimmung des Sterin- und Triterpen-Gehaltes in Ocimum basilicum und Salvia officinalis während verschiedener Wachstumsstadien.** Harold J. Nicholas. (J. pharmac. Sci. **50,** 645—47, Aug. 1961; Kansas City, Univ., Med. Center, Dep. of Obstetrics and Gynecology; engl.) — Die Pflanzenteile von *O. basilicum* u. *S. officinalis* werden während verschiedener Wachstumsstadien auf ihren Geh. an *β-Sitosterin* (I), *Ursolsäure* (II) u. *Oleanolsäure* (III) untersucht. Der Rückstand der A.-Extraktion wird mit Ae.-W. ausgeschüttelt, die wss. Phase auf I u. ursprüngliche Triterpene (IV) untersucht, während bei der Ae.-Phase nach Verseifen mit KOH zur Unters. auf IV der KOH-lösl. Anteil abgetrennt wird. I wird nach Fällung mit Digitonin, II u. III nach papierchromatograph. Trennung im Bush-Syst. bestimmt. In 1 Woche alten Sämlingen von *O. basilicum* wurden I, II u. III gefunden, wobei die Triterpensäuren (TS) sowohl in der wss. Fraktion — vermutlich als Glykoside gebunden — als auch in der Ae.-Phase auftraten. Die wss. Fraktion der reifen Pflanze zeigte keine TS u. nur Spuren I. Für beide Pflanzen ergab sich mit zunehmender Reife eine Zunahme im I- u. IV-Geh., die sich in den Blüten u. Blättern anreicherten, bei *O. basilicum* vor allem in den oberen Blättern. H. Althoff. 4782

**Gewichtsvariabilität der Mutterkornsklerotien verschiedener Grasarten.** Zd. Blažek und F. Starý. (Pharmazie **17,** 419—22, Juli 1962; Prag, Forschungsinst. für Naturarzneimittel; dt.) — Vff. ermitteln das Sklerotien-Gew. von auf 78 verschiedenen Grasarten gewachsenem Mutterkorn u. werten die Resultate statist. aus. Nach den erhaltenen Ergebnissen stehen die durchschnittlichen Gew.-Unterschiede der Grasmutterkornsklerotien in Korrelation zu den morpholog. Verhältnissen der Blütenorgane der Wirtspflanze. Bei der Übertragung auf andere Wirtspflanzen mit anderen Raumverhältnissen in den Blüten ändert sich auch das Sklerotiengewicht. Eine Verw. des Sklerotien-Gew. als diakrit. Merkmal für die systemat. Einteilung innerhalb der Art *Claviceps purpurea* (Fr.) Tul. ist deshalb nicht möglich. B. Tschiersch. 4782□

**Zur Beurteilung pharmazeutisch verwendeter Emulgierhilfsstoffe.** 2. Mitt. **Die Bestimmung der Schaumfähigkeit.** U. Bogs und H. Naumann. (Pharmaz. Zentralhalle Deutschland **100,** 663–66, Dez. 1961; Halle (Saale), Univ., Pharmazeut. Inst.; dt.) — 1. vgl. C. **1962,** 12383. — Vff. ermittelten die Schaumfähigkeit (I) einiger Emulgierhilfsstoffe (II). Die Vers.-Bedingungen wurden normiert, um zu reproduzierbaren Werten zu gelangen. Die Schaumerzeugung erfolgte durch eine mechan. Schüttelmaschine. Die I u. die Schaumbeständigkeit der II in wss. Lsgg. wurde festgestellt. Manche II lassen gewisse Beziehungen zwischen I u. Oberflächenaktivität erkennen, andere (z. B. Traganth) dagegen nicht. Die Best. von Schaumzahlen kann nicht zur Beurteilung von II herangezogen werden. G. Mews. 4786□

**Zur Beurteilung pharmazeutisch verwendeter Emulgierhilfsstoffe.** 4.Mitt. **Die Häutchenbildung.** U. Bogs und H. Naumann. (Pharmaz. Zentralhalle Deutschland **101,** 85–89, Febr./März 1962; dt.) — 3. vgl. C. **1963,** 7085. — Vff. beschreiben eine einfache Vorr., mit deren Hilfe eine gleichmäßige Unterschichtung von Ölen mit wss. Lsgg. von Emulgierhilfsstoffen (I) möglich ist. An der so gebildeten Grenzfläche wird die Stärke der Häutchen der I mit einer Torsionswaage gemessen. Die Meßergebnisse zeigen, daß die Stärke der gebildeten Häutchen von der Art des verwendeten Öles abhängt. Für die Unterss. ist *Paraffinum liquidum* besser geeignet als fette Öle, weil letztere eine einheitliche Auswertung von Meßergebnissen kaum gestatten. G. Mews. 4786□

**Heilmittelformen und galeno-pharmazeutische Präparate aus den Blättern der gewöhnlichen Birjutschina, die in Aserbeidshan wächst.** D. S. Schukjurow. (Ber. Akad. Wiss. AserbaidshanSSR [UdSSR] **16,** 93–99, 1960; russ., Auszug: aserbaidshan.) — Aus den Blättern der wildwachsenden *Birjutschina* (Wolfsmilch) lassen sich durch Perkolieren mit Alkohol im Verhältnis 1:10 bei 70°, mittels Chlf., Dichloräthan oder W. der wichtigsten chem. Substanzen in den Auszug überführen. Für die medizin. Praxis eignen sich am besten wss. Suspension, alkohol. Auszug u. ein dünnfl. alkohol. Extrakt. D. Ropte. 4790◇

**Untersuchung der Beständigkeit von Lösungen einiger Arzneimittel gegenüber der Ultraschalleinwirkung.** G. A. Waissman, M. I. Gurewitsch und Je. Ss. Skwirskaja. (Apothekenwesen [UdSSR] **10,** Nr. 5, 11–15, Sept./Okt. 1961; Kiew, Inst. für ärztliche Fortbildung u. Physiol. Bogomoletz-Inst. der UdSSR; russ., Auszug: engl.) — Die Beständigkeit einer Reihe von Lsgg. pharmazeut. Präpp. bei der Einw. von Ultraschall der Frequenz 800 kHz, Intensität von 0,2–2,5 Watt/$cm^2$, für 15 Min. wurde untersucht. Die Lsgg. einiger Substanzen (NaCl, $CaCl_2$ u. $Na_2S_2O_4$) waren beständig. Resorcin-, Na-Salicylat-, Adrenalin-, Novocain- u. KJ-Lsgg. wurden oxydativ zerstört. $MgSO_4$- u. $ZnSO_4$-Lsgg. erlitten eine teilweise Hydrolyse während der Ultraschallwirkung. D. Ropte. 4790◇

**Dispersitäts- und Stabilitätsuntersuchung einiger Emulsionen.** I. Éllö. (Pharmazie **17,** 356–60, Juni 1962; Budapest, staatl. Inst. für Pharmazie; dt.) — Vf. bestimmte den Dispersitätsgrad (Kugelzähl-Meth.) u. die physikal. Stabilität (Aufrahmen u. Ölabscheidung) von drei Emulsionen (Emulsio olei jecoris, Emulsio olei ricini u. Emulsio paraffini) der Ph.Hg.V. (Addendum), die in ihrer Zus. variiert u. nach verschiedenen Verff. (Schüttel-Verf., Mixer u. Kolbenhomogenisator) homogenisiert wurden. Der höchste Dispersitätsgrad wurde im allg. durch Homogenisierung in einem hochtourigen Mixer erzielt. Die mit Tween 60 u. Methylcellulose hergestellten Emulsionen zeigten eine höhere Dispersität, aber bei der Lagerung eine geringere Stabilität als die mit Traganth hergestellten. Die techn. Schwierigkeiten bei der Durchführung der Best. des Dispersitätsgrades nach der Kugelzähl-Meth. können durch Fixierung der Öltröpfchen mit einer 5%ig. Gelatine-Lsg. weitgehend umgangen werden. G. Mews. 4790□

**Studien über die Gleichgewichtszustände im System Droge–Flüssigkeit.** 2. Mitt. **Adsorption von Extraktivstoffen an das gepulverte Drogenskelett.** M. Melichar. (Pharmazie **17,** 290–94, Mai 1962; Brno, ČSSR, Pharm. Fak.; Olomouc, Med. Fak.; dt.) — 1. vgl. C. **1960,** 12080. — Vf. untersucht die Adsorption von Extraktivstoffen (I) aus Drogenauszügen an das zerkleinerte Drogenskelett, das von I befreit wurde. Die Adsorptionsaktivität des Skeletts hängt wesentlich von dessen Teilchengröße ab. Sie steigt vermutlich mit fallender Teilchengröße an, sinkt mit steigender Adsorbensmenge u. steigt mit steigender Anfangs-Konz. der I im Auszug. Die adsorbierte Menge ist jedoch gegenüber Adsorptivkohle wesentlich geringer. Die Adsorption ist auch abhängig von den stofflichen Eigg. des Skeletts, des Adsorptivums u. anderen sich gegenseitig beeinflussenden Faktoren. L. Harnisch. 4790□

**Beeinflussung des rheologischen Verhaltens von Polyäthylenglykolsorbitanoleat-Wasser-Systemen durch den Wasseranteil.** H. Vogt. (Fette, Seifen, Anstrichmittel **63,**

541–45, Juni 1961; Karlsruhe, TH, Pharm. chem. Inst., Abt. Pharm.-Verf.-Technik; dt.) – Vf. untersuchte das rheolog. Verh. von Polyäthylenglykolsorbitan-(mono-)oleat (I) u. dessen Abhängigkeit von Temp. u. Schergefälle u. von verschieden hohen Wasserzusätzen. Ferner wurde die Änderung des Fließ-Verh. von I durch organ. Lsgm. sowie der Einfl. des I–W.-Syst. auf das rheolog. Verh. von Salbengrundlagen geprüft. Die Ergebnisse werden in Kurven dargestellt u. diskutiert. H. P. Fiedler. 4792 □

**Neue Arzneimittel des Jahres 1960.** 2. Mitt. Norbert Eichen. (Pharmaz. Ind. **23,** 63–67, Febr. 1961; dt.) – 1. vgl. Pharmaz. Ind. **23,** [1961], 13. – *Ledermycin* (Lederle, BRD): Desmethylchlortetracyclin. Antibioticum. – *Cholipin* (Dr. Thomae, BRD): Perlen mit 100 (mg) 1-Phenyl-1-hydroxy-n-pentan, 10 Dimethyl-n-octyl-[β-benzilsäureäthylester]-ammoniumbromid, 5 Thiaminhydrochlorid, 15 Nicotinamid. CholeretIcum. – *Sorbosan* (Merck, BRD): Granulat mit Sorbit, Eupaverin. Cholagogum. – *Felviten* (Grünenthal, BRD): Dragees mit 12,5 mg 3-[p-Methoxyphenyl]-4.5-dithiacyclopenten-(2)-thion-(1). Choleretícum. – *Yomesan* (Bayer, BRD): Tabletten mit [2′-Chlor-4′-nitrophenyl]-5-chlorsalicylamid. Taenifugum. – *Silbesan* (Atmos, BRD): Tabletten mit 250 mg 7-Chlor-4-(4′-diäthylamino-1′-methylbutylamino)-chinolin (Chlorochin). Antiasthmaticum. – *Nicopred* (Trommsdorf, BRD): Dragees mit 200 (mg) Nicotinsäureamido-1-phenyl-2.3-dimethylpyrazolon-(5) (Nicopyron), 0,75 Prednison. Antirheumaticum. – *Rheuvert* (Dolorgiet, BRD): Lsg. aus Nicotinsäurebenzylester, Roßkastanienextrakt, Campher, Chlf., Menthol, Rosmarinöl, Lavendelöl, Isopropylalkohol. Antirheumaticum. – *Trichofuron* (Boehringer, BRD); Ovulum mit 5 (mg) Furoxon, 0,1 Östradiol; Puder mit 0,1% Furoxon. Gegen Fluor. – *Gynichtherm* (Cordes, BRD): Vaginalsuppositorien mit 20 (mg) Nicotinsäurebenzylester, 20 Extr. Belladonnae, 20 K-Jodid, 80 Leukichthyol. Gynaecologicum. – *Avicol* (Tropon, BRD): 1-[p-Chlorphenyl]-2-methyl-2-aminopropanhydrochlorid. Appetitzügler. – *Mirapront* (Mack, BRD): Kapseln mit 15 mg Phenyl-tert.-butylamin. Appetitzügler. – *Axa* (Asta, BRD): Dragees mit Dioctylsulfosuccinat-Na, Extr. Cascarae sagradae, 3.3-Bis-[4-′acetoxyphenyl]-indolinon-(2). Laxans. – *Reparil* (Dr. Madaus, BRD): Ampullen mit 2 mg Aescin. Antiphlogisticum. – *Germapect* (Dr. Thiemann, BRD): Dragees mit 25 mg Diäthylaminoäthoxyäthyl-1-phenylcyclopentancarbonsäure (Pentoxyverin). Antitussicum. – *Silomat* (Dr. Thomae, BRD): Dragees mit 40 mg 1-p-Chlorphenyl-2.3-dimethyl-4-dimethylaminobutanol-(2)-hydrochlorid. Antitussicum. – *Geneton* (Wülfing, BRD): Dragees mit 200 (mg) Meprobamat, 2,5 Yohimbasäuremethylester, 0,1 Scopolaminhydrobromid, 20 Coffein. Sedavitum. – *Melidorm* (Asta, BRD): Tabletten u. Suppositorien mit 150 (mg) 5-Äthyl-5-crotylbarbitursäure, 30 β-Dimethylaminoisopropyl-[p-chlor-α-methylbenzhydryl]-äther. Sedativum. – *Revonal* (Merck, BRD): Tabletten mit 200 mg 2-Methyl-3-[o-tolyl]-3H-chinazolinon-(4), Hypnoticum. – *Halothan* (Hoechst BRD): 2-Brom-2-chlor-1.1.1-trifluoräthan. Inhalationsnarcoticum. – *Gastrohyma* (Bastian, BRD)): Tabletten mit 100 (mg) Ca-Huminat, 150 Bi-Subaluminat, 400 Mg-Trisilicat, 150 Mg-Oxid, 50 Na-Alginat, 200 Succus Liquiritiae, 10 Benzocain. Antacidum. K. Gerecke. 4800 □

**Neue Arzneimittel.** Anonym. (Pharmaz. Ztg. verein. Apotheker-Ztg. **106,** 161, 2/2. 1961; dt.) – *Aci-jel* (Ortho-Pharmaceutik, BDR): Tube mit Essigsäure, Borsäure, Hydroxychinolinsulfat, Ricinolsäure, Glycerin. Gegen Vaginitis. – *Albothyl dentale* (Byk-Gulden, BRD): Kondensat von m-Kresolsulfonsäure u. HCHO. Haemostypticum. – *Asthma-Sidletten* (Dr. Sidler, BRD): Phenazon c. Coff. citric., Fol. Digitalis, Ammon. jodat., Bi-Subgallat, Papaverinhydrochlorid, Extr. Lobelia, Stib. sulf., Camphora monobrom., Menthol, Strophanthin. Antasthmaticum. – *Biomydrine* (Gödecke, Berlin-West): Tabletten mit Thonzylaminhydrochlorid, Phenylephrinhydrochlorid, Salicylamid, Phenacetin, Ascorbinsäure. Gegen Grippe. – *Chelicyn* (Galmeda, BRD): Frischauszug aus Chelidon. majus, Card. marian., Cuscuta europ., Barosma betul., Quassia amar., Helvella escul., Juglans cin., Vinum. Hepaticum. – *Delfen* (Ortho-Pharmazeutik, BRD): Salbe mit Nonylphenoxypolyäthoxyäthanol. Anticoncipiens. – *Drechslers Universal-Magenpulver* (Galmeda, BRD): Pulver mit Carbo medicinalis, Bi-Subgallat, Bi-Subnitrat, Fruct. Foeniculi, Mg-Peroxid, Menthae piperitae, Na-Bicarbonat. Stomachicum. – *Ekzemex H* (Starke, Berlin-West): Salbe mit Hydrocortisonacetat, Tyrothricin, Hexachlordihydroxydiphenylmethan, Hydroxychinolinsulfonsäure. Dermaticum. – *Flechtan H* (Starke, Berlin-West): Salbe mit Hydrocortisonacetat, Hexachlordihydroxydiphenylmethan, Usninsäure, Salicylsäure. Dermaticum. – *Gastrobin* (Dr. Sidler, BRD): Dragees mit Bi-Subnitrat, Pankreas, Faex medicinalis, Rad. Rhei, Succus Liquiritiae, Balsam. peruvianum, Hyoscyamin, Scopolamin, Extr. Secale cornut. Stomachicum. – *Lyogen* (Byk-Gulden, BRD): Ampullen, Dragees, Tabletten, Tropfen mit Fluphenazindihydrochlorid. Gegen Psychosen. – *Neovit* (Kirchman,

BRD): Glykoside aus Convallaria majalis, Strychnin nitric., Thiaminhydrochlorid, Ca-Pantothenat, Ascorbinsäure, Cyanocobalamin, Borsäure, Borax, Aqua Foeniculi, Aqua Hamamelidis, Aqua Rosae. Ophthalmicum. — *Neuradolan* (Starke, Berlin-West): Tabletten mit Coffein, Benzyl. phenylglycolic., Phenacetin, Acid. acetylsalicylicum. Analgeticum. — *Ophthalan* (Kirchmann, BRD): Lsg. von 2-Naphthylmethylimidazolinnitrat, Borsäure, Borax. Ophthalmicum. — *Optoverm* (Starke, Berlin-West): Tabletten mit Piperazinadipat. Anthelminthicum. — *Ortho Creme* (Ortho-Pharmazeutik, BRD): Salbe mit Ricinolsäure, Borsäure, Na-Laurylsulfat; *Ortho Gynol*: Ricinolsäure, Borsäure, Hydroxychinolinsulfat, p-Diisobutylphenoxypolyäthoxyäthanol. Anticoncipiens. — *Periactin* (Pharma-Stern, BRD): Tabletten mit Cyproheptadinhydrochlorid. Antiallergicum. — *Preceptin* (Ortho-Pharmazeutik, BRD): Gel mit p-Diisobutylphenoxypolyäthoxyäthanol. Ricinolsäure. Anticoncipiens. — *Proculvin* (Kirchmann, BRD): Lsg. von 2-Naphthylmethylimidazolinnitrat, 1-Phenyl-1-pyridyl-(2)-3-dimethylaminopropanmaleinat, Borsäure, Borax. Antiallergicum. — *Percutol* (Dr. Sidler, BRD): Azulen, Papaverin, Adrenalin, Ephedrin, Hydrocortison, Trichlorbutylalkohol, Glycerin. Antirhiniticum. — *Sanatison compositum* (Dr. Sasse, Berlin-West): Salbe mit Hydrocortison, Neomycinsulfat, Cetylpyridiniumchlorid. Dermaticum. — *Thrombotison* (Dr. Sasse, Berlin-West): Salbe mit Heparin, Na-Citrat, Hydrocortison, Hexachlorophen, Tyrothricin, Thiaminhydrochlorid. Gegen Thrombophlebitis. — *Tachynerg* (Dr. Eberth, BRD): Salbe mit Spartein, Testosteron, Menthol, Campher, Nicotinsäurebenzylester. Cardiavum. — *Tomanol* (Byk-Gulden, BRD): Dragees mit Isopyrin, Phebuzin. — *Uzarogall* (Uzara-Werk, BRD): Lsg. von Uzaron, Card. marian., Flor. Stoechados, Rad. Taraxaci, Herb. Chelidon., Cort. Frangulae, Herb. Absinthii, Rad. Gentianae, Rhiz. Curcumae, Rhiz. Podophylli, Fol. Menthae pip., Fruct. Carvi. Hepaticum. — *Wiata* (Adler Apotheke Glandorf, BRD): Tabletten mit Ephedrinhydrochlorid, Diphenhydramin, Coffein, Amidopyrin, p-Acetaminophenol. Antasthmaticum.

K. Gerecke. 4800□

**Anticoagulantien.** C. Montigel und P. Schaller. (Schweiz. Apotheker-Ztg. **100**, 269—85, 21/4. 1962; Basel, J. R. Geigy AG., Wiss. Labor.; Zürich, Schweiz. Apothekerverein, Wiss. Zentralst.; dt.) — Begriff der Anticoagulantien (A.), physiolog. Grundlagen, therapeut. Anwendung, Wirkungsweise u. deren Kontrolle sowie Übersicht über die wichtigsten A. (Ca-Komplexbildner, Heparin u. Heparinoide, Cumarine u. Indandione).

J. Lehmberg. 4806◇

**Antibiotica-Gewinnung durch anaerobe Bakterien.** Nancy O. Sturgen und L. E. Casida jun. (Appl. Microbiol. **10**, 55—59, Jan. 1962; University Park, Pa., Pennsylvania State Univ.; engl.) — Unterss. von Bodenproben auf die Ggw. von Bakterien, die Antibiotica unter anaeroben Wachstumsbedingungen erzeugen, führt zu 157 Bakterien, die gegen aerobe Prüfbakterien antibiot. wirksam sind. Verss. über die Wahl der Kulturmedien u. den Einfl. von $O_2$ sowie die Schwankungen der antibiot. Aktivität beim Wachstum zeigen, daß representative Stämme dieser Bakterien Antibioticagemische erzeugen. Die Aktivität ist wärmelabil. W. Wesly. 4810□

**Beiträge zur Technologie des Tetracyclins.** 2. Mitt. **Die Isolierung des Tetracyclins aus der Ausgangslösung durch Fällung mit Metallionen.** W. Unterman und C. Chiriac. (Rev. Chim. [Bucureşti] **11**, 107—08, Febr. 1960; rum.) — Ein Verf. zur Fällung von *Tetracyclin* (I) aus der Ausgangs-Lsg. durch $Ba^{2+}$ in alkal. Medium unter Komplex-Bldg. wird beschrieben. Die Ausbeute beträgt 78%, die Konz. des Antibioticums in der Komplex-Verb. liegt zwischen 230 u. 410 E./mg. Die Metallkomplex-Verbb. von I werden erörtert. — 15 Literaturhinweise. H. Guischard. 4810□

**Die Untersuchung einiger Parameter des Herstellungsprozesses der Calciumkomplexverbindung von Chlortetracyclin (Aureocyclin).** W. H. Untermann, E. Ursescu und V. Sîrbu. (Rev. Chim. [Bucureşti] **11**, 582—84, Okt. 1960; rum.) — Vff. untersuchen die technolog. Bedingungen der Herst. einer Ca-Komplex-Verb. des *Chlortetracyclins* (I), bes. den optimalen pH-Wert bei der Ansäuerung der Gärungs-Fl., den Einfl. des pH auf die Stabilität von I u. der Gär-Lsg. u. den optimalen pH-Wert bei der Fällung von I als Ca-Komplex. Der Inaktivierungsgrad von I im Ca-Komplex wurde zeitlich in Abhängigkeit vom pH-Wert bestimmt. H. Guischard. 4810□

**4-β-Hydroxyäthyldiäthylendiaminomethyltetracyclin: Ein neues lösliches Derivat der Tetracyclingruppe.** B. Gradnik, A. Pedrazzoli und E. Ferrero. (Pharmac. Acta Helvetiae **35**, 529—38, Sept./Okt. 1960; Beilage zu: Schweiz. Apotheker-Ztg.; Milan, Farmaceutici Midi; franz.) — Die Einführung von Hydroxyäthyldiäthylendiamin in das Tetracyclin (I)-Mol. gibt *4-β-Hydroxyäthyldiäthylendiaminomethyltetracyclin* (II), $C_{29}H_{38}N_4O_9$, F. 162—163° (Zers.), $[\alpha]_D^{20}$ $-175 \pm 2°$ ($c = 0{,}5$; $CH_3OH$),

$[\alpha]_D^{20}$ $-195 \pm 2^0$ (c = 0,5; W.), ein licht-, luft- u. wärmeempfindliches gelbes, krist. Pulver, das eine erheblich größere Löslichkeit (1 g/0,7 ml) besitzt u. dadurch den bekannten Tetracyclinen hinsichtlich lokaler Verträglichkeit, antibiot. Blutspiegel usw. überlegen ist. Antibiot. Spektrum u. akute Toxizität sind mit denen von **I** identisch. Eine antibiot. bes. interessantes Deriv. ist II-*Phenoxymethylpenicillinat*, $C_{45}H_{56}N_6O_4S$, Zers. $>143^0$, $[\alpha]_D^{20}$ $-50,5^0$ (c = 2; $CH_3OH$), weißgelbliches krist., licht-, luft- u. wärmeempfindliches Pulver. K. Maier. 4810□

**Gegenwärtiger Stand der Problematik der Bakterienpyrogene.** Paul Lechat. (Produits pharmac. **16,** 509—23, Nov. 1961; Paris, Univ., Fac. de Med.; franz.) — Übersicht unter bes. Berücksichtigung des physikal.-chem. Charakters der Bakterienpyrogene (= Lipopolysaccharide) im engeren Sinne, ihres Ursprungs, ihrer Einschleppung in parenterale Lsgg., ihres Nachw., der Empfindlichkeit der Vers.-Tiere im Vgl. zum Menschen, ferner über Dosis-Wrkg.-Kurven, Gewöhnung u. Resistenz sowie antagon. u. synergist. Substanzen (biogene Amine). — 111 Literaturangaben. F. Günther. 4828□

**Die entkeimende Wirkung von oberflächenaktiven Stoffen.** Bernhard Zdralek. (Seifen-Öle-Fette-Wachse **85,** 678, 28/10., 749—50, 25/11., 783—84, 9/12., 807—11, 23/12. 1959; dt.) — 8 oberflächenakt. (waschakt.) Stoffe wurden allein u. kombiniert mit jeweils einem oder 2 von ungefähr 15 ausgewählten baktericiden Stoffen (Phenol-Derivv.) auf baktericide u. bakteriostat. Wrkg. mittels Suspensions-Vers., Vincent-Test u. Lochtest nach Redish mit *Staphylococcus aureus* u. im Händewasch-Vers. nach Schumburg mit *Bacterium coli* als Testkeimen untersucht; dermatolog. Gesichtspunkte wurden nicht berücksichtigt. Von den oberflächenakt. Stoffen waren allein relativ gut wirksam: Kaliumricinolat (I), FAS-Pulver (II) u. Alkylbenzolsulfonat $C_{12}$ (III). Ihre Wrkg. wurde durch Zusatz von Hexachlorophen (**IV**) oder **IV** + Ovitrol (**V**) oder **IV** + Isobutylphenol (3. Fraktion) oder **IV** + p-Chlor-m-kresol z. T. verstärkt. Bei allein kaum wirksamen oberflächenakt. Stoffen (Feinseife, MSS, Fettsäure-Kondens.-Prod., Äthylenoxidaddukt, Ölsäuresulfonat) führten bes. Zusätze von **IV**, meistens auch von **V**, zu einer deutlichen Wirksamkeit. W. Knöbel. 4832◇

**Identifizierung von Mixturen, die in der japanischen Arzneiverordnungssammlung (J.N.F. II) aufgenommen sind.** Tatsutoyo Fuwa, Mutsuko Suzuki und Teruko Kido. (Annu. Rep. Tokyo Coll. Pharmacy **1960,** 324—45; jap., Auszug: engl.) — In 37 Tabellen u. 17 analyt. Trennungsschemata werden Verff. zur Trennung u. Identifizierung von fl. Arzneigemischen für innere u. äußere Anwendung, wie Uva ursi-Tinktur + Hexamin-Lsg., Pepsinlimonade + Sir. simplex + 0,1% Saccharin-Lsg., Tinct. cort. aurant + Tinct. amara usw., angegeben. Die Identifizierung gründet sich auf das Verh. gegenüber Lsgm. (A., W., Chlf. usw.) u. einfachen Reagentien, wie $HNO_3$–$AgNO_3$, verd. HCl, $FeCl_3$, wobei bes. Meth. des offiziellen (jap.) Rezept- bzw. analyt. Kompendiums berücksichtigt werden. L. Schuler. 4880□

**Über die Anwendung der Gaschromatographie auf pharmazeutische Analysen.** 1. Mitt. **Nachweis und Bestimmung von Arsen.** Masanobu Iguchi, Atsuko Nishiyama und Yûzô Nagase. (Annu. Rep. Tokyo Coll. Pharmacy **1960,** 272—75; jap., Auszug: engl.) — Mit einem hochempfindlichen Gaschromatographen (Shimazu GC-1A; 190 mA Brückenstrom, 2 mV Spannweite) wird in einer Stamm-Lsg. von 1 mg $As_2O_3$/ml u. nachfolgenden Verdünnungen auf 0,0005—0,2 mg/ml mit 5,4%ig. $H_2SO_4$ u. 0,5 g Zn, mit $H_2$ als Trägergas (40 u. 160 ml/Min.) sowie DOP u. PEG als Adsorbentien As bis zu 0,001 mg $As_2O_3$ nachgewiesen u. bis 0,004 mg quant. bestimmt. L. Schuler. 4880□

**Über die Analyse von Arzneistoffen mit Hilfe von Isotopen.** 1. Mitt. **Quantitative Bestimmung von Phenylmercuriacetat.** Yûzô Nagase, Shigeo Baba und Michio Suzuki. (Annu. Rep. Tokyo Coll. Pharmacy **1960,** 264—66; jap., Auszug: engl.) — Zur Best. von *Phenylmercuriacetat* (**I**) werden in einem 10-ml-Zentrifugenrohr zur Analysenprobe-Lsg. 2—4 ml einer eingestellten 0,05 (Gew.-Vol.)%ig. $K^{131}J$ (**II**)-Lsg. (das Doppelte der theoret. Menge) gegeben. Nach 2tägigem Stehen der Fällung wird mit W. auf 10 ml aufgefüllt u. nach dem Zentrifugieren 1 ml der überstehenden Fl. in einer Schale mittels einer IR-Lampe zur Trockne gebracht u. im Scintillationszählrohr die spezif. Radioaktivität bestimmt. 1,027 mg ist die 1 ml **II**-Lsg. äquivalente **I**-Menge. Im Bereich von 0,25—2 mg **I** ist die Standardabweichung $<0,025$. Ggw. von Zusatzstoffen, wie 0,2 g $H_3BO_3$, 2 g Weinsäure, 7 g $NaHCO_3$ u. 3,9 g Stärke stört nicht, jene von $Cl^-$ ergibt eine negative Abweichung. L. Schuler. 4880□

**Quantitative Bestimmung von Phenylmercuriacetat durch amperometrische Titration.** Yûzô Nagase und Masanobu Iguchi. (Annu. Rep. Tokyo Coll. Pharmacy **1960,** 266—68; jap., Auszug: engl.) — Vgl. vorst. Referat. — Auf Grund der

Fällungs-Rk. von *Phenylmercuriacetat* (I) mit KJ läßt sich I bei einem Potential von $-0{,}5$ V (gegen 1 n $Hg_2Cl_2$-Elektrode) u. einer Konz. der Probe von $3\cdot10^{-4}$mol mit einer ca. $4\cdot10^{-3}$m KJ-Lsg. bei pH 4,0—8,5 in Ggw. von 0,02% Gelatine in 10% (v/v) A. amperometr. bestimmen. Im Bereich von 10—30° besteht kein Temp.-Einfluß. Bei Best. von I in Tabletten (mit ca. 1 mg I) nach Lsg. in einem $H_3BO_3$-Puffer (nach Kolthoff, pH 9,32, 20 ml) u. 4 ml A. u. nach Zusatz (10 Min. nach dem Lösen) von 2 ml 1 m $KNO_3$-Lsg. zeigt sich kein störender Einfl. von Füll- u. Schaummitteln. L. Schuler. 4880□

**Colorimetrische Bestimmung von Phenylmercuriacetat mit Diphenylcarbazon.** Masanobu Iguchi, Atsuko Nishiyama und Yuzo Nagase. (Annu. Rep. Tokyo Coll. Pharmacy **1960,** 276—79; jap., Auszug: engl.) — In schwach alkal. Lsg. bildet *Phenylmercuriacetat* (I) mit *Diphenylcarbazon* (II) eine Komplex-Verb., die nach dem Verf. der kontinuierlichen Variation bei einem Verhältnis I/II = 1 : 2 sich als Einheit erweist u. in Chlf.-Lsg. ein Absorptionsmaximum bei 580 mμ zeigt. Zur Best. von I in Tabletten mit ca. 1 mg I wird dessen mit Chlf. gesätt. Lsg. in 1% Na-Acetat mit einer $5\cdot10^{-4}$m Lsg. von II in Chlf. ausgeschüttelt u. die opt. Dichte der Chlf.-Schicht bei 570 mμ bestimmt. Halogenion wirkt störend. Im Bereich 0,05—0,2 mg I gilt das Beersche Gesetz. L. Schuler. 4880□

**Über die Analyse von Arzneistoffen mittels der Infrarotspektren. 3. Mitt. Analytische Untersuchung von Sulfaminen.** Yûzô Nagase, Shigeo Baba, Akira Terahara und Michio Suzuki. (Annu. Rep. Tokyo Coll. Pharmacy **1960,** 261—64; jap., Auszug: engl.) — 2. vgl. Annu. Rep. Tokyo Coll. Pharmacy **1959,** 194. — Nach dem KBr-Pillen-Verf. werden die IR-Spektren folgender Sulfamine untersucht u. deren spektrale Kenneigg. erörtert: Acetosulfamin, Acinon, Albasil, Homosulfamin, Irgafen, Phthalylsulfathiazol, Sulfadiazin (I), Sulfaguanidin, Sulfamethazin (II), Sulfamin, Sulfathiazol (III), Sulfisomidin, Sulfaisoxazol, p-Toluolsulfonamid u. N-Phenylbenzolsulfonamid. Bes. erörtert wird die H—N-Longitudinalschwingungsbande bei 3600—3200 $cm^{-1}$, der Bereich 1800—1600 $cm^{-1}$ u. die Bande der Sulfongruppe. Die quant. Best. der Einzelkomponenten in Gemischen von I u. II sowie I + II + III ergibt nach Youden's Analyse eine Standardabweichung von 2,2% in beiden Fällen. L. Schuler. 4880□

**Eine spektrophotometrische Bestimmung von Homocysteinthiolacton.** Masao Maruyama und Yasuo Morotomi. (Annu. Rep. Takamine Lab. **11,** 118—21, Dez. 1959; Tôkyô-Sinagawa, Sankyô-Kabusiki-Kaisya, Sinagawa-Kôzyô; jap., Auszug: engl.) — *Homocysteinthiolacton* (I) wird in stark alkal. Medien hydrolysiert, u. daß dabei quant. gebildete *Homocystein* nach dem Neutralisieren des Gemisches in der auf pH 6,0 gepufferten Phosphat-Lsg. mit N-Äthylmaleinsäureimid versetzt. Die Abnahme der Absorptionsintensität des Gemisches bei 300 mμ erweist sich als proportional der I-Menge. Die Meth. ist auf die I-Best. in verschiedenen pharmazeut. Prodd. anwendbar. E. Maekawa. 4880□

**Spektrophotometrische Nachweis- und Bestimmungsreaktion von Novalgin mit dem Natriumsalz der 1.2-Naphthochinon-4-sulfonsäure.** E. Maggiorelli und L. Conti. (Farmaco [Pavia], Ediz. prat. **15,** 179—83, März 1960; Ist. Chim. Farm. Milit.; ital.) — Beschreibung einer spektrophotometr. Meth. zur qual. u. quant. Best. von *Novalgin* (I), die auf der Rk. von I mit dem Na-Salz von 1.2-Naphthochinon-4-sulfonsäure beruht, die die Best. von 0,2 mg I in 5 ml ermöglicht u. durch Antipyrin u. Pyramidon nicht gestört wird. K. Zingraf. 4880◇

**Kontrollmethoden im Herstellungsprozeß von 2-Acetylamino-1.3.4-thiodiazol-5-sulfonamid (Diuramid).** R. Simionovici, M. Stoianovici und C. Ioan. (Rev. Chim. [Bucureşti] **11,** 591—92, Okt. 1960; rum.) — Vff. beschreiben die analyt. Unters. der 2 wichtigen Zwischenphasen in der Synth. von *Diuramid,* 2-Amino-1.3.4-thiodiazol-5-thiol sowie 2-Acetylamino-1.3.4-thiodiazol-5-thiol, wie auch des Endproduktes. H. Guischard. 4880□

**Über die Verwendung statistischer Methoden bei der chemischen Analyse von Arzneimitteln.** 2. Mitt. **Spektrophotometrische Bestimmung von Chlorprophenpyridaminmaleat und Kontrolle der Gleichförmigkeit von Chargen aus verschiedenen Quellen.** C. Resta. (Farmaco [Pavia], Ediz. prat. **15,** 170—78, März 1960; Mede (Pavia)-Milano, Labor. Farm. S.I.T.; ital.) — 1. vgl. C. **1963, 6694.** — Es wurde statist. mit der Meth. der linearen Korrelation festgestellt, daß die spektrophotometr. Analyse von *Chlorprophenpyridaminmaleat* bei 262 mμ im Konz.-Bereich von ca. 1—64 μg/ml dem Beerschen Gesetz gehorcht. Mit Hilfe dieser Beziehung konnte die Gleichförmigkeit von Chargen aus verschiedenen Quellen geprüft werden. K. Zingraf. 4880◇

**Die Bestimmung von Chlor- und Bromtetracyclin in dem mittels der Gärungsmethode hergestellten Tetracyclin (gleichzeitige colorimetrische Mikrobestimmung**

**von Chlor und Brom).** Al. Sauciuc. (Rev. Chim. [Bucureşti] **11,** 113—14, Febr. 1960; rum.) H. Guischard. 4880□

**Eine Methode zur quantitativen Bestimmung der Tuberkulozidie chemischer Desinfektionsmittel.** D. Stur. (Zbl. Bakteriol., Parasitenkunde, Infektionskrankh. Hyg., I. Abt., Orig. **183,** 381—89, 1961; Wien, Bundesstaatl. bakteriolog.-serolog. Untersuchungsanst.; dt.) — In Anlehnung an die bei Colibakterien angewendete Meth. (vgl. Stur, C. **1963, 4756**) läßt sich ein Desinfektionsindex gegenüber einem beliebigen Stamm von Tuberkelbakterien quant. in Suspensions-Verss. ermitteln. Der zahlenmäßig ausdrückbare Desinfektionsindex bietet gute Möglichkeiten zur numer. Auswertung u. rechner. u. zeichner. Verknüpfung größerer Vers.-Reihen. Unmittelbare Rückschlüsse auf prakt. Anwendung sind zunächst noch nicht möglich, es können jedoch Eiweißfehler u. ähnliche Größen exakt ausgedrückt werden. Bei Testung von *Formalin, Phenolum liquidum, Kresolseife* u. höhersubstituiertem Phenol (partiell chlorierte *Benzylphenole*) ergaben sich hinsichtlich Wrkg.-Ausmaß, Eiweißfehler u. Konz.-Exponenten zwischen Colibakterien u. BCG-Bakterien keine größenordnungsmäßigen Unterschiede. U. Tausendfreund. 4880□

---

Diamond Laboratories, übert. von: Karl A. Ratcliff, Des Moines, Iowa, V.St.A., **Herstellung einer injizierbaren Eisen(III)-Protein-Komplexlösung,** dad. gek., daß man ein Ferrisalz, z. B. das Eisen(III)-chlorid, -nitrat, -sulfat, -citrat oder -acetat in dest. W. löst, die Lsg. mit wss. Gelatine versetzt u. durch Zugabe von NaOH, KOH, $NH_4OH$ oder $Na_2CO_3$ den Ferrihydroxid-Gelatine-Komplex ausfällt, den Nd. mehrfach mit W. auswäscht u. bei 38—43° mit Papain, Ficin oder Pepsin behandelt, das Prod. filtriert u. mit 50—70%ig. Sorbit oder Mannit in NaOH bei pH ca. 10,5 versetzt, mit Citronensäure oder Gluconsäure den pH-Wert der Lsg. auf 7—7,5, bes. 7,2—7,3, einstellt, durch Verdünnen mit W. die gewünschte Fe-Konz. einstellt u. sterilisiert. (**A. P. 2 982 690** vom 26/5. 1958, ausg. 2/5. 1961.) W. Heyer. 4791

Geigy Chemical Corp., Ardsley, N.Y., V.St.A., übert. von: Franz Litvan und Willy G. Stoll, Basel, Schweiz, **Aryloxyessigsäureamide** der allg. Formel **I** ($R_1$ = Alkyl, Alkenyl, Cycloalkyl oder ggf. substituiertes Phenyl u. Benzyl; $R_2$ = H, niedermol. Alkyl, Alkenyl; $R_3$ = Alkyl; $R_4$ = niedermol. Alkyl; X = $-CH_2CH_2-$, $-CH=CH-$ oder direkte Bindung), verwendbar als *Hypnotica* u. *Anästhetica*, erhält man durch Rk. eines Phenols der allg. Formel $4.2\text{-}R_3COX(R_4O)\cdot C_6H_3\cdot OH$ mit einem Halogenacetamid der allg. Formel Halogen$\cdot CH_2CON(R_1)R_2$ in Ggw. eines säurebindenden Mittels. Man kann auch eine Aryloxyessigsäure der allg. Formel $4.2\text{-}R_3COX(R_4O)\cdot C_6H_3\cdot OCH_2COOH$ mit einem prim. oder sek. Amin der allg. Formel $HN(R_1)R_2$ kondensieren. — So entsteht bei der Kondens. von 16,6 (Gew.-Teilen) 2-Methoxy-4-acetylphenol mit 17 Chloressigsäurediäthylamid in 100 A., die 4 NaOH u. 5 W. enthalten, *2-Methoxy-4-acetylphenoxyessigsäurediäthylamid*, F. 97—98°. Analog erhält man die folgenden Phenylessigsäurediäthylamide: *2-Methoxy-4-propionyl-*, F. 92—93°; *2-Methoxy-4-butyryl-*, F. 68—70°; *2-Methoxy-4-valeryl-*, F. 77—78°; *2-Methoxy-4-capronyl-*, F. 88 bis 89°; *2-Methoxy-4-önanthoyl-*, F. 70—73°; *2-Äthoxy-4-propionyl-*, F. 80,5°; *2-Methoxy-4-capryloyl-*, F. 72—74°. Weiter ist die Herst. folgender Verbb. beschrieben: *2-Methoxy-4-acetylphenoxyessigsäurediallylamid*, F. 61,5°; *2-Methoxy-4-acetylphenoxyessigsäure-di-n-butylamid*, $Kp._{0,15}$ 198—199°; *2-Methoxy-4-acetylphenoxyessigsäure-N-methyl-N-cyclohexylamid*, F. 99—99,5°; *2-Methoxy-4-acetylphenoxyessigsäurepiperidid*, F. 116°; *2-Methoxy-4-acetylphenoxyessigsäurepyrrolidid*; *2-Methoxy-4-acetylphenoxyessigsäuremorpholid*, F. 114—115°; *2-Methoxy-4-n-capronylphenoxyessigsäure-p-toluidid*, F. 115°; *2-Methoxy-4-n-capronylphenoxyessigsäure-p-anisidid*, F. 122°; *2-Methoxy-4-n-capronylphenoxyessigsäure-N-methyl-N-phenylamid*, F. 100°; *2-Methoxy-4-capronylphenoxyessigsäurebenzylamid*, F. 116°; *2-Methoxy-4-n-capronylphenoxyessigsäure-N-äthyl-N-p-chlorbenzylamid*, $Kp._{0,003}$ 208—212°; *2-Methoxy-4-[$\Delta^{1',2'}$-butenon-(3')-yl]-phenoxyessigsäurediäthylamid*, F. 90—92°; *2-Methoxy-4-[butanon-(3')-yl]-phenoxyessigsäurediäthylamid*, $Kp._{0,005}$ 150—155°. (**A. P. 3 010 996** vom 13/7. 1959, ausg. 28/11. 1961. Schwz. Prior. 30/7. 1958.) A. Mohr. 4807

I

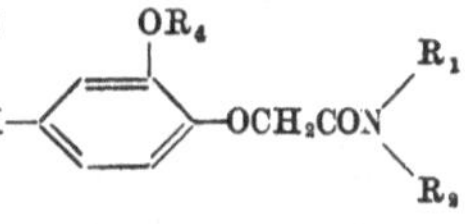


Wm. S. Merrell Co., Cincinnati, Ohio, V.St.A., **Substituierte Triphenylmethanole.** Man verrührt 200 (g) 4-Hydroxybenzophenon, 55 gepulvertes $CH_3ONa$ u. 400 ml A. ½ Std., gibt 150 β-Diäthylaminoäthylchlorid in 300 Toluol zu, kocht 4 Std. unter Rückfluß, dest. das Lsgm. ab, löst den Rückstand in Ae., wäscht die Lsg. mit 5%ig. NaOH u. W. u. dest. → *4-[β-Diäthylaminoäthoxy]-benzophenon* (**I**), $Kp._{0,7}$ 200 bis 204°. Zu 104 **I** in 400 Ae. gibt man unter Rühren 1 Liter einer 0,45n Lsg. von p-Methoxybenzyl-MgCl in Ae., gießt nach 1 Std. in 1 Liter kalte 10%ig. $NH_4Cl$-Lsg. u. gibt heißen Isopropylalkohol mit einer Spur $NH_3$ zu, wodurch sich *A-1-phenyl-2-[p-methoxyphenyl]-äthanol*, F. 104—106° (A = *1-[p-(β-Diäthylaminoäthoxy)-phenyl]-*) abscheidet. Analog: *A-1-phenyl-2-[p-chlorphenyl]-äthanol*, F. 116—117°, *A-1-phenyl-2-[p-tolyl]-äthanol*, F. 91,2°, *A-1-[p-chlorphenyl]-2-[p-methoxyphenyl]-äthanol*, F. 125°, *A-1-tolyl-2-phenyläthanol*, F. 106,5—108,5°, *A-1-tolyl-2-[p-methoxyphenyl]-äthanol*, F. 99—101°, *A-1-[p-tolyl]-2-[p-chlorphenyl]-äthanol*, F. 102—104°, u. folgende 1-Phenyl-2-[p-methoxyphen]-äthanole: *1-[p-(β-Dimethylaminoäthoxy)-phenyl]-*, F. 122—123°, *1-[p-(β-Di-n-butylaminoäthoxy)-phenyl]-*, F. 63—64°, *1-[p-(β-Piperidinoäthoxy)-phenyl]-*, F. 123—125°, *1-[p-(β-Pyrrolidinoäthoxy)-phenyl]-*, *1-{p-[β-Morpholinyl-(4)-äthoxy]-phenyl}-*, *1-[p-(β-Dimethylaminoisopropoxy)-phenyl]-*, F. 155—161°, *1-[p-(δ-Diäthylaminobutoxy)-phenyl]-*, F. 87—89°, *1-[p-(β-Methylaminoäthoxy)-phenyl]-*, F. 156°, *A-1-chlorphenyl-2-phenyläthanol*, F. 121 bis 122°, u. *A-1-[p-chlorphenyl]-2-[p-chlorphenyl]-äthanol*. — *Pharmazeutica* mit *entzündungshemmenden* Eigenschaften. (**Ind. P. 64155** vom 23/5. 1958, ausg. 8/9. 1960. E. Prior. 17/7. 1957.) C. Lüttgen. 4807

Farbwerke Hoechst Akt.-Ges., vormals Meister Lucius & Brüning, Frankfurt/M., übert. von: Heinrich Ruschig, Bad Soden, Karl Schmitt und Ernst Lindner, Frankfurt/M., **Herstellung von aromatischen Dicarbonsäureimiden** der allg. Formel **I**, worin X ein ggf. durch Halogen substituierter bivalenter aromat. Rest. Y eine Alkylengruppe mit mindestens 4 C-Atomen ist u. $R_1$ u. $R_2$ eine niedrige Alkyl-, Aralkyl- oder Cycloalkylgruppe oder zusammen mit dem N-Atom ein gesätt. 5- oder 6gliedrigen Ring darstellt, wobei $R_1$ u. $R_2$ auch H sein können, dad. gek., daß man einen bas. substituierten Alkyläther des p-Aminophenols der allg. Formel **II** mit einer aromat. Dicarbonsäure umsetzt. — Aus 1-[p Aminophenoxy]-2-piperidinoäthan u. Phthalsäureanhydrid → *1-[p-Phthalimidophenoxy]-2-piperidinoäthan*, F. 138—140°, *Hydrochlorid*, F. 255—257°, *Phthalat*, F. 158—159°, *Salicylat*, F. 154—156°. Analog: *1-[p-(4-Chlorphthalimido)-phenoxy]-2-piperidinoäthan*, F. 133—135°; *1-[p-Phthalimidophenoxy]-2-morpholinoäthan, Hydrochlorid*, F. 253—256°; *1-[p-Phthalimidophenoxy]-2-[2'-methylpiperidino]-äthan, Hydrochlorid*, F. 233—235°; *1-[p-Phthalimidophenoxy]-2-piperidinopropanhydrochlorid*, F. 237—239°; das entsprechende *-2-pyrrolidinoäthan*, F. 158—159°, *Hydrochlorid*, F. 250—252°; *1-[p-Phthalimidophenoxy]-2-dimethylaminoäthanhydrochlorid*, F. 230—231°. Aus Phthalsäureanhydrid u. dem Rk.-Prod. aus p-Nitrophenol mit 1-Dimethylamino-2-chlorpropan u. Red. der $NO_2$-Gruppe → *2-[p-Phthalimidophenoxy]-1-dimethylaminopropanhydrochlorid*, F. 223°; *1-[p-Naphthalimidophenoxy]-2-piperidinoäthanhydrochlorid*, F. 275—278°. Aus 1-[p-Aminophenoxy]-2-piperidinoäthan u. Phthalsäureanhydrid in Aceton über die N-[4-(β-Piperidinoäthoxy)-phenyl]-phthalamidsäure (F. 184—186°) u. Schmelzen der Verb. → *1-[p-Phthalimidophenoxy]-2-piperidinoäthanhydrochlorid*, F. 255—257°, sowie folgende 1-[p-Phthalimidophenoxy]-Verbb.: *-2-[methylcyclohexylamino]-äthanhydrochlorid*, F. 254°; *-2-cyclohexylaminoäthanhydrochlorid*, F. 278°; *-2-n-butylaminoäthanhydrochlorid*, F. 240—241°; *-2-dicyclohexylaminoäthanhydrochlorid*, F. 252—254°, u. *-2-diisobutylaminoäthanhydrochlorid*, F. 190—191°. — *Analgetica* u. *Antiphlogistica*. (**A.P. 2995559** vom 15/12. 1958, ausg. 8/8. 1961. D. Prior. 21/12. 1957.) W. Heyer. 4807

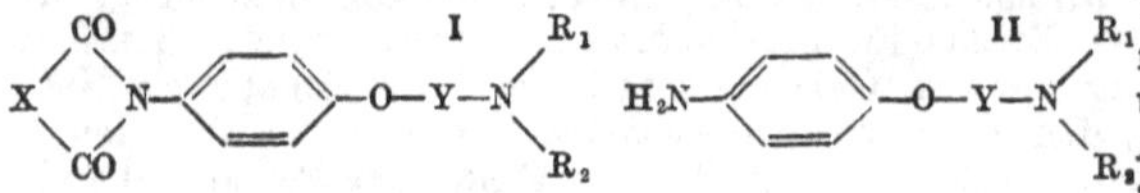

Dr. A. Wander Akt.-Ges., Bern (Erfinder: Jean Schmutz, Muri), Schweiz, **Verfahren zur Herstellung basisch substituierter Thioxanthene** der Formel **I**, worin $R_1$ = H oder eine Alkylgruppe mit 1—3 C-Atomen oder eine Alkoxygruppe, $R_2$ u. $R_3$ = H u./oder eine Methylgruppe, X = eine ggf. ein weiteres Heteroatom aufweisende cycl. Aminogruppe oder eine Gruppe, in der die beiden α- u. β-ständigen C-Atome der Äthylseitenkette Glieder des N-haltigen Heteroringes sind, bedeutet, dad. gek., daß Thioxanthen oder ein in 2-Stellung substituiertes Thioxanthen mit einer Alkalimetall übertragenden Verb. u. gleichzeitig oder anschließend mit einem Ester eines β-Cycloaminoäthanols oder eines Cycloaminomethanols oder eines cycl. Aminoalkohols in einem inerten Lsgm. umgesetzt werden. — Aus pulverisiertem Na u. Chlorbenzol stellt man Phenylnatrium her u. läßt auf dieses Thioxanthen in abs. Bzl. gelöst einwirken. Man erhält Thioxanthyl-(9)-natrium, welches mit β-Chlorpiperidinoäthan in bas. Bzl. bei 40° umgesetzt wird. Man zersetzt das Rk.-Gemisch mit wenig W., worauf man die neu gebildete Base mit verd. Salzsäure der Benzol-Lsg. entzieht. Das salzsaure Extrakt wird mit verd. NaOH alkal. gemacht. Die Thioxanthenbase wird mit Ae. ausgeschüttelt u. man erhält *9-[β-Piperidinoäthyl]-thioxanthen*, F. 196—197° (A./Ae. 1 : 1), *Hydrochlorid*, F. 212—213°. — Analog werden folgende Thioxanthene hergestellt:

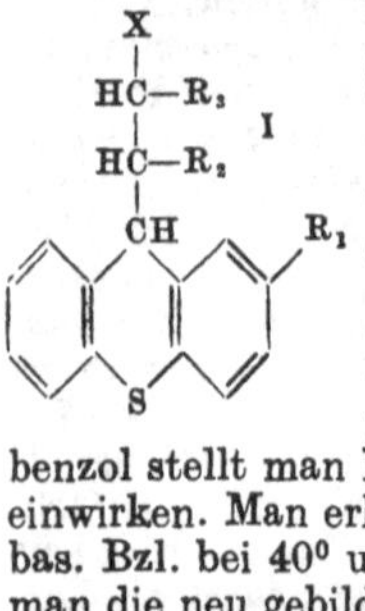

*9-[β-Pyrrolidinoäthyl]-*, F. 75—76° (PAe.), *Hydrochlorid*, F. 212—213° (abs. A./Ae.); *9-[β-Morpholinoäthyl]-*, F. 108—109° (Ae./PAe., 1 : 3), *Hydrochlorid*, F. 250—252° (abs. A./Ae., 1 : 1); *9-[Piperidinoäthyl]-2-methyl-*, $Kp._{0,07}$ 182—185°, F. 71—75° (PAe.), *Hydrochlorid*, F. 185—188° (Isopropanol/Ae.); *9-[β-Morpholinoäthyl]-2-methyl-*, $Kp._{0,07}$ 190—195°, F. 79—80° (PAe.). — *Thioxanthyl-(9)-Na* wird mit β-Chlormorpholinopropan umgesetzt. Das Gemisch der isomeren Basen hat einen $Kp._{0,07}$ 184—187°. Aus PAe. erhält man farblose, prismat. Kristalle von *9-[α-Methyl-β-morpholinoäthyl]-*, F. 98—99°. Man befreit die Mutterlauge vom Lsgm. u. setzt alkohol. Salzsäure zu, wonach das *Hydrochlorid* des *9-[β-Methyl-β-morpholinoäthyl]-* in farblosen Blättchen, F. 160—163°, mit abs. Ae. ausgefällt wird. Analog gewinnt man *9-[α-Methyl-β-piperidinoäthyl]-*, F. 105 bis 106° (PAe.), u. das *Hydrochlorid* des *9-[β-Methyl-β-piperidinoäthyl]-*, F. 216—219°. — *Zentral erregende* u. *spasmolyt.* wirkende *Arzneimittel.* (**Schwz. P. 349 995** vom 13/11. 1956, ausg. 31/12. 1960.) G. König. 4807

Chas. Pfizer & Co., Inc., Brooklyn, N.Y., V.St.A., **Herstellung von N-Benzyl-β-isonicotinylhydrazinopropionamid,** F. 151,1—152,1°, durch Umsetzen von 7,5 g 1-Isonicotinyl-2-[carbomethoxyäthyl]-hydrazin mit 5 ml Benzylamin bei 130°. — *Arzneimittel.* (**E. P. 880753** vom 20/5. 1959, ausg. 25/10. 1961. A. Prior. 17/7. u. 31/12. 1958.) W. Heyer. 4807

F. Hoffmann-La Roche & Co. Akt.-Ges., Basel, Schweiz, **Herstellung von Acetophenonderivaten** der allg. Formel **I**, worin $R_1—R_3$ eine Alkyl oder Alkoxygruppe u. $R_4$ eine Alkylgruppe bedeutet, dad. gek., daß man eine Verb. der allg. Formel **II** acyliert u. das entstehende 1-Methylenisochinolin-Deriv. mit verd. Mineralsäure behandelt, wodurch der N-Ring geöffnet wird. — Aus 1-Methyl-6.7-dimethoxy-3.4-dihydroisochinolin (**III**) in Pyridin u. Essigsäureanhydrid → 1-Methylen-2-acetyl-6.7-dimethoxy-1.2.3.4-tetrahydroisochinolin, F. 107—108°, daraus durch Behandeln mit 3 n HCl → *2-[β-Acetamidoäthyl]-4.5-dimethoxyacetophenon*, F. 124°. Analog werden folgende Acetophenone hergestellt: **III** u. Propionsäureanhydrid → 1-Methylen-2-propionyl-6.7-dimethoxy-1.2.3.4-tetrahydroisochinolin, F. 99—100°, u. daraus mit 1 n HCl → *2-[β-Propionylaminoäthyl]-4.5-dimethoxy-*, F. 125°; **III** u. Benzoesäureanhydrid über die 1-Methylen-Verb. direkt → *2-[β-Benzamidoäthyl]-4.5-dimethoxy-*, F. 143°; 1.3-Dimethyl-6.7-dimethoxy-3.4-dihydroisochinolin u. Essigsäureanhydrid in Pyridin über das 1-Methylen-2-acetyl-3-methyl-6.7-dimethoxy-1.2.3.4-tetrahydroisochinolin, F. 121°, → *2-[β-Acetamidopropyl]-4.5-dimethoxy-*, F. 164°; *2-[β-Acetamidopropyl]-4.5-dimethyl-*, F. 145°; 1-Methylen-2-acetyl-6-methoxy-1.2.3.4-tetrahydroisochinolin, F. 98°, → *2-[β-Acetamidoäthyl]-4-methoxy-*, F. 87°; 1-Methylen-2-acetyl-6.7-methylendioxy-1.2.3.4-tetrahydroisochinolin, F. 128°, → *2-[β-Acetamidoäthyl]-4.5-methylendioxy-*, F. 122°; 1-Methylen-2-acetyl-6.7.8-trimethoxy-1.2.3.4-tetrahydroisochinolin, F. 85°, → *2-[β-Acetamidoäthyl]-4.5.6-trimethoxy-*, F. 58°. — *Zwischenprodd.* zur Herst. von Arzneimitteln. (**E. P. 845 500** vom 6/2. 1959, ausg. 24/8. 1960. Schwz. Prior. 14/2. 1958.) W. Heyer. 4807

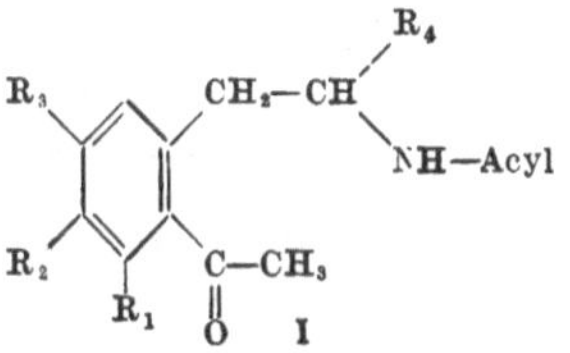

I

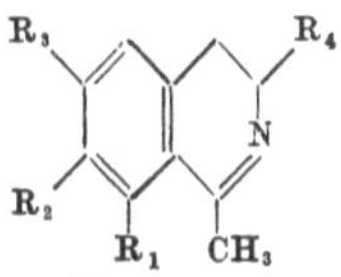

II

Ciba Akt.-Ges., Basel (Erfinder: Jean Druey, Konrad Meier, Riehen, und Alexander Staehelin, Basel), Schweiz, **Herstellung von Tetrahydrodioxopyridazinen.** Verbb. der allg. Formel **I** kann man nach verschiedenen, an sich bekannten Verff. erhalten: a) 1-Aryl-3.6-dioxo-1.2.3.6-tetrahydropyridazine (**II**), die in 2-Stellung einen niedrigmol. aliphat. KW-Stoffrest tragen u. in 4- oder 5-Stellung einen austauschfähigen Substituenten aufweisen, werden mit einem Alkohol oder Mercaptan umgesetzt, oder b) in unsubstituierte **II**, die in 4- oder 5-Stellung eine verätherte OH- oder Mercaptogruppe enthalten, wird in 2-Stellung ein niedrigmol. Alkylrest eingeführt, oder c) 4.5-Dihalogen-**II**, die in 2-Stellung einen niedrigmol. Alkylrest enthalten, werden mit einem Alkoholat oder Mercaptid umgesetzt, oder d) 3-Enoläther oder -acylate von **II**, die in 4- oder 5-Stellung eine verätherte Hydroxy- oder Mercaptogruppe enthalten, werden mit $H_2SO_4$-Diestern behandelt, deren alkohol. Rest eine niedrigmol. Alkylgruppe ist. Hierbei ist R eine niedrigmol. Alkylgruppe, $R_1$ eine Alkoxygruppe mit 1—5 C-Atomen, Ph ein Phenylrest, der ggf. durch Halogenatome oder niedrigmol. Alkylreste substituiert ist. Die Rkk. werden bei Temp. zwischen 100 u. 200°, in Ggw. oder Abwesenheit von Verdünnungsmitteln, Kondens.-Mitteln, Halogenacceptoren u. Katalysatoren in offenen oder geschlossenen Gefäßen durchgeführt, wobei die Verbb.

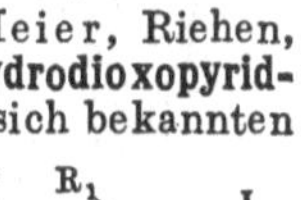

I

als freie Basen oder Salze gewonnen werden können. — Beispiele: folgende **Tetrahydrodioxopyridazine** (III): *1-Phenyl-2-methyl-5-methoxy*-**III**, F. 157—157,5°; *1-Phenyl-2-methyl-4-methoxy*-**III**, weiße Nadeln, F. 117—118°; *1-Phenyl-2-methyl-4-äthoxy*-**III**; weiße Kristalle, F. 169—171°; *1-Phenyl-2-äthyl-4-methoxy*-**III**; weiße Kristalle, F. 110 bis 112°; *1-Phenyl-2-methyl-4-n-butoxy*-**III**; weiße Kristalle, F. 116—118°; *1-Phenyl-2-äthyl-4-äthoxy*-**III**; weiße Kristalle, F. 132—133,5°; *1-Phenyl-2-methyl-4-n-propoxy*-**III**, F. 144—146°; *1-Phenyl-2-methyl-4-allyloxy*-**III**; farblose Prismen, F. 137—138,5°; *1-Phenyl-2-methyl-4-methallyloxy*-**III**, F. 162—163°; *1-Phenyl-2-methyl-4-propargyloxy*-**III**, F. 151,5—152,5°; *1-Phenyl-2-methyl-4-isobutoxy*-**III**, F. 151—152°; *1-Phenyl-2-methyl-4-[3'-methoxybutoxy]*-**III**; farblose Nadeln, F. 118,5—119,5°; *1-Phenyl-2-methyl-4-[β-chloräthoxy]*-**III**, F. 159,5—161,5°; *1-[p-Chlorphenyl]-2-methyl-4-äthoxy*-**III**; farblose Kristalle, F. 164,5—165,5°; *1-[p-Chlorphenyl]-2-methyl-4 n-propoxy*-**III**; farblose Kristalle, F. 144,5—145,5°; *1-[p-Chlorphenyl]-2-methyl-4-n-butoxy*-**III**; weiße Kristalle, F. 116—118°; *1-[p-Tolyl]-2-methyl-4-äthoxy*-**III**; farblose Prismen, F. 164—165°; *1-[p-Tolyl]-2-methyl-4-n-propoxy*-**III**, F. 157—157,5°; *1-[p-Tolyl]-2-methyl-4-n-butoxy*-**III**; farblose Blättchen, F. 133—133,5°; *1-[m-Chlorphenyl]-2-methyl-4-äthoxy*-**III**; farblose Kristalle, F. 179—180°; *1-[m-Chlorphenyl]-2-methyl*-**III**, F. 141—142°; *1-[m-Chlorphenyl]-2-methyl-4-n-propoxy*-**III**; farblose Kristalle, F. 139—140°; *1-Phenyl-2-methyl-4-[2'-äthoxyäthoxy]*-**III**; weiße Kristalle, F. 106—107°; *1-Phenyl-2-äthyl-4-[2'-methoxyäthoxy]*-**III**; weiße Kristalle, F. 120—121°; *1-Phenyl-2-methyl-4-äthylmercapto*-**III**; schwachgelbe Kristalle, F. 133—135°; *1-Phenyl-2-äthyl-4-n-butoxy*-**III**; weiße Kristalle, F. 91,5—93°; *1-Phenyl-2-methyl-4-n-hexyloxy*-**III**; weiße Kristalle, F. 109,5—111°; *1-[o-Chlorphenyl]-2-methyl-4-n-butoxy*-**III**; weiße Kristalle, F. 122—123°; *1-Phenyl-2-methyl-4-[2'-aminoäthoxy]*-**III**; weiße Kristalle, F. 164—166°; *1-Phenyl-2-methyl-4-n-amyloxy*-**III**; weiße Kristalle, F. 113—115°; *1-Phenyl-2-methyl-4-benzyloxy*-**III**; weiße Kristalle, F. 214 bis 215°; *1-Phenyl-2-methyl-4-[β-hydroxyäthoxy]*-**III**, F. 171—173°; *1-Phenyl-2-methyl-4-isopropoxy*-**III**; weiße Kristalle, F. 158—160°. Die Verbb. sind bei geringer Toxizität *sedativ-narkot.* wirksam u. werden in Gemischen mit für enterale oder parenterale Applikation geeigneten Trägern zur Herst. von *pharmazeut. Präpp.* verwendet. (**D. A. S. 1 112 078** Kl. 12p vom 17/5. 1958, ausg. 3/8. 1961. Schwz. Prior. 24/5. u. 25/10. 1957.)
A. Kalix. 4807

G. D. Searle & Co., Chicago, Ill., V.St.A., **Acylphenthiazine** der allg. Formel **I** erhält man bei der Kondens. einer Verb. der allg. Formel **II** mit mindestens einem Äquivalent einer Verb. der allg. Formel **III** in Ggw. einer starken Base, wie KOH, unter Erwärmen über mehrere Std. u. in Ggw. eines inerten Lsgm., wie Dimethylformamid, A., Toluol In den Formeln bedeuten:

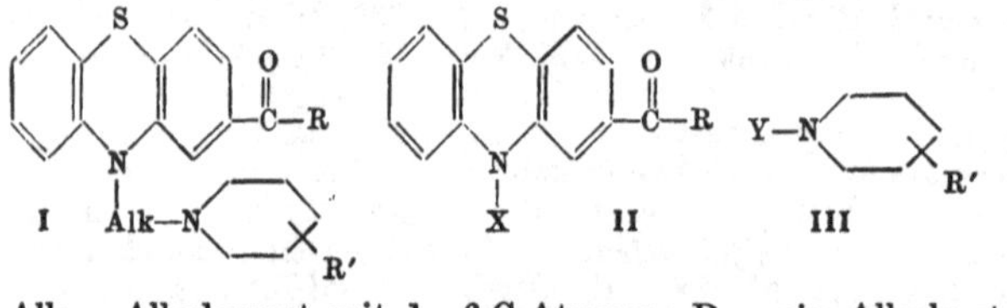

Alk = Alkylenrest mit 1—6 C-Atomen; R = ein Alkylrest mit 1—3 C-Atomen; eines der Zeichen X u. Y = H, das andere = Halogenalkylgruppe; R' = eine substituierte Alkylgruppe mit 1—4 C-Atomen, wobei die Substituenten eine Hydroxy- oder eine Alkanoyloxygruppe sein können. — 100 (Teile) 2-Acetyl-10-[3'-chlorpropyl]-phenthiazin, 90 4-[Hydroxymethyl]-piperidinhydrochlorid, 63 KOH, 30 NaJ u. 3200 einer Mischung von A. u. Butanon im Verhältnis 1 : 1 werden 12 Std. unter Rückfluß erhitzt. Man filtriert u. dest. im Vakuum das Lsgm. ab. Der Rückstand wird mit Bzl. aufgenommen, mit verd. KOH u. anschließend mit W. gewaschen. Nach Abdestillieren des Lsgm. erhält man als Rückstand *2-Acetyl-10-{3'-[γ-(Hydroxymethyl)-piperidino]-propyl}-phenthiazin.* — Analog werden folgende **Phenthiazin-Verbb.** hergestellt: (-piperidino]-propyl}-phenthiazin = **IV**) *2-Acetyl-10-{3'-[γ-(2''-hydroxyäthyl)*-**IV**, *Hydrochlorid*, F. 100—110°; *2-Acetyl-10-{3'-[β-(3''-hydroxypropyl)*-**IV**; *2-Acetyl-10-{3'-[γ-(3''-hydroxypropyl)*-**IV**, *Hydrochlorid*, F. 172—175°; *Citrat*, *8-Chlortheophyllinat*, F. 182—184° (Butanon). — *2-Butyryl-10-{3'-[γ-(3''-hydroxypropyl)*-**IV**; *2-Acetyl-10-{3'-[γ-(3''-acetoxypropyl)*-**IV**. — *Heilmittel* mit beruhigender, hypotensiver u. entzündungshemmender Wirkung. (**E. P. 861 807** vom 6/8. 1959, ausg. 1/3. 1961. A. Prior. 7/8. 1958.) G. König. 4807

G. D. Searle & Co., Chicago, Ill., V.St.A., **Acylphenthiazine** der allg. Formel **I** erhält man bei der Kondens. einer Verb. der allg. Formel **II** mit einer Verb. der allg. Formel **III** in Ggw. einer Base u. eines inerten Lsgm. beim Kp. des Lsgm. unter Rückfluß. In den Formeln bedeuten: Alk = Alkylenrest 2—6 C-Atome; R = Alkylrest 1—6 C-Atome; $R_1$ u. $R_2$ = Alkyl- oder Hydroxyalkylrest 1—8 C-Atome; eines der Zeichen X u. Y = H, das andere = Halogenalkylgruppe. — Ein Gemisch von 32 (Teilen) Piperidin-

4-carboxamid in 810 Butanon u. ca. 80 2-Acetyl-10-[3'-chlorpropyl]-phenthiazin in 200 Butanon, wird mit 35 frisch gemahlenem wasserfreiem $K_2CO_3$ u. 9 NaJ 10½ Std. unter Rückfluß erhitzt. Anschließend kühlt man u. filtriert. Aus dem Filtrat wird das Lsgm. abgetrieben, der Rückstand mit W. bis zur neutralen Rk. gewaschen. Man extrahiert den Rückstand mit Bzl., trocknet den Extrakt über wasserfreiem $K_2CO_3$ u. verd. mit Ae. bis zum Ausscheiden eines Nd. von *1-[3'-(2''-Acetyl-10''-phenthiazinyl)-propyl]-*

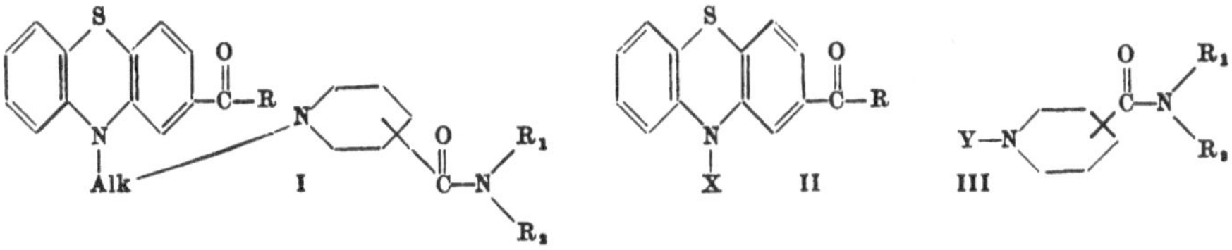


I II III

*piperidin-4-carboxamid*, F. 175—175,5° (Bzl.). — Analog werden folgende Carboxamide hergestellt: *1-[3'-(2''-Propionyl-10''-phenthiazinyl)-propyl]-piperidin-4-*, F. 130—132° (Bzl.–Heptan); *1- 3'-(2''-Acetyl-10''-phenthiazinyl)-propyl]-piperidin-2-*, F. 95—99° (Aceton–$C_5H_{12}$); *1-[3'-(2''-Acetyl-10''-phenthiazinyl)-propyl]-piperidin-4-(N-methyl)-*, F. 78 bis 81°. *1-[2'-(2''-Acetyl-10''-phenthiazinyl)-äthyl]-piperidin-3-[N-isopropyl]-*; *1-[3'-(2''-Acetyl-10''-phenthiazinyl)-propyl]-piperidin-3-[N-2-hydroxyäthyl]-*, *Hydrochlorid*, F. 110 bis 115°; *1-[3'-(2''-Acetyl-10''-phenthiazinyl)-propyl]-piperidin-4-[N-(2-hydroxy-1-methyläthyl)]-*, *Hydrochlorid*; *1-[3'-(2''-Butyryl-10''-phenthiazinyl)-propyl]-piperidin-4-[N.N-diäthyl]-*; u. *1-[3'-(2''-Propionyl-10''-phenthiazinyl)-propyl]-piperidin-4-*, F. 130—132° (Bzl.–$C_7H_{16}$). Die Basen bilden mit anorgan. u. organ. starken Säuren Salze; diese sind, wie auch die Acylphenthiazine, *Arzneimittel* mit selektiver beruhigender Wirkung. (**E. P. 863 243** vom 3/9. 1959, ausg. 22/3. 1961. A. Prior. 4/9. 1958.) G. König. 4807

Upjohn Co., Kalamazoo, Mich., V.St.A., **11β.21-Dihydroxy-11α-methyl-5β-pregnan-3.20-dion beziehungsweise dessen 21-Acetat** erhält man durch katalyt. Hydrierung von 11β.21-Dihydroxy-11α-methyl-$\Delta^4$-pregnen-3.20-dion mit $H_2$/Pd–$ZnCO_3$–ZnO u. chromatograph. Aufarbeitung des Red.-Prod. über Mg-Silicat sowie ggf. Acetylierung der 21-Hydroxygruppe mit Acetanhydrid in Pyridin. — *Zwischenprodd.* zur Herst. von *Heilmitteln.* (**E. P. 877 585** vom 21/5. 1958, ausg. 13/9. 1961. A. Prior. 23/5. 1957.) U. Sievers. 4809

Ormonaterapia Richter S.p.A., übert. von: Pietro de Ruggieri und Carlo Ferrari, Mailand, Italien, **6β-Methylverbindungen der Pregnanreihe** erhält man durch Rk. eines entsprechenden 17β-Cyan-$\Delta^5$-androsten-17α-ols mit einer Persäure, Verätherung der 17-Hydroxygruppe mit 2.3-Dihydropyran (I) u. Epoxidspaltung mit einem Methyl-Grignard-Reagens. — Man setzt z. B. 3β-Acetoxy-$\Delta^5$-androsten-17β-cyan-17α-ol in Chlf. mit Perbenzoesäure um → *3β-Acetoxy-5α.6α-oxidoandrostan-17β-cyan-17α-ol*, F. 178—182° (Zers.), welches sich in üblicher Weise mit **I** in Ggw. von $POCl_3$ überführen läßt → *3β-Acetoxy-5α.6α-oxidoandrostan-17β-cyan-17α-[2'-tetrahydropyranyloxy]*, F. 183—186° (Zers.); daraus durch Rk. mit $CH_3MgJ$ in Anisol → *6β-Methylpregnan-3β.5.17α-triol-20-on*, F. 245—249°. — Analog: *3-Äthylendioxy-5α.6α-oxidoandrostan-17β-cyan-17α-ol*, F. 186—188°; *3-Äthylendioxy-5α.6α-oxidoandrostan-17β-cyan-17α-[2'-tetrahydropyranyloxy]*, F. 177—179° (Zers.); *6β-Methylpregnan-5α.17α-diol-3.20-dion*, F. 270—273°. — *Zwischenprodd.* zur Herst. von *Heilmitteln.* (**A. P. 2 996 502** vom 29/9. 1958, ausg. 15/8. 1961.) U. Sievers. 4809

Upjohn Co., Kalamazoo, Mich., V.St.A., **11β.17α-Dihydroxy-11α-methyl-5β-pregnan-3.20-dion** erhält man entweder durch katalyt. Hydrierung von 11β.17α-Dihydroxy-11α-methyl-$\Delta^4$-pregnen-3.20-dion mit $H_2$/Pd–$ZnCO_3$–ZnO u. chromatograph. Aufarbeitung des Red.-Prod. über Mg-Silicat oder durch Bebrütung von 11β-Hydroxy-11α-methyl-5β-pregnan-3.20-dion mit einer Kultur von *Cephalothecium roseum* unter üblichen aeroben u. submersen Bedingungen. — *Zwischenprodd.* zur Herst. von *Heilmitteln.* (**E. P. 883 711** vom 21/5. 1958, ausg. 6/12. 1961. A. Prior. 23/5. 1957.) U. Sievers. 4809

Olin Mathieson Chemical Corp., New York, N.Y., V.St.A., übert. von: Gordon H. Thomas, Birmingham, England, und Josef Fried, Princeton, N.J., V.St.A., **11α-Halogen-11β-methylverbindungen der $\Delta^4$-Pregnenreihe.** Man setzt z. B. 12α-Fluor-11-ketoprogesteron (**I**) mit Glykol in Ggw. von p-Toluolsulfonsäure um → **I**-*3.20-bis-äthylenketal*, F. 149—152°; $[\alpha]_D$ +32°, welches sich durch Rk. mit Li-Methyl in Bzl.–Ae. überführen läßt → *11β.12β-Oxido-11α-methyl-$\Delta^5$-pregnen-3.20-dion-*

*3.20-bis-äthylenketal*, F. 210—213°; $[\alpha]_D$ —33°; daraus durch Epoxidspaltung mit HF in Chlf.-A. → *11α-Methyl-12-ketoprogesteron*, F. 226—229°; $[\alpha]_D$ +222°, neben *11α-Fluor-11β-methyl-12α-hydroxyprogesteron* (**II**), F. 181—182°; $[\alpha]_D$ +41°. — **II** läßt sich durch $CrO_3$-Oxydation in Ggw. von $H_2SO_4$ überführen → *11α-Fluor-11β-methyl-12-ketoprogesteron*, F. 228—232°. — *Heilmittel.* (**A. P. 3 010 956** vom 23/5. 1958, ausg. 28/11. 1961.) U. Sievers. 4809

Laboratoires Français de Chimiothérapie, Paris, übert. von: Gaston Amiard, Noisy-le-Sec, und René Heymes, Romainville, Frankreich, **18-Norderivate der $\Delta^4$-Pregnenreihe.** Man setzt z. B. 18-Nor-$\Delta^{16}$-pregnen-3.11.20-trion (I) in üblicher Weise mit Äthylenglykol unter Abtrennung des Rk.-Wassers um → **I**-*3-äthylenketal*, F. 200°; $[\alpha]_D^{20}$ +77°, welches sich mit NaOH-$H_2O_2$ epoxydieren läßt → *16.17-Epoxy-18-norpregnan-3.11.20-trion-3-äthylenketal*, F. 169—170°; $[\alpha]_D^{20}$ +105°; daraus durch Spaltung mit HBr → *16ξ-Brom-18-norpregnan-17α-ol-3.11.20-trion*, F. 190 bis 192°; $[\alpha]_D^{20}$ +36°. Durch katalyt. Hydrierung mit Pd-Kohle/$H_2$ erhält man hieraus → *18-Norpregnan-17α-ol-3.11.20-trion*, F. 142—144°; $[\alpha]_D^{20}$ —10°, welches sich durch übliche Bromierung → *4ξ-Brom-18-norpregnan-17α-ol-3.11.20-trion* u. anschließende Dehydrobromierung mit LiBr/$Li_2CO_3$ in Dimethylformamid überführen läßt → *18-Nor-$\Delta^4$-pregnen-17α-ol-3.11.20-trion* (**II**), F. 188—190°; $[\alpha]_D^{20}$ +137°. Als Nebenprod. wird eine geringe Menge *18-Nor-$\Delta^1$-pregnen-17α-ol-3.11.20-trion*, F. 140°; $[\alpha]_D^{20}$ +83°, erhalten. — **II** läßt sich sodann durch übliche 21-Acetoxylierung über das 21-Jodid überführen → *18-Norcortisonacetat* (**III**), F. 212—214°; $[\alpha]_D^{20}$ +172°. — Alternativ läßt sich 18-Norcortison auch durch mikrobiolog. 21-Hydroxylierung von **II** mit einer Kultur von *Colletotrichum lindemuthianum* herstellen. — *Heilmittel* sowie Zwischenprodd. zu deren Herstellung. (**A. P. 3 005 816** vom 16/12. 1960, ausg. 24/10. 1961. F. Prior. 24/12. 1959.) U. Sievers. 4809

American Cyanamid Co., New York, N.Y., übert. von: Robert E. Schaub, Paramus, und Martin J. Weiss, Oradell, N.J., V.St.A., **21-Acetoxy-16α.17α-dihydroxy-$\Delta^{1.4.9,11}$-pregnatrien-3.20-dion** (I), F. 213—215°; $[\alpha]_D^{25}$ +3,9°, erhält man durch Rk. von $\Delta^{4.9,11.16}$-Pregnatrien-3.20-dion mit Äthyloxalat in Ggw. von Na-Methylat u. anschließende Behandlung mit verd. HCl → *2.21-Bis-äthoxalyl-$\Delta^{4.9,11.16}$-pregnatrien-3.20-dion*, welches sich durch Rk. mit $Br_2$ in $CCl_4$ u. in Ggw. von K-Acetat in Methanol überführen läßt → *2α.21-Dibrom-$\Delta^{4.9,11.16}$-pregnatrien-3.20-dion*, F. 99—101°; $[\alpha]_D^{25}$ +140°; daraus durch Rk. mit K-Acetat in Aceton → *21-Acetoxy-2α-brom-$^{4.9,11.16}$-pregnatrien-3.20-dion*, F. 174—175°; $[\alpha]_D^{25}$ +188°, welches sich mit Kollidin in üblicher Weise dehydrobromieren läßt → *21-Acetoxy-$\Delta^{1.4.9,11.16}$-pregnatetraen-3.20-dion*, F. 171—173°; $[\alpha]_D^{25}$ +114°; daraus durch Hydroxylierung mit $KMnO_4$ in Aceton → **I**. — *Zwischenprodd.* zur Herst. von *Heilmitteln.* (**A. P. 2 998 433** vom 22/7. 1960, ausg. 29/8. 1961.) U. Sievers. 4809

Syntex Soc. An., Mexico, Mexico, **4.4-Dimethylsteroide der Androstanreihe.** Man setzt z. B. 19-Nortestosteron mit $CH_3J$ in Ggw. von K-tert.-Butylat in tert.-Butanol um → *4.4-Dimethyl-19-nor-$\Delta^5$-androsten-17β-ol-3-on* (**I**), welches sich durch katalyt. Hydrierung mit $H_2$/Pd-Kohle überführen läßt → *4.4-Dimethyl-19-norandrostan-17β-ol-3-on.* — Alternativ kann man **I** mit $NaBH_4$ in Methanol reduzieren → *4.4-Dimethyl-19-nor-$\Delta^5$-androsten-3β.17β-diol.* — *Heilmittel.* (**E. PP. 876 986** vom 16/12. 1957, ausg. 6/9. 1961 u. **879 237** vom 16/12. 1957, ausg. 11/10. 1961. Beide Mexican. Prior. 17/12. 1956.) U. Sievers. 4809

Syntex Soc. An., übert. von: Howard J. Ringold und Albert Bowers, Mexico, Mexico, **6β.19-Oxidoverbindungen der Androstanreihe.** Man behandelt z. B. $\Delta^5$-Androsten-3β.17β-dioldiacetat in Dioxan mit N-Bromacetamid u. $HClO_4$ → *5α-Bromandrostan-3β.6β.17β-trioldiacetat*, welches sich durch selektive $CrO_3$-Oxydation der 6-ständigen Hydroxygruppe, Entbromierung mit Zn-Essigsäure u. katalyt. Hydrierung überführen läßt → *Androstan-3β.6β.17β-triol-3.17-diacetat*; daraus durch Rk. mit Pb-Tetraacetat in Bzl. → *6β.19-Oxidoandrostan-3β.17β-dioldiacetat*, F. 140—141°; $[\alpha]_D$ +24,5°; *freier Alkohol*, F. 184—186°; $[\alpha]_D$ —2°; daraus durch Oxydation mit $CrO_3$ in Aceton → *6β.19-Oxidoandrostan-3.17-dion*, F. 165—167°; $[\alpha]_D$ +125°. — Weitere Umwandlungen, z. B. die Einführung einer 1-ständigen Doppelbindung, die selektive Red. der 3-Oxogruppe, die Einführung einer 17α-Alkylgruppe sowie die Oxydation zum 6.19-Lacton der entsprechenden 19-Carbonsäure werden, jedoch ohne Angabe physikal. Daten für die hergestellten Verbb., beschrieben. — *Heilmittel.* (**A. P. 3 001 989** vom 29/7. 1960, ausg. 26/9. 1961. Mexican. Prior. 6/1. 1960.) U. Sievers. 4809

Schering Corp., übert. von: Eugene P. Oliveto, Bloomfield, N.J., V.St.A., **16α-Methyl-9α-halogen-17α-äthinylverbindungen der Androstenreihe** erhält man z. B. durch Dehydratisierung von 16α-Methylhydrocortison-21-acetat über das 11-Benzolsulfonat, anschließende 9α-Fluorierung in üblicher Weise über das 9.11-Bromhydrin

u. 9β.11β-Epoxid u. Abbau der Seitenkette mit Na-Wismutat → *9β.11β-Oxido-16α-methyl-$\Delta^4$-androsten-3.17-dion*, welches in sein Pyrrolidyl-(3)-enamin übergeführt u. sodann mit Na-Acetylid äthinyliert wird → *16α-Methyl-17α-äthinyl-9β.11β-oxido-$\Delta^4$-androsten-17β-ol-3-on* (nach Hydrolyse der Enamingruppe). Zur Überführung in die entsprechenden $\Delta^{1.4}$-Androstadiene werden die $\Delta^4$-Androstene mit *Corynebacterium simplex* mikrobiolog. dehydriert. — Physikal. Daten werden nicht genannt. — *Heilmittel.* (**A. P. 3 010 959** vom 26/11. 1958, ausg. 28/11. 1961.) U. Sievers. 4809

Schering Corp., Bloomfield, übert. von: Hans Reimann, Bloomfield, und David H. Gould, Leonia, N.J., V.St.A., **9α.11β-Dihalogenprogesterone** erhält man durch Rk. der entsprechenden 9.11-Dehydro-Verbb. mit einem Halogenierungsmittel. — Man setzt z. B. $\Delta^{4.9,11}$-Pregnadien-3.20-dion in Tetrahydrofuran mit HCl u. N-Chlorsuccinimid in Ggw. von LiCl u. Eisessig um → *9α.11β-Dichlorprogesteron*, F. 174—177° (Zers.); $[\alpha]_D$ +243°. — Analog: *9α-Brom-11β-chlorprogesteron*, F. 111—113° (Zers.); $[\alpha]_D$ +226°. — *9α-Brom-11β-fluorprogesteron*, F. 145—150° (Zers.); $[\alpha]_D$ +170°. — *9α.11β-Dichlor-$\Delta^{1.4}$-pregnadien-3.20-dion*, F. 198—208° (Zers.). — *9α-Chlor-11β-fluor-$\Delta^{1.4}$-pregnadien-3.20-dion*, F. 215—220°; $[\alpha]_D$ +141°. — Die Herst. der entsprechenden 6α-Methyl-Verbb. wird, jedoch ohne Angabe physikal. Daten, beschrieben. — *Heilmittel.* (**A. P. 3 009 927** vom 29/5. 1961, ausg. 21/11. 1961.) U. Sievers. 4809

Schering Corp., Bloomfield, übert. von: Hans Reimann, Bloomfield, und David H. Gould, Leonia, N.J., V.St.A., **9α.11β.21-Trihalogenverbindungen der Progesteronreihe.** Man setzt z. B. 21-Hydroxy-$\Delta^{4.9,11}$-pregnadien-3.20-dion (I) mit p-Toluolsulfonylchlorid in Ggw. von Pyridin um → *21-p-Toluolsulfonat*, welches sich durch Rk. mit NaJ in Aceton überführen läßt → *21-Jod-$\Delta^{4.9,11}$-pregnadien-3.20-dion*; daraus durch Rk. mit $Cl_2$ in $CCl_4$ u. in Ggw. von Pyridin → *9α.11β-Dichlor-21-jod-progesteron.* — Entsprechend läßt sich z. B. 21-Fluor-$\Delta^{4.9,11}$-pregnadien-3.20-dion durch Rk. mit HCl u. N-Chlorsuccinimid in Ggw. von LiCl u. Eisessig in Tetrahydrofuran überführen → *9α.11β-Dichlor-21-fluorprogesteron.* — Die Herst. von entsprechenden 6α-Methyl- u. 19-Nor-Verbb. wird, jedoch ohne Angabe physikal. Daten, beschrieben. — *Heilmittel.* (**A. P. 3 009 928** vom 29/5. 1961, ausg. 21/11. 1961.) U. Sievers. 4809

Schering Corp., Bloomfield, übert. von: Hans Reimann, Bloomfield, und David H. Gould, Leonia, N.J., V.St.A., **9α.11β.21-Trihalogen-17α-hydroxy-progesterone** erhält man durch Rk. der entsprechenden 9.11-Dehydro-Verbb. mit einem Halogenierungsmittel. — Man setzt z. B. 17α-Hydroxy-21-jod-$\Delta^{4.9,11}$-pregnadien-3.20-dion-17-acetat mit $Cl_2$ in $CCl_4$ u. in Ggw. von Pyridin um → *9α.11β-Dichlor-21-jod-17α-hydroxyprogesteron-17-acetat.* — Es wird die Herst. entsprechender 21-Fluor-Verbb., 6α-Methyl- sowie 17α-Brom-Verbb., jedoch ohne Angabe näherer physikal. Kennzahlen, beschrieben. — *Heilmittel.* (**A. P. 3 009 929** vom 29/5. 1961, ausg. 21/11. 1961.) U. Sievers. 4809

Schering Corp., Bloomfield, übert. von: Hans Reimann, Bloomfield, und David H. Gould, Leonia, N.J., V.St.A., **6α-Fluor-9α.11β.21-trihalogenprogesterone.** Man setzt z. B. 6α-Fluor-11β.21-dihydroxyprogesteron (I) mit Methansulfonylchlorid in Ggw. von Pyridin um → I-*21-Methansulfonat*, welches sich durch Rk. mit NaJ in Aceton u. anschließende Chlorierung mit $Cl_2$ in $CCl_4$ u. in Ggw. von Pyridin überführen läßt → *6α-Fluor-9α.11β-dichlor-21-jodprogesteron.* — Analog: *6α.21-Difluor-9α.11β-dichlorprogesteron.* — *6α.11β.21-Trifluor-9α-bromprogesteron.* — Die Herst. weiterer analoger Verbb. wird, jedoch ohne Angabe physikal. Daten, beschrieben. In die erhaltenen Verbb. kann auf mikrobiolog. Wege eine 1-ständige Doppelbindung eingeführt werden. — *Heilmittel.* (**A. P. 3 009 931** vom 1/6. 1959, ausg. 21/11. 1961.) U. Sievers. 4809

Syntex Soc. An., Mexico, Mexico, **Acylate des 19-Nor-17α-hydroxyprogesterons** erhält man durch Rk. des freien 17-Alkohols mit einem Acylierungsmittel, z. B. Acetanhydrid oder Propionsäureanhydrid, in Ggw. eines sauren Katalysators, bes. p-Toluolsulfonsäure oder $HClO_4$, u. anschließende Hydrolyse des erhaltenen 3-Enolacylat-17-acylates mit methanol. KOH. — Es wird die Herst. von *19-Nor-17α-hydroxyprogesteron-17-acetat* u. *-propionat* beschrieben. — *Heilmittel.* (**E. P. 876 902** vom 6/3. 1958, ausg. 6/9. 1961. Mexican. Prior. 9/3. 1957.) U. Sievers. 4809

Syntex Soc. An., Mexico, Mexico, **2α-Methylsteroide der 19-Norandrostanreihe.** Man setzt z. B. 19-Nortestosteron in Ggw. von NaH mit Äthylformiat in Bzl. um → *2-Hydroxymethylen-19-nortestosteron*, welches sich durch Rk. mit $CH_3J$ in Bzl. u. in Ggw. von NaH überführen läßt → *2-Methyl-2-aldehydo-19-nor-$\Delta^4$-androsten-17β-ol-3-on*; daraus durch Behandlung mit aktiviertem $Al_2O_3$ → *2α-Methyl-19-nortestosteron.* — Dieses läßt sich durch Red. mit Li in $NH_3$ fl. überführen → *2α-Methyl-19-norandrostan-17β-ol-3-on*; daraus durch Red. mit $NaBH_4$ in Methanol–W. → *2α-Methyl-19-norandrostan-3β.17β-diol*, neben dem 3α-Isomeren. — *Heilmittel* sowie Zwischenprodd. zu deren

Herstellung. (**E. PP. 879 100, 879 101** u. **879 102** vom 16/12. 1957, ausg. 4/10. 1961. Mexican. Prior. 17/12. 1956.) U. Sievers. 4809

Olin Mathieson Chemical Corp., New York, N.Y., übert. von: Josef Fried, Princeton, N.J., V.St.A., **Ester- und Ätherderivate des 16α.17α-Dihydroxyprogesterons.** Man setzt z. B. 16α.17α-Dihydroxyprogesteron (I) mit $B_2O_3$ in Methanol um → I-*16.17-Cycloborat*, welches sich durch Rk. mit Diazomethan in Methanol-Ae. überführen läßt → I-*16-Methyläther*, F. 142—143°; $[\alpha]_D^{23}$ 60°; daraus durch Acylierung mit z. B. Capronsäureanhydrid in Ggw. von p-Toluolsulfonsäure → I-*16-Methyläther-17-caproat.* — Die Herst. weiterer I-16-Äther-17-acylate wird, jedoch ohne Angabe physikal. Daten, beschrieben. — *Heilmittel.* (**A. P. 3 006 930** vom 11/12. 1958, ausg. 31/10. 1961.) U. Sievers. 4809

Organon Laboratories Ltd., London, England (Erfinder: Erik Duyvene de Wit und Gerhard Anthony Overbeek), **Herstellung von 19-Nortestosteron-17-estern** aliphat. $C_9$—$C_{18}$-Carbonsäuren nach üblichen Meth. durch Verestern von 19-Nortestosteron in inertem Lsgm., bes. Pyridin, mit den entsprechenden Säurechloriden oder -anhydriden. — Beispiele für das *Decanoat*, $E_{239\,\mu}$ = 16000 (in A.), *Undecylenat*, $[\alpha]_D$ +39,6° (in Chlf.), *Palmitat*, $[\alpha]_D$ +32,9 (in Chlf.), $E_{239\,\mu}$ = 15300 (in A.), F. 53—56°, *Oleat*, $E_{239\,\mu}$ = 15400 (in A.), *Laurat*, F. 45—46°, $[\alpha]_D$ +37,4° (in Chlf.), $E_{239\,\mu}$ = 15900. — *Pharmazeutica.* (**Aust. P. 232 384** vom 30/1. 1959, ausg. 23/2. 1961. Niederl. Prior. 25/12. 1958. **Ind. P. 66 473** vom 20/1. 1959, ausg. 17/1. 1961.) C. Lüttgen. 4809

Olin Mathieson Chemical Corp., New York, N.Y., übert. von: Allen I. Laskin, Franklin Township, Leonhard J. Lerner, New Brunswick, und Frank L. Weisenborn, Middlebush, N.J., V.St.A., **A-Nortestololacton,** F. 229 bis 230°; $[\alpha]_D$ —91°, erhält man durch Bebrütung von A-Nortestosteron mit einer Kultur von *Penicillium citricum* unter aeroben u. submersen Bedingungen. — *Heilmittel* sowie Zwischenprod. zur Herst. von Heilmitteln. (**A. P. 2 998 428** vom 7/10. 1959, ausg. 29/8. 1961.) U. Sievers. 4809

American Cyanamid Co., New York, N.Y., übert. von: Lewis Joseph Leeson, Park Ridge, Siegfried Arthur Muller, Closter, und George Madison Sieger, East Paterson, N.J., V.St.A., **Reinigung und Abtrennung von 9α-Fluor-16α-hydroxyprednisolon (I).** Man setzt z. B. I mit Borsäure (II) in Ggw. von W. u. von 10%ig. $Na_2CO_3$-Lsg. 3 Tage bei Zimmer-Temp. um, filtriert das Gemisch, säuert das Filtrat mit verd. HCl an (bis pH <2) u. trennt das reine I als Nd. ab. — An Stelle von II kann man auch Na-Tetraborat verwenden. — Das Verf. ist bes. geeignet zur Abtrennung von I aus Gärungsgemischen, die gleichzeitig die entsprechende 11β.17α.21-Trihydroxy-Verb. enthalten. (**A. P. 3 005 839** vom 21/1. 1959, ausg. 24/10. 1961.) U. Sievers. 4809

G. D. Searle & Co., Chicago, übert. von: David A. Tyner, Glenview, Ill., V.St.A., **Epoxide von 16-Alkylidenöstronen.** Man setzt z. B. 3-Methoxy-16-methylen-$\Delta^{1.3.5,10}$-östratrien-17-on in Dioxan mit $H_2O_2$ u. NaOH um → *3-Methoxy-16-methyl-16.1'-epoxy-*$\Delta^{1.3.5,10}$*-östratrien-17-on,* F. 169—173°. — Analog: 3-Methoxy-16-isopropyliden-$\Delta^{1.3.5,10}$-östratrien-17-on, F. 156—157° + Perbenzoesäure → *3-Methoxy-16-isopropyl-16β.1'-epoxy-*$\Delta^{1.3.5,10}$*-östratrien-17-on,* F. 127—130°. — 3-Methoxy-17β-acetoxy-16-methylen-$\Delta^{1.3.5,10}$-östratrien → *3-Methoxy-17β-acetoxy-16α-methyl-16β.1'-epoxy-*$\Delta^{1.3.5,10}$*-östratrien* u. *3-Methoxy-17β-acetoxy-16β-methyl-16α.1'-epoxy-*$\Delta^{1.3.5,10}$*-östratrien,* F. 138—142°. — *Heilmittel.* — Vgl. auch A. P. 2 949 476; C. **1961,** 17672. (**A. P. 3 007 924** vom 16/8. 1960, ausg. 7/11. 1961.) U. Sievers. 4809

Ciba Akt.-Ges., Basel (Erfinder: Robert Schwyzer, Riehen), Schweiz, **Herstellung cyclischer Dekapeptide (I) aus geradkettigen Penta- oder Dekapeptiden.**

```
A—B—L—Leu—D—Phe—L—Pro
|                   |
L—Pro—D—Phe—L—Leu—B—A
          I
```

Die I besitzen die allg. Formel I [A = Rest einer L-α-Aminosäure der allg. Zus. HOOC—CH(X)—$NH_2$ (X = H oder Alkyl $C_1$—$C_5$), bes. Glycin, L-Valin oder L-Leucin; B = Rest des Glycin, L-Alanin, L-Valin, L-Leucin, L-Lysin oder L-Tyrosin]. Das Verf. ist dad. gek., daß man ein Säureadditionssalz eines in der OH-Komponente einen elektronenanziehenden Substituenten enthaltenden Esters des A-B-Leucyl-D-phenylalanyl-L-prolins oder des die gleiche Aminosäuresequenz 2mal aufweisenden Dekepeptids, des A-B-Leucyl-D-phenylalanyl-L-prolyl-A-B-L-Leucyl-D-phenylalanyl-L-prolinesters, in welchen Estern eine ggf. in B vorhandene weitere $NH_2$-Gruppe geschützt ist, mit bas. Mitteln, bes. tert. organ. Basen, behandelt u. anschließend die geschützte in die freie $NH_2$-Gruppe überführt u. ggf. die erhaltene Verb. in ihre Säureadditionssalze überführt. — *Antibiotica* u. *Konservierungsmittel.* (**D. A. S. 1 112 525** Kl. 12q vom 22/4. 1959, ausg. 10/8. 1961. Schwz. Prior. 29/4. 1958.) O. Müller-Meiningen. 4811

American Cyanamid Co., New York, N.Y., V.St.A., **Herstellung von 6-Desoxytetracyclinen,** ihren 4-Epimeren, Salzen oder Metallkomplexen. Man red. eine in einem organ. Lsgm. gelöste Verb. der allg. Formel I mit $H_2$ in Ggw. eines Edelmetallkatalysators u. eines Stoffes, der mit einem peri-dioxygenierten Hydronaphthalin ein Chelat bilden kann. Die Red. wird abgebrochen, sobald 1 Mol $H_2$ je Mol Tetracyclin-Deriv. aufgenommen worden ist u. eine Verb. der allg. Formel I, in welcher die am gleichen C-Atom wie $R_1$ befindliche OH-Gruppe durch ein H-Atom ersetzt worden ist, entstanden ist ($R_1$ = H oder $CH_3$; $R_2$ = OH oder H, jedoch nicht $R_1$ u. $R_2$ beide H; einer der beiden Substituenten $R_3$ u. $R_4$ ist H, der andere $N(CH_3)_2$; $R_5$ = Cl oder Br). Anschließend kann man bei pH 3—5 epimerisieren oder mit einer Säure, Base oder einem komplexbildenden Mittel reagieren lassen. — Zum Beispiel dispergiert man Chlortetracyclinhydrochlorid in Dimethylformamid/W. (1:1) u. hydriert in Ggw. von Borsäure, Pd-Kohle u. Perchlorsäure → *7-Chlor-6-desoxytetracyclin.* — *Bactericide.* (**Niederl. P. 100 049** vom 28/7. 1959, ausg. 15/12. 1961. A. Prior. 28/7. 1958.) F. Böhm. 4811

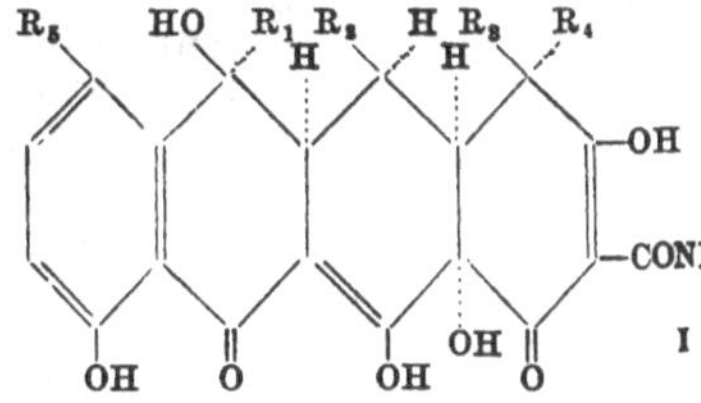


I

Upjohn Co., Kalamazoo, Mich. (Erfinder: Gerald Emerson Underwood, Galesburg, Mich., und Samuel John Musser, St. Joseph, Mo.), V.St.A., **Herstellung eines Masernimpfstoffes,** der die Erzeugung von Antikörpern in den Geweben anfälliger Personen bewirkt u. diese gegen Masern unempfänglich macht, dad. gek., daß man das Rubeolavirus in Gewebekulturen von Nierenzellen von Menschenaffen oder anderen Affenarten, die frei von latenten Viren sind, züchtet, das lebende Virus daraus in einer parenteral annehmbaren Träger-Fl. gewinnt, Zelltrümmer im wesentlichen entfernt u. das Infektionsvermögen des Virus zerstört. Man verwendet bes. Nierenzellen von afrikan. Vervetaffen (Cercopithecus lalandi) u. zerstört das Infektionsvermögen des Virus mittels physikal. Energie (therm. Energie, nichtionisierende oder ionisierende Strahlung, Elektronenstrahlung, Kathodenstrahlung, $\gamma$-Strahlung). (**D. A. S. 1 130 558** Kl. 30h vom 7/3. 1959, ausg. 30/5. 1962. A. Prior. 14/3. 1958.) K. Koebke. 4813

Karl Theurer, Stuttgart, **Gewinnung von Antigenen und Haptenen** nach D. A. S. 1 040 748, dad. gek., daß man von anderen biolog. Substraten, auch von Mikroorganismen oder Viren oder von Extrakten ausgeht u. diese mit Antikörperseren versetzt, welche gegen die zu eliminierenden Bestandteile des biolog. Substrates gerichtet sind, u. daß man mit den gewonnenen Antigenen ggf. wiederum Antikörper gewinnt unter Verw. von Lebewesen, die mit denen artgleich sind, aus welchen die 1. Antikörperseren gewonnen waren, u. mit diesen Antikörperseren in bekannter Weise die Antigene von ihren Beimischungen abtrennt. Die im Agglutinat bzw. Präcipitat enthaltenen Antigene werden in bekannter Weise isoliert u. damit gewonnene Antikörper wieder zur Gewinnung von Antigenen nach dem Verf. des Hauptanspruches eingesetzt. (**D. A. S. 1 126 068** Kl. 30h vom 15/3. 1958, ausg. 22/3. 1962. **Zusatz zu D. A. S. 1 040 748; C. 1959, 8256.**) W. Heyer. 4813

Abbott Laboratories, North Chicago, Ill., V.St.A., **Herstellung von Arzneimittelpräparaten** auf der Basis eines verpreßten Gemisches aus Arzneimittel u. Kunststoff mit verlängerter Wirksamkeit. Das Gemisch wird den Dämpfen eines flüchtigen organ. Lsgm. für den Kunststoff in einem abgeschlossenen Raum so lange ausgesetzt, bis ein Erweichen der Oberfläche des Kunststoffs erfolgt. Als Kunststoff wird z. B. ein Copolymer aus Methacrylat u. Methylmethacrylat verwendet u. als Lsgm. dient Aceton, Methylenchlorid, Äthylacetat, Äthylendichlorid oder Toluol. Man verwendet z. B. Gemische, die als Arzneimittel Hexocycliummethylsulfat, Methamphetaminhydrochlorid, Nicotinsäure, Phenobarbitalnatrium oder p-aminobenzoesaures Na enthalten. (**Oe. P. 214 573** vom 17/12. 1959, ausg. 10/4. 1961. A. Prior. 19/12. 1958.) M. F. Müller. 4815

Chas. Pfizer & Co., Inc., New York, übert. von: Robert J. Feeney, Huntington, Allan J. Greene, Manhasset, und Anton G. Kettel, Seaford, N.Y., V.St.A., **Arzneimittel** zur Behandlung von Rheuma, Arthritis, Neuralgien, enthaltend als Wirkstoffe Acetylsalicylsäure, Na-Salicylat oder Salicylamid in Kombination mit Glucosamin bzw. einem nichttox. Salz davon. (**A. P. 3 008 874** vom 15/5. 1958, ausg. 14/11. 1961.) W. Heyer. 4815

Siegfried Erbe und Ernst Carstens, Radebeul, **Herstellung eines geschmacklich einwandfreien Promethazinpräparates.** Der bittere, leicht anästhesierende Geschmack des Promethazins (I) läßt sich nicht nur korrigieren, sondern auch vollständig beseitigen, wenn I mit bis zu 25% Kakaopulver oder -extrakten in Form von Sirup — ggf. im Gemisch mit anderen Korrigentien — verarbeitet wird, wobei I als Substanz oder in Lsg. vor der Bereitung des Sirups dem Kakao oder nach der Bereitung dem fertigen Sirup zugesetzt werden kann. Vanillin, Citronenöl, Zimtöl, Glycerin u. a. können als Geschmackskorrigentien zugesetzt werden. (**D. P. [DDR] 23 122** Kl. 30h vom 20/1. 1959, ausg. 14/5. 1962 [Wirtschaftspatent].) W. Raetz. 4815

Robert G. Sanders, Pomton Lakes, Roland R. Read, Morristown, und Richard J. Palazzolo, Northbrook, Ill., V.St.A., **Arzneimittel** mit Carboanhydrase hemmender u. diuret. Wrkg., enthaltend *p-Sulfamylcarbanilate* der Formel I, worin R = Äthyl, β-Hydroxyäthyl oder Allyl ist. — Tabletten der Zus. 0,5 (g) p-Sulfamyl-β-Hydroxyäthylcarbanilat, 0,1 Maisstärke, 0,005 Ca-Stearat. (**A. P. 2 967 130** vom 5/9. 1957, ausg. 3/1. 1961.) K. Koebke. 4815

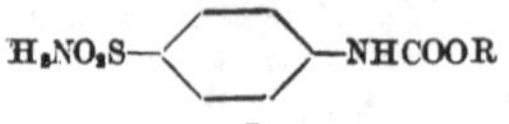

I

Dale V. Bell, Seattle, Wash., V.St.A., **Mittel zur Behandlung von Gingivitis** (Zahnfleischentzündung). Man stellt eine Lsg. her, die in einem Gemisch aus 1100 ($cm^3$) A. u. 65 W. 100 (g) racem. Epinephrin ($C_9H_{13}O_3N$), 60 $ZnSO_4$, 0,5 Chlorbutanol enthält. Die Lsg. wird mit HCl auf pH 3—4 eingestellt u. damit Baumwollmull imprägniert. Der getränkte Mull wird dann bei < 200° getrocknet. (**A. P. 2 991 224** vom 18/8. 1958, ausg. 4/7. 1961.) W. Heyer. 4815

Charles J. Nemanick, übert. von: Charles H. Elbreder und Edward J. Ross, St. Louis, Mo., V.St.A., **Arzneimittel** zur Verhinderung von *Caries*, in Tablettenform, enthaltend Fluoride des K, Na oder Ca oder Na-Silicofluorid neben größeren Mengen NaCl. — 2,2 (mg) NaF, 0,45 Kartoffelstärke, 1,35 $Ca_3(PO_4)_2$, NaCl q. s. 1,5 grains. Die Tabletten können Getränken, wie Milch, Kaffee, Tee, zugesetzt werden. Bei Einnahme einer Überdosis verursachen sie Erbrechen u. verhindern dadurch eine Vergiftung durch F. (**A. P. 2 967 131** vom 8/2. 1954, ausg. 3/1. 1961.) K. Koebke. 4815

Bariatric Corp., Portland, übert. von: Donald V. Hall, Oswego, Oreg., V.St.A., **Mittel zur Reduzierung des Körpergewichts,** enthaltend 25—50% *Thyroprotein* u. ca. 0,4—0,8% *Strophanthin* in einem pharmazeut. Träger. (**A. P. 2 981 657** vom 19/12. 1956, ausg. 25/4. 1961.) W. Heyer. 4815

Imperial Chemical Industries Ltd., London, England, **Arzneimittel zur Behandlung der Anämie** bei Mensch u. Tier, gek. durch einen Geh. an einem *Ferrocen*-Deriv. der allg. Formel I, in der R u. R′ H, einen Alkylrest oder —COR″ bedeuten, wobei R″ ein KW-Stoffrest ist, z. B. Monoäthyl-, -phenyl-, -benzyl-, -m-chlorphenyl-, -neopentyl-, -cyclopentenyl-, -hexahydrobenzyl-, 1,1′-Di-neopentyl-, -isobutyl-, -n-butyl-, -hexahydrobenzyl-, Tetra-tert.-butyl-, 1.1′-Dipivalyl-, Monohexahydrobenzoyl-, 1-Pivalyl-1′-neopentenylferrocen. (**Ind. P. 64 776** vom 29/7. 1958, ausg. 30/1. 1961.) C. Lüttgen. 4815

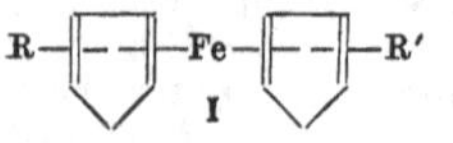


American Cyanamid Co., New York, N.Y., V.St.A., **Herstellung eines stabilisierten und positiv geladenen Eisensols** in Form eines Ferrihydroxidkomplexes für intramuskuläre Injektionen, bes. für die Bekämpfung der Eisenmangelanämie bei neugeborenen Schweinen, dad. gek., daß man gelbes Kartoffelstärkedextrin mit einer Grenzviscosität 0,06—0,16 zu einem positiv geladenen Ferrihydroxidsol zusetzt, erwärmt u. bis zu einem Eisen-Geh. von ≧ 1 Gew.-% einengt. Das durch Rk. einer Ferrisalz-Lsg. mit einem Anionenaustauscherharz erhaltene Ferrihydroxidsol wird in der Hydroxylform umgesetzt, bis das positiv geladene Ferrihydroxidsol gebildet ist, worauf das Harz entfernt wird. Ggf. wird das Ferrihydroxidsol durch partielle Neutralisation einer Lsg. eines Ferrisalzes u. durch anschließende Entfernung des so gebildeten Elektrolyten hergestellt. (**Oe. P. 215 081** vom 10/7. 1959, ausg. 10/5. 1961. A. Prior. 22/9. 1958.) M. F. Müller. 4815

Armour & Co., übert. von: Donald F. M. Bunce, Chicago, Ill., V.St.A., **Mittel zur Behandlung der Encephalomyelitis,** einschließlich Paralyse u. Staupe bei Kleintieren, durch Injektion, enthaltende *ACTH* in Kombination mit *Vitamin* $B_{12}$ bzw. *Cyanocobalamin.* (**A. P. 3 009 856** vom 14/12. 1954, ausg. 21/11. 1961.) W. Heyer. 4815

Schering Akt.-Ges., Berlin, **Herstellung von N-acylierten (3.5-Diamino-2.4.6-trijodbenzoyl)-aminosäuren** der allg. Formel I (X = ggf. alkyl- oder phenylsub-

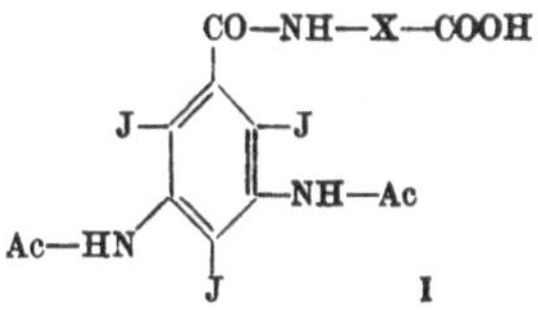


I

stituierte Methylen- oder Polymethylengruppe; Ac =Acylrest bes. einer aliphat. $C_1$—$C_6$-Carbonsäure). Man erhitzt z. B. 58,7 (g) 3.5-Diamino-2.4.6-trijodhippursäure (F. 186°, Zers.) mit 400 cm³ $(CH_3CO)_2O$ 15 Min. auf 120°, rührt das kalte Rk.-Prod. in 3 Liter W. ein u. säuert mit HCl an. Nach Reinigung mit Aktivkohle in $NH_3$-Lsg. erhält man 55 (82%) *3.5-Bis-(acetylamino)-2.4.6-trijodhippursäure,* F. 263° (Zers.); *Propionylamino*-Verb., F. 278—280° (Zers.); *Formylamino*-Verb., ca. F. 250° (Zers.) — *3.5-Bis-(acetylamino)-2.4.6-trijodbenzoyl-N-dl-leucin,* F. 249—250° (Zers.). — Man erhitzt 34,4 N-(3.5-Dinitrobenzoyl)-α-aminophenylessigsäure (F. 230—232°) mit einer Lsg. von 136 $SnCl_2$ in 500 cm³ konz. HCl, verd. die erhaltene Lsg. mit 3 Liter Wasser u. setzt dann 4 g JCl in 50 cm³ 20%ig. HCl zu u. behält *N-(3.5-Diamino-2.4.6-trijodbenzoyl)-α-aminophenylessigsäure* (F. 180°, Zers.) + $(CH_3CO)_2O$ → *3.5-Bis-acetylamino*-Verbindung. — *Röntgenkontrastmittel.* (**E. P. 867 880** vom 4/2. 1958, ausg. 10/5. 1961. D. Prior. 6/3. 1957.)

O. Müller-Meiningen. 4825

Upjohn Co., übert. von: Jack K. Dale, Kalamazoo, Mich., V.St.A., **Antisepticum,** bes. gegen *Pseudomonas aeruginosa, Proteus vulgaris, Micrococcus aureus* u. *Bacillus cereus* enthaltend als Wirkstoffe *Neomycin* u. *Myristyl-γ-picoliniumhalogenid.* (**A. P. 3 008 875** vom 8/1. 1960, ausg. 14/11. 1961.) W. Heyer. 4833

---

**Abbott Laboratories,** North Chicago, übert. von: **Roland C. Zagnoli,** Highwood, Ill., V.St.A., *Dragierlösung für feste Arzneipräparate.* (**A. P. 3 030 273** vom 2/9. 1959, ausg. 17/4. 1962. — C. **1962,** 12386 [D. A. S. 1 118 932].)

**Upjohn Co.** (Erfinder: **John Patric Cronin** und **Arnold John Hennig**), Kalamazoo, Mich., V.St.A., *Injizierbarer Arzneimittelträger zur Herstellung leicht resuspendierbarer wässeriger Suspensionen von Arzneimitteln.* (**D. A. S. 1 139 939** Kl. 30h vom 3/5. 1955, ausg. 22/11. 1962. A. Prior. 4/5. 1954. — C. **1960,** 7606 [A. P. 2 897 120].)

**Röhm & Haas G. m. b. H.,** Darmstadt, *Herstellung von hydrophilen Kunststoffen für medizinische und kosmetische Zwecke.* (**E. P. 879 207** vom 3/3. 1958, ausg. 4/10. 1961. D. Prior. 9/3. 1957. — C. **1960,** 17304 [Oe. P. 202 279].)

**Gerhard Domagk,** Wuppertal, und **Walter Gauß,** Leverkusen, c/o **Farbenfabriken Bayer Akt.-Ges.,** Leverkusen, *Herstellung von Monoalkoxy-tris-äthyleniminobenzochinonen-(1.4).* (**A. P. 3 025 289** vom 6/7. 1959, ausg. 13/3. 1962. D. Prior. 12/7. 1958. — C. **1961,** 3408 [D. A. S. 1 079 052].)

**J. R. Geigy Akt.-Ges.,** Basel, Schweiz, *Stabile Lösungen von Narkoticis.* (**E. P. 901 108** vom 1/7. 1959, ausg. 11/7. 1962. Schwz. Prior. 3/7. 1958. — C. **1961,** 5536 [D. A. S. 1 091 288].)

**Ciba Akt.-Ges.,** Basel (Erfinder: **Max Matter,** Worb, **Albert Kobler** und **Max Kuhn,** Gümligen), Schweiz, *p-Alkylaminosalicylsäureester.* (**D. A. S. 1 141 294** Kl. 12q vom 25/8. 1956, ausg. 20/12. 1962. Schwz. Prior. 2/9. 1955. — C. **1960,** 6250 [Aust. P. 212 682].)

**Merck & Co., Inc.,** Rahway, N.J. (Erfinder: **Frederick Charles Novello,** Lansdale, Pa.), V.St.A., *2.4-Disulfamylaniline.* (**D. A. S. 1 122 050** Kl. 12q vom 31/10. 1958, ausg. 18/1. 1962. A. Prior. 7/11. 1957. — C. **1962,** 8717 [Oe. P. 206 431].)

**American Cyanamid Co.,** New York, N.Y. (Erfinder: **William Blythe Wright,** Woodcliff Lake, N.J., und **Herbert Joseph Brabander,** New York, N.Y.), V.St.A., *Analgetisch wirksame Anilide.* (**D. A. S. 1 139 506** Kl. 12q vom 21/12. 1957, ausg. 15/11. 1962. A. Prior. 27/12. 1956. — C. **1961,** 8035 [Oe. P. 202 561].)

**Tanabe Seiyaku Co. Ltd.,** Osaka, Japan, *Ferrochelate von Aminosäuren.* (**E. P. 880 313** vom 15/12. 1959, ausg. 18/10. 1961. Jap. Prior. 22/12. 1958, 28/2. u. 6/11. 1959. — C. **1961,** 15484 [D. A. S. 1 103 918].)

**J. R. Geigy Akt.-Ges.,** Basel (Erfinder: **Walter Schindler,** Riehen), Schweiz, *Herstellung von N-aminoalkylierten Iminostilbenen und deren Salzen.* (**D. A. S. 1 113 694** Kl. 12p vom 12/11. 1957, ausg. 14/9. 1961. Schwz. Prior. 13/11. 1956. — C. **1960,** 11395 [Oe. P. 200 578].)

**Laboratoires Français de Chimiothérapie,** Paris, Frankreich, *5-Chlor-6-methoxytryptamin.* (**E. P. 888 410** vom 11/4. 1958, ausg. 31/1. 1962. F. Prior. 17/7. 1957. — C. **1962,** 2459 [Niederl. P. 97 397].)

**Daiichi Seiyaku Co. Ltd.** (Erfinder: **Misao Obika, Morie Sasaki,** Tokyo, **Katutaro Tanaka,** Ichikawa, und **Noboru Iijima,** Tokyo), Japan, *Quecksilberporphyrine.* (**D. A. S. 1 138 053** Kl. 12p vom 14/6. 1957, ausg. 18/10. 1962. Jap. Prior. 7/2. 1957. — C. **1962,** 10191 [E. P. 824 705]).

**American Cyanamid Co.,** New York, N.Y., V.St.A., *Dimethylaminopropylidenthiaxanthene.* (**E. P. 834 143** vom 20/12. 1957, ausg. 4/5. 1960. A. Prior. 28/12. 1956. — C. **1960,** 12435 [Oe. P. 202 143].)

**American Cyanamid Co.,** New York, N.Y., V.St.A., *Dimethylaminopropylidenxanthene.* (**E. P. 834 144** vom 20/12. 1957, ausg. 4/5. 1960. A. Prior. 28/12. 1956. — C. **1960,** 12775 [Oe. P. 202 152].)

**Ciba Ltd.,** Basel, Schweiz (Erfinder: **Milton Joel Allen** und **William Laszlo Bencze**), *Herstellung neuer Pyridinderivate.* (**Aust. P. 231 191** vom 16/5. 1958, ausg. 15/12. 1960. A. Prior. 27/5., 8/10. 1957 u. 10/3. 1958. — C. **1962,** 1714 [F. P. 1 206 972].)

**Sterling Drug, Inc.,** New York (Erfinder: **Bill Elpern,** Albany), N.Y., V.St.A., *4-Phenylpiperidin-4-carbonsäureester.* (**Schwz. P. 362 075** vom 12/9. 1956, ausg. 14/7. 1962. A. Prior. 12/9. 1955. Can. Prior. 5/4. 1956. — C. **1961,** 6242 [Aust. P. 219 138].)

**Farbwerke Hoechst Akt.-Ges., vormals Meister Lucius & Brüning,** Frankfurt/M., *Substituierte Isonicotinsäureamide.* (**E. P. 886 965** vom 8/12. 1958, ausg. 10/1. 1962. D. Prior. 6/12. 1957. — C. **1962,** 2460 [Schwz. P. 350 967].)

**Ciba Ltd.,** Basel, Schweiz (Erfinder: **Jean Druey, Konrad Meier** und **Alexander Staehelin**), *Herstellung von Tetrahydrodioxopyridazinen.* (**Aust. P. 231 138** vom 16/5. 1958, ausg. 8/12. 1960. Schwz. Prior. 24/5. u. 25/10. 1957. — C. **1962,** 5395 [F. P. 1 206 940].)

**Ciba Ltd.**, Basel, Schweiz, *p-Aminobenzolsulfonamidopyrazolo-[3.4:d]-pyrimidinderivate.* (**E. P. 889 146** vom 24/11. 1958, ausg. 7/2. 1962. Schwz. Prior. 27/11. 1957. — C. **1961**, 16202 [D. A. S. 1 092 922].)

**Jefferson Chemical Co., Inc.**, Houston (Erfinder: **Philip Hotchkiss Moss, Norman Bell Godfrey** und **William Jennings Peppel**, Austin), Tex., V.St.A., *Herstellung von C-Alkylpiperazinen.* (**D. A. S. 1 140 939** Kl. 12p vom 11/10. 1958, ausg. 13/12. 1962. A. Prior. 15/10. 1957. — C. **1962**, 5022 [F. P. 1 206 423].)

**Rhône-Poulenc Soc. An.**, Paris (Erfinder: **Robert Michel Jacob**, Ablon-sur-Seine, und **Gilbert Louis Regnier**, Paris), Frankreich, *Neue Phenthiazine.* (**Schwz. P. 363 025** vom 29/3. 1957, ausg. 31/8. 1962. F. Prior. 7/4. 1956 u. 30/1. 1957. — C. **1960**, 3964 [E. P. 811 959] u. C. **1961**, 16204 [D. A. S. 1 094 751])

**Rhône-Poulenc Soc. An.**, Paris (Erfinder: **Robert Michel Jacob**, Ablon-sur-Seine, und **Gilbert Louis Regnier**, Paris), Frankreich, *Neue Phenthiazine.* (**Schwz. P. 363 026** vom 29/3. 1957, ausg. 31/8. 1962. F. Prior. 7/4. 1956 u. 30/1. 1957. — C. **1960**, 3964 [E. P. 811 959] u. C. **1961**, 16204 [D. A. S. 1 094 751].)

**Rhône-Poulence Soc. An.**, Paris (Erfinder: **Robert Michel Jacob**, Ablon-sur-Seine, und **Gilbert Louis Regnier**, Paris), Frankreich, *Neue Phenthiazine.* (**Schwz. P. 363 027** vom 29/3. 1957, ausg. 31/8. 1962. F. Prior. 7/4. 1956 u. 30/1. 1957. — C. **1960**, 3964 [E. P. 811 959] u. C. **1961**, 16204 [D. A. S. 1 094 751].)

**Rhône-Poulenc Soc. An.**, Paris (Erfinder: **Robert Michel Jacob**, Ablon-sur-Seine, und **Gilbert Louis Regnier**, Paris), Frankreich, *Neue Phenthiazine.* (**Schwz. P. 363 028** vom 29/3. 1957, ausg. 31/8. 1962. F. Prior. 7/4. 1956 u. 30/1. 1957. — C. **1960**, 3964 [E. P. 811 959].)

**Rhône-Poulenc Soc. An.**, Paris (Erfinder: **Robert Michel Jacob**, Ablon-sur-Seine, und **Gilbert Louis Regnier**, Paris), Frankreich, *Neue Phenthiazine.* (**Schwz. P. 363 346** vom 29/3. 1957, ausg. 14/9. 1962. F. Prior. 7/4. 1956 u. 30/1. 1957. — C. **1960**, 3964 [E. P. 811 959] u. C. **1961**, 16204 [D. A. S. 1 094 751].)

**Deutsche Gold- und Silber-Scheideanstalt vormals Roessler**, Frankfurt/M. (Erfinder: **Wilhelm Alfons Schuler**), *4-Azaphenthiazinderivate.* (**Aust. P. 231 141** vom 17/6. 1958, ausg. 8/12. 1960. D. Prior. 15/6. 1957. — C. **1961**, 9522 [D. A. S. 1 055 538].)

**J. R. Geigy Akt.-Ges.**, Basel (Erfinder: **Walter Schindler**, Riehen), Schweiz, *Herstellung von Azepinderivaten.* (**D. A. S. 1 124 501** Kl. 12p vom 24/6. 1958, ausg. 1/3. 1962. **E. P. 849 032** vom 24/6. 1958, ausg. 21/9. 1960. **A. P. 3 025 288** vom 16/6. 1958, ausg. 13/3. 1962. Alle Schwz. Prior. 25/6. 1957. **Schwz. P. 358 805** vom 25/6. 1957, ausg. 31/1. 1962. — C. **1961**, 16573 [F. P. 1 198 288].)

**J. R. Geigy Akt.-Ges.**, Basel (Erfinder: **Walter Schindler**, Riehen, und **Franz Häfliger**, Basel,) Schweiz, *Herstellung von Azepinen.* (**E. P. 864 232** vom 16/12. 1958, ausg. 29/3. 1961. **D. A. S. 1 138 055** Kl. 12p vom 19/12. 1958, ausg. 18/10. 1962. **A. P. 2 948 732** vom 11/12. 1958, ausg. 9/8. 1960. Alle Schwz. Prior. 20/12. 1957. **Schwz. P. 364 265** vom 20/12. 1957, ausg. 31/10. 1962. — C. **1962**, 14246 [F. P. 1 223 383].)

**J. R. Geigy Akt.-Ges.**, Basel (Erfinder: **Walter Schindler**, Riehen), Schweiz, *Herstellung von N-substituierten Azepinen.* (**D. A. S. 1 140 937** Kl. 12p vom 19/12. 1958, ausg. 13/12. 1962. **E. P. 872 320** vom 17/12. 1958, ausg. 5/7. 1961. **A. P. 2 976 281** vom 11/12. 1958, ausg. 21/3. 1961. Alle Schwz. Prior. 20/12. 1957. **Schwz. P. 363 982** vom 20/12. 1957, ausg. 15/10. 1962. — C. **1962**, 13134 [F. P. 1 224 835].)

**Chemische Werke Albert**, Wiesbaden, *Diacylcorynanthin.* (**E. P. 889 349** vom 14/10. 1958, ausg. 14/2. 1962. D. Prior. 17/10. 1957. — C. **1961**, 4096 [D. A. S. 1 076 698].)

**Chemische Werke Albert**, Wiesbaden, *Diacylcorynanthin mit verschiedenen Acylresten.* (**E. P. 889 350** vom 15/10. 1958, ausg. 14/2. 1962. D. Prior. 19/10. 1957. — C. **1961**, 8397 [D. A. S. 1 080 562].)

**Commonwealth Engineering Co. of Ohio** (Erfinder: **Leo Novak**), Dayton, Ohio, V.St.A., *Salpetersäureester der Dextransäuren.* (**D. A. S. 1 139 109** Kl. 12o vom 19/2. 1959, ausg. 8/11. 1962. — C. **1960**, 11035 [A. P. 2 897 193].)

**Dr. A. Wander Akt.-Ges.**, Bern, Schweiz, *Reine Lipopolysaccharide.* (**E. P. 899 559** vom 23/7. 1959, ausg. 27/6. 1962. D. Prior. 25/7. 1958. — C. **1960**, 7609 [D. A. S. 1 073 150].)

**Tanabe Seiyaku Co. Ltd.** (Erfinder: **Junichi Iwao** und **Koichi Tomino**), Osaka, Japan, *Epinochrom-2-sulfonsäurederivate.* (**Schwz. P. 362 076** vom 12/2. 1957, ausg. 14/7. 1962. Jap. Prior. 18/2. 1956. — C. **1961**, 18795 [E. P. 801 425].)

**Roussel-Uclaf**, Paris (Erfinder: **Pierre Barthelem**, Saint-Germain-en-Laye, **Lucien Penasse**, Paris, und **Gerard Nominé**, Noisy-le-Sec), Frankreich, *Kristallisiertes Vitamin* $B_1$. (**Schwz. P. 362 489** vom 4/5. 1957, ausg. 31/7. 1962. F. Prior. 9/5. 1956. — C. **1959**, 14506 [D. A. S. 1 053 141].)

**Chase Chemical Co.**, Newark, N.J., V.St.A., *Abtrennen von Cobalaminen (= Vitamin* $B_1$ *) aus diese enthaltenden Flüssigkeiten.* (**E. P. 834 384** vom 28/5. 1958, ausg. 4/5. 1960. — C. **1960**, 1262 [A. P. 2 861 025] u. C. **1961**, 5543 [D. A. S. 1 094 927].)

**Distillers Co. Ltd.**, Edinburgh, Schottland, übert. von: **Roy Sherlock**, Birkenhead, England, *Cobalamin-Peptide.* (**A. P. 3 035 983** vom 23/6. 1959, ausg. 22/5. 1962. E. Prior. 18/7. 1958. — C. **1962**, 10570 [D. A. S. 1 112 249].)

**Dr. A. Wander Akt.-Ges.**, Bern, Schweiz, *Calcium-Vitamin-D-Lösungen.* (**E. P. 899 656** vom 2/2. 1959, ausg. 27/6. 1962. D. Prior. 11/2. 1958. — C. **1960**, 2625 [D. A. S. 1 062 389].)

**Nopco Chemical Co.**, Harrison, N.J., V.St.A., *Pantothensäurederivate.* (**E. P. 884 679** vom 15/8. 1958, ausg. 13/12. 1961. A. Prior. 9/9. 1957. — C. **1962**, 5396 [F. P. 1 209 701].)

**N. V. Organon**, Oss, Niederlande. *Herstellung von protahiert wirkenden Arzneimittel-Suspensionen.* (**Belg. P. 571 095** vom 10/9. 1958, ausg. 15/12. 1961. Niederl. Prior. 12/9. 1957 u. 17/6. 1958. — C. **1960**, 15148 [A. P. 2 902 408].)

**Merck & Co., Inc.**, Rahway, N.J. (Erfinder: **E. M. Chamberlin, J. M. Chemerda, I. T. Broeke** und **E. W. Tristam**), V.St.A., *Herstellung von Steroiden.* (**Belg. P. 572 621** vom 3/11. 1958, ausg. 27/7. 1962. A. Prior. 13/11. 1957. — C. **1962**, 13135 [F. P. 1 217 010].)

**Tadeus Reichstein**, Basel, Schweiz, *Herstellung von oxigenierten Steroiden.* (**Oe. P. 216 154** vom 5/1. 1955, ausg. 10/7. 1961. Schwz. Prior. 15/1. 1954. — C. **1959**, 6894 [D. A. S. 1 018 862].)

**T. Reichstein**, Basel, Schweiz, *Herstellung von 18-oxigenierten Steroiden.* (**Belg. P. 572 698** vom 5/11. 1958, ausg. 27/7. 1962. Schwz. Prior. 6/11. 1957. — C. **1961**, 11056 [D. A. S. 1 088 486].)

**Glaxo Laboratories Ltd.** (Erfinder: **Joseph Elks** und **Gordon Hanley Phillipps**), *Steroid-21-phosphate.* (**Aust. P. 232 348** vom 13/11. 1958, ausg. 23/2. 1961. E. Prior. 19/11. 1957. — C. **1962,** 13137 [D. A. S. 1 087 597].)

**Merck & Co., Inc.,** Rahway (Erfinder: **Lewis Hastings Sarett,** Princeton), N.J., V.St.A., *Herstellung von Steroid-21-tert.-butylessigsäureestern.* (**D. A. S. 1 135 904** Kl. 12o vom 7/1. 1956, ausg. 6/9. 1962. A. Prior. 14/1. 1955. — C. **1957,** 12554 [A. P. 2 736 734].)

**Organon Laboratories Ltd.,** London, England, *Herstellung von $\Delta^{5,10}$-Steroiden.* (**E. P. 893 450** vom 1/11. 1960, ausg. 11/4. 1962. Niederl. Prior. 12/11. 1959. — C. **1963,** 3701 [Niederl. P. 99 777].)

**Ciba Ltd.,** Basel, Schweiz (Erfinder: **Leopold Ruzicka** und **Oskar Jeger**), *Bestrahlungsprodukte von $\Delta^{1,4}$-3-Ketosteroiden.* (**Aust. P. 231 159** vom 7/1. 1958, ausg. 8/12. 1960. Schwz. Prior. 25/1. u. 19/12. 1957. — C. **1961,** 4099 [D. A. S. 1 080 551].)

**Merck & Co., Inc.,** Rahway, N.J., V.St.A., *Herstellung von 16α-Methylpregnan-3α-ol-11.20-dion beziehungsweise von dessen Estern.* (**Oe. P. 217 647** vom 3/6. 1958, ausg. 10/10. 1961. A. Prior. 3/6. 1957. — C. **1963,** 3699 [Aust. P. 230 635].)

**T. Reichstein,** Basel, Schweiz, *Herstellung von Aldosteron und dessen Derivaten.* (**Belg. P. 572 697** vom 5/11. 1958, ausg. 27/7. 1962. Schwz. Prior. 6/11. 1957. — C. **1961,** 3412 [D. A. S. 1 067 810].)

**G. D. Searle & Co.,** Chicago, Ill., V.St.A., *Herstellung von Östratrienderivaten.* (**E. P. 866 446** vom 18/6. 1959, ausg. 26/4. 1961. A. Prior. 20/6. 1958. — C. **1963,** 3701 [A. P. 2 928 847].)

**N. V. Organon** (Erfinder: **Jan Daniel Herman Homan**), Oss, Niederlande, *Reinigung von ACTH.* (**Schwz. P. 362 796** vom 10/7. 1957, ausg. 15/8. 1962. Niederl. Prior. 28/7. 1956. — C. **1959,** 11010 [Niederl. P. 88 560].)

**Beecham Research Laboratories Ltd.,** Brentford, Middlesex, England (Erfinder: **Frank Peter Doyle, John Herbert Charles Nayler** und **George Newbolt Rolinson**), *Biologische Gewinnung von 6-Aminopenicillansäure.* (**E. P. 870 396** vom 2/8. 1957, ausg. 14/6. 1961. — C. **1961,** 233 [D. A. S. 1 075 799].)

**American Cyanamid Co.** (Erfinder: **Harold Johannes Franz Eisner** und **Jerome Jordan Oleson**), *Tetracycline.* (**Aust. P. 224 512** vom 10/10. 1957, ausg. 5/11. 1959. A. Prior. 31/1. 1957. — C. **1961,** 3090 [E. P. 822 422].)

**American Cyanamid Co.** (Erfinder: **Philip Andrew Miller**), *Antibiotische Tetracyclinverbindungen.* (**Aust. P. 224 533** vom 18/3. 1958, ausg. 5/11. 1959. A. Prior. 5/4. 1957. — C. **1961,** 6961 [Belg. P. 566 455].)

**Spofa Sdružení Podniků pro Zdravotnickou Výrobu,** Prag, Tschechoslowakei, *Herstellung von Tetracyclin.* (**Ind. P. 67 273** vom 6/4. 1959, ausg. 24/2. 1961. — C. **1961,** 233 [D. A. S. 1 074 217].)

**Ladislav Lacko** und **Jiri Malek,** Prag, Tschechoslowakei, *Isolierung der klinischen Dextranfraktion.* (**E. P. 877 688** vom 14/11. 1957, ausg. 20/9. 1961. Tschech. Prior. 17/11. 1956. — C. **1961,** 14391 [D. P. [DDR] 19 317].)

**SchenLabs Pharmaceuticals, Inc.,** New York, N.Y., V.St.A., übert. von: **Wilfried Kaufmann, Klaus Bauer** und **Heinrich Medick,** Wuppertal, *Herstellung von Lävanen.* (**A. P. 3 033 758** vom 15/11. 1957, ausg. 8/5. 1962. D. Prior. 23/11. 1956. — C. **1961,** 15849 [E. P. 837 993].)

**Norwich Pharmacal Co.,** Norwich, N.Y., V.St.A., *Derivate des Nitrofurfuraldehyds.* (**E. P. 855 193** vom 11/3. 1957, ausg. 30/11. 1960. A. Prior. 9/4. 1956. — C. **1958,** 8420 [A. P. 2 808 414].)

**Mallinckrodt Chemical Works,** St. Louis, übert. von: **Floyd P. Hallett,** Kirkwood, Mo., V.St.A., *Röntgenkontrastmittel.* (**A. P. 3 033 757** vom 8/4. 1959, ausg. 8/5. 1962. — C. **1962,** 11613 [D. A. S. 1 116 348].)

**General Aniline & Film Corp.,** New York, N.Y. (Erfinder: **Herman Alder Shelanski,** Philadelphia, Pa.), V.St.A., *Reinigungsmittel.* (**D. B. P. 975 834** Kl. 23e vom 13/5. 1951, ausg. 18/10. 1962. Anmeldung bekanntgemacht 21/8. 1952. A. Prior. 19/5. 1959. — C. **1954,** 7706 [Schwz. P. 294 513].)

# G. Analyse. Laboratorium

**Dampfdruckapparat.** Marshall W. Cook. (Rev. sci. Instruments **29,** 399—400, Mai 1958; Livermore, Calif., Univ. of California, Radiation Labor.; engl.) — Beschreibung eines Präzisions-App. mit Hg-Füllung zur manometr. Dampfdruckmessung im Temp.-Bereich von —38,9 bis ca. 80°. Die Reproduzierbarkeit beträgt 0,1 mm Hg. W. Betcke. 5016◇

**Zur genauen Messung der absoluten Temperatur aus dem thermischen Rauschen.** Leo Storm. (Z. angew. Physik **14.** 117—21, März 1962. Münster/Westf., Univ., Inst. für Angew. Phys.; dt.) — Zwei bekannte Verff. zur Best. der abs. Temp. aus dem therm. Rauschen von Widerständen werden theoret. analysiert. Das Eigenrauschen des Meßverstärkers verursacht systemat. Fehler, bes. auch durch eine etwaige Korrelation zwischen Gitter- u. Anodenrauschen. Diese läßt sich abschätzen unter Verw. von experimentellen Ergebnissen, die bei der genauen Best. der Boltzmann-Konst. aus dem therm. Rauschen gewonnen wurden. Es werden Formeln für die verschiedenen, von der zu messenden Temp. abhängigen Meßfehler angegeben sowie die optimale Dimensionierung u. die erreichbare Genauigkeit diskutiert. Der kleinste Meßfehler beträgt bei hohen Temp. $(3-5)\cdot 10^{-4}$, bei 1° K ca. 10%. Die tiefste meßbare Temp. (Fehler 100%) liegt bei 0,1° K. A. Blaschette. 5016□

**Ein neues absolutes Rauschthermometer für tiefe Temperaturen.** H. J. Fink. (Canad. J. Physics **37,** 1397—1406, Dez. 1959; Vancouver, B.C., Univ. of British Columbia, Dep. of Phys.; engl.) — Beschreibung eines aus drei in einer π-Schaltung angeordneten Resistoren bestehenden Rauschthermometers zur Temp.-Messung unterhalb ca. 140° K. Die Kpp. von fl. $O_2$ (90,26 ± 0,06° K) u. fl. $N_2$ (77,25 ± 0,08° K) wurden mit einer abs. Abweichung von 0,2% gemessen. Bei 1,3—4,2° K ist eine Kalibrierung des Gerätes erforderlich; die Genauigkeit beträgt noch ± 1%. A. Blaschette. 5016◇

**Das Wägen von Filtrierpatronen für Staubgehaltsmessungen nach der gewichtsanalytischen Methode.** Ferdinand Glac. (Rudy **9**, 312—15, Sept. 1961; Ostrava-Radvanice, Vědeckovýzk. uhelný ústav.; tschech.) — Vf. beschreibt eine thermostatisierte analyt. Waage zur Wägung von Filtrierpatronen bei 104°. F. Urban. 5022 □

**Zweiteiliger Zentrifugentiegel für die Handhabung mikrochemischer Niederschläge.** Cyrus Feldman und Janus Y. Ellenburg. (Analytic. Chem. **29**, 1557, Okt. 1957; Oak Ridge, Tenn., Oak Ridge Nat. Labor.); engl.) — Ein zweiteiliges Zentrifugenröhrchen besteht aus einem Zylinder, dessen unterer Schliffrand so abgeschrägt ist, daß er einen Winkel von 30° mit der Innenwand des Zylinders bildet, u. einem Tiegel mit flachem Boden, dessen oberer schräger Rand dem Schliff des Zylinders angepaßt ist. Die beiden Schliffränder werden beim Zentrifugieren durch die Zentrifugalkraft gegeneinandergepreßt, sie sind zusätzlich von außen mit einer Gummimanschette gesichert. Nach dem Zentrifugieren wird die überstehende Fl. dekantiert oder abgezogen, der Nd. kann nach der Demontage des Röhrchens direkt getrocknet oder geglüht werden, wodurch Überführungsverluste vermieden werden. W. Wirtz. 5024 □

**Eine Ausführungsmöglichkeit der Gasmembran-Osmometrie.** Karol J. Mysels und Emanuel Gonick. (J. physic. Chem. **65**, 1631—33, Sept. 1961; Los Angeles, Calif., Univ. of Southern California, Dep. of Chem.; Phoenix, Ariz., Phoenix Coll.; engl.) — Die Osmometrie ist im Prinzip die empfindlichste Meth. zur Messung von Bindungs-Eigg.; jedoch sind wirklich semipermeabele Membranen selten. Vff. diskutieren die Verw.-Fähigkeit von Membranen, die aus einem inerten Gas in nichtbenetzten Capillaren zwischen dem Lsgm. u. der Lsg. bestehen. Die Gasphase ist für $H_2O$-Dampf permeabel, für jedes nichtflüchtige Lsgm. aber undurchdringlich. Diese Membranen entstehen durch Siliconisierung üblicher Membranfilter hoher Porosität mit Poren $\leqq 1\ \mu$ Ø. Der therm. Kontakt zwischen den beiden Oberflächen ist bei diesen Membranen relativ gut. Die hier dargestellten werden mit den nach der Meth. von Williamson (Proc. Roy. Soc. [London], Ser. A **195**, [1948], 97) erhaltenen Membranen verglichen; der Wärmetransport zwischen den beiden Oberflächen ist bei diesen Membranen sehr langsam. Die Dampfdruckdifferenz zwischen den beiden Oberflächen ist bei beiden Membranarten die treibende Kraft des Lsgm.-Transportes. Die prakt. Geschw. ist beträchtlich größer als die theoret. berechnete. Das benutzte Osmometer ist eine Modifikation der von Scatchard u. Mitarbeitern (C. **1950/54**, 277 S) beschriebenen Apparatur. Auf der Lsg.-Seite wurde hauptsächlich $3 \cdot 10^{-4}$m KCl-Lsg. verwendet. Beständige Werte sind nur schwer zu erhalten — die wahrscheinlichen Gründe dafür werden diskutiert —, aber auch dann ist eine Berechnung der Transport-Geschw. nicht immer möglich. W. Hein. 5048 □

**Ein transistorierter 60-Hz-Sinuswellenkommutator für Widerstands- und Potentialmessungen.** G. F. Pollnow und Robert M. Kay. (J. electrochem. Soc. **109**, 648—50, Juli 1962; Milwaukee, Wis., Allis-Chelmers Mfg. Co., Res. Div.; engl.) — Beschreibung eines transistorierten 60 Hz-Sinuswellenkommutators, der die direkte Messung des inneren Ohmschen Spannungsabfalls u. der von der Ohmschen Komponente freien Klemmen- u. Halbkettenspannung ermöglicht. Die App. erfordert, wie Messungen an einer Lsg. von 1 m $H_2SO_4$/2 m $CH_3OH$ bei 25° zeigen, keine Luggin-Capillare, sofern die Abklingzeit der Aktivierungspolarisation wesentlich $< {}^1/_{120}$ Sek. liegt. P. Frenzel. 5048 □

**Geschlossener Leitfähigkeitsapparat für nichtwässrige Systeme.** Alexander I. Popov, William A. Deskin und Norman E. Skelly. (Proc. Iowa Acad. Sci. **64**, 242—46, 1957; Iowa City, Iowa, State Univ. of Iowa, Dep. of Chem.; engl.) — Der App. von Gand [1950] wurde so modifiziert, daß die zu lösende Substanz auch im festen Zustand verwendbar ist u. daß sich die Herst. von Verdünnungsreihen vereinfacht. Die Pyrex-App. (Schliffe mit Pt-Schmierung) erhält unterhalb der 2. Vorlage der Dest.-Anlage das abnehmbare Lösegefäß mit magnet. Rührer. Von da fließt die Lsg. in das Verdünnungsgefäß (A), das oben u. in der Hälfte verengt u. graduiert ist. Durch ein zum Boden reichendes Steigrohr wird die Lsg. in die Leitfähigkeitszelle (B) gedrückt. Nach Messen u. Zurückfließen in A wird die in B zurückgebliebene Menge am A abgelesen, etwa die Hälfte Lsg. aus A unten abgelassen u. Lsgm. oben nachgefüllt. Ergebnisse von Messungen an wss. Lsgg. von KCl bzw. an Lsgg. von Tetrapropylammoniumjodid in Acetonitril stimmen mit bekannten Werten überein, bei KCl innerhalb 0,5%. R. Junge. 5052 □

**Bestimmung von Dielektrizitätskonstanten mit Hilfe eines Superhet-Rundfunkempfängers.** A. Jogarao und U. H. Narayanan. (J. sci. ind. Res. [New Delhi], Sect. B **15**, 205—06, April 1956; Karaikudi, Central Electrochem. Res. Inst.; engl.) — Die Messung der DK dünner Oxidfilme auf Metallen (Cu oder Al) wurde im Bereich von ca. 5—7,3 MHz mit Hilfe eines normalen Rundfunkempfängers durchgeführt. Dazu wurde dessen Oscillator durch einen kapazitätslinearen Drehkondensator sowie durch die Probenhalterung erweitert. Eine Rundfunkstation bekannter Frequenz wird einmal mit, einmal ohne Probe eingestellt, u. die Kapazitätsdifferenz am Drehkondensator ergibt den Meßwert. Testmessungen stimmen gut mit Literaturwerten überein. R. Junge. 5052□

**Semiquantitative Autoradiographie mit Hilfe des Ringofens.** 2. Mitt. **Genauigkeit und Empfindlichkeit.** Lambert J. Ottendorfer und Herbert Weisz. (Mikrochim. Acta [Wien] **1962,** 725—34, Wien, TH, Inst. für analyt. Chem. u. Mikrochem.; dt.) — 1. vgl. C. **1963,** 1373. — Die l. c. beschriebene Meth. zur halbquant. Best. radioakt. Substanzen mit Hilfe der Chronoautoradiographie wird weiter ausgeführt. Die Genauigkeit u. Empfindlichkeit der Meth. werden diskutiert u. eine Reihe verschiedener Anwendungsbeispiele beschrieben, bes. die Anwendung einer aus einem Nuclid hergestellten Standardskala zur Best. anderer Nuclide. Die experimentelle Ermittlung des dazu benötigten Nuclidumrechnungsfaktors wird beschrieben. Hansjoachim Thiele. 5052◇

**Radiochemische Analyse von bestrahlten Polyphenylen.** F. F. Felber jun. und R. C. Koch. (Analytic. Chem. **34,** 280—83, Febr. 1962; Pittsburgh, Pa., Nucl. Sci. and Engng. Corp., Phys. Sci. Dep.; engl.) — Es wird ein Verf. zur radiochem. Best. von $^{32}P$, $^{35}S$, $^{75}Se$, $^{54}Mn$, $^{59}Fe$, $^{58}Co$, $^{60}Co$, $^{65}Zn$, $^{76}As$, $^{90}Sr$, $^{95}Zr$, $^{122}Sb$, $^{124}Sb$, $^{137}Cs$ u. $^{140}Ba$ in bestrahlten Polyphenylen beschrieben. Nach Aufschluß mit $HClO_4$ werden die Elemente in Gruppen getrennt. Neun der 15 Nuclide konnten in hinreichenden Mengen analysiert werden. J. Weiner. 5052□

**Markierte organische Verbindungen in der Gaschromatographie.** Fulvio Cacace. (Nucleonics [New York] **19,** 45—50, Mai 1961; Rom, Univ.; engl.) — Übersicht über die bis Anfang 1961 erschienenen Arbeiten über die Anwendung der Gaschromatographie auf die Analyse $^{14}C$- u. $^{3}H$-markierter organ. Verbindungen. — 37 Literaturangaben. U. Drehmann. 5062

**Eine gaschromatographische Apparatur zur Untersuchung der heißen Chemie organischer Halogenverbindungen.** M. D. Silbert und R. H. Tomlinson. (Canad. J. Chem. **39,** 706—10, März 1961; Hamilton, Ontario, McMaster Univ., Hamilton Coll., Dep. of Chem.; engl.) — Vff. beschreiben die Konstruktion einer einfachen zur Unters. β-akt. Stoffe geeigneten gaschromatograph. Apparatur. Die Dosierung erfolgt wahlweise durch Mikroclipper oder Injektionsspritze. Temp.-Programmierung erlaubt die Analyse von Komponenten eines weiten Siedebereichs. Als Detektor wird ein Strömungszählrohr verwendet, das leicht durch einen gaschromatograph. Detektor ersetzt bzw. ergänzt werden kann. Die Ergebnisse der Anwendung auf die Rk. $^{79}Br(n,\gamma)^{80}Br$ werden mitgeteilt. C.-E. Döring. 5062□

**Neuere apparative Entwicklungen in der Gas-Chromatographie.** 1. Mitt. Günter von Waldeyer-Hartz. (Abh. dtsch. Akad. Wiss. Berlin, Kl. Chem., Geol. Biol. **1962,** Nr. 1, 489—506; Bonn, Dr. Virus KG.; dt.) — Übersicht über die apparativen Neuerungen bei kommerziellen Geräten. Beschreibung eines elektromechan. Integrators, der bei einem Querstrom von dem 100fachen des Laststroms eine Linearitätsabweichung von nur 0,15% aufweist. Bei einer Leistungsaufnahme von 1 μW wird ein Goldkontakt betätigt, das wiederum über ein Relais Striche im Verhältnis zum aufgegebenen Querstrom schreibt. Jeder 10. Strich ist verstärkt. Weiter wird ein elektron. RC-Integrator der Dr. Virus-KG, Bonn, beschrieben, der mit einem nachgeschalteten Gleichstromverstärker mit einem Verstärkungsfaktor 1:1 arbeitet. G. v. Waldeyer-Hartz. 5062□

**Herstellung langer Glascapillaren für Zwecke der Gaschromatographie.** Karel Tesařík, Karel Hána und Miloslav Janíček. (Chem. Listy **55,** 1467—69, Dez. 1961; Brno, Čs. akad. věd., Labor. pro analysu plynů; tschech.) — Vff. konstruierten eine App. zum Ziehen von Capillaren aus dickwandigen Glasröhren. Es wurden gerade oder spiralförmig gewundene Capillaren aus verschiedenen Glassorten mit verschiedener lichter Weite (0,08—0,25 mm) u. Wandstärke (0,1—0,6 mm) in Längen bis zu 30 m hergestellt. Die App. hat sich auch zum Überziehen von Metalldrähten mit einer Isolierglasschicht bewährt. M. Ryba/Prag. 5062

**Die Entwicklung hochwirksamer Trennsäulen für die Verteilungs-Gaschromatographie.** J. E. Purnell. (Ann. New York Acad. Sci. **72,** 592—605, 20/3. 1959; Cambridge, Univ., Dep. of Phys. Chem.; engl.) — Allg. theoret. u. prakt. Unters. der Parameter (Proben-Zus. u. -menge, Trennsäulendruck, Trägergas-Geschw., Zus. des Trennmaterials), die die Trennwirksamkeit gaschromatograph. Trennsäulen beeinflussen. W. Hein. 5062◇

**Korngrößenuneinheitlichkeit bei überdimensionalen Säulen.** J. Calvin Giddings und Edward N. Fuller. (J. Chromatogr. [Amsterdam] **7,** 255—58, Febr. 1962; Salt Lake City, Utah, Univ. of Utah, Dep. of Chem.; engl.) Vff. besprechen an Hand eigener Verss. die Korngrößenverteilung beim Füllen überdimensionaler Gaschromatographiesäulen (4,69 cm Innen-Ø) mit Chromosorb W (80—100 mesh) bzw. Glasperlen (120—170 mesh) u. deren Einfl. auf die Strömungsgeschwindigkeit. Es wurde festgestellt, daß die größeren Partikel stets nach außen an die Wand des Rohres gelangen. Die Geschw.-Differenz zwischen Innen- u. Außenbezirk ist gegeben durch die Beziehung $\Delta v/\bar{v} < (N)^{-1/2}$ mit $\bar{v}$ = mittlere Strömungs-Geschw. u. N = Zahl der theoret. Böden der Säule. M. Finke. 5062□

**Eigenschaften des Calciumzeolithes als Adsorbent für die Gaschromatographie.** J. Janák, M. Krejči und E. E. Dubský. (Ann. New York Acad. Sci. **72,** 731—38, 20/3. 1959; Brno, Czechoslovak Acad. of Sci., Labor. for Gas Analysis; engl.) — Ca-Zeolith muß als Trennmaterial bei mindestens 300° aktiviert werden. Temp. von 350—600° können jedoch auch noch verwendet werden. Trennen lassen sich $H_2$, $O_2$, CO, $N_2$ u. $CH_4$ mit Ar als Trägergas u. He, $O_2$, $N_2$, $CH_4$ u. CO mit $H_2$ als Trägergas. Der Einfl. der Probenfeuchtigkeit kann vernachlässigt werden, da Ca-Zeolith für W. bis 250° ein ungewöhnlich hohes Adsorptionsvermögen besitzt. W. Hein. 5062◇

**Gaschromatographie an adsorbierten Schichten.** O. Grubner und L. Dušková. (Collect. czechoslov. chem. Commun. **26,** 3109—15, Dez. 1961; Prag, Tschechoslov. Akad. Wiss., Inst. für phys. Chem.; dt.) — Vff. beschreiben die Verw. von Methanol, A., Aceton, Methyläthylketon, Äthylformiat, Äthylacetat, Dioxan, n-Hexan, Cyclohexan u. Acetonitril als Trennfll. bei der Verteilungs-Gaschromatographie. Um einen konst. Bedeckungsgrad des Trägermaterials (Kieselgur) zu sichern, wurden die Trennfll. mit konst. Partialdruck dem Trägergas zugesetzt. Die mit einem Standardgemisch aus aliphat. $C_5$-Olefinen ermittelten Trennleistungen der Säulen entsprachen denen mit nichtflüchtigen Trennflüssigkeiten. K. Setínek/Prag. 5062

**Gereinigtes Kohlendioxid für die Gaschromatographie nach Janak.** Nicole Sirat. (Bull. Soc. chim. France **1962,** 1388—89, Juli; Algier, C.N.R.S., Labor. de Genie Chim., Fac. des Sci.; franz.) — In einer im einzelnen beschriebenen Glas-App. (Skizze u. genaue Maße) wird techn. $CO_2$ (99,4 % ig) von Alkylolaminen — bevorzugt von 30 % ig. Triäthanolamin — gebunden u. in einer erhitzten Kugel als 99,96 % ig. $CO_2$ freigesetzt. Das reine Gas wird als Trägergas für chromatograph. Trennungen nach Janak benutzt. W. Kupfer. 5062□

**Gravimetrischer Probengeber für die Gaschromatographie. Anwendung auf Pyrolyse-Untersuchungen.** Roger S. Porter, Allan S. Hoffman und Julian F. Johnson. (Analytic. Chem. **34,** 1179—80, Aug. 1962; Richmond, Calif., California Res. Corp.; engl.) — Die Probe wird in einem Heizblock eingewogen, wo sie pyrolyt. zersetzt wird. Die flüchtigen Zers.-Prodd. werden von dem quer durch den oberen Teil der Zers.-Kammer geleiteten Trägergasstrom zum Gaschromatographen mitgeführt. W. Betcke. 5062□

**Ein einfaches Verfahren zur Eichung empfindlicher gaschromatographischer Detektoren.** M. G. Burnett und P. A. T. Swoboda. (Analytic. Chem. **34,** 1162—63, Aug. 1962; Cambridge, Low Temp. Res. Stat.; engl.) — An Hand von bekannten Dampfdruckdaten u. unter der Voraussetzung der Gültigkeit des Henryschen Gesetzes werden empfindliche gaschromatograph. Detektoren für A. u. für Aceton mit stark verd. wss. Lsgg. (bis zu 1,7 bzw. 0,07 ‰) abs. geeicht. W. Betcke. 5062□

**Konstruktion eines einfachen Katharometers.** Carl O. Thomas und Hilton A. Smith. (J. chem. Educat. **36,** 527, Okt. 1959; Knoxville, Tenn., Univ.; engl.) — Beschreibung zur Herst. eines Katharometers für die Gaschromatographie aus einem massiven Messingzylinder. W. Betcke. 5062◇

**Ein Katharometer zum Nachweis kleiner Gasmengen.** M. Mohnke und W. Saffert. (Chem. Techn. **13,** 685—86, Nov. 1961; Leipzig, Dt. Akad. der Wiss. zu Berlin, Inst. für phys. Stofftrennung; dt.) — Konstruktionsbeschreibung eines Katharometers. Seine Empfindlichkeit wird an 2 Beispielen mit verschiedenen Mengen Propan u. Neon im $H_2$-Strom an einer 40 m langen, unimprägnierten Perloncapillare (0,25 mm Ø) gezeigt. W. Luchsinger. 5062□

**Ein kontinuierliches Verfahren zur massenspektrometrischen Bestimmung gaschromatographisch vorgetrennter Substanzgemische.** Dieter Henneberg. (Z. analyt. Chem. **170,** 365—66, 1959; Mülheim/Ruhr, MPI für Kohlenforsch.; dt.) — Vgl. C. **1962,** 967. — Vf. teilt eine Meth. zur massenspektrograph. Auswertung eines durch Gaschromatographie getrennten Substanzgemisches mit. Das gaschromatograph. getrennte Gemisch wird einem auf eine bestimmte Masse fest eingestellten Massenspektrographen (MS) zugeführt, der das ganze Chromatogramm mitschreibt, so daß jeder vom MS mitgeschriebene Peak dem zugehörigen Peak des Chromatogramms entspricht. Aus dem

Verhältnis der Peakhöhen im Gaschromatogramm u. in der vom MS geschriebenen Kurve läßt sich eindeutig das Mischungsverhältnis der Substanzen ablesen. Als Beispiel wird die Best. eines gaschromatograph. nur sehr schwer trennbaren Gemisches von Hexen-(1) u. 2-Methylhepten-(1) angegeben. K. Huste. 5062□

**Die Identifizierung und quantitative Bestimmung gaschromatographischer Fraktionen durch Infrarotspektroskopie in der Dampfphase.** D. M. W. Anderson und J. L. Duncan. (Chem. and Ind. **1958,** 1662, 13/12. 1958; Edinburgh, Univ., Dep. of Chem.; engl.) — Kurzer Hinweis auf geeignete Küvetten, die die IR-spektroskop. Best. gaschromatograph. Fraktionen ($10^{-9}$ Mol) ermöglichen. C.-E. Döring. 5062□

**Spektroskopische Analyse.** P. F. S. Cartwright und D. W. Wilson. (Annu. Rep. Progr. Chem. **57,** 453—59, 1960, herausgeg. 1961; engl.) — Fortschrittsbericht. — 89 Literaturangaben (vorwiegend 1960.) R. Gutzschebauch. 5063□

**Die Grundlagen für eine allgemeine, spektrochemische Analysenmethode.** N. Kemp. (Ind. chim. belge **23,** 367—80, April 1958; Gent, Univ., Labor. voor analyt. Scheikunde; fläm.) — Qual. Spektren lassen sich quant. auswerten, indem man eine große Anzahl von Variabeln konst. hält. Die der zu untersuchenden Probe eigenen Variabeln vermindern die allg. Anwendbarkeit des Verfahrens. Die in Betracht kommenden Arbeitsweisen für ein allg. spektrolanalyt. Verf. werden aufgeführt. — 65 Literaturangaben. W. Wesly. 5063□

**Gitterspektrograph mit großer Apertur unter Verwendung käuflicher Kamerabestandteile.** Arnold M. Bass und Karl G. Kessler. (J. opt. Soc. America **49,** 1223—25, Dez. 1959; Washington, D.C., Nat. Bur. of Stand.; engl.) — Beschreibung des Spektrographen. C. Gottfried. 5063

**Das Erreichen hoher Auflösungsvermögen durch Beugungs- und Stufengitter.** George R. Harrison und George W. Stroke. (J. opt. Soc. America **50,** 1153—58, Dez. 1960; Cambridge, Mass., MIT, Spectrosc. Labor.; engl.) — Die Möglichkeiten des hohen Auflösungsvermögens, der großen Dispersion u. Helligkeit von planen Gittern bei hohen Einfalls- u. Beugungswinkeln werden vom theoret. u. prakt. Standpunkt aus diskutiert. Die Grenzen u. die Probleme, die zu ihrer Herabsetzung gelöst werden müssen, werden betrachtet. Vorläufige neue Ergebnisse mit Stufengittern (Echelles) in Serie zur Herst. von Breitbandspektrographen noch höheren Auflösungsvermögens werden mitgeteilt. H. Lindberg. 5063□

**Messungen mit einem Spektralradiometer.** N. Ginsburg, W. R. Fredrickson und R. Paulson. (J. opt. Soc. America **50,** 1176—86, Dez. 1960; engl.) — Es wird ein f/2,5 Spektralradiometer beschrieben, das aus einem auf einem beweglichen Kopf montierten Teleskop u. Monochromator besteht. Durch Vgl. mit einem schwarzen Körper können spektrale Strahlungen in $W/cm^2 \cdot \mu$sterad gemessen werden. Die Beobachtung verschiedener Objekte zeigt im Mittel bei Wellenlängen zwischen 3,0 u. 6,0 $\mu$ ein für alle Objekte fast gleiches „effektives Emissionsvermögen" von 0,9 mit großer Streuung zwischen 0,55 u. 1,05, die unabhängig vom Objekt ist. Messungen bei gegebener Wellenlänge zeigen jedoch Unterschiede. Schnelle Emissionsänderungen werden beobachtet. Die Ergebnisse werden diskutiert. H. Lindberg. 5063□

**Ein sich im Luftraum befindliches Spektroradiometer.** L. G. Mundie, D. E. Brown, P. G. Hasell jun. und D. S. Lowe. (J. opt. Soc. America **50,** 1187—92, Dez. 1960; Ann Arbor, Mich., Bendix Syst. Div.; engl.) — Das beschriebene sich im Luftraum befindliche spektroradiometr. Syst. erlaubt Messungen an Raumobjekten im Gebiet von 0,25—15 $\mu$. Das Syst. hat großes Auflösungsvermögen u. hohe Empfindlichkeit. H. Lindberg. 5063□

**Verwendung eines „Plasmabrenners" als spektrochemische Anregungsquelle.** K. H. Neeb und W. Gebauhr. (Z. analyt. Chem. **190,** 92—97, 1962; Erlangen, Siemens-Schuckertwerke AG, Forsch.-Labor.; dt.) — Das heiße Bogenplasma einer in einer wassergekühlten Brennerkammer zwischen 2 übereinander angeordneten Elektroden erzeugten Gleichstromentladung wird mit einem Gasstrom (Ar, $N_2$) durch eine Bohrung in der oberen Elektrode hinausgedrückt, so daß die Entladung als einige cm hoher flammenähnlicher Strahl brennt. Die zu untersuchende Lsg. wird in die Entladungszone gebracht (Skizze u. Schaltschema). Es wurde die Eignung des Plasmabrenners zur spektrograph. Best. kleiner Mg-Mengen untersucht. Eine Mg-Konz. von 1 $\mu$g/ml ergibt noch gut ausmeßbare Linien; wegen der besseren Zerstäubungs-Eigg. wurde als Lsgm. 80%ig. Aceton (leicht mit HCl angesäuert) verwendet. Es wurde die Verteilung der angeregten Mg-Atome u. -Ionen längs des Strahls ermittelt. Die Reproduzierbarkeit ist gut; ein Best.-Fehler von $\pm 5\%$ dürfte sich ohne größere Schwierigkeiten erreichen lassen. P. Kurzmann. 5063□

**Spektralstrahlenstandard für den Bereich von 0,25 bis 2,6 Mikron.** Ralph Stair, Russell G. Johnston und E. W. Halbach. (J. Res. nat. Bur. Standards, A **64**, 291—96, Juli/Aug. 1960; Washington, D.C., Nat. Bur. of Stand.; engl.) — W-Bandlampen werden für Labor.-Zwecke im Bereich von 1400—2400° K mit schwarzen Körpern geeicht. Als schwarzer Körper wird Graphit benutzt, u. die Spektralcharakteristik des neuen Lampenstandards mit anderen schwarzen Körpern bei verschiedenen Temp. verglichen. J. Heinze. 5063□

**Über den Einfluß des Zerkleinerungsgrades von Substanzen auf das Ergebnis der quantitativen Spektralanalyse nach der Einblasmethode.** G. I. Kibissow und N. B. Kubassowa. (J. analyt. Chem. [UdSSR] **16**, 660—63, Nov./Dez. 1961; Leningrad, Inst. für angew. Chem.; russ., Auszug: engl.) — Bei Anregung von Spektren nach der Einblas-Meth. ist die Intensität der Spektrallinien vom Zerkleinerungsgrad des Materials abhängig. Bei sehr feinem Material (90% der Teilchen haben eine Größe $\lesseqgtr 2\ \mu$) verschwindet der Einfl. der Teilchengröße auf das Analysenergebnis. Es wird eine App. beschrieben, die eine Feinzerkleinerung der Pulver in 2—4 Min. gewährleistet. H.-P. Pietsch. 5063□

**Der Einfluß von AgCl und $Ga_2O_3$ als „spektroskopische Träger" auf die Destillation von Spurenverunreinigungen aus spektroskopischen Proben.** L. Pszonicki und J. Minczewski. (Spectrochim. Acta [London] **18**, 1325—36, Okt. 1962; Warsaw, Pol. Acad. of Sci., Inst. of Nucl. Res.; engl.) — An synthet. Gemischen von $U_3O_8$ u. $10^{-2}$ bis $10^{-3}$% verschiedener Metalle als Oxide wurden die Einfl. „spektroskop. Träger" bei der spektrograph. Best. der Metalle untersucht, wobei als repräsentative Beispiele für die Gruppen der Oxid- u. Chloridträger $Ga_2O_3$ bzw. AgCl verwendet wurden. Die Metallspuren wurden mit u. ohne Träger abdest. u. das Destillat an einer Elektrode gesammelt. In Ggw. der Träger gelingt die Verflüchtigung einer Reihe von schwerflüchtigen Metallen. Der Einfl. verschiedener Träger-Konzz. sowie verschiedener Dest.-Temp., die von Bedeutung für die Wahl des Trägers sind, wird eingehend diskutiert u. der Wrkg.-Mechanismus der Träger in der Dest.- u. Anregungsphase untersucht. Harro Zimmer. 5063□

**Eine Methode mit nur einmaligem Zusatz zur Spektralanalyse von Spuren.** 1. Mitt. **Anwendung für quantitative Bestimmungen.** Janina Świętosławska und Sima Held. (Chem. analit. [Warszawa] **3**, 515—30, 1958; Warszawa, Inst. Chem. ogóln., Zakł. Fiz. techn.; pol., Auszug: engl.) — Der Fehler u. die Genauigkeit sowie die optimalen Bedingungen der Meth. des einmaligen Zusatzes einer Komponente bei der Spektralanalyse von Spuren werden rechner. abgeleitet. Dabei wird die Gültigkeit der Gleichung $I = a \cdot c^b$ (I = Intensität der Linie des zu bestimmenden Bestandteils, c = Konz. des Bestandteils, a u. b = Konst.) im Bereich $x \leqslant c \leqslant x + z$ vorausgesetzt. F. Urban. 5063□

**Eine Methode mit nur einmaligem Zusatz zur Spektralanalyse von Spuren.** 2. Mitt. **Anwendung der linearen Extrapolation bei halbquantitativen Bestimmungen.** Janina Świętosławska und Sima Held. (Chem. analit. [Warszawa] **3**, 531—41, 1958; pol., Auszug: engl.) — 1. vgl. vorst. Referat. — Die lineare Extrapolation der Konz. c im Bereich x (gesuchte Konz.) u. x + z (mit dem Zusatz z) in Abhängigkeit von I ist für halbquant. Best. hinreichend genau. F. Urban. 5063□

**Titration mit Vanadin(II)-Salzen.** 2. Mitt. **Bestimmungen von Uran(VI), Zinn(II), Kaliumchlorat, Kaliumbromat, Kaliumperoxosulfat, Natriumperborat, Natriumperoxid und Wasserstoffperoxid.** R. K. Mittal, J. P. Tandon und R. C. Mehrotra. (Z. analyt. Chem. **189**, 406—11, 1962; Gorakhpur, India, Gorakhpur Univ., Chem. Labor.; engl.) — 1. vgl. C. **1963**, 4461. — $UO_2^{2+}$ wird in $H_2SO_4$-haltiger, von $O_2$ befreiter Lsg. mit $VSO_4$-Lsg. langsam titriert; gegen Ende der Titration wird als Indicator p-Äthoxychrysoidin zugesetzt. Zur Best. von $Sn^{2+}$ werden in salzsaurer Lsg. überschüssige $Fe^{3+}$-Ionen zugesetzt; der Überschuß wird mit $VSO_4$ gegen Methylenblau oder Gallocyanin zurücktitriert. $KClO_3$ wird durch Versetzen der $H_2SO_4$-haltigen Lsg. mit einem $VSO_4$-Überschuß bei 70°, Erwärmen auf 90° für 5 Min. u. Rücktitration des $VSO_4$-Überschusses mit $Fe^{3+}$ gegen Neutralrot oder Phenosafranin oder durch Versetzen der zu bestimmenden Lsg. mit überschüssigem $Fe^{2+}$ u. Titration des entstandenen $Fe^{3+}$ nach 5 Min. langem Erwärmen im Wasserbad mit $VSO_4$ gegen Methylenblau oder Gallocyanin bestimmt. $KBrO_3$ wird mit einem $VSO_4$-Überschuß versetzt u. mit $Na_2S_2O_3$-Lsg. titriert. $K_2SO_5$, $NaBO_2 \cdot H_2O_2$, $Na_2O_2$ u. $H_2O_2$ werden in $H_2SO_4$-haltiger Lsg. durch Versetzen mit einem $VSO_4$-Überschuß u. Rücktitration mit $KMnO_4$-Lsg. (wobei außer bei $K_2SO_5$ $Fe^{3+}$-Ionen als Katalysator zugesetzt werden müssen) oder $Fe^{3+}$-Lsg. gegen Neutralrot oder Phenosafranin bestimmt. Auch kann die zu bestimmende Lsg. erst mit $Fe^{2+}$-Lsg. im Überschuß versetzt werden; die gebildeten $Fe^{3+}$-Ionen werden mit $VSO_4$ gegen Methylenblau oder Gallocyanin titriert. P. Kurzmann. 5066□

**Untersuchungen über die Säure-Base-Eigenschaften von Dimethylformamid.** Madeleine Tézé und Robert Schaal. (Bull. Soc. chim. France **1962**, 1372—79, Juli; Paris, Labor. de Chim. IV, P. C. B.; franz.) — Dimethylformamid (I) verfügt als disubstituiertes Säureamid über schwache Acidität u. Basizität. Die Ionisations-Konst. werden kryoskop. gemessen, sie liegen bei $10^{-15}$, also in der gleichen Größenordnung wie die des Wassers. Die Eignung von $H_2$-, Kalomel-, Glas- u. anod. präparierten Pt-Elektroden für potentiometr. Messungen in I werden überprüft. Die $H_2$-Elektrode ermöglicht reversible Messungen, wenn keine reduzierbaren Substanzen zugegen sind; mit der Glaselektrode kann man auch sehr schwache Säuren titrieren, im alkal. Gebiet muß die Glaselektrode aber bes. präpariert sein, so daß dort die anod. behandelte Pt-Elektrode vorzuziehen ist. Die Messung der wahren Ionisations-Konst. in I ist sehr kompliziert, da in Verdünnungsreihen bei konst. Ionenstärke der Meß-Lsgg. der Einfl. der Aktivität ermittelt werden muß. Wegen des Dissoziations-Verh. u. des guten Lösevermögens ist I ein hervorragendes Medium für Säure–Basen-Titrationen. Selbst Diphenylamin, o-Nitranilin u. Methanol können ohne Schwierigkeiten titriert werden. W. Kupfer. 5066□

**Tris-(hydroxymethyl)-aminomethan als Urtiter für nichtwässerige Säure–Base-Titrationen.** T. R. Williams und J. D. Harley. (Chemist-Analyst **50,** 114—15, Dez. 1961; Wooster, Ohio, Coll. of Wooster, Dep. of Chem.; engl.) — In einer vergleichenden Unters. wurden 1.3-Diphenylguanidin, K-Biphthalat u. Tris-[hydroxymethyl]-aminomethan zur Geh.-Best. von $HClO_4$-Lsg. in Eisessig benutzt. Opt. Endpunkts-Best. mit Kristallviolett oder Methylviolett u. potentiometr. Endpunkts-Best. brachten für alle 3 Urtiter gut übereinstimmende Ergebnisse. R. Ristow. 5066□

**Eine Titrationskontrolleinrichtung zur Demonstration des Verhaltens von Säure–Base-Indicatoren.** John T. Stock. (J. chem. Educat. **38,** 633—34, Dez. 1961; Storrs, Conn., Univ. of Connecticut; engl.) — Beschreibung einer elektron., mit Transistoren bestückten Schaltung zur Steuerung von pH-Metern. W. Hein. 5068□

**Methylorange als Indicator bei der Titration von Natriumoxalat mit Cer(IV)-sulfat bei 70°.** V. Pandu Ranga Rao und A. Suryanarayana. (Z. analyt. Chem. **191,** 200—02, 1962; Waltair, India, Andhra Univ., Dep. of Chem.; engl.) — Vff. beschreiben eine Meth., nach der Oxalat mit $Ce(SO_4)_2$-Lsg. bei 65—70° in 1—2n HCl-bzw. $HClO_4$-Lsg. unter Verw. von Methylorange (I) als Indicator titriert werden kann. In schwefelsaurer Lsg. verläuft die Oxydation von I selbst bei 70° zu langsam; in $HNO_3$ verblaßt I innerhalb 5 Min. bei 70° ohne Zusatz von $Ce^{4+}$. Der Indicator ist irreversibel. Gerhard Schulze. 5068□

**Methylorange als Redoxindicator bei Titrationen mit Cer(IV)-ammoniumnitrat in Perchlorsäure.** V. Pandu Ranga Rao, D. Satyanarayana und A. Suryanarayana. (Z. analyt. Chem. **191,** 202—04, 1962; engl.) — Vgl. vorst. Referat. — Vff. ermitteln die Bedingungen zur cerimetr. Titration von $Fe^{2+}$, Hydrochinon u. Oxalat in 0,5—2n $HClO_4$ bei Verw. von Methylorange als Redoxindicator. Das Umschlagspotential des Indicators liegt in 1n $HClO_4$ bei 955 ± 10 mV. In salpetersaurer Lsg. werden keine zufriedenstellenden Ergebnisse erhalten. Verss. zur Reversibilität des Indicators ergaben, daß die Oxydation über ein Zwischenprod., das reversibles Verh. zeigt, zu einem irreversiblen Oxydations-Prod. erfolgt. Gerhard Schulze. 5068□

**Gebrauch von Brucin als Oxydations–Reduktions-Indicator in der Cerimetrie.** G. Gopala Rao und T. P. Sastry. (Talanta [London] **1,** 213—15, Sept. 1958; Waltair, India, Andhra Univ.; engl.) — Es wird eine 0,1%ig. Brucin-Lsg. in 3n $H_2SO_4$ als Redoxindicator in der cerimetr. Best. von $Fe^{2+}$ u. $[Fe(CN)_6]^{4-}$ benutzt. 10 Tropfen dieser Lsg. geben einen guten Endpunkt; bei geringem Überschuß von $Ce^{4+}$-Salz-Lsg. entsteht eine rosa Farbe. Der Brucinindicator hat kleine Vorteile gegenüber den Indicatoren der Diphenylaminklasse. K. Huste. 5068◇

**Chemische Veränderungen bei der Adsorption des Metanilgelbs und Methylenblaus.** E. Pungor und E. Hollos-Rokosinyi. (Ann. Univ. Sci. Budapestinensis Rolando Eötvös nominatae, Sect. Chim. **2,** 17—21, 1960; Budapest, L. Eötvös Univ., Inst. für anorg. u. analyt. Chem.; dt.) — Adsorptions-Unterss. an AgJ ergaben, daß Metanilgelb oberhalb pH 3 als Fajansscher Adsorptionsindicator, bei niedrigeren pH-Werten hingegen als Säure–Base-Indicator wirkt. Die Dissoziations-Konst. (K) des Farbstoffs ist abhängig vom Ionenüberschuß, deshalb ändert sich auch die Adsorptionsfähigkeit. Bei Adsorptions-Verss. von Methylenblau (I) an einer Hg-Oberfläche wurde gefunden, daß K des auf der Oberfläche adsorbierten u. des in Lsg. befindlichen Farbstoffs voneinander abweichen. Sobald die Konz. in der Nähe des Hg geändert wird, ändert sich auch K von I. Herbert Hoffmann. 5068□

**Stabilisierung des Sulfids in wässeriger Lösung.** Daniel F. Bender und Morris B. Jacobs. (Analyst **87,** 759—60, Sept. 1962; Cincinnati, Ohio, Robert A. Taft Sanitary

Engng. Center, Air Pollut. Training Activities; New York, N.Y., Columbia Univ., School of Public Health and Administrative Med.; engl.) — Zur Herst. einer haltbaren Standard-Lsg., die 1,0 $\mu$g $S^{2-}$/ml enthält, für die photometr. Best. von $H_2S$ in der Luft verwenden Vff. Gummi arabicum als Stabilisierungsmittel. 25 ml einer Pb-Acetat-Lsg. (ca. 26 $\mu$g Pb/ml) werden mit 2 ml einer 5% ig. wss. Lsg. von Gummi arabicum u. 50 ml einer Lsg., die 2,0 $\mu$g $S^{2-}$/ml enthält (aus $Na_2S$ hergestellt u. durch jodometr. Titration eingestellt), versetzt u. auf 100 ml verdünnt. Die Suspension ist mindestens 2 Tage lang stabil. Gerhard Schulze. 5070□

**Stabilitätsprüfung wässeriger Natriumtetraphenylboratlösungen.** Stancil S. Cooper. (Chemist-Analyst **46**, 62—64, Sept. 1957; Saint Louis, Mo., Univ., Dep. of Chem.; engl.) — Zur Prüfung der Stabilität von wss. Na-Tetraphenylborat-Lsgg. wurden die Adsorptionsspektren zwischen 240 u. 280 nm von 0,0004m Lsg. mit pH 7—8, von 0,001m nach 24tägigem Stehen u. von Lsg. von pH 5,3—6 nach 3tägigem Stehen aufgenommen. Nur die Lsgg. mit niedrigem pH sind instabil. K. Huste. 5072◇

**Hydroxyaldimine und Hydroxyketimine als organische Fällungsmittel.** Ajit Kumar Mukherjee. (Z. analyt. Chem. **145**, 321—24, 1955; Calcutta, Assoc. for the Cultivation of Sci., Dep. of Inorgan. Chem. engl.) — Es werden Fällungs-Rkk. von $Cu^{2+}$, $Ni^{2+}$, $Co^{2+}$, $Fe^{2+}$, $Fe^{3+}$, $Pd^{2+}$, $Mn^{2+}$, $Zn^{2+}$, $Cd^{2+}$, $Hg^{2+}$, $MoO_4^{2-}$, $VO_3^-$, $UO_2^{2+}$ u. $Ti^{4+}$ mit Hydroxyaldiminen u. o-Hydroxyketiminen mitgeteilt. Resorcylimine u. o-Hydroxyacetophenonimin eignen sich nicht zur quant. Cu- oder Ni-Best., o-Hydroxyaldimine u. o-Hydroxyacetophenonmethylimin geben jedoch mit $Cu^{2+}$ u. $Ni^{2+}$ in wss. Lsg. quant. Fällungen. K. F. Müller. 5072

**Sulfinsäuren als analytische Reagentien.** T. P. Forrest und D. E. Ryan. (Canad. J. Chem. **36**, 1674—79, Dez. 1958; Halifax, N.S., Dalhousie Univ., Dep. of Chem.; engl.) — Die Fällung von Metallionen durch Benzol- (I), $\beta$-Naphthalin- (**II**), p-Toluol- (**III**), 2-Thiophen-, Benzyl-, Cyclohexyl-, n-Hexyl- u. n-Butylsulfinsäure wurde untersucht. Voluminöse Ndd. aus saurer Lsg. werden erhalten mit $Ag^+$, $Hg_2^{2+}$, $Hg^{2+}$, $Pd^{2+}$, $Fe^{3+}$, $U^{4+}$, $Zr^{4+}$, $Bi^{3+}$ u. $Ti^{4+}$; $Sn^{4+}$ gibt gute Fällungen mit **I**, **II** u. **III**, während $Cu^{2+}$, $Pb^{2+}$ u. $Pt^{4+}$ nur unbedeutende Fällungen ergeben. Die Fällung bleibt ganz aus bei $Tl^+$, $Ba^{2+}$, $Ca^{2+}$, $Sr^{2+}$, $Mg^{2+}$, $Cd^{2+}$, $Zn^{2+}$, $Co^{2+}$, $Ni^{2+}$, $Fe^{2+}$, $Al^{3+}$, $As^{3+}$, $Sb^{3+}$, $Rh^{3+}$, $Ir^{4+}$, $As^{5+}$, $WO_4^{2-}$, $MoO_4^{2-}$ u. $VO_4^{3-}$. Da sich aromat. u. aliphat. Sulfinsäuren im Prinzip gleich verhalten, ist die Annahme einer koordinativen Bindung zwischen dem aromat. Ring-Syst. u. dem Metallion in den Fällungen der aromat. Sulfinsäuren nicht zu halten, es liegt vielmehr eine einfache Salz-Bldg. vor. — $Fe^{3+}$ läßt sich aus 2nHCl bei einer Konz. von 0,4—0,6 mg/ml u. 10fachem Reagensüberschuß mit **I** quant. als $Fe(C_6H_5SO_2)_3$ fällen, bei 40fachem **I**-Überschuß wird auch noch bei einer $Fe^{3+}$-Konz. von 0,05 mg/ml ein Nd., sonst eine orangefarbene Lsg. erhalten. Der Nd. löst sich vollständig in 1m $F^-$- oder $PO_4^{3-}$-Lösungen. Das Verschwinden einer zunächst auftretenden orangeroten Farbe in den $Fe^{3+}$-Lsgg. bei langsamem Zusatz von **I** vor der Bldg. des gelblichen Nd., u. die Lsg. des Nd. in $FeCl_3$-Lsg. unter Rötlichfärbung deuten auf das Auftreten einer zweiten $Fe^{3+}$–**I**-Verb. hin. — Der aus 1n schwefelsauren $Ce^{4+}$-Lsgg. auf Zusatz von **I** ausfallende weiße Nd. enthält kein $Ce^{4+}$, vielmehr wird dieses unter Bldg. von Sulfonsäure u. Disulfon zu $Ce^{3+}$ reduziert. Aus acetatgepufferten $Ce^{4+}$-Lsgg. (pH 4) wird dagegen mit Sulfinsäuren ein $Ce^{4+}$-haltiger Nd. wechselnder Zus. erhalten, der einen Anteil in Ae. extrahierbares $Ce(C_6H_5SO_2)_4$ enthält. Die am schwersten lösl. Ndd. werden bei Verw. von **II** als Fällungsreagens erhalten. Die Besonderheiten der Nd.-Bldg. sind für die oben aufgeführten Elemente u. für $Th^{4+}$ tabellar. angegeben. W. Betcke. 5072□

**Eine verbesserte Methode zur Darstellung von Glyoxal-bis-[2-hydroxyanil].** J. Drewry. (Analyst **87**, 827, Okt. 1962; Whitehaven, Cumberland, Marchon Prod. Ltd.; engl.) — Zur Darst. von Glyoxal-bis-[2-hydroxyanil] als Reagens zur photometr. Ca-Best. gibt Vf. folgende einfachere Meth. an, die außerdem eine höhere Ausbeute liefert: 22 g o-Aminophenol versetzt man mit 200 ml Methanol u. 16 ml einer 30% ig. Lsg. von Glyoxal, erhitzt unter Rückfluß bis zum Auftreten von Kristallen u. dann weitere 90 Sek. lang, fügt 200 ml W. von 60° zu, filtriert die Kristalle nach dem Abkühlen ab, wäscht mit $CH_3OH$ in kleinen Anteilen bis zur Farblosigkeit des Filtrates, lösl. den Nd. in 100 ml Aceton unter Erwärmen zum Sieden, filtriert, fügt 50 ml $CH_3OH$ u. nach Erhitzen zum Sieden 50 ml W. von 60° hinzu, läßt abkühlen, filtriert, wäscht mit wenig $CH_3OH$ u. trocknet bei Zimmer-Temp.; 58% Ausbeute. Das reine Reagens ist in Methanol nicht bes. lösl.; eine 0,5% ig. Lsg. neigt zur Kristallabscheidung. In 7 ml Aceton löst sich dagegen 1 g der Substanz. Gerhard Schulze. 5072□

**Änderungen in Methode und Apparatur der Dean und Stark-Destillation.** Geo. E. Mapstone. (South African ind. Chemist **15**, 210—12, Nov. 1961; African Explosives. and Chem. Ind. Ltd., Res. Dep.; engl.) — Bei der Dest. nach Dean u. Stark zur Best.

von W. in Emulsionen treten häufig Schwierigkeiten durch Stoßen u. Schäumen auf, die zu einem Übergehen von Fl. in die Vorlage führen. Zu ihrer Beseitigung wird die Zugabe von Antischaummitteln u. der Ersatz des Xylols durch KW-Stoffe mit niederen Kpp. oder durch chlorierte KW-Stoffe empfohlen. In letzterem Fall muß jedoch die übliche Vorlage wie angegeben geändert werden. D. Hass. 5074□

**Ein einfacher Wärmeleitfähigkeitsmesser zur Gananalyse mit besonderem Bezug auf Räucherungsprobleme.** H. K. Heseltine, J. D. Pearson und H. Wainman. (Chem. and Ind. **1958**, 1287—88, 4/10.; Slough, Bucks., D.S.J.R., London Rd., Pest Infestation Labor.; engl.) — Zur Best. von Methylbromid bei der Verw. als Räuchermittel wird ein einfacher Wärmeleitfähigkeitsmesser beschrieben, der für Feldeinsätze verwendet wird u. mit dem noch 17 ppm bestimmt werden können. W. Luchsinger. 5086□

**Ein Verfahren zur kontinuierlichen Bestimmung von Radon in der atmosphärischen Luft. Anwendung auf die Prospektion von Uran.** Daniel Blanc, Jacques Fontan und Gilbert Vedrenne. (J. Physique Radium, Physique appl., Suppl. zu: J. Physique Radium **21**, 176A—180A, Nov. 1960; Toulouse, Fac. des Sci., Centre de Phys.; franz.) — Vgl. C. **1962**, 17155. — Die von Vff. entwickelte Meth. besteht darin, daß mit Hilfe einer kräftigen Pumpe (10 $m^3$/Std.) Luft durch ein großes Filter angesaugt wird, das alle festen, natürlichen u. künstlichen radioakt. Prodd. zurückhält. Die Luft tritt hierauf in einen großen sog. Zerfallsraum ein, der absolut dicht ist. In ihm zerfällt ein Teil des Rn. Beim Verlassen dieses Raumes werden die radioakt. Prodd. auf einem anderen Filtrierpapier gesammelt, dessen $\alpha$-Aktivität kontinuierlich gemessen wird. Bringt man an diese Vorr. einen weiteren App. vom Typ „Babar" (vgl. hierzu Labeyrie u. Pelle, C. **1954**, 8279) an, dann kann man gleichzeitig Rn u. die radioakt. Prodd. messen. Das Verhältnis beider Aktivitäten ist eine Funktion der Zeit, bei der Rn aus dem Erdboden entwichen ist. Kennt man die Geschw. u. die Richtung des Windes, dann kann man möglicherweise die Lage von U-Vork. bestimmen. C. Gottfried. 5088

**Spektrophotometrische Bestimmung von Phosphor als Molybdatovanadatophosphorsäure. Anwendung auf Schwebeteilchen der Luft.** N. A. Talvitie, Evaristo Perez und Dorotea P. Illustre. (Analytic. Chem. **34**, 866—67, Juni 1962; Cincinnati, Ohio, U.S. Public Health Serv., Div. of Occupat. Health; engl.) — Das Filter mit dem Staub wird naß mit $HNO_3$ u. $HClO_4$ verascht u. die Lsg. nach dem Abrauchen des $HNO_3$ mit $NH_4VO_3$ u. $(NH_4)_2MoO_4$ versetzt. Die $HClO_4$-Konz. muß dabei in dem optimalen Bereich zwischen 0,7m u. 1,7m liegen. Die Extinktion wird bei 400 nm gegen eine Blindprobe gemessen. Es wurde so P in $\mu$g-Mengen bestimmt. P. Kurzmann. 5088□

## a) Elemente und anorganische Verbindungen

**Theoretische Überlegungen und praktische Anwendungen von Komplexen. Über die Bestimmung der Metalle mit Hilfe von Äthylendiamintetraessigsäure und anderen Aminosäuren.** C. Vandael. (Ind. chim. belge **26**, 771—79, 1961; Mons, Fac. Polytechn.; franz.) — Rückblick auf die Entw. der Metallkomplex-Verbb. für die Analyse u. den Mechanismus der Bldg. der Komplexe in Abhängigkeit vom pH-Wert. Hinweis auf die ersten Komplex-Verbb. z. B. $(NH_4)_3 \cdot PO_4 \cdot 12\,MoO_3$ (Sonnenschein, 1851); Chelate z. B. $Ni(C_4H_7O_2N_2)_2$ [1907] u. die von Schwarzenbach in die Komplexometrie eingeführte EDTA, EGTA u. DTPA. P. Nachtwey. 5106□

**Zur Anwendung von Perchlorsäure bei der Bestimmung von $SiO_2$ in Alumosilicaten.** Zygmunt Marczenko und Alicja Stępień. (Chem. analit. [Warszawa] **3**, 169—71, 1958; Warszawa, Inst. Chem. ogóln., Zakł. analit.; pol.) — Die Abscheidung von $SiO_2$ durch einmaliges Abrauchen der Lsg. mit $HClO_4$ ist vollständiger als mit HCl. Das so erhaltene $SiO_2$ läßt sich auch leichter filtrieren. F. Urban. G 261□

**Versuch zur Verwendung der Flammenphotometrie zur Kontrolle der Elektrovakuumerzeugung.** M. A. Awerbuch. (Betriebs-Lab. [UdSSR] **27**, 358, März 1961; russ.) — Zur Best. der *Alkalimetalle* in Gläsern u. Rohmaterialien für die Elektrovakuumerzeugung, zur Best. von Na, K u. Cs in Photokathoden, in Ermitters von Photoelementen u. in Photomultipliern u. zur Ermittlung des Ca, Ba, Sr u. Na-Geh. in Carbonaten für Elektronenlampen u. Elektronenleuchtröhren wird die Flammenphotometrie verwendet. Dauer der Best. 15—20 Min.; mittlerer Fehler von 0,5—1%.
H.-P. Pietsch. G 272□

**Nachweis von Cadmium in Gegenwart von Kupfer ohne Cyanid.** R. D. Archer. (J. chem. Educat. **38**, 638, Dez. 1961; Riverside, Calif., Univ. of California; engl.) — Ergänzende Bemerkungen zur Arbeit von Chandra, C. **1963**, **6714**). W. Hein. G 289□

**Die Anwendung der Röntgenfluorescenzanalyse auf dem Gebiete der Leichtmetalle.** H. Pfundt. (Rév. univ. Mines, Métallurgie, Mécan., Trav. publ., Sci. Arts appl. Ind. [9] **17 (104)**, 203—07, April 1961; Bonn, Vereinigte Aluminium-Werke; dt.) — Vgl. C. **1962**,

12407. — Vf. beschreibt die Verw. der Röntgenfluorescenzanalyse auf dem Gebiet der Leichtmetalle, die Arbeitsbedingungen, das Gerät, speziell für die Analyse der leichten Elemente mit den Atomnummern 13—20, ferner die Vorbereitung der Proben für Pulver u. Metallproben. Die Analysenergebnisse für Al u. seine Legg., Rein-Mg u. seine Verunreinigungen, Rein-Si, Ferrosilicium mit seinen Komponenten u. Quarz mit seinen Beimengungen sind graph. angegeben. C. Gottfried. G 294

**Flammenphotometrische Untersuchung blasenhaltiger Aluminiumplatten.** E. Pungor und E. É. Zapp. (Z. Metallkunde **52,** 107—11, Febr. 1961; Budapest, L. Eötvös-Univ., Inst. für anorgan. u. analyt. Chem.; dt.) — Vgl. C. **1962,** 13879. — In Al-Platten können mit Hilfe der Additions-Meth. $10^{-3}$% Na u. $10^{-4}$% K reproduzierbar mit einer durchschnittlichen Genauigkeit von 5—10% flammenphotometr. bestimmt werden. Bei blasenhaltigen Al-Platten wurde an den Blasen ein erhöhter K-Geh. festgestellt. F. Vier. G 294 □

**Aktivierungsanalyse von Indium mit einer Radium–Beryllium-Neutronenquelle.** 2. Mitt. **Neutronenbestrahlung wässeriger Probelösungen.** Yuzuru Kusaka und Haruo Tsuji. (J. chem. Soc. Japan, pure Chem. Sect. [Nippon Kagaku Zasshi] **81,** 1087—90, Juli 1960; Kôbe-Higasinadaku, Kônan-Daigaku, Rigakubu; jap., Auszug: engl. S. A 77.) — 1. vgl. C. **1961,** 6612. — Die Aktivierung von $In(NO_3)_3$ wird in wss. Lsgg. unter verschiedenen Bedingungen untersucht. Der in Paraffin (I) bzw. W. im Neutronenfluß einer Ra–Be-Quelle im Abstand von ca. 0,5—1 cm ein Maximum auftritt, wird zur Ausbeutesteigerung die Probe-Lsg. stärker verd. u. dann in einem **I**-Block bestrahlt. Das Bestrahlen der relativ konz. Lsg. in W. gibt schlechtere Ergebnisse. E. Maekawa. G 296 □

**Analytische Untersuchung der Reaktion von Thallium(III) und Hydrazinsulfat** A. Berka und A. I. Busev. (Analytica chim. Acta [Amsterdam] **27,** 493—97, Nov. 1962; Praha, Karlsuniv., Lehrstuhl für analyt. Chem.; Moscow, Staatl. M.V. Lomonossow-Univ., Lehrstuhl für analyt. Chem.; dt.) — Die Unters. der Rk. von Tl(III) mit Hydrazinsulfat (I) ergab, daß in schwach schwefelsauren Lsgg. die Rk. schnell u. quant. verläuft, so daß sie sowohl zur direkten potentiometr. Titration von $Tl^{3+}$ als auch zur Best. von **I** mit Tl(III)-Maß-Lsgg. verwendet werden kann. Bei Verw. des Elektroden-Syst. Pt–Graphit wird eine schnelle Einstellung der Potentiale erzielt. Die Tl-Best. wird durch $Be^{3+}$, $Zn^{2+}$, $Cr^{3+}$, $Al^{3+}$, $Mn^{2+}$, $Ni^{2+}$, $Co^{2+}$, $Ca^{2+}$, $Sr^{2+}$, $Ba^{2+}$, $Mg^{2+}$, $Cu^{2+}$, $Cd^{2+}$, $Bi^{3+}$, $Pb^{2+}$, $Ag^{+}$, $Fe^{3+}$, As(V), $Ga^{3+}$, $In^{3+}$, Ti(IV), $Li^{+}$, $NO_3^-$, $F^-$, $SiO_3^{2+}$ u. $PO_4^{3-}$ nicht gestört. Ionen, die mit Tl Komplexe bilden oder Tl ausfällen sowie durch **I** red. werden ($Cl^-$, $Br^-$, $J^-$, $MoO_4^{2-}$, $WO_4^{2-}$, $VO_3^-$ u. $Cr_2O_7^{2-}$) stören. **I** kann auch auf indirektem Wege durch Zugabe eines Überschusses von Tl(III)-Salz bestimmt werden, indem die unverbrauchte Tl-Menge komplexometr. titriert wird. Gerhard Schulze. G 297 □

**Verfahren zur Bestimmung von Barium-140 und Lanthan-140 in einer Mischung der beiden Radioisotope.** William B. Lane. (Analytic. Chem. **33,** 478, März 1961; San Francisco, Calif., U. S. Naval Radiolog. Defense Labor.; engl.) — Der erhebliche Unterschied zwischen $^{140}Ba$ u. $^{140}La$ hinsichtlich ihrer Photonenenergie erlaubt eine halbquant. Best. ihres Mengenverhältnisses in Mischungen. Die $\gamma$-Strahlung wird einmal in einer Ionisationskammer u. einmal mit einem Scintillationszähler gemessen. Aus dem Verhältnis der Werte, das von der Zus. der Mischung abhängt, ergibt sich diese an Hand einer Eichkurve bei einem Fehler von $<10$%. W. Betcke. G 301 □

**Kontinuierliche elektrophoretische Trennungen radioaktiver Mischungen von Seltenerdmetallen.** 2. Mitt. **Trennung von $^{147}$Nd–$^{169}$Er–$^{177}$Lu, $^{144}$Ce–$^{153}$Gd–$^{177}$Lu und $^{144}$Ce–$^{147}$Pm–$^{160}$Tb–$^{169}$Er–$^{177}$Lu in 0,5 molarer Milchsäure.** Z. Konrad-Jakovac und Z. Pučar. (J. Chromatogr. [Amsterdam] **7,** 380—84, März 1962; Zagreb, Yugoslavia, Inst. Rudjer Boskovic; engl.) — 1. vgl. C. **1961,** 6256. — Vff. beschreiben die kontinuierliche elektrophoret. Trennung der radioakt. Seltenerdmetalle Nd–Er–Lu, Ce–Gd–Lu u. Ce–Pm–Tb–Er–Lu auf Munktell-Papier Nr. 20/250 mit 0,05m Milchsäure als Elutionsmittel. Die Laufzeit eines Elektropherogramms bei einer mittleren elektr. Feldstärke von 10 V/cm (3-Komponenten-Syst.) bzw. 15,4 V/cm (5-Komponenten-Syst.) u. einer Stromstärke von 20 mA bzw. 40 mA beträgt 30 Minuten. Für das 5-Komponenten-Syst. wurde die App. (vgl. C. **1961,** 9529) von 29 auf 64 Abtropfstellen erweitert, entsprechend einer Papierbreite von 30 bzw. 65 cm. Nd ließ sich gut von Er u. Lu abtrennen; Ce, Gd u. Lu wurden quant. getrennt, im 5-Komponenten-Syst. wurde jedoch nur Lu befriedigend abgetrennt. M. Finke. G 303 □

**Reaktionen des Glyoxal-bis-(2-hydroxyanils) mit Seltenen Erden und Zinn(II)-salzen.** A. Okáč und M. Vrchlabský. (Z. analyt. Chem. **182,** 425—27, 1961; Brno, Tschechosl. Univ., Lehrstuhl für analyt. Chem.; dt.) — Die 3wertigen Kationen *Sc, Y, La, Ce, Nd* u. *Er* bilden mit Glyoxal-bis-[2-hydroxyanil] (I) in alkal. Medium gefärbte Komplexe, die sich mit Amylalkohol rotviolett extrahieren lassen. Neben Al, das nicht reagiert, lassen sich die genannten Kationen bis zu einem Grenzverhältnis von La:Al = 1:100 nachweisen. Ebenso ist *In* neben Ga bis zum Grenzverhältnis 1:50 als violette, mit Amylalkohol blauviolett extrahierbare Färbung nachzuweisen. Tl(III), Ce(IV), Fe(III), $MoO_4^{2-}$ u. Au(III) stören die Rk., Th(IV) u. Zr (IV) dagegen nicht, da ihre Färbungen nicht mit Amylalkohol extrahierbar sind. In HCl-saurer Lsg. reagiert (**I**) spezif. mit *Sn(II)* unter Bldg. einer blauen, mit $CHCl_3$ extrahierbaren Färbung, wobei alle anderen erwähnten Rkk. ausbleiben. H. Nentwig. G 327□

**Die Abtrennung von Zinn durch Benzolextraktion des Zinn(IV)-jodids.** Don D. Gilbert und E. B. Sandell. (Microchem. J. [New York] **4,** 491—500, Dez. 1960; Minneapolis, Minn., Univ.; engl.) — Durch Extraktion als undissoziiertes $SnJ_4$ aus saurer, $ClO_4^-$-haltiger Lsg. in Bzl. läßt sich $Sn^{4+}$ von der Mehrzahl der Kationen trennen. Die Einfl. der Acidität, der $J^-$- u. der Aussalzelektrolyt-Konz. wurden untersucht. — $Cl^-$ stört u. wird aus der Probe (1—50 $\mu$g Sn) durch Abrauchen mit $H_2SO_4$ entfernt. Die Lsg. (15—30 ml) wird 1,5m in $HClO_4$, 0,5 m in NaJ u. 3m in $NaClO_4$ gemacht (die $H_2SO_4$-Konz. soll $<$0,5m bleiben). Extrahiert wird in 5 ml Benzol. Die organ. Phase wird mit einer wie oben zusammengesetzten wss. Phase gewaschen, dann wird $Sn^{4+}$ zur spektrometr. Best. in 0,25m$H_2SO_4$ reextrahiert. Die Lsg. wird (bei $>$10 $\mu$g Sn) mit 10 ml Puffer-Lsg. pH 2,6 (10 g K-Biphthalat + 35 ml 1nHCl/2 Liter), 1 ml 1% ig. Gummi arabicum Lsg. u. 10 ml 0,01% ig. alkohol. salzsaurer (1% verd. HCl) Phenylfluoron-Lsg. versetzt u. auf 50 ml aufgefüllt. Nach 5 Min. wird die Absorption bei 510 m$\mu$ (bzw., bei $<$10 $\mu$g Sn u. dem halben Lsg.-Vol., bei 570 m$\mu$) gemessen. — Ge u. $As^{3+}$ werden z. T. mitextrahiert. W. Betcke. G 327□

**Methoden zur Bestimmung von Spurenelementen in salinaren Ablagerungen.** 1. Mitt. **Strontium in Anhydrit.** 2. Mitt. **Blei in Steinsalz und Sylvin.** A. G. Herrmann und R. O. Hoffmann. (Mber. dtsch. Akad. Wiss. Berlin **1,** 690—93, 1959; Forsch.-Gemeinschaft der Dtsch. Akad. der Wiss., Arbeitsstelle für Mineralsalzforsch.; dt.) — Eine flammenphotometr. Sr-Best. in 0,5 g Probenmaterial wird beschrieben u. eine Arbeitsvorschrift zur Pb-Best. nach dem *Dithizon*-Verf. in NaCl u. KCl wird mitgeteilt. H.-G. Moslé. G 328□

**Anwendung der inversen Polarographie bei der Mikrobestimmung von Blei in Zink, Gallium, Antimon und Arsen.** Jan Provazník und Jan Mojžíš. (Chem. Listy **55,** 1299—1303, Nov. 1961; Praha, Výzk. ústav. pro sdělovací techn. A. S. Popora; tschech.) — Pb wird im Zn u. Ga in Ggw. von Cd durch Elektrolyse in einen Hg-Tropfen abgeschieden. Die Stromspitze bei der anod. Auflösung wurde verfolgt. Bei der Best. im Sb u. As wird der Überschuß dieser Metalle vorher als Bromid abdestilliert. $3 \cdot 10^{-5}$ bis $1 \cdot 10^{-3}$% Pb in hochreinem Zn, bzw. $6 \cdot 10^{-5}$ bis $2 \cdot 10^{-3}$% Pb in speziell zur Verw. in der Halbleitertechnik gereinigtem Ga, Sb oder As wurden bestimmt. P. Zuman/Prag. G 328

**Neue Reaktionen zum qualitativen mikrochemischen Nachweis von Vanadin und Titan.** K. P. Stoljarow. (Nachr. Leningrader Univ. **13,** Nr. 2, Ser. Physik. Chem. Nr. 10, 122—25, 1958; russ.) — Vf. beschreibt ein Verf. zum qual. Nachw. von V u. Ti als Bleivanadat bzw. Metatitansäure durch UV-Absorption bei 365 nm. Die Empfindlichkeit des Verf. beträgt 0,5$\gamma$ Ti bei einer Verdünnung von 1:$10^5$ u. 0,03$\gamma$V bei 1:3$\cdot 10^4$. Die Nachw.-Grenzen in Ggw. anderer Ionen sind angegeben. Die Meth. ist zur Analyse von Roherzen u. Stählen geeignet. D. Hoene. G 330□

**Zur Bestimmung des Vanadins in Wolfram-Vanadium-Legierungen.** E. Lassner und R. Scharf. (Planseeber. Pulvermetallurgie **9,** 51—53, April 1961; Reutte/Tirol, Metallwerk Plansee AG; dt.) — Es wird nachgewiesen, daß eine V-Titration mit EDTA in Ggw. von großen Mengen W möglich ist, sofern man W mit Weinsäure maskiert. Die Meth. ist zur Best. von V-Geh. über 2% geeignet. Zur Best. kleinerer Geh. wird ein photometr. Verf. mit EDTA herangezogen, bei dem W ebenfalls durch Weinsäure maskiert wird. H. Hochstein. G 330□

**Über die Trennung von Vanadin, Molybdän und Wolfram durch Papierchromatographie.** 1. Mitt. Shih-Fu Tzou und Shu-Chuan Liang. (Scientia sinica **8,** 196 bis 200, Febr. 1959; Acad. Sinica, Inst. of Chem.; engl.) — V, Mo u. W lassen sich in Ggw. von $H_2O_2$ papierchromatograph. als Oxosäuren trennen. Als Laufmittel eignet sich die butanol. Phase von n-Butanol–30% ig. $H_2O_2$–0,1 bis 1n$HNO_3$ (20:1:5 bzw. 20:1:1). Die Wanderungs-Geschw. wächst in der Reihe V, W, Mo u. wird durch Dioxanzusatz zum Laufmittel stark erhöht. Zwischen V u. W tritt teilweise Überlappung ein. Die Anfärbung erfolgte durch Besprühen mit einer Lsg., die 0,5 g Tannin u. 0,5 g Na-Acetat in 15 ml W. enthält. F.-M. Friedrich-Anderseck. G 337◇

**Uranabtrennung mit Hilfe der Phasenumkehr-Verteilungschromatographie an einer KEL-F-Säule.** A. G. Hamlin, B. J. Roberts, W. Loughlin und S. G. Walker. (Analytic. Chem. **33,** 1547—52, Okt. 1961; Nr. Chester, Cheshire, U.K.A.E.A.,

Capenhorst Works.; engl.) — Vff. beschreiben eine chromatograph Meth. zur quant. Abtrennung von U im $\mu$g- u. g-Bereich aus stark verunreinigten Lsgg. unbekannter Zus., bei der U in einer Form anfällt, die eine volumetr. colorimetr. oder radiometr. Best. ermöglicht. Die Lsgg. werden auf eine Säule (30 cm × 7 mm) gegeben, die mit Tri-n-butylphosphat (I) getränktes KEL–F-Pulver enthält. Mit 5,5 m $HNO_3$ werden die Verunreinigungen u. nachfolgend mit W. U eluiert. $Th^{4+}$, $Pu^{4+}$ u. $Ce^{4+}$ stören. Die Störung durch $Ce^{4+}$ läßt sich jedoch durch eine vorgeschaltete Red. zu $Ce^{3+}$ vermeiden. Es gehen <1% U verloren. Wird I durch Tri-n-octylamin u. $HNO_3$ durch 2,0 m $H_2SO_4$ ersetzt, kann die Meth. zur U–$Pu^{3+}$-Trennung verwendet werden. Pu wird mit 0,1 m $H_2SO_4$ u. danach U mit 1,5 m $HNO_3$ eluiert. W. Hein. G 339□

**Extraktive Abtrennung von Uran als Uranylverbindung der Di-n-butylarsinsäure.** R. Pietsch und E. Pichler. (Z. analyt. Chem. **190,** 319—25, 1962; Graz, Univ., Inst. für organ. u. analyt. Chem.; dt.) — $UO_2^{2+}$-Ionen können als Verb. der Di-n-butylarsinsäure (I) im pH-Bereich von 2—2,5 mit Chlf. extrahiert werden. Im Extrakt kann U nach bekannten Meth. leicht bestimmt werden. Die maximale Mitextraktion folgender Kationen werden bestimmt: $Na^+$, $K^+$, $Ca^{2+}$, $Mg^{2+}$, $Zn^{2+}$, $Cd^{2+}$, $Pb^{2+}$, $Mn^{2+}$, $Cu^{2+}$, $Be^{2+}$, $Al^{3+}$, $Cr^{3+}$, u. $Th^{4+}$. Die Trennung des U von Ca, Mg, Zn, Cd, Cu, Pb, Ni, Co, Be, Mn, Al, Fe, Pb + Mn + Ca, Zn + Mg + Cu, Mn + Cr + Co + Ni, Zn + Ca + Mg u. Cu + Al + Cr + Zn wurde untersucht. Zr stört, da es mit I schon in sehr stark saurem Gebiet einen Nd. bildet, der beim Schütteln mit Chlf. eine dicke Gallerte entstehen läßt, so daß eine Trennung der Schichten nicht mehr eintritt. EDTA stört, da sich eine in Chlf. unlösl. U-Verb. bildet. In Ggw. von Hydrazin, Hydroxylamin, Wein- u. Ascorbinsäure werden leicht zu niedrige Werte gefunden; es muß ein größerer Überschuß an I zugesetzt werden. P. Kurzmann. G 339□

**Neue Redoxsysteme.** 5. Mitt. **Oxydation von Uran(IV) mit Eisen(III) in 1.10-Phenanthrolinlösungen. Indirekte colorimetrische Uranbestimmung.** František Vydra und Rudolf Přibil. (Talanta [London] **9,** 1009—14, Dez. 1962; Prague, Czechoslov. Acad. of Sci., Polarographic Inst., Labor. of Analytic. Chem.; engl.) — 4. vgl. C. **1962,** 3571. — Die Oxydation von U(IV) mit Fe(III) wurde in Ggw. von 1.10-Phenanthrolin(phen) potentiometr. u. photometr. untersucht. Sie erfolgt bei Zimmer-Temp. quant. im pH-Bereich von 1,5—5; konst. Potentiale stellen sich prakt. sofort ein. Die Unterss. lassen auf folgenden Rk.-Verlauf schließen: $U^{4+} + Fe_2(OH)_2(phen)_4^{4+} + 2\,Hphen^+ \rightarrow UO_2^{2+} + 2\,Fe(phen)_3^{2+} + 4\,H^+$. Zur U-Best. wird die Probe-Lsg. die 3 n an HCl sein soll, über einen Pb-Reduktor gegeben oder mit Pb-Körnern einige Min. lang geschüttelt. Dann stellt man den pH-Wert auf 0,5—1 ein, fügt sofort 1 ml 0,01 m $FeCl_3$-Lsg. u. 1 ml 0,1 m phen-Lsg. zu, bringt den pH-Wert auf ca. 2, versetzt mit 5 ml 1 m Puffer-Lsg. desselben pH-Wertes (Trichlor-, Chloressigsäure oder Essigsäure u. $NH_3$) u. mißt nach 10 Min. die Extinktion bei 500—510 nm gegen eine gleichzeitig angesetzte Blindlösung. Die Eichkurve ist im Bereich von 0—0,45 mg U/50 ml linear. Der störende Einfl. von Fe(II), Co(II), Sn(II), Mo(III), W(III), Cu(II), Zn(II), Ni(II), Bi(III), Cd(II), Ag(I), Hg(I) u. $ClO_4^-$ wird erörtert. Alkalimetalle, Ca, Mg, Ba, Seltene Erdmetalle, Be, Pb, Mn(II), Al, Ga, In, Th(IV), Zr(IV), $SO_4^{2-}$, $Cl^-$ u. $NO_3^-$ stören nicht. Gerhard Schulze. G 339◇

**Bestimmung von Permanganat mit dem System Natriumarsenit–Azid.** 1. Mitt. **Anwendung auf die Bestimmung von Mangan in Kohlenstoffstählen.** S. Arribas Jimeno und J. M. Iglesias Castaño. (An. Real Soc. españ. Física Quím., Ser. Ser. B **27,** 691—96, Nov. 1961; Oviedo, Univ., Fac. de Ci., Labor. de la Cát. de Qíum. Analít.; span.) — Zur Best. von *Mn* als $MnO_4^-$ in Kohlenstoffstählen mit einem Mn-Geh. <2% werden diese in einem Säuregemisch (525 ml W., 100 ml $H_2SO_4$, 125 ml $H_3PO_4$ u. 250 ml $HNO_3$) gelöst, nach Vertreiben des $NO_3^-$ Mn mit $Ag^+$ u. $S_2O_8^{2-}$ zu $MnO_4^-$ oxydiert u. nach Fällen des $Ag^+$ u. Verkochen des Überschusses von $S_2O_8^{2-}$ mit einem Gemisch das je 0,1 n an $NaAsO_2$ u. $NaN_3$ ist potentiometr. oder auf Entfärbung titriert. Bei Best. von 0,5—0,7% Mn in verschiedenen Stählen ergab sich ein Fehler von 0,003 bis 0,014% absolut. K. Huste. G 350◇

**Analytisch-chemische Untersuchungen an radioaktiven Indicatoren.** 21. Mitt. **Trennung von trägerfreiem Technetium.** Masayoshi Ishibashi, Taitirô Fujinaga und Mutsuo Koyama. (J. chem. Soc. Japan, pure Chem. Sect. [Nippon Kagaku Zasshi] **81,** 1260—63, Aug. 1960; Kyôto-Daigaku, Rigakubu, Kagaku-Kyôsitu; jap., Auszug: engl. S. A 87.) — 20. vgl. C. **1962,** 4820. — Die aus Mo durch Bombardement mit $H^+$ (10 MeV) hergestellte Tc-haltige Probe wird mit konz. $HNO_3$ am Rückfluß erhitzt, das Gemisch mit NaOH auf 4 n NaOH alkalisiert, mit Pyridin (I) ausgezogen, die I-Lsg. auf dem Wasserbad eingeengt u. der Rückstand dann unter Zusatz von $HNO_3$

erhitzt, wobei Tc mit Re u. Ru als Oxide übergehen. Re im Destillat wird aus der 9n salzsauren Lsg. als Sulfid niedergeschlagen, die Lsg. mit $Sn^{2+}$ red. u. mit KSCN versetzt. Das trägerfreie Tc kann aus der Lsg. mit Ae. ausgezogen werden.
E. Maekawa. G 351 □

**Chemische Analyse im Mikrogrammbereich.** 6. Mitt. **Die ultramikrogravimetrische Bestimmung von Technetium und Rhenium.** F. Jasim, R. J. Magee und C. L. Wilson. (Mikrochim. Acta [Wien] **1960,** 721—28, Belfast, N. Ireland, Queen's Univ., Chem. Dep.; engl.) — 5. vgl. C. **1958,** 12489. — Zur gravimetr. Best. von Mikrogrammmengen Tc u. Rh mit der Quarzfaser-Ultramikrowaage wird eine modifizierte Tetraphenylarsoniumchlorid-Meth. [Fällung aus soda-alkal., NaCl-haltiger Lsg. in der Wärme, Abzentrifugieren des Nd. im Capillarzentrifugenröhrchen u. Wägen als $(C_6H_5)_4AsTcO_4$ bzw. $(C_6H_5)_4AsReO_4$] angewendet. Re läßt sich in Ggw. von Tc in Anlehnung an ein allgemeineres Verf. aus 9n salzsaurer, $FeCl_3$-haltiger Lsg. in der Hitze mit $NH_3$ zusammen mit Fe fällen u. so von Tc trennen. Beim Umfällen des Nd. in Ggw. von $H_2O_2$ bleibt es in der Lösung.
W. Betcke. G 352 □

**Phasenanalyse nitrierter Stähle.** N. I. Blok, M. N. Koslowa, N. F. Laschko und A. G. Andrejewa. (Betriebs-Lab. [UdSSR] **24,** 1315—19, 1958; russ.) — Untersucht wurde der Stahl 25XI8H8B2 sowie Fe-Armko, die beide vorher oberflächlich bei 560° 48 Std. lang nitriert wurden. $NH_3$ war zu 25—35% dissoziiert; die Nitriertiefe erreichte 0,20—0,22 mm. Zur Trennung der Nitridphasen im Stahl wurde ein Elektrolyt der Zus. 50 ml HCl (1,19) 1150 ml $CH_3OH$ angewandt; elektrolysiert wurde 20 bis 30 Min. lang bei — 7° u. einer Stromdichte von 0,02—0,025 A/cm². Die Schicht 0—0,17 mm ist hoch korrosionsfest. Sie enthält 3 Phasen: Fe-Carbonitrid (Fe, $Cr)_2(N$, C), Cr-Nitrid CrN u. eine feste Lsg., die an N u. Ni angereichert ist. Die tiefere Schicht 0,17—0,22 mm ist korrosionsanfällig. Ihre feste Lsg. ist an N (0,4—0,3%) u. Cr (<12%) verarmt. Daneben sind darin die Nitride $Fe_4N$ u. CrN sowie das Carbid $Cr_{23}C_6$ enthalten. Die darunter liegende Kernschicht ist hoch korrosionsfest, der Cr-Geh. erreicht 15% (darunter nur 3% des Cr in der Form $Cr_{23}C_6$). Armko-Fe wurde zwecks Phasentrennung mit einem Elektrolyt der Zus. 4 g LiCl in 1200 ml $CH_3OH$ bearbeitet. Hier wurden 36 bis 18% an Nitridphasen nachgewiesen ($Fe_2N$ bis zur Ziefe von 0,025 mm, $Fe_4N$ bis zur weiteren Tiefe von 0,06 mm), den Rest bildete eine feste Lösung. Die Phasen-Bldg. in der nitrierten Schicht erfolgt durch Diffusion des N in den Stahl. A. v. Wilpert. G 354 □

**Phasenanalyse nitrierter, niedriggekohlter niobhaltiger Stähle.** Ju. A. Kljatschko, M. M. Schapiro und Je. F. Jakowlewa. (Betriebs-Lab. [UdSSR] **26,** 1219—23, 1960; Zentr. Bardin-Forsch.-Inst. für das Eisenhüttenwesen; russ.) — Bei der anod. Auflösung von niedriggekohltem, nitriertem Nb-haltigem Stahl wird eine Nitrocarbidphase nachgewiesen, deren Zus. durch die Formel $Nb(C, N)_{1,00}$ bei geringen N-Mengen im Stahl u. durch die Formel $Nb(C, N)_{1,10}$ bei großen Gesamtmengen an N (ca. 0,07%) ausgedrückt werden kann. Es wird eine Meth. zur chem. Analyse der Nitrocarbidphase ausgearbeitet.
H. Hochstein. G 354 □

**Mitfällung von Kobalt mit Kupferhydroxychinolat.** I. M. Korenman, S. W. Krainowa und L. A. Miluschkowa. (Hochschulnachr. [Iwanowo], Chem. u. chem. Technol. [UdSSR] **2,** 161—64, 1959; Gorki, Labotschewski-Univ.; russ.) — Die Unterss. wurden mit radioakt. Indicatoren durchgeführt. Benutzt wurde $^{60}Co$ mit der Anfangsaktivität von 130—140 Imp./min auf 1 γ Co. In sauren Lsgg. wird ein großer Teil des Co zusammen mit *Cu* ausgefällt. Mit steigendem pH vergrößert sich die Co-Menge. Bei einem gegebenen pH-Wert wächst mit steigender Konz. des Co in der Lsg. die abs. Menge des mitgefällten Co u. die relative verringert sich. Die Temp. hat keinen Einfluß. Die Mitfällung beruht nicht auf der Adsorption, da ein 3. Komponent nur eine unbedeutende Verringerung der Co-Menge im Nd. bewirkt. Die Hauptmasse wird isomorph ausgefällt. Bei der Trennung des Cu von geringen Co-Mengen durch Hydroxychinolin kann es in der quant. Analyse zu einem verminderten Ergebnis kommen. Gisela Richter. G 355 □

**Photometrische Bestimmung mittlerer Kobaltgehalte mit Pyridin-2.6-dicarbonsäure.** Heinrich Hartkamp. (Z. analyt. Chem. **182,** 259—69, 1961; Dortmund-Aplerbeck, Inst. Spektrochem. u. angew. Spektroskopie; dt.) — Co(II) läßt sich in Ggw. von Pyridin-2.6-dicarbonsäure mit $KBrO_3$-Lsg. leicht oxydieren u. bildet in saurer Lsg. einen rotvioletten anion. Farbkomplex von Bis-(pyridin-2.6-dicarboxylato)-kobalt(III)-Chelat, der sich photometr. bestimmen läßt. Das Absorptionsmaximum liegt bei 514 nm. Das Beersche Gesetz wird im Bereich von 0,2—10 mg Co erfüllt. Die meisten Fremdionen stören die Best. nicht, auch wenn sie im Überschuß anwesend sind.
H. Nentwig. G 355 □

**Anmerkung zu meiner Abhandlung „Experimentelle Beiträge zur katalytischen Bestimmung von Metallspuren".** J. Laszlovszky. (Mikrochim. Acta [Wien] **1961,** 786; Budapest, L. Eötvös-Univ., Inst. für anorg. u. analyt. Chem.; dt.) — In Ergänzung der C. **1961,** 7687 referierten Arbeit über die katalyt. Best. von Co-Spuren weist Vf. auf die Ansicht von Bognár (C. **1961,** 14028) hin, daß die sich bei der katalyt. Best. von Metallspuren in Ggw. von Komplexbildnern (Brenzcatechin, Tiron, Alizarin) abspielenden Vorgänge typ. Beispiele der Chelatkatalyse sind. Gerhard Schulze. G 355□

**Die Analyse von Nickel.** 1. Mitt. **Chemische Methoden.** T. R. Andrew und C. H. R. Gentry. (Metallurgia [Manchester] **60,** 27—30, Juli, 69—72, Aug., 121—24, Sept., 173—76, Okt. 1959; Mitcham Junction, Mullard Radio Valve Co; Ltd.; engl.) — Krit. Überblick über die Leg.-Bestandteile u. Verunreinigungen von „*electronic nickel*". — 95 Literaturangaben. M. Gehlen-Keller. G 356□

**Bestimmung der Intermetallidphase in Nickellegierungen.** N. M. Popowa und A. F. Platonowa. (Betriebs-Lab. [UdSSR] **24,** 810—12, 1958; russ.) — Durch Anwendung des neuen Elektrolyten ändert sich die Ni-Menge, die sich an der Anode abscheidet, bei Fortsetzung der Elektrolyse nach der völligen Abscheidung nicht. Der Anolyt besteht aus 10 g $CuSO_4$/Liter, 1 g Citronensäure/Liter u. 250 ml A./Liter. Die Katolyt-Lsg. enthält 10 g $CuSO_4$/Liter, 10 g Citronensäure/Liter u. 10 ml A./Liter. Dauer der Elektrolyse ½—2 Std., Zimmer-Temp. u. 0,06 A/$cm^2$. Der Nd. enthält sowohl die Carbid- als auch die Intermetallidphase. Nach der Best. der Carbide kann die Menge der Intermetallide berechnet werden. Enthalten die Legg. W oder Mo, so müssen die entstehenden Säuren durch Zugabe von Alkali gelöst werden. H. Leune. G 356□

**Innere Standardisierung durch kohärente Streustrahlung in der röntgenspektrometrischen Analyse von Lösungen.** Thomas J. Cullen. (Analytic. Chem. **34,** 812 bis 814, Juni 1962; Carteret, N.J., United States Metal Refining Co.; engl.) — Zur Best. von *Cu* u. *Ni* in Lsgg. mit Hilfe der Röntgenfluorescenzanalyse wird das Intensitätsverhältnis der Fluorescenzstrahlung zur kohärenten Streustrahlung gemessen. Die Art u. Konz. der in der Lsg. vorhandenen Säuren ist ohne Einfl. auf das Intensitätsverhältnis, das eine lineare Funktion der Metall-Konz. ist. Cu u. Ni lassen sich in Lsgg. mit guter Genauigkeit bestimmen, wobei die Abweichung gegenüber chem. Best. ca. $\pm 1\%$ beträgt. Bei Verw. der kohärenten Streustrahlung als innerer Standard können eine Reihe unbekannter bzw. variabler Matrixeffekte eliminiert werden. Harro Zimmer. G 358□

**Amperometrische Titration von Kupfer mit Tetraäthylenpentamin.** E. Jacobsen und K. Schrøder. (Analytica chim. Acta [Amsterdam] **27,** 179—82, Aug. 1962; Blindern, Univ. of Oslo, Chem. Inst. A.; engl.) — Vff. ermitteln die optimalen Bedingungen einer amperometr. Cu-Titration mit Tetraäthylenpentamin u. untersuchen den Stör-Einfl. anderer Metallionen. Die Verss. zeigten, daß Cu, Pb, Cd u. Zn jeweils allein in alkal. Lsg. mit Polyaminen amperometr. titriert werden können u. daß Cu in saurem Medium ohne Störung durch die anderen Metallionen bestimmt werden kann. Die besten Ergebnisse wurden bei Verw. eines Essigsäure/Ammoniumacetat-Puffers vom pH 4,1 erhalten. Bei diesem pH-Wert ist Hg neben Cu das einzige Metall, das mit Äthylenpolyaminen stabile Komplexe bildet. Das Gleichgewicht stellt sich nach ca. 1 Min. nach Reagenszusatz ein. 0,1—1,5 mg Cu konnten mit einer Genauigkeit von $\pm 1\%$ bestimmt werden. $Cd^{2+}$, $Pb^{2+}$, $Mn^{2+}$, $Zn^{2+}$, $Co^{2+}$, $Ni^{2+}$, $Fe^{2+}$, $Mg^{2+}$, $Ca^{2+}$, $Sr^{2+}$, $Ba^{2+}$, $Tl^{+}$, $Bi^{3+}$, $Al^{3+}$, $Cr^{3+}$, $Sn^{4+}$ u. $MoO_4^{2-}$ störten in 100fachem Überschuß, $NO_3^-$, $Cl^-$ u. $SO_4^{2-}$ in großem Überschuß nicht; $CN^-$ stört. Störungen durch $VO_3^-$, $CrO_4^{2-}$ u. $Fe^{3+}$ lassen sich durch Zusatz von Hydrazinsulfat vermeiden, wobei ein großer Überschuß nicht zu empfehlen ist. $Sn^{2+}$ soll zu $Sn^{4+}$ oxydiert werden. Hg, Ag u. Pt(IV) stören; die beiden letzten jedoch nur, wenn sie in größerer Menge als Cu vorliegen. Gerhard Schulze. G 358□

**EDTA als Maskierungsmittel bei der selektiven spektrophotometrischen Bestimmung von Kupfer mit Triäthentetramin. Eine Deutung der Maskierung.** K. L. Cheng. (Analytic. Chem. **34,** 1392—96, Okt. 1962; Princeton, N.J., RCA Labor.; engl.) — Die Bldg. des blauen Cu-Komplexes mit Triäthentetramin bei pH 10 in Ggw. von EDTA u. Tartrat ermöglicht die selektive Cu-Best. im mg-Bereich bei 580—590 nm. Die Einfl. von $NO_3^-$, $SO_4^{2-}$, $ClO_4^-$, $HPO_4^{2-}$, $CO_3^{2-}$, $NO_2^-$, $JO_4^-$, $F^-$, $Cl^-$, $Br^-$, $J^-$, $SCN^-$, $CH_3COO^-$, Citrat, 2.2′.2″-Nitrilotriäthanol, $NH_4^+$, Zn, Cd, Pb, Ni, Mn, Al, Co, Fe(III), Sn(IV), W(V), Mo(VI), V(V), Cr(VI), Hg(II) u. Ag wurden untersucht. Die Absorptionsspektren der Cu-Komplexe von $NH_3$, Äthylendiamin, Diäthylentriamin, Triäthentetramin, Tetraäthylenpentamin u. Pentaäthylenhexamin wurden aufgenommen. Die Absorptionsmaxima liegen bei 600—625, 550, 625, 580—590, 650 bzw. 645 nm, die molaren Extinktions-Koeff. betragen 61, 78, 142, 193, 203 bzw. 175. P. Kurzmann. G 358□

**Neue colorimetrische Methoden ohne vorherige Extraktion: Das Diäthyldithiocarbamat des Kupfers.** J. Artigas und M. Ciutat. (An. Real Soc. españ. Física Quím., Ser. B 57, 445—52, Juni 1961; Barcelona, Univ., Inst. „Alonso Barba" del

C.S.I.C., Cátedra de Quím. Anal.; Secc. de Quím. Anal.; span.) — Vff. führen die colorimetr. Best. von Cu(II) mit Diäthyldithiocarbamat (DDC; Na-Salz) ohne vorherige Extraktion durch. Zur Auflösung des Nd. Cu:DDC wurde der Butyläther des Diäthylenglycols (I) benutzt. Die colorimetr. Best. erfolgte mit monochromat. Licht (436 m$\mu$) oder mit einem Filter, dessen größte Extinktion 450 m$\mu$ betrug. Die besten Verhältnisse liegen bei W.:I = 2:1, pH 5—9 u. bei einer Menge von DDC:Cu von mindestens 30. Das Beersche Gesetz wurde für Lsgg. von 0,1—9 $\gamma$/ml Cu gut erfüllt. Für 15 Best. mit 20 $\gamma$ Cu in 10 ml betrug der mittlere quadrat. Fehler 1,01—$10^{-1}$. Außerdem wurde die Best. des Cu(II) in Ggw. von Fe(III) bis zum Verhältnis von Fe:Cu = 100 u. Oxalsäure bei pH 3—3,5 mit guten Ergebnissen durchgeführt. K. Huste. G 358□

**Chelatbildung von Thioglykolsäure mit Silber und einigen üblichen zweiwertigen Kationen.** A. M. Cabrera und T. S. West. (Talanta [London] **9,** 730—33, Aug. 1962; Birmingham, Univ., Edgbaston, Chem. Dep.; engl.) — Vff. untersuchten die Rkk. zwischen Thioglykolsäure (I) u. Ag, Zn, Hg(II), Cd u. Pb. Ag bildet mit I einen 1:1-, Zn einen 1:3-, Hg(II) einen schon beschriebenen 1:1-, Cd einen 2:3- u. Pb einen 1:2-Komplex. Für die komplexometr. Titration von Ag mit I konnte kein guter Indicator gefunden werden. Außerdem wurden die potentiometr. Titrationen von Ag mit $\beta$-Mercaptopropionsäure, $\beta$-Mercaptobernsteinsäure u. Thiodiglykol untersucht. P. Kurzmann. G 359◇

**Abtrennung von radioaktivem Silber-111 vom im Reaktor bestrahlten Palladium.** Fred Sicilio, M. D. Peterson und Guilford G. Rudolph. (Analytic. Chem. **28,** 365—66, März 1956; Nashville, Tenn., Vanderbilt Univ., Dep. of Chem.; Thayer Veterans Admin. Hosp., Radioisotope Unit.; engl.) — $^{110}$Pd wird durch Einfang langsamer Neutronen in radioakt. $^{111}$Pd umgewandelt, das mit einer Halbwertszeit von 22 Min. durch $\beta$-Emission in radioakt. $^{111}$Ag zerfällt. $^{111}$Ag ist ein 1 MeV-$\beta$-Strahler mit einer Halbwertszeit von 7½ Tagen u. zerfällt dann in stabiles $^{111}$Cd. Zur $^{111}$Ag-Abtrennung wurde Pd in Königswasser gelöst, zuerst inakt. Ag als Träger zugesetzt u. hierauf konz. HCl, um vollständige Lsg. des Ag als komplexes Chloridion sicherzustellen. Durch Verdünnung mit W. wurde AgCl ausgefällt, in Ammoniak gelöst u. zur weiteren Reinigung nochmals ausgefällt. Soll $AgNO_3$ das Endprod. sein, so wird zuerst durch Zusatz von NaOH $Ag_2O$ ausgefällt, das dann in $HNO_3$ gelöst wird. Die Ausbeuten waren $>$90%. Die Prodd. enthielten $<$1 $\gamma$ Pd; andere Aktivitäten als die des $^{111}$Ag wurden nicht festgestellt. In dem Prod. mit der höchsten Aktivität war der $^{111}$Ag-Geh. ca. 50 mc. C. Gottfried. G 359

**Anwendung von Organoselenverbindungen in der analytischen Chemie.** 3. Mitt. **1-Chlorphenselenazin, ein neues Reagens auf Palladium.** F. Pino Pérez, F. Burriel Martí und F. J. Mateo. (An. Real Soc. españ. Física Quím., Ser. B **57,** 741—44, Dez. 1961; Madrid y La Laguna, C.S. de I.C., Dep. de Quím. Analít.; span.) — 2. vgl. C. **1961,** 14039. — Vff. synthetisieren *1-Chlorphenselenazin* ($C_{12}H_8ClNSe$, F. 210°), aus $SeCl_4$ u. Diphenylamin in Bzl. u. weisen damit in 0,2%ig. aceton. Lsg. $Pd^{2+}$ in schwach salzsaurer Lsg. bei Acetonüberschuß an Hand der violetten Farbe bzw. der Bldg. eines dunkelblauen Nd., *Bis-[1-Chlorphenselenazin]-palladium(II)-chlorid,* ($C_{24}H_{16}Cl_4N_2PdSe_2$), bis zu 1 $\gamma$ $Pd^{2+}$ in 0,25 ml Lsg. nach; Grenz-Konz. $4 \cdot 10^{-6}$. K. Huste. G 365□

**Maßanalytische Bestimmung von Platin mit Natriumthiosulfat.** Wiktor Wawrzyczek, Helena Majkowska und Janina Soboczyńska. (Z. analyt. Chem. **191,** 333—35, 1962; Olsztyn, Polen, Landw. Hochschule, Inst. für Allg. Chem.; dt.) — Die beschriebene Meth. zur quant. Best. von Pt beruht auf der Titration des Komplexes $[PtJ_6]^{2-}$ mit $Na_2S_2O_3$-Lsg. ohne Verw. von Indicatoren. Die Proben mit 0,09—1,8 mg Pt werden mit 10 ml $H_2O$ u. 20 Tropfen einer 25%ig. KJ-Lsg. versetzt. Dabei tritt eine schwache Rotfärbung ein, die im Laufe der Zeit intensiver wird. Sie beruht auf der Umwandlung des $[PtCl_6]^{2-}$ in $[PtJ_6]^{2-}$. Nach Ablauf von 10 Std. werden die Proben mit 0,001 oder 0,01 n $Na_2S_2O_3$-Lsg. titriert. Im Titrationsendpunkt tritt ein scharfer Farbumschlag der Lsg. von Rot nach Gelb ein. Die Meth. ist auf den Konz.-Bereich von $8 \cdot 10^{-4}$ bis $9 \cdot 10^{-3}$% Pt anwendbar. Mengen $>$2 mg Pt lassen sich nicht bestimmen, da der pH-Wert der Probe-Lsg. (pH 1) eine Titration mit 0,1 n $Na_2S_2O_3$-Lsg. wegen der Ausscheidung von S nicht zuläßt. Der durchschnittliche Fehler der Best. liegt unter $\pm$1%. Gerhard Schulze. G 368□

**Verwendung eines $\gamma$-Spektrometers mit 100 Kanälen bei einigen Problemen der Kerngeologie.** R. Coulomb und M. Goldsztein. (Bull. Soc. franç. Minéralog. Cristallogr. **84,** 13—19, Jan./März 1961; Fontenay-aux-Roses, Commissariat à l'Énergie Atomique, Serv. de Mineral.; franz.) — Vff. beschreiben das verwendete NaJ(Tl)-$\gamma$-Spektrometer sowie die Best. der Th-Familie, der U-Ra-Familie, der $^{235}$U-Familie u. von $^{40}$K. Einige mit dem Spektrometer erhaltene Spektren sind wiedergegeben, u. a. das eines natürlichen *Thorits.* C. Gottfried. 5290

**Beiträge zur ultrarotspektralphotometrischen Bestimmung organischer Mineralien.** Horst Moenke. (Chem. d. Erde **21,** 239—47, 1961; Jena; dt.) — Vgl. C. **1961,** 15698. — Angabe der Absorptionsmaxima für den IR-Spektralbereich 400—4000 $cm^{-1}$ der in KBr gepreßten Kristallpulver der wichtigsten u. häufigsten organ. entstandenen Mineralien: Humboldtin, Whewellit, Oxammit, Mellit, Fichtelit u. Bernstein. Hinweis auf die prakt. Bedeutung (qual. Analyse geolog. Funde, Ordnung von Sammlungen). H. Moenke. 5292 □

## b) Organische Verbindungen

**Ein Beitrag zur Automatisierung in der Mikroelementaranalyse.** H. Malissa. (Z. analyt. Chem. **181,** 39—53, 1961; Wien, TH, Inst. für Analyt. Chem.; dt.) — Es wird eine Übersicht über die Automatisierungsmöglichkeiten der Mikroelementaranalyse gegeben. Besondere Berücksichtigung findet die durch die Verbrennungs-Prodd. hervorgerufene Leitfähigkeitsänderung. 1—2 mg Substanz werden in einem offenen Rohr von 22 mm Ø u. 150 mm Länge bei 1200° mit $O_2$ verbrannt. $CO_2$ wird durch ein geeignetes Pumpen-Syst. quant. in 0,005n NaOH-Lsg. absorbiert u. die Leitfähigkeitsänderung automat. ermittelt. $H_2O$ wird mit $CaC_2$ umgesetzt, u. das gebildete $C_2H_2$ wird gleichfalls zu $CO_2$ verbrannt u. wie l.c. bestimmt. *S* wird als $SO_2$ in schwach saurer Absorptions-Lsg. durch Leitfähigkeitsänderung bestimmt. E. Faulhaber. 5352 □

**Erfahrungen mit einer neuen Schnellmethode zur Mikro-C—H-Bestimmung.** 2. Mitt. W. Pfab. (Z. analyt. Chem. **190,** 414—16, 1962; Ludwigshafen/Rhein, BASF AG., Unters.-Labor.; dt.) — 1. vgl. C. **1963,** 7111. — Bei der l.c. beschriebenen Schnell-Meth. zur Mikro-C—H-Best. mußte die Probe zur Erzielung einer vollständigen Verbrennung sehr sorgfältig gecrackt werden. Durch Beschickung des Verbrennungsteils der App. mit Kupferoxid–Silber-Bimsstein kann dieser Nachteil beseitigt werden. J. Peters. 5352 □

**Die Bedingungen der Wasserabsorption bei Verwendung eines äußeren Absorptionsmittels bei der Mikrobestimmung von Kohlenstoff und Wasserstoff.** D. G. Newman und C. Tomlinson. (Mikrochim. Acta [Wien] **1962,** 599—610; Liverpool, Univ., Organ. Chem. Dep.; engl.) — Die Störung der Wasserabsorption durch gleichzeitige Absorption von Stickstoffoxiden bei der Mikro-Best. von C u. H in N-haltigen Substanzen wird untersucht. Von den getesteten Absorptionsmitteln erweist sich $Mg(ClO_4)_2$ als am besten geeignet. Bei Einhaltung der folgenden Vers.-Bedingungen werden die Fehlerquellen weitgehend ausgeschaltet: Der $O_2$-Strom wird auf ca. 15 ml/min eingestellt. Die Probenmenge soll $<$3,0 mg W. ergeben. Man heizt das Absorptionsrohr auf eine Temp. $>$90° auf u. beginnt mit der 1. Verbrennung. Die 2. Verbrennung erfolgt nach 15 Min.; nach weiteren 20 Min. wird der Heizblock entfernt u. das Absorptionsgefäß nach 10 Min langem Abkühlen gewogen. Die Genauigkeit des modifizierten Verf. beträgt $\pm$0,35% C u. $\pm$0,25% H. J. Peters. 5352 □

**Tüpfelnachweis aliphatischer Halogenverbindungen auf Grund der pyrolytischen Reduktion durch Benzoin.** Fritz Feigl und Dora Haguenauer-Castro. (Analytic. Chem. **34,** 841—42, Juni 1962; Rio de Janeiro, Minist. das Minas e Energia, Labor. da Prod. Mineral.; engl.) — Vff. beschreiben eine Tüpfelprobe zum qual. Nachw. von Halogen in aliphat. Verbindungen. Die Meth. beruht auf der pyrolyt. Red. des Halogens durch Benzoin. Aliphat. Halogen-Verbb. mit den Gruppen $-CH_2-$Hal, $>$CH—Hal u. $\geqslant$C—Hal ergeben mit geschmolzenem Benzoin die entsprechenden Halogenwasserstoffe, die leicht in der Gasphase mit Indicatorpapier erkannt werden können. μg-Mengen aliphat. Halogene können leicht neben aromat. Halogen-Verbb. erkannt werden, da diese nicht mit Benzoin reagieren. J. Peters. 5352 □

**Über die Verwendung des S-(2.5-Dihydroxyphenyl)-isothioharnstoffes zum Ameisensäure-Nachweis.** Jaroslav Bartos. (Ann. pharmac. franç. **18,** 907, Dez. 1960; Roussel-Uclaf, Centre de Rech.; franz.) — Man gibt zur wss. Formiat-Lsg. (pH 7) eine wss., 15%ig. S-(2.5-Dihydroxyphenyl)-isothioharnstoffchlorid-Lsg. im Überschuß, verd. auf 4 ml u. läßt nach Kristallisationsimpfung einige Std. lang stehen. A. Leibbrandt. G 810 □

**Bromometrische Bestimmung von Formiaten durch Oxydation mit Brom.** R. M. Verma und S. Bose. (J. Indian chem. Soc. **39,** 329—32, Mai 1962; Jabalpur, Mahakoshal Mahavidyalaya, Dep. of Chem.; engl.) — Vff. beschreiben eine einfache Schnellmeth. zur volumetr. Best. von Formiaten durch Oxydation mit $Br_2$ in 20%ig. KBr-Lösung. Das während der Oxydation entstehende HBr wird mit einer eingestellten $KBrO_3$-Lsg. bestimmt. Die Meth. ist auf neutrale Formiat-Lsgg. (20—100 mg HCOOH) mit einer Genauigkeit von 0,5% anwendbar. Die Störungen durch Salze anderer organ. Säuren, durch Alkohole u. Aldehyde werden untersucht. J. Peters. G 810 □

**Bestimmung von Formiaten durch Oxydation mit Jod.** R. M. Verma und Sameer Bose. (Analytica chim. Acta [Amsterdam] **27**, 176—78, Aug. 1962; Mahakoshal Mahavidyalaya, India, Univ. of Jabalpur, Dep. of Chem.; engl.) — Eine selektive Meth. zur Best. von Formiaten wird beschrieben, die auf der Oxydation mit $J_2$ bei 100° in Ggw. von KH-Tartrat u. Titration des überschüssigen $J_2$ mit $Na_2S_2O_3$-Lsg. beruht. Durch Verw. des Tartratpuffers werden die bei der Rk. entstehenden $H^+$-Ionen, die eine Verzögerung der Rk. bewirken würden, entfernt u. Störungen durch verschiedene organ. Salze, die andernfalls mit $J_2$ bei höheren Temp. reagieren würden, beseitigt. Der pH-Wert der Lsg. nach Pufferzusatz beträgt 3,56. Best. im Mengenbereich von 23—92 mg HCOONa ergaben eine Genauigkeit von mindestens 0,5%. Gerhard Schulze. G 810□

**Bestimmung von Geranylacetat in Geranylformiat.** A. J. Fenton. (Analytic. Chem. **31**, 157, Jan. 1959; Cincinnati, Ohio, The Procter and Camble Co.; engl.) — 0—20% *Geranylacetat* ($C_{12}H_{20}O_2$) können in Geranylformiat IR-spektrometr. (NaCl-Prisma, Lsgm. $CS_2$, Schichtdicke 0,05 mm, Spaltbreite 0,300 mm) durch Extinktionsmessung bei 8,1 $\mu$ mit einem Fehler von $\pm$0,2% bestimmt werden. U. Uhlich. G 810□

**Bestimmung von Citronellylacetat in Citronellylformiat.** A. J. Fenton. (Analytic. Chem. **31**, 157. Jan. 1959. Cincinnati, The Procter and Camble Co.; engl.) — 0—20% *Citronellylacetat* ($C_{12}H_{22}O_2$) können in Citronellylformiat IR-spektrometr. (NaCl-Prisma bzw. $CS_2$, 0,05 mm Schichtdicke, 0,300 mm Spaltbreite) durch Extinktionsmessung bei 8,1 $\mu$ mit einem Fehler von $\pm$0,3% bestimmt werden. U. Uhlich. G 810□

**Bestimmung von Äthylendiamin in 2-Methylpiperazin.** Rondey J. Quentin. (Analytic. Chem. **34**, 1170—71, Aug. 1962; Wyandotte, Mich., Wyandotte Chem. Corp., Res. Div.; engl.) — Äthylendiamin (I) weist im Gegensatz zu 2-Methylpiperazin (**II**) im IR bei 2,02 $\mu$ eine starke Absorptionsbande auf, die zu einer quant. analyt. Best. geeignet ist. Bei zunehmender **II**-Konz. erhöht sich allerdings die Untergrundabsorption. Diese Störung kann durch Anwendung der Differentialanalyse mit einem Zweistrahlphotometer vermieden werden. Große Wasser-Konzz. überdecken ebenfalls die Absorptionsbande von **I**. Es muß daher für die gleiche Wasser-Konz. in der Kompensations-Lsg. gesorgt werden. Bei einer Konz. von 0,019—0,071 m **I** in Pyridin u. **II** ergibt sich ein mittlerer Fehler von $\pm$0,7%. J. Peters. G 910□

**Eine neue Farbreaktion von Sphingosin und deren Anwendung bei der quantitativen Analyse.** Kunihiko Saito. (J. Biochemistry [Tokyo] **47**, 573—80, Mai 1960; Nagoya, Nagoya City Univ., Fac. of Med., Dep. of Biochem.; engl.) — *Sphingosin* (**I**) reagiert auf Filterpapier mit *Fluorescein-Na* (**II**) unter Bldg. eines orangeroten Flecks (Erfassungsgrenze ca. 1,5 $\mu$g). Im Bereich von 4—16 $\mu$g **I** kann die Rk. zur quant. Best. dienen. *Eosin* gibt analog einen roten Fleck, jedoch ist die Rk. mit **II** empfindlicher. K. Maier. G 920□

**Gaschromatographie bei der Aminosäureanalyse.** M. Bier und Priscilla Teitelbaum. (Ann. New York Akad. Sci. **72**, 641—48, 20/3. 1959; New York, N.Y., Fordham Univ., Dep. of organ. Chem. and Enzymol. u. Inst. of Appl. Biol., Dep. of Protein and Enzyme Chem.; engl.) — Aminosäuren (**I**) sind nicht genügend flüchtig, um gaschromatograph. analysiert werden zu können. Flüchtige Derivv. werden durch Decarboxylierung oder Oxydation mit Ninhydrin (**II**) erhalten, jedoch liefert nur die 2. Meth. quant. Werte. — 0,1 ml **I**-Lsg., 0,1 ml **II** u. 0,1 ml eines chlorierten KW-Stoffes werden in einer 1 ml-Ampulle eingeschmolzen, 20—30 Min. lang in kochendem W. geschüttelt, in einem Eisbad abgekühlt u. zentrifugiert. Ca. 20—40 $\mu$l der KW-Stoffschicht werden auf die Trennsäule gegeben. Trennmaterialien: Silicon Dow-Corning 200 bei 78° u. 20 psi, Dodecylphthalat bei 150° u. 25 psi. W. Hein. G 950◇

**Bestimmung geringer Caprolactammengen in wässerigen Lösungen.** K. Je. Isstomina und L. A. Ionowa. (Betriebs-Lab. [UdSSR] **27**, 160—62, 1961; Inst. für Stickstoff-Ind.; russ.) — Vff. beschreiben eine Meth. zur colorimetr. Best. kleiner Mengen von Caprolactam (**I**), die auf der von Bergmann angegebenen Rk. mit $NH_2OH$ unter Bldg. von Hydroxamsäure (**II**) u. Einw. von $FeCl_3$ auf **II** unter Bldg. einer rotbraunen Komplex-Verb. beruht. Eine Erhitzungsdauer von 30 Min. ist ausreichend. Als Katalysator werden 5 ml einer 1 n NaOH-Lsg. zugesetzt. Der optimale pH-Wert liegt bei 5,27. Zwischen zugesetztem $NH_2OH$ u. gebildeter Menge **II** besteht eine lineare Abhängigkeit. Die Färbung ist 10—15 Min. lang beständig. Die **I**-Best. in einer essigsauren Lsg., die geringe Mengen von Cyclohexan, Nitrocyclohexan, Cyclohexanon, Bzl., Nitrobenzol, Cyclohexanonoxim u. Adipinsäure enthielt, ergab einen maximalen abs. Fehler von 6%. Es wurden **I**-Mengen von 0,1—4,9 mg bestimmt. Verbb., die unter den Vers.-Bedingungen **II** bilden können oder mit $FeCl_3$ farbige Verbb. eingehen, stören. H.-P. Pietsch. G 950□

**Quantitative Bestimmung von ε-Aminocaprolactam.** Stefan Goszczyński. (Chem. analit. [Warszawa] **3**, 123—29, 1958; pol.) — Vgl. C. **1963**, 5968. — Eine Probe mit ca. 2 g Caprolactam (I) wird mit 10 ml 10%ig. HCl 1½ Std. lang am Rückfluß gekocht. Nach Abkühlen wird mit W. auf 25 ml verd.(Lsg.A), 2 ml werden mit 0,1n alkohol. NaOH gegen Thymolphthalein titriert u. nach Zugabe von 18 ml abs. A. die Farbe mit einer Vgl.-Lsg. von 0,0025n $CuCl_2$ in 1 Liter 1%ig. $NH_4OH$-Lsg. verglichen. Besser als die direkte $Cl^-$-Best. in der Lsg. nach der NaOH-Titration erfolgt die Best. durch Titration von 2 ml Lsg. A (mit W. verd. u. mit $NaHCO_3$ neutralisiert) mit $AgNO_3$-Lsg. gegen $K_2CrO_4$. Die I-Menge in der Ausgangsprobe wird aus der Differenz der verbrauchten ml NaOH u. $AgNO_3$-Lsg. berechnet. Der Fehler beträgt —1,5 bis +0,5%. Die Best. der ε-Aminocapronsäure im Van Slyke-App. erfolgt mit einem Fehler von —0,5 bis +1,5%. R. K. Müller. G 950 □

**Analyse von Gemischen von ε-Caprolactam, Cyclohexanonoxim und Cyclohexanon.** Stefan Goszczyński. (Chem. analit. [Warszawa] **3**, 131—36, 1958; pol.) — Vgl. vorst. Referat. — Ein Gemisch (ca. 2 g) von ε-Caprolactam (**I**), Cyclohexanonoxim (**II**) u. Cyclohexanon (**III**) wird mit 10 ml verd. HCl versetzt, die Hydrolyse-Prodd. werden der Wasserdampf-Dest. unterworfen. Im Destillat wird **II** aus dem $NH_2OH$-Geh. nach $a = 12{,}5 \cdot 0{,}005658 \cdot r$ bestimmt (r = ml 0,1n $KMnO_4$-Lsg.); **III** aus der Menge m des Nd. mit 2.4-Dinitrophenylhydrazin nach $b = 10 \cdot 4067 \cdot m$; **I** errechnet sich aus a u. b nach $c = 0{,}8673 \cdot (b - a)$. Außerdem kann **I** analog dem l.c. beschriebenen Verf. u. aus dem mittels des Van Slyke-App. ermittelten N-Geh. (V = ml $N_2$ unter Normalbedingungen) nach $c_1 = 12{,}5 \cdot 0{,}005049 \cdot V$ bestimmt werden. Beleganalysen werden mitgeteilt. R. K. Müller. G 1960 □

**Analyse von Terphenylisomeren mit Hilfe der Infrarotspektrographie.** Carlo Alberto Ceselli und Mario Camia. (Chim. e Ind. [Milano] **42**, 721—24, Juli 1960; Novara, Ist. di Ric. „G. Donegani", Soc. Montecatini; ital.) — Angabe der Bandenfrequenzen u. der Absorptionskoeffizienten. B. Scheifele. G 2210 □

**Titrimetrische Bestimmung von Indigosulfonat mit Kaliumjodat.** G. Gopala Rao und N. Venkateswara Rao. (Talanta [London] **8**, 539—46, Juli 1961; Waltair, India, Andhra Univ.; engl.) — Angegeben wird ein Verf. zur Titration von *Indigosulfonat* (I) mit $KJO_3$ in 6—8n HCl (oder in $HCl/H_2SO_4$ geeigneter Konz.) bei Raum-Temp. (Farbumschlag blau/gelb). Während der Rk. soll nach Ansicht der Verff. durch Oxydation von I mit intermediär entstehendem JCl *Jodisatin* bzw. das isomere *N-Jodisatin* auftreten, das in der Lage ist, $J^-$ quant. zu $J_2$ zu oxydieren. U. Uhlich. G 3081 □

**Polarographische Bestimmung von Methylpentosen.** A. H. Wardi und Z. P. Stary. (Analytic. Chem. **34**, 1093—94, Aug. 1962; Warren, Pa., Warren State Hospital, Dep. of Biochem.; engl.) — Vff. beschreiben eine Meth. zur Best. von 0,2—1,0 mg Methylpentosen mit einem durchschnittlichen Fehler von 1,8%. Man oxydiert die Pentosen mit $JO_4^-$ zu Acetaldehyd, entfernt überschüssiges $JO_4^-$ mit Hilfe eines Anionenaustauschers u. bestimmt Acetaldehyd polarograph. in 0,1 m LiOH-Lösung. Andere Zucker stören nicht. J. Peters. G 3400 □

## c) Bestandteile von Pflanzen und Tieren

**Alkohol-Xylol im Vergleich zu Dioxan bei der Schrumpfung von Gewebe.** Adam Anthony und Merlin Clater. (Stain Technol. **34**, 9—13, Jan. 1959; University Park, Pa., Pennsylvania State Univ., Dep. of Zool. and Entomol.; engl.) — Die Vol.-Änderungen von Säugetiergewebe bei der Fixierung, Entwässerung, Klärung u. Paraffinierung werden quant. untersucht. Die 24std. Fixierung in 10%ig. Formalin bewirkt eine 25%ig. Vol.-Zunahme, die bei der Dehydrierung mit A. durch Schrumpfung wieder kompensiert wird. Klärung in Xylol u. Paraffinierung haben einen weiteren Vol.-Verlust von zusammen ca. 20% zur Folge. Bei der Dehydrierung u. Klärung mit Dioxan in einem Schritt ist die Schrumpfung zunächst geringer, was aber durch größeren Vol.-Verlust bei der Paraffinierung wieder ausgeglichen wird. Eine Entwässerung durch die A.-Konz.-Reihe (50—100%) verringert die Schrumpfung gegenüber abrupter Entwässerung nicht. W. Betcke. 5661 □

**Mehrfach-Siliconkautschuk-Formen für Paraffineinbettungen.** W. E. Clark, R. H. Cunningham und D. C. Wighton. (Stain Technol. **37**, 54—55, Jan. 1962; Winnipeg, Manitoba, Agric. Res. Stat., Canada Dep.; engl.) — Beschreibung einer Mehrfach-Siliconkautschukform u. dem zu ihrer Herst. dienenden Al-Modell. Die Form bleibt zwischen —70 u. +500° F flexibel. W. Wesly. 5661 □

**Artefakte in pflanzlichen Zellwänden durch Methacrylat-Einbettung.** P. Sitte und H. Falk. (Z. wiss. Mikroskop. mikroskop. Techn. **65**, 26—30, April 1961; Heidelberg, Univ., Botan. Inst.; dt.) — Vff. beschreiben 2 Artefakte, d. h. Brechen oder Quellen von Pflanzenzellwänden, die durch die Methacrylateinbettung verursacht worden waren. C. Gottfried. 5661

**Carbowax 400: Ein neues Lösungsmittel für Oil Red und Sudan IV zum Färben carbowax-eingebetteter Gefrierschnitte.** Frederick T. Zugibe, Marilyn L. Fink und Kenneth D. Brown. (Stain Technol. **34,** 33—37, Jan. 1959; Downey, Ill., Veterans Admin. Hosp., Geriatr. Res. Project; Milwaukee, Wis., Marquette Univ. School of Med.; engl.) — Carbowax 400 erfüllt alle Erfordernisse für ein Lsgm. in der Lipoid-Färbetechnik u. hat darüber hinaus noch einige prakt. Vorteile gegenüber Glykolen. W. Betcke. 5661 □

**Luxoltiefblau als Farbstoff für Mallorys alkoholisches Hyalin.** J. P. Becker und D. S. F. Treurnich. (Stain Technol. **34,** 261—63, Sept. 1959; Johannesburg, Univ. of the Witwatersrand, Dep. of Pathol. and Microbiol.; engl.) — Leberschnitte (formalinfixiert) werden 8 Std. lang in 0,1%ig. Lsg. von Luxoltiefblau-MBS in 90%ig. A. bei 60° gefärbt, 1 Std. lang in 0,05%ig. wss. $Li_2CO_3$-Lsg. differenziert u. 30 Min. lang mit 1%ig. wss. Neutralrot-Lsg. gegengefärbt. Mallorys „alkohol." Hyalin nimmt eine tief purpurblaue Farbe an. W. Betcke. 5661 □

**Aldehyd-Thionin: Ein Farbstoff mit ähnlichen Eigenschaften wie Aldehyd-Fuchsin.** G. E. Paget und Enid Eccleston. (Stain Technol. **34,** 223—26, Juli 1959; Macclesfield, Ceshire, Ltd., Pharm. Div.; engl.) — Eine Lsg. von 0,5 g Thionin, 7,5 ml Paraldehyd u. 1 ml konz. HCl in 91,5 ml 70%ig. A. (gebrauchsfertig nach 3—4 Tagen) ersetzt Aldehyd Fuchsin in der Färbetechnik vollkommen. Die $HgCl_2$-$K_2Cr_2O_7$-fixierten Gewebeschnitte werden nach Behandlung mit Jod, $S_2O_3^{2-}$ u. $KMnO_4$ u. Bleichung mit $K_2S_2O_5$ 15 Min. bis 2 Std. lang gefärbt u. mit Hämatoxylin gegengefärbt. W. Betcke. 5661 □

**Eine modifizierte Schiff-Lösung.** F. H. Kasten und V. Burton. (Stain Technol. **34,** 289, Sept. 1959; College Station, Tex., A & M Coll. of Texas, Dep. of Biol.; engl.) — Bei der Herst. einer bes. verd., aber sehr wirksamen Schiff-Farbstoff-Lsg. wird die Verw. von heißem W., HCl u. Aktivkohle vermieden: Eine Lsg. von 5 mg bas. Fuchsin in 300 ml W. wird mit 6 g $Na_2S_2O_4$ versetzt. Das Reagens entfärbt sich plötzlich u. ist nach evtl. Filtration zum Gebrauch fertig. W. Betcke. 5661 □

**Färbungen nach Romanowsky: Einfluß des Zusatzes von sauren Farbstoffen, besonders Chromotrop 2 R.** D. W. Menzies. (Stain Technol. **37,** 45—48, Jan. 1962; Melbourne, Univ., Dep. of Pathol.; engl.) — Die nucleare Färbung kann zurückgedrängt u. die nucleolare Färbung durch Zusatz von 1 Teil 1%ig. Chromotrop 2 R-Lsg. zu 9 Teilen Giemsa R 66-Lsg nach Gurr verstärkt werden. Man verd. das Gemisch mit der gleichen Menge dest. W. u. läßt es vor Verw. ½—1 Std. lang stehen. Mit Methanol fixierte Abstriche von Walker-Rattencarcinom färbt man 5 Min. lang. Unterss. mit verd. u. unverd. Giemsa-Lsg. zeigen, daß eine Ionisierung des Azur-Eosin-Komplexes für die Entw. der metachromat., roten Nuclearfarbe der Romanowsky-Färbung erforderlich ist. Diese Ionisierung wird durch Chromotrop 2 R zurückgedrängt. W. Wesly. 5661 □

**Direkte Färbung von Reticularfasern mit Goldchlorid.** John D. Soule. (Stain Technol. **37,** 31—34, Jan. 1962; Los Angeles, Calif., Univ. of South. California, School of Dentistry; engl.) — Reticularfasern (**A**) werden in Paraffinschnitten von Geweben (mit Formalin oder nach Bouin fixiert) selektiv durch Eintauchen in 1%ig. wss. $AuCl_3$-Lsg. (20 Min. lang), wss. Lsg. von 5(%) $Na_2CO_3$ u. 0,5 KOH (10 Min. lang) u. 5%ig. wss. KJ-Lsg. (2 Min. lang) gefärbt. Anschließend kann man noch eine Gegenfärbung mit 0,25%ig. wss. Methylenblauchlorid (**I**)-Lsg. ausführen. **A** färben sich dunkelrosa, die Collagenbündel hellrosa bis strohfarbig ohne u. hellblau mit **I**-Gegenfärbung. W. Wesly. 5661 □

**Eine spezifische Hydroxylamin-Eisen(III)-Chlorid-Reaktion zur histochemischen Lokalisierung von Pektin.** M. R. Reeve. (Stain Technol. **34,** 209—11, Juli 1959; Albany, Calif., West. Region. Res. Labor.; engl.) — Alkal. Hydroxylamin-Lsg. reagiert mit den in Schnitten von pflanzlichem Gewebe befindlichen Pektin-Methylestern unter Bldg. von Hydroxamsäuren, die die $HCl/FeCl_3$-Rk. geben. Die Rk. ist spezifisch. Durch zusätzliche Methylierung u. durch Verw. von 60%ig. A. als Lsgm. wird die Farbintensität erhöht. W. Betcke. 5661 □

**Bestimmung des Gesamtschwefels in Böden und Pflanzenmaterial.** A. Steinbergs, O. Iismaa, J. R. Freney und N. J. Barrow. (Analytica chim. Acta [Amsterdam] **27,** 158—64, Aug. 1962; Canberra u. Nedlands, C.S.I.R.O., Div. of Plant Ind.; engl.) — Vff. beschreiben eine Schnellmeth. zur Best. des Gesamt-S in Böden u. Pflanzen. Die Substanzprobe wird mit $NaHCO_3$ u. $Ag_2O$ auf 550° erhitzt, S mit einem Gemisch aus HJ, $H_3PO_2$ u. HCOOH zu $S^{2-}$ red. u. als Methylenblau spektrophotometr. bestimmt. J. Peters. 5664 □

**Vergleichende Untersuchung der Verfahren zur Kaliumausbringung aus pflanzlichen Objekten bei dessen Bestimmung in der Flamme.** B. N. Wischnewskaja. (Nachr. Akad. Wiss. KasachSSR, Ser. Bot. Bodenkunde [UdSSR] **1961,** Nr. 2, 98–102; russ., Auszug: kasach.) — Bei der Veraschung der pflanzlichen Substanz bei 600° zur flammenphotometr. Best. von *K* treten K-Verluste ein, so daß die Best. verminderte Werte ergibt. Vollständige K-Extrahierung aus dem Getreidestroh wurde durch dessen Zerkleinerung u. darauffolgende Behandlung mit heißer 0,01n HCl bzw. mit 2%ig. Essigsäure erzielt. Dabei erhielt man Werte, die denjenigen bei der Veraschung mit konz. $H_2SO_4$ u. Se als Katalysator nahe stehen. Die letztgenannte Meth. ergibt genaue Resultate, erfordert aber viel Zeit. Bei K-Best. im Korn wird die Extrahierung mit kalter 0,01n HCl empfohlen. — Im Sommerweizenkorn der Sorte „Karaganda" wurden bei Best. nach den aufgezählten Meth. (obige Reihenfolge) folgende K-Mengen in % ermittelt: 0,40; 0,43; 0,44; 0,44. M. Gordienko. 5664 □

**Die Bestimmung von Natrium, Kalium und Calcium in biologischem Material mit dem „EEL"-Flammenphotometer mit rechnerischer Korrektur für die gegenseitigen Störungen.** I. F. Duthie und I. McDonald. (Lab. Pract. **9,** 705–09, 732, Okt. 1960; Bucksburn, Aberdeen, Rowett Res. Inst.; engl.) — Statist. Unterss. der Na-, K-, Ca- u. P- (als Orthophosphat)-Werte in Lsgg. aus biolog. Material führen zur Aufstellung von Gleichungen, die die störenden Einfl. von K, Ca u. P auf Na, von Na auf K u. von Na u. K auf Ca darstellen. Ein Korrektur-Syst. wird vorgeschlagen. Ph. Fresenius. 5664 □

**Bestimmung von Zink, Kupfer und Eisen in biologischen Geweben. Eine Röntgenfluorescenzmethode.** George V. Alexander. (Analytic. Chem. **34,** 951–53, Juli 1962; Los Angeles, Calif. Univ. of California, School of Med., Dep. of Nucl. Med. and Biophys.; engl.) — Zur Best. von Zn, Cu u. Fe durch Röntgenfluorescenzanalyse werden 100 mg der veraschten u. pulverisierten Gewebeprobe mit $^1/_{10}$ des Proben-Gew. an Standardgemisch (90% $Na_2CO_3$ + 10% $Ni_2CO_3$) versetzt u. 5 Min. lang mechan. vermischt. Das Gemisch wird noch 5 Min. lang homogenisiert u. im Spektrometer bei 35 kV u. 35 mA (W-Strahlung) die Fluorescenzintensität der entsprechenden K$\alpha$-Linien sowie die Intensität zweier Untergrundpositionen bei 1,376 u. 1,610 Å bestimmt. Die Veraschung wird 8 Std. lang bei 510 ± 10° im Porzellantiegel vorgenommen, wobei keine Metallverluste auftreten. Harro Zimmer. 5664 □

**Beobachtungen bei der Bestimmung von Mesoxalsäure.** 1. Mitt. **Untersuchungen über mikroqualitative und mikroquantitative Methoden.** Heisaburo Kondo, Tsutomu Kaneko und Noriko Nishiyama. (Annu. Rep. ITSUU Lab. **10,** 17–21, Juli 1959; Tokyo, Univ. of Tokyo, Fac. of Med., ITSUU Labor., jap., Auszug: engl. S. 56 bis 60). — Bei der papierchromatograph. Best. der *Mesoxalsäure* (I) als I-p-Nitrophenylhydrazon (II) in biolog. Proben ist der $R_F$-Wert vom Säure-Geh. abhängig. Die quant. Best. erfolgt durch Vgl. mit verschieden konz. II-Lsg. in alkohol. HCl. P. Becker. 5666

**Chromatoelektrophoretische Bestimmung der Aminosäuren im Blatt von Weizen.** W. F. Peressipkin und W. D. Gotzuljak. (Ber. Akad. Wiss. UkrainSSR **1961,** 1327–31, Ukrain. Forschungsinst. für Pflanzenschutz; ukrain., Auszug: engl.) — Mit Hilfe der Chromatographie mit anschließender Elektrophorese wurden in der Fraktion der freien Aminosäuren des Weizenblattes nachgewiesen: Cystein, Cystin, Asparagin (I), Glutamin (II), Asparaginsäure, Serin, Glycin, Lysin, Histidin, Arginin, Threonin, Glutaminsäure, $\alpha$- u. $\beta$-Alanin, Monäthanolamin (III), Prolin, Tyrosin, Valin, Phenylalanin, Leucin u. Isoleucin. In den Eiweißhydrolysaten sind, mit Ausnahme von **I, II** u. **III**, die gleichen Aminosäuren vertreten, außerdem noch Tryptophan u. Methionin. O. Lebtag. 5666 □

**Verwendung von Tetracyanäthylen für die Entfernung von sichtbaren Carotinoidspektren aus Lösungen von Phäophytinen.** J. R. Wilson, M.-D. Nutting und G. F. Bailey. (Analytic. Chem. **34,** 1331–32, Sept. 1962; Albany, Calif., U.S. Dep. of Agric., Agric. Res. Serv.; engl.) — Pflanzenextrakte enthalten außer Chlorophyll u. Phäophytin stets Carotinoide (I), die zwischen 400 u. 500 nm absorbieren u. das Absorptionsmaximum des Phäophytin b bei 434 nm stark beeinflussen. Diese Störung kann durch Zusatz von kristall. Tetracyanäthylen (II) zu den Meß-Lsgg. in wenigen Min. ausgeschaltet werden, weil die auf **I** zurückzuführende Absorption durch den Zusatz von **II** um 100–110 nm ins UV verschoben wird. Dieser Befund stützt die Annahme, daß unter diesen Bedingungen zwischen **I** u. **II** eine Diels-Alder-Rk. abläuft. W. Kupfer. 5666 □

**Eine neue Mikromethode zur Bestimmung von Cellulose in biologischem Material mittels der Anthron-Reaktion.** K. K. Saxena, R. Mukherjee und V. Mahadevan. (J. sci. ind. Res. [New Delhi], Sect. C **20,** 186–88, Juni 1961; Izatnagar, Indian Veterin. Res. Inst., Animal Nutr. Div.; engl.) — Vff. beschreiben eine quant. Mikrometh. zur Best. von „reiner" *Cellulose* (I) in biolog. Materialien. Durch Hydrolyse in 50%ig.

HCOOH u. Behandlung mit 17,5% ig. NaOH werden störende Begleitsubstanzen wie Proteine u. andere Kohlenhydrate, die eine mögliche Interferenz bei der Best. von I hervorrufen können, abgetrennt. Die Best. von I in der Restsubstanz erfolgt in 72% ig. $H_2SO_4$-Extrakt durch Farb-Rk. mit einer 2% ig. *Anthron*-Lsg. nach Dreywood (Ind. Engng. Chem. (Anal.) **18**, [1949], 499). G. Bratfisch. 5666□

## d) Medizinische und toxikologische Analyse

**Die Darstellung von Lambda-Mengen Serum für die Papierelektrophorese.** R. C. R. Barreto. (J. Chromatogr. [Amsterdam] **6**, 278—79, Sept. 1961; Rio de Janeiro, Brazil, Univ. of Brazil, Inst. of Phthisiol. and Pneumol., Cent. Labor. of Tuberculosis; engl.) — Zur Gewinnung kleiner Serummengen aus Blut werden ca. 100 $\mu$l Blut mit einem Capillarröhrchen entnommen, das nach Aufziehen des Blutes bis zur Mitte am Ende abgeschmolzen u. mit 3500 U/min zentrifugiert wird. Die am Boden abgesetzten Klümpchen werden mitsamt der Spitze des Röhrchens abgeschnitten, das Serum kann dann in eine Capillarpipette übergeführt u. gemessen werden. M. Finke. 5727□

**Gleichzeitige Bestimmung von Cycloserin und Pyrazinamid im Blutserum.** K. B. Björnesjö. (Scand. J. clin. Lab. Invest. **13**, 332—36, 1961; Karlstad, Sweden, Central Country Hospital, Dep. of Clinical Chem.; engl.) — Zur quant. Best. von Cycloserin (**I**) u. Pyrazinamid (**II**) nebeneinander werden 2 ml Serum mit 4 ml Wolframsäure-Reagens versetzt u. 10 Min. lang zentrifugiert. 3 ml der überstehenden Fl. werden mit 1 ml 3n Essigsäure versetzt, die Lsg. auf 10° abgekühlt u. mit 1 ml kalter Na-Pentacyanonitrosylferrat (II)-Lsg. [4% ig. + 4n NaOH (1 : 1)] versetzt. Nach 20 Min. bei 10° wird die Farbintensität bei 490 m$\mu$ (**II**-Absorption) u. bei 625 m$\mu$ (**I**-Absorption) gegen einen gleich behandelten Blindwert gemessen. Die Geh. werden Eichkurven entnommen. **I** wird bei dieser Meth. zu 76,5%, **II** zu 98,5% wiedergefunden. Nicotinsäure- u. Isonicotinsäure-Derivv. stören die **II**-Best., Thiacetazone die **I**-Bestimmung. R. Reiß. 5728□

**Turbidimetrische Bestimmung des Gesamtserumcholesterins.** George R. Kingsley und Ozie Robnett. (Analytic. Chem. **33**, 561—64, April 1961; Los Angeles, Calif., Univ. of California, School of Med., Dep. of Physiol. Chem. and Veterans Adm. Center, Clinical Biochem. Labor.; engl.) — Der Gesamtserumcholesterin-Geh. kann turbidimetr. nach Zusatz von Na-Alkoholat zum Serum quant. bestimmt werden. Innerhalb der von den Vff. geprüften Grenzkonzz. besteht eine lineare Beziehung zwischen Trübungsgrad u. Cholesteringehalt. Die Trübung wird bei 550 m$\mu$ gemessen, sie ist von 10—30 Min. nach Beginn der Rk. stabil (Messen 10 Min. nach Rk.-Beginn bei 20—25°). Gleich günstige Ergebnisse werden bei Verw. von Na-Äthylat, Na-Methylat u. Na-Propylat erhalten. Die Übereinstimmung der turbidimetr. Meth. mit der colorimetr. ist recht gut. W. Hiller. 5728□

**Bestimmung der Eiweißfraktionen des Blutserums nach einer Schnellmethode.** Ss. A. Karpjuk. (Laboratoriumswesen [UdSSR] **8**, Nr. 7, 33—36, Juli 1962; Lwow, Med. Inst., Lehrstuhl für Fakultätschirurgie der med. Fak.; russ.) — Eine Modifizierung der Schnell-Best. der Eiweißfraktionen im Blutserum nach Aull u. Cord (vgl. C. **1959**, 15413) wird vorgeschlagen. S. Baryschnikow. 5728

**Über die Bestimmung von N¹-Methylnicotinsäureamid im Harn.** B. Gassmann und A. Scheunert. (Pharmazie **13**, 515—21, Sept. 1958; Berlin, Deutsche Akad. der Wiss., Inst. für Ernähr. Potsdam-Rehbrücke.) — Die fluorimetr. Best. von *$N^1$-Methylnicotinsäureamid* (**I**) im Harn nach Huff u. Perlzweig wird ausführlich auf Fehlerquellen geprüft u. in zweierlei Richtung verbessert. Der Harn wird an Stelle der üblichen Reinigung mit Aktivkohle über eine Säule von Wofatit KPS 200 gegeben, wobei eine Adsorption von **I** ohne die bei Kohle beobachteten Verluste gelingt. Die Aceton-Kondens. wird in Abänderung des gebräuchlichen Verf. nicht auf 5 Min. Rk.-Dauer mit nachfolgendem Erhitzen beschränkt, sondern 20 Min. lang u. nur bei Raum-Temp. durchgeführt, wobei am besten nicht gleich zur Messung abzupuffern, sondern die noch saure Lsg. zunächst 2 Min. stehenzulassen ist. Durch diese Variante werden zwar etwas niedrigere, aber genauere u. dabei weniger streuende Werte erhalten als nach Huff u. Perlzweig. R. Klockmann. 5732□

**Ein einfacher, empfindlicher Nachweis von Thallium.** G. Hauck. (Dtsch. Z. ges. gerichtl. Med. **51**, 570—71, 1961; Freiburg/Br., Univ., Inst. für gerichtliche Med.; dt.) — Zum Nachw. von *Tl* in organ. Material wurde die Dithizon-Meth. mit der Papierchromatographie kombiniert. Tl wird mit einer Lsg. von Dithizon in Essigester aus der alkal. Aufschluß-Fl. u. daraus mit verd. $H_2SO_4$ quant. extrahiert. Die Trennung von anderen Metallen u. die Identifizierung wurde papierchromatograph. durchgeführt. **G. Kimmerle. 5762**

# H. Angewandte Chemie

## $H_1$. Allgemeine chemische Technologie

**Der Chemieingenieur und die elektronische Rechenmaschine.** Theodore J. Williams. (Canad. J. chem. Engng. **39,** 219–25, Okt. 1961; engl.) — Der Einsatz der Rechner in der chem. Verf.-Technik bedeutet für den Chemieingenieur eine wesentliche Entlastung. Einer Gegenüberstellung der Vor- u. Nachteile der Analog- u. Digitalrechner u. ihrer zweckmäßigsten Einsatzgebiete folgen bes. Hinweise auf die Anwendung der Rechner auf reaktionskinet. Probleme, auf die Berechnung von Destillierkolonnen, Betrachtungen über die Auswahl der Rechner für die chem. Industrie, Anzahl u. Zus. des erforderlichen Bedienungspersonals für Analog- u. für Digitalrechner. Hinsichtlich der Verw. der Rechner für die Prozeßregelung werden die wirtschaftlichen u. rein techn. Erwägungen in Kurven u. Tabellen aufgeführt u. für die Zukunft eine rasche Zunahme der Einsatzmöglichkeiten vorausgesagt, denen der Chemieingenieur Rechnung tragen muß. M. Grenacher. 5800◇

**Der Einsatz elektronischer Rechenanlagen für technisch-wissenschaftliche Berechnungen in der chemischen Industrie.** W. Heineken und K. H. Pogorzelski. (Chemiker-Ztg./Chem. Apparatur **84,** 701–03, 5/11., 729–36, 20/11. 1960; Hamburg; dt.) — Als Beispiele werden genannt: Berechnung von Dest.-Kolonnen, Best. des wirtschaftlichen Optimums für den Betrieb, Rückflußverhältnis, Anzahl der Böden, Berechnung an Absorptionstürmen, bes. Best. der optimalen Menge des Absorptionsöles, Berechnung von Wärmeaustauschern, Berechnung von mechan. Spannungen an Rohrleitungs-Syst., Auswertung von Analysen, z. B. bei massenspektrometr. Unterss. oder bei der Polarographie, Struktur-Best. von Kristallen, Phasengleichgewichte, Gleichgewichtszustände chem. Rkk., Dokumentation u. schließlich das wichtige Gebiet der Optimalisierungsaufgaben, wo das Beispiel der Transportoptimierung u. das der Optimalisierung der Wartung von Maschinen behandelt wird. M. Grenacher. 5800◇

**Über Entwicklung und Planung chemischer Fabrikationsverfahren.** Karl Schoenemann. (Chemiker-Ztg./Chem. Apparatur **86,** 247–55, 20/4. 1962; dt.) — Der schnelle techn. Fortschritt zwingt das Lehrfach „Chemische Technologie" zu einer Anpassung an die heutige Entw. der chem. Industrie. Die früher vorwiegend bloße Beschreibung von Verff. muß ersetzt werden durch eine vertiefte Kenntnis der für den Ablauf der Rkk., die Trennprozesse, die Gestaltung der App. u. vor allem die Wirtschaftlichkeit entscheidenden Faktoren. Dies setzt ein außerordentlich umfangreiches Wissen voraus, für dessen Erwerbung u. noch mehr für dessen Anwendung ein Syst. erforderlich ist. Als solches bietet sich die Projektierung chem. Fabrikationsanlagen an. Diese Gedankengänge erläutert Vf. in einem Aufsatz, dessen Teile die folgenden Überschriften tragen: I. Strukturwandel erzwingt Änderung der Methodik. II. Die Phenol-Synth. nach Raschig als Schulbeispiel einer Projektierung: $II_1$. Techn. Phenol-Synth.; $II_2$. Typen katalyt. Reaktoren; $II_3$. Die Best. der Rk.-Geschw.; $II_4$. Die Berechnung des Reaktors; $II_5$. Die Trennapp.; $II_6$. Die Anordnung der App. zur Gesamtanlage; III. Die Furfurol-Synth. als aktuelles Beispiel. H. Lütgert. 5800□

**Laboratorien für die Ausbildung von Chemieingenieuren.** S. D. Holdsworth. (Chem. Process Engng. atomic. Wld. **42,** 303–07, Juli 1961; London; Borough Polytechnic.; engl.) — Organisation u. Ausstattung eines verfahrenstechn. Labor. werden besprochen: App. zum Demonstrieren von Stoff- u. Wärmetransport u. von Triebkraftübertragungen sowie Unterss. in dieser Richtung; Verf.-Einheiten zur Bearbeitung von chem.-techn. Aufgaben u. Vorschläge dafür; spezielle Verf.-Einheiten für biochem., geochem. u. kerntechn. Arbeitsrichtungen. M. Hagedorn. 5800◇

**Verfahrenstechnische Versuchsanlagen.** P. M. Heertjes, H. Kramers und J. C. Vlugter. (Chem. Process Engng. atomic. Wld. **42,** 297–302, Juli 1961; Delft; Techn. Univ.; engl.) — Beschreibung von Labor. u. Vers.-Anlagen, ihrer Organisation, des Ausbildungsplans für Chemieingenieure, der Ausstattung der Vf. für Verff. in kleinem u. halbtechn. Maßstab sowie mit Werkstätten u. Personal.
M. Hagedorn. 5800◇

**Eine Methode zur Berechnung der Verweilzeit bei chemischen Reaktionen.** C. Schuhler. (Z. physik. Chem. [Leipzig] **220,** 429–35, 1962; Leipzig, Dt. Akad. der Wiss., Inst. für Verfahrenstechnik der organ. Chem.; dt.) — Mathemath. Ableitung einer Gleichung zur Berechnung der Verweilzeit aus einfach meßbaren Größen.
H. Roschkowski. 5800□

**Einige theoretische Gesichtspunkte hinsichtlich der Verteilung der Verweilzeit einer in stationärer turbulenter Bewegung befindlichen Flüssigkeit.** Franco P. Foraboschi und Ugo Lelli. (Chim. e Ind. [Milano] **44**, 860—64, Aug. 1962; ital.) — Es werden die Bedingungen untersucht, unter denen die mittlere Verweilzeit $t_m$ eines Indicators gleich der Füllzeit $t_r$ der App. ist. Es zeigt sich, daß die Spalding-Bedingungen (Diffusion u. Geschw. nur Funktionen des Ortes, keine Diffusion des Indicators von der Zugabestelle stromaufwärts) nicht hinreichend für $t_m = t_r$ sind. Es wird gezeigt, daß dazu außer den Spalding-Bedingungen noch die Forderung erfüllt sein muß, daß an der Austrittsstelle der App. keine Diffusionsvorgänge stattfinden. Die Differenz $t_m$–$t_r$ für den Fall der Diffusion an den beiden angeführten Stellen sowie am Ausgang allein wird berechnet. W. Renker. 5800□

**Die Hydrodynamik eines Flüssigkeitsfilmes an einer senkrechten Fläche.** R. S. Tailby und S. Portalski. (Trans. Instn. chem. Engr. **38**, 324—30, Dez. 1960; London, Battersea College of Technol., Dep. Chem. Engng.; engl.) — Die von Kapitsa aufgestellte Theorie wurde erweitert, so daß damit Reynolds-Zahlen berechnet werden können, die durch Riffelung einer vorher glatten Fläche entstehen u. die Vergrößerung der Oberfläche durch Riffelung. Bei leichtbeweglichen Fll. ist die Zunahme beträchtlich. Eine geeignete App. zur Best. der Größen u. eine neue Meth. zur Messung der Wellen wurden entwickelt. F. Rosendahl. 5800△

**Eine auf dem reduzierten Dampfdruck beruhende Gleichung und ihre Anwendung auf Kohlenwasserstoffe.** Enrique G. Reynes und George Thodos. (A. I. Ch. E. Journal **8**, 357—58, Juli 1962; Evanston, Ill., Northwestern Univ., Technol. Inst.; engl.) — Die früher schon aus der Clausius-Clapeyron- u. Van der Waals-Gleichung entwickelte Dampfdruckformel (vgl. Frost-Kalkwarf, C. **1955**, 7638) wurde unter Einbeziehung von Variablen der auf die krit. Temp. red. Temp. $T_R = T/T_c$ u. den entsprechenden Druck $P_R$ von KW-Stoffen modifiziert. Von diesen Variablen $\alpha$, $\beta$, $\gamma$, $\delta$ ergaben am krit. Punkte $\alpha + \beta + \gamma = 0$; $\beta$ u. $\gamma$ standen miteinander durch die Gleichung $\beta = {}^5/_9[\gamma - {}^8/_3]^2$ in Beziehung, so daß die Dampfdruckgleichung für den red. Druck lautete $\lg P_R = \beta[1/T_R - 1] + [{}^9/_5\beta + {}^8/_3] \lg T_R + 0{,}1832[P_R/T_R - 1]$. Die experimentelle Unters. von 54 KW-Stoffen zeigte gegenüber der Berechnung von $P_R$ nach dieser Annäherungsformel eine Abweichung von nur 2,7% im Mittel. An 2 Beispielen wurde die Berechnung der einzelnen Konst. u. von $P_R$ durchgeführt. — 11 Literaturangaben. R. Kaiser. 5800□

**Werkstoffe für chemische Anlagen: Silber.** J. A. Stevenson. (Chem. Process Engng. atomic Wld. **42**, 323—26, Juli 1961; Johnson Mattey Co., Ltd.; engl.) — Es werden besprochen: Gewinnung, Raffination u. Eigg. von Ag; die wichtigsten Ag-Legg.; Ag-Hartlote; Auskleidungen, Vollsilberkonstruktionen, Rohre; elektrolyt. Versilberung; Anwendungsgebiete. M. Hagedorn. 5804◇

**Perspektiven der Anwendung einer Schwingmahlung in der Industrie feindisperser Kohle-Graphitmaterialien.** A. Ss. Fialkow und I. W. Temkin. (Nichteisenmetalle [UdSSR] **32**, Nr. 3, 53—60, März 1959; russ.) — Es wurde die Zerkleinerung von Kohlegraphitmaterialien in Vibrationsmühlen bei gleichzeitigem Mahlen u. Mischen untersucht u. nachgewiesen, daß sich bes. Hochtemp.-Teere mit Erweichungspunkt über 120° für diese Verw. eignen. Die Eigg. von Kohlegraphitmaterialien, die nach dieser Meth. hergestellt wurden, entsprechen denen üblicher Erzeugnisse. J. Schneider. 5804◇

**Vernetzte Polyurethane als Werkstoff für starkem Verschleiß ausgesetzte Gegenstände.** U. Knipp. (Rev. Plásticos **12**, 448—54, Nov./Dez. 1961; Leverkusen, Farbenfabriken Bayer AG; span. — C. **1962**, 10658.) R. K. Müller. 5804◇

**Moderne Methoden der Auskleidung von Behältern mit Polyäthylen- oder Polypropylenplatten.** W. Janda. (Kunststoffe — Plastics [Solothurn] **9**, 165—68, 1962; dt.) — Stahl-, Beton- oder Holzbehälter mit mehr als 3000 Liter Inhalt lassen sich wegen der unterschiedlichen therm. Ausdehnungs-Koeff. nicht nach den bekannten Verff. mit Polyäthylen- oder Polypropylenplatten (PP) auskleiden. Vf. empfiehlt die Verw. von PP, in die einseitig ein Hanfnetz teilweise eingeschmolzen ist. Das Hanfnetz läßt sich auf die Unterlage aufkleben u. verbindet so die PP mit dem Untergrund. Weiterhin können PP verwendet werden, in die in perforiertes Stahlblech eingeschmolzen ist, so daß ihr therm. Ausdehnungs-Koeff. prakt. dem von Stahl entspricht. Diese Auskleidungen sind bis 80 bzw. 100° verwendbar. Die Verknüpfung beider Verff. soll auch das Auskleiden von Vakuumbehältern ermöglichen. R. Helbig. 5804□

**Verwendung von Kunststoffen bei der Isolation von Kühlräumen.** M. B. Tiersonnier. (Ind. Plast. mod. **14**, Nr. 5, 25—26, Juni 1962; Section Technique Centrale du Froid; franz.) — Die Verw. von Kunststoffabdeckungen zum mechan. Schutz u. als Wasserdampfsperre u. von Kunststoffschaum zur Isolation wird besprochen. H.-G. Moslé. 5804□

**Über den Oberflächenkoeffizienten der Wärmeabgabe in Rohren mit Granulatschicht.** M. E. Aerow und Ja. F. Batischtschew. (Kinetik u. Katalyse [UdSSR] **1**,

478–82, Sept./Okt. 1960; Nowotscherkask, Forsch.-Inst. für synthet. Alkohole; russ.) — Es wurden die Werte des Oberflächen-Koeff. der Wärmeabgabe eines von außen erwärmten Rohres (Durchmesser 31,5 m) zur Luft, die durch eine Schicht Stahlkugeln (Höhe 518 mm) zirkuliert, bestimmt. Zwei Zonen wurden festgestellt: Bei $Re_E = G \cdot d_E/\mu \cdot g >$ 600 (G = Gewichts-Geschw. der Luft in $kg/m^2 \cdot s$; $d_E$ = äquival. Durchmesser der Rohrhöhlung mit der Füllung in m; $\mu$ = Koeff. der dynam. Viscosität in $kg \cdot s/m^2$; g = 9,81 $m/s^2$) gibt es eine eindeutige Abhängigkeit $Nu_{E,st} = 0{,}1 \cdot Re_E^{0{,}8} \cdot Pr^{1/3}$ ($Re_E$ = 1250–10000) ($Nu_{E,st} = \alpha_{st} \cdot d_E/\lambda_g$, $\alpha_{st}$ = Wert des Oberflächen-Koeff. der Wärmeabgabe; $\lambda_g$ = Wärmeleitzahl der Gase). Im Bereich $Re_E < 600$ wurde keine eindeutige Abhängigkeit gefunden, was auf die unterschiedliche Struktur der Granulatschicht in unmittelbarer Nähe der App.-Wände zurückzuführen ist. Die Verss. in dieser Zone werden von den Vff. durch die Gleichung $Nu_{E,st} = 0{,}000685 \cdot Re_E^{1{,}5} \cdot Pr^{1/3}$ ($Re_E$ = 40–1250) wiedergegeben. Für den gesamten Bereich der Werte $Re_E$ ist eine Vernachlässigung des Widerstandes durch den Rohrmantel in den therm. Berechnungen von Kontakt-App. nicht zulässig. H. Matern. 5816□

**Berechnungen des Druckabfalls bei Wärmeaustauschern.** Donald L. Whitley. (Chem. Engng. Progr. **57**, Nr. 9, 59–65, Sept. 1961; engl.) — Unterss. an 9 Wärmeaustauschern verschiedener Baujahre werden mit bisher bekannten theoret. Berechnungs-Meth. verglichen u. eine neue verbesserte Meth. angegeben, deren größere Aufwendigkeit bei der Berechnung durch Verw. einer Rechenanlage nicht ins Gewicht fällt. M. Grenacher. 5816◇

**Berechnung der spezifischen Oberfläche von Pulvern.** Genowefa Łoskiewiczowa. (Przemysł chem. **40**, 18–22, Jan. 1961; Kraków, Akad. Górn.-Hutn., Kat. Geometr. wykreśln.; pol.) — Die spezif. Oberfläche von Pulvern läßt sich bei bekannter Korngrößenverteilung berechnen. Vf. gibt eine Formel für den Fall der normallogarithm. Verteilung an. F. Urban. 5820◇

**Faktoren, die den Mischungsgrad von Schüttgütern beeinflussen.** Ryszard Chudzikiewicz. (Przemysł chem. **40**, 48–51, Jan. 1961; pol.) — Übersicht über die Technik des Mischens, die Messung des Mischungsgrades u. die Probenahme. Bei der Angabe des Mischungsgrades ist stets die Größe der gezogenen Probe anzugeben. F. Urban. 5822◇

**Der Einfluß der Viscosität des Lösungsmittels auf die Kinetik des Austausches von Natriumionen gegen Wasserstoffionen in Festbetten aus Dowex-50.** G. W. Nutt, S. Sharifi und F. Tonge. (J. appl. Chem. **10**, 505–11, Dez. 1960; Birmingham, Univ., Dept. of Chem. Engng.; engl.) — Für den Austausch von $Na^+$-Ionen in 0,1n NaCl–Glycerin–W. gegen $H^+$-Ionen in einem Festbett aus Dowex-50-Harz werden für die Reynolds-Zahlen von 0,01–2 entsprechende Kurven aufgestellt. Das Glycerin hatte eine Viscosität von 30 cP bei 25°, ebenso wurden Messungen an einer 0,1n NaCl-Lsg. mit „Polycell" in W. durchgeführt. Geringe Mengen dieser Substanz erhöhen beträchtlich die Viscosität des Syst. mit geringem Einfl. auf die Ionendiffusion. Die austretenden Verbb. u. die Ionendiffusion wurden mit Hilfe der elektr. Leitfähigkeit gemessen. Die Werte der Koeff. der Fl.-Filme konnten mit der Strömung, der Viscosität der Lsg. u. der Ionendiffusion in Einklang gebracht werden. F. Rosendahl. 5826△

**Kinetik der Absorption von Flotationsreagentien durch Minerale.** O. Ss. Bogdanow, A. K. Podnek und W. Ja. Chainman. (Nichteisenmetalle [UdSSR] **32**, Nr. 3, 12–18, März 1959; russ.) — Die Unters. der Absorptionskinetik von Äthyl- u. Butylxanthogenat mit Galenit u. Na-Tridecylat einiger nichtsulfid. Mineralien bei verschiedenem Verbrauch des Sammlers zeigen, daß die Sorption eine Funktion der Zeit ist. Feste Phase: fl. Phase = 1:4 bis 10. Die Absorptionsisothermen u. die Geschw. der Sorption wurden graph. angegeben; die einzelnen Abhängigkeiten wurden auch mathemath. abgeleitet. J. Schneider. 5828◇

**Einrichtungen zur Abtrennung von Flüssigkeiten mit verschiedenen spezifischen Gewichten.** Stanisław Janik. (Gaz, Woda Techn. sanit. **35**, 339–40, Sept. 1961; pol.) — Übersicht über die Berechnung von Abscheidern für Fette, Öle, Bzn. u. Petroleum im Wasser. F. Urban. 5828◇

**Der Wirkungsgrad der Oberfläche der Füllkörper in Adsorbern.** Tadeusz Hobler. (Przemysł chem. **40**, 43–47, Jan. 1961; Gliwice, Politechn. Śląska; pol.) — Übersicht über die Berechnung der wirksamen Austauschfläche in techn. Adsorbern. — 18 Literaturangaben. F. Urban. 5848◇

**Trocknen des Gases für den Versand auf weite Entfernungen.** Janusz Girzejowski. (Gaz, Woda, Techn. sanit. **35**, 322–26, Sept. 1961; Tarnów, Zakłady Gazu ziemn.; pol.) — Übersicht. F. Urban. 5850◇

**Ausnutzung von Erdgas zur Kältegewinnung.** N. L. Wowtschenko und P. A. Retjunin. (Erdöl-Wirtsch. [UdSSR] **38**, Nr. 5, 49—52, Mai 1960; russ.) — Durch Anwendung von $C_3H_8$ kann mit 30%ig. NaCl-Lsg. als Wärmeaustauscher eine Temp. von —28° erhalten werden, während eine unmittelbare Anwendung des $C_3H_8$ eine wirksamere Kälte von —30 bis —35° erzeugt. Die direkte Ausnutzung des $C_3H_8$ ist mit Explosionsgefahr verbunden. Vff. erläutern mit Hilfe von Zeichnungen App., die eine unmittelbare Verw. des $C_3H_8$ gestatten. K. Wekua. 5858□

**Die Wirkung der Oberfläche bei einem mit rotierenden Scheiben versehenen Behälter.** J. T. Davies, I. M. Ritchie und D. C. Southward. (Trans. Instn. chem. Engr. **38**, 331—34, Dez. 1960; Cambridge, Chem. Engng., Labor.; engl.) — Der Behälter diente zur Fl.–fl.-Extraktion. Die Wrkg. der Scheiben ist um so größer, je weniger die disperse Phase Wände u. Metalloberfläche berührt. Der Massentransport beruht auf der Aufrechterhaltung einer breiten Zwischenphase, denn im Gegensatz zur Füllkörperkolonne ist das Zusammenfließen u. Wiederverteilen der dispersen Phase nicht erforderlich. Die Wrkg. des Trudelns der Tropfen ist wahrscheinlich von größter Bedeutung, um eine intensive Bewegung in der Nähe der Berührung der beiden Phasen zu erreichen. Die Wrkg. der oberflächenakt. Additiven dient zur Steigerung des Durchmischens der Flüssigkeiten. Auf diese Weise wird die Zahl der theoret. Stufen um das dreifache gesteigert. F. Rosendahl. 5862△

**Holdup-Bestimmung einer Scheibenkolonne durch dynamische Analyse.** U. Lelli, I. Di Federico und F. P. Foraboschi. (Chim. e Ind. [Milano] **44**, 865—68, Aug. 1962; ital.) — Vff. zeigen, daß sich die dynam. Analyse gut zur Holdup-Best. eignet. Verss. mit W. ergaben bei Scheibenkolonnen, daß sich innerhalb des untersuchten Bereiches das Holdup je Scheibe proportional der Kubikwurzel der Belastung verhält. W. Renker. 5864□

**Einfluß der Dampfdurchdringtiefe auf Wirkung, Belastbarkeit und Druckverlust von Rektifizier-Glocken- und -Siebböden.** Emil Kirschbaum. (Chemie-Ing.-Techn. **31**, 779—84, Dez. 1959; Karlsruhe, TH, Inst. App.-Bau u. Verf.-Techn.; dt.) — Bei der Dest. eines A.–W.-Gemisches wurde die Dampfdurchdringtiefe bei Glocken- u. Siebböden verschieden eingestellt. Im Bereich der Hauptbelastung ist die Trennwrkg. wenig von der Dampfdurchdringtiefe abhängig, während sie bei beiden Bodenarten die höchst zulässige Dampf-Geschw. nicht beeinflußt. Die Dampfdurchdringtiefe hat entscheidenden Einfl. auf den durch die Böden strömenden Dampf. Belastbarkeit u. Druckverlust der Böden werden bestimmt u. dazugehörige Kurven aufgestellt. F. Rosendahl. 5864□

**Blasenbildung an einer Düse in einer nichtviscosen Flüssigkeit.** J. F. Davidson und B. O. G. Schüler. (Trans. Instn. chem. Engr. **38**, 335—42, Dez. 1960; Cambridge, Univ., Dept. Chem. Engng.; engl.) — Bei einer konst. Gasströmung stehen Blasen-Bldg. u. Gasstrom in Beziehung. Wenn der Gasdruck plötzlich ausfällt, so erreichen Gasstrom u. Vol. der Blasen den Wert 0, wodurch krit. Werte von Gasstrom u. Blasen-Vol. entstehen. Diese krit. Werte stehen mit Vers.-Werten im Einklang, so daß es möglich ist, eine Aufklärung über das „dumping" (Fl.-Strom nach unten) bei Siebböden zu erhalten. F. Rosendahl. 5864△

**Das Gleichgewicht Flüssigkeit–Dampf verdünnter Lösungen.** Ja. D. Selwenski, W. A. Schalygin und A. A. Titow. (Chem. Technol. Brennstoffe Öle [UdSSR] **7**, Nr. 4, 5—11, April 1962; Moskau, Chem.-Technolog. Mendelejew-Inst.; russ.) — Durch einfache Dest. unter Anwendung radioakt. Indicatoren wurde das Gleichgewicht im Syst. Fl.–Dampf von verd. Lsgg. von Dichloräthan in Bzl. u. von Chlorbenzol in Äthylbenzol bei einem Druck von 150—760 mm untersucht. Bei Konz. der gelösten Komponenten $< 1\%$ gehorchen beide untersuchten Lsgg. dem Henryschen Gesetz. Der Trennungs-Koeff. beider Syst. kann nach 2 angeführten Gleichungen berechnet werden. Beide Gleichgewichts-Lsgg. werden als bequeme Prüflsgg. für *Rektifikationskolonnen* empfohlen. W. Hantzsch. 5864□

**Graphische Voraussage ternärer Azeotrope.** Paul J. Horvath. (Chem. Engng. **68**, Nr. 6, 159—64, 20/3. 1961; B. F. Goodrich Chemic. Co.; engl.) — Vf. gibt ein Verf. an, mit dem auf graph. Wege unter Verw. experimentell gewonnener oder der Literatur entnommener Daten das Vorliegen tern. Azeotrope festgestellt werden kann. H. Schroeder. 5864◇

**Faktoren, die die Leistung von Plattenventilen beeinflussen.** W. S. Norman und G. J. Grocott. (Trans. Instn. chem. Engr. **39**, 305—12, 1961; Manchester, Coll. of Sci. and Technol.; engl.) — Unter Verw. des W.–Luft-Syst. wurden experimentell die Druckabfall-, Wrkg.-Grad- u. Leck-Charakteristiken von Plattenventilen untersucht. Es wird gezeigt, daß zwei stabile Zustände (ganz offen u. ganz geschlossen) existieren u. daß bei mittlerer Gas-Geschw. die Ventile zwischen beiden Zuständen hin- u. herschwanken. Bei hohen Gas-Geschw. (alle Ventile offen) steht der Druckabfall in Korrelation mit Werten, die für ein einziges Ventil abgeleitet wurden, während bei langsamer Geschw. der Abfall entsprechend der Zahl der Ventile erfolgt. Der Platten-Wrkg.-Grad ist für Luft-Geschw. von 2—7 ft./s prakt. konst. u. nimmt ab bei kleineren Geschwindigkeiten. Die Leckverluste der Fl. durch die Öffnungen erreichen ein Maximum bei mittleren Gas-Geschwindigkeiten. H. Schroeder. 5882□

**Die Stabilität der Ventile freischwebender Plattenventile.** R. M. Wood. (Trans. Instn. chem. Engr. **39,** 313—17, 1961; Swansea, Univ. Coll., Dep. of Chemic. Engng.; engl.) — Vf. versucht zu erklären, warum die Ventile freischwebender Plattenventile nicht stabil sind. Ein Ausdruck für die Kraft, die auf das Ventil wirkt, wird mit der Annahme einer einfachen Geschw.-Verteilung des Gasstromes unter dem Ventil abgeleitet. Die berechneten Werte werden mit experimentellen Werten für verschiedene Gas-Durchfluß-Geschw. verglichen. Die Übereinstimmung ist befriedigend. Die Theorie wird zur Beschreibung der Schwingungen des Ventils unter Erzielung von Übereinstimmungen zwischen Theorie u. Experiment erweitert. H. Schroeder. 5882□

**Nuklearer Meßwertumformer zur Messung der Durchströmungsmenge.** Karoly Kaffka und Csaba Csapodi. (Központi Elemiszeripari Kutató Intézet Közleményei [Mitt. Zentralforsch.-Inst. Lebensmittelind.] **1961,** Nr. 1, 6—11; ung.) — Das Gerät besteht im wesentlichen aus einem kon. Schwimmer (Rotametertyp) mit einem punktförmigen Strahler. Der durchfließenden Menge entsprechend steht der Schwimmer in einer gewissen Höhe, die Strahlung trifft einen Detektor, dessen Stromstärke mit der durchfließenden Menge im linearen Zusammenhang steht. J. Plank. 5886

**Austausch von Deuterium zwischen Wasserstoff und flüssigem Ammoniak.** P. J. Bourke und J. C. Lee. (Trans. Instn. chem. Engr. **39,** 280—88, 1961; Harwell, Berks., Atom. Energy Res. Establ., Chem. Engng. Div. und Swansea, Univ. Coll., Dep. of Chem. Engng.; engl.) — Die Übertragungs-Geschw. von D aus angereichertem $H_2$ auf fl. $NH_3$ mit $KNH_2$ als Katalysator wurde im Temp.-Bereich von —40 bis 20° gemessen. Zwei „Contactor"-Arten, ein Stab mit laminarer Strömung des fl. $NH_3$ u. eine Scheibenkolonne, wurden verwendet. Ein Fließschema wird skizziert, die App. beschrieben. Die Messung des Austausches erfolgte durch Entnahme von Gasproben zu geeigneten Zeiten u. massenspektrograph. Analyse des D-Gehaltes. Der Austausch ist bei den verwendeten kleinen D-Konzz. äquivalent der Absorption, begleitet von einer scheinbaren Rk. erster Ordnung. Die Geschw.-Konst. betragen bei $KNH_2$-Konz. von 4—40 g/Liter 10—500/s. Die Rk. findet in einer schmalen Zone von 0,001 in. unter der Oberfläche statt. Infolge der geringen Löslichkeit von $H_2$ in fl. $NH_3$ ist die Austausch-Geschw. sehr niedrig. Die Möglichkeiten zur Planung eines „Contactors" in größerem Maßstabe werden diskutiert. H. Schroeder. 5888□

**Bewertung von Teilchenformen mit einer verbesserten Werner-Sedimentations-Apparatur.** G. G. M. Slesser und R. Deans. (J. appl. Chem. **10,** 62—65, Febr. 1960; Glasgow, Royal Coll. of Sci. and Technol., Dep. of chem. Technol.; engl.) — Da die Best. der Teilchenformen nach dem Gesetz von Stokes große Ungenauigkeiten ergibt, wurde die App. von Werner verbessert, so daß die Teilchen mit einer Fehlergrenze von ±2% bewertet werden können. Der App. wird beschrieben, u. es werden Vers.-Ergebnisse mitgeteilt. F. Rosendahl. 5888△

**Dosiereinrichtungen für flüssige Chemikalien.** Virgil W. Langworthy. (Water Sewage Works **107,** Reference Nr. R 67—R 68, 31/10. 1960; engl.) — Es werden die verschiedenen Voraussetzungen geschildert, die zu beachten sind, wenn Dosiereinrichtungen für kleine Mengen von Fll. benötigt werden. Entscheidend ist stets die chem. Natur des zu dosierenden Stoffes. F. Rosendahl. 5888△

**Dosieren glasiger Phosphate.** Henry F. Munroe. (Water Sewage Works **107,** Reference Nr. R 73—R 75, 31/10. 1960; Providence, R.I., B.I.F.-Industries; engl.) — Phosphatgläser werden durch Zusammenschmelzen von Phosphorsäure u. Soda bei hoher Temp. erzeugt, wobei transparente, nicht kristalline Rk.-Prodd. entstehen, deren Dichte von der Herst. abhängt u. zwischen 100 u. 120 lbs./cu. schwankt. Geeignete Vorr. für das Lösen der Phosphate u. für die Dosierung der Lsg. bei der Wasserbehandlung werden beschrieben. F. Rosendahl. 5888△

**Die Dosierung von Phosphat erfordert genaue Arbeit.** E. G. Lucas. (Water Sewage Works **107,** Reference Nr. R. 80—R 81; 31/10. 1960; Fort Bliss, Tex., US. Army Defense Center, Water and Sewage; engl.) — Ein Wasservorratbehälter wird aus zwei getrennten Leitungen mit W. versorgt, die ihrerseits von zwei verschiedenen Pumpsyst. bedient werden. Um einen stets gleichen Geh. an Phosphat im W. zu haben, muß daher die Beaufschlagung der beiden Zufuhrleitungen mit dem Phosphat recht genau erfolgen. Es werden geeignete Dosier-Vorr. beschrieben, die derart arbeiten, daß der Geh. an Phosphat im Endwasser bei einer Fehlergrenze von $\pm 3\%$ liegt.

F. Rosendahl. 5888△

**Wärmespannungen in Stutzen von Kernreaktordruckgefäßen.** J. S. Busch, A. J. Martenson, S. W. Sinderson und C. F. Peck jun. (Nuclear Sci. Engng. **7,** 97—103, Febr. 1960; Pittsburgh, Pa., Westinghouse Electric Corp., Bettis Atom. Power Div.; engl.) H. Schroeder. 5894□

**Wärmestöße in den Hülsen von Brennstoffelementen.** O. D. Kasatschkowski. (Atomenergie [UdSSR] **12,** 230, März 1962; russ.) — Analyt. wird der Temp.-Austausch an den Hülsen der Brennstoffelemente in Abhängigkeit von der Zeit nach dem Abstellen des Reaktors behandelt. Die Wärmestöße, die unter normalen Bedingungen auftreten können, sind ungefährlich, da der Temp.-Abfall stets kleiner ist als der maximale Wert beim stationären Betrieb. M. Wiedemann. 5894□

**Untersuchungen über Urandioxid als Reaktorbrennstoff, besonders über sein Sintern.** Shuichiro Takahashi, Yutaka Honda, Tadashi Kubota und Kazuo Maruya. (J. chem. Soc. Japan, ind. Chem. Sect. [Kōgyō Kagaku Zasshi] **63,** 1137 bis 1144, Juli 1960; Saitamaken-Ômiya, Mitubisi-Gensiryoku-Kôgyô KK.; jap., Auszug: engl.) — $UO_2$ wird pulverisiert, mit wenig $TiO_2$ bzw. $Al_2O_3$ oder $BeO$ gemischt, durch Pressen geformt u. im $H_2$-Strom bzw. in einem Gemisch von $H_2$ u. Wasserdampf (4%) oder im Hochvakuum ($5 \cdot 10^{-5}$ Torr) auf 1300—1700° erhitzt, um einen keram. Reaktorbrennstoff zu liefern. Die Darst.-Bedingungen in bezug auf die Eigg. des Prod. werden untersucht. E. Maekawa. 5894□

**Versuchsanlage für Verfahren zur Herstellung von $UO_2$-Kernbrennstoff.** G. E. Christie und F. S. Martin. (Chem. Process Engng. incorp. Atomic Wld. **42,** 308—12, Juli 1961; Springfields, Preston, Lancs., U.K.A.E.A.; engl.) — Die Aufgaben einer Vers.-Anlage zur Herst. von Kernbrennstoff aus $UO_2$ statt aus U werden besprochen. Überlegungen zur Größe der Vers.-Einheit im Hinblick auf die Großausführung u. auf inzwischen möglich werdende Änderungen. M. Hagedorn. 5894◇

**Oxydationen und Verbrennungen.** A. van Tiggelen und J. C. Balaceanu. (Rev. Inst. franç. Pétrole Ann. Combustibles liquides **17,** 1003—15, Juli/Aug. 1962; franz.) — Vff. beschäftigen sich mit den grundlegenden Fragen der Umwandlung der chem. Energie von KW-Stoffen in mechan. Energie. Weiterhin soll ein Überblick über die ständig wachsende Zahl der petrochem. Synth. u. die dabei angewendeten App., wie Motoren, Reaktoren usw., gegeben werden. G. Seidel. 5898□

**Über die Modelldarstellung von Reaktionseinrichtungen bei einigen Prozessen der heterogenen Konversion von Kohlenwasserstoffen.** I. M. Artjuchow. (J. angew. Chem. [UdSSR] **33,** 2512—20, Nov. 1960; Allunions-Forsch.-Inst. für erdölchem. Prozesse; russ.) — Als Kriterium für eine Umwandlung an der Außenfläche eines Katalysators wird eine dimensionslose Größe $B = \varepsilon_r(V_r/V_m)$ verwendet, wobei $\varepsilon_r$ der Umwandlungsgrad, $V_r$ u. $V_m$ die Vol.-Geschw. der reagierenden Substanz bzw. einer Bezugssubstanz (minimale oder optimale Geschw.) ist. Für Fll. wird $V_m = 1$, für Gase $V_m = 400$ (Vol./Vol. Katalysator·Std.) angenommen. Andererseits kann B auch durch einen Proportionalitäts-Koeff. $A_m$, die Reynolds-Zahl Re, die Temp. t, den Symplex der Konzz. $\Delta M$ u. ein die Geometrie des Syst. kennzeichnendes Kriterium $K_g$ dargestellt werden: $B = A_m Re^{0{,}83}(\delta t/\Delta M\, K_g)$, wobei sich dann $\varepsilon = A_m Re^{0{,}83}(V_m/V_r)(\delta t/\Delta M\, K_g)$ ergibt. Der Wärmeaustausch an der Katalysatoroberfläche wird mittels der Nusselt-Zahl $Nu = 0{,}24\, Re^{0{,}83}$ wiedergegeben. Vf. teilt Diagramme für die Abhängigkeit von B von Nu mit für die Zers. von Pentan an FeO bei 675—680°, für die Dehydrierung von n-Heptan an $MoO_3$, $WS_2$ u. Pyrexglas bei 400—700°, für die Oxydation von Fe durch Wasserdampf u. für die Red. von Fe-Oxid durch KW-Stoffe ($V_m = 400$), wobei durch den Nullpunkt gehende Gerade erhalten werden, ebenso auch für die Beziehung zwischen $(\Delta M/\delta t)\cdot B$ u. Nu bei der Isomerisierung von n-Paraffin-KW-Stoffen. Die berechneten Werte stimmen zu $>90\%$ mit den Vers.-Werten überein.

R. K. Müller. 5904□

**Der Einfluß der Zusammensetzung auf die Eigenschaften von Kupfer-Chromoxid-Katalysatoren bei der Oxydation von Kohlenoxid.** M. Ju. Ssultanow und M. Ss. Belenki. (Hochschulnachr. [Baku], Erdöl Gas [UdSSR] **5,** Nr. 9, 63—69, 1962; Aserbaidshan, Asisbekow-Inst. für Erdöl u. Chemie; russ.) — Die Oxydation von $CO$ erfolgt in Ggw. von $CuO$-$Cr_2O_3$, wobei der $Cr_2O_3$-Geh. von 1—96% gesteigert wird. Das Maximum der katalyt. Aktivität liegt bei einem Geh. von 30—40% $Cr_2O_3$; bei 200° werden 90% CO oxydiert. In Übereinstimmung mit der Arrheniusschen Gleichung besteht zwischen log K u. 1/T eine lineare Beziehung (K = Geschw.-Konst.). Die Abhängigkeit des lg K

u. der Aktivierungsenergie E vom Verhältnis $CuO/Cr_2O_3$ wird graph. dargestellt. Die entsprechenden Kurven zeigen, daß bei einem Verhältnis von $CuO : Cr_2O_3 = 1 : 1$ E ein Maximum, dagegen K ein Minimum aufweist. J. Lehmberg. 5904△

**Trocknung des pastenförmigen Kupfer-Nickel-Katalysators in der Wirbelschicht.** P. G. Romankow, N. B. Raschkowskaja, P. A. Jablonski und S. A. Beresowskaja. (Öl- u. Fett-Ind. [UdSSR] **28,** Nr. 7, 10—13, Juli 1962; Leningrad, Technol. Lensowjet-Inst.; russ.) — Es wird die Möglichkeit der Trocknung eines pastenförmigen, ca. 80% W. enthaltenden Cu-Ni-Katalysators in der Wirbelschicht bis zu einem Wasser-Geh. von 8—10% gezeigt. Die Temp. des Wärmeträgers (Luft) beträgt 350°, die Leistungsfähigkeit der Anlage 800 kg/$m^3$·h. Bei einer Gas-Geschw. von 8 m/s im Gitter u. 0,4 m/s in der Staubabsitzzone beträgt die entfernte Staubmenge ca. 10%. S. Baryschnikow. 5904

**Kontakt zwischen Festkörper und Gas in Reaktionsgefäßen mit aufgewirbeltem Katalysator.** Leopoldo Massimilla. (Gazz. chim. ital. **89,** 1691—1700, Juli/Aug. 1959; Napoli, Univ., Ist. di chim. ind.) — Vf. bespricht krit. an Hand der Literatur die Vor- u. Nachteile des Festbetts u. des Fließbetts in der heterogenen Katalyse. C. Gottfried. 5904

## $H_2$. Betriebsschutz. Feuerschutz

**Schutzmaßnahmen bei der Verwendung von Sprengstoffen.** R. S. Harding. (Canad. Mining J. **82,** Nr. 9, 74—80, Sept. 1961; engl.) — Vf. stellt in einer Tafel die Häufigkeit von 10 verschiedenen Explosionsursachen gegenüber, die bei Sprengstoffunfällen in den Ontario-Gruben während der Jahre 1956—1960 ermittelt wurden. Die Wichtigkeit der Auswahl geeigneter Spreng- u. Zündmittel wird hervorgehoben. Die Eignung von $NH_4NO_3$-Ölmischungen läßt sich noch nicht abschließend beurteilen. Hinweise für Auswahl u. Ausbildung der Sprengmannschaften, für Transport u. Lagerung der Sprengstoffe in der Grube, für die Herst. von Bohrlöchern u. deren Beschickung mit Patronen u. Zünder, für die verschiedenen Zündersorten u. für die Vermeidung von Zündversagern werden gegeben. H. Meiner. 5936◇

**Vergleichsversuche an Zyklonabscheidern.** Joachim Petroll und Karl Langhammer. (Freiberger Forsch.-H., Reihe A, Heft **220,** 175—96, Febr. 1962; Leipzig; dt.) — Die Leistung neu entwickelter Zyklonabscheider wird mit der von bekannten Hochleistungszyklonen verglichen. Ihre Wrkg. wird in Abhängigkeit vom Gasdurchsatz angegeben. Die Wrkg. von Einbauten u. Tauchrohrformen auf den Entstaubungsgrad u. die Druckverluste werden gemessen. Aerodynam. Güte u. Platzbedarf der Abscheider werden erörtert. W. Wesly. 5940□

---

Hugo Stoltzenberg, Hamburg (Erfinder: Hugo Stoltzenberg, Hamburg, und Martin Leuschner, Hasenmoor), **Absorptionsmassen** für transparente Atemfilter, dad. gek., daß die Absorptionsmittelkörner mit einer Schicht aus einem inerten Material überzogen sind, die eine die Erschöpfung des Filters anzeigende Indicatorsubstanz u./oder ein durch Rk. mit dem Schadgas einen Farbumschlag erzeugendes Metallsalz enthält. (**D. A. S. 1 131 512** Kl. 61b vom 30/12. 1954, ausg. 14/6. 1962.) A. Gradl. 5937

Courtaulds Ltd., England, **Schutzkleidung für Metallgießereibetriebe,** aus einem Textilstoff, der auf der einen Seite einen thermoplast. Harzüberzug von einem Harz mit dem Erweichungspunkt zwischen 80 u. 120° trägt. Hierfür ist z. B. Polyvinylchlorid, ggf. im Gemisch mit $Sb_2O_3$, geeignet. Das Überzugsgemisch enthält z. B. 35 (Teile) Dioctylphthalat, 35 chloriertes Paraffinwachs mit 70% Cl-Geh., 10 Na-Carboxymethylcellulose in Form einer 2%ig. Lsg., 1,5 Sulfobernsteinsäuredioctylester (Na-Salz), 35 $Sb_2O_3$, 145 Polyvinylchloridlatex (55%ig.) u. 450 Wasser. Der mit der Lsg. durchtränkte Stoff wird bei 140—150° getrocknet. — Die Schutzkleidung dient bes. zum Schutz gegen fl. Metallspritzer u. gegen Feuer. (**F. P. 1 266 198** vom 26/8. 1960, ausg, 8/11. 1961. E. Prior. 26/8. 1959.) M. F. Müller. 5937

Feldmühle Papier- und Zellstoffwerke Akt.-Ges., Düsseldorf (Erfinder: Karl Hess, Lülsdorf, und Hans Weitz, Allner), **Herstellung von Trockenlöschpulvern** auf der Basis von feinkörnigem $KHCO_3$ mit Hydrophobierungsmitteln, ggf. mit Zusätzen an Glimmer, Schiefer, $CaSO_4$ u./oder $Ca_3(PO_4)_2$, dad. gek., daß zwecks Verbesserung der Fließeigg. das nach Vermahlung der Komponenten erhaltene Prod. mit $CO_2$, bes. unter Druck, behandelt u. das dabei gebildete W. entfernt wird. (**D. A. S. 1 131 999** Kl. 61b vom 9/3. 1961, ausg. 20/6. 1962.) A. Gradl. 5945

Ansul Chemical Co. (Erfinder: Arthur Barnes Guise), Marinette, Wis., V.St.A., **Trockenlöschpulver** auf Bicarbonatbasis u. mit einem Geh. an Fl. adsorbierendem Material gegen brennende, pyrophore Fll., dad. gek., daß der Geh. an adsorbierendem Material ca. 50 u. mehr % beträgt. Das Adsorptionsmaterial ($SiO_2$ u./oder $Al_2O_3$) kann auch vor oder nach dem Bicarbonatpulver beim Einsatz angewandt werden. (**D. A. S. 1 130 294** Kl. 61b vom 24/10. 1960, ausg. 24/5. 1962.) A. Gradl. 5945

## $H_3$. Elektrotechnik

**Moderne Stromquellen für die Chlor-Elektrolysen.** G. Reinhardt. (Chemie-Ing.-Techn. **34,** 358—62, Mai 1962; Frankfurt/M., AEG; dt.) — Vf. untersucht die moderne Entw. der Cl-Zellen u. der Gleichrichtetechnik, durch die es möglich ist, wirtschaftliche Elektrolyseanlagen für hohe Stromstärken bei niedrigen Spannungen zu bauen. Für die Stromversorgung eignen sich dabei bes. Einkristall–Halbleiter-Gleichrichter aus Ge u. Si. Steuerbare Si-Zellen bieten keine Vorteile. Erforderlich sind für den Schutz der Zellen gegen Überlastung schnelle Sicherungen u. Schalter. Der Wrkg.-Grad der Stromversorgungsanlagen läßt sich so selbst bei niedrigen Spannungen auf bisher nicht gekannte Werte steigern (bis zu 98%). Für die wichtige Messung des abgegebenen Gleichstromes in einfacher Weise stehen Wandler nach dem Tranduktorprinzip von höchster Genauigkeit (0,1%) zur Verfügung. W. D. Krüger/Berlin. 5992 □

**Die Chlorwasserstoff-Elektrolyse.** Hans Hölemann. (Chemie-Ing.-Techn. **34,** 371—76, Mai 1962; Frankfurt/M.-Höchst, Farbwerke Hoechst AG.; dt.) — Der ständig steigende Bedarf an $Cl_2$ begründet die Notwendigkeit der $Cl_2$-Rückgewinnung aus anfallender, nicht benötigter Salzsäure ohne Belastung durch gleichzeitigen Alkalianfall. Die elektrochem. u. verfahrenstechn. Grundlagen der dafür in Frage kommenden HCl-Elektrolyse werden behandelt. Daraus wird die Bauweise der Bitterfelder Elektrolysezellen abgeleitet, deren Betriebsergebnisse mitgeteilt u. erörtert werden. Nach einem Überblick über die weitere Entw. der Zellen wird der heutige Stand des Verf. beleuchtet u. in einem Verf.-Schema die Verknüpfung mit $Cl_2$-verbrauchenden u. HCl-liefernden Prozessen dargestellt. W. D. Krüger/Berlin. 5992 □

**Verschiedene Elektrodenformen und -materialien für die Chloralkali-Elektrolyse.** F. Jeitner. (Chemie-Ing.-Techn. **34,** 353—57, Mai 1962; Meitingen, Sigri-Kohlefabrikate GmbH.; dt.) — Es wird die Entw. der Auswahl u. Form des Elektrodenmaterials für die Chloralkali-Elektrolyse geschildert. Heute werden vorzugsweise Graphitplatten verwendet, deren ursprünglich kompakte Form zwecks Oberflächenvergrößerung aufgelöst wurde, wodurch die Überspannung vermindert wird. Es wird auf die Bedeutung der konstruktiven Form der Anschlußstäbe auf das Spannungs-Verh. hingewiesen. Die Verw. von Graphit als Zersetzermaterial wird erwähnt.
W. D. Krüger/Berlin. 5992 □

**Versuche zur technischen Chloralkali-Elektrolyse.** H. Antweiler, H. J. Kappey und G. Meinold. (Chemie-Ing.-Techn. **34,** 387—88, Mai 1962; Bonn, Univ., Chem. Inst., Abt. techn. Chem.; dt.) — Es werden die üblichen Verff. der techn. Chloralkali-Elektrolyse labormäßig untersucht. Beim Diaphragma-Verf. bewirkt eine Erhöhung der Überführungszahl des Kations eine Erhöhung der Ausbeute an Lauge. Dies wird bei Zement-Diaphragmen durch Zusatz von 5% geglühtem kanad. Asbest u. $FeCl_3$-Lsg. erreicht. Asbest-Diaphragmen werden mit Fe(III)-Salz-Lsg. u. NaOH behandelt u. geglüht. Beim Quecksilber-Verf. werden die Einfll. der Sole-Konz., der Acidität, des Elektrodenabstandes, der $H_2$-Entw. u. der Verunreinigung der Sole mit verschiedenen Fremdionen (Fe, Cr, Mo, W) untersucht. W. D. Krüger/Berlin. 5992 □

**Die Chlorat-Elektrolyse.** R. Bauer. (Chemie-Ing.-Techn. **34,** 376—78, Mai 1962; La Bessée, Compagnie Pechiney, Usine l'Argentière; dt.) — Es werden die Entw. u. der heutige Stand der techn. *Chlorat*-Elektrolyse aufgezeigt, sowie die verfahrenstechn. u. apparativen Möglichkeiten erörtert, die zur besten Stromausbeute führen. Die verschiedenen möglichen Elektrodentypen, einige Zellenkonstruktionen u. die üblichen Arbeitsweisen mit einem Ausblick auf die Zukunft werden diskutiert.
W. D. Krüger/Berlin. 5992 □

**Herstellung von Perchloraten durch Elektrolyse.** A. Legendre. (Chemie-Ing.-Techn. **34,** 379—87, Mai 1962; Haute Savoie, Compagnie Pechiney, Usine de Chedde; dt.) — Nach einem geschichtlichen Überblick über die Entw. der Perchlorat- u. Perchlorsäure-Synth. werden die theoret. Grundlagen der Chlorat-Elektrolyse behandelt. Die zunehmende Bedeutung der Perchlorat-Herst. liegt in der Verw. des $NH_4ClO_4$ mit hochmol. organ. Substanzen als festen Treibstoffen für Düsenmaschinen u. Raketen begründet. Es werden Einfl. von Temp., pH, Konz. an Chlorat u. Perchlorat, Anodenmaterial, Zusatzstoffen u. Stromdichte auf die Energieausbeute erörtert. Einige techn.

verwirklichte Verff. sowie mehrere Zellentypen werden besprochen, u. es wird ein wirtschaftlicher Vgl. der Verff. im Hinblick auf die Kosten unter besonderer Berücksichtigung der verwendbaren Anodenmaterialien durchgeführt. W. D. Krüger/Berlin. 5992 □

---

Siemens & Halske Akt.-Ges., Berlin und München (Erfinder: Heinz Henker, München, Erich Pammer, Abensberg, und Dieter Enderlein, München), **Herstellung eines pn-Übergangs in einem Körper aus Halbleitergrundstoff** durch Einlegieren einer Pille eines Dotierungsmetalls, z. B. *Sb* oder *In*, in diesen Körper, wobei das Legieren in einem Fl.-Bad durchgeführt wird, dessen Temp. so hoch ist, daß die Leg.-Bldg. zwischen dem Halbleiterkörper u. der Metallpille eintritt, dad. gek., daß zwischen Körper aus Halbleitergrundstoff u. die Bad-Fl. eine elektr. Spannung gelegt wird, um dan Randwinkel des Schmelztropfens aus dem Dotierungsmetall gegenüber dem Grundkörper zu beeinflussen. Das Fl.-Bad kann aus $SnCl_2$, hochkonz. wss. $CaCl_2$-Lsg., Palmitinsäure oder Glykol mit Flußmittelzusätzen bestehen. (**D. A. S. 132 404** Kl. 48b vom 24/10. 1958, ausg. 28/6. 1962.) F. Vier. 5953

Siemens-Schuckertwerke Akt.-Ges., Berlin und Erlangen (Erfinder: Ditwalt Bremeier und Erich Waldkötter, Berlin), **Reinigung von p-n-Übergängen von Halbleiterkörpern** mittels eines gegen die entsprechende Oberflächenzone des Körpers gerichteten Ionenstrahles. (**D. A. S. 1 131 485** Kl. 48d vom 10/10. 1958, ausg. 14/6. 1962.) H. Baur. 5953

Siemens-Schuckertwerke Akt.-Ges. (Erfinder: Hubert Patalong, Norbert Schink und Friedrich Hoffenreich), **Herstellung von hochempfindlichen Halbleiterelementen.** Man bringt auf monokristallines Halbleitermaterial, z. B. Si, eine Au–Sb- oder Au–B-Leg. auf, die 0,01—1, bes. 0,3—0,4% Bi enthält. (**Aust. P. 231 770** vom 25/5. 1959, ausg. 26/1. 1961. D. Prior. 14/6. 1958.) K. Demmler. 5953

N. V. Philips' Gloeilampenfabrieken (Erfinder: Pieter Johannes Wilhelmus Jochems), **Halbleiterelektrodensystem** aus wenigstens 2 Elektroden u. einem Halbleiterkörper, z. B. Ge, wobei auf wenigstens einer Elektrode ein akt. Element oder eine akt. Verb. aufgebracht ist, z. B. Al in Form einer Dispersion in einem aus Methacrylat u. Xylol bestehenden Binder. (**Aust. P. 233 123** vom 12/1. 1959, ausg. 27/4. 1961. Niederl. Prior. 14/1. 1958.) K. Demmler. 5953

Western Electric Co., Inc. (Erfinder: Brian Turner Howard), **Einführen von für Halbleiterzwecke wichtigen Verunreinigungen in Siliciumkörper.** Man bringt den Körper mit einer den einzuführenden Stoff ($B_2O_3$, $P_2O_5$, $Sb_2O_3$) (I) in Dampfform enthaltender Atmosphäre in Berührung bei einer solchen Temp., daß sich auf der Oberfläche des Körpers eine glasige Schicht des I bildet u. der I z.T. in den Körper eindringt, entfernt, z. B. mit HF, die glasige Schicht u. erhitzt den Körper auf eine solche Temp., daß der I noch tiefer in den Körper hineindiffundiert. — Zeichnungen. (**Aust. P. 233 155** vom 23/4. 1959, ausg. 27/4. 1961. D. Prior. 9/6. 1958.) K. Demmler. 5953

Radio Corp. of America, Del., übert. von: Aaron L. Kestenbaum, Somerville, und Samuel W. Daskam, Readington Township, Hunterdon County, N.J., V.St.A., **Herstellung einer Sperrschicht in Germaniumkristallen.** Zur Bldg. einer pn-Leitung in einem Ge-Kristallplättchen des n-Leitfähigkeitstypus wird auf der einen Seite des Plättchens Ni eindiffundiert, wodurch dieser Bereich p-leitend wird. Gleichzeitig wird auf die andere Seite des Plättchens ein Pellet aus Pb, Sn oder einer Pb–Sn-Leg. aufgebracht, das genügend Ni aus dem anliegenden Bereich des Plättchens aufnimmt, so daß hier die n-Leitfähigkeit erhalten bleibt. (**A. P. 2 978 367** vom 26/5. 1958, ausg. 4/4. 1961.) F. Vier. 5953

Beteiligungs- und Patent-Verwaltungsgesellschaft m. b. H., Essen (Erfinder: Hermann Fahlenbrach, Essen), **Herstellung von gesinterten Dauermagnetwerkstoffen** aus *Fe, Co, Ni, Al, Ti* u. ggf. *Cu* unter Verw. einer Al-Vorleg., dad. gek., daß das Al u. das Ti mindestens im wesentlichen als Co–Al–Ti-Vorleg. zugesetzt werden. Bes. wird hierzu eine Leg. verwendet, die aus 20—26 (%) Co, 12—16 Ni, 7,8 bis 9 Al, 0—5 Cu, 0,02—2 Ti, Rest Fe besteht. Zweckmäßig ist der Ti-Geh. so bemessen, z. B. auf 0,15—0,25%, daß er gerade zur Abbindung des in der Leg. vorhandenen C als TiC ausreicht. (**D. A. S. 1 133 413** Kl. 18b vom 18/3. 1953, ausg. 19/7. 1962.) H. Hochstein. 5959

Standard Telephones & Cables Pty. Ltd. (Erfinder: Yoshioki Ishikawa und Eiichi Okamato), **Elektrolytische Zelle,** bestehend aus einer Grundmetallplatte, einer Oxidschicht auf der Oberfläche dieser Grundplatte, einem dünnen Film eines dielektr. Materials, z. B. $MgF_2$, $CaF_2$, Gemisch aus $SiO_2$ u. SiO, auf der Oxidschicht

u. einer metall. Schicht, z. B. Al, Ag, Au, auf dem dielektr. Material, wobei die letzten beiden Schichten durch ein Halbleitermaterial, z. B. Ge, Si, verbunden sein können. (**Aust. P. 231 784** vom 28/8. 1959, ausg. 26/1. 1961.) K. Demmler. 5993

Permutit Co. Ltd., London, England (Erfinder: Theodore Roger Ernest Kressman), **Reinigen von Flüssigkeiten durch Elektrodialyse in Mehrkammerzellen.** Die Verdünnungskammern, die anodenseitig eine Anionenaustauschermembrane u. kathodenseitig einen Kationenaustauschermembrane aufweisen, sind mit einem stark sauren Kationenaustauscher gefüllt. Im Fl.-Strom nachgeschaltete Verdünnungskammern enthalten einen stark bas. Kationenaustauscher. W. kann mindestens auf 1000 ppm entsalzt werden. — Abbildungen. (**E. P. 879 181** vom 3/2. 1958, ausg. 4/10. 1961.) O. Steil. 5993

Permutit Co. Ltd., London, England (Erfinder: Theodore Roger Ernest Kressman), **Elektrodialyse in Mehrkammerzellen,** deren Verdünnungskammern auf der Kathodenseite eine Kationenaustauschermembrane u. auf der Anodenseite eine Anionenaustauschermembrane aufweisen u. mit Kationenaustauschern gefüllt sind, während die danach geschalteten Kammern mit einem Anionenaustauscher gefüllt sind. Um eine größere Ausbeute zu erreichen verwendet man einen schwach bas. an Stelle eines stark bas. Anionenaustauschers. (**E. P. 884 067** vom 12/4. 1960, ausg. 6/12. 1961. **Zusatz zu E. P. 879 181; s. vorst. Ref.**) O. Steil. 5993

Mac Millan & Bloedel Ltd., Vancouver, British Columbia, Canada, übert. von: Robert H. J. Creighton, Nanaimo, British Columbia, Canada, **Gewinnung von Polyphenolen.** Aus Extrakten, wie sie beim Auslaugen von zerkleinerten Rothölzern (Western Red Cedar, Thuja plicata; u. California Redwood, Sequoia sp.) mit heißem W., das ggf. durch Alkali auf ein pH von nicht über 9 eingestellt ist, anfallen, gewinnt man die enthaltenen Polyphenole (I) dadurch, daß man die Extrakte mit CaO, $Ca(OH)_2$ oder mit einem Gemisch aus einem Ca-Salz u. einem Alkalihydroxid auf ein pH $\geqq 9$, bes. 9—12,8, einstellt, die hierbei ausgefallenen bas. Ca-Salze der **I** isoliert u. die freien **I** z. B. durch Ansäuern mit $H_2SO_4$ frei macht. Die **I** dienen als *Zusätze* zu *Elektrolyten*, bes. beim elektrolyt. *Raffinieren* von *Metallen*, wie Blei. (**A. P. 3 007 971** vom 10/4. 1959, ausg. 7/11. 1961.) A. Mohr. 5993

---

**Yardney International Corp.**, V.St.A. (Erfinder: **Jean Eugène Alphonse Doyen**), *Negative Elektrode für Silber-Zink-Akkumulatoren.* (**F. P. 71 096** vom 6/3. 1957, ausg. 8/10. 1959. Zusatz zu F. P. 1 120 701; C. 1957, 3637. — **C. 1961,** 8069 [E. P. 832 944].)

**Pertrix-Union G. m. b. H.**, Ellwangen/Jagst, *Galvanische Primärzelle.* (**E. P. 884 824** vom 23/7. 1959, ausg. 20/12. 1961. D. Prior. 30/9. 1958. — **C. 1960,** 604 [D. A. S. 1 060 942].)

**Leonard Fuller**, London, und **Edmund William Sudlow**, Westcliff-on-Sea, England, *Elektrische Sekundärbatterie.* (**Oe. P. 199 242** vom 6/7. 1955, ausg. 25/8. 1958. E. Prior. 6/7. 1954. — **C. 1960,** 6277 [E. P. 775 025].)

**Union Carbide Corp.** (Erfinder: **Paul Arthur Marsal †, Karl Kordesch** und **Lewis Frederick Urry**), *Trockenelement.* (**Aust. P. 230 459** vom 8/10. 1958, ausg. 20/10. 1960. A. Prior. 9/10. 1957. — **C. 1962,** 3584 [E. P. 858 205].)

**Permutit Co. Ltd.**, England, *Elektrodialyse.* (**F. P. 1 172 651** vom 21/2. 1957, ausg. 13/2. 1959. E. Prior. 22/2. 1956. — **C. 1962,** 5054 [E. P. 857 688].)

## $H_5$. Anorganische Industrie

**Untersuchung über die Gewinnung von Sauerstoff mit Metallchelaten.** R. F. Stewart, P. A. Estep und J. J. S. Sebastian. (U.S. Dep. Interior, Bur. Mines, Inform. Circ. **1959,** Nr. 7906, 1—38; Morgantown, W.Va., Bur. of Mines, Branch of Coal Gasificat., Spec. Problems Sect.) — Unterss. über die reversible Sorption von $O_2$ durch Salcomine (I) zeigen, daß Bis-[salicylaldehyd]-äthylendiimin-Co verhältnismäßig gute Eigg. aufweist. Die **I** zersetzen sich allmählich unter Verlust von koordinativ gebundenem W. durch wiederholte $O_2$-Sorption u. -Desorption. W. Wesly. H 239

**Chlor aus Steinsalz und Glaubersalz als Nebenprodukt.** Lasse Jutila. (Teknillisen Kem. Aikakauslehti [Z. techn. Chem.] **1960,** 622—23, 31/10.; finn.) — Da das bei der elektrolyt. Herst. von $Cl_2$ anfallende NaOH in absehbarer Zeit in Finnland nicht absetzbar sein wird, befürwortet Vf. die Herst. von $Cl_2$ aus NaCl u. $HNO_3$, wobei aus dem Nebenprod. $NaNO_3$ das bisher importierte $Na_2SO_4$ gewonnen werden könnte. S. Beckmann. H 247◇

**Halbtechnische Untersuchung der Raffinition von Schwefelkonzentraten durch die Zentrifugal-Methode.** Halina Leszczyńska, Przemysław M. Hoffmann, Bronisław Piątkowski, Anna Jaskólska und Wiesław Cieślewski. (Przemysł chem. **41,** 524—26, Sept. 1962; pol.) — Die Ergebnisse der halbtechn. Unterss. mit einer EHR-1230-Zentrifuge werden mitgeteilt. Die Meth. wurde durch Einführen eines

Überlaufes u. Rezirkulation des S modifiziert. Dadurch wird eine nahezu 4fache Ausbeute erreicht. Diese Meth. dient zur besseren Raffination von S-Konzentraten im Machówer Werk, wobei eine ca. 10% höhere S-Ausbeute erzielt wird.

I. Kalzendorf. H 253□

**Flotation von Kaliumchlorid aus den Abfällen der kalten Zersetzung des Carnallits von Kłodawa.** Wiesław Długosz und Grzegorz Maksymiuk. (Przemysl chem. **40,** 51—54, Jan. 1961; Kraków, Akad. Górn.-Hutn.; pol.) — Abfälle der Verarbeitung des Kłodawa-Carnallits mit 3—6% KCl, die eine Korngröße <1 mm haben, können in Ggw. von Hydrochloriden aliphat. Amine ($C_{12}$—$C_{14}$) flotiert werden. Die Anreicherung ist allerdings nur bei NaCl-armen Abfällen genügend hoch. Außerdem sollen sie sich in der Zus. während der Flotation nicht wesentlich ändern. Bei pH 3,5 u. 7,5 ist die Selektivität der Flotation am höchsten. F. Urban. H 275◇

**Anwendung der Messung der spezifischen Oberfläche zur Kontrolle der Feinheit von Aluminiumoxid.** Miloslav Bartuška. (Sklář a Keramik **10,** 193—94, Juli 1960; Praha, VŠCHT, Kat. technol. silik.; tschech.) — Für die Best. der Mahlfeinheit von geglühtem $Al_2O_3$ eignet sich die Ermittlung der spezif. Oberfläche nach dem Verf. von Blaine (Messung der Luftdurchlässigkeit) als Betriebs-Meth. mit genügender Genauigkeit. R. K. Müller. H 294□

---

Union Carbide Corp., übert. von: Gerhard A. Cook, Clarence, N.Y., V.St.A., **Gewinnung von Ozonlösungen** aus $O_3$ u. $O_2$ enthaltenden Gasen. Man absorbiert das $O_3$ in fl. $CHClF_2$ oder $CClF_3$ u. hält die stabile, bis zu 14 Gew.-% $O_3$ enthaltende Lsg. auf —174 bis —184°. (**A. P. 2 975 035** vom 19/11. 1956, ausg. 14/3. 1961.) K. Demmler. H 239

Research Institute of Temple University, übert. von: Aristid V. Grosse, Haverford, und Alex G. Streng, Philadelphia, Pa., V.St.A., **Lagern von Ozon.** Man löst $O_3$ in einem inerten Lsgm., z. B. in gesätt., vollständig halogenierten KW-Stoffen, wie Dichlordifluormethan, u. lagert die Lsg. bei Temp. zwischen 0° u. dem Gefrierpunkt der Lsg. in mit inertem Füllmaterial versehenen gas- u. flüssigkeitsdichtigen Behältern. (**A. P. 2 992 540** vom 13/11. 1959, ausg. 18/7. 1961.)

K. Demmler. H 239

Laporte Chemicals Ltd., Luton, übert. von: William Raymond Holmes, Luton, John Geoffrey Marshall, Eversholt, und Alfred Edward Oates, Luton, England, **Reinigen von Wasserstoffperoxid-Wasser-Gemischen,** die mindestens 61,2 Gew.-% $H_2O_2$ enthalten, durch Abkühlen auf eine Temp. zwischen —0,5 u. —56,1°, indem die sich beim Abkühlen abscheidenden Kristalle mittels einer frischen wss. $H_2O_2$-Lsg. gewaschen werden, die prakt. die gleiche $H_2O_2$-Konz. wie die Mutterlauge aufweist, jedoch keine oder doch erheblich weniger Verunreinigungen als die Mutterlauge enthält, u. danach in bekannter Weise aufgeschmolzen werden. Bes. durchwandern die Kristalle unter dem Einfl. der Schwerkraft eine vertikal angeordnete Kolonne von oben nach unten im Gegenstrom zu der frischen $H_2O_2$-Waschlsg., die am oberen Kolonnenende zusammen mit einem Teil der Mutterlauge abgezogen wird. — Diagramme, Abbildungen. (**A. P. 3 010 808** vom 27/10. 1958, ausg. 28/11. 1961. E. Prior. 5/11. 1957. **E. P. 889 421** vom 5/11. 1957, ausg. 14/2. 1962.) K. Demmler. H 241

Československá Socialistická Republika (Erfinder: Jiří Vachuda, Sokolov), Tschechoslowakei, **Behandlung von Wasserstoffperoxid,** das zur Herst. stabiler Peroxydhydrate der Alkali- u. Erdalkalisalze dient, mit einem in der wss. $H_2O_2$-Lsg. bei pH 1—4 gewonnenen Kieselsäurehydrosol, wobei dieses 15—25 g $SiO_2$ je Liter bei pH 2—3 enthält. (**Tschech. P. 99 946** vom 15/3. 1960, ausg. 15/6. 1961.)

L. Macher. H 241

Simon-Carves Ltd., Stockport, Cheshire, England (Erfinder: Klemens Rinisland und Josef Stoltenberg), **Herstellung von Ammoniumsulfat** durch Auswaschen von $NH_3$ aus Koksofengas oder ähnlichen Gasen mit 3—10%ig. $H_2SO_4$ bei 80—90° in einem Sättiger. Durch gelinde Bewegung der Lsg. (Einleiten von Luft) werden große Kristalle erhalten, die nach Absetzen abgezogen werden. — Vorrichtung. (**E. P. 874 061** vom 25/3. 1960, ausg. 2/8. 1961.) H. Roos. H 243

Soc. Métallurgique de Normandie, Paris, Frankreich, **Herstellung von Ammoniumbicarbonat** (I) durch Auswaschen von $NH_3$ aus Gasen mit einer I-Lsg. in einem 1. Rk.-Behälter, Behandeln der erhaltenen ammoniakal. I-Lsg. mit $CO_2$ bis zur Sättigung in einem 2. Rk.-Behälter u. Abtrennen des Nd. aus I. Die Lsg. wird zwischen dem 1. u. 2. Rk.-Behälter im Kreislauf geführt. (**E. P. 871 207** vom 25/3. 1959, ausg. 21/6. 1961. F. Prior. 28/3. 1958.) H. Roos. H 243

Bengal Immunity Co. Ltd. (Erfinder: U. P. Basu), Calcutta, Indien, **Herstellung von Hydrazinhydrat** durch Rk. von NaOCl-Lsg. mit Harnstoff u. NaOH-Lsg. in Ggw. eines Katalysators (I), dad. gek., daß als I Alginsäure, Akaziengummi, Weinsäure u./oder deren Salze in Mengen von 0,01—0,4% u./oder Mangansalze in einer Menge von 0,1—1% verwendet wird. (**Ind. P. 64 871** vom 6/8. 1958, ausg. 27/2. 1961.) C. Lüttgen. H 243

W. R. Grace & Co., New York, N.Y., übert. von: George L. Cunningham, Burtonsville, Md., V.St.A., **Herstellung von siliciumdioxidfreiem Natriumfluorid.** Man versetzt $H_2SiF_6$ bei ca. 50—90° mit äquivalenten Mengen $NH_3$, stellt ein pH von 8—9 durch Zusatz von weiterem $NH_3$ ein, filtriert von der entstandenen Aufschlämmung das $SiO_2$ ab, fügt zu dem auf Raum-Temp. abgekühlten Filtrat dem $NH_4F$ äquivalente Mengen von NaCl, filtriert das NaF ab, mischt das Filtrat mit der in einem späteren Verf.-Schritt anfallenden wss. Lsg. von $NH_4Cl$ u. NaF, dampft das Gemisch bis zum Erhalt einer Aufschlämmung von NaF u. $NH_4Cl$ ein, löst $NH_4Cl$ mit wasserfreiem $NH_3$, filtriert NaF ab, verdampft das $NH_3$ aus dem Filtrat, filtriert das auskrist. $NH_4Cl$ ab, führt das Filtrat in das Verf. zurück u. erhält nach Auswaschen des abfiltrierten NaF reines NaF, das $< 0,01$ Gew.-% $SiO_2$ enthält. (**A. P. 3 000 702** vom 23/5. 1958, ausg. 19/9. 1961.) K. Demmler. H 246

Callery Chemical Co., Pittsburgh, Pa., übert. von: Joseph P. Nigon, Washington, D.C., V.St.A., **Herstellung von Natriumborhydrid** durch direkte Rk. von Na mit $H_2$ u. $B_2H_6$ in einem inerten Lsgm. (Äthylenglykoldimethyläther) bei 20—200°, bes. 50°, u. einem Druck von mindestens 350 lbs./sq.inch. (**A. P. 2 983 574** vom 23/9. 1955, ausg. 9/5. 1961.) H. Roos. H 258

Callery Chemical Co., Pittsburgh, Pa., übert. von: George L. Cunningham, John M. Bryant und Emily M. Gause, San Antonio, Tex., V.St.A., **Natriumkaliumborhydrid,** $NaBH_4 \cdot KBH_4$, wird dadurch erhalten, daß man $NaBH_4$ (I) einer alkohol. KOH-Lsg. im Mol-Verhältnis KOH : I $> 2 : 1$ zusetzt u. das ausfallende Doppelhydrid von der Mutterlauge abtrennt. (**A. P. 2 968 523** vom 21/9. 1954, ausg. 17/1. 1961.) K. Wolk. H 258

Callery Chemical Co., Pittsburgh, Pa., übert. von: George L. Cunningham, Cleveland, Ohio, John M. Bryant und Emily M. Gause, San Antonio, Tex., V.St.A., **Kaliumborhydrid** wird dadurch erhalten, daß $NaBH_4$ mit KCNS, bes. in äquimol. Mengen, in Alkylnitrilen, bes. Aceto-, Propio- u. Butyronitril, umgesetzt u. das ausfallende $KBH_4$ abgetrennt u. im Vakuum getrocknet wird. (**A. P. 2 968 532** vom 1/12. 1954, ausg. 17/1. 1961.) K. Wolk. H 258

American Potash & Chemical Corp., übert. von: Donald Everett Garrett, Trona, Calif., V.St.A., **Gewinnung von Borsäure aus Borverbindungen enthaltenden alkalischen wässerigen Lösungen.** Die Borate bzw. $H_3BO_3$ enthaltenden Lsgg. werden mit Diolen oder Triolen mit 6—16 C-Atomen in der aliphat. Kette, bes. 2-Äthylhexandiol-(1.3), 2-Äthyl-2-butylpropandiol-(1.3), 1.2-Octandiol, 2.2.4-Trimethylpentandiol-(1.3) gelöst in Octanol, 3.4-Diäthylhexandiol-(3.4) u. 1.2.6-Hexantriol, versetzt, worauf eine an B angereicherte Polyolphase u. eine wss. Phase entstehen. Die Polyolphase wird angesäuert (z. B. mit verd. $H_2SO_4$), u. das Polyol unter Hinterlassung einer wss. Borsäure abgestreift u. erneut verwendet. Aus der neben der B-reichen Phase entstehenden wss. Phase wird nach Trennen der beiden Phasen die in ihr enthaltende geringe Menge Polyol zurückgewonnen u. ebenfalls an den Ausgang des Verf. zurückgeführt. — Diagramm. (**A. P. 2 969 275** vom 14/11. 1958, ausg. 24/1. 1961.) K. Wolk. H 258

Dow Chemical Co., Midland, Mich., V.St.A. (Erfinder: Huey Gene Smith), **Herstellung von Bortrichlorid** durch Rk. einer $O_2$-haltigen B-Verb. (Borax, $B_2O_3$) mit C u. einer chlorierenden Verb. ($Cl_2$) bei 600—1000° (bes. 700—850°) im Wirbelbett. (**E. P. 874 557** vom 27/4. 1959, ausg. 10/8. 1961.) H. Roos. H 258

Nils Örne, Stockholm, Schweden, **Herstellung von Metallboriden,** bes. Boriden der Übergangsmetalle durch Rk. eines Metalloxids mit $B_2O_3$ u. C im elektr. Lichtbogen, wobei die Ausgangsstoffe in Form einer offenen Schale geformt sind, in welche die Elektrode hineinragt. Durch die hohe Temp. u. die Wrkg. des entstehenden CO als Schutzgas wird ein sehr reines Prod. erhalten. Als Ausgangsmaterial kann ggf. auch $H_3BO_3$ dienen. (**A. P. 3 004 830** vom 22/8. 1955, ausg. 17/10. 1961. Schwed. Prior. 26/8. 1954.) H. Roos. H 258

Olin Mathieson Chemical Corp., Va., V.St.A. (Erfinder: Charles Cicero Clark, Frank Albert Kanda und Aden Jackson King), **Herstellung von Diboran** durch Rk. von elementarem B u./oder Metallborid u./oder Borcarbid mit W. oder einem Metalloxid in $H_2$-Atmosphäre bei 850—1500°, wobei das Grammatom-Verhältnis des gesamten in den Ausgangsstoffen enthaltenen B zum gesamten im W. oder den Oxiden enthaltenen $O_2$ in den Grenzen von 1 : 1 bis 10 : 1 liegen muß. — Beispiele: B + MgO bei 1000°; B + $Al_2O_3$ bei 1000°; B + $ThO_2$ bei 1200°; B + W. bei 1200°; B + $MgB_4$ bei 1200°. (**E. P. 884 581** vom 19/8. 1958, ausg. 13/12. 1961.) H. Roos. H 258

Callery Chemical Co., Pittsburgh, übert. von: Lawrence J. Edwards, Zelienople, und Richard K. Pearson, Pa., V.St.A., **Herstellung von Diboran und Dihalogenboranen** durch Rk. von $SiH_4$ mit einem Bortrihalogenid bei 100—200° gemäß $SiH_{4+y}BHal_3 \rightarrow SiH_{4-y}X_{y+y}BHHal_2$ 6 $BHHal_2 \rightleftharpoons B_2H_6 + 4\ BHal_3$. Bei Anwendung eines Überschusses von B-Trihalogenid kann das intermediär gebildete B-Dihalogenid, verunreinigt mit B-Trihalogenid, isoliert werden. (**A. P. 3 007 768** vom 28/1. 1957, ausg. 7/11. 1961.) H. Roos. H 258

E. I. du Pont de Nemours & Co., Wilmington, übert. von: Harold L. Jackson, Hockessin, und Henry C. Miller, Wilmington, Del., V.St.A., **Additionsverbindungen von Diboran und einem Metallsalz** der Formel MeX, wobei Me ein Metall aus der Gruppe Ia u. II des Period. Syst. mit der Ordnungszahl 3—56, X = $CN^-$, $RCOO^-$, $CNO^-$, $R_2NCS_2^-$, $C(CN)_3^-$ u. $N(CN)_2^-$, R = Alkyl- oder Arylrest mit 1—12 C-Atomen, durch Rk. von $B_2H_6$ mit dem Metallsalz bei Temp. unter 30° in Methyläther oder Tetrahydrofuran. Die Verbb. enthalten 1 $B_2H_6$ auf 1 Anion, z. B. $Na(B_2H_6)CN$. (**A. P. 2 992 885** vom 3/11. 1958, ausg. 18/7. 1961.) H. Roos. H 258

Olin Mathieson Chemical Corp., Va., übert. von: Joel A. Zaslowsky und John H. Madaus, Niagara Falls, N.Y., V.St.A., **Gewinnung von Dekaboran (I)** aus einer Mischung von festen Borhydriden, erhalten durch therm. Zers. von $B_2H_6$, durch Lösen des **I** in Kerosin u. Dest. im Vakuum. Durch Kühlen des angereicherten Destillats auf —25 bis —55° wird **I** auskristallisiert. (**A. P. 2 983 590** vom 19/1. 1956, ausg. 9/5. 1961.) H. Roos. H 258

Olin Mathieson Chemical Corp., Va., übert. von: Sheldon L. Clark, Buffalo, und Delmer A. Fidler, Niagara Falls, N.Y., V.St.A., **Herstellung von Monobromdekaboran,** $B_{10}H_{13}Br$, durch Rk. von Dekaboran mit Äthylenbromid bei 75—200° in Anwesenheit von $FlCl_3$ in der Rk.-Mischung. (**A. P. 3 010 783** vom 1/5. 1958, ausg. 28/11. 1961.) H. Roos. H 258

Monsanto Chemical Co., St. Louis, Mo., übert. von: Forrest V. Williams, Dayton, Ohio, V.St.A., **Herstellung von Borphosphid** durch Rk. von ggf. geformtem Al-Phosphid (**I**) mit Borhalogenid ($BCl_3$) bei 300—2500°, bes. 600—2000°. Das **I** wird durch Rk. von P mit metall. Al gewonnen. (**A. P. 2 984 577** vom 24/10. 1957, ausg. 16/5. 1961.) H. Roos. H 258

Farbenfabriken Bayer Akt.-Ges., Leverkusen (Erfinder: Konrad Lang, Leverkusen, und Friedrich Schubert, Neuried), **N-Substituierte Borazane** werden hergestellt durch Rk. von Alkaliboranaten mit Ammoniumsalzen in fl. $NH_3$ u. anschließende Umsetzung mit Aminen oder heterocycl. N-Basen. — Eine 50%ig. Lsg. von 38 g $NaBH_4$ in fl. $NH_3$ verd. man mit 150 ml fl. $NH_3$ u. gibt unter Rühren 53,3 g $NH_4Cl$ zu. Man läßt die Innentemp. auf 0° steigen u. hält dann 3—3½ Std. bei 10—20°. Dann gibt man einen Überschuß (50—100 Mol-%) Amin zu, hält 3—4 Std. bei 60°, kühlt, versetzt mit 250 g Eis, trennt, trocknet u. destilliert. Man erhält so: *Pyridinboran,* F. 10—11°; $Kp._1$ 65° (Zers.); 75—80% (Ausbeute). — *N-Triäthylborazan,* $Kp._{12}$ 100—101°; 80%. — *N-Cyclohexyl-N-dimethylborazan,* F. 42—44°; 95,6%. (**D. A. S. 1 138 065** Kl. 12q vom 27/3. 1958, ausg. 18/10. 1962.) A. Debo. H 258

Kali-Chemie Akt.-Ges. (Erfinder: Herbert Jenkner), Hannover, **N-Alkylborazene** werden erhalten durch Rk. von N-Alkyl-B-dihalogenborazenen mit Organosiliciumhydriden bei erhöhter Temperatur. — 35 (Gew.-Teile) $(C_2H_5)_2NBCl_2$ u. 26 Dimethylsilan erhitzt man im Autoklav 6 Std. auf 200°, dest. → 18,4 kristallines *N-Diäthylborazen,* 96,5% Ausbeute, sublimiert bei ca. 50°; daneben 42 $(CH_3)_2SiCl_2$. — *Zwischenprodd., Antioxydantien, Treibstoffzusätze.* (**D. A. S. 1 133 393** Kl. 12q vom 8/3. 1961, ausg. 19/7. 1962.) A. Debo. H 258

United States Borax & Chemical Corp., Los Angeles, Calif., V.St.A., **Herstellung von B-Trichlorborazol (I).** Ein trockenes Gas ($O_2$, $N_2$, Luft, Ar, CO, $CO_2$, HCl) wird bei erhöhter Temp. im Wirbelschicht-Verf. durch ein Bett von $NH_4Br$, $NH_4F$, $(NH_4)_2SO_4$ oder $(NH_4)_3PO_4$, das ggf. 50—90% Inertstoffe enthalten kann, bis zur Wasserfreiheit des Bettes geleitet. Anschließend wird bei 120—350° trockenes $BCl_3$ durchgeleitet. **I** wird kondensiert. (**E. P. 883 327** vom 21/6. 1960, ausg. 29/11. 1961. A. Prior. 9/11. 1959.) H. Roos. H 258

Metallgesellschaft Akt.-Ges., Frankfurt/M. (Erfinder: Hermann Clasen, Falkenstein), **Herstellung von Reinstsilicium** durch therm. Zers. von gasförmigen Si-Verbb., z. B. Silan, im Innern eines Si-Rohres, das so erhitzt wird, daß sich eine

schmelzfl. Zone bildet u. diese Zone nach dem Verf. des tiegellosen Zonenschmelzens relativ zum Rohr bewegt wird. Dabei scheidet sich das Si in dieser erhitzten Zone ab. Die Rohrweite des Si-Rohres kann durch den inneren oder äußeren Gasdruck geregelt werden. — Zeichnung. (**D. A. S. 1 128 412** Kl. 12i vom 17/12. 1959, ausg. 26/4. 1962.)
R. Zimmermann. H 261

Knapsack-Griesheim Akt.-Ges., Knapsack bei Köln (Erfinder: Heinz Harnisch, Köln, Artur Mehne, Efferen bei Köln, und Franz Rodis, Knapsack bei Köln), **Herstellung von hochreinem Silicium,** bes. für *Halbleiterzwecke.* Si-Halogenide u. durch Erhitzen auf hohe Temp. mindestens teilweise dissoziierter Wasserstoff werden mit hoher Geschw. in u. durch einen gekühlten Kanal geleitet. Die Red.-Prodd. werden vom Wasserstoff durch Tieftemp.-Kondens. getrennt u. nach Fraktionierung, wobei die nicht umgesetzten Prodd. wieder im Kreislauf dem Ausgangsmaterial zugesetzt werden, an einer mindestens 500°, z. B. 850—1000°, heißen Wand zersetzt. (**D. A. S. 1 129 145** Kl. 12i vom 7/7. 1960, ausg. 10/5. 1962.) R. Zimmermann. H 261

Siemens-Schuckertwerke Akt.-Ges., Berlin und Erlangen (Erfinder: Wolfgang Keller, Pretzfeld, und Günther Ziegler, Erlangen), **Herstellung von versetzungsfreiem, einkristallinem Silicium** durch tiegelfreies Zonenschmelzen mit mehrfachem Durchlauf, wobei an einem senkrecht stehenden Si-Stab (**I**) ein Keimkristall mit einem wesentlich geringeren Querschnitt als der **I** angeschmolzen wird u. alle Durchgänge im Keimkristall beginnen u. bei dem letzten Durchgang die Wanderungs-Geschw. der Schmelzzone im Keimkristall zwischen 7 u. 15 mm pro Min. gewählt wird. Der Si-Querschnitt an der Übergangsstelle vom Keimkristall zum **I** wird durch zeitweiliges Auseinanderbewegen der Stabenden mit einer Geschw. $>$ 25 mm pro Min. eingeschnürt u. von dieser Einschnürungsstelle aus bis zum Erreichen des vollen Querschnittes des **I** die Geschw. der Schmelzzone stetig vermindert. Durch den **I** wird dann die Schmelzzone mit einer Geschw. $<$ 7 mm pro Min. hindurchgezogen. — Zeichnung. (**D. A. S. 1 128 413** Kl. 12i vom 25/11. 1960, ausg. 26/4. 1962.) R. Zimmermann. H 261

Siemens-Schuckertwerke Akt.-Ges., Berlin und Erlangen (Erfinder: Hans Schering, Berlin), **Rückgewinnung unverbrauchter Chlorsilane bei der Herstellung von Reinstsilicium** durch Red. von Chlorsilanen mit $H_2$. Das aus dem Red.-Gefäß abströmende Gemisch aus $H_2$, Chlorsilanen u. HCl wird in einer Kühlfalle auf eine Temp. wenig oberhalb —85° abgekühlt, bei der sich der größte Teil der Chlorsilane kondensiert. Der restliche Teil der Chlorsilane wird bei gleicher Temp. in einer weiteren Kühlfalle aufgefangen, die mit einem Absorbens mit großer Oberfläche beschickt ist. Der HCl wird aus dem Restgas mit W. ausgewaschen. (**D. A. S. 1 129 937** Kl. 12i vom 28/9. 1959, ausg. 24/5. 1962.) R. Zimmermann. H 261

British Titan Products Co. Ltd., Billingham, Durham (Erfinder: Artur Wallace Evans, Nunthorpe, Yorkshire, William Hughes, Fairfield, Durham, und Bernard Harris, Acklam, Yorkshire), England, **Herstellung von Siliciumdioxid** aus $SiCl_4$ u. $O_2$ im Fließbett aus inertem Feststoff, wobei die Rk.-Teilnehmer unter bestimmtem Druck in das Fließbett eingeführt werden. — Vorr., Zeichnungen. (**D. A. S. 1 124 472** Kl. 12i vom 4/3. 1959, ausg. 1/3. 1962. E. Prior. 4/3. 1958. **Zusatz zu D. A. S. 1 012 472; C. 1958, 6068.**) R. Zimmermann. H 261

Pittsburgh Plate Glass Co., Pittsburgh, Pa., V.St.A. (Erfinder: Fred S. Thornhill, Rungis, Frankreich, und Raymond Swayne Chisholm, Pittsburgh, Pa., V.St.A.), **Herstellung feinteiliger Kieselsäure** durch Einw. einer beliebigen Säure auf wss. Alkalisilicat-Lsg., wobei die zur Umsetzung mit dem Alkalisilicat stöchiometr. erforderliche Säuremenge innerhalb weniger als 10 Min. zugesetzt wird u. die Lsg. unter Überdruck auf Temp. über 100° gehalten wird. (**D. A. S. 1 125 892** Kl. 12i vom 5/4. 1956, ausg. 22/3. 1962. A. Prior. 8/4. 1955. **Zusatz zu D. A. S. 1 049 834; C. 1959, 16841.**) R. Zimmermann. H 261

Pittsburgh Plate Glass Co., Pittsburgh, Pa. (Erfinder: Fred S. Thornhill, Akron, und Edward Merle Allen, Doylestown, Ohio), V.St.A., **Feinteilige Kieselsäure** mit einer Oberfläche von 25—200 $m^2/g$ wird erhalten, indem man bei der Umsetzung von Alkalisilicaten mit Säure die Geschw. der Säurezugabe mit der Temp. u. Alkalisilicat-Konz. u. Konz. des ggf. in der Ausgangs-Lsg. vorhandenen Elektrolyten in ein geeignetes Verhältnis bringt u. mit der Säurezugabe aufhört, bevor der pH-Wert des Rk.-Gemisches den Wert 5 erreicht. Als Säure wird ein saures Gas verwendet, das mit solcher Geschw. u. in solchen Mengen in die Alkalisilicat-Lsg. von beträchtlicher Fl.-Höhe von unten eingeleitet wird, daß nur ein Teil der Gase adsorbiert wird u. sich mit dem Alkalisilicat umsetzt. — Tabelle. (**D. A. S. 1 131 196** Kl. 12i vom 1/3. 1955, ausg. 14/6. 1962. A. Prior. 8/3. 1954. **Zusatz zu D. A. S. 1 049 834; C. 1959, 16841.**)
R. Zimmermann. H 261

Pittsburgh Plate Glass Co., Pittsburgh, Pa. (Erfinder: Merle Allen, Doylestown, Ohio), V.St.A., **Herstellung von Kieselsäurefüllstoffen** durch Zugabe einer starken Säure zu einer wss. Alkalisilicat-Lsg., dad. gek., daß man im wesentlichen die gesamte Säure der Fl.-Oberfläche zuführt u. einen Umlauf der Silicat-Lsg. von oben nach unten bewirkt, durch den das Rk.-Prod. in das Innere der Lsg. befördert wird, wobei man die Geschw. der Säurezugabe so hält, daß das Verhältnis von Alkali zu $SiO_2$ allmählich mit gleichmäßiger Geschw. abnimmt u. die Neutralisation der Hälfte des vorhandenen Alkalisilicats mindestens 100 Min. erfordert. — Vorr., Zeichnung. (**D. A. S. 1 125 891** Kl. 12i vom 6/10. 1955, ausg. 22/3. 1962. A. Prior. 5/11. 1954. **Zusatz zu D. A. S. 1049834; C. 1959, 16841.**) R. Zimmermann. H 261

Farbwerke Hoechst Akt.-Ges., vormals Meister Lucius & Brüning, Frankfurt/M. (Erfinder: Guido Lorentz, Frankfurt/M., Wolfgang Teske, Bad Soden, Heinz Thomas, Hofheim, und Wolfgang Wilborn, Eppstein), **Herstellung von wasserlöslicher, kristalliner Kieselphosphorsäure in lockerer Form** mit einem Mol-Verhältnis $SiO_2 : P_2O_5 = 1$ durch Umsetzen von feinteiliger Kieselsäure u. hochprozentiger Phosphorsäure im Mol-Verhältnis zwischen 0,3 u. 1,5, bes. 0,5, u. anschließender Reifung des Rk.-Gemisches bei 50—300, bes. 80—180°, wobei das Rk.-Gemisch nach der Reifung mit einer Kieselphosphorsäure gegenüber inertem Lsgm. von überschüssiger bzw. nichtumgesetzter Phosphorsäure befreit, abgetrennt u. getrocknet wird. (**D. A. S. 1 131 647** Kl. 12i vom 7/1. 1960, ausg. 20/6. 1962.)
R. Zimmermann. H 264

Struthers Wells Corp. (Erfinder: Hans Svanoe), Warren, Pa., V.St.A., **Herstellung von Phosphorsäure** aus wss. Calciumphosphat-Lsg., der ein Fällmittel ($H_2SO_4$) für das Ca zugesetzt wird. Durch Kristallisation wird das so entstandene neue Salz von der Phosphorsäure getrennt. Dabei wird ein Teil der Mutterlauge dem Kristallisator entnommen u. diesem Teil der Mutterlauge die wss. Ca-Phosphat-Lsg. u. das Fällmittel zugesetzt. Die entstehende Rk.-Wärme wird abgeführt u. dann die Mutterlauge mit der Rk.-Lsg. mit gleicher Temp., die sie bei der Entnahme aus dem Kristallisator hatte, wieder in diesen zurückgeleitet. — Fließbild. (**D. A. S. 1 129 143** Kl. 12i vom 5/5. 1959, ausg. 10/5. 1962.) R. Zimmermann. H 264

Farbenfabriken Bayer Akt.-Ges., Leverkusen, **Gewinnung von feinteiligen Aluminiumoxidteilchen**, die zum Aufhellen von Papier verwendet werden u. $> 5\%$ $SO_3$ enthalten. Durch Erhitzen auf 700—1200° in einem Wirbelbett mit heißen Gasen wird Aluminiumsulfathydrat zersetzt. Dabei führt man diese Zers. im Zeitraum $< 1$ Sek. aus. (**E. P. 883 264** vom 4/4. 1960, ausg. 29/11. 1961. D. Prior. 6/4. 1959.)
H. Nebelsiek. H 294

General Motors Ltd., London, England (Erfinder: Robert Ross Barrington), **Tonerdegewinnung** durch Calcinieren von $Al(OH)_3$ in Ggw. eines Metallhalogenids, z. B. $AlF_3$, u. Borsäure. Man verwendet dabei 1 (Gew.-%) $AlF_3$ u. 2 $H_3BO_3$. An Stelle des $AlF_3$ nimmt man die dem F-Geh. entsprechende Menge HF. (**E. P. 884 806** vom 4/5. 1959, ausg. 20/12. 1961. **Zusatz zu E. P. 829602; C. 1961, 1690.**)
H. Nebelsiek. H 294

Aluminium Laboratories Ltd., Montreal, Canada, **Bauxitaufschluß** mit Alkalilauge im Autoklav nach Bayer. Man führt die Bauxitaufschlämmungen in Alkalilauge kontinuierlich dem einen Ende des um seine Achse waagerecht sich drehenden Autoklav zu u. entnimmt am anderen Ende wechselweise Schlamm u. Gas unter Aufrechterhalten des im Autoklav herrschenden Druckes. Dabei wird das durch die Drehbewegung des Autoklavs erfolgte Mischen der Aufschlämmung noch durch einen oder mehrere Rührer unterstützt. — Zeichnung, Vorrichtung. (**E. P. 866 185** vom 18/8. 1959, ausg. 26/4. 1961. A. Prior. 22/8. 1958.) H. Nebelsiek. H 294

E. I. du Pont de Nemours & Co., Wilmington, Del., V.St.A. (Erfinder: Richard Lee Dalton), **Herstellung von wasserlöslichen Carbonsäure-Aluminium-Komplexverbindungen.** Man setzt z. B. 241 (Teile) $AlCl_3 \cdot 6\,H_2O$ in 1000 W. mit 13,5 Al-Metall bei 90° um, entwässert die erhaltene 14%ig. Lsg. von $Al(OH)Cl_2$ (**I**) durch azeotrope Dest. mit n-Propanol (**II**), mischt die erhaltene klare farblose **I**-Lsg. in folgenden Verhältnissen mit Stearinsäure (**III**): 17,6 (Teile) **I** mit 7,0 **III** (Al : **III** = 1 : 1), 27,0 **I** mit 5,4 **III** (Al : **III** = 2 : 1) u. 33,0 **I** mit 4,4 **III** (Al : **III** = 1 : 4), verd. die einzelnen Proben mit je 100 **II**, löst die Säure durch Erwärmen u. läßt 24 Std. stehen. Beim Verdünnen mit W. werden die klaren Lsgg. opalescent u. ihr pH läßt sich ohne Abscheidung eines Nd. z. B. mit $NH_3$ von pH 4 auf pH 6 bringen. — Weitere Beispiele unter Verw. von Palmitin- u. Myristinsäure. Als Carbonsäure kann man jedoch ganz allg. gerad- oder verzweigtkettige gesätt. Fettsäuren $> C_6$, olefin. ungesätt. Carbonsäuren $> C_{10}$, aromat. u. carbocycl. Säuren, die durch Halogen, $NO_2$-, OH- u. dgl. substituiert sein können, verwenden. Die Endprodd. dienen zum Wasserabstoßendmachen von Papier u. Textilien. (**E. P. 869 951** vom 6/6. 1957, ausg. 7/6. 1961. **Belg. P. 558 169** vom 6/6. 1957, ausg. 25/3. 1960. A. Prior. 7/6. 1956.) O. Müller-Meiningen. H 294

Metal & Thermit Corp., New York, N.Y., V.St.A. (Erfinder: Hugh Edwin Ramsden), **Vinylaluminiumverbindungen** erhält man durch Rk. eines Grignard-Komplexes der allg. Formel ViMgCl·nQ mit Al-Halogeniden, -Alkoxiden oder -Aroxiden, die auch organ. Reste über C an Al gebunden enthalten können; in der Formel bedeutet Vi einen vinyl. Rest, Q einen ggf. substituierten cycl. Äther mit 5 oder 6 Atomen im Ring, von denen eines O ist u. die anderen C sind, wobei jedoch in einem Sechsring das C-Atom in 4-Stellung durch ein substituiertes N-Atom ersetzt sein kann. Geeignete Verbb. sind Tetrahydrofuran (I), 2-Methyltetrahydrofuran, Tetrahydropyran, 2-Äthoxytetrahydropyran, Dihydropyran, Tetrahydrofurfuryläther u. N-Methylmorpholin; n ist 1—3. — 1 (Mol) $CH_2{=}CHMgCl$ in I wird mit 1 festen $AlCl_3$ unter Rückfluß umgesetzt, wobei man Vinylaluminiumdichlorid erhält. Die Prodd. können mit anderen polymerisierbaren Verbb. mischpolymerisiert werden u. außerdem als *Zusätze* zu *Petroleum-Prodd.* dienen. (**E. P. 878 130** vom 9/7. 1958, ausg. 27/9. 1961. **Zusatz zu E. P. 777 158; C. 1958, 5513.**) J. Mühleisen. H 294

Laporte Titanium Ltd., London, England (Erfinder: Raymond James Wigginton), **Herstellung von Titandioxid** aus Titanerz, das als Verunreinigung mehr als 0,5% $Cr_2O_3$ enthält, durch Behandlung mit $H_2SO_4$, Auslaugen der erhaltenen Masse mit W. u. Fällen des $TiO_2$ aus der wss. Lsg. durch Hydrolyse. (**E. P. 873 611** vom 30/8. 1956, ausg. 26/7. 1961.) H. Roos. H 321

Commonwealth Scientific & Industrial Research Organization, East Melbourne, Australien, **Herstellung von Rutil aus Ilmenit (I)** oder verwandten Erzen durch Erhitzen von I auf 600—1000° in $O_2$-freier Atmosphäre in Anwesenheit von S-Dampf u. ggf. von C oder CO, Behandeln des Prod. nach Kühlen in Abwesenheit von Luft mit W. bei 100—200° u. freiem $O_2$ bei einem Druck von 20—100 lbs./sq.in., wobei Rutil u. S in Granalienform u. Fe-Oxidhydrat als Schlamm anfällt. Der Rutil wird schließlich physikal. abgetrennt. (**E. P. 872 944** vom 30/10. 1957, ausg. 12/7. 1961. Aust. Prior. 31/10. 1956.) H. Roos. H 321

Columbia-National Corp., Pensacola, Fla., V.St.A. (Erfinder: James Robinson Russell), **Behandlung von Zirkonerzen.** Feingebrochenes Zr-Erz wird auf 550—650° erhitzt u. anschließend mit einer 10—75 Gew.-%ig. Alkalimetallhydroxid-Lsg. versetzt, die auf $< 200°$ erhitzt wurde. Man arbeitet in einem Drehrohrofen u. zieht am Ende des Ofens bei ca. 260° das gebildete *Na-Zirkonat* ab. (**E. P. 876 513** vom 13/2. 1960, ausg. 6/9. 1961.) H. Nebelsiek. H 322

British Titan Products Co. Ltd., Billingham, übert. von: Arthur Wallace Evans, Nunthorpe, und Cyril Shora, West Hartlopool, England, **Herstellung von Zirkoniumsulfat** aus silicat. Zr-Erzen. Man vermischt das feingebrochene Erz mit einem Oxid, Hydroxid oder Carbonat der Alkalien u. Erdalkalien oder des Mg im Verhältnis von $Na_2O : CaO : ZrSiO_4$ = ca. 1 : 1 : 1 : 1 u. röstet das Gemisch bei ca. 950° ca. 4 Stunden. Anschließend digeriert man bei ca. 225° mit ca. 80—98% ig. $H_2SO_4$, laugt bei 70—95° mit W. u. trennt vom Unlöslichen ab. Aus der Lsg. erhält man in üblicher Weise $Zr(SO_4)_2$ in reiner Form. (**A. P. 3 009 777** vom 14/4. 1958, ausg. 21/11. 1961. E. Prior. 18/4. 1957.) H. Nebelsiek. H 322

Deutsche Gold- und Silber-Scheideanstalt vormals Roessler, Frankfurt/M., **Herstellung von Alkalizirkoniumsilicaten.** Zr-Silicat wird bei Temp. $>170°$, bes. $\geqq 200°$, mit Alkalilauge von 30—75 Gew.-%, z. B. NaOH, unter Druck behandelt. Man verwendet zweckmäßig je Mol Zr-Silicat 4—6 Mol Alkalihydroxid. Das Rk.-Gemisch wird nach der Umsetzung mit W. verd. u. das Alkali-Zr-Silicat durch Filtration abgetrennt. Das alkal. Filtrat wird nach Einengung auf den gewünschten Alkali-Geh. im Kreislauf für weitere Aufschlüsse verwendet. (**Oe. P. 218 477** vom 27/7. 1960, ausg. 11/12. 1961. D. Prior. 1/8. 1959.) W. Wittholz. H 322

Siemens-Schuckertwerke Akt.-Ges., Berlin und Erlangen (Erfinder: Wilhelm Geilmann, Arnold Spang und Werner Gebauhr), **Reinigen von als Kernbrennstoff geeignetem Thoriumoxid.** Man leitet in einem Drehrohr bei Anwesenheit von V bei $> 1500°$ u. bei Abwesenheit von V bei ca. 1200° Luft oder $O_2$ über Thoriumoxid u. anschließend zwecks Entfernung der letzten $O_2$-Reste ein Inertgas, z. B. $N_2$ oder $CO_2$ darüber. Dann läßt man bei ca. 1200° ein reduzierendes Gas, z. B. CO oder $H_2$, einwirken, wenn Cd, Hg, In, Se, Sb, Te, As, Tl, Ga, Zn, Pb, Bi oder Po anwesend sind, Zwecks Entfernung von Ag, Ge u. In steigert man die Temp. auf ca. 1500°. (**E. P. 882 551** von 22/3. 1960, ausg. 15/11. 1961.) H. Nebelsiek. H 324

E. I. du Pont de Nemours & Co. (Erfinder: Guy B. Alexander und George Wallace Sears jun.), Wilmington, Del., V.St.A., **Herstellung stabiler Thoriumoxidaquasole.** Man fügt zu einer verd., wss. Lsg. eines Koll. $ThO_2$ eine geringe Menge eines wasserunlösl. Th-Salzes u. zwecks Einhaltung eines pH zwischen 2 u. 5 ein Anionenaustauscherharz mit der OH-Form. Dabei hält man die Temp. auf $> 80^0$. Man setzt den Zusatz so lange fort, bis die koll. Teilchen des $ThO_2$ eine Größe von 10—100 m$\mu$ erreicht haben. (**E. P. 884 975** vom 5/7. 1960, ausg. 20/12. 1961.) H. Nebelsiek. H 324

United States Atomic Energy Commission (Erfinder: William E. Roake und Ward L. Lyon), **Konzentrieren des Actinidengehaltes in einer Uran, Plutonium oder beide enthaltenden Aluminiumlegierung.** Man schaltet die Al-Legierung als Anode, verwendet als Kathode bes. Graphit u. als Elektrolyten eine Schmelze von $AlF_3$ enthaltendem Material, bes. Kryolith; man erhält durch Auflösen von Al eine an Actiniden angereicherte Al-Legierung. (**Aust. P. 231 836** vom 11/6. 1959, ausg. 2/2. 1961. A. Prior. 24/6. 1958.) K. Demmler. H 341

United States Atomic Energy Commission, übert. von: Kent M. Harmon, Glendale, Calif., und Edward Wichers, Washington, D. C., V.St.A., **Herstellung von wasserfreiem Cer(III)-chlorid** aus Ce(III)-Oxalat-Hydrat durch Sättigung des Oxalats mit HCl. Dabei ist jedoch die Temp. auf $< 80^0$ zu halten. Auf dieselbe Weise kann man *Uranbromide* oder *Plutoniumfluoride* erhalten, in dem man die entsprechenden Oxalate mit HBr bzw. HF bei Einhaltung der genannten Temp. umsetzt. (**A. P. 2 982 603** vom 24/6. 1947, ausg. 2/5. 1961.) H. Nebelsiek. H 343

United States Atomic Energy Commision, übert. von: Joseph H. Baltis, Wilmington, Del., V.St.A., **Abtrennen von Plutonium** aus Pu u. andere Elemente oder Verbb. enthaltenden Lösungen. Bei der üblichen Ausfällung des Pu mit einem Trägerstoff fällt man den Nd. mit z. B. $BiPO_4$ oder $LaF_3$ unter Zusatz eines oberflächenakt. Mittels, wie Dibutylphenylphenol-Na-sulfonat. Der so entstandene Nd. läßt sich besser zentrifugieren als ein Nd. ohne den Zusatz des oberflächenakt. Mittels. (**A. P. 2 992 888** vom 29/12. 1944, ausg. 18/7. 1961.) H. Nebelsiek. H 343

United States Atomic Energy Commission, übert. von: Stanley G. Thompson, Daniel R. Miller und Ralph A. James, Richmond, Calif., V.St.A., **Abtrennen von Plutoniumverbindungen von Verbindungen des Urans und der Spaltprodukte.** Man fällt die Pu(IV)-Verb. mit $BiAsO_4$ aus. Dabei ist Voraussetzung, daß U u. die Spaltprodd. in der Lsg. in einer höheren Oxydationsstufe vorliegen. (**A. P. 2 989 367** vom 11/8. 1947, ausg. 20/6. 1961.) H. Nebelsiek. H 343

United States Atomic Energy Commission, übert. von: Burt F. Faris und Harry K. Strassel, Richland, Wash., V.St.A., **Rückgewinnung von Plutonium** aus wss. Lsg.., die neben Pu noch Spaltprodd. enthalten. Man führt Pu(IV) in Pu(VI) über u. fällt unter Zusatz geringer Mengen an Hg-Ionen mit $BiPO_4$ einen Nd. aus, der die Spaltprodd. mitenthält. Nach dem Abtrennen des Nd. erhält man Pu in üblicher Weise aus der Lösung. (**A. P. 2 990 241** vom 31/3. 1945, ausg. 27/6. 1961.) H. Nebelsiek. H 343

United States Borax & Chemical Corp., Los Angeles, übert. von: Vincent Morgan, Boron, Calif., V.St.A., **Herstellung von synthetischem Kernit, $Na_2B_4O_7$-5 $H_2O$ (I)** durch Erhitzen einer 28 %ig. Borax-Lsg. unter Atmosphärendruck auf 57,5—100$^0$, Impfen der Lsg. mit I u. Auskristallisieren. (**A. P. 2 983 577** vom 15/4. 1958, ausg. 9/5. 1961.) H. Roos. 6151

---

**N. V. de Bataafsche Petroleum Mij.**, Den Haag, Niederlande (Erfinder: **Robert Leroy Magovern, Harold Charles Ries** und **Irvin Leonard Breier**), *Herstellung von Jod.* (**Aust. P. 230 405** vom 28/1. 1959, ausg. 13/10. 1960. — **C. 1961,** 18461 [D. A. S. 1 103 305].)

**United States Borax & Chemical Corp.**, V.St.A. (Erfinder: **Lyle Caldwell**), *Herstellung von Borsäure.* (**F. P. 1 241 638** vom 28/11. 1959, ausg. 23/12. 1960. A. Prior. 1/12. 1958. — **C. 1962,** 13906 [E. P. 863 541].)

**United States Borax & Chemical Corp.**, V.St.A., übert. von: **Borax Consolidated Ltd.**, *Herstellung von Calciummetaborat.* (**F. P. 1 240 200** vom 14/10. 1959, ausg. 20/12. 1960. E. Prior. 29/10. 1958. — **C. 1962,** 264 [D. A. S. 1 106 740].)

**N. V. de Bataafsche Petroleum Mij.**, Den Haag, Niederlande, *Entfernen von Ruß aus wässerigen Suspensionen.* (**Ind. P. 65 049** vom 25/8. 1958, ausg. 26/10. 1960. — **C. 1960,** 7640 [Oe. P. 204 667].)

**Montecatini Soc. Gen. per l'Industria Mineraria e Chimica**, Mailand, Italien (Erfinder: **J. D. Teja**), *Herstellung von hochmolekularen, polymerisierten Alkalisilicaten.* (**Belg. P. 567 105** vom 25/4. 1958, ausg. 25/10. 1958. A. Prior. 26/4. 1957. — **C. 1961,** 9556 [A. P. 2 919 996].)

**Knapsack-Griesheim Akt.-Ges.**, Deutschland, *Herstellung von Oxydationsprodukten des Phosphors.* (**F. P. 1 240 383** vom 13/11. 1959, ausg. 20/12. 1960. D. Prior. 13/11. 1958. — **C. 1961,** 261 [D. A. S. 1 078 552].)

**Albright & Wilson (Mfg.) Ltd.**, Oldbury, England (Erfinder: **Norman Lovelace Paddock** und **Harold Trevor Searle**), *Herstellung von cyclischen Phosphornitrilchloridpolymeren.* (**Aust. P. 230 487** vom 21/4. 1959, ausg. 20/10. 1960. E. Prior. 25/4. 1958. — **C. 1961,** 620 [D. A. S. 1 085 508].)

**VEB Farbenfabrik Wolfen** (Erfinder: **Walter Singer** und **Felix Seidel**), Deutschland, *Herstellung von Al-Salzen.* (**UdSSR. P. 123 151** vom 11/2. 1958. — **C. 1960,** 954 [D. A. S. 1 060 369].)

**British Titan Products Co. Ltd.,** England, *Herabsetzung des sauren Charakters von $TiO_2$.* (**F. P. 1 266 435** vom 2/9. 1960, ausg. 10/11. 1961. E. Prior. 3/9. 1959. — **C. 1962,** 16094 [D. A. S. 1 121 249].)

**National Lead Co.,** New York, N.Y., übert. von: **Leif Aagaard,** Plainfield, N.J., V.St.A., *Herstellung eines zur Gewinnung von Titancarbid, -nitrid oder -borid bestimmten Ausgangsprodukts.* (**A. P. 3 004 832** vom 16/4. 1957, ausg. 17/10. 1961. — **C. 1959,** 1912 [E. P. 785 995].)

## $H_6$. Silicatchemie. Baustoffe

**Säure–Base-Reaktionen in Silicatschmelzen.** Tormod Förland. (Glastekn. Tidskr. **17,** 35—42, 1962; Trondheim, Inst. f. uorganisk kjemie. Norges Tekn. Högskol.; norw.) — Der Begriff Säure–Base-Rk. wird chem. erläutert u. die Möglichkeiten des Nachw. durch Indicatoren u. Potentiometrie werden erörtert. Für die Unters. in Glasschmelzen wird das Verh. von Carbonaten in Silicatschmelzen zum Vgl. herangezogen, wobei bestimmte Glasfärbungen als Indicatoren dienen können. Es werden Unterss. über die Lsg. von Hafen- u. Wannenmaterialien bas. u. saurer Zus. durch die Schmelze angeführt u. die Wrkg. auf die Struktur des Glases erläutert. L. Kühnert. 6174□

**Über die durch Diffusion und Keimbildung beeinflußte Bildung von Tridymit und Cristobalit aus Quarzglas.** M. Coquerelle. (Silicates ind. **26,** 505—21, Nov. 1961; franz.) — Die Umwandlung des Quarz erfolgt bei normalem Druck nur in Ggw. von 0,05—5 Mol.-% Alkalioxiden ($Cs_2O$ ist jedoch wenig, $Li_2O$ erst ab 1000° wirksam) bei Temp. zwischen 900 u. 1450°. Die Geschw. verläuft innerhalb der genannten Grenzen parallel der Konz. der Mineralisatoren u. der Temperatur. Die für die jeweilige Temp. optimale Menge Alkalioxid wird durch Diffusion an die Wachstumszone herangeführt. G. Frikell. 6204◇

**Probleme der Reaktionsfähigkeit betreffs der Bildung keramischer Werkstoffe.** F. J. P. Clarke und J. Williams. (Proc. IVth int. Sympos. Reactivity Solids, Amsterdam **1960,** 593—601, 1961; Harwell, England, Atom. Energy Res. Establishment; engl.) — Übersicht über einige die Bldg. keram. Werkstoffe betreffende Probleme der Rk.-Fähigkeit, Zers., Calcinierung, Sinterung, Kalt- u. Warmpressung unter bes. Berücksichtigung von kernkeram. Stoffen. — 22 Schrifttumshinweise. W. Wesly. 6206□

**Die Festigkeit von Dinasrohstoff und sie bestimmende Gesetzmäßigkeiten.** K. G. Romantschenko und I. Ss. Kainarski. (Feuerfeste Mater. [UdSSR] **26,** 31—41, 1961; Ukrain. wiss. Inst. für feuerfeste Materialien; russ.) — Detaillierte Angaben über den Einfl. der wichtigsten technolog. Faktoren auf die Festigkeit (in kg/cm²) frisch gepreßter u. bei 180° getrockneter Vers.-Muster aus Quarzit u. Dinasrohstoff bei Druck- u. Biege-Beanspruchung. S. Eckert. 6208□

**Ein Versuchsbrand von leichten Kaolinwerkstücken im kurzen Tunnelofen.** W. D. Zigler und P. G. Belucha. (Feuerfeste Mater. [UdSSR] **25,** 545—49, 1960; Ukrain. Forsch.-Inst. für feuerfeste Stoffe u. Weliko-Andol, Schamottewerk; russ.) — Konstruktion eines kurzen Tunnelofens u. Technologie des Brandes von leichten Kaolinziegeln mit ausbrennenden Zusätzen. Trocknen u. Brennen des Gutes finden im gleichen Ofen statt. H. Jäger. 6210□

**Über die Verhältnisse des Brennens von leichten Schamottegegenständen plastischer Verformung mit ausbrennenden Zusätzen.** A. A. Schumilin, W. A. Iwanow, M. A. Rabinowitsch und M. I. Kriwoi. (Feuerfeste Mater. [UdSSR] **25,** 540—45, 1960; Unions-Inst. für feuerfeste Stoffe; Snigirew Werk für feuerfeste Stoffe; russ.) — Im Labor-Vers. wurde das Brennen von leichten Schamottegegenständen (0,5 bis 1,0 g/cm³ Raumgewicht) mit ausbrennenden Zusätzen (Holzspäne, Lignin, Koks) in oxydierender Atmosphäre (Luftüberschuß $\alpha = 1{,}3—1{,}5$) untersucht. Die technolog. Bedingungen für das Brennen in Tunnel–Ring- u. period. Öfen wurden überprüft. Der Einfl. von Durchmesser u. Lagerung der Stücke im Ofen u. der Temp. werden diskutiert. H. Jäger. 6210□

**Herstellung und Eigenschaften einiger Zirkonemails.** F. T. Booth und G. N. Peel. (Trans. Brit. ceram. Soc. **61,** 359—400, Juli 1962; London, Cookson House Res. Labor. of Assoc. Lead Manuf. Ltd.; engl.) — Es wird die Herst. folgender Gelb-, Grün-, Blau- u. Rot-Farbsatztypen als Porzellanemails beschrieben: $ZrO_2$ ($HfO_2$)–$V_2O_5$ ohne u. mit $SiO_2$; der Einfl. geringer Zusätze von $P_2O_5$ u. von $MnO_2$; der Ersatz von $V_2O_5$ durch Oxide u. Fluoride von Pr u. Tb; der Ersatz von $SnO_2$ in Cr–Sn-Farbkörpern durch $ZrO_2$ mit ZnO, $Al_2O_3$, $SiO_2$. Der Einfl. der Zus. der Farbsätze u. des Untergrundes auf die Farbe u. ihre Beständigkeit, die Kennzeichen der Farbe hinsichtlich Klarheit, Farbtiefe u. Feuer u. die chem. Strukturen in den Farbsätzen auf Grund von Röntgen-Unterss. werden erläutert. R. Kaiser. 6212□

**Beitrag zur Untersuchung der Kaoline.** Y. S. Visconti, B. N. F. Nicot und E. Goulart de Andrade. (Rev. brasil. Quím. **63,** 190—208, Sept. 1957; Bol. Inst. Nac. de Tecn.; port.) — Überblick über die Morphologie u. Technologie der Kaoline (vgl. auch C. **1960,** 3995). Herbert Weber. 6216◇

**Die Herstellung von Kaolingegenständen nach einem halbtrockenen Verfahren.** I. Je. Makogon und P. I. Tereschkow. (Feuerfeste Mater. [UdSSR] **26,** 8—10, 1961; Belokamensk, Schamottewerk; russ.) — Kaolin u. Ton werden zu 60 mm-Stücken gebrochen, getrocknet bis zu 10—12% Feuchtigkeits-Geh., gemahlen u. gesiebt (2,8 mm) Korn-Zus.: Korngröße $>$ 3 mm $<$ 1%, 3—2 mm bis 5%, $<$ 0,54 mm $>$ 70%. Schamotte wird zerkleinert u. gemahlen zu nachst. Zus.: Korngröße $>$ 3 mm bis 5%, $<$ 0,54 mm 40 $\pm$ 5%. Je nach dem herzustellenden Prod. werden die Chargen gemischt u. mit Schlicker (1,18—1,20 g/cm³; 25% gemahlener Ton, 75% wss. Sulfit-A.-Schlempe) auf 5,5—11% befeuchtet. Mischzeit 7 Minuten. Die Masse wird gesiebt u. gepreßt u. bei 1420—1440° ca. 85—90 Std. gebrannt. S. Eckert. 6216□

**Wärmeleitfähigkeit einiger feuerfester Materialien.** W. W. Pusstowalow. (Feuerfeste Mater. [UdSSR] **26,** 302—05, 1961; Ukrain. Forsch.-Inst. für feuerfeste Mater.; russ.) — Angaben über die Wärmeleitfähigkeit $\lambda$ von natürlichem Quarzit, Dinas, Dinas-Chromit, dichtem Dinas, Tonstein, Ziegel, Forsterit, Magnesit, Zirkon, Zirkoniumdioxid, Chrommagnesit in Abhängigkeit von der Temp., Zus. u. Porosität des Materials. G. Winkhaus. 6218□

**Die Eigenschaften von feuerfesten Massen aus gebranntem Dolomit mit Teerbindung.** F. S. Dolkart. (Feuerfeste Mater. [UdSSR] **26,** 329—35, 1961; Ukrain. Forsch.-Inst. für feuerfeste Mater.; russ.) — Die Eigg. (Porosität, Dichte, Festigkeit) von gepreßten Platten u. Zylindern aus gebranntem Dolomit mit Teer-Bindung wurden bestimmt. Zur Verw. des Materials als Konverter-Auskleidung wird empfohlen, Blöcke aus frischgebranntem Dolomit (scheinbare Porosität 5—10 u. 15—20%; Körnung $<$ 15—10 mm), gebunden mit 6—8% Teer (Zus.: 65—70% mittleres Steinkohlenpech u. 35—30% Anthracenöl), bei einem Druck von $\geqq$ 500 kg/cm² herzustellen. Spezif. Gew. der Blöcke ist $\geqq$ 2,6 g/cm³. Bei Lagerung der Proben nimmt die Porosität zu, die Dichte u. Festigkeit nehmen ab; Bedeckung mit Teer ermöglicht längere Lagerung. G. Winkhaus. 6218□

**Versuchsmäßige Herstellung von leichten, basischen, feuerfesten Erzeugnissen.** M. E. Tyrrell. (U. S. Dep. Interior, Bur. Mines, Rep. Invest **1962,** Nr. 6025, 1—16; engl.) — Forsterit ($2 MgO \cdot SiO_2$), stabilisierter Dolomit ($2 CaO \cdot SiO_2 + MgO$) u. Chromspinell [$(Fe, Mg) \cdot Cr, Al)_2O_3$] wurden in einem elektr. Lichtbogenofen geschmolzen u. zu Hohlkugeln verblasen. Die Hohlkugeln wurden mit synthet. Forsterit als Bindemittel vermischt, zu feuerfesten Steinen geformt u. gebrannt. Am geeignetsten für die Herst. feuerfester Steine erweisen sich die Chromspinell Hohlkugeln, solche Steine können für die Decken bes. Öfen verwendet werden. F. Reinhart. 6218□

**Periklas-Forsterit-Werkstücke aus kieselsäurehaltigem Magnesit.** W. A. Bron und A. A. Bitschurina. (Feuerfeste Mater. [UdSSR] **25,** 58—63, 1960; Feuerfest-Inst. Ost.; russ.) — Periklas-Forsterit-Erzeugnisse zeigen bei der Verw. als Auskleidung von Regeneratoren in Martin-Öfen eine hohe Festigkeit im Gebrauch. Für die Unterss. wurde Beloretzker Magnesit, der 8,5—16% $SiO_2$ enthielt, verwendet. Das Pressen erfolgte mit 850 kg/cm² Druck, das Brennen bei 1560°. Die Erzeugnisse besaßen hohe Festigkeit u. 14,2—20,5% Porenvolumen. Der Beginn der Deformation unter 2 kg/cm² Druck lag bei hohem $SiO_2$-Geh. bei 1590°. Durch Zusatz von 2% $TiO_2$ u. $ZrO_2$ kann die Druckfeuerbeständigkeit weiter erhöht werden. D. Rost. 6218□

**Untersuchung des Periklas-Forsterit-Steines in der Auskleidung von Martin-Öfen.** A. P. Kljutscherow und Sh. A. Wydrina. (Feuerfeste Mater. [UdSSR] **25,** 85—87, 1960; Nishne-Tagilsker metallurg. Kombinat; russ.) — Periklas-Forsterit-Steine wurden zu Vers.-Zwecken als Auskleidungen der Gas- u. Luft-Regeneratoren von Martin-Öfen eingesetzt. Sie enthielten 78,5% MgO u. 12,8% $SiO_2$, ihr Deformationsbeginn unter 2 kg/cm² Belastung lag bei 1660°, die durchschnittliche scheinbare Porosität betrug 19,4%. Nach 208 Schmelzen zeigten die Periklas-Forsterit-Steine im Vgl. zu Forsterit-Steinen ein besseres äußeres Aussehen, Festigkeit u. Porosität waren weniger verschlechtert als die der Forsteritsteine. D. Rost. 6218□

**Die Gebrauchsfähigkeit von feuerfesten Materialien aus Talsker Magnesit.** W. M. Zynkina. (Feuerfeste Mater. [UdSSR] **26,** 309—14, 1961; Ukrain. Forsch.-Inst. für feuerfeste Mater.; russ.) — Vgl. Zynkina, Feuerfeste Mater. [UdSSR] **24,** [1959], 8. — Magnesit aus Talsker Vork., daraus bereiteter Chrommagnesit u. Magnesitchromit sowie der gleiche Magnesit mit Zusatz von Eisenhammerschlag wurden in Form gepreßter Steine als Auskleidungsmaterial für Martin-Öfen erprobt. Sie erwiesen sich als ebenso gut bzw. etwas besser als sonst übliche entsprechende Auskleidungen. Auch als metallurg. Pulver ist der Magnesit verwendbar. Die Veränderungen des Materials im Gebrauch wurden untersucht. Die Zerstörungen beruhen bes. auf Spannungen, die bedingt sind durch Aufnahme von Fe- u. Mn-Oxiden, durch zusätzliches Sintern des Materials u. durch Änderungen des $O_2$-Partialdruckes im Betrieb des Ofens. G. Winkhaus. 6218□

**Die Herstellung von Magnesit–Chromit-Steine für den Boden der Martin-Öfen mit Wärmeisolation.** Ss. B. Winokur, I. D. Michailetz, G. I. Antonow, W. W. Kossogolow und B. D. Minkowitsch. (Feuerfeste Mater. [UdSSR] **26,** 351–54, 1961; Ukrain. Forsch.-Inst. für feuerfeste Mater.; russ.) — Vff. beschreiben Eigg. von Magnesit–Chromit-Steinen u. deren Herst.-Bedingungen bei serienmäßiger Produktion von neuartigen feuerfesten Bodenauskleidungen für Siemens-Martin-Öfen auf der Basis eines Cr-haltigen Magnesits. Durchgeführte Unterss. an Vers.-Steinen, deren Zus. einen Cr-Geh. von 9–10% aufweist, zeigen eine sehr große Flächenbelastungsfestigkeit von 480 kg/cm² bei Temp. um 1500°. W.-D. Heußner. 6218□

**Elastische und thermische Eigenschaften von Magnesit–Chromit-Steinen nach Verwendung in Siemens-Martin-Öfen und nach künstlicher Sättigung mit Eisenoxid.** M. N. Bluwstein und W. N. Boritschewa. (Feuerfeste Mater. [UdSSR] **26,** 373–79, 1961; Allunions-Inst. für feuerfeste Mater.; russ.) — Veränderungen an Auskleidungen von Siemens-Martin-Öfen, die auf eine Rk. der Auskleidung mit Fe-Oxiden zurückgeführt werden, konnten an verschiedenen Ofenfuttern durch Vgl.-Unterss. festgestellt werden. Nach ca. 700 Schmelzprozessen bilden sich unter der Einw. von Fe-Oxiden u. bes. des $Fe_2O_3$ in der porösen Struktur Erscheinungen, welche auf chem. Umsetzungen schließen lassen. Die in Abhängigkeit von den Temp.-Bedingungen bei der Herst. der Steine erzielte poröse Struktur neigt bei Aufnahme von $Fe_2O_3$ zum Quellen u. führt zum Zerplatzen der Steine. Diese charakterist. Deformationen werden im Temp.-Bereich von 20–1300° bei künstlicher Sättigung mit $Fe_2O_3$ untersucht. W.-D. Heußner. 6218□

**Feuerfeste Materialien aus mit Hilfe des Schlammprozesses gewonnenem Magnesitpulver.** A. G. Maranz und A. E. Kamentschik. (Feuerfeste Mater. [UdSSR] **26,** 355–60, 1961; Allunions Inst. für feuerfeste Mater.; russ.) — Es werden Unters.-Ergebnisse über die Verw. von magnesithaltigen Abfall-Prodd., z. B. Magnesitschlamm mit MgO-Geh. $>$86% zur Herst. von Magnesit–Chromit-Erzeugnissen, welche den techn. Anforderungen entsprechen, diskutiert. Die Unterss. zeigen bei Temp. um 1500° u. Belastungen zwischen 240 u. 584 kg/cm² befriedigende Resultate an Vers.-Steinen. W.-D. Heußner. 6218□

**Über die Wärmedurchlässigkeit von feuerfesten Massen aus Aluminiumsilicat.** W. W. Pusstowalow. (Feuerfeste Mater. [UdSSR] **26,** 362–66, 1961; Ukrain. Forsch.-Inst. für feuerfeste Mater.; russ.) — Messungen des Wärmeleitfähigkeits-Koeff. $\lambda$ an Mullit u. Korund im Temp.-Bereich 200–1200° werden unter Normalbedingungen sowie bei $10^{-4}$ Torr in $H_2$- u. $N_2$-Atmosphäre durchgeführt. Bei hohen Temp. ist die Abhängigkeit der $\lambda$-Werte vom $Al_2O_3$-Geh. weniger deutlich als bei tiefen Temperaturen. Dagegen zeigen alle Meßpunkte eine Abhängigkeit zwischen $\lambda$ u. Druck, umgebendem gasförmigem Medium u. den porösen Anteilen in der Struktur. W.-D. Heußner. 6218□

**Cordieritkeramik, ein hitzebeständiges schwer schmelzbares Material.** G. F. Pankratowa, D. N. Polubojarinow und R. M. Saionz. (Feuerfeste Mater. [UdSSR.] **25,** 73–76; 1960; NII Stroikeramik; russ.) — Vff. beschreiben die Herst. feuerfester Cordieritkeramik. Durch Verw. von feuerfesten Tonen mit hohem $Al_2O_3$-Geh. (38%) u. Magnesit kann auf die Verw. techn. Tonerde verzichtet werden. Es werden 50% Schamotte mit 50% Bindemittel gemischt. Schamotte u. Bindemittel sind ein Gemisch von Kirowsker Ton u. Magnesit im gleichen Verhältnis. Gebrannt wurde bei 1350°. Cordieritsteine mit 6,8% MgO-Geh. beginnen bei 1340° zu erweichen u. weisen einen therm. Ausdehnungs-Koeff. von $2{,}69 \cdot 10^{-6}$ auf. Sie können in Öfen mit ca. 1300° Arbeits-Temp. Anwendung finden, z. B. in der Metall-, Glas- u. Keramikindustrie als Futter, Muffel oder Kapsel. D. Rost. 6218□

**Einige Eigenschaften von poröser Cordieritkeramik.** D. N. Polubojarinow, L. Je. Aduschkin, I. Ja. Gusman und R. M. Saionz. (Feuerfeste Mater. [UdSSR] **26,** 370–72, 1961; Mendelejew-Inst. für chem. Technol.; russ.) — Vff. untersuchen die Eigg. von Cordierit, welcher als Ausgangs-Prod. zur Herst. von hochtemperaturbeständigen u. gleichzeitig wärmeisolierenden Materialien benutzt wird. Die mit verschiedenen Zusätzen unter extremen Mischungsverhältnissen hergestellten Proben besitzen einen porösen Anteil von 55–60% u. zeigen bei einem spezif. Gew. von 0,86 g/cm³ eine Wärmeleitfähigkeit von 0,60 kcal/m·h·Grad. Der lineare Ausdehnungs-Koeff. beträgt ca. $1{,}4 \cdot 10^{-6}$. Cordieritkeramik kann bis zu Temp. von 1200–1300° verwendet werden, da die Deformations-Temp. mit 1440° sehr hoch liegt. W.-D. Heußner. 6218□

**Heiß geformte ultradichte Carborundgegenstände.** I. Ss. Kainarski, E. W. Degtjarewa und W. A. Kuchtenko. (Feuerfeste Mater. [UdSSR] **25**, 562—66, 1960; Ukrain. Forsch.-Inst. für feuerfeste Stoffe; russ.) — Der Einfl. von Korngröße, Formungs-Temp. u. verschiedenen Zusätzen (*$MoSi_2$*, *Mo*, *B*) auf Poren-Bldg., Raum-Gew., Gasdurchlässigkeit, therm. u. mechan. Beständigkeit von Carborunderzeugnissen wird untersucht. Durch Pressen bei 2140—2170° u. 100 kg/cm² u. geringen B-Zusätzen können ultradichte Carborundproben mit 96—98% der theoret. Dichte erzielt werden.
H. Jäger. 6218□

**Die Oxydierbarkeit von feuerfesten Materialien aus Carborund und Methoden zu deren Erniedrigung.** I. Ss. Kainarski und E. W. Degtjarewa. (Feuerfeste Mater. [UdSSR] **25**, 77—84, 1960; Ukrain. wiss. Feuerfest-Unters.-Inst.; russ.) — Die Oxydierbarkeit von *SiC*-Erzeugnissen kann durch Verminderung ihrer Porosität, durch Zusatz von 10% FeSi oder 3% $Ba(OH)_2$ oder $BaSO_4$ wesentlich verändert werden. Bei Zusatz von Tonen wird die Oxydation von SiC im Temp.-Bereich von 1250—1350° herabgesetzt, im Bereich von 1450—1600° erhöht. Es empfiehlt sich, grobkörnige Tone zu verwenden. Lsgg. von $Si(OC_2H_5)_4$ u. von Phosphaten, bes. von $AlPO_4$, als Tränkungsmittel verwendet, senken die Oxydierbarkeit. Das Auftragen eines Anstriches einer *V–Al*-Leg. auf die Oberfläche der SiC-Erzeugnisse kurz vor dem Gebrauch verhindert deren Oxydation.
D. Rost. 6218□

**Feuerfeste Massen aus Carborund für Öfen zur Reduktion von Eisenhammerschlag und zur Konvertierung von Naturgas.** I. Ss. Kainarski und E. W. Degtjarewa. (Feuerfeste Mater. [UdSSR] **26**. 322—28, 1961; Ukrain. Forsch.-Inst. für feuerfeste Mater.; russ.) — Die von den gleichen Autoren (C. **1963**, 7910) im Labor.-Maßstab ausgearbeitete Technologie der Herst. von Carborundmaterialien erhöhter Oxydationsbeständigkeit wurde techn. in mit Naturgas betriebenen Öfen erprobt. Musterplatten u. -rohre wurden aus schwarzem Carborund (97,1% SiC) verschiedener Körnigkeit u. z. T. unter Zusatz von 10% FeSi, 3% $Ba(OH)_2$ oder wechselnden Mengen Ton angefertigt. Maximal erhöhte Oxydationsbeständigkeit wurde in Bestätigung der Labor.-Ergebnisse erhalten durch Zusatz von 10% Ton zu grobkörnigem Material mit kleingemahlenem Anteil (Korn-Zus.: 63% 0,9—0,7; 22% 0,15—0,1; 15% $<$0,088 mm; Porosität: 13%).
G. Winkhaus. 6218□

**Verwendung magerer und halbfetter Gußsande für die Stopf-Auskleidung von Stahlgießpfannen.** P. Ss. Rubinski, D. W. Pudikow und M. L. Belman. (Feuerfeste Mater. [UdSSR] **26**, 314—18, 1961; Metallurg. Petrow-Fabrik; russ.) — Zur Auskleidung von Stahlgießpfannen wurden an Stelle von Schamotte gestampfte Sande mit niedrigem Ton-Geh. (5% u. mehr), oberflächlich glasiert mit Wasserglas-Lsg., verwendet. Die Herst. der Auskleidung wird beschrieben. Die Auskleidung ist im Betrieb beständig bis 1700° u. ist 2,5—3 mal so lange verwendbar wie Schamotteauskleidung. Sie ist beständiger als Futtermassen, die mit Hilfe eines Bindemittels (Wasserglas oder Sulfit-A.-Schlempe) bereitet sind u. die im Betrieb schnell Risse aufweisen.
G. Winkhaus. 6218□

**Herstellung von Steinen für Gießpfannen und Auskleidungen aus Rohstoffen des Arkalyk-Vorkommens.** R. Ss. Milschenko und G. M. Chossid. (Feuerfeste Mater. [UdSSR] **25**, 53—57, 1960; Semiluki, Werk für feuerfeste Mater. u. Allunions-Feuerfest-Inst.; russ.) — Es wurden Steine für die Auskleidung von Regeneratoren in Martin-Öfen aus 85% hochtonerdehaltiger Schamotte u. 15% Latnensker Ton sowie Steine für Gießpfannen aus 80% Schamotte u. 20% rohem Arkalyk-Gestein hergestellt u. nach dem Brand bei 1500° unter Industriebedingungen erprobt. Die Auskleidungssteine wurden an Stelle von Chrommagnesitsteinen verwendet. Es zeigte sich, daß diese nicht so stark mit Schmelzstaub verunreinigt werden wie Chrommagnesitsteine. Die Gießpfannensteine enthielten 42,5% $Al_2O_3 + TiO_2$, die Feuerfestigkeit betrug 1730°, das Raum-Gew. 2,11—2,31 g/cm³ u. die Temp.-Wechselbeständigkeit 10—12 Wechsel bei 1300°. Das Raum-Gew. der Rohlinge betrug 2,2 g/cm³ bei einem Druck von 300 kg/cm², bei einem Druck von 600 kg/cm² 2,3 g/cm³ u. bei einem Druck von 1200 kg/cm² 2,4 g/cm³. Die Haltbarkeit der Gießpfannensteine entsprach der anderer gebräuchlicher Steine.
D. Rost. 6218□

**Herstellung und Erprobung von Gießpfannensteinen mit Zusätzen von Chrom–Tonerdeschlacke.** A. A. Schaposchnikowa, Ch. M. Papakin, T. Ss. Ignatowa und W. G. Fljagin. (Feuerfeste Mater. [UdSSR] **26**. 3—7, 1961; Tagilsk, Metallurg. Kombinat „Lenin“ u. Ostinst. für feuerfeste Mater.; russ.) — Die Erprobung von bei 1420° gebrannten Schamotte–Tonerde-Ziegeln mit Zusätzen von 20—28% *Cr–Tonerde*-Schlacke als Gießpfannenfutter ergab einen Verschleiß von 4,2 bzw. 4,4 mm/Schmelze

(1595—1620°, 10 Min., Guß 48—87 Min.) u. die Möglichkeit der Durchführung von 13—15 Schmelzen. Die Daten gewöhnlicher Steine der Produktion NTMK sind: 8,1 mm/ Schmelze u. 9 Schmelzen. S. Eckert. 6218□

**Dichte Gießpfannensteine und deren Gebrauch.** A. L. Limanskaja. (Feuerfeste Mater. [UdSSR] **26,** 360—61, 1961; Konstantin, Kombinat „Roter Oktober"; russ.) — Eigg. von Gießpfannensteinen, deren Zus. $Cr_2O_3$ im Gemisch mit $Al_2O_3$, $TiO_2$ u. verschiedenen Tonen aufweist, werden von Vf. zur Steigerung der therm. Beständigkeit u. zur Verbesserung des Gefüges der Auskleidungen untersucht. Durch Steigerung des $Cr_2O_3$-Geh. auf 32% wird ein Material für Auskleidungen gewonnen, das bei 1300° gegenüber ca. 15 Gießprozessen beständig ist. W.-D. Heußner. 6218□

**Betrachtungen über keramische Spezialmassen.** Cristiana Popescu. (Ind. uşoară **7,** 68—70, Febr. 1960; rum.) — Allg. Überblick. H. Guischard. 6220◇

**Über die Phasenzusammensetzung von hochtonerdehaltigen Keramiken.** W. A. Kopeikin und D. N. Polubojarinow. (Feuerfeste Mater. [UdSSR] **25,** 566—72, 1960; Chem.-Technol. Mendelejew-Inst.; russ.) — Vff. untersuchen die Phasen-Zus. von Keramiken mit hohem Tonerde-Geh. in Abhängigkeit vom $Al_2O_3$-Geh., der Art der $SiO_2$-haltigen Zusätze u. vom Dispersionsgrad der Tonerde des Ausgangsgemisches. Es wurden 1 Präp.-Serie aus den reinen Oxiden $Al_2O_3$ u. $SiO_2$ u. 3 Serien aus $SiO_2$ u. 3 verschiedenen örtlichen Tonen durch Sintern bei 1750 u. 1650° hergestellt. Die Präpp. enthielten zwischen 60 u. 95% $Al_2O_3$. Die Phasen-Zus. (Mullit, Korund, Glas) wurde quant. analysiert. Die chem. Best. (Auflösen der Glasphase in 20% HF) führte wegen Unvollständigkeit der Auflösung zu niedrigeren Resultaten als die röntgenograph. Bestimmung. Mit steigendem $Al_2O_3$-Geh. nimmt die Glasphase ab, was durch Verw. von feindispersem $SiO_2$ begünstigt wird. Das Eutektikum bei 77% $Al_2O_3$ führt bei verunreinigten Tonen zu einer Vergrößerung der Glasphase. Bei 75% $Al_2O_3$ tritt ein minimaler Glas-Geh. auf, was als Hinweis auf die Existenz fester Lsgg. von Korund in Mullit im Syst. $Al_2O_3$–$SiO_2$ gewertet wird. H. Jäger. 6220□

**Untersuchung des Sinterungsprozesses und der Rekristallisation von reinem Magnesiumoxid.** P. P. Budnikow, P. L. Wolodin und Ss. G. Tresswjatski. (Feuerfeste Mater. [UdSSR] **25,** 70—73, 1960; russ.) — Die Unterss. zeigten, daß reines MgO, das bei 800, 1000 u. 1200° vorgebrannt wurde, krist. Konglomerate bildet, die sich aus äußerst kleinen Periklas-Kristallen mit einer Größe von 0,05 u. 0,08 $\mu$m entwickelt haben. Bei 1400° gebranntes MgO bildet Konglomerate u. rundliche Einzelkristalle von 1—4 $\mu$m. MgO, das bei 1600—1800° gebrannt wurde, lieferte zerstörte Kristalle von 0—50 $\mu$m, mit einer mittleren Größe von 9 u. 11,5 $\mu$m. Hinsichtlich des Sinterns von MgO wird festgestellt, daß die bei 800° u. 1200° vorgebrannten Proben leicht eine Verdichtung bis zur relativen Porosität von 0,15—0,18% bei 1400—1450° erreichen. Bei der weiteren Temp.-Erhöhung auf 1900° verlangsamt die Verdichtung, die Porosität verändert sich nicht. D. Rost. 6220□

**Der Einfluß von Titandioxid auf die Sinterung und die Stabilisierung von $ZrO_2$ in Zirkon–Tonerde- und Spinell–Zirkon-Massen.** E. K. Keler und A. B. Andrejewa. (Feuerfeste Mater. [UdSSR] **26,** 25—31, 1961; Inst. für Silicatchem. der Akad. der Wiss. der UdSSR; russ.) — Untersucht werden Massen folgender Zus. (in Mol-%): 100 $Al_2O_3$ (I); 10 $ZrO_2$ + 90 $Al_2O_3$ (**II**); 33,3 $ZrO_2$ + 33,3 MgO + 33,3 $Al_2O_3$ (**III**; 33,3 $ZrO_2$ + 33,3 CaO + 33,3 $Al_2O_3$ (**IV**); mit Zusätzen an $TiO_2$ bis zu 4 Gew.-%, die unter 500 kg/cm³ Druck gepreßt u. bei 1500 u. 1700° gebrannt wurden. $TiO_2$ erniedrigt wesentlich die Sinterungs-Temp. von **I, II** u. **III**. Beim Brennen der Masse **III** bis 1700° verlaufen 2 Prozesse parallel: die Bldg. von Spinell bei 800—900° u. die bei 1400° beginnende Entstehung einer festen Lsg. zwischen $ZrO_2$ u. MgO, d. h. Stabilisierung des $ZrO_2$. Anwesendes $TiO_2$ bildet Mg-Titanat u. behindert so die Stabilisierung; $ZrO_2$ tritt z. T. in der monoklinen Form auf. Die physikal.-techn. Eigg. verbessern sich nicht. **II** u. **III** können als hochfeuerfeste Materialien eingesetzt werden. **IV** bildet kein Spinell. Bei 1100—1300° entstehen Ca-Aluminate, daneben Ca-Zirkonate, die bei höheren Temp. größtenteils in feste Lsgg. zwischen $ZrO_2$ u. CaO übergehen. Die Massen sind sehr porös u. nicht zur Verw. als feuerfeste Stoffe geeignet. S. Eckert. 6220□

**Verbesserung der Technologie von Zirkongegenständen bei Guß aus wässerigen Suspensionen von vorher stabilisiertem $ZrO_2$.** D. Ss. Rutman, L. W. Winogradowa, T. Ss. Makarowa, G. P. Kalliga, W. A. Kolbassowa und Je. I. Schalnow. (Feuerfeste Mater. [UdSSR] **26,** 301—02, 1961; Podolsk, Fabrik für feuerfeste Gegenstände; Chem.-Technol. Mendelejew-Inst.; russ.) — Wegen der hohen Dispersität des Ausgangsmaterials der Podolsker Fabrik (Zus.: 97,5% $ZrO_2$ + $HfO_2$; Korn-Zus.: 2—3% $>$102;

25,3% 102—60; 62,4% 60—10, 10% <10 μ) war es möglich, ein abgekürztes Verf. für das stabilisierende u. sinternde Hochtemp.-Brennen des $ZrO_2$-CaO-Gemisches (93% $ZrO_2$ + 7% CaO) zu entwickeln. Bei dem Verf. entfällt das Vermahlen u. Auswaschen des Materials vor dem bei 1600—1700° durchgeführten Brennen. Die Durchführung u. Ergebnisse der Verss. sind beschrieben. Die Qualität der Erzeugnisse ist die gleiche wie beim normalen technolog. Verfahren. G. Winkhaus. 6220□

**Die Reaktion von Magnesiumchromit mit Eisenoxid und die technischen Eigenschaften der Reaktionsprodukte.** Ja. W. Kljutscharow und Di-Zsjan Tschen. (Feuerfeste Mater. [UdSSR] **25**, 572—75, 1960; Leningrad, Technol. Lensowjet-Inst. u. Chem.-Techn. Inst. Ostchinas; russ.) — Die Rkk. zwischen Magnesiumchromit $MgCr_2O_4$ u. $Fe_2O_3$ werden in Abhängigkeit von Herst.-Temp. u. Dispersionsgrad von $MgCr_2O_4$ bei verschiedenen Temp. untersucht. Die Absorption von $Fe_2O_3$ ist der Herst.-Temp. von $MgCr_2O_4$ umgekehrt proportional. Es werden feste Lsgg. $MgCr_2O_4 \cdot Fe_2O_3$ gebildet, freies $Cr_2O_3$ tritt nicht auf. $Fe_2O_3$ zerfällt teilweise zu FeO u. $O_2$, was feste Lsgg. vom Typ $(Mg, Fe^{2+})[Cr, Fe^{3+}]_2O_4$ mit freiem $O_2$ ergibt.
Versuche: $MgCr_2O_4$ wurde bei 1400, 1600 u. 1750° hergestellt u. mit $Fe_2O_3$ bei 800—1750° umgesetzt. Dispersionsgrad von $MgCr_2O_4$: <60, 60—200, 500—1000 μ. Die Rk.-Prodd. wurden z. T. in W. abgeschreckt u. chem. u. röntgenograph. analysiert. Ihre techn. Eigg. werden beschrieben. H. Jäger. 6220□

**Die Reaktion einiger Oxide und Carbide mit schwerschmelzenden Metallen bei hohen Temperaturen.** G. W. Ssamssonow, G. A. Jassinskaja und E. A. Schiller. (Feuerfeste Mater. [UdSSR] **26**, 335—38, 1961; Inst. für Metallkeramik u. Spezialschmelzen der Akad. der Wiss. der UkrainSSR; russ.) — Die Kontakt-Rkk. von BeO, MgO, $ZrO_2$ (stabilisiert mit CaO) u. von Carbiden MC (M = Zr, Hf, Nb, Ta) mit Nb, Mo u. W im Vakuum im Temp.-Bereich von 1000—1600 bzw. 2100° wurden metallograph. untersucht. Am temperaturbeständigsten im Kontakt mit BeO ist W; erst ab 1800° bilden sich flüchtige W-Oxide; Nb u. Mo bilden ab ca. 1700° Beryllide. Gegenüber MgO sind Mo u. W bis 2000—2100° beständig, während mit Nb über 1900° eine neue Phase auftritt. Im Vgl. zu $ZrO_2$ ist Mo am beständigsten; Nb u. W beginnen ab 1900—2000° zu reagieren. Im Kontakt mit Mo ist TaC am widerstandfähigsten; die Rk. von ZrC, HfC u. NbC mit Mo beginnt ab 1800—2000° unter Bldg. fester Lsgg. von C in Mo z. T. unter Bldg. von $Mo_2C$. G. Winkhaus. 6220□

**Einrichtungen und Arbeitsweise amerikanischer Zementwerke.** H. G. Zeisel. (Zement-Kalk-Gips **51** (**16**), 391—98, Sept. 1962; Karlstadt/Main; dt.)
H. Schumann. 6222◇

**Funktionelle Zusammenhänge zwischen den wärmetechnischen Einflußgrößen des Zementbrandes.** H. zur Strassen. (Zement-Kalk-Gips **51** (**15**), 365—77, Sept. 1962; Wiesbaden; dt.) — An Hand der Ofen- u. Kühlerbilanzen eines nach dem Naßverf. arbeitenden Drehrohrofens wird die Auswirkung der Änderung von Wärmeverlusten auf den Gesamtwärmeverbrauch mathemat. untersucht. Entsprechend des Enthalpie-Temp.-Diagramms des Zementbrandes ist eindeutig ein Zusammenhang zwischen Temp. u. Wärmeinhalte der Rauchgase an jeder Stelle des Ofens gegeben.
H. Schumann. 6222◇

**Verfahren zur Reduzierung des Alkalikreislaufes beim Zementbrennen.** E. Bade. (Zement-Kalk-Gips **51** (**16**), 403—08, Sept. 1962; Beckum/Westfalen; dt.) — Um größere Alkali-Kreisläufe beim Brennen von Zement zu vermeiden, wurden im halbtechn. Maßstab Unterss. zur Abtrennung von Alkalien durch Auslaugen u. durch kombiniertes Auslaugen—Flotieren durchgeführt. Sichter-Verss. zeigten relativ schlechte Ergebnisse.
H. Schumann. 6222◇

**Über Periklas der Chrommagnesitauskleidung von Drehöfen für das Brennen von Zementklinker.** M. Sch. Scharafijew und G. W. Orlowa. (Feuerfeste Mater. [UdSSR] **27**, 142—44, 1962; Aserbaidshan. Forsch.-Inst. für Zement; russ.) — Im Chrommagnesitfutter der Sinterzone eines Zement-Drehofens wurde eine Rekristallisation des Periklas beobachtet. Die bei diesem Vorgang entstehenden, kub. verwachsenen Aggregate waren infolge der Aussonderung des ursprünglich in fester Lsg. vorliegenden $Fe_2O_3$ heller gefärbt, ihr Auftreten ist vermutlich die Ursache der hohen Beständigkeit dieses Futtermaterials. W. Herfurt. 6222□

**Oberflächenrisse in massiven Betonkonstruktionen beim kurzfristigen Ausschalen.** Torben C. Hansen. (Svenska Forskn.-Inst. Cement Betong Kungl. Tekn. Högskolan Stockholm, Utredningar **1960**, 3—66; schwed.) — An Hand von prakt. Verss. unter nordschwed. Klimabedingungen wurde festgestellt, daß zur Vermeidung von Rissen der Geh. an Zement im Beton so gering wie möglich sein soll. Die Entw.

erhöhter Temp. ist durch Auswahl des Zements u. durch Verw. kalten W. u. kalter Zuschläge weitmöglichst zu vermeiden. Bei Verw. von ca. 350 kg Zement/l $m^3$ Beton bleiben Bauelemente von 1 m Länge rissefrei. Bei 2 m Länge soll das Ausschalen im Winter nicht vor 3 (Wochen), bei 4 m nicht vor 4 erfolgen. Im Sommer kann bereits am ersten Tag ausgeschalt werden, doch muß Austrocknung vermieden werden. Als Stärke der Schalbretter genügen 22 mm. G. Frikell. 6224◇

**Torfplatten, ein neues Baumaterial.** P. I. Belkewitsch, A. P. Letzko und W. M. Naumowitsch. (Torf-Ind. [UdSSR] **39,** Nr. 5, 17—19, 1962; Akad. der Wiss. der BelrussSSR; russ.) — Gefräster Torf mit 12—16% Feuchtigkeits-Geh. wird 1 bis 2 Min./mm bei 120—140° gepreßt. Die erhaltenen Platten eignen sich als Ersatz für Eichenparkett, als Verkleidungsmaterial u. für Elektro- u. Thermoisolation. J. Lehmberg. 6228△

**Die Bildung von Doppelhydroxiden und die Titration von Tonen.** R. C. Turner und J. E. Brydon. (Science [Washington] **136,** 1052—53, 22/6. 1962; Ottawa, Ontario, Canada Dep. of Agricult., Soil Res. Inst.; engl.) — Bei der Titration von $Al^{3+}$- oder $Fe^{3+}$-gesätt. Wyoming-Bentonit-Suspensionen gegen MgO tritt bei pH 8,7 bzw. 9,2 eine Puffer-Wrkg. auf, die nicht auf der Fällung von $Mg(OH)_2$ beruhen kann, da dessen Löslichkeits-Prod. in diesem pH-Bereich noch nicht erreicht wird. Sie ist auf die Bldg. von Doppelhydroxiden zurückzuführen, die als röntgenograph. Ndd. ausfallen, u. nicht, wie vorher angenommen, auf eine Adsorption der Kationen am Ton. Eine Bestätigung hierfür bildet die Tatsache, daß bei einer entsprechenden Titration in tonfreier Nitrat-Lsg. die Puffer-Wrkg. beim gleichen pH-Wert auftritt. Im Einklang damit bleibt bei der Titration von $La^{3+}$-gesätt. Tonsuspensionen gegen MgO die Puffer-Wrkg. aus, da $La^{3+}$ mit $Mg^{2+}$ kein Doppelhydroxid bildet. In der $La(NO_3)_3$-Lsg. ist die Puffer-Wrkg. erst beim pH der $Mg(OH)_2$-Fällung (9,7) zu beobachten. W. Betcke. 6240□

**Kationitpapier.** 4. Mitt. **Quantitative Bestimmung der Summe der Alkalien und Erdalkalien im technischen Glas.** Henryk Witkowski. (Chem. analit. [Warszawa] **3,** 1049—52, 1958; Poznań, Univ. A. Mickiewicza, Kat. Chem. ogóln.; pol., Auszug: engl.) — 3. vgl. C. **1961,** 12953. — Das Glas wird mit konz. HF-Lsg. gelöst, der HF-Überschuß mit HCl abgeraucht, $F^-$ durch Umsetzung des Rückstandes mit Oxalsäure verdrängt, u. die Oxalate zu Carbonaten verglüht. Nach Überführung in Acetate werden die ausgefallenen Oxidhydrate des Fe u. Al abfiltriert. Die Lsg. der Alkali- u. Erdalkaliacetate wird auf Filtrierpapierstreifen aufgetragen, die mit einem Kationenaustauscher präpariert sind. Die Streifen werden nach Aufsaugen der Lsg. mit dest. W. gewaschen u. mit einer alkohol. alkal. Chinalizarin-Lsg. besprüht. Die violett (K, Na) u. blauviolett (Ca, Mg) gefärbten Zonen werden planimetriert. Die Auswertung erfolgt mit bekannten Vgl.-Lsgg., die analog behandelt werden. F. Urban. 6242□

**Die Vervollkommnung der Untersuchungsmethoden und die Kontrollsysteme der Qualität von feuerfesten Stoffen.** M. N. Bluwstein. (Feuerfeste Mater. [UdSSR] **25,** 536—39, 1960; Unions-Inst. für feuerfeste Stoffe; russ.) — Übersicht über neuere thermomechan. Unters.-Methoden. — 27 Literaturstellen. H. Jäger. 6248□

**Die amperometrische Bestimmung von Kupfer in Chrom-Magnesit- und Magnesit-Steinen nach Gebrauch in Öfen der Buntmetallurgie.** Je. G. Kondrachina. (Feuerfeste Mater. [UdSSR] **26,** 381—82, 1961; Kasachstaner Abt. der Akad. für Bauwesen u. Architektur der UdSSR; russ.) — Eine quant. Best. des *Cu*-Geh. in Ofenauskleidungen der Buntmetallindustrie läßt sich durch eine amperometr. Titration rasch u. genau durchführen. Die Meth. eignet sich als Schnellbest. in Reihen-Unterss. u. ermöglicht eine Cu-Best. neben größeren Mengen *Fe, Cr, Zn, Ni.* Vf. verwendet die Meth. der Rücktitration von ausgeschiedenem Jod mit Thiosulfat u. führt zur Maskierung der Fremdionen Abänderungen im Analysengang durch. W.-D. Heußner. 6248□

**Erfassung der Festigkeitseigenschaften von Mauerziegeln und Möglichkeiten der Qualitätskontrolle im Werk.** Schellbach und Schlegel. (Ziegelindustrie **14,** 607—17, 1. Okt.-H. 1961; dt.) — Kurzprüf-Verff. für die Aufnahmefähigkeit von W. u. zur Best. der Kugelschlagfestigkeit sind im Vgl. zu Unterss. der Scher- u. Zugfestigkeit sowie Meth. auf schwingungstechn. Grundlage geeignet. G. Frikell. 6256◇

**Corning Glass Works,** Corning, übert. von: **Thomas Helmut Elmer,** Painted Port, N.Y., V.St.A., *Entfernen von Wasser aus porösen, 96% Kieselsäure enthaltenden Gegenständen.* (**A. P. 2 982 053** vom 19/11. 1956, ausg. 2/5. 1961. — C. **1960,** 614 [D. A. S. 1 053 747].)

**Owens-Illinois Glass Co.,** Ohio, V.St.A. (Erfinder: **Arthur Bramlet Swain**), *Herstellung von gefärbtem, UV-absorbierendem Flintglas.* (**E. P. 896 558** vom 14/7. 1959, ausg. 16/5. 1962. — C. **1961,** 11856 [A. P. 2 923 636].)

**Walther Bethge,** Moutier, **Jean Pierre de Montmollin** und **René Gugger,** Neuchâtel, Schweiz, *Verbinden von Metall mit Glas.* (**A. P. 3 021 243** vom 5/12. 1956, ausg. 13/2. 1962. Schwz. Prior. 27/8. 1956. — C. **1959,** 12971 [D. A. S. 1 056 337].)

**Électro Réfractaire** (Erfinder: **Pierre Bergeron, Pierre Bortaud, André Mendes Da Costa, André Sevin** und **Jacques Gaudin**), *Feuerfeste Erzeugnisse aus Bauxit, Zirkonsand und einem Flußmittel.* (**Aust. P. 230 140** vom 20/3. 1958, ausg. 22/9. 1960. F. Prior. 22/3. 1957. — C. **1961,** 6281 [D. A. S. 1 083 744].)

**Corning Glass Works,** Corning, übert. von: **Leon R. Schlotzhauer** und **Kenneth T. Wood,** Painted Post, N.Y., V.St.A., *Herstellung feuerfester Körper.* (**Can. P. 561 305** vom 20/9. 1956, ausg. 5/8. 1958. A. Prior. 29/9. 1955 — C. **1959,** 16131 [A. P. 2 842 447].)

**Harbison-Walker Refractories Co.** (Erfinder: **Ben Davies**), Pittsburgh, Pa., V.St.A., *Herstellung ungebrannter, basischer, feuerfester Steine.* (**D. A. S. 1 136 922** Kl. 80b vom 17/7. 1957, ausg. 20/9. 1962. A. Prior. 18/7. 1956. — C. **1962,** 1759 [A. P. 2 947 649].)

**Carborundum Co.,** Niagara Falls, N.Y., V.St.A., *Siliciumcarbidkörper.* (**Ind. P. 64 760** vom 25/7. 1958, ausg. 25/7. 1961. — C. **1961,** 4493 [A. P. 2 907 972].)

**United States Steel Corp.,** Pittsburgh, Pa., V.St.A., *Schwerschmelzbarer Körper und dessen Herstellung.* (**E. P. 886 342** vom 18/6. 1958, ausg. 3/1. 1962. A. Prior. 13/8. 1957. — C. **1960,** 15184 [A. P. 2 878 132].)

**Didier-Werke Akt.-Ges.,** Deutschland, *Reinigung von Chromerzen.* (**F. P. 1 271 985** vom 19/1. 1960, ausg. 19/1. 1962. — C. **1961,** 5577 [D. A. S. 1 087 065].)

**Corning Glass Works** (Erfinder: **Stanley Donald Stookey**), *Herstellung von halbkristallinem keramischem Material.* (**Aust. P. 234 774** vom 7/12. 1959, ausg. 17/8. 1961. A. Prior. 15/12. 1958. — C. **1961,** 7361 [A. P. 2 933 857.)

## $H_7$. Agrikulturchemie. Schädlingsbekämpfung

**Die Kühlung von Düngemitteln während der Herstellung.** H. Schreiber. (Brit. chem. Engng. **7,** 587—89, Aug. 1962; Hamburg, Guano-Werke AG.; engl.) — Vgl. der für die zur Erzielung guter Lager-Eigg. notwendigen Kühlung von Düngemitteln verwendeten App. (verschiedene Kühltrommeltypen, Drehrost- u. Wirbelschichtkühler, Kaskadenkühltürme) bzgl. Leistung, Energieverbrauch u. Verweilzeit des Gutes. Ein Kaskadenkühler spezieller Konstruktion wird beschrieben. J. Vieweg. 6272□

**Prüfung der Neigung von Ammoniumnitratdüngemitteln zum Zusammenbacken.** J. F. Wilson, J. C. Hillyer, V. C. Vives und R. E. Reusser. (Agric. Chemicals **17,** Nr. 9, 42—45, 116—17, Sept. 1962; Bartlesville, Okla., Phillips Petroleum Co.; engl.) — Die Brechfestigkeit von $NH_4NO_3$, das mit Diatomeenerde überzogen ist, nimmt mit steigendem Gesamt-Feuchtigkeits-Geh. zu. Kügelchen mit 3% Diatomeenerde u. $<$0,25% Feuchtigkeit bilden Kuchen, die zum Zerbrechen einen Druck von 125 lbs./sq.in. benötigen. Bei Wasser-Geh. von $\leqq$0,15% beträgt dieser Druck $<$50 lbs./sq.in. W. Wesly. 6284◇

**Ein Versuch zur Ordination von Bodenprofilen.** Francis D. Hole und M. Hironaka. (Proc. Soil Sci. Soc. America **24,** 309—12, Juli/Aug. 1960; Madison, Wis., Univ. of Wisconsin, Soil Survey Div. and Soils Dep.; engl.) — „Ordination" ist nach der Definition von Goodall [1954] eine Anordnung von Einheiten in einer ein- oder vieldimensionalen Ordnung. Vff. versuchen, diese Meth. auf die Klassifikation von Bodenprofilen anzuwenden. Labor.- u. Feldbeschreibungsdaten von 3 Gruppen von Bodenprofilen wurden getrennt behandelt, um die Grade der Ähnlichkeit u. Verschiedenheit zwischen den Profilen aufzuzeigen. Böden der Miami-Familie u. -Catena wurden 2mal auf diese Weise untersucht, einmal auf Grund von Labor.-Daten u. einmal auf Grund von ausführlichen Profilbeschreibungen. Die beiden Behandlungen gaben überraschend ähnliche Ergebnisse. Eine dritte Gruppe bestand aus 25 Profilen, von denen jedes eine der großen Bodengruppen der Erde vertrat. Ein dreidimensionales Modell sowie eine graph.-tabellar. Darst. der Ähnlichkeitsgrade innerhalb der 25 Böden illustrierten die Möglichkeit dieser Art von Analyse. G. Jagnow. 6300◇

**Untersuchungen an den Hochlandböden des Gebiets von Tokai.** 1. Mitt. **Über die physikalisch-chemischen Eigenschaften der Hochlandböden des Gebiets von Tokai.** K. Nomoto. (Bull. Tokai-Kinki nat. agric. Exp. Stat., second Agronomy Divis. Nr. **2,** 15—57, März 1960; jap.) M. Winiker. 6304◇

**Untersuchungen an den Hochlandböden des Gebiets von Tokai.** 2. Mitt. **Faktoren, die die Ertragsfähigkeit mineralischer Böden bedingen.** Kameo Nomoto und Tatsuo Kishida. (Bull. Tokai-Kinki nat. agric. Exp. Stat., second Agronomy Divis. Nr. **2,** 58—68, März 1960; jap., Auszug: engl.) — 1. vgl. vorst. Referat. M. Winiker. 6304◇

**Untersuchungen an den Hochlandböden des Gebiets von Tokai.** 3. Mitt. **Über die Ertragsfähigkeit von mineralischen Böden und „Kuroboku"-Böden.** K. Nomoto und H. Nakamura. (Bull. Tokai-Kinki nat. agric. Exp. Stat., second Agronomy Divis. Nr. **2,** 69—77, März 1960; jap.) — 2. vgl. vorst. Referat. M. Winiker. 6304◇

**Ausgelaugte Bleicherden des afrikanischen Hochlands.** J. P. Watson. (Commonwealth Bur. Soils, Soils Fertilizers **25,** 1—4, Febr. 1962; Univ. College of Rhodesia and Nyassaland; engl.) — Überblick über Urgestein, Morphologie, Bestandteile u. Entstehung. M. Winiker. 6304◇

**Eine Untersuchung über die Wirkung kolloidaler Kieselsäure bei der Peptisierung von Eisenoxiden im Hinblick auf die Bildung von rotbraunen Böden auf Kalkstein.** D. H. Khan. (J. Sci. Food Agric. **11,** 133—36, März 1960; Harpenden, Herts., Rothamsted Exp. Stat.; engl.) — Vf. bestätigt frühere Befunde von Reifenberg, daß $Fe_2O_3$ durch koll. gelöste Kieselsäure in alkal. Medium in Ggw. von Na-Ionen peptisiert wird. Sind dagegen Ca-Ionen im Medium vorhanden, so wird $SiO_2$ ausgeflockt, u. die Peptisierung von $Fe_2O_3$ unterbleibt. Reifenberg folgerte aus seinen Befunden, daß die Peptisierung von $Fe_2O_3$ durch koll. $SiO_2$ bei der Entstehung von Terra rossa auf Kalkstein eine wichtige Rolle spielt. Da jedoch bei der Verwitterung von Kalkstein Ca- u. Mg-Ionen im Medium dominieren, u. da nach den Modell-Verss. des Vf. eine Peptisierung von $Fe_2O_3$ durch koll. $SiO_2$ in Ggw. von Ca-Ionen nicht möglich ist, dürfte diese Hypothese kaum noch haltbar sein. Wilfried Werner. 6304◇

**Rendzinen und rotbraune Böden auf Kalkstein: Genetische Wechselbeziehungen.** D. H. Khan. (J. Sci. Food Agric. **11,** 477—81, Aug. 1960; Harpenden, Herts., Rothamsted Exp. Stat.; engl.) — 3 Rendzinaprofile, 2 Profile von rotbraunen Böden u. 2 Profile von Böden, die zwischen diesen beiden Bodentypen lagen, aus verschiedenen Gebieten von England u. Wales sowie 1 Terra-rossa-Profil aus Frankreich wurden eingehend chem. untersucht. Sämtliche Böden hatten sich auf Kalkstein ausgebildet, dessen unlösl. Rückstände ebenfalls analysiert wurden. Die Ergebnisse der Unterss. zeigen, daß sich diese Bodentypen kaum in ihren Geh. an $SiO_2$ u. $Al_2O_3$ sowie in dem $SiO_2/Al_2O_3$- sowie $SiO_2$/Sesquioxid-Verhältnis unterscheiden. Der einzige wesentliche Unterschied ist der höhere $Fe_2O_3$-Geh. u. das niedrigere $SiO_2/Fe_2O_3$-Verhältnis der rotbraunen Böden im Vgl. zu den Rendzinen. Die Rückstände des unterliegenden Kalkgesteins zeigten die gleichen Unterschiede. Dies deutet darauf hin, daß die Rendzina-Bldg. auf Kalkmaterial mit niedrigerem $Fe_2O_3$- u. höherem $SiO_2$-Geh. erfolgte. Auf Grund dieser Ergebnisse wird gefolgert, daß die Hypothese von Robinson, nach der die rotbraunen Böden durch Degradation (Entkalkung mit anschließender Entkieselung) von Rendzinen entstanden sein sollen, nicht länger haltbar ist. Im Gegenteil zeigen die rotbraunen Böden in ihrer Zus. eine gute Korrelation zur Zus. der unlösl., nichtkalkigen Rückstände des unterliegenden Kalkgesteins. Die Boden-Entw. ist durch stetige Anreicherung dieser Rückstände nach Verwitterung des größten Teils der Erdalkalicarbonate des Kalkgesteins zu erklären. Wilfried Werner. 6304◇

**Die Natur und Art der Verwitterung der Reserven an Bodenkalium.** P. W. Arnold. (J. Sci. Food Agric. **11,** 285—92, Juni 1960; Harpenden, Herts., Rothamsted Exp. Stat.; engl.) — Der größte Teil des Bodenkaliums liegt in nicht bzw. schwer austauschbarer Form (Feldspäte, Glimmer u. glimmerartiges Tonmineral) vor. Da diese Minerale einer langsamen Verwitterung unterliegen, stellt das in ihnen gebundene K eine K-Reserve für die Pflanze dar. Vf. erörtert einige der wichtigsten Faktoren, von welchen die Verwitterungsprozesse von Feldspäten sowie tri- u. dioktaedr. Glimmern abhängig sind. Feldspäte verwittern nur sehr schwer, da sie von einer Schicht eigener Verwitterungs-Prodd. umgeben sind. Trioktaedr. Glimmer sind weniger stabil als dioktaedr., bes. in den ersten Verwitterungsstadien. Die Stabilität dieser beiden Mineralgruppen unterscheidet sich stärker als von ihrem unterschiedlichen Fe-Geh. abgeleitet werden kann. Die Verwitterungsstabilität der glimmerartigen Tonminerale hängt stark von der Größe der Ladungsintensität der Schichtpakete ab. Wilfried Werner. 6304◇

**Reaktionen des Bodenkaliums in Beziehung zur Tonmineralogie ausgewählter Böden in Kentucky.** M. G. Cook und T. B. Hutcheson jun. (Proc. Soil Sci. Soc. America **24,** 252—56, Juli/Aug. 1960; Lexington, Ky., Univ. of Kentucky, Dep. of Agronomy; engl.) — Innerhalb der Heitt-, Eden- u. Maddox-Bodenserien mit hoher K-Nachlieferung u. der Maury-, Bedford- u. Tilsit-Bodenserien mit mittlerer bis niedriger K-Nachlieferung wurde die Tonmineral-Zus. mit den Rkk. des K im Boden in Zusammenhang gebracht. Die Tonfraktionen der erstgenannten Bodenserien enthielten mehr Illit als die der letztgenannten. Illit ist deshalb wahrscheinlich die Quelle der K-Nachlieferung. Die Wrkg. der Bodentrocknung auf die Menge des austauschbaren K wurde untersucht. Beim Trocknen wurde Fixierung des K beobachtet, wenn der Geh. an austauschbarem K in feldfeuchtem Zustand hoch war. Freisetzung von K fand statt, wenn der ursprüngliche Geh. an austauschbarem K gering war. Der bei den Böden mit hoher K-Nachlieferung gefundene hohe Gitterabstand des Vermiculits von 14 Å fiel durch K-Sättigung u. Erhitzen auf 100° leicht auf 10 Å ab. Der Gitterabstand in Böden mit niedriger K-Nachlieferung wurde durch K-Sättigung wenig beeinflußt u. benötigte 300° oder mehr um sich zu schließen. Für diese Unterschiede beim Gitterabschluß können mindestens 2 Erklärungen gegeben werden: a) Unterschiede in Größe, Lage u. Herkunft der Zwischenschichtladung u. b) Anwesenheit oder Abwesenheit von nicht austauschbarem Al in den Zwischenschichten. G. Jagnow. 6304◇

**Chemische Untersuchungen an Marschen.** 2. Mitt. **Böden des Ems- und Weser-Jade-Gebietes.** 3. Teil. **Kaliumfixierung und Kaliumnachlieferung.** P. Schachtschabel und W. Köster. (Z. Pflanzenernähr., Düng., Bodenkunde **89** (**134**), 148—59, Juni 1960; dt.) — 2. Mitt. 2. Teil vgl. C. **1962,** 13539. — Zahlreiche Bodenproben aus Profilen von 2 Seemarschen, 2 Brackmarschen, 1 Flußmarsch sowie die Probe eines Nordseeschlicks u. einer Weserablagerung wurden auf ihren Geh. an Gesamt- u. austauschbarem K sowie ihre feuchte u. trockene K-Fixierung untersucht. Ebenso wurde die K-Nachlieferung bestimmt. Die dominierende Tonmineralkomponente dieser Böden war Illit bzw. aufgeweiteter Illit. — Sämtliche Marschböden besaßen eine hohe K-Fixierungskapazität, die in enger positiver Korrelation zum Ton-Geh. der Böden stand. Bei Umrechnung der Fixierung auf 1 g Ton zeigten die Flußmarsche mit 0,8—1,5 mg K die höchste feuchte K-Fixierung, gefolgt von den Seemarschen mit 0,7—1,0 mg u. den Brackmarschen mit 0,4—0,6 mg K/g Ton. Die K-Fixierung variiert jedoch von Profil zu Profil u. auch innerhalb der verschiedenen Schichten eines Profils. Die K-Nachlieferung steigt ebenfalls mit dem Ton-Geh. der Böden an. Bezogen auf den Ton-Geh. lag die K-Nachlieferung im Mittel bei 10 mg K/g Ton. Die K-Nachlieferung der Fraktion $>2\,\mu$ wurde mit ca. 2 mg K/g errechnet. Da zwischen K-Fixierung u. K-Nachlieferung keine gesicherten Korrelationen gefunden wurden, wird gefolgert, daß beide Eig. verschiedenen Tonmineralien zuzuordnen sind. Die Unterschiede in der K-Fixierung der Marschtypen werden auf die Sedimentation verschiedenen Ausgangsmaterials sowie auf Unterschiede in den pedochem. Vorgängen nach der Ablagerung zurückgeführt. Wilfried Werner. 6304◇

**Eine mineralogische Untersuchung eines graubraunen, aus glaukonitischem Sandstein in Wisconsin entstandenen podsoligen Bodens.** E. Wurman. (Soil Sci. **89,** 38—44, Jan. 1960; River Falls, Wis., Wisconsin State Coll.; engl.) — Die aus glaukonit. Sandstein entstandenen Böden bilden eisenoxidreiche Oberflächenschichten u. feinkörnige Unterbodenschichten. Die mineralog. Unters. (Röntgendiffraktion u. DTA) zeigte, daß sich mit der Freisetzung von Fe u. K aus dem Glaukonit ein verschiedenartiges, illitexpandiertes, zwischengelagertes Mineralmaterial entwickelte. Das Endresultat ist eine starke Anhäufung von freiem $Fe_2O_3$ in den oberen Bodenhorizonten. Der Unterboden könnte durch Einwaschung u. Verwitterung des Glauconits u./oder K-Feldspates gebildet sein. Es kann mehr als eine Texturschicht vorkommen, möglicherweise weil sich eine Serie von zusammengepreßten Grundwasserspiegeln über dichteren Schichten innerhalb des glaukonit. Sandsteins findet. Die Rolle des bei der Verwitterung freigesetzten $SiO_2$ u. $Al_2O_3$ muß noch geklärt werden. G. Jagnow. 6304◇

**Salpetersäureoxydation der organischen Substanz eines Podsols.** M. Schnitzer und J. R. Wright. (Proc. Soil Sci. Soc. America **24,** 273—76, Juli/Aug. 1960; Ottawa, Ontario, Canada Dep. of Agric., Soil Res. Inst.; engl.) — Die organ. Substanz der $A_0$- u. $B_h$-Horizonte eines Podsols wurde mit 1 : 1-$HNO_3$ oxydiert. Ca. 60% der organ. Substanz beider Materialien wurde zu $CO_2$ oxydiert. Im Oxydations-Prod. des $A_0$-Materials fanden sich Bernsteinsäure, Glutarsäure, Adipinsäure, Benzoltetra- u. -pentacarbonsäure sowie Pikrinsäure. Das Oxydations-Prod. des $B_h$-Horizontes enthielt Benzolcarbonsäuren u. Pikrinsäure, aber keine aliphat. Säuren. Die Säuren machten ca. 5% beider Ausgangsmaterialien aus. Danach läßt sich vermuten, daß die organ. Substanz des $B_h$-Horizontes mehr aromat. Strukturen enthielt als die des $A_0$-Horizontes. Von den Säuren werden Rückschlüsse auf die chem. Struktur der Ausgangsmaterialien gezogen. Die Bldg. der aliphat. Dicarbonsäuren könnte auf die Sprengung gesätt. Ring-Syst. zurückgeführt werden (z. B. Cyclohexanol, Cyclopentanon), während die Benzolcarbonsäuren sich aus der oxydativen Aufspaltung kondensierter aromat. Ring-Syst. (oder aus Aromatisierung u. Oxydation gesätt. Ringe) herleiten könnten. G. Jagnow. 6304◇

**Art und Verteilung der Aminosäuren in der organischen Substanz des Bodens.** U. C. Gupta. (Commonwealth Bur. Soils, Soils Fertilizers **25,** 83—84, April 1962; Ottawa, Canada Dep. of Agric., Soil Res. Inst.; engl.) — Überblick. — 27 Literaturangaben. M. Winiker. 6304◇

**Die Kohlenhydratfraktion der organischen Substanz des Bodens.** Umesh C. Gupta. (Commonwealth Bur. Soils, Soils Fertilizers **25,** 255—57, Aug. 1962; Ottawa, Canada Dep. of Agric., Soil Res. Inst.; engl.) — Überblick über den derzeitigen Stand der Kenntnisse. — 28 Literaturangaben. M. Winiker. 6304◇

**Über die Anwesenheit von Lävansucrase im Boden.** St. Kiss. (Naturwissenschaften **48,** 700, 2. Nov.-H. 1961; Cluj, Babes-Bolyai-Univ., Pflanzenphysiolog. Inst.; dt.) — Vf. konnte die Bldg. von Lävanen in Rk.-Mischungen folgender Zus. papierchromatograph. nachweisen: 3 g lufttrockner, gesiebter Boden (1-mm-Sieb), 2 ml Toluol u. 10 ml 10% ig. Rohrzuckerlösung. Die Mischungen wurden mindestens 7 Tage bei 37° inkubiert. Aus der Bldg. von Lävanen unter den genannten Bedingungen wird auf die Anwesenheit von *Lävansucrase* im Boden geschlossen. M. Winiker. 6304◇

**Bodenart und Ernteerträge.** B. W. Avery. (Commonwealth Bur. Soils, Soils Fertilizers **25,** 341—44, Okt. 1962; engl.) — Allg. Ausführungen. — 22 Literaturangaben. M. Winiker. 6304◇

**Über $P_2O_5$-Wirksamkeit und Teilchengröße bei Apatiten.** H. Munk. (Landwirtsch. Forsch. **13,** 296—302, 1960; Castrop-Rauxel, Chem. Werke Gewerkschaft Victor, Landw. Vers.-Stat. Bladenhorst; dt.) — Es wurde die Löslichkeit der $P_2O_5$ von frisch gefälltem sowie hydrothermal behandeltem bzw. geglühtem *Hydroxylapatit* (**I**) u. eines *Kolaapatits* (**II**) in den agrikulturchem. gebräuchlichsten Lsgm. [2% ig. Lsgg. von Citronen-, Wein- u. Ameisensäure, Doppelacetat-Lsg., neutrale $NH_4$-Citrat-Lsg., ammoniakal. $NH_4$-Citrat-Lsg.] in Abhängigkeit von der Teilchengröße untersucht. In einem Gefäß-Vers. mit Mais wurde gleichzeitig die pflanzenphysiolog. Wrkg. der Phosphate geprüft. Zwischen grobkristallinem **I** u. **II** bestanden beachtliche Unterschiede in der Löslichkeit in sauren Lsgg., die auf die chem. Zus. zurückgeführt werden. Bei beiden Phosphaten nahm die Löslichkeit in allen Lsgg. mit zunehmender Teilchengröße stark ab. Die Löslichkeitsunterschiede zwischen **I** u. **II** in neutralen u. alkal. Lsgg. spiegelten sich auch im Pflanzen-Vers. wider. Feinkristallines **I** hatte eine gute Dünger-Wrkg.; grobkristallines **I** u. **II** wiesen entsprechend ihrer schlechten Löslichkeit auch eine schlechte Dünger-Wrkg. auf. Wilfried Werner. 6304◇

**Das Ansprechen von Steckrüben und Raps auf Phosphor unter den in Nordengland vorherrschenden Bedingungen.** B. Wilkonson. (J. Sci. Food Agric. **11,** 79—87, Febr. 1960; Newcastle, Nat. Agric. Adv. Serv.; engl.) — Vf. nimmt eine zusammenfassende Auswertung von 20 P-Düngungs-Verss. zu Steckrüben u. 18 Verss. zu Raps vor, die in den Jahren 1941—57 in Nordengland durchgeführt wurden. Durch die P-Düngung wurden die Erträge erheblich gesteigert. Durch Extrapolation der Ertragskurven läßt sich folgern, daß durch 1,2 cwt. $P_2O_5$/acre (Optimalgabe) die Rapserträge im Mittel um 12,6 cwt. Trockenmasse erhöht wurden. Die höchsten Steckrübenerträge wurden auf allen Ackerböden mit 0,66 cwt. $P_2O_5$, auf neukultivierten Böden dagegen erst mit 1,0 cwt. $P_2O_5$/acre erzielt. Zu beiden Kulturen war Superphosphat in seiner Wrkg. Thomas-Phosphat u. gemahlenen Rohphosphaten im allg. überlegen. Auch Dicalciumphosphat u. Nitrophosphat waren Superphosphat deutlich unterlegen. Bei einigen Böden wurden jedoch mit P-Düngung in Form von Rohphosphat oder Thomasphosphat ebenso hohe Erträge erzielt wie mit Superphosphaten. Wilfried Werner. 6304◇

**Der Einfluß der Bodentemperatur und -feuchtigkeit auf die Phosphoraufnahme durch Hafer.** K. Simpson. (J. Sci. Food Agric. **11,** 449—56, Aug. 1960; Edinburgh, School of Agric.; engl.) — In Gefäß-Verss. wurde unter Verw. von mit $^{32}P$ markiertem Superphosphat (5 P-Stufen) auf einem schlecht u. auf einem gut mit P versorgten Lehmboden der Einfl. der Boden-Temp. u. -feuchtigkeit auf die P-Aufnahme von Hafer untersucht. Eine um ca. 5° höhere Boden-Temp. während der gesamten Vegetation resultierte auf beiden Böden in einer stark erhöhten Aufnahme von Boden-P. Dies dürfte auf die bei höherer Temp. höhere Mineralisation von organ. Boden-P zurückzuführen sein. Die Aufnahme von Dünger-P war dagegen meist bei der niedrigeren Boden-Temp. höher. Ein Anstieg der Bodenfeuchtigkeit ging mit einer erhöhten Aufnahme von Dünger-P einher (auf beiden Böden). Es konnten aber Hinweise dafür erhalten werden, daß die Fixierung des Dünger-P durch den Boden unter feuchten Bedingungen etwas schneller erfolgt. Die Aufnahme von Boden-P fiel mit zunehmender P-Düngergabe ab. Wilfried Werner. 6304◇

**Die Auswirkung von zusätzlichem Regen auf die Phosphoraufnahme aus Superphosphat durch Kartoffeln.** K. Simpson. (J. Sci. Food Agric. **11,** 71—79, Febr. 1960; Edinburgh, School of Agric.; engl.) — Auf einem sandig-tonigen Lehm mit niedriger bis mäßiger P-Versorgung wurde der Einfl. steigender Superphosphatgaben (0—0,25—0,5—1,0—2,0 cwt·$P_2O_5$/acre) auf Wachstum u. Ertrag bei Kartoffeln in Abhängigkeit von einer Zusatzberegnung (1 in./Monat in den ersten 3 Monaten) geprüft. Die P-Düngung führte zu einer Auflaufverzögerung, die ca. 3 Monate festzustellen war. Auch der Knollenansatz wurde leicht verzögert. Die Beregnung wirkte der Verzögerung entgegen u. beschleunigte die P-Aufnahme der Pflanzen in den frühen Entw.-

Stadien erheblich. Gegen Ende der Vegetation war dieser positive Effekt der Beregnung bes. bei den niedrigen P-Gaben ausgeprägt. Die Knollenerträge wurden durch P-Düngung erhöht. Bei Zusatzberegnung wurde nur etwa die halbe P-Menge benötigt, um den gleichen Ertragsanstieg zu erzielen wie ohne Beregnung. Wilfried Werner. 6304◇

**Düngerstudien im Caucatal von Columbien.** K. Lawton und E. Patino. (Proc. Soil Sci. Soc. America **24**, 202–05, Mai/Juni 1960; East Lansing, Mich., State Univ., Soil Sci. Dep.; engl.) — Neun Freiland-Verss. mit $(NH_4)_2SO_4$, konz. Superphosphat u. KCl (allein oder in Mischungen) zu Mais, Feldbohnen, Sojabohnen, Zuckerrohr, Baumwolle u. Pangolagras wurden innerhalb einer Periode von 18 Monaten im Cauca-Tal von Columbien (1000 m hoch gelegener alter Seeboden, teilweise regelmäßig überflutet) durchgeführt. Die Vers.-Böden waren gut drainierte Lehme bis Tonlehme (3–4% organ. Substanz, pH 5,8–6,5, niedriger bis mittlerer Geh. an verfügbarem P u. mittlerer bis hoher Geh. an austauschbarem K). Das Gebiet liegt am unteren Ende eines Auswaschgebietes am Fuß der Anden mit einem Gefälle von 3–5°. Bei zwei gleichzeitigen Dünger-Verss. zu Mais hatten N-Gaben bis zu 140 lbs./acre keine Ertragswirkung. Dagegen erhöhte P bei allen N-Stufen die Erträge beträchtlich. Die Optimalgaben waren 40–60 lbs. $P_2O_5$/acre. Höhere Gaben verminderten die Erträge auch bei hohen N-Gaben. Ein Bewässerungs-Vers. ergab, daß zusätzliche Bewässerung u. Pflanzenpopulation den Ertrag stärker bestimmten als Düngergaben. Die Zunahme durch Bewässerung war am stärksten bei der höchsten Pflanzenpopulation. In einem Feldbohnen-Vers. wurden die besten Ertragssteigerungen mit N erhalten, während P-Gaben nur geringe Steigerungen bewirkten. Für Sojabohnen wurden ähnliche Ergebnisse erhalten, bei einer besseren Rk. auf P. Baumwolle sprach nicht auf N-, P- oder K-Düngung an. Zuckerrohr benötigte N, P u. K für maximale Erträge, jedoch war Bewässerung (2 mal während des Vers.) viel wesentlicher u. verdoppelte die Erträge. Frisch gepflanztes Pangolagras wurde am stärksten durch N beeinflußt, P hatte dagegen nur eine geringe Wirkung. G. Jagnow. 6304◇

**Über den Einfluß steigender N-, P-, K- und Mg-Gaben auf den Mikronährstoffgehalt von Mais und Sonnenblumen.** J. Jung. (Landwirtsch. Forsch. **13**, 247–52, 1960; Ludwigshafen, BASF, Landw. Versuchsstat. Limburgerhof; dt.) — Vf. berichtet über die in Wasserkultur-Verss. festgestellten Veränderungen im Geh. von Mais u. Sonnenblumen an Spurenelementen bei steigender Zufuhr von N, P, K u. Mg. Direkte Einfl. deuteten sich nur in der Tendenz an, u. zwar nicht in gleichem Ausmaß bei beiden Pflanzen. Allg. läßt sich jedoch eine indirekte Beeinflussung der Spurenelement-Geh. nachweisen, u. zwar ein „Verdünnungseffekt" als Folge extremer Ertragssteigerungen. In den Nitratsteigerungsreihen dürfte der Abfall des Geh. der Pflanzen an Mo, Fe, Mn u. Cu zudem noch auf die pH-Verschiebung der Nähr-Lsg. durch $Ca(NO_3)_2$ von stark bzw. schwach sauer auf alkal. zurückzuführen sein. Wilfried Werner. 6304◇

**Die Rolle der Düngemittel in der Forstwirtschaft.** M. V. Laurie. (J. Sci. Food Agric. **11**, 1–8, Jan. 1960; Oxford, Univ., Imperial Forestry Inst.) — Die Düngemittelanwendung in der Forstwirtschaft ist heute noch weitgehend auf Baumschulen, Neukulturen u. Wiederaufforstungen beschränkt. Eine Literaturauswertung des Vf. zeigt, daß am häufigsten durch P-Düngung positive Wrkg. erzielt wurden, in gewissen Fällen auch durch N, K u. Ca. Sehr selten sind Verss., in denen noch eine positive Dünger-Wrkg. erzielt wurde, wenn die Bestände bereits geschlossen waren (Stangenalter). — 27 Literaturangaben. Wilfried Werner. 6304◇

**Über den Einfluß einer späten zusätzlichen Stickstoffdüngung auf den Gehalt einiger Aminosäuren im Getreideeiweiß.** L. Völker. (Landwirtsch. Forsch. **13**, 307–16, 1960; Gießen, Justus-Liebig-Univ., Agrikulturchem. Inst.; dt.) — Umfangreiche Gefäß-Verss. mit 3 Sommerweizen- u. 2 Sommergerstesorten über den Einfl. einer späten zusätzlichen N-Gabe (wobei N in verschiedener Höhe u. zu unterschiedlichen Zeiten angewandt wurde) auf die *Aminosäure* (I)-Zus. des Getreideeiweißes brachten im wesentlichen folgende Ergebnisse: Die Rohprotein-Geh. wurden durch die späte N-Gabe bis zu 100% erhöht, am stärksten bei N-Anwendung erst nach der Blüte. Mit steigendem Gesamt-N-Geh. nahmen die Anteile von Arginin, Lysin, Alanin, Threonin, Glycin, Asparaginsäure u. Valin am Gesamteiweiß ab, die Anteile von Glutaminsäure, Phenylalanin u. Leucin zu. In den aus den untersuchten Getreideproben hergestellten Mehlen wurden die gleichen Beziehungen zwischen dem Anstieg des Roheiweißes durch zusätzliche, späte N-Düngung u. den Veränderungen der I-Zus. festgestellt. Unterschiede in der Rk. der einzelnen Getreidearten lagen nicht vor. Es wird angenommen, daß bei einem Ansteigen des Rohprotein-Geh. in erster Linie die lysinarme Eiweißfraktion Prolamin im Getreideeiweiß zunimmt, so daß das Eiweiß des Gesamtkorns einen niedrigeren relativen Lysin-Geh. aufweist. Die „biolog. Eiweißwertigkeit" nimmt daher geringfügig ab. Abs. betrachtet, nimmt jedoch der Geh. aller untersuchten I in der Trockensubstanz bei einer zusätzlichen späten N-Düngung zu.

Wilfried Werner. 6304◇

**Über die Magnesiumwirkung von magnesiumhaltigem Kalkammonsalpeter.** H. Kühn. (Landwirtsch. Forsch. **13**, 232—46, 1960; Gießen, Justus-Liebig-Univ., Agrikulturchem. Inst.; dt.) — Es wird eine zusammenfassende Auswertung von an 3 Instituten durchgeführten 2jährigen Gefäß-Verss. zur Prüfung der Mg-Wrkg. von Mg-haltigen *Kalkammonsalpeter* (I) auf saurem, schlecht mit Mg versorgtem Boden bzw. schwach sauren, mäßig mit Mg versorgten Böden vorgenommen. Auf sauren Böden wirkte die N-Komponente von I ($NH_4NO_3$) wesentlich günstiger auf die Mg-Aufnahme u. die Ertrags-Bldg. von Hafer ein als $(NH_4)_2SO_4$, war jedoch $Ca(NO_3)_2$ leicht unterlegen. Auf etwa neutralem Boden wirkte Mg-haltiger I besser als die beiden anderen N-Verbb. mit Zusatz äquivalenter N-Gaben. Die bas. Bestandteile von I sind auf saurem Boden von entscheidender Bedeutung für die Mg-Wirkung. Mg aus granuliertem Mg-haltigem I kam im ersten Jahr nicht voll zur Wrkg., verminderte jedoch den Mg-Mangel. Im 2. Jahr war eine bessere Mg-Wrkg. festzustellen (Zerfall der Granulate). Das dolomit. Mg in feingemahlenem I war auf sauren Böden $MgSO_4$ u. $MgCO_3$ gleichwertig, auf neutralem Boden diesen Mg-Verbb. in der Mg-Wrkg. aber deutlich unterlegen. Wilfried Werner. 6304◇

**Auswirkungen von Stickstoff- und Kaliumdüngern auf den Mineralstoffgehalt von perennierendem Weidelgras (Lolium perenne).** 1. Mitt. **Mineralstoffgehalt.** H. Rahman, P. McDonald und K. Simpson. (J. Sci. Food Agric. **11**, 422—28, Juli 1960; Edinburgh, School of Agric.; engl.) — Auf einem sandigen Lehmboden (pH 6,0) mit niedriger P- u. K-Versorgung wurde in einem 2jährigen Düngungs-Vers. der Einfl. steigender N-Gaben bei unterschiedlichem K-Niveau auf den Mineralstoff-Geh. von reinem Weidelgras bzw. einer Weidelgras-Weißklee-Mischung untersucht. Zunehmende $NH_4NO_3$-Gaben erhöhten den N-Geh. des Grases. Es konnte nachgewiesen werden, daß dieser Anstieg weitgehend auf einer Zunahme des Nichteiweiß-N beruhte. K-Gaben bewirkten dagegen eine Abnahme des Nichteiweiß-N. Nach einer N-Düngung wurden in allen Schnitten höhere Na-Geh. u. im 2. u. 3. Schnitt auch höhere K- u. P-Geh. gefunden. Der Cl-Geh. wurde durch N-Gaben verringert. Der Mg-Geh. wurde durch N-Düngung nur im 1. Schnitt vermindert. Eine ähnliche Wrkg. hatte die K-Düngung auf den Mg-Geh. im 1. Schnitt. Dagegen wurde in allen Schnitten durch K der Ca- u. Na-Geh. verringert. In einer Mischung mit Weißklee wies Weidelgras höhere Geh. an N u. K u. niedrigere S-Geh. auf. Wilfried Werner. 6304◇

**Auswirkungen von Stickstoff- und Kaliumdüngern auf den Mineralstoffgehalt von perennierendem Weidelgras (Lolium perenne).** 2. Mitt. **Anionen-Kationen-Beziehungen.** H. Rahman, P. McDonald und K. Simpson. (J. Sci. Food Agric. **11**, 429—32, Aug. 1960; engl.) — 1. vgl. vorst. Referat. — Aus den Ergebnissen der Mineralstoffanalysen von Weidelgras aus dem beschriebenen Düngungs-Vers. wurden errechnet: 1. Alkalialkalität (Na + K—Cl—S), 2. Erdalkalialkalität (Ca + Mg—P), 3. Gesamtalkalität [(Na + K—Cl—S) + (Ca + Mg—P)], 4. Basenüberschuß [(Na + K—Cl—S)—(Ca + Mg—P)], 5. K/(Ca + Mg) u. 6. (K + Ca)/Mg. Es zeigte sich, daß sowohl durch die angewandte N- als auch durch die K-Düngung 1., 3., 4. u. 5. anstiegen. Ein Vgl. der angeführten Kationen-Anionen-Beziehungen von Grasproben von „normalen" u. „Tetanie"-Weiden ergab, daß auf den Tetanieweiden der „krit." Wert von 2,2 für 5. nicht erreicht wurde, obgleich die Werte für 1. hier im allg. relativ hoch lagen. Dagegen erlaubten die 6.-Werte bessere Hinweise auf „tetanogenes" Weidefutter. — Die Werte für 2. waren bei den meisten Grasproben negativ.

Wilfried Werner. 6304◇

**Einige Aspekte der Kaliumernährung der Kartoffel** F. E. G. Harrap. (J. Sci. Food Agric. **11**, 293—98, Juni 1960; Ipswich, Suffolk, Levington Res. Stat.; engl.) — An Hand zahlreicher Ergebnisse aus Düngungs-Verss. u. Qualitäts-Unterss. erörtert Vf. eingehend die Bedeutung der K-Düngung für die Ertrags-Bldg. u. Qualität der Kartoffel. Die optimale Höhe der K-Düngung zur Erzielung von Höchsterträgen u. guten Qualitäten variiert von Boden zu Boden u. kann im Mittel mit ca. 200 lbs. $K_2O$/acre angegeben werden. Als K-Form ist $K_2SO_4$ dem KCl eindeutig überlegen im Hinblick auf die Qualitätserzeugung. Stärke-Geh. u. Textur werden durch K verbessert, die Neigung zur Schwarzfleckigkeit u. zum Nachdunkeln der Knollen werden vermindert. Hieraus resultiert auch die bessere Eignung ausreichend mit K-gedüngter Kartoffeln zur Chip-Herstellung. Ein Einfl. von K-Gaben (im Bereich von 100—300 lbs./acre) u. K-Form auf den Geschmack der Kartoffeln konnte nicht festgestellt werden.

Wilfried Werner. 6304◇

**Verwendung eines an Kali reichen Gesteins als Kaliquelle für Kulturpflanzen.** T. Walsh und E. Quinn. (J. Dep. Agric. [Dublin] **53**, 40—43, 1956/57; engl.) — In Freiland-Verss. wurde ein an Kalifeldspat reicher *Granit* als Kaliquelle für Kartoffeln erprobt. Gesicherte Mehrerträge wurden nur erzielt, wenn der Granit als feines Pulver gegeben wurde, aber auch dann blieben dieselben hinter mit KCl erzielten Mehrerträgen zurück. M. Winiker. 6304◇

**Die Wirkung von Salz und anderen Düngern auf Ertrag und Mineralstoffzusammensetzung von Futterpflanzen.** 1. Mitt. **Weiße Rüben.** R. G. Hemingway. (J. Sci. Food Agric. **11**, 349—55, Juli 1960; Bearsden, Glasgow Univ., Vet. Hosp.; engl.) — Nach einem Literaturüberblick über die Zusammenhänge zwischen der Na- u. der P- bzw. K-Ernährung der Pflanzen werden die Ergebnisse von 4 Feld-Verss. zu weißen Rüben mitgeteilt, in denen die Wrkg. unterschiedlicher NaCl-Gaben auf Ertrag u. Mineralstoffaufnahme in Abhängigkeit von der Höhe der N-, P- u. K-Gaben geprüft wurde. Die Verss. ergaben, daß auf allen Böden die Erträge durch hohe NaCl-Gaben stärker erhöht wurden als durch KCl. Zwischen NaCl u. KCl bestand eine ausgeprägte negative Wechselbeziehung. Der Na-Geh. der Pflanzen wurde durch NaCl um bis zu 50% erhöht, durch KCl dagegen deutlich erniedrigt. NaCl erhöhte die P-Aufnahme der Pflanzen u. die Erträge in Abwesenheit einer P-Düngung. Bei Zufuhr von Superphosphat war NaCl jedoch unwirksam. — Der Mg-Geh. der Pflanzen wurde in allen Fällen durch die Düngung verringert (bes. durch K), der Ca-Geh. dagegen nur gering beeinflußt. Wilfried Werner. 6304◇

**Wirkungen von Salz und anderen Düngern auf Ertrag und Mineralstoffzusammensetzung von Futterpflanzen.** 2. Mitt. **Grünkohl.** R. G. Hemingway. (J. Sci. Food Agric. **11**, 355—62, Juli 1960; engl.) — 1. vgl. vorst. Referat. — In 5 von 6 Feld-Verss. auf Böden, die keinen ausgesprochenen K-Mangel aufwiesen, konnte der Grünkohlertrag durch eine NaCl-Gabe um ca. 1 ton/acre gesteigert werden. Zwischen der NaCl- u. der KCl-Wrkg. bestand eine negative Korrelation. Der Na-Geh. der Pflanzen wurde durch NaCl-, aber auch durch $(NH_4)_2SO_4$-Gaben erhöht, durch KCl gesenkt. Der Ca- u. Mg-Geh. wurde durch KCl u. NaCl nur leicht verringert. Die P-Aufnahme von Grünkohl wurde durch NaCl nicht gefördert (im Gegensatz zu den Ergebnissen bei weißen Rüben), obgleich die Böden P-Mangel aufwiesen. Wilfried Werner. 6304◇

**Der Salzgehalt (pC-Wert) von Böden und sein Einfluß auf die Tomatenernte.** R. E. Butters. (J. Sci. Food Agric. **11**, 202—12, April 1960; Fenhurst, Surrey, Plant Protect. Ltd., Res. Stat.; engl.) — In mehrjährigen Düngungs-Verss. zu Gewächshaustomaten wurde der Einfl. des Salz-Geh. des Bodens u. der Bewässerungsart auf Ertrag u. Qualität der Früchte untersucht. Im allg. wurde der Anteil minderwertiger, „flekkiger" Früchte mit zunehmendem Salz-Geh. im Boden (abnehmender pC-Wert) verringert. Der Ertrag u. die Fruchtgröße fielen jedoch bei zu hohem Salz-Geh. (pC $< 3{,}0$) ab. Bei starker Transpiration wurde die Fruchtqualität auf trockenen Böden verschlechtert, auf Böden mit Salzzusatz sowie auf feuchten Böden dagegen nur wenig beeinflußt. Auf Böden mit Gipszusatz bestand eine gute Korrelation zwischen dem Salz-Geh. im gesätt. Bodenextrakt u. dem Pflanzenwachstum, jedoch nur eine schwache Beziehung bei Verw. des Salz-Geh. im 1:2½- (Boden:W.)-Extrakt. Gipszusatz beeinflußte das Wachstum kaum, auch nicht bei Zusatz bis zur Sättigung des 1:2½-Extraktes. Obgleich Gips keinen Einfl. auf das Wachstum ausübte, erniedrigte es den pC-Wert des 1:2½-Extraktes, d. h. daß in gipshaltigen Böden der pC-Wert kein guter Maßstab für die Beurteilung des Salz-Geh. der Boden-Lsg. in bezug auf die Pflanze ist.
Wilfried Werner. 6304◇

**Der Einfluß einer variierten K- und Mg-Düngung auf die Mg-Versorgung und den Mineralstoffgehalt von Lihoraps.** K. Mengel. (Landwirtsch. Forsch. **13**, 253—61, 1960; Giessen, Justus-Liebig-Univ., Agrikulturchem. Inst.; dt.) — In einem Gefäß-Vers. wurde auf einem Mg-Mangelboden der Einfl. steigender K-Gaben bei unterschiedlicher K-Bindungsform (Chlorid, Sulfat, gebunden an einen Kationenaustauscher) auf die Mineralstoffaufnahme u. speziell die Mg-Versorgung von Lihoraps untersucht. Mit steigender K-Düngung nahm der Geh. an Ca, Mg u. Na ab; der Anionen-Geh. wurde kaum beeinflußt; in den nicht mit Mg gedüngten Reihen wurde der Mg-Mangel verschärft, die Erträge nahmen ab. KCl-Düngung resultierte in einem Anstieg des Cl-Geh., wogegen $K_2SO_4$-Düngung den $SO_4$-Geh. im Vgl. zur KCl- u. K-Austauscherzufuhr kaum veränderte. Der N-Geh. wurde durch die K-Formen nicht beeinflußt. Durch Mg-Düngung wurde die P-Aufnahme erhöht. Die Kationensumme war relativ konst., die Anionensumme (0,1 n HCl-lösl.) dagegen bei KCl-Düngung stark erhöht. Die Mg-Aufnahme wurde nicht durch das mit der K-Gabe verabreichte Cl-Ion beeinflußt.
Wilfried Werner. 6304◇

**Die Bekämpfung von Manganmangel bei Weizen und Hafer durch gleichzeitiges Eindrillen des Saatgutes und eines mit Mangan angereicherten (NPK-)Mischdüngers.** T. Walsh und P. M. McDonnell. (J. Dep. Agric. [Dublin] **53**, 44—52, 1956/57; engl.) M. Winiker. 6304◇

**Untersuchungen über die Bor-, Kupfer- und Manganaufnahme aus einer spurennährstoffhaltigen Saatgutbeize.** N. Taubel und M. Bartels. (Landwirtsch. Forsch. **13**, 261—72, 1960; Wiesbaden-Biebrich, Chem. Werke Albert, Biolog. Versuchsstat.; dt.) — Es wird über die Ergebnisse von Keimpflanzen- u. Gefäß-Verss. zur quant. Erfassung der Mikronährstoffaufnahme aus einer Saatbeize mit *Dynamal* (I) berichtet. I ist ein Hg-Trockenbeizmittel mit einem Geh. von 2,5% B als Pandermit, 17% Cu als Kupferoxydul u. 27% Mn als red. Brauneisenstein. In Keimpflanzen-Verss. wurden im Mittel 8,5% des mit I verabreichten Mn, 6% des Cu u. 20% des B aufgenommen, wobei Mn gleichmäßig in der Pflanze verteilt, Cu in der Wurzel angereichert war u. B sich ausschließlich in den Sprossen wiederfand. In einem Gefäß-Vers. mit Hafer auf einem Cu-Mangelboden wurde die Cu-Wrkg. äquivalenter $CuSO_4$-Gaben übertroffen u. der Kornertrag gesichert gesteigert. Es konnte somit der Nachw. erbracht werden, daß die in I in wasserunlösl. Form vorliegenden Spurenelemente B, Mn u. Cu von der Pflanze gut verwertet werden. Für die Landwirtschaft wird eine I-Beizung als prophylakt. Maßnahme empfohlen. Wilfried Werner. 6312◇

**Stippigkeit; Bekämpfung durch Calciumnitrat-Sprays.** J. D. Raphael und R. R. Richards. (Tasmanian J. Agric. **33**, 60—63, Febr. 1962; engl.) M. Winiker. 6312◇

**Der Einfluß des Ölgehaltes auf die Empfindlichkeit von Samen für Methylbromidbegasung.** R. E. Blackith und O. F. Lubatti. (J. Sci. Food. Agric. **11**, 253—58, Mai 1960; Sunninghill Ascot, Berks., Imp. Coll. Field Stat.; engl.) — Samen von Möhren, Kohl, Rettich u. Raps, deren Feuchtigkeits-Geh. auf 7—16% eingestellt waren, wurden einer Begasung mit *Methylbromid* (I) unterschiedlicher Stärke u. Dauer unterworfen u. anschließend in einem Keim-Vers. auf den Grad der Schädigung durch I untersucht. Es zeigte sich, daß eine positive Korrelation zwischen dem Öl-Geh. der Samen u. ihrer Empfindlichkeit für I besteht, die bei hohem Feuchtigkeits-Geh. der Samen bes. stark ausgeprägt ist. Es wird angenommen, daß a) Öl die „Verfügbarkeit" des W. im Samen erhöht, so daß der an sich schon schädliche Effekt hoher Feuchtigkeits-Geh. in ölhaltigen Samen noch verstärkt in Erscheinung tritt u. b) Öl in den Samen als I-Speicher dient u. dadurch zu einer Keimverzögerung durch I führt. Wilfried Werner. 6312◇

**Unterschiede in den Belägen von Schädlingsbekämpfungsmitteln und ihrer Dauerhaftigkeit auf der Ober- und Unterseite von Blättern.** D. P. Pielou, K. Williams und F. E. Brinton. (Nature [London] **195**, 256—57, 21/7. 1962; Summerland, B.C., Canada Dep. of Agric.; engl.) — Mittels einer geeigneten App. konnte die Menge der Rückstände von Schädlingsbekämpfungsmitteln auf der Ober- u. Unterseite von Apfel- oder Kirschblättern getrennt bestimmt werden. Der Belag auf der Unterseite war stets stärker. Mit *Sevin* (50%ig. Netzpulver, 1 lb/100 Imp. gal.) z. B. betrug er auf der Oberseite 1,65 ($\mu g/cm^2$), auf der Unterseite 2,38, also 1,44mal mehr. Die Ursache dieser Erscheinung ist in der Verschiedenheit der Blattoberflächen auf beiden Seiten zu suchen, bes. in der Ultrastruktur des Blattwachses. Mit der Zeit verschob sich das Verhältnis immer mehr zu Gunsten der Unterseite, auch bei Fehlen von Regen, nach 16 Tagen betrug der Belag auf der Unterseite 6,63mal mehr als auf der Oberseite, wobei die abs. Werte stark abgenommen hatten. Vor künstlicher Beregnung betrug der Belag oben 1,47, unten 2,75, danach 0,05 bzw. 1,62.
Fritz Müller/Ludwigshafen. 6312◇

---

General Aniline & Film Corp., New York, N.Y., übert. von: Saul R. Buc, Easton, Pa., V.St.A., **Bekämpfung von Eisenchlorose** bei wachsenden Pflanzen auf Kalkböden mit einem pH von 7,5—8,5. Man besprüht zu diesem Zweck den Boden mit einer wss. Lsg. eines Alkali- oder Erdalkaliferro- oder Ferricyanids in Mengen von 5 bis 800 Pfund/acre. (**A. P. 2 978 309** vom 26/10. 1956, ausg. 4/4. 1961.)
H. Nebelsiek. 6293

Monsanto Chemical Co., St. Louis, Mo., V.St.A., **Herbicides Mittel** mit selektiver Wrkg. gegen Gräser, gek. durch einen Geh. an Amiden der allg. Formel $(R_1)(R_2)N\cdot CO\cdot CH_2X$ ($X = Cl$, Br, J, $R_1$ u. $R_2 = H$, $C_1$—$C_6$-Alkyl-, -Alkenyl-, Propargylrest, Alkoxy-, Cyclohexyl-, Benzyl-, Phenyl- oder heterocycl. Rest), bes. N-Phenyl-N-äthyl-, N.N-Dipropyl-, N.N-Diäthyl-, N.N-Diallyl- u. N-(2-Furfuryl)-α-chloracetamid. (**Ind. P. 64 792** vom 30/7. 1958, ausg. 14/10. 1960. Can. Prior. 3/8. 1957.)
C. Lüttgen. 6313

Montecatini Soc. Gen. per l'Industria Mineraria e Chimica, übert. von: Giovanni Pellegrini, Pietro Scrivani und Araldo Bugiani, Florenz, Italien, **Mittel zur Vernichtung von Panicum crus-galli in Reisfeldern,** bestehend aus 2.4-Dichlorphenoxyäthanol. Das Mittel wird in einer Menge von 4—10 kg/ha in granulierter Form angewandt. (**A. P. 2 958 595** vom 31/10. 1956, ausg. 1/11. 1960. It. Prior. 11/11. 1955.) C. Lüttgen. 6313

E. I. du Pont de Nemours & Co., Wilmington, Del., übert. von: Charles W. Todd, Thornbury Toronship, Delaware County, Pa., V.St.A., **Verhinderung unerwünschter Vegetation** durch Behandlung mit einem herbiciden Mittel der Formel I, bzw. seinen Salzen, Estern, nicht mit N substituierten Amiden oder niedrigen Alkylamiden, worin X = F oder Cl u. Y = H, F, Cl, einer einwertigen Alkylgruppe mit weniger als 12 C-Atomen, einer einwertigen Cycloalkylgruppe mit weniger als 12 C-Atomen, einer einwertigen Chloralkylgruppe mit weniger als 12 C-Atomen oder einer einwertigen Fluoralkylgruppe mit weniger als 12 C-Atomen, z. B. *2.2.3.3-Tetrafluoropropionsäure, 2.2.3.3-Tetrafluoropropionamid, 2.2.3-Trifluoro-3-cyclohexylpropionsäure*. Das Schutzmittel wird mit einem inerten Bindemittel vermischt u. kann auf den Boden aufgespritzt werden. (**A. P. 2 949 354** vom 24/8. 1956, ausg. 16/8. 1960.) H. Baur. 6313

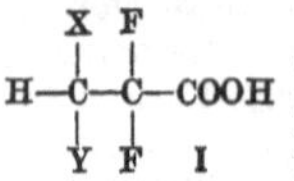

Amchem Products, Inc., Ambler (Erfinder: Alan Walter Schneider, Lansdale), Pa., V.St.A., **Herbicide Mittel und Herstellung der Wirkstoffe in ihren Lösungen in Ölen.** Die Mittel enthalten als Wirkstoff *Aminsalze substiuierter Phenoxyalkansäuren*, dispergiert auf einem Trägerstoff oder in einem Verdünnungsmittel, u. sind dad. gek., daß sie als Wirkstoff einen Geh. an einem wasserunlösl. Aminsalz der allg. Formel I aufweisen, worin m eine Zahl 1—5, Me eine Methylgruppe u. n = 0

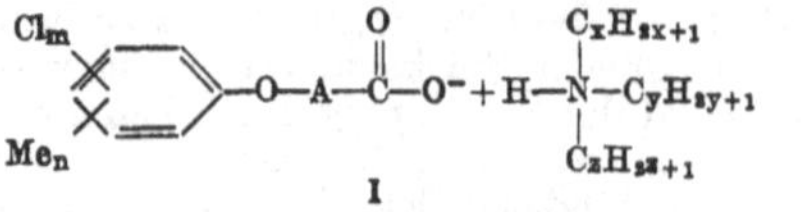

I

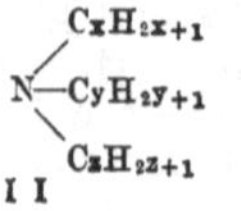

II

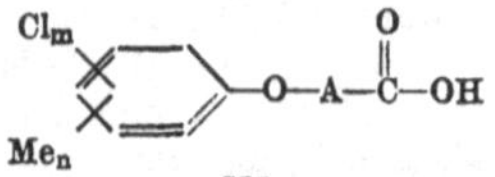

III

oder 1—4 bedeutet, m + n nicht größer als 5, A eine der folgenden gesätt. Alkylengruppen, nämlich $-CH_2-$, $-CH(CH_3)-$ u. $-(CH_2)_3-$ ist u. worin x, y u. z solche ganze Zahlen sind, daß x + y + z 9—18 ist, u., wenn z = 0 ist, weder x noch y kleiner als 5 ist, während, wenn y + z = 0 ist, die Gruppe $-C_xH_{2x+1}$ eine verzweigtkettige ist, in welcher x nicht kleiner als 9 ist, u. daß das Aminsalz in Form einer Lsg. in Ölen enthalten ist. Die Herst. der wasserunlösl. Aminsalzwirkstoffe in ihren Lsgg. in Ölen ist dad. gek., daß Amine der allg. Formel II, worin x, y u. z die vorher angegebenen Bedeutungen besitzen, in einem Öl gelöst u. eine entsprechende Menge einer system. herbiciden Säure der allg. Formel III, worin Cl, m, Me u. A die vorher angegebenen Bedeutungen besitzen, gründlich mit der Öl-Lsg., ggf. unter Erwärmung, vermischt werden. Beispiele der verwendeten herbiciden öllösl. Aminsalze sind: das *4-Chlorphenoxyessigsäuresalz des Isodecylamins*, das *2-Methyl-4-chlorphenoxyessigsäuresalz des Di-(2-äthylhexyl)-amins*, das *2.4-Dichlorphenoxyessigsäuresalz des tert. Dodecylamins* oder des *Tripropylyamins*, das *2.4.5-Trichlorphenoxyessigsäuresalz des Diamylamins* oder des *Tributylamins*, das *α-(4-Chlorphenoxy)-propionsäuresalz des Tripropylamins*, das *α-(2-Methyl-4-chlorphenoxy)-propionsäuresalz des Diamylamins, das γ-(4-Chlorphenoxy)-buttersäuresalz des Tripropylamins* u. dergleichen. Angewendete Mengen bei Vorkeimungsbehandlungen ca. 1,68 kg des herbiciden Säureäquivalents je ha, bei Nachauflaufbehandlungen ca. 0,56 kg/ha. Die Aminsalze sind wasserunlösl. u. öllösl., werden durch Regen nicht von den Unkräutern abgewaschen, haben keine Neigung zum Ausfallen in Ggw. von hartem W., weisen hohe Grade an herbicider Aktivität auf u. sind selbst bei heißem Wetter nicht flüchtig. (**D. A. S. 1 124 296** Kl. 451 vom 19/3. 1959, ausg. 22/2. 1962. A. Prior. 28/3. 1958.) H. Karst. 6313

Badische Anilin- & Soda-Fabrik Akt.-Ges., Ludwigshafen/Rh. (Erfinder: Rudolf König, Mannheim, Robert Aurnhammer und Jürgen Jahn, Ludwigshafen/Rh.), **2-Methyl-4-chlorphenoxypropionsäure und deren Alkalisalze,** verwendbar als *Unkrautvernichtungsmittel*, erhält man nach D. A. S. 1 122 071 in guter Ausbeute durch Rk. der freien 2-Methylphenoxypropionsäure (I) in Form einer wss. Aufschlämmung bei 0—30° mit der äquivalenten oder wenig überschüssigen Menge eines Alkalihypochlorits in wss. Lsg., späteren Zusatz mindestens einer solchen Menge eines Red.-Mittels, daß die entstehende Lsg. aus KJ kein J mehr freimacht u. Aussalzen des Alkalisalzes der entstandenen *2-Methyl-4-chlorphenoxypropionsäure* (**II**) mittels Alkalichlorid oder Ansäuern des Gemisches zwecks Abscheidung der freien **II**. — 1100

(Gew.-Teile) einer 25%ig. wss. Lsg. von NaOCl gibt man z. B. innerhalb 2 Std. bei 20° zu einem Gemisch aus 500 W. u. 180 **I**, rührt noch 1 Std., gibt dann 200 einer 10%ig. wss. $NaHSO_3$-Lsg. zu, erwärmt, wenn eine Probe der Lsg. aus einer KJ-Lsg. kein J mehr freimacht, auf 70°, gibt bei dieser Temp. 300 25%ig. $H_2SO_4$ zu, kühlt unter Rühren auf 15—20° u. arbeitet die erst ölig, dann in Kügelchenform abgeschiedene **II** durch Waschen mit W. u. Vakuumtrocknung auf. Man erhält 198 farblose, geruchfreie, über 99%ig. **II**, F. 91°. — Mit gleichem Erfolg kann man nach D. A. S. 1 126 403 die Rk. mit α-, β- oder γ-(2-Methylphenoxy)-buttersäure an Stelle von **I** durchführen. Man erhält hierbei die gleichfalls als *herbicide* Wirkstoffe brauchbaren entsprechenden 2-Methyl-4-chlorphenoxybuttersäuren bzw. deren Salze. So entsteht bei der Einw. von wss. NaOCl-Lsg. auf α-(2-Methylphenoxy)-buttersäure die farblose α-(*2-Methyl-4-chlorphenoxy*)-*buttersäure*, F. 74°. Analog werden β-(*2-Methyl-4-chlorphenoxy*)-*buttersäure*, F. 83°, u. γ-(*2-Methyl-4-chlorphenoxy*)-*buttersäure*, F. 101°, hergestellt. (**D. A. SS. 1 122 071** Kl. 12q vom 19/1. 1957, ausg. 18/1. 1962 u. **1 126 403** [Zusatz-Anmeldung] vom 1/8. 1957, ausg. 29/3. 1962.) A. Mohr. 6313

Badische Anilin- & Soda-Fabrik Akt.-Ges., Ludwigshafen/Rh. (Erfinder: Gustav Steinbrunn, Schwegenheim/Rhpf., Adolf Fischer, Mutterstadt/Rhpf., und Herbert Stummeyer, Mannheim), **Herbicides Mittel**, gek. durch einen Geh. an einem *Ester der α.α-Dichlorbuttersäure*, bes. an einem Ester dieser Säure mit höheren Alkoholen. Bes. geeignet sind die Ester des Butyl-, Isobutyl-, Chlorallylalkohols, des 1.3-Dichlorpropanols-(2), Pentin-(1)-ols-(3) u. 2.4-Dichlorbuten-(2)-ols-(1) in Mengen von 1—30 kg/ha zur Vernichtung von *Cyperus rotundus*, *Alopecurus agrestis*, *Avena fatua*, *Sinapis alba*, *Galium aparine* u. dgl., wobei Nutzpflanzen, bes. Hackfrüchte u. Zuckerrüben, nicht geschädigt werden. Im Gemisch mit Emulgatoren werden die Wirkstoffe als wss. Emulsionen oder mit inerten Trägerstoffen oder Düngemitteln als staubförmige oder granulierte Prodd. angewendet. (**D. A. S. 1 133 942** Kl. 45 l vom 10/1. 1958, ausg. 26/7. 1962.) H. Karst. 6313

Parke, Davis & Co., Detroit, Mich., V.St.A., **Herstellung von Glutarimidverbindungen** der allg. Formel **I**, u. $R_1$ = H oder niedermol. Fettsäurerest, dad. gek., daß man aus dem Kulturfiltrat von *Streptomyces rimosus paromomycinus*, nach Abtrennen des ebenfalls gebildeten Paramomycin mit einem organ. Lsgm., das *d-3-(2-Hydroxy-5.7-dimethyl-4-oxo-6.8-nonadienyl)-gutarimid* = *Streptimidon*, F. 72—73°, isoliert.

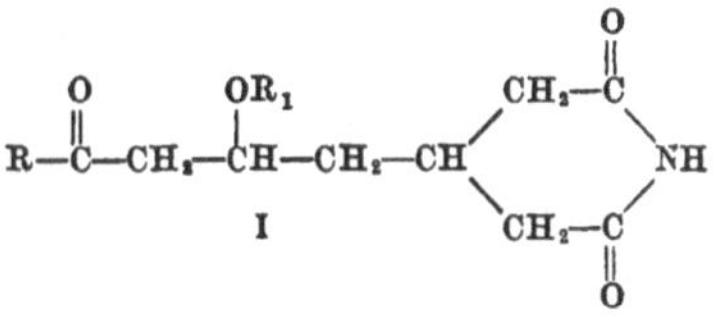

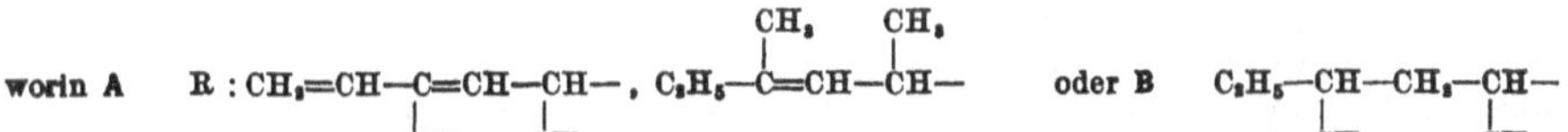


Durch katalyt. Hydrieren hieraus das *Dihydrostreptimidon* = [*d-3-(2-Hydroxy-5.7-dimethyl-4-oxo-6-nonenyl)-glutarimid*], F. 47—49°, bzw. das *d-3-(2-Hydroxy-5.7-dimethyl-4-oxononyl)-glutarimid*, F. 56,5—57°. Durch Rk. mit Essigsäureanhydrid → *d-3-(2-Acetoxy-5.7-dimethyl-4-oxo-6.8-nonadienyl)-glutarimid*, F. 108—110°, bzw. *d-3-(2-Acetoxy-5.7-dimethyl-4-oxononyl)-glutarimid*, F. 86,5—87°. — *Herbicide*. (**E. P. 861 838** vom 16/4. 1959, ausg. 1/3. 1961. A. Prior. 2/10. 1958.) W. Heyer. 6313

Heyden Newport Chemical Corp., New York, N.Y., V.St.A. (Erfinder: David Xavier Klein und Theodore Alsdorf Girard), **Mischungen isomerer Methyldichlorbenzoesäuren** erhält man durch Veresterung einer Mischung isomerer Methyldichlorbenzylchloride mit Alkalisalzen gesätt. Monocarbonsäuren u. Oxydation der erhaltenen Estermischung. Die Mischungen dieser Säuren, bes. 2.3-Dichlor-6-methylbenzoesäure u. 2-Methyl-3.6-dichlorbenzoesäure sind *Herbicide*. (**E. P. 877 067** vom 22/5. 1959, ausg. 13/9. 1961.) L. Stadelmann. 6313

Heyden Newport Chemical Corp. (Erfinder: David Xavier Klein und Theodore Alsdorf Girard), **Herbicides Gemisch**, bestehend aus 1. einem Gemisch von isomeren Trichlorbenzoesäuren mit 15—90% des 2.3.6-Isomeren u./oder Salzen davon u. 2. aus 3-(p-Chlorphenyl)-, 3-Phenyl-, 3-(3'.4'-Dichlorphenyl)-1.1-dimethylharnstoff oder 2.2-Dichlorpropionsäure bzw. Salzen, Estern oder Amiden davon, 2.4-Dichlorphenoxyessigsäure bzw. Salzen, Estern oder Amiden, davon, 3-Amino-1.2.4-triazolen, α-Chlor-N.N-diallylacetamid oder α-Chlor-N.N-diäthylacetamid. (**Aust. P. 228 665** vom 6/12. 1957, ausg. 7/7. 1960.) K. Demmler. 6313

Heyden Newport Chemical Corp. (Erfinder: Nathaniel Tischler), **Herbicides Mittel**, enthaltend ein Gemisch von isomeren Trichlorbenzoesäuren u./oder Salzen davon, wobei der Geh. am 2.3.6-Isomeren zwischen 15 u. 90 Gew.-%, berechnet als Säure, des gesamten Gemisches an Isomeren beträgt. — Beispiel: 7,00 (Gew.-%) 2.3.4-, 1,00 2.3.5-, 69,00 2.3.6-, 22,00 2.4.5- u. 1,00 2.4.6-Trichlorbenzoesäure. (**Aust. P. 228 827** vom 21/11. 1957, ausg. 14/7. 1960. A. Prior. 27/11. 1956.) K. Demmler. 6313

Chemische Werke Albert, Wiesbaden-Biebrich (Erfinder: Rolf Zimmermann, Norbert Taubel und Marga Bartels, Wiesbaden), **Mittel zur Förderung des Wachstums und des Ertrages von Pflanzen.** Als solche werden durch Alkylreste ein- oder zweifach oder cycl. substituierte *Harnstoff-Derivv.* verwendet, wobei die Alkylgruppe 1—4 C-Atome enthält (bes. tert.-Butyl), während unter cycl. substituierten Harnstoffen solche vom Typ des Imidazolons-(2), das durch Methyl-, Furyl- oder Arylreste substituiert sein kann, bzw. solche vom Typ des ggf. im Benzolkern durch Halogen, Alkyl-, Amino-, Alkoxy- oder Acylreste substituierten Benzimidazolons-(2) zu verstehen sind. — Genannt sind: *N-[tert.-Butyl]-*, *N.N'-Di-[tert.-butyl]-*, *N.N'-Dimethylharnstoff*, *Imidazolon-(2)*, *4.5-Di-[furyl-(2)]-*, *4.5-Diphenyl-*, *4.5-Dimethylimidazolon-(2)*, *Benzimidazolon-(2)*, *5-Chlor-*, *5-Methoxy-*, *5-Acetyl-*, *5-Myristyl-*, *5-Butyryl-*, *5.6-Dimethyl-*, *4.5.6-Trimethylbenzimidazolon-(2)*. Diese Verbb. können für sich oder im Gemisch miteinander als Lsg., Emulsion oder Suspension eingesetzt werden oder in Verb. mit Mikro- oder Makronährstoffen, Humusstoffen, Bodenverbesserungs-, Schädlingsbekämpfungs-, Saatgutbehandlungs- oder -beizmitteln zur Anwendung gelangen. (**Oe. P. 214 947** vom 11/2. 1960, ausg. 10/5. 1961. D. Prior. 24/3. 1959.) W. Wittholz. 6313

Rohm & Haas Co., Philadelphia, übert. von: Raymond I. Sobatzki, Glenside, Pa., V.St.A., **Manganäthylen-bis-dithiocarbamate** werden durch 0,2 bis ca. 5%, bezogen auf das Mn-Salz, Hexamethylentetramin stabilisiert. — *Fungicide.* (**A. P. 2 974 156** vom 29/8. 1958, ausg. 7/3. 1961.) G. König. 6313

Uclaf Soc. An., Paris, Frankreich, **Herstellung eines fungiciden Kupferkomplexes von Äthylen-bis-dithiocarbaminsäure.** Man mischt eine wss. Lsg. eines Alkali- oder Erdalkaliäthylen-bis-dithiocarbamats mit einem Überschuß einer wss. Lsg. von CuCl u. eines Alkalichlorids u. stellt den pH-Wert des Rk.-Gemisches mit HCl auf 3—4 ein. Der gewonnene Nd. weist einen Cu-Geh. von 47—49% auf. (**Niederl. P. 99 969** vom 31/10. 1957, ausg. 15/12. 1961. F. Prior. 8/11. 1956.) F. Böhm. 6313

Rohm & Haas Co., Philadelphia, Pa., V.St.A., **Herstellung gemischter Anhydride von einer substituierten Dithiocarbaminsäure und einem Kohlensäurehalbester** der Formeln $(R')(R'')N-CS-S-CO-O-(C_nH_{2n}O)_x-C_nH_{2n}-OR$, $RO-C_nH_{2n}-(OC_nH_{2n})_x-O-CO-S-CS-NR'''-C_mH_{2m}-NR'''-CS-S-CO-O-(C_nH_{2n}O)_x-C_nH_{2n}\cdot OR$, $(R')(R'')N-CS-S-CO-O-(C_nH_{2n}O)_x-C_nH_{2n}O-CO-S-CS-N(R')(R'')$ oder $M-S-CS-NR'''-C_mH_{2m}-NR'''-CS-[-S-CO-O-(C_nH_{2n}O)_x-C_nH_{2n}O-CO-S\cdot CS-NR'''-C_mH_{2m}-NR'''-CS-]_y-S-M$ (R = KW-Stoffrest mit 1—8 C-Atomen; R', R'' = Alkylreste mit 1—4 C-Atomen oder zusammen mit dem N-Atom gesätt. 5- oder 6-gliedriger heterocycl. Ring; R''' = H oder $CH_3$; M = Kation; m = 2 oder 3; n = 2—4; x = 0—2; Y = 1—5; $C_nH_{2n}$ u. $C_mH_{2m}$ sollen keine Alkylidengruppe sein). Man setzt einen Halogenameisensäureester eines Ätheralkohols oder eines Glykols mit einem lösl. Salz einer Dithiocarbaminsäure um. Z. B. rührt man 2n-Butoxyäthylchlorformiat mit einer wss. Lsg. von Na-Methylen-bis-dithiocarbamat bei $<15^0$ → *S.S'-Bis-(2-n-butoxyäthoxycarbonyl)-(äthylen-bis-thiocarbamyl)-sulfid*, F. 57—58°. — Aus Diäthylenglykolchlorformiat u. Na-Dimethyldithiocarbamat entsteht in Formamid *S.S'-Bis-(dimethylthiocarbamyl)-3-oxapentamethylen-bis-(oxycarbonylsulfid)*, F. 117—118°. — Analog: *S.S'-Bis-(diisopropylthiocarbamyl)-3-oxypentamethylen-bis-(oxycarbonylsulfid)*, F. 80—82°. — *S.S'-Bis-(dimethylthiocarbamyl)-äthylen-bis-(oxycarbonylsulfid)*, F. 68—71°. — *S.S'-Bis-(morpholincarbothioyl)-äthylen-bis-(oxycarbonylsulfid)*, F. 87—88°. — *S.S'-Bis-(piperidincarbothioyl)-tetramethylen-bis-(oxycarbonylsulfid)*, F. 112—113°. — *Fungicide.* (**Niederl. P. 99 097** vom 28/2. 1957, ausg. 15/9. 1961. A. Prior. 1/3. 1956.) F. Böhm. 6313

Standard Oil Co., Chicago, Ill., übert. von: Ralph J. Bertolacini, Chesterton, Ind., V.St.A., **Quecksilber-Chloranilat (I)**, das Hg-Salz des 2.5-Dichlor-3.6-dihydroxychinons (Chloranilsäure), verwendbar als *Fungicid* von geringer Phytotoxizität, erhält man durch Rk. der wss. Lsg. eines lösl. Hg-Salzes mit einer wss. Chloranilsäure-Lsg. bei Zimmer-Temp. oder wenig erhöhter Temperatur. So kann man z. B. eine Lsg. von 100 g Hg-Nitrat in 2 Liter W., die 2% $HNO_3$ enthält, zu 10 Liter einer gerührten 0,1%ig. wss. Chloranilsäure-Lsg. bei 50° tropfen, bis die Abscheidung des Nd. beendet ist, die Fl. dekantieren, den Rückstand 3mal mit A. u. 1mal mit Ae. waschen u. bei 60° im Vakuum trocknen. Man erhält grünstichig-schwarzes krist. **I** in prakt. quant. Ausbeute (19 g). **I** kann mit Tonerde, Talkum, Bentonit usw. verd., als Stäube-Präp., in Dioxan gelöst als Lsg. bzw. in KW-Stofffraktionen dispergiert als Emulsion, u. zwar in einer Konz. von 0,05 bis ca. 1 Gew.-%, zur Anwendung kommen. (**A. P. 2 977 380** vom 29/5. 1957, ausg. 28/3. 1961.) A. Mohr. 6313

N. V. Philips' Gloeilampenfabrieken, Eindhoven (Erfinder: Johannes Gerardus Antonius Luitjen, Utrecht), Niederlande, **Fungicides Mittel** gek. durch einen Geh. an *Bis-(triphenylzinn)-oxid* als Wirkstoff. (**D. A. S. 1 122 321** Kl. 45 l vom 3/3. 1960, ausg. 18/1. 1962. Niederl. Prior. 5/3. 1959.) K. Koebke. 6313

Farbenfabriken Bayer Akt.-Ges., Leverkusen (Erfinder: Hanshelmut Schlör, Wuppertal, und Ludwig Euc, Köln), **Mittel zur Regulierung des Pflanzenwachstum,** gek. durch einen Geh. an *Tri-n-butylzinncyanid* als Wirkstoff. Die Verw. des Mittels erfolgt in Form von 0,01—0,5%ig. wss. Lsgg. unter Zusatz von nichtionogenen Emulgatoren u. Aceton als Lsgm. in Mengen von 7,5—30 kg/ha. Es eignet sich zur totalen u. selektiven *Unkrautbekämpfung* sowie als *Entblätterungsmittel* im Baumwoll- u. Kartoffelanbau. Die Verb. besitzt auch hohe insekticide u. fungicide Eigg., bes. gegen Spinnmilben u. Raupen bei Konzz. von 0,001—0,1%. Bei Verw. des Mittels in Stäube- oder Streumitteln ist ein Zusatz von Haftmitteln erforderlich. (**D. A. S. 1 126 670** Kl. 45 l vom 2/1. 1959, ausg. 29/3. 1962.) H. Karst. 6313

N. N. Melnikow, Ss. I. Iwanowa, I. L. Wladimirowa, F. M. Subow, N. M. Golyschin und I. B. Kortschagina, **Fungicid.** An Stelle von Cu-Verbb. werden 0,1—2%ig. wss. Suspensionen oder ammoniakal. Lsgg. von *Zn-Salicylanilid* verwendet. (**UdSSR. P. 125 705** vom 1/4. 1959.) L. Großner. 6313

Georges Gardair, Frankreich, **Pflanzenbehandlungsmittel.** Dem aus amorphem Graphit, Dolomit u. einem Netzmittel bestehenden Prod. werden 10—50% S zugesetzt. — Anwendung im Weinbau als *Pflanzennährstoff* u. *Fungicid.* (**F. P. 73 743** vom 17/6. 1958, ausg. 13/1. 1961. **Zusatz zu F. P. 1 169 854; C. 1960, 16 566.**) W. Wittholz. 6313

Rohm & Haas Co., Philadelphia (Erfinder: Newman Mayer Bortnick, Oreland, und Marian Frances Fegley, Mont Clare), Pa., V.St.A., **Herstellung von Pyrrolderivaten.** Verbb. der allg. Formel **I** werden mit $H_2$ unter einem Druck von normal bis 700 at in Ggw. eines Edelmetallkatalysators bei normaler Temp. oder in Ggw. eines Nichtedelmetallkatalysators bei 75—275°, ggf. in Ggw. eines inerten fl., organ. Lsgm. hydriert, bis 1 Mol von **I** 1 Mol $H_2$ aufgenommen hat. Die erhaltenen Basen werden ggf. mit der äquivalenten Menge einer organ. oder anorgan. Säure umgesetzt. Hierbei ist $R_1$ eine Alkyl-, Aralkyl-, Cycloalkyl-, Aryl- oder Alkarylgruppe mit höchstens 10 C-Atomen, $R_2$ ist ein H-Atom oder eine Alkylgruppe mit 1—4 C-Atomen, $R_3$ u. $R_4$ sind Alkyl-, Aryl-, Aralkyl-, Cycloalkyl- oder Alkarylgruppen mit höchstens 10 C-Atomen. $R_1 + R_2$, $R_2 + R_3$ oder $R_3 + R_4$ können zusammen mit den daran gebundenen C-Atomen einen carbocycl. 5- oder 6gliedrigen Ring bilden, der durch Alkylgruppen mit höchstens 4 C-Atomen substituiert sein kann. Q ist eine Äthylen- oder n-Propylengruppe, die durch Alkyl-, Aryl- oder Aralkylgruppen substituiert sein können; die mit dem N-Atom verbundenen C-Atome müssen mindestens ein H-Atom tragen. Q kann auch ein o-Arylen- oder 1.2-Cycloalkylenrest sein; es darf in jedem Falle höchstens 18 C-Atome enthalten u. **I** höchstens 24 C-Atome insgesamt. Als Katalysatoren werden verwendet: Pt, Pd, Ru, Co + Ni, Co + $NH_3$, Co + Cu, Raney-Ni, Ni + $NH_3$, Raney-Co, als Lsgm.: KW-Stoffe, Alkohole u. Äther. — Hergestellt wurden folgende Pyrrol (**II**)-Derivv.: 5.7.7-Trimethyl-2.3.5.6-tetrahydro-(7H)-imidazo-[1.2a]-**II**, Kp. 202—204°, $n_D^{25}$ 1,4738; 2- (oder 3)-5.7.7-Tetramethyl-2.3.5.6-tetrahydro-(7H)-imidazo-[1.2a]-**II**, Kp. 215—220°; 6.8.8-Trimethyl-2.3.4.6.7.8-hexahydro-**II**-[1.2a]-pyrimidin, Kp. 217—223°; 1.3.3-Trimethyl-1.2-dihydro-(3H)-**II**-[1.2a]-benzimidazol, $Kp._1$ 150—168°. — Verw.: als *fungicide Mittel.* (**D. A. S. 1 106 333** Kl. 12p vom 3/3. 1959, ausg. 10/5. 1961. A. Prior. 3/3. 1958.) A. Kalix. 6313

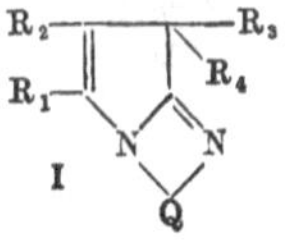

I

Sterling Drug, Inc., New York, übert. von: Noel F. Albertson, Castleton on Hudson, N.Y., V.St.A., **Herstellung von 3-Indolmethanphosphonsäure,** dad. gek., daß man ein Trialkylphosphit mit 1—4 C-Atomen in der Alkylgruppe mit einem 3-Indolmethyl-quatern. Ammoniumsalz der allg. Formel **I**, worin B Dimethyl, Diäthyl oder 1.5-Pentylen ist u. An = Jod oder Methylsulfat darstellt, umsetzt u. das erhaltene Dialkyl-3-indolmethanphosphonat durch Erhitzen mit einem Gemisch aus Eisessig u. HCl zur *3-Indolmethanphosphonsäure* (**II**), F. 216,8—218,4°, hydrolysiert. — Aus $CH_3I$, 3-(N.N-Diäthylaminomethyl)-indol u. Triäthylphosphit über das Diäthyl-3-indolmethanphosphonat ($Kp._{0,3}$ 196 bis 196,5°, F. 57—60°) u. Hydrolyse → **II**. Monoäthyl-3-indolmethanphosphonat, F. 136 bis 137°. — *Schädlingsbekämpfungsmittel.* (**A. P. 2 980 692** vom 28/7. 1958, ausg. 18/4. 1961.) W. Heyer. 6313

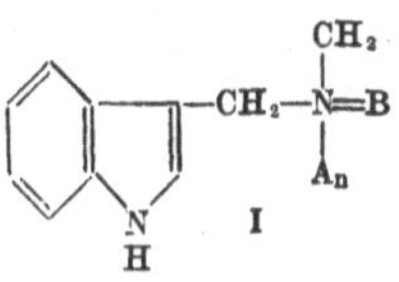

I

VEB Farbenfabrik Wolfen, Wolfen, Kr. Bitterfeld (Erfinder: Gottfried Kötz, Dessau, und Lothar Zölch, Wolfen), **Herstellung von O.O-Diäthyl-O-[β-chlorvinyl]-phosphorsäureester,** $Kp._{0,01}$ 48—50°, aus Dichloracetaldehyd in Bzl.

durch Verrühren mit Triäthylphosphit in Bzl. bei 0—5° u. 2std. Rühren bei 20—25°; Ausbeute 82%. — *Insekticid.* (**Oe. P. 212 849** vom 31/3. 1959, ausg. 10/1. 1961. D. Prior. 12/1. 1959.) Eberhard Riedel. 6313

Farbenfabriken Bayer Akt.-Ges., Leverkusen, **Fluorphenylmercaptomethylester von Säuren des Phosphors** der allg. Formel I ($R_1$ = Alkyl, Cycloalkyl, Alkenyl, ggf. substituiertes Aryl, Alkoxy, Alkoxyalkenyl, Amino, Cycloamino; $R_2$ = Alkyl, Alkenyl, Aryl, Amino, Cycloamino; X = O, S; der Benzolkern kann auch durch Cl, Br, Alkyl, Alkoxy, Alkylmercapto oder $NO_2$ substituiert sein) werden hergestellt durch Rk. eines Fluorphenylmercaptomethylhalogenids mit dem Salz einer Säure der allg. Formel $HSP(X)R_1R_2$ oder $HOP(X)\cdot R_1R_2$. — 65 (g) $NaSP(O)(NH_2)OC_2H_5$ u. 44 4-Fluorphenylmercaptomethylchlorid werden 2—3 Std. lang in 150 ml Acetonitril auf 60—70° erwärmt. Nach dem Abkühlen wird vom NaCl abfiltriert, das Lsgm. im Vakuum abgezogen u. das zurückbleibende Öl in Bzl. aufgenommen. Die Benzol-Lsg. wird gewaschen, getrocknet u. eingedampft → 65 *Amidothiophosphorsäure-O-äthyl-S-(4-fluorphenylmercaptomethyl)-ester*, 92,6% (Ausbeute), hellbraunes, nicht dest. Öl, $DL_{95}$ 25 (mg/kg Ratte per os). — Analog werden folgende (*4-Fluorphenylmercaptomethyl*) (II)-*ester* hergestellt: *Methylamidothiolphosphorsäure-O-äthyl-S*-II-*ester*. — *Dimethylamidothiolphosphorsäure-O-äthyl-S*-II-*ester*. — *Diäthylamidothiolphosphorsäure-O-äthyl-S*-II-*ester*. — *Piperidinodithiophosphorsäure-O-äthyl-S*-II-*ester*. — *Amidothiolphosphorsäure-O-äthyl-S-(3-fluorphenylmercaptomethyl)-ester*. — 47 $NH_4SP(O)(C_2H_5)_2$ u. 44 II-Chlorid in 150 ml n-Propanol 2 Std. lang bei 60—70° → 40 *Diäthylthiolphosphinsäure-S*-II-*ester*, 57,5%, Kp.$_{0,01}$ 110°, fahlgelbes Öl, $LD_{95}$ 5. — Analog: *Diäthylthiolphosphinsäure-S-(3-methyl-*II*)-ester*. — *Diäthylthiolphosphinsäure-S-(3-chlor-*II*)-ester*. — *Äthylphenylthiolphosphinsäure-S*-II-*ester*. — *Diäthyldithiophosphinsäure*-II-*ester*. — *Methyldithiophosphonsäure-O-äthyl-S*-II-*ester*, 89,2%, Kp.$_1$ 108—109°, fahlgelbes Öl, $LD_{95}$ 10. — *Methoxyvinyldithiophosphonsäure-O-äthyl-S*-II-*ester*. — *Dimethylvinyldithiophosphonsäure-O-äthyl-S*-II-*ester*. — *Dimethyldithiophosphinsäure*-II-*ester*, 87,3%, F. 70—71° (aus Bzl. u. PAe.), $LD_{95}$ 500. — *Methyl-(4-chlorphenyl)-dithiophosphinsäure*-II-*ester*. — *Methylpropyldithiophosphinsäure*-II-*ester*. — *Äthylmethyldithiophosphinsäure*-II-*ester*. — *Pesticide*, bes. *Insekticide* u. *Akaracide*. Zubereitungen u. biolog. Wrkg. sind angegeben. (**E. P. 872 143** vom 17/11. 1959, ausg. 5/7. 1961. D. Prior. 18/11. 1958.) A. Debo. 6313

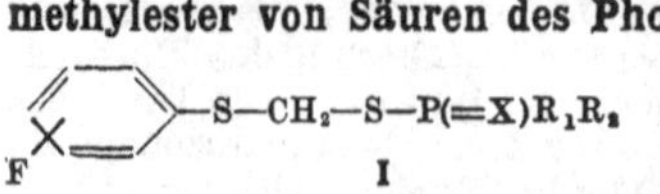

I

Eastman Kodak Co., Rochester, N.Y., übert. von: Thomas H. Wicker jun., Marion A. McCall und Richard L. McConnell, Kingsport, Tenn., V.St.A., **Dithio-, Thio- und Phosphorsäuredialkyl-nitroalkylester** der allg. Formel $(R_1O)\cdot(R_2O)P(X)XC(R_3)(R_4)CH_2NO_2$ ($R_1$, $R_2$ = Alkyl, Halogenalkyl, Alkoxyalkyl; $R_3$ = H, Alkyl; $R_4$ = Phenyl, Halogenphenyl, Nitrophenyl, Thienyl-, Pyridyl, Furyl, Alkoxy, Alkylmercapto; X = O, S) werden hergestellt durch Rk. von $(R_1O)(R_2O)P(X)XH$ mit $(R_3)(R_4)C{=}CHNO_2$ oder von $(R_1O)(R_2O)P(X)Cl$ mit $(R_3)(R_4)C(OH)CH_2NO_2$. — Zu $(C_2H_5O)_2P(S)SH$ gibt man unter Rühren 0,1 Mol β-Nitrostyrol. Nach Beendigung der exothermen Rk. rührt man 1 Std. lang bei Raum-Temp., dann 75 Min. lang auf dem Wasserbad. Bei 1 Torr zieht man innerhalb 5—10 Min. die flüchtigen Nebenprodd. ab → *Dithiophosphorsäure-O.O* (I)-*diäthyl-S-[α-(nitromethyl)-benzyl]-ester*, dunkelrotes Öl, $n_D^{20}$ 1,5706. — Analog: I-*äthylpropyl-S-[α-(nitromethyl)-benzyl]-ester*. — I-di-(2.2.2-trichloräthyl)-ester u. 1-Nitro-2-äthoxypropen-(1) → I-*di-(2.2.2-trichloräthyl)-S-(1-äthoxy-1-methyl-2-nitroäthyl)-ester*. — I-äthylpropylester u. 1-Nitro-2-äthylmercaptoäthylen → I-*äthylpropyl-S-[1-äthylmercapto-2-nitroäthyl)-ester*. — I-äthylpropylester u. 1-Nitro-2-äthoxyäthylen → I-*äthylpropyl-S-(1-äthoxy-2-nitroäthyl)-ester*. — I-di-(2.2.2-trichloräthyl)-ester u. 1-(4'-Chlorphenyl)-2-nitroäthylen → I-*di-(2.2.2-trichloräthyl)-S-[α-(nitromethyl)-4'-chlorbenzyl]-ester*. — I-*di*-(2-methoxyäthyl)-ester u. 1-(3'-Nitrophenyl)-2-nitroäthylen → I-*di-(2-methoxyäthyl)-S-[α-(Nitromethyl)-3'-nitrobenzyl]-ester*. — I-diäthylester u. 1-(2'-Chlorphenyl)-2-nitroäthylen → I-*diäthyl-S-[α(nitromethyl)-2-chlorbenzyl]-ester*. — I-diäthylester u. 1-(thienyl-2')-2-nitroäthylen → I-*diäthyl-S-[2-nitro-1-(thienyl-2')-äthyl]-ester*. — I-diäthylester u. 1-(Pyridyl-3')-2-nitroäthylen → I-*diäthyl-S-[2-nitro-1-(pyridyl-3')-äthyl]-ester*. — I-diäthylester u. 1-)Furyl-2')-2-nitroäthylen → I-*diäthyl-S-[1-(furyl-2')-2-nitroäthyl]-ester*. — Chlorthiophosphorsäure-O.O-diäthylester u. 2-Nitro-1-(pyridyl-2')-äthanol in Ggw. von Pyridin → *Thiophosphorsäure-O.O-diäthyl-O-[2-nitro-1-(pyridyl-2')-äthyl)-ester*. — Chlorphosphorsäurediäthylester u. 2-Nitro-1-(pyridyl-4')-äthanol in Ggw. von Dimethylanilin → *Phosphorsäurediäthyl-[2-nitro-1-(pyridyl-4')-äthyl]-ester*. — *Insekticide*; Wrkg. gegen Milben u. Läuse ist angegeben. (**A. P. 2 964 528** vom 23/7. 1958, ausg. 13/12. 1960.) A. Debo. 6313

American Cyanamid Co., New York, N.Y., übert. von: Richard W. Young, Riverside, Conn., V.St.A., **Dithiophosphorsäureester** der allg. Formel $(H_3CO)_2(P)S\cdot S\cdot CH_2CO\cdot NH\cdot X$ (I; X = Alkyl), verwendbar als *system. Insekticide* von geringer Toxizität, erhält man durch Rk. äquimol. Mengen eines tert. Aminsalzes der $(H_3CO)_2P(S)\cdot SH$ (II) u. eines N-Monoalkylcarbaminylmethylhalogenids in einem mit W. nicht mischbaren aromat. KW-Stoff. — Zu einer Lsg. von 173 (Teilen) II in 1000 Bzl. gibt man bei 25° unter Rühren 102 Triäthylamin (III) u. darauf 106 $ClCH_2\cdot CO\cdot NHCH_3$ in 600 Bzl., rührt das Ganze 24 Std. lang bei Zimmer-Temp., entfernt das abgeschiedene III-Hydrochlorid durch Filtrieren u. das Bzl. durch Dest. u. kühlt. Man erhält 135 I (X = $CH_3$), F. 52—53°. Analog werden die folgenden *Ester* der Formel I hergestellt (X angegeben): *tert. Butyl*, F. 58—60,5°; *Äthyl*, F. 67—68°; *n-Propyl*, F. 63,5—64°; *Isopropyl*, F. 76—77°; *Allyl*, F. 57,5—58°; *n-Butyl*, F. 30,5—31°; *Isobutyl*, F. 68,5—69°. (**A. P. 2 996 531** vom 1/7. 1957, ausg. 15/8. 1961. **E. P. 886 177** vom 25/6. 1958, ausg. 3/1. 1962. A. Prior. 1/7. 1957.) A. Mohr. 6313

Sumitomo Chemical Co. Ltd., übert. von: Motomu Usui, Osaka, Japan, **Dithiophosphorsäure-O.O-dialkyl-S-(1.2-dicarbäthoxyäthyl)-ester** werden gereinigt durch Behandlung mit wss. Alkalihydroxiden oder -carbonaten u. Zusatz von 0,01—1% Peroxid zu der Emulsion, Abtrennen des Öls, Waschen mit W. u. Trocknen im Vakuum. Als Peroxide können verwendet werden: $H_2O_2$, Cumolperoxid u. Di-tert.-Butylperoxid. — *Insekticide*. (**A. P. 2 962 521** vom 19/11. 1958, ausg. 29/11. 1960. Jap. Prior. 26/11. 1957.) A. Debo. 6313

Food Machinery & Chemical Corp., New York, N.Y., übert. von: Howard A. Jones und John A. Gannan, Baltimore, Md., und Berton C. Dickinson, Lydonville, N.Y., V.St.A., **Insekticide Mittel** mit synergist. Wrkg., enthaltend 1 (Teil) O.O-Dimethyl-S-(1.2-dicarbäthoxyäthyl)-dithiophosphat u. 2 Phenyl-N-(3-methoxypropyl)-carbamat, Phenyl-N-carboxymethylcarbamat, Carbamat der Formel $RHNCOO\cdot C_6H_5$, in der R einen Phenyl-, Furfuryl-, Benzyl-, Cyclohexyl- oder 7-Naphthylrest bedeutet, Carbamat der Formel $MNCOOC_6H_5$, in der M den Äthylenoxyäthylen-, Tetramethylen- oder Pentamethylenrest bedeutet, oder Phenyl-N-methyl-N-phenylcarbamat. (**A. PP. 2 961 369** u. **2 961 370** vom 24/3. 1955, ausg. 22/11. 1960, **2 963 398** vom 24/3. 1955, ausg. 6/12. 1960 u. **2 970 940** vom 24/3. 1955, ausg. 7/2. 1961.) C. Lüttgen. 6313

Eastman Kodak Co., Rochester, N.Y., übert. von: Marvin A. McCall, Harry W. Coover jun. und Richard L. McConnell, Kingsport, Tenn., V.St.A., **Dithiophosphorsäure-O.O-dialkyl-S-(2-cyan-halogenalkyl)-ester** der allg. Formel $(RO)_2P(S)SCH_2CH(X)CN$ (R = Alkyl, Halogenalkyl; X = Halogen, Halogenmethyl) werden hergestellt durch Rk. von $(RO)_2P(S)SH$ mit α-substituierten Acrylnitrilen der allg. Formel $CH_2{:}C(X)CN$ unter Rühren u. ggf. mit einem tert. Amin als Katalysator. — Zu 0,1 Mol $(C_2H_5O)_2P(S)SH$ gibt man unter Rühren 0,7 Mol α-Chloracrylnitril. Nach Zugabe von 3 Tropfen Triäthylamin steigt die Temp. auf 50°, man kühlt auf 25°, erhitzt dann 15 Min. auf dem Wasserbad → *Dithiophosphorsäure* (I)-*O.O-diäthyl-S-(2-chlor-2-cyanäthyl)-ester*, orangefarben, $n_D^{20}$ 1,5198. — Analog folgende I-Derivv.: I-*O.O-diäthyl-S-(2-brom-2-cyanäthyl)-ester*. — I-*O.O-diäthyl-S-(2-fluor-2-cyanäthyl)-ester*. — I-*O.O-dimethyl-S-(2-chlor-2-cyanäthyl)-ester*. — I-*O.O-diisopropyl-S-(2-brom-2-cyanäthyl)-ester*. — I-*O.O-diäthyl-S-(3.3.3-trifluor-2-cyanpropyl)-ester*, $n_D^{20}$ 1,4779, aus α-Trifluormethylacrylnitril. — I-*O.O-diäthyl-S-(3.3-difluor-2-cyanpropyl)-ester*. — I-*O-äthyl-O-propyl-S-(3-brom-2-cyanpropyl)-ester*. — I-*O.O-di-(2.2.2-trichloräthyl)-S-(3-chlor-2-cyanopropyl)-ester*. — I-*O.O-dimethyl-S-(3.3-dichlor-2-cyanpropyl)-ester*. — *Insekticide*. (**A. P. 2 957 019** vom 14/2. 1958, ausg. 18/10. 1960.) A. Debo. 6313

Farbwerke Hoechst Akt.-Ges., vormals Meister Lucius & Brüning, Frankfurt/M. (Erfinder: Otto Scherer, Helmut Hahn, Heinz Frensch, Ludwig Friedrich Emmel und Wilhelm Staudermann), **Bis-dithiophosphorsäureester** der allg. Formel $(R_1O)(R_2O)P(S)SCH_2O(CH_2)_nOCH_2SP(S)(OR_3)(OR_4)$ ($R_1$—$R_4$ = Alkyl- oder Alkenylgruppen mit 1—4 C-Atomen; n = 1—10) werden hergestellt durch Rk. der entsprechenden Dithiophosphorsäurediester oder ihrer Metallsalze mit einem Äther der allg. Formel $ZCH_2O(CH_2)_nOCH_2Z$ (Z = Halogen). — Zu 120 g $(C_2H_5O)_2P(S)SK$ suspendiert in 350 ml $CH_2Cl_2$ tropft man innerhalb ½ Std. 47 g Butylenglykol-bis-(chlormethyläther). Man kocht 2 Std. lang unter Rückfluß → 102 g *Bis-(diäthoxydithiophosphoryl)-1.4-butylenglykoldimethyläther*, $C_{14}H_{32}O_6P_2S_4$. — *Pflanzenschutzmittel, Pesticide*. (**E. P. 847 105** vom 19/3. 1957, ausg. 7/9. 1960.) A. Debo. 6313

Farbenfabriken Bayer Akt.-Ges., Leverkusen (Erfinder: Hans-Gerd Schicke und Gerhard Schrader, Wuppertal), **Gleichzeitige Herstellung von substituierten Thioamiden und Thiophosphor-(on,-in)-säurehalogeniden.** Man setzt substituierte Nitrile der allg. Formel (R)(R')P(:S)—X—R''—CN (R u. R' = niedere Alkylreste, die entweder direkt oder über ein O-Atom an P gebunden sind; R'' = niederer Alkylen oder Arylenrest; X = O, S) mit etwa äquivalenten Mengen einer Thiono- oder Thionothiolphosphor-(on, in)-säure der allg. Formel (R''')(R'''')P(:S)—SH (R''' u. R'''' = Alkyl, Aryl, Aralkylreste, die entweder direkt oder über ein O-Atom an P gebunden sind) in Ggw. wasserfreier Halogenwasserstoffsäure um. — In ein Gemisch aus 49 (g) Thionophosphorsäure-O.O-dimethyl-p-cyanphenylester u. 37 Dithiophosphorsäurediäthylester (I) leitet man bei 20° ca. 15 HCl ein, rührt das Rk.-Gemisch 30 Min. lang bei 20—30° u. extrahiert den Sirup 2mal mit je 150 ml Petroläther. Der Extrakt wird mit ca. 200 ml W. versetzt u. weitergerührt bis eine halbfeste Masse entstanden ist, aus der man 35 *Dimethyl-(p-thioamidophenyl)-thionophosphorsäureester* erhält, Kristalle, F. 107 bis 108° (Bzl.–Ligroin). Methylthionophosphonsäure-O-äthyl-S-cyanmethylester + I → *Methylthionophosphonsäure-O-äthyl-S-thioamidomethylester*, Kristalle, F. 67—68° (Ligroin–Bzl.). Dimethylthionophosphinsäure-S-cyanmethylester + I → *Dimethylthionophosphinsäure-S-thioamidomethylester*, farblose Blättchen, F. 92—93°. — *Schädlingsbekämpfungsmittel.* (**D. A. S. 1 129 484** Kl. 12o vom 30/4. 1960, ausg. 17/5. 1962. **Zusatz zu D. A. S. 1 111 172; C. 1963, 291.**) A. Jahn. 6313

Farbenfabriken Bayer Akt.-Ges., Leverkusen (Erfinder: Gerhard Schrader, Wuppertal), **Chlordithiophosphorigsäure-diester** werden durch Rk. von Dichlorthiophosphorigsäure-S-alkyl- bzw. S-arylestern mit aliphat. Mercaptanen in Ggw. einer tert. Base u. ggf. in einem inerten Lsgm. hergestellt. — Zu 149 g Dichlorthiophosphorigsäuremethylester ($Kp._2$ 37°) in 1000 ml Bzl. gibt man unter Rühren u. Durchleiten von $N_2$ bei 0—5° ein Gemisch aus 62 g Äthylmercaptan, 80 g Pyridin u. 200 ml Bzl., rührt 1 Std. lang nach → 140 g *Chlordithiophosphorigsäure* (I)-*äthylmethylester*, $C_2H_5S\cdot(CH_3S)PCl$, (80% Ausbeute), $Kp._1$ 68°. — Analog: I-*äthylisopropylester*, iso-$C_3H_7S(C_2H_5S)PCl$ (69%), $Kp._4$ 98°. — I-*diäthylester*, $(C_2H_5S)_2PCl$ (74%), $Kp._1$ 80°. — I-*dimethylester*, $(CH_3S)_2PCl$, $Kp._2$ 65—67°. — I-*diisopropylester*, (iso-$C_3H_7S)_2PCl$, (94%), $Kp._1$ 86°, aus Dichlorthiophosphorigsäureisopropylester ($Kp._1$ 47°). — I-*äthylphenylester*, $C_6H_5S\cdot(C_2H_5S)PCl$, (97%), $Kp._1$ 132°, aus Dichlorthiophosphorigsäurephenylester ($Kp._1$ 90°). — *Insekticide, Zwischenprodukte.* (**D. A. S. 1 123 316** Kl. 12o vom 12/11. 1960, ausg. 8/2. 1962.) A. Debo. 6313

Farbenfabriken Bayer Akt.-Ges., Leverkusen, **Thiophosphinsäure-O-alkylester** der allg. Formel $(R_2)(R_1)P(S)OR$ (R = Alkyl; $R_1$ = Alkylmercaptoalkyl, Carbalkoxyalkyl; $R_2$ = Phenyl, ggf. chlor- oder alkylsubstituiert) werden hergestellt durch Rk. von $(R_2)P(SH)OR$ [aus $(R_2)P(OR)Cl$ u. $H_2S$] mit Alkylhalogeniden in Ggw. säurebindender Mittel. — Zu 47 g $C_6H_5P(SH)OC_2H_5$ (I) ($Kp._1$ 105°) in 50 ml wasserfreiem A. gibt man unter Rühren eine Lsg. von 0,25 g-Atom Na in Alkohol. Man erhitzt auf 75° u. gibt unter Rühren 32 g $ClC_2H_4SC_2H_5$ zu. Nach 1 Std. auf 80° läßt man abkühlen u. gießt dann das Rk.-Gemisch in 300 ml Eiswasser, das abgeschiedene Öl nimmt man in 200 ml Bzl. auf, wäscht mit W. neutral, trocknet u. dest. → 41 g *Phenyläthylmercaptoäthylthiophosphinsäure-O-äthylester*, $C_2H_5SC_2H_4(C_6H_5)P(S)OC_2H_5$ (60% Ausbeute), $Kp._{0,01}$ 82°, entsprechend: $C_2H_5SC_2H_4(4\text{-}ClC_6H_4)P(S)OCH_3$ u. $C_2H_5SCH(CH_3)CH_2(C_6H_5)P(S)\cdot OC_2H_5$. — Analog werden folgende *Thiophosphinsäure-O-äthylester* (II) hergestellt: I u. $ClCH_2SC_2H_5$ → *Phenyläthylmercaptomethyl*-II (51%), $Kp._{0,01}$ 76°. — I u. $ClCH_2CH_2\cdot COOC_2H_5$ → *Phenyl-(2-carbäthoxyäthyl)*-II (77%), $Kp._{0,01}$ 85°; entsprechend $CH_3OCO\cdot CH_2CH_2(C_6H_5)P(S)OC_2H_5$. — I u. $ClCH_2COOC_2H_5$ → *Phenylcarbäthoxymethyl*-II (76%) $Kp._{0,01}$ 78°. — I u. $CH_3CHBrCOOC_2H_5$ → *Phenyl-(1-carbäthoxyäthyl)*-II (49%), $Kp._{0,01}$ 78°. — *Insekticide*, die biolog. Wrkg. ist angegeben. (**E. P. 879 021** vom 27/7. 1960, ausg. 4/10. 1961. D. Prior. 21/8. 1959.) A. Debo. 6313

Farbenfabriken Bayer Akt.-Ges., Leverkusen (Erfinder: Gerhard Schrader, Wuppertal), **Thiolphosphonsäureester** der allg. Formel R—P(:O)—(OR')(SR") (R u. R' = niedere Alkylreste; R" = ggf. durch niedere Alkylreste oder Halogenatome substituierter Phenyl- oder Cyclohexylrest) erhält man durch Rk von Alkylphosphonsäurealkylesterchloriden der allg. Formel R—P(:O)(OR')Cl mit den Alkalisalzen von Phenyl- bzw. Cyclohexylmercaptanen der allg. Formel R"—SH. — Zu einer Dispersion von 6 g Na in 100 ml Bzl. gibt man bei 60° 37 g p-Chlorphenylmercaptan (I) in 50 ml Bzl. u. rührt 2 Std. lang nach, wobei das Na in Lsg. geht. Dann gibt man bei 30° 36 g *Methylphosphonsäureäthylesterchlorid* (II)zu, rührt das Rk.-Gemisch 1 Std. bei 30°, nach; 68% ig. Ausbeute an *Methylphosphonsäure-O-äthyl-S-(p-chlorphenyl)-ester*, gelbes, in W. unlösl. Öl. — II + p-Methylphenyl-Na-mercaptid (III) → *Methylphosphonsäure-O-äthyl-S-(p-tolyl)-ester*, schwachgelbes, in W. unlösl. Öl. — II + Cyclohexyl-Na-Mercaptid (IV) → *Methylphosphonsäure-O-äthyl-S-cyclohexylester*, $Kp._{0,01}$ 85°. — Methylphosphonsäureisopropylesterchlorid (V) + III → *Methylphosphonsäure-O-isopropyl-S-tolylester*, schwachgelbes, in W. unlösl. Öl. — V + I → *Methylphosphonsäure-O-isopropyl-S-(p-Chlorphenyl)-ester*, gelbliches, in W. unlösl. Öl. — V + Na-Thiophenolat (VI) → *Methylphosphonsäure-O-isopropyl-S-phenylester*, gelbes, in W. unlösl. Öl. — V + 3.4-Dichlorphenyl-Na-Mercaptid → *Methylphosphonsäure-O-isopropyl-S-(3.4-dichlorphenyl)-ester*, gelbes, in W. unlösl. Öl. — V + IV → *Methylphosphonsäure-O-isopropyl-S-cyclohexylester*, in W. unlösl., farbloses Öl, $Kp._{0,01}$ 78°. — Äthylphosphonsäureäthylesterchlorid (VII)

+ I → *Äthylphosphonsäure-O-äthyl-S-(p-chlorphenyl)-ester*, farbloses, in W. unlösl. Öl, Kp.$_{0,01}$ 118°. — VII + IV → *Äthylphosphonsäure-O-äthyl-S-cyclohexylester*, Kp.$_{0,01}$ 86°. VII + III → *Äthylphosphonsäure-O-äthyl-S-p-tolylester*, Kp.$_{0,01}$ 112°. — Äthylphosphonsäureisopropylesterchlorid (VIII) + I → *Äthylphosphonsäure-O-isopropyl-S-(p-chlorphenyl)-ester*, in W. unlösl. Öl. — VIII + III → *Äthylphosphonsäure-O-isopropyl-S-p-tolylester*, in W. unlösl. Öl. — tert.-Butylphosphonsäureäthylesterchlorid (IX) + I → *tert.-Butylphosphonsäure-O-äthyl-S-(p-chlorphenyl)-ester*, in W. unlösl., gelbliches Öl. — IX u. VI → *tert.-Butylphosphonsäure-O-äthyl-S-phenylester*, Kp.$_{0,01}$ 114°. — *Insekticide*. (**D. A. S. 1 132 131** Kl. 12o vom 2/7. 1959, ausg. 28/6. 1962.) A. Jahn. 6313

Food Machinery & Chemical Corp., New York, N.Y. (Erfinder: Herman Wachs, Baltimore, Md., und Sylvan E. Forman, Trenton, N.J.), V.St.A., **Herstellung von Chlormethyldihydrosafrol** durch Rk. von Dihydrosafrol mit $CH_2O$ u. HCl in Ggw. von W., dad. gek., daß man die Rk. bei erhöhter Temp. durchführt u. entweder die HCl-Konz. so einstellt, daß die Konz. der wss. Phase am Ende der Rk. 7,5 bis 9,5m bzgl. HCl ist, oder $CaCl_2$ zugibt u. die HCl-Konz. so einstellt, daß die Konz. der wss. Phase am Ende der Rk. 5,5—8,0m bzgl. HCl ist. Rk.-Temp. 60—90°. — Zwischenprod. zur Herst. von *Insekticiden*. (**D. A. S. 1 105 879** Kl. 12q vom 7/9. 1957, ausg. 4/5. 1961. **Belg. P. 560 708** vom 10/9. 1957, ausg. 22/4. 1960. Beide A. Prior. 10/9. 1956 u. 21/3. 1957.) G. König. 6313

Phillips Petroleum Co., übert. von: Lyle D. Goodhue, Bartlesville, Kenneth E. Cantrel, Dewey, Okla., und Jack R. Gaines, Rapid City, S. Dak., V.St.A., **Insecticides Mittel zur Bekämpfung von Fliegen,** gek. durch einen Geh. von 2-(1-Aminocyclohexyl)-cyclohexanon u. einem synergist. wirkenden Insekticid, bes. N-(2-Äthylhexyl)-bicyclo-[2.2.1]-5-hepten-2.3-dicarboximid, Piperonylbutoxid, n-Octylsulfoxid des Isosafrols oder Sesoxans. (**A. P. 2 952 582** vom 18/6. 1958, ausg. 13/9. 1960.) C. Lüttgen. 6313

Phillips Petroleum Co., übert. von: Roy E. Stansbury und Lyle D. Goodhue, Bartlesville, Okla., V.St.A., **Insektenvertilgungsmittel,** bestehend aus einer Lsg. von 0,048 (g) Di-n-butylsulfon u. 0,24 n-Octyl-3-(3'.4'-methylendioxybenzol)-propylsulfoxid oder 0,24 N-2-Äthylhexylbicyclo-[2.2.1]-5-hepten-2-dicarboximid in 12 cm³ Kerosin. (**A. P. 2 969 303** vom 15/11. 1957, ausg. 24/1. 1961.) C. Lüttgen. 6313

Phillips Petroleum Co., übert. von: Roy E. Stansbury und Rector P. Louthan, Bartlesville, Okla., V.St.A., **Insektenbekämpfungsmittel,** enthaltend Sulfoxide der allg. Formel $ClCH_2-CH(R)-CH_2-S(O)R'$, in der R H oder $CH_3$ u. R' n-, sek. oder tert. Octyl bedeutet, bes. 3-Chlorpropyloctylsulfoxid. (**A. P. 2 944 932** vom 8/5. 1958, ausg. 12/7. 1960.) C. Lüttgen. 6313

North American Philips Co., Inc., New York, N.Y., V.St.A., übert. von: Jan Hendrick Uhlenbroek und Jacques Meltzer, Van Houtenlaan, Niederlande, **Mittel zur Vernichtung der roten Spinne,** gek. durch einen Geh. von 2.4.4'-Trichlordiphenylsulfon. (**A. P. 2 954 319** vom 25/4. 1958, ausg. 27/9. 1960. Niederl. Prior. 1/5. 1957.) C. Lüttgen. 6313

Harold L. Trexler, Reading, Pa., V.St.A., **Abschrecken von Insekten.** Um Menschen oder Tiere vor Insekten, bes. Moskitos zu schützen, verabreicht man ihnen Granalien, die auf 1 (Gewichtsteil) Trägerstoff, z. B. Lactose, 0,00004 zerriebene *Samen der Staphisagria* enthalten. Die Immunität gegen Bisse der Insekten soll mehrere Tage anhalten. (**A. P. 2 939 816** vom 19/3. 1956, ausg. 7/6. 1960.) H. Nebelsiek. 6313

Phillips Petroleum Co., Del., übert. von: Lyle D. Goodhue und Kenneth E. Cantrel, Bartlesville, Okla., V.St.A., **Insektenabwehrmittel,** bes. zur Bekämpfung von Stallfliegen (*Stromoxys calcitrans*), enthaltend als Wirkstoffe 2.3.4.5-Bis-($\Delta^2$-butenylen)-tetrahydrofurfural (I) in synergist. Gemisch mit dem Di-n-propylester der Pyridin-2.5-dicarbonsäure (II). Als weiterer Synergist kann das N-2-Äthylhexylimid der Bicyclo-[2.2.1]-5-hepten-2.3-dicarbonsäure (III) zugemischt werden. Bei den binären Gemischen liegt das Verh. von I : II-Ester zwischen 1 : 3 u. 3 : 1, bes. bei 1 : 1. Bei den ternären Gemischen beträgt das Verh. von I : II-Ester : Imid von III 1 : 1 : 2. An Stelle von I kann auch 2.3.4.5-Bis-($\Delta^2$-butenylen)-tetrahydrofurfurylalkohol, 2.3 4.5-Bis-($\Delta^2$-butylen)-tetrahydrofurfural oder 2.3.4.5-Bis-($\Delta^2$-butylen)-tetrahydrofurfurylalkohol u. anstatt des Di-n-propylesters von II auch der Diäthyl- oder der Di-n-butylester verwendet werden u. anstatt des N-2-Äthylhexylimids andere N-Alkylimide von III. — Langdauernde Wirkung. (**A. P. 3 008 872** vom 3/10. 1955, ausg. 14/11. 1961.) K. Koebke. 6313

Lee Ratner, Miami Beach, Fla., übert. von: Willis Nels Bruce, Champaign, Ill., V.St.A., **Insektenabwehrmittel,** bes. zur Anwendung bei Milchvieh, enthaltend als Wirkstoff einen symm. Diester einer 4-C-Dicarbonsäure (Bernsteinsäure) mit n-

Propyl- oder n-Butylalkohol u. als synergist. wirkenden Zusatz Ölsäure, Sorbitantrioleat, Sorbitanmonooleat, Linolensäure, Ricinolsäure, Propyloleat oder Benzyloleat. (**A. P. 2 991 219** vom 12/3. 1956, ausg. 4/7. 1961.) K. Koebke. 6313

Lee Ratner, Miami Beach, Fla., übert. von: Willis Nels Bruce, Champaign, Ill., V.St.A., **Insektenabwehrmittel,** enthaltend 1—98 (%) Di-n-butylsuccinat u. 2—99 Isobornylthiocyanat oder β-Butoxy-β-thiocyandiäthyläther. (**A. P. 2 971 881** vom 31/1. 1958, ausg. 14/2. 1961.) C. Lüttgen. 6313

Dumas Milner Corp., übert. von: Louis E. Wells, Jackson, Miss., V.St.A., **Frostschutzmittel für lebende Pflanzen,** bestehend aus einem N-niederen Alkyl-2-pyrrolidon, 2-Pyrrolidon oder Butyrolacton, gelöst in einem nichtphytotox. Trägerstoff, z. B. einer Öl-in-Wasser-Emulsion oder Wasser. — Beispiele für solche Mischungen: 0,5 (%) N-Naphthyl-2-pyrroliden u. 99,5 W., 25 2-Pyrrolidon u. 75 W. oder 25 Butyrolacton u. 75 W. oder 15 2-Pyrrolidon, 5 Triäthanolaminlaurylsulfat, 60 Kerosin u. 20 Wasser. (**A. P. 2 961 798** vom 9/3. 1959, ausg. 29/11. 1960.) H. Nebelsiek. 6313

---

**Wacker-Chemie G. m. b. H.**, München, *Herbicide enthaltende Düngemittel.* (**Oe. P. 219 069** vom 25/2. 1960, ausg. 10/1. 1962. D. Prior. 26/3. 1959. — C. **1961,** 6289 [D. A. S. 1 092 491].)

**Chemische Werke Albert**, übert. von: **Johannes Reese** und **Ernst August Bartels**, Wiebaden, *Salze der Dithiocarbaminsäure.* (**A. P. 2 976 305** vom 4/6. 1959, ausg. 21/3. 1961. D. Prior. 30/7. 1958. — C. **1961,** 3458 [D. A. S. 1 086 692].)

**Rohm & Haas Co.**, V.St.A. (Erfinder: **Raymond Joseph Sobatzki**), *Stabilisieren von Mangan-Alkylen-bis-dithiocarbamaten.* (**F. P. 1 234 005** vom 28/8. 1959, ausg. 14/10. 1960. A. Prior. 29/8. 1958. — C. **1962,** 8037 [D. A. S. 1 113 607].)

**Chemische Werke Albert**, Deutschland, *Herstellung von Fungiciden.* (**F. P. 1 235 653** vom 16/7. 1959, ausg. 16/11. 1960. D. Prior. 30/7. 1958. — C. **1961,** 3458 [D. A. S. 1 086 692].)

**Farbenfabriken Bayer Akt.-Ges.**, Deutschland (Erfinder: **Friedrich Muth**), *Schutzmittel gegen Textilschädlinge, Schimmel- und Bakterienbefall.* (**F. P. 73 775** vom 25/6. 1958, ausg. 13/1. 1961. D. Prior. 27/6. 1957. Zusatz zu F. P. 1 062 768; C. 1957, 7240. — C. **1962,** 13546 [Schwz. P. 355 647].)

**Farbenfabriken Bayer Akt.-Ges.**, Leverkusen (Erfinder: **Ernst Schraufstätter** und **Rudolf Gönnert**, Wuppertal-Elberfeld), *Herstellung des als Gastropoden-Bekämpfungsmittel geeigneten 5.2'-Dichlor-4'-nitrosalicylanilids.* (**Schwz. P. 356 756** vom 25/8. 1956, ausg. 31/10. 1961. D. Prior. 26/9. 1955. — C. **1958,** 13887 [D. A. S. 1 024 745].)

**Benzol Products Co.**, Newark, N.J., und **McLaughlin Gormley King Co.**, Minneapolis, Minn., V.St.A., *Herstellung von Chrysanthemsäuredimethylbenzylestern.* (**Ind. P. 65 490** vom 13/10. 1958, ausg. 17/4. 1961. — C. **1962,** 2517 [F. P. 1 204 238].)

**Farbenfabriken Bayer Akt.-Ges.**, Leverkusen (Erfinder: **Gerhard Schrader**, Wuppertal), *Sulfoxidgruppen enthaltende Ester von Phosphor- oder Thiophosphorsäuren.* (**Schwz. P. 361 799** vom 17/10. 1957, ausg. 30/6. 1962. D. Prior. 1/12. 1956. — C. **1959,** 7930 [D. A. S. 1 039 511].)

**Farbenfabriken Bayer Akt.-Ges.** (Erfinder: **Ernst Schegk, Hansheimut Schlör** und **Gerhard Schrader**), *Phosphonsäureester.* (**Aust. P. 231 629** vom 20/6. 1958, ausg. 26/1. 1961. D. Prior. 24/6. u. 2/11. 1957. — C. **1962,** 6557 [Belg. P. 568 845].)

**Diamond Alkali Co.**, Cleveland, Ohio, V.St.A., *Herstellung einer biologisch aktiven Verbindung.* (**Niederl. P. 101 004** vom 24/8. 1957, ausg. 16/4. 1962. A. Prior. 30/8. 1956. — C. **1961,** 3791 [A. P. 2 928 766].)

## H8. Metallurgie. Korrosion

**Bergwerksbetrieb und metallurgische Verfahren bei Rhodesia Broken Hill, früher, jetzt und in Zukunft.** K. C. G. Heath. (Bull. Instn. Mining Metallurgy **71,** 232—43, 499, Mai, 619—27, Juli 1962; engl.) — Diskussion zu der C. **1962,** 18983 referierten Arbeit. M. Gehlen-Keller. 6360◇

**Autoklavenextraktion von Kobalt und Arsen enthaltenden Erzen der Lager von Chowu-Aksy.** G. N. Dobrochotow und S. L. Ratner. (Nichteisenmetalle [UdSSR] **34,** Nr. 10, 53—58, Okt. 1961; Staatl. Inst. zur Herst. von Nickel; russ.) — Der ammoniakal. Autoklavenauszug von Erzen aus der Lagerstätte Chowu-Aksy wird durch 2 hauptsächliche Rk.-Stufen gekennzeichnet. Die 1. Stufe verläuft unter $O_2$-Abschluß u. ist die Salz-Lsg. oxydierter Mineralien mit Bldg. entsprechender *Ammoniakate.* Die 2. Stufe ist die oxydierende Auslaugung der *arsenid.* u. *sulfid.* Erzbestandteile. In Abhängigkeit vom Oxydationsgrad des Ausgangsmaterials können das spezif. Gew. der einzelnen Stufen u. die Intensität der Mineralienoxydation in der 2. Stufe verschieden sein. Die besten Ergebnisse der Auslaugung wurden nach einer 3stufigen Gegenstrombehandlung bei 100° durch einen $O_2$-Partialdruck von 3 atü bei einer Prozeßdauer von 4 Std. erzielt. In diesem Falle werden reiche Lsgg. erhalten, die für die anschließende Dest. geeigneter sind, u. die Extraktion der Metalle in die Lsg. beträgt 96 (%) *Co,* 99 *Ni* u. 80 *As.* H. Hochstein. 6360□

**Kontinuierliche Überwachung und Regelung des Feuchtegehaltes von Schüttgut nach dem Neutronenstreuverfahren.** Herbert Neuhaus, Friedrich Hombeck und Wilhelm Kühn. (Stahl u. Eisen **82,** 1017—26, 19/7. 1962; Haspe, Klöcknerwerke A.G.; Karlsruhe, Inst. der Isotopenstudienges.; dt.) — Verschiedene Meßverff. zur

Wasser-Best. werden erörtert. Die Feuchtemessung erfolgt durch Bromierung schneller Neutronen. Die Einfl.-Größen auf kernphysikal. Messungen werden behandelt u. Angaben über den Einbau der Meßstelle im Betrieb u. über die Meßgenauigkeit gemacht. — Diskussion. H. Hochstein. 6360□

**Erfahrungen mit dem Schmelzen im Induktionsofen bei der B.C.I.R.A.** R. B. Coates. (B. C. I. R. A. Journal **10,** 741—45, Nov. 1962; engl.) — Die 1957 aufgebaute Anlage besteht aus 4 Öfen, die von einem 200-kW-Motorgenerator mit 2250 Hz gespeist werden. Die besten Ergebnisse erhielt man mit hochreinem Quarzit (saure Ofenauskleidung) aus Schweden. Bas. Futter brachte widersprechende Ergebnisse u. oft vorzeitige Ausfälle. Ausstampfen, Einbrennen, Unterhaltung u. Chargieren des Ofens werden beschrieben u. Werte für Futterhaltbarkeit, Schmelzzeit u. Leistungsbedarf angegeben. Wilhelm Lange. 6370◇

**Theoretische Betrachtungen, Modellversuche und Betriebserfahrungen über die Strömungsvorgänge in Tieföfen.** Herbert Boenecke. (Stahl u. Eisen **82,** 1009—17, 1 farbige Tafel, 19/7. 1962; Düsseldorf; dt.) — Die Bedeutung der Strömungstechnik im Ofenbau wird erörtert u. Ausführungen über den Impulsstrom des Brennerstrahles werden gemacht. Modell-Unterss. werden an Freistrahlen, die gefärbt werden, ausgeführt u. hieraus Schlüsse für die Strömung im geschlossenen Ofenraum gezogen. Die Modell-Verss. werden auch an Tiefofenkammern durchgeführt u. Vorschläge für Tiefofenbrenner gemacht. Die Ähnlichkeitsbedingungen nach Reynolds werden besprochen. Die Bedeutung einer guten Besetzweise von Tiefen wird durch Betriebs-Verss. bestätigt, bei denen bei gestörter Strömung die Durchwärmung des Einsatzes unzureichend ist. Diskussion. H. Hochstein. 6370□

**Neue Kontrollmethode des Verlaufs der Trocknung der Auskleidung des Hochofens.** A. Maślanka und I. Pankow. (Prace Inst. hutniczych **1961,** 13—17; Inst. Metal. Żelaza; pol.) — Der Verlauf der Trocknung der Ausmauerung wird durch Messung der abs. Luftfeuchtigkeit des Luftstromes vor dem Eintritt u. nach Verlassen des Ofens kontrolliert. Das Trocknen soll vor allem im Anfangsstadium langsam erfolgen, da in dieser Zeit die Hauptmenge des W. abgegeben wird u. dabei die Gefahr des Springens am größten ist. F. Urban. 6370◇

**Ausrüstung für die Entnahme von Gas- und Stoffproben sowie für die Temperaturmessung im Hochofenschacht.** Y. Boudier und P. Dancoisne. (Rev. Métallurgie **58,** Sonderh. 88—91, 15/10. 1961; Maizières-les-Metz, IRSID; franz.) — Beschreibung der Konstruktion u. Anwendungstechnik der für die Probenentnahme u. die Temp.-Messung verwendeten Sonde. H. Hochstein. 6370□

**Der Einfluß der Falschluft auf die thermische Arbeit des Siemens-Martin-Ofens.** M. Michałowski. (Prace Inst. hutniczych **1961,** 18—26; Inst. Metal. Żelaza; pol.) — Falschluft bewirkt bei SM-Öfen nicht nur eine Abkühlung des Abgases, sondern auch eine Vergrößerung des Vol. u. damit steigenden Durchflußwiderstand, der die Arbeit des Ofens beeinträchtigt. Der höhere $O_2$-Geh. des Abgases erhöht außerdem die Explosionsgefahr im Kamin. — 36 Literaturangaben. F. Urban. 6370◇

**Vergleichbare Bewertung von Wasserstoffträgern für das Einblasen in das Hochofengestell.** Ludwig von Bogdandy und Wolfgang Schaefers. (Stahl u. Eisen **82,** 1—18, 4/1. 1962; Oberhausen u. Duisburg-Huckingen; dt.) — Die Veränderungen im Hochofen beim Einblasen von $H_2$-Trägern in das Gestell werden erörtert u. die Red.-Kinetik erläutert. Mit Labor-Verss. wird ein Vgl. angestellt. Die Spaltung der $H_2$-Träger sowie die Änderung des Wärmebedarfs u. des Wärmewirkungsgrades werden behandelt. Die Grundannahmen wurden besprochen u. eine Darst. der Berechnung der Wrkg. von Öl, Erdgas, Koksofengas u. Wasserdampf im Hochofen auf die Koksersparnis, Leistungssteigerung u. Wind-Temp. wird gegeben. Die Anwendung der erarbeiteten Erkenntnisse auf besondere Betriebs- u. Möllerverhältnisse wird vorgenommen u. ein Vgl. der theoret. Werte mit den Betriebsergebnissen angestellt. Diskussion. — 61 Literaturangaben. H. Hochstein. 6370□

**Einblasen von Zusatzstoffen in den Hochofen.** J. Cordier. (Rev. Métallurgie **58,** Sonderh. 92—116, 15/10. 1961; Saint-Germain-en-Laye, IRSID; franz.) — Die Entw. des Einblasens von KW-Stoffen durch die Windformen in den Hochofenschacht wird beschrieben; das Einblasen verbessert den Ofengang u. die *Roheisen*-Qualität, auch erhöht es die Ofenleistung u. erniedrigt den Kokssatz; ferner erleichtert es die therm. Überwachung des Ofenbetriebes. Das Einblasen von Wasserdampf dient zur Regelung der Windfeuchtigkeit, während das Einblasen von $N_2$ für die Durchführung von Maßnahmen zur Vermeidung von Explosionen dienen kann. H. Hochstein. 6370□

**Beitrag zum Studium des Hochofens mit Sintereinsatz. Die Vorgänge im Ofenschacht.** J. Michard. (Rev. Métallurgie **58,** Sonderh. 41—46, 15/10. 1961; Maizières-les-Metz, IRSID, Div. Minéral-Coke-Fonte; franz.) — Vgl. C. **1961,** 18106. — Die sich

im Hochofenschacht abspielenden Vorgänge werden bei Beschickung des Ofens mit Sinter zu erklären versucht. Dabei wird ein vereinfachtes Schema für die therm. Betriebsbedingungen des Hochofens aufgestellt, das die Temp. u. die Zus. der Gichtgase abzuleiten gestattet. Bei Benutzung des Schemas kann der Einfl. eines Einblasens von KW-Stoffen durch die Windformen in den Ofenschacht berechnet werden.
H. Hochstein. 6370 □

**Einfluß der Flußmittelkristallgröße auf die Durchsatzgeschwindigkeit und Festigkeit von Sinter.** T. L. Myron, J. H. Brown, R. L. Franklin und W. H. Powers. (Blast Furnace Steel Plant **50,** 511—15, Juni 1962; Monroeville, Pa., US Steel Corp; engl.) — Durch Verss. wird nachgewiesen, daß für eine gegebene Teilchengröße des Flußmittels die Brenngeschw. von Dolomit oder von Kalkstein prakt. unabhängig von der Kristallgröße ist. Jedoch brennt im allg. Dolomit schneller als Kalkstein. In keinem Falle wird ein Einfl. der Kristallgröße auf die Sinterproduktions-Geschw. nachgewiesen; jedoch ist diese bis zu einem beträchtlichen Betrage vom Brennstoff-Geh. der Sintermischung abhängig. Es wird gefolgert, daß die Kristallgröße des Sinterflußmittels kein krit. Faktor im Sintervorgang ist. H. Hochstein. 6378 □

**Sintern von angereicherten Konzentraten.** J. Astier, J. Brucy und P. Javelle. (Rev. Métallurgie **58,** Sonderh. 30—40, 15/10. 1961; IRSID u. Mine de Bure; franz.) — Die Hauptverff. des Sinterns von Feinkonzentrat, die zur prakt. Ausführung gekommen sind, werden beschrieben. Die Bedeutung einer Unters. der hierbei auftretenden Probleme für die Konz. der verschiedenen französ. Fe-Erze wird erörtert. Es zeigt sich, daß eine Analogie zwischen den Sinterproblemen der Konzentrate, die in Lothringen hergestellt werden können, u. den Sinter-Verff. der amerikan. Magnesit- u. Hämatitkonzentrate nicht besteht. H. Hochstein. 6378 □

**Beitrag zur Untersuchung des Gasflusses während des Sintervorganges.** J. Michard, M. Boucraut und M. Heidemann. (Rev. Métallurgie **58,** Sonderh. 6—16, 15/10. 1961; Maizières-les-Metz, IRSID; franz.) — Die Schwankungen des Druckverlustes zwischen den verschiedenen Höhenlagen der Sinterschicht werden festgestellt; der Hauptwiderstand befindet sich dabei in der noch nicht gesinterten Schicht, der auf die teilweise Kondens. des in den oberen Schichten enthaltenen W. zurückzuführen ist. Es werden konkrete Beispiele erörtert, die zeigen, daß der Widerstand gegen den Gasdurchlaß vermindert werden kann, wenn z. B. die Temp. des Sintergemisches erhöht wird. H. Hochstein. 6378 □

**Lothringischer Erzsinter unter dem Mikroskop.** A. Rist. (Rev. Métallurgie **58,** Sonderh. 17—29, 15/10. 1961; Saint-Germain-en-Laye, IRSID; franz.) — Die Ergebnisse einer mkr. Unters. von Erzsinterproben aus einer Bandsinteranlage u. aus der Vers.-Sinterpfanne der IRSID-Vers.-Anlage werden mitgeteilt, wobei die angewandte Beobachtungstechnik erläutert wird. Das Aussehen der Proben im gefritteten u. im Rohzustand wird angegeben. Die unter dem Mikroskop auftretenden mineralog. Formen der Eisenoxide u. der Gangart werden erörtert. — 23 Literaturangaben.
H. Hochstein. 6378 □

**Untersuchung der Sinterfestigkeit.** W. Ja. Miller, Ss. W. Basilewitsch, I. P. Chudoroschkow und G. M. Maisel. (Stahl [UdSSR] **21,** 769—77, Sept. 1961; Nishne-Tagilsk, Hüttenwerk u. Metallurg. Inst. der Uraler Filiale der Akad. der Wiss. der UdSSR; russ.) — Die Festigkeit von *Sinter* aus *Magnetitkonzentraten* wird durch den Charakter der Porosität des Sinterkuchens bestimmt, der von Viscositätskennwerten des Schmelzflusses u. dem Übergangs-Temp.-Bereich aus dem zähfl. in den leichtfl. Zustand abhängt. Eine ausreichende Verfestigung des Sinters aus feinzerkleinerten Materialien wird bei geringem Brennstoffverbrauch infolge Bldg. einer feinporösen Struktur erreicht, jedoch erzielt man bei der Sinterung von hinsichtlich der Körnung ungleichmäßigeren Konzentraten eine Verfestigung bei hohem Brennstoffverbrauch. Die niedrige Festigkeit von selbstgängigem Sinter wird durch die Bldg. einer grobporösen Struktur infolge Erlangung einer leichtfl. Schmelze nur in einem engbegrenzten Temp.-Bereich hervorgerufen. Die beste Wrkg. in bezug auf die Sinterfestigkeit wird bei der Sinterung eines Agglomerates mit einer Basizität von 1,2—1,4 aus feinzerkleinertem Material erzielt. H. Hochstein. 6378 □

**Untersuchung des sulfatisierenden Abbrennens in der Wirbelschicht von Kobalt enthaltendem Stein in Nickel- und Kupferwerken.** Tschshi-Zain Sjao und W. I. Smirnow. (Nichteisenmetalle [UdSSR] **34,** Nr. 1, 35—39, Jan. 1961; Uraler polytechn. Inst.; russ.) — Untersucht wurde der Sulfatisierungsgrad (Sg.) von Metallen im Wirbelschichtofen beim Rösten von *Ni-Co-Stein*, bestehend aus 1,21 (%) *Co*; 7,28 *Ni*; 61,25 *Fe*; 24,05 *S* u. *Cu-Co-Stein* aus 0,36 *Co*; 26,70 *Cu*; 43,8 *Fe*; 23,56 *S* in Abhängigkeit von der Rösttemp., dem $SO_2$-Geh. im Gebläse, der Beschickungs-Geschw. u. Korngröße des

Materials. Es erwies sich, daß der Sg. nicht vom allgemeinen S-Geh. der Metalle, sondern von der Art der Sulfite u. deren Oxydations-Geschw. abhängt. Wenn im Konzentrat Sulfide mit geringen Unterschieden in der Oxydations-Geschw. vorhanden sind, tritt Sulfatisierung ein, die bei großen Unterschieden erschwert ist. Auf diese Weise findet der schlechte Sg. des Ni-Co-Steins im Gegensatz zum hohen des Cu-Co-Steins seine Erklärung. Else Heinemann. 6380

**Über die komplexe Verarbeitung von Krätzschlacken der Kupfererzeugung.** W. I. Smirnow, B. W. Lebed, A. I. Tichonow und Ju. A. Jablonski. (Nichteisenmetalle [UdSSR] **34,** Nr. 10, 46—50, Okt. 1961; russ.) — Auf Grund von Industriebeobachtungen wird nachst. Schema der bei der *Cu*-Erzeugung anfallenden Krätzschlacke empfohlen. Die laufend anfallenden Schlacken sowie Schlacken früherer Schmelzen werden in einem Flammofen oder elektr. Lichtbogenofen zur Extraktion der *Buntmetalle* eingeführt. Der Schmelze wird Kalk zur Ausscheidung von *ZnO* aus den Silicaten u. Al-Silicaten sowie ein Red.-Mittel zur Red. von Zn, zur Zerstörung von *Magnetit* u. zur Teilred. von *Fe* zugesetzt. Die günstigste Temp. für die Durchführung des Prozesses liegt bei 1400—1450°. *Cu* u. *Edelmetalle* werden in den Fe-Cu-Stein infolge eines Zusatzes von pyrit. Konzentrat übergeführt. Die Verw. von Pyrit als Ausscheidungsmittel löst das Problem der Extraktion der Edelmetalle aus diesem Rohstoff in günstiger Weise. Der so erhaltene arme Stein wird zur Cu-Verarmung der Konverterschlacke verwendet. Die entkupferte Konverterschlacke wird in den Hauptprozeß eingeleitet, während der angereicherte Stein einer Windfrischung auf *Schwarzkupfer* unterworfen wird. Die sek. Schlacke, die keine Buntmetalle enthält, wird im elektr. Lichtbogenofen durch Red. zu *Roheisen* verschmolzen. Das dabei erhaltene fl. Roheisen muß in einem besonderen Ofen auf *Markenstahl* gefrischt werden. Die der Zus. von Hochofenschlacken ähnlichen Endschlacken eignen sich zur Weiterverarbeitung. H. Hochstein. 6380□

**Beitrag zur Erschmelzung von Stählen und Legierungen im Induktions- und im Lichtbogenvakuumofen.** Karl Bungardt und Helmut Vollmer. (Stahl u. Eisen **82,** 401—19, 29/3. 1962; Krefeld, Forsch.-Inst. der Deutschen Edelstahlwerke A.-G.; dt.) — Erörtert werden die Unters.-Ergebnisse am Lichtbogenvakuumofen mit selbstverzehrender Elektrode u. am Induktionsvakuumofen. Die mittlere Abschmelz-Geschw. von Stahl im Lichtbogenofen in Abhängigkeit von der Stromstärke läßt sich im Bereich von 1—6 kA durch eine Formel gut wiedergeben. Temp.-Messungen in der Kokille des Lichtbogenvakuumofens zeigten, daß die Überhitzung des Stahles sehr gering (15—40°) ist. Bei den Unters.-Bedingungen bedeutet die höchste Abschmelz-Geschw. nicht, daß auch der fl. Stahl am längsten dem Unterdruck ausgesetzt ist. Die Rk. zwischen Tiegel u. fl. Stahl beim Schmelzen im Induktionsvakuumofen wird zahlenmäßig erfaßt. Ein Vgl. der Geschw. nach Schmelzen in den beiden Öfen zeigt, daß mit beiden Schmelzverff. etwa gleich niedrige O- u. H-Geh. erzielt werden können; die N-Geh. liegen beim Lichtbogenvakuumschmelzen im allgemeinen höher. Beim Schmelzen unter vermindertem Druck treten Verdampfungsverluste von Metallen mit hohem Dampfdruck bis zu ca. 0,4% auf; die *S* u. *P*-Geh. bleiben unbeeinflußt. Metallograph. Unterss. ergaben, daß der Geh. an oxid. Einschlüssen im Vgl. zu einem an Luft erschmolzenem Stahl im Vakuumstahl stark vermindert werden kann. Der Sulfidreinheitsgrad wird dagegen nicht verbessert. Bei Vergütungs- u. Wälzlagerstählen wird eine Verbesserung der Kerbschlagzähigkeit bzw. Schlagbiegezähigkeit u. der Biegewechselfestigkeit an Proben, die senkrecht zur Schmiedefaser entnommen waren, festgestellt. Warmarbeitstahl mit 9% *W* zeigte nach Erschmelzung im Induktionsvakuumofen stark verbesserte Bruchverformungskennwerte. Die mögliche Senkung des C- u. N-Geh. auf Werte unter 0,01% bewirkte bei den nichtstabilisierten ferrit. Cr-Stählen eine Verlagerung des Steilabfalls der Temp.-Kerbschlagzähigkeitskurven zu tieferen Temperaturen. Bei Schmelzen mit 17 oder 28% *Cr* war bei —50° noch keine Verminderung der Kerbschlagzähigkeit festzustellen. Elemente mit hoher Affinität zu O oder N behindern die Entgasung von Stahl. Bei stabilisierten Stählen mit ca. 18% Cr u. 10% Ni trat nach dem Schmelzen unter Vakuum eine deutliche Erhöhung der Streckgrenze bei Raum-Temp. u. erhöhter Temp. auf. Eine Erhöhung der im Zeitstand-Verf. ermittelten Bruchzeit hochwarmfester Stähle u. Legg. durch Vakuumschmelzen konnte ohne Änderung der Zus. nicht beobachtet werden. Dagegen wurde eine Erhöhung der Bruchverformungswerte im Zeitstands-Vers. festgestellt. Ebenso war eine deutliche Verbesserung der Warmverformbarkeit bei sonst schwierig verformbaren Stählen u. Legg. vorhanden. — 40 Literaturangaben. Diskussion. H. Hochstein. 6380□

**Betrachtungen zur Planung von metallurgischen Vakuumausrüstungen.** M. E. Harper und W. J. Smith. (Vacuum [London] **10,** Nr. 6, 444—53, Dez. 1960; herausgeg. Juni 1961; Crawley, Sussex, Edwards High Vacuum Ltd.; engl.) — J. Noack. 6380◇

**Schmelzen in Elektronenstrahlofen.** G. Ogiermann. (Vacuum [London] **10,** Nr. 6, 454—65, Dez. 1960, herausgeg. Juni 1961; Wolgang bei Hanau, DEGUSSA.; dt. u. engl.) — Die Nachteile des Vakuuminduktionsofens (Verunreinigung durch Tiegelmaterial) u. des Vakuumlichtbogenofens (kurze Verweilzeit im fl. Zustand) vermeidet der Elektronenstrahlofen. Ring- oder Fernelektroden aus W-Draht emittieren bei ca. 2000° Elektronen, die auf das zu schmelzende Gut (geformte Elektrode oder pulverförmiges Material) u. den Block geführt werden. Schmelzgut u. der Boden der wassergekühlten Cu-Kokille sind beweglich. Die Schmelzgeschw. hat einen wesentlichen Einfl. auf die Reinheit, die nach der Härte beurteilt werden kann (z. B. Nb im Lichtbogenofen unter Ar geschmolzen 180 HB; Schmelze im Elektronenstrahlofen 90—100 HB, nach Umschmelzung 35—40 HB). R. Hegenbarth. 6380□

**Vakuumtechnik und Metalleigenschaften.** L. Habraken. (Vacuum [London] **10,** Nr. 6, 412—34, Dez. 1960, herausgeg. Juni 1961; Liège, Belgique, Centre Nat. de Rech. Métallurg.; engl. u. franz.) — Die Aufnahme von Gasen aus der umgebenden Atmosphäre beeinträchtigt im allg. die Eigg. der Metalle, weshalb Vakuum (V.) für hochwertige Erzeugnisse zunehmend Anwendung findet (V.-Entgasung in der V.-Kammer, V.-Gießstrahlentgasung, V.-Behälter mit Tauchrohr, V.-Umlaufentgasung). An verschiedenen Beispielen werden die erzielbaren Erfolge dargestellt: Entgasung (z. B. $H_2$-Geh. sinkt auf weniger als die Hälfte); genauere Zus. (z. B. Al u. Ti in Ni-Legg. ±0,12 gegenüber sonst ±0,25—0,50%); größere Reinheit (Desoxydation mit C oder $H_2$ statt mit Si, Mn o. a.); bessere Homogenität, Duktilität, Walzbarkeit u. Schmiedbarkeit; Verbesserung der mechan. u. chem. Eigenschaften. Verschiedene Legg. sind erst durch V.-Schmelzen zugänglich geworden, z. B. die hitzebeständigen Fe-Al-Legg., hochhitzebeständige „Super-Legierungen“, wie Undimet 500, Super Waspalloy, Jettalloy etc. auf Basis von Ni, Cr, Co, Mo, Fe, Ti, Al u. a., sowie B-haltige Stähle für die Kerntechnik. — 24 Literaturangaben. R. Hegenbarth. 6380□

**Vakuumbehandlung von Metallen, insbesondere von Stahl.** W. Armbruster. (Vacuum [London] **10,** Nr. 6, 405—11, Dez. 1960, herausgeg. Juni 1961; Hanau/M., W. C. Heraeus; franz.) — Die Anwendung von Vakuumprozessen hat in den letzten Jahren zunehmende Bedeutung erlangt (Vakuumentgasung in fl. Zustand, desgleichen mit nachfolgender Wärmebehandlung in festem Zustand. Fritten von Metallpulvern, Vakuumschmelzen). Für die Vakuumbehandlung von Stahl stehen 2 Verff. zur Verfügung: a) die Umlaufentgasung nach Heraeus-Ruhrstahl. Der geschmolzene Stahl wird durch eine Vakuumkammer gesaugt, wobei Gase (vorwiegend CO u. $H_2$) weitgehend abgegeben werden. Ohne wesentliche Änderung des üblichen Prozesses können 80—100 t Stahl in 20 Min. entgast werden; b) das Vakuumlichtbogenschmelzen mit Abschmelzelektrode. Man erreicht eine Senkung des Gas-Geh., Erhöhung des Reinheitsgrades, Verminderung von Ausscheidungen u. Porosität sowie eine Verbesserung der mechan. Eigenschaften. Das Umschmelzen im Vakuumlichtbogenofen gestattet die Herst. neuartiger Legierungen. R. Hegenbarth. 6380□

**Einige Beispiele für die praktische Anwendung von Vakuum in der Nichteisen-Metallurgie.** B. Tougarinoff. (Vacuum [London] **10,** Nr. 6, 466—73, Dez. 1960, herausgeg. Juni 1961; Hoboken, Belgien, Soc. Gen. Métallurg.; engl. u. franz.) — Beispiele für Reinigungs-Verff. von *Zn, U, Nb, Ta, Si* u. *Ge* werden gegeben. R. Hegenbarth. 6380□

**Messung des Mischungsgrades von Formmassen.** Ryszard Chudzikiewicz. (Przegląd Odlewnictwa **11,** 141—46, Mai 1961; pol.) — Zur Festlegung des Mischungsgrades von Formmassen wird die Standardabweichung der Konz. eines Bestandteils verwendet. Dieser Bestandteil soll eine Dichte ähnlich der der Mischung haben, chem. u. mechan. einheitlich sein u. darf sich chem. mit den anderen Bestandteilen nicht umsetzen. So ist z. B. *C* für diesen Zweck ungeeignet. F. Urban. 6382◇

**Wasserglas-Gemische für Gußstücke aus Kupferlegierungen.** A. I. Wesselowa und Je. I. Maisel. (Giesserei-Betr. [UdSSR] **1962,** Nr. 6, 34—36, Juni; russ.) — Als schnelltrocknende wasserglashaltige Gemische zur Herst. von Formen u. Kernen für Gußstücke aus *Cu*-Legg. werden empfohlen 1. als Formsandgemisch: 20 (%) eines aufbereiteten Gemisches mit 12—15 $Al_2O_3$, 77 *Quarzsand 1 K 025 A* (**I**), 3 Ton *FO-1* (**II**), ferner über 100 hinaus 7 Wasserglas mit einem Spezif. Gew. von 1,48—1,52 u. einem Modul von 2,6—2,9, 0,5 *Masut,* 1,2 *W.* u. 2. als Kernsandgemisch entweder 12,6 aufgearbeiteter Rücklauf, 79,4 **I**, 5 **II**, dazu 5,7 Wasserglas, 1,2 *NaOH*-Lsg., 1,55 *Bitumen-Nr. 5*-Lsg. (**III**) in Alkohol oder 96,5 **I**, 3,5 **II**, dazu 6,5 Wasserglas, 1,3 NaOH-Lsg., 2 **III** in Alkohol. Die Eigg. dieser Gemische hinsichtlich Festigkeit u. Gasdurchlässigkeit werden mitgeteilt. H. Hochstein. 6382□

**Eingußkanäle für Eisengußstücke.** A. G. Fuller. (B.C.I.R.A. Journal **10,** 746 bis 758, Nov. 1962; engl.) — Richtig konstruierte Eingußkanäle sind wichtig für einwandfreie Gußstücke. Die Ausbildung der einzelnen Teile der Gießkanäle u. ihre gegenseitige Anordnung beeinflussen die Temp. des in die Form einströmenden Metalls u. damit die Güte des Gußstückes. Die beste Konstruktion der Gießkanäle kann nur experimentell bestimmt werden. Wilhelm Lange. 6382◇

**Gratbildung in Graugußstücken.** M. J. Clifford und A. D. Morgan. (B.C.I.R.A. Journal **10,** 759—75, Nov. 1962; engl.) — Grate entstehen beim Vergießen durch Eindringen von fl. *Fe* in Risse, die durch unterschiedliche Wärmeausdehnung des Kerns während des Gusses entstanden sind. Sie werden hauptsächlich bei gewaschenen Quarzsanden u. gewissen Kunstharzbindern beobachtet. Bei höheren Temp. verhindern plast. Bindemittel die Rißbildung. Kerne mit Silicatbinder zeigen geringste Grat-Bldg., leinölgebundene Kerne mehr; Kerne mit Harnstoff–Formaldehyd-Kunstharz weisen beträchtliche Grat-Bldg. auf, falls der Binder nicht schnell durch Erhitzen beim Gießen zerstört werden kann. Sandzusätze, die die Hochtemp.-Plastizität fördern, vermindern die Gratbildung. Das Ausmaß der Grat-Bldg. hängt vom Aufbau des Gußstückes u. des Kerns ab u. wird durch Änderungen in der Metall-Zus. vermindert, z. B. durch Erhöhung des *P*-Geh. u. durch *Al*-Spuren. Wilhelm Lange. 6382◇

**Einflüsse von Schwingungen auf die Legierungen in der Schmelze und während des Erstarrens.** Claude Mascré. (Fonderie **1962,** 361—75, Okt.; Centre techn. des Ind. de la Fonderie; franz.) — Literaturübersicht. — 56 Literaturangaben. M. Gehlen-Keller. 6382◇

**Das Verhalten von einer plötzlichen Erhitzung unterworfenen Formmaterialien bezüglich des Auftretens von Gußnarben.** H. G. Levelink. (Inst. Hierro Acero **13,** 254—67, Jan./März 1960; span.) — Vgl. C. **1958,** 7878. — Gußfehler können durch das Verh. von Formsand bei plötzlichem Erhitzen entstehen, indem sich auf der Oberfläche des Gußstückes eine 1—4 mm starke Sandschicht ansetzt. Schon beim Erhitzen auf 400° kann ölhaltiger Formsand eine Herabsetzung der Druckfestigkeit auf $^1/_{10}$ des Ausgangswerts erleiden. Bei tonhaltigem Formsand ist eine Beeinflussung der Gußfehler durch Regelung des Feuchtigkeits-Geh. u. Zusatz von Feinkorn, z. B. Kieselsäuremehl, möglich. R. K. Müller. 6382□

**Die Verwendung von exothermen Gemischen und Einsätzen für die Erhitzung der Blockköpfe.** Ljubomir Schmrga und Iwo Brodski. (Stahl [UdSSR] **21,** 598 bis 604, Juli 1961; Ostrau, Forschungsinst. der Wittkowitzer „Gottwald"-Hüttenwerke; russ.) — Für die Erhitzung von Stahlblockköpfen werden exotherme, Al-haltige, thermitfreie Gemische verwendet, die keinen Einfl. auf die Metall-Zus. ausüben u. für die Bedienung gefahrlos sind. Das Gemisch besteht in der Hauptsache aus *Ferrolegg.*; es gibt keine intensive leuchtende Ausstrahlung. Eine Erwärmung durch Formsteine, welche isolierende u. exotherme Zusätze enthalten u. eine hohe mechan. Festigkeit aufweisen, ermöglicht die Herst. kleiner Stahlblöcke mit dem geringsten verlorenen Kopf. H. Hochstein. 6382□

**Verbesserung des Fließvermögens von Aluminium enthaltenden Eisen- und Kupferlegierungen.** Yo Serita. (Imono, J. Japan Foundrymen's Soc. **34,** 363—67, Mai 1962; jap., Auszug: engl.) — Das Fließvermögen von *Al* enthaltenden *Fe*- u. *Cu*-Legg. wird durch 0,2, 0,5 oder 1 g *NaCl*, *NaF*, $Na_2CO_3$, $Na_2S$ (oder K-Salz), in fester Form oder gesätt. wss. Lsg. auf die Formoberfläche gegeben, verbessert. W. Wesly. 6382◇

**Die Behebung von Gußfehlern mit Hilfe von Epoxidharzen.** M. L. Goldowski. (Giesserei-Betr. [UdSSR] **1961,** Nr. 9, 22—23, Sept.; russ.) — Die Klebemasse *K-54/6*, die ein mit ungesätt. Maleinsäurepolyesterharz modifiziertes *Epoxidharz* (I) darstellt, verfügt über eine gute Haftfestigkeit, Wärmebeständigkeit, geringe Schrumpfung u. kann spanabhebend verformt werden. Zur Behebung von Gußfehlern dienen auch I-Pasten, für die man als Härtungsmittel ein Gemisch aus 50% Hexamethylendiamin oder Polyäthylenpolyamin u. 50% A. verwendet. Die abzudichtenden Stellen werden sandgestrahlt oder abgeschliffen, mit Aceton oder Äthylacetat entfettet u. die Klebemasse aufgetragen. Risse, Lunker u. Poren $<1$ mm werden vor dem Abdichten auf 80° erwärmt. Schäden von 12—15 mm Ø werden erst mit Paste verklebt u. dann mit einem I-haltigen Glasgewebe abgedeckt. Durch I-Pasten können als Ausschuß erklärte Teile für die Produktion wieder vollwertig werden. Else Heinemann. 6382□

**Ultrareine Werkstoffe.** Alan Franklin. (Mater. Res. Standards **2,** 204—05, 211, März 1962; Washington, D.C., Nat. Bur. of Standards, Mineral Prod. Div.; engl.) — Bedeutung ultrareiner Werkstoffe für Forschung u. Praxis, ihre Herst., Eigg. u. Verwendung. W. Wesly. 6388□

**Atomistische und technische Fragen beim Fließen der Metalle.** Ulrich Dehlinger. (Wiss. Z. Techn. Univ. Dresden **11**, 429—31, 1962; Stuttgart, TH; dt.) — Kurzer Abriß über die Vorgänge beim Fließen der Metalle auf Grund der Versetzungstheorie.
M. Gehlen-Keller. 6388◇

**Experimentelle Wirbelbett-Reduktion neuseeländischer Eisensande.** W. Shannon, W. Kitt und T. Marshall. (New Zealand J. Sci. **3**, 74—92, März 1960; Gracefield, Dominion Labor.; engl.) — Die *Ti*-haltigen Eisensande können mit $H_2$ u. mit CO (30% $H_2$) bei Temp. zwischen 700 u. 900° ohne Zusammenkleben red. werden. Bei 900° führt die Red. schnell zu hohem Metallgehalt. Die Red. mit CO im Wirbelbett ist bei 600—750° möglich, die Red.-Geschw. ist jedoch gering. Voroxydation vergrößert die Geschw. der nachfolgenden Red. mit CO u./oder $H_2$, bes. bei niedrigen Temperaturen. Metall-Bldg.-Geschw. u. Gasausnutzung wurden mit den Daten für Magnetit größerer Reinheit verglichen. Die Verunreinigungen im Ti-haltigen Eisensand verzögern die Red., vergrößern aber den Temp.-Bereich für die Reduktion. W. Knoch. 6390□

**Gleichgewichte zwischen Siemens-Martin-Schlacken und Eisenschmelzen.** Hans vom Ende, Friedrich Bardenheuer und Eberhard Schürmann. (Stahl u. Eisen **82**, 1027—35, 19/7. 1962; Clausthal-Zellerfeld, Hüttenwerk Huckingen, Mannesmann Akt.-Ges.; dt.) — Zur Best. der Gleichgewichtsverhältnisse wird ein dichter CaO-Tiegel entwickelt, bei dem als Bindemittel $Cr_2O_3$ verwendet wird. Durch Anreicherung ungesätt. Siemens-Martin-Schlacken an CaO wurde der Verlauf der Sättigungsisotherme im quasitern. Syst. (CaO)′–($SiO_2$)′–(FeO)′ für 1650° festgestellt. Bis zu einem (FeO)′-Geh. von 22% sind die Schlacken an Tricalciumsilicat u. bei höheren FeO-Geh. an CaO-Mischkristallen gesättigt. Die Gleichgewichts-Unterss. ergaben folgenden Aufschluß über die beim bas. Siemens-Martin-Verf. wesentlichen Rkk.: Im ungesätt. Bereich wird bei gleichbleibendem Basizitätsgrad u. steigendem FeO-Geh. die Aktivität des FeO größer; Mn, P u. Cr verschlacken, S wird aus der Schlacke in das Eisenbad reduziert. Bei gleichbleibendem FeO-Geh. u. steigendem Basizitätsgrad der Schlacke wird die Aktivität des FeO kleiner; Mn, P u. Cr werden aus der Schlacke in das Eisenbad red., S geht in die Schlacke. Bei gesätt. Schlacken führt die Erhöhung des FeO-Geh. zu einer Vergrößerung der FeO-Aktivität u. zu einer Verschlackung von Mn, P u. Cr. In den tricalciumsilicatgesätt. Schlacken bleibt die Entschwefelung vom FeO-Geh. fast unbeeinflußt; durch höhere FeO-Geh. [ab 22% (FeO)′] wird sie verbessert. Bei gesteigerter Temp. wird die Löslichkeit von O im fl. Fe erhöht; gleichzeitig wird die Aktivität des FeO in den gesätt. Schlacken geringer. Mn, P u. Cr wandern aus der Schlacke in das Eisenbad zurück; die Entschwefelung wird verbessert. Mit den ermittelten Gleichgewichten zwischen Schlacke u. Eisenbad werden jeweils die entsprechenden Verhältnisse im Siemens-Martin-Ofen verglichen. Die abgeleiteten Gleichgewichtswerte der verschiedenen Rkk. gelten in gleicher Weise auch für das Verblasen P-armer Roheisensorten mit reinem $O_2$. — Diskussion. H. Hochstein. 6390□

**Einfluß von Ca–Si auf geschmolzenes Eisen in basischen Kupolöfen.** Masuteru Maruyama und Junnosuke Hara. (Imono, J. Japan Foundrymen's Soc. **34**, 387—95, Mai 1962; jap., Auszug: engl.) — Unterss. über den *Ca–Si*-Zusatz zu geschmolzenem *Fe* in bas. Kupolöfen zeigen, daß 2,5 (%) *Ca–Si* mit 1,5 $CaF_2$ keinen Kugelgraphit ergeben, wohl aber, wenn man 1,5 $MgF_2$ statt $CaF_2$ anwendet u. das Roheisen einen geringen *P*-Geh. ($<$0,02%) hat. Ein Zusatz von 2,5 Ca–Si mit 1,5 $MgF_2$ führt zu einem $>$80% entschwefelten Fe. W. Wesly. 6390◇

**Faktoren, die die Längung von Eisenteilchen mit einer Domäne, hergestellt nach der Amalgammethode, beeinflussen.** M. Waltenberger-Razniewska, L. Siarzewski und E. Waniewski. (Prace Inst. hutniczych **1961**, 47—52; Inst. Metal. nieżelazn.; pol.) — Die Herst. länglicher Fe-Partikel mit einer Domäne an der Hg-Kathode wird durch die Art des Stroms beeinflußt. Störungen ergeben sich vor allem durch pulsierenden Gleichstrom u. durch Konvektion im Elektrolyt. F. Urban. 6390◇

**Betrieb mit 100 % Sinter des Hochofens Nr. 5 des Werkes Patural (Soc. de Wendel) im März/April 1960.** P. Michaux, R. Goffette, G. Chanty, P. Dancoisne, F. Himber und J. Michard. (Rev. Métallurgie **58**, Sonderh. 47—65, 15/10. 1961; IRSID; franz.) — Bei einem Vers.-Betrieb eines Hochofens mit 100% Sintereinsatz wird in der ca. 2monatigen Vers.-Zeit ein gesteigerter Ofendurchsatz erzielt. Während der ersten Vers.-Periode wird ein Kokssatz von 633 kg bei einer Verw. von Koks mit 85% C erhalten. Das erschmolzene *Roheisen* hatte einen etwas erhöhten *S*-Geh., jedoch einen ziemlich niedrigen *Si*-Gehalt. Die anfallende Schlacke war verhältnismäßig sauer. Die Stoffentnahmen aus dem Ofen scheinen die Annahme einer Red. in zwei Stufen mit einer Wüstitzwischenphase zu bestätigen. H. Hochstein. 6400□

**Gesteigerter Hochofenbetrieb mit hohem Sinteranteil im Möller auf der Hütte Mont-Saint-Martin (Soc. Lorraine-Escaut).** C. Roederer, Y. Boudier und J. Michard. (Rev. Métallurgie **58**, Sonderh. 66—87, 15/10. 1961; Maizières-les-Metz, IRSID; franz.) — Die Ergebnisse eines 3monatigen Vers.-Betriebs des Hochofens Nr. 3 werden mitgeteilt. Der Sinteranteil im Einsatz betrug in dieser Zeit 65—90%. Die normalerweise 450 t/Tag betragende Roheisenerzeugung wurde durch den Sintereinsatz ohne sonstige Änderung des Ofenbetriebs auf 700 t/Tag gesteigert. Der Kokssatz fiel von 840 auf 700 kg. Der Ofen ließ ohne Schwierigkeiten Wind-Temp. von 750—1000° zu. Nur durch eine ungenügende Ausrüstung der Nebenanlagen wird eine stärkere Forcierung des Betriebs verhindert. Bei dem raschen Ofengang bewirkt das grobe Erz Ansätze u. starke Gichtstaubentwicklung. Das Auftreten einer inakt. Zone wird angenommen. H. Hochstein. 6400□

**Eine neue Vorstellung von der Gußeisen-Metallurgie.** Harish D. Merchant. (Metal Progr. **81**, Nr. 5, 90—94, 124, 126, Mai 1962; Toledo, Ohio, Owens-Illinois Techn. Center; engl.) — Im Gußeisen bilden sich aus Graphit u. der umgebenden Grundmasse kugelförmige Aggregate, die „eutekt. Zellen" benannt werden. Es besteht eine Beziehung zwischen der eutekt. Zellengröße u. den Eigg. des Gußeisens. Der Formenkühlungs-Einfl. sowie keimbildende Mittel bestimmen die Zellengröße. H. Hochstein. 6402□

**Verlauf des Wachstums von Gußeisen.** Kingo Nagaoka. (Imono, J. Japan Foundrymen's Soc. **34**, 380—87, Mai 1962; jap., Auszug: engl.) — Unterss. über die das Wachstum von Grauguß beeinflussenden Faktoren zeigen, daß das Wachstum auf einer irreversiblen Expansion beruht, die durch die Auflösung u. Ausscheidung von Graphit beim Wechselerwärmen verursacht wird. Die Diffusion von Graphitkohlenstoff durch die Grundmasse trägt zum Wachstum bei. Das Wachstum im Austenitbereich kann durch diese Theorie nicht erklärt werden. W. Wesly. 6402◇

**Eisenlegierungen und Impfstoffe für die Herstellung von hochfestem Grauguß.** Howard H. Wilder. (Inst. Hierro Acero **13**, 246—53, Jan./März 1960; Vanadium Corp. of America; span.) — Übersicht über die amerikan. Meth. der Gewinnung von Grauguß mit Festigkeiten von 30000—45000 lbs./sq.in. durch Zusatz von geringen Mengen Si-haltiger Legg., die die Graphit-Bldg. fördern. In einer Tabelle wird der Einfl. verschiedener Leg.-Elemente in Mengen von 0,01—3% auf die Härtungstiefe, die Graphitstruktur, das Metallgefüge u. die Härte mitgeteilt. R. K. Müller. 6402□

**Kontinuierliche Erzeugung von Kugelgraphitgußeisen im Kupolofenvorherd.** Jan Meus. (Przegląd Odlewnictwa **11**, 149—52, Mai 1961; pol.) — Beschrieben wird die Bedienung des Kupolofenvorherdes während der Einführung des *Mg*-Stabes in den geschmolzenen Grauguß. F. Urban. 6404◇

**Theoretische Untersuchung über die Kugelgraphitbildung in hypoeutektischem Gußeisen.** Sadamu Nakamura. (Imono, J. Japan Foundrymen's Soc. **34**, 376—80, Mai 1962; jap., Auszug: engl.) — An Hand des Zustandsdiagramms wird festgestellt, bei welcher Zus. der Probe u. in welcher Form Graphit ausgeschieden wird. W. Wesly. 6404◇

**Wismut- oder Tellurzusätze zur Unterdrückung von Flecken in Schwarzkerntemperguß.** C. T. Moore. (B.C.I.R.A. Journal **10**, 683—91, Nov. 1962; engl.) — Mit der zunehmenden Herst. von Schwarzkerntemperguß im *Duplex*-Verf. an Stelle des Einschmelzverf. steigt der *Si*-Geh. zur Erhöhung der Glühfähigkeit, was Zusätze zur Unterdrückung von Flecken notwendig macht. *Bi* u. *Te* unterdrücken die Flecken-Bldg., ohne die Glühfähigkeit nachteilig zu beeinflussen, wenn nicht der Si-Geh. u. die Zahl der Graphitkugeln zu groß ist oder stark entkohlt wurde. Beide Elemente können allein oder mit *B* oder *Al* zugegeben werden. Im Anhang werden Patente über B-, Bi- u. Te-Zusätze zu Temperguß angeführt. Wilhelm Lange. 6406◇

**Vakuum-Stahlguß.** J. Levaux und L. Hannon. (Vacuum [London] **10**, Nr. 6, 435—43, Dez. 1960, herausgeg. Juni 1961; Seraing, Belgien, S. A. Cockerill-Ougrée; engl. u. franz.) — Vgl. C. **1960**, 3018. — Bei Vakuumentgasung mit Überführung von Gießpfanne zu Gießpfanne u. anschließendem Vergießen an der Luft erzielt man eine Erniedrigung des $H_2$-Geh. um 50—60%. Die Werte liegen meist unter 4 $cm^3$ $H_2$/100 g Stahl. Erfolgt die Entgasung durch Gießen im Vakuum, sinkt er um ca. 65%. Eine wesentliche Qualitätssteigerung der Schmiedestücke wird erreicht. Rißbildende Oxideinschlüsse, die sich oft in den Seigerungszonen ansammeln, führen zu vorzeitiger Zerstörung z. B. bei Walzwerkszylindern. Nach Vakuumbehandlung des Stahls bei 4—5 mm Hg treten sie nur noch spurenweise auf, bei 1 mm Hg sind mit Ultraschall keine Einschlüsse mehr feststellbar. R. Hegenbarth. 6408□

**Flockenbildung im Stahl.** G. Richter. (Maschinenschaden **33**, 101—06, Juni 1960; Berlin; dt.) — Aussehen u. Entstehen der Flocken, Vermeidung u. Gefährlichkeit der Flockenbildung. — 8 Literaturangaben. M. Gehlen-Keller. 6408◇

**Die Sauerstoff- und Stickstoffbewegung beim Vergießen von Stahl an Luft, unter Schutzgas und im Vakuum.** Jürgen Berve und Henning Gravenhorst. (Stahl u. Eisen **82,** 1036—44, 19/7. 1962; Bochum; dt.) — Es wird eine Übersicht über einige Vorr. zum Vergießen von Stahl unter Schutzgas gegeben sowie eine Anlage zum Gießen schwerer Schmiedeblöcke im Vakuum, unter Schutzgas u. an Luft beschrieben. Vgl. mit den üblichen Gießverff. werden angestellt. Die Rk. des Gießstrahls mit dem $O_2$ der Luft wird behandelt u. die Einfl.-Größen für die N-Aufnahme beim Vergießen werden herausgestellt. Die niedrigsten O-Geh. werden bei vollberuhigten, im Vakuum vergossenen Elektrostählen mit unterschiedlichen Ausgangs-O- u. -C-Geh. erreicht. — Diskussion. H. Hochstein. 6408□

**Untersuchungen zur Seigerung bei unberuhigtem Stahl.** Klaus Kupzog, Rudolf Hammer und Heinrich Rellermeyer. (Stahl u. Eisen **82,** 394—401, 29/3. 1962; Duisburg-Hamborn; dt.) — Der *O*-Geh. eines unberuhigten Stahls in der Gießpfanne wird bes. vom *Mn*-Geh. u. nicht vom *C*-Geh. bestimmt; dagegen stellt sich während der Erstarrung in der Kokille eine enge Abhängigkeit des O-Geh. vom C-Geh. der Restschmelze ein. Dieser reichert sich dabei bei gleichzeitiger Abnahme des O-Geh. um so stärker an, je höher das Gew.-Verhältnis [C]: [O] in der Gießstrahlprobe über 1 liegt. Mn ist während des Kochens an der Desoxydation in der Kokille mitbeteiligt. Der Luft-$O_2$ verstärkt den Kochvorgang. Infolge seiner oxydierenden Wrkg. hat die Blockschlacke nicht mehr die gleiche Zus. wie die sich an der Erstarrungsfront vornehmlich im unteren Blockteil abscheidenden Oxydule. Die Schaumschlacken der mit Blechen abgedeckten Blöcke weisen einen erhöhten *MnO*-Geh. auf, weil die Frischwrkg. des Luft-$O_2$ durch das Abschrecken vermindert wird. Auch die aus der Restschmelze gezogenen Stahlproben geben nicht die Zus. des Stahls an der Erstarrungsfront selbst an. Wenn C u. Mn zugleich am Desoxydationsvorgang während der Erstarrung teilnehmen, wird Mn bes. im unteren, C im oberen Blockteil zur Rk. kommen. Der *S*-Geh. erhöht sich in der Restschmelze um so stärker, je länger u. je stärker der Block auskocht. Daher ist die S-Seigerung in der Achse des erstarrten Blockes, außer im oberen Blockteil, um so stärker, je länger die Zeit vom Abguß bis zum Schließen des Blockes dauert. Nachteilig für die Kernseigerung, bes. im oberen Blockteil, ist ein schlechtes Schließen des Blockes oder ein nachträgliches Aufbrechen des Blockkopfes. Es bilden sich dann Strömungen im Blockinnern aus, die zur Blockachse hin ausgerichtet sind u. zu starken Anreicherungen führen. Auch nach Schließen des Blockes bleiben solche Strömungen noch bestehen. Beim Einsetzen eines kernfl. Blockes in den Tiefofen erstarrt dieser nur langsam durch. Dadurch nimmt im oberen Teil einer Bramme die Seigerungsstärke mit wachsender Brammendicke zu. Die am stärksten auftretende Seigerung im Brammenkopf verschiebt sich um so tiefer in die Bramme hinein, je dicker diese ist. — Diskussion. H. Hochstein. 6408□

**Ausscheidungsvorgänge in einem Stahl mit rund 0,14% C, 0,6% Mo und 0,3% V und ihr Einfluß auf seine Eigenschaften.** Ewald Baerlecken und Heinz Fabritius. (Arch. Eisenhüttenwes. **33,** 261—67, April 1962; Düsseldorf, Phoenix-Rheinrohr Akt.-Ges., Verein. Hütten- u. Röhrenwerke; dt.) — An mehreren Schmelzen eines *Mo–V*-Stahls mit ca. 0,14 (%) *C*, 0,6 *Mo* u. 0,3 *V* wird der Verlauf des Ausscheidungsvorganges beim Anlassen mit Koerzitivkraftmessungen in Abhängigkeit von der Temp. u. Zeit untersucht. Hierdurch konnten die Aushärtungskurven zwischen 500 u. 700° ermittelt werden. Sie zeigen, daß der Abbau des ausgehärteten Zustandes infolge Einformung der ausgeschiedenen Teilchen durch langzeitige Temp.-Beanspruchung bei 560° ca. 100000 Std., bei tieferen Temp. entsprechend längere Zeiten in Anspruch nimmt. Da aber nur der ausgehärtete Zustand einen hohen Kriechwiderstand gewährleistet, können an Hand von Koerzitivkraftmessungen Aussagen über die zweckmäßigsten Verzweigungs-Temp. gemacht werden. Bei der Unters. des Einfl. der Wärmebehandlung auf die Zähigkeits-Eigg. des Stahls wird festgestellt, daß die Kerbschlagzähigkeit mit steigender Lsg.-Glühtemp. abnimmt. Zeitstand-Verss. mit einer längsten Laufzeit von 56000 Std. ergaben eine 100000-Std.-Zeitstandsfestigkeit von 18 kg/mm² bei 500° u. von 10 kg/mm² bei 550°. Die Werte der Zeitbruchdehnung betrugen bei 500° ca. 10% u. bei 550° ca. 5%. Durch röntgenograph. u. chem. Unters. von Isolierungsrückständen konnte gezeigt werden, daß die Aushärtung über das Mischcarbid (*V, Mo*)*C* erfolgt u. daß sich erst nach langzeitiger Temp.-Beanspruchung zusätzlich $Mo_2C$ bildet. H. Hochstein. 6408□

**Herstellungsverfahren und Qualität von chemisch „verschlossenem" Stahl St.3.** I. Je. Podynogin und N. Ss. Judin. (Stahl [UdSSR] **21,** 889—94, Okt. 1961; Kusnetzk, Metallurg. Kombinat; russ.) — Der Ersatz von unberuhigtem Stahl *St 3* durch chem. „verschlossenen" Stahl durch Einführung von Al in die Kokille erleichtert die Arbeitsbedingungen in der Gießhalle u. vermindert die Gießdauer bei einer merklichen

Qualitätsverbesserung des Stahls u. einer wesentlichen Steigerung des Ausbringens, da sich die Abfälle von Blockköpfen bis auf 3% verringern. Die nach dem Verf. hergestellten Stähle sind lunkerfrei, besitzen eine gute Oberflächenbeschaffenheit der Blöcke u. des Walzgutes, sind chem. u. hinsichtlich der mechan. Eigg. (Festigkeit, Kerbschlagzähigkeit, Neigung zur mechan. Alterung u. Niedertemp.-Versprödung) gleichmäßig.
H. Hochstein. 6408 □

**Entphosphorung von Metall bei der Elektroschlackenumschmelzung.** B. I. Medowar, Ju. W. Latasch, L. M. Stupak und B. I. Maximowitsch. (Automat. Schweissen [UdSSR] **15**, Nr. 4, 6—7, April 1962; Paton-Inst. für Elektroschweißen der Akad. der Wiss. der UkrainSSR; russ.) — Für die Entphosphorung von Stahl durch das Elektroschlackenumschmelzen (ESU) müssen dieselben Bedingungen eingehalten werden wie bei den anderen Stahlschmelzprozessen: der P des Bades muß oxydiert, in die Schlacke übergeführt u. dort fest gebunden werden. Bei Erhöhung der Schlacken-Temp. beim ESU wird die Entphosphorungsmöglichkeit vermindert. Bei einer Entphosphorung von unlegiertem Stahl werden Flußmittel der Syst. $CaF_2$–CaO–FeO, $CaF_2$–BaO–$Fe_3O_4$ u. $CaF_2$–BaO–$Mn_2O_3$ empfohlen, bei legiertem Stahl dagegen das Syst. $CaF_2$–BaO. Ein solches Flußmittel (*ANF-20*) eignet sich bes. zur Entphosphorung von Stählen, die Ti, Al u. andere, eine große Verwandtschaft zum O besitzende Elemente enthalten. H. Hochstein. 6408 □

**Die Eigenschaften von basischen Sauerstoff-Stählen.** W. C. Kimball. (Metal Progr. **82**, Nr. 1, 114, Juli 1962; Algoma Steel Corp. Ltd.; engl.) — Die im $O_2$-Aufblasverf. im bas. Konverter hergestellten Stähle sind etwas reiner als die Siemens-Martin-Stähle. Auch ist es im Vgl. zum Siemens-Martin-Ofenprozeß leicht, Stähle mit niedrigerem *S*-Geh. zu erzeugen. Zur Verbesserung der spanabhebenden Bearbeitbarkeit muß daher in einigen Fällen eine Rückschwefelung vorgenommen werden. Der *P*-Geh. ist prakt. gleich. Bzgl. der im Zug-Vers. zu bestimmenden mechan. Eigg. werden Unterschiede zwischen dem bas. $O_2$-Stahl u. dem Siemens-Martin-Stahl nicht gefunden. Dasselbe gilt für das Feingefüge. H. Hochstein. 6408

**Der Einfluß von Silicium auf die Entkohlung von Stahl.** V. K. Chandhok. (Metal Progr. **82**, Nr. 2, 82—83, Aug. 1962; Pittsburgh, Pa., Crucible Steel Co. of America; engl.) — Diffusions-Unterss. zeigen, daß *Si* den *C*-Geh. an der Oberfläche durch Erhöhung der C-Aktivität erniedrigt, jedoch die Tiefe der entkohlten Zone verringert.
H. Hochstein. 6408◇

**Der Einfluß von Niob auf den unlegierten Stahl.** F. E. Van Voris. (Metal Progr. **82**, Nr. 2, 84—87, Aug. 1962; Cleveland, Ohio, Union Carbide Corp.; engl.) — Ein *Nb*-Zusatz zu Stahl bis zu 0,05% erhöht die Zugfestigkeit u. bes. die Streckgrenze, erniedrigt die Dehnung u. Einschnürung u. verfeinert das Korn. Obwohl die Übergangs-Temp. im warmgewalzten Stahl durch einen solchen Nb-Zusatz erhöht werden, wird dieser Einfl. durch Normalisierung rückgängig gemacht. H. Hochstein. 6408◇

**Ein Beitrag zur Untersuchung des Stahles OLX52 mit Titanzusatz.** Stefan Nădăşan und Eugen Ioviţiu. (Studii Cercetări [Timişoara], Ştiinţe tehn. **8**, 17—31, 1961; rum.) — Ein Zusatz bis 0,15% *Ti* in einem unlegierten C-Stahl erhöht seine Zugfestigkeitskennwerte-Streckgrenze, Dehnung u. Einschnürung u. seine Kerbschlagfestigkeit. Die Verw. von Ti zur Beruhigung eines Feinkornstahls sichert auch eine gute Desoxydation, eine Verminderung der nichtmetall. Einschlüsse u. macht den Stahl alterungsbeständiger. Im Stahl *OLX52* bewirkt 0,14% Ti eine Erhöhung der Streckgrenze, jedoch die Dehnung wird herabgesetzt. Die Kerbschlagwerte liegen an u. über der oberen Grenze jener für *OLX52* vorgeschriebenen. Weiter wird die Schweißbarkeit untersucht u. die Festigkeitswerte der Schweißnähte bestimmt. *OLX52* mit Ti erwies sich dem gewöhnlichen *OLX52* überlegen. A.-M. Tache. 6408△

**Die Einflüsse von Wasserstoff auf die Umwandlung in legierten Stählen.** T. Gladman, P. Moore und A. G. Quarrell. (J. Iron Steel Inst. **200**, 527—34, Juli 1962; Rotherham, Swinden Labor.; Brit. Non-Ferrous Metals Res. Assoc.; Univ. of Sheffield, Dep. of Metallurgy; engl.) — Bei der Überprüfung früherer Unters.-Ergebnisse über den Einfl. von H in legierten Stählen auf das Umwandlungs-Verh. wird festgestellt, daß einige Einfl., die zuvor dem H an sich zugeschrieben worden sind, auf zuvor nicht bemerkte Sekundärerscheinungen zurückzuführen sind. Bes. haben Unterschiede in der Wärmeleitfähigkeit zwischen H u. N oder Ar stark den Anlaßprozeß beeinflußt u. in bestimmten Fällen war auch die Entkohlung ein wichtiger Faktor. Unter Anwendung einer verbesserten Unters.-Technik wird nachgewiesen, daß H bis zu einem Geh. von 4—7 $cm^3$ bei NTP/100 g keinen sichtbaren Einfl. auf die isotherme Bainit-Bldg., die in kontinuierlichen Abkühlbedingungen beobachtete Umwandlung oder auf die Bldg. von Martensit bei der normalen Abschrecktechnik ausübt. H. Hochstein. 6410 □

**Methoden zur Erhöhung der Güte von Hadfield-Gußstahl.** Gabriel Kniaginin. (Przegląd Odlewnictwa **11,** 133—41, Mai 1961; pol.) — Die Verschleißfestigkeit von Hadfield-Gußstahl wird durch ein feinkörniges austenit. Gefüge verbessert. Nichtmetall. Einschlüsse müssen durch Aufschmelzen u. therm. Vergüten beseitigt werden. Wichtig ist außerdem die Kontrolle des *C*-Geh. während des Schmelzens. Vf. schlägt vor, dem Guß zur weiteren Verbesserung der Verschleißfestigkeit 2% *Mo* zuzusetzen.
F. Urban. 6410◇

**Kornwachstum in Vanadinstählen.** D. Webster. (J. Iron Steel Inst. **200,** 520—26, Juli 1962; Sheffield, Brit. Iron & Steel Res. Assoc.; engl.) — V-Stähle sind infolge der Ggw. einer großen Anzahl von *V-Carbiden,* welche die Geschw. der Korngrenzenbewegung verlangsamen, feinkörnig. Nur V-Carbide über 700 Å Ø sind wirksame Verhinderungsmittel für das Kornwachstum im Austenit bei Temp. von ca. 900⁰. Ein diskontinuierliches Kornwachstum kann in bestimmten V-Stählen auftreten, wenn diese langsam auf die Austenitisierungs-Temp. erhitzt werden. Dies wird durch Ausscheidung u. nachfolgende Wiederauflösung von V-Carbiden $V_4C_3$ mit über 700 Å Ø verursacht. Bei schneller Erwärmung sind die ausgeschiedenen Carbide viel kleiner u. verursachen kein anomales Kornwachstum. Infolge der Bldg. von stabilen nadeligen Subkörnern bei der Wiedererhitzung sind die V-Stähle, die eine martensit. oder bainit. Struktur besitzen, sehr schwer zu vergüten. Eine Kornverfeinerung kann jedoch durch Glühen oder durch eine sehr schnelle Erwärmung erzielt werden. H. Hochstein. 6410□

**Relaxation von $2^1/_4$ Cr–1 Mo-Stahl.** Shuji Taira, Fusayuki Suzuki und Masaru Yamaguchi. (Trans. Japan Soc. mechan. Engr. **28,** 459—67, April 1962; jap., Auszug: engl.) — Bei 500⁰ ausgeführte Unterss. von Stahl mit 0,13 (%) *C,* 0,57 *Mn,* 0,30 *Si,* 0,013 *P,* 0,021 *S,* 0,12 *Cu,* 0,10 *Ni,* 2,41 *Cr,* 1,05 *Mo* zeigen: Die logarithm. Werte der Spannung als Funktion der plast. Verformungs-Geschw. bei Relaxation bilden 2 gerade Linien. Alle Verff. zur Extrapolierung der Restspannungen nach der Relaxation sind nicht genau, weil Angaben über die Entspannungs-Eigg. fehlen. Das von Vff. angegebene Verf., das auf der Beziehung zwischen der plast. Verformungs-Geschw. u. der Spannung beruht, gestattet eine genaue Best. der Restspannungen.
W. Wesly. 6410□

**Ein hochfester Bewehrungsstahl für vorgespannte Eisenbetonkonstruktionen.** A. P. Guljajew, I. M. Leikin, A. A. Roschtschina und W. M. Utkin. (Stahl [UdSSR] **21,** 939—44, Okt. 1961; Zentral. Forschungsinst. für das Eisenhüttenwesen; russ.) — Die Ungleichmäßigkeit u. Unstabilität der Eigg. des Stahls *30ChG2S* werden durch die Besonderheiten der Umwandlung des unterkühlten Austenits hervorgerufen. Auf Grund von Labor.-Verss. wird ein Ersatz dieses Stahls durch den Bewehrungsstahl *65GS* mit 0,6—0,7 (%) *C,* 1,0—1,3 *Mn* u. 1,0—1,3 *Si,* der in einem 100-t-Siemens-Martin-Ofen erschmolzen u. ohne Schwierigkeiten zu period. Profilen 14—18 ausgewalzt wurde, empfohlen. Der neue Stahl besitzt unmittelbar nach dem Walzen mechan. Eigg., die den Normen *GOSsT5058-57* für den Stahl *30ChG2S* entsprechen. Die Eigg. des Stahls *65GS* sind gleichmäßiger u. stabiler als die von *30Ch2Ss.*
H. Hochstein. 6410□

**Stahl mit ultrahoher Festigkeit für Schußwaffen.** C. M. Carman, D. F. Armiento und H. Markus. (Metal Progr. **82,** Nr. 1, 86—89, Juli 1962; Philadelphia, Pa., Frankford Arsenal, Pitman-Dunn Labor.; engl.) — Als Werkstoff für Schußwaffen wird wegen seiner für diesen Zweck hohen Festigkeits-Eigg. ein Stahl mit 0,30 bis 0,35 (%) *C,* 0,75—1,00 *Mn,* 1,40—1,70 *Si,* 0,80—1,10 *Cr,* 1,50—2,00 *Ni,* 0,40—0,60 *Mo,* 0,08—0,12 *V* mit den üblichen Verunreinigungen verwendet. Es werden Angaben über die Festigkeit des Stahls bei Temp. unter 0⁰ u. über sein Betriebs-Verh. bei seiner Verw. als Schußwaffenläufe gemacht. Der Stahl neigt zur Anlaßversprödung.
H. Hochstein. 6410◇

**Einfluß von Molybdän auf Gefüge, Härte und Kerbschlagzähigkeit niobhaltiger austenitischer Chrom–Nickel-Stähle nach Glühen bei 650—850⁰.** Karl Bungardt und Gustav Lennartz. (Arch. Eisenhüttenwes. **33,** 251—59, April 1962; Krefeld, Forschungsinst. der Deutschen Edelstahlwerke Akt.-Ges.; dt.) — An zwei Reihen Nb-haltiger austenit. Cr–Ni-Stähle mit 16 (%) Cr, 16 oder 25 Ni u. 0—6 Mo wurden bes. die Ausscheidungsvorgänge während eines Langzeitglühens bei 650—850⁰ untersucht u. Beziehungen zwischen Ausscheidungsverlauf u. der Änderung von Härte u. Kerbschlagzähigkeit abgeleitet. Es ergab sich, daß die Löslichkeit des *NbC* bei 950—1300⁰ durch den gesteigerten Ni-Geh. etwas erhöht wurde, während Mo hierauf keinen merklichen Einfl. zeigte. Mit Ausnahme des Stahls mit 16 Cr, 16 Ni u. 6 Mo kommt es trotz teilweiser Überstabilisierung zur vorübergehenden Ausscheidung von Cr-Carbid. Andere, höher Mo-haltige Carbide konnten bei höheren Mo-Geh. nach kürzeren Glühzeiten nur andeutungsweise festgestellt, jedoch nicht identifiziert werden. Nach längeren Glühzeiten bildet sich eine mit $\eta$ bezeichnete Phase von $M_6C$-Struktur, von der aber nicht mit Sicherheit angegeben werden kann, ob es sich um eine Carbid- oder eine intermetall. Phase handelt. Neben der Phase $Fe_2M$ bildet sich im Stahl mit 16 Cr, 16 Ni u. 2 Mo bei 750° $\sigma$-Phase u. im Stahl mit 16 Cr, 16 Ni u. 6 Mo von 850° ab aufwärts bis 1100° $\chi$-Phase, außerdem tritt bei 850° noch die $\eta$-Phase auf. Bei den Stählen mit 16 Cr u. 25 Ni bildet sich weder $\chi$-Phase noch $\sigma$-Phase, dagegen wird das Gebiet der stabilen $\eta$-Phase bis zu 3 Mo erweitert. In dem Stahl mit 16 Cr, 25 Ni u. 6 Mo löst sich diese Phase gemeinsam mit der Laves-Phase erst oberhalb 1100° vollständig auf. Bei den Stählen mit 16 Cr, 25 Ni sowie 16 Cr, 25 Ni u. 1 Mo konnte bei geringer Überstabilisierung die Ausscheidung einer intermetall. *Ni–Nb–Si*-Phase festgestellt werden, die mit der bisher nur in Ti-haltigen Cr–Ni-Stählen mit Si-Geh. über 0,3% festgestellten G-Phase isotyp ist. Die Löslichkeit des Austenits für Mo liegt bei 25 Ni nur 0,2—0,3% höher als bei 16 Ni. Beide Stahlreihen härten nur dann merklich aus, wenn der Mo-Geh. so hoch ist, daß sich intermetall. Phasen ausscheiden. Der Verlauf der Härte u. der Abfall der Kerbschlagzähigkeit in Abhängigkeit von der Glühdauer lassen sich auf die Ausscheidung der intermetall. Phasen zurückführen. H. Hochstein. 6410□

**Die Qualität von manganhaltigen Ferrolegierungen aus Erzen des Vorkommens Polunotschnoe.** W. P. Rewebzow, B. A. Abramow, D. F. Nagowitzyn, A. A. Lebedew, G. W. Ossipow, W. W. Tanzyrew, W. F. Issupow und Je. I. Saitzewa. (Stahl [UdSSR] **21**, 806—08, Sept. 1961; Inst. für Metallurg. der Uraler Filiale der Akad. der Wiss., Nishni Tagil, Metallurg. Kombinat; russ.) — Das aus Erzen mit erhöhtem P-Geh. aus Polunotschnoe hergestellte *Silicomangan* u. *Ferromangan* kann als Desoxydationsmittel bei der Erschmelzung unlegierter C-Stähle von üblicher Qualität u. von hochwertigen unlegierten u. legierten Baustählen verwendet werden. Die Verw. dieser Ferrolegg. bereitet keine technolog. Schwierigkeiten. Die Desoxydation mit diesen Ferrolegg. bedingt eine besonders sorgfältige Entphosphorung der Schmelze. Hinsichtlich der Geh. an Gasen u. nichtmetall. Einschlüssen besitzen die Ferrolegg. einen ausreichenden Reinheitsgrad. H. Hochstein. 6418□

**Die Entkohlung und Nitridierung von Ferromangan im Vakuum.** H. Żak und Z. Kuliński. (Prace Inst. Hutniczych **1961**, 27—36; Inst. Metal. Żelaza.; pol.) — Die Entkohlung von *Ferromangan* (I) mit 18—20 (%) *Mn*, 12—13 *Cr*, 2,8—3,5 *Ni* in Ggw. von Fe-Schrott im Vakuumofen von 0,84 auf <0,25% *C* gelingt bei <1 Torr u. bei optimal 1100° innerhalb 3 Stunden. Die Korngröße des **I** soll dabei im Bereich 0—1 mm liegen. **I** u. Schrott (10:1) werden mit Wasserglas brikettiert u. bei 100—200° getrocknet. Die Nitridierung des C-armen **I** auf maximal 5% N wird anschließend bei maximal 900° u. bei 500 Torr durchgeführt. Der N-Geh. ist von der Dauer der Behandlung abhängig. F. Urban. 6418◇

**Untersuchung des Windfrisch-Prozesses von Ferronickel mit Stein.** N. T. Taraschtschuk. (Nichteisenmetalle [UdSSR] **34**, Nr. 10, 50—53, Okt. 1961; russ.) — Die Möglichkeit einer gleichzeitigen Verarbeitung von *Stein* u. *Ferronickel* (**I**) wird durch Verss. nachgewiesen. Zur Erhöhung der Lsg.-Geschw. des **I** muß er in eine granulierte Form gebracht werden. Im Verlauf eines 8std. Betriebes in einem 20-t-Konverter kann bis zu 18 t an stückigem **I** verarbeitet werden. Das Verhältnis von Stein zu **I** kann bis zu 1:2,6 betragen. Es wird eine Abhängigkeit des Schlackenanfalls vom Stein/**I**-Verhältnis u. vom Ni-Geh. im **I** festgestellt. Zur Verringerung des Schlackenanfalls u. zur Erhöhung der Konverterleistung soll hoch Ni-haltiges **I** mit einem unteren Ni-Geh. von 10—15% verarbeitet werden. H. Hochstein. 6418□

**Der Austausch von Ferrowolfram durch Konzentrate im Hüttenwerk Tscheljabinsk.** M. A. Jarzew, N. A. Tulin und N. F. Basstrikow. (Stahl [UdSSR] **21**, 613—14, Juli **1961**; Tscheljabinsk, Hüttenwerk; russ.) — Bei der Herst. von *W-haltigem Stahl* wird an Stelle der Verw. von Ferrowolfram die eines *Wolframit*-haltigen Konzentrats empfohlen. In bezug auf die Arbeitsbedingungen u. auf den Auszug von W aus $WO_3$ erweist sich die Meth. des Einsatzes des Konzentrats in die Beschickung eines 5-t-Lichtbogenofens als am zweckmäßigsten, da hierbei gleichzeitig mit dem Einschmelzen der Beschickung W aus Wolframit red. wird. Als Red.-Mittel wird *Silicochrom 50* mit 49,2% Si u. nicht über 30% Cr verwendet. Es werden Angaben über die Durchführung einer Stahlschmelze unter Verw. von wolframithaltigem Konzentrat gemacht. Der fertige Stahl besitzt 0,33 (%) C, 2,34 Cr, 8,36 W, 0,17 Ni u. 0,43 V. Hierbei zeigt sich, daß die W-Aufnahme durch die Schmelze aus dem Konzentrat mit einer Erniedrigung des C-Geh. verringert wird u. auch vom überschüssigen *Si*-Geh. sowie von der Art des Konzentratzusatzes abhängig ist. H. Hochstein. 6418□

**Die Anwendung von Radioisotopen zur Untersuchung des Verhaltens von Spurenverunreinigungen in technischen Zinksulfatlaugen bei der Neutralisation.** Alfred Lange und Günter Graf. (Freiberger Forsch.-H., Reihe B, Heft **58**, 23—32, Sept. 1961; Freiberg/Sa.; Metallhütteninst. der Bergakad.; dt.) — Bei der elektrolyt. Gewinnung von *Zn* aus techn. Sulfatlaugen ist die weitgehende Entfernung der Verunreinigungen *As*, *Sb*, *Ge* u. *In* aus der Lsg. sehr wichtig. Da es sich um Geh. von $<0,1$ mg/Liter handelt, konnten die üblichen analyt. Verff. nicht angewandt werden. Die Unterss. wurden mittels der Radioisotope $^{71}$Ge, $^{76}$As, $^{114}$In u. $^{125}$Sb nach der Indicator-Meth. durchgeführt. Die Abstumpfung der Laugen erfolgte bei 60° mit Klinkeroxid auf einen pH-Wert 3,5, wobei *Fe* als $Fe(OH)_3$ gefällt wird, *Zn* jedoch in Lsg. bleibt. Der End-Geh. der genannten Verunreinigungen hängt bes. vom Fe-Geh. der Lauge ab. *Sb* ist an sich am schwersten zu entfernen; da es aber nur einen kleinen Teil des *As*-Geh. beträgt, wird es bei richtiger Arbeitsweise völlig mit diesem abgeschieden. Mit steigenden As- u. Sb-Vorlaufen wird die *Ge*-Entfernung schwieriger. Die *In*-Entfernung wird vom Ge-Geh. nicht beeinflußt. Es findet hier hauptsächlich eine Adsorptivbindung an das $Fe(OH)_3$ statt. — 14 Literaturangaben. F. Hochstetter. 6426◇

**Über den Gefügeaufbau von Zink-Kupfer-Titanlegierungen.** E. Pelzel. (Metall **15**, 881—83, Sept. 1961; Stolberg, Stolberger Zink AG.; dt.) — Während bei *Zn–Cu*-Legg. mit 0,05 (%) *Ti* sich mkr. an den Schliffbildern über den gesamten Querschnitt kein Unterschied im Ti-Geh. feststellen läßt, treten bei 0,1% Ti nadelförmige Ti-Phasen auf, die auch durch Langzeitglühungen bei 300° nicht aufgelöst werden konnten. Die direkte Herst. einer eutekt. Leg. mit 0,18 Ti gelang nicht. Ein Zusatz von 0,06 Ti zu einer Zn-Leg. mit 0,6 Cu ändert das Gefüge vollkommen. Strahlige Kristallisation ist nur andeutungsweise zu erkennen, der Gefügeaufbau erscheint quasi-eutektisch. Unterss. über die Warm- u. Kaltverformung ergaben, daß bei der Herst. der Walzblöcke für eine möglichst schnelle Erstarrung der Schmelze zu sorgen ist. F. Vier. 6426□

**Die Flotation von Zementkupfer mit Dixanthogen.** A. A. Golikow. (Nichteisenmetalle [UdSSR] **34**, Nr. 6, 10—12, Juni 1961; Uraler Forsch.-Inst. für mechan. Bearb. der Erze u. Mineralien; russ.) — *Dixanthogen* ist ein stärkerer Sammler von Zementkupfer als die Xanthogenate. Unter prakt. Bedingungen führt eine Erhöhung des pH-Wertes ($>4$) zu einer starken Unterdrückung der Cu-Flotation. Eine Verlängerung der KW-Stoffkette des Dixanthogens erhöht das Cu-Ausbringen.
H. Hochstein. 6432□

**Cu-Al-Mn- und Cu-Mn-Al-Gußlegierungen mit Ni und Fe-Zusätzen.** Krzysztof Rutkowski. (Mod. Castings **41**, No. 2, 99—116, Febr. 1962; Krakau, Polen, Gießerei-Inst.; engl.) — 140 Legg. innerhalb der Zus. 64,5—87,4 (%) *Cu*, 6,5—11,5 *Al*, 0,5—11,0 *Mn*, 3,0—5,0 *Ni* u. 3,0—5,0 *Fe* wurden auf ihre Struktur u. mechan. Eigg. untersucht. Das Vorliegen folgender Phasen wurde festgestellt: $\alpha + (\alpha + \gamma_2)_5$, $\alpha + \beta + (\alpha + \gamma_2)$, $\beta$ für die Legg. Cu–Al u. Cu–Al–Ni–Fe u. $\alpha + \beta$ für die Legg. Cu–Al–Mn. Die höchste Zugfestigkeit von 35—47 t/sq.in. wurde für die $\alpha + \beta + (\alpha + \gamma_2)$-Legg. festgestellt. Die höchste Dehnung von 20—28% trat bei denselben Legg. auf, wenn die Zus. der Gleichung Cu/Al $= 8 + 0,2$ Mn genügte. Bei Geh. von 3 u. 12 Mn dieses Leg.-Typs liegen die besten plast. Eigg. vor. Mit wachsenden Al- u. Mn-Geh. sinken diese Eigg. schnell ab, während die Brinell-Härte ansteigt. Die Legg. sind bes. zur Herst. von Schiffsschrauben geeignet. — 17 Literaturangaben. F. Vier. 6432◇

**Wege zur Verbesserung der pyrometallurgischen Gewinnung von Kobalt aus sulfidischen Kupfer-Nickel-Konzentraten.** W. K. Piotrowski und F. Je. Lomagin. (Nichteisenmetalle [UdSSR] **34**, Nr. 1, 39—48, Jan. 1961; russ.) — Zur Rationalisierung des Ausbringens von *Co* in 2 Prodd., die Konverterschlacke (**I**) u. den Feinstein, wird ein Schema gebracht, wonach der größte Teil des Co in den Feinstein ausgebracht u. eine Rückführung der fl. **I** in den Elektroofen vollständig ausgeschlossen wird. Die Hauptstadien des Schemas sind: Rösten des Konzentrats vor dem Schmelzen u. durch Zuführung eines Red.-Mittels (Kohle, Koksgrus) in die Schmelze des sintergebrannten Konzentrats, Gewinnung eines hochmetallisierten Steins; Verarmung der **I** durch Behandlung mit metallisiertem Stein u. Abführung des größten Teils der verarmten Schlacke auf die Halde, während der Rest mit dem höchsten Ca-Geh. im fl. Zustand zu *Fe-Co*-Anoden verarbeitet wird. Dieses Schema ist eine Grundlage für die weitere Verarmung der **I**, die zum völligen Wegfall ihrer Verarbeitung führen soll.
Else Heinemann. 6434

**Eine Superlegierung für mittlere Temperaturen.** J. F. Barker. (Metal Progr. **81**, Nr. 5, 72—76, Mai 1962; Evendale, Ohio, General Electric Co.; engl.) — Eine aushärtbare *Ni*-Leg., *Inconel 718*, mit 52 (%) *Ni*, 19 *Cr*, 3 *Mo*, 5 *Nb* + *Ta*, 0,8 *Ti*, 0,6 *Al*, 0,05 *C*, Rest *Fe* besitzt hohe Festigkeit bei guter Schweißbarkeit. Sie eignet sich als

Werkstoff für mittelhohe Arbeits-Temp. von 1100—1300° F, bes. für Flugzeug-Gasturbinenmaschinen mit hohem Längsdruck/Gew.-Verhältnis, wo geschweißte feste Leichtbau-Konstruktionen erforderlich sind. H. Hochstein. 6434□

**Zur Darstellung von Beryllium.** Friedrich Hochstetter. (Chemiker-Ztg./Chem. Apparatur **86**, 108—09, 20/2. 1962; Stuttgart-Sillenbruch; dt.) — Kurze Übersicht über moderne Verfahren. A. Blaschette. 6442◇

**Herstellung von Magnesium-Zirkonium- und Magnesium-Thorium-Legierungen, insbesondere durch Reduktion der Tetrachloride mit Magnesium.** Bruno Beyer und Hellmuth Seliger. (Freiberger Forsch.-H., Reihe B, Heft **58**, 33—45, Sept. 1961; Bitterfeld; dt.) — Die Herst. von *Zr*-haltigen *Mg*-Legg. erfolgt zweckmäßig über MgZr-Vorlegierungen. Diese werden durch Red. von $ZrCl_4$ mit fl. Mg gewonnen. Auch bei der Erzeugung von *MgTh*-Legg. wendet man am besten nicht die direkte — an sich mögliche — Umsetzung des Mg mit $ThCl_4$ bzw. $ThF_4$ oder das Einrühren eines Mg/Th-Pulvergemisches an, da die Treffsicherheit zu gering ist. Gute Ergebnisse erzielt man über Vorlegg. mit 20—40% Th, die ihrerseits auf dem soeben genannten Weg gewonnen wurden. — 14 Literaturangaben. F. Hochstetter. 6444◇

**Über das Verhalten einer nach hoher Verformung im Erholungsgebiet geglühten Magnesium-Walzlegierung.** E. Mohr. (Metall **15**, 228—30, März 1961; Nachrodt, Westf.; dt.) — Untersucht wurden Streckgrenze u. Dehnung eines nach hoher Verformung im Erholungsgebiet geglühten Walzbarrens aus einer *Mg*-Leg. mit 1,82% *Mn*. Streckgrenze u. Zugfestigkeit nahmen zwischen 90 u. 180° beträchtlich zu. Bei 40° fallen die Werte vor allem bei der Streckgrenze erheblich u. danach nur noch wenig ab. Die Dehnungskurven zeigten von Raum-Temp. bis 90° eine Erholung unter Ansteigen der mechan. Festigkeit im Zusammenwirken mit der vorhandenen u. der im Abbau befindlichen Zwillingsbildung. Von 90—140° fällt die Dehnung sehr stark ab, um von 140—180° ebenso stark wieder anzusteigen. F. Vier. 6444□

**Über die Wirkung insbesondere Bor-haltiger Kornfeinungsmittel auf die Korngröße erstarrter Reinaluminiumschmelzen.** K. H. Wiedemann. (Metall **15**, 221—24, März 1961; Menziken, AG, Schweiz; dt.) — Im Labor. wurde die kornfeinende Wrkg. eines *Ti*-haltigen u. zwei *B*-haltiger Salze auf Rein-*Al*-Schmelzen untersucht. Mit steigendem Ti-Geh. wurde eine zunehmende Kornfeinung festgestellt. B-haltige Kornfeinungsmittel, die ein Al mit 0,02—0,03% B ergeben, haben keine kornfeinende Wrkg., wohl aber bei Geh., die über oder unter diesem Bereich liegen. F. Vier. 6446□

**Untersuchungen über selbsthärtende Al-Zn-Mg-Legierungen.** 1. Mitt. W. Rosenkranz. (Metall **15**, 425—32, Mai 1961; Meinerzhagen; dt.). — Nach einem Überblick über die Eigg. u. das Verh. selbsthärtender *Al-Zn-Mg*-Legg. wird über Unterss. an einer Al-Zn-Mg-Leg. mit 7,5 (%) $MgZn_2$ der Zus. 5,75 *Zn*, 1,55 *Mg*, 0,25 *Mn*, 0,18 *Cr*, 0,20 *Si*, 0,18 *Fe*, 0,04 *Cu*, Rest *Al* berichtet. Die Festigkeit u. Streckgrenze der Leg. nimmt mit steigender Wanddicke der untersuchten Flachstangen zu bei gleichzeitigem Abfall der Dehnung. Bei nicht vorgeglühtem Guß liegen die Werte für die Zugfestigkeit u. die Streckgrenze der dünnen Streifen nach zusätzlicher Lsg.-Glühung niedriger als die der dicken, die sich nach Verglühung bei 420° über 48 Std. gerade umgekehrt verhalten. Mit steigender Preß-Temp. fällt bei nicht vorgeglühtem Guß die Zerreißfestigkeit der dünnen Streifen ab. F. Vier. 6446□

**Untersuchungen über selbsthärtende Al-Zn-Mg-Legierungen.** 2. Mitt. W. Rosenkranz. (Metall **15**, 894—99, Sept. 1961; Meinerzhagen; dt.) — 1. vgl. vorst. Referat. — Aus den Verss. ergibt sich, daß die untersuchte *Mn* u. *Cr* enthaltende Leg. bei der Warmverformung bzw. der anschließenden Lsg.-Glühung stärker zur Rekristallisation neigt, wenn der Gußblock nur auf die Verformungs-Temp. angewärmt oder vorher eine Hochglühung vorgenommen wurde. Zwischen beiden Gebieten liegt ein Bereich der Vorglühung, die eine starke Behinderung der Rekristallisation verhindert. Es wurden folgende mechan. Werte erhalten: Zugfestigkeit 38 kg/mm², Streckgrenze 26 kg/mm², Dehnung 10%, Brinellhärte 100 kg/mm². Nach Wärmeaushärtung konnten die Festigkeitswerte wesentlich erhöht werden. F. Vier. 6446□

**Die elektrolytische Herstellung von metallischem Titan.** A. Caluşaru, Viorica Craiu und Paula Anghel. (Rev. Chim. [Bucureşti] **11**, 384—90, Juli 1960; rum.) — Die elektrolyt. Herst. von metall. Ti aus einer Salzschmelze von $K_2TiF_6$-NaCl in hochreinem Ar wird zwischen 720 u. 820° bei einer Stromdichte von 150—750 A/dm² durchgeführt. Der Einfl. der Kathodenart u. die auftretenden Phasen wurden röntgenograph. bestimmt. Bei der Röntgenanalyse zeigt das Ti einen Reinheitsgrad von 99,9%.
H. Guischard. 6448□

**Beitrag zum Verhalten technischer Titan-Legierungen bei erhöhter Temperatur.** K. Rüdinger und H. H. Weigand. (Metall **15**, 857—62, Sept. 1961; Krefeld, Dt. Edelstahlwerk AG; dt.) — Die Unterss. zeigten, daß bei den α-Ti-Legg. *Ti5Al2,5In*, *Ti8-*

*Al2Nb1Ta* u. *Ti8Al8Zr1Nb/Ta* mit steigenden Al- u. Gesamt-Leg.-Geh. Warmzerreiß- u. Zeitstandsfestigkeit zunehmen u. einen Einsatz bei höheren Temp. ermöglichen. Die ($\alpha + \beta$)-Legg. *Ti2,7Cr1,5Fe* u. *Ti2Cr2Fe2Mo* ohne Al haben eine niedrige Warmfestigkeit, ihre Zeitstandfestigkeit fällt mit zunehmender Belastungsdauer zu niedrigen Werten ab. Die ($\alpha + \beta$)-Legg. *Ti5Al1,5Cr1,5Fe1,5Mo, Ti6Al4V* u. *Ti7Al4Mo* reichen in ihrem Zeitstand-Verh. nicht an das der besten $\alpha$-Leg. *Ti8Al8Zr1Nb/Ta* heran. Mit dem Parameter-Verf. von Larson u. Miller ließen sich Warmfestigkeit u. Zeitstand-Verh. bei dem Wert 14 für die Konst. gut darstellen. — 18 Literaturangaben.

F. Vier. 6448□

**Sauerstoffaufnahme von Reactor-grade-Zirkonium beim Glühen an Luft.** G. Saur, H.-J. Laue und H. Borchers. (Metall **15,** 409, Mai 1961; München, TH; dt.) — Zr nimmt $O_2$ beim Glühen an Luft unter 900° auch nach 16 Std. nur in einer dünnen Randzone auf u. wirkt daher bei Gefüge-Unterss. nicht störend. F. Vier. 6448□

**Die technische Anwendung von Ionenaustauschern zur selektiven Gewinnung von Germanium.** S. Ziegenbalg und E. Scheffler. (Freiberger Forsch.-H., Reihe B, Heft **58,** 7—21, Sept. 1961; Freiberg, Forsch.-Inst. für NE-Metalle; dt.) — Ausgegangen wurde von Laugen, die bei der Behandlung bestimmter Mansfelder Flugstäube mit $H_2SO_4$ entstanden waren u. hauptsächlich 150—220 (bzw. 15—20) mg/Liter *Ge* u. 15—60 (bzw. 130—180) g/Liter *Zn* enthielten. Es zeigte sich, daß $GeO_2$ an tanninbeladenem *Wofatit E* fest absorbiert wird. Als Ablösemittel eignet sich 9—10n HCl, wobei $GeCl_4$ entsteht. Das Tannin wird dabei wenig angegriffen, so daß 6—8 Be- u. Entladungen vorgenommen werden können, bis eine Regenerierung der Tanninauflage nötig ist. Aus der HCl-Lsg. wird das bei 84° sd. $GeCl_4$ abdest. u. nach Kondens. u. Hydrolyse als 98—99%ig. $GeO_2$ gewonnen. Eine kleintechn. Vers.-Anlage ergab $GeO_2$-Ausbeuten bis zu 90%. F. Hochstetter. 6448◇

**Rhenium.** J. Sagoschen. (Metall **16,** 1193—95, Dez. 1962; Wien; dt.) — Überblick über Vork., Gewinnung, Eigg. u. Verwendung. — 25 Literaturangaben.

M. Gehlen-Keller. 6448◇

**Die Rückgewinnung des Silbers aus den Abwässern der chemischen Versilberung von Glas.** Eugenia Codreanu und Julieta Orăşeanu. (Ind. uşoară **7,** 59—61, Febr. 1960; rum.) — Beschreibung verschiedener Verfahren. H. Guischard. 6460◇

**Grundlagen und Entwicklung hochwarmfester Legierungen.** R. Ergang. (Metall **16,** 97—101, Febr. 1962; Düsseldorf; dt.) — 17 Literaturangaben. F. Vier. 6470□

**Beitrag zur Technologie nichtrostender Sinterstähle.** Rudolf Reinstadler. (Z. Metallkunde **53,** 86—89, Febr. 1962; Sintermetallwerk Krebesäge/Rheinland; dt.) — Während bei den Verff. der Pulvermetallurgie nichtrostender Stähle, bei denen in erster Linie die Porosität derselben ausgenutzt wird, die Sinterung bei Temp. bis 1150° in entsprechenden Schutzgasen durchgeführt werden kann, müssen für die Herst. hochfester Sinterstähle aus nichtrostenden Materialien Sinter-Temp. von ca. 1200—1300° angewendet werden. Durch den bei diesen Temp. einsetzenden Schwund ist bei Genauteilen die Konstruktion von Vorpreßwerkzeug mit entsprechendem Aufmaß- u. Kalibrierwerkzeug notwendig. Für die Sinterung hochfester, nichtrostender Stähle sind je nach Analyse sowohl Vakuumöfen als auch Durchstoßöfen mit $H_2$ oder $NH_3$-Spaltgas geeignet. H. Hochstein. 6474◇

**Das Walzen von Bändern aus Eisenpulver.** S. R. Crooks. (Iron Steel Engr. **39,** Nr. 11, 72—76, Febr. 1962; Cleveland, Ohio, Republic Steel Corp.; engl.) — Es werden Angaben über die Anordnung einer Vers.-Anlage zum Warmwalzen von Band aus niedriggekohltem Stahl unmittelbar aus Fe-Pulver gemacht. Das neuentwickelte Verf. besteht im wesentlichen aus der Red. von Fe-Erz zu Pulverform ohne Schmelzen oder Schlacken-Bldg. u. darauf Verfestigung des Pulvers zu Bändern, welche die gleichen Eigg. besitzen wie die nach den üblichen Meth. hergestellten Bänder. Es werden Angaben über die beim Warmwalzen u. beim nachfolgenden Kaltwalzen zulässigen Verformungsgrade sowie über die in Abhängigkeit vom Verformungsgrad erreichbaren mechan. Festigkeits-Eigg. gemacht. H. Hochstein. 6474□

**Hartmetalltechnik und Forschung.** Josef Hinnüber und Willy Kinna. (Stahl u. Eisen **82,** 31—46, 4/1. 1962; Essen; dt.) — Vgl. C. **1962,** 14306. — Bei der betriebsgebundenen Forschung in der Hartmetalltechnik wurden neue Prüf- u. Unters.-Verff., wie Verf. zur Ermittlung der Teilchengröße, die Elektronenmikroskopie, die Röntgenfeinstruktur u. die Röntgenfluorescenzanalyse, eingeführt. Damit gelang es, den Mahlvorgang von Hartmetall-Legg. besser zu verstehen u. die Rkk., die bei den verschiedenen Sinterstufen zur Änderung der chem. Zus. führen, bes. die Entkohlung u. die Co-Verdampfung bei der Vakuumsinterung, zu untersuchen. Die im Schrifttum

über das Syst. *Co–W–C* vorhandenen Widersprüche wurden zum größten Teil geklärt. Die Änderungen des inneren Aufbaus von *W–C–Co*-Legg. wurden erneut geprüft u. in Beziehung zu den mechan. Eigg. gesetzt. Ferner wurde die Kammriß-Bldg. bei einer Fräs-Leg. geprüft. Auch ist die Frage der Porosität u. der Korngröße der WC-Kristalle bei Legg. für Werkzeuge im Bergbau bes. wichtig. Im Zusammenhang damit wird ein Überblick über oxydations- u. korrosionsbeständige Hartmetalle gegeben. Die Vorteile der Verw. von Wendeplatten wird herausgestellt. Die Bearbeitung von Hartmetallen mittels elektroerosiver u. elektrolyt. Verff. nimmt an Bedeutung zu.
H. Hochstein. 6476□

**Aufspritzen und Einsintern von Hartlegierungen.** Hans Reininger. (Werkstoffe u. Korrosion **13**, 269—76, Mai 1962; Bad Schandau; dt.) — Überblick, — 30 Literaturangaben. F. Vier. 6476□

**Ein Modell für die mechanischen Eigenschaften von Metallen.** F. B. Stulen. (Mater. Res. Standards **2**, 102—08, Febr. 1962; Caldwell, N.J., Curtiss-Wright Corp.; engl.) — Beschreibung eines Modells, das die mechan. Eigg. eines Metalls (außer der Spannungsalterung) nachahmt u. als mathemat. Modell betrachtet werden kann u. seiner Anwendung. — 43 Schrifttumshinweise. W. Wesly. 6480□

**Prüfung des Verhaltens von hochfestem Stahl durch die Explosions-Methode.** Alan J. Block und Daniel A. Schaitberger. (Metal Progr. **82**, Nr. 1, 69—72, Juli 1962; Detroit, Mich., Great Lakes Steel Corp.; Davie Shipbuilding Co., Ltd.; Atlas Chem. Ind., Inc.; engl.) — Die von Great Lakes Steel Corp. entwickelte Explosions-Meth. ahmt die Wasserschlagbedingungen in Druckwasser-Rohrleitungen für hydroelektr. Wasserkraftanlagen nach. Eine stangenartige Sprengladung wird dabei längs der Mittelachse einer mit W. gefüllten Druckwasserleitung angeordnet u. zur Detonation gebracht. Eine solche Leitung aus vergütetem hochfestem Stahl mit 0,17 (%) *C*, 0,84 *Mn*, 0,66 *Si*, 0,69 *Cr*, 0,24 *Mo*, 0,15 *Zr*, 0,009 *P*, 0,016 *S* reißt bei der Prüfung mit einem duktilem Riß auf, wenn die Sprengladung übergroß ist. H. Hochstein. 6480◇

**Eine Norm für Wirbelstrom-Prüfungen.** Howard J. Bowman. (Metal Progr. **82**, Nr. 1, 78—79, Juli 1962; East Troy, Wis., Trent Tube Co.; engl.) — Rohrartige Erzeugnisse für krit. Verw.-Gebiete müssen auf Oberflächenfehler sowohl außen, als auch innen sorgfältig geprüft werden. Eine Funkenerosionsbearbeitung kann für die Wirbelstromprüfung Norm-Rohrproben herstellen. Die Anwendung dieses Verf. dient einer einwandfreien Rohrgüteüberwachung. H. Hochstein. 6480◇

**Der Einfluß von Ferritbändern auf die Schlageigenschaften von Schmiedeeisen.** W. S. Owen, Morris Cohen und B. L. Averbach. (Welding J. **37**, Nr. 8, Suppl.: Welding Res. 368s—374s, Aug. 1958; Liverpool, Univ.; Cambridge, Mass., Massachusetts Inst. of Technol.; engl.) — Die Schlag-Eigg. von Schmiedeeisen mit starken Ferritbändern im Perlitgefüge werden mit denen von Proben verglichen, deren Gefüge eine willkürliche Ferrit–Perlit-Verteilung aufweist. W. Wesly. 6480□

**Untersuchung der Einflüsse, welche die Bildung von Warmrissen in Stahlblöcken und -Gußstücken verursachen.** N. N. Guglin und B. B. Guljajew. (Stahl [UdSSR] **21**, 830—36, Sept. 1961; russ.) — Als Ursache für die Entstehung von Warmrissen im Strangguß von Stahl mit 0,16—0,18% C wird seine geringe Plastizität u. seine hohe Schrumpfung angesehen. Die Unters. der Festigkeit u. Verformbarkeit verschiedener Stähle bei Temp. nahe dem Kristallisationsbereich sowie auch der freien Schrumpfung wurde mittels einer neu entwickelten Vorr. durchgeführt. Diese Eigg. waren von der Menge an *C*, der Gieß-Temp., den *S*- u. *P*-Geh. sowie von der Desoxydations-Meth. abhängig. Die Festigkeit der Stähle im Bereich von 1450—1350° nimmt nur unbedeutend zu, jedoch wird sie unterhalb 1350° stark erhöht. Die Temp. von 1350° wird daher als krit., die mögliche Warmriß-Bldg. in den Gußstücken begrenzenden Bereich gehalten. Die größte Neigung zur Warmriß-Bldg. trat in einem Stahl mit 0,16—0,18% C auf. Legierte Stähle besitzen eine erniedrigte Festigkeit u. Formbarkeit u. eine größere Schrumpfung gegenüber einem C-Stahl u. weisen daher eine erhöhte Neigung zur Warmriß-Bldg. auf. Diese Neigung kann durch Anwendung einer komplexen Desoxydation unter Zusatz von *Seltenen Erdmetallen* wesentlich verringert werden.
H. Hochstein. 6480□

**Beitrag zur Untersuchung der mechanischen Eigenschaften einiger Walzwerkerzeugnisse aus arsenhaltigem Stahl.** Eugen Iovitiu und Anna-Maria Tache. (Studii Cercetări [Timişoara], Ştiinţe tehn. **8**, 271—84, 1961; rum.) — Es werden die mechan. Eigg. zweier Stahlsorten, die denselben *As*-Geh. (0,15%) u. unterschiedlichen C-Geh. (Schienenstahl 0,74%, Profileisen 0,19%) haben, untersucht. Am Schienenstahl wird eine Erhöhung der 0,2-Streckgrenze, der Zug- u. Ermüdungsfestigkeit u. des Verschleißwiderstandes festgestellt; die Dehnungs- u. Einschnürungswerte jedoch weisen eine erhebliche Herabsetzung auf. Überraschend klein sind auch die Kerbschlagwerte u. können durch kein gewöhnliches Wärmebehandlungs-Verf. verbessert werden. Die Festigkeitswerte entsprechen beim Profileisen in jeder Beziehung den in den Standardnormen für *OL 42* angegebenen, nur die Kerbschlagzähigkeit ist bei $+20^0$ höher als die von *OL 42*. Aus den Prüfergebnissen geht hervor, daß die Größe des nichtbeeinflussenden As-Geh. von der Menge anderer Leg.-Elemente abhängt, bes. vom *C*-, *S*- u. *P*-Gehalt. A.-M. Tache. 6480△

**Einfluß der Belastungsfrequenz auf die Ermüdungsfestigkeit von Stählen bei erhöhten Temperaturen.** Minoru Kawamoto, Tsuneshichi Tanaka und Kenji Ooka. (Trans. Japan Soc. mechan. Engr. **28,** 437—44, April 1962; jap., Auszug: engl.) — An niedrig gekohltem u. *Cr–Mo–V*-Stahl bei Zimmer-Temp., 300 u. 500° ausgeführte Drehstabdauerfestigkeitsprüfungen zeigen, daß beide Stähle im N–S-Diagramm die höchste Ermüdungsfestigkeit bei 7500 U/min bei höheren Temp. aufweisen. Im S–t-Diagramm nimmt die Lebensdauer bei höherer Frequenz ab. Die Ermüdungsfestigkeit sinkt bei Frequenzen $>$10000 U/min u. höheren Temp. rasch. W. Wesly. 6480□

**Röntgenuntersuchung über die Voraussage der Ermüdungsfestigkeit.** Shuji Taira und Kazuo Honda. (Trans. Japan Soc. mechan. Engr. **28,** 452—59, April 1962; jap., Auszug: engl.) — Unterss. über 2 verschiedene Spannungen, die auf einen Werkstoff oberhalb seiner Ermüdungsgrenze einwirken, u. die Veränderung der Halbwertsbreite der Röntgenlinien als Folge der Veränderung der Spannungsamplitude werden ausgeführt. Die angewandte Messung des Halbwerts wird mit einer physikal. Messung verglichen. Die Änderung der Halbwerte wird erörtert. W. Wesly. 6480□

**Eine Prüfmaschine für Ermüdungsversuche mit ständig wachsender Belastung.** Iosif Hajdu, Mihai Bernath und Tiberiu Herlescu. (Studii Cercetări [Timişoara], Ştiinţe tehn. **7,** 267—74, 1960; rum.) — Diese Maschine ermöglicht eine fortwährende Änderung der Belastungs-Geschw. zwischen den Grenzen $\alpha = 1{,}5\cdot10^{-4}$ u. $5\cdot10^{-8}$ kg/mm²/Cyclus. Weiter werden die an einem vergüteten Kohlenstoffstahl *OLC 45* erhaltenen Ergebnisse angegeben u. mit jenen, an Hand klass. Verff. erhaltenen, verglichen. Das beschriebene Verf. führt zu hoher Prüfzeit- u. Werkstoffersparnis u. steht der wirklichen Belastungsart im Betrieb viel näher. Eugen Iovitiu. 6480△

**Die Untersuchung des Verhaltens rumänischer Kohlenstoffstähle bei Ermüdungsbeanspruchung.** 1. Mitt. **Normalgeglühte Stähle.** Stefan Nădăşan, Alexandru Bernath und Eugen Ioviţiu. (Studii Cercetări [Timişoara], Ştiinţe tehn. **7,** 7—26, 1960; rum.) — Es werden die Unters.-Ergebnisse zwecks Best. der Umlaufbiegefestigkeit $\delta_{-1}$ mitgeteilt. Die Prüfungen erstrecken sich auf die Stahlsorten *OLC 35, OLC 45* u. *OLC 60*, welche zwischen 0,29 u. 0,62% C aufweisen. A.-M. Tache. 6480△

**Die Untersuchung des Verhaltens rumänischer Kohlenstoffstähle bei Ermüdungsbeanspruchung.** 2. Mitt. **Vergütete Stähle.** Stefan Nădăşan, Alexandru Bernath, Eugen Ioviţiu und V. Safta. (Studii Cercetări [Timişoara], Ştiinţe tehn. **8,** 247—66, 1961; rum.) — 1. vgl. vorst. Referat. — Es werden die Ergebnisse der an vergüteten Kohlenstoffstählen durchgeführten Umlaufbiege-Verss. angegeben. Die Prüfungen wurden an, den rumän. Industrienormen STAS entsprechend, folgenden Stahlsorten vorgenommen: *OLC 35, OLC 45, OLC 60, OLC 43 AT* u. *OLC 47 AT*. Auf Grund der Prüfergebnisse wurde die Normung der Ermüdungsfestigkeitsgrenzen in der R.V.R. festgesetzt. A.-M. Tache. 6480△

**Über den Stauchwiderstand einiger Kupferwerkstoffe der Elektrotechnik.** A. Keil. (Metall **15,** 421—22, Mai 1961; Pforzheim, Platinschmelze Dr. E. Dürrwächter-DODU40-K.G.; dt.) — Von den untersuchten Legg. zeigte die *Cu*-Leg. mit ca. 0,7% *Cr* auch nach der Hartlötung hohe Härte bei gleichzeitig guter Leitfähigkeit. Für die Herst. von Schweißelektroden oder anderen Bauteilen, die bei hohen Temp. beansprucht werden u. einen niedrigen Übergangswiderstand haben, sind Cu-Legg. mit Ag u. Cd bes. geeignet. F. Vier. 6480□

**Zerreißfestigkeit von Aluminium-Sandguß aus Umschmelzlegierungen.** Hans Reiniger. (Giessereipraxis **1958,** 57—69, 25/2.; dt.) M. Gehlen-Keller. 6480◇

**Spezielle Verfahren der zerstörungsfreien Werkstückprüfung.** H. J. Rodewald und C. Studer. (Metall **15,** 410—14, Mai 1961; Neuhausen am Rheinfall, Aluminium-Industrie-A.G.; dt.) — Beschrieben wird die Ultraschallprüfung, die Penetrationsprüfung, die Röntgenprüfung u. die Mikrohärtebestimmung. F. Vier. 6480□

**Vergleich optischer und elektronischer Mikrographien von Strukturtypen verschiedener Legierungen.** Claude Beauvais. (Métaux **36,** 268—78, Juli/Aug. 1961; Labor. de Métallurgie du Conserv. nat. des Arts et Métiers; franz.) — Vf. zeigt am Beispiel einer Anzahl elektronenmkr. Aufnahmen von Legg. (Ausschnitt einige $\mu^2$), welche Möglichkeiten diese Methodik bei der Unters. zahlreicher metallurg. Probleme bietet. Die allg. Verwendbarkeit des Elektronenmikroskops im Labor. wird diskutiert (vgl. C. **1962,** 8772, 11717). B. Krebs. 6482□

**Elektronenmikroskopische Strukturuntersuchungen an S.A.P.** H. Hug und H. Bichsel. (Metall **15,** 19—22, Jan. 1961; Neuhausen, Schweiz, Aluminium-Ind. A.G.; dt.) — Elektronenmkr. Unterss. von Sinter-*Al*-Legg. bestätigen, daß sich das amorphe $Al_2O_3$ bei 500° in kristalline $\gamma$-Tonerde umwandelt, u. zwar bilden sich aus den amorphen Oxidhäutchen kristalline Tonerdeplättchen. Hiermit konnte das schon früher beobachtete sprunghafte Abnehmen des elektr. Widerstands bei 500—520° um mehrere Zehnerpotenzen erklärt werden. F. Vier. 6482□

**Untersuchungen zu Rekristallisationsanomalien bei Metallegierungen.** F. Erdmann-Jesnitzer und W. Bernhardt. (Metall **15,** 404—08, Mai 1961; Freiberg, Bergakad.; dt.) — An den Legg. *Cu–Al, Cu–P* sowie *Cu–Mg,* die gegenüber *Cu–Zn* geringere Löslichkeiten aufweisen, wurden die Entfestigungsanomalien gegenüber der bei $\alpha$-Messing auftretenden Entfestigungskurve überprüft. Wahrscheinlich ist das Auftreten einer stufenweisen Entfestigung, wie sie sich im Verlauf der Härte-Anlaßglüh-Temp.-Kurve in einem Steil- u. in einem Schrägabfall der Härte über der Anlaß-Temp. für gleiche Anlaßdauer ausdrückt, von allg. Gültigkeit für Cu-Legg. im einphasigen Bereich legierter Mischkristallgefüge. — 17 Schrifttumsangaben. F. Vier. 6482□

**Zur Gefügebeurteilung von Schmelz- und Sinterwerkstoffen.** H. Schreiner. (Metall **15,** 422—25, Mai 1961; Nürnberg, Siemens-Schuckertwerke A.G.; dt.) — Es wird ein Überblick über die theoret. möglichen u. prakt. vorkommenden Gefüge von ein- u. mehrkomponentigen kompakten u. porenhaltigen Stoffen gegeben. Die Unters.-Verff. werden beschrieben u. an Hand von Beispielen Fehlaussagen u. Maßnahmen zu deren Vermeidung erläutert. F. Vier. 6482□

**Zur Deutung von Aluminium-Texturen.** W. Bunk und W. Normann. (Metall **15,** 230—34, März 1961; Wuppertal-Barmen, Aluminium- Walz- u. Preßwerke Julius & August Erbslöh; dt.) — Mittels eines Röntgen-Texturgoniometers aufgenommene Polfiguren von harten u. weichen *Al*-Blechen verschiedener Reinheitsgrade zeigten, daß die Lage der Maxima der S-Lage (Walztextur der harten Bleche) in die R-Lage (Rekristallisationstextur der weichen Bleche) durch einfache Drehung der Kristallite um 35° um eine [1 1 1]-Richtung ineinander übergeführt werden kann. S- u. R-Lage unterscheiden sich außer durch diese Drehung in der Ausbildung der Intensitätsbrücken zwischen den Maxima. Der beobachtete Übergang von der S- in die R-Lage muß daher mit einer völligen Umorientierung der Kristallite verbunden sein. Bei den harten Blechen sind Fremdatome in fester Lsg. beim Übergang von Metallstruktur zur Leg.-Struktur von Bedeutung, bei den weichen Blechen sind es die Fremdatome in übersättigter Lösung. F. Vier. 6482□

**Photoelektrische Verstärker.** K. Gołebiowski. (Prace Inst. Hutniczych **1961,** 37—46; Inst. Metal. Żelaza; pol.) — Vgl. C. **1962,** 6196. — Übersicht über die Verw. photoelektr. Verstärker in der Metallurgie. F. Urban. 6482◇

**Grundlagen der Fluoroskopie.** Walter R. Hampe. (Metal Progr. **82,** 88—92, Aug. 1962; Baltimore, Md., Westinghouse Electric Co.; engl.) — In der Fluoroskopie gehen Röntgenstrahlen durch das zu untersuchende Objekt, um einen Fluorescenzschirm zu bestrahlen. Gelockerte Stellen im Gefüge innerhalb des zu untersuchenden Teils erscheinen dann als helle Flächen, welche unmittelbar beobachtet werden können. Es werden Angaben über die Empfindlichkeit dieser Prüf-Meth., über die Feststellung von gelockerten Stellen in Metallen, über Fehlerquellen, die drei geometr. Grund-Vorr. sowie über die Auswahl der Röntgenstrahlausrüstung gemacht. H. Hochstein. 6484◇

**Entwicklungstendenzen auf dem Gebiet der zerstörungsfreien Prüfung von Leichtmetallwerkstücken mit Röntgenapparaten und Radioisotopen.** F. Rohner. (Metall **15,** 216—19, März 1961; Neuhausen am Rheinfall, Aluminium-Ind. A. G.; dt.) — Die Verw. der Xeroradiographie, der elektron. Bildverstärker u. der Halbleiterverstärkerschirme zur Verbesserung der zerstörungsfreien Prüfung durch Röntgendurchstrahlung wird erörtert. Für die Radiographie werden die Isotope $^{170}$Tm u. $^{155}$Eu besprochen. Die Banddickenmessung unter Verw. von Isotopen wird beschrieben, ebenso die Röntgenfluorescenzanalyse u. die lokale Mikroanalyse mit Elektronenstrahlanregung. F. Vier. 6484□

**Der Einfluß der Phasenzusammensetzung elektrotechnischer Stähle auf die Ausbildung einer „gerissenen Kante“.** N. F. Dubrow, M. I. Goldstein und Ss. G. Guterman. (Stahl [UdSSR] **21,** 934—38, Okt. 1961; Ural. Forsch.-Inst. für das Eisenhüttenwesen; russ.) — Die Ursachen der *Kantenriß-Bldg.* beim Warmwalzen elektrotechn. Stähle hängen mit ihrer Phasen-Zus. (Verhältnis der Ferrit- u. Austenitmengen) bei den Temp. der Warmverformung zusammen. Die Risse entstehen infolge einer ungleichmäßigen Plastizität dieser Bestandteile. Die Phasen-Zus. der *Fe–Si*-Legg. wird durch die Verformungs-Temp. des Stahls u. durch die Menge der Beimengungen (*C, Mn, Ni, Al* u. dgl.) im Stahl bestimmt. Geringe Zusätze an austenitbildenden Elementen (C, Mn, Ni) erhöhen die Austenitmenge im Stahl bei Walz-Temp. u. Zusätze von Ferritbildnern (Al) vermindern sie. H. Hochstein. 6490□

**Bandherstellung.** D. A. McArthur. (Iron Steel Engr. **39,** Nr. 11, 111—34, Febr. 1962; Warren, Ohio, Wean Engineering Co., Inc.; engl.) — Überblick über die geschichtliche Entw. u. den derzeitigen Stand der verschiedenen Verff. u. Vorr. der Eisen- u. Stahlband-Herst., Wärmebehandlung u. Oberflächenbehandlung, bes. Überzüge, in der USA-Industrie. — Diskussion. H. Hochstein. 6490□

**Elektroformpressen — ein Metallbearbeitungsverfahren mit wachsenden Möglichkeiten.** A. Kenneth Graham. (Mater. Res. Standards **2,** 208—11, März 1962; Jenhintown, Pa., Graham, Savage and Assoc. Inc.; engl.) — Übersicht. W. Wesly. 6490□

**Entwicklung des mit Aluminium überzogenen Kupferdrahtes.** C. L. Carlson. (Wire and Wire Products **33,** 770—71, 774, 809—10, Juli 1958; East Pittsburgh, Pa., Westinghouse Electric Corp.; engl.) M. Gehlen-Keller. 6490◇

**Das Kaltfließpressen von Stahl.** R. A. P. Morgan. (Metal Treatment Drop Forging **28,** 393—400, Okt., 451—58, Nov., 487—94, Dez. 1961; engl.) — Inhaltlich ident. mit der C. **1960,** 11092 referierten Arbeit. H. Hochstein. 6490□

**Austreiben von Wasserstoff aus chromplattiertem Stahl.** Donald E. Wallschlaeger und Merrill A. Scheil. (Metal Progr. **82,** Nr. 1, 84—85, Juli 1962; Wilwaukee, Wis., A. O. Smith Corp.; engl.) — Zur Vermeidung einer H-Versprödung werden Cr-plattierte Teile aus dem Normstahl *AISI 4340* bei 750° F 1 Std. lang geglüht. Diese Behandlung verringert den Gas-Geh. auf unter 2 ppm, ein Wert, der normalerweise eine H-Versprödung ausschließt. H. Hochstein. 6492◇

**Vakuum-Auflötung von nichtrostendem Stahl auf Beryllium.** Everette M. Whitson. (Metal Progr. **82,** Nr. 1, 93—95, Juli 1962; Livermore, Calif., Univ.; engl.) — Eine neue Technik zum Hartlöten von nichtrostendem Stahl auf Be in einem Vakuumofen ergibt doppelt so feste Verbindungen, wie dies bislang möglich gewesen ist. Die Vorbehandlung der Oberflächen der zu verlötenden Teile sowie auch die Hartlötoperation selbst werden in einem Ofen durchgeführt, in dem ein Vakuum von 0,1 $\mu$ aufrecht erhalten werden kann. H. Hochstein. 6504◇

**Weitere Beurteilung von Ni–Cr–B- und Au–18Ni-Hartlotlegierungen.** Winston H. Chang. (Welding J. **37,** Nr. 12, Suppl.: Welding Res. 535s—542s, Dez. 1958; Evendale, Ohio, Gen. Electr. Co., Aircraft Gas Turbine Div., Flight Propuls. Labor.; engl.) — Vgl. C. **1959, 6622.** — Erörterung der Zug- u. Schlag-Eigg. von Stumpfstößen an den rostfreien Stählen *AISI 347* u. *410,* die mit *Ni–Cr–B*- u. *Au–18 Ni*-Leg. hartgelötet worden sind. W. Wesly. 6504□

**Eine Übersicht über die Aneinanderfügung von Cermets an Metalle.** G. R. Van Houten. (Welding J. **37,** Nr. 12, Suppl.: Welding Res. 558s—569s, Dez. 1958; P. R. Mallory and Co., Chem. and Metallurg. Res.; engl.) — Übersicht über Geschichte, Arten u. Werkstoffe zum Aneinanderfügen (Hartlöten) von Cermets and Metalle u. die Eigg. der Lötverbindungen. — 168 Schrifttumshinweise. W. Wesly. 6504□

**Lichtbogenschweißen bei Kälte.** A. Kasimirow. (Schweißtechnik **7,** 271—73, Juli 1957; Kiew, Paton-Inst. der UdSSR für Elektroschweißen; dt.) M. Gehlen-Keller. 6506◇

**Überwachung der Schmelzgeschwindigkeit und des Metallübergangs beim Schutzgas-Metallichtbogenschweißen.** 1. Mitt. **Überwachung der Schmelzgeschwindigkeit der Elektrode.** A. Lesnewich. (Welding J. **37,** Nr. 8, Suppl.: Welding Res. 343s—353s, Aug. 1958; Air Reduction Co., Inc.; engl.) — Die zum Schmelzen der Elektrode erforderliche Wärme wird gleichzeitig je nach Polarität durch Anoden- oder Kathoden-Rk. u. die Stromwärme der Schweißelektrode erzeugt. W. Wesly. 6506□

**Überwachung der Schmelzgeschwindigkeit und des Metallübergangs beim Schutzgas-Metallichtbogenschweißen.** 2. Mitt. **Überwachung des Metallübergangs.** A. Lesnewich. (Welding J. **37,** Nr. 9, Suppl.: Welding Res. 418s—425s, Sept. 1958; engl.) — 1. vgl. vorst. Referat. — Der Metallübergang beim Schutzgas-Metallichtbogenschweißen erfolgt kugelförmig, durch axiales u. rotierendes Versprühen. Axiales Versprühen gewährleistet die höchste Bogenstabilität u. das geringste Verspritzen des Metalls. W. Wesly. 6506□

**Schutzgas-Lichtbogen-Schweißung von Silicium- und Aluminiumbronze.** Paul L. Hemmes. (Welding J. **37,** 779—88, Aug. 1958; Revere Copper and Brass, Inc.; engl.) — Beschreibung der Arbeitsbedingungen. W. Wesly. 6506□

**Schutzgas-Metallichtbogen-Punktschweißung von Aluminium.** S. Eric McFall. (Welding J. **39,** 1230—36, Dez. 1960; engl.; Aluminium **37,** 557—63, Sept. 1961; dt.; Kingston, Ontario, Canada, Aluminium Labor., Ltd.) — Beschreibung von Zubehör, Ausführung u. Anwendung. W. Wesly. 6506◇

**Schutzgas-Wolfram-Lichtbogenschweißung von Titan für Kernenergie- und chemische Industrie.** G. M. Adamson und W. J. Leonard. (Welding J. **37,** 673—82, Juli 1958; Oak Ridge Nat. Labor.; engl.) — Beschreibung der Schutzgas-W-Lichtbogenschweißung von handelsüblichem unlegiertem *Ti*. W. Wesly. 6506□

**Aneinanderfügen von Zircaloy und rostfreiem Stahl.** J. B. McAndrew, R. Necheles und H. Schwartzbart. (Welding J. **37,** Nr. 12, Suppl.: Welding Res. 529s—534s, Dez. 1958; Chicago, Ill., Illinois Inst. of Technol.; engl.) — Zum Aneinanderfügen von *Zircaloy* u. rostfreiem *Stahl* eignen sich die Abbrennschweißung u. bes. die Hartlötung. W. Wesly. 6506□

**Die Bekämpfung der Porosität von Schweißen aus nickelreichen Legierungen.** G. R. Pease, R. E. Brien und P. E. Legrand. (Welding J. **37,** Nr. 8, Suppl.: Welding Res. 354s—360s, Aug. 1958; Bayonne, N.J., Internat. Nickel Co., Inc.; engl.) — Zur Verhütung der bes. durch Einschlüsse von $N_2$, weniger durch $O_2$, $CO_2$ u. CO verursachten Porosität von Ni(-Legg.) wird ein Zusatz von *Ti* u. anderen gasfixierenden Elementen empfohlen. Daneben ist die Einhaltung der Arbeitsbedingungen beim Schweißen (Bogenlänge, Schutzgas) von Wichtigkeit. W. Wesly. 6506□

**Gefügeerscheinungen in Schweißverbindungen zwischen austenitischem CrNi-Stahl und unlegiertem Stahl.** Herbert Tauscher und Horst Buchholz. (Neue Hütte **7,** 307—12, Mai 1962; Pirna/Elbe, Inst. für Leichtbau; dt.) — In Schweißverbindungen zwischen austenit. u. unlegiertem Stahl können im Übergangsbereich schmale Zonen hoher Härte auftreten. Werden solche Verbindungen mit einem austenit. Zusatzwerkstoff geschweißt, so liegen die Härtemaxima unmittelbar angrenzend an den unlegierten Stahl. Diese Härtesteigerung wird durch eine C-Diffusion vom unlegierten Stahl in Richtung des austenit. Schweißgutes verursacht. Beim Fehlen stabilisierender Zusatzelemente im Schweißgut tritt durch die C-Diffusion eine Martensit-Bldg. in der C-angereicherten Zone ein. Schweißgut mit einer durch Sondercarbidbildner erfolgten Stabilisierung enthält keine martensit. Zone. Durch die Abbindung des C zu Sondercarbiden kommt es in der Diffusionszone zur Ausscheidung zahlreicher feiner Carbide. Bei Betrachtung des austenit. Schweißgutes als homogene Lsg. u. der C-Diffusionszone mit den ausgeschiedenen Carbiden als heterogene Ausscheidung kann das Bestehen einer schmalen Zone zwischen diesen Bereichen als möglich angenommen werden, in der Zwischenzustände erhöhter Festigkeit im Sinne einer Ausscheidungshärtung vorliegen. Unterss. an Schweißverbindungen aus *Ck20* u. *X10CrNiTi18·9* bestätigen das Auftreten von Härtespitzen im Übergangsgebiet durch Martensit-Bldg. bei Verw. unstabilisierter Elektroden, während bei Verw. von stabilisierten Elektroden keine lichtmkr. erkennbaren Gefügeerscheinungen in Verbindung zum Härtemaximum gebracht werden können. H. Hochstein. 6506□

**Geringe Rißempfindlichkeit von Stahl, der mittels $CO_2$-$O_2$-Lichtbogenschweißung verbunden worden ist.** H. Sekiguchi und I. Masumoto. (Welding J. **37,** Nr. 7, Suppl.: Welding Res. 326s—336s, Juli 1958; Nagoya, Japan, Nagoya Univ., Fac. of Engng.; engl.) — Die mittels $CO_2$—$O_2$-Lichtbogenschweißung nach einem japan. Verf. an Stählen hergestellten Verbindungen enthalten im Vgl. mit den auf andere Weise erhaltenen Schweißen sehr wenig H u. sind weniger rißanfällig als diese. W. Wesly. 6506□

**Die thermischen Prozesse und einige Besonderheiten des Aufschweißens von zylindrischen Teilen begrenzter Abmessungen.** W. A. Schebanow. (Automat. Schweissen [UdSSR] **14,** Nr. 5, 30—36, Mai 1961; russ.) — Erläutert wird eine Berechnungs-Meth. für die Temp.-Verteilung beim Aufschweißen von *Schweißraupen* längs eines zylindr. Stahleinzelteils von kleinen Abmessungen. Die Beeinflussung der Härte im mittleren Teil der Auftragsschweißung durch die Wärmeverteilung wird erörtert u. dargelegt, daß ein schlingenartiges Auflegen der Raupen die Härte des Stahls am Auftragsende um 16—20% erniedrigt. H. Hochstein. 6506□

**Schmelzzonenstrukturen und -eigenschaften von Aluminium-Legierungen.** Paul E. Brown und C. M. Adams jun. (Welding J. **39,** Nr. 12, Suppl.: Welding Res. 520s—524s, Dez. 1960; Cambridge, Mass., Massachusetts Inst. of Technol.; engl.) —

Gefüge-Unterss. über Schweißen aus der Al-Leg. *2014* mit 4,4 (%) *Cu*, 0,90 *Si*, 0,55 *Fe*, 0,8 *Mn*, 0,56 *Mg* (ausgeführt mit Schweißdraht mit 4,4 Cu, 0,84 Si, 0,55 Fe, 0,8 Mn, 0,46 Mg) zeigen, daß die Lichtbogenschweißen ein sehr feines dendrit. Gefüge haben, das zu guten mechan. Eigg. u. gutem Ansprechen auf Wärmebehandlung führt.
W. Wesly. 6506◇

**Die Berechnung der Erwärmungs- und Abkühlungsgeschwindigkeiten bei der Lichtbogenschweißung.** Traian Sălăgean. (Studii Cercetări [Timişoara], Ştiinţe tehn. **6**, 153—67, 1959; rum.) — Ausgehend von den drei fundamentalen Funktionen, die die Erwärmung bei der Lichtbogenschweißung beschreiben, werden die Erwärmungs- u. Abkühlungs-Geschw. für einen therm. Kreisprozeß berechnet. Es werden einfache Meth. für die Berechnung der höchsten Temp. des therm. Kreisprozesses gezeigt.
E. Gîrleşteanu. 6506△

**Über die Überwachung der Vorwärmung bei der Abbrennstumpfschweißung.** Viorel Micloşi. (Studii Cercetări [Timişoara], Ştiinţe tehn. **6**, 119—26, 1959; rum.) — Für die Überwachung der Temp. am Ende der Vorwärmung wird ein Gerät vorgeschlagen, das auf der magnet. Umwandlung der Stähle im Curie-Punkt beruht. Zur Kontrolle werden Spulen verwendet, deren magnet. Kreise auch die zu schweißenden Teile enthalten. Der Abfall der magnet. Eigg. im Curie-Punkt verursacht den Abfall der Induktivität der Spule u. als Folge derselben die Zunahme des Stromes im Steuerungskreis des Kontaktes, nach dessen Schließen die Abschmelzung beginnt. T. Sălăgean. 6506△

**Farbige Zeitlupenaufnahmen zur Beobachtung des Schweißbades beim UP-Schweißen.** G. Tybus. (Schweisstechnik [Berlin] **7**, 68—71, März 1957; Halle/Saale; dt.)
M. Gehlen-Keller. 6506◇

**Der Wert von Stickstoff als Schweißschutzgas.** R. V. Anderson. (Welding J. **37**, 1193—95, Dez. 1958; Los Angeles, Calif., Standard Steel Corp.; engl.) — Beim Schweißen von *Ni*-reichen u. rostfreien Stählen kann *Ar* als Schutzgas ohne oder mit geringem Nachteil durch $N_2$ ersetzt werden. W. Wesly. 6506□

**Lichtbogenschweißung bei überwachter Atmosphäre.** N. E. Weare und R. E. Monroe. (Welding J. **37**, 1169—75, Dez. 1958; Columbus, Ohio, Battelle Mem. Inst.; engl.) — Erörterung der an der Luft u. unter Schutzgasen ausgeführten Lichtbogenschweißverfahren. W. Wesly. 6506□

**Verwendung von Radioisotopen im Elektrodenmetall zur zerstörungsfreien Prüfung.** Paul T. Barnes und Gordon L. Locher. (Welding J. **37**, 1176—81, Dez. 1958; China Lake, Calif., U.S. Naval Ordnance Test Stat.; Los Angeles, Calif., West. Radiation Labor.; engl.) — Beschreibung der Verw. von radioakt. Elementen in Elektrodenmetallen u. Hartloten zur zerstörungsfreien Prüfung der Gleichförmigkeit der Schweiße u. der Lötverbindung. W. Wesly. 6506□

**Beizen von niedrig gekohltem Stahl in Schwefelsäure mit Zusätzen von Kochsalz.** R. S. Bronfman und A. N. Rybatschenko. (Stahl [UdSSR] **21**, 844—45, Sept. 1961; russ.) — *NaCl* besitzt die Eigg. eines Beizinhibitors, kann jedoch nicht die Komponete R des von Barannik u. Kolpakowa (vgl. C. 1961, 11882) vorgeschlagenen Zuschlagmetalls *TschM* ersetzen, weil es einen niedrigeren Bremsungs-Koeff. hat. Bei gleichzeitiger Verw. des Zuschlags *TschM* u. *NaCl* sind die Metallverluste niedriger als bei der Behandlung nur mit *TschM*. Bei Beiz-Temp. über 70° werden die Schutz-Eigg. der Komponente R stark erniedrigt, aber bei Zusatz von NaCl bleiben die Metallverluste auf der gleichen Höhe wie bei niedrigen Temperaturen. Bei notwendiger Beschleunigung der Beizung gibt ein NaCl-Zusatz die Möglichkeit, die Beizung bei 85 bis 90° ohne Metallüberhitzung mit erhöhter Beiz-Geschw. durchzuführen.
H. Hochstein. 6512□

**Automatisierung und moderne Galvanisierautomaten.** Friedrich Lohrie. (Industrieblatt **59**, 633—38, 25/12. 1959; Neuss/Rh., Fa. Langbein-Pfanhauser Werke AG.; dt.) — Behandelt werden Problemstellung, Entw.-Tendenz u. Anlagen für Massengalvanisierung, Trommelautomaten u. Anlagen für stromlose Behandlung.
M. Gehlen-Keller. 6514◇

**Einige Untersuchungen an Eloxal-Gußlegierungen und -Gußteilen.** A. Buckeley. (Metall **15**, 211—15, März 1961; Essen, Metallwerk Olsberg G. m. b. H.; dt.) — Der Einfl. verschiedener *Ti*-Zusätze zu den *Al*-Guß-Legg. *G-AlMg*$_3$ u. *G-AlMg*$_3$*(Cu)* auf die Korngröße von Gußproben wurde untersucht. Danach verfeinern steigende Ti-Geh. innerhalb der zugelassenen Grenzen von 0—0,20% das Korn u. setzen die Anfälligkeit der Korngröße gegen vorübergehende Überhitzung der Schmelze herab, jedoch wird der Glanz der Eloxierung etwas vermindert, ebenso wie bei höheren *Mg*- u. *Si*-Zu-

sätzen. Die nachteilige Wrkg. der Si-Zusätze ist auf $Mg_2Si$-Ausscheidungen zurückzuführen. Die Fehler-Bldg. beim Eloxieren wird an prakt. Beispielen erläutert.
F. Vier. 6530□

**Korrosionsschäden an Metallen.** G. Schikorr. (Maschinenschaden **33,** 166—73, Okt. 1960; Stuttgart, Chem. Landesunters.-Anstalt; dt.) — Überblick.
M. Gehlen-Keller. 6538◇

**Metallkorrosion durch natürliche und vorbehandelte Wässer.** G. Butler und H. C. K. Ison. (Bull. Centre belge Étude Doc. Eaux **1961/IV,** 186—96; Teddington, Nat. Chem. Labor.; franz.) — Es werden Angriffsarten besprochen, die verschiedene Wässer in Abhängigkeit von ihrer Zus. auf metall. Werkstoffe zeigen. Auf die Schädlichkeit der Walzhaut, welche als Kathode wirken u. Lochfraß erzeugen kann, wird wiederholt hingewiesen. *Verzinkung* von *Stahl*-Rohren bietet meist guten Schutz in der Kälte. Dagegen kehrt sich die Polarität des galvan. Elementes Zn/Fe in heißem W. (ab ca. 65°) um, das Zn wird positiver u. beschleunigt den Angriff auf freiliegendes Eisen. *Cu*-Rohre können von der Herst. mit einem dünnen C-Film oder einer glasigen *CuO*-Haut bedeckt sein, die edler als Cu sind u. Anlaß zu Lochfraß geben können. *Al* wird u. a. angegriffen, wenn das W. Cu-haltig ist, 0,02 ppm sind schon wirksam. *Messing* erleidet Zerstörung durch Seewasser infolge Entzinkung. *Edelstähle* sind dort anfällig, wo die schützende Oxidschicht nicht durch $O_2$-Nachschub aufrecht erhalten werden kann; *Chloride* erzeugen Lochfraß. Reduzierende S-Bakterien können im kalten Teil geschlossener Heizkreisläufe Lochfraß bewirken. — Turbulenz ist in Rohrleitungen möglichst zu vermeiden, Schweißverbindungen gegenüber Niet- u. Schraubverbindungen der Vorzug zu geben. Inhibitoren kommen nur für Kreisläufe u. kleinere Anlagen in Betracht. *Polyphosphate* haben bes. in kalkhaltigem W. eine gute Wrkg.; die *Silicat*-Behandlung ist umstritten. Dem Angriff durch saures Kondensat kann durch $NH_3$ oder *Amine* abgeholfen werden. Es wird von Verss. über den Einfl. von Strömungs-Geschw., Temp. u. Zus. des W. auf die Korrosion verschiedener Werkstoffe berichtet; für hartes W. wird eine Formel für die Zeitabhängigkeit der Korrosion angegeben. R. Hegenbarth. 6538□

**Ätzung und Korrosion von Aluminiumproben im Gußzustand.** U. Benedict. (Metall **15,** 415—20, Mai 1961; Saarbrücken, Univ.; dt.) — Untersucht wurde der Angriff von 7%ig. *HCl* mit u. ohne Zusatz von 0,5 ppm *Cu* auf *Al*-Proben verschiedener Reinheitsgrade im Gußzustand. Der C-Zusatz bewirkt eine Beschleunigung des Flächenangriffs u. eine Verlagerung vom Flächenangriff zum Tiefenangriff. Er hat anscheinend im Prinzip die gleiche, jedoch stärkere Wrkg. wie eine Erhöhung des Cu-Geh. der Probe. Diese Erscheinung wird auf ein Auszementieren des Cu auf dem Al im Austausch gegen ein weniger edles Element u. die anschließende Bldg. von Lokalelementen zurückgeführt.
F. Vier. 6538□

**Bestimmung der Korrosion in Motoren durch Kühlwasser mit Zusätzen an B.C.I.R.A.-Versuchswagen.** H. H. Collins und T. J. Glover. (B.C.I.R.A. Journal **10,** 679—82, Nov. 1962; Birmingham; engl.) — 1000-h-Verss. am B.C.I.R.A.-Testwagen ergaben, daß sich Inhibitoren in W. fast wie in 20%ig. Glykol-Lsgg. verhalten. Die drei Inhibitormischungen der engl. Normen für Gefrierschutzmittel verhindern sehr gut die Korrosion durch W. u. eignen sich als korrosionsgehemmte „Sommerkühl-Fll." für Automotoren.
Wilhelm Lange. 6538◇

**Die Vorteile des Korrosionsschutzes mit Polyamid-Epoxidharz-Überzügen.** Donald L. Anderson, Don E. Floyd, David W. Glaser und Harold Wittcoff. (Corrosion [Houston] **17,** 9—17, Dez. 1961; Minneapolis, Minn., Gen. Mills, Inc.; engl.) — Korrosions- u. Bewetterungs-Verss. mit Polyamidharzen u. deren Epoxidharzkombinationen wurden im Vgl. mit handelsüblichen Inhibitoren u. 17 verschiedenen Rostschutzgrundierungen durchgeführt. Die Verss. zeigten, daß Polyamidharze allein schon gute Korrosionsinhibitoren sind u. zusammen mit Epoxidharzen mit u. ohne korrosionsschutzakt. Pigmente auf feuchtem u. rostigem Untergrund besser als herkömmliche Korrosionsschutzanstriche sind. — 18 Literaturhinweise.
H.-J. Taschow. 6538◇

**Der Differenzeffekt in der Korrosionsforschung.** M. E. Straumanis. (Metall **16,** 102—07, Febr. 1962; Rolla, Mo., Univ. of Missouri; dt.) — Es wird ein zusammenfassender Überblick über den Differenzeffekt gegeben u. gezeigt, daß die Passivierung, die mit *Zr* u. *Hf* als Anoden erreicht werden kann, wobei durch die Wrkg. des Anodenstromes der Metallverlust nicht nur ausgeglichen, sondern sogar überstiegen wird, von der Konz. des im Metall ionogen gelösten O abhängt. Je größer der O-Geh., um so höher ist die Polarisierbarkeit. Der negative Differenzeffekt wird am Beispiel des *Be* beschrieben. Dabei zerfällt das Metall beim Auflösen in verd. *HCl* teilweise in Körner, die sich erst nachträglich auflösen.
F. Vier. 6538□

**Eine Probe zum Gebrauch bei Untersuchungen über Spannungskorrosionsrisse von Metallen bei erhöhten Temperaturen.** H. L. Logan. (Mater. Res. Standards **2,** 98—100, Febr. 1962; Nat. Bur. of Standards, Metallurgy Div., Corrosion Sect.; engl.) — Zu Unterss. über Spannungskorrosionsrisse von Metallen bei erhöhten Temp. dient ein Hohlzylinder, der bekannten Zugspannungen (25000—30000 lbs./sq.in.) bei bekanntem Temp. (455—615° F) unterworfen wird u. mit einer wss., $O_2$ enthaltenden Lsg. von ca. 20000 mg $Cl^-$/kg dest. W. gefüllt ist. An rostfreiem Stahl Typ *304* ausgeführte Unterss. ergeben, daß die Ggw. von $O_2$ für das Auftreten von Rissen erforderlich ist u. daß bei 30000 lbs./sq.in. stärkere Risse als bei niedrigeren Spannungen auftreten. W. Wesly. 6540□

**Apparat zur Untersuchung des Korrosions- und elektrochemischen Verhaltens von Metallen bei der Einwirkung einer ionisierenden Strahlung.** I. L. Rosenfeld und Je. K. Osche. (Betriebs-Lab. [UdSSR] **24,** 346—48, 1958; Inst. für phys. Chem. der Akad. der Wiss. der UdSSR; russ.) — Die entwickelte App. ermöglicht die Feststellung des Korrosionsstromes unmittelbar unter der Bestrahlung der Metalle u. läßt auch den Einfl. der ionisierenden Bestrahlung auf die Kinetik der Anoden- u. Kathodenprozesse auf dem Wege einer bes. Bestrahlung der Anode oder Kathode erkennen. Mittels dieser Meth. konnte eine starke Erhöhung der Korrosionsstromstärke bei der Bestrahlung der Kathode festgestellt werden. Eine Bestrahlung der Anode dagegen führte nicht zu einer merklichen Änderung der Stromstärke. Der Mechanismus der Erscheinung wird mit einer starken Veränderung der elektr. Eigg. der oxid. Halbleiterhäutchen auf den Metallen bei der Strahlungs-Einw. erklärt. H. Hochstein. 6540□

## $H_9$. Organische Industrie

**Die Ausarbeitung eines kontinuierlichen technologischen Schemas für den Prozeß der Dehydrierung von Butylenen zu Divinyl.** W. Ss. Alijew, A. P. Kassimowa und M. Je. Murawtschik. (Erdöl-Wirtsch. Aserbaidshan [UdSSR] **41,** Nr. 6, 31—34, Juni 1962; russ.) — Die Verss. über die gasdynam. Charakteristik des Katalysators K-16 in der Wirbelschicht erfolgen an Glasmodellen u. werden mit zwei Pulverkatalysatoren (80%ig. 0,40—0,15 mm bzw. 50%ig. $<$ 0,06 mm) durchgeführt. Die Anfangs-Geschw. der Luft beträgt im ersten Fall 0,05 m/s bei einer Konz. in der Wirbelschicht von 960 bis 990 kg/$m^3$, im zweiten Fall 0,03 m/s u. 1550—1600 kg/$m^3$. Für den pneumat. Transport des ersten Katalysators ist bei einer Konz. von 10—30 kg/$m^3$ eine Luft-Geschw. von mindestens 2,5—3 m/s notwendig. Der Schlupf-Koeff. wächst mit der Zunahme der Luft-Geschw. u. der Konz. des transportierten Katalysators. J. Lehmberg. H 520◇

**Hydrierung von Produkten der Oxosynthese.** 1. Mitt. Ed. Juraj Mistrík und Milan Polievka. (Chem. Průmysl **12(37),** 123—28, März 1962; Nováky, Výskumný ústav pre petrochém.; tschech.) — Bei 155—290° u. 200 atü $H_2$-Druck wird die katalyt. Aktivität von $NiS/MoS_2$, $WS_2$ u. $NiS/WS_2$ auf $\gamma$-$Al_2O_3$ beim *Hydrieren* des Gemisches von *n-* u. *Isobutyraldehyd,* das durch *Hydroformylierung* von $C_3H_6$ hergestellt wurde, untersucht. Es wird festgestellt, daß es beim Hydrieren von durch Hydroformylierung hergestellten Aldehyden unter Verw. von $S^{2-}$-Katalysatoren nicht möglich ist, eine hohe Ausbeute mit hoher Selektivität zu erzielen. Die $S^{2-}$-Katalysatoren eignen sich für Brennstoff-Herst.-Verff. u. zur Herst. von KW-Stoffen, bei denen die Reinheit u. Individualität des hergestellten Prod. nicht so wichtig ist wie bei der Hydrierung der Prodd. der Oxosynthese. Deshalb wird empfohlen, für dieses Verf. Rohstoffe mit minimalem S-Geh. zu verwenden u. die Aldehyde an metall. oder oxid. Katalysatoren zu hydrieren. Maximale Selektivität der Hydrierung (78,4%) wird mit $NiS/MoS_2$ bei 235° erzielt. Das Prod. enthält 72% n-Butanol u. Isobutanol (**I**). Unter Verw. von $WS_2$ bei 200° beträgt die Selektivität der Hydrierung 43,2% u. das Prod. enthielt 35,3% **I**. Unter Verw. von $NiS/WS_2$ bei 218° beträgt die Selektivität 74,6% u. der Geh. an **I** 69,5%. Die Hydrierungs-Prodd. enthalten $1 \cdot 10^{-5}$ bis $2,3 \cdot 10^{-3}$% S. J. Schneider. H560□

**Eine verbesserte Herstellungsmethode für Perchlormethylmercaptan.** P. P. Trunow und Je. M. Ssokolowa. (Chem. Ind. [UdSSR] **1961,** 694—96, Okt.; russ.) — Die Chlorierung von $CS_2$ zu $ClSCCl_3$ (**I**) für die Herst. von Pflanzenschutz-Präpp. kann wesentlich beschleunigt werden bei 18—20° in Ggw. von 1% $J_2$; das Ende der Rk. ist erreicht, wenn das spezif. Gew. des Prod. 1,65—1,66 beträgt; 70% (Ausbeute). 20% des $CS_2$ gehen in $CCl_4$ über. Nach Abdestillieren der leichtsd. Fraktion (bes. $CCl_4$) bei 120° wird das Prod. mit an $SO_2$ gesätt. W. (1,5—2fache Gew.-Menge) versetzt, wodurch $S_2Cl_2$ in $H_2S_4O_6$ übergeführt wird; in der durch Filtration abgetrennten wss. Lsg. werden die Polythionsäuren mit $CaCl_2$ als Ca-Salze gefällt, die sich als Fungicide eignen. Das Gesamt-Verf. wird in einer schemat. Abb. gezeigt. R. K. Müller. H 600◇

**Fabrikation von Monochloressigsäure.** Je. W. Ssergejew, A. L. Englin und W. N. Jegorowa. (Chem. Ind. [UdSSR] **1961**, 705—09, Okt.; russ.) — Für die Monochloressigsäure (I)-Fabrikation durch direkte Chlorierung von Eisessig werden die optimalen Bedingungen ausgearbeitet. In 2 hintereinandergeschalteten, mit Wasserdampf auf 95—100° beheizten Kolonnen wird Eisessig mit Zusatz von 5—7% Acetanhydrid (II) im Gleichstrom von $Cl_2$ chloriert. Der Geh. an Dichloressigsäure (III) beträgt im Rohprod. 8—9%, nach Auskristallisieren von I 0,5—2%. Für den Gang des Verf. entscheidend ist die völlige Entfernung von Acetylchlorid (IV) aus den Abgasen, die zweckmäßig durch Absorption in der Mutterlauge bei — 10° erfolgt. Das mit ca. 5% IV beladene Absorbens wird in die erste Chlorierkolonne zurückgeführt. Von IV prakt. völlig befreites HCl wird in W., das restliche $Cl_2$ in 5%ig. NaOH absorbiert. Statt II kann auch $S_2Cl_2$ (10%) dem Eisessig zugesetzt werden, dabei wird aber der Geh. an III im Endprod. auf 2,5—3,5% erhöht. Die apparative Gestaltung des Prozesses wird durch 2 schemat. Abb. wiedergegeben. R. K. Müller. H 810◇

**Zur Berechnung der Extraktion und Adsorption von Phenolen aus wässerigen Lösungen.** Alfred Dierichs und Lothar Jaehn. (Chem. Techn. **10**, 408—12, Juli 1958; Freiberg/Sa.; dt.) — Für im Gegenstrom geführte *Extraktionsanlagen* zur *Isolierung* von *1-* u. *2-wertigen Phenolen* aus stark verschmutzten Abwässern, die bei der Veredlung von Braunkohle durch Schwelung u. Verkokung anfallen, wird durch Berechnung geklärt: Anzahl der benötigten Stufen, Anteil des Lsgm. im Verhältnis zum W., Phenolwerte im Endwasser bei Änderung der beiden ersten Einflußgrößen. Des weiteren wird der Einfl. eines bestimmten Rest-Geh. des zu extrahierenden Phenols im Lsgm. (Kreislaufester) demonstriert. Durch Darst. von Extraktion u. Adsorption in einem gemeinsamen Diagramm (durchgeführt für die Verteilungsisothermen von Phenol, m-Kresol, Homobrenzcatechin u. Resorcin in Butylacetat u. W., u. die Adsorptionsisothermen von Phenol u. Isohomobrenzcatechin auf verschiedenen techn. Adsorbentien) ergibt sich die Überlegenheit der Adsorbentien, bes. für die Entfernung der mehrwertigen Phenole bei niedrigen Konzentrationen. Unter der Voraussetzung keiner gegenseitigen Beeinflussung werden auf Grund der Analysenwerte eines Schwelwassers die Endgeh. für eine 8stufige Extraktion der einzelnen Phenole berechnet. An vereinfachten Beispielen wird der Einfl. des Verteilungsverhältnisses K auf den Extraktionseffekt gezeigt u. der b-Wert ($b = V_2/V_1 \cdot 1/K$; $V_1$ = Vol. des W., $V_2$ = Vol. des Lsgm.) zur Stufenzahl in Beziehung gesetzt. E. Uhlein. H 1060□

**Kontinuierliche Isomerisierung und Disproportionierung von Alkylphenolen unter Druck.** Jaromír F. Jelínek. (Chem. Průmysl **12(37)**, 4—7, Jan. 1962; Záluží u Mosto, Výzkumný ústav pro chem. využití uhlí, Stalinovy závody; tschech.) — Die *kontinuierliche Isomerisierung* u. *Disproportionierung* von *Alkylphenolen* mit festem Katalysator unter $H_2$ bei Druck in Hinblick auf die maximale Ausbeute an *Phenol* u. mindestens 60%ig. *m-Kresol* wird untersucht. Als bester Katalysator erweist sich natürliches Kaolinit, das mit HF aktiviertes $TiO_2$ enthält. Als Vgl.-Katalysator werden mit HF aktiviertes $\gamma$-$Al_2O_3$ oder $\gamma$-$Al_2O_3$ mit $Al(BF_4)_3$ verwendet. Optimale Bedingungen (520°, bis zu 70 atü, Katalysatorbelastung 0,2—0,3 kg/Liter/Std. führen zu 13,1—14% *Phenol* u. 39,1—46,4% an 69,3—69,5%ig. *m-Kresol*). J. Schneider. H 1060□

**Die Abtrennung von Erdöl-Cyclohexan durch kristallinen Thioharnstoff. (Die Rolle eines Aktivators bei der Extraktionskristallisation.)** I. I. Namasow und G. G. Aschumow. (Erdöl-Wirtsch. Aserbaidshan **41**, Nr. 6, 34—37, Juni 1962; aserbaidshan., Auszug: russ.) — Extraktionskristallisations-Verss. aus Fraktionen der Temp.-Intervalle 78—83°, 75—85°, 75—90° u. 65—90° mit Thioharnstoff ergeben unter optimalen Bedingungen Cyclohexan-(I)-Konzentrate mit dem spezif. Gew. 0,7660—0,7720 u. $n_D^{20}$ 1,4185—1,4215. Die Änderung der Menge des Isopropylalkohols als Aktivator ist ohne Einfl. auf die physikal. Konst. u. die Ausbeute, die 75—87% des Konzentrates beträgt. Durch Dest. wird 98%ig. I gewonnen. J. Lehmberg. H 1810△

**Die Verwendung von pyrolytisch hergestelltem Dipenten.** 1. Mitt. **Die Herstellung von p-Menthan und seine Sulfochlorierung.** Jan Pospíšil, Antonín Rada und Luděk Vodička. (Chem. Průmysl **12(37)**, 117—22, März 1962; Praha, Vysoká škola chem.-technol. Katedra org. technol. a Katedra syntet. pohonných Látek a ropy; tschech.) — Durch Pyrolyse von Abfallgummi bei 400—500° wird ein Gemisch fl. KW-Stoffe erhalten. Die Fraktion Kp. 170—180° besteht aus fast reinem *Dipenten* (*dl-Limonen*), das zu *p-Menthan* hydriert wird. Als Katalysator bei der Hydrierung bei 280° werden $WS_2$, NiS, $MoS_2$ oder ihr Gemisch verwendet. Bei Verw. von $MoS_2$ wird ein Prod. mit 5% an Stoffen mit Kp.>180° u. 25% mit Kp.<165°, bei Verw. von $WS_2$ ein Prod. mit 20% von Stoffen mit Kp.>180° u. bei Verw. von $WS_2$/NiS-Gemisch ein

Prod. mit Kp. 165—175° in 80—83%ig. Ausbeute hergestellt. Auf diese Weise wird reines *p-Menthan*, das nur 0,5% S enthält, erhalten. Es ist ein wasserhelles Lsgm., das durch Sulfochlorierung in *p-Menthansulfochlorid* (I) übergeführt wird. Optimale Bedingungen: 30°, $SO_2 : Cl_2 = 1,25—1,50$; I besitzt eine gute Oberflächenaktivität; sein Netzvermögen wird mit dem von Neokal B verglichen. Die Wrkg. ist etwas schlechterer als bei Neokal B. Trotzdem eignet es sich als Netzmittel für alkal. oder saures Medium u. für Lsgg. von Bleichlaugen. J. Schneider. H 3600□

---

**Polymer Corp. Ltd.** (Erfinder: **Park McKnight Reilly**), Sarnia, Ontario, Canada, *Reinigung von aliphatischen Kohlenwasserstoffen, besonders Olefinen.* (**D. A. S. 1 105 406** Kl. 12o vom 15/3. 1957, ausg. 27/4. 1961. A. Prior. 15/10. 1956. — C. **1962,** 17202 [E. P. 811 415].)

**Udic Soc. An.**, Zug, Schweiz (Erfinder: **Hugo Specht** und **Herman Dewein**), *Herstellung von Gemischen mehrwertiger Alkohole.* (**Aust. P. 231 294** vom 27/6. 1958, ausg. 22/12. 1960. Schwz. Prior. 2/7. 1957. — C. **1960,** 12503 [D. A. S. 1 066 567].)

**Union Carbide Corp.**, New York, N.Y., übert. von: **Michael J. O'Connor**, Euclid, Ohio, und **William K. Detweiler**, Westfield, N.J., V.St.A., *Herstellung organischer Phosphorsäureester.* (**A. P. 2 868 827** vom 6/9. 1956, ausg. 13/1. 1959. — C. **1962,** 10637 [E. P. 818 048].)

**Farbenfabriken Bayer Akt.-Ges.**, Leverkusen, *Sultame.* (**E. P. 810 356** vom 31/8. 1956, ausg. 11/3. 1959. D. Prior. 9/9. 1955, 14/2. u. 24/7. 1956. — C. **1962,** 7324 [F. P. 1 220 015].)

**Union Carbide Corp.**, New York, N.Y. (Erfinder: **Philip Colony Johnson** und **Norman Russell Cox, St. Albans**, W.Va.), V.St.A., *Sauerstoffhaltige, organische Verbindungen, besonders Aldehyde durch Oxosynthese.* (**D. A. S. 1 103 912** vom 22/11. 1957, ausg. 6/4. 1961. A. Prior. 27/11. 1956. — C. **1962, 7324** [A. P. 2 919 292 u. E. P. 817 148].)

**Celanese Corp. of America**, New York, N.Y., V.St.A., *Reinigung von Methylisobutylketon durch Destillation und Extraktion.* (**E. P. 827 541** vom 9/10. 1956, ausg. 3/2. 1960. A. Prior. 11/10. 1955. — C. **1962,** 3261 [A. P. 2 871 169].)

**B. F. Goodrich Co.**, New York (Erfinder: **Alfred Theodore Blomquist**, Ithaca), N.Y., V.St.A., *Herstellung von Bis-ketenen.* (**D. A. S. 1 118 778** Kl. 12o vom 10/3. 1958, ausg. 7/12. 1961. A. Prior. 12/3. 1957. — C. **1963,** 3048 [A. P. 3 002 024].)

**Nopco Chemical Co.**, Harrison, N.J., V.St.A., *Herstellung von α.γ-Dihydroxy-β.β-dimethylbutyramid.* (**E. P. 884 678** vom 15/8. 1958, ausg. 13/12. 1961. A. Prior. 9/9. 1957. — C. **1962,** 6582 [F. P. 1 209 664].)

**Koninklijke Industrieele Mij. voorheen Noury & van der Lande N. V.**, Niederlande, *Gluconsäuremonohydrat.* (**Belg. P. 560 484** vom 2/9. 1957, ausg. 22/4. 1960. Niederl. Prior. 17/9. 1956. — C. **1960,** 10405 [D. A. S. 1 069 610].)

**Chas. Pfizer & Co., Inc.**, New York, N.Y., V.St.A., *Acetondicarbonsäureester.* (**E. PP. 876 487** vom 24/3. 1958 u. **876 488** vom 19/12. 1958, beide ausg. 6/9. 1961. A. Prior. 17/1. u. 17/7. 1958. — C. **1960,** 10061 [A. P. 2 887 508].)

**Shawinigan Chemicals Ltd.**, Montreal, Canada, *Herstellung von Schwefelkohlenstoff.* (**E. P. 855 245** vom 25/2. 1957, ausg. 30/11. 1960. Can. Prior. 25/2. 1956. — C. **1962,** 10639 [D. A. S. 1 104 495].)

**Röhm & Haas G. m. b. H.**, Darmstadt, *Oxydation von Blausäure.* (**E. P. 883 799** vom 13/5. 1958, ausg. 6/12. 1961. D. Prior. 15/5. 1957. — C. **1959,** 7294 [D. A. S. 1 040 521].)

**E. I. du Pont de Nemours & Co.**, Wilmington, Del. (Erfinder: **Edward Leo Reilly**, Woodbury, N.J.), V.St.A., *Herstellung von Nitrosaminen.* (**D. A. S. 1 085 166** Kl. 12q vom 27/3. 1957, ausg. 14/7. 1960. A. Prior. 2/5. 1956. — C. **1960,** 10406 [F. P. 1 171 532].)

**Commissariat à l'Énergie Atomique**, Paris, Frankreich, *2.4.10.12-Tetramethyl-6.8-diisobutyl-7-aza-6-tridecen aus 2.6.8-Trimethyl-4-nonanon und 2.6.8-Trimethyl-4-nonylamin.* (**E. P. 860 636** vom 29/12. 1958, ausg. 8/2. 1961. F. Prior. 8/1. 1958. — C. **1961,** 12999 [F. P. 1 189 601].)

**American Cyanamid Co.**, New York, N.Y., übert. von: **William P. Colman**, Stamford, und **Leonard A. Cullo**, Norwalk, Conn., V.St.A., *Herstellung von Alkylen- und Alkanolaminpolyacetaten.* (**A. P. 2 945 881** vom 6/9. 1957, ausg. 19/7. 1960. — C. **1962,** 2169 [E. P. 850 879].)

**Dynamit Nobel Akt.-Ges.**, Troisdorf, *Befreien der Kieselsäureester von Halogenwasserstoff.* (**E. P. 880 211** vom 7/4. 1960, ausg. 18/10. 1961. D. Prior. 7/4. 1959. — C. **1961,** 14098 [D. A. S. 1 093 343].)

**Farbwerke Hoechst Akt.-Ges., vormals Meister Lucius & Brüning**, Frankfurt/M., *Herstellung quaternärer organischer Phosphorverbindungen.* (**E. P. 883 834** vom 16/2. 1959, ausg. 6/12. 1961. D. Prior. 14/2. 1958. — C. **1960,** 5643 [D. A. S. 1 067 812].)

**E. I. du Pont de Nemours & Co.**, Wilmington, Del. (Erfinder: **Norman Laurance Hause**, West Chester, Pa., **William Rudolph Schmitz**, Wilmington, Del., **Marcus Andre Stevens**, New York, und **Walter Louis Sutor**, Grand Island, N.Y.), V.St.A., *Verfahren zur Reinigung von wässerigen Lysinlösungen.* (**D. A. S. 1 074 049** Kl. 12q vom 31/7. 1957, ausg. 28/1. 1960. A. Prior. 1/8. 1956. — C. **1961,** 10746 [F. P. 1 178 975].)

**General Aniline & Film Corp.**, New York (Erfinder: **Lester Nelson Stanley**, Delmar), N.Y., V.St.A., *Herstellung von Polyhydroxyarylphenonen.* (**D. A. S. 1 090 226** Kl. 12q vom 19/4. 1958, ausg. 6/10. 1960. **E. P. 832 043** vom 17/2. 1958, ausg. 6/4. 1960. Beide A. Prior. 23/5. 1957. — C. **1960,** 994 [A. P. 2854 485] u. C. **1962,** 3986 [F. P. 1 202 942].)

**J. R. Geigy Akt.-Ges.** (Erfinder: **Franz Litvan** und **Willy Stoll**), Basel, Schweiz, *Aryloxyessigsäureamide aus Aryloxyessigsäuren und Aminen.* (**Schwz. P. 352 321** vom 9/11. 1956, ausg. 14/4. 1961. **Belg. P. 562 234** vom 8/11. 1957, ausg. 3/6. 1960. Schwz. Prior. 9/11. 1956. — C. **1962,** 2458 [E. P. 810 589].)

**American Cyanamid Co.**, New York, N.Y., V.St.A., *Oxydation von Naphthalin.* (**E. P. 885 651** vom 11/11. 1958, ausg. 28/12. 1961. A. Prior. 20/11. 1957. — C. **1962,** 4345 [F. P. 1 213 190].)

**Chemische Werke Witten G. m. b. H.**, Witten/Ruhr, *Herstellung von Ammoniumsalzen organischer Carbonsäuren.* (**E. P. 885 576** vom 17/6. 1960, ausg. 28/12. 1961. D. Prior. 27/6. 1959. — C. **1962,** 9518 [D. A. S. 1 115 729].)

**Heinrich Koppers G. m. b. H.**, Essen, und **Gelsenkirchener Bergwerks-Akt.-Ges.**, Essen, *Gewinnung von Naphthalin von Heißpreßqualität.* (**E. P. 872 541** vom 21/11. 1957, ausg. 12/7. 1961. D. Prior. 28/11. 1956. — C. **1961,** 11984 [D. A. S. 1 095 800].)

**Rohm & Haas Co.**, Philadelphia, Pa., V.St.A., *N-Vinyl-N.N'-alkylenharnstoff.* (**E. P. 849 541** vom 19/2. 1957, ausg. 28/9. 1960. A. Prior. 23/2. u. 11/12. 1956. — C. **1962**, 6590 [F. P. 1 172 682].)

**Rohm & Haas Co.**, Philadelphia, übert. von: **Robert Stanley Yost**, Oreland, Pa., V.St.A., *Cylclische N-Vinyl-N.N'-alkylenharnstoffe.* (**A. P. 2 880 208** vom 11/12. 1956, ausg. 31/3. 1959. **Jap. A. S. 9718/1959** vom 19/2. 1957, ausg. 2/11. 1959. A. Prior. 23/2. u. 11/12. 1956. — C. **1962**, 6590 [F. P. 1 172 682].)

**Ciba Ltd.**, Basel, Schweiz, *Härtbare Epoxygruppen enthaltende Diels-Alder-Addukte.* (**E. P. 870 958** vom 3/7. 1959, ausg. 21/6. 1961. Schwz. Prior. 8/7. 1958. — C. **1962**, 13951 [D. A. S. 1 094 253].)

**Quaker Oats Co.**, Chicago, übert. von: **Andrew P. Dunlop**, Riverside, und **Horst Schegulla**, Chicago, Ill., V.St.A., *Tetrahydrofurfurylalkohol.* (**A. P. 2 838 523** vom 10/6. 1954, ausg. 10/6. 1958. — C. **1958**, 5806 [E. P. 780 275].)

**Ciba Ltd.**, Basel, Schweiz, *Cycloalkano-[d]-4-thiazolin-2-one.* (**E. P. 836 738** vom 8/4. 1957, ausg. 9/6. 1960. A. Prior. 6/4. u. 11/7. 1956 u. 7/2. 1957. — C. **1962**, 2910 [F. P. 1 193 642].)

**Union Carbide Corp.**, New York, N.Y., übert. von: **William M. Lanham**, Charleston, W.Va., V.St.A., *Heterocyclische Dithiophosphorsäureester.* (**A. P. 2 841 605** vom 12/1. 1955, ausg. 1/7. 1958. — C. **1960**, 4357 [Jap. A. S. 622/1958].)

**J. R. Geigy Akt.-Ges.**, Basel (Erfinder: **Carl Max Brenner**, Riehen, und **Hans-Rudolf Rickenbacher**, Basel), Schweiz, *Herstellung von DL-α-Amino-ε-caprolactam.* (**D. A. S. 1 101 423** Kl. 12p vom 30/1. 1959, ausg. 9/3. 1961. Schwz. Prior. 31/1. 1958. — C. **1962**, 9154 [F. P. 1 216 037].)

**J. R. Geigy Akt.-Ges.**, Basel (Erfinder: **Carl Max Brenner**, Riehen, und **Hans-Rudolf Rickenbacher**, Basel), Schweiz, *Herstellung von DL-α-Amino-ε-caprolactam.* (**D. A. S. 1 115 257** Kl. 12p vom 14/3. 1958, ausg. 19/10. 1961. **A. P. 2 955 109** vom 25/2. 1958, ausg. 4/10. 1960. **E. P. 871 220** vom 14/3. 1958, ausg. 21/6. 1961. Alle Schwz. Prior. 15/3. 1957. **Schwz. P. 351 272** vom 15/3. 1957, ausg. 28/2. 1961. — C. **1962**, 1415 [F. P. 1 193 279].)

**Uclaf**, Paris, Frankreich, *Thioglykolsäurederivate.* (**E. P. 876 966** vom 18/7. 1958, ausg. 6/9. 1961. F. Prior. 29/7. 1957. — C. **1961**, 74001 [F. P. 1 180 258].)

## $H_{10}$. Färberei. Organische Farbstoffe

Vereinigte Färbereien Akt.-Ges. (Erfinder: Herbert M. Ulrich), Wien, Österreich, **Färben von Fasern,** bes. synthet. Fasern, wie *Polyesterfasern* u. *Cellulosetriacetatfasern*, in Ggw. von Alkylnaphthalinen, die ggf. polyalkyliert u./oder hydriert sein können, z. B. β-Methylnaphthalin, Dimethyl-, Tri- u. Tetramethylnaphthaline, in Form von wss. Dispersionen oder in organ. Lsgm. gelöst, wobei als Dispergator oder Emulgator Alginate verwendet werden, die gleichzeitig als Schutz-Koll. wirken. Ggf. werden die einzelnen Fäden mit den Methylnaphthalinen in fl. Zustande oder mit einer Lsg. derselben imprägniert u. in ein sd. Färbebad eingebracht. Der Faden kann auch schon beim Herst.-Vorgang der synthet. Fasern imprägniert werden. — 12 Beispiele. (**Oe. P. 214 399** vom 19/3. 1959, ausg. 10/4. 1961.) M. F. Müller. 7007

Sandoz Akt.-Ges., Basel (Erfinder: Paul Bücheler, Reinach), Schweiz, **Haltbares Dispersionsfarbstoffpräparat** zum Färben von Celluloseester-, Polyamid-, Polyvinyl-, Polyacrylnitril- u. Polyterephthalsäureesterfasern sowie zum Einfärben von Spinn-Lsgg. enthält neben einem Dispergiermittel einen Farbstoff der Formel I (R = Arylrest, der in dem an den Anthrachinonrest gebundenen Kern mindestens eine —O—X-Gruppe trägt u. der weitere Substituenten außer $NO_2$, $NH_2$ u. zur —O—X-Gruppe p-ständigem Halogen tragen kann; X = ggf. weiter substituierter Cycloalkylrest oder Arylrest), z. B. 1.5-Dihydroxy-4.8-diamino-2-(4''-amino)-(4-phenoxy)-phenylanthrachinon. (**Schwz. P. 355 126** vom 9/3. 1959, ausg. 15/8. 1961. **Zusatz zu Schwz. P. 351 253; C. 1963, 2629.**) F. Böhm. 7021

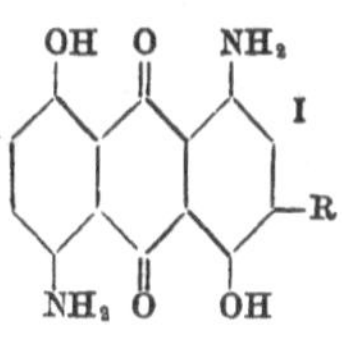

I

Courtaulds Ltd., London, England (Erfinder: Leslie Arthur Bashford), **Färben von Fasermaterial aus Cellulosetriacetat, Acrylnitrilpolymerisaten oder Polyäthylenterephthalat** mit Dispersionsfarbstoffen. Als Carrier verwendet man Octylphenole oder -kresole, z. B. p-Octylphenol. Vgl. E. P. 839 707; C. **1963**, 1856. (**E. P. 838 735** vom 19/9. 1957, ausg. 22/6. 1960. **Zusatz zu E. P. 803 293; C. 1960, 4361.**) F. Böhm. 7021

VEB Farbenfabrik Wolfen, Deutschland, **Färben von synthetischem Textilmaterial,** welches Carbamid-, Sulfamid- oder Cellulosegruppen enthält. Das zu färbende Material wird zunächst acetyliert, danach mit Diketen u. anschließend mit kupplungsfähigen Diazoniumsalzen behandelt. — 2,5 kg Wolle werden in ein Bad getaucht, das 25 Liter Bzl., 10 ml Pyridin u. 2,5 Liter Diketen enthält u. 3 Std. lang im Sieden gehalten. Danach wird die Faserstoffbahn zunächst mit Bzn., dann mit Methanol u. schließlich mit kaltem W. gewaschen. Das so behandelte Wollgewebe wird mit einer Diazoniumsalz-Lsg. von Toluidin in folgender Weise behandelt: 3 (kg) p-Toluidin werden in einem Gemisch aus 7,5 konz. HCl u. 25 W. unter Rühren bis zur Lsg. erhitzt. Die Lsg. wird mit Eis gekühlt u. nach dem Abkühlen wird diazotiert u. mit einer gesätt. Na-Acetat-Lsg. tamponiert, bis die Lsg. nicht mehr sauer ist. Danach wird filtriert

u. das Wollgewebe in die Lsg. getaucht. Nach wenigen Min. ist das Gewebe gelb gefärbt. (**F. P. 1 238 003** vom 22/9. 1959, ausg. 28/11. 1960.) M. F. Müller. 7021

Badische Anilin- & Soda-Fabrik Akt.-Ges., Ludwigshafen/Rh., **Erzeugung von Transparentdrucken auf Textilien.** Man bedruckt die Ware mit einer Öl-in-Wasser-Emulsion, die 25—45% eines wasserunlösl. verätherten Carbamidharzes, gelöst in einem Lsgm., wie A. oder Butanol, u. einen KW-Stoff enthält. Zweckmäßig wird anschließend, ggf. nach einer Vortrocknung bei 50—70°, unter Feuchtigkeitsausschluß auf 110—130° erhitzt. (**E. P. 854 582** vom 9/4. 1959, ausg. 23/11. 1960. D. Prior. 12/4. 1958.) F. Böhm. 7023

Whiffen & Sons Ltd., Loughborough, England (Erfinder: John George Kennedy und Graham Stanley Roberts), **Herstellung stabiler wässeriger Dispersionen von aromatischen Aminen** oder Salzen davon zur Herst. von Eisfarben im *Zeugdruck.* Man löst das Amin in einem mit W. mischbaren Lsgm., wie A., u. mischt diese Lsg. mit einer Lsg. eines anion. Dispergiermittels, z. B. Na-Oleyl-p-anisidinsulfonat, in Wasser. Zusammen mit dem Amin kann man auch eine Kupplungskomponente, wie Phloroglucin, in Lsg. bringen. (**E. P. 840 357** vom 2/10. 1957, ausg. 6/7. 1960.) F. Böhm. 7023

Badische Anilin- & Soda-Fabrik Akt.-Ges. (Erfinder: Hans Baumann und Johannes Dehnert), Ludwigshafen/Rh., **Herstellung basischer Farbstoffe.** Arylhydrazone der allg. Formel **I** (R = Alkyl, Cycloalkyl, Aralkyl oder Aryl; X = zweiwertiges Atom oder zweiwertiger Rest zur Bldg. eines 5- oder 6gliedrigen Ringes befähigt; A = ggf. substituierter Benzol- oder Naphthalinring u. n = 0 oder 1) werden mit Oxydations- oder Dehydrierungsmitteln in Ggw. säurebindender Mittel behandelt. Die Farbstoffe lösen sich in W. oder hydrophilen Lsgm. u. eignen sich zum Färben von Baumwolle, Seide, Leder, Polyamiden u. -urethanen Polyacrylnitril, Acrylnitril (**II**), Polyestern u. Celluloseestern. — 13 (Teile) 3-Methylbenzthiazolon-(2)-phenylhydrazon (**III**), in 50 Dimethylformamid gelöst, werden mit 10 Anilin in 100 Methanol versetzt. Im Verlauf von 40 Min. setzt man 100 2m $FeCl_3$-Lsg. zu. Nach Beendigung der Rk. wird in 1000 W. u. 20 HCl eingegossen u. der Farbstoff durch Zugabe von NaCl gefällt. Der isolierte Farbstoff färbt **II** grünstichigblau u. sehr echt. — **III** erhält man aus 2-Methylmercapto-3-methylbenzthiazoloniummethosulfat, Phenylhydrazin u. $Na_2CO_3$ in wss. Lsg. bei Normaltemp. in guter Ausbeute, F. 121—122°. (**D. A. S. 1 098 643** Kl. 22a vom 1/10. 1958, ausg. 2/2. 1961. **E. P. 879 805** vom 24/9. 1959, ausg. 11/10. 1961. D. Prior. 1/10. 1958.) F. Rath. 7053

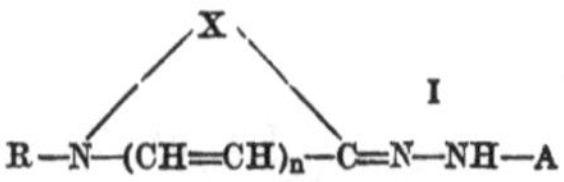

I

Badische Anilin- & Soda-Fabrik Akt.-Ges., Ludwigshafen/Rh. (Erfinder: Siegfried Hünig, Marburg/Lahn), **Herstellung von Azofarbstoffen.** Sulfonylhydrazone der allg. Formel **I** (R = Alkyl, Cycloalkyl, Aralkyl oder Aryl; n = 0 oder 1; X = 2wertiges Atom oder eine 2wertige, zur Bldg. eines ungesätt. heterocycl. 5- oder 6-gliedrigen Ringes befähigte Gruppe u. $R_1$ = ggf. substituiertes Alkyl oder Aryl) werden in Ggw. von Oxydations- bzw. Dehydrierungsmittel mit aus der Azo-, Azomethin- u. Indophenolchemie bekannten Komponenten umgesetzt. Die Farbstoffe eignen sich zum Färben von tannierter Baumwolle, Wolle u. Acrylnitril. — 1,6 (Teile) 3-Methylbenzthiazolon-(2)-benzolsulfonylhydrazon u. 0,87 1-Phenyl-3-methylpyrazolon-(5) werden mit 5 2n-NaOH angeteigt u. in 35 N-Methylpyrrolidon gelöst. Man verd. mit 25 W. u. rührt eine Mischung von 3,3 K-Ferricyanid, 10 2n-NaOH, 25 W. u. 35 N-Methylpyrrolidon innerhalb 40 Min. ein. Man erhält 1,65—1,70 Farbstoff, F. 270° (Zers.). Bei Verw. von Benzylcyanid an Stelle des Pyrazolons erhält man einen Farbstoff vom F. 219° unter Zersetzung. (**D. A. S. 1 104 642** Kl. 22a vom 9/9. 1958, ausg. 13/4. 1961. **E. P. 871 426** vom 8/9. 1959, ausg. 28/6. 1961. D. Prior. 9/9. 1958.) F. Rath. 7053

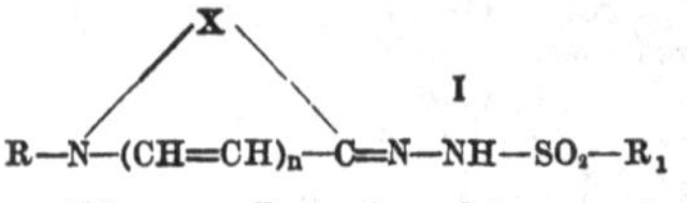

I

Badische Anilin- & Soda-Fabrik Akt.-Ges., Ludwigshafen/Rh. (Erfinder: Willy Braun, Heidelberg, Hermann Weissauer und Werner Rohland, Ludwigshafen/Rh.), **Wasserlösliche Azofarbstoffe.** Azofarbstoffe mit einer OH-Gruppe werden mit Schwefelsäure u./oder Carboxysulfonsäuren verestert. Die Farbstoffe müssen frei von $SO_3H$-Gruppen sein u. mindestens ein reaktives Halogenatom besitzen. Sie eignen sich zum Färben von Wolle, Seide, Polyamiden, Leder u. Papier. — 3,5 (Teile)

I

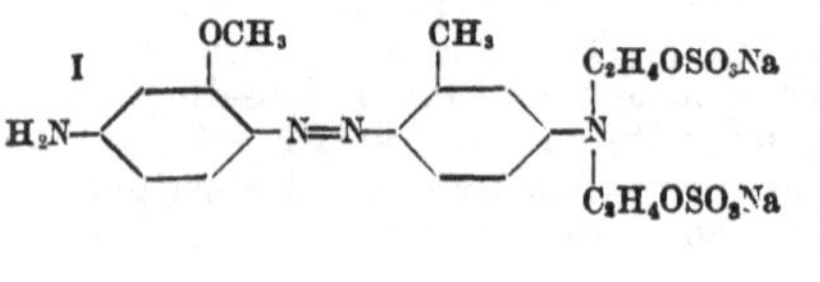

Cyanurchlorid werden mit 10,4 des Farbstoffs der Formel I kondensiert. Der Farbstoff färbt Wolle orange. (**F. P. 1 213 545** vom 28/8. 1958, ausg. 1/4. 1960. **E. P. 854 158** vom 29/8. 1958, ausg. 16/11. 1960. Beide D. Prior. 31/8. 1957.) F. Rath. 7053

Farbenfabriken Bayer Akt.-Ges., Leverkusen (Erfinder: Gerhard Dittmar, Eugen Glietenberg, Hermann Goebel und Walter Scholl), **Herstellung von Monoazofarbstoffen und ihren Metallkomplexverbindungen.** Die metallfreien Farbstoffe entsprechen der allg. Formel I (A = frei von $SO_3H$- bzw. COOH-Gruppen; X u. Y = Alkyl oder zusammen mit N ein heterocycl. Ring). Die Farbstoffe werden auf der Faser mit metallabgebenden Mitteln nachbehandelt oder in Substanz auch im Gemisch mit anderen metallisierbaren Farbstoffen in die (1 : 2) Metallkomplex-Verbb. übergeführt. Sie eignen sich zum Färben von Wolle (**II**). *1-Hydroxy-2-aminobenzol-4-sulfonsäureamid → 1-(Dimethylamino)-sulfonylamino-7-hydroxynaphthalin.* Der Farbstoff färbt **II** nachchromiert graublau. Der in Substanz kobaltierte Farbstoff färbt **II** korinth. (**F. P. 1 205 526** vom 19/4. 1958, ausg. 3/2. 1960. **E. P. 847 434** vom 17/4. 1958, ausg. 7/9. 1960. Beide D. Prior. 20/4. 1957.) F. Rath. 7053

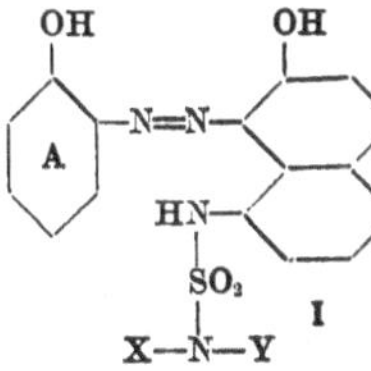
I

J. R. Geigy Akt.-Ges., Basel (Erfinder: Jacques Voltz, Basel, und Werner Bossard, Riehen), Schweiz, **Herstellung von wasserlöslichen Farbsalzen von Diazoaminoverbindungen.** Eine von wasserlöslichmachenden Gruppen frei Diazoamino-Verb. der allg. Formel I wird mit Alkylierungsmitteln quaterniert (X = 2wertiger Rest zur Ergänzung eines 5- oder 6gliedrigen Rings; R = ggf. substituierter isocycl. Arylrest u. n = 0 oder 1). Die Alkylierungsmittel haben die allg. Formel $Y-CH_2-Z$ (Y = Rest einer starken Säure u. Z = H, Alkyl oder ggf. substituiertes Phenyl). Die Farbstoffe eignen sich zum Färben von Polyacrylnitril (**II**). — *p-Nitranilin → 2-Aminobenzthiazol.* Das erhaltene 1.3-[Benzthiazolyl-(2)-p-nitrophenyl]-triazen wird mit Dimethylsulfat quaterniert u. als $ZnCl_2$-Doppelsalz ausgefällt. Das Farbsalz färbt **II** gelb u. hervorragend wasch- u. lichtecht. (**D. A. S. 1 109 808** Kl. 22a vom 3/6. 1959, ausg. 29/6. 1961. **Oe. P. 217 599** vom 29/5. 1959, ausg. 10/10. 1961. **F. P. 1 226 828** vom 3/6. 1959, ausg. 16/8. 1960. Alle Schwz. Prior. 4/6. 1958.) F. Rath. 7053

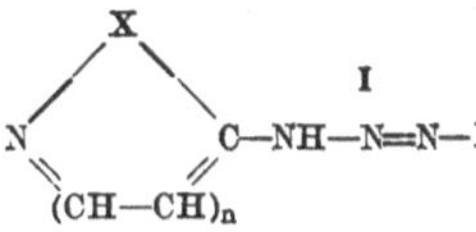
I

J. R. Geigy Akt.-Ges. (Erfinder: Werner Kuster), Basel, Schweiz, **Herstellung von acetonlöslichen schwermetallhaltigen Monoazofarbstoffen.** Diazotierte aromat. Amine der allg. Formel I werden mit einer in Nachbarstellung zu OH kuppelnden Azokomponente vereinigt u. für sich oder im Gemisch mit einem anderen metallisierbaren Monoazofarbstoff in die (1 : 2) Metallkomplex-Verbb. übergeführt. (Alkyl = acycl. Alkylrest mit 4—8 C-Atomen). Die Farbstoffe eignen sich bes. zum Färben von Acetatseide in der Masse, von Lacken sowie in Gummidruck. — *6-Nitro-4-tert.-amyl-2-amino-1-hydroxybenzol → 2-Hydroxynaphthalin.* Der wie üblich kobaltierte Farbstoff löst sich gut in Nitrolack. Die rotvioletten Färbungen von spinnmassegefärbter Acetatseide sind sehr gut naß- u. hervorragend lichtecht. (**D. A. S. 1 118 380** Kl. 22a vom 20/3. 1959, ausg. 30/11. 1961. **F. P. 1 222 920** vom 20/3. 1959, ausg. 14/6. 1960. **E. P. 878 024** vom 20/3. 1959, ausg. 20/9. 1961. Alle Schwz. Prior. 21/3. 1958.) F. Rath. 7053

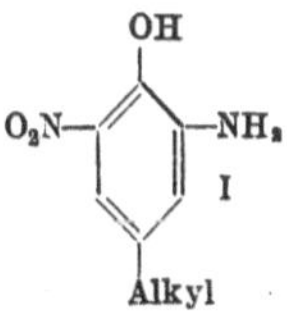
I

Farbwerke Hoechst Akt.-Ges., vormals Meister Lucius & Brüning, Frankfurt/M. (Erfinder: Otto Fuchs, Frankfurt/M., und Reinhold Deubel, Kelkheim), **Herstellung von o-Hydroxyazofarbstoffen** der allg. Formel I (R = H, ggf. substituiertes Alkyl oder Aryl u. $R_1$ = Aryl, ggf. substituiert durch Halogen, Alkyl, Aryl, Aralkyl, CN, $CF_3$, OH, O-Alkyl, O-Aryl, COOH, $NO_2$, NH-Aryl, $SO_2$-Alkyl, $SO_2$-Aryl, CO-Alkyl, CO-Aryl oder N=N-Aryl). Die Farbstoffe eignen sich zum Färben von Celluloseacetat, Polyurethanen, Polyacrylnitril (**II**), Polyvinylchlorid u. Polyester. *Anilin → 3-Hydroxyphthalsäure-3'-methoxypropylimid.* Der Farbstoff färbt **II** orange. (**F. P. 1 223 408** vom 31/12. 1958, ausg. 16/6. 1960. **A. P. 2 961 438** vom 29/12. 1958, ausg. 22/1. 1960. **E. P. 876 972** vom 31/12. 1958, ausg. 6/9. 1961. Alle D. Prior. 31/12. 1957. **D. A. S. 1 085 628** Kl. 22a vom 31/12. 1957, ausg. 21/7. 1960.) F. Rath. 7053

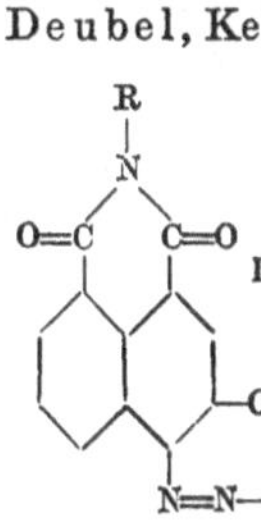
I

Farbwerke Hoechst Akt.-Ges., vormals Meister Lucius & Brüning, Frankfurt/M., **Herstellung von wasserlöslichen Azofarbstoffen.** Die Farbstoffe enthalten außer wasserlöslichmachenden Gruppen mindestens einen über ein N-Atom gebundenen Acrylsäurerest, der ggf. substituiert ist. Die Farbstoffe eignen sich bes. zum

Färben von Cellulosefasern (I) *1-Amino-4-acroylaminobenzol → 1.8-Dihydroxynaphthalin-3.6-disulfonsäure.* Der Farbstoff färbt I kräftig violett, gut licht- u. ausgezeichnet naßecht. (**Oe. P. 207 014** vom 29/7. 1958, ausg. 11/1. 1960. **F. P. 1 212 810** vom 31/7. 1958, ausg. 25/3. 1960. **Belg. P. 569 964** vom 31/7. 1958, ausg. 14/7. 1961. Alle D. Prior. 31/7. 1957.) F. Rath. 7053

Imperial Chemical Industries Ltd., London, England, **Herstellung kupferhaltiger Monoazofarbstoffe** durch Rk. eines Cu-Salzes, bes. $CuSO_4$ mit 2-Methylamino-5-naphtholsulfonsäure, die mit diazotierter 1-Amino-6-nitro-2-naphthol-, 6-Nitro-2-aminophenol-4-sulfonsäure, 4-Sulfo-, 5-Sulfo-2-aminobenzoesäure oder 4-Chlor-2-aminophenol-6-sulfonsäure gekuppelt ist. Die Verbb. sind in Form ihrer Alkalisalze leicht in W. löslich. — Farbstoffe in rotvioletter Tönung für Cellulose. (**Ind. P. 64 118** vom 19/5. 1958, ausg. 8/7. 1960. E. Prior. 5/7. 1957.) C. Lüttgen. 7053

Imperial Chemical Industries Ltd., London, England, **Herstellung kupferhaltiger Azofarbstoffe** durch Rk. von $\geqq 1$ (Mol) Cyanursäurehalogenid (**II**) mit 1 einer Cu-haltigen Azo-Verb., die in metallfreiem Zustand der allg. Formel X—A—N=N—B—NHR entspricht (X = ein in o-Stellung zur Azogruppe stehender Metallekomplex bindender Substituent, A = aromat. Rest, B = Naphthalinring (**I**) mit $\geqq 2$ Sulfonsäuregruppen u. einer **OH**-Gruppe in o-Stellung zur Azogruppe, R = **H** oder Alkylrest, wobei die —NRH-Gruppe direkt oder über eine Acylaminogruppe mit dem I verbunden sein kann. — Man diazotiert Anthranilsäure, 5-Nitro-2-aminophenol oder 6-Nitro-2-aminophenolsulfonsäure, kuppelt mit 1-Amino-8-naphthol-4.6-disulfonsäure, kocht mit einer wss. Lsg. von $CuSO_4$ u. wenig Essigsäure, gibt bei 0—5° zu einer Suspension von II in W., rührt 2 Std. lang bei 0—5° u. fällt den Farbstoff mit NaCl. — *Farbstoffe für Cellulose.* (**Ind. P. 64 160** vom 23/5. 1958, ausg. 29/10. 1960. E. Prior. 5/7. 1957.) C. Lüttgen. 7053

Imperial Chemical Industries Ltd., London, England, **Herstellung wasserlöslicher Farbstoffe.** Man kuppelt diazotierte 2-Naphthylamino-4.8-disulfonsäure mit m-Toluidin u. setzt mit 2.4-Di-(4'-sulfophenoxy)-6-chlor-s-triazin (I) um → Cellulose gelbfärbender Farbstoff, auch als Druckfarbe verwendbar. — Mit 1-(2'.5'-Dichlor-4'-sulfophenyl)-3-methyl-5-pyrazolon gekuppelte 3-Aminoacetanilid-4-sulfonsäure gibt mit I gelbgrüne färbende Farbstoffe. — Weitere 21 Beispiele. (**Ind. P. 64 663** vom 15/7. 1958, ausg. 5/12. 1960. E. Prior. 7/8. 1957.) C. Lüttgen. 7053

Farbenfabriken Bayer Akt.-Ges., Leverkusen, **Herstellung wasserunlöslicher Disazofarbstoffe** der allg. Formel I (X = H, Halogen, eine Alkoxy-, Alkyl- oder Nitrogruppe, Y = aromat. oder gesätt. aliphat. Rest, $R_1$ u. $R_2$ = Reste von Azokomponenten, die keine Sulfon- oder Carbonsäuregruppen enthalten) durch Kuppeln von tetrazotierten Diaminen, bes. 1.4-Di-(3'-amino-4'-methoxybenzolsulfonylamino)-benzol u. -butan, 1.2-Di-(3'-amino-4'-methoxybenzol- u. 4'-methylbenzolsulfonyl-amino)-äthan u. 1.6-Di-(3'-amino-4'-methoxybenzolsulfonylamino)-hexan, mit einer Azokomponente, bes. ein Arylid von 2-Hydroxynaphthalin-3-carbonsäure, ein Hydroxybenzol oder -naphthalin oder Essigsäurearylid, u. anschließendes Verseifen. — *Pigmentfarben für Nitro- u. Kunstharzlacke* u. zum *Bedrucken von Textilien.* (**Ind. P. 64 977** vom 18/8. 1958, ausg. 1/12. 1960. E. Prior. 3/6. 1958.) C. Lüttgen. 7055

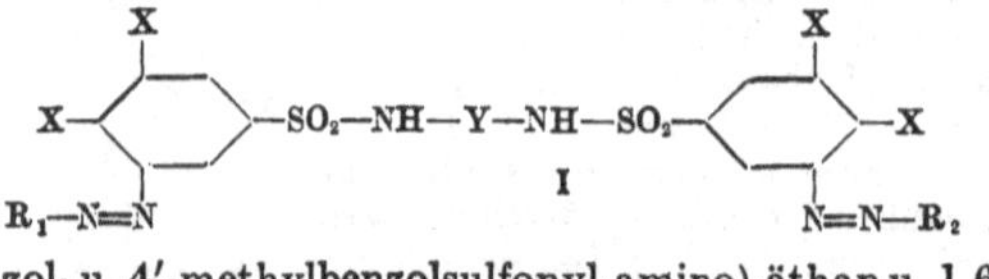

I

Imperial Chemical Industries Ltd., London, England (Erfinder: Herbert Francis Andrew und Alan Metcalf Wooler), **Triazin-Azofarbstoffe** der allg. Formel I (Z = Halogen; X = 2wertiger Rest mit mindestens 2 C-Atomen; R u. $R_1$ = gleich oder verschieden, u. zwar H oder Alkyl u. A u. $A_1$ = gleich oder verschiedene wasserlösl. Reste von Azofarbstoffen). Die Farbstoffe eignen sich zum Färben von Cellulose. — Man kondensiert 14,2 (Teile) 1-Amino-8-hydroxy-7-(phenylazo)-naphthalin-2'.3.6-trisulfonsäure mit 4,6 Cyanurchlorid, dann verknüpft man 2 Mol des erhaltenen prim. Kondens.-Prod. mittels 1.4-Diaminobenzol. Der isolierte Farbstoff färbt Cellulose sehr licht- u. waschecht rot. (**F. P. 1 228 184** vom 5/3. 1959, ausg. 26/8. 1960. E. Prior. 5/3. 1958 u. 9/2. 1959. **E. P. 854 432** vom 5/3. 1958, ausg. 16/11. 1960.) F. Rath. 7055

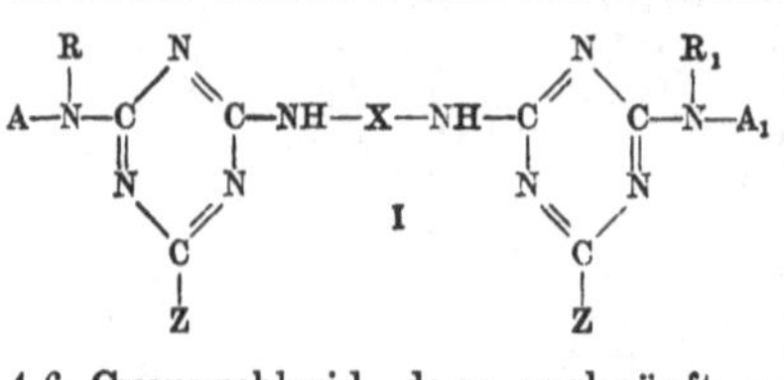

I

Imperial Chemical Industries Ltd., London, England, **Herstellung von Phthalocyaninfarbstoffen** der allg. Formel I durch Rk. von Aminophthalocyanin-

Verbb. der allg. Formel (Pc)—$(YNHR)_n$ mit einem entsprechend halogenierten Triazin oder durch Rk. eines Phthalocyaninsulfon- oder -carbonsäurechlorids mit einem Aminotriazin. In den Formeln bedeuten Pc den Phthalocyaninrest, Y eine direkte Bindung oder einen 2wertigen Rest, R H, einen Alkyl-, Aralkyl- oder Cycloalkylrest, X Halogen, A H oder einen evtl. substituierten KW-Stoffrest u. n eine ganze Zahl. — Cu-Phthalocyanin-3-(3'-amino-4'-sulfophenyl)-sulfonamidsulfonsäure u. 2p-Methylphenylthio-4.6-dichlor-s-triazin → blauer Farbstoff. (**Ind. P. 64 831** vom 2/8. 1958, ausg. 7/9. 1960. E. Prior. 7/8. 1957.) C. Lüttgen. 7073

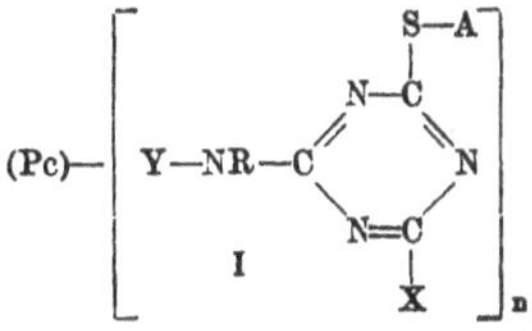

I

Imperial Chemical Industries Ltd., London, England, **Herstellung wasserlöslicher Farbstoffe.** Man suspendiert Cu-Phthalocyanintetra-(3')-sulfochlorid in W. bei $< 5^0$, stellt den pH-Wert mit Soda auf 7 ein, gibt 3-Chlor-2-hydroxypropylaminhydrochlorid u. $NaHCO_3$ zu, rührt 5 Std. lang bei $< 5^0$ u. 12 Std. lang bei $20^0$ u. salzt den Farbstoff aus. — *Dinatrium-Cu-Phthalocyanin-di-(sulfo-γ-chlor-β-hydroxypropylamid)-disulfonat.* Es gibt waschechte blaugrüne Färbungen auf Cellulose. Man gelangt zu ähnlichen Farbstoffen, wenn man von diazotiertem 3-Aminobenzolsulfon-N-(γ-chlor-β-hydroxypropyl)-amid-hydrochlorid ausgeht u. dieses mit 2-Amino-γ-hydroxynaphthalin-6-sulfonsäure oder ähnlichen Verbb. umsetzt. (**Ind. P. 65 503** vom 14/10. 1958, ausg. 29/6. 1960. E. Prior. 1/11. 1957.) C. Lüttgen. 7073

Farbenfabriken Bayer Akt.-Ges., Leverkusen (Erfinder: Georg Rösch, Leverkusen, Karl-Heinz Gehringer und Helmut Klappert, Köln), **Wasserunlösliche Farbstoffe** erhält man aus den wasserlösl. Farbstoffen, die durch Quaternisierung von Bz-Azaphthalocyaninen erhalten werden, in Substanz oder auf der Faser, ggf. in Ggw. von Alkalien durch Erwärmen auf Temp. von mindestens ca. $100^0$. Man erhält nicht die den Ausgangsfarbstoffen zugrunde liegenden nicht quaternisierten, wasserunlösl. Bz-Aza-phthalocyanine, sondern violette, graue bis graublaue, wasserunlösl. Pigmentfarbstoffe. — 10 (Gewichtsteile) eines quaternisierten Farbstoffs (**I**) (erhältlich aus einem Bz-Aza-Cu-phthalocyanin (**II**) u. Monochloressigsäure) erhitzt man 10 Min. lang in 100 10%ig. KOH zum Sieden. Man erhält ein rotviolettes Farbstoffpigment. Verwendet man an Stelle von **I** den quaternisierten Farbstoff, den man durch 2std. Verrühren von 14 eines Misch-Cu-phthalocyanins aus 2 Mol Phthalsäure u. 2 Mol Pyridin-2,3-dicarbonsäure mit 14 Dimethylsulfat in 90%ig. Ameisensäure bei $100^0$ erhalten kann, so erhält man ein marineblaues Farbstoffpigment. Weitere Beispiele beschreiben die Herst. von Pigmentfarbstoffen aus wasserlösl. quaternisierten Bz-Azaphthalocyaninen u. das Aufbringen der wasserlösl. quaternisierten Farbstoffe auf Textilien in Färbe- u. Druck-Verff. u. Umwandlung in die wasserunlösl. Farbstoffe auf der Faser durch Erwärmen. (**D. A. S. 1 101 664** Kl. 22e vom 2/12. 1957, ausg. 9/3. 1961. **E. P. 890 120** vom 1/12. 1958, ausg. 28/2. 1962. D. Prior. 2/12. 1957.) O. Roick. 7073

---

**Ciba Ltd.**, Basel, Schweiz (Erfinder: **Arthur Maeder** und **G. Sulzer**), *Herstellung von Überzugs- und Imprägniermitteln für Textilfaserstoffe.* (**Aust. P. 231 193** vom 21/7. 1958, ausg. 15/12. 1960. Schwz. Prior. 2/8. 1957. — **C. 1962,** 4353 [F. P. 1 212 797].)

**British Rayon Research Association**, Manchester, England (Erfinder: **Francis George Audas**), *Färben von Textilien.* (**Aust. P. 231 192** vom 9/7. 1958, ausg. 15/12. 1960. — **C. 1961,** 14107 [E. P. 814 526].)

**Ciba Ltd.**, Basel, Schweiz, *Färben von Textilien.* (**E. P. 884 149** vom 1/12. 1958, ausg. 6/12. 1961. Schwz. Prior. 29/11. 1957. — **C. 1962,** 7706 [F. P. 1 217 091].)

**Farbwerke Hoechst Akt.-Ges., vormals Meister Lucius & Brüning**, Frankfurt/M., *Färben von Fäden und Folien aus Polyestern, Polyacrylnitril oder Celluloseacetat.* (**E. P. 883 518** vom 17/2. 1958, ausg. 29/11. 1961. D. Prior. 16/2. 1957. — **C. 1959,** 10068 [D. A. S. 1 049 821].)

**Farbenfabriken Bayer Akt.-Ges.**, Leverkusen, *Färben von Polyester- oder Polyamidtextilien oder -folien.* (**E. P. 872 349** vom 7/1. 1960, ausg. 5/7. 1961. D. Prior. 10/1. 1959. — **C. 1960,** 15581 [D. A. S. 1 080 064].)

**Comp. Française des Matières Colorantes** (Erfinder: **Georges Kopp**, Mont-Saint-Aignan, **René Eugène Marcel Gangneux**, Rouen, und **Alfred Maxime Edouard Baron**), Paris, Frankreich, *Färben von Polyesterfasern.* (**E. P. 884 655** vom 6/1. 1958, ausg. 13/12. 1961. F. Prior. 5/1., 18/6. u. 25/11. 1957. — **C. 1960,** 55652 [F. P. 1 164 365], **C. 1962,** 7335 [F. P. 71 740] u. **C. 1961,** 7405 [F. P. 1 187 252].)

**J. R. Geigy Akt.-Ges.**, Basel, Schweiz, *Färben und Bedrucken von Fasermaterial und Filmen.* (**E. P. 884 582** vom 11/11. 1958, ausg. 13/12. 1961. Schwz. Prior. 12/11. 1957. — **C. 1960,** 13531 [D. A. S. 1 069 563].)

**Dieter Goerrig**, Lohmar (Erfinder: **Felix Gund, Friedrich Schubert**, Leverkusen, und **Dieter Goerrig**), *Haltbare Druckpaste.* (**Schwz. P. 353 719** vom 8/4. 1958, ausg. 15/6. 1961. **A. P. 2 976 110** vom 8/4. 1958, ausg. 21/3. 1961. Beide D. Prior. 16/4. 1957. — **C. 1959,** 13009 [D. A. S. 1 045 974].)

**Ciba Ltd.**, Basel, Schweiz (Erfinder: **Jacques Wegmann** und **Alberto Deflorin**), *Verbesserung von Textilfärbungen.* (**Aust. P. 231 220** vom 19/2. 1959, ausg. 15/12. 1960. Schwz. Prior. 4/3. u. 7/5. 1958. — **C. 1962,** 9911 [Oe. P. 208 809].)

**Ciba Ltd.**, Basel, Schweiz, *Wasserunlösliche Farbstoffe.* (**E. P. 885 814** vom 6/3. 1958, ausg. 28/12. 1961. Schwz. Prior. 6/3., 23/5. 1957 u. 4/2. 1958. — **C. 1962,** 12844 [F. P. 1 200 241].)

**Farbenfabriken Bayer Akt.-Ges.**, übert. von: **Berthold Bienert** und **Fritz Baumann**, Leverkusen, *Herstellung von basischen Farbstoffen.* (**A. P. 2 863 875** vom 16/12. 1954, ausg. 9/12. 1958. D. Prior. 21/12. 1953. — C. **1960**, 8692 [F. P. 1 117 562].)

**Farbwerke Hoechst Akt.-Ges., vormals Meister Lucius & Brüning**, Frankfurt/M., übert. von: **Herbert Kracker** und **Hans Albert**, Offenbach/M., *Stabile Diazoniumverbindungen.* (**A. P. 2 914 521** vom 7/5. 1957, ausg. 24/11. 1959. D. Prior. 9/5. 1956. — C. **1958**, 13107 [D. A. S. 1 027 678].)

**Farbenfabriken Bayer Akt.-Ges.**, Leverkusen (Erfinder: **F. Suckfüll** und **H. Nickel**), *Herstellung von Azofarbstoffen.* (**Belg. P. 569 330** vom 10/7. 1958, ausg. 21/4. 1961. D. Prior. 11/7. 1957. — C. **1962**, 12844 [F. P. 1 207 756].)

**Imperial Chemical Industries Ltd.**, England, *Monoazofarbstoffe.* (**F. P. 72 262** vom 13/9. 1957, ausg. 31/3. 1960. E. Prior. 14/9. 1956 u. 21/8. 1957. Zusatz zu F. P. 1 139 795; C. 1961, 7761. — C. **1961**, 3159 [D. A. S. 1 076 853].)

**Westminster Bank Ltd.**, London, England, *Wasserunlösliche Monoazofarbstoffe.* (**E. P. 856 348** vom 24/7. 1957, ausg. 14/12. 1960. Schwz. Prior. 25/7. 1956 u. 19/6. 1957. Zusatz zu E. P. 819 664; C. 1961, 7406. — C. **1961**, 13365 [D. A. S. 1 069 313].)

**Westminster Bank Ltd.**, London, England, *Chrom- und kobalthaltige Monoazofarbstoffe.* (**E. P. 869 031** vom 19/7. 1957, ausg. 25/5. 1961. Schwz. Prior. 20/7., 8/12. 1956 u. 29/3. 1957. Zusatz zu E. P. 835 470; C. 1961, 17018. — C. **1961**, 2797 [A. P. 2 873 267].)

**Farbenfabriken Bayer Akt.-Ges.**, Leverkusen (Erfinder: **Edgar Enders**), *Kobalthaltige Monoazofarbstoffe.* (**F. P. 72 629** vom 3/10. 1957, ausg. 22/4. 1960. D. Prior. 4/10. 1956. Zusatz zu F. P. 1 157 843; C. 1961, 12654. — C. **1961**, 2451 [D. A. S. 1 049 021].)

**Ciba Ltd.**, Basel, Schweiz, *Herstellung kobalthaltiger Azofarbstoffe.* (**Ind. P. 64 313** vom 9/6. 1958, ausg. 13/3. 1961. — C. **1962**, 6594 [D. A. S. 1 089 096].)

**General Aniline & Film Corp.**, New York, N.Y., V.St.A., *Chromhaltige Pyrazolonazofarbstoffe.* (**E. P. 806 668** vom 3/8. 1956, ausg. 31/12. 1958. — C. **1960**, 13202 [F. P. 1 160 764].)

**Ciba Akt.-Ges.** (Erfinder: **Raymond Gunst**), *Diazofarbstoffe.* (**Aust. P. 224 506** vom 8/7. 1957, ausg. 5/11. 1959. Schwz. Prior. 13/6. 1957. — C. **1960**, 16946 [D. A. S. 1 067 151].)

**Badische Anilin- & Soda-Fabrik Akt.-Ges.**, Ludwigshafen/Rh. (Erfinder: **Karl Maier**), *Farbstoffe der Anthracninonreihe.* (**F. P. 1 257 467** vom 20/5. 1960, ausg. 19/7. 1961. D. Prior. 22/5. 1959. — C. **1962**, 3994 [D. A. S. 1 109 289].)

**Badische Anilin- & Soda-Fabrik Akt.-Ges.**, Ludwigshafen/Rh. (Erfinder: **Willy Braun** und **Ernst Hartwig**), *Farbstoffe der Anthrachinonreihe.* (**F. P. 1 261 251** vom 28/3. 1960, ausg. 8/9. 1961. D. Prior. 28/3. 1959. — C. **1962**, 8429 [D. A. S. 1 113 052].)

**Badische Anilin- & Soda-Fabrik Akt.-Ges.**, Ludwigshafen/Rh. (Erfinder: **Karl Maier**), *Anthrachinonfarbstoffe.* (**F. P. 1 262 253** vom 8/7. 1960, ausg. 22/9. 1961. D. Prior. 8/7. 1959. — C. **1963**, 2635 [D. A. S. 1 113 051].)

**Badische Anilin- & Soda-Fabrik Akt.-Ges.**, Ludwigshafen/Rh. (Erfinder: **Willy Braun** und **Ernst Hartwig**), *Farbstoffe der Anthrachinonreihe.* (**F. P. 1 266 248** vom 29/8. 1960, ausg. 8/11. 1961. D. Prior. 28/8. 1959. — C. **1963**, 3766 [D. A. S. 1 128 066].)

**Ciba Ltd.**, Basel, Schweiz, *Anthrachinonfarbstoffe.* (**E. P. 885 681** vom 6/3. 1958, ausg. 28/12. 1961. Schwz. Prior. 12/3. 1957. — C. **1962**, 1039 [F. P. 1 205 213].)

**Ciba Akt.-Ges.**, Basel, Schweiz, *Farbstoffe der Anthrachinonreihe.* (**F. P. 1 229 667** vom 10/10. 1958, ausg. 8/9. 1960. Schwz. Prior. 17/10. 1957. — C. **1961**, 4894 [E. P. 834 949].)

**Imperial Chemical Industries Ltd.**, London, England, *Anthrachinonfarbstoffe.* (**F. P. 1 169 987** vom 23/3. 1957, ausg. 8/1. 1959. E. Prior. 23/3. 1956 u. 13/3. 1957. — C. **1961**, 18884 [Ind. P. 59 914].)

**Imperial Chemical Industries Ltd.**, London, England, *Wasserunlösliche Anthrachinonfarbstoffe.* (**F. P. 1 239 220** vom 29/10. 1959, ausg. 7/12. 1960. E. Prior. 29/10. 1958 u. 12/10. 1959. — C. **1963**, 3768 [E. P. 870 948].)

**Farbwerke Hoechst Akt.-Ges., vormals Meister Lucius & Brüning**, Frankfurt/M., *Leukoschwefelsäureester von Küpenfarbstoffen.* (**F. P. 1 269 143** vom 23/6. 1960, ausg. 13/12. 1961. D. Prior. 23/6. 1959. — C. **1963**, 2635 [D. A. S. 1 117 242].)

**Ciba Akt.-Ges.**, Basel (Erfinder: **Rudolf Mory**, Dornach, und **Christoph Frey**, Basel), Schweiz, *Dioxazinfarbstoffe.* (**Schwz. P. 356 859** vom 29/5. 1957, ausg. 31/10. 1961. — C. **1963**, 3405 [F. P. 1 206 990].)

**Sandoz Akt.-Ges.**, Basel, Schweiz (Erfinder: **Ernest Merian**, Bottmingen, Schweiz, **Bruno J. R. Nicolaus**, Mailand, Italien, und **Otto Senn**, Arlesheim, Schweiz), *Wasserunlösliche Styrylfarbstoffe.* (**Schwz. P. 351 696** vom 1/2. 1957, ausg. 15/3. 1961. Zusatz zu Schwz. P. 346 635; C. 1961, 8486. — C. **1962**, 662 [E. P. 843 643].)

**Farbwerke Hoechst Akt.-Ges., vormals Meister Lucius & Brüning**, Frankfurt/M., *Leukoschwefelsäureester von Küpenfarbstoffen.* (**F. P. 1 264 825** vom 8/8. 1960, ausg. 20/10. 1961. D. Prior. 8/8. 1959. — C. **1963**, 3769 [D. A. S. 1 121 247].)

**Cassella Farbwerke Mainkur Akt.-Ges.**, Frankfurt/M., *Schwefelfarbstoffe.* (**F. P. 1 257 443** vom 19/5. 1960, ausg. 17/7. 1961. D. Prior. 20/5. 1959. — C. **1961**, 12281 [D. A. S. 1 101 663].)

**Farbenfabriken Bayer Akt.-Ges.**, Leverkusen, *Farbstoffe.* (**F. P. 1 231 020** vom 19/1. 1956, ausg. 26/9. 1960. D. Prior. 24/1. 1955. — C. **1960**, 3048 [E. P. 807 224].)

**Farbenfabriken Bayer Akt.-Ges.**, Leverkusen, *Farbstoffe.* (**Ind. P. 64 328** vom 10/6. 1958, ausg. 29/9. 1961. E. Prior. 18/3. 1958. — C. **1962**, 3636 [F. P. 1 205 880].)

**Cassella Farbwerke Mainkur Akt.-Ges.**, Frankfurt/M., *Wasserlösliche Farbstoffe der Phthalocyaninreihe.* (**E. P. 884 714** vom 29/7. 1959, ausg. 13/12. 1961. D. Prior. 7/8. 1958. — C. **1963**, 1446 [F. P. 1 237 961].)

## $H_{11a}$. Farben. Anstriche. Lacke. Naturharze

**Über die Einführung einer neuen Herstellungsmethode von Zinkoxid für den Bedarf der Lack- und anderer Zweige der Industrie.** A. K. Jewdokimowa, M. W. Potapow und A. K. Schachnasarow. (Nichteisenmetalle [UdSSR] **35**, Nr. 4, 41–46,

April 1962; russ.) — In halbtechn. Maßstab wird die $NH_3$-Meth. der Herst. von ZnO eingeführt, die auf der direkten Verarbeitung von $ZnSO_4$-Lsgg. zum für die Herst. von hellen lichtbeständigen Farben mit hoher Deckkraft geeigneten ZnO beruht. Die $NH_3$-Meth. der ZnO-Herst. bringt im Vgl. zur bisher üblichen Meth. eine wesentliche Verringerung des Zn-Verbrauchs mit sich. H. Hochstein. 7092□

**Straßenmarkierungen mit weißen Strichen und leuchtfarbenhaltige Straßendecken.** J. A. Reid, Barbara E. Sabey und J. G. James. (J. appl. Chem. **12,** 201—17, Mai 1962; Harmonsworth, Middelsex, Road Res. Labor.; engl.) — Strichmarkierungen u. Leuchtfarben auf Straßendecken müssen gut sichtbar, von langer Lebensdauer u. nicht schlüpfrig sein. Es wird ein Überblick über die in England eingeführten Marken gegeben u. die damit angestellten Untersuchungen beschrieben. Die Zus. der Farben wird nicht bekannt gegeben. F. Rosendahl. 7092△

**Neuartige Bindemittel für auf Kautschuk aufgebrachte Schutz- und Verzierungsüberzüge.** Ion Bota. (Ind. uşoară **7,** 53—56, Febr. 1960; rum.) — Allg. Überblick über *Bindemittel* in den *Schutz-* u. Verzierungsüberzügen auf Kautschuk u. Beschreibung der Eigg. u. Anwendungsmöglichkeiten dieser Bindemittel. H. Guischard. 7096◇

**Ein Grund- und Deckanstrichsystem auf Latexbasis.** Robert Lalk. (Paint Varnish Product. **50,** Nr. 11, 87—90, 139, Okt. 1960; Midland, Mich., Dow Chem. Co., Coatings Techn. Serv., Testing Sect.; engl.) — Besprochen werden: Haftvermögen, Verh. bei der Bewitterung, Feuchtigkeitsbeständigkeit eines *Latex* aus *Acrylpolymerisaten* für *Grundierung, Deckanstrich* u. für Reparaturarbeiten; Grundanstriche auf ungestrichenem u. altgestrichenem Holz, auch in Emulsion-in-Öl-Technik; Aussehen u. Farbtonbeständigkeit von Deckanstrichen u. Rezepturen. M. Hagedorn. 7106◇

**Beständigkeit von Latices in Außenanstrichen.** John A. Gordon jun. (Paint Varnish Production **50,** Nr. 11, 97—99, 141, Okt. 1960; Monsanto Chem. Co., Plastics Div.; engl.) — Die *Beständigkeit* der *Latexfarben* gegen Gase u. Dämpfe, Verfärbungen in Holzanstrichen u. Ausblühungen auf Mauerwerk sowie die Haftfestigkeit auf porösen Untergründen werden mit fallender Wasserdampfdurchlässigkeit (WD) besser, aber auch die Tendenz zur Blasen-Bldg. größer. Die im Labor. ermittelten Werte für WD ermöglichen, im Zusammenhang mit den hierzu in Beziehung gesetzten langjährigen Bewitterungsergebnissen, die zweckmäßige Auswahl der Polymeren u. der geeigneten Pigment-Vol.-Konz. für verschiedene Verwendungen. Für Anstriche auf ungestrichenem Holz oder auf alten Anstrichen muß für die WD-Werte ein Kompromiß derart geschlossen werden, daß Blasen-Bldg. gerade noch vermieden wird. M. Hagedorn. 7106◇

**Antikorrosive tropenfeste Schutzanstriche für Metalle.** W. W. Shebrowski und F. I. Rubinstein. (Lacke Farben Anwend. [UdSSR] **1960,** Nr. 3, 25—31; russ.) — Epoxidharzanstriche sind auch bei erhöhter Feuchtigkeit u. Temp. zuverläßlich. Daher wurden für Tropenverhältnisse eine neue Grundfarbe *EP-09 T* u. Email *EP-74 F* ausgearbeitet. Phenolformaldehydharzhaltige Deckfarben Email *FL-76* zeichnen sich durch hohe Resistenz gegen Feuchtigkeit aus. Harze aus Perchlorvinyl u. dem Copolymeren aus Vinylchlorid u. Vinylidenchlorid geben wasserfeste Deckfarben (Email *PChW-715*). Die Email aus Butylmethacrylatpolymerem ist ebenfalls brauchbar, wenn sie auf einen Epoxidgrund aufgetragen wird. Die besten Fungicide für diese Anstriche sind Phenylmercurooleat u. Pentachlorphenol. Gegen das Schimmeln von Deckfarben ist ein Wachspasten-Präp. *FP-1* u. *FP-2* hergestellt worden. J. v. Schroeder. 7106□

**Anwendung von Lampenheizung bei der Bestimmung der Härte von Lackfarbenüberzügen.** I. I. Golowisstikow und W. W. Tschebotarewski. (Betriebs-Lab. [UdSSR] **24,** 1276, 1958.) — Vff. beschreiben eine Pendel-App. MAW-2 zur Härte-Best. von Lackfarbenüberzügen in der Wärme (Lampenheizung). Dieser App. gestattet, die Härte-Best. im Bereich von 25 bis 300—350°. Die Unterss. einer Reihe von Lackmaterialien mit dem App. MAW-2 zeigten, daß sich die Härte der Filme mit der Erhöhung der Temp. ändert. K. Wekua. 7158□

---

**Soc. An. du Blanc Omya,** Paris, Frankreich, *Herstellung von Füllstoffen.* (**E. P. 872 149** vom 7/3. 1958, ausg. 5/7. 1961. F. Prior. 2/9. 1957. — C. **1962,** 1425 [F. P. 1 181 908].)

**Badische Anilin- & Soda-Fabrik Akt.-Ges.,** Ludwigshafen/Rh. (Erfinder: **Willy Braun** und **Max Bertl**), *Pigmentfarbstoff.* (**F. P. 1 267 372** vom 1/8. 1960, ausg. 22/11. 1961. D. Prior. 31/7. 1959. — C. **1961,** 7764 [D. A. S. 1 094 897].)

**National Lead Co.,** New York (Erfinder: **Adrian Richard Pitrot,** Uniondale), N.Y., V.St.A., *Bleiphosphat-Bleisilicat-Kompositionspigment.* (**D. A. S. 1 099 672** Kl. 22f vom 26/11. 1957, ausg. 16/2. 1961. A. Prior. 30/11. 1956. — C. **1961,** 8848 [A. P. 2 822 285].)

**Westinghouse Electric Corp.,** East Pittsburgh, Pa. (Erfinder: **Anselm Wachtel,** Sayreville, N.J.), V.St.A., *Herstellung eines elektrolumineszierenden Zinksulfid-Leuchtstoffes.* (**D. A. S. 1 097 598** Kl. 22f vom 20/11. 1957, ausg. 19/1. 1961. A. Prior. 24/12. 1956. — C. **1960,** 16604 [A. P. 2 874 128].)

**Sylvania Electric Products, Inc.**, New York, N.Y. (Erfinder: **David Franklin Fortney**, Towanda, Pa., und **Horace Horalan Homer**, Arlington, Mass.), V.St.A., *Verbesserung der Leuchtkraft von Erdalkalihalogenphosphat- und Erdalkaliwolframat-Leuchtstoffen.* (**D. A. S. 1 095 970** Kl. 22f vom 8/2. 1955, ausg. 29/12. 1960. A. Prior. 19/2. 1954. — **C. 1961**, 14474 [F. P. 1 190 033].)

**Farbenfabriken Bayer Akt.-Ges.**, Leverkusen (Erfinder: **Fritz Müller** und **Hugo Streib**, Krefeld), *Herstellung von Schutzüberzügen.* (**Schwz. P. 349 512** vom 12/12. 1956, ausg. 30/11. 1960. D. Prior. 29/12. 1955. — **C. 1960**, 5987 [Oe. P. 197 575].)

**Dr. Kurt Herberts & Co. vormals Otto Louis Herberts** (Erfinder: **Gustav Hägele** und **Wilfried Görk**), Wuppertal, *Überzüge auf Holz.* (**Schwz. P. 343 854** vom 16/2. 1955, ausg. 29/2. 1960. D. Prior. 24/2. u. 24/8. 1954. — **C. 1958**, 3460 [F. P. 1 124 479].)

**Minnesota Mining & Mfg. Co.**, St. Paul, Minn., übert. von: **Fred W. West**, Paterson, N.J., V.St.A., *Überziehen von festen Gegenständen mit Perfluorchlorolefinpolymerisaten.* (**A. P. 2 828 236** vom 30/12. 1954, ausg. 25/3. 1958. — **C. 1959**, 13327 [E. P. 791 092].)

**Minnesota Mining & Mfg. Co.** (Erfinder: **Philip V. Palmquist** und **James V. Erwin**), St. Paul, Minn., V.St.A., *Glänzender Schutzüberzug.* (**Schwz. P. 356 051** vom 18/5. 1955, ausg. 15/9. 1961. A. Prior. 3/6. 1954. — **C. 1960**, 17501 [F. P. 1 132 891].)

**Montecatini Soc. Gen. per l'Industria Mineraria e Chimica** (Erfinder: **Riccardo Forquet**), Mailand, Italien, *Herstellung von Polyvinylchloridüberzügen auf Metall.* (**Schwz. P. 352 933** vom 13/9. 1956, ausg. 28/4. 1961. It. Prior. 14/9. 1955. — **C. 1960**, 5328 [Niederl. P. 91 881].)

**General Motors Corp.**, Detroit, Mich., V.St.A. (Erfinder: **Harold Joseph Reindl**), *Wasserabstoßende Schichten bildende Überzugsmittel.* (**Aust. P. 231 254** vom 7/11. 1958, ausg. 15/12. 1960. A. Prior. 25/11. 1957. — **C. 1962**, 6598 [E. P. 855 035].)

**Phenix Works Soc. An.**, Flémalle-Haute (Erfinder: **René Palmeras**, Liège), Belgien, *Überziehen von Metallflächen mit einem Film aus einer plastischen Masse.* (**Schwz. P. 348 899** vom 31/5. 1956, ausg. 31/10. 1960. Belg. Prior. 16/6. 1955. — **C. 1959**, 1618 [F. P. 1 139 270].)

**Rohm & Haas Co.**, Philadelphia, Pa., übert. von: **Arthur D. Jordan jun.**, Moorestown, N.J., V.St.A., *Wässerige Überzugsmittel.* (**A. P. 2 901 453** vom 14/1. 1957, ausg. 25/8. 1959. — **C. 1962**, 7339 [Belg. P. 555 257].)

**Badische Anilin- & Soda-Fabrik Akt.-Ges.**, Ludwigshafen/Rh. (Erfinder: **Hans Gerlich, Horst Erich Knobloch**, Ludwigshafen/Rh., und **Ferdinand Meyer**, Ziegelhausen), *Alkohollösliche filmbildende Mischpolymerisate.* (**E. P. 885 750** vom 3/7. 1959, ausg. 28/12. 1961. D. Prior. 10/7. 1958. — **C. 1961**, 311 [D. A. S. 1 082 052].)

## $H_{11b}$. Plaste. (Kunstharze. Plastische Massen)

**Weichmacher.** Alan S. Haisser. (Mod. Plastics **40**, Nr. 1 A, 456—77, Sept. 1962; New York, N.Y., Continental Oil Co.; engl.) — Umfangreiche Übersicht in Tabellenform über 424 Weichmachertypen. H. Czech. 7170◇

**Farbstoffe für Plaste.** James E. Simpson. (Mod. Plastics **40**, Nr. 1 A, 490—96, Sept. 1962; Cleveland, Ohio, Ferro Corp.; engl.) — Übersicht über physikal. Eigg., Einsatzmöglichkeiten u. Anpassung an die verschiedenen Verarbeitungstechniken. H. Czech. 7170◇

**Ultraviolettabsorbentien.** A. F. Strobel und M. R. Leibowitz. (Mod. Plastics **40**, Nr. 1 A, 497—501, Sept. 1962; New York, N.Y., General Aniline & Film Corp.; engl.) — Übersicht. H. Czech. 7170◇

**Antioxydationsmittel.** Michel Robin. (Mod. Plastics **40**, Nr. 1 A, 506—08, Sept. 1962; New York, N.Y., Catalin Corp. of America; engl.) — Übersicht. H. Czech. 7170◇

**Alterung der Kunststoffe.** M. Walter. (Pensez Plast. **12**, Nr. 87, 86—88, Sept. 1960; franz.) — Erörterung der Verff. zur künstlichen Alterung von Kunststoffen u. Beschreibung von Geräten, die diesem Zweck dienen. W. Wesly. 7170◇

**Schaumerzeugende Stoffe.** Henry R. Lasman. (Mod. Plastics **40**, Nr. 1 A, 422—30, Sept. 1962; Wilmington, Mass., Nat. Polychem. Inc.; engl.) — Übersicht. — 109 Literaturangaben. H. Czech. 7170◇

**Über Koordinationspolymere.** 1. Mitt. H. Kiehne. (Gummi-Asbest-Kunststoffe **15**, 969—75, Okt. 1962; Darmstadt, Dt. Kunststoff-Inst.; dt.) — Übersicht über *Koordinationspolymere* mit nichtringförmigen Kettengliedern u. über Chelatpolymere. — 87 Literaturangaben. H. Czech. 7170◇

**Verschweißung von Thermoplasten.** J. A. Neumann und F. J. Bockhoff. (Mod. Plastics **40**, Nr. 1 A, 844—45, Sept. 1962; Bedford, Ohio, Amerigan Agile Co.; Cleveland, Ohio, Penn Coll.; engl.) — Übersicht. H. Czech. 7170◇

**Entwicklungstendenzen bei Aufbereitungsmaschinen für die Kunststoff-Industrie.** Heinz Herrmann. (Chem. Ind. **14**, 603—06, Okt. 1962; Stuttgart-Feuerbach; dt.) — Übersicht. H. Czech. 7170◇

**Herstellung und Eigenschaften von Polypropylenfolien.** R. A. Rose. (Plast. Inst., Trans. and J. **30**, 118—22, April 1962; engl.) — Vgl. der phys. Eigg. u. der Anwendungsmöglichkeiten von *Polypropylen-, Hoch- u. Niederdruckpolyäthylenfolien.* H. Drechsel. 7172◇

**Fabrikation von Polypropylen-Platten.** K. C. Ford. (Plast. Inst., Trans. and J. **30,** 123—27, April 1962; engl.) — Herst., Verformung u. Schweißmöglichkeiten von dickeren *Polypropylenplatten.* H. Drechsel. 7172◇

**Preßlinge aus schäumbarem Polystyrol.** Frank H. Lambert. (Mod. Plastics **40,** Nr. 1 A, 720—21, 821, Sept. 1962; Pompton Lakes, N.J.; engl.) — Übersicht. H. Czech. 7172◇

**Der Nachweis von Stabilisatoren in Hart-PVC auf papierchromatographischem Weg.** H. Woggon, O. Korn und D. Spranger. (Pharmazie **17,** 340—43, Juni 1962; Potsdam-Rehbrücke, Inst. für Ernährung; dt.) — Vff. gelang die papierchromatograph. Identifizierung von *Harnstoff* (I), *Monophenylharnstoff* (II), *Diphenylharnstoff* (III), den entsprechenden Thioverbb. u. von *2-Phenylindol,* die als Stabilisatoren bei der Herst. von Verpackungsmaterial aus PVC Verw. finden. In den untersuchten Syst. bildet W. stets die stationäre Phase. Als Hauptkomponente im Syst. erwies sich n-Propanol für die Trennung der Verbb. als optimal. Zusätze von Methanol u. A. verbesserten die Trennung. Die RF-Werte von **I, II, III** unterscheiden sich nur wenig von denen der analogen Thioverbindungen. Die exakte Trennung von Homologen beider Substanzgruppen gelang durch Verw. von drei verschiedenen Sprühreagentien bei Parallelchromatogrammen aus dem gleichen Lsgm.-Gemisch (n-Propanol–Methanol–W. [2 : 1 : 1]). Am Beispiel des **II** wurde gezeigt, daß die genannten Substanzen nach der Flecken-Vgl.-Meth. halbquant. bestimmt werden können. H. Preisler. 7172□

**Untersuchung über das Strangpressen von Hart-PVC.** 1. Mitt. **Zustände des plastischen Fließens in der Schneckenpresse.** Masaya Murata und Masao Ishioka. (Trans. Japan Soc. mechan. Engr. **28,** 206—15, März 1962; jap., Auszug: engl.) — Beim Strangpressen von Hart-PVC tritt nur ein Druckfließen auf der Schraubenrückseite auf, das als Druckgleit- oder Vakuumfließen bezeichnet wird. Die Ursache wird erörtert. W. Wesly. 7172□

**Flexible PVC-Schäume.** I. D. Maxton. (Plast. Inst., Trans. and J. **30,** 113—17, April 1962; engl.) — Chem. u. physikal. Meth. zur Erzeugung flexibler *PVC-Schäume.* Die Hauptanwendungsgebiete, physikal. Eigg. u. die Unterschiede zwischen Schäumen mit offenen u. geschlossenen Zellen sind angegeben. H. Drechsel. 7172◇

**Chlorierte Polyätherharze: Eigenschaften und Verwendung.** F. T. Fletcher. (Plast. Inst., Trans. and **J. 30,** 127—132, April 1962; engl.) — Chlorierte Polyätherharze auf der Basis des *3.3-Bis-[chlormethyl]-oxacyclobutans* — ein Chlorierungs-Prod. des Pentaerythrits — sind sehr stabil gegen hohe Temp. u. korrosive Einflüsse. Die physikal. Eigg., Herst.-Arten u. Anwendungsmöglichkeiten sind angegeben. H. Drechsel. 7176◇

**Polyurethanschäume.** J. M. Buist. (Plast. Inst., Trans. and J. **30,** 100—113, April 1962; engl.) — Eingehende Diskussion der Herst.-Arten, Eigg. u. Verw.-Möglichkeiten flexibler u. steifer *Polyurethanschäume.* H. Drechsel. 7180◇

**Preßteile aus flexiblem Urethanschaum.** E. A. Dickert, F. J. Dwyer, A. Schultz und H. Stone. (Mod. Plastics **40,** Nr. 1 A, 714—17, Sept. 1962; Buffalo, N.Y., Allied Chem. Corp.; engl.) — Übersicht. H. Czech. 7180◇

**Polyallomere.** Anonym. (Mod. Plastics **40,** Nr. 1 A, 314—15, Sept. 1962; engl.) — Übersicht. H. Czech. 7204◇

**Schichtpreßstoffe.** George J. Muller. (Mod. Plastics **40,** Nr. 1 A, 646—55, Sept. 1962; Valley Forge, Pa., Taylor Corp.; engl.) — Übersicht über die Eigg. (Angabe von über 40 Eigg.) von vielen handelsüblichen Schichtpreßstoffen. H. Czech. 7204◇

**Synthetische und Cellulosefasern.** H. R. Schwarz. (Mod. Plastics **40,** Nr. 1 A, 628—31, Sept. 1962; New York, N.Y., Wellington Sears Co., Inc.; engl.) — Übersicht über den Einsatz von Cellulose- u. synthet. Fasern für bei hohem oder niedrigem Druck hergestellte Schichtpreßstoffe. H. Czech. 7204◇

**Vulkanfiber.** George W. Creighton jun. und Vincent A. Walker. (Mod. Plastics **40,** Nr. 1 A, 656—58, Sept. 1962; Wilmington, Del., National Vulcanized Fibre Co.; engl.) — Übersicht über die Verw. in der Elektroinstallation u. in der Technik. H. Czech. 7204◇

**Schaumstoffe.** Anonym. (Mod. Plastics **40,** Nr. 1 A, 394—421, Sept. 1962; engl.) — Umfangreiche, von vielen Spezialisten bearbeitete Übersicht unter besonderer Berücksichtigung von Verw. u. Anwendung. H. Czech. 7204◇

**Verschlüsse und Abdichtungen.** George Carylon. (Mod. Plastics **40,** Nr. 1 A, 841—44, Sept. 1962; Detroit, Mich., Cadillac Plastic u. Chem. Co.; engl.) — Übersicht über die Verw. als Flaschenverschlüsse u. auf ähnlichem Gebiet. H. Czech. 7204◇

**Plaste für Zier- und Schmuckzwecke.** Anonym. (Mod. Plastics **40,** Nr. 1 A, 849—62, Sept. 1962; engl.) — Von Firmen u. Autoren gegebene Übersicht über Meth. u. Techniken. H. Czech. 7204◇

**Metallisierung von Kunststoffen in molekularem Vakuum.** M. Mihola. (Pensez Plast. **12**, Nr. 87, 83—85, Sept. 1960; franz.) — Übersicht über Grundzüge, Zubehör u. Ausführung des Verf. der Vakuummetallisierung von Kunststoffen. W. Wesly. 7204◇

**Maschinen und Ausrüstungen.** Anonym. (Mod. Plastics **40**, Nr. 1A, 924—76, 980, Sept. 1962; engl.) — Umfassende Übersicht, gegeben von einer großen Zahl von Spezialisten, über Verarbeitung von Polymeren bis in die speziellsten Anwendungsgebiete erstreckend. H. Czech. 7204◇

**Thermoverformung von Folien.** E. Bowman Stratton jun. (Mod. Plastics **40**, Nr. 1 A, 779—83, Sept. 1962; Bridgeport, Conn., Auto-Vac-Co.; engl.) — Übersicht. H. Czech. 7204◇

**Blasformung.** L. C. Morehouse jun. und H. M. Carleton. (Mod. Plastics **40**, Nr. 1 A, 784—91, Sept. 1962; Philadelphia, Pa., F.J. Stokes Corp.; engl.) — Übersicht. H. Czech. 7204◇

---

**Badische Anilin- & Soda-Fabrik Akt.-Ges.** (Erfinder: **K. Wisseroth** und **Ernst Günther Kastning**), Ludwigshafen/Rh., *Olefinpolymerisation.* (**Jap. A. S. 17 691/1960** vom 19/7. 1956, ausg. 2/12. 1960. D. Prior. 19/7. 1955. — **C. 1960**, 4367 [E. P. 796 912].)

**Gelsenberg Benzin Akt.-Ges.**, Deutschland, *Polymerisieren von Olefinen.* (**F. P. 73 251** vom 21/3. 1958, ausg. 26/9. 1960. D. Prior. 22/3. 1957. Zusatz zu F. P. 1 149 532; C. 1959, 8337. — **C. 1962**, 12476 [D. A. S. 1 076 375].)

**Farbenfabriken Bayer Akt.-Ges.**, Deutschland (Erfinder: **Rudolf Stroh** und **Karl Nützel**), *Polymerisation ungesättigter Verbindungen.* (**F. P. 1 220 307** vom 14/2. 1959, ausg. 24/5. 1960. D. Prior. 14/2. 1958. — **C. 1961**, 9223 [Oe. P. 208 077].)

**Wacker-Chemie G. m. b. H.**, Deutschland, *Polymerisieren ungesättigter organischer Verbindungen.* (**F. P. 1 215 441** vom 8/12. 1958, ausg. 19/4. 1960. D. Prior. 11/12. 1957. — **C. 1960**, 13859 [Oe. P. 206 646].)

**Imperial Chemical Industries Ltd.**, London (Erfinder: **Dennis Aubrey Lewis** und **Percy Arthur Small**, Wellington), England, *Polymerisationsverfahren.* (**F. P. 1 210 743** vom 12/6. 1958, ausg. 10/3. 1960. **Jap. A. S. 17 497/1960** vom 12/6. 1958, ausg. 29/11. 1960. Beide E. Prior. 12/6. u. 22/11. 1957 u. 27/5. 1958. — **C. 1962**, 8806 [E. P. 843 611].)

**Wacker-Chemie G. m. b. H.**, Deutschland, *Dispersionspolymerisation von Vinylverbindungen.* (**F. P. 1 233 724** vom 17/6. 1959, ausg. 12/10. 1960. D. Prior. 16/7. 1958. — **C. 1960**, 16954 [D. A. S. 1 062 009].)

**Institut für Chemie und Technologie der Plaste**, Deutschland (Erfinder: **Kurt Thinius**, **Günter Lommatsch** und **Hans Walter**), *Herstellung vernetzter Polymerisationsprodukte.* (**UdSSR. P. 122 871** vom 12/12. 1958. — **C. 1960**, 16274 [D. A. S. 1 065 178].)

**Godfrey L. Cabot, Inc.** (Erfinder: **Raymond P. Rossman** und **Eli M. Dannenberg**), *Vernetzen von Polyolefinharzen.* (**Aust. P. 231 610** vom 29/1. 1958, ausg. 26/1. 1961. A. Prior. 1/2. 1957. — **C. 1963**, 713 [Belg. P. 564 395].)

**Ruhrchemie Akt.-Ges.**, Deutschland (Erfinder: **Walter Rottig**), *Reinigen von hochpolymeren Kohlenwasserstoffen.* (**F. P. 72 857** vom 30/1. 1958, ausg. 29/4. 1960. D. Prior. 7/3. 1957. Zusatz zu F. P. 1 135 146; C. 1958, 4636. — **C. 1961**, 3500 [Oe. P. 207 114].)

**Imperial Chemical Industries Ltd.** (Erfinder: **Richard Derek Mulley** und **Percy Arthur Small**), *Polymerisationskatalysatoren.* (**Aust. P. 231 627** vom 10/6. 1958, ausg. 26/1. 1961. E. Prior. 12/6. 1957. — **C. 1962**, 6989 [E. P. 833 929].)

**Farbenfabriken Bayer Akt.-Ges.**, Deutschland (Erfinder: **Ernst Roos**, **Martin Burgdorf** und **Friedrich Lober**), *Stabilisieren von halogenhaltigen Polymeren.* (**F. P. 1 208 910** vom 27/11. 1958, ausg. 26/2. 1960. D. Prior. 28/11. 1957. — **C. 1962**, 16864 [E. P. 865 326].)

**Harry R. Leeds**, Los Angeles, Calif., V.St.A., *Mikroporöse Schaummasse.* (**Aust. P. 230 431** vom 10/1. 1958, ausg. 20/10. 1960. A. Prior. 14/1. 1957. — **C. 1963**, 1466 [Belg. P. 563 932].)

**Montecatini Soc. Gen. per l'Industria Mineraria e Chimica** und **Karl Ziegler** (Erfinder: **Franco Ranalli**), *Thermoplastische Propylene.* (**Aust. P. 231 638** vom 14/7. 1958, ausg. 26/1. 1961. It. Prior. 16/7. 1957. — **C. 1961**, 675 [Oe. P. 206 179].)

**Koppers Co., Inc.**, Pittsburgh, Pa., V.St.A. (Erfinder: **Eugène Michael Kuhn**), *Herstellung niedrigmolekularer polymerer aromatischer Vinylverbindungen.* (**F. P. 1 211 679** vom 23/9. 1958, ausg. 17/3. 1960. A. Prior. 17/12. 1957. — **C. 1962**, 13223 [D. A. S. 1 110 870].)

**Gelsenkirchener Bergwerks-Akt.-Ges.**, Deutschland, *Harze aus dem Verdampfungsrückstand der Druckhydrierung von Benzolkohlenwasserstoffen.* (**F. P. 1 233 839** vom 12/8. 1959, ausg. 12/10. 1960. — **C. 1960**, 6676 [D. A. S. 1 069 630].)

**Karl Ziegler**, Deutschland, *Herstellung von hochmolekularem Polyäthylen.* (**F. P. 1 235 303** vom 17/11. 1954, ausg. 8/11. 1960. D. Prior. 17/11., 15/12. u. 23/12. 1953. — **C. 1961**, 317 [Schwz. P. 339 740].)

**Wacker-Chemie G. m. b. H.**, Deutschland, *Herstellung von Vinylchlorid–Fumarsäureester-Mischpolymerisaten.* (**F. P. 1 227 680** vom 16/6. 1959, ausg. 22/8. 1960. D. Prior. 24/9. 1958. — **C. 1962**, 12481 [D. A. S. 1 091 757].)

**Farbenfabriken Bayer Akt.-Ges.**, Leverkusen (Erfinder: **Anton Robert Heinz**, Leverkusen, **Dietrich Rosahl**, Köln, und **Wilhelm Graulich**, Leverkusen), *Polymerisieren von mit Phenothiazin stabilisiertem Chloropren.* (**Jap. A. S. 17 341/1960** vom 6/4. 1959, ausg. 25/11. 1960. **F. P. 1 219 731** vom 4/4. 1959, ausg. 19/5. 1960. Beide D. Prior. 10/4. 1958. — **C. 1962**, 325 [D. A. S. 1 097 689].)

**Farbwerke Hoechst Akt.-Ges., vormals Meister Lucius & Brüning**, Deutschland, *Herstellung von Polyvinylacetaldispersionen.* (**F. P. 1 221 230** vom 4/3. 1959, ausg. 31/5. 1960. D. Prior. 5/4. 1958. — **C. 1962**, 17581 [D. A. S. 1 071 951].)

**Henkel & Cie. G. m. b. H.**, Deutschland, *Herstellung konzentrierter wässeriger Polyacrylamidlösungen.* (**F. P. 1 228 710** vom 26/6. 1959, ausg. 2/9. 1960. D. Prior. 22/8. 1958. — **C. 1960**, 11835 [D. A. S. 1 068 013].)

**Röhm & Haas G. m. b. H.**, Deutschland, *Herstellung stickstoffhaltiger Polymethacrylsäurederivate.* (**F. P. 1 232 347** vom 20/3. 1959, ausg. 7/10. 1960. D. Prior. 22/3. 1958. — C. **1961**, 318 [D. A. S. 1 077 872].)

**Ruhrchemie Akt.-Ges.**, Deutschland (Erfinder: **Walter Rottig**), *Herstellung Schwefel enthaltender Polymerisate.* (**F. P. 1 223 082** vom 30/4. 1959, ausg. 15/6. 1960. F. Prior. 2/5. 1958. — C. **1961**, 17767 [Oe. P. 213 052].)

**Westinghouse Electric Corp.**, East Pittsburgh, übert. von: **Martin P. Seidel**, Sharon, Pa., V.St.A., *Herstellung von Phenolharzen.* (**Can. P. 560 189** vom 16/12. 1954, ausg. 8/7. 1958. A. Prior. 21/12. 1953. — C. **1959**, 7308 [A. P. 2 806 013].)

**Distillers Co. Ltd.**, Edinburgh, Schottland, übert. von: **John H. W. Turner**, Cowbridge, **Leonard R. Anthony** und **Peter L. Bramwyche**, Penarth, Glamorgan, Wales, England, *Öllösliche Phenol–Aldehyd-Harze.* (**Can. P. 560 002** vom 16/3. 1954, ausg. 8/7. 1958. E. Prior. 26/3. 1953. — C. **1959**, 11085 [F. P. 1104 021].)

**Distillers Co. Ltd.**, Edinburgh, Schottland, übert. von: **Basil A. Ripley-Duggan**, Harlow, Essex, England, *Pfropfpolymerisat cyclischer Äther auf Styrol-Copolymere.* (**Can. P. 560 004** vom 25/5. 1955, ausg. 8/7. 1958. E. Prior. 12/6. 1954. — C. **1957**, 11733 [D. A. S. 1 004 803].)

**Union Carbide & Carbon Corp.**, New York, N.Y., übert. von: **Howard L. Bender**, Bloomfield, **Alford G. Farnham**, Caldwell, N.J., und **John W. Guyer**, East Lansing, Mich., V.St.A., *Schwefelhaltige Epoxide.* (**Can. P. 560 162** vom 20/4. 1954, ausg. 8/7. 1958. A. Prior. 29/4. 1953. — C. **1958**, 4043 [F. P. 1 103 591].)

**Shell Development Co.**, San Francisco, übert. von: **Theodore F. Bradley**, Orinda, und **Herbert A. Newey**, Lafayette, Calif., V.St.A., *Epoxydharze aus Novolaken.* (**Can. P. 560 129** vom 15/12. 1952, ausg. 8/7. 1958. A. Prior. 19/1. 1952. — C. **1956**, 10130 [A. P. 2 716 099].)

**Dominion Rubber Co. Ltd.**, Montreal, Quebec, Canada, übert. von: **William Cummings**, North Woodbury, Conn., V.St.A., *Polyesterharze.* (**Can. P. 562 338** vom 9/4. 1955, ausg. 26/8. 1958. A. Prior. 18/5. 1954. — C. **1959**, 12710 [A. P. 2 824 085].)

**Goodyear Tire & Rubber Co.**, Akron, übert. von: **Max H. Keck**, Cuyahoga Falls, Ohio, V.St.A., *Phthalate als Weichmacher für lineare aromatische Polyester.* (**Can. P. 559 676** vom 5/10. 1955, ausg. 1/7. 1958. A. Prior. 30/6. 1955. — C. **1961**, 7420 [E. P. 805 586].)

**Goodyear Tire & Rubber Co.**, Akron, übert. von: **Max H. Keck**, Cuyahoga Falls, Ohio, V.St.A., *Bisaralkyläther als Weichmacher für lineare aromatische Polyester.* (**Can. P. 559 677** vom 5/10. 1955, ausg. 1/7. 1958. A. Prior. 30/6. 1955. — C. **1961**, 7772 [E. P. 801 065].)

**Goodyear Tire & Rubber Co.**, Akron, übert. von: **Max H. Keck**, Cuyahoga Falls, Ohio, V.St.A., *Phthalate als Weichmacher für aromatische Polyester.* (**Can. P. 559 678** vom 7/10. 1955, ausg. 1/7. 1958. A. Prior. 30/6. 1955. — C. **1961**, 7420 [E. P. 805 590].)

**Vereinigte Glanzstoff-Fabriken Akt.-Ges.**, Wuppertal-Elberfeld, übert. von: **Werner Hippe**, Erlenbach/M., **Anton Watzl**, Kleinwallstadt/M., und **Walter Hagen**, Aschaffenburg, *Polykondensation von Dimethylterephthalat.* (**Can. P. 562 183** vom 28/12. 1956, ausg. 19/8. 1958. D. Prior. 25/1. 1956. — C. **1959**, 319 [Oe. P. 197 084].)

**Hooker Chemical Corp.**, Niagara Falls, N.Y., V.St.A., *Flammfeste Polyurethanschaumstoffe.* (**E. P. 873 974** vom 22/11. 1957, ausg. 2/8. 1961. A. Prior. 23/11. 1956. — C. **1961**, 318 [Belg. P. 562 499].)

**Hooker Chemical Corp.**, Niagara Falls, N.Y., V.St.A., *Herstellung von Polyurethanschaumstoffen.* (**E. P. 873 975** vom 22/11. 1957, ausg. 2/8. 1961. A. Prior. 23/11. 1956. Zusatz zu E. P. 873 974; s. vorst. Referat. — C. **1961**, 318 [A. P. 2 865 869].)

**Farbenfabriken Bayer Akt.-Ges.**, Leverkusen (Erfinder: **Erwin Windemuth**, Leverkusen, und **Rudolf Merten**, Köln), *Herstellung von Kunststoffen.* (**Jap. A. S. 17 342/1960** vom 13/8. 1958, ausg. 25/11. 1960. D. Prior. 13/8. 1957. — C. **1961**, 1031 [D. A. S. 1 078 321].)

**Thiokol Chemical Corp.**, Trenton, N.J. (Erfinder: **Reid Hilmy Gobran**, Levittown, Pa., **Arthur Victor Tobolsky**, Princeton, N.J., und **Paul Charles Colodny**, Williamsburg, N.J.), V.St.A., *Herstellung von Polymeren mit endständigen Mercaptogruppen.* (**Jap. A. S. 17 343/1960** vom 11/6. 1959, ausg. 25/11. 1960. A. Prior. 16/6. 1958. — C. **1962**, 9922 [D. A. S. 1 117 874].)

**Union Carbide Canada Ltd.**, Toronto, Ontario, Canada, übert. von: **Arthur P. Mazzucchelli**, Plainfield, und **Paul F. Urich**, Upper Montclair, N.J., V.St.A., *Phenol–Formaldehyd- und Arylamin–Formaldehyd-Harze mit Füllstoff.* (**Can. P. 561 520** vom 25/7. 1952, ausg. 5/8. 1958. A. Prior. 7/3. 1945. — C. **1954**, 433 [A. P. 2 557 922].)

**Henkel & Cie. G. m. b. H.**, Deutschland, *Verbesserung der Lösung von Aminotriazin–Aldehyd-Kondensationsprodukten in Wasser.* (**F. P. 1 235 569** vom 2/6. 1959, ausg. 4/11. 1960. D. Prior. 4/6. 1958. — C. **1961**, 359 [D. A. S. 1 082 046].)

**Perfogit S. p. A.**, Mailand, Italien, *Herstellung von synthetischen linearen Polyamiden.* (**It. P. 547 998** vom 26/1. 1956. — C. **1961**, 677 [Aust. P. 219 147].)

**Vereinigte Glanzstoff-Fabriken Akt.-Ges.**, Deutschland, *Lichtstabilisierung von Polyamiden.* (**F. P. 1 219 594** vom 1/4. 1959, ausg. 18/5. 1960. D. Prior. 25/4. 1958. — C. **1960**, 9397 [D. A. S. 1 063 378].)

**Perfogit S. p. A.**, Mailand, Italien, *Wiedergewinnung von Monomeren bei der Kondensation von Aminosäuren.* (**It. P. 546 155** vom 22/12. 1955. — C. **1960**, 14202 [F. P. 1 169 031].)

**Chemstrand Corp.** (Erfinder: **Hobson Dewey De Witt**), *Lösungsmittel für Amidgruppen aufweisende Polymere.* (**Aust. P. 230 243** vom 5/8. 1958, ausg. 6/10. 1960. — C. **1962**, 3283 [E. P. 838 012].)

**Distillers Co. Ltd.**, Edinburgh, Schottland, übert. von: **Basil A. Ripley-Duggan**, Harlow, Essex, England, *Pfropfpolymere von α-Aminosäure-N-carbonsäureanhydriden.* (**Can. P. 560 647** vom 29/12. 1955, ausg. 22/7. 1958. E. Prior. 8/1. 1955. — C. **1958**, 12544 [E. P. 787 344].)

**Farbenfabriken Bayer Akt.-Ges.**, Leverkusen (Erfinder: **Günther Loew**, Köln), *Herstellung von Polyurethanen.* (**Jap. A. S. 18 196/1960** vom 4/9. 1959, ausg. 14/12. 1960. A. Prior. 4/9. 1958. — C. **1961**, 17408 [D. A. S. 1 101 752].)

**Houdry Process Corp.**, Philadelphia, Pa., V.St.A., *Herstellung von Urethanen.* (**Oe. P. 212 845** vom 7/5. 1958, ausg. 10/1. 1961. A. Prior. 23/5. 1957. — C. **1962**, 9922 [A. P. 2 939 851].)

**Nopco Chemical Co.**, Harrison, übert. von: **Bernard A. Dombrow**, Teaneck, N.J., V.St.A., *Herstellung von Polyurethanschaumstoffen.* (**A. P. 2 999 823** vom 22/9. 1955, ausg. 12/9. 1961. — C. **1959**, 12711 [E. P. 798 446].)

**Union Carbide Corp.**, New York, N.Y. (Erfinder: **Fritz Hostettler**, Charleston, und **Robert W. McLaughlin**, Belle, W.Va.), V.St.A., *Herstellung von Polyurethanharzschaum.* (**Jap. A. S. 9647/1960** vom 18/4. 1958, ausg. 21/7. 1960. A. Prior. 18/4. 1957. — C. **1962**, 15791 [A. P. 2 962 455].)

**Chemstrand Corp.**, Dekatur, Ala. (Erfinder: **Hobson Dewey De Witt**, New Wilmington, Pa.), V.St.A., *Herstellung von Dihydrazidpolymeren.* (**F. P. 1 234 541** vom 2/9. 1959, ausg. 18/10. 1960. **Jap. A. S. 18 197/1960** vom 10/9. 1959, ausg. 14/12. 1960. Beide A. Prior. 10/9. 1958. — C. **1962**, 2194 [A. P. 2 941 984].)

**General Electric Co.**, Schenectady, N.Y., übert. von: **Robert W. Finholt**, Lawrence Park, und **Russell A. Skiff**, Waterford, Pa., V.St.A., *Äthoxylin-Triallylcyanurat-Harze.* (**Can. P. 561 004** vom 18/11. 1953, ausg. 29/7. 1958. A. Prior. 29/11. 1952. — C. **1956**, 6255 [A. P. 2 707 177].)

**Farbwerke Hoechst Akt.-Ges., vormals Meister Lucius & Brüning**, Deutschland, übert. von: **Anorgana G.m.b.H.**, *Herstellung von Polyäthylenpolysulfid.* (**F. P. 1 205 808** vom 4/1. 1956, ausg. 4/2. 1960. D. Prior. 5/1. 1955. — C. **1961**, 320 [A. P. 2 906 739].)

**Dow Corning Corp.**, Midland, Mich., übert. von: **John L. Speier jun.**, Pittsburgh, Pa., V.St.A., *Carboxyorganosiliciumverbindungen.* (**Can. P. 560 979** vom 29/11. 1954, ausg. 29/7. 1958. A. Prior. 17/12. 1953. — C. **1958**, 9361 [F. P. 1 117 541].)

**Dow Corning Corp.**, Midland, Mich., übert. von: **John L. Speier jun.**, Pittsburgh, Pa., V.St.A., *Herstellung von Acyloxyorganosilanen.* (**Can. P. 560 980** vom 29/11. 1954, ausg. 29/7. 1958. A. Prior. 17/12. 1953. — C. **1958**, 9361 [F. P. 1 117 542].)

**General Electric Co.**, Schenectady, N.Y., übert. von: **Robert W. Martin**, Lafayette, Calif., und **Kurt C. Frisch**, Pittsfield, Mass., V.St.A., *Reaktionsprodukte von Organosilanen und Methylolbenzolen.* (**Can. P. 560 697** vom 21/7. 1953, ausg. 22/7. 1958. A. Prior. 9/8. 1952. — C. **1957**, 9231 [F. P. 1 084 461].)

**N. V. Onderzoekingsinstituut Research**, Arnheim, Niederlande, *Herstellung einer verformbaren Masse.* (**E. P. 851 031** vom 21/5. 1959, ausg. 12/10. 1960. Niederl. Prior. 12/6. 1958. — C. **1962**, 324 [Niederl. P. 97 086].)

**Polymer Corp.**, Reading, Pa., V.St.A., *Herstellung stark gefüllter Polyamide.* (**E. P. 877 528** vom 22/7. 1959, ausg. 13/9. 1961. A. Prior. 5/8. 1958. — C. **1962**, 8814 [F. P. 1 232 069].)

## $H_{12}$. Kautschuk

**Mischen und Verarbeiten von Polyisopren-Gummi.** F. W. Hannsgen. (Rubber Age [New York] **89**, 441—47, Juni 1961; Torrance, Calif., Shell Chem. Co.; engl.) — Übersicht über die histor. Entw., über die physikal. u. chem. Eigg. u. über die techn. Anwendung von Polyisopren. H. Strauch. 7224◇

**Butylkautschuk und seine Anwendung.** 2. Mitt. **Vulkanisation von Gummimischungen aus Butylkautschuk.** Jerzy Czyżewicz. (Tworzywa wielkocząsteczkowe **6**, 79—81, März 1961; pol.) — 1. vgl. C. **1962**, 17590. — Übersicht über die *Vulkanisation* mit S, Nitro-Verbb., Phenol–Formaldehyd-Harzen u. mit Metalloxiden. F. Urban. 7224◇

**Butylkautschuk und seine Anwendung.** 3. Mitt. **Thermische Verarbeitung, Herstellung von Mischungen und Anwendung.** Jerzy Czyżewicz. (Tworzywa wielkocząsteczkowe **6**, 103—06, April 1961; pol.) — 2. vgl. vorst. Referat. — Übersicht. F. Urban. 7224◇

**Mischung von äußerst feinem Talcum und SAF-Schwarz in SBR-1500.** R. S. Lamar, M. F. Warner und H. T. Mulryan. (Rubber Age [New York] **89**, 437—40, Juni 1961; South Pasadena, Calif., Sierra Talc Co.; engl.) — Die Mischung von äußerst feinem, plättchenförmigem *Talcum* als Verstärkungspigment mit SAF-Schwarz als Zusatz in SBR-Gummimischungen verbessert die physikal. u. die Verarbeitungs-Eigg. von diesem Polymeren. So steigt z. B. die Zugfestigkeit von 4400 auf 4600 lbs./sq.in. u. die Dehnung von 700 auf 850%. Es tritt u. a. eine Verbesserung der Hitzebeständigkeit, eine Verringerung der Mooney-Viscosität u. eine leichtere Verarbeitung beim Strangenpressen auf. Unter Angabe der Lieferfirmen u. teilweise der Eigg. für die einzelnen Rohstoffkomponenten werden zehn diesbzgl. Gummimischungsrezepte vermittelt. H. Strauch. 7226◇

**Statistische Planung von Versuchen zur Entwicklung eines Herstellungsverfahrens für Mercaptobenzthiazol.** S. A. Frankel. (Rubber Age [New York] **89**, 453 bis 458, Juni 1961; Bound Brook, N.J.; American Cyanamid Co.; engl.) — An Hand der Herst. von Mercaptobenzothiazol als *Vulkanisations-Beschleuniger* aus Anilin, $CS_2$ u. S bei 250° im Autoklaven werden mathemat.-statist. Berechnungen angestellt mit dem Zweck, eine optimale ökonom. Ausbeute bei dieser Rk. zu erreichen. Man geht von weniger kontrollierbaren Variablen, wie z. B. der prozentualen Ausbeute (x), u. von besser kontrollierbaren Variablen, wie z. B. Zeit ($x_1$) u. Temp. ($x_2$), aus, wobei dann die erste Variable eine Funktion der beiden kontrollierbaren Variablen ist. $x = f(x_1, x_2)$. Ziel dieser statist. Erfassung ist ein Diagramm mit der Zeit als Abszisse u. mit der Temp. als Ordinate. Mit diesem Diagramm ist eine Steuerung dieser Rk. für eine optimale Herst. von MBT gegeben. H. Strauch. 7228◇

E. G. Lasarjanz, W. A. Gromowa, D. P. Jemeljanow, L. W. Kossmodemjanski, O. P. Radoman, N. M. Preobrashenskaja, R. G. Romanowa, S. M. Rumjanzewa, Ju. W. Smirnow, W. M. Ssobolew, W. L. Zailingold, K. A. Tschernjakowskaja, W. A. Schadritschewa, K. P. Schichalowa, Je. N. Schuschkina, N. W. Schtscherbakowa und D. L. Kosstin, **Emulsionspolymerisation von Synthesekautschuk.** Als Emulgator wird weißes Fichtenharz verwendet, das $\geqq$10 Min. auf 200—250° erhitzt wird. (**UdSSR. P. 125 679** vom 6/6. 1959.) L. Großner. 7225

Polymer Corp. Ltd., Sarnia, Canada, **Bromierung von Butylkautschuk.** Man mischt den Butylkautschuk auf der Walze mit einem stark bas., ölunlösl. stark vernetzten Anionenaustauscherharz auf Polystyrolbasis vom quatern. Amintyp, an das $Br_2$ in fl. oder in Dampfphase adsorbiert worden ist, wobei man im allg. auf 100 (Teile) Butylkautschuk 2—100 des 2—35% $Br_2$ enthaltenden Austauscherharzes verwendet. — *Verw.* der Rk.-Prodd. bes. für die *Reifen-Herstellung.* (**E. P. 875 731** vom 27/11. 1959, ausg. 23/8. 1961. Can. Prior. 20/12. 1958.) L. Stadelmann. 7225

Esso Research and Engineering Co., Elizabeth, N.J., übert. von: Henry G. Schutze, Baytown, Tex., und Willard H. Bonner jun., Wilmington, Del., V.St.A., **Herstellung von carboxyliertem Butylkautschuk.** Man setzt Butylkautschuk in organ. Lsg. mit 0,2—1 Mol eines Alkalimetallalkyls, bes. Amylnatrium, pro Mol des im Butylkautschuk gebundenen konjugierten Diolefins um, leitet in die Rk.-Mischung trockenes $CO_2$ ein u. säuert an. Die erhaltenen Prodd. haben verbesserte Bindungs-Eigg. u. besseres kaltes Fließen. — Verw. bes. als *Zwischenschicht zum Binden von Butylkautschuk an Natur- oder Synthesekautschuk.* (**A. P. 3 005 807** vom 19/11. 1956, ausg. 24/10. 1961.) L. Stadelmann. 7225

Shell Internationale Research Mij. N. V., Den Haag, Niederlande, **cis-1.4-Polybutadien** erhält man durch Polymerisation von Butadien in nichtwss. Lsg. mit Hilfe eines Katalysators, der ein Co- u./oder Ni-Salz u. eine aluminiumorgan. Verb. enthält, in Ggw. von 0,0001—0,005% W. in hoher Ausbeute. Die Polymerisate haben mindestens 95% cis-1.4-Struktur. (**E. P. 884 071** vom 28/9. 1960, ausg. 6/12. 1961. A. Prior. 30/9. 1959.) L. Stadelmann. 7225

Esso Research and Engineering Co., Elizabeth, N.J., V.St.A., **Reinigung von Polymerisationsreaktoren.** Der bei der Butylkautschuk-Herst. an den Wänden des Reaktors sich bildende Polymerisatfilm wird entfernt, indem man die Polymerisation abstoppt u. einen aliphat. gesätt. $C_4$–$C_8$-KW-Stoff in den Reaktor einführt, der den Film bei 100—150° F ablöst. Der Reaktorinhalt wird dann der Schnellverdampfung zugeführt, worauf die Polymerisation fortgesetzt wird. (**E. P. 884 902** vom 5/8. 1960, ausg. 20/12. 1961. A. Prior. 1/9. 1959.) L. Stadelmann. 7225

Kali-Chemie Akt.-Ges., Deutschland, **Füllstoff für Kautschuk** aus Kieselsäure, der 0,1—5, bes. 0,1—1% F-Ionen ($H_2F_2$, $H_2SiF_6$, deren Salze, z. B. mit Aminen) zugesetzt sind. — So werden 1000 Liter 20%ig. $NH_4F$-Lsg. 3 Std. mit 14 kg Quarzmehl bei 100° gerührt, wobei entweichendes W. u. $NH_3$ wieder in die Lsg. zurückgeführt werden. Die physikal. Eigg. der Kautschukvulkanisate (auch der Vulkanisate des synthet. Kautschuks) werden wesentlich verbessert. (**F. P. 1 231 991** vom 28/7. 1959, ausg. 4/10. 1960. D. Prior. 30/7. 1958.) M. Pankow. 7227

British Resin Products Ltd., London, England, **Butylkautschuk-Vulkanisation.** Eine Mischung aus z. B. 100 (Teilen) Butylkautschuk, 50 Ruß, 1 Stearinsäure 4 $SnCl_2$-2 $H_2O$ (als kation. Alkylierungskatalysator) 15 3-n-Pentadecylphenol (als in Heptan lösl. Phenol) u. 10 Trioxan, auf kühlen Walzen hergestellt, wird bei 274 bis 400° F (ca. 135—205°) vulkanisiert. — Verw. für Heizschläuche, Schläuche, Riemen, Luftschläuche u. Reifen. (**E. P. 879 597** vom 27/5. 1959, ausg. 11/10. 1961. A. Prior. 28/5. 1958 u. 26/2. 1959.) W. Overbeck. 7229

Farbwerke Hoechst Akt.-Ges., vormals Meister Lucius & Brüning, Deutschland, **Gewinnung von hochmolekularen kautschukartigen Stoffen aus ihren Lösungen.** Man leitet die Lsg. in warmes W. (45—100°) in Ggw. fein verteilter, wasserunlösl. Feststoffe u. organ. oberflächenakt. Verbb. unter kontinuierlicher Dest. des Lsgm. u. Entfernung des gefällten Polymeren. Als Feststoffe sind z. B. $SiO_2$-Gel oder Al-Silicat, als oberflächenakt. Stoffe oxäthylierte Fettalkohole oder Alkylphenole genannt. — Man drückt mit $N_2$ auf 150 Liter W. von 95°, das 250 g Bleicherde u. 200 g oxäthyliertes Octylphenol enthält, 20 kg amorphes Äthylen. Propylenmischpolymerisat (mit Ziegler-Katalysator im Niederdruck-Verf. erhalten) in 180 Liter Toluol in dem Maße, wie Toluol mit W. abdest., u. gibt W. nach in dem Maße, wie es abdest., worauf man nach Toluolentfernung bei 50—60° filtriert u. ein körniges *Polymeres* erhält. — Statt der Lsg. des Mischpolymerisats kann man auch Lsgg. von Kautschuk, synthet. Kautschuk oder dessen Abbau-Prodd. oder von Faktis verarbeiten. (**F. P. 1 242 020** vom 25/11. 1959, ausg. 30/12. 1960. D. Prior. 25/11. 1958.) M. Pankow. 7231

Oliver Wallis Burke jun., Grosse Pointe Park, Mich., V.St.A., **Herstellung vulkanisierter Elastomerer.** Zur Erhöhung der Zugfestigkeit setzt man den Elastomeren ein fein verteiltes Polymerisat mit einer Teilchengröße von 5—500 m$\mu$ zu, das erhalten worden ist aus mindestens einem Monomeren mit 2 oder mehr nichtkonjugierten Doppelbindungen, ggf. zusammen mit einem Vinylmonomeren. — Zum Beispiel setzt man einem Polychloroprenlatex 20 (Gew.-%) (bezogen auf Trockensubstanz) eines aus 98,5 o-Chlorstyrol u. 1,5 Divinylbenzol gewonnenen Polymerisates zu u. koaguliert u. vulkanisiert in Ggw. üblicher Zusätze bei 141°. — Vgl. E. P. 799 043; C. **1959**, 6315. (**Niederl. P. 101 184** vom 2/9. 1954, ausg. 15/5. 1962. A. Prior. 8/9. 1953.) F. Böhm. 7231

Tropical & Eastern Produce Co. Ltd., London, England, **Herstellung von Kreppkautschuk.** Ein Zusatz von 0,5—1 % Ti-Weiß zum Latex vor dem Ausfällen des Kautschuks gibt ein Prod. das eine größere Härte aufweist u. daher bes. für die *Verarbeitung zu Kreppsohlen* geeignet ist. (**Ind. P. 66 107** vom 11/12. 1958, ausg. 24/7. 1961. E. Prior. 12/12. 1957.) C. Lüttgen. 7231

Je. M. Zwetajewa, **Regenerierung von vulkanisiertem Gummi** durch Erhitzen mit Weichmachern, wobei als solche durch Fällung mit niedermol. KW-Stoffen, wie Propan oder Hexan, erhaltene, mit polycycl. u. polaren Verbb. angereicherte Goudron-Fraktionen in Mengen von 28—43 % verwendet werden. (**UdSSR. P. 125 380** vom 31/3. 1959.) L. Großner. 7233

---

**E. I. du Pont de Nemours & Co.**, Wilmington, Del. (Erfinder: **Josef Pikl**, Glassboro, N.J.), V.St.A., *Erweichen von Natur- oder Synthesekautschuk.* (**D. A. S. 1 134 509** Kl. 39b vom 28/6. 1955, ausg. 9/8. 1962. A. Prior. 29/7. 1954. — C. **1959**, 4984 [E. P. 776 101].)

**Montecatini Soc. Gen. per l'Industria Mineraria e Chimica**, Mailand, Italien, *Herstellen von Elastomeren.* (**E. P. 896 598** vom 9/6. 1958, ausg. 16/5. 1962. It. Prior. 14/6. 1957. — C. **1961**, 11550 [F. P. 1 208 447].)

**Montecatini Soc. Gen. per l'Industria Mineraria e Chimica** und **Karl Ziegler** (Erfinder: **Rino Mostardini**, **Roberto Magri**, **Rosario Lanzo** und **Mario Piazza**), *Herstellung linearer amorpher α-Olefinmischpolymerisate.* (**Aust. P. 234 702** vom 8/12. 1958, ausg. 17/8. 1961. It. Prior. 11/12. 1957. — C. **1962**, 4011 [F. P. 1 223 363].)

**Esso Research and Engineering Co.**, übert. von: **Delmer L. Cottle**, Highland Park, N.J., V.St.A., *Halogenierung von Butylkautschuk.* (**A. P. 3 018 275** vom 30/12. 1958, ausg. 23/1. 1962. — C. **1961**, 12666 [D. A. S. 1 101 762].)

**E. I. du Pont de Nemours & Co.**, Wilmington, Del., übert. von: **Rudolph Pariser**, Wilmington, und **Gilbert T. Perkins**, New Castle, Del., V.St.A., *Pfropfpolymerisate von Polychloropren.* (**A. P. 3 035 012** vom 23/12. 1958, ausg. 15/5. 1962. — C. **1962**, 5124 [E. P. 861 948].)

## $H_{13}$. Ätherische Öle. Parfümerie. Kosmetik

Upjohn Co., Kalamazoo, Mich., V.St.A., **Hautcreme** für trockene Haut hergestellt durch Emulgieren einer Grundmasse, von z. B. ca. 5 (%) Cholesterin, 6 Cetylalkohol, 6 Stearylalkohol, 6 Walrat, 10 Stearinsäure, 5 Glycerylmonooleat, 8 Petrolat, 5 Squalen, 19 Pflanzenöl, 20 Ölsäure u. 10 Glycerylmonostearat mit, bezogen auf 1 Teil dieser Masse, 19 Teilen Wasser. Öl-in-W.-Emulsion, der noch Antibiotica, Vitamine, Sonnenschutzmittel oder entzündungswidrige Stoffe zugesetzt werden können. (**E. P. 880 276** vom 22/4. 1960, ausg. 18/10. 1961. A. Prior. 29/5. 1959.) W. Heyer. 7285

Warner-Lambert Pharmaceutical Co., Morris Plains, N.J., V.St.A., **Kosmetikcreme** zur Erhaltung des natürlichen Feuchtigkeits-Geh. der Haut. Sie enthält in einer üblichen kosmet. Grundcreme bis zu 60 % eines Pflegemittels, welches aus 50—70 Teilen eines Gemisches aus Triglyceriden höherer Fettsäuren besteht, das 45—65 % gesätt. u. 55—35 % ungesätt. Triglyceride höherer Fettsäuren mit 12—18 C-Atomen enthält, sowie 15—30 Teilen eines Esters einer höheren Fettsäure mit 10—32 C-Atomen mit einem höheren einwertigen aliphat. Alkohol mit 14—32 C-Atomen u. 10—25 Teile eines höheren KW-Stoffs mit 10—60 Atomen, wobei 30—70 % dieses KW-Stoffs *Squalen* ist. (**E. P. 884 688** vom 17/3. 1960, ausg. 13/12. 1961. A. Prior. 25/3. 1959.) W. Heyer. 7285

Procter & Gamble Co., übert. von: John J. Parran, Edward W. Lang und David D. Whyte, Cincinnati, Ohio, V.St.A., bzw. Thomas Hedley & Co. Ltd., Newcastle upon Tyne, England, **Cremeförmiger Shampoo,** bestehend aus 100 (Teilen) Na-$C_{10}$-$C_{18}$-Alkylglycerylläthersulfonat, dessen Geh. an Diglycerylläthersulfonat (I) zwischen 5 u. 30 % liegt, 10—50 N-$C_{16}$-$C_{10}$-Acylsarkosid u./oder -sarkosinat u. 25—60 NaCl, $Na_2SO_4$, $NaNO_3$, $NaPO_4$, $Na_2HPO_4$ u./oder $NaH_2PO_4$ in Form einer 45 bis

70%ig. wss. Lösung. — Beispiel: 25 Na-Cocosöl-, 3 Na-Talgglycerylläthersulfonat, beide mit einem Geh. von 23% an I, 6,7 NaCl, 3,3 $Na_2SO_4$, 3,8 Na-Lauroylsarcosinat, 1.2-N-Cocoylsarkosid, 2 Cocoyldiäthanolamid, 1 acyliertes Lanolin, 0,4 Parfüm, 0,003 Phenylmercuriacetat. — Diagramm. (**A. P. 2 979 465** vom 23/12. 1958, ausg. 11/4. 1961. **E. P. 882 628** vom 23/12. 1959, ausg. 15/11. 1961. A. Prior. 23/12. 1958.) C. Lüttgen. 7285

Colgate-Palmolive Co., New York, N.Y., übert. von: Ling Wei, North Bergen, N.J., V.St.A., **Verringern der Viscosität von Shampoos** aus Seifen oder synthet. Waschrohstoffen durch Zusatz von 0,01—2% eines aliphat. Polyglykols (**I**) der allg. Formel $R(OC_nH_{2n})_xOR'$, in der R u. R' H oder einen niederen Alkylrest, n 2 oder 3 u. x eine ganze Zahl bedeuten, wobei das Molgew. des **I** ≧ 400 u. R + R' bis 10% des Molgew. betragen. (**Belg. P. 569 313** vom 10/7. 1958, ausg. 21/4. 1961. A. Prior. 12/7. 1957. **A. P. 3 001 944** vom 12/7. 1957, ausg. 26/9. 1960.) C. Lüttgen. 7285

---

**Heyden Newport Chemical Corp.**, New York, N.Y., übert. von: **Henry E. McLaughlin, Joseph H. Stump jun.** und **Mason C. Clere**, Pensacola, Fla., V.St.A., *Herstellung von Menthol.* (**A. P. 2 866 826** vom 14/5. 1953, ausg. 30/12. 1958. — C. **1960,** 16264 [F. P. 1 175 539].)

**Wickhen Products, Inc.**, Milwaukee, Wis., V.St.A., übert. von: **Günther Weitzel**, Gießen, *Hautschutzsalbe.* (**A. P. 3 035 987** vom 24/7. 1957, ausg. 22/5. 1962. — C. **1960,** 17641 [D. A. S. 1 084 441].)

## $H_{14}$. Zucker. Kohlenhydrate. Stärke

**Die Resultate der Verarbeitung von Rüben bei kontinuierlicher Aberntung.** K. N. Mussolin. (Zucker-Ind. [UdSSR] **36,** Nr. 8, 53—58, Aug. 1962; russ.) — Infolge größerer Verschmutzung bei kontinuierlich geernteten Zuckerrüben entstehen bei der Lagerung Fäulnisherde, die sich durch lokale Temp.-Erhöhungen bemerkbar machen. Erhöhte Zuckerverluste bei der Verarbeitung kontinuierlich geernteter Rüben werden durch größeren Melasseanteil bedingt. Verunreinigungen dürfen höchstens 10%, davon 2% Kraut, ausmachen. 2 Tabellen geben über Eigg. der Rübenschnitzel, den Saft der **II.** Saturation, Zuckerverluste u. Zuckerausbeuten bei der Verarbeitung Aufschluß. E. Hollstein. 7406◇

**Die komplexe Ausnutzung der Zuckerrübe für die Gewinnung von Zucker und Futtermitteln.** P. W. Golowin. (Zucker-Ind. [UdSSR] **36,** Nr. 8, 6—7, Aug. 1962; Akad. der Wiss. der UkrainSSR; russ.). — Saftgewinnung durch Preß-Meth. nach Steffen: Die Rübenschnitzel werden mit der 6—7fachen Menge auf 90° erhitzten Saftes überbrüht. Abgepreßter Saft wird in zwei Teile getrennt, von dem einer zur Defäkosaturation, der andere zum Überbrühen gelenkt wird. Im Vgl. zum Rüben-Gew. erhält man 80% Saft, der Zuckerverlust in der Quetsche beträgt 3%. Zuckermenge in getrockneter Quetsche für Futterzwecke beträgt 28%. Die Produktionsdauer kann um 33% verkürzt werden. E. Hollstein. 7412◇

**Das Gefrieren von Zuckerrüben und deren Verarbeitung in Fabriken der östlichen Gebiete der RSFSR.** W. A. Sseljatitzki und Ss. Je. Fridman. (Zucker-Ind. [UdSSR] **36,** Nr. 8, 58—60, Aug. 1962; russ.) — Rüben wurden in mehrfach abgedeckten Erdgruben durch natürliche Kälte eingefroren u. lagerten ca. 4 Monate. Bei der Verarbeitung treten Zuckerverluste bei nasser Rübenwäsche 0,19%, in der Quetsche 0,6% u. in der Melasse 4% u. mehr ein. Die Zuckerausbeute beträgt 8% des Rübengewichtes. Die Färbung des Zuckers ist erhöht. Technolog. Verff. zur Reinigung u. Zerkleinerung sind dem Zustand der Rüben angepaßt. Während der Arbeit mit Diffusionsbatterien nach dem Robert-Syst. ist wegen Plasmolyse der Rübenschnitzel eine Temp. von 62—65° einzuhalten. Verderb im Innern des Diffusors wird durch vorherige Füllung mit Diffusionssaft u. Durchmischung verhindert. E. Hollstein. 7412◇

**Über die Eigenschaft des Diffusionssaftes bei Rückkehr des Abpreßwassers zur Diffusion.** I. M. Litwak und A. A. Lipetz. (Zucker-Ind. [UdSSR] **36,** Nr. 8, 16—18, Aug. 1962; russ.) — Proben, entnommen aus der Stufe des Kolonnendiffusions-App., wurden auf 20° abgekühlt u. der Geh. an Trockensubstanz, Zucker, Pektinstoffen (**I**) u. reduzierenden Stoffen bestimmt. Bei Rückkehr des Abpreßwassers ist der Geh. an **I** im Saft in der Endstufe des App. erhöht. Die Menge an Pektin in Form von Pentosanen im Rübensaft bei der Arbeitsweise mit Rückkehr von Abpreßwasser betrug im Mittel 0,39%, ohne Rückkehr von Abpreßwasser 0,35% auf 100 Teile Rüben. Im zurückgehenden Preßwasser waren im Mittel 0,005% **I.** Werden die Diffusore mit bas. W. pH 8,2—9,0 gespeist, verbessern sich die Bedingungen für den Diffusionsprozeß u. die Pressung. Es erhöht sich der Geh. an **I** im Saft. Der Geh. an reduzierenden Stoffen hat keinen Einfl. auf die Qualität des Diffusionssaftes. Die Rückkehr des Abpreßwassers zur Diffusion hat auf die Qualität des Diffusionssaftes der II. Saturation u. den Sirup (Basizität, Ca-Salze, Färbung) prakt. keinen Einfluß. E. Hollstein. 7412◇

**Mikrobiologische Untersuchungen in der Zuckerindustrie.** 2. Mitt. Ödön Vajda. (Cukoripar [Zuckerindustrie, Budapest] **12,** 185—89, Juli 1959; Budapest, Forsch.-Inst. Zuckerind.; ung.) — 1. vgl. C. **1960,** 12189. — An den in die Zuckerfabriken gelieferten Rüben haftet mit mesophilen u. thermophilen Bakterien infiziertes Erdreich. Die Bakterien vermehren sich im Schwemm- u. Waschwasser, ohne dessen Sterilisation sie bei der Saftgewinnung starke Verluste verursachen können. Zu ihrer Bekämpfung werden $Cl_2$, Formalin u. $SO_2$ verwendet, quatern. $NH_4$-Basen sind für diesen Zweck zu teuer. Die Vorkläre soll bei möglichst hoher Temp. ausgeführt werden, u. nach der Hauptkläre ist der Saft prakt. steril, kann aber durch Verunreinigung leicht infiziert werden. Daher ist im ganzen Betrieb große Reinheit u. stete Desinfektion nötig. J. Plank. 7412◇

**Neue Entwicklungen auf dem Gebiet der Stärkechemie.** Thomas J. Schoch. (Bakers Digest **36,** Nr. 3, 35—40, 85, Juni 1962; Argo, Ill., Corn Prod. Co.; engl.) — Allg. Übersicht. M. Ulmann. 7448◇

**Spezielle Rheologie der Stärke.** J. Hofstee. (Stärke **14,** 318—24, Sept. 1962; Groningen, Holland, Proefstation voor Aardappelverwerking; dt.) — An Hand eines Stärkemodells, das die Unterschiede zwischen den verschiedenen Stärke (**I**)-Arten aufzeigt, wurde eine Arbeitshypothese abgeleitet, die das rheolog. Verh. von **I**-Kleistern u. **I**-Gelen auf die Neigung der nativen **I** zur Wasseraufnahme zurückführt. Durch eigene Unterss. konnte diese Hypothese bestätigt werden. In diesem Zusammenhang wird auf die Abhängigkeit der rheolog. Eigg. von der Struktur des **I**-Korns hingewiesen. Solange die **I**-Struktur noch besteht, ist ihr Einfl. auch auf die aus den Kleistern erhaltenen Gele deutlich festzustellen. J. Seidemann. 7448◇

**Kontinuierlicher Auswaschapparat für die Stärke-Klebertrennung bei der Weizenstärkegewinnung.** L. Schmiedel und E. Heder. (Stärke **14,** 324—31, Sept. 1962; Wunstdorf/Hannover, Fa. Starcosa GmbH u. Co.; dt.) — Vff. beschreiben ein Arbeits-Verf., das mit Hilfe einer kontinuierlich arbeitenden App. die stetige Auswaschung der Stärke (**I**) aus dem Weizenmehlteig ermöglicht, wobei die **I** weitgehend vom Kleber getrennt wird, die Qualität des Klebers gleichbleibend u. sein Protein-Geh. beliebig eingestellt werden kann. J. Seidemann. 7448◇

**Verzuckerung von Stärken aus verschiedenen Maissorten und ihr physikochemisches Verhalten.** 1. Mitt. **Waxy-Maize und High-Amylose-Maize.** M. Samec. (Stärke **14,** 307—09, Sept. 1962; Ljubljana, Jugoslawien, Chem. Inst. „Boris Kidric"; dt.) — Am Beispiel von Waxy-Mais-Stärke (**I**) u. von High-Amylose-Stärke (**II**) wurde der Verlauf der Säurehydrolyse (0,2n HCl) mit verschiedenen kolloidchem. Meth. (Viscosität, Red.-Vermögen, J-Adsorption) u. mit dem relativen Geh. an der unverzweigten Stärkekomponente verglichen. Die Verzuckerung wird bei **II** früher verlangsamt als bei **I**, wobei auch ein merklicher Substanzanteil aus dem Rk.-Gemisch ausfällt. In diesem Zusammenhang wird darauf hingewiesen, daß der Geh. der unverzweigten Komponente u. eine verschiedene Lsg.-Beständigkeit einzelner Maisstärken für den Verlauf der Verzuckerung mitbestimmend sind. J. Seidemann. 7448◇

**Untersuchungen über anomale Bindung in der Stärke.** 5. Mitt. **„z-Enzym in Emulsin" wird als α-Amylase charakterisiert.** A. Baba. (J. agric. chem. Soc. Japan [Nippon Nôgei-Kagaku Kaishi] **33,** 596—602, 1959; Shiga, Agric. Coll.; jap.) — 4. vgl. J. agric. chem. Soc. Japan [Nippon Nôgei-Kagaku Kaishi] **32,** [1958], 291. J. Lehmberg. 7448□

**Die Anwendung der chelatometrischen Analyse in der Zuckerindustrie.** I. Hálmágyi, E. Avéd und Z. Rácz. (Ind. Alimentară — Produse veget. **12,** 115—18, April 1961; rum.) — Vers.-Ergebnisse mit Komplexon III zur chelatometr. Best. des Geh. an Ca-Salzen von Sirupen in der Zuckerindustrie werden erörtert. H. Guischard. 7476◇

**Zur Bestimmung der Glucose in Stärkesirup mittels Glucose-Oxydase.** K. Täufel, H. Ruttloff und R. Friese. (Stärke **14,** 309—18, Sept. 1962; Potsdam-Rehbrücke, Inst. für Ernährung, Dt. Akad. der Wiss. zu Berlin; dt.) — Vff. prüfen den fermentativen Glucosetest (Glucoseoxydase/Peroxydase) auf die Brauchbarkeit bei der Unters. von Lebensmitteln, bes. von Stärkesirup (**A**) u. Malzextrakten (**B**). Dieser Test wird auf Modellgemische aus Glucose/Maltose sowie auf **A** u. **B** angewandt u. die Ergebnisse mit den auf papier-, säulenchromatograph. Wege sowie durch Schnellvergärung mit Preßhefe erhaltenen verglichen. Bei **A** u. **B** sowie Saccharosegemischen liefert der Glucosetest in kurzer Zeit bei sehr geringem Arbeitsaufwand zuverlässige u. gut reproduzierbare streng selektive Werte für Glucose. — 12 Literaturangaben. J. Seidemann. 7476◇

**Membranfiltermethoden zur Keimzahlbestimmung in Weißzuckern.** S. Lorenz. (Zucker **14,** 404—12, 15/8. 1961; Neuoffenstein/Pfalz, Südd. Zucker AG, Zentrallabor.; dt.) — Vf. beschreibt eine Membranfilter-Meth. zur Best. von Infektionen in Weißzuckern. Geschildert sind das steril verpackte Gesamtfilter (Kernstück: eine 150 mm dicke Celluloseestermembran für Poren-Ø von 0,01—5 $\mu$, die auf einer Scheibe aus Kohle, Metall oder Sinterglas aufliegt), teils selektive Nährböden (aus Kartonscheiben) für thermophile anaerobe bzw. aerobe, mesophile schleimbildende Bakterien, $H_2S$-Bildner, Schimmelpilze u. Hefen u. deren Auszählung, die Vorteile (gebrauchsfertige Lieferung, Genauigkeit, kurze Inkubationszeit u. wenig Nährboden) u. die Nachteile (höhere Kosten, Sterilisierbarkeit, Geschick u. Erfahrung) des Filters. G. Vogel. 7488◇

**Neuere Beiträge zur Chemie der Stärkefraktionen.** 8. Mitt. **Vergleich der Jodsorptions-Meßmethoden. Über die Erforschung von Polysacchariden.** 31. Mitt. J. Holló, E. László, J. Szejtli und A. Mándi. (Stärke **12,** 351—58, Dez. 1960; Budapest, TU, Lehrst. Landw. chem. Technol.; dt.) — 7. vgl. C. **1962,** 2201. — Zum Vgl. der amperometr., potentiometr. u. photometr. Meth. wurden die Stärke-Lsgg. durch 15 Min. langes Kochen der Proben in W. bereitet, da so schon ein Teil der Amylose gelöst wird u. der verbliebene Teil infolge des aufgelockerten Raumnetzes den J-Moll. leicht zugänglich wird. Das J-Stärke-Gleichgewicht stellt sich nach 3 Min. ein. Die amperometr. Meth. ist die genaueste, fremde Ionen stören nicht, u. da die Lsg. kein KJ enthalten muß, liegen die Ergebnisse den tatsächlichen Werten sehr nahe. Die potentiometr. Meth. ist einfacher, die erhaltenen Jodsorptionswerte sind aber wegen der nötigen KJ-Zugabe stets kleiner. Am einfachsten, aber auch am wenigsten genau, ist die photometr. Meth., diese eignet sich nur zur Orientierung. — 22 Literaturangaben. J. Plank. 7490◇

## $H_{15}$. Gärungsindustrie

**Typisierung der Brau- und Weinhefen.** Anna Kocková-Kratochvílová. (Kvasný Průmysl **9,** 193—95, Sept. 1962; Bratislava, Chem. ústav ČSAV; tschech.) — Durch die Bewertung von Brau- u. Weinhefen wurde eine Auswahl der typ. Vertreter dieser zwei Gruppen durchgeführt. Als Vertreter der ersten Gruppe werden *Saccharomyces* (S.) *carlsbergensis Hansen, S. monacensis, S. mandshuricus, S. carlsbergensis var. valdensis, S. uvarum* u. *S. logos* angeführt, als Vertreter der zweiten Gruppe *S. vini* bzw. *S. cerevisiae var. ellipsoideus.* Die Bewertung weiterer Stämme, bes. mit Hinsicht auf verschiedene Gärungs-Temp., wird vorgeschlagen. J. Spinka. 7506◇

**Ausnützung der Abwässer mit hohem Fettsäuregehalt zur Hefeeiweißerzeugung.** 1. Mitt. Jiří Barta und Eva Hudcová. (Kvasný Průmysl **9,** 199—202, Sept. 1962; Praha, ČSAV, Mikrobiol. úst; tschech.) — Vff. beschäftigen sich mit der Verwertung der Abwässer der Braunkohleverkokung, welche beträchtliche Mengen an Fettsäuren u. Ammoniumacetat als C- u. N-Quelle für Hefen, aber gleichzeitig auch tox., das Hefewachstum stark hemmende Stoffe enthalten. Zur Entfernung letzterer hat sich Farbbraunkohle (Kapuziner) als Adsorbens bewährt, man kann aber diese Stoffe auch bei der Konzentrierung im Vakuum fast vollständig entfernen. Dann wird evtl. verd. u. nach Zugabe von Melasse oder Dextroner (Abfall-Prodd. der Glucosefabrikation) u. von Nährsalzen ($KH_2PO_4$, $K_2SO_4$ u. $MgSO_4$) mit Mischkultur der Hefen *Dematum* u. *Torulopsis* geimpft. Es wurden auch Orientierungs-Verss. mit kontinuierlicher Gärung durchgeführt. J. Spinka. 7506◇

**Die Verarbeitung der Stärkeindustrieabgänge zusammen mit Getreide auf Alkohol.** A. M. Kerner. (Spiritus-Ind. [UdSSR] **28,** Nr. 4, 32, 1962; Spiritus-Werk Lechtse; russ.) — Der Kartoffelbrei mit 4,5—5,5% Stärke-Geh. wird vorgewärmt u. bei 2,5 atü 20—30 Min. lang gekocht. Die Konz. der Maische steigert man durch Maiszusatz. Der Mais wird bei 4,5—5 atü gekocht. Man stellt verschiedene Mischmaischen von Mais u. Kartoffelbrei her, die dann vergoren werden. Es ist vorteilhaft, zum Kochen des Getreides an Stelle von W. den Zellsaft zu verwerten, da so kein zu vergärender Stoff verlorengeht. I. Weber. 7536□

**Untersuchung der Destillation der Maische unter Vakuum.** W. I. Baranzew. (Spiritus-Ind. [UdSSR] **27,** Nr. 3, 19—20, 1961; russ.) — Vgl. C. **1961,** 14859. — Die Vakuumanlage (Stahlkolonne-Innen-Ø 81 mm, Höhe 10,5 m) liefert einen qualitätsmäßig guten A. u. bietet die Möglichkeit einer guten Wärmeausnutzung. Erwärmung erfolgt durch heißes W. (45—95°), die Kühlung der Kondensatoren ebenfalls durch W. (2—12°). Der Wrkg.-Koeff. der 20—25 offenen Teller liegt bei 0,65—0,7. Das Vakuum hält man auf 578—712 Torr (am besten auf 626—670 Torr). Die Geschw. des Dampfstroms beträgt für ein Vakuum von 600—720 Torr 2,8—4,2 m/s. Übersteigt sie diesen

Wert, so schäumt die Maische zu stark. Bei normaler Arbeit der Anlage übersteigt der A.-Verlust nicht 0,2%. I. Weber. 7536□

**Neue Methoden zur Steigerung der Keimkraft der Gerste und der Biergerste unmittelbar nach dem Dreschen.** E. Klein und E. Gross. (Ind. Alimentară-Produse veget. **11,** 145—49, Mai 1960; rum.) — Wenn Gerstenkörner nach 8std. Einweichen in W. 17 Std. lang auf Filterpapier gelegt werden, nimmt ihre Keimenergie zu, eine weitere Erhöhung wird durch Verw. von Hefeextrakt der Konz. 1:5 nach dem Belüften erzielt. Der Extrakt scheint auch die Wrkg. eines Antibioticums gegenüber Gerstenbrandkeimen zu haben. R. K. Müller. 7540□

**Über das Glycerin in Traubenmosten und Weinen.** F. H. Mühlberger und H. Grohmann. (Dtsch. Lebensmittel-Rdsch. **58,** 65—69, März 1962; dt.) — Traubenmoste aus sauer- bzw. roh- u. grünfaulen Trauben enthalten z. T. erhebliche Mengen Glycerin (G), ohne daß eine alkohol. Gärung nachzuweisen ist. Das G stammt aus dem Stoffwechsel der von solchen Trauben isolierten *Aspergillus, Penicillium* u. *Botrytis cinerea.* Reinkulturen dieser Pilze untersucht man auf ihr Verh. im sterilen Traubensaft, wobei die Bldg. von G sowie Änderungen in der Säure-Zus. beobachtet werden. A. u. flüchtige Säuren werden nicht gebildet. Der hohe G-Geh. von Weinen aus faulen Trauben ist durch eine verstärkte G-Bldg. während der alkohol. Gärung bedingt, die durch hohen Zucker-Geh. u. andere anscheinend aus dem Stoffwechsel der Schimmelpilze herrührende Faktoren beeinflußt wird. Vergärung unter hohem Druck ergibt geringere G-Bildung. F. Zeidler. 7552◇

**Die Schwankungen der rH-Werte während der Gärung, der Lagerung und beim Ausbau der Weine der Tokayer Gegend.** S. Ferenczi. (Acta agronom. Acad. Sci. hung. **11,** 239—63, 1961/1962; Inst. Nat. des Rech. Viticoles; franz.) — Beim Gären vermindern sich die rH-Werte der Moste von 19—21 auf 12—15. Ascorbinsäure vermindert den rH-Wert stärker als die Schwefelung. Tarcaler „Ausbruchweine" weisen infolge ihres hohen Geh. an Red.-Stoffen niedrige rH-Werte auf. Abstiche bewirken eine starke rH-Erhöhung. Die biolog. Verminderung der Äpfelsäure ist wie die alkohol. Gärung ein Red.-Vorgang, bei dem das rH um 3—4 Einheiten zurückgeht. W. Wesly. 7554◇

**Biochemische Grundlagen der Schaumweinqualität.** Josef Blaha. (Kvasný Průmysl **9,** 203—05, Sept. 1962; Brno; tschech.) — Während der Vorbereitung u. Lagerung (2—3 Jahre) der Schaumweine in Flaschen unterscheidet man 4 Perioden. In der 1. dauert die Hauptgärung ca. 14 Tage, in der 2. beginnt das Absterben der Hefe, das 100 Tage andauert; später beginnt auch die Autolyse, u. gleichzeitig steigt der N-Inhalt im Wein. In der 3. Periode sinkt der Geh. des Gesamt-N u. auch die enzymat. Tätigkeit. In der 4. Periode enden sämtliche biochem. Prozesse. Da bei der Autolyse die Aminosäuren entstehen, die die Bldg. von aromat. u. Geruchsstoffen (Bldg. der Melanoide) ermöglichen, wird auch zusätzlich eine bis 3%ig. Zugabe von Autolysat vorgenommen. Für die Qualität der Schaumweine ist nicht der $CO_2$-Geh., sondern hauptsächlich die Anwesenheit der Prodd., die bei der Zubereitung durch biochem. Prozesse entstehen, maßgebend. J. Spinka. 7554◇

**Gewinnung von Fumarsäure in 20 Liter-Gärbottichen.** R. A. Rhodes, A. A. Lagoda, T. J. Misenheimer, M. L. Smith, R. F. Anderson und R. W. Jackson. (Appl. Microbiol. **10,** 9—15, Jan. 1962; Peoria, Ill., North. Utilization Res. and Dev. Div., Ferment. Labor.; engl.) — Um gute Ausbeuten bei der Gewinnung von Fumarsäure (I) durch Gärung von Glucose mit *Rhizopus arrhizus* Stamm NRRL 2582 in 20-Liter-Gärbottichen zu erhalten, muß die entstehende **I** ständig neutralisiert werden. Man belüftet unter Umrühren bei 33° u. neutralisiert mit $CaCO_3$. Zur Bekämpfung des Schäumens setzt man täglich ein Gegenmittel (z. B. Polypropylenglykol) zu. Aus 100 (g) Zucker erhält man 65 **I** als Ca-Salz. W. Wesly. 7578□

**Extraktvoraussage auf Grund der Gerstenanalyse.** Ludvík Dohnal. (Kvasný Průmysl **9,** 196—198, Sept. 1962; Olomouc; tschech.) — Vf. hat die bekanntesten Formeln zur Berechnung des wahrscheinlichen Malzextrakts nach den Gersten-Eigg., bes. die von Bishop, Schuster u. Karel, verglichen. Die Formel von Karel wurde in 30 Malzbetrieben prakt. überprüft u. festgestellt, daß die Berechnung sich nur wenig von den wirklichen Extraktzahlen unterscheidet. Für schnelle Orientierung hat Vf. ein Nomogramm vorgeschlagen, welches am besten den tschechoslowak. Gerstensorten entspricht. — 24 Literaturangaben. J. Spinka. 7598◇

**Über Inhaltsstoffe von Mosten und Weinen.** 2. Mitt. **Gaschromatographische Methoden zur Analyse von Aromastoffen, insbesondere Alkoholen.** F. Drawert. (Vitis, Ber. Rebenforsch. **3,** 104—14, Juli 1962; Geilweilerhof, Siebeldingen, Landau/Pfalz, Forschungsinst. für Rebenzüchtung; dt.) — 1. vgl. Vitis, Ber. Rebenforsch. **2,**

[1961], 288. — Um zu einem objektiven Qualitätsbegriff zu gelangen, mußten zur genauen Feststellung der qualitätsbestimmenden Inhaltsstoffe von Mosten u. Weinen, bes. der in geringen Mengen vorliegenden, Meth. entwickelt werden, bei denen sich vor allem native, wss. Lsgg. unverändert ohne Vorbehandlung in das geschlossene Analysen-Syst. einbringen lassen. Mit Hilfe der Rk.-Gaschromatographie unter Verw. von Vorschaltelementen u. durch Auswahl besonderer Detektoren konnten umfassende qual. u. quant. Analysen von Aromastoffen u. weiteren flüchtigen Verbb. in Mosten u. Weinen durchgeführt werden. Bei der quant. Best. bediente man sich bes. der Rk.-Gaschromatographie u. des Flammen-Ionisations-Detektors, dessen hohe Empfindlichkeit den Spuren-Nachw. in angereicherten Analysenproben gestattet. Die Vers.-Anordnungen u. Unters.-Beispiele werden mitgeteilt. — 34 Literaturangaben. W. Kreipe. 7606◇

---

**Kyowa Hakko Kogyo Kabushiki Kaisha** (Erfinder: **Shukuo Kinoshita, Katsunobu Tanaka** und **Sadao Akita**), Tokyo, Japan, *l-Glutaminsäure.* (**Schwz. P. 360 693** vom 27/12. 1956, ausg. 30/4. 1962. Jap. Prior. 29/10. 1956. — C. **1960**, 10435 [F. P. 1 185 383].)

## $H_{16}$. Nahrungs-, Genuß- und Futtermittel

**Biologie in der Lebensmittelindustrie.** Karel Šandera und Jiří Fragner. (Průmysl Potravin **10**, 227—30, Mai 1959; tschech.) — Zusammenfassung einer Diskussion über die Verwertung der biolog. Forschungsergebnisse in der Lebensmittelindustrie im Zuge des Staatlichen Forschungsplans der ČSR. E. Rotter. 7630□

**Die Absorptionsspektren von 1-Arylazo-2-naphthol-Lebensmittelfarbstoffen.** W. Przybylski und G. G. McKeown. (J. Assoc. off. agric. Chemists **43**, 800—04, Nov. 1960; Ottawa, Dep. of Nat. Health and Welfare, Food and Drug Labor.; engl.) — Wiedergabe der Spektralwerte von *Sudan I* (*1-Phenylazo-2-naphthol*), F. 135—137°; *Orange SS* (*1-o-Tolylazo-2-naphthol*), F. 132—133°; *Sudan R* (*1-o-Anisylazo-2-naphthol*), F. 183—184°; *Citrus Rot No. 2* [*1-(2.4-Dimethoxyphenylazo)-2-naphthol*], F. 159—160°; *Ölrot XO* (Zus.: ca. 7 Teile *2.4-Xylylazo-Isomeres* u. 3 Teile *2.5-Xylylazo-Isomeres*), F. 133—136°, in Lsgg. von Hexan, Chlf., A. u. wss. Alkohol.) W. Wesly. 7638□

**Vorverkleisterte Stärken für die Lebensmittelherstellung.** L. M. Waldt. (Stärke **13**, 39—42, Febr. 1961; dt.— C. **1960**, 15934.) M. Winiker. 7642◇

**Funktionelle Eigenschaften von Vital-Gluten.** Walter A. Carlson und E. M. Ziegenfuss. (Food Technol. **12**, 629—32, Nov. 1958; Minneapolis, Minn., General Mills, Inc.; engl.) — *Vital-Gluten* ist die nicht durch Wärme-Wrkg. denaturierte Proteinfraktion von *Weizenmehl*. Es enthält in der Trockenmasse 80% Eiweiß (E), ist in Geschmack u. Farbe neutral u. kann deshalb in den verschiedensten Lebensmittel-Prodd. verwendet werden, so zur Anreicherung von E, in Teigform als Wasserzusatzmittel, als Klebmittel (Adhäsion), als Anteigmittel (Kohäsion) oder als Verfestigungsmittel bei Teigwaren. K. Schleich. 7646□

**Die Massenkultur von Algen zur Gewinnung von Nahrungsmitteln und anderen organischen Verbindungen.** Robert W. Krauss. (Amer. J. Bot. **49**, 425—35, April 1962; College Park, Md., Univ. of Maryland; engl.) — An Hand von Analysen der Proteine, Fette, Kohlenhydrate u. Vitamine von einzelligen *Grünalgen* (a, bes. Chlorella) zeigt Vf., daß diese Organismen für die menschliche Ernährung nutzbar sein dürften. Die gute wachstumsfördernde Wrkg. von a für Küken, Mäuse, Ratten u. Kaninchen ist bekannt, jedoch liegen nur wenige Erfahrungen über die Wrkg. beim Menschen vor. Die Verw. von a als Nahrungsmittel dürfte von der Zubereitung abhängen u. bei verschiedenen Völkern auf unterschiedliche Schwierigkeiten stoßen. Trotz umfangreicher Unterss. ist die Herst. von a-Protein auch bei guten Ernten vorerst unwirtschaftlich, jedoch gewinnt die Zucht von a als geschlossenes ökolog. Syst. in der Raumforschung mehr u. mehr an Bedeutung. Weiterhin dürfte die Gewinnung spezieller Prodd. bereits wirtschaftlich sein. Weitere Unterss. müssen der Kostensenkung bei der Herst. sowie der bakterienfreien Reinzucht gewidmet werden sowie der Überführung der Algenmasse in eine gut verdauliche Form u. der grundlegenden Physiologie u. Biochemie.
Hans Thiele. 7654◇

**Verbesserung der Haltbarkeit von verpackten, trockenen Getreideflocken durch Behandlung des Kartons mit Antioxydantien.** E. F. Caldwell und Sylvia Shmigelsky. (Food Technol. **12**, 589—91, Nov. 1958; Barrington, Ill., Quaker Oats Co., John Stuart Res. Labor.; engl.) — Die innere Oberfläche der Kartons für Packungen von *Getreideflocken* (Weizen, Mais, Reis) wurde mit *Butylhydroxyanisol* oder *Butylhydroxytoluol* überzogen (0,05% des Gew. der Kartons). Die organolept. Prüfung nach einer

Lagerung von 18 Wochen bei 100° F u. nach 52 Wochen bei Raum-Temp. ergab Bevorzugung der Proben aus behandelten Kartons gegenüber den Kontrollen aus unbehandelten. K. Schleich. 7658□

**Mikroskopie und Lebensmitteltechnologie.** E. Hanssen. (Z. analyt. Chem. **192,** 156–57, 1962; Hannover, Bahlsen Keksfabrik KG; dt.) — Mit Hilfe mkr. Kontrollen kann bei der Zubereitung von *Teigen* u. *Backwaren* der jeweils optimale Protein-Entw.-Zustand eingestellt werden, da das Weizenprotein in *Teig-* u. zahlreichen *Backwaren* gerüstbildende Funktion besitzt. Der Einfl. der Abkühlungs-Geschw. auf das Gefüge von Fetten wurde polarisationsopt. untersucht. P. Kurzmann. 7674◇

**Die Charakterisierung von „Savoiardo"-Keks.** Francesco Di Stefano und Adriana Vercillo. (Boll. Lab. chim. provinc. **11,** 67–72, Jan./März 1960; Roma, Ist. super. di Sanità, Labor. di Chim.; ital.) — 14 Proben von „*Savoiardo*"-*Keks* (a) werden auf den effektiven Ei-Geh. untersucht, die Analysenergebnisse (Tabellen) mitgeteilt u. einige Kennzahlen von echtem a engegeben. G. Platzer. 7674◇

**Die schweflige Säure und ihre Funktion bei Trockenerzeugnissen.** W. Diemair. (Z. analyt. Chem. **192,** 81–82, 1962; Frankfurt/M., Univ., Inst. für Lebensmittelchem.; dt.) — Vf. berichtet über die Anwendung u. die erforderlichen Mengen von $SO_2$ zur Verhinderung der Verfärbungs-Rkk. u. Erhöhung der Lagerfestigkeit bei *Kartoffeltrockenprodukten.* P. Kurzmann. 7678◇

**Die Veränderlichkeit der Atmosphäre, die in Polyäthylenbüchsen gelagerte Früchte erzeugen.** N. D. Cowell und K. J. Scott. (J. horticult. Sci. **37,** 87–93, April 1962; Weybridge, Surrey, Nat. Coll. of Food Technol.; Ryde, New Southwales, Dep. of Agric.; engl.) — In Polyäthylenbehältern aufbewahrte *Früchte* entwickeln eine modifizierte Lagerungsatmosphäre (LA), die die Lagerfähigkeit der Früchte verlängern kann. Die der Erzeugung der LA zugrunde liegenden physikal. Prinzipien werden erörtert. Der schwankende $O_2$-Geh. ist bei dieser Lagerungstechnik bes. charakteristisch. W. Wesly. 7688□

**Zur Anwendung der sogenannten Exhaustierung von Obst- und Gemüsekonserven vor der Sterilisation.** Vladimír Kyzlink. (Průmysl Potravin **10,** 94–96, Febr. 1959; Praha, Vys. škola chem.-technol.; tschech.) — Diskussion über die Evakuierung von Konserven bei kontinuierlicher u. diskontinuierlicher Sterilisierung. E. Rotter. 7688□

**Lagerungsversuche mit Cox-Orange-Pippin-Äpfeln aus einem Düngeversuch.** H. B. S. Montgomery und B. G. Wilkinson. (J. horticult. Sci. **37,** 150–60, April 1962; East Malling Res. Stat.; Larkfield, Ky., Dittern Labor.; engl.) — Cox-Orange-Pippin-Äpfel (nach *N*-, *P*- u. *K*-Düngung u. zusätzlicher Rasenbehandlung) werden bei 3 u. 0° gelagert. N verursacht Verluste durch *Gloesporium*-Fäulnis, bes. bei gleichzeitiger *P*-Düngung; die Verluste werden durch Rasenbehandlung verringert. Ähnlich verringern *K* u. Rasenbehandlung die durch niedrige Temp. verursachten Schäden, bes. bei Abwesenheit von *N*. Die beobachteten Abfalldifferenzen bei der Lagerung stehen nicht in Beziehung zu Unterschieden in der Reife der Äpfel beim Pflücken. W. Wesly. 7688□

**Der Gefrierpunkt von Birnen.** D. C. Marshall und C. A. S. Padfield. (J. horticult. Sci. **37,** 106–14, April 1962; Auckland, Neuseeland, Ind. Dev. Labor.; engl.) — Unterss. über die Wechselbeziehung zwischen dem Auftreten von Frosterscheinungen an *Birnen,* die 2 Monate bei 29–30° F lagern u. dem Ep. des Saftes in Kernnähe zeigen, daß die Frosterscheinungen beim Lagern auftreten, wenn die Temp. um 0,5 u. 1° F unter den Ep. des Saftes fällt. Dieser liegt zwischen 28,7 u. 31,0° F. W. Wesly. 7688□

**Entsteinte, rote saure Kirschen mit niedrigem Wassergehalt.** M. J. Powers, R. Jackson, P. W. Kilpatrick, J. E. Brekke und D. W. Sanshuck. (Food Technol. **12,** 610–13, Nov. 1958; Albany, Calif., U.S. Dep. of Agric., Western Reg. Res. Labor.; engl.) — Frische entsteinte Kirschen wurden in eine 1%ig. Lsg. von $SO_2$ getaucht, gefroren u. in Büchsen bei —10° F gelagert. Dann wurden sie im Vakuumtrockenschrank bei 0,5 mm Druck u. 140° F auf einen Wasser-Geh. von unter 1% getrocknet u. schließlich in Vakuumbüchsen verpackt. Sie behielten Farbe u. Geschmack u. waren gut brauchbar zur Herst. von Dessertspeisen. K. Schleich. 7688□

**Die Granadilla (Passiflora edulis), ein Handelsprodukt der Subtropen.** H. P. Mollenhauer. (Z. analyt. Chem. **192,** 260–61, 1962; Weinheim, F.R.A.C.I.; dt.) — Kurze Übersicht über Kulturgeschichte, Botanik, Anbau u. Verarbeitung der *Granadilla* u. ihrer Früchte. *Passiflora edulis* unterscheidet sich von anderen Passifloraarten durch das Vorhandensein von Stärke in der Fruchtpulpe, deren mkr. Unters. Aussagen über die Wärmevergangenheit des Materials gestattet. P. Kurzmann. 7688◇

**Flüchtige Geschmackskomponenten von Sauerkraut. Gaschromatographische Identifizierung eines durch flüchtige Säuren bedingten Fehlgeschmacks.** Marie L. Vorbeck, Leonhard R. Mattick, Frank A. Lee und Carl S. Pederson. (J. Food Sci. **26**, 569—72, Nov./Dez. 1961; Geneva, N.Y., Cornell Univ., New York State Agric. Exp. Stat.; engl.) — Es wird eine Meth. zur gaschromatograph. Identifizierung der Kettenlänge u. der Struktur der Methylester niederer Fettsäuren beschrieben u. gezeigt, daß *Sauerkraut* (a) mit „käseähnlichem" Fehlgeschmack abnorm hohe Konzz. an *n-Propionsäure* (I), *n-Buttersäure* (II) u. *n-Capronsäure* (III) enthält. Eine beschlagnahmte Probe a enthielt *Isobutter-* u. *Isovaleriansäure* neben **I, II, III** sowie *n-Valeriansäure*. In dieser Probe lag **II** in der höchsten Konz. vor (103 mg/kg a).
Hans Thiele. 7690◇

**Veränderungen der Carotinoide bei der Be- und Verarbeitung von Fruchtsäften.** W. Postel. (Z. analyt. Chem. **192**, 262—63, 1962; Frankfurt/M., Inst. für Lebensmittelchem.; dt.) — Beim Konzentrieren, Erhitzen, Trocknen oder bei der Lagerung von Fruchtsäften kommt es im allg. zu mehr oder weniger großen Verlusten an *Carotinoiden* (I) sowohl durch Zerstörung der I durch Oxydations-Rkk. (enzymat. Abbau, photochem. Rk. oder Autoxydation) als auch durch Isomerisierung (Umlagerung der 5.6-Epoxide in 5.8-Epoxide oder cis-trans-Isomerie). P. Kurzmann. 7706◇

**Nährwert von Kaffee als Quelle des Vitamins PP.** J. Adrian und P. Navellier. (Café, Cacao, Thé **5**, 263—68, Okt./Dez. 1961, Suppl. zu: Agronom. tropicale; Bellevue, Frankreich, Centre Nat. de Rech. Sci., Centre de Rech. sur la Nutrit.; franz.) — Beim Rösten von *Rohkaffee* entsteht Vitamin PP (I) bzw. Nicotinsäure. *Coffea arabica* u. *robusta* ergeben bei ziemlich starkem Rösten große Mengen an **I**. Zu starkes Rösten führt dagegen zur teilweisen Zerstörung von **I**. Da der größte Teil von I frei vorliegt, genügen 3 Tassen nach französ. Geschmack gerösteten Kaffees zur Befriedigung des täglichen, menschlichen Bedarfs (15 mg I). W. Wesly. 7720□

**Über das Eiweiß des Rohkaffees.** H. Thaler. (Z. analyt. Chem. **192**, 265—66, 1962; Braunschweig, TH, Inst. für Lebensmittelchem.; dt.) — Durch Unterss. des Eiweiß-Geh. verschiedener Kaffeesorten wird gezeigt, daß Unterschiede im Aroma nicht durch eine wechselnde Zus. des Gesamtproteins bedingt werden. Auch ein mehr oder weniger hoher Geh. an *Trigonellin*, das beim Rösten neben Nicotinsäureamid etwas Pyridin liefert, ist nicht allein entscheidend dafür, ob der betreffende Kaffee zur Gruppe der „harten" oder „weichen" Kaffees gehört. Das Problem der Aroma-Bldg. kann nicht so einfach gedeutet werden. P. Kurzmann. 7720◇

**Untersuchung der Vergärung und der Trocknung von Kamerun-Kakao.** F. L. Sadoux. (Café, Cacao, Thé **5**, 252—62, Okt./Dez. 1961, Suppl. zu: Agronom. tropicale; Nkolbisson, Kamerun, Centre de Rech. Agronom., Labor. de Technol.; franz.) — Mindestens 48 Std. lang bei ca. 42° vergorene *Kakaobohnen* (a) werden nach dem Trocknen nicht schieferfarbig. Schieferfarbige a deuten auf schlechte Vergärung, a mit kompaktem Bruch sind nicht genügend gereift. Auf Grund dieser Beobachtungen wird versucht, die Bedingungen eines Vergärungs-Verf. festzusetzen. Ein Trocknungsgerät, das das Entstehen schimmeliger a verhütet, wird beschrieben. W. Wesly. 7726□

**Einfluß des Futters bei der Gänsemast auf die Veränderungen des Fettes während der Lagerung.** Josef Rusz. (Průmysl Potravin **10**, 237—41, Mai 1959; Brno, Výzk. úst. pro maso; tschech.) — Die Art der Fütterung von Gänsen hat auf die Qualität von *Fett* u. *Fleisch* bei bis zu 8monatiger Lagerung bei —18° großen Einfluß. Die Verss. vergleichen die Haltbarkeit bei Fütterung mit Mais (a), Gerste (b) u. Hafer (c). Die geringsten Qualitätsveränderungen treten nach Fütterung mit a ein, während c am ungünstigsten ist. Das bei der Fütterung mit c gebildete Depotfett besitzt den höchsten Geh. an *Linolsäure*, die das Ranzigwerden beschleunigt. E. Rotter. 7746□

**Technologie der Trocknung von Dauerwurst.** Karel Neumann. (Průmysl Potravin **10**, 233—37, Mai 1959; Brno, Výzk. úst. pro maso; tschech.) — Überblick über Trocknungs-Verff. im In- u. Ausland für kalt u. warm geräucherte Dauerwurst.
E. Rotter. 7750□

**Chemische Konservierung von Lebensmitteln. 4. Mitt. Verlängerung der Haltbarkeit von Frischfischen durch Antibiotica.** Reino R. Linko, Olavi E. Nikkilä und Jorma J. Laine. (Maataloustieteellinen Aikakauskirja [J. sci. agric. Soc. Finland] **33**, 111—21, 1961; Helsinki, State Inst. for Techn. Res.; engl.) — 3. vgl. C. **1960**, 15251. — Die konservierende Wrkg. (KW) von *Chlortetracyclin* (I) u. *Hydroxytetracyclin* (II) an Ostseeheringen (a), die bei 2—10° gelagert werden, wird durch Auszählen der Bakterien u. organolept. Beurteilung von a untersucht. Durch 1 Min. langes Eintauchen von ganzen Fischen u. Filets in Lsgg. von 50—100 ppm **I** u. **II** u. durch Zusatz von 1—50 ppm **I** u. **II**

zu Fischmuskelhomogenaten wird schon bei Beginn der Lagerung eine KW erreicht. Beim Aufbewahren von a in Eis mit einem Zusatz von 5 ppm I oder II wird eine günstige Wrkg. erst nach einer Woche festgestellt. Hinsichtlich der bakteriostat. Wrkg. u. der KW besteht zwischen I u. II kein Unterschied. S. Beckmann. 7752◇

**Hemmung der durch Salz bedingten Myosindenaturierung bei Ostseeheringen.** R. R. Linko und O. E. Nikkilä. (J. Food Sci. **26,** 606—10, Nov./Dez. 1961; Turku, Centr. Labor. of Tukkukauppojen Oy and Helsinki; The State Inst. for Techn. Res; Labor. for Food Technol.; engl.) — Vff. zeigen, daß die Löslichkeit des *Myosins* (I) von Ostseeheringen durch 2%ig. NaCl-Lsgg. bei 0° sehr schnell herabgesetzt wird. *Alkaliphosphate* (II) vermindern diese Wrkg. bereits in einer Konz. von 0,5% merklich u. heben sie in einer Konz. von 3% vollständig auf. Eine gleiche Wrkg. zeigen *Alkalicitrate,* nicht jedoch *-acetate* (III). Diese Hemmung der Denaturierung kommt nicht durch eine löslichkeitssteigernde Wrkg. von II u. III zustande. Dementsprechend kann die NaCl-Denaturierung zwar zu einem beliebigen Zeitpunkt gestoppt, nicht jedoch rückgängig gemacht werden. Die Denaturierungshemmung ist pH-abhängig, vermutlich infolge Ladungsänderungen der Proteine u. unterschiedlicher Dissoziation von II. Die möglichen Mechanismen der beobachteten Wrkg. werden diskutiert. Hans Thiele. 7752◇

**Chromat-Farbprüfung zur Bestimmung des Alters und der Lagerungstemperatur von roh verpackten Austern.** M. L. Schafer, J. E. Campbell und K. H. Lewis. (J. agric. Food Chem. **10,** 261—67, Mai/Juni 1962; Cincinnati, Ohio, US. Dep. of Health, Education and Welfare, Robert A. Taft Sanitary Engin. Center, Publ. Health Serv.; engl.) — In < 15 Min. läßt sich der Geh. der Austern (a)-Fl. an organ., $CrO_4^{2-}$ reduzierenden Stoffen (RS) durch Best. des entstandenen $Cr^{3+}$ in stark saurer Lsg. (Absorption bei 580 m$\mu$) ermitteln. Bei Lagerung der frischen a bei 0° steigt die RS-Konz. allmählich an. Zwischen der Lagerungs-Temp. (0—35°) u. dem Anstieg der RS besteht eine direkte Beziehung (Ableitung einer Gleichung). Tiefgekühlte, aufgetaute Proben zeigen einen rascheren Anstieg der RS als nicht tiefgekühlte Proben bei gleicher Lagerungstemperatur. W. Wesly. 7752□

**Milch aus entzündeten Eutern beeinträchtigt auch milchtechnologische Prozesse.** W. Kundrat. (Arch. Lebensmittelhyg. **13,** 261—62, 20/11. 1962, Beilage zu: Dtsch. tierärztl. Wschr.; München, Univ., Inst. f. Nahrungsmittelkunde der Tierärztl. Fakultät; dt.) R. Grundmann. 7756◇

**Verwendung von Radioisotopen zur Pasteurisierung von Milch.** Jiří Vrbský und Vladimír Dušek. (Průmysl Potravin **10,** 244—48, Mai 1959; Praha, Výzk. úst. mléka u. Výzk. úst. sdruž. lihovaru a konzerváren; tschech.) — Bestrahlungs-Verss. an *Milch* unter Verw. verschiedener Meßinstrumente ergaben, daß eine maximale pasteurisierende Wrkg. bei Werten von über $1 \cdot 10^6$ r erzielt wird u. daß der wirksam werdende Strahlungsbereich bei 1,5 bis $2 \cdot 10^5$ r beginnt. Vorschlag einer App. zur „kalten" Pasteurisierung der Milch. E. Rotter. 7756□

**Die wirtschaftliche Herstellung von Yoghurt.** J. Czulak. (Austral. J. Dairy Technol. **17,** 52—53, Jan./März 1962; Melbourne, C.S.I.R.O., Dairy Res. Section; engl.) — Beschreibung der Vermehrungs-Meth. von *Streptococcus thermophilus* u. *L. bulgaricus,* der Vorbereitung von *Milch,* der Impfung, Abfüllung u. Aufbewahrung sowie der Herst. von *Yoghurt* für therapeut. Zwecke. J. Lehmberg. 7756◇

**Erfahrungen mit der Herstellung gesäuerter Butter.** Josef Kammerlehner. (Dtsch. Molkerei-Ztg. **83,** 1930—31, 22/11. 1962; Boos (Allgäu); dt.) — R. Grundmann. 7758◇

**Moderne Analytik als Helferin der Lebensmittelwissenschaft.** L. Acker. (Z. analyt. Chem. **192,** 27—43, 1962; Münster/Westf., Univ., Inst. für Pharmazie u. Lebensmittelchem., Abt. Lebensmittelchem.; dt.) — Vf. gibt einen Überblick über die in der Lebensmittelwissenschaft angewandten modernen analyt. Meth. (Papier-, Säulen-, Dünnschicht- u. Gaschromatographie, Spektrophotometrie, Massenspektrographie, Kernresonanz, Röntgenographie, Elektrophorese u. Radiometrie) u. die damit erzielten Ergebnisse. — 86 Literaturangaben. P. Kurzmann. 7788◇

**Vermiculit als analytisches Hilfsmittel unter besonderer Berücksichtigung der Extraktion von Lycopin bei der Bestimmung von Tomatenfeststoffen in Tomatenprodukten.** G. J. Holland. (Analyst **87,** 797—801, Okt. 1962; Coventry, City Labor. Service; engl.) — Es wird die Anwendung von *Vermiculit* (a) bei Extraktionen von Fetten aus Lebensmitteln u. von *Lycopin* (I) aus Tomaten-Prodd. beschrieben. Die zu extrahierende Substanz wird mit a vermengt u. dann im Soxhlet-App. extrahiert. Fette werden gravimetr. bestimmt, der I-Geh. photometr. bei 505 nm, evtl. auch durch Best. des Verhältnisses der Extinktionen bei 505 u. 475 nm. P. Kurzmann. 7788◇

**Apparat zur nichtzerstörenden Messung der Fruchtreife mit Hilfe der Lichtdurchlässigkeit.** Gerald S. Birth und Karl H. Norris. (Food Technol. **12,** 592—95, Nov. 1958; Beltsville, Md., U.S. Dep. of Agric., Biolog. Sci. Branch; engl.) — Zur Best. des Reifegrades von Früchten (Tomaten, Pfirsichen) wurde der „*Hortispcct* (Horticultural-Spectrophotometer)" entwickelt. Der App. mißt u. registriert automat. die Wellenlänge der Spitzendurchlässigkeit des durch eine ganze, unversehrte Frucht durchgelassenen Lichtes. Diese Wellenlänge wird als Kennzeichen für den Reifegrad verwendet. K. Schleich. 7808□

**Beurteilung eines Lichtdurchlässigkeits-Apparates für die Messung des Reifegrades von zwei Pflaumen-Arten.** Jane V. Ernest, G. S. Birth, A. P. Sidwell und Calvin Golumbic. (Food Technol. **12,** 595—99, Nov. 1958; Beltsville, Md., U.S. Dep. of. Agric., Biolog. Sci. Branch; engl.) — Vgl. vorst. Referat. — Zur Messung des Reifegrades (RG) von *Pflaumen* wurden der App. „*Hortispect*" (A), die Best. der Farbe nach Hunter, der Scherwiderstand, die lösl. Trockenmasse u. die Gesamtsäure herangezogen. Dabei wurde die gute Eignung des A festgestellt, der die Messung des RG ohne Zerstörung der Früchte ermöglicht. K. Schleich. 7808□

**Chromatographische Prüfung einiger Bestandteile von Tomaten mit besonderer Berücksichtigung der Kohlenhydrate.** J. N. Davies. (Glasshouse Crops Res. Inst., annu. Rep. **1956,** 65; engl.) — Saft u. A. (80%)-Extrakte von Tomaten verschiedener Reifestufen enthalten Stoffe, die chromatograph. von *Fructose* u. *Glucose* (I) nicht zu unterscheiden sind. Die in 80%ig. A. unlösl. Fraktion beträgt 2—2,5% vom Frischgewicht u. enthält hauptsächlich *Polysaccharide* u. *Eiweiß*. Die in A. unlösl. Stoffe erweisen sich nach Hydrolyse mit n $H_2SO_4$, Neutralisation u. Anreicherung papierchromatograph. als *Arabinose* (II), *Galaktose*, *Xylose* u. Spuren I. Nach Hydrolyse mit 1%ig. Oxalsäure findet man nur II u. Spuren I. W. Wesly. 7808◇

**Direkte Elementaranalyse von Citrusfrüchten durch Instrumental-Neutronenaktivierung. Ein Schnellverfahren zur Bestimmung von Gesamt-Bromid-, -Chlorid-, -Mangan-, -Natrium- und -Kaliumrückständen.** C. E. Castro und R. A. Schmitt. (J. agric. Food Chem. **10,** 236—39, Mai/Juni 1962; Riverside, Calif., Univ. of California, Dep. of Nematol. u. San Diego, Calif., General Dynamics, General Atom. Div., John J. Hopkins Labor. for Pure and Appl. Sci.; engl.) — Die Instrumental-Neutronenaktivierungsanalyse wird zur Best. von Br-Rückständen aus der Begasung mit 1.2-Dibrom-3-chlorpropan in Orangeschalen u. -saft angewandt. Gleichzeitig werden Na, K, Mn u. Cl im $\gamma$-Strahlenspektrum bestimmt. W. Wesly. 7808□

**Bestimmung von 2.4-Dichlorphenoxyessigsäure in Citrusfrüchten.** Louis C. Erickson und Henry Z. Hield. (J. agric. Food Chem. **10,** 204—07, Mai/Juni 1962; Riverside, Calif., Univ. of California, Citrus Exp. Stat.; engl.) — Zur Best. von *2.4-Dichlorphenoxyessigsäure* (I) in *Citrusfrüchten* extrahiert man diese mit Aceton, verestert I mit Diazomethan u. bestimmt I als Chlorid mittels eines mikrocoulometr. Gaschromatographen. Mit I (20 ppm) behandelte Orangen weisen nach 1 Tag durchschnittlich 0,1 ppm I auf. In eine Wachsemulsion mit 500 ppm I getauchte Zitronen enthalten nach 2 Tagen im Mittel 1,1 ppm I. W. Wesly. 7808□

**Bestimmung von Anthranilaten durch Papierchromatographie.** David Jorysch und Seymour Marcus. (J. Assoc. off. agric. Chemists **44,** 541—45, Aug. 1961; New York, N.Y., H. Kohnstamm and Co., Inc.; engl.) — *Anthranilate* (I) lassen sich durch Papierchromatographie (PC) aus Trauben-Prodd. isolieren u. im UV-Licht durch Fluorescenz (FZ) bestimmen. Bei aufsteigender PC u. 2—8std. Entw.-Zeit gibt das Syst. A.-$KHCO_3$-W. für *Methyl-* u. *Butyl*-I keine Fluorescenz, wohl aber für I mit höherem Molgew., ebenso verhält sich das Syst. Isopropanol-$NH_3$-Wasser (INW). Neutrale u. saure Lsgm.-Syst. entwickeln starke FZ, wobei die Flecken zur Lsgm.-Front wandern. HCl enthaltende Syst. sind unbrauchbar, weil die Flecken entfärbt werden. *Methyl*-I weist einen $R_F$-Wert von 0,92 gegen 1,0 für die anderen I auf. Das Chromatogramm einer gleiche Konzz. *Methyl-*, *Cinnamyl-* u. *Phenyläthyl*-I enthaltenden Lsg., das mit INW entwickelt wird, zeigt die Ggw. der beiden zuletzt genannten I. Die Entw. des Chromatogramms mit Isobutanol-W. gibt einen FZ-Fleck bei $R_F$ 0,75 bis 0,80, den auch *Cinnamyl*-I zeigt. Die Anwendung von Isobutanol-Essigsäure-W. ergibt dagegen FZ-Flächen. *Cinnamyl*-I hat den $R_F$-Wert 0,2. Bei Anwendung der 3 Lsgm.-Syst. erhält man den Schlüssel zur Zus. der I-Gemische (Abb.). Die Empfindlichkeit ist der der colorimetr. Best. mindestens gleichwertig. W. Wesly. 7808□

**Flüchtige Ester in Bartlett-Birnen.** Walter G. Jennings. (J. Food Sci. **26,** 564—68, Nov./Dez. 1961; Davis, Calif., Univ. of Calif., Dep. of Food Sci. and Technol.;

engl.) — Das typ. Aroma der Bartlett-Birnen wird durch Ester bedingt. Vf. untersucht eine Essenz aus reifen Birnen nach Hydrolyse mit KOH durch Gaschromatographie. Als hauptsächlicher Säureanteil der Ester liegt eine ungesätt. $C_{10}$-*Carbonsäure* vor, die durch Hydrierung in *n-Caprinsäure* übergeführt werden kann, wie an Hand des relativen Retentions-Vol. u. durch IR-Spektroskopie festgestellt wird. *Nonanonsäure* liegt in relativ hohen Konzz. vor, dagegen treten *Essig-*, *Propion-*, *Butter-*, *Capron-* u. *Caprylsäure* zurück. Als Hauptalkoholanteile der Ester werden *n-Butyl-* u. *n-Hexylalkohol* ermittelt. Zwei weitere nicht identifizierte, möglicherweise polyfunktionelle oder cycl. Alkohole kommen in großen Mengen vor. Äthylester werden nicht nachgewiesen.
Hans Thiele. 7808◇

**Über den Nachweis von Vaselinöl im gerösteten Kaffee.** Bartolomeo Doro und Gino Gabucci. (Boll. Lab. chim. provinc. **11**, 52—59, Jan./März 1960; Trieste, Labor. chim. provinc.; ital.) — Zum Nachw. von *Vaselinöl* im gerösteten *Kaffee* wurden die klass. Meth. von Marotta u. Alessandrini [1928] u. die offizielle schweizer Meth. [1939] verglichen; bei Übereinstimmung der Werte des Unverseifbaren ist die letztere Meth. einfacher. Wenn der Geh. an unverseifbaren Verbb. $>$0,1 % ist, so ist die Säulenchromatographie ($Al_2O_3$) empfehlenswert. Die Handelswerte von 12 Kaffeetypen werden tabellar. mitgeteilt. G. Platzer. 7828◇

**Polarographische Bestimmung von Nicotin in Zucht-Tabaksorten.** Paul Nangniot und Nasser Melamed. (Chim. analytique [4] **40**, 3—7, Jan. 1958; Gembloux (Belgien), Inst. Agronom. de l'État Labor. de Chim. Analyt.; franz.) — In Tabaksorten, in denen *Nicotin* (I) als Hauptalkaloid enthalten ist, werden I u. *Nornicotin* (II) polarograph. bestimmt. Bei der Prüfung einiger Grundelektrolyte erwiesen sich als günstig: eine alkal. Lsg. von 2 m NaOH u. je 0,04 m $CH_3COOH$, $H_3PO_4$ u. $H_3BO_3$ zwischen pH 10,3 u. 12,0 sowie eine saure Lsg. von 0,5n $CH_3COOH$ u. 0,5n $NaCH_3COO$ bei pH 3,2—3,75. Zur Best. wird 10 g trockenes Tabakpulver mit 20 ml alkohol. NaOH (75 ml 33%ig. NaOH + 25 ml 94%ig. A.) durchfeuchtet u. mit einem Gemisch 1:1 von Ae. u. Bzn. (Kp. 40—60°) extrahiert. Die organ. Phase wird in einem Scheidetrichter mit 50 ml n/10 HCl 3—4 Min. geschüttelt. Dann befindet sich der gesamte Geh. an I u. II in der sauren wss. Phase. Ein aliquoter Teil wird in einer der beiden Grund-Lsgg. polarographiert. I u. II werden in einer Stufe reduziert. Zur Best. von I wird II im äther. Extrakt mit $NaNO_2$ nitrosiert u. durch eine Wasserdampf-Dest. aus alkal. Medium das nicht umgesetzte I in vorgelegte $CH_3COOH$ dest. u. ebenfalls polarograph. reduziert. Die Meth. ermöglicht, I u. II sehr schnell u. genau nebeneinander zu bestimmen.
W. Kupfer. 7836◇

**Fettsäurezusammensetzung der Gewebelipoide von Fleisch.** I. Hornstein, P. F. Crowe und M. J. Heimberg. (J. Food Sci. **26**, 581—85, Nov./Dez. 1961; Beltsville, Md., U.S.D.A., Agric. Res. Serv., Eastern Util. Res. and Exp. Stat.; engl.) — Aus 10 Tage lang bei 2—3° gealtertem mageren Rind- u. Schweinefleisch wurden die Gewebelipoide mit Chlf.-Methanol (2:1) extrahiert, getrocknet, in Chlf.-Methanol (20:1) gelöst u. auf einer Kieselsäuresäule in Neutralfett u. Phosphatide getrennt, wobei 2 Triglyceridfraktionen u. je 1 Cephalin- u. Lecithin + Sphingomyelinfraktion erhalten wurden. In diesen Fraktionen wurden die Geh. an P, Gesamt- u. Aminostickstoff u. reduzierenden Zuckern bestimmt, außerdem erfolgte eine Unters. im IR-Spektrum. Nach Verseifung wurden die Fettsäuren unter Zugabe von *n-Heptadecansäure* als Standard gaschromatograph. bestimmt. Insgesamt wurden 14 Säuren nachgewiesen. Die möglichen Beziehungen der einzelnen Fraktionen zum charakterist. Fleischgeschmack werden diskutiert. Hans Thiele. 7850◇

**Über die Verwendung und den Nachweis von Milcheiweiß in Brühwursterzeugnissen.** E. Lienhop. (Arch. Lebensmittelhyg. **13**, 262—64, 20/11. 1962, Beilage zu: Dtsch. tierärztl. Wschr.; dt.) R. Grundmann. 7850◇

**Colorimetrische Methode zur Bestimmung von Eiweiß in der Milch.** K. Kleczkowski, H. Jasiorowski und H. Kurowski. (Roczniki Nauk rolniczych, Ser. B, **77**, 923—30, 1961; PAN, Zakł. Hodowli Dośw. Zwierz.; pol.) — Die Best. von Eiweiß in der Milch wird mit Hilfe von Folin-Ciocalteu-Reagens [1927] durchgeführt. Die Färbung des mit $Cu^{2+}$ in alkal., citrathaltiger Lsg. gebildeten Eiweiß-Cu-Komplexes wird durch Zusatz der Phosphate von *Mo* u. *W.* so verstärkt, daß diese Rk. in der Empfindlichkeit dem Nachw. von $NH_3$ mit dem Neßler-Reagens gleichkommt. Die Rk. braucht ca. 30 Min. Inkubationszeit bei gewöhnlicher Temperatur. Erhöhte Temp. bringen Abweichungen vom Lambert-Beerschen Gesetz. Als Vgl.-Lsg. für die colorimetr. Best. wird eine ebenso zusammengesetzte Lsg. verwendet, der die Milch unmittelbar vor der Messung zugesetzt wird, so daß keine Färbung mehr vorhanden ist. Zur

Herst. der Eichkurve wird reines Casein verwendet. Formalin oder $K_2Cr_2O_7$ können zur Konservierung der Milchproben verwendet werden. Die Ergebnisse der beschriebenen Schnellmeth. stimmen mit den Werten der Formoltitration u. der Kjeldahl-Best. überein. F. Urban. 7856◇

---

Corn Products Co., New York, übert. von: George A. Perry, Elmhurst, N.Y., und Robert L. Lawrence, Middlesex, N.J., V.St.A., **Selektive Einschränkung des Wachstums von mikrobakteriellen Organismen** in einer mit Kultur versetzten Milch. Man fügt zu dem Milcherzeugnis z. B. Sorbinsäure oder die Ca-, K- u. Na-Salze der Sorbinsäure in einer Menge zu, die ausreicht, um 0,03—1,5 Gew.-% an Sorbinsäure darin zu erzeugen. (**A. P. 2 974 046** vom 19/5. 1959, ausg. 7/3. 1961.) H. Maaß. 7757

Micheline Mauroy geb. Roos, Nord, Frankreich, **Herstellung klarer, haltbarer Molke,** dad. gek., daß man die rohe Molke zur Ausfällung der Proteine mit solchen Pflanzen behandelt, welche Flavone oder deren Derivv. enthalten, wie z. B. roter Klee, Weißdorn, Kolanüsse. Dabei stellt man durch Zusatz von $NaHCO_3$ auf pH 7. Aus diesem Prod. können verschiedene Molkengetränke hergestellt werden, z. B. unter Zusatz von $CO_2$ oder Mineralwasser. (**F. P. 1 224 651** vom 20/5. 1959, ausg. 27/6. 1960.) W. Heyne. 7757

N. V. Nutricia, Zoetermeer, Niederlande, **Herstellung eines haltbaren sauren Milchgetränkes.** In Belg. P. 534 781; C. **1961,** 8518 ist nachzutragen: Der pH-Wert des Endprod. soll nicht $<4,2$ betragen. (**Niederl. P. 99203** vom 6/6. 1952, ausg. 16/10. 1961.) F. Böhm. 7757

Johns-Manville Corp., New York, N.Y., übert. von: Richard H. Cipolla, Southport, Conn., und Donald W. Davis, Flemington, und Carl R. Vander Linden, Bound Brook, N.J., V.St.A., **Verhinderung des Zusammenbackens von getrockneten Milcherzeugnissen** durch Dispergierung von feinverteiltem Calciumsilicathydrat ($5\,CaO \cdot 5\,SiO_2 \cdot H_2O$) in einer Menge von 0,5—10 Gew.-% der Gesamtmasse in der Molke oder anderen Molkereiprodukten. (**A. P. 2 995 447** vom 8/1. 1958, ausg. 8/8. 1961.) H. Maaß. 7757

E. I. du Pont de Nemours & Co., übert. von: Euclid W. Bousquet und Howard E. Hoffman, Wilmington, Del., V.St.A., **Mittel zur Förderung des Fütterungseffektes.** Den normalen, ausgeglichenen Mischfuttermitteln für Haustiere wird 0,1—0,01% eines Monolacton-Deriv. oder eines Dilacton-Deriv. innig beigemischt. Bes. geeignet sind die Salze, Ester, Amide, Mono- u. Dilactone der *4.5-Dihydroxy-2.4.6-octatriendisäure,* z. B. das Mono-Na-, Di-Na- u. $NH_4$-Salz; das Di-γ-Lacton der *4.5-Dihydroxy-cis-2.cis-4.cis-6-* bzw. *-cis-2-trans-4-cis-6-octatriendisäure; 2.6-Bis-(p-chlorphenyl)-4.5-dihydroxy-cis-2-trans-4-cis-6-octatriendisäure, Di-γ-lacton; 4.5-Dihydroxy-2.6-di-2-naphthyl-cis-2-trans-4-cis-6-octatriendisäure, Di-γ-lacton; 2.6-Bis-(o-methoxyphenyl)-4.5-dihydroxy-cis-2-trans-4-cis-6-octatriendisäure, Di-γ-lacton; 2.6-Dibutyl-4.5-dihydroxy-cis-2-trans-4-cis-6-octatriendisäure, Di-γ-lacton; (p-Carboxyphenyl)-4.5-dihydroxy-cis-2-trans-4-cis-6-octatriendisäurediamid, 4.5-Dihydroxy-2.4.6-octatriendisäure-γ-lactonmethylester* u. dergleichen. Das Wachstum der gefütterten Tiere wird beschleunigt, ihr Gew. erhöht u. die Futterausnutzung verbessert. (**A. P. 2 927 027** vom 20/11. 1957, ausg. 1/3. 1960.) H. Karst. 7781

Armour & Co., Chicago, Ill., V.St.A., **Beifuttermittel für fleischproduzierende Haustiere.** Den normalen Futtermitteln für Wiederkäuer, Lämmer, Geflügel u. dgl., z. B. aus Alfalfa, Getreideschrot, Mineralsalzen oder dgl., werden je Tag u. Tier ca. 5 mg eines *Stilböstrol-* oder *Hexöstrol*-Deriv., z. B. *3.3'-Diallylstilböstrol, 3.3'-Diallylhexöstrol, 3.3'-Dipropylstilböstrol, 3.3'-Dipropylhexöstrol* u. *3.3'-Dipropenylhexöstrol,* innig beigemischt. Das Wachstum der gefütterten Tiere wird beschleunigt u. ihr Gew. erhöht. Unerwünschte Nebenwrkg. treten angeblich nicht auf. (**E. P. 872 935** vom 10/7. 1959, ausg. 12/7. 1961. A. Prior. 11/7. 1958.) H. Karst. 7781

Soc. des Usines Chimiques Rhône-Poulenc, Paris, Frankreich, **Beifuttermittel, insbesondere für Schweine.** Den normalen Futtermitteln werden je t 10—50 g *Spiramycin* I, II oder III oder ein Gemisch aus 2 oder mehreren dieser Antibiotica beigemischt. Die Verbb. können in reiner Form, als techn. Prodd., die aus Fermentationsbrühen von *Streptomyces ambofaciens*-Kulturen gewonnen wurden, oder an Adsorptionsmittel adsorbiert bzw. in eingedampfter trockener Form verwendet werden. Das Wachstum der gefütterten Tiere wird beschleunigt u. das Gew. rasch erhöht. Ihr Gesundheitszustand wird verbessert u. die Sterblichkeit herabgesetzt. Unerwünschte Nebenwrkg. treten bei den Tieren angeblich nicht auf. Zahlreiche Tabellen mit Ergebnissen aus Fütterungsversuchen. (**E. P. 871 285** vom 4/4. 1960, ausg. 28/6. 1961. F. Prior. 4/4. 1959.) H. Karst. 7781

Nopco Chemical Co., Harrison, N.J., übert. von: Melvin Hochberg, Charles M. Ely, Livingston, N.J., und Howard C. Klein, Brooklyn, N.Y., V.St.A., **Geflügelfuttermittel.** Den normalen Futtermitteln für Geflügel, bes. Gemische aus Maismehl, Sucrose, Gelatine, Casein, Sojabohnenöl, Mineralsalzen, Spurenelementen u. Vitaminen, wird je 0,454 kg Lufttrocken-Gew. 0,5—200 mg *Zn-Nicotinat*, als *Niacin* berechnet, beigemischt. Das Zn-Nicotinat kann auch im Gemisch mit Dispergiermitteln als wss. Dispersion dem Tränkwasser in Mengen von 0,25—100 mg je 0,473 Liter zugefügt werden. Das Wachstum von Geflügel, Schweinen u. Milchvieh wird wesentlich beschleunigt. (**A. P. 2 974 043** vom 31/10. 1958, ausg. 7/3. 1961.) H. Karst. 7787

Ranchers Cotton Oil, übert. von: George C. Cavanagh, Fresno, Calif., V.St.A., **Herstellung von Mehl aus Baumwollsaat, das für Haustiere und Geflügel genießbar ist.** Zerkleinerte Baumwollsaaten werden bei ca. 98° gekocht, worauf die feuchte Masse mit ca. 0,1—5% trockenem $Na_2CO_3$ innig vermischt u. einer Ölextraktion mittels Lsgm., bes. Hexan, unterworfen wird. Das abgetrennte Öl-Hexan-Gemisch wird zur Seifen-Bldg. der freien Fettsäuren mit einem geringen Überschuß an NaOH versetzt, der Seifen-Nd. mit dem Überschuß an NaOH abgetrennt, mit dem Extraktionsrückstand innig vermischt, die Masse ca. 20 Min. auf ca. 99—113° erhitzt, die Reste des Lsgm. entfernt, pelletisiert u. getrocknet. Die Menge des dem Ölextraktionsrückstand zugefügten Seifen-Nd. beträgt ca. 1—8%. Der Geh. an freiem *Gossypol* u. anderen tox. Verbb. in dem Baumwollsaat-Extraktionsmehl wird auf ca. 0,006% herabgesetzt, das Stauben des Mehls verhindert u. seine Pelletisierung verbessert. Es kann in Mengen bis zu 10% den normalen Futtermitteln für Legehühner, Schlachtgeflügel u. Wiederkäuer beigemischt werden, ohne daß schädliche Einw., bes. die Grünfärbung der Eidotter zu befürchten sind. — Fabrikationsschema. (**A. P. 2 934 431** vom 9/9. 1957, ausg. 26/4. 1960.) H. Karst. 7781

## $H_{17}$. Fette. Seifen. Wasch- und Reinigungsmittel. Wachse, Bohnermassen usw.

Tungolin Co., Inc., Gulfport, Miss., V.St.A. (Erfinder: John Andrew Watts), **Stabilisieren und Raffinieren von Holzöl,** dad. gek., daß das Öl mit einem festen Adsorbens (I), z. B. Bentonit, Aktivkohle, auf 170—190° F erhitzt, das I abgetrennt, >20% des Öls auf 475—500° F erhitzt u. mit der Hauptmenge des Öls wiedervereinigt wird. Das Erhitzen dauert jeweils ca. 1/4 Stunde. Das behandelte Öl eignet sich bes. für *therapeut.* u. *kosmet.* Zwecke. (**E. P. 849 138** vom 15/9. 1958, ausg. 21/9. 1960.) C. Lüttgen. 7875

National Dairy Products Corp., New York, N.Y., übert. von: William Frederick Schroeder, Memphis, Tenn., und Charles Jack Houser, Champaign, Ill., V.St.A., **Kürzungsmittel** in Form einer Kombination eines genießbaren Öls mit einem oberflächenakt. Mittel, bestehend aus mindestens einem Partialester von Fettsäuren mit 6wertigen Alkoholen oder deren Anhydriden, Polyoxyalkylen-Derivv. von Partialestern von Fettsäuren mit 6wertigen Alkoholen oder deren Anhydriden u. Esteräthern, die sich aus der Rk. von Fettsäuren mit Alkylenoxiden ergeben, u. einer Monoglyceridkomponente. Das erwähnte Öl, wie Sojabohnenöl, besitzt eine JZ. >85. Das oberflächenakt. Mittel ist zu 0,1—2% vorhanden. Die Monoglyceridkomponente weist eine JZ. <40 auf. Die Monoglyceride in den Monoglyceridkomponenten enthalten hauptsächlich Fettsäurereste mit >14 C-Atomen. Sie sind zu 0,8—2,5% vorhanden. — Tabelle. (**A. P. 2 968 564** vom 21/1. 1958, ausg. 17/1. 1961.) H. Maaß. 7900

Louis B. Rockland, Pasadena, Calif., V.St.A., **Herstellung von dekorierten Kerzen.** Man überzieht einen Kerzenkörper mit einer Wachsemulsion, die aus W., 35—60 Gew.-% Wachs, bes. Paraffinwachs, u. wenigstens 2 nichtpolaren oberflächenakt. Stoffen besteht, von denen der eine ein Sorbitanester von Fettsäuren mit 12—18 C-Atomen u. der andere ein Polyoxyäthylen-Deriv. dieser Ester ist, wobei die oberflächenakt. Stoffe 5—10 (Gew.-%) u. das W. 30—60 betragen, u. bringt auf die getrocknete Schicht eine 2. Wachsschicht auf, der man vor dem Trocknen Dekorationsmaterial, z. B. Bronzepulver, zugesetzt hat. (**A. P. 3 000 753** vom 21/2. 1957, ausg. 19/9. 1961.) K. Demmler. 7921

Armour & Co., Chicago, übert. von: Madison L. Sheely, Western Springs, und Emmett P. Glynn, Chicago, Ill., V.St.A., **In hartem und Salzwasser verwendbare Seife,** enthaltend K-Salze von $C_{16}$—$C_{18}$-Fettsäuren, hergestellt aus Fettsäuren mit einem Titer von 40—50°, denen 0,2—1% $C_6$—$C_{18}$-Alkylsulfate u./oder -sulfonate oder 0,2—1% waschakt. Alkylarylsulfonate zugesetzt wurden. — Zeichnung. (**A. P. 2 991 253** vom 20/8. 1952, ausg. 4/7. 1961.) C. Lüttgen. 7911

Johnson & Johnson, übert. von: Allen Keough, Nixon, N.J., V.St.A., **Amphotere oberflächenaktive Stoffe.** Amine vom Typus $R-CO-NR_1-R_2-NHR_3$ werden mit monohalogenierten Carbonsäuren, bes. mit Monochloressigsäure, zu Verbb. vom Typus $R-CO-NR_1-R_2-NR_3R_4-COOM$ umgesetzt. Hierbei ist R ein aliphat. KW-Stoffrest mit 9—17, bes. 11 C-Atomen, $R_1$ ist ein H-Atom, ein aliphat. KW-Stoff- oder Alkylolrest mit 2—4 C-Atomen; $R_2$ ist ein Alkylenrest mit 2—4 C-Atomen, bes. $-CH_2-CH_2-$; $R_3$ ist ein Alkylolrest mit 2—4 C-Atomen, bes. $-CH_2-CH_2OH$, u. $R_4$ ist ein aliphat. KW-Stoffrest mit 1—4 C-Atomen, bes. $-CH_2-$; M ist ein H-, Na- oder K-Atom. Hierzu wird das Amin im gleichen Vol. W. gelöst, die Lsg. auf pH 7—9 eingestellt u. ein mindestens 25%ig. mol. Überschuß einer Lsg. eines Na-Salzes von I zugetropft, wobei die Temp. stets $<50^0$ gehalten wird. — Beispiel: neutrales Ba-Salz von [N-Lauroyl-N'-carboxymethyl-N'-(2-hydroxyäthyl)]-äthylendiamin, $C_{36}H_{70}BaN_4O_6$, F. 171,5—172,5°, aus Methanol, hergestellt aus Monochloressigsäure u. N-Lauroyl-N'-[2-hydroxyäthyl]-äthylendiamin, F. 94,5—96,5°. Verw.: zur Herst. von Shampoon-Präpp. u. zur Mischung mit anderen oberflächenakt. Mitteln. (**A. P. 2 961 451** vom 11/2. 1957, ausg. 22/11. 1960.) A. Kalix. 7913

---

**G. Mazzoni S. p. A.**, Busto Arsizio, Italien, *Kontinuierliches Verseifungsverfahren.* (**It. P. 550 133** vom 12/3. 1956. — C. **1960**, 15947 [D. A. S. 1 082 690].)

**G. Mazzoni S. p. A.**, Busto Arsizio, Italien, *Kontinuierliche Fettspaltung.* (**It. P. 550 134** vom 12/3. 1956. — C. **1960**, 7376 [D. A. S. 1 066 691].)

**Unilever Ltd.**, Port Sunlight, England (Erfinder: **Gustaf Vilhelm Fred Atterby**), *Flüssige bakterizide Seife.* (**E. P. 887 247** vom 14/10. 1959, ausg. 17/1. 1962. — C. **1963**, 3432 [D. A. S. 1 125 581].)

**Henkel & Cie. G. m. b. H.**, übert. von: **Manfred Dohr, Carl Wulff**, Düsseldorf, und **Bruno Werdelmann**, Ratingen, *Waschmittel.* (**A. P. 3 024 197** vom 10/12. 1957, ausg. 6/3. 1962. D. Prior. 11/12. 1956. — C. **1959**, 17557 [D. A. S. 1 038 694].)

**Sandoz Akt.-Ges.** (Erfinder: **Kurt Hofer**), Basel, Schweiz, *Polyäthercarbonsäuren.* (**D. B. P. 975 850** Kl. 12o vom 21/4. 1951, ausg. 25/10. 1962. Anmeldung bekanntgemacht 28/2. 1952. Schwz. Prior. 1/9. 1948. — C. **1955**, 2099 [A. P. 2 632 900] u. C. **1954**, 1621 [E. P. 669 936].)

## $H_{18a}$. Holz. Cellulose. Zellstoff. Papier. Papierdruck. Celluloid. Linoleum

Kerex Proprietary Ltd. (Erfinder: Donald Parr), **Mittel gegen Holzwürmer,** bestehend aus einem Keton, bes. Aceton, u. einem die Verdunstungszeit des Ketons herabsetzenden Mittel, bes. Butyl- u. Amylacetat. (**Aust. P. 230 988** vom 10/4. 1957, ausg. 1/12. 1960.) C. Lüttgen. 7953

Unilever N. V., Niederlande (Erfinder: Vincent Lamberti), **Behandlung von Cellulosederivaten.** Celluloseäther u. bes. Gemische von Methylcellulose mit Na-Carboxymethylcellulose werden durch Verrühren in mit W. unmischbaren Quellmitteln, wie Cocosölfettsäuren, Dodecylbenzol, Kerosin, Lauryl- oder Tridecylalkohol, Cocosöl, Ölsäure u. a., u. Eintragen der erhaltenen Mischung in W. der Lsg. in W. zugänglich gemacht. (**F. P. 1 233 926** vom 25/8. 1959, ausg. 13/10. 1960. A. Prior. 26/8. 1958.) Eberhard Riedel. 7971

Edward G. Mahler, New York, N.Y. (Erfinder: Ralph E. Coffee, Mo.), V.St.A., **Herstellung von praktisch kugelförmigen Körnern aus wasserunlöslichen organischen Stoffen.** Man löst diese Stoffe in mit W. nicht mischbaren Lsgm., suspendiert die Lsg. in einem wss. Suspensionsmedium u. hält in Suspension, bis die Teilchen des Stoffes kugelförmig geworden sind, entfernt das Lsgm. u. trennt die Körner von dem Suspensionsmedium, wobei man in dem wss. Medium einen Stoff löst, so daß die Lsg. etwa gleiche D. wie die Lack-Lsg. besitzt u. während der Beseitigung des Lsgm. durch Zusatz von weiterem wasserlösl. Stoff die D. des wss. Mediums u. des Lackes gleich hält. — 80 (Gew.-Teile) mit ca. 40 W. angefeuchteter Nitrocellulose geben mit 180 Äthylacetat 300 eines Lackes, der pro Nitrocellulose-Trocken-Gew. 1% Diphenylamin u. 0,25% Kreide enthält. Der Lack wird aus einer Düse von 0,08 in. Ø gespritzt u. in beweglicher Suspensions-Fl. in dem Ø gleiche Längen geschnitten. Man behält die Suspensions-Fl. bei 60°, gibt 14 tier. Leim als Schutz-Koll. u. 750 W., das 27 $Na_2SO_4$ gelöst enthält, u. noch 15 Äthylacetat zu. Man hält die Suspension 30 Min. lang bei 65° u. gibt dabei 2 lbs. $Na_2SO_4$ im Abstand von 5 Min. in den unteren Teil der Suspensions-Fl., hält 6—7 Std. bei 65°, wobei die suspendierten Nitrocelluloseteilchen kugelig werden, u. gibt ggf. noch $Na_2SO_4$ zu, um ein Verkleben dieser Teilchen zu vermeiden. Man kühlt auf 55° u. gibt noch 4—8 lbs. $Na_2SO_4$ zu, hält 5—6 Std. lang bei 55° u. entfernt das Lsgm. mittels Luft, steigert dabei die Temp. bis zu 70° u. erhält Körner, von denen 62% einen mittleren Durchmesser von 0,094—0,078 in. aufweisen. (**Jap. A. S. 17 844/1960** vom 4/3. 1959, ausg. 6/12. 1960. A. Prior. 4/3. 1958.) M. Pankow. 7971

Abitibi Power & Paper Co. Ltd., Canada (Erfinder: Rodger M. Dorland, Maxwell M. Yan und Stanley H. Baldwin), **Überziehen von Karton** mit einer undurchsichtigen weißen Papierschicht, welche auf der einen Seite mit einem Gemisch aus einem Pigment, z. B. $TiO_2$, ZnO oder ZnS, einem trocknenden Öl, z. B. Aleuritesöl, u. einem Bindemittel in Form von Polyvinylalkohol oder eines Gemisches von Stärke mit einem Latex aus dem Mischpolymerisat von Styrol u. Butadien versehen ist. Die Pappe kann auch aus groberem Fasermaterial u. Holzschnitzeln bestehen. (**F. P. 1 236 387** vom 21/9. 1959, ausg. 16/11. 1960. Can. Prior. 22/9. 1958. A. Prior. 13/8. 1959.) M. F. Müller. 7993

Semtex Ltd., London, England (Erfinder: Walter Saul und Peter Hutchinson Robin), **Herstellung eines Bodenbelags** durch Aufbringen von $\geq$ 1 Lage einer füllstoffhaltigen, bindemittelfreien Mischung aus ölresistentem synthet. Kautschuk auf eine Unterlage, dad. gek., daß man ein wss. Dispersion dieser Mischung verwendet u. das W. nach dem Auftragen bei normaler Temp. aus der Dispersion entfernt. Die Kautschukdispersion kann Polyvinylharz u. ggf. Stabilisiermittel (ammoniakal. Casein) enthalten. Beim Auftragen von mehreren Lagen besteht der erste Auftrag bes. aus Neopren oder einer Mischung aus hydraul. Zement u. natürlichem oder synthet. Kautschuklatex. Eine mit Sand u. Portlandzement eben gestrichene Betonplatte wird z. B. mit einer wss. Dispersion bestrichen, die 50 (Teile) einer aus 60 Polyvinylchlorid u. 40 Butadien-Acrylnitril-Mischpolymerisat hergestellten Latexmischung, 50 Baryt, 10 Asbestfasern, 60 gemahlenen Cocosschalen u. 5 rotes Fe-Oxid oder dgl. enthält. — Mengenbeispiele. (**E. P. 835 693** vom 18/3. 1955, ausg. 25/5. 1960.) G. Vogel. 7999

Pennsylvania Industrial Chemical Corp., Clairton, Pa., V.St.A., **Harzbindemittel für Mastixfliesen,** gek. durch ein Gemisch aus einem Mischpolymerisat mit F. 70—110° aus vorwiegend Styrol u. einer kleineren Menge, bes. 5—10%, Acrylnitril, 1—7% Acrylsäureamid oder 3—10% Methylvinylketon u. einem im wesentlichen nicht flüchtigen Weichmacher. Das Styrolharz enthält bes. 5—10 (%) Acrylnitril. — Herst. von farbbeständigen u. gegen Kerosin, Öle (Baumwollsaatöl) u. Alkalien ($Na_3PO_4$) widerstandsfähigen Fliesen aus Fasern, z. B. Asbest, Füllstoff u. Pigment, für *Bodenbelag.* — Mengenbeispiele. (**E. P. 849 086** vom 15/7. 1957, ausg. 21/9. 1960. A. Prior. 6/8. 1956.) G. Vogel. 7999

---

**Formica Ltd.** (Erfinder: **Ernest Alec Davis** und **John Jaggs**), *Mehrschichtiges Holz.* (**Aust. P. 224 303** vom 22/11. 1957, ausg. 29/10. 1959. E. Prior. 27/11. 1956. — C. **1961,** 11940 [F. P. 1 186 754].)

**Celcure & Chemical Co. Ltd.,** Glasgow, England (Erfinder: **Elizabeth Maude Wallace**), *Wasserlösliches, der Konservierung und dem Schwerentflammbarmachen von Holz und anderen brennbaren Werkstoffen dienendes Imprägniermittel.* (**Aust. P. 231 238** vom 13/2. 1958, ausg. 15/12. 1960. E. Prior. 19/2. 1957. — C. **1959,** 16194 [D. A. S. 1 056 356].)

**Udic Soc. An.,** Lausanne, Schweiz (Erfinder: **Hermann Friese**), *Wasserlösliches chloriertes Lignin.* (**Aust. P. 231 171** vom 15/12. 1958, ausg. 8/12. 1960. D. Prior. 31/12. 1957. — C. **1961,** 5295 [E. P. 846 812].)

**Farbenfabriken Bayer Akt.-Ges.,** Leverkusen, *Stickstoffhaltige Polyäther.* (**E. P. 872 523** vom 28/8. 1957, ausg. 12/7. 1961. D. Prior. 1/9. 1956. — C. **1960,** 4389 [D. A. S. 1 049 094].)

## $H_{18b}$. Textilfasern

**Die Epoxidharze als Ausgangsstoffe für Veredlungsappreturen.** Zenon Jedrusiak. (Przegląd włókienniczy **15,** 476—79, Sept. 1961; Łódź, Politechn.; pol.) — Übersicht. — 13 Literaturangaben. F. Urban. 8028◇

**Die chemische Reaktivität von Cellulose als Grundlage einer neuen Veredlungstechnik.** Marian Russocki. (Przegląd włókienniczy **15,** 469—75, Sept. 1961; Zgierz, Inst. Przem. organ.; pol.) — Übersicht über die chem. *Ausrüstung* u. die *Färbung* von *Cellulosefasern* mit Reaktivfarbstoffen. — 20 Literaturangaben. F. Urban. 8032◇

**Optische Aufheller.** 4. Mitt. Luis Mauri und Leandro Mauri. (Ion [Madrid] **17,** 187—90, 198, April 1957; span.) — 3. vgl. C. **1958,** 3773. — Hauptanwendungsgebiet ist die Textilindustrie. Nach Erläuterung der Anwendungsweise der opt. Aufheller wird ihre evtl. nachträgliche Entfernung angegeben; auf weitere Anwendungen bei der Papierbleiche im Holländer, bei Kunststoffen, Latex, Leder, Fetten, Wachsen u. Kosmetica wird hingewiesen. — Ausführliche Literaturangaben. G. Grunow. 8032◇

**Chemische Untersuchungen über Dispergiermittel für Fasern.** 1. Mitt. Seishi Machida und Yasushi Yoshino. (J. Soc. Textile Cellulose Ind., Japan [Sen-i Gakkaishi] **18,** 142—46, Febr. 1962; Kita-ku, Kyoto, Japan, Kyoto Univ. of Ind. Arts and Text. Fibers, Chem. Labor. of Text. Fibers; jap., Auszug: engl.) — Hydrolysiertes Polyäthylacrylat ist wirksam als *Dispergiermittel* für *Cellulosefasern* in wss. Lösung. Die Dispergierkapazität steigt mit dem Hydrolysegrad; bei $>$0,016% Polymerem in der Lsg. wirken alle (70,80, 90% freie HOOC-Gruppen) vermindernd auf die Sedimentiergeschwindigkeit. Die Oberflächenspannung der Lsg. wird nicht beeinflußt, aber die Viscosität ist hoch im Verhältnis zur Konzentration. G.-D. Gollnisch. 8040□

**Mischen zur Qualitätsverbesserung.** Louis A. Fiori und Gain L. Louis. (Textile Ind. **126**, Nr. 4, 110—15, 119—21, 162, April 1962; New Orleans, La., Southern Reg. Res. Labor.; engl.) — Die neuesten Entw. bei den *Misch-Verff.*, die dabei auftretenden Probleme, die theoret. Gründe u. experimentellen Beweise für das erfolgreiche Mischen von *Baumwollen* mit entgegengesetzten Eigg., mögliche erfolgreiche Mischungen u. Vorschläge für die Verbesserung der Misch-Verff. werden erörtert. L. Jentgen. 8044 □

**Chemische Untersuchungen zur Wirkungsweise von Viscosemodifikatoren.** 2. Mitt. **Über das Verhalten der Viscosenebenprodukte Natriumtrithiocarbonat und Natriumsulfid gegenüber Modifikatoren.** Burkart Philipp und Klaus Müller. (Faserforsch. u. Textiltechn. **13**, 385—92, Sept. 1962; Teltow/Seehof, DAW zu Berlin, Inst. für Faserstoff-Forsch.; dt.) — 1. vgl. C. **1963**, 359. — Der Einfl. von *Viscosemodifikatoren* (Polyäthylenoxidaddukte, hydroaromat. Amine, aliphat. Amine) auf die im Syst. $Na_2CS_3$, $NaOH/ZnSO_4$, $H_2SO_4$ auftretenden Fällungen wird geprüft. Die Durchführung der Verss. wird ausführlich beschrieben. Für alle untersuchten Modifikatorklassen wird eine stabilisierende Wrkg. gegenüber reinen $ZnCS_3$ (**I**)-Fällungen u. **I**/ZnS-Mischfällungen eindeutig nachgewiesen. Reines ZnS läßt sich nicht auf diese Weise stabilisieren. Die Erhöhung der Säurestabilität von **I** hängt von der Art u. Menge des Modifikatorzusatzes, sowie von der $Zn^{2+}$-Konz. ab. Dieser Stabilisierungseffekt ist offenbar nicht auf die Bldg. einer definierten Verb., sondern eher auf eine Sorption von Micellen der Modifikatoren aus der Lsg. an die Oberfläche der **I**-Kristalle zurückzuführen. I. Beßer. 8074◇

**Betrachtungen über das Verhalten einiger Zellstoffarten im Fabrikationsprozeß der Viscosefasern.** S. Dumitrescu. (Celuloza şi Hîrtie **10**, 161—63, Mai 1961; rum.) — Verss. zur *Verarbeitung von Schilf* aus dem Donaudelta zu *Viscosezellstoff* werden beschrieben u. die Phasen des Fabrikations-Verf. von Viscose unter Berücksichtigung der wichtigsten Eigg. des Zellstoffs, die den Umwandlungsprozeß in Viscose u. Fasern beeinflussen, analysiert. H. Guischard. 8074◇

**Über einige spezielle Probleme des Bildungsmechanismus hochfester Celluloseregeneratfasern.** H. Klare, A. Gröbe, R. Maron und G. Casperson. (Ber. dtsch. Akad. Wiss. Berlin **2**, 431—38, 1960; Teltow-Seehof, DAW Inst. für Faserstoff-Forsch.; dt.) — Gekürzte Wiedergabe der C. **1962**, 11051 referierten Arbeit.
H. Steffens. 8074◇

**Der Einfluß heterogener Hydrolyse auf den Kristallinitätszustand regenerierter Cellulose.** Olli Ant-Wuorinen. (Valtion tekn. Tutkimuslaitos, Sarja IV [State Inst. techn. Res., Ser. IV] **1956**, Nr. 6, 1—19; Helsinki, State Inst. for Techn. Res.; engl. — C. **1958**, 1735.) P. Golinske. 8074◇

**Die Acetylierung von Viscosereyonfasern mit Keten.** 1. Mitt. **Die Wirkung von Katalysatoren bei der Acetylierung.** Yoshio Iwakura, Michiaki Nakajima und Ichiro Kanda. (J. Soc. Textile Cellulose Ind., Japan [Sen-i Gakkaishi] **12**, 861—64, Dez. 1956; jap., Auszug: engl.) — Gequollenes *Viscosereyon*, das Katalysatoren, wie $H_2SO_4$, $HClO_4$ u. Kombinationen von Salzen enthält, wird bei Raum-Temp. mit *Keten* (**I**) in Kontakt gebracht. Von Bedeutung ist der Wasser-Geh. der Fasern, der 40—60% betragen soll. Die mit Alkali vorgequollenen Fasern können mit **I** gleich gut acetyliert werden, wie mit Essigsäureanhydriddampf. H.-A. Wannow. 8074 □

**Die Acetylierung von Viscosereyonfasern mit Keten.** 2. Mitt. **Der Aspekt der Reaktion.** 1. Mitt. Yoshio Iwakura, Musahiko Takikawa und Ichiro Kanda. (J. Soc. Textile Cellulose Ind., Japan [Sen-i Gakkaishi] **12**, 865—67, Dez. 1956; jap., Auszug: engl.) — 1. vgl. vorst. Ref.; 3. vgl. C. **1959**, 16511. — Beim Acetylieren mit *Keten* (**I**) reagiert W. in den Fasern zunächst vorwiegend mit **I**, wobei aus einem Teil des W. *Acetanhydrid* gebildet wird. Der Rest des W. verdampft durch die Rk.-Wärme. Die Acetylierung beginnt nachdem der größte Teil des W. verdampft ist.
H.-A. Wannow. 8074

**Herstellung von Acetatreyon durch Acetylierung von Viscosereyon mit Essigsäureanhydriddampf.** 22. Mitt. **Geschwindigkeit der Reacetylierung. Löslichkeit und Wasserabsorption von partiell acetylierten Fasern.** Ichiro Sakurada, Yasuyoshi Sakaguchi und Kazuhiro Nagai. (J. Soc. Textile Cellulose Ind., Japan [Sen-i Gakkaishi] **12**, 855—60, Dez. 1956; jap., Auszug: engl.) — 21. vgl. C. **1957**, 12637. — Die Geschw. der *Reacetylierung*, *Löslichkeit* u. *Wasserabsorption* von *partiell acetylierten Fasern* wird gemessen. Die Werte sind nicht nur vom durchschnittlichen Acetylierungsgrad abhängig, sondern auch von den Bedingungen. Dieses Verh. ist darauf zurückzuführen, daß die Verteilung der $CH_3CO$-Gruppen in der Faser von den Acetylierungsbedingungen abhängt. Verseifte Fasern scheinen bis zu einem gewissen Grade die vor der Verseifung vorliegende innere Struktur beizubehalten. H.-A. Wannow. 8076 □

**Acetylierung von faseriger Cellulose in flüssiger Phase. 8. Mitt. Acetylierung von Ramiegarn.** Ichiro Sakurada, Yashuyoshi Sakaguchi und Hitoshi Yamaguchi. (J. Soc. Textile Cellulose Ind., Japan [Sen-i Gakkaishi] **13**, 431—34, Juli 1957; Kyoto, Japan, Kyoto Univ., Fac. of Engng., Dep. of Text. Chem.; jap., Auszug: engl.) — 7. vgl. J. Soc. Textile Cellulose Ind., Japan [Sen-i Gakkaishi] **13**, [1957], 365. — *Ramiegarn* wird mit $(CH_3CO)_2O$ mit Sulfoessigsäure als Katalysator acetyliert. Ramie erfordert eine etwas längere Vorbehandlung mit $CH_3COOH$ als Baumwolle. Bei der Acetylierung findet kein erheblicher Festigkeitsverlust statt. Die elast. Erholung der acetylierten Ramie ist ausgezeichnet. H.-A. Wannow. 8076◇

**Acetylierung von faseriger Cellulose in flüssiger Phase. 9. Mitt. Acetylieren von Cellulosefasern ohne Einsaugflüssigkeit.** Ichiro Sakuradu, Yasuyoshi Sakaguchi und Tomio Ōta. (J. Soc. Textile Cellulose Ind., Japan [Sen-i Gakkaishi] **13**, 434—39, Juli 1957; jap., Auszug: engl.) — 8. vgl. vorst. Referat. — *Cellulosefasern* können glatt ohne Verw. von Einsaug-Fll. mit *imprägnierten Festkörpern* (**A**) acetyliert werden. **A** muß eine große Affinität zu $(CH_3CO)_2O$ besitzen, um dieses in die Faser überführen zu können. G. Reisner. 8076◇

**Acetylierung von faseriger Cellulose in flüssiger Phase. 10. Mitt. Die Zusammensetzung der von den Fasern absorbierten Acetylierungslösungen. 11. Mitt. Die Wirkung der Alkali-Vorbehandlung auf die Acetylierungsgeschwindigkeit von nativen Cellulosefasern. 1. Mitt.** Ichiro Sakurada, Yasuyoshi Sakaguchi und Fujiko Kimura. (J. Soc. Textile Cellulose Ind., Japan [Sen-i Gakkaishi] **14**, 807—13, Nov. 1958; jap., Auszug: engl.) — 9. vgl. vorst. Referat. — Mit Quellmitteln vorbehandelte *Cellulosefasern* werden mit Lsgg. behandelt, die $(CH_3CO)_2O$, Verdünnungsmittel u. Sulfoessigsäure (**II**) enthalten. Die Zus. der absorbierten Fl. wird ermittelt. **I** u. **II** werden von den Fasern selektiv absorbiert. Es besteht eine Beziehung zwischen der Zus. der absorbierten Fl. u. der Acetylierungsgeschwindigkeit. Fasern aus *Baumwolle* u. *Ramie* mit *NaOH*-Lsgg. bei Mercerisierungsbedingungen behandelt, zeigen eine deutliche Abnahme der Quellung in $CH_3COOH$ bei Raum-Temp. u. der Acetylierungsgeschwindigkeit. Die Spannung u. Trockentemp. haben keinen erheblichen Einfl. auf die Acetylierungsgeschwindigkeit. Die Quelleigg. der Fasern in verschiedenen Lsgm. werden geprüft u. die damit verbundenen Änderungen der Feinstruktur diskutiert. H.-A. Wannow. 8076◇

**Viscositätsuntersuchungen an Acetylcelluloselösungen. 1. Mitt. Einfluß von Lösungsmittel und Acetylgehalt auf die wahren Viscositäten von Acetylcellulose.** Kazuo Uda. (J. Soc. Textile Cellulose Ind., Japan [Sen-i Gakkaishi] **18**, 107—11, Febr. 1962; Oimura, Iruma-gun, Saitama Prefect., Japan, Dainippon Celluloid Co. Ltd., Centr. Res. Labor.; jap., Auszug: engl.) — Die wahre *Viscosität* von *Acetylcellulose* mit bestimmtem DP u. *Acetyl-Geh.* ist am größten in $CH_3COOH$, am kleinsten in Pyridin u. $CH_2Cl_2$/A.-Gemisch. In der Mitte liegen Aceton u. Dioxan. Die Viscosität nimmt mit dem Acetyl-Geh. bis zu 60% ab, dann zu, am stärksten in sauren, am wenigsten in bas. Lösungsmitteln. Die Erscheinungen werden erklärt durch Wechselwrkg. zwischen freien HO-Gruppen, $CH_3CO$-Gruppen u. Lösungsmittel. G.-D. Gollnisch. 8076□

**Viscositätsuntersuchungen an Acetylcelluloselösungen. 2. Mitt. Die wahre Viscosität im Gemisch Methylenchlorid-Alkohol.** Kazuo Uda. (J. Soc. Textile Cellulose Ind., Japan [Sen-i Gakkaishi] **18**, 111—15, Febr. 1962; jap., Auszug: engl.) — 1. vgl. vorst. Referat. — $CH_2Cl_2$ im Gemisch mit $CH_3OH$ oder *A.* geben bei *Acetylcellulose* (**A**) mit 52—61% Acetyl-Geh. die gleiche *Viscosität.* Sie fällt auch hier bis zu einem Acetyl-Geh. von 60% u. steigt dann wieder an. Durch Zugabe einer kleinen Menge $CH_3OH$ erhöht sich die Viscosität mit dem $CH_3OH$-Geh. bis zu einem Maximum. Es werden die Konst. $K_m$ für **A** mit verschiedenem Acetyl-Geh. bestimmt. G.-D. Gollnisch. 8076□

**Viscositätsuntersuchungen an Acetylcelluloselösungen. 3. Mitt. Viscositäten der verdünnten Lösungen von Celluloseacetatbutyrat.** Hideo Saito und Kazuo Uda. (J. Soc. Textile Cellulose Ind., Japan [Sen-i Gakkaishi] **18**, 115—20, Febr. 1962; jap., Auszug: engl.) — 2. vgl. vorst. Referat. — Die *Viscosität* von *Acetylcellulosebutyrat-Lsg.* ist am größten in $CH_3COOH$, am kleinsten in $CH_2Cl_2/C_2H_5OH$. $CH_3COOC_2H_5$ u. Aceton liegen in der Mitte. Es werden die Konst. $K_m$ bestimmt. G.-D. Gollnisch. 8076□

**Viscositätsuntersuchungen an Acetylcelluloselösungen. 4. Mitt. Viscositäten von konzentrierten Triacetatlösungen.** Kazuo Uda. (J. Soc. Textile Cellulose Ind., Japan [Sen-i Gakkaishi] **18**, 236—40, 1962; jap., Auszug: engl.) — 3. vgl. vorst. Referat. — Für 13—18%ig. Lsgg. von *Triacetat* mit einem DP von 200—390 u. einem Acetyl-Geh. von 60,0—60,8% in $CH_2Cl_2/CH_3OH$ (9 : 1) gelten die Beziehungen $\log \eta = K \cdot C + A$

u. log$\eta$ = k·P + a, wobei K, k, A, a, Konst., $\eta$ *Viscosität*, P Durchschnittspolymerisationsgrad, C Konz. bedeuten. Die Viscosität von Triacetat aus Holzzellstoff ist größer als die aus Linters. G.-D. Gollnisch. 8076□

**Viscositätsuntersuchungen an Acetylcelluloselösungen.** 5. Mitt. **Einfluß des Lösungsmittels und des Acetylierungsgrades auf die Viscositäten von konzentrierten Acetylcelluloselösungen.** Hideo Saito, Kazuo Uda und Hiroshi Abe. (J. Soc. Textile Cellulose Ind., Japan [Sen-i Gakkaishi] **18,** 240—42, 1962; jap., Auszug: engl.) — 4. vgl. vorst. Referat. — Die *Viscositäten* 18%ig. Lsgg. von *Acetylcellulose* (Acetyl-Geh. 51,1—60,6%) in $CH_2Cl_2$/$CH_3OH$-Gemischen (99 : 1 bis 50 : 50) werden gemessen. Der $CH_3OH$-Geh. hat den Haupt-Einfl. auf die Lsg.-Viscositäten. Bei einem definierten $CH_3OH$-Geh. gibt es für jede Probe ein Viscositätsminimum. Je höher der Acetyl-Geh. der Acetylcellulose ist, um so kleiner ist die zum Viscositätsminimum zugehörige $CH_3OH$-Menge, so daß die Viscositäten alle nahe dem Minimum liegen. G.-D. Gollnisch. 8076□

**Mineralölchemie und Textilindustrie.** Ernst Korten. (Chemiker-Ztg.-Chem. Apparatur **84,** 636—42, 5/10. 1960; Kassel; dt.) — Vgl. C. **1961,** 12319. — Ausgehend von der Rohölverarbeitung wird auf den *petrochem.* „*Abfall*" als hochwertiges Ausgangs-Prod. für *synthet. Fasern* hingewiesen. I. Beßer. 8080◇

**Polyvinylalkoholfasern.** Lars Biedermann und Tadeusz Kołaciński. (Przegląd włókienniczy **15,** 458—63, Sept. 1961; pol.) — Übersicht über Eigg. u. Verarbeitung von *Polyvinylalkoholfasern.* Die Reißlänge von „Kuralon" beträgt 51,9km. Beim Mischen mit Viscosereyon wird die Festigkeit des Gewebes erhöht, mit Baumwolle dagegen erniedrigt. F. Urban. 8080◇

**Spinnbarkeit von Flüssigkeiten.** 8. Mitt. **Strukturviscosität und impulsives Aufziehen am Anfang des Spinnens.** Shunsuke Shishido und Yoshio Itô. (J. chem. Soc. Japan, pure Chem. Sect. [Nippon Kagaku Zasshi] **81,** 1201—05, Aug. 1960; Niigata-Daigaku, Rigakubu, Kagaku-Kyôsitu; jap., Auszug: engl. S. A84.) — 7. vgl. C. **1963,** 1707. — Der Trägheitswiderstand F beim *impulsiven Aufziehen* eines Glasstabes, der in Fll. mit *Strukturviscosität,* wie 17,8%ig. wss. Lsg. von *Polyvinylalkohol,* 19,5- bzw. 28,2%ig. *Acetylcellulose-Lsg.* in Aceton/W., senkrecht mit dem unteren Ende eingetaucht wird, kann wie bei parallelen Verss. mit Newtonschen Fll. gemäß $F = d \cdot R \cdot v\,(\eta_0/\eta_c)^{1,4}$ ausgedrückt werden, wo d Länge des in die Fl. getauchten Teils des Glasstabes, R Durchmesser des Glasstabes, v Geschw. des Aufziehens, $\eta_0$ differentiale Viscosität der Fl. bei Verschiebungsstress 0 u. $\eta_c$ minimale Viscosität bedeutet. Die charakterist. Periode, in der das elementare Verf. des Spinnens der Fll. mit Strukturviscosität stattfindet, beträgt ca. $5 \cdot 10^{-2}$ s, während das Spinnen der Newtonschen Fll., deren Viscosität bis auf $\eta_c$ abnimmt, kaum mehr stattfindet, u. das Spinnen der Fll. mit Strukturviscosität, deren Relaxationsdauer länger als $10^{-2}$ s ist, in erster Linie auf der viscoelast. Relaxation beruht. E. Maekawa. 8080□

**Mechanische Grundlagen des Faser-Spinnprozesses bei geschmolzenen Polymeren.** 2. Mitt. **Zwiebelbildung nach dem Austritt aus der Spinndüse.** Andrzej Ziabicki und Krystyna Kędzierska. (Kolloid-Z. **171,** 111—19, Aug. 1960; Warszawa, Poland, Inst. of Gen. Chem., Dep. of Techn. Phys.; Gorzón Wlkp., Synth. Fibres Factory, Phys. Chem. Labor.; engl.) — 1. vgl. C. **1962,** 2589. — Der Prozeß der *Zwiebel-Bldg.,* wie er bei *geschmolzenen Polymeren* beim *Spinnen* zu Fasern beobachtet wird, wird untersucht. Es läßt sich feststellen, daß die maximale Verbreiterung, die in den ersten mm hinter der Spinndüse auftritt, mit der mittleren Geschw. im Spinndüsenkanal u. mit dem mittleren Geschw.-Gradienten D = d v/d r ansteigt u. daß sie mit der Schmelztemp. u. der Länge des Düsenkanals abnimmt. Die Verss. werden an geschmolzenem *Polycapronamid* u. *Polystyrol* durchgeführt. Die Erklärung des Mechanismus des beobachteten Phänomens wird durch Relaxationseffekte begründet: Elastizität der Schmelze u. Desorientierung der Makromoleküle. Die Bedeutung dieses Phänomens für die Theorie der Faser-Bldg. wird diskutiert u. ein allg. gültiges Schema für das Spinnen von Fasern gegeben, das auf die Änderung des parallelen Geschw.-Gradienten G = d v/d l längs des Spinnweges gegründet ist. K. Huste. 8080□

**Der Einfluß einiger Eigenschaften der Polyamidfasern auf den Verlauf des technologischen Prozesses ihres Verspinnens.** Tadeusz Kołaciński. (Przegląd włókienniczy **15,** 509—12, Okt. 1961; Łódź, Politechn.; pol.) — Übersicht über den Einfl. der elektrostat. Aufladung, der Reibung, der Haftung u. des Spezif. Gew. der Polyamidfaser auf den Spinnprozeß. Die größten Schwierigkeiten bereitet die starke Aufladung der *Faser* beim *Spinnen.* F. Urban. 8080◇

**Beitrag zum Studium der Strukturänderungen von Polycaproamidfasern bei Deformationen in der Faserlängsrichtung.** 3. Mitt. **Deformation von Polycaproamid-**

**fasern unter Anwendung eines zweistufigen kinematischen Schemas.** Martin Jambrich und Ivan Diacik. (Faserforsch. u. Textiltechn. **13**, 405–14, Sept. 1962; Svit, Forschungsinst. für Chemiefasern; dt.) – 2. vgl. C. **1963**, 743. – Die zweistufige Verstreckung von *Polycaproamidfasern* ermöglicht im Vgl. zur klass. Herst. die Erreichung höherer Faserfestigkeiten. Die 2. Deformationsstufe wird bei Temp. von 140–160° durchgeführt; dabei wird eine maximale Orientierung der kristallinen u. nichtkristallinen Bereiche u. eine genügende Umwandlung der weniger stabilen Strukturmodifikationen erzielt. Durch Röntgenographie, Doppelbrechung u. Dichroismus im richtbaren Bereich, IR-Spektroskopie, Ermittlung des spezif. Gew. u. durch Vgl. der Diffraktionsbilder wird dies bestätigt. I. Beßer. 8080

**Quellen und Lösen von Nylon.** Masataka Kurokawa und Tetsuo Kawagishi. (J. Soc. Textile Cellulose Ind., Japan [Sen-i Gakkaishi] **12**, 868–71, Dez. 1956; Japan, Fukui Univ., Fac. of Engng.; jap., Auszug: engl.) – Ein Phänomen wird beschrieben, das beim *Lösen* von synthet. Fasern, wie z. B. *Nylon* u. *Vinylon*, beobachtet wird. Werden solche Fasern auf eine Glasplatte gelegt u. mit einer anorgan. Säure, z. B. $H_2SO_4$, betropft, so breitet sich die Säure entlang den Fasern aus. Die Faser beginnt zu quellen; der Lösevorgang beginnt an den Faserenden u. setzt sich in Richtung des ursprünglichen Tröpfchens fort. H.-A. Wannow. 8080□

**Infrarot-Spektrophotometrie und ihre Anwendungsmöglichkeiten in der Textilindustrie.** Gabriel Włodarski (Przegląd Włókienniczy **15**, 501–05, Okt. 1961; Inst. Włókien sztuczn. i syntet.; pol.) – Übersicht. F. Urban. 8096◇

**Die Anwendung von radioaktiven Strahlenquellen in der Textilindustrie.** 3. Mitt. **Dicken- und Dichtemessungen, Bestimmung von Flächenmassen.** Adolf Heger. (Faserforsch. u. Textiltechn. **13**, 318–25, Juli 1962; Dresden, TU, Inst. für Textiltechn.; dt.) – 2. vgl. C. **1963**, 6735. – Verff. zur *Dicken-*, *Dichte-* u. *Flächenmasse*-Best. (Rückstreu- u. Absorptions-Meth.) mit *radioakt. Isotopen* werden beschrieben u. die dafür in Frage kommenden Isotopen angegeben. Die Fehlermöglichkeiten werden aufgezeigt, u. auf spezielle Anwendungsmöglichkeiten in der Textilindustrie wird hingewiesen. I. Beßer. 8096◇

**Untersuchungen über die Identifizierung von Textilfasern und Fasergemischen durch Infrarotspektren.** Hiroshi Sobue und Setsuo Fukuhara. (J. Soc. Textile Cellulose Ind., Japan [Sen-i Gakkaishi] **18**, 121–29, Febr. 1962; Tokyo, Univ., Japan., Fac. of Engng., Dep. of Appl. Chem.; jap., Auszug: engl.) – Durch Best. funktioneller Gruppen ist die *Identifizierung* von *Textilfasern* einzeln u. im *Gemisch* durch *IR-Analyse* einfach. Sie wird schwierig, wenn Fasern mit gleichen funktionellen Gruppen im Gemisch vorliegen; hier sind mkr. u. Lsg.-Unterss. sicherer. G.-D. Gollnisch. 8100

---

United States Borax & Chemical Corp., Los Angeles, Calif., V.St.A., **Bleichmittel** aus einem Borat u. Alkalihypochlorit im Mol-Verhältnis ($OCl^-$) : $X_2O$ : $B_2O_3$ = 0,029–0,36 : 0,30–0,65 : 1,00, bes. 0,15–0,20 : 0,30–0,60 : 1,00 (X = Alkalimetall). Das Stoffgemisch wird durch Einleiten von $Cl_2$ in wss. Alkalilauge, anschließendes Suspendieren von Alkaliborat oder Borsäure in dieser Lauge u. rasche Trocknung der Ausschwemmung erhalten. Man kann auch zunächst Borsäure in der Lauge aufschwemmen u. dann $Cl_2$ einleiten. **(Oe. P. 216 472** vom 5/1. 1960, ausg. 25/7. 1961. A. Prior. 3/7. 1959.) W. Wittholz. 8027

Food Machinery & Chemical Corp., V.St.A. (Erfinder: Francis Xavier Nerney, Bernard Hestner Easton und Norbert Weinberg), **Schnellbleichverfahren für Cellulosegewebe** durch Imprägnieren der Fasern, z. B. aus Baumwolle, Ramie oder Jute, mit einer wss. Lsg. von 1–1,75% $H_2O_2$, 2–4% kristallwasserfreiem Tri-Na-Polyphosphat, Na-Hexametaphosphat oder Tetra-Na-Pyrophosphat sowie 0,6% Tetra-Na-Äthylendiamintetraacetat (Reinigungsmittel u. Beschleuniger) bei pH 8,5–10, kurzes Erhitzen auf 100–120° während 20–90 Sek. mit Wasserdampf (0,4 atü), 6std. Waschen mit W. u. Trocknen. Vorteil: Sehr kurzer Bleichprozeß bei langer Waschzeit, hohe Festigkeit u. gutes Reflexionsvermögen der Gewebe. – 9 Beispiele. (**F. P. 1 233 885** vom 18/8. 1959, ausg. 12/10. 1960. A. Prior. 18/8. 1958.) H. Meltzer. 8027

Imperial Chemical Industries Ltd., London, England, **Ausrüsten von Textilien** durch Behandeln mit einer wss. Lsg. eines harzbildenden Prod., wie Methylol-Derivv. (**I**) oder niedermol. Alkyläther von I mit prim. oder sek. Aminogruppen, bes. N.N'-Dimethylolharnstoff, Melamin-$CH_2O$-Vorkondensat, N.N'-Dimethyldimethyloladipamid, dad. gek., daß die Lsg. ein wasserlösl. Halogen-1.3.5-triazin, bes. Na-Salz

der 2-(4'.6'-Dichlor-1'.3'.5'-triazinylamino)-naphthalin-6-sulfonsäure, als latenten Härter enthält. (**Ind. P. 64 283** vom 4/6. 1958, ausg. 31/5. 1960. E. Prior. 12/6. 1957.)
C. Lüttgen. 8033

Armour & Co., V.St.A., **Wasserdichtmachen von Geweben aus Cellulose,** wie Baumwolle, Leinen, durch Imprägnieren mit 0,75—2,5 Gew.-% von Alkenylbernsteinsäure [z. B. Pentatriakonten-(17)-yl- oder Trikosen-(11)-ylbernsteinsäure] u./oder ihres Anhydrids, wobei die Alkenylgruppe zwischen 19 u. 35 C-Atome haben kann, u. Trocknen der behandelten Gewebe bei ca. 100° an der Luft. — 2 Beispiele. (**F. P. 1 235 005** vom 7/9. 1959, ausg. 17/11. 1960.) H. Meltzer. 8037

Farbwerke Hoechst Akt.-Ges., vormals Meister Lucius & Brüning, Deutschland, **Aufbringen von Pigmenten und Antistatica auf Faserstoffen und Folien** mittels Fixiermitteln aus wasserlösl. Vorkondens.-Prodd. aus Ausgangsmaterial für Aminoplaste, wie Melamin oder aliphat. Bis-harnstoffen der Formel $H_2NCONHR \cdot [N(R^1)R]_nNHCONH_2$ (n = 0, 1, 2 oder 3; R = niedrigmol. Alkylenrest; $R^1$ = H, niedrigmol. Alkylrest) u. HCHO, wobei dieses Vorkondens.-Prod. 56—97 Gew.-% (des Endprod.) chem. gebundenes polymeres Äthylenoxid enthält u. die Äthylenoxid-Moll. durch N-Atome unterbrochen sein können. — 280 (g) 30% ig. Formalin, 850 oxäthyliertes Triäthanolamin (Molgew. 1430) u. 50 Melamin werden unter Rühren in 20 Min. auf 80° erhitzt, noch 5 Min. weitergerührt u. bei 30—40° tropfenweise mit 65 konz. $H_2SO_4$ versetzt, dann 15 Min. bei 30—40° gehalten u. bei pH 8 mit 40 Dimethylsulfat bei 60° methyliert. 50 einer 78% ig. Lsg. des Rk.-Prod. werden mit 50 einer wss. Pigmentdispersion des Kupplungs-Prod. aus 1-Amino-2-methyl-4-chlorbenzol u. 1-[2'-Hydroxynaphthyl-(3')-amino]-2-methyl-4-chlorbenzol, das ein Dispergiermittel enthält, 60 einer 30% ig. Polyvinylalkohol–Benzaldehyd–Acetal-Dispersion, 5 einer 30% ig. Lsg. eines Alkylarylpolyglykoläthers u. 10 einer 50% ig. $NH_4NO_3$-Lsg. gemischt. Die Mischung wird auf 1 Liter aufgefüllt. Man bedeckt mit der Mischung Baumwoll- oder Kunstfasergewebe, trocknet u. fixiert 5 Min. mit heißer Luft von 140°: Antistat., waschfester *Überzug.* (**F. P. 1 233 931** vom 26/8. 1959, ausg. 13/10. 1960. D. Prior. 26/8. 1958.)
M. Pankow. 8037

Comp. Française des Matières Colorantes, Seine, Frankreich (Erfinder: Paul Muller), **Herstellung und Anwendung von Kondensationsprodukten aus Harnstoff, Formaldehyd und Ammoniak für Textilien.** 2 (Mol) $NH_3$ werden mit 6 HCHO in wss. Lsg. bei 5° kondensiert, das erhaltene Prod. wird in saurem Milieu mit 3 Harnstoff u. dann im alkal. Medium mit 6 HCHO weiterkondensiert. Die gebildeten Harze können auch mit Monoalkoholen in die entsprechenden Methyloläther verwandelt werden. Mit diesen Harzen behandelte Gewebe werden knitter- u. schrumpffest, ohne Cl-Adsorption nach dem Waschen. — 3 Beispiele. (**F. P. 1 237 813** vom 17/6. 1959, ausg. 28/11. 1960.) H. Meltzer. 8037

E. I. du Pont de Nemours & Co., V.St.A. (Erfinder: Osborne Coster Bacon), **Mittel zum Knitterfestmachen von Geweben aus Cellulose,** wie Baumwolle, Kunstseide, Leinen oder Hanf. Diese werden mit einer wss. Lsg. imprägniert, die 3 bis 70% Dimethyloltetrahydro-5-[β-hydroxyäthyl]-symm.-triazinon-(2) u. Tetramethylolharnstoff im Gew.-Verhältnis 1 : 1 bis 1 : 9 enthält. Als Katalysator dient ein Gemisch aus $Zn(NO_3)_2$ u. $CH_3 \cdot COONa$ (1 : 1 bis 5 : 1). Man tränkt die Gewebe, bis sie 3—10% des Imprägniermittels u. 0,5—2% vom Katalysator aufgenommen haben, trocknet, erwärmt auf 149°, neutralisiert im alkal. Bad, wäscht bei pH 7—7,5 u. trocknet. So behandelte Gewebe sind knitterfest, sehr gut reflektierend u. erhöht Cl-resistent. — 3 Beispiele. (**F. P. 1 234 158** vom 21/3. 1959, ausg. 14/10. 1960. A. Prior. 10/9. 1958.)
H. Meltzer. 8037

Permachem Corp., West Palm Beach, Fla., V.St.A., **Fungicides Mittel, besonders zur Textilbehandlung.** Man imprägniert das Gut mit einem Mittel, das mittels oberflächenakt. Verbb. in W. dispergierte organ., in W. unlösl. Sn-Verbb. enthält. — 1 (Teil) Tributylzinnoxid (I) werden in 6 Polyäthylenglykolmonolaurat verteilt u. der Ansatz für Behandlung von Textilien in 500 W. verteilt. — Ähnlich geeignet ist ein Ansatz aus 1 I u. 0,3 Na-Fettalkoholsulfat. (**E. P. 838 722** vom 1/7. 1957, ausg. 22/6. 1960. A. Prior. 20/7. 1956.) H. Möllering. 8037

Engelhard Industries, Inc., Newark, N.J., V.St.A., **Spinndüsen** zur Verarbeitung künstlicher Fasern bestehen aus einem gesinterten Pulvergemisch aus 1 bis 20 (%) eines *Pt-Pulvers,* Rest *WC-Pulver.* — Zeichnungen. (**E. P. 828 877** vom 28/5. 1958, ausg. 24/2. 1960. A. Prior. 4/10. 1957.) G. Apel. 8071

American Cyanamid Co., New York, N.Y. (Erfinder: Sewell Trezevant Moore, Stamford, Conn.), V.St.A., **Modifizierte, nichtfaserige Regeneratcellulosefilme.** Man behandelt die Filme mit Aktivierungsmitteln [$NaClO_2$, $NaJO_2$, $Mn_2(SO_4)_3$,

$MnCl_3$, Mn-Pyrophosphat, $NaBrO_3$, $KBrO_3$, Co-Salze, wie Co-Sulfat, bes. bei $<10^0$, u. bes. Ce-Salze, wie Ammonium-Ce-Sulfat oder -Nitrat], um mindestens 0,1% der Glucoseeinheiten der Regeneratcellulose in freie Radikale umzuwandeln, bringt den Film gleichzeitig oder danach mit einer Vinyl(oder Acryl)-Verb. zusammen u. läßt die Vinyl-Verb. bis mindestens 15% pfropfpolymerisieren. Durch Einführung von Vinylchlorid-, Acrylamid-, -nitril-, -säuregruppen, Vinyläthergruppen u. ggf. Verseifung oder Abbau der Polymeren kann man hydrophile bis hydrophobe, nichtion., kation. oder anion. Stoffe herstellen, die sich als *Verpackungsmaterial*, für *elektr. Isolierungen*, *Wasserreinigung*, als *Deckschicht* auf Sperrholz usw. eignen. — Eine weichmacherfreie Regeneratcellulosefolie taucht man unter $N_2$ in eine Lsg. von 5,5 g Ammonium-Ce-Nitrat in 80 $cm^3$ einer wss. Lsg. von 0,1 Mol $HNO_3$, aufgefüllt mit W. auf 2 Liter, nimmt sie nach einigen Sek. heraus u. rührt 15 Min. in 75 $cm^3$ einer wss. 10%ig. Acrylamid-Lsg., wäscht mit $NaHSO_3$ u. erhält einen biegsamen, zähen *Film*. (**F. P. 1 221 901** vom 23/1. 1959, ausg. 7/6. 1960. **Jap. A. S. 17 597/1960** vom 27/1. 1959, ausg. 30/11. 1960. Beide A. Prior. 27/1. 1958.) M. Pankow. 8075

British Celanese Ltd., London, England (Erfinder: Denis William Groombridge und John Downing), **Herstellung von Cellulosetriacetatfäden.** Man verformt in üblicher Weise eine Spinnlsg. in ein Fällbad, wobei man eine Abzugs-Geschw. von höchstens dem 0,9fachen der Austritts-Geschw. einhält. Anschließend wird der Faden um mindestens 10% verstreckt. Auf diese Weise erhält man Fäden besonders hoher Festigkeit. (**E. P. 834 884** vom 14/3. 1956, ausg. 11/5. 1960.) F. Böhm. 8077

Wacker-Chemie G. m. b. H., Deutschland, **Herstellung von Cellulosetriacetatfäden und -fasern** aus Lsgg. aus Mischungen von mindestens 90% $CH_2Cl_2$, wasserlösl. $C_{3-6}$-Glykolen oder Polyglykolen u. ggf. einwertigen $C_{1-4}$-Alkoholen in einem Fällbad aus bis 70% Glykolen, Polyglykolen oder deren Derivv., bes. deren Teiläthern, u. 10 bis 15% $CH_2Cl_2$ u. ggf. Tetrahydrofurfurylalkohol u. W., wobei Fäden mit erhöhter Bruchfestigkeit, Dehnbarkeit, Querelastizität, Reibungsfestigkeit entstehen. — Eine Lsg. von 19 (Teilen) Cellulosetriacetat in einer Mischung aus 5 2-Methylpentandiol-(2.4) u. 95 $CH_2Cl_2$ wird in ein Fällbad von $35^0$ aus 58,5 2-Methylpentandiol-(2.4), 31,5 W. u. 10 $CH_2Cl_2$ gesponnen. (**F. P. 1 211 659** vom 15/9. 1958, ausg. 17/3. 1960. D. Prior. 21/9. 1957 u. 4/8. 1958.) M. Pankow. 8077

Hercules Powder Co., Wilmington, Del., übert. von: Max Levine, Cleveland Heights, Ohio, V.St.A., **Schmälzen von Fasern bzw. Avivieren von Fäden aus Polyolefinen** erfolgt mit alkoxylierten (1—4 Mol Alkylenoxid) KW-Stoff-Verbb. mit 12—18 C-Atomen. — Ein Garn aus *Polypropylen*-Fäden wird aus einer 8%ig. wss. Dispersion mit 1,6% *äthoxyliertem* (3 Mol) *Butylpalmitat* beladen. — Gleiche Stapelfasern werden mit 1% *äthoxyliertem Stearylamid* beladen. Die erteilte Ausrüstung ist auch *antistatisch*. (**A. P. 3 009 830** vom 15/3. 1960, ausg. 21/11. 1961.) H. Möllering. 8081

Nippon Reyon Kabushiki Kaisha, Uji (Erfinder: Motohiro Tsunita, Seizo Okamura, Fumio Kobayashi und Tateo Iwasaki, Kyoto), Japan, **Pfropfpolymerisation von Vinylverbindungen an Polyäthylen oder Polypropylen** durch radioakt. Bestrahlung von Formkörpern der Polymeren in Luft, danach Eintauchen in fl. Vinyl-Verbb. (Vinylpyridin, Acrylnitril) u. erneute radioakt. Bestrahlung, möglichst in Abwesenheit von Luft oder $O_2$. — Polypropyleneinzelfäden werden in Luft bei $200^0$ mit $^{60}Co$ mit $1 \cdot 10^6$ rep $\gamma$-Strahlen behandelt, dann in Vinylpyrrolidon getaucht u. in $N_2$ bei Raum-Temp. mit $1 \cdot 10^5$ rep $\gamma$-Strahlen bestrahlt, 6 Std. mit W. extrahiert, wobei nichtgebundenes Polyvinylpyrrolidon entfernt wird u. ein Polymeres mit 7,8% Gew.-Zunahme verbleibt: Verbesserte Färbbarkeit mit sauren Farbstoffen. (**Jap. A. S. 17 693/1960** vom 11/9. 1958, ausg. 2/12. 1960.) M. Pankow. 8081

Farbwerke Hoechst Akt.-Ges., vormals Meister Lucius & Brüning, Deutschland, **Herstellung gefärbter Folien und Fasern aus Polyester,** bes. *Polyäthylenglykolterephthalat* (I). Man färbt Schnitzel oder Körner des Polyesters in einem wss. Bad mit Dispersionsfarbstoffen bei 90—150°, bes. 100—130°, bes. in Ggw. von Verteilungsmitteln, u. formt die Schnitzel oder Körner dann zu Folien oder Fäden. — Man erhitzt 50 Teile I-Schnitzel in einem Bad aus 300 Vol.-Teilen W., 1,5 Gew.-Teilen Na-Dinaphthylmethandisulfonat u. 1 Gew.-Teil eines mit einem Dispersionsmittel feinverteilten Kondens.-Prod. aus Naphthoylen-4'-methylbenzimidazolperidicarbonsäure u. 3-Methoxypropylamin 2 Std. unter Druck auf 120—130°: Orangefärbung. Man behandelt die Schnitzel dann 10 Min. bei 80° in einem Bad aus 300 Vol.-Teilen W., 0,5 (Gew.-Teilen) Na-Diisobutylnaphthalinsulfonat, 3 33%ig. NaOH u. 3 Na-Dithionit, wäscht, trocknet u. spritzt zu einer Folie, die längs u. quer gestreckt wird. (**F. P. 1 235 652** vom 11/7. 1959, ausg. 16/11. 1960. D. Prior. 12/7. 1958.) M. Pankow. 8081

Kanegafuchi Kagaku Kogyo Kabushiki Kaisha, Osaka (Erfinder: Kinjo Noyori, Akira Kinoshita, Masaaki Yoshino und Takumi Kosugi, Kobe), Japan, **Polymerisieren von Acrylnitril** (I) in batch-Form zu Polymeren mit über 85% I mit wasserlösl. Katalysatoren in wss. Medium, das anfangs eine Mischung mit 11—30 Gew.-% von I-Polymeren oder -Mischpolymeren u. 1—10 Gew.-% I oder dieses u. mehrere damit mischpolymerisierbare Monomere enthält, wobei man während der Polymerisation rührt u. gleichzeitig Monomeres u. wss. Medium in dem Verhältnis von Gesamtmenge von Monomerem u. Polymerem u. der Menge des wss. Mediums in der Anfangs-Fl. zusetzt u. den Gesamtwert an Zusatzmenge an Monomerem u. W. so reguliert, daß er in der Zeit t etwa mindestens dem Wert $S = S_0 (e^{Kt} - 1)$ entspricht [S = gesamte Zusatzmenge von Monomerem u. wss. Medium in der Zeit t; $S_0$ = anfängliche Gew.-Menge des wss. Syst.; t = Zeit vom Beginn der Polymerisation an in beliebiger Einheit; K = verschieden nach den Polymerisationsbedingungen (Einheit ist Reziprokes der Zeit), ist eine Konst., so ausgewählt, daß die Polymerisat-Konz. im wss. Medium mit der im anfänglichen Medium übereinstimmt]. — 24,5 (Teile) I-Methylacrylat-Mischpolymerisat mit 98% I, 5,5 Monomeren-Präp. aus 94% I u. 6% Methylacrylat u. 100 W. werden im $N_2$-Strom bei 50° gehalten u. 0,15 $(NH_4)_2S_2O_8$, 0,3 $NaHSO_3$, je in 10 W. gelöst, zugegeben. In Abständen von ½ Std. gibt man jeweils 3 Fl. aus insgesamt 282 (Teilen) I u. 18 Methylacrylat, insgesamt 600 W. mit 0,25% $(NH_4)_2S_2O_8$ u. insgesamt 600 W. mit 0,5% $NaHSO_3$ im Verhältnis 1 : 2 : 2 zu, so daß in der Polymerisations-Fl. jeweils nach ½ Std. 8,5, 19,5, 33,5, 51,5, 74,5, 104,5, 143, 192, 255 u. 300 Teile u. die entsprechenden doppelten Mengen der anderen beiden Fll. vorhanden sind. Man polymerisiert noch etwas weiter, filtriert u. erhält ein Mischpolymeres mit 93,5% I. Das Polymere ist in Dimethylsulfoxid gut lösl. u. kann zu *Kunstfäden* versponnen werden. (**Jap. A. S. 16 592/1960** vom 16/6. 1958, ausg. 31/10. 1960.) M. Pankow. 8081

Farbenfabriken Bayer Akt.-Ges., Deutschland (Erfinder: Hermann Schnell und Joachim Nentwig), **Herstellung von Polyamiden in Perlform** aus Lactamen. Man suspendiert Lactame in Fll. oder indifferenten Stoffen bei Temp. >F. des Lactams u. < der Erweichungspunkt der Polyamide, wobei sie in dem Suspensionsmittel wenig lösl. oder unlösl. sind, u. polykondensiert mit Katalysatoren u. Beschleunigern. — Man erhitzt 100 (g) Caprolactam, 200 einer hydrierten Kogasinmischung mit $Kp._{10}$ 70—105° u. 5 polymeres Aminocapronsäurepulver, wobei restliche Feuchtigkeit mit 54 Kogasin abdest., gibt 300 mg Na u. 2 cm³ Phenylisocyanat zu, hält 1 Std. bei 80°, steigert in je ½ Std. auf 100 u. 110°, hält hier 45 Min. u. filtriert heiß. Nach dem Trocknen des Filterrückstandes erhält man ein perlartiges Prod., das sich verspinnen läßt. (**F. P. 1 213 993** vom 7/1. 1959, ausg. 5/4. 1960. D. Prior. 1/2. 1958.) M. Pankow. 8081

Chemstrand Corp. (Erfinder: Jack Gilbert Scruggs und William Allen Hooper Huffmann), Decatur, Ala., V.St.A., **Herstellung von Polyestern** durch Rk. von Dialkylterephthalat mit Äthylenglykol zu Bis-[2-hydroxyäthyl]-terephthalat u. dessen Polymerisation, wobei Umesterung u. Polymerisation in Ggw. katalyt. Mengen von Metallsalzen der Dithiocarbaminsäure vorgenommen werden. — Man erhitzt 58,2 g Dimethylterephthalat, 66 ml Äthylenglykol u. 30 mg Zn-Diäthyldithiocarbamat unter $N_2$ 35 Min. auf 175—180°, ½ Std. auf 285° u. noch 3 Std. bei 1 mm u. erhält eine kalt streckbare *Fäden* bildende Schmelze. Das Polymere zeigt ein sehr reines Weiß u. starke Leuchtkraft. (**F. P. 1 215 329** vom 17/11. 1958, ausg. 15/4. 1960. **Jap. A. S. 17 850/1960** vom 18/11. 1958, ausg. 6/12. 1960. Beide A. Prior. 18/11. 1957.) M. Pankow. 8081

Kokaku Jinken Pulp Kabushiki Kaisha, Tokyo (Erfinder: Sutezo Kuriyama, Mikio Korematsu, Hisashi Ushida und Hiroo Inoue, Oita), Japan, **Herstellung linearer Polyester** durch Polykondens. von aromat. Hydroxycarbonsäureestern der Formel I (R = Alkyl, z. B. $CH_3$ bis $C_4H_9$; X = H oder $OCH_3$; n = ganze Zahl $\geq 1$) in Ggw. von Zn-, Mg-, Cd- oder Pb-Mercaptiden als Katalysatoren. — 20 (Gew.-Teile) Methyl-4-[β-hydroxyäthoxy]-benzoat u. 0,006 Zn-Äthylmercaptid werden ½ Std. bei 250° u. 70 mm u. 6 Std. bei 260° u. 0,05 mm kondensiert, wobei kleine Mengen $N_2$ eingeleitet werden. Das Polykondens.-Prod. hat F. 217—220° u. kann zu streckbaren *Fäden* verarbeitet werden. (**Jap. A. S. 17 345/1960** vom 16/9. 1958, ausg. 25/11. 1960.) M. Pankow. 8081

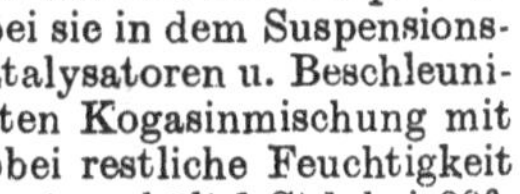

I

Tokyo Kogyo Daigaku Cho (Erfinder: Yoshio Iwakura, Tokyo), Japan, **Herstellung von gummielastischen Polyesterurethanblockpolymerisaten** durch Polyadditions-Rk. von Diisocyanat mit Polyestern aus aliphat. oder asymm. aromat. Dicarbonsäuren u. Glykolen u. mit Polyäthylenterephthalat (I). — 10 (g) I (SZ. 0; OH-Zahl 52), 10 Polyäthylenadipat (SZ. 0,5; OH-Zahl 40,3) u. 100 cm³ Nitrobenzol werden bei 170° gelöst, 1,2 Tetramethylendiisocyanat in 10 cm³ Nitrobenzol zugesetzt u. 4 Std. bei 160—170° gehalten. Man gießt langsam in 1 Liter kalten $CH_3OH$ u. filtriert das ausgefällte Polymere ab: elast. Pulver, F. 227—233°, das z. B. bei 120° zu *Folien* gepreßt werden kann; auch Herst. von *Fäden*. (**Jap. A. S. 17 596/1960** vom 22/8. 1958, ausg. 30/11. 1960.) M. Pankow. 8081

Minnesota Mining & Mfg. Co., St. Paul, Minn. (Erfinder: Carl E. Barnes und William O. Ney jun., Minn., und Joseph D. Park, Colo.), V.St.A., **Spritzbare Polypyrrolidonmischung.** Zur Herabsetzung des F. gibt man zu Polypyrrolidon (I) bis zu 30% eines stabilen, gegen I indifferenten organ. Stoffes mit einem Löslichkeitsparameter zwischen 10 u. 20, Kp. $>$150° u. F. $<$270°. Solche Stoffe sind Alkanolamine, Amide, wie Formamid oder Caprolactam, u. mehrwertige Alkohole. — Man verrührt 70 (Gew.-Teile) I der Intrinsicviscosität 1,53 mit 30 Glycerin (Löslichkeitsparameter 16,5), wobei ein schwach feuchtes Pulver entsteht (die Mischung erweicht bei 220° u. krist. beim Abkühlen bei 215°). Man kann die Mischung aus der Strangpresse zu *Fäden*, *Schläuchen* oder *Stäben* spritzen. (**F. P. 1 221 416** vom 26/3. 1959, ausg. 1/6. 1960. **Jap. A. S. 17 588/1960** vom 26/3. 1959, ausg. 30/11. 1960. Beide A. Prior. 26/3. 1958.) M. Pankow. 8081

Kanegafuchi Boseki Kabushiki Kaisha, Tokyo (Erfinder: Keizo Ueda, Nishinomiya, Tsuneo Okawara, Kawashi, Hiromu Mikami, Osaka, Bunji Fukuda, Amagasaki, und Yoshio Tsuchihira, Kobe), Japan, **Herstellung von piperazinringhaltigen linearen Mischpolykondensationsprodukten von Polyharnstoffen** durch Rk. von aliphat. Diaminen u. Harnstoff mit Salzen aus Diaminen der Formel I (n = 1—3) u. aliphat. Dicarbonsäuren oder Mischungen dieser Diamine mit Estern solcher Dicarbonsäuren, wobei vermutlich Ketten der Formel II ($R^3$ = aliphat. Dicarbonsäurerest mit 2 bis 10 Methylengruppen. $R_4$ = aliphat. Diaminrest mit 4—12 Methylenguppen, Verhältnis von X: Y = ca. 0,05: 1 bis 0,6 : 1) entstehen. — 1 (Mol) Harnstoff, 1 Hexamethylendiamin, 0,2 N.N'-Di-[β-aminoäthyl]-piperazin u. 0,2 Dimethylglutarat werden je 4 Std. unter $N_2$ auf 130 u. 250° u. dann bei 2 mm Druck 3 Std. erhitzt: *Harz* mit F. 238°, zu *Fäden* spinnbar, gegen Säure u. Alkali fest. (**Jap. A. S. 17 697/1960** vom 10/6. 1958, ausg. 2/12. 1960.) M. Pankow. 8081

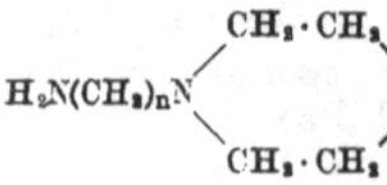

I

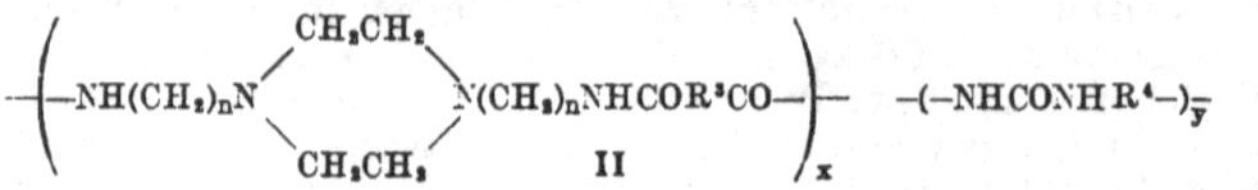

II

Kanegafuchi Boseki Kabushiki Kaisha, Tokyo (Erfinder: Keizo Ueda, Nishinomiya, Hiromu Mikami, Osaka, und Tsuneo Okawara, Kawashi), Japan, **Herstellung eines piperazinringhaltigen Polyamids** durch Polykondens. von Salzen von Diaminen der Formel I (R u. $R^1$ = H, $CH_3$; $R^2$ u. $R^3$ = KW-Stoffreste mit 1—3 C-Atomen) mit Dicarbonsäuren oder ihren äquimol. Mischungen u. üblichen Polyamid-Kondens.-Komponenten u. ggf. Quaternisierung des Piperazinring-N-Atoms. — 0,1 (Mol) N.N'-Di-[β-aminoäthyl]-piperazin, 0,9 Hexamethylendiamin u. 1 Sebacinsäure werden im Autoklaven unter $N_2$ 2 Std. bei 220°, dann 2 Std. bei 240° u. normalem Druck gehalten, die Schmelze wird zu einem farblosen Prod. abgeschreckt, F. 198°; aus der Schmelze zu *Fäden* verspinnbar. (**Jap. A. S. 17 698/1960** vom 8/8. 1958, ausg. 2/12. 1960.) M. Pankow. 8081

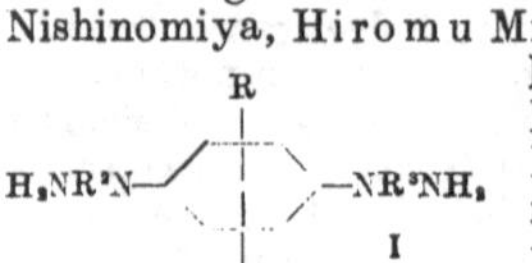

I

Union Carbide Corp., New York, N.Y., V.St.A., **Harzmischung,** die als *Bindemittel für Mineralfasern*, wie *Glas- u. Schlackenwolle*, dienen kann, aus wärmehärtbarem, mit W. verd. Phenol–HCHO-Rk.-Prod. u. wenigstens 0,005 Gew.-% Polyacrylamid, das auch teilweise verseift u. mit N-Alkylgruppen besetzt sein kann, wie N.N-Dimethylacrylamid, oder Acrylamidmischpolymeren. (**Jap. A. S. 17 845/1960** vom 5/3. 1959, ausg. 6/12. 1960. A. Prior. 7/3. 1958.) M. Pankow. 8083

**Unilever Ltd.** (Erfinder: **Basil Hugh Chase**), Port Sunlight, Chester, England, *Pyrazolinderivate.* (**E. P. 883 826** vom 30/10. 1957, ausg. 6/12. 1961. — C. **1962,** 7381 [Oe. P. 211 262 u. F. P. 1 206 474].)

**J. R. Geigy Akt.-Ges.,** Basel, Schweiz, *7-Triazinylamino-3-phenylcumarine.* (**Ind. P. 64 052** vom 13/5. 1958, ausg. 7/4. 1961. — C. **1961,** 13402 [D. A. S. 1 096 909].)

**Carl Freudenberg K.G. auf Aktien,** Weinheim, *Herstellung chlorbeständiger Flächengebilde.* (**E. P. 879 003** vom 23/11. 1959, ausg. 4/10. 1961. D. Prior. 28/11. 1958. — C. **1962,** 11420 [D. A. S. 1 107 183].)

**Kalle & Co. Akt.-Ges.,** Wiesbaden, *Verfahren zum gleichzeitigen Entschlichten and Bleichen.* (**Ind. P. 64 521** vom 1/7. 1958, ausg. 28/10. 1961. — C. **1960,** 13235 [Oe. P. 207 356].)

**Algemeene Kunstzijde Unie N. V.**, Arnheim, Niederlande, *Herstellung von Fäden aus regenerierter Cellulose.* (E. P. 884 122 vom 14/1. 1958, ausg. 6/12. 1961. A. Prior. 29/1. 1957. — C. 1963, 1510 [Schwz. P. 356 557].)

**Cassella Farbwerke Mainkur Akt.-Ges.**, Frankfurt/M., und **Glanzstoff-Courtaulds G. m. b. H.**, Köln, *Herstellung von Fäden aus regenerierter Cellulose.* (E. P. 884 550 vom 8/4. 1960, ausg. 13/12. 1961. D. Prior. 15/4. 1959. — C. 1961, 6007 [D. A. S. 1 086 855].)

**Imperial Chemical Industries of Australia and New Zealand Ltd.**, Melbourne, Australien (Erfinder: **David Patrick Spencer**), *Biege- und bruchfeste Gewebeausrüstung.* (Aust. P. 231 236 vom 23/12. 1957, ausg. 15/12. 1960. — C. 1962, 1844 [E. P. 852 499].)

**Bemberg S. p. A.**, Gozzano, Italien, *Herstellung synthetischer Fäden.* (E. P. 875 076 vom 16/12. 1957, ausg. 16/8. 1961. It. Prior. 18/12. 1956. — C. 1961, 12695 [F. P. 1 188 791].)

**Badische Anilin- & Soda-Fabrik Akt.-Ges.** (Erfinder: **Friedrich Lieseberg**), Ludwigshafen/Rh., *Herstellung von Polyacrylnitrilfäden mit hoher Farbstoffaffinität.* (E. P. 881 989 vom 20/8. 1958, ausg. 8/11. 1961. D. Prior. 28/8. 1957. — C. 1959, 12733 [D. A. S. 1 049 530].)

**Perfogit S. p. A.**, Mailand, Italien, *Herstellung von Polyestern, Polyamiden und Polyesteramiden.* (It. P. 544 519 vom 2/7. 1955. — C. 1961, 17440 [Aust. P. 215 543].)

## $H_{19}$. Brennstoffe. Erdöl. Mineralöle

**Möglichkeiten der Vervollkommnung der Kohlenstaubfeuerungen.** Gábor Bassa. (Energia és Atomtechn. **12,** 544—53, Okt. 1959; ung.) — Bericht über die Verss. zur Ausbldg. vorteilhafteren *Feuerraumes,* Erhöhung der *Verbrennungs-Temp.* u. gleichmäßige Temp.-Verteilung. Beim Verfeuern von Lignitstaub werden die Entzündungsschwierigkeiten infolge des Wasser-Geh. durch Einbau eines Knierohres zur Dunsttrennung, das das aus der Mühle kommende Rauchgas–Kohlenpulver-Gemisch teilt, die gröbere Fraktion mit wenig Dunst zu dem Hauptbrenner u. die feine Fraktion mit dem Dunst zu dem oberhalb angebrachten Nebenbrenner leitet. Die Vorteile dieser Anordnung werden erörtert. J. Plank. 8128◇

**Die katalytische Verbrennung von Gas und die Anwendung infraroter Strahlungswärme in der Industrie.** Erik Hillman. (Teknillisen Kem. Aikakauslehti [Z. techn. Chem.] **17,** 828—30, 31/12. 1960; schwed.) — Kurze Übersicht über die *katalyt. Verbrennung gasförmiger Brennstoffe* für Trocknungs- u. Heizungszwecke. S. Beckmann. 8128◇

**Wärmeabgabe von Torf beim Oxydationsprozeß.** B. F. Ssergejew und S. K. Lukjanowa. (Torf-Ind. [UdSSR] **39,** Nr. 5, 20—23, 1962; Unions-Forschungsinst. der Torfind.; russ.) — Die Oxydationsverss. werden mit nichtsterilisierten u. durch 2%ig. Formalin oder Wasserdampf sterilisierten Torfproben bei 55° vorgenommen u. zeigen, daß die sterilisierten Proben 25—30% weniger Wärme abgeben als die unsterilisierten. Die Mikroorganismen geben daher bei der Oxydierung bedeutende Wärmemengen ab. J. Lehmberg. 8132△

**Physikalische und technologische Fragen bei der Trocknung von Ligniten.** László Boross. (Energia és Atomtechn. **12,** 560—67, Okt. 1959; ung.) — Die *Trocknungsmöglichkeiten* von *Lignit* im Luft- oder Rauchgasstrom, die dabei auftretende Zerbröckelung u. der hierdurch erhöhte Schichtwiderstand werden untersucht. Die Entzündung von Lignit während des Trocknens wird durch Anwendung von Wasserdampf enthaltendem Rauchgas verhindert. J. Plank. 8134◇

**Kinetik der Kohleverkokungsreaktionen im plastischen Zustand.** S. Sarkar, S. C. Biswas und A. Lahiri. (J. sci. ind. Res. [New Delhi], Sect. B **19,** 246—48, Juli 1960; Jealgora, Central Fuel Res. Inst.; engl.) — Die *Kinetik* der *Steinkohlenverkokungs*-Rkk. wird im *plast. Bereich* untersucht. Die durch Schnellerhitzung erzeugten halbplast. Massen werden mit Chlf. extrahiert u. die Aktivierungsenergien von gut-, schlecht- u. nichtkokenden Kohlen ermittelt. Die Unterss. wurden thermogravimetr. u. plastometr. durchgeführt. Erwartungsgemäß ist die Menge des Extrakts bei nichtkokenden Steinkohlen sehr gering. I. Bramer. 8142◇

**Gewinnung von Feinstgrieß bis zu einer Körnung unter 1 mm durch Absieben.** Hans Siebel. (Gas- u. Wasserfach, Ausg. Gas **103,** 110—18, 2/2. 1962; Kiel; dt.) — Beschreibung einer Koksaufbereitungsanlage, mit der es möglich ist, ein Siebfein von 1/1,3 mm Körnung zu gewinnen. Gleichzeitig wird auch ein Siebgrobes der Körnung 22/2,5 mm gewonnen, das vorteilhaft im Generator eingesetzt werden kann. Daneben wird noch ein Kleinstkoks der Körnung 2,5/1,3 mm erhalten, der für Hausbrandzwecke geeignet ist. F. Rosendahl. 8144△

**Leistungssteigerung von Generatoren durch konstruktive und betriebliche Maßnahmen bei weitgehender Verwendung von Kleinstkoks.** August Nielsen. (Gas- u. Wasserfach, Ausg. Gas **103,** 160—65, 16/2. 1962; Kiel; dt.) — Um eine Leistungssteigerung von Generatoren zu erzielen, mußten verschiedene Umbauten an den bestehenden Anlagen vorgenommen werden. Als Hauptaufgabe stand dabei fest, möglichst einen Kleinkoks der Körnung 22—2,5 mm zu verwenden. Die erforderlichen Umbauten wurden

auf Grund jahrelangen Probierens an den Generatoren durchgeführt u. haben sich als zuverlässig bewiesen. Die Umbauten werden an Hand von Zeichnungen erläutert.
F. Rosendahl. 8148△

**Aussichten der aktuellen Stadtgaserzeugung in Großbritannien.** G. Milner. (Gas [Roma] **12,** 219—25, Juli/Aug. 1962; ital.) R. Grundmann. 8156◇

**Der Einfluß der Natur des Erdöls auf die Löslichkeit von Gasen in ihm.** T. P. Ssafronowa und T. P. Shuse. (Erdöl-Wirtsch. [UdSSR] **40,** Nr. 6, 43—47, Juni 1962; russ.) — Erdöle verschiedener Herkunft mit sehr unterschiedlicher Gruppen-Zus. werden auf ihre Löslichkeit für $CH_4$, $C_3H_8$, $C_2H_4$, $N_2$ u. $CO_2$ bei 300—350 at u. 20, 50 u. 100° untersucht. Es zeigt sich, daß die Löslichkeit von Gasen im Erdöl außer von Druck, Temp. u. Natur des Gases vom Geh. des Erdöls an KW-Stoffen der verschiedenen Gruppen abhängt. Die Löslichkeit von Gasen nimmt mit wachsendem Geh. an Paraffinen im Erdöl zu, ein hoher Aromaten-Geh. verschlechtert sie. Der Einfl. der Natur des Erdöls ist wesentlich geringer als der Einfl. der Natur des Gases. Der Prozeß des Lösens großer Gasmengen im Erdöl bei hohen Drücken darf nicht isoliert von dem gleichzeitig verlaufenden Prozeß des Lösens von Erdöl im verdichteten Gas betrachtet werden, weil mit letzterem eine Veränderung der Zus. des Erdöls verbunden ist. Erst diese beiden Prozesse bestimmen den Verlauf der Löslichkeitsisothermen bei Drücken von 70—100 at. Erdöle mit hohem Paraffin-Geh. unterliegen starken Veränderungen in der Zusammensetzung. Deshalb verändert sich auch der Verlauf der Löslichkeitsisothermen solcher Erdöle im niederen Druckbereich stärker als der für Erdöle mit vergleichsweise geringem Paraffingehalt. Die Dichte des Erdöls, das mit $N_2$ u. $CO_2$ gesätt. ist, vergrößert sich, während sie sich bei Sättigung mit $CH_4$, $C_3H_8$ u. $C_2H_4$ u. erhöhtem Druck verringert.
O. Hedicke. 8188◇

**Hydrierung von Assam-Kohle.** 2. Mitt. **Entwicklung eigener Katalysatoren.** S. K. Bose, N. G. Basak und A. Lahiri. (J. sci. ind. Res. [New Delhi], Sect. B **18,** 255—58, Juni 1959; Jealgora, Bihar, Central Fuel Res. Inst.; engl.) — 1. vgl. C. **1957,** 3424. — Über Unterss. zur *Entw.* eigener *Katalysatoren* für die *Hydrierung* von *Kohlen* mit einem hohen Geh. an Pyrit-S wird berichtet. Eine Durchtränkung der Kohle mit $FeSO_4$-Lsg. gibt gegenüber einer trockenen Vermischung eine höhere Ausbeute an fl. Hydrierungsprodukten. Ein hoher Geh. an Pyrit-S vergrößert die Ausbeute an fl. Prodd. bes. an Teersäuren u. Neutralölen. I. Bramer. 8198◇

**Untersuchung des Gemisches in Bakinsker paraffinhaltigen Erdölen mit dem Ziel, hochwertige Dieselöle zu erhalten.** K. G. Welijew, M. A. Mardanow und M. I. Machmudbekowa. (Erdöl-Wirtsch. Aserbaidshan [UdSSR] **41,** Nr. 6, 37—39, Juni 1962; russ.) — Aus einem Gemisch von Bakinsker Paraffinerdölen werden unter Labor.-Bedingungen enge Fraktionen im Bereich von 150—400° untersucht auf ihre Eignung als Sommerdieselöl. Die Brennstoffe weisen Octanzahlen von ca. 48 auf bei einer Ausbeute von 49—50% des Erdöls. Die Niedrigtemp.-Eigg. sind unbefriedigend. Durch Mischung mit weiteren Bakinsker Paraffinerdölen kann der Ep. wesentlich erniedrigt werden. J. Lehmberg. 8212△

**Ein einfaches Verfahren zum Bestimmen der Festigkeit des Nebengesteins und der Kohle.** Oswald Haase. (Glückauf **98,** 552—59, 9/5. 1962; Oberhausen; dt.) — Das für die laufende Überprüfung der *Festigkeit* von Betonfertigteilen entwickelte Betonprüfgerät (Prallhammer) von Schmidt, Typ N, wird für die Ermittlung der Festigkeit des *Nebengesteins* u. der *Kohle* unter Tage eingesetzt. R. Bätz. 8246◇

**Über den mehrfachen Micum-Test für Koks.** J. M. Sanyal, K. Raja, P. Chakravarty, N. N. Chatterjee und N. N. Das Gupta. (J. sci. ind. Res. [New Delhi], Sect. A **19,** 323—27, Juli 1960; Jealgora, Central Fuel Res. Inst.; engl.) — Statist. Unterss. zeigen, daß der beim *mehrfachen Micumtest* erhaltene Index K mit großer Genauigkeit für die Ermittlung der Shatter-, Micum- u. Haven-Indices herangezogen werden kann. Der Index K wird als Funktion verschiedener Parameter abgeleitet u. kann gleichzeitig als Maßstab für Porosität, Abriebfestigkeit u. andere *Koks-Eigg.* benutzt werden. Für guten Koks ist ein kleiner K-Wert charakteristisch. I. Bramer. 8246◇

**Die Bestimmung der Salzmenge im Handelserdöl.** W. I. Witkowski. (Erdöl-Wirtsch. [UdSSR] **38,** Nr. 5, 59—60, Mai 1960; russ.) — Aufstellung einer Formel, in welcher die Salzmenge in Prozenten des Wasser-Geh. im Erdöl u. des Versalzungsgrades des W. ausgedrückt wird u. Beschreibung des Verfahrens. J. Lehmberg. 8252△

**Die quantitative Bestimmung der fünf- und sechsgliedrigen Cyclane des Ssatchenissker Erdöls.** Ch. I. Areschidse und Je. P. Chetschinaschwilli. (Mitt. Akad. Wiss. GrusinSSR **28,** 401—08, 1962; Tbilissi, Chem. Melikischwili-Inst.; russ.) — Durch dehydrierende Katalyse nach Selinski im Vgl. mit anderen Meth. wurde die quant. Verteilung der fünf- u. sechsgliedrigen Cyclane in den Fraktionen des Ssatchenissker Erdöls untersucht, wobei festgestellt wurde, daß der Aromaten-Geh. mit wachsenden Kpp. der Fraktionen sich beachtlich steigert (max. 41,36%). Gleichzeitig verringert sich der Paraffin-Geh. mit Ausnahme der Fraktion 122—150° auf 21,13%. Die größte Menge an hexahydroaromat. KW-Stoffen wurde in der Benzol- u. Toluolfraktion gefunden. O. Hedicke. 8252◇

**Struktur und Zusammensetzung von Nahorkatiyaer (Assam) Benzin.** H. S. Rao, G. S. Murty, P. L. Gupta, N. R. Subbaratnam und A. Lahiri. (J. sci. ind. Res. [New Delhi], Sect. B **18,** 379—86, Sept. 1959; Jealgora, Bihar, Centr. Fuel Res. Inst.; engl.) — *UV*- u. *IR-Spektren* des *Rohöls* von *Nahorkatiya* (*Assam*) u. den einzelnen destillierten *Benzinfraktionen* werden angefertigt. Die spektroskop. Daten machen es möglich, Art u. Menge der verschiedenen Verbb. zu bestimmen. Untersucht werden die KW-Stoff-Fraktionen von 42—180°, wobei in jeder Fraktion bestimmte Verbb. vorherrschend sind. Das Nahorkatiyaer Rohöl kann als paraffin.-naphthen.-aromat. bezeichnet werden. R. Worbis. 8252◇

---

United States of America, Secretary of Army, übert. von: Charles F. Pickett, Bel Air, Robert E. Wagner jun., Havre de Grace, und Myer Rosenfeld, Baltimore, Md., V.St.A., **Lösungsmittel für Kohleablagerungen in Verbrennungskraftmaschinen** besteht aus 2—27 (Vol.-%) prim. Hydroxyamin (*Monoäthanolamin, Monopropanolamin*), 7—64 Äther (*Äthylenglykolmonobutyläther, Äthylenglykolmonoäthyläther, Propylenglykolmonobutyläther, Äthylenglykolmonopropyläther, Äthylenglykolmonophenyläther*), 3,5—57 W. u. 0,3—1,2 mehrwertiger Alkohol (*Äthylenglykol, Propylenglykol*), ggf. 1—5 Stabilisator (*Methoxybutanol, Hexylenglykol*) u. *Na-Silicat* als Inhibitor. (**A. P. 2 929 789** vom 23/11. 1956, ausg. 22/3. 1960.) H. Baur. 8129

Brita Schlyter, Stockholm, Schweden, **Herstellung von festen Briketts** aus verkokbarem Material, z. B. Sägemehl, u. Bindemittel, z. B. Pech, Melasse, Sulfitablauge, dad. gek., daß die brikettierte Masse (I) durch einen Tunnelofen in direktem Kontakt mit brennenden oder heißen verbrannten Gasen (II) geführt wird, wobei die Temp. der **II** mit dem Fluß der **I** zum Ende des Ofens hin gesteigert wird, z. B. von 200—400° auf 600—700°. — Zeichnung. (**Ind. P. 65 853** vom 17/11. 1958, ausg. 10/11. 1960.) C. Lüttgen. 8137

Chemische Werke Hüls Akt.-Ges., übert. von: Alfred Schmidt und Ricardo Marin, Marl, **Cracken von flüssigen Kohlenwasserstoffen** erfolgt durch Einleiten eines $O_2$-haltigen Gases unter die Oberfläche des KW-Stoffes, so daß dieser teilweise verbrannt wird. Das Verf. wird bei 100—500 mg Hg durchgeführt. Die Einleitung der Verbrennung erfolgt anfangs durch Zufuhr von $H_2$. — Aus „Aramco"-Öl bzw. Dieselöl werden 6,2—7 bzw. 8,5 (%) *Acetylen*, 4,5—5,5 bzw. 5,5 *Äthylen*, 1—2 bzw. 2,3 höhermol. Olefine erhalten. — Vgl. E. P. 802 226; C. **1959,** 12101. — Vorr., Zeichnung. (**A. P. 2 954 416** vom 21/6. 1957, ausg. 27/9. 1960. D. Prior. 14/8. 1956.) G. Krauss. 8197

Callery Chemical Co., Pittsburgh, Pa., V.St.A. (Erfinder: George Franklin Huff, William H. Schechter und Roy M. Adams), **Beständiges Dimethylaminoborin,** $(CH_3)_2NHBH_3$, lange Nadeln, F. 36°, Kp.$_2$ 59—65°, lösl. in Bzl., Ae., Chlf., $CCl_4$, Toluol, A., Aceton, W., Äthylenglykol, fl. $NH_3$, Dimethylamin, Pyridin, Chinolin, zersetzt sich nicht beim Erhitzen auf 110°; hydrolysiert nicht in W. oder wss. alkal. Lsgg. beim Kp. der Lsg.; mit HCl entstehen 3 Mol $H_2$; Molgew. 60; man erhält es aus der fl. unbeständigen Verb., F. ca. 11°, durch Umkristallisieren aus sd. PAe. oder durch Dest. im Vakuum. Es entsteht auch durch Elektrolyse von $NaBH_4$ in Dimethylamin in Ggw. einer Pt-Anode u. Hg-Kathode bei 7° u. 0,12 A/cm² unter Entw. von $H_2$ oder durch Einleiten von $B_2H_6$ in Dimethylamin bei 7° oder durch Rk. von festem $NaBH_4$ mit festem Dimethylammoniumdihydrogenphosphat. *Antiklopfmittel* für *Kraftstoffe*. — Durch Rk. mit einer Lewis-Säure ($SiCl_4$, $P_2O_5$, $SO_2$, $SO_2Cl_2$, $SOCl_2$ u. $BF_3$) erhält man daraus nach dem anderen Verf. *Aminodiborane* der allg. Formeln $(R)_2NB_2H_5$ u. $(R)_2NHBF_3$ (R = H oder gleiches oder verschiedenes Alkyl) nach D. A. S. 1 071 710; C. **1961,** 14520 u. F. P. 1 158155; C. **1959,** 12696, die *energiereiche Brennstoffe* oder *Zusatzmittel* für KW-Stoff-*Brennstoffe* sind. (**E. PP. 826 558** vom 13/2. 1956 u. **826 557** vom 10/1. 1956, beide ausg. 13/1. 1960.) G. Krauß. 8209

Standard Oil Co., Chicago, Ill., übert. von: Randel Q. Little jun., Munster, und Roger W. Watson, Highland, Ind., V.St.A., **Schmieröle,** die korrodierend gegen Cu u. Ag wirken, enthalten als Korrosionsschutzmittel 0,5—5% Verbb. der allg. Formel **I**, in denen Z = S oder O, R ein $C_{1-30}$-Alkylrest u. R′ = R oder H ist. — Beispiele für **I**: 2-(Dodecylthio)-benzothiazol, -benzoxazol. (**A. P. 2 963 433** vom 2/12. 1957, ausg. 6/12. 1960.) E. Drews. 8221

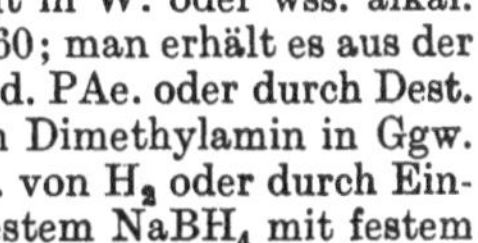

I

United States Borax & Chemical Co., Los Angeles, übert. von: Robert J. Brotherton, Fullerton, und Lowell L. Petterson, Whittier, Calif., V.St.A., **Thioborate** werden hergestellt durch Rk. von Trialkyl- oder Triarylaminoboranen mit Mercaptanen in Ggw. von $H_2SO_4$ oder Halogenwasserstoffsäuren. — 4,74 (g) HCl in 65 ml Ae. werden unter Rühren zu einer auf —40° gekühlten Lsg. von 7,16 $CH_3SH$ u. 6,2 Trisdimethylaminoboran (I) innerhalb 15 Min. gegeben. Die Lsg. erwärmt sich dabei auf 0°, sie wird 45 Min. bei 0° u. 1½ Std. bei Raum-Temp. gehalten. Vom Nd. wird abfiltriert u. das Filtrat dest. → *Trimethylthioborat*, Kp. 213—216°; $n_D^{24}$ 1,5601. — Analog: $[(C_4H_9)_2N]_3B$ u. $C_6H_{13}SH$ → *Tri-n-hexylthioborat.* — I u. $C_6H_5CH_2SH$ → *Tribenzylthioborat.* — *Schmierölzusätze.* (**A. P. 2 960 530** vom 30/9. 1959, ausg. 15/11. 1960.) A. Debo. 8221

Lubrizol Corp., Wickliffe, übert. von: Thomas A. Butler, Cleveland, Ohio, V.St.A., **Neutrale Dithiophosphorsäurederivate** werden hergestellt durch Einleiten inerter Gase in Mischungen von Dithiophosphorsäure-O.O-diestern u. einem Alkylenoxid. — Zu 1675 g Dithiophosphorsäure-O.O-di-(2-methylpentyl)-ester gibt man unter Durchleiten von $CO_2$ bei 40° portionsweise 319 g Propylenoxid. Die Rk.-Mischung wird durch Erhitzen auf 40° bei 20 Torr konz. → klare Fl. mit 8% P u. 16,7% S. — Analog: Dithiophosphorsäure-O.O-di-(2-äthylhexyl)-ester u. Äthylenoxid. — Das Rk.-Prod. aus $P_2S_5$ u. Polyisobutylphenol u. Propylenoxid. — Beansprucht werden auch die entsprechenden Dithiophosphinsäurederivate. — *Schmiermittelzusätze.* (**A. P. 2 965 664** vom 9/4. 1956, ausg. 20/12. 1960.) A. Debo. 8221

Shell Oil Co., Del., V.St.A., übert. von: James Hartley, Wirral, und John D. Downer, Newton, England, **Borsäureester von hydrolysierten Mischpolymerisaten,** die OH-Gruppen enthalten u. ein Molgew. von >1000, bes. 1500—50000, aufweisen, erhält man z. B. durch Rk. von z. B. $H_3BO_3$, $B_2O_3$ oder $Na_2B_4O_7$ mit (teil)hydrolysierten Mischpolymerisaten aus einem Vinylester niederer Fettsäuren, z. B. Vinylacetat, u. einem α-Alken mit ≧8 C-Atomen, bes. Octadecen-1 (u. Vinylalkohol). An Stelle von $H_3BO_3$ usw. können auch Borsäurepartial- oder -triester von $C_{1-6}$-Alkoholen eingesetzt werden. Die Prodd. eignen sich bes. als *Zusätze* zu *Treibstoffen* oder *Schmierölen,* deren wägbare Rückstände im Motor oder Lager sie verringern. Tabellen. (**A. P. 2 945 014** vom 27/1. 1958, ausg. 12/7. 1960. E. Prior. 1/2. 1957.) H. Schindler. 8221

Shell Oil Co., Del., übert. von: Lyman Edward Lorensen, Orinda, John Zachar und Robert C. Jones, Berkeley, Calif., V.St.A., **Öllösliche Mischpolymerisate von Vinylpyridin und ungleichen Alkylacrylaten.** Als Monomerenkomponenten dienen ein Vinylpyridin, z. B. 2-Methyl-5-vinylpyridin, ein Gemisch aus $C_{16-20}$-Alkylestern der (α-substituierten) Acrylsäure (**I**) u. $C_{10-14}$-Alkylestern der **I**, deren Mol-Verhältnis 1:1 bis 1:3 beträgt, u. ein $C_{1-6}$-Alkylester der **I**, dessen Menge 10—60 Mol.-% aller Ester ausmacht. Die Menge Vinylpyridin steht zur Menge aller Ester im Mol-Verhältnis 1:10 bis 2:1. 20 Mengenbeispiele mit Stearyl- u. Laurylmethacrylat u. Methylmethacrylat als Esterkombinationen. Tabellen. Als Katalysator dienen Azo-Verbb. oder organ. Peroxide. Die Endprodd. haben Molgew. 100000—2000000 u. dienen bes. als *Zusätze zu Schmierölen,* deren physikal. Eigg. sie verbessern. — Diagramm. (**A. P. 2 957 854** vom 31/1. 1958, ausg. 25/10. 1960.) H. Schindler. 8221

Sinclair Refining Co., New York, N.Y., übert. von: Maurice K. Rausch, Harvey, und Thomas A. Francis, Chicago, Ill., V.St.A., **Schwefelchlorierte Schneidöle** werden erhalten, wenn man ein rohes Paraffinöldestillat mit überschüssigem $S_2Cl_2$ bei 125—250°F 1—10 Std. unter Inertgas u. Rühren behandelt. Zur Entfernung des $S_2Cl_2$ leitet man 18 Std. Luft bei 170—210°F u. weitere 6 Std. bei Raum-Temp. durch u. gibt dann 0,25% Propylenoxid zu. Der S-Geh. steigt von 0,47% auf 3,66%. — *Schneidöle* mit großer chem. Rk.-Fähigkeit u. geringer Schlammbildung. (**A. P. 2 943 990** vom 20/1. 1956, ausg. 5/7. 1960.) A. Debo. 8221

Socony Mobil Oil Co., Inc., New York, übert. von: Eldon L. Armstrong, Garden City, Richard A. Butcosk, Uniondale, und George W. Murray jun., Pleasantville, N.Y., V.St.A., **Schmierfettherstellung.** Man stellt in einem Trägeröl in situ einen Verdicker aus einem Verseifungsmittel u. einer Fettsäure oder einem Glycerid her, kühlt bis unterhalb der Lsg.-Temp. der Seife, nachdem sich die Seife oberhalb dieser Lsg.-Temp. gebildet hat, zerstäubt >212°, jedoch unterhalb der Lsg.-Temp. mechan. u. bringt die zerstäubten Tröpfchen sofort mit einer kühleren Atmosphäre zum Wärmeaustausch u. zur Fett-Bldg. in Berührung. — Abb., Zeichnung u. Diagramm. (**A. P. 2 950 248** vom 6/9. 1957, ausg. 23/8. 1960.) E. Drews. 8223

Pure Oil Co., Chicago, übert. von: Allen F. Millikan und Ernest T. Fronczack, Crystal Lake, Ill., V.St.A., **Zinkmercaptide** werden hergestellt durch Rk. von ZnO mit einem gesätt. Alkylmercaptan (8—18 C-Atome) in fl. $NH_3$, $C_2H_5NH_2$ oder $C_3H_7$-

$NH_2$. — Zu 12,2 g ZnO in 250 ml fl. $NH_3$ gibt man langsam unter Rühren 40,5 g 1-Dodecylmercaptan, 50 ml Toluol u. 85 ml Mineralöl von 85 vis/100 V.I. Bei Raum-Temp. läßt man das $NH_3$ abdampfen, gibt 300 ml Toluol zu u. erhitzt unter Rühren 1 Std. auf dem Wasserbad. Dann filtriert man vom überschüssigen ZnO ab u. zieht das Toluol im Stickstoffstrom ab → *Zinkdidodecylmercaptid* im Mineralöl. — Analog wird eine Lsg. von *Zink-di-(1-hexadecylmercaptid)* hergestellt. — Die Verbb. sind *Gelbildner* für Mineralöle, mit denen sie *Schmierfette* bilden. Zahlreiche Vgl.-Verss., unwirksame Mercaptide u. Viscositäten sind angegeben. (**A. P. 2 963 434** vom 5/11. 1957, ausg. 6/12. 1960.) A. Debo. 8223

**Didier-Werke Akt.-Ges.**, Wiesbaden (Erfinder: **Heinrich Rehling**, Bünde), *Vergasung von Flüssiggas und/ oder Öl in Gaswerks- oder Koksöfen.* (**Schwz. P. 358 185** vom 25/4. 1958, ausg. 30/12. 1961. — C. **1959,** 10770 [D. A. S. 1 053 133].)

**Olin Mathieson Chemical Corp.**, New York, N.Y., V.St.A., *Extraktion von Kohlenwasserstoffgemischen.* (**E. P. 882 808** vom 30/10. 1959, ausg. 22/11. 1961. A. Prior. 12/11. 1958. — C. **1961,** 3870 [A. P. 2 914 472].)

**N. V. de Bataafsche Petroleum Mij.**, Den Haag, Niederlande, *Katalytisches Cracken von Kohlenwasserstoffölen.* (**Belg. P. 562 470** vom 18/11. 1957, ausg. 3/6. 1960. A. Prior. 19/11. 1956. — C. **1959,** 8371 [D. A. S. 1 046 810].)

**British Petroleum Co. Ltd.**, London, England (Erfinder: **John Arthur Edgar May** und **John Leather**), *Dehydrierung und Dehydrocyclisierung von nichtaromatischen Kohlenwasserstoffen.* (**Aust. P. 231 135** vom 7/5. 1958, ausg. 8/12. 1960. — C. **1959,** 13359 [D. A. S. 1 054 623].)

**Socony Mobil Oil Co., Inc.**, New York, N.Y., V.St.A., *Motorbenzin.* (**Ind. P. 64 009** vom 9/5. 1958, ausg. 29/6. 1961. — C. **1961,** 2849 [D. A. S. 1 086 942].)

**N. V. de Bataafsche Petroleum Mij.**, Den Haag, Niederlande (Erfinder: **Jack William Armstrong** und **Harold Albert Woods**), *Herstellung von Schmierfetten.* (**Aust. P. 231 210** vom 15/12. 1958, ausg. 15/12. 1960. A. Prior. 16/12. 1957. — C. **1960,** 1723 [D. A. S. 1 062 864].)

**N. V. de Bataafsche Petroleum Mij.**, Den Haag, Niederlande (Erfinder: **Robert Anthony Colt**), *Schmierung fester Metalloberflächen.* (**Aust. P. 231 153** vom 16/2. 1959, ausg. 8/12. 1960. A. Prior. 18/2. 1958. — C. **1960,** 15276 [D. A. S. 1 071 262].)

**George Washington Rappleyea**, Miami, Fla., V.St.A., *Herstellung einer Bitumenmischung.* (**Ind. P. 64 148** vom 22/5. 1958, ausg. 7/6. 1961. — C. **1958,** 11120 [A. P. 2 780 607].)

## $H_{20}$. Schieß- und Sprengstoffe. Zündmittel

**Schnelle Gasreaktionen.** W. Jost. (Explosivstoffe **6,** 253—61, Nov. 1958; Göttingen, Univ., Inst. für Phys Chem.; dt.) — Übersichts-Ref. über *schnelle Gas-Rkk.* in Stoßwellen u. Detonationen. R. Lafferenz. 8294◇

**Moderne Explosivstoffe.** Wilfrid Taylor. (Roy. Inst. Chem., Lectures, Monogr. Rep. **1959,** Nr. 5, 1—63; engl.) — Nach einer Definition der Unterschiede zwischen Explosion u. Detonation werden die dabei interessierenden Charakteristiken wie chem. Stabilität, Zündempfindlichkeit bei Wärme, Stoß oder Reibung, durch elektr. Entladung, Detonations-Geschw. u. a. behandelt. Eine große Anzahl eigentlicher Explosivstoffe u. der Werdegang der kommerziellen *Sprengstoffe* werden beschrieben. Die physikal. Probleme werden ebenso berücksichtigt wie die hydrodynam. Theorie der Detonationsvorgänge. Einige Grubensprengstoffe u. die Anwendung einiger spezieller Sprengstoffe werden betrachtet. H. Pförtner. 8304◇

**Die Feinstruktur eines plastischen RDX enthaltenden Sprengstoffs.** W. O. Williamson (J. appl. Chem. **8,** 658—61, Okt. 1958; Melbourne, Australia C.S.I.R.O., Div. of Ind. Chem.; engl.) — Eine Meth. zur mkr. Unters. der Feinstruktur eines *plast. Sprengstoffs*, der durch Zusammenmischen von *RDX* (**I**, Hexogen, Cyclotrimethylentrinitramintrinitrat) in wss. Suspension u. einem Öl als Granulat erhalten wird, wird beschrieben. Während des nachfolgenden Knetens des feuchten Granulats vermindert sich die Teilchengröße von **I**. Nach Extrudieren des fertigen plast. Sprengstoffs läßt sich eine Orientierung der **I**-Teilchen parallel zur Längsachse bes. in den Außenregionen der gefertigten zylindr. Körper nachweisen. R. Lafferenz. 8304◇

**Die Sensibilisierung von Gelatindynamit durch inerte Zusätze.** Lodovico Avogadro. (Ann. Chimica **49,** 352—57, Febr. 1959; Avigliana/Torino, Montecatini Lab. ric., Settore Cloronitroderivv.; ital.) — Mehrere nicht explosive Substanzen werden auf ihre Verw. als *Sensibilisierungsmittel* in *Gelatindynamiten* auf der Basis fl. Salpetersäureester untersucht, damit auch bei Alterung oder unter höheren hydraul. Drucken die Detonationen mit hoher Geschw. verlaufen. Es wird gezeigt, welche Bedeutung die Härte u. Dichte der Stoffe besitzen, abgesehen von einigen Ausnahmen, die auf Löslichkeit oder Reaktivität der betrachteten Verbb. zurückzuführen sind. Der Mechanismus dieser inerten Zusätze wird diskutiert. H. Pförtner. 8304◇

**Die Geschützzündmittel.** Karl Seel. (Explosivstoffe **6,** 262—66, Nov. 1958; Nürnberg; dt.) — Bericht über die Entw. der aus Messing u. später aus Stahl gefertigten

*Zünder* für *Artilleriemunition* während des 2. Weltkriegs. Aufbau u. Konstruktionsmerkmale der verschiedenen Zündschrauben, einschließlich der Zündschrauben für elektr. Abfeuerung, werden geschildert. R. Lafferenz. 8308◇

**Feste, reduzierende Metalle enthaltende Treibmittel.** Daniel Quentin. (Mém. Poudres **42,** 297—304, 1960; franz.) — Zur Berechnung des durch Zusatz von *reduzierenden Metallen* (Li, Be, B, Mg, Al) zu C, H, O, N (u. Cl) enthaltenden *Treibmitteln* gewonnenen Antriebsgewinns werden Gleichungen abgeleitet. W. Wesly. 8310□

**Herstellung und Eigenschaften von festen, zusammengesetzten Treibmitteln.** Paul Tavernier und Jean Boisson. (Mém. Poudres **42,** 305—20, 1960; franz.) — Übersicht. — 15 Literaturhinweise. W. Wesly. 8310□

**Schnellbestimmung der thermodynamischen Eigenschaften von Treibmitteln.** Daniel Quentin. (Mém. Poudres **42,** 321—31, 1960; franz.) — Zur Berechnung der Energie eines Treibmittels der Zus. $C_xH_yN_zO_z$ bei einem Kammerdruck von 70 kg/cm² u. Entspannung auf atmosphär. Druck werden Gleichungen abgeleitet. Die Einfl. von Halogenen u. reduzierenden Metallen werden berücksichtigt. W. Wesly. 8320□

**Konduktometrische Analyse von Nitriermischsäuren.** Yves Lacroix und Marcel Chaverou. (Mém. Poudres **31,** 423—39, 1959; franz.) — *Nitriermischsäuren* (I) zur Nitrierung von Cellulosen (Wasser-Geh. 7—20%) werden untersucht. Gemessen wird die *elektr. Leitfähigkeit* unter Verw. spezieller polierter Pt-Elektroden, da sich die üblicherweise verwendeten Pt-Glas-Meßzellen als ungeeignet erwiesen. Die Leitfähigkeit von I steigt mit zunehmenden Wasser-Geh. u. in geringerem Maße mit zunehmendem Wert des $H_2SO_4/HNO_3$-Verhältnisses. Leitfähigkeitswerte betrieblich verwendeter Nitrier- u. Abfallnitriersäuren der Nitrocellulose-Herst. werden angegeben. R. Lafferenz. 8320◇

**Titanometrische Stickstoff-Bestimmung. Anwendung auf Treibpulver und ihre Bestandteile.** Lise Marvillet und Jean Tranchant. (Mém. Poudres **42,** 271—84, 1960; franz.) — Zur *Best.* von *$HNO_3$-Estern* u. *Nitro-Verbb.* (Nitroglycerin, Diäthylenglykolnitrat, Dinitrotoluol, Trinitrotoluol, Pentaerythrit, Nitroguanidin u. Gemischen) werden diese mit *$Ti^{3+}$-Salzen* in saurer Lsg. red.: $NO_2 + 6\,Ti^{3+} + 6\,H^+ = 6\,Ti^{4+} + NH_2 + 2\,H_2O$. Der $Ti^{3+}$-Überschuß wird mit $Fe^{3+}$ zurücktitriert. Zunächst werden die $HNO_3$-Ester mit $Fe^{2+}$ bestimmt, entstandenes $Fe^{3+}$ mit $Ti^{3+}$ im Überschuß red., das Nitro-Deriv. red. u. der Überschuß durch Rücktitration mit $Fe^{3+}$ ermittelt. W. Wesly. 8322□

**Der Perhydrol-Schwefelsäure-Angriff und seine Anwendung zur Pulver-Analyse.** Maurice Parpaillon und Suzanne Rigal. (Mém. Poudres **42,** 285—95, 1960; franz.) — Zur *Best.* von *anorgan. Bestandteilen* von *Treibpulvergemischen* werden diese in 2 Min. mit einem *$H_2O_2/H_2SO_4$*-Gemisch zersetzt. Das Verf. wird auf die Best. von Ruß u. Na- u. K-Kryolith in Nitrocellulose u./oder Nitroglycerin enthaltenden Treibpulvergemischen angewendet. W. Wesly. 8322□

---

Cliffs Dow Chemical Co., Marquette, und Dow Chemical Co., Midland, übert. von: Harold F. Sloan, Marquette, George K. Greminger jun., Francis E. Windover und Samuel M. Rodgers jun., Midland, Mich., V.St.A., **Feueranzünder,** besteht aus 1,5—3,25 (Gew.-%) *Celluloseäther,* 55—76 *aliphat. Alkohol* (mit 3 C-Atomen), 7—15 *W.* u. 5—27 *Holzkohle.* Die Cellulose-Verb. enthält 5—12 *Hydroxyperoxy-* u. 27—30 *Methoxygruppen.* (**A. P. 2 838 384** vom 11/3. 1957, ausg. 10/6. 1958.) W. Hauswald. 8309

Treibacher Chemische Werke Akt.-Ges., Österreich, **Pyrophore Legierungen für Feuersteine** bestehen aus 10—30 (%) *Fe,* 0,1—20 *Ni,* Rest *Ce* bzw. andere *Seltene Erden.* Sie können außerdem noch bis 8 *Mg, Al, Sn* u. *Cu* enthalten. (**F. P. 1 225 006** vom 11/2. 1959, ausg. 28/6. 1960. Oe. Prior. 14/2. 1958.) C. Götze. 8315

---

**Melvin A. Cook und Henry Earl Farnam jun., Salt Lake City, Utah, V.St.A.,** *Sprengmischung.* (**Aust. P. 231 253** vom 4/11. 1958, ausg. 15/12. 1960. Can. Prior. 21/11. 1957. A. Prior. 13/10. 1958. — C. **1962,** 12158 [E. P. 869 155].)

## $H_{21}$. Leder. Gerbstoffe

**Untersuchungen zur Gelatinegewinnung aus Hautkollagen.** G. Reich, S. Walther und F. Stather. (Gesammelte Abh. dtsch. Lederinst. Freiberg/Sa. **1962,** Nr. 17, 127 bis 133; Freiberg/Sa., Dtsch. Lederinst.; dt.) — Die Unterss. über die Gewinnung von Gelatine aus Hautkollagen haben gezeigt, daß Gelatineausbeute u. -beschaffenheit bei der Gewinnung aus Schweinshaut in saurem Medium von der angewandten Säurestärke abhängen. Bes. gute Ergebnisse werden beim Ausschmelzen mit Essigsäure bei pH 3,0 erhalten. Gleichzeitig wird darauf hingewiesen, daß das Alter des Hautkollagens beim Ausschmelzen ebenfalls einen wesentlichen Einfl. auf Ausbeute u. Beschaffenheit der gewonnenen Gelatine ausübt. Eine Kombination von alkal. u. saurer Gelatinegewinnung erbringt nach Ausbeute u. Eigg. der Gelatine günstige Ergebnisse, sofern der alkal. Hautaufschluß vor dem sauren Ausschmelzen möglichst mild gehalten wird. Die optimalen Ergebnisse mit Schweinshaut lassen sich jedoch nicht ohne weiteres auf Kalbs- u. Rindshaut übertragen. H. G. Fröhlich. 8334◇

**Welche Mindestgerbstoffmengen sind zur Umwandlung von Haut in Leder notwendig?** F. Stather und K. Pauligk. (Gesammelte Abh. dtsch. Lederinst. Freiberg/Sa. **1962**, Nr. 17, 37—55; Freiberg/Sa., Dtsch. Lederinst.; dt.) — Zur Ermittlung der Mindestmengen an Gerbstoff zur Überführung von Haut in Leder wurden Hautpulver sowie Kalbsblöße mit bas. Cr-Gerbbrühen, $CH_2O$, pflanzlichen (Mimosa, Quebracho, Eiche u. Fichte) u. synthet. Gerbstoffen (Pellutan EZE, G 40, A 23, G 37 sowie Wofagan M u. E) gegerbt u. anschließend die Papain- u. Alkalibeständigkeit, die Warmwasserbeständigkeit, die Schrumpfungs-Temp., die Dichte u. Transparenz usw. ermittelt. Hierbei wurde gefunden, daß bereits wesentlich geringere Gerbstoffmengen als die in der Praxis angewandten zur Überführung von Hautmaterial in Leder ausreichen. So wurden für die Cr-Gerbung Mindestmengen von 0,9—1,25% $Cr_2O_3$ pro Hautsubstanz, bei der $CH_2O$-Gerbung 0,7—0,8% gebundener $CH_2O$ ermittelt, während bei den pflanzlichen u. synthet. Gerbstoffen die Werte zwischen 6 u. 12% gebundenem Reingerbstoff liegen. — 28 Literaturhinweise. H. G. Fröhlich. 8336◇

**Konstitution und Gerbwirkung kondensierter Sulfonsäuren des 2-Naphthols. Untersuchungen über Konstitution und Gerbwirkung synthetischer Gerbstoffe.** 7. Mitt. F. Stather, G. Reich und L. Müller. (Gesammelte Abh. dtsch. Lederinst. Freiberg/Sa. **1962**, Nr. 17, 69—87; Freiberg/Sa., Dtsch. Lederinst.; dt.) — 6. vgl. C. **1961**, 3209. — Um einen weiteren Einblick in die Zusammenhänge zwischen Konstit. u. Gerb-Wrkg. aromat. Syntane zu gewinnen, wurde eine Reihe von Kondens.-Prodd. von sulfoniertem 2-Naphthol mit sich selbst, mit unsulfoniertem 2-Naphthol sowie mit Dihydrodiphenylsulfon synthetisiert u. ihre Konstit. aufgeklärt. Mit diesen Verbb. wurden Probeausgerbungen, Filteranalyse, Gerb- u. Bindungswerte, Adsorptionsisothermen, Metallsalz- u. Aminfällung u. die Quellungs-Wrkg. auf Hautpulver ausgeführt bzw. bestimmt, um die Gerb-Eigg. der synthetisierten Prodd. zu charakterisieren. Die im einzelnen erhaltenen Ergebnisse werden ausführlich beschrieben u. diskutiert. — 19 Literaturhinweise. H. G. Fröhlich. 8336◇

**Untersuchungen zur stationären Gerbung von Unterleder. Untersuchungen zur Unterledergerbung.** 9. Mitt. F. Stather, G. Reich und J. Überla. (Gesammelte Abh. dtsch. Lederinst. Freiberg/Sa. **1962**, Nr. 17, 88—98; Freiberg/Sa., Dtsch. Lederinst.; dt.) — 8. vgl. C. **1962**, 2604. — Ausführliche Unterss. über die Gerbzeitverkürzung bei rein stationärer Gerbung mit der in der DDR üblichen Gerbstoffmischung von ca. 50% Syntan, 30% Fichtenrindengerbstoff u. 20% hochwertigen Importgerbstoffen. Hierbei wurde gefunden, daß die Gerbdauer ohne Beeinträchtigung der Lederqualität nicht unter 75 Tage herabgesetzt werden kann, was im wesentlichen auf den Anteil an Fichtenrindengerbstoff mit seiner ungenügenden Durchgerbung zurückzuführen ist. Die verwendeten Syntane weisen zwar eine hohe Durchgerbungs-Geschw. auf, arbeiten sich aber in der rein stationären Gerbung unwirtschaftlich ab. Die Erhöhung der Temp. während des Gerbprozesses führt ebenfalls zu keiner nennenswerten Beschleunigung der Durchgerbung. Günstig wirkt sich dagegen eine Vorgerbung mit Metallkomplexgerbstoff vor der eigentlichen Gerbung hinsichtlich Gerbzeitverkürzung u. Leder-Eigg. aus. H. G. Fröhlich. 8336◇

**Über Wechselwirkungen zwischen Erdalkali-Ionen und pflanzlichen Gerbstoffen. Untersuchungen zur Charakteristik pflanzlicher und synthetischer Gerbmaterialien.** 33. Mitt. F. Stather und G. Wiegand. (Gesammelte Abh. dtsch. Lederinst. Freiberg/Sa. **1962**, Nr. 17, 25—32; Freiberg/Sa., Dtsch. Lederinst.; dt.) — 32. vgl. C. **1962**, 2967. — Die Wechselwrkg. zwischen pflanzlichen Gerbstoffen (Valonea- u. Mimosa-Extrakt) u. Erdalkali-Ionen (Ca- u. Mg-Ionen) hinsichtlich auftretender Fällungen im pH-Bereich von 4—12 wurde untersucht u. gefunden, daß der Verlust durch Fällung von Tannaten durch die Härtebildner des W. bei Zimmer-Temp. etwa bei 0,12% Gerbstoff/°DH liegt. Die Bindungsfähigkeit der gerbenden Stoffe wird gleichzeitig um ca. 0,15—0,2%/°DH vermindert. Bei saurer Brühenführung werden Tannatfällungen verhindert u. die mögliche Verbesserung der Bindungsfähigkeit der gerbenden Stoffe bei steigender Acidität kann die unter dem Einfl. der Härtebildner mögliche Verschlechterung kompensieren. Abschließend wird die Problematik der Verw. von Fällungs-Meth. zur quant. Gerbstoff-Best. diskutiert. — 19 Literaturhinweise. H. G. Fröhlich. 8336◇

**Zur Verwendung von Gerbextrakten als kesselsteinverhütende Zusätze im Kesselspeisewasser. Untersuchungen zur Charakteristik pflanzlicher und synthetischer Gerbstoffe.** 34. Mitt. F. Stather, G. Reich und G. Wiegand. (Gesammelte Abh. dtsch. Lederinst. Freiberg/Sa. **1962**, Nr. 17, 33—36; Freiberg/Sa., Dtsch. Lederinst.; dt.) — 33. vgl. vorst. Referat. — Die unter Verw. von sulfogruppenarmen u. -reichen vegetabil. u. synthet. Gerbstoffen durchgeführten Unterss. haben gezeigt, daß die sulfitierten pflanzlichen Gerbstoffe sowie die sulfogruppenreichen Syntane als kesselsteinverhütende Mittel ungeeignet sind. Während man bei pflanzlichen Gerbstoffen stets ein Gemisch aus fällbaren Anteilen (Gerbstoffe) u. unfällbaren Anteilen (Nichtgerbstoffe) hat, zeigen geeignete Synth.-Prodd., wie ein sulfogruppenfreier Brenzcatechin-Novolak eine den pflanzlichen Gerbstoffen überlegene kesselsteinverhütende Wirkung.
H. G. Fröhlich. 8336◇

**Bestimmung der Aussalzbarkeit pflanzlicher und synthetischer Gerbstoffe mittels lichtelektrischer Trübungsmessung. Untersuchungen zur Charakteristik pflanzlicher und synthetischer Gerbmaterialien von F. Stather und Mitarbeitern.** 35. Mitt. G. Reich und H. Legutke. (Gesammelte Abh. dtsch. Lederinst. Freiberg/Sa. **1962**, Nr. 17, 56—61; Freiberg/Sa., Dtsch. Lederinst.; dt.) — 34. vgl. vorst. Referat. — Unterss. über die Aussalzbarkeit pflanzlicher (Kastanienholzextrakt) u. synthet. Gerbstoffe (Pellutan EZE u. G 40) in Abhängigkeit von der Temp. (20, 30 u. 40°), dem pH-Wert (2,65 u. 6,38) u. der NaCl-Konz. u. deren Best. mittels lichtelektr. Trübungsmessung haben ergeben, daß letztere gut geeignet ist, Aussalzkurven zu bestimmen. Die im einzelnen beschriebene Meth. kann daher zur raschen qual. Charakterisierung pflanzlicher u. synthet. Gerbstoffe hinsichtlich deren Aussalzbarkeit verwendet werden. H. G. Fröhlich. 8336◇

**Über die Zusammensetzung einiger zur Versteifung von Polyamidfasern benutzter aromatischer Syntane. Untersuchungen zur Charakteristik pflanzlicher und synthetischer Gerbmaterialien.** 36. Mitt. G. Reich und W. Barthel. (Gesammelte Abh. dtsch. Lederinst. Freiberg/Sa. **1962**, Nr. 17, 62—68; Freiberg/Sa., Dtsch. Lederinst.; dt.) — 35. vgl. vorst. Referat. — Durchgeführte Unterss. über einige zur Versteifung von Polyamidfasern bewährte Handels-Prodd. im Vgl. zu einem selbstsynthetisierten Prod. ergaben, daß es sich bei diesen Prodd. um durch Sulfomethylierung von 4.4'-Dihydroxydiphenylsulfon hergestellte weißgerbende synthet. Gerbstoffe handelt. Vom gerbereichem. Standpunkt aus gesehen ist die Verw. derartiger Syntane zur Polyamidfaserversteifung einleuchtend, da sie weißgerbend sind u. nur eine ganz geringe Tendenz zum Vergilben aufweisen. Außerdem ist die Stellung der $SO_3$-Gruppe in der aliphat. Seitenkette hinsichtlich Versteifungseffekt (Gerbvermögen) u. Bindungsfestigkeit von Vorteil.
H. G. Fröhlich. 8336◇

**Untersuchungen über den Einfluß von Weichmachern, Lösungs- bzw. Verschnittmitteln und Pigmenten auf die Beschaffenheit von Nitrocellulosefilmen.** F. Stather und G. Zimmermann. (Gesammelte Abh. dtsch. Lederinst. Freiberg/Sa. **1962**, Nr. 17, 109—26; Freiberg/Sa., Dtsch. Lederinst.; dt.) — Bei der Herst. von Nitrocellulosedeckfarben kommen Kollodiumwolle als Bindemittel, verschiedene Weichmacher, Lsgm., Verschnittmittel sowie Pigmente als Farbkörper zum Einsatz. Über den Einfl. der verschiedenen Weichmacher, Lsgm., Verschnittmittel sowie der Farbpigmente auf den Nitrocellulosefilm wird ausführlich berichtet. H. G. Fröhlich. 8338◇

**Über den Einfluß des Spaltens bzw. Falzens auf die Eigenschaften von Rind- und Mastboxleder aus Häuten höherer Gewichtsklassen.** F. Stather, G. Reich und M. Wassiljew. (Gesammelte Abh. dtsch. Lederinst. Freiberg/Sa. **1962**, Nr. 17, 99 bis 108; Freiberg/Sa., Dtsch. Lederinst.; dt.) — Die Unterss. über den Einfl. des Spaltens bzw. Falzens auf die Eigg. von Rind- u. Mastboxleder haben gezeigt, daß bei chromgegerbten Ledern aus höherer Gew.-Klasse ein Spalten oder Falzen bis zu 50% der ursprünglichen Lederdicke möglich ist, ohne daß nachteilige Eigg. der Fertigleder zu erwarten sind. Beim Spalten oder Falzen auf eine Dicke $>$ 50% ist ein stärkeres Abfallen der abs. Zugfestigkeit u. Stichausreißfestigkeit bei gleichzeitig verringerter Formbeständigkeit des Leders festzustellen. Bei Rindboxleder aus Häuten der Gew.-Klasse von 25—29,5 kg kann die noch tragbare Mindestdicke mit 1,7—1,8 mm u. bei Mastkalbleder mit 1,4—1,5 mm angenommen werden. Spalten von Rindleder nach der Cr-Gerbung ergibt die gleichen Festigkeits-Eigg. wie das Spalten nach dem Äscher. Vorteilhaft beim Spalten nach der Cr-Gerbung sind die bessere Narbenbeschaffenheit der Leder sowie die sicherere u. produktivere Arbeitsweise. H. G. Fröhlich. 8340◇

---

**Nopco Chemical Co.**, Newark, N.J., V.St.A. (Erfinder: **Stanley Lipowski** und **Charles A. Fetscher**), *Herstellung von synthetischen Gerbstoffen in Form von kationaktiven Aminoplastharzen.* (**Aust. P. 231 143** vom 15/10. 1958, ausg. 8/12. 1960. A. Prior. 4/11. 1957. — C. **1962**, 1478 [F. P. 1 213 089].)

## $H_{22}$. Leim. Klebstoffe usw.

**Ein Siliconelastomeres für Metallverklebung.** Edwin A. Korzun. (Rubber Age [New York] **91**, 777—81, Aug. 1962; Waterford, N.Y., General Electric Co., Silicone Prod. Dep.; engl.) — Eine Siliconkautschukmischung zur Verklebung zahlreicher Metalle ohne Verw. einer Grundschicht wird beschrieben. R. Schäff. 8388 □

---

Ions Exchange & Chemical Corp., New York, N.Y., V.St.A., **Verkleben von Polyamidgegenständen.** Die zu verklebenden Oberflächen werden gleichzeitig oder nacheinander mit einer alkohol. Lsg. eines Polyamids u. eines Polyisocyanatvernetzers angequollen u. dann miteinander in Berührung gebracht. (**E. P. 849 451** vom 6/9. 1956, ausg. 28/9. 1960. A. Prior. 6/9. 1955 u. 8/3. 1956.) P. Krug. 8389

Unilever Ltd., Port Sunlight, England, **Klebstoffe.** Die insbes. für Cellulosematerialien geeigneten Klebstoffe mit verminderter Haftung auf Metallen bestehen aus Gemischen von a) einer Wasserglas-Lsg., b) mindestens 0,2% eines Phosphorsäureamylesters sowie c) wenigstens einem der folgenden Stoffe: Harnstoff, Zucker, Triäthanolamin u. maleinsäuremodifiziertes Kolophonium. (**E. P. 888 764** vom 9/12. 1959, ausg. 7/2. 1962. A. Prior. 11/12. 1958.) P. Krug. 8389

Otto Hans Korican, Baltimore, Md., V.St.A., **Bei Raumtemperatur anwendbare Klebstoffmischung,** enthaltend ein bei normaler Temp. festes Phenol-Aldehydharz (I), ein bei normaler Temp. fl. Phenol–Aldehyd-Harz (II), ein fl. Polychloropren (III) sowie einen PbO-Härter. Das Verhältnis von I : II beträgt 20 bis 40 : 100 Gew.-Teile. Bei I u. II handelt es sich um in Ggw. von Alkali erhaltene Kondens.-Prodd. aus Phenolen u. Formaldehyd im Mol-Verhältnis 1 : 1 bis 1 : 3, wobei in nur einem Falle ein mit aliphat. oder carbocycl. KW-Stoff substituiertes Phenol verwendet wurde. Von III ist etwa die 3fache Menge vorhanden wie von I u. II zusammen. (**A. P. 2 977 273** vom 28/11. 1956, ausg. 28/3. 1961.) P. Krug. 8389

General Mills, Inc., Minneapolis, Minn., V.St.A. (Erfinder: David Aelony), **Thermoplastische Klebstoff-Mischungen,** enthaltend neben einem freie Aminoreste aufweisenden Polyamid (I) noch Borsäure oder eine organ. Säure, wie Oxal- oder Citronensäure, bes. in einer Menge von $^2/_3$—$1^1/_3$ Mol je freiem Aminorest in I. I ist erhalten durch Rk. einer polymeren Fettsäure mit einem Polyamin der Formel $H_2N(RNH)_nH$, worin R einen Alkylenrest bedeutet u. $n < 6$ ist; I hat zweckmäßig eine Aminzahl von 40 bis 200. (**E. P. 878 959** vom 1/10. 1959, ausg. 4/10. 1961.) P. Krug. 8389

Union Carbide Corp., New York, N.Y., V.St.A., **Druckempfindliche Klebstoffe** Die auf übliche Träger aufzubringenden Massen enthalten als Klebkomponente ein Mischpolymerisat aus 1—15 (Gew.-%) Acrylsäure u. 99—85 Alkylacrylat mit 8 bis 10 C-Atomen im Alkylrest. Die Viscosität der Mischpolymerisate beträgt 0,5—3, gemessen in 0,2%ig. Lsg. in Benzol. Die Polymerisation kann in einem inerten Lsgm. oder in wss. Emulsion durchgeführt worden sein. (**E. P. 868 157** vom 18/12. 1958, ausg. 17/5. 1961. A. Prior. 19/12. 1957.) P. Krug. 8389

Roy Henry Maxwell, Watford, England, **Druckempfindliche Klebestreifen.** Auf das Substrat wird eine Lsg. eines dauernd klebrigen Harzes, z. B. Polyvinylmethyläther, aufgetragen, u. das Lsgm. wird entfernt. Hiernach überzieht man die wasserunempfindliche Klebschicht mit einer wss. Lsg. eines Filmbildners (I), z. B. Polyvinylalkohol. Vor der Anwendung wird die I-Schicht mit W. abgewaschen. (**E. P. 884 574** vom 1/4. 1958, ausg. 13/12. 1961.) P. Krug. 8389

Minnesota Mining & Mfg. Co., St. Paul, Minn., V.St.A. (Erfinder: Carl A. Dahlquist und Robert E. Zenk), **Druckempfindliche Klebestreifen.** Zur Verminderung des Anhaftens der Klebeschicht auf dem Träger beim Aufrollen wird die Unterseite des Trägers mit einer Schicht aus der Lsg. eines Mischpolymerisats von Octadecylacrylat, Acrylsäure, Acrylsäurenitril u. Methylacrylat im Gew.-Verhältnis von ca. 5 : 1 : 3 : 1 überzogen. (**E. P. 870 022** vom 23/6. 1959, ausg. 7/6. 1961.) P. Krug. 8389

Minnesota Mining & Mfg. Co., St. Paul, Minn., V.St.A., **Grundierung für druckempfindliche Klebstreifen.** Zur Verbesserung der Haftung der Klebeschicht wird auf den Träger aus Polyvinylchlorid die Lsg. einer Mischung aufgetragen, die aus 75—30 (Gew.-Teilen) eines kautschukartigen Mischpolymerisats aus Butadien u. Styrol sowie 25—70 eines kautschukartigen Terpolymerisats aus 5—20% Acrylsäurenitril u. 95—80% eines Gemisches von Butadien u. Styrol im Gew.-Verhältnis 1 : 1 bis 8 : 1

besteht. Man kann bis zu 200 eines Harzes, wie Terpenharz, je 100 der beiden Mischpolymerisate zusetzen. (**E. P. 870 574** vom 13/4. 1959, ausg. 14/6. 1961. A. Prior. 11/4. 1958.) P. Krug. 8389

Kendall Co., Boston, Mass., V.St.A., **Druckempfindliche Klebestreifen.** Diese werden hergestellt unter Verw. einer kalanderten, orientierten Polyäthylenfolie als Träger, wobei für diese ein Gemisch aus verzweigtkettigem Polyäthylen mit niedriger Dichte u. bis zu 50% linearem Polyäthylen mit höherer Dichte eingesetzt worden ist. Die auf üblicher Basis, z. B. natürlichem oder synthet. Kautschuk, aufgebauten Klebmassen werden auf eine oder auf beide Seiten der Polyäthylenfolie aufgebracht. (**E. P. 875 086** vom 18/3. 1959, ausg. 16/8. 1961. A. Prior. 28/3. 1958.) P. Krug. 8389

Johnson & Johnson, übert. von: Cyrus W. Bemmels, New Brunswick, N.J., und Domenick Donald Gagliardi, East Greenwich, R.I., V.St.A., **Druckempfindliche Klebestreifen.** Diese enthalten als Klebstoff ein Gemisch aus einem härtbaren Elastomeren, einem klebrigmachenden Harz, wie Kolophonium Kolophoniumester, Terpenharz oder Cumaron-Inden-Harz, u. einem Alkylphenol-Aldehyd-Harz (mit mindestens 9 C-Atomen im Alkylrest) als Härter, wobei 35—100 (Gew.-Teile) Phenolharz je 100 der Elastomeren, wie natürlicher oder synthet. Kautschuk, z. B. Butylkautschuk oder Polychloropren, vorliegen. (**A. P. 2 987 420** vom 5/4. 1960, ausg. 6/6. 1961.) P. Krug. 8389

Johnson & Johnson, New Brunswick, übert. von: Marvin A. Weinberg, Metuchen, N.J., V.St.A., **Klebestreifen,** bei denen die flexible Trägerfolie u./oder der Klebstoff aus weichgemachtem Polyvinylchlorid bestehen. Die Besonderheit liegt darin, daß man die Folie u./oder den Klebstoff aus 10—70 (Gew.-%) eines Vinylchloridpolymerisats, das mit Isocyanat reagierende Gruppen aufweist, 35—90 eines mit Isocyanat reagierenden Weichmachers, z. B. eines gesätt. Polyesters, u. 3—15 eines Polyisocyanats aufbaut. (**A. P. 2 979 423** vom 25/9. 1957, ausg. 11/4. 1961.) P. Krug. 8389

---

**Imperial Chemical Industries of Australia and New Zealand Ltd.**, Melbourne, Australien (Erfinder: **David Patrick Spencer**), *Klebstoff für Polyäthylen.* (**Aust. P. 231 132** vom 29/11. 1957, ausg. 8/12. 1960. — C. **1962**, 12529 [E. P. 859 728].)

**General Mills, Inc.**, V.St.A. (Erfinder: **Dwight Ellsworth Peerman** und **Harold Wittcoff**), *Thermoplastischer Polyamidharzkomplex als Kleb- und Bindemittel.* (**Aust. P. 231 218** vom 9/2. 1959, ausg. 15/12. 1960. — C. **1962**, 1095 [F. P. 1 216 834].)

**General Aniline & Film Corp.**, New York, N.Y., übert. von: **William M. Perry**, Bethlehem, Pa., V.St.A., *Mischpolymerisate aus N-Vinylpyrrolidonen und Dialkylmaleat oder -fumarat.* (**A. P. 2 980 654** vom 23/8. 1957, ausg. 18/4. 1961. — C. **1961**, 15263 [E. P. 837 719].)

**Union Carbide Corp.**, New York, N.Y., V.St.A. (Erfinder: **Frank Fekete**), *Organopolysiloxan-Elastomere.* (**E. P. 887 441** vom 25/4. 1958, ausg. 17/1. 1962. A. Prior. 29/4. 1957. — C. **1962**, 8481 [Jap. A. S. 10 045/1959 u. F. P. 1 205 990].)

Redaktionsschluß: 22. Februar 1963

Herausgeber: Prof. Dr. Heinrich Bertsch, Berlin, u. Prof. Dr. Dr. h. c. Wilhelm Klemm, Münster. Chefredakteure und verantwortlich für den Inhalt: Dr. Eugen Klever, Berlin 30, Geisbergstraße 39, Fernsprecher: 249541 u. Prof. Dr.-Ing. Eberhard Leibnitz, Berlin N 4, Schiffbauerdamm 19, Fernsprecher: 425571.

©

Verlag: Akademie-Verlag GmbH, Berlin W 8, Leipziger Str. 3—4 (Fernsprecher: 220441, Telex-Nr. 011773, Postscheckkonto Berlin 35021), und Verlag Chemie, GmbH, Weinheim/Bergstr. (Fernsprecher: Weinheim 3635 [Sammelnummer]; Fernschreiber: 0465516 chemieverlwhn; Postscheckkonten: Frankfurt/M. 145314 u. Berlin [West] 7430). Bestellnummer: 1007/134. Das Chemische Zentralblatt erscheint wöchentlich. Preis des Jahrganges einschl. Autoren-, Patent-, Sach- u. Formelregister: DM 1200,—; einseitig bedruckte Ausgabe: DM 1350,—. Abgabe der Zeitschrift nur mit sämtlichen Registern. Abbestellungen nur bis spätestens 6 Wochen vor Ablauf des Kalenderjahres.



Satz u. Druck: VEB Leipziger Druckhaus, Leipzig, III/18/203. IV. 63.

Veröffentlicht unter der Lizenznummer 1273 des Presseamtes beim Vorsitzenden des Ministerrates. Printed in Germany.

FSC
www.fsc.org
MIX
Papier | Fördert gute Waldnutzung
FSC® C083411

Kolibri 360 GmbH
Ferdinand-Jühlke-Straße 7
99095 Erfurt, Deutschland
produktsicherheit@kolibri360.de